U0393967

Search

精彩案例

撤销操作

视频：光盘\视频\第 2 章\2-4-1.swf

重复操作

视频：光盘\视频\第 2 章\2-4-3.swf

绘制精美图标

视频：光盘\视频\第 3 章\3-3-2.swf

绘制可爱小娃娃

视频：光盘\视频\第 4 章\4-5-3.swf

绘制可爱的笑脸

视频：光盘\视频\第 3 章\3-2-3.swf

创建点文本

视频：光盘\视频\第 6 章\6-1-2.swf

绘制卡通小狗

视频：光盘\视频\第 3 章\3-7-7.swf

绘制可爱猫咪

视频：光盘\视频\第 5 章\5-8.swf

制作飞入动画

视频：光盘\视频\第 5 章\5-7-9.swf

绘制可爱小猪

视频：光盘\视频\第 4 章\4-8.swf

制作家居宣传广告

视频：光盘\视频\第 6 章\6-5.swf

绘制可爱的卡通人物

视频：光盘\视频\第 3 章\3-11.swf

创建输入文本

视频：光盘\视频\第 6 章\6-1-5.swf

制作倒计时动画

视频：光盘 \ 视频 \ 第 6 章 \6-2-3.swf

制作文字出场动画

视频：光盘 \ 视频 \ 第 6 章 \6-4-3.swf

我们是谁 短篇漫画 动画游戏 下载专区 缤纷移动 周边产品

我们是谁 短篇漫画 动画游戏 下载专区 缤纷移动 周边产品

制作简单的导航菜单

视频：光盘 \ 视频 \ 第 9 章 \9-2-3.swf

创建段落文本

视频：光盘 \ 视频 \ 第 6 章 \6-1-3.swf

制作描边文字

视频：光盘 \ 视频 \ 第 6 章 \6-3-5.swf

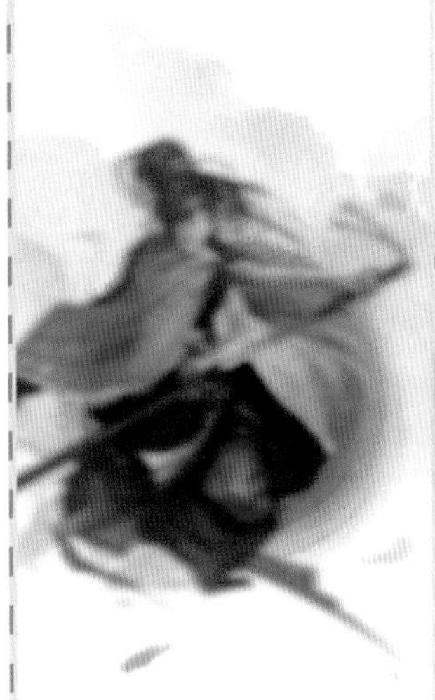

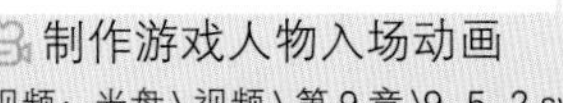

制作游戏人物入场动画

视频：光盘 \ 视频 \ 第 9 章 \9-5-2.swf

制作文字淡入动画

视频：光盘\视频\第 7 章\7-4-2.swf

制作自定义光标动画

视频：光盘\视频\第 9 章\9-1-1.swf

制作网站宣传动画

视频：光盘\视频\第 8 章\8-2-3.swf

制作基础按钮动画

视频：光盘\视频\第 8 章\8-2-5.swf

调整图层对象

视频：光盘\视频\第 7 章\7-1-4.swf

制作闪光动画

视频：光盘\视频\第 9 章\9-3-2.swf

创建动态文本

视频：光盘\视频\第 6 章\6-1-4.swf

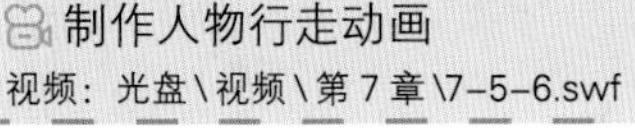

制作人物行走动画

视频：光盘\视频\第 7 章\7-5-6.swf

制作餐饮宣传动画

视频：光盘\视频\第 10 章\10-2-3.swf

制作海底世界动画
视频：光盘\视频\第 9 章\9-4-2.swf

制作卡通场景动画
视频：光盘\视频\第 7 章\7-8.swf

制作照片 3D 展示动画
视频：光盘\视频\第 11 章\11-1-4.swf

自动创建多个元件实例
视频：光盘\视频\第 15 章\15-4-3.swf

制作蜻蜓飞舞动画
视频：光盘\视频\第 10 章\10-1-3.swf

制作娱乐网站动画
视频：光盘\视频\第 8 章\8-6.swf

制作使用模板创建动画
视频：光盘\视频\第 9 章\9-1-7.swf

制作图片切换动画
视频：光盘\视频\第 7 章\7-6-9.swf

制作网站开场动画
视频：光盘\视频\第 10 章\10-4.swf

制作光影逐帧动画
视频：光盘\视频\第 9 章\9-2-2.swf

制作简单欢迎动画
视频：光盘\视频\第 9 章\9-7.swf

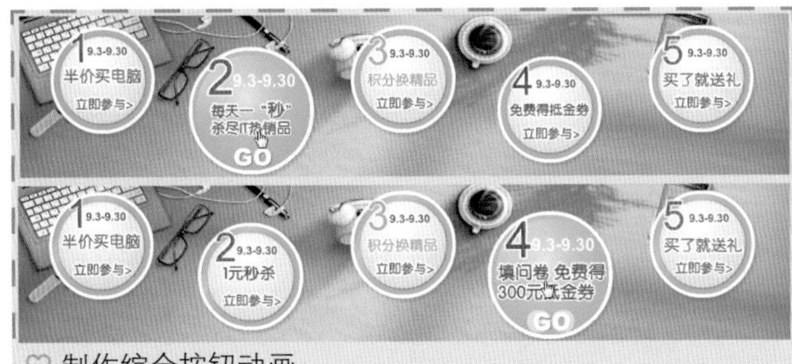

制作综合按钮动画
视频：光盘\视频\第 18 章\18-1-3.swf

制作基础导航菜单
视频：光盘\视频\第 18 章\18-2-1.swf

3D 平移入场动画

视频：光盘\视频\第 11 章\11-2-4.swf

制作嵌入的视频效果

视频：光盘\视频\第 12 章\12-6-4.swf

制作楼盘宣传动画

视频：光盘\视频\第 13 章\13-8.swf

为影片剪辑添加音频

视频：光盘\视频\第 12 章\12-3-5.swf

制作渐进式下载视频

视频：光盘\视频\第 12 章\12-6-3.swf

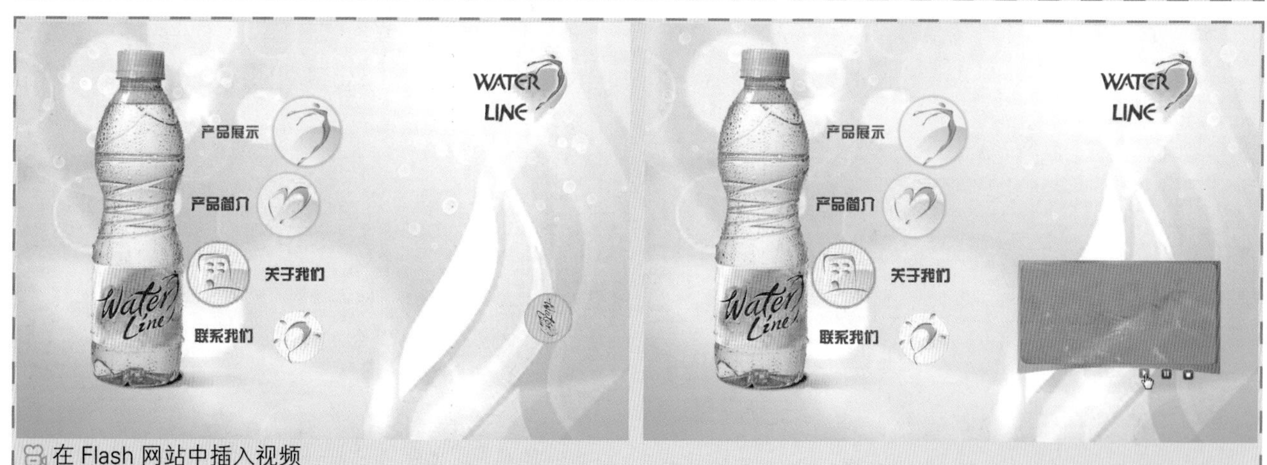

在 Flash 网站中插入视频

视频：光盘\视频\第 12 章\12-8.swf

为按钮添加超链接

视频：光盘\视频\第 13 章\13-5-4.swf

制作滑屏切换动画

视频：光盘\视频\第 13 章\13-6.swf

制作人物开场动画

视频：光盘\视频\第 11 章\11-6.swf

制作菜单按钮动画

视频：光盘\视频\第 18 章\18-1-2.swf

制作游戏网站导航菜单

视频：光盘\视频\第 18 章\18-2-2.swf

制作炫彩网站开场动画

视频：光盘\视频\第 12 章\12-2-7.swf

调用外部动画

视频：光盘\视频\第 13 章\13-5-2.swf

控制影片剪辑的播放与停止

视频：光盘 \ 视频 \ 第 13 章 \13-5-5.swf

制作 AIR 桌面应用程序

视频：光盘 \ 视频 \ 第 13 章 \13-7.swf

跟随鼠标移动的星星

视频：光盘 \ 视频 \ 第 14 章 \14-4-4.swf

模拟触屏手机滑动效果

视频：光盘 \ 源文件 \ 第 14 章 \14-6.swf

制作拖曳效果动画

视频：光盘 \ 视频 \ 第 14 章 \14-5-4.swf

制作游戏按钮动画

视频：光盘 \ 视频 \ 第 18 章 \18-1-1.swf

制作网站展示广告

视频：光盘 \ 源文件 \ 第 15 章 \15-6.swf

添加 Button 组件

视频：光盘\视频\第 16 章\16-2-7.swf

控制动画的播放

视频：光盘\视频\第 13 章\13-5-3.swf

AJiaSi Soft System
阿加斯软件系统
用户名：abc123
密　码：*****
记住密码
登 录

添加 TextInput 组件

视频：光盘\视频\第 16 章\16-2-11.swf

制作游戏宣传广告

视频：光盘\视频\第 18 章\18-3-1.swf

对影片剪辑元件进行 3D 旋转

视频：光盘\视频\第 11 章\11-1-1.swf

自定义视频播放组件

视频：光盘\视频\第 16 章\16-3-4.swf

添加 ScrollPane 组件

视频：光盘\视频\第 16 章\16-2-10.swf

制作产品宣传动画

视频：光盘\视频\第 17 章\17-6.swf

制作卡通场景动画

视频：光盘\视频\第 9 章\9-6-2.swf

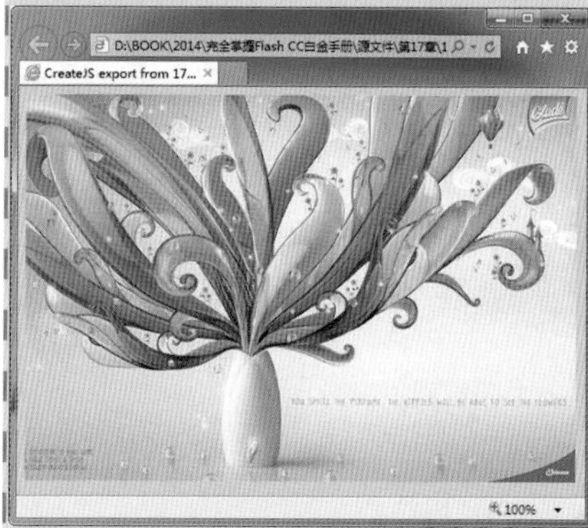

将 Flash 动画导出为 HTML 5 网页

视频：光盘\视频\第 17 章\17-5-3.swf

为按钮添加音频

视频：光盘\视频\第 12 章\12-3-4.swf

添加 ComboBox 组件

视频：光盘\视频\第 16 章\16-2-4.swf

添加 FLVPlayback 组件

视频：光盘\视频\第 16 章\16-3-2.swf

制作企业网站导航菜单

视频：光盘\视频\第 18 章\18-2-3.swf

制作楼盘宣传广告

视频：光盘\视频\第 18 章\18-3-2.swf

Search

光盘说明

在“源文件”文件夹中包含书中所有操作案例的素材和最终文件。读者可以在光盘中找到原始文件进行练习，也可以查看书中案例的最终效果。

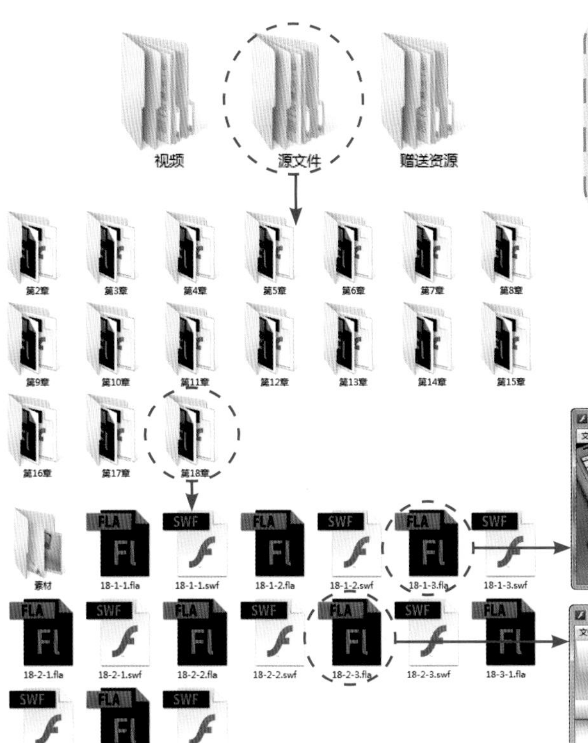

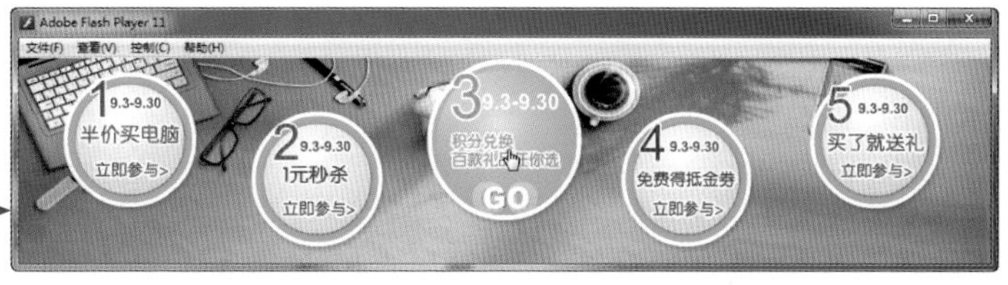

在“视频”文件夹中包含书中所有章节的案例制作视频讲解教程，全书共 91 个视频教程，视频时长达 472 分钟，SWF 格式视频教程更方便播放和控制。

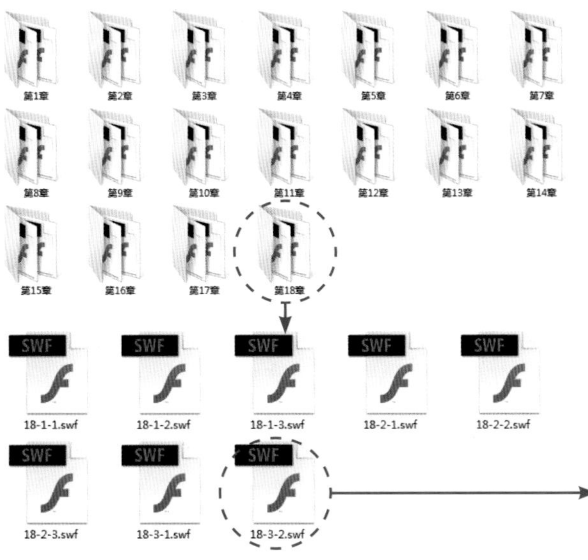

在“赠送资源”文件夹中附赠了 50 个 Flash 小图标、82 个 Flash 遮罩特效、102 个 Flash 背景特效、170 个矢量素材、173 个 Flash 实物画法、300 多个透明 Flash 素材和 832 个 Flash 音效。

50 个 Flash 小图标，可以直接在网页中使用。

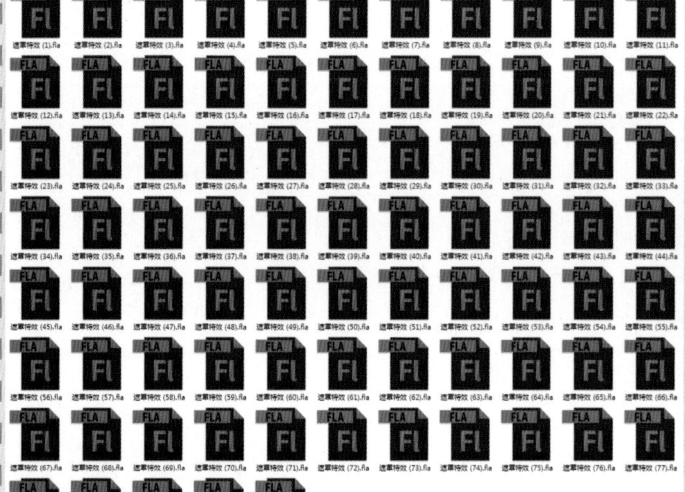

82 个 Flash 遮罩特效，FLA 格式的源文件可供用户直接使用，并实现不同的遮罩效果。

102 个 Flash 背景特效，提供生动形象的背景效果，合理利用能够实现丰富多彩的动画效果。

170 个矢量素材，实现了不同软件之间的交互使用，让用户方便快捷地制作出更多、更好看的动画效果。

173 个 Flash 实物画法，为用户制作绚丽多彩的动画提供了丰富的源文件。

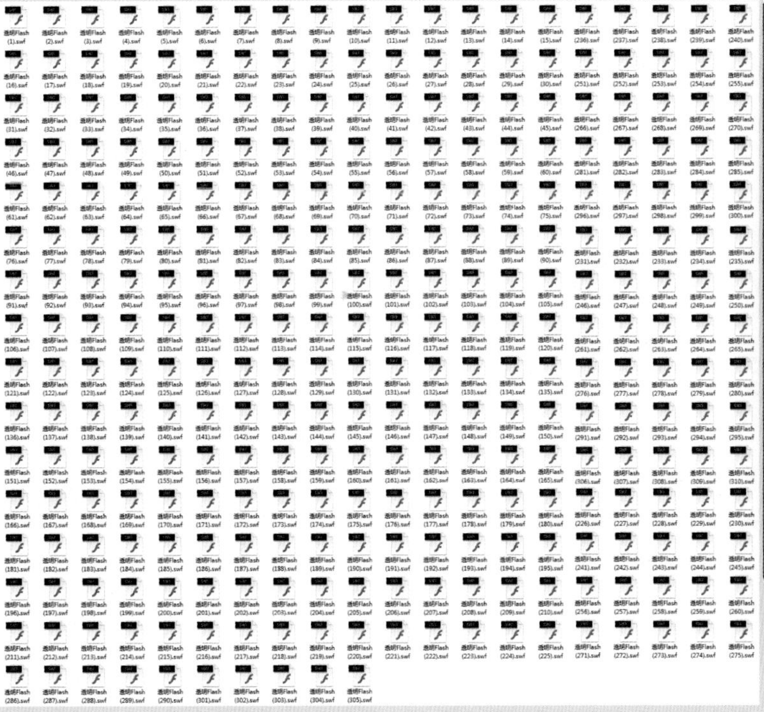

300 多个透明 Flash 素材，可以直接挑选合适的精美透明 SWF 格式素材运用到网页中。

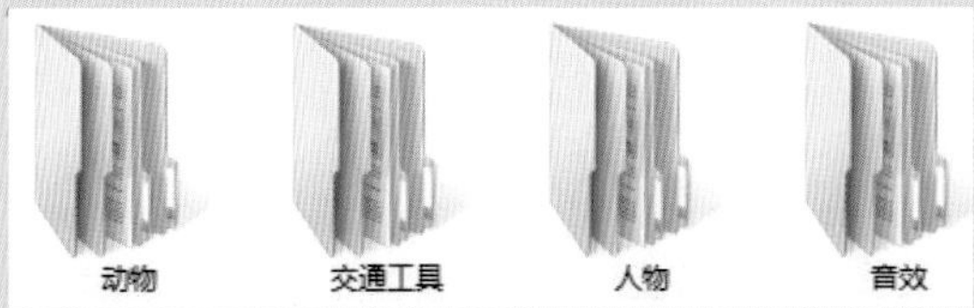

832 个 Flash 音效，各种各样的声音效果方便了用户制作图音并茂的动画效果。

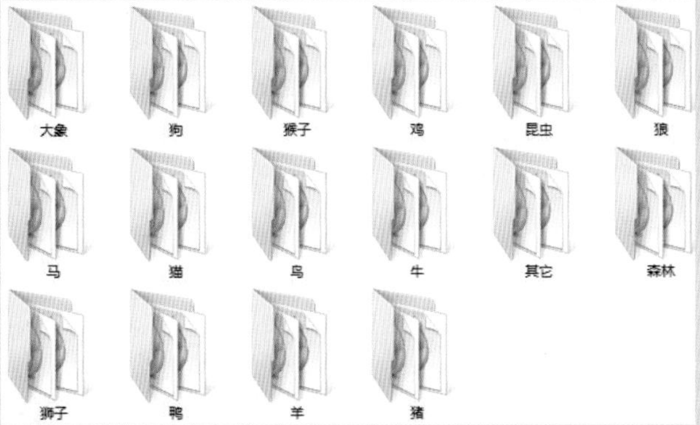

动物 交通工具 人物 音效

大象 狗 猴子 鸡 昆虫 狼
马 猫 鸟 牛 其它 森林
狮子 鸭 羊 猪

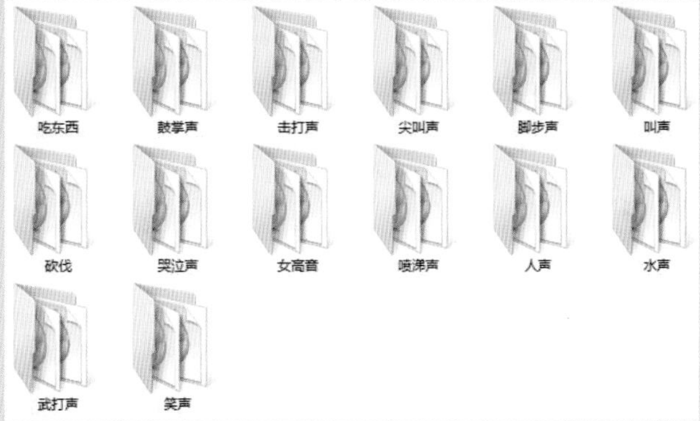

吃东西 鼓掌声 击打声 尖叫声 脚步声 叫声
砍伐 哭泣声 女高音 喷涕声 人声 水声
武打声 笑声

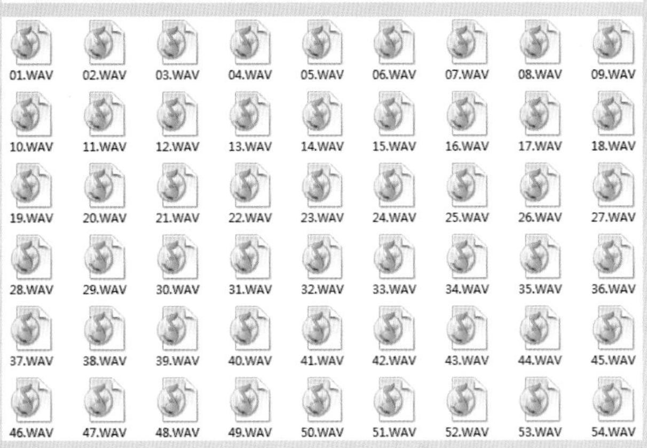

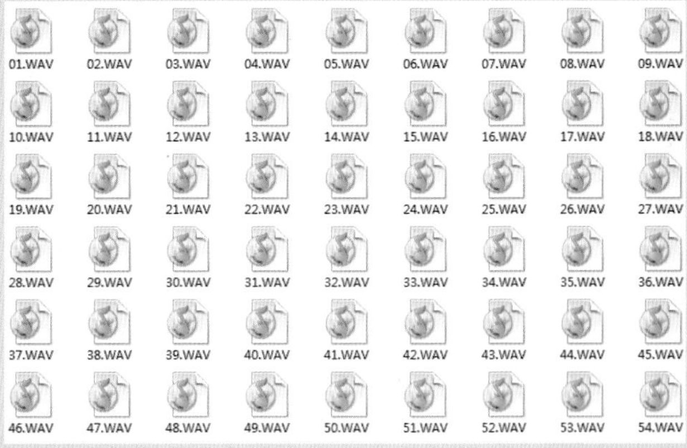

01.WAV 02.WAV 03.WAV 04.WAV 05.WAV 06.WAV 07.WAV 08.WAV 09.WAV
10.WAV 11.WAV 12.WAV 13.WAV 14.WAV 15.WAV 16.WAV 17.WAV 18.WAV
19.WAV 20.WAV 21.WAV 22.WAV 23.WAV 24.WAV 25.WAV 26.WAV 27.WAV
28.WAV 29.WAV 30.WAV 31.WAV 32.WAV 33.WAV 34.WAV 35.WAV 36.WAV
37.WAV 38.WAV 39.WAV 40.WAV 41.WAV 42.WAV 43.WAV 44.WAV 45.WAV
46.WAV 47.WAV 48.WAV 49.WAV 50.WAV 51.WAV 52.WAV 53.WAV 54.WAV

01.WAV 02.WAV 03.WAV 04.WAV 05.WAV 06.WAV 07.WAV 08.WAV 09.WAV
10.WAV 11.WAV 12.WAV 13.WAV 14.WAV 15.WAV 16.WAV 17.WAV 18.WAV
19.WAV 20.WAV 21.WAV 22.WAV 23.WAV 24.WAV 25.WAV 26.WAV 27.WAV
28.WAV 29.WAV 30.WAV 31.WAV 32.WAV 33.WAV 34.WAV 35.WAV 36.WAV
37.WAV 38.WAV 39.WAV 40.WAV 41.WAV 42.WAV 43.WAV 44.WAV 45.WAV
46.WAV 47.WAV 48.WAV 49.WAV 50.WAV 51.WAV 52.WAV 53.WAV 54.WAV

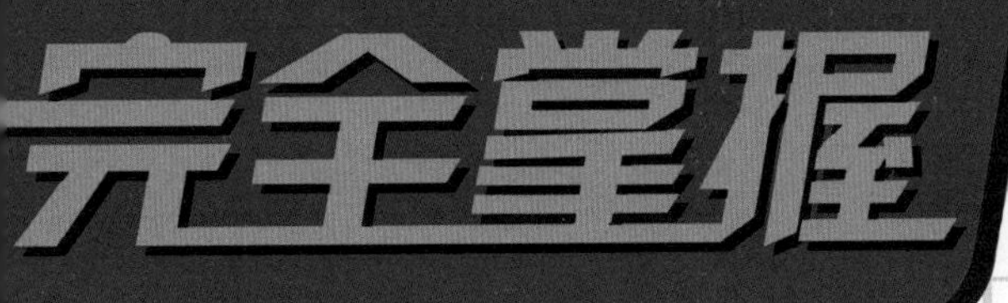

Flash CC 白金手册

贾勇 孟权国 编著

清華大學出版社
北 京

内 容 简 介

本书将呈现精彩绝伦的Flash应用所需要的相关知识点，并且以通俗易懂的文字、精美的实例和新颖的版式讲解各种类型Flash动画的制作技巧，突出了Flash动画制作的华美效果和良好的交互功能，使读者易学易用，快速掌握Flash动画制作方面的知识。

全书共分18章，其中包括初识Flash CC、掌握Flash CC的基本操作、在Flash CC中绘制图形、图形颜色处理、Flash中对象的编辑管理、文本的创建与编辑、图层与时间轴、元件和库、制作基础Flash动画、制作高级Flash动画、3D动画与滤镜效果、导入图像、声音和视频、认识ActionScript编程环境、ActionScript 3.0基础、ActionScript 3.0的应用、组件的应用、优化与输出Flash动画、Flash动画制作实例等内容。在内容安排上，从基础知识出发，到专业动画的制作，同时讲解了Flash的各个知识点，深入浅出，使读者能够在最短的时间里轻松地掌握各类Flash动画的制作流程和方法。

本书配套光盘中提供了书中所有案例的源文件、相关素材以及视频教程，方便读者学习和参考。

本书适合广大网页设计人员以及Flash动画爱好者，并且也可以作为高等院校动画设计专业的教材，以及相关培训的辅助教材。

图书在版编目(CIP)数据

完全掌握——Flash CC白金手册 / 贾勇，孟权国 编著. —北京：清华大学出版社，2015
ISBN 978-7-302-39778-6

Ⅰ.①完… Ⅱ.①贾… ②孟… Ⅲ.①动画制作软件 Ⅳ.①TP391.41

中国版本图书馆CIP数据核字(2015)第077153号

责任编辑： 李 磊
封面设计： 王 晨
责任校对： 成凤进
责任印制： 杨 艳

出版发行： 清华大学出版社
网 址：http://www.tup.com.cn，http://www.wqbook.com
地 址：北京清华大学学研大厦A座 邮 编：100084
社 总 机：010-62770175 邮 购：010-62786544
投稿与读者服务：010-62776969，c-service@tup.tsinghua.edu.cn
质 量 反 馈：010-62772015，zhiliang@tup.tsinghua.edu.cn

印 装 者： 三河市中晟雅豪印务有限公司
经 销： 全国新华书店
开 本： 203mm×260mm (附DVD光盘1张) **印 张：** 29.75 **彩 插：** 8 **字 数：** 985千字
版 次： 2015年8月第1版 **印 次：** 2015年8月第1次印刷
印 数： 1～4000
定 价： 99.00元

产品编号：062384-01

前言

Flash CC 是 Adobe 公司推出的一款矢量动画创作和 ActionScript 开发的专业软件。由于该软件所制作出的动画作品具有体积小、效果好等优点，因而利用它可以轻松地创作和编辑动画短片、Flash MTV、交互式游戏、网页、教学课件等。另外，Flash CC 也是一个集成的程序开发环境，利用它可以快速编写出高质量的 ActionScript 程序代码，并且可以让程序和动画完美结合，以创建交互式的 Flash 动画。

Flash CC 不仅功能强大，而且在网络与商业展示中有着广泛的应用。为了帮助读者在较短的时间内轻松掌握 Flash CC 软件的相关知识，作者精心准备了此书。本书介绍的 Flash CC 是目前 Adobe 公司发布的最新产品，与原有的软件版本相比，它的性能又有了很大提高，并新增和改进了许多功能，使用起来更加简便和得心应手。通过对本书的学习，能使读者做到活学活用。

本书特点与内容安排

本书是一本关于如何使用 Flash CC 进行动画创作的优秀教材，以循序渐进的方式，全面介绍了 Flash CC 的基本操作和功能，全面剖析了动画作品制作的方法与技巧，结构合理，条理清晰，内容由浅入深并结合实际应用。全书共 18 章，每一章都通过 Flash CC 不同的功能进行针对性讲解，具体内容如下。

第 1 章　初识 Flash CC。本章主要对 Flash 的发展与前景、Flash 软件的特点与基本设置，以及安装与卸载 Flash 软件进行详细介绍，使读者对 Flash 软件有一定的了解。

第 2 章　掌握 Flash CC 的基本操作。通过本章的学习，读者不仅可以了解 Flash CC 的操作环境，而且对 Flash 文件和辅助工具的使用会有更深的认识。

第 3 章　在 Flash CC 中绘制图形。本章主要系统地讲解了 Flash CC 中不同绘制图形工具的使用方法以及应用技巧，熟练掌握相关工具的操作方法，是设计出优秀动画作品的关键。

第 4 章　图形颜色处理。本章针对颜色的设置、颜色工具以及颜色面板进行了详细介绍。灵活运用该工具，可以制作出精美的绘画效果。

第 5 章　Flash 中对象的编辑管理。Flash 中的对象是组成优秀动画作品必不可少的元素，如何对对象进行编辑管理，将决定着动画作品的质量，本章分别对对象的基本操作方法进行讲解，通过对本章的学习，有助于读者掌握编辑管理对象的方法。

第 6 章　文本的创建与编辑。文字是 Flash 动画作品中的重要组成部分，在整个设计过程中占有重要地位。因此，本章主要对文字工具的类型、属性、编辑及应用方法进行讲解。

第 7 章　图层与时间轴。图层与时间轴的巧妙应用，是完成一个优秀动画作品的关键所在，同时也是后期动画制作的基础，决定了动画作品的显示效果。本章对图层的创建、编辑与时间轴中帧的操作等相关知识点进行了详解。

第 8 章　使用元件和库。本章主要介绍了元件的类型、在 Flash 动画中元件的创建方法，以及对“库”面板的设置与使用，合理应用元件及库可以使 Flash 动画的制作更加简单、轻松。

第 9 章　制作基础 Flash 动画。主要包括使用模板创建 Flash 动画、逐帧动画、形状补间动画、补间动画、传统补间动画以及使用动画预设等。

第 10 章　制作高级 Flash 动画。通过对制作基础 Flash 动画的学习，再学习本章内容就轻松多了。本章对制作高级 Flash 动画所应用的方法分别进行了讲解，希望读者在了解的基础上，能够通过实践达到学以致用的目的。

第 11 章　3D 动画与滤镜效果。运用 Flash CC 中的 3D 工具可以轻松地制作出具有空间立体感的动画，本章主要讲解了使用 3D 工具制作 3D 动画的方法，并且还介绍了如何在 Flash 动画中添加滤镜效果。

第 12 章　导入图像、声音和视频。为了增加动画作品的欣赏性，给浏览者以更好的视觉与听觉感受，本章着重向读者介绍文件导入的类型与格式，以及对导入的文件的编辑处理方法与技巧等内容。

第 13 章　认识 ActionScript 编程环境。本章针对 Flash CC 中的动作脚本及其编程环境、使用 ActionScript 3.0 高级设置与编辑等相关知识点进行深入讲解，通过学习，希望有助于读者掌握 ActionScript 的编程环境。

第 14 章　ActionScript 3.0 基础。本章着重对 ActionScript 3.0 的基础语法与数据类型，以及 ActionScript 3.0 中的变量和函数及其事件等内容进行了深入剖析，掌握本章中所介绍的知识点，是实现在动画作品中应用 ActionScript 3.0 的先决条件。

第 15 章　ActionScript 3.0 的应用。在本章中主要对面向对象的编程、包和命名空间的概念、属性和方法等内容进行一系列的介绍，学完本章内容，并在动画作品中进行合理的应用，可以制作出更加丰富多彩的交互式动画。

第 16 章　组件的应用。本章主要对组件的概念、类型、Flash 中常用组件与其他组件，以及组件的编辑与处理方法进行了系统讲解，希望读者可以在理解的基础上学会合理应用。

第 17 章　优化与输出 Flash 动画。本章主要对 Flash CC 中的优化与输出进行详细的介绍，使读者在完成作品的设计后，可以轻松地在 Flash 中对作品进行优化输出。

第 18 章　Flash 动画制作案例。Flash 在网页、游戏等方面的应用十分广泛，巧妙地运用 Flash 动画可以丰富页面的效果、增加页面的流动性、活跃页面的氛围。因此，本章通过按钮动画、导航菜单动画和宣传广告动画的案例向读者讲解 Flash 动画的制作方法。

本书读者对象与作者

本书适合广大网页设计人员以及 Flash 动画爱好者，并且也可以作为高等院校动画设计专业的教材，以及相关培训的辅助教材。

本书由贾勇、孟权国编著，另外李晓斌、张晓景、解晓丽、孙慧、程雪翩、刘明秀、陈燕、胡丹丹、杨越、王巍、王素梅、王状、赵建新、赵为娟、张农海、聂亚静、方明进、张陈、王琨、田磊等人也参与了本书的部分编写工作。作者在写作过程中力求严谨细致，但也难免有疏漏之处，希望广大读者朋友批评指正。

我们的服务邮箱是：wkservice@vip.163.com。

本书的 PPT 课件请到 http://www.tupwk.com.cn 下载。

编　者

Search

目录

第 1 章 初识 Flash CC

第 2 章 掌握 Flash CC 的基本操作

第 3 章 在 Flash CC 中绘制图形

第 4 章 图形颜色处理

第 5 章 Flash 中对象的编辑管理

第 6 章 文本的创建与编辑

第7章 图层与时间轴

第 8 章 使用元件和库

第 9 章 制作基础 Flash 动画

第 10 章 制作高级 Flash 动画

第 11 章 3D 动画与滤镜效果

第 12 章 导入图像、声音和视频

第 13 章 认识 ActionScript 编程环境

第 14 章 ActionScript 3.0 基础

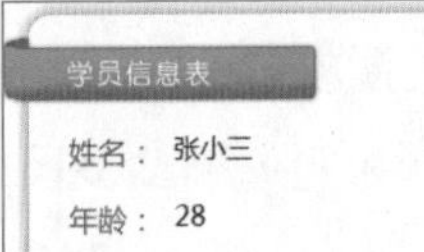

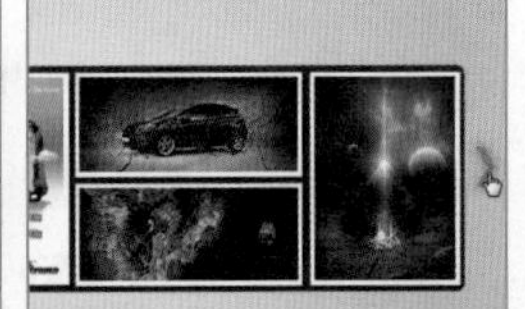

第 15 章 ActionScript 3.0 的应用

第 16 章 组件的应用

第 17 章 优化与输出 Flash 动画

第 18 章 Flash 动画制作案例

第 1 章 初识 Flash CC

在网络技术迅速发展的今天，静止的图像已经无法满足人们的视觉需求以及商家对产品信息的表现，动画逐渐成为网页中不可缺少的一种重要的宣传手段和表现方法。其中，Flash 以其人性化风格和强大的交互功能，吸引了越来越多的受众，并且其应用领域也越来越广泛。

Flash CC 以便捷、完美、舒适的动画编辑环境，深受广大动画制作者的喜爱，本章将向读者介绍 Flash 的相关知识，并带领读者认识全新的 Flash CC。

1.1 Flash 的发展与前景

在网络盛行的今天，Flash 已经成为一个新的专有名词，在全球网络中掀起了一股划时代的旋风，并成为交互式矢量动画的标准。如今 Flash 这种互动动画形式已经成为设计宠儿，有了 Flash 的网络世界将会变得更加丰富多彩、有声有色。

1.1.1 Flash 的前身

1996 年，一个名为 FutureSplash Animator 1.0 的小软件由一家名为 Future Wave Software 的小软件公司推出。这个 FutureSplash Animator 1.0 就是 Flash 的前身，而这家 Future Wave Software 公司后来被 Macromedia 公司收购，成为 Macromedia 公司著名的 Flash 开发部，结合 Macromedia Shockwave，在 Web 上用于发布交互式的动画。Macromedia 收购 FutureSplash 的原因是，FutureSplash 完善了 Macromedia 的 Director 产品，Director 是一种应用于互联网的可编程技术，它能生成互动的产品展示和游戏。由于 Director 不是为互联网设计的，所以 Director 最精彩的电影因占用带宽过多而不能在互联网中播放，因此 Flash 成为代替 Director 在互联网中传播的新技术。

2006 年，Macromedia 公司被 Adobe 公司收购。2007 年，Adobe 公司推出了全新的 Flash CS3，增加了全新的功能，包括对 Photoshop 和 Illustrator 文件的本地支持，以及复制、移动功能，并且整合了 ActionScript 3.0 脚本语言开发。经过几年的发展，在经历了 Flash CS4、Flash CS5 和 Flash CS6 这几个版本的更替后，在 2013 年 11 月份，Adobe 公司推出了 Flash 的全新版本 CC。新版本中增加了很多实用的功能，并针对一些时下流行的软件提供了支持，使得 Flash 逐渐走入每个人的生活。

Flash 的优点是它独立于浏览器之外，只要给浏览器加入相应的插件，就可以观看 Flash 动画，占用带宽小，比标准的 GIF 和 JPEG 更灵活，体积更小。

1.1.2 Flash 动画与传统动画比较

随着网络、动画和多媒体技术的发展，使音乐、动画和文字互相穿插，已成为一种发展的趋势。Flash 就是这几种技术的一个接口，一个大型的 Flash 动画，可以应用 HTML、JavaScript、PHP、ASP、CGI 等技术，结合图像处理的 3ds Max、CorelDraw、Illustrator、Photoshop 等技术共同完成。因此，Flash 打造的动画和传统的动画相比，具有以下几个特点。

(1) Flash 应用了矢量图的技术，使动画的体积减小，在网络上的传输速度快，浏览者可以随时下载观看。

(2) Flash 的制作过程相对比较简单，普通用户掌握其操作方法，即可发挥自己的想象力创作出简单的动画。

(3) 交互性的特点，可以让浏览者融入动画中，通过鼠标单击选择和决定故事的发展，让浏览者成为动画中的一个角色。

(4) Flash 动画的情节比较夸张起伏。

(5) 使用 Flash 创作的动画可以在网络和电视上播放。

1.1.3 Flash 的应用

Flash 以其强大的矢量动画编辑和动画设计功能、灵活的操作界面、开放式的结构，已经在影视、动漫、演示、广告宣传等领域得到了广泛的应用。而 Flash 与 ActionScript 语言的结合，能够控制动画对象和流程，使得其在多媒体课件、游戏、网页制作等领域也得到了很好的发挥。

1. 网页宣传广告

Flash 在网络广告中的广泛应用，无疑是最直接的获利方式。一些传统的在电视上播放的产品广告，被 Flash 瓜分了蛋糕，现在随手打开一个知名的网站，都会看到用 Flash 制作的广告，而网络用户也接受这种新兴的广告方式，因为他们都会被 Flash 的趣味设计所吸引，并不会厌烦这种带有广告性质的 Flash 动画。相比之下，带有商业性质的 Flash 宣传广告动画制作更加精致，画面设计、背景音乐更加考究，网页宣传广告将 Flash 的技术与商业完美结合，也给 Flash 的学习者指明了发展方向，如图 1-1 所示为 Flash 商业广告。

图 1-1 Flash 商业广告

网页中的广告尺寸并没有严格的标准，只要符合在网页中的效果即可。而在形式上主要分为全屏广告、横幅广告与弹出式广告等。

横幅广告的展示区域狭小，为了配合这一特点，广告中的背景颜色与文字颜色要对比强烈、整体颜色不能过多。所以即使背景中带有图像，其颜色也尽量要与背景保持统一色调，这样才能够突出广告主题文字，如图 1-2 所示。

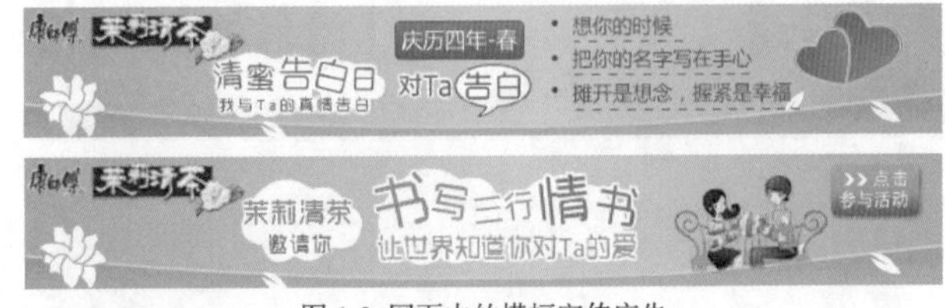

图 1-2 网页中的横幅宣传广告

2. 动画短片

动画短片是 Flash 最适合表现的一类动画，动画短片通常短小精悍、有鲜明的主题。通过 Flash 制作动画短片能很快地将作者的意图传达给浏览者。动画短片的范围较广，首先是纯粹具有故事情节的影视短片，如图 1-3 所示。

图 1-3 有故事情节的动画短片

Flash MV 也可以称为动画短片，Flash MV 提供了一条在唱片宣传上既保证质量，又降低成本的有效途径，并且成功地把传统的唱片推广扩展到网络经营的大空间，其中动画效果是作者依据自己对歌词的理解制作的，如图 1-4 所示为 Flash MV。

图 1-4 Flash MV

图 1-4 Flash MV(续)

在影视短片中，动画片头也是其中的一种类型。片头是引导浏览者对以后的故事产生兴趣，所以片头动画的时间短，并且动画过程紧凑，如图 1-5 所示为 Flash 动画片头。

图 1-5 Flash 动画片头

3. 教学课件

通过图形、图像来表现教学内容是教学活动中一种重要的教学手段，在中小学课程中，化学分子、化学实验装置、几何图形、数学函数图形、物理电路元件符号等教学内容都可以通过 Flash 直观地表现，如图 1-6 所示。

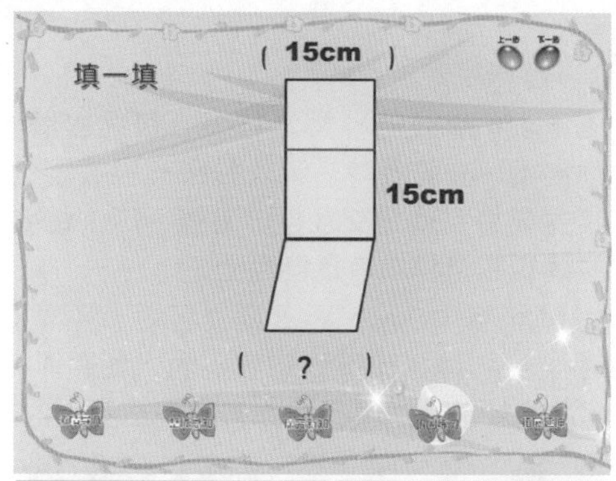

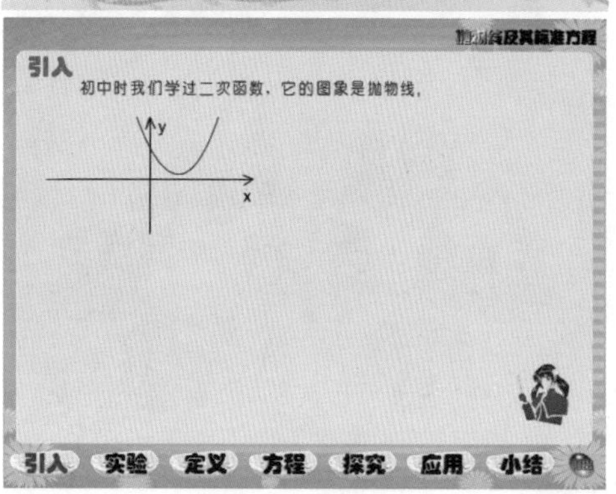

图 1-6 Flash 教学课件

如果是语文方面的教学课件，则可以根据教学内容来准备素材图片，然后依据教学内容出现的顺序，同步制作动画，使其成为图文并茂的教学课件，如图 1-7 所示。

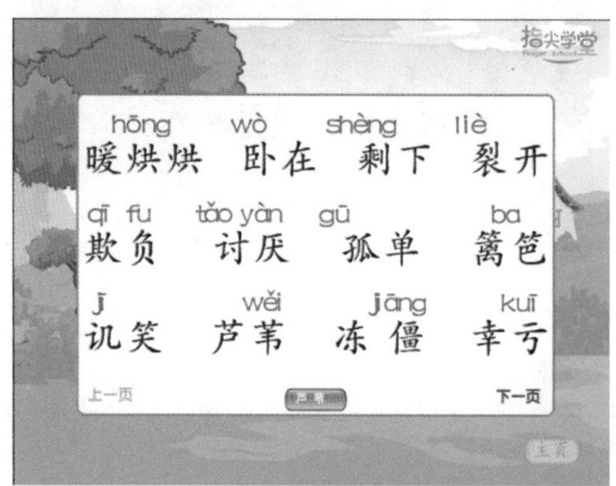

图 1-7 Flash 教学课件

4. 交互游戏

现在 Flash 游戏的种类非常多，包括棋牌类、射击类、休闲类、益智类等。无论是哪一种类型的 Flash 游戏，其主要特点就是交互性非常强，Flash 游戏的交互性主要体现在鼠标或者是键盘上。

通过鼠标制作 Flash 游戏的交互性，主要是通过鼠标事件中的各种鼠标操作来实现的，如图 1-8 所示的 Flash 游戏就是通过鼠标操作来实现交互性的。

图 1-8 鼠标交互 Flash 游戏

通过键盘操作制作 Flash 游戏的交互性，可以设置键盘中的任意键来操作，如图 1-9 所示的 Flash 游戏就是通过键盘上的方向键控制游戏中的卡通形象进行运动的。

图 1-9 键盘交互 Flash 游戏

5. Flash 网站

Flash 给网站带来的好处也非常明显，全面的控制、无缝的导向跳转、更丰富的媒体内容、更体贴用户的流畅交互、跨平台和客户端的支持，以及与其他 Flash 应用程序无缝连接集成等。但是只有少数人掌握了使用 Flash 建立全 Flash 网站的技术，因为它意味着更高的 Flash 开发应用能力和界面维护能力，如图 1-10 所示为 Flash 网站效果。

图 1-10 Flash 网站

网站中的各个元素还可以单独制作成 Flash 动画，从而降低 Flash 网站的难度。例如，网站的 Logo、网站导航菜单、产品展示等。网站中的导航菜单也分为很多形式，这是根据网站栏目来决定的。网站栏目较少时，可以采用简单的导航菜单；网站栏目较多时，则可以采用二级甚至三级导航菜单，如图 1-11 所示为网站中的 Flash 导航菜单。

图 1-11 Flash 网站中的导航菜单

1.2 Flash 动画制作基础

Flash 动画是计算机图形学和艺术技巧相互结合的产物，它是现代化的高科技制作方式，给人们提供了展示创造力和艺术天赋的平台。近年来，Flash 动画越来越多地应用于影视特效、商业动画、游戏产业等领域，并且正在以无法想象的速度向更广阔的空间迈进。

1.2.1 Flash 动画的特点

Flash 之所以能够在短短的几年内风靡全球，和它自身鲜明的特点是分不开的。在网络动画软件竞争日益激烈的今天，Adobe 公司正凭借其对 Flash 的正确定位和雄厚的开发实力，使 Flash 的新功能层出不穷，从而奠定了 Flash 在网络交互动画上不可动摇的霸主地位。而 Flash 动画的特点，则主要有以下几个方面。

1. 体积小

在 Flash 动画中主要使用的是矢量图，从而使得其文件较小、效果好、画面细腻，而且对网络带宽要求低。

2. 适用于网络传播

Flash 动画可以放置于网络上，供浏览者欣赏和下载，可以利用这一优势在网上广泛传播，比如 Flash 制作的 MV 比传统的 MTV 更容易在网络上传播，而且网络传播无地域之分，也无国界之别。

3. 交互性强

这是 Flash 得以称雄的最主要的原因之一，通过交互功能，观众不仅能够欣赏到动画，还可以成为其中的一员，借助于鼠标触发交互功能，从而实现人机交互。

4. 节省成本

使用 Flash 制作动画，极大地降低了制作成本，可以大大减少人力、物力资源的消耗。同时 Flash 全新的制作技术可以让动漫制作的周期大大缩短，并且可以做出更酷更炫的效果。

5. 跨媒体

Flash 动画不仅可以在网络上传播，同时也可以在电视甚至电影中播放，大大拓宽了它的应用领域。

6. 更具特色的视觉效果

凭借 Flash 交互功能强等独特的优点，Flash 动画有更新颖的视觉效果，比传统动画更能亲近观众。

1.2.2 Flash 动画基本术语

在开始学习 Flash 之前，首先需要对 Flash 动画的基本术语有所了解，这样在 Flash 制作学习过程中，才能够更容易理解。

1. FLA 文件

FLA 文件是 Flash 中使用的主要文件。它是包含 Flash 文档的媒体、时间轴和脚本等基本信息的文件。

2. SWF 文件

SWF 文件是 FLA 文件的压缩版本。

3. AS 文件

AS 文件是指 ActionScript 文件。可以将某些或全部 ActionScript 代码保存在 FLA 文件以外的位置，这些文件有助于代码的管理。

4. SWC 文件

SWC 文件包含可重新使用的 Flash 组件。每个 SWC 文件都包含一个已编译的影片剪辑、ActionScript 代码以及组件所要求的任何其他资源。

5. ASC 文件

ASC 文件是用于存储将在运行 Flash Communication Server 的计算机上执行的 ActionScript 的文件。这些文件提供了实现与 SWF 文件中的 ActionScript 结合使用的服务器端逻辑的功能。

6. JSFL 文件

JSFL 文件是可用于向 Flash 创作工具添加新功能的 JavaScript 文件。

7. 场景

场景是在创建 Flash 文档时放置图形内容的矩形区域，这些图形内容包括矢量插图、文本框、按钮、导入的位图图像或是视频剪辑等。Flash 创作环境中的场景相当于 Flash Player 或 Web 浏览器窗口中在回放期间显示 Flash 文档的矩形空间。可以在工作时放大或者缩小，以更改场景的视图，网格、辅助线和标尺有助于在舞台上精确地定位其内容。

8. 关键帧

在关键帧中定义了对动画的对象属性所做的更改，或者包含了 ActionScript 代码。Flash 可以在定义的关键帧之间补间或自动填充帧，从而生成动画。因为关键帧不用画出每个帧就可以生成动画，所以能够更轻松地创建动画。可以通过在时间轴中拖动关键帧来轻松更改补间动画的长度。

帧和关键帧在时间轴中出现的顺序决定它们在 Flash 应用程序中显示的顺序。可以在时间轴中排列关键帧，以便编辑动画中事件的顺序。

9. 图层

图层是透明的，在舞台上一层层地向上叠加。图层可以帮助组织文档中的插图。可以在图层上绘制和编辑对象，而不会影响其他图层上的对象。如果一个图层上没有内容，那么就可以透过它看到下面的图层。

可以创建的图层数只受计算机内存的限制，而且图层不会增加发布的 SWF 文件的大小。只有放入图层的对象才会增加文件的大小。

1.2.3 位图图像和矢量图的区别

虽然可以使用 Flash 制作出位图效果的动画，但 Flash 本身是一款矢量动画软件。在学习 Flash 动画原理之前，先来了解一下矢量图和位图图像的区别。

位图图像又称为点阵图像或绘制图像，是由作为图片元素的像素单个点组成的。这些点可以按不同的排列和色彩显示，来构成图像影像，当放大位图时，可以看见这些构成整个图像的无数像素。所以在放大位图的时候，总是会看见像锯齿一样的效果，如图 1–12 所示，将位图图像进行放大，放大后的图像区域则显示出高低不平的锯齿效果，这些便是组成位图的像素。

图 1-12 放大后的位图效果

矢量图也称为面向对象的图像或绘图图像，在数学上定义为一系列由线连接的点。矢量文件中的图像元素称为对象。每个对象都是一个自成一体的实体，它具有颜色、形状、轮廓、大小和屏幕位置等属性。既然每个对象都是一个自成一体的实体，就可以在维持它原有清晰度和弯曲度的同时，多次移动和改变它的属性，而不会影响图像中的其他对象。这些特征使基于矢量的程序特别适用于 Flash 和三维建模，因为它们通常要求能创建和操作单个对象。基于矢量的绘图与分辨率无关，这意味着它们可以按无限制的分辨率显示到输出设备上，如图 1–13 所示为矢量图放大后的效果。

图 1-13 放大后的矢量图效果

1.2.4 Flash 的基本工作流程

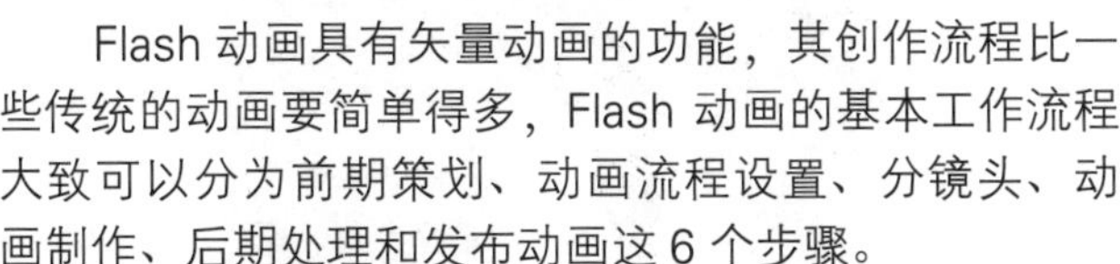

Flash 动画具有矢量动画的功能，其创作流程比一些传统的动画要简单得多，Flash 动画的基本工作流程大致可以分为前期策划、动画流程设置、分镜头、动画制作、后期处理和发布动画这 6 个步骤。

1. 前期策划

在前期策划中，一般需要明确该 Flash 动画的目的、表现方式、动画制作规划以及组织制作的团队。

通常，一些较大型的商业 Flash 动画，都会有一个严谨的前期策划，以明确该动画项目的目的和一些具体的要求，以方便动画制作人员能顺利开展工作。

2. 动画流程设置

完成了前期策划后，根据策划构思，设计者就需要考虑整个 Flash 动画的流程设置了，先出现什么、接着出现什么、最后出现什么。如果是 Flash 动画短片，则还需要考虑剧情的设置和发展，一个好的剧情对于 Flash 动画来说是非常重要的。

3. 分镜头

确定了动画制作的流程或者是剧情的发展，就可以按照所制定的流程或剧情，将相应的场景先设计出来，可以通过在 Flash 中绘制的方式，也可以通过在其他软件中绘制好再导入到 Flash 中进行使用。

4. 动画制作

Flash 动画制作阶段是最重要的一个阶段，也是本书介绍的重点。这个阶段的主要任务是用 Flash 将各个动画场景制作成动画，其具体的操作步骤可以细分为录制声音、建立和设置影片文件、输入线稿、上色以及动画编排。

(1) 录制声音

在 Flash 动画制作中，要估算每一个场景动画的长度是很困难的。因此，在制作之前，必须先录制好背景音乐和声音对白，以此来估算场景动画的长短。

(2) 建立和设置影片文件

在 Flash 软件中建立和设置影片文件。

(3) 输入线稿

将手绘线搞扫描，并转换为矢量图，然后导入 Flash 中，以便上色。

(4) 上色

根据上色方案，对线稿进行上色处理。

(5) 动画编排

上色后，完成各场景的动画，并将各场景衔接起来。以上便是 Flash 动画制作阶段需要完成的工作。

5. 后期处理

后期处理部分要完成的任务是，为动画添加特效、合成并添加音效。

6. 发布动画

发布是 Flash 动画创作特有的步骤。因为目前 Flash 动画主要用于网络，因此有必要对其进行优化，以便减小文件的体积和优化其运行效率。同时还需要为其制作一个 Loading 和添加结束语等工作。

1.3 Flash 软件的特点

使用 Flash 可以创建出许多不同类型的应用程序，在前面已经介绍了 Flash 的相关应用领域，Flash 动画最重要的特点还在于矢量图形的绘制、精美动画的制作以及强大的编程功能，本节将详细地向读者进行介绍。

1.3.1 绘制矢量图形

绘制矢量图是 Flash 软件最基本的功能之一，尽管与专业的矢量绘图工具相比，在 Flash 软件中进行矢量绘制有时会感觉不是太习惯，但其功能却是十分强大的，在它所提供的绘图工具中，不仅有传统的矩形、椭圆形、直线等基本绘图工具，还提供了贝塞尔曲线等专业矢量绘图工具。使用 Flash 软件中的矢量绘图工具，可以绘制出具有丰富表现力的作品，如图 1–14 所示。

图 1-14 Flash 中所绘制的矢量图形

计算机是以矢量格式或者位图格式显示图形的。其中，矢量图形是以数学公式，而不是大型数据集来表示的，因此它需要的内存和存储空间要小很多。使用 Flash 可以创建压缩矢量图形，并将它们制作为动画，也可以导入和处理在其他应用程序中创建的矢量图形。

1.3.2 制作精美动画

Flash 软件最普遍的应用就是动画设计，其基本形式是“帧到帧动画”，这也是传统手工绘制动画的主要工作方式。由于动画在每帧中使用单独的图像，所以对例如面部表情和形体姿态等需要细微改变的复杂动画来说是一种很理想的工作方式。在 Flash 软件中提供的补间动画效果，可以使动画的制作更加直观、方便。

1. 通过在时间轴中更改连续帧的内容来创建动画

可以在舞台中创作出移动对象、放大或缩小对象、改变对象颜色、淡入淡出，以及改变对象形状等效果。更改既可以独立于其他更改，也可以和其他更改互相协调。例如可以创作出这样的效果：对象在舞台中一边移动，一边旋转，并且淡入。在逐帧动画中，必须创建好每一帧自己的图像，如图 1–15 所示为逐帧动画的效果。

图 1-15 逐帧动画的效果

2. 使用补间动画技术创建动画

在 Flash 中引入了补间动画技术，并且使得这一技术在 Flash 软件中可以轻松自如地使用。补间动画技术的引入，给计算机辅助动画设计带来了一场革命。一些有规律可循的运动和变形，只需要制作起点帧和终点帧，并对两帧之间的运动规律进行准确设置，Flash 会自动地生成中间的过渡帧，如图 1–16 所示为补间动画的效果。

图 1-16 补间动画的效果

1.3.3 强大的编程功能

ActionScript 是 Flash CC 的脚本语言，通过编写 ActionScript 可以使 Flash 动画具有很强的交互性。动作脚本提供一些元素，例如动作、运算符和对象等。可以将这些元素组织到脚本中，指示 Flash 动画要进行什么操作；可以对 Flash 动画进行脚本设置，使单击鼠标或按下键盘上的某个键之类的事件可以触发这些脚本，例如可以使用动作脚本为 Flash 动画制作出导航按钮。

在 Flash 软件中，可以使用“动作”面板来编写 ActionScript 脚本。在标准编辑模式下使用该面板，可以通过菜单和列表中选择选项来创建脚本；在专家编辑模式下使用该面板，可以直接向脚本窗格中输入脚本。在这两种模式下，代码提示都可以帮助完成动作和插入属性及事件。一旦有了一个脚本，就可以将其附加在按钮、影片剪辑或帧上，从而实现所需要的交互效果。

1.4 Flash CC 的安装与卸载

Adobe 系列软件的安装与卸载都具有一致、良好的引导界面，用户只需要按照安装或卸载程序的提示就可以轻松完成软件的安装和卸载，在讲解 Flash CC 软件之前，首先需要安装该软件，本节将向读者介绍如何在 64 位 Windows 7 操作系统中安装、卸载和运行 Flash CC 软件。

1.4.1 系统要求

Flash CC 可以在 Windows 系统中运行，也可以在苹果机中运行。Flash CC 在 Windows 系统中运行的系统要求如表 1–1 所示。Flash CC 在苹果机上运行的系统要求如表 1–2 所示。

表 1–1 Flash CC 在 Windows 系统中运行的系统要求

CPU	Intel Pentium 4、Intel Centrino、Intel Xeon 或 Intel Core Duo 处理器
操作系统	Microsoft Windows 7（64 位，带有 Service Pack1）、Windows 8（64 位）或 Windows 8.1（64 位）
内存	4GB 内存
硬盘空间	4GB 可用硬盘空间用于安装；安装过程中需要额外的可用空间（无法安装在可移动闪存设备上）
显示器	1024 X 768 的显示分辨率，推荐使用 1280 X 800 的显示分辨率
多媒体功能	需要安装 QuickTime 10.x 软件
产品激活	在线服务需要宽带 Internet 连接

Flash CC 在 Mac OS 上运行的系统要求如表 1–2 所示。

表 1–2 Flash CC 在 Mac OS 上运行的系统要求

CPU	Intel 多核处理器
操作系统	Mac OS X v10.7（64 位）、v10.8（64 位）或 v10.9（64 位）
内存	4GB 内存
硬盘空间	4GB 可用硬盘空间用于安装；安装过程中需要额外的可用空间（无法安装在使用区分大小写的文件系统的卷或移动闪存设备上）

（续表）

显示器	1024 X 768 的显示分辨率，推荐使用 1280 X 800 的显示分辨率
多媒体功能	需要安装 QuickTime 10.x 软件
产品激活	在线服务需要宽带 Internet 连接

本书将在 64 位 Windows 7 操作系统中对 Flash CC 动画制作进行系统讲解。

1.4.2 安装 Flash CC

在了解了 Flash CC 的系统要求后，接下来将在 64 位 Windows 7 系统中安装中文版 Flash CC。

动手实践——安装 Flash CC

源文件：无

视频：光盘 \ 视频 \ 第 1 章 \1-4-2.swf

01 将 Flash CC 安装光盘放入 DVD 光驱中，稍等片刻，自动进入初始化安装程序界面，如图 1–17 所示，初始化完成后进入“欢迎”界面，可以选择安装和试用，如图 1–18 所示。

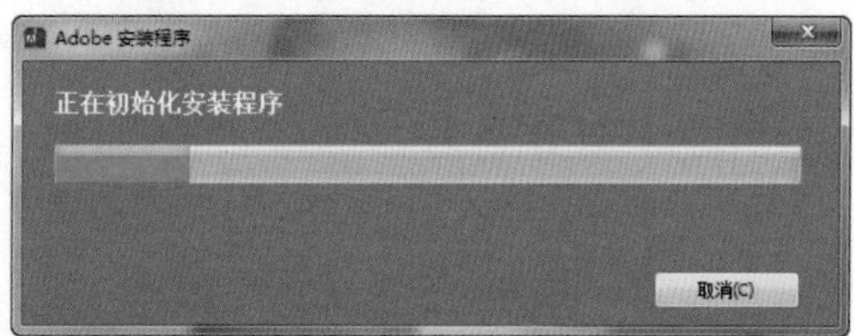

图 1-17 程序初始化

图 1-18 “欢迎”界面

提示

如果安装时没有产品的序列号，可以选择“试用”选项。这样不用输入序列号即可安装，可以正常使用软件 30 天。30 天过后则再次需要输入序列号，否则将不能正常使用。

02 单击“试用”按钮，进入“需要登录”界面，单击“登录”按钮，如图 1–19 所示。可以输入 Adobe ID 登录，如果还没有 Adobe ID，可以直接注册 Adobe ID 再进行登录，登录成功后，进入“Adobe 软件许可协议”界面，如图 1–20 所示。

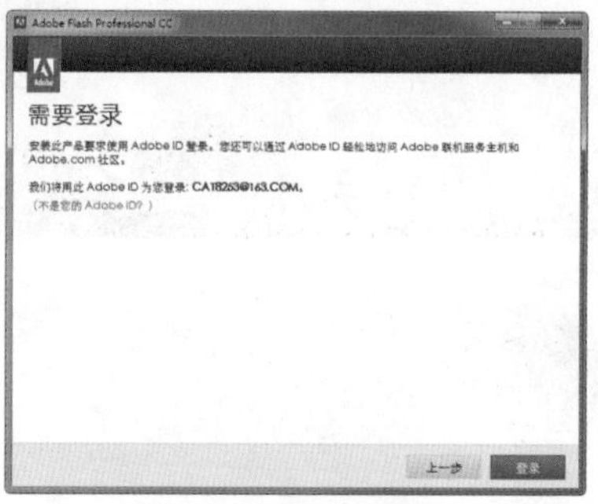

图 1-19 “需要登录”界面

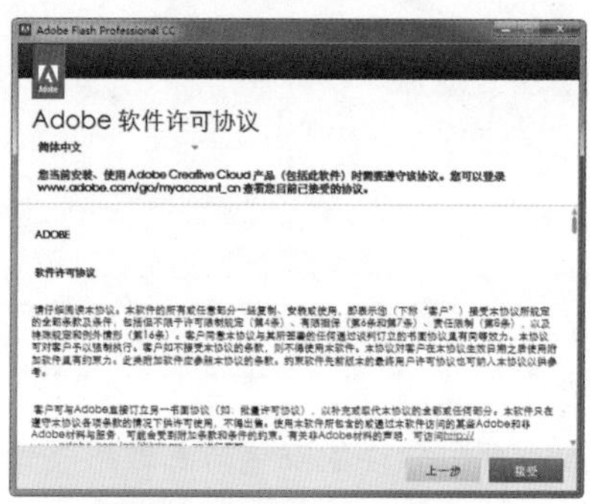

图 1-20 “Adobe 软件许可协议”界面

03 单击“接受”按钮，进入“选项”界面，在该界面中选中需要安装的选项，并指定 Flash CC 的安装路径，如图 1–21 所示。单击“安装”按钮，进入“安装”界面，显示安装进度，如图 1–22 所示。

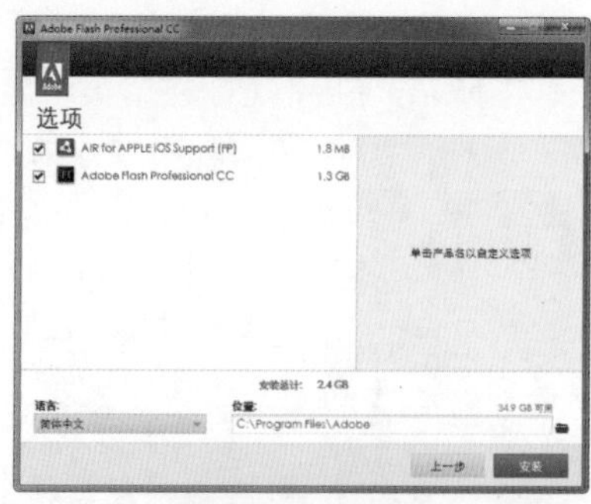

图 1-21 “选项”界面

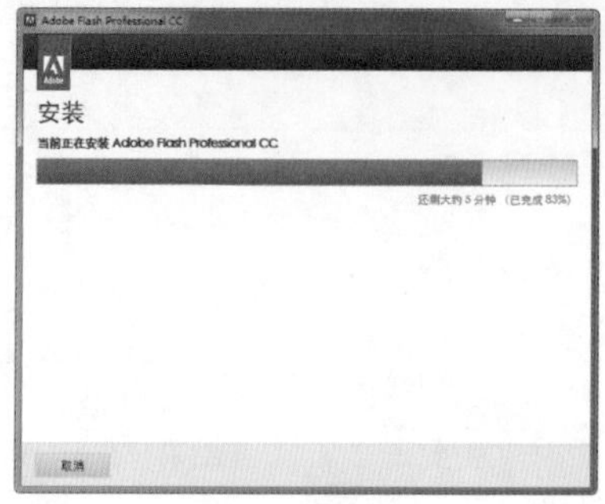

图 1-22 “安装”界面

04 安装完成后，进入“安装完成”界面，显示已安装内容，如图 1-23 所示。单击“关闭”按钮，关闭安装窗口，完成 Flash CC 的安装。

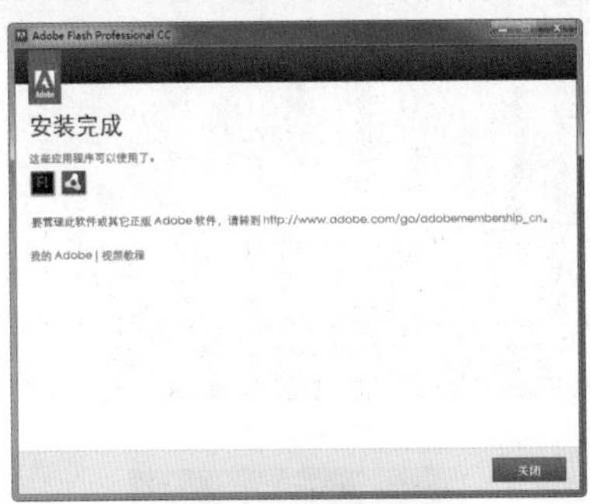

图 1-23 “安装完成”界面

1.4.3 卸载 Flash CC

如果用户所安装的 Flash CC 软件出现问题，则需要将 Flash CC 卸载后再重新进行安装。

动手实践——卸载 Flash CC

源文件：无

视频：光盘 \ 视频 \ 第 1 章 \1-4-3.swf

01 在 Windows 操作系统中，在“开始”菜单中选择“控制面板”命令，如图 1-24 所示，打开“控制面板”窗口，单击“程序和功能”选项，如图 1-25 所示。

图 1-24 选择“控制面板”命令

图 1-25 单击“程序和功能”选项

02 打开“程序和功能”窗口，在“卸载或更改程序”列表框中选择 Flash CC 应用程序，单击上方的“卸载”按钮，如图 1-26 所示，弹出对话框，显示“卸载选项”界面，如图 1-27 所示。

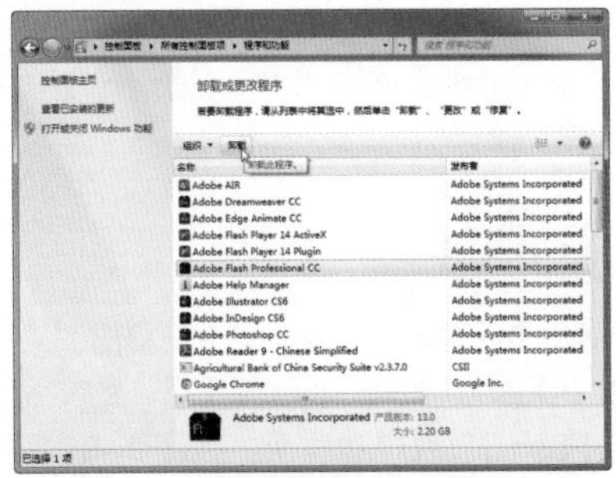

图 1-26 单击“卸载”按钮

图 1-27 “卸载选项”界面

03 单击“卸载”按钮，进入“卸载”界面，显示 Flash CC 的卸载进度，如图 1-28 所示。卸载完成后进入“卸载完成”界面，如图 1-29 所示，单击“退出”按钮，即可完成 Flash CC 的卸载。

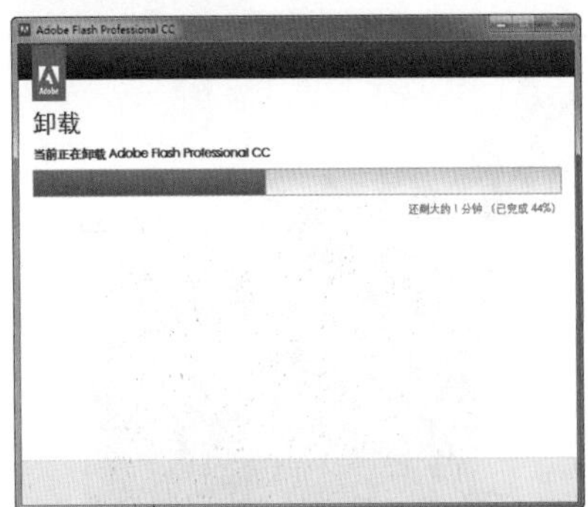

图 1-28 “卸载”界面

图 1-29 “卸载完成”界面

1.4.4 启动与退出 Flash CC

完成 Flash CC 的安装后，会自动在 Windows 程序组中添加一个 Flash CC 的快捷方式，可以通过该快捷方式启动 Flash CC，本节将向读者介绍如何启动与退出 Flash CC 软件。

1. 启动 Flash CC

如果需要启动 Flash CC 软件，可以执行“开始 > 所有程序 >Adobe Flash Professional CC”命令，如图 1–30 所示。显示 Flash CC 的启动界面，如图 1–31 所示。

图 1-30 Flash CC 的程序菜单

图 1-31 Flash CC 的启动界面

等待 Flash CC 软件初始化完成后即可进入 Flash CC 界面，如图 1–32 所示。在 Flash CC 中还可以对工作区布局进行修改。只需要单击菜单栏右侧的“基本功能”按钮 基本功能 ▾，在其下拉菜单中选择一种布局工作区的布局模式即可，如图 1–33 所示。不需要重新启动 Flash CC，就可以即时更换工作区布局。

图 1-32 Flash CC 的工作界面

图 1-33 “基本功能”下拉菜单

2. 退出 Flash CC

如果要退出 Flash CC，可以单击 Flash CC 软件界面右上角的“关闭”按钮，如图 1–34 所示，或者是执行“文件 > 退出”命令，如图 1–35 所示，同样可以退出 Flash CC 软件并关闭 Flash CC 软件窗口。

图 1-34 单击“关闭”按钮

图 1-35 执行“退出”命令

技巧

除了刚介绍的两种退出 Flash CC 软件的方法外，还可以双击 Flash 软件界面左上角的 Flash 图标，或者在该 Flash 软件图标上单击，在弹出的菜单中选择“关闭”命令，同样可以退出 Flash CC 并关闭 Flash CC 软件窗口。

1.5 Flash CC 的新增功能

Flash CC 软件是交互创作的业界标准，可用于提供跨个人计算机、移动设备，以及几乎任何尺寸和分辨率的屏幕都能呈现的互动体验。Flash CC 和以前版本相比较，从里到外做了多方面的改进，使用户界面更加流畅，并新增了强大的功能。

1.5.1 全新的 64 位软件架构

Flash CC 已不再支持 32 位的操作系统，而是采用模块化 64 位架构，简化复杂的工作流程，修正关键错误，极大地提高了 Flash 在各种平台上的运行性能。

采用 64 位软件架构的 Flash CC 在启动时间、运行速度、保存大型动画时间、操作反应速度、CPU 占用率等多个方面均有很大程度的提升，这种全方位的重构在性能、可造性以及可用性方面都有巨大的改善。

1.5.2 全新简化的用户界面

Flash CC 对工作界面进行了全面的简化和改进，从而使 Flash CC 的运行更加流畅，操作更加方便。特别是 Flash CC 工作界面的颜色采用深灰色的工作界面，如图 1–36 所示，使设计者可以将更多目光集中在所设计的内容上。

图 1-36 全新的深灰色工作界面

虽然 Flash CC 默认采用深灰色的工作界面，但是如果用户习惯了使用传统的浅灰色工作界面，可以执行“编辑 > 首选参数”命令，在弹出的“首选参数”对话框中设置“用户界面”为“浅”选项，如图 1–37 所示，即可将 Flash CC 的工作界面设置为传统的浅灰色工作界面，如图 1–38 所示。

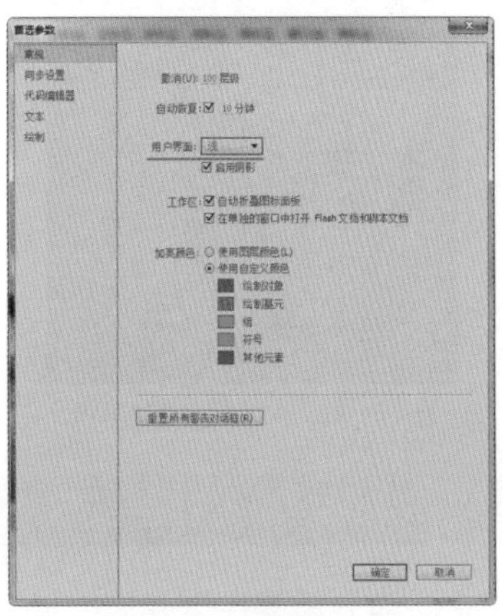

图 1-37 设置“用户界面”选项

图 1-38 浅灰色工作界面

1.5.3 支持 HiDPI 高清分辨率

HiDPI 即高清分辨率显示，新的 Mac Book Pro 的 Retina 显示屏就是 HiDPI 分辨率。HiDPI 高清分辨率可以显著提高图像的逼真度。Flash CC 增强了显示效果，从用户界面、图标、字体、舞台上的绘图都进行了改进。默认情况下，Flash CC 在 Mac 上启用 HiDPI 高清分辨率显示。

1.5.4 增强“查找和替换”功能

在 Flash CC 中增强了“查找和替换”功能，执行“编辑 > 查找和替换”命令，打开“查找和替换”面板，如图 1–39 所示。在 Flash CC 的“查找和替换”

面板中可以设置查找范围，限制在帧中或跨文件查找，并且对代码和其他文本分别使用各自的查找选项。

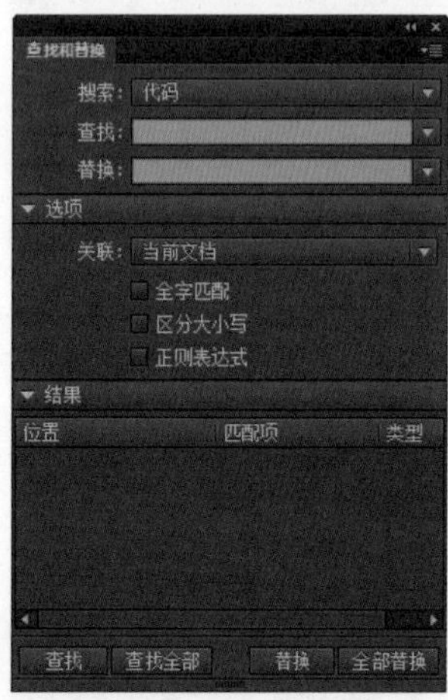

图 1-39 增强的“查找和替换”面板

1.5.5 集成 Toolkit for CreateJS 1.2

Toolkit for CreateJS 是一个开源的 JavaScript 库，设计人员和动画制作人员可以利用它将 Flash 内容转换成 HTML 5 内容。单击一下鼠标，Toolkit for CreateJS 便可将内容导出为可以在浏览器中预览的 JavaScript。它支持 Flash 的大多数核心动画和插图功能，包括矢量、位图、补间、声音、按钮和 JavaScript 时间轴脚本。在 Flash CS6 中，Toolkit for CreateJS 只是 Flash 的一个扩展程序，而在 Flash CC 中已经集成了这一功能，如图 1-40 所示。

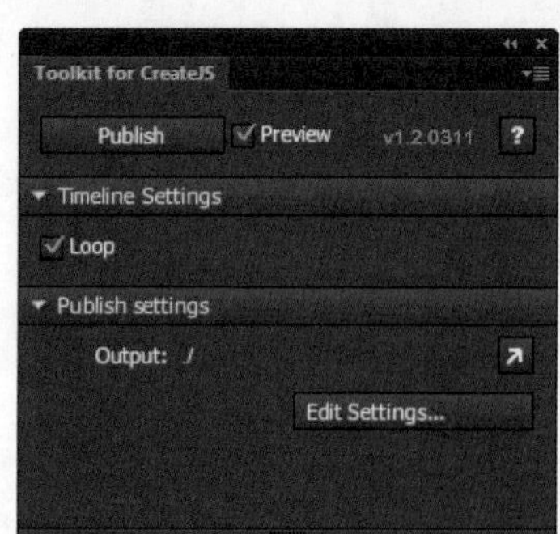

图 1-40 Toolkit for CreateJS 面板

1.5.6 简化的“首选参数”对话框

在 Flash CC 中简化了“首选参数”对话框中的设置选项，删除了一些很少使用的选项，这些选项不仅影响软件的可用性，而且也影响软件的性能，并且对“首选参数”对话框中的选项设置进行了重新分组，极大地改善了软件的可用性，如图 1-41 所示为全新的“首选参数”对话框。

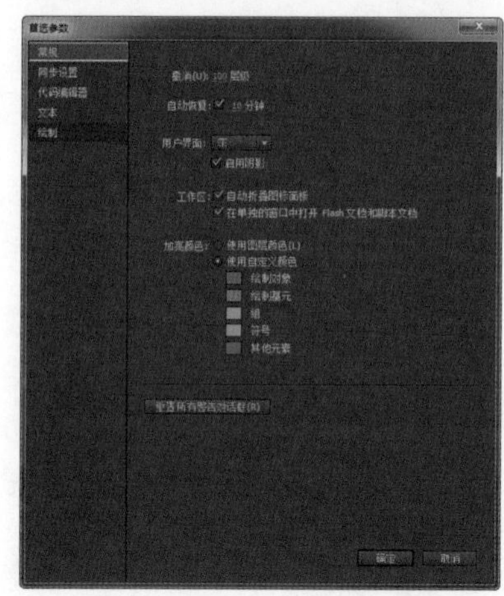

图 1-41 全新的“首选参数”对话框

1.5.7 Flash CC 与 Creative Cloud 同步

用户可以将 Flash CC 中首选参数设置、默认文档设置和键盘快捷键等存储在 Creative Cloud 中，当用户在其他的计算机中需要使用相同的设置时，可以随时随地登录 Creative Cloud 访问所存储的文件。在 Flash CC 中可以设置 Flash CC 与 Creative Cloud 同步。

执行“编辑 > 首选参数”命令，弹出“首选参数”对话框，在左侧列表中选择“同步设置”选项，在对话框右侧显示需要进行同步的选项，如图 1-42 所示，单击“立即同步设置”按钮，即可将 Flash CC 与 Creative Cloud 云同步。也可以单击 Flash CC 菜单栏右侧的“同步设置”按钮，在弹出选项中单击“立即同步设置”按钮，将 Flash CC 与 Creative Cloud 云同步，如图 1-43 所示。

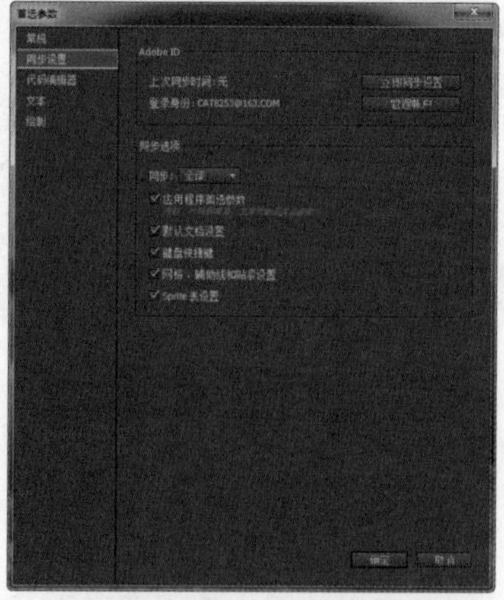

图 1-42 “首选参数”对话框

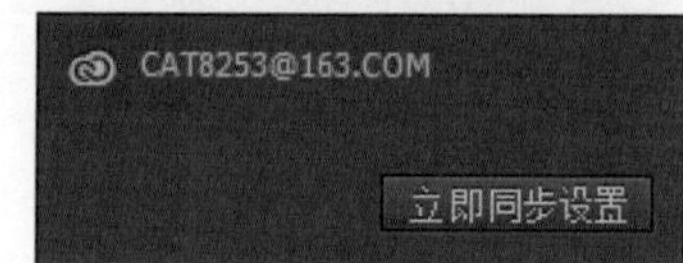

图 1-43 同步设置选项

1.5.8 增强的 ActionScript 编辑器

在 Flash CC 中增强了 ActionScript 编辑器的功能，使得在编写和修改 ActionScript 代码时更加方便和高效。在 Flash CC 的 ActionScript 编辑器中增强了代码注释的功能，可以同时选中单行或多行代码对其进行注释或取消注释；并且在 Flash CC 的 ActionScript 编辑器中还集成了开源代码编辑组件 Scintilla。如图 1-44 所示为增强的 ActionScript 编辑器。

图 1-44 增强的 ActionScript 编辑器

1.5.9 改进的键盘快捷键设置

在 Flash CC 中改进了键盘快捷键的设置，执行“编辑 > 快捷键”命令，弹出“键盘快捷键”对话框，如图 1-45 所示。增加了“搜索”选项，可以快速查找相应的快捷键命令；增加了“复制到剪贴板”功能，可以将整个键盘快捷键列表复制到剪贴板中，将其复制到文本编辑器中可以快速参考；增加了快捷键设置冲突警告的功能；并且用户可以保存自定义的键盘快捷键预设。

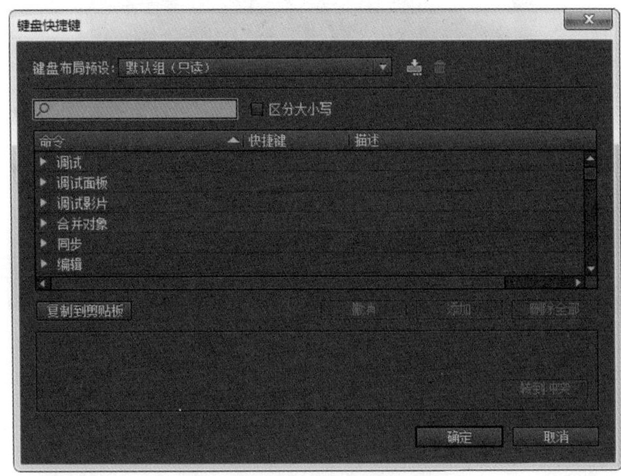

图 1-45 全新的“键盘快捷键”对话框

1.5.10 改进的导出视频功能

在 Flash CC 中改进了视频导出的流程，只导出 QuickTime（MOV）文件。Flash CC 已经完全集成了 Adobe Media Encoder，可以使用 Adobe Media Encoder 将 MOV 文件转换为各种其他格式，如图 1-46 所示。

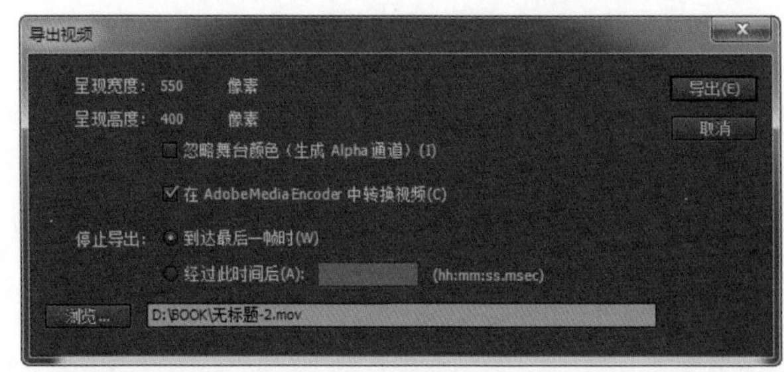

图 1-46 “导出视频”对话框

1.5.11 改进针对 AIR 开发的工作流程

Flash CC 引入了新功能，增强了 iOS 设备的 AIR 应用程序开发。可以通过 USB 同时连接多台设备，在各种屏幕上测试应用程序。可以在解释器模式下测试和调试，通过 USB 在 iOS 上进行测试和调试，大大提高了 AIR 的开发效率。

1.5.12 增强 JS API 错误提示

针对 JS API 的错误消息在之前的 Flash 版本中并没有帮助，而在 Flash CC 中，JS API 的错误消息包括行号、带有准确的错误消息的问题陈述、文件名以及其他有助于调整的详细信息都会提供。

1.5.13 改进的工作流程

Flash CC 改进了设计人员和动画制作人员的工作流程效率。元件的绘制和操作、时间轴的操作、图层编辑、舞台及内容的缩放等都提供了更高效的功能。

1. 将多个对象分布到关键帧

使用“分布到关键帧”功能可以将图层上的多个对象分布到各个不同的关键帧中。通过将多个元件或位图分布到关键帧，可以快速地创建逐帧动画。

如果需要将多个对象分布到关键帧，可以在舞台中选中多个对象，执行“修改 > 时间轴 > 分布到关键帧”命令，即可将选中的多个对象分别放置在不同的关键帧中。

2. 交换多个元件和位图

在舞台上有大量的对象需要批量替换时，使用“交换元件”和“交换位图”功能可以快速地完成批量替换的操作，替换之后，Flash CC 会保留原有元件所设置的属性。

3. 同时设置多个图层属性

在Flash CC中可以同时对多个图层的属性进行设置。如果需要同时设置多个图层属性，可以在“时间轴”面板中选中多个需要同时设置相同属性的图层，单击鼠标右键并选择命令，在弹出的“图层属性”对话框中进行设置。

4. 改进时间轴范围标记

在 Flash CC 中改进了时间轴范围标记的功能，可以按比例扩展或收缩时间轴范围。

5. 全屏工作模式

在 Flash CC 中允许用户在全屏模式下工作。在 Flash CC 的工作界面中按快捷键 F11，可以切换到全屏模式，将隐藏 Flash CC 中的所有菜单和面板，为舞台提供更大的屏幕空间，如图 1–47 所示。

图 1-47 全屏工作模式

6. 定位到舞台中心

在 Flash CC 中新增了定位到舞台中心的功能，在较大的工作区中工作时，不管滚动到舞台的任何角落，都可以通过单击编辑栏右侧的“舞台居中”按钮，快速地返回到舞台中心位置。

7. 全新的 PSD 和 AI 文件导入工作流程

在 Flash CC 中简化了 PSD 和 AI 文件的导入工作流程，简化了“导入”对话框中的相关设置选项，相比以前的版本，导入 PSD 和 AI 文件更加高效、快捷和简便。

8. 绘图工具的实时颜色预览

在之前的版本中，使用绘图工具在舞台中绘制图形的同时，只有所绘制图形的形状轮廓可见，当释放鼠标时才能看到所绘制图形的颜色。而在 Flash CC 中允许用户在舞台中绘制图形的同时以所设置的颜色实时预览所绘制的图形。

9. 设置缩放对象的锚点

在 Flash CC 中缩放舞台大小时，可以设置同时缩放舞台中对象的预定义锚点位置，通过设置缩放对象的锚点，可以确定舞台中对象的缩放中心点参考位置，如图 1–48 所示。

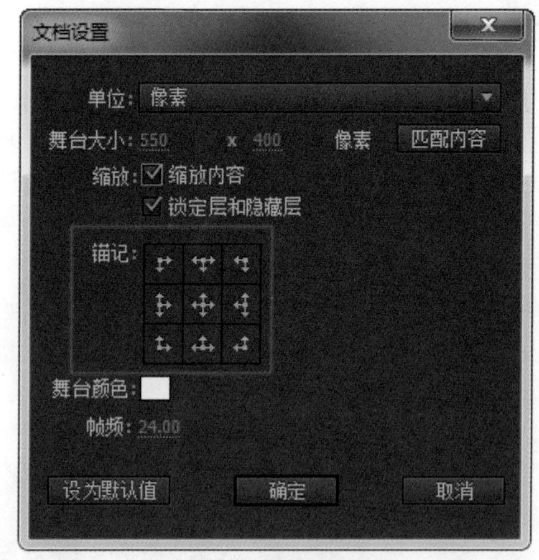

图 1-48 “文档设置”对话框

1.6 使用 Flash CC 欢迎界面

Flash CC 与 Dreamweaver CC 相同，都提供了欢迎界面，通过欢迎界面，可以快速创建各种类型的 Flash 文档，或者访问相关的 Flash 资源，启动 Flash CC 软件，在 Flash CC 的软件界面中即可看到 Flash CC 的欢迎界面，如图 1–49 所示。

图 1-49 Flash CC 欢迎界面

● 打开最近的项目：在该选项区中显示了最近打开过的 Flash 文档，单击相应的文档，即可快速地在 Flash CC 中打开该文档。如果单击“打开…”选项，则会弹出“打开”对话框，可以在该对话框中浏览到需要打开的 Flash 文档。

● 新建：在该选项区的列表中提供了 Flash CC 所支持的所有文档类型，单击相应的文档类型即可自动创建默认设置的该类型文档。

● 简介：在该选项区中提供了有关 Flash CC 的相关介绍内容，单击该选项区中相应的选项，将自动在浏览器窗口中打开 Adobe 官方网站关于该部分内容的介绍页面，如图 1-50 所示。通过 Adobe 官方网站的介绍，可以快速了解有关 Flash CC 软件的相关知识。

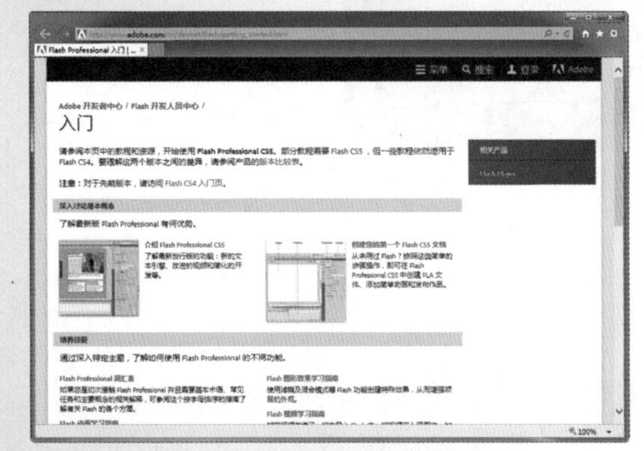

图 1-50 Adobe 官方网站的软件介绍页面

● 学习：在该选项区中根据 Flash CC 软件功能分类，分别提供了 Flash 开发、ActionScript 技术、CreateJS 开发和游戏开发 4 部分的学习资源，单击相应的选项，将自动在浏览器窗口中打开 Adobe 官方网站关于该部分内容的页面，如图 1-51 所示。便于使用者学习 Flash CC 的相关知识，但所提供的学习资源多数为英文的学习资源，对于国内读者来说很不方便。

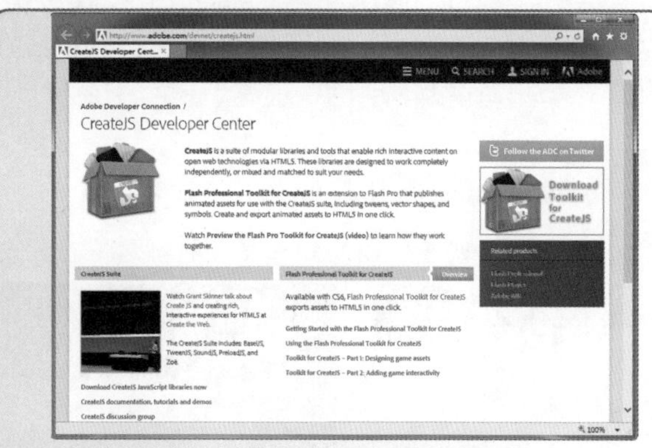

图 1-51 Adobe 官方网站的学习资源页面

● 扩展：在该选项区中提供了 Flash CC 的扩展选项，单击 Adobe Exchange 选项，将自动在浏览器窗口中打开 Adobe 官方网站的软件扩展页面，如图 1-52 所示，在该扩展页面中可以查找需要的扩展功能，下载并安装。

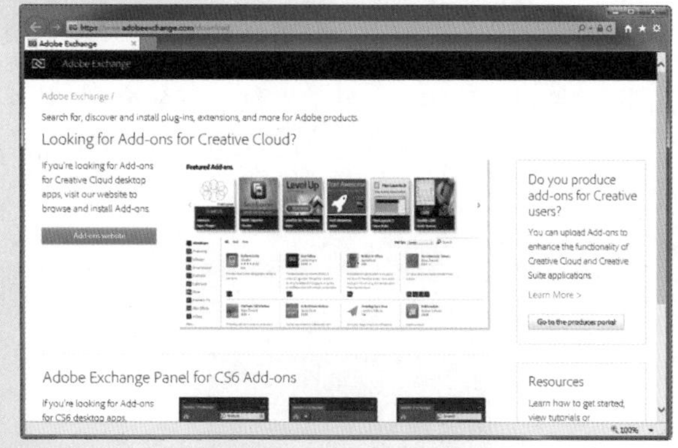

图 1-52 Adobe 官方网站的软件扩展页面

● 模板：在该选项区的列表中单击相应的模板类别选项，即可弹出“从模板创建”对话框，并自动切换到所单击的模板类别，如图 1-53 所示，在“模板”列表中选择合适的模板，单击“确定”按钮，即可创建该模板文件。

图 1-53 “从模板创建”对话框

- 不再显示：选中该复选框，则在下次重新启动 Flash CC 时将不会再显示欢迎屏幕。如果希望再次显示 Flash CC 的欢迎屏幕，取消选中该复选框即可。

1.7 认识 Flash CC 工作区

与之前版本的 Flash 相比，Flash CC 采用了深灰色的工作界面，使用户视线能够更加专注于所设计的内容。Flash CC 工作区进行了许多改进，图像处理区域更加开阔，文档的切换也变得更加快捷，这些改进提供了更加方便的工作环境。

1.7.1 Flash CC 的工作界面

Flash 在每次版本升级时都会对界面进行优化，以提高设计人员的工作效率。Flash CC 的工作界面更具亲和力，使用也更加方便，打开 Flash CC 软件，其工作界面显示如图 1-54 所示。

菜单栏
“文档窗口”选项卡
编辑栏
舞台
“时间轴”面板
“同步设置”按钮
工作区预设
工具箱
浮动面板

图 1-54 Flash CC 的工作界面

- 菜单栏：在菜单栏中分类提供了 Flash CC 中所有的操作命令，几乎所有的可执行命令都可以在这里直接或间接地找到相应的操作选项。

- “同步设置”按钮：该选项用于实现 Flash CC 与 Creative Cloud 同步，单击该按钮，可以在弹出的对话框中进行同步设置，如图 1-55 所示。

图 1-55 同步设置窗口

- 工作区预设：Flash CC 提供了多种软件工作区预设，在该选项的下拉列表中可以选择相应的工作区预设，如图 1-56 所示，选择不同的选项，即可将 Flash CC 的工作区更改为所选择的工作区预设。在列表的最后提供了“新建工作区”、“删除工作区”和“重置”3 种功能，“新建工作区”用于创建个人喜好的工作区配置，“重置”用于恢复当前所选择工作区的默认状态，“删除工作区”用于删除自定义的工作区，不可以删除 Flash 预设的工作区，如图 1-57 所示。

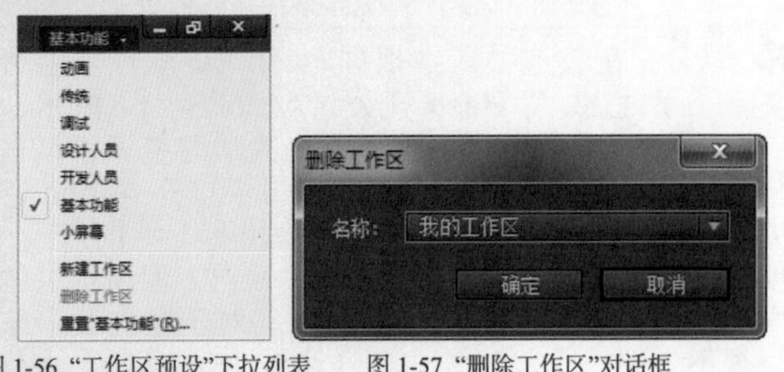

图 1-56 “工作区预设”下拉列表　图 1-57 “删除工作区”对话框

- “文档窗口”选项卡：在“文档窗口”选项卡中显示文档名称，当用户对文档进行修改而未保存时，则会显示“*”号作为标记。如果在 Flash CC 软件中同时打开了多个 Flash 文档，可以单击相应的文档窗口选项卡进行切换。
- 编辑栏：左侧显示当前“场景”或“元件”，单击右侧的“编辑场景”按钮，在弹出的菜单中可以选择要编辑的场景。单击“编辑元件”按钮，在弹出的菜单中可以选择要切换编辑的元件。单击“舞台居中”按钮，可以使舞台在场景中居中显示。如果希望在 Flash 工作界面中设置显示 / 隐藏该栏，则可以执行“窗口 > 编辑栏”命令，即可在 Flash CC 工作界面中设置显示 / 隐藏该栏。
- 舞台：即动画显示的区域，用于编辑和修改动画。
- “时间轴”面板：“时间轴”面板是 Flash CC 工作界面中的浮动面板之一，是 Flash 制作中操作最为频繁的面板之一，几乎所有的动画都需要在“时间轴”面板中进行制作。
- 浮动面板：用于配合场景、元件的编辑和 Flash 的功能设置，在“窗口”菜单中执行相应的命令，可以在 Flash CC 的工作界面中显示 / 隐藏相应的面板。
- 工具箱：在工具箱中提供了 Flash 中所有的操作工具，如笔触颜色和填充颜色，以及工具的相应设置选项，通过这些工具可以在 Flash 中进行绘图、调整等相应的操作。

1.7.2 菜单栏

Flash CC 工作界面顶部的菜单栏中包含了用于控制 Flash 功能的所有菜单命令，共包含了“文件”、“编辑”、“视图”、“插入”、“修改”、“文本”、“命令”、“控制”、“调试”、“窗口”和“帮助”这 11 种功能的菜单命令，如图 1–58 所示，是 Flash 中重要的组成部分。

图 1-58 菜单栏

1. “文件”菜单

“文件”菜单下的菜单命令多是具有全局性的，如“新建”、“打开”、“关闭”、“保存”、“导入”、“导出”、“发布”、“AIR 设置”、“ActionScript 设置”、“打印”、“页面设置”以及“退出”等命令，如图 1–59 所示。

2. “编辑”菜单

在“编辑”菜单中提供了多种作用于舞台中各种元素的命令，如“复制”、“粘贴”、“剪切”等。另外在该菜单下还提供了“首选参数”、“自定义工具面板”、“字体映射”及“快捷键”的设置命令，如图 1–60 所示。

图 1-59 “文件”菜单

图 1-60 “编辑”菜单

3. “视图”菜单

在“视图”菜单中提供了用于调整 Flash 整个编辑环境的视图命令，如“放大”、“缩小”、“标尺”、“网格”等命令，如图 1–61 所示。

4. “插入”菜单

在“插入”菜单中提供了针对整个“文档”的操作，如在文档中“新建元件”、“场景”，在“时间轴”面板中插入“补间”、“层”或“帧”等，如图 1–62 所示。

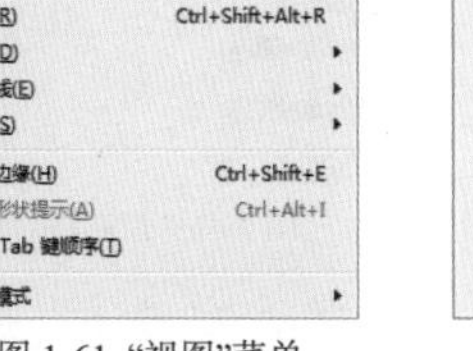

图 1-61 “视图”菜单

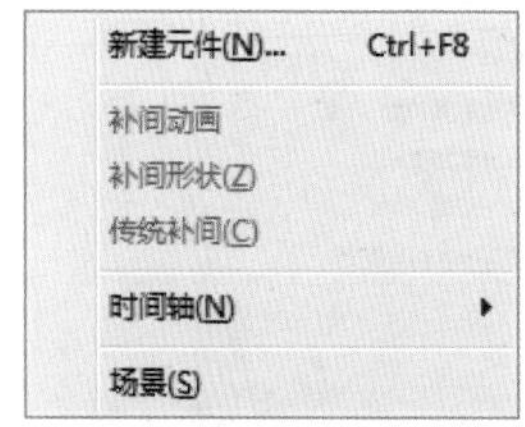

图 1-62 “插入”菜单

5. “修改”菜单

在“修改”菜单中包括了一系列对舞台中元素的修改命令，如“转换为元件”、“变形”等，还包括对文档的修改等命令，如图 1–63 所示。

6. “文本”菜单

在“文本”菜单中可以执行与文本相关的命令，如设置“字体”、“样式”、“大小”、“字母间距”等，如图 1–64 所示。

图 1-63 “修改”菜单

图 1-64 “文本”菜单

7. “命令”菜单

Flash CC 允许用户使用 JSFL 文件创建自己的命令，在“命令”菜单中可以运行、管理这些命令或使用 Flash 默认提供的命令，如图 1–65 所示。

8. “控制”菜单

在“控制”菜单中可以选择“测试影片”或“测试场景”，还可以设置影片测试的环境，如用户可以选择在桌面或移动设备中测试影片，如图 1–66 所示。

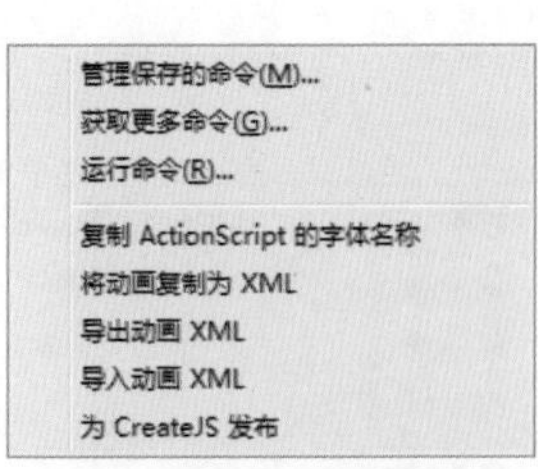

图 1-65 “命令”菜单

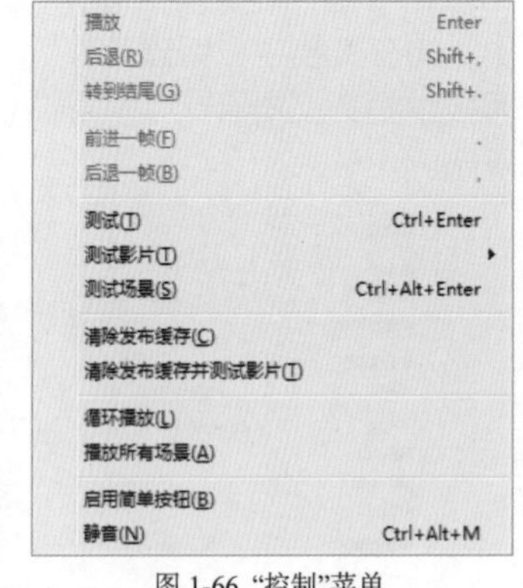

图 1-66 “控制”菜单

9. “调试”菜单

在“调试”菜单中提供了影片调试的相关命令，如设置影片调试的环境等，如图 1–67 所示。

10. “窗口”菜单

在“窗口”菜单中主要集合了 Flash 中的面板激活命令，选择一个要激活的面板的名称即可打开该面板，如图 1–68 所示。

图 1-67 “调试”菜单

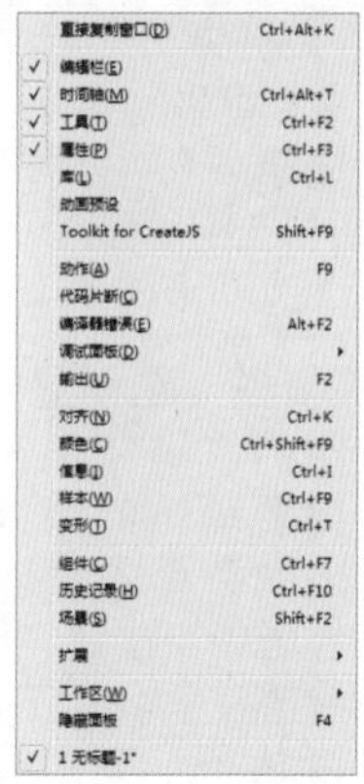

图 1-68 “窗口”菜单

11. “帮助”菜单

在“帮助”菜单中含有 Flash 官方帮助文档，也可以选择“关于 Flash ”来了解当前 Flash 的版权信息，如图 1–69 所示。

图 1-69 “帮助”菜单

1.7.3 舞台

舞台是用户在创建 Flash 文件时放置图形内容的区域，这些图形内容包括矢量插图、文本框、按钮、导入的位图或者视频等。如果需要在舞台中定位项目，可以借助网格、辅助线和标尺。

Flash 工作界面中的舞台相当于 Flash Player 或 Web 浏览器窗口中在播放 Flash 动画时显示 Flash 文件的矩形空间，如图 1–70 所示，在 Flash 工作界面中可以任意放大或缩小视图，以更改舞台中的视图。

图 1-70 舞台

1.7.4 文档窗口

在 Flash CC 中可以同时打开或编辑多个文档，每个 Flash 文档都在一个独立的文档窗口中，以选项卡的形式排列在 Flash CC 的工作区中，如图 1–71 所示。单击一个文档的名称，即可将该文档窗口设置为当前操作窗口，如图 1–72 所示。

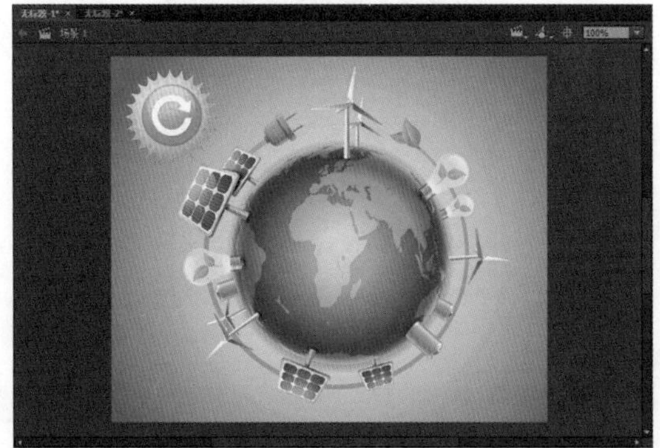

图 1-71 多个文档窗口

图 1-72 切换文档窗口

选择一个文档窗口的标题栏，按住鼠标左键从选项卡中拖出，该文档窗口便可成为任意移动位置的浮动窗口，如图 1–73 所示。将鼠标放置在浮动窗口的标题栏上，按住鼠标左键，拖动至“选项卡”栏中，当出现蓝色框时放开鼠标，如图 1–74 所示，该窗口就会放置在选项卡中。

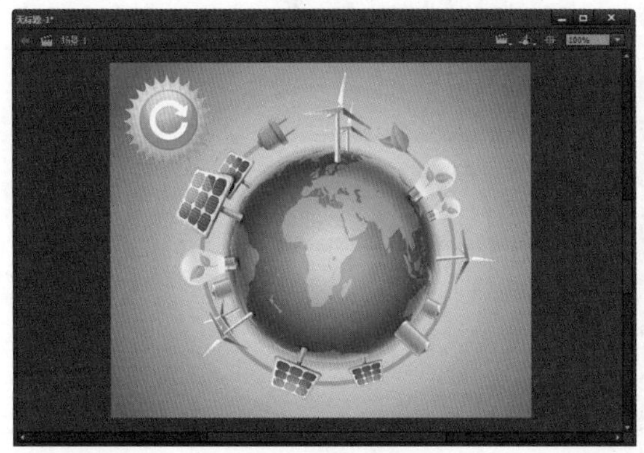

图 1-73 浮动的文档窗口

图 1-74 将文档窗口放回到选项卡

按住鼠标左键，拖动文档的标题栏，可以调整它在选项卡中的顺序，如图 1–75 所示。当文档窗口数量较多，标题栏中不能显示所有文档时，可以单击标题栏右侧的“双箭头”按钮，在弹出的菜单中选择需要的文档，如图 1–76 所示。

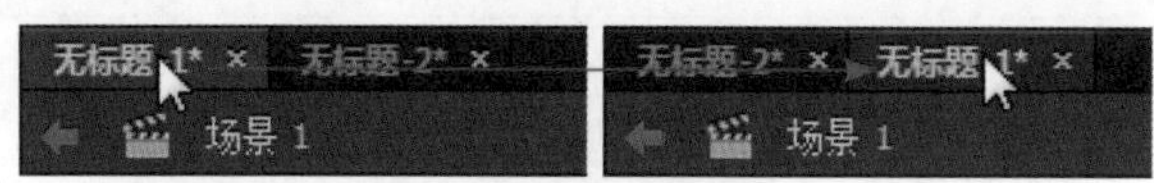

图 1-75 调整文档窗口顺序

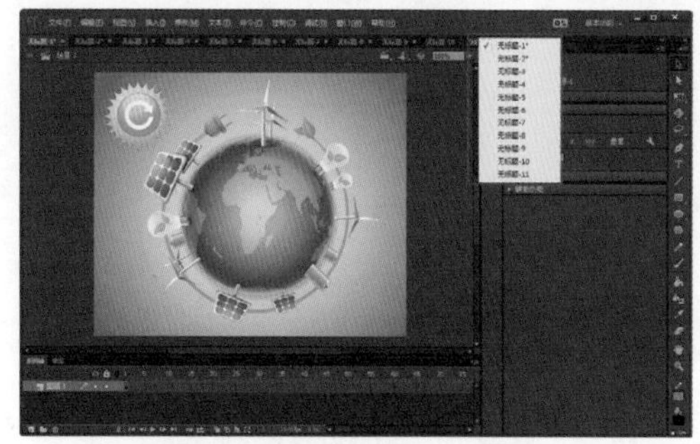

图 1-76 在多个文档窗口之间切换

技巧

如果需要关闭单个文档，可以单击该窗口“选项卡”的关闭按钮，即可关闭当前文档，或者执行“文件 > 关闭”命令也可达到同样的效果。按快捷键 Ctrl+W，可以快速关闭当前文档，按快捷键 Ctrl+Alt+W，则可实现关闭所有文档。

1.7.5 时间轴

对于 Flash 来说，“时间轴”面板很重要，可以说，“时间轴”面板是动画的灵魂。只有熟悉了“时间轴”面板的操作使用方法，才能够在制作 Flash 动画时得心应手。

时间轴用于组织和控制文档内容在一定时间内播放的图层数和帧数。与胶片一样，Flash 文件也将时长分为帧。图层就像是堆叠在一起的多张幻灯片，每个图层都包含一个显示在舞台中的不同图像。时间轴的主要组件就是图层、帧和播放头，如图 1–77 所示为 Flash 动画的“时间轴”面板。

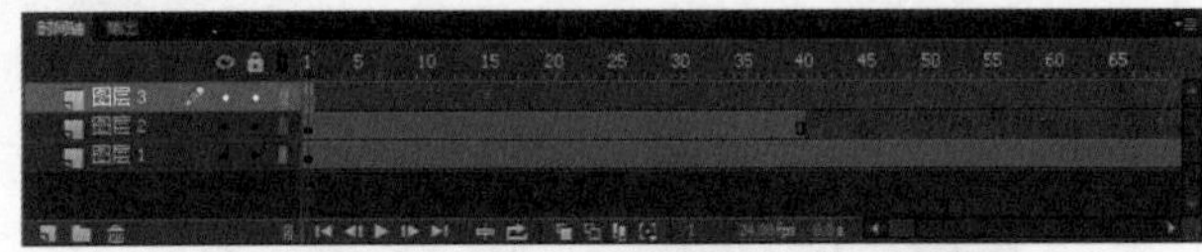

图 1-77 “时间轴”面板

文档中的图层列在“时间轴”面板左侧的列中，每个图层中包含的帧显示在该图层名右侧的一行中。“时间轴”面板的顶部是时间轴标题指示帧编号，播放头指示当前在舞台中显示的帧。播放 Flash 文件时，播放头从左向右通过时间轴。

时间轴状态显示在“时间轴”面板的底部，可以显示当前帧频、帧速率，以及到当前帧为止的运行时间。

提示

在播放 Flash 动画时，将显示实际的帧频。如果计算机运行速度慢，该帧频可能与文档的帧频设置不一致。

如果需要更改时间轴中的帧显示，可以单击“时间轴”面板右上角的下三角形按钮，弹出“时间轴”面板菜单，如图 1-78 所示。

图 1-78 “时间轴”面板菜单

通过面板菜单，用户可以更改帧单元格的宽度和减小帧单元格行的高度。如果需要更改“时间轴”面板中的图层高度，可以双击“时间轴”中图层的图标，或者在图层名称上单击鼠标右键，在弹出的菜单中选择“属性”命令，在弹出的“图层属性”对话框中对“图层高度”进行设置，再单击“确定”按钮，如图 1-79 所示。

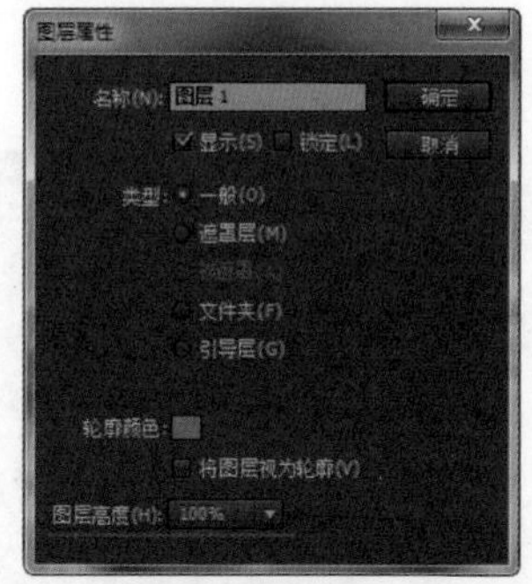

图 1-79 “图层属性”对话框

提示

图层就像透明的纸张一样，在舞台上一层层地向上叠加。图层用于帮助用户组织文档中的插图，用户可以在图层上绘制和编辑对象，而不会影响其他图层上的对象。如果一个图层上没有内容，那么就可以透过它看到下面的图层。

1.7.6 工具箱

工具箱中包含有较多工具，每个工具都能实现不同的效果，熟悉各个工具的功能特性是 Flash 学习的重点之一。Flash 默认的工具箱如图 1-80 所示，由于工具太多，一些工具被隐藏起来，在工具箱中，如果工具按钮右下角含有黑色小箭头，则表示该工具下还有其他被隐藏的工具。

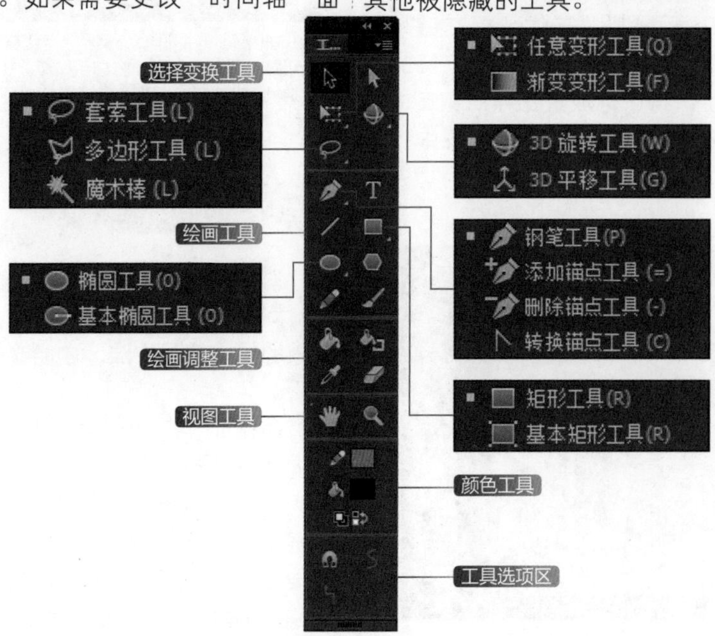

图 1-80 工具箱

- 选择变换工具：选择变换工具包括“选择工具”、“部分选择工具”、“变形工具组”、“3D 工具组”和“套索工具组”，利用这些工具可对舞台中的元素进行选择、变换等操作。
- 绘画工具：绘画工具包括“钢笔工具组”、“文本工具”、“线条工具”、“矩形工具组”、“椭圆形工具组”、“多边形工具”、“铅笔工具”和“刷子工具”，这些工具的组合使用能让设计者更方便地绘制出理想的作品。
- 绘画调整工具：该组工具能让设计对所绘制的图形、元件的颜色等进行调整，包括“颜料桶工具”、“墨水瓶工具”、“滴管工具”和“橡皮擦工具”。
- 视图工具：视图工具包含的“手形工具”用于调整视图区域，“缩放工具”用于放大 / 缩小舞台大小。
- 颜色工具：颜色工具主要用于“笔触颜色”和“填充颜色”的设置和切换。
- 工具选项区：工具选项区是动态区域，它会随着用户选择的工具的不同而显示不同的选项，如果单击工具箱中的“任意变形工具”按钮，在该区域中会显示如图 1–81 所示的选项，单击相应的按钮，可以对所选中的对象执行相应的变形操作。

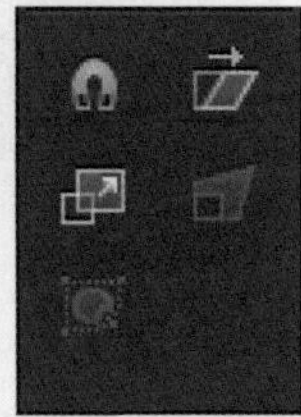

图 1-81　工具选项

技巧 

将光标停留在工具图标上稍等片刻，即可显示关于该工具的名称及快捷键的提示。单击工具箱顶部的图标或图标即可将工具箱展开或折叠显示。右下角有三角图标的工具，表示是一个工具组，在该工具按钮上按下鼠标左键，当工具组显示后即可松开左键，然后选择显示的工具即可。

1.7.7　“属性”面板和其他面板 

Flash CC 提供了许多自定义工作区的方式，可以满足用户的需要。使用“属性”面板和其他面板，可以查看、组织、更改媒体和资源及其属性，可以显示、隐藏面板和调整面板的大小，还可以将面板组合在一起保存自定义面板设置，以使工作区符合用户的个人偏好。

1. “属性”面板

使用“属性”面板可以很容易地访问舞台或时间轴上当前选定项的常用属性，从而简化文档的创建过程。用户可以在“属性”面板中更改对象或文档的属性，而不必访问用于控制这些属性的菜单或者面板。

根据当前选定的内容，“属性”面板可以显示当前文档、文本、元件、形状、位图、视频、组、帧或工具的信息和设置，如图 1–82 所示为不同对象的“属性”面板。当选定了两个或多个不同类型的对象时，“属性”面板会显示选定对象的总数。

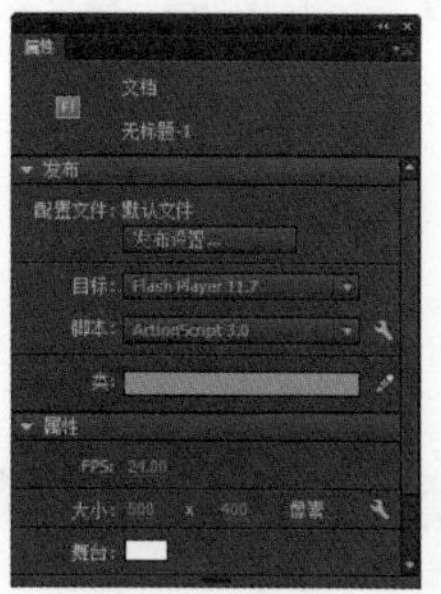

图 1-82　不同对象的“属性”面板

2. “库”面板

“库”面板是存储和组织在 Flash 中创建的各种元件的地方，它还用于存储和组织导入的文件，包括位图、声音文件和视频剪辑等。执行“窗口 > 库”命令，可以打开“库”面板，如图 1–83 所示。单击“库”面板右上方的“新建库面板”按钮，可以新建多个库，便于在设计开发工作中对多个文档或一个文档含大量库资源时进行操作，如图 1–84 所示。

图 1-83　“库”面板

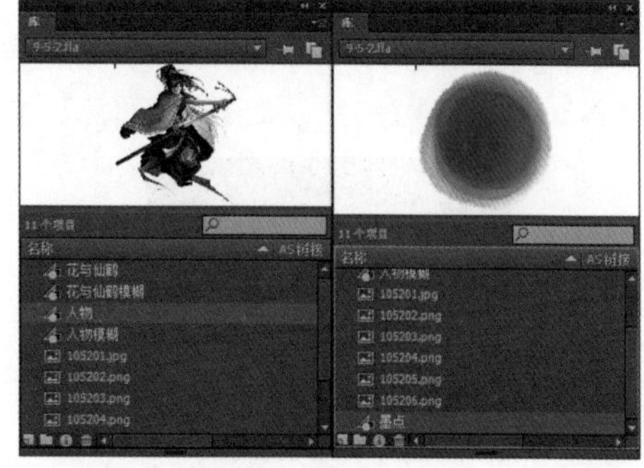

图 1-84　打开多个“库”面板

3. “动作”面板

使用“动作”面板可以创建和编辑对象或帧的 ActionScript 代码。执行“窗口 > 动作”命令，或按快捷键 F9，可以打开“动作”面板，如图 1–85 所示。选择关键帧、按钮或影片剪辑实例，可以激活“动作”面板。

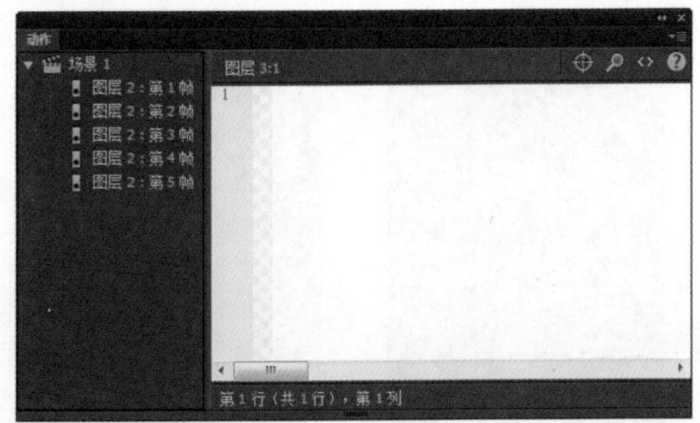

图 1-85 “动作”面板

4. “颜色”面板

执行“窗口 > 颜色”命令，打开“颜色”面板，如图 1–86 所示。“颜色”面板可用于设置笔触、填充的颜色和类型、alpha 值，还可对 Flash 整个工作环境进行取样等操作。

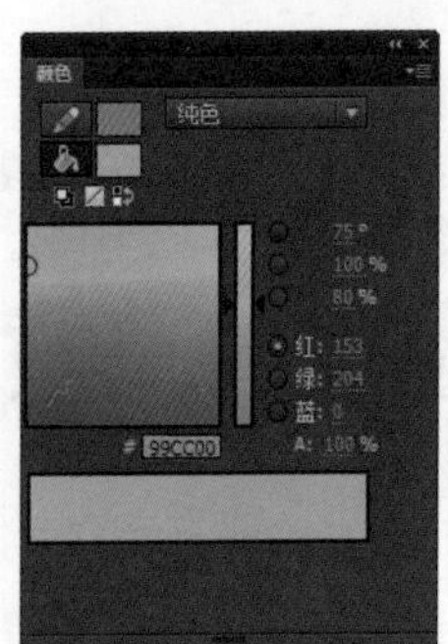

图 1-86 “颜色”面板

5. “样本”面板

执行“窗口 > 样本”命令，打开“样本”面板，如图 1–87 所示。“样本”面板用于颜色样本的管理，单击“样本”面板右上角的向下三角形按钮，可以弹出面板菜单，如图 1–88 所示，菜单包含“添加颜色”、“删除样本”、“替换颜色”和“保存颜色”等命令。

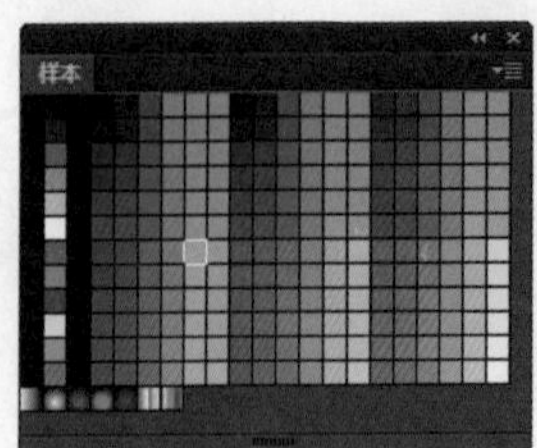

图 1-87 “样本”面板

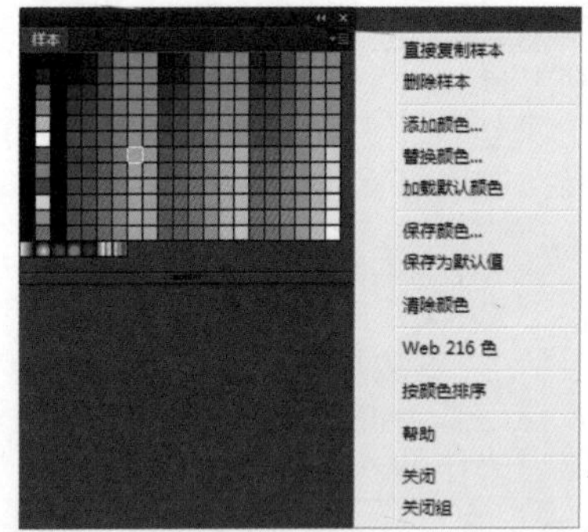

图 1-88 “样本”面板菜单

6. “对齐”面板

执行“窗口 > 对齐”命令，打开“对齐”面板，如图 1–89 所示。选中多个对象后，可以在“对齐”面板中对所选对象进行左对齐、垂直居中等对齐方式的设置。

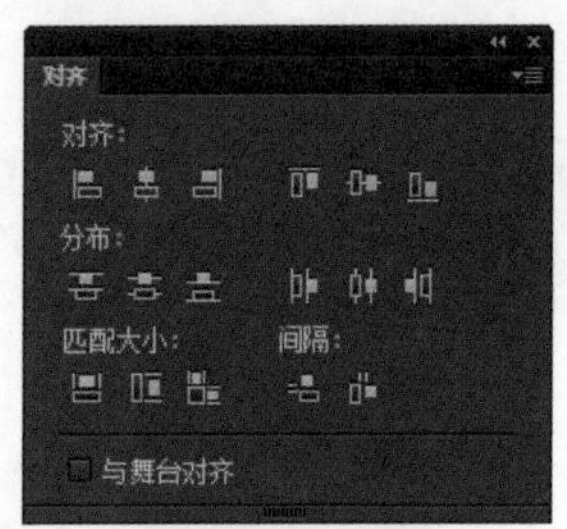

图 1-89 “对齐”面板

7. “信息”面板

执行“窗口 > 信息”命令，打开“信息”面板，如图 1–90 所示。它用于显示当前对象的“宽”、“高”、原点所在的 X/Y 值，以及鼠标的坐标和所在区域的颜色状态。

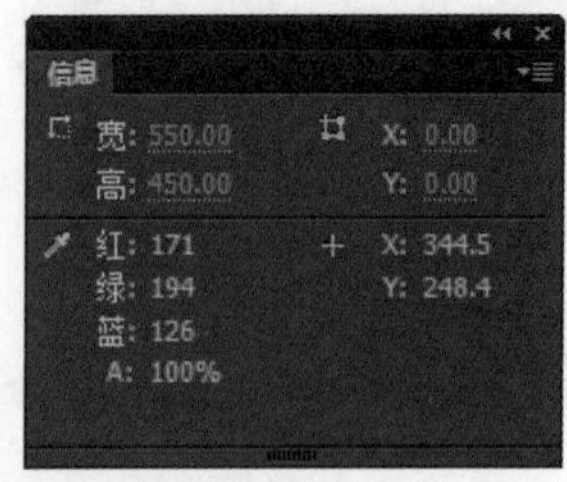

图 1-90 “信息”面板

8. “变形”面板

执行“窗口 > 变形”命令，打开“变形”面板，如图 1–91 所示。“变形”面板可以执行各种作用于舞台上对象的变形操作，如“旋转”、“3D 旋转”等操作，其中“3D 旋转”只适用了“影片剪辑”元件，“变形”面板还提供了“重制选区和变换”操作，以提高重复使用同一变换的效率。

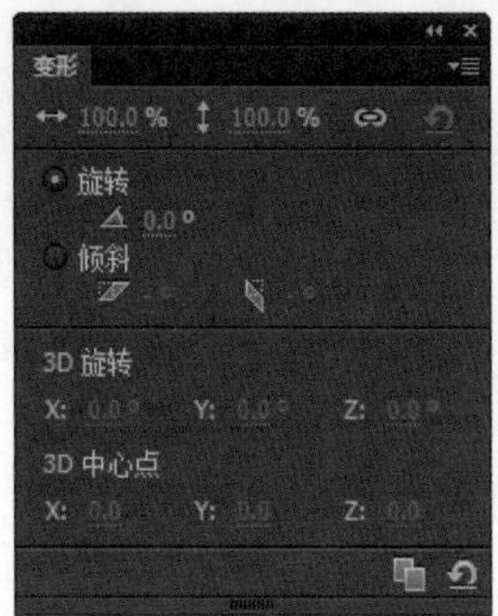
图 1-91 “变形”面板

9. “代码片断”面板

执行“窗口 > 代码片断”命令，打开“代码片断”面板，如图 1–92 所示。在该面板中含有 Flash 为用户提供的多组常用事件，选择一个元件后，在“代码片断”中双击一个所需要的代码片断，Flash 就会将该代码插入到动画中，这个过程中可能需要用户根据个人需要手动修改少数代码，但在弹出的“动作”面板中都会有详细的修改说明，如图 1–93 所示。在“代码片断”面板中还可以自行添加、编辑、删除代码片断。

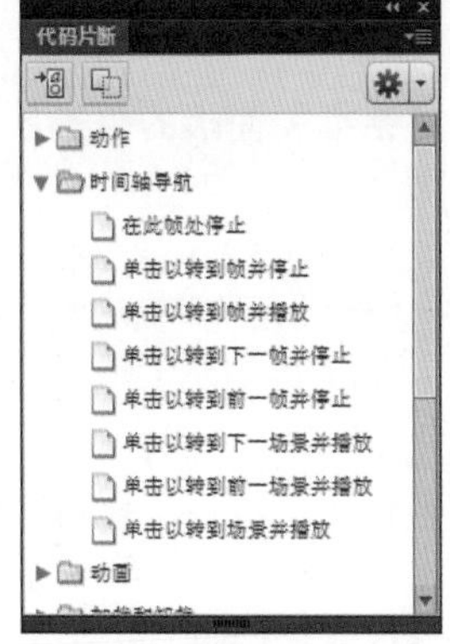
图 1-92 “代码片断”面板

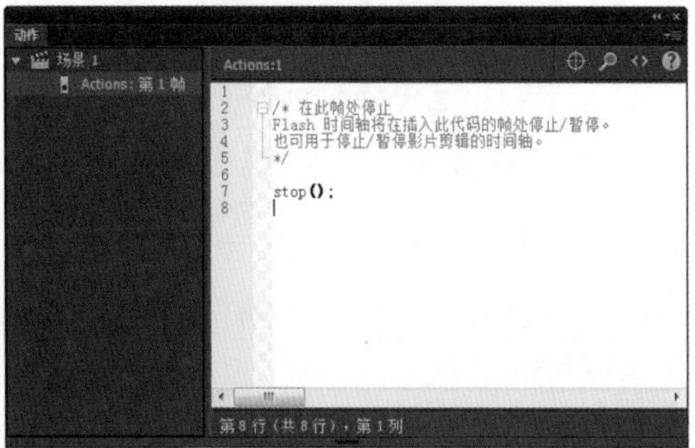
图 1-93 插入代码片断

10. “组件”面板

执行“窗口 > 组件”命令，打开“组件”面板，如图 1–94 所示。Flash 在“组件”面板中为 ActionScript 新手提供了多款可重用的预置组件，用户可以向文档中添加一个组件并在“属性”面板或“组件检查器”中设置它的参数，如图 1–95 所示，然后通过添加 ActionScript 脚本代码来处理其事件。

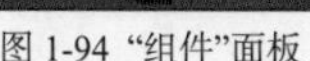
图 1-94 “组件”面板

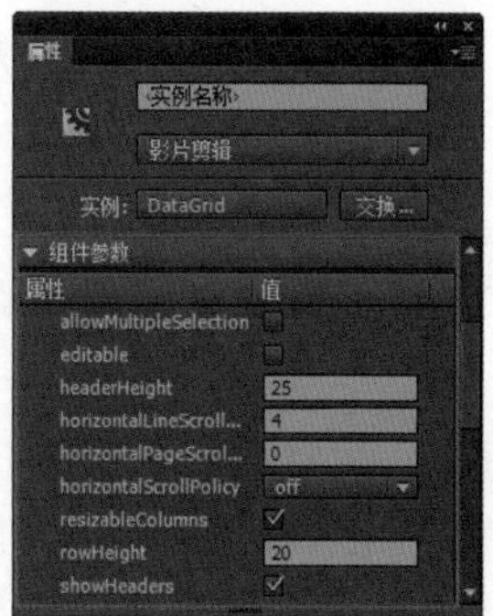
图 1-95 设置组件参数

11. “动画预设”面板

执行“窗口 > 动画预设”命令，打开“动画预设”面板，如图 1–96 所示。该面板可以将其预设中的动画作为样式应用在其他元件上。只需要选中要应用预设动画的元件，打开“动画预设”面板，在列表中选择一款喜欢的动画预设并单击“应用”按钮即可，如图 1–97 所示。在“动画预设”面板中除了系统提供的预设外，还可以创建个人的预设，以减少重复性的工作。

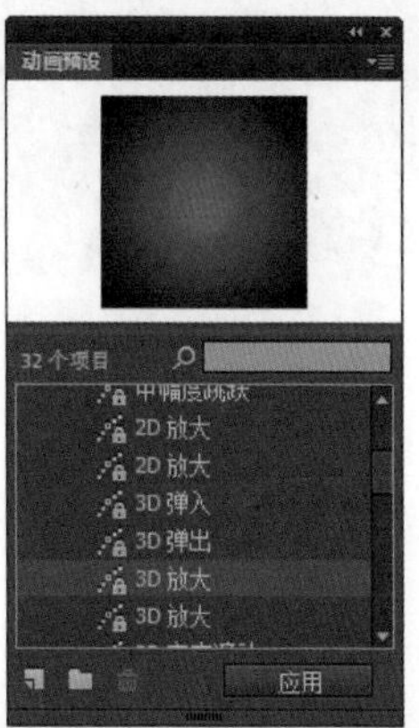
图 1-96 “动画预设”面板

图 1-97 应用动画预设

1.8 设置 Flash CC 参数和快捷键

了解 Flash CC 的工作界面后，本节将向读者介绍如何对 Flash CC 的参数和快捷键进行设置，不同的设计师在使用和操作中会有不同的习惯，配置好常用的环境参数会让 Flash 使用起来更加得心应手。

1.8.1 设置 Flash CC 参数

执行“编辑 > 首选参数”命令，弹出“首选参数”对话框，“首选参数”一共包括 5 类设置选项，如图 1–98 所示。在该对话框左侧选择要设置的类别，右侧的参数设置区就会显示所选类别中的可设置项。修改好参数后，单击“确定”按钮保存设置，或者单击“取消”按钮退出设置。

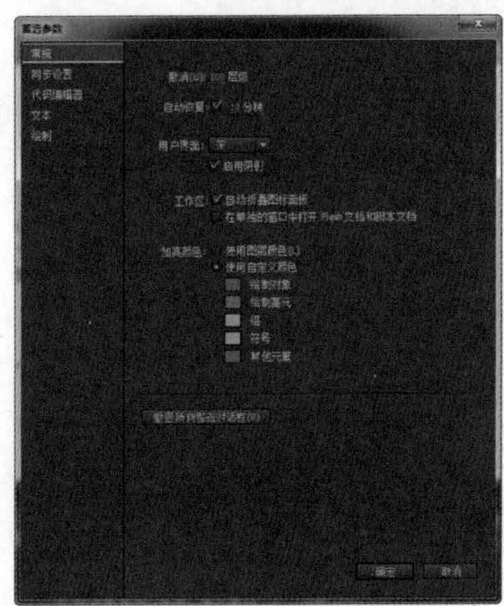

图 1-98 “首选参数”对话框

1. 常规

在“首选参数”对话框左侧的“类别”列表中选择“常规”选项，在对话框右侧可以对 Flash 的常规选项进行设置，包括 Flash 的工作区、撤销功能、自动恢复等选项的设置，如图 1–99 所示。

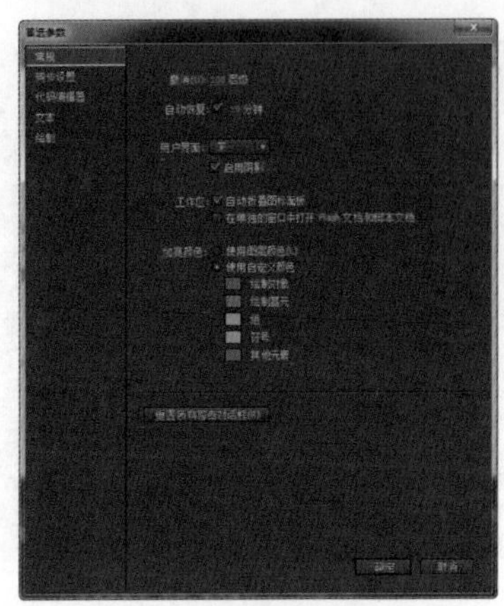

图 1-99 “常规”选项

- 撤销：该选项用于设置撤销的层级数，取值范围为 2~300 之间的整数，默认为 100。设置的数值越大，“历史记录”面板保存的记录越多。
- 自动恢复：该选项用于设置 Flash 文档的自动恢复时间，默认为 10 分钟。该设置会以指定的时间间隔将每个打开文件的副本保存在原始文件所在的文件夹中。如果尚未保存文件，Flash 会将副本保存在其 Temp 文件夹中。如果 Flash 意外退出，当重新启动 Flash 软件时会弹出一个对话框，以打开自动恢复文件。如果是正常退出 Flash 软件，则会删除自动恢复文件。
- 用户界面：该选项用于设置 Flash CC 工作界面的外观效果，在该选项后的下拉列表中有两个选项，分别是“深”和“浅”。如果选择“浅”选项，则 Flash CC 工作界面将显示为传统的浅灰色效果。
  - 启用阴影：选中该选项，将在 Flash CC 工作界面中启用对话框和面板的阴影效果，使工作界面中各部分的区分更明显。默认情况下，选中该选项复选框。
- 工作区：在该选项区中包含两个选项，可以对 Flash CC 工作区进行相应的设置。
  - 自动折叠图标面板：默认选中该选项，在打开已经折叠为图标的面板后，执行其他不在该面板中的操作时该面板会再折叠回图标状态。
  - 在单独的窗口中打开 Flash 文档和脚本文档：选中该复选框，则表示在 Flash CC 中将在独立的窗口中打开 Flash 文档和 ActionScript 脚本文档。默认情况下，不选中该复选框。
- 加亮颜色：在该选项区中可以设置不同对象的轮廓颜色，如果选择“使用图层颜色”单选按钮，则对象的轮廓颜色与当前所在的图层颜色相同。
- “重置所有警告对话框”按钮：如果在“首选参数”对话框中对任意选项进行了设置，单击该按钮，可以将所做的设置恢复为 Flash CC 的默认设置。

2. 同步设置

在“首选参数”对话框左侧的“类别”列表中选择“同步设置”选项，在对话框右侧可以对 Flash CC 软件与 Creative Cloud 云同步的相关选项进行设置，如图 1–100 所示。

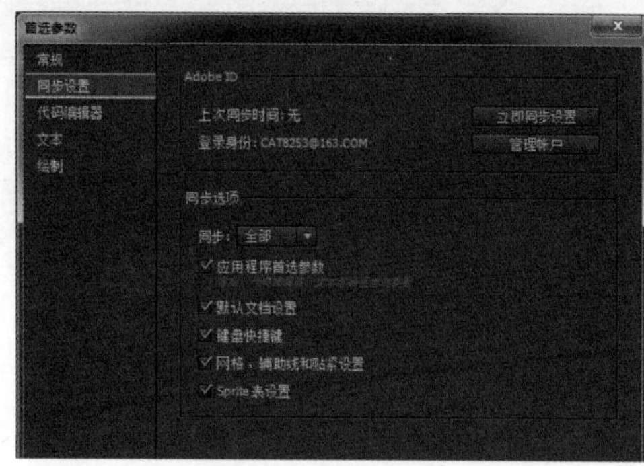

图 1-100 “同步设置”选项

“立即同步设置”按钮：单击该按钮，可以将 Flash CC 所做的设置与 Creative Cloud 云同步。

“管理帐户”按钮：单击该按钮，弹出浏览器窗口并打开 Adobe 官方网站，在 Adobe 官方网站中可以对 Adobe 账户进行管理操作。

同步：在该选项区中可以设置需要与 Creative Cloud 云进行同步的选项，在该选项的下拉列表中包括“全部”、“自定义”和“禁用”3 个选项。如果选择“全部”选项，则表示将该选项区中的所有复选框选项全部进行同步操作；如果选择“自定义”选项，则表示对需要进行同步的选项进行自定义设置；如果选择“禁用”选项，则表示不进行同步选项设置，即不与 Creative Cloud 云进行同步操作。

3. 代码编辑器

在“首选参数”对话框左侧的“类别”列表中选择“代码编辑器”选项，在对话框右侧可以对 Flash CC 软件中的代码编辑功能进行设置，包括 Flash 的字体、编码、语法颜色等选项的设置，如图 1-101 所示。

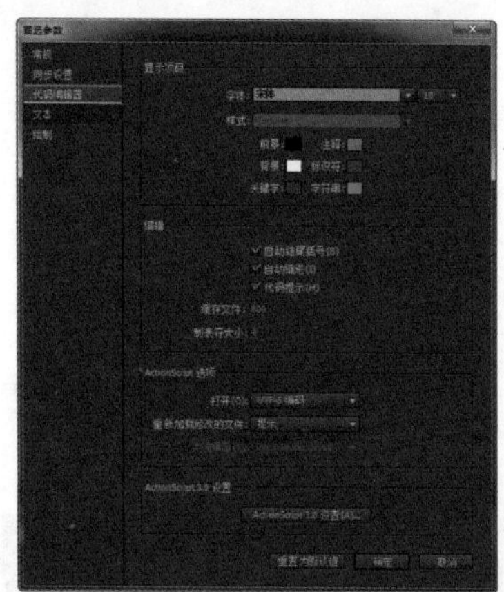

图 1-101 “代码编辑器”选项

显示项目：在该选项区中可以设置 Flash CC 的“动作”面板中编辑的 ActionScript 代码字体的显示效果，以及各种对象的显示颜色。

字体：该选项可以设置在“动作”面板中所输入的代码的字体，在该选项后的下拉列表中可以设置字体大小。

样式：该选项可以设置在“动作”面板中所输入的代码的字体样式。字体样式选项与所设置的字体有关，只有字体本身具有字样样式才可以设置。

前景：该选项用于设置在“动作”面板中所输入的代码的字体颜色。

背景：该选项用于设置“动作”面板的背景颜色。

关键字：该选项用于设置在“动作”面板中输入的关键字的颜色。

注释：该选项用于设置在“动作”面板中输入的代码注释文字的颜色。

标识符：该选项用于设置在“动作”面板中输入的标识符的颜色。

字符串：该选项用于设置在“动作”面板中输入的字符串的颜色。

编辑：在该选项区中可以设置在“动作”面板中编写 ActionScript 代码时的相关选项。

自动结尾括号：选中该复选框，则在编写 ActionScript 代码时将自动添加结尾括号。

自动缩进：选中该复选框，则在编写 ActionScript 代码时代码自动缩进。

代码提示：选中该复选框，则在编写 ActionScript 代码时将自动显示代码提示。

缓存文件：该选项用于设置代码编辑器中编写 ActionScript 代码的缓存文件大小。

制表符大小：该选项用于设置在代码编辑器中编写 ActionScript 代码中按一次 Tab 键所插入的空格数量。

ActionScript 选项：在该选项区中可以设置 ActionScript 脚本的编码格式、加载修改文件的方式等选项。

打开：该选项用于设置 Flash CC 中脚本代码所使用的编码格式，在该选项的下拉列表中包括“UTF-8 编码”和“默认编码”两个选项。如果选择“UTF-8 编码”选项，则在 Flash CC 中打开脚本文件或 Flash 动画时，文件中的脚本编码格式将自动转换为 UTF-8 编码格式；如果选择“默认编码”选项，则保持所打开文件的默认编码格式。

重新加载修改的文件：该选项用于设置当 ActionScript 脚本文件在外部被修改时，Flash CC 如何加载文件的方式，在该选项的下拉列表中包括“总是”、“从不”和“提示”3 个选项。设置为“总是”，则表示当脚本文件在外部被修改时，

Flash CC 将自动加载最新的脚本文件; 设置为“从不”，则表示当脚本文件在外部被修改时，Flash CC 将不会加载修改后的脚本文件; 设置为“提示”，则表示当脚本文件在外部被修改时，Flash CC 将弹出提示对话框，提示用户是否加载修改后的脚本文件。

- ActionScript 3.0 设置: 单击“ActionScript 3.0 设置”按钮，将弹出“ActionScript 3.0 高级设置”对话框，在该对话框中可以对 ActionScript 3.0 的高级选项进行设置，如图 1–102 所示。

图 1-102 “ActionScript 3.0 高级设置”对话框

- “重置为默认值”按钮: 单击该按钮，可以将“代码编辑器”的相关选项设置恢复为默认的设置。

4. 文本

在“首选参数”对话框左侧的“类别”列表中选择“文本”选项，在对话框右侧可以对 Flash CC 软件的文本选项进行设置，包括“默认映射字体”、“字体菜单”和“字体预览大小”等选项的设置，如图 1–103 所示。

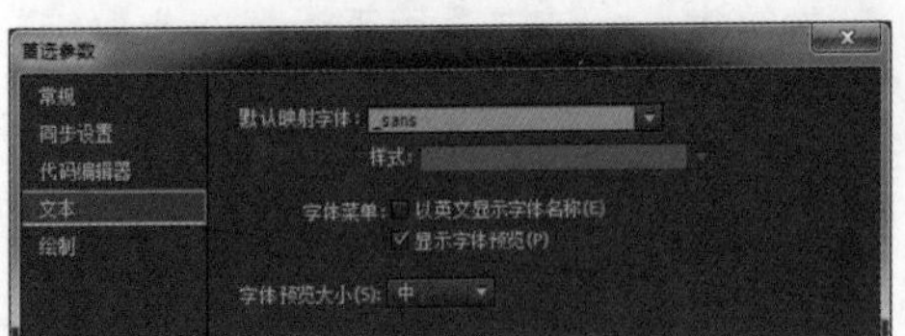

图 1-103 “文本”选项

- 默认映射字体: 该选项用于设置在 Flash 中打开文档时用于替换缺少字体的文字字体，可以在该选项的下拉列表中选择相应的选项。
  - 样式: 根据所设置的“默认映射字体”为何种字体，决定是否可以设置其样式，如果字体默认包含样式，则可以在“样式”下拉列表中选择相应的样式。
- 字体菜单: 在该选项区中可以对字体菜单的显示效果进行设置。
  - 以英文显示字体名称: 选中该选项，则在字体菜单中将显示各字体的英文名称。
  - 显示字体预览: 默认选中该选项，在字体菜单中显示各种字体的效果预览。
- 字体预览大小: 该选项用于设置字体预览的显示大小，在该选项的下拉列表中包括“小”、“中”、“大”、“特大”和“巨大”5 个选项。只有在“字体菜单”选项区中选中“显示字体预览”复选框，该选项才可用。

5. 绘制

在“首选参数”对话框左侧的“类别”列表中选择“绘制”选项，在对话框右侧可以对 Flash CC 软件的绘制选项进行设置，包括“钢笔工具”、“连接线”和“平滑曲线”等选项的设置，如图 1–104 所示。

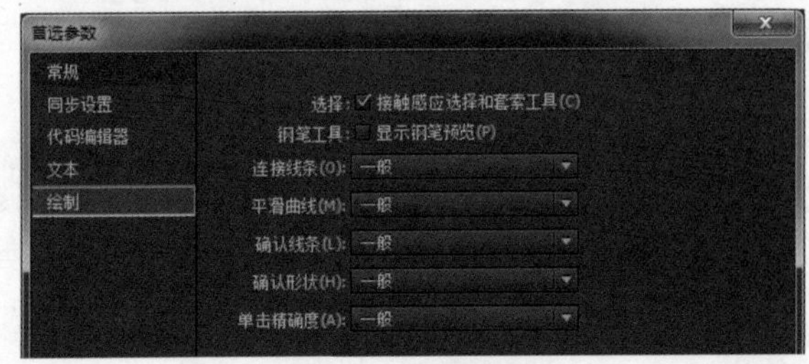

图 1-104 “绘制”选项

- 选择: 选中“接触感应选择和套索工具”复选框，在使用“选择工具”和“套索工具”选择对象的过程中，当工具与对象的边缘接近时，将自动感觉选择。
- 钢笔工具: 选中“显示钢笔预览”复选框，在使用“钢笔工具”绘制图像的过程中，可以显示从上一次单击的点到指针的当前位置之间的预览线条，如图 1–105 所示。

图 1-105 显示钢笔预览的效果

- 连接线条: 该选项用于设置所绘制的线条的终点必须距现有线段多近，才能贴近到另一条线上的最近点。在该选项的下拉列表中可以选择相应的选项，如图 1–106 所示。

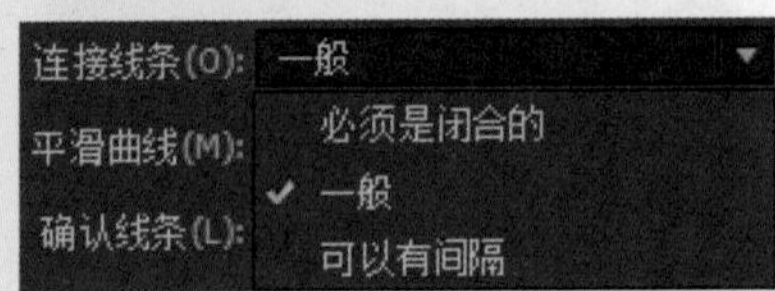

图 1-106 “连接线条”选项下拉列表

- 平滑曲线: 该选项用于指定当绘画模式设置为“伸直”或“平滑”时，应用以“铅笔工具”绘制的曲线的平滑度，在该选项的下拉列表中可以选择相应的选项，如图 1-107 所示。曲线越平滑就越容易改变形状，而越粗略的曲线就越接近符合原始的线条笔触。

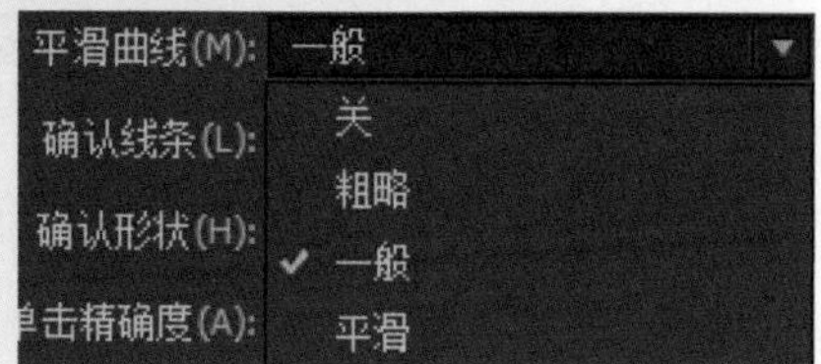

图 1-107 “平滑曲线”选项下拉列表

- 确认线条：该选项用于设置在使用“铅笔工具”绘制的线条必须有多直，Flash 才会确认它为直线并使它完全变直，在该选项的下拉列表中可以选择相应的选项，如图 1-108 所示。

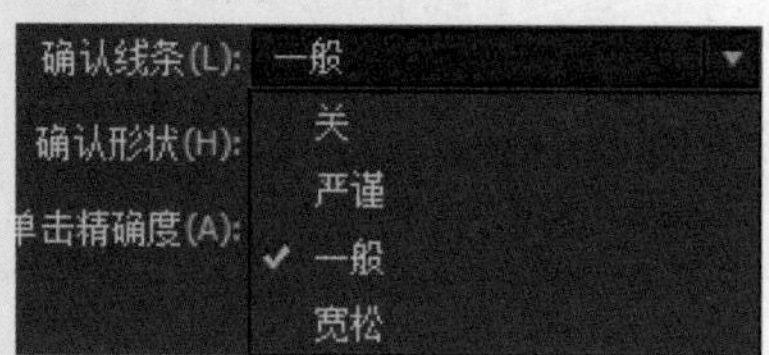

图 1-108 “确认线条”选项下拉列表

- 确认形状：通过该选项的设置可以控制绘制的圆形、椭圆形、正方形、矩形、90° 和 180° 弧要达到何种精度，才会被确认为几何形状并精确重绘。在该选项的下拉列表中包括“关”、“严谨”、“一般”和“宽松”4 个选项，如图 1-109 所示。

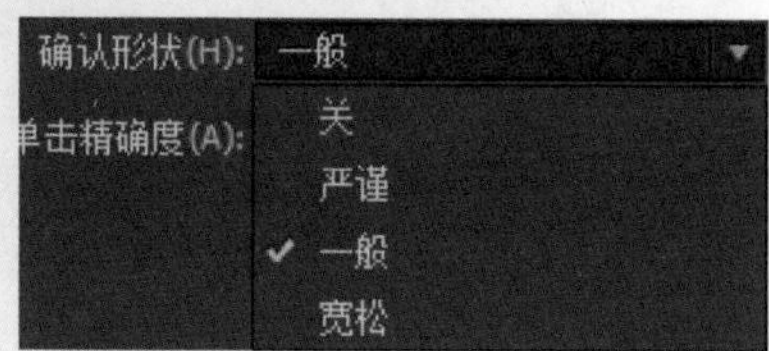

图 1-109 “确认形状”选项下拉列表

- 单击精确度：该选项用于设置光标指针必须距离某个对象多近时，Flash 才能确认该对象，在该选项的下拉列表中包括“严谨”、“一般”和“宽松”3 个选项，如图 1-110 所示。

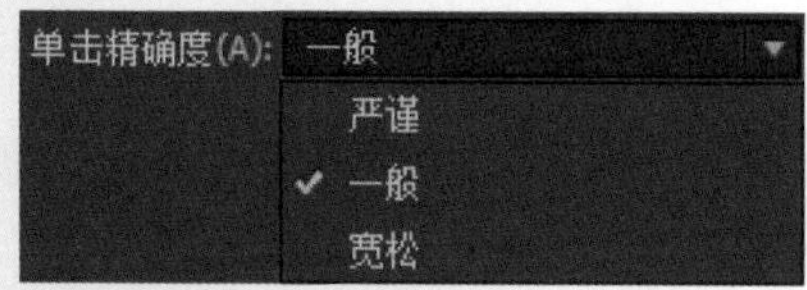

图 1-110 “单击精确度”选项下拉列表

1.8.2 设置快捷键

使用快捷键可以大大提高工作效率，Flash CC 中本身已经设置了许多命令或者面板操作的快捷键，用户可以在 Flash CC 中使用这些快捷键，也可以根据自己的需要自定义快捷键。执行“编辑 > 快捷键”命令，弹出“键盘快捷键”对话框，如图 1-111 所示，在该对话框中可以自定义相应的快捷键。

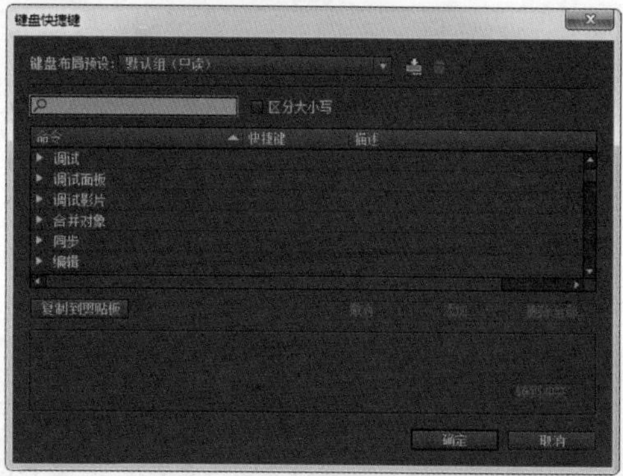

图 1-111 “键盘快捷键”对话框

- 键盘布局预设：在该选项下拉列表中可以选择键盘快捷键预设，默认情况下，在该选项下拉列表中只有“默认组（只读）”预设，这也是 Flash CC 默认的预设的键盘快捷键。如果用户自定义了键盘快捷键，可以将其保存到该预设下拉列表中。
  - “以新名称保存当前的快捷键组”按钮：如果用户对预设的快捷键进行了修改后，可以单击该按钮，弹出“保存键盘布局预设”对话框，如图 1-112 所示，设置“预设名称”选项，单击“确定”按钮，即可将当前所设置的快捷键保存，在“键盘布局预设”下拉列表中可以看到所创建的快捷键预设。

图 1-112 “保存键盘布局预设”对话框

  - “删除当前的键盘快捷键组”按钮：在“键盘布局预设”选项下拉列表中选择需要删除的键盘快捷键预设，单击该按钮，可以删除所选择的键盘快捷键预设。注意，默认的“默认组（只读）”预设不可以删除。
- 搜索框：在该选项文本框中可以输入需要搜索的快捷键，在“命令列表”中将会显示所搜索的快捷键对应的菜单命令。
  - 区分大小写：选中该复选框，则在“搜索框”中所输入的快捷键将区分大小写。
- 命令列表：在该部分按类别列出了 Flash CC 中所有的快捷键设置，单击类别名称前的三角形，可以展开该类别，可以看到相关操作的快捷键设置，如图 1-113 所示。

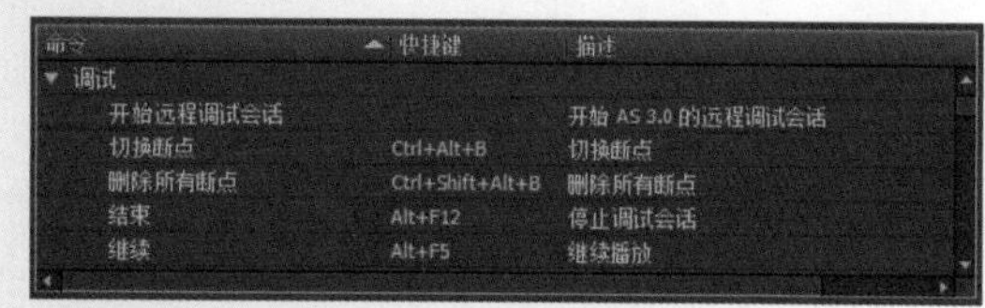

图 1-113 展开某一类别的快捷键设置

“复制到剪贴板”按钮：单击该按钮，可以将“命令列表”中的所有快捷键设置复制到剪贴板中，可以在其他任意文档中粘贴所复制的快捷键设置。

“添加”按钮：在“命令列表”中选择某一个命令选项，单击“添加”按钮，在键盘上按下需要设置的快捷键，即可为该命令选项设置该快捷键，如图 1-114 所示。

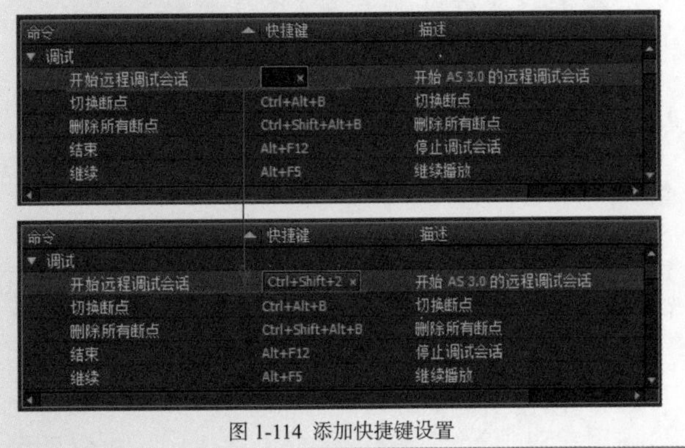

图 1-114 添加快捷键设置

“撤销”按钮：如果在“命令列表”中对某个命令选项的快捷键进行了添加、修改或删除操作，单击该按钮，可以恢复最后一个被修改、添加或删除的快捷键设置。

“删除全部”按钮：如果需要删除某一个命令选项的快捷键设置，可以在“命令列表”中选中该命令选项，单击“删除全部”按钮，即可删除该命令选项的快捷键设置。

“转到冲突”按钮：如果为某个命令选项所设置的键盘快捷键与其他的命令选项所设置的快捷键相同，则会在该区域中显示相应的提示内容，如图 1-115 所示。单击“转到冲突”按钮，可以跳转到冲突的命令选项，可以重新对该命令选项的快捷键进行设置。

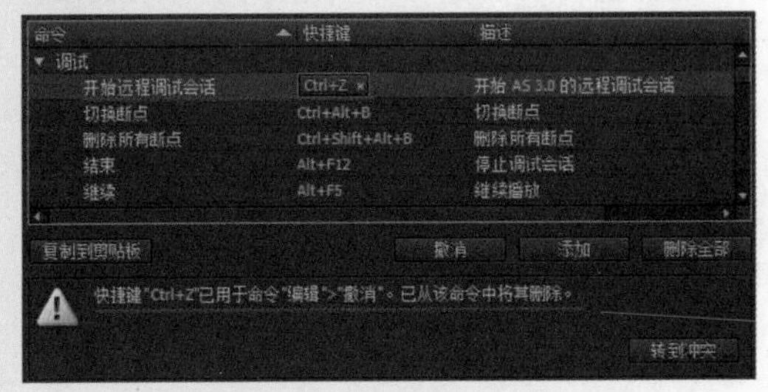

图 1-115 快捷键设置冲突

1.9 本章小结

本章主要向读者介绍了 Flash 动画的相关基础知识，了解 Flash 动画的基础知识对于学习 Flash 动画制作是非常有必要的。在本章中还带领读者一起认识了全新的 Flash CC 软件，对 Flash CC 的工作界面以及新增功能等内容进行了详细介绍，使读者对全新的 Flash CC 能够有一个全面的了解，为后续章节学习 Flash 软件的操作打下坚实的基础。

第2章 掌握 Flash CC 的基本操作

通过第 1 章中对 Flash CC 相关知识点的学习，相信读者对 Flash CC 已经有了初步的认识，在第 2 章中主要介绍 Flash CC 的基本操作，如新建、打开、关闭、保存、撤销、重做等，读者在学习过程中，不仅要了解基本的操作方法，还应该掌握如何快速地进行操作。

2.1 新建 Flash 文件

Flash CC 提供了多样化的新建文件的方法，它不仅可以方便用户使用，而且可以有效地提高工作效率。用户可以根据工作过程中的实际需要以及个人的爱好进行适当选择。

2.1.1 新建空白 Flash 文件

启动 Flash CC 后，执行“文件 > 新建”命令，弹出“新建文档”对话框，在该对话框中单击“常规”选项卡，如图 2–1 所示。选择相应的文档类型后，单击“确定”按钮，即可新建一个空白文档。

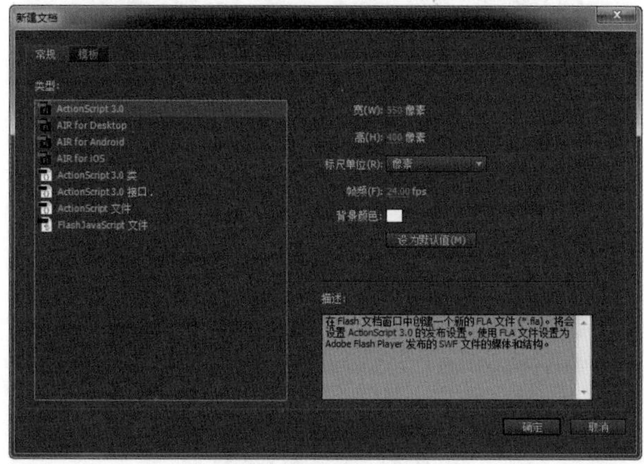

图 2-1 “新建文档”对话框

- ActionScript 3.0：选择该选项，表示使用 ActionScript 3.0 作为脚本语言创建动画文档，生成一个格式为 *.fla 的文件。
- AIR for Desktop：选择该选项，表示使用 Flash AIR 文档开发在 AIR 跨桌面平台运行的应用程序，将会在 Flash 文档窗口中创建新的 Flash 文档（*.fla），该文档将会设置 AIR 的发布设置。
- AIR for Android：选择该选项，表示创建一个 Android 设备支持的应用程序，将会在 Flash 文档窗口中创建新的 Flash 文档（*.fla），该文档将会设置 AIR for Android 的发布设置。
- AIR for iOS：选择该选项，表示创建一个 Apple iOS 设备支持的应用程序，将会在 Flash 文档窗口中创建新的 Flash 文档（*.fla），该文档将会设置 AIR for iOS 的发布设置。
- ActionScript 3.0 类：ActionScript 3.0 允许用户创建自己的类，选择该项可创建一个 AS 文件（*.as）来定义一个新的 ActionScript 3.0 类。
- ActionScript 3.0 接口：该选项可用于创建一个 AS 文件（*.as）以定义一个新的 ActionScript 3.0 接口。
- ActionScript 文件：可在“帧”或者“元件”上添加 ActionScript 脚本代码，也可以在此创建一份 ActionScript 外部文件以供调用。
- FlashJavaScript 文件：该选项用于创建一个 JSFL 文件，JSFL 文件是一种作用于 Flash 编辑器的脚本。

提示

在 Flash CC 中已经不再支持 ActionScript 1.0 和 ActionScript 2.0 脚本代码，如果需要在 Flash 动画中实现交互控制功能，只能通过 ActionScript 3.0 脚本代码来实现，对于以前已经习惯了使用 ActionScript 1.0 和 ActionScript 2.0 脚本代码的用户来说，需要有一个适应的过程。

2.1.2 新建 Flash 模板文件

在“新建文档”对话框中，单击“模板”选项卡，如图 2–2 所示。选择相应的文档类型后，单击“确定”按钮，即可新建 Flash 模板文件。

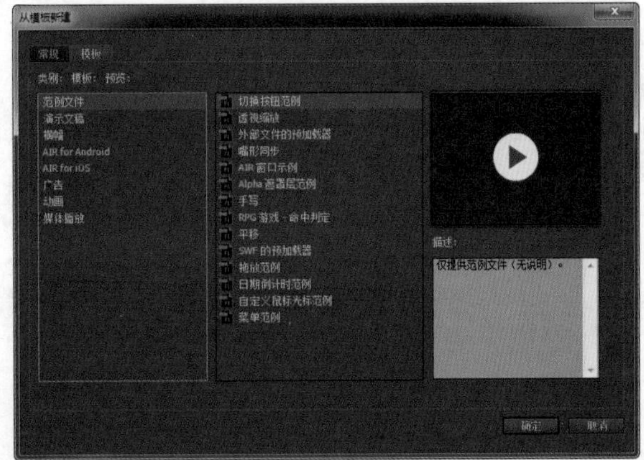

图 2-2 “从模板新建”对话框

- 范例文件：选择“范例文件”类别选项，在“模板”列表中提供了相应的预设动画模板，如图 2–3 所示。打开一个模板后，按快捷键 Ctrl+Enter 测试该动画，即可看到动画效果，如图 2–4 所示为“透视缩放”模板。

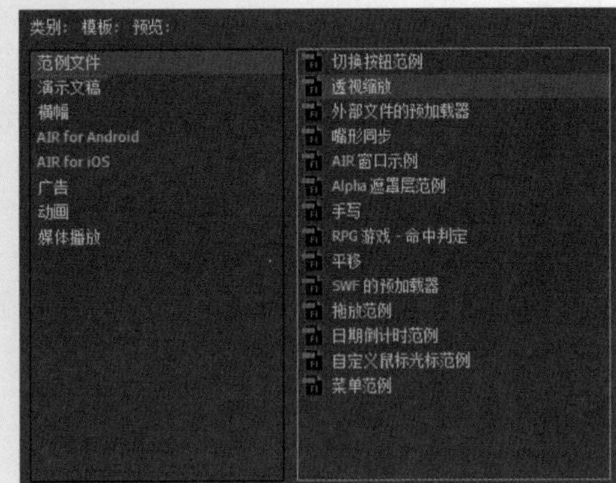

图 2-3 “范例文件”模板

图 2-4 “透视缩放”模板

- 演示文稿：选择“演示文稿”选项，在该“模板”列表中包括两款预设动画模板——“高级演示文稿”和“简单演示文稿”，如图 2–5 所示。它们尽管外观一致，却有着不同的实现手段，前者使用 MovieClips 实现，后者借助时间轴实现。

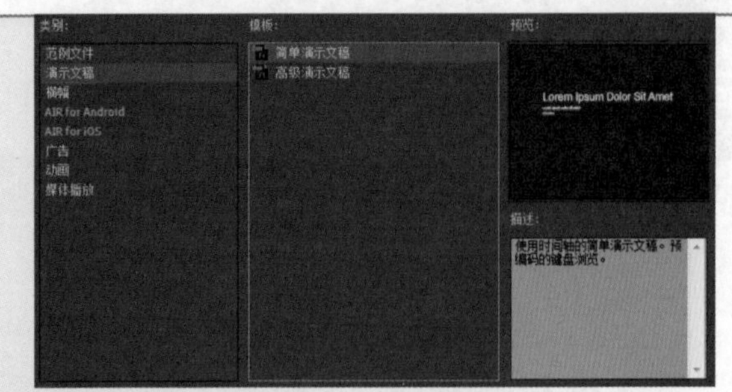

图 2-5 “演示文稿”模板

- 横幅：“横幅”模板用于快速新建一类特殊的横幅效果，打开一个模板后，可根据提示对其进行修改，如图 2–6 所示。

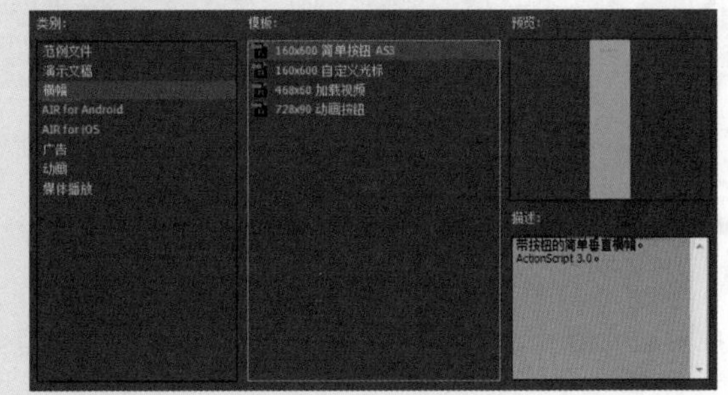

图 2-6 “横幅”模板

- AIR for Android：在“类别”列表中选择 AIR for Android 选项，在其右侧的“模板”列表中预设了 5 种模板，如图 2–7 所示。选择任意一种模板，单击“确定”按钮，即可创建基于该模板的 Flash 文档，如图 2–8 所示为“滑动手势库”模板。

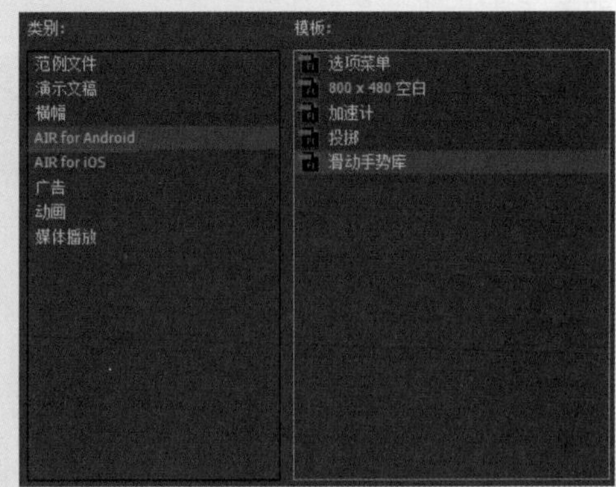

图 2-7 AIR for Android 模板

图 2-8 “滑动手势库”模板

- AIR for iOS：选择 AIR for iOS 选项，在其右侧的“模板”列表中预设了 5 种用于 AIR for iOS 设备的空白尺寸文档模板，如图 2–9 所示。选择任意一种模板，单击“确定”按钮，即可创建该模板尺寸大小的用于 AIR for iOS 设置的空白文档。

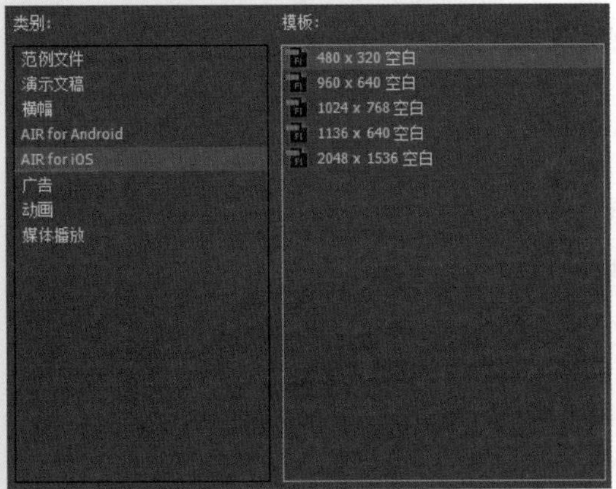

图 2-9 AIR for iOS 模板

- 广告：该类别下的模板文件并没有真正的内容，它只是方便快速新建一类既定的文档大小的模板，如图 2–10 所示。

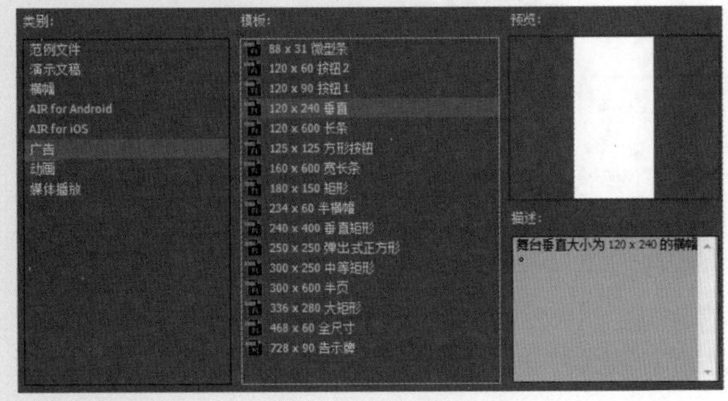

图 2-10 “广告”模板

- 动画：在“类别”列表中选择“动画”选项，在其右侧的“模板”列表中提供了几种预设动画模板，如图 2–11 所示。打开一个动画模板后，按快捷键 Ctrl+Enter 测试该动画，即可看到动画效果，如图 2–12 所示为“补间形状的动画遮罩层”模板。

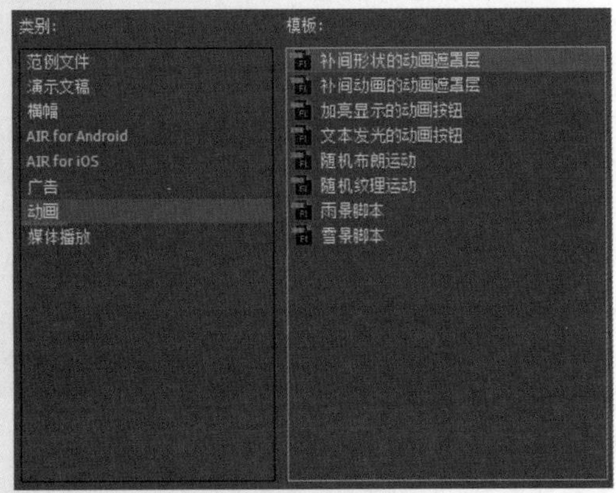

图 2-11 “动画”模板

图 2-12 “补间形状的动画遮罩层”模板

- 媒体播放：该“媒体播放”类别下包含了各种用于媒体播放的预设动画模板，如图 2–13 所示。

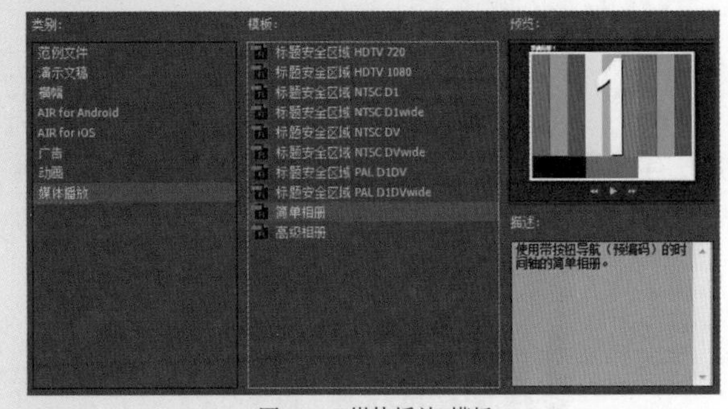

图 2-13 “媒体播放”模板

2.1.3 设置 Flash 文档属性

在 Flash CC 中执行“文件 > 新建”命令，或按快捷键 Ctrl+N，弹出“新建文档”对话框，在该对话框中选择需要新建的 Flash 文档类型，在右侧可以设置需要新建的 Flash 文档的相关属性，如图 2–14 所示。

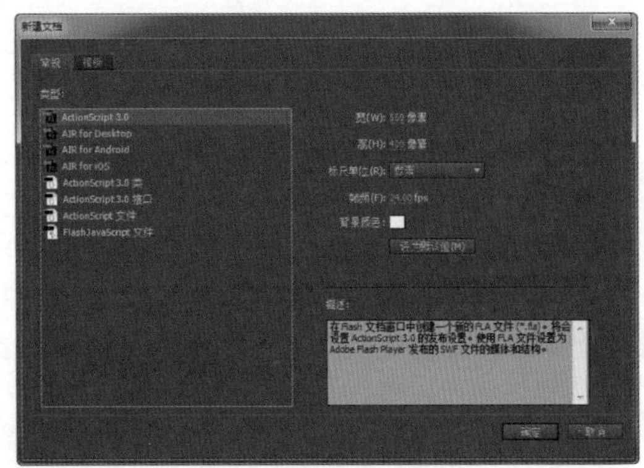

图 2-14 “新建文档”对话框

- 宽：该选项用于设置所新建的 Flash 文档的宽度，在数值上按住鼠标左键并在水平方向上拖动鼠标，可以改变数值，或者在数值上单击，可以在文本框中输入新的数值。

- 高：该选项用于设置所新建的 Flash 文档的高度，设置方法与“宽”选项的设置方法相同。

- 标尺单位：该选项用来设置所新建的 Flash 文档的舞台大小尺寸的单位值，在该选项的下拉列表中，可以选择相应的单位，如图 2–15 所示，默认的舞台大小尺寸单位为“像素”。

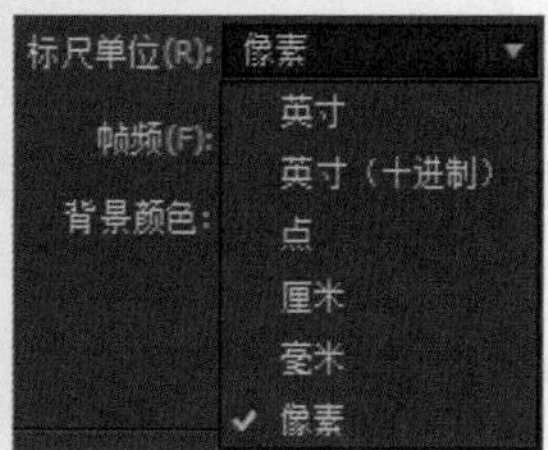

图 2-15 “标尺单位”下拉列表

- 帧频：该选项用于设置所新建的 Flash 动画的帧频，可以输入每秒要显示的动画帧数，帧数值越大，则播放的速度越快，系统所默认的帧频为 24fps。
- 背景颜色：单击该选项右侧的色块□，在弹出的“拾色器”窗口中可以设置所新建的 Flash 文档的舞台背景颜色，如图 2–16 所示，系统所默认的背景颜色为白色。

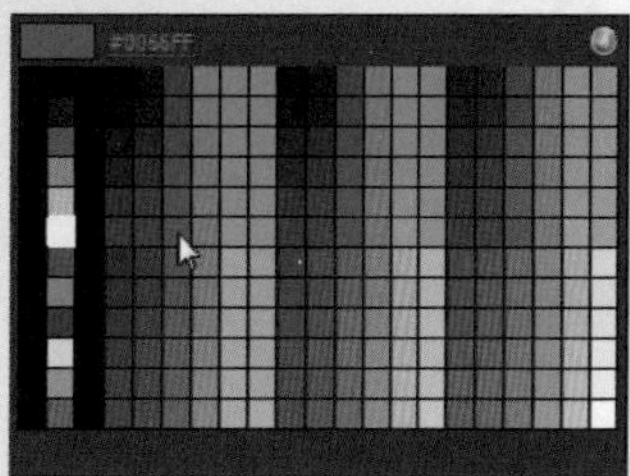
图 2-16 “拾色器”窗口

- “设置为默认值”按钮：单击该按钮，可以将当前在“新建文档”对话框中所做的设置保存为默认设置，当再次新建相同类型的 Flash 文档时，会自动应用该文档设置。

2.1.4 修改 Flash 文档属性

完成 Flash 文档的新建后，在 Flash 动画的制作过程中可以根据动画的需要随时修改Flash文档属性设置。

在 Flash 文档的空白区域单击，在“属性”面板上的“属性”选项区中可以对当前 Flash 文档的基本属性进行修改，如图 2–17 所示。如果需要对更多的 Flash 文档属性进行设置，可以执行“修改 > 文档”命令，或单击“属性”面板上“大小”选项后的“编辑文档属性”按钮，在弹出的“文档属性”对话框中可以对更多的 Flash 文档属性进行设置，如图 2–18 所示。

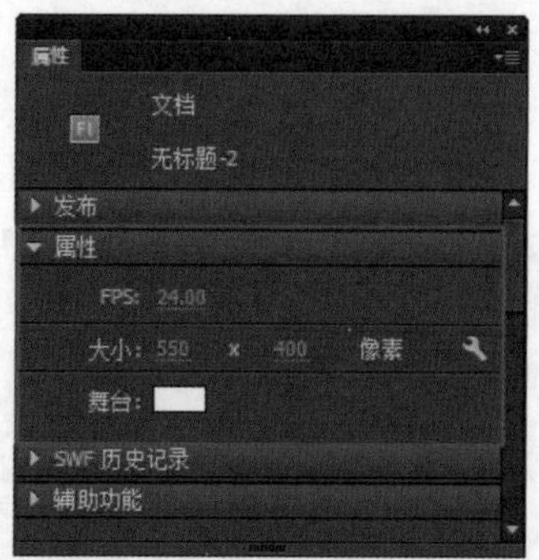

图 2-17 “属性”面板

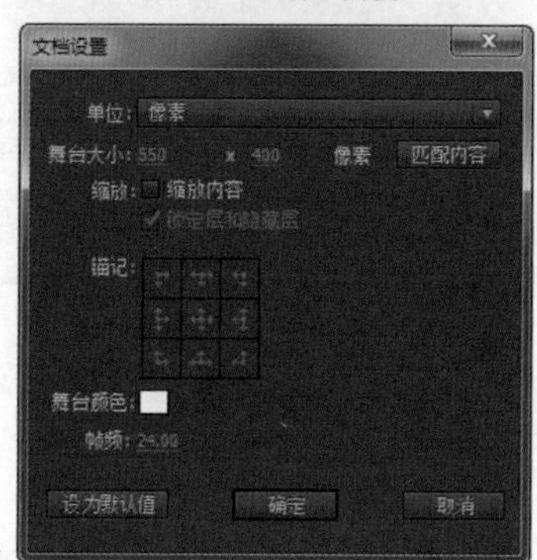

图 2-18 “文档设置”对话框

- “匹配内容”按钮：如果当前 Flash 文档的舞台中有对象，单击“匹配内容”按钮，可以将 Flash 文档的舞台尺寸大小与舞台中对象的尺寸相匹配，自动修改 Flash 文档的舞台尺寸大小与舞台中对象所占尺寸大小相同。
- 缩放：该选项用于设置当修改舞台尺寸大小时，是否对舞台中的对象进行缩放处理。
    - 缩放内容：当修改 Flash 文档的舞台大小尺寸后，选中该复选框，则 Flash 会自动对舞台中的对象进行缩放处理。
    - 锁定层和隐藏层：如果选中该复选框，则当修改舞台大小尺寸对舞台中的对象进行缩放时，会同时对锁定层和隐藏层中的对象进行缩放处理；如果不选中该复选框，则不会对 Flash 文档中锁定层和隐藏层中的对象进行缩放处理。
- 锚记：只有当选中“缩放内容”复选框时，该选项才可用。该选项用于当对 Flash 文档中的对象进行自动缩放处理时设置对象的缩放中心点位置，单击相应的按钮，即可设置对象缩放处理的中心点位置。

2.2 打开 / 关闭 Flash 文件

在上一节中已经向读者介绍了如何在 Flash 中新建一个空白文档，以及如何对文档的属性进行设置，接下来将向读者介绍如何在 Flash CC 中打开和关闭 Flash 文档，这些都是 Flash 动画的基础操作。

2.2.1　打开 Flash 文件

通常情况下，在 Flash CC 中打开 Flash 文件的操作步骤是：执行“文件 > 打开”命令，弹出“打开”对话框，如图 2–19 所示。

图 2-19 “打开”对话框

在该对话框中，选择需要打开的一个或多个文件后，单击“打开”按钮，即可在 Flash CC 中打开所选择的文件，如图 2–20 所示。

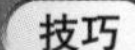

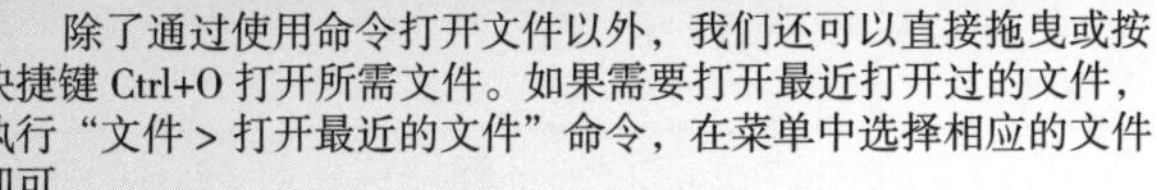

技巧

除了通过使用命令打开文件以外，我们还可以直接拖曳或按快捷键 Ctrl+O 打开所需文件。如果需要打开最近打开过的文件，执行“文件 > 打开最近的文件”命令，在菜单中选择相应的文件即可。

图 2-20 打开 Flash 文档

2.2.2　关闭 Flash 文件

通过执行“文件 > 关闭”命令，可以关闭当前文件，也可以单击该文档选项卡上的“关闭”按钮，或者按快捷键 Ctrl+W，关闭当前文件。执行“文件 > 全部关闭”命令，可以关闭所有在 Flash CC 中已打开的文件。

技巧

在关闭文件时，并不会因此而退出 Flash CC，如果既要关闭所有文件，又要退出 Flash，直接单击 Flash CC 软件界面右上角的“关闭”按钮，退出 Flash 即可。

2.3　保存 Flash 文件

在制作 Flash 动画的过程中，为了保证文件的安全并避免所编辑内容的丢失，应该养成随时保存的好习惯，在保存时，我们可以对文件保存的路径、文件名、文件类型等进行设置。

2.3.1　直接保存 Flash 文件

完成 Flash 动画的制作，如果想要覆盖之前的 Flash 文件，只需要执行“文件 > 保存”命令，如图 2–21 所示，即可保存该文件，并覆盖相同文件名的文件。

图 2-21 执行“文件 > 保存”命令

2.3.2　另存为 Flash 文件

如果要将文件压缩、保存到不同的位置，或对其名称进行重新命名，可以执行“文件 > 另存为”命令，如图 2–22 所示。弹出“另存为”对话框，在该对话框中对相关选项进行设置，如图 2–23 所示，单击“保存”按钮，即可完成对 Flash 文件的保存。

图 2-22 执行“文件 > 另存为”命令

图 2-23 “另存为”对话框

提示

执行“文件 > 保存”命令，保存文件时，Flash 会进行一次快速保存，将信息追加到现有文件中。如果执行“文件 > 另存为”命令，保存文件，Flash 会将新信息安排到文件中，并在磁盘上创建一个更小的文件。

2.3.3 另存为 Flash 模板文件

将 Flash 文件另存为模板文件就是指将该文件使用模板中的格式进行保存，以方便用户以后在制作 Flash 文件时可以直接进行使用。

要将文件另存为模板，执行“文件 > 另存为模板”命令，如图 2-24 所示，弹出“另存为模板警告”对话框，如图 2-25 所示。

图 2-24 执行“文件 > 另存为模板”命令

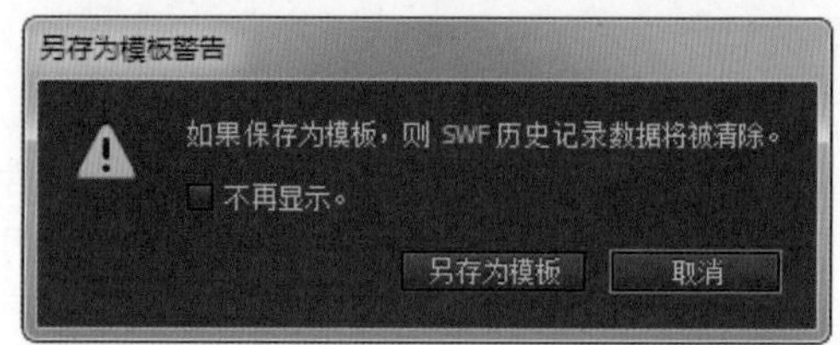

图 2-25 “另存为模板警告”对话框

单击“另存为模板”按钮，弹出“另存为模板”对话框，如图 2-26 所示。在该对话框中对相关选项进行设置，单击“保存”按钮，即可将当前 Flash 文件另存为模板文件。

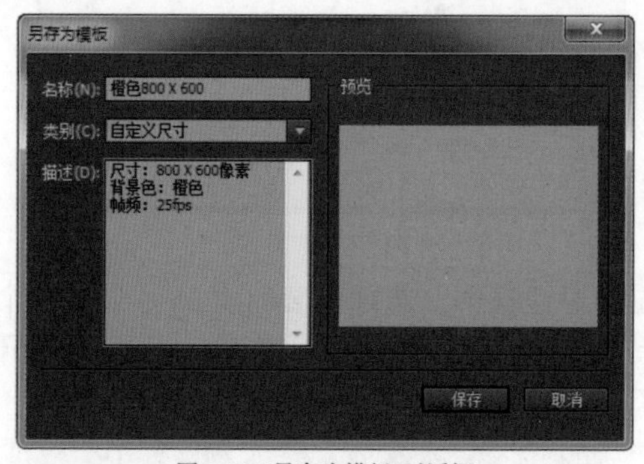

图 2-26 “另存为模板”对话框

- 名称：在该选项的文本框中可以对模板的名称进行设置。
- 类别：单击该选项右侧的按钮，在弹出的下拉列表中可以选择已经存在的模板类型，也可以在文本框中输入模板类型名称。
- 描述：为了区别于其他模板，可以在该选项的文本框中输入相应的模板信息。
- 预览：在该预览框中可以预览模板的效果。

技巧 

在实际操作过程中，为了节省时间提高工作效率，我们经常使用保存快捷键 Ctrl+S 或另存为快捷键 Ctrl+Shift+S，快速保存或另存为一个 Flash 文件。

2.4 撤销、重做与重复操作

Flash CC 还提供了撤销、重做与重复操作功能，接下来将和读者一起学习如何使用撤销、重做与重复操作等命令，熟练运用这些基本操作，能够在 Flash 动画制作的过程中更加得心应手。

2.4.1 撤销操作

在制作 Flash 文件时，如果对当前的操作不满意，可以通过执行“编辑 > 撤销”命令，撤销该步骤的操作。

动手实践——撤销操作 

源文件：光盘 \ 源文件 \ 第 2 章 \2-4-1.fla

视频：光盘 \ 视频 \ 第 2 章 \2-4-1.swf

01 执行“文件 > 打开”命令，打开 Flash 文件“光盘 \ 源文件 \ 第 2 章 \2-4-1.fla”，如图 2-27 所示。单击工具箱中的“选择工具”按钮，将鼠标移至需要调整的对象上，向左上方拖动对象至合适位置，如图 2–28 所示。

图 2-27 打开 Flash 文件

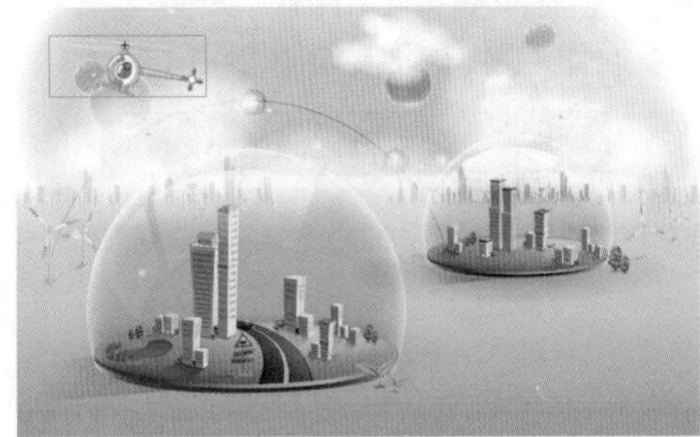

图 2-28 移动对象

02 执行“编辑 > 撤销移动”命令，或按快捷键 Ctrl+Z，如图 2–29 所示，即可撤销上步操作，如图 2–30 所示。

编辑(E) 视图(V) 插入(I) 修改(M) 文本	
撤消移动	Ctrl+Z
重复移动	Ctrl+Y
剪切(T)	Ctrl+X
复制(C)	Ctrl+C
粘贴到中心位置(P)	Ctrl+V
粘贴到当前位置(N)	Ctrl+Shift+V
选择性粘贴	
清除(A)	Backspace

图 2-29 执行“撤销移动”命令

图 2-30 撤销移动操作

技巧

除了以上介绍的撤销操作方法之外，还可以通过“历史记录”面板进行撤销操作。执行“窗口 > 历史记录”命令，打开“历史记录”面板，根据实际需要，如果只撤销上一个步骤，将“历史记录”面板左侧的滑块在列表中向上拖曳一个步骤即可；如果需要撤销多个步骤，可拖曳滑块以指向任意步骤，或在某个步骤左侧的滑块路径上单击鼠标，滑块自动移至该步骤，并同时撤销其后面的所有步骤。

2.4.2 重做操作

在制作动画过程中，由于操作步骤的失误导致当前所制作的动画效果因撤销而丢失，可执行“编辑 > 重做”命令，即可恢复之前的效果。

动手实践——重做操作

源文件：光盘 \ 源文件 \ 第 2 章 \2-4-2.fla

视频：光盘 \ 视频 \ 第 2 章 \2-4-2.swf

01 执行“文件 > 打开”命令，打开 Flash 文件“光盘 \ 源文件 \ 第 2 章 \ 2–4–2.fla”，如图 2–31 所示。单击工具箱中的“多角星形工具”按钮，在“属性”面板中将“笔触颜色”设置为“黄色”，“笔触”为 0.5，单击“选项”按钮，在弹出的对话框中设置“样式”为“星形”，“边数”为 32，在舞台中绘制一个多角星形，如图 2–32 所示。

图 2-31 打开 Flash 文件

图 2-32 绘制多角星形

02 执行“编辑 > 撤销添加形状”命令，即可撤销刚刚所绘制的多角星形，如图 2–33 所示。如果想恢复撤销形状之前的效果，执行“编辑 > 重做添加形状”命令，或按快捷键 Ctrl+Y，即可恢复撤销前的效果，如图 2–34 所示。

图 2-33 撤销形状

图 2-34 重做形状

2.4.3 重复操作

Flash CC 中的重复操作是指将上一步操作在现有的基础上再次执行，可以通过多次执行“编辑 > 重复”命令，直至达到满意的图像效果为止，下面将具体介绍如何使用重复操作命令。

动手实践——重复操作

源文件：光盘 \ 源文件 \ 第 2 章 \2-4-3.fla

视频：光盘 \ 视频 \ 第 2 章 \2-4-3.swf

01 执行“文件 > 打开”命令，打开 Flash 文件“光盘 \ 源文件 \ 第 2 章 \2-4-3.fla”，如图 2-35 所示。单击工具箱中的“选择工具”按钮，在舞台中选择相应的对象，并将其向左移动，如图 2-36 所示。

图 2-35 打开 Flash 文件

图 2-36 向左移动人物

02 如果想重复此移动操作，执行“编辑 > 重复移动”命令，或按快捷键 Ctrl+Y，如图 2-37 所示。可以看到重复操作后的效果，如图 2-38 所示。

编辑(E) 视图(V) 插入(I) 修改(M) 文本(	
撤消移动	Ctrl+Z
重复移动	Ctrl+Y
剪切(T)	Ctrl+X
复制(C)	Ctrl+C
粘贴到中心位置(P)	Ctrl+V
粘贴到当前位置(N)	Ctrl+Shift+V
选择性粘贴	
清除(A)	Backspace

图 2-37 执行“编辑 > 重复移动”命令

图 2-38 再次向左移动人物

提示

重复操作对于连续绘制两个或两个以上具有相同属性的图形非常有用。

2.5 使用标尺、网格和辅助线

Flash CC 提供了“标尺”、“网格”、“辅助线”等辅助工具，它不仅能够提高设计师的工作效率，而且可以提高动画作品的质量，但是这些辅助工具对所创作的动画作品本身并不会产生实际效果。

2.5.1 显示 / 隐藏标尺

在 Flash CC 中，标尺能够起到精确定位的作用，系统默认情况下，标尺未显示出来，设计者可以根据设计过程的实际需要，显示 / 隐藏标尺。

1. 显示标尺

执行“视图 > 标尺”命令，如图 2-39 所示，可以看到在 Flash 软件舞台区域的上方和左方会显示出标尺，如图 2-40 所示。

图 2-39 执行“视图 > 标尺”命令

图 2-40 显示标尺

提示

Flash CC 中标尺的默认单位是像素，我们可以通过执行“修改 > 文档”命令，在弹出的“文档设置”对话框中的“单位”下拉列表中选择相应选项来设置文档的标尺度量单位。

2. 隐藏标尺

执行“视图 > 标尺”命令，如图 2–41 所示，可以看到在 Flash 软件舞台区域的上方和左方的标尺会被隐藏，如图 2–42 所示。

图 2-41 执行“视图 > 标尺”命令

图 2-42 隐藏标尺

提示

除了以上所介绍的通过执行命令来显示 / 隐藏标尺的方法之外，我们还可以按快捷键 Ctrl+Shift+Alt+R，同样可以达到上述效果。另外，需要注意的是，显示 / 隐藏标尺只对当前文档有效，并不影响其他文档使用标尺。

2.5.2 显示 / 隐藏网格

动画中各种元素的合理布局，是一部优秀动画作品所必备的关键因素，网格对设计师布局动画中各种元素具有非常好的辅助作用，以下将向读者介绍显示 / 隐藏网格的使用方法。

1. 显示网格

执行“视图 > 网格 > 显示网格”命令，如图 2–43 所示。可以看到舞台区域布满了类似于棋盘的网格，如图 2–44 所示。

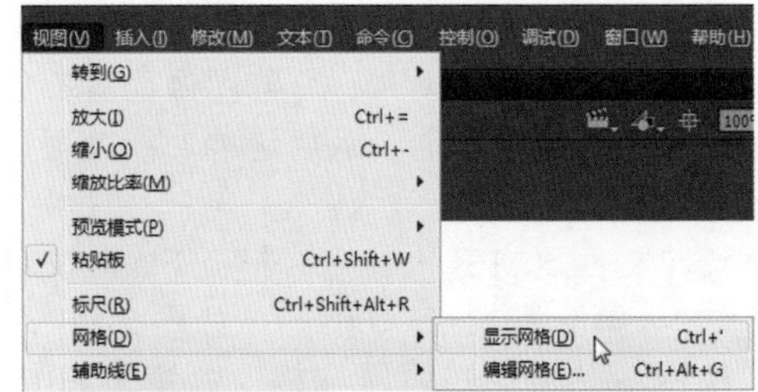

图 2-43 执行“视图 > 网格 > 显示网格”命令

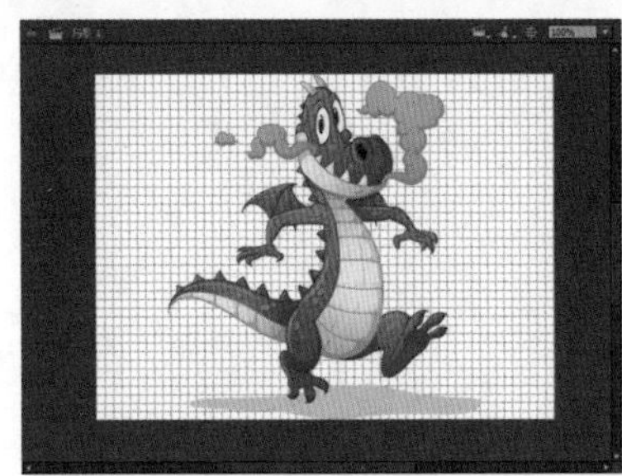

图 2-44 显示网格

2. 隐藏网格

执行“视图 > 网格 > 显示网格”命令，如图 2–45 所示。可以看到舞台区域隐藏了网格，如图 2–46 所示。

图 2-45 执行“视图 > 网格 > 显示网格”命令

图 2-46 隐藏网格

提示

除了运用上述方法之外，还可以使用快捷键 Ctrl+’，来显示 / 隐藏网格。

2.5.3 贴紧网格

在使用 Flash CC 做一些较为精准的动画效果时，贴紧网格的应用较为广泛，如让图像对齐、绘制标准图形、引导层动画等效果时，有些图像元素不能十分精确地贴附于其他图形上，运用这种功能就可以使图像贴附于图像上。

执行“文件 > 打开”命令，打开 Flash 文件“光盘 \ 源文件 \ 第 2 章 \2-5-3.fla”，如图 2-47 所示。执行“视图 > 贴紧 > 贴紧至网格”命令，如图 2-48 所示。

图 2-47 打开 Flash 文件

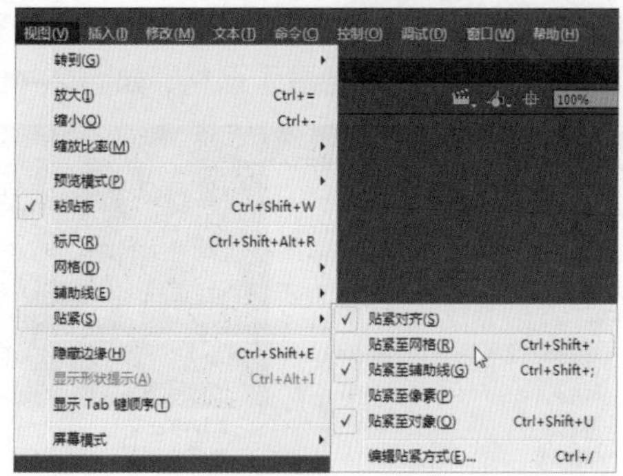

图 2-48 执行命令

使用“选择工具”，选中对象进行移动，对象会紧贴网格进行移动。

2.5.4 编辑网格

执行“视图 > 网格 > 编辑网格”命令，或者按快捷键 Ctrl+Alt+G，弹出“网格”对话框，设置如图 2-49 所示。网格效果如图 2-50 所示。

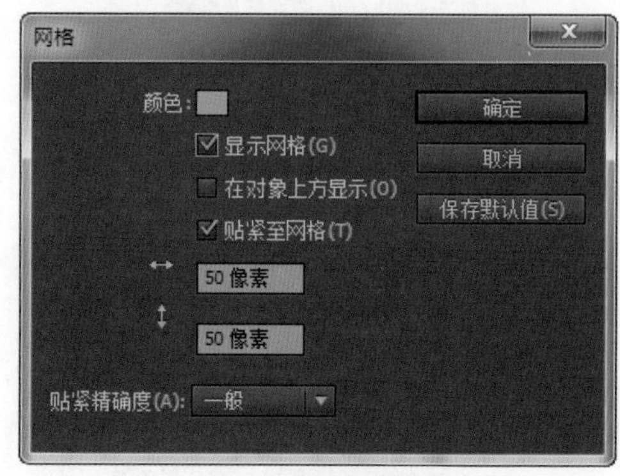

图 2-49 “网格”对话框

图 2-50 网格效果

- 颜色：单击该选项右侧的颜色块□，在弹出的“拾色器”对话框中可以对网格的颜色进行设置。
- 显示网格：选中该选项，表示在文档中显示网格，默认选中该选项。
- 在对象上方显示：选中该选项，可以将网格显示在文档中对象的上方。
- 贴紧至网格：选中该选项，可以使文档中的对象在移动时贴紧到网格。
- 水平间距↔和垂直间距↕：在该选项的文本框中可以设置网格的水平和垂直间距。
- 贴紧精确度：在该选项的下拉列表中可以设置网格的贴紧精确度。

2.5.5 创建辅助线

在 Flash CC 中创建辅助线不但可以对舞台的位置

进行规划，而且可以对动画中元素的对齐排列情况进行检查，另外它还有自动吸附的功能。

执行“文件 > 打开”命令，打开 Flash 文件“光盘\源文件\第 2 章\2-5-5.fla”，如图 2-51 所示。在显示标尺的前提下，将指针对着标尺，按住鼠标左键不放并拖到舞台区域，即可添加一条辅助线，效果如图 2-52 所示。

图 2-51 打开 Flash 文件

图 2-52 创建辅助线

2.5.6 设置辅助线

如果需要对辅助线进行设置，执行“视图 > 辅助线 > 编辑辅助线”命令，弹出“辅助线”对话框，在该对话框中对其默认参数进行修改，如图 2-53 所示。单击“确定”按钮，可以看到所设置的辅助线效果，如图 2-54 所示。

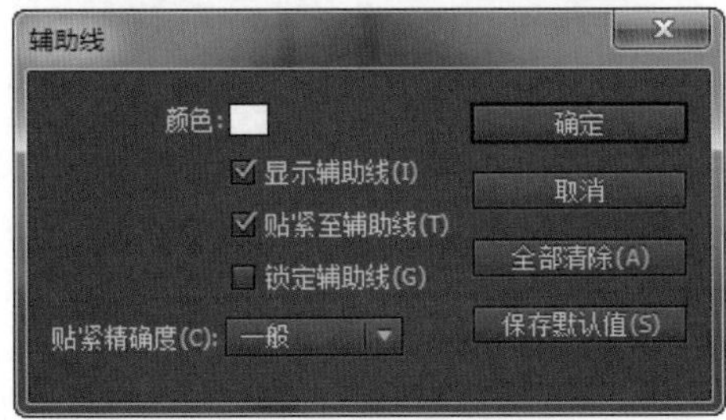

图 2-53 “辅助线”对话框

图 2-54 设置辅助线后的效果

- 颜色：单击该选项右侧的颜色块□，在弹出的“拾色器”对话框中可以对辅助线的颜色进行设置。
- 显示辅助线：选中该选项，则会在当前文档中显示辅助线，该选项默认为选中状态。
- 贴紧至辅助线：选中该选项，则当在文档中移动对象时，对象会与辅助线贴紧。
- 锁定辅助线：选中该选项，则会锁定文档中的辅助线，辅助线被锁定后，将不能被选中或移动。
- 贴紧精确度：在该选项的下拉列表中可以设置辅助线的贴紧精确度。
- “全部清除”按钮：单击该按钮，可以将舞台上的所有辅助线清除。
- “保存默认值”按钮：单击该按钮，可以将当前的设置保存为默认值，再次弹出“辅助线”对话框时，将显示此时的设置。

2.5.7 移动辅助线

使用“选择工具”选择文档中需要移动的辅助线，当光标右下角带一个倒三角时，如图 2-55 所示，可以移动辅助线，如图 2-56 所示为移动辅助线的效果。

图 2-55 定位鼠标

图 2-56 移动辅助线

提示

在 Flash CC 中，可以通过移动辅助线来查看舞台区域内的各个元素是否对齐，另外还可以精确地排列各个元素。

2.5.8 锁定辅助线

执行“视图 > 辅助线 > 锁定辅助线”命令，如图 2-57 所示。即可锁定所有辅助线，使用工具箱中的“选择工具”，选取所创建的辅助线，此时光标不会发生任何改变，如图 2-58 所示，表示辅助线无法移动。

图 2-57 执行命令

图 2-58 光标显示效果

2.5.9 贴紧辅助线

Flash CC 中的贴紧辅助线，有利于对齐要绘制和移动的图像等元素。

使用“选择工具”，选中对象，执行“视图 > 辅助线 > 贴紧辅助线”命令，如图 2-59 所示，拖动鼠标移动对象时，对象会贴紧辅助线进行移动，如图 2-60 所示为对象移动的效果。

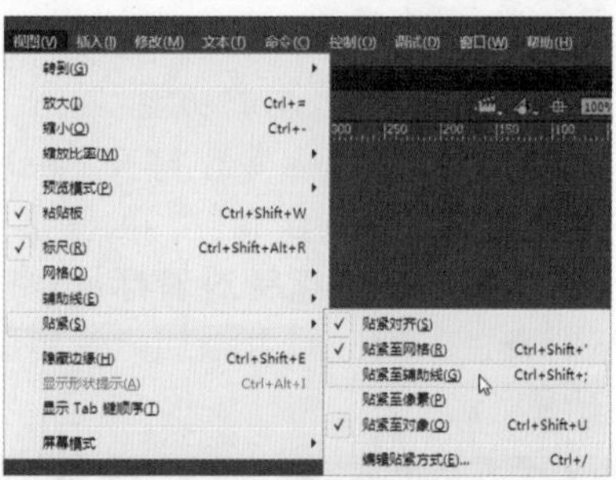

图 2-59 执行命令

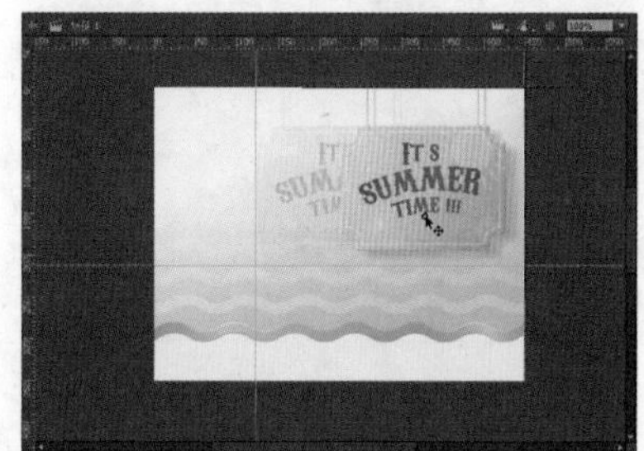

图 2-60 对象移动效果

2.5.10 显示 / 隐藏辅助线

辅助线为制作出美观、井然有序的动画效果起到了很大的辅助作用，一般情况下，系统默认的辅助线是隐藏的，根据设计的需要灵活运用辅助线，可以给我们的工作带来很大方便。接下来将介绍辅助线显示 / 隐藏的使用方法。

1. 显示辅助线

执行“文件 > 打开”命令，打开 Flash 文件“光盘 \ 源文件 \ 第 2 章 \2-5-10.fla”，如图 2-61 所示。执行“视图 > 辅助线 > 显示辅助线”命令，如图 2-62 所示。可以看到显示的辅助线效果，如图 2-63 所示。

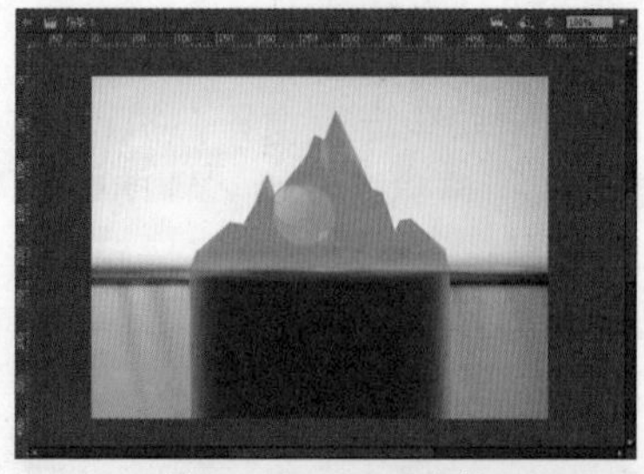

图 2-61 打开 Flash 文件

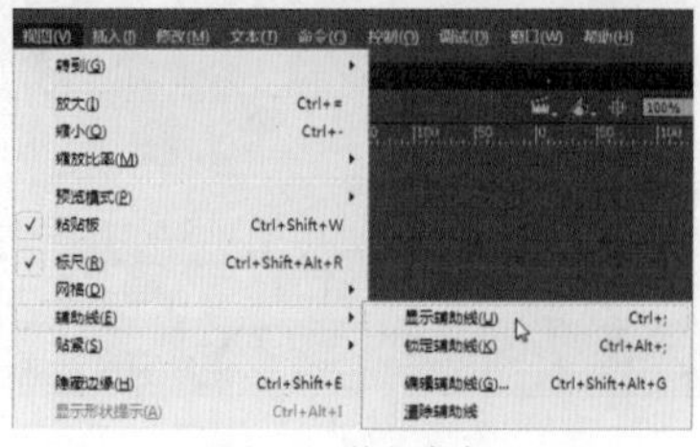

图 2-62 执行命令

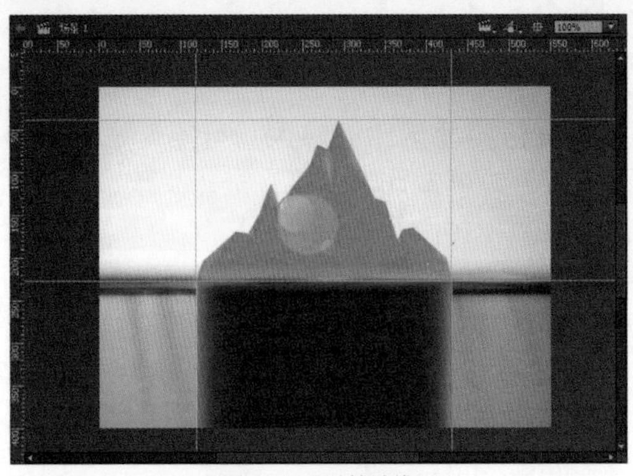

图 2-63 显示辅助线

2. 隐藏辅助线

再次执行“视图 > 辅助线 > 显示辅助线”命令，如图 2-64 所示，可以将文档中所有的辅助线隐藏，如图 2-65 所示。

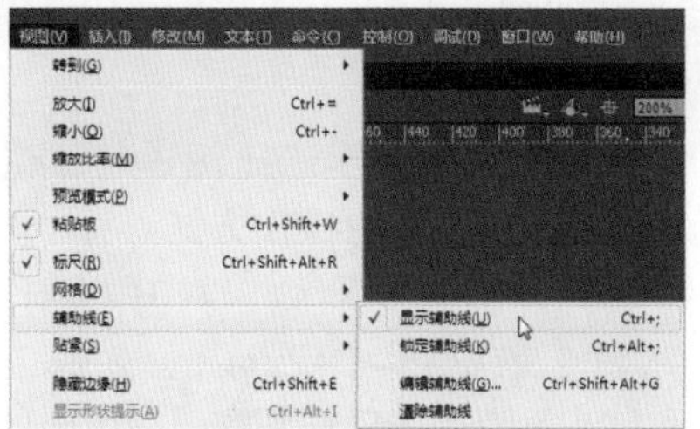

图 2-64 执行命令

图 2-65 隐藏辅助线

2.6 舞台显示比例

为了使设计的动画作品细节更加生动，内容更加丰富，在设计动画作品过程中，往往会根据设计的需要不断地对舞台的比例进行放大或缩小。

2.6.1 放大 / 缩小舞台显示比例

如果在屏幕上查看整个舞台，或者以高缩放比例查看绘图特定区域，可对缩放比例级别进行适当调整。最大的缩放比例取决于显示器的分辨率和文档大小。舞台上的最小缩小比例为 4%，最大放大比例为 2000%。

1. 放大舞台显示比例

放大舞台显示比例，可以对动画元素进行细致加工，以制作出较为细腻的动画作品，以下将介绍放大舞台显示比例的具体操作方法。

执行“文件 > 打开”命令，打开 Flash 文件“光盘\源文件\第 2 章\2-6-1-1.fla”，单击工具箱中的“缩放工具”按钮，将鼠标移至舞台区，鼠标指针呈现，如图 2-66 所示。单击鼠标，即可放大舞台显示比例，如图 2-67 所示。

技巧

在舞台区域中，当鼠标指针呈形状时，表示放大，按住 Alt 键不放，鼠标指针呈形状，单击鼠标即可缩小舞台显示比例。每放大 / 缩小一次，舞台显示比例将被放大 / 缩小到原来的两倍。

图 2-66 鼠标呈放大镜形状

图 2-67 放大舞台显示比例

技巧

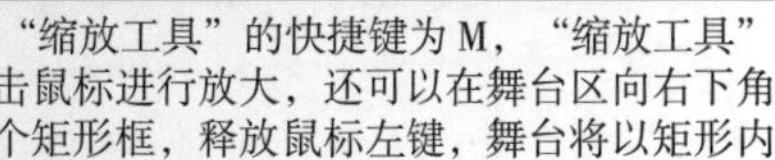

在 Flash CC 中，“缩放工具”的快捷键为 M，“缩放工具”不仅可以在舞台中单击鼠标进行放大，还可以在舞台区向右下角拖曳鼠标，将出现一个矩形框，释放鼠标左键，舞台将以矩形内的内容来放大舞台显示比例。

2. 缩小舞台显示比例

上面已经对放大舞台显示比例进行了讲解，以下来介绍缩小舞台显示比例的操作方法。

执行“文件 > 打开”命令，打开 Flash 文件“光盘\源文件\第 2 章\2-6-1-2.fla”，如图 2-68 所示。单击舞台区右上角的下三角按钮，在弹出的下拉列表中选择 100% 选项，如图 2-69 所示。

图 2-68 打开 Flash 文件

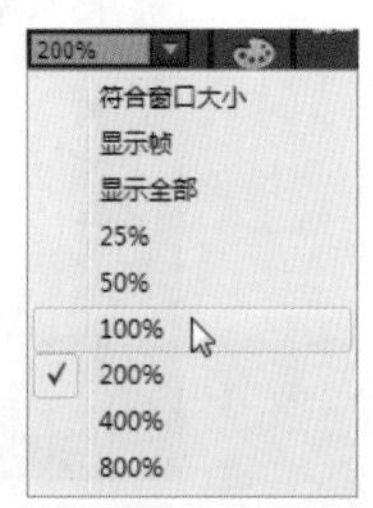

图 2-69 选择缩放比例

提示

符合窗口大小：显示整个舞台区，舞台显示将不可移动，可通过缩放舞台区的大小来缩放舞台显示比例；显示帧：显示整个舞台区，可以移动舞台显示，不可通过缩放舞台区的大小来缩放舞台显示比例；显示全部：显示舞台中的全部内容，显示部分可能大于舞台区，也可能小于舞台区。

完成相应的操作，即可缩小舞台的显示比例，如图 2-70 所示。

图 2-70 缩小舞台显示比例

技巧 

除了使用上述方法对舞台的比例进行缩小之外，还有以下两种具体的操作方法：一种方法是执行“视图 > 缩小”命令，即可缩小舞台的显示比例。另一种方法是执行“视图 > 缩放比率”子菜单中相应的命令，即可显示不同比例的舞台大小。

2.6.2 移动舞台显示区域 

如果舞台的显示比例较大，可能无法看到整个舞台。不需要通过缩放比率对视图进行更改，仅使用“手形工具”就可以移动舞台。

执行“文件 > 打开”命令，打开 Flash 文件“光盘\源文件\第 2 章\2-6-2.fla”，将鼠标移至舞台区，按住空格键不放，鼠标指针呈现手形，如图 2-71 所示。向上拖曳鼠标至合适位置，即可移动舞台的显示区域，如图 2-72 所示。

图 2-71 鼠标指针呈手形

图 2-72 移动舞台显示区域

提示

在 Flash CC 中，按住空格键可以临时激活“手形工具”，而忽略工具箱中当前选择的工具，释放空格键后，系统将自动返回至按住空格键之前所选择的工具。另外，还可以按快捷键 H，将鼠标指针移至舞台上拖曳鼠标，即可移动舞台显示。

2.7 本章小结 

本章主要介绍了 Flash CC 的基本操作，通过对相关知识点进行系统与详细的讲解，希望读者能够学会使用以上基本操作，只有熟练掌握操作方法，才能在制作过程中达到得心应手的效果，从而设计出具有欣赏性的动画作品。

第3章 在 Flash CC 中绘制图形

Flash CC 拥有强大的绘图功能，它提供了大量的可以用来绘制图形的工具，每个工具都有着不同的选项供用户选择，使用不同的选项设置，可以绘制出不同效果的图形。本章将带领读者学习如何使用 Flash 中各种绘图工具绘制图形。

3.1 矩形工具和基本矩形工具

“矩形工具”和“基本矩形工具”都是几何形状绘制工具，用于创建各种比例的矩形，也可以绘制各种比例的正方形，下面将对“矩形工具”和“基本矩形工具”的使用进行讲解。

3.1.1 矩形工具

单击工具箱中的“矩形工具”按钮，在场景中单击并拖动鼠标，拖动至合适的位置和大小，释放鼠标，即可绘制出一个矩形图形，得到的矩形由“笔触”和“填充”两部分组成，如图 3–1 所示。如果想要调整图形的“笔触”和“填充”，可以在其“属性”面板上根据需要进行相应的设置，如图 3–2 所示。

图 3-1 矩形图形效果

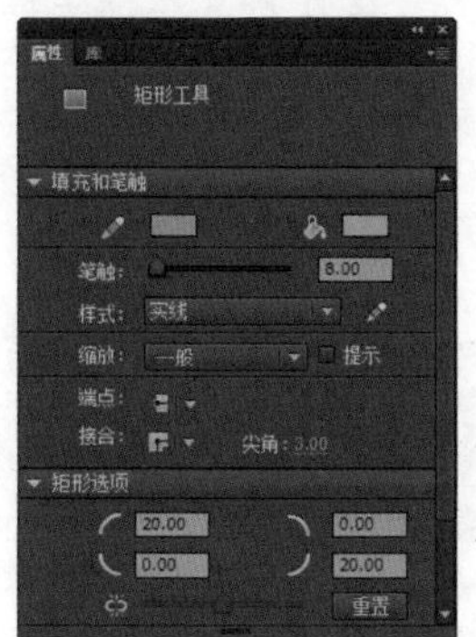

图 3-2 “矩形”的“属性”面板

笔触颜色：该选项可以设置所绘制矩形的笔触颜色，单击该选项颜色块，可以弹出“拾色器”窗口，如图 3–3 所示，在该窗口中可以对笔触颜色进行设置。

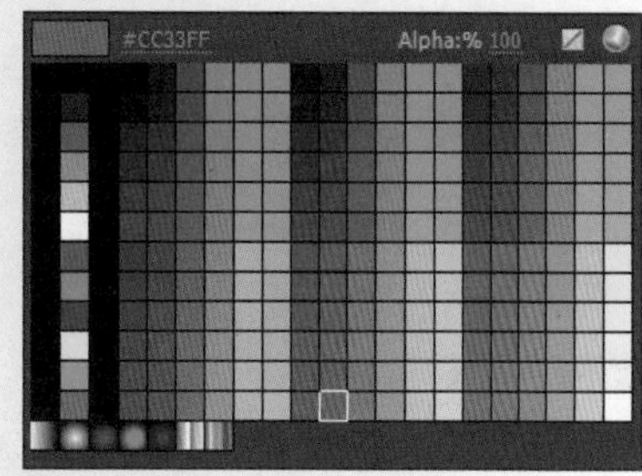

图 3-3 “拾色器”窗口

填充颜色：该选项可以设置所绘制矩形的填充颜色，单击该选项的颜色块，即可对矩形的填充颜色进行相应的设置。

笔触：默认情况下，“笔触”为 1 像素，如果想要设置笔触的高度，可以通过“属性”面板上的“笔触高度”文本框进行设置，也可以通过拖动滑动条上的滑块进行设置，文本框中的数值会与当前滑块位置保持一致，如图 3–4 所示为设置笔触高度的效果。

图 3-4 设置笔触高度

图 3-4 设置笔触高度（续）

样式：该选项用于设置笔触样式，在该选项的下拉列表中可以选择 Flash 预设的 7 种笔触样式，包括“极细线”、“实线”、“虚线”、“点状线”、“锯齿线”、“点刻线”和“斑马线”，如图 3-5 所示。也可以单击右侧的“编辑笔触样式”按钮，在弹出的“笔触样式”对话框中对笔触样式进行设置，如图 3-6 所示。

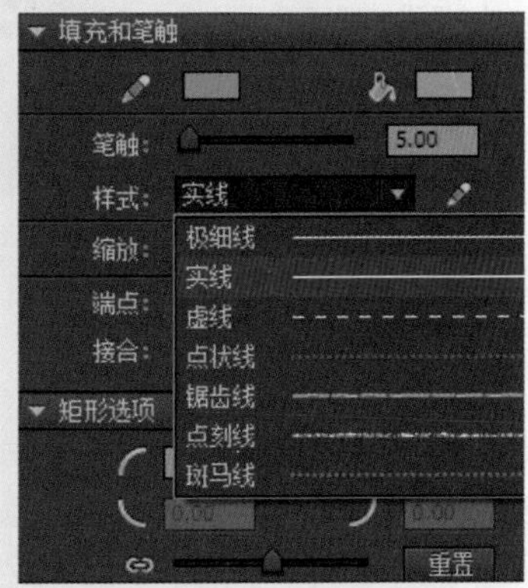

图 3-5 “样式”下拉列表

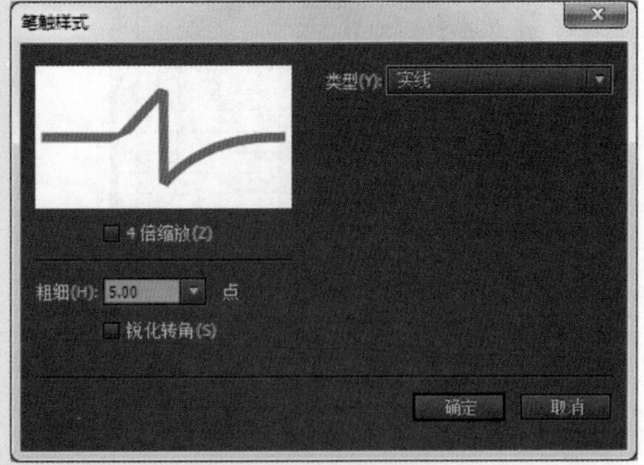

图 3-6 “笔触样式”对话框

需要特别说明的是极细线。当需要绘制较复杂的图形时，不仅需要绘制图形的轮廓线，有时还需要绘制阴影线用来划分出阴影色块的范围。如何正确区分，使完成图形轮廓后上色时不至于混淆呢？此时，极细线就会派上用场，因为无论画面放大多少倍，它在屏幕上显示的始终是 1 像素粗细，这就可以有效地与其他线区分开来，帮助用户正确区分色阶，使上色的层次更为清晰。

缩放：该选项用来限制笔触在 Flash 播放器中的缩放，在该选项的下拉列表中可以选择 4 种笔触缩放，包括“一般”、“水平”、“垂直”和“无”，如图 3-7 所示。

图 3-7 “缩放”下拉列表

端点：该选项用于设置笔触端点的样式，在“端点”的下拉列表中包括“无”、“圆角”和“方形”3 种样式，如图 3-8 所示。

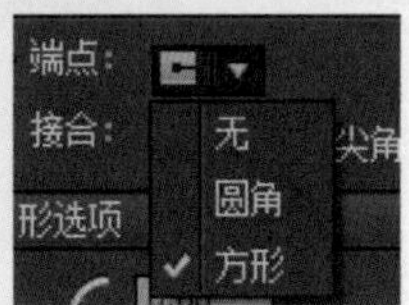

图 3-8 “端点”下拉列表

接合：该选项用来设置两条直线的结合方式，包括“尖角”、“圆角”和“斜角”3 种结合方式，如图 3-9 所示。为所绘制矩形设置 3 种不同的接合方式，可以看到效果如图 3-10 所示。当接合方式为“尖角”时，可以设置不同的“尖角”大小，如图 3-11 所示。

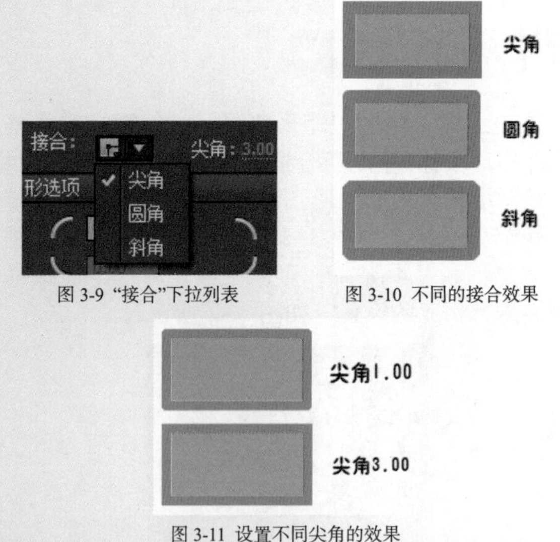

图 3-9 “接合”下拉列表　　图 3-10 不同的接合效果

图 3-11 设置不同尖角的效果

矩形选项：该选项区可以用于设置所需要绘制的矩形的角半径。直接在各文本框中输入半径的数值即可指定角半径，数值越大，矩形的角越圆，如果输入的数值为负数，则创建的是反半径的效果，默认情况下值为 0，创建的是直角，如图 3-12 所示为设置“矩形边角半径”值后绘制矩形的效果。

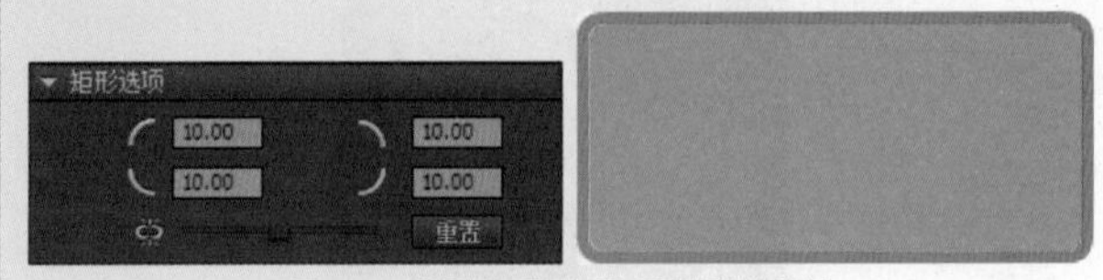

图 3-12 设置“矩形选项”及矩形的效果

如果取消选择限制角半径的图标，可以分别调整每个角的半径，如图 3–13 所示。

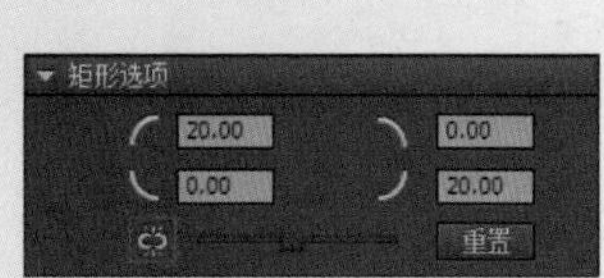

图 3-13 调整各角半径及绘制的矩形效果

提示

完成矩形的绘制之后，是不能在“属性”面板中对矩形的角半径重新设置的。因此如果需要改变该属性值，则应重新绘制一个新的矩形。

技巧

如果想要绘制固定大小的矩形，可以在选择“矩形工具”之后，按住 Alt 键的同时单击舞台区域，就会弹出“矩形设置”对话框，在该对话框中可以设置矩形的高度、宽度、矩形边角的圆角半径以及是否需要从中心绘制矩形，如图 3-14 所示。使用“矩形工具”时，按住 Shift 键拖动鼠标，即可得到正方形，拖动时按上下键可以调整圆角半径。

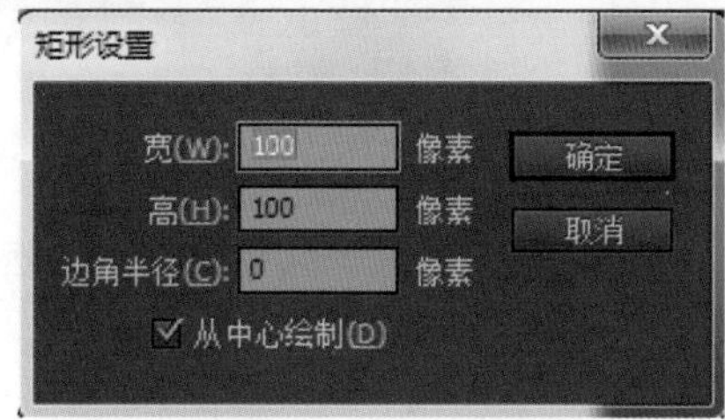

图 3-14 “矩形设置”对话框

1. 设置笔触样式

单击“属性”面板中的“编辑笔触样式”按钮，弹出“笔触样式”对话框，默认情况下的“笔触样式”为“实线”，如图 3–15 所示。

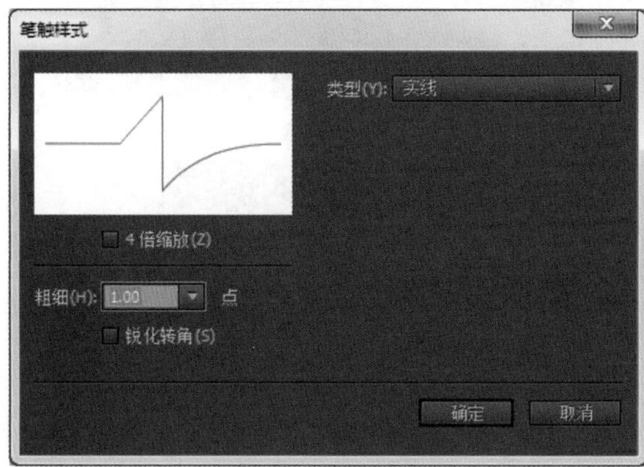

图 3-15 “笔触样式”对话框

- 4 倍缩放：选中该复选框，将以 4 倍大小显示自定义笔触样式，如图 3–16 所示为选中该选项前后的显示效果。

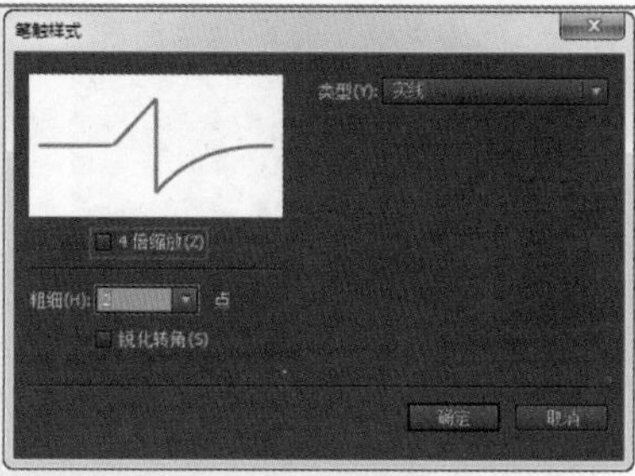

不选中“4 倍缩放”

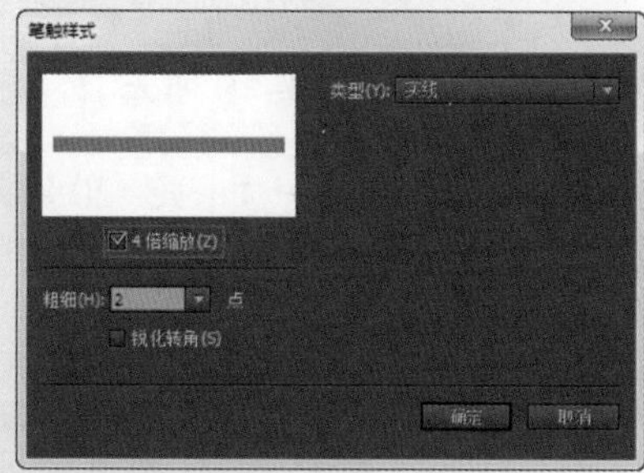

选中“4 倍缩放”

图 3-16 选中“4 倍缩放”前后的效果对比

- 粗细：该选项可以设置笔触样式的粗细。在该选项的下拉列表中可以选择不同的粗细，也可以自定义手动输入数值。
- 锐化转角：选中“锐化转角”复选框可以锐化绘制图形的转角，如图 3–17 所示为选中该选项前后的显示效果。

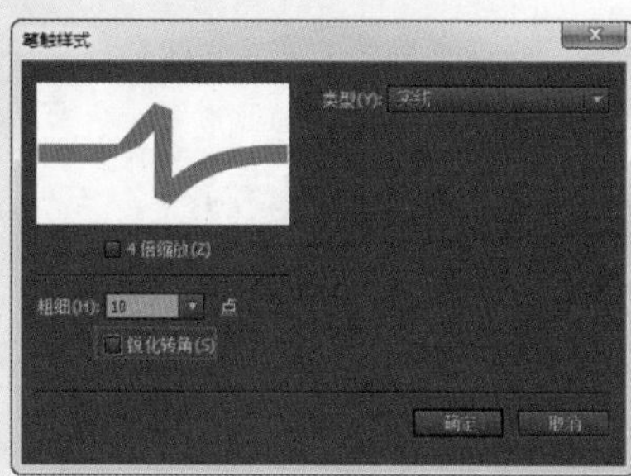

不选中“锐化转角”

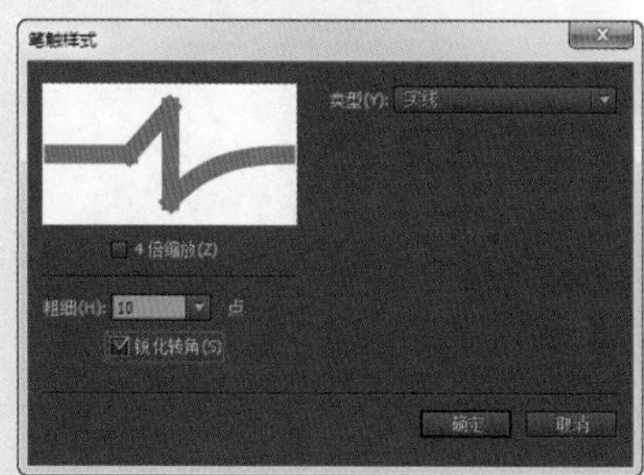

选中“锐化转角”

图 3-17 选中“锐化转角”前后的效果对比

- 类型：该选项的下拉列表中会显示出 Flash 自带的几种不同的笔触类型，如“实线”、“虚线”和“锯齿线”等，如图 3–18 所示。不同类型的样式会显示不同的选项和不同的效果。

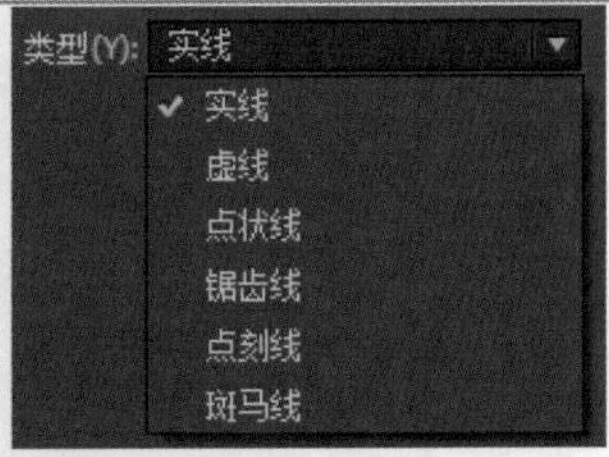

图 3-18 6 种不同的笔触类型

实线：如果选择该选项，将会显示实线效果。

虚线：如果选择该选项，此时对话框中会出现虚线的相应属性，如图 3-19 所示。“虚线”选项主要是用于控制虚线线段的长度，可以自定义输入数值来改变显示效果，如图 3-20 所示；“间距”选项用于设置相邻两条线段间空白的大小，如图 3-21 所示。

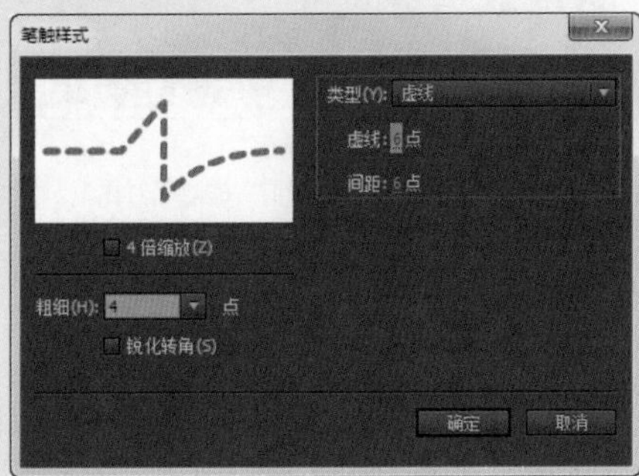

图 3-19 “虚线”样式

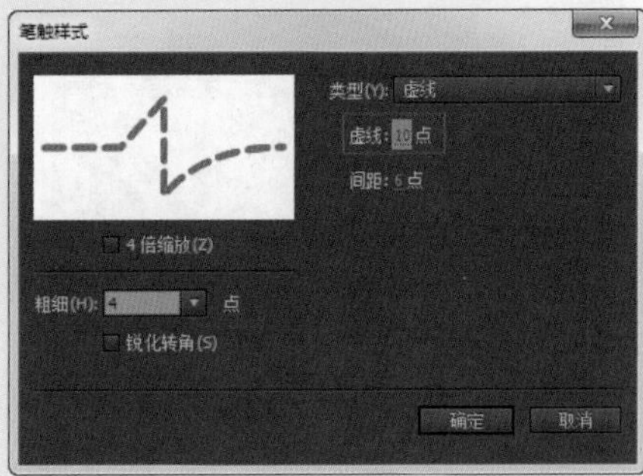

图 3-20 改变“虚线”效果

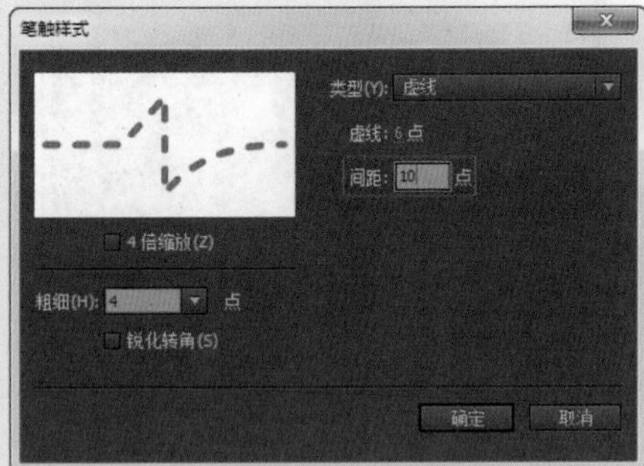

图 3-21 改变“间距”效果

点状线：如果选择该选项，此时对话框中会出现点状线的相应属性，如图 3-22 所示。通过“点距”的设置，可以控制相邻两点间的距离，如图 3-23 所示。

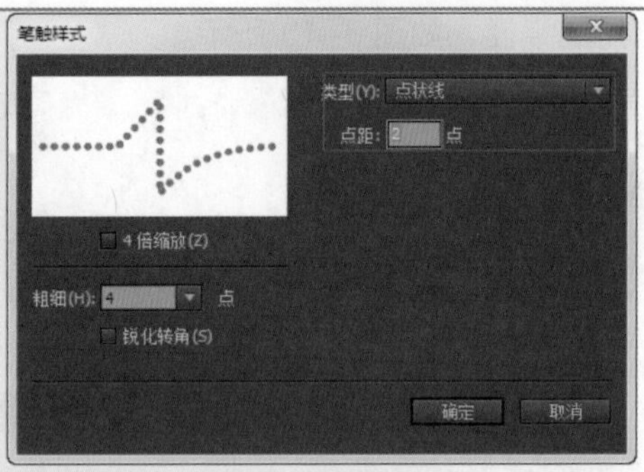

图 3-22 “点状线”样式

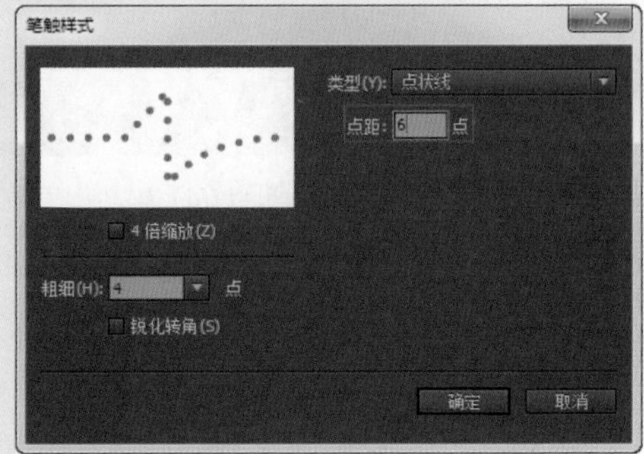

图 3-23 改变“点距”属性

锯齿线：如果选择该选项，此时对话框中会出现锯齿线的相应属性，如图 3-24 所示。“图案”选项用来控制线条的频率和样式，在该选项的下拉列表中包含 Flash 预设的 7 种图案样式，如图 3-25 所示。

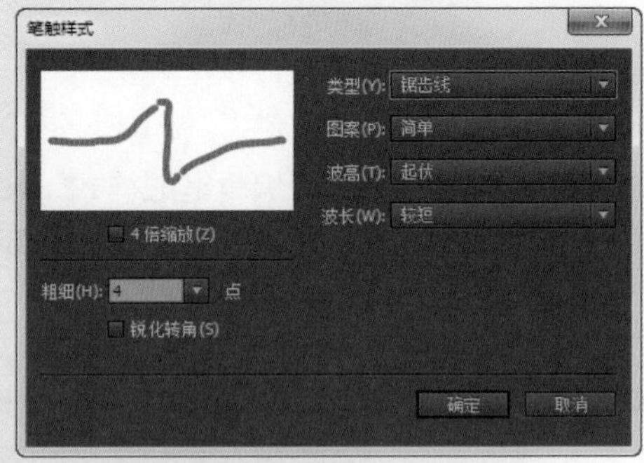

图 3-24 “锯齿线”样式

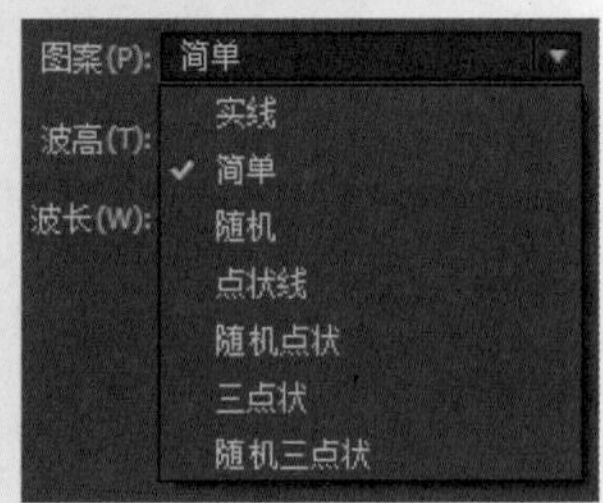

图 3-25 “图案”下拉列表

“波高”选项用来控制线条中起伏效果的剧烈程度，在该选项的下拉列表中有 4 种样式可供选择，如图 3-26 所示。“波长”选项用来控制每个起伏影响的线条长度，在该选项的下拉列表中包含 4 种可以选的样式如图 3-27 所示。

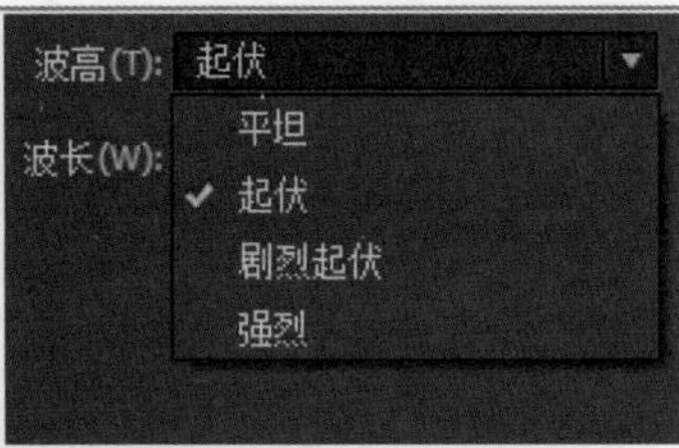

图 3-26 “波高”下拉列表

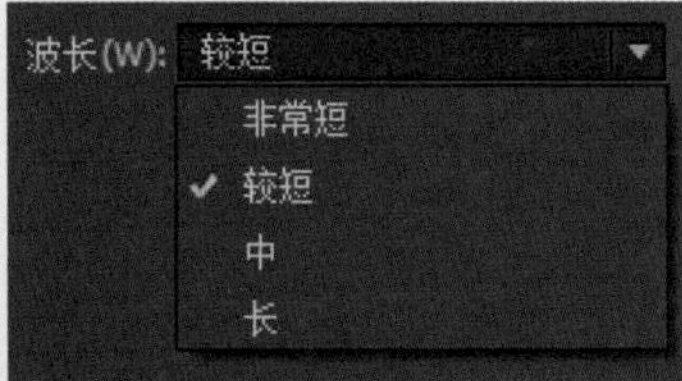

图 3-27 “波长”下拉列表

- 点刻线：如果选择该选项，此时对话框中会出现点刻线的相应属性，如图 3–28 所示。“点大小”选项用来控制笔触中点的平均大小，在该选项的下拉列表中包含 4 种点的大小，如图 3–29 所示。

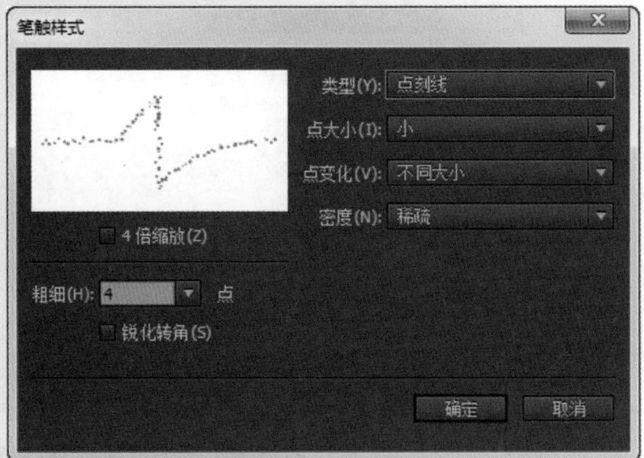

图 3-28 “点刻线”样式

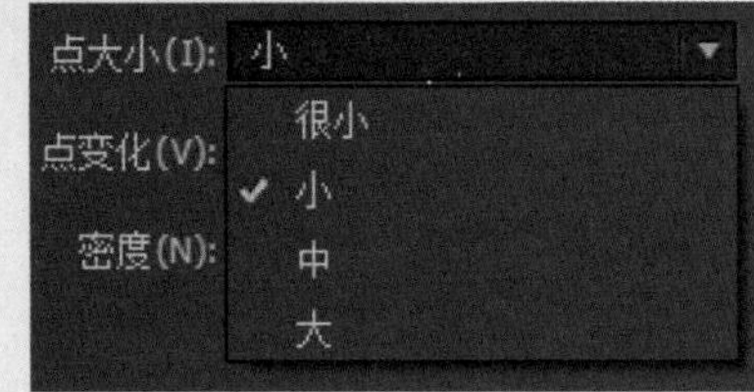

图 3-29 “点大小”下拉列表

“点变化”选项用来控制点之间大小的差距，在该选项的下拉列表中包含 4 种点的变化，如图 3–30 所示。“密度”选项用来控制笔触中点的大小，在该选项的下拉列表中有 4 种可供选择的选项，如图 3–31 所示。

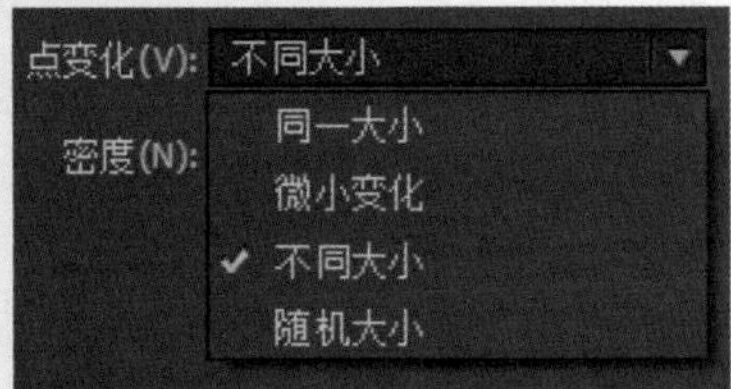

图 3-30 “点变化”下拉列表

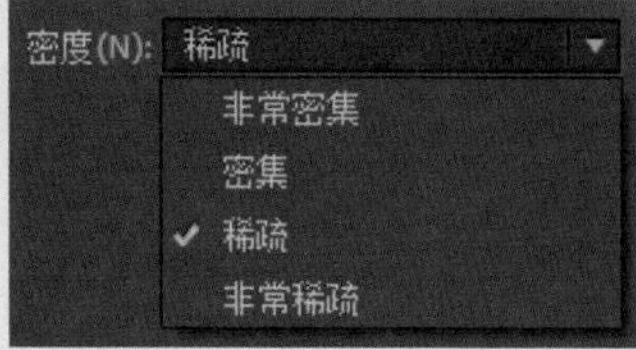

图 3-31 “密度”下拉列表

- 斑马线：如果选择该选项，此时对话框中会出现斑马线的相应属性，如图 3–32 所示。

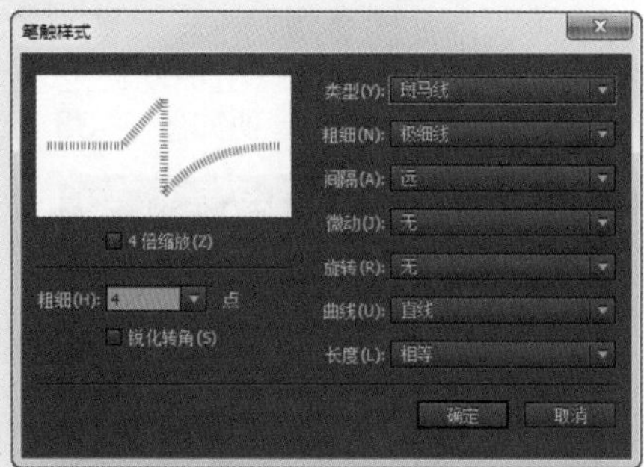

图 3-32 “斑马线”样式

“粗细”选项用来控制每个线段的粗细程度，在该选项的下拉列表中包含 4 种用来设置不同程度粗细的样式，如图 3–33 所示。“间隔”选项用来控制线段间的距离长短，在该选项的下拉列表中包含 4 种用来设置线段间距离长短的样式，如图 3–34 所示。

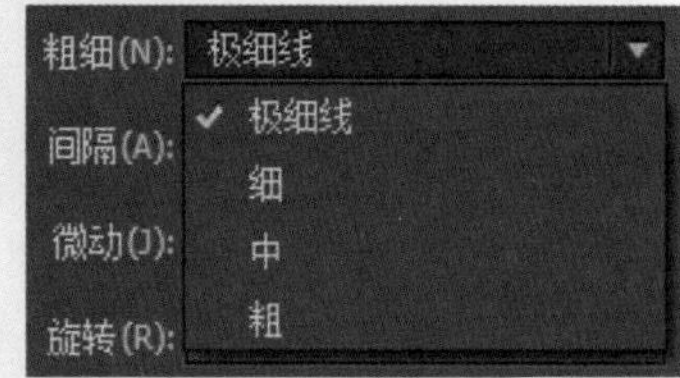

图 3-33 “粗细”下拉列表

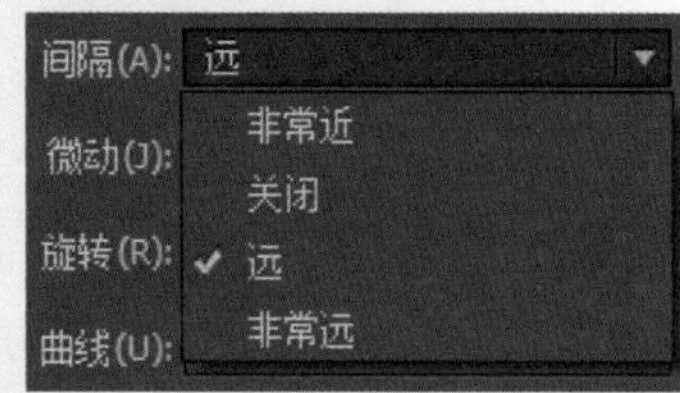

图 3-34 “间隔”下拉列表

“微动”选项用来控制线段间的距离长短，在该选项的下拉列表中包含 4 种用来设置线段状态的样式，如图 3–35 所示。“旋转”选项用来控制每个线段的自旋程度，“旋转”下拉列表中的选项如图 3–36 所示。

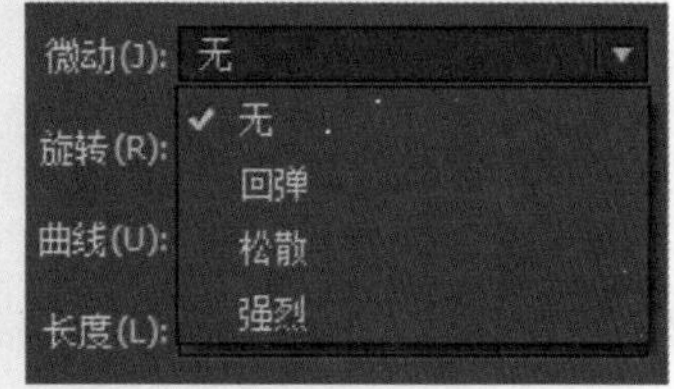

图 3-35 “微动”下拉列表

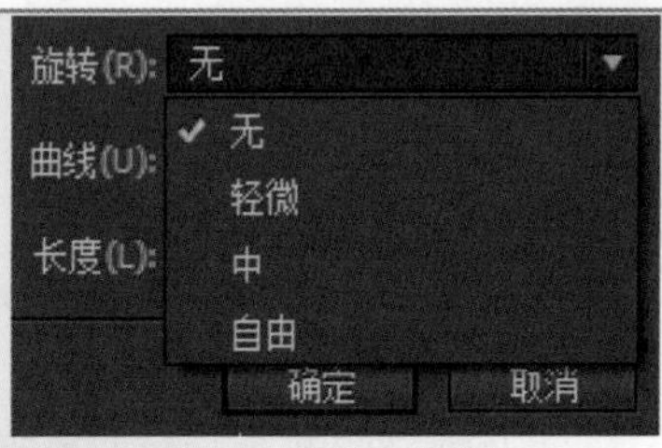

图 3-36 “旋转”下拉列表

“曲线”选项用来控制每条线段的弧度，“曲线”下拉列表中的选项如图 3-37 所示。“长度”选项用来控制每条线段在指定笔触粗细基础上的偏移程度，“长度”下拉列表中的选项如图 3-38 所示。

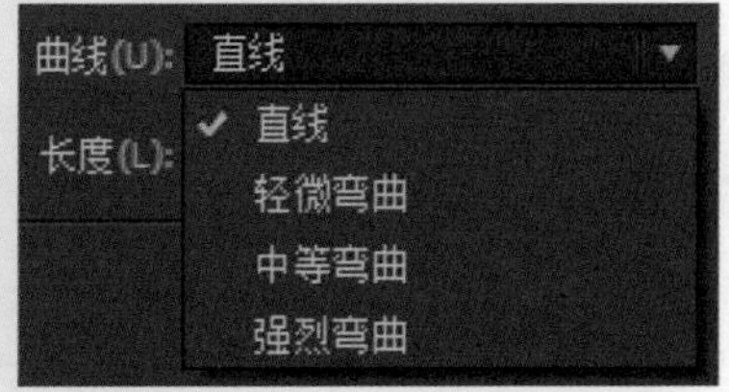

图 3-37 “曲线”下拉列表

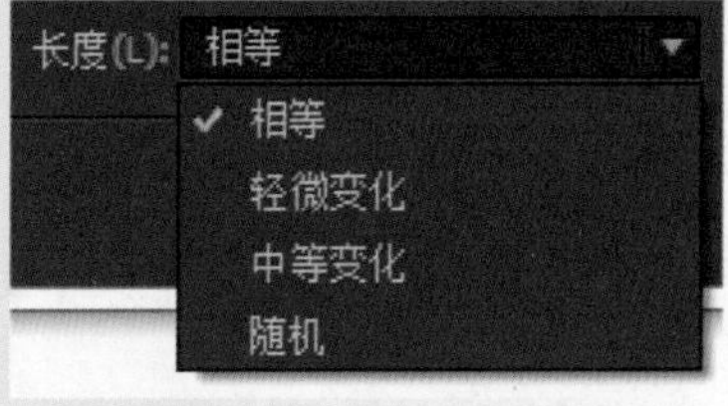

图 3-38 “长度”下拉列表

2. 对象绘制

在使用图形绘制工具时，工具箱底部都会出现“对象绘制”按钮，如果在绘制图形之前，单击该按钮将其激活，绘制的每一个图形都会作为一个对象出现，而不是形状。各个对象之间是相互独立且不会相互影响的，而多个形状组合在一起的时候，则会相互影响。

以“矩形工具”为例，在使用“矩形工具”之前不激活“对象绘制”按钮，直接在舞台中绘制多个矩形，此时矩形将会叠加在一起，如果图形的填充颜色相同，则这两个矩形将会自动合并，如图 3-39 所示，如果绘制出的两个图形已经合并在一起了，并且这两个图形填充颜色不相同，移动其中一个图形，则会永久改变其下方的图形，如图 3-40 所示。

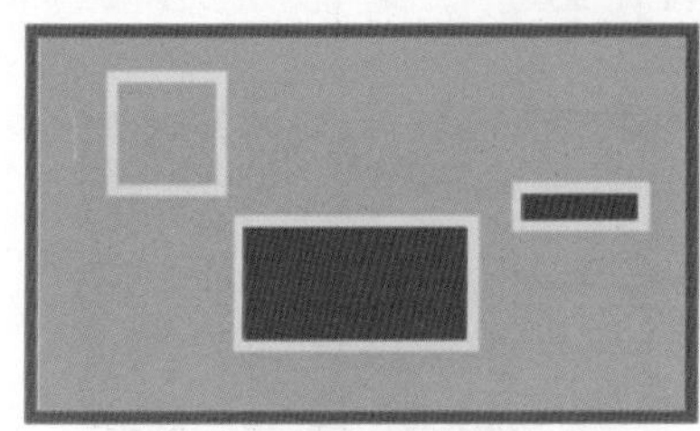
图 3-39 图形合并

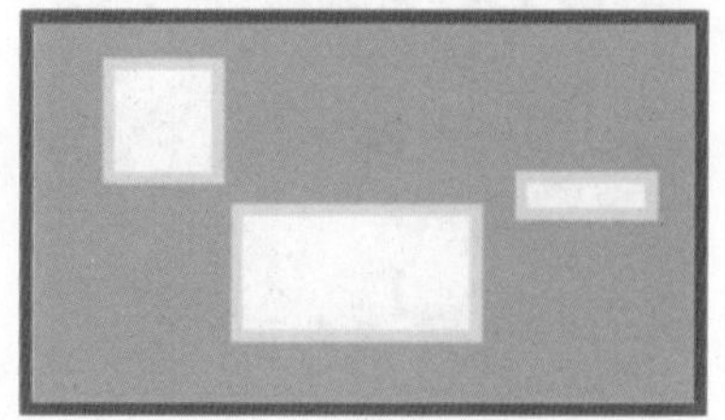
图 3-40 改变图形

如果将“对象绘制”按钮激活之后，再使用“矩形工具”绘制图形，得到的结果将是完全不同的，不管绘制几个对象，它们都是独立存在，且叠加在一起的时候不会自动合并，如图 3-41 所示。

图 3-41 以对象绘制

3.1.2 基本矩形工具

单击工具箱中的“基本矩形工具”按钮，在场景中单击并拖动鼠标，拖动至合适的位置和大小后释放鼠标，即可绘制出一个基本矩形，如图 3-42 所示。在“属性”面板中可以对相应的属性值进行设置，如图 3-43 所示。

图 3-42 绘制基本矩形

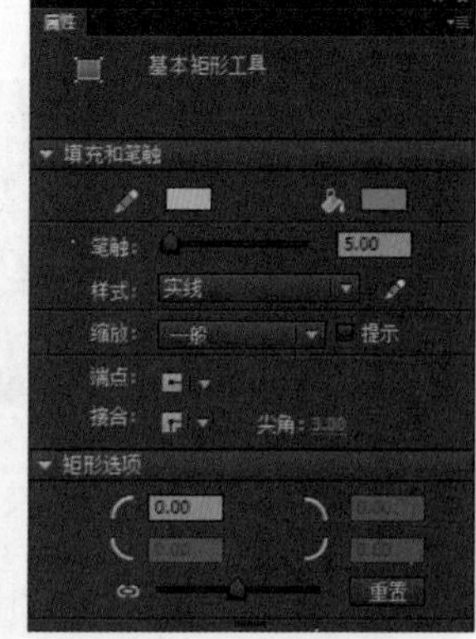

图 3-43 “属性”面板

“基本矩形工具”与“矩形工具”最大的区别在于圆角的设置，使用“矩形工具”时，当一个矩形已经绘制完成，是不能对矩形的角度重新设置的，如果想要改变当前矩形的角度，则需要重新绘制一个矩形，而在使用“基本矩形工具”绘制矩形时，完成矩形绘制后，可以使用“选择工具”对基本矩形四周的任意点进行拖动调整，绘制出所需要的图形，如图 3-44

所示。

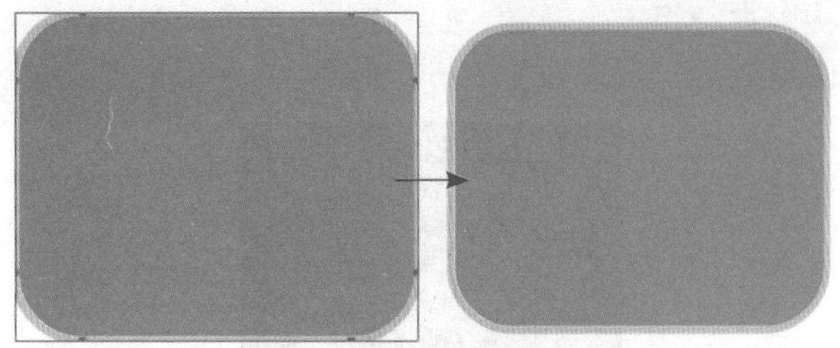

图 3-44 调出基本矩形圆角

除了使用“选择工具”拖动控制点更改角半径以外，也可以通过改变“属性”面板中“矩形选项”文本框里面的数值进行调整，还可以拖动文本框下方区域的滑块进行调整，当滑块为选中状态时，按住键盘上的“上方向”键或“下方向”键可以快速调整角半径，文本框中的数值和滑块的位置始终是一致的。

技巧

如果想绘制出线框矩形效果，使用“矩形工具”或“基本矩形工具”，单击“属性”面板上的“填充颜色”选项后的颜色块，在弹出的“拾色器”窗口中单击☒按钮，将填充颜色设为无即可。

3.1.3 绘制矩形背景

本实例中主要使用“矩形工具”、“基本矩形工具”配合“属性”面板绘制矩形背景，由于背景颜色各不相同，并且有渐变填充，所以要借助“颜色”面板进行绘制操作。

动手实践——绘制矩形背景

源文件：光盘 \ 源文件 \ 第 3 章 \3-1-3.fla

视频：光盘 \ 视频 \ 第 3 章 \3-1-3.swf

01 执行“文件 > 新建”命令，弹出“新建文档”对话框，设置如图 3-45 所示，单击“确定”按钮，新建一个 Flash 文档，效果如图 3-46 所示。

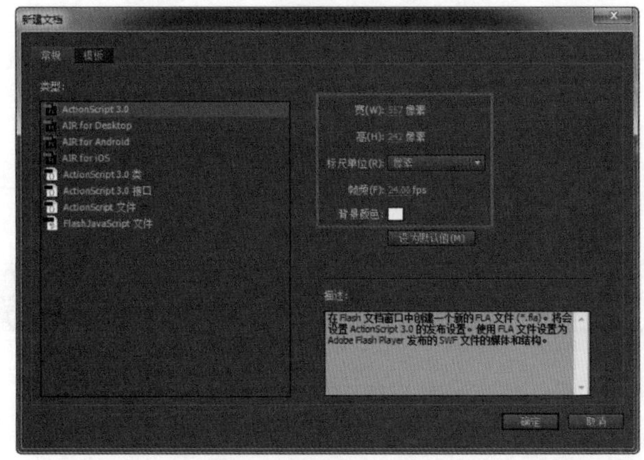

图 3-45 “新建文档”对话框

图 3-46 新建的 Flash 文档

02 单击工具箱中的“矩形工具”按钮，在“属性”面板中设置“笔触颜色”为无，如图 3-47 所示。打开“颜色”面板，设置“填充颜色”为灰白线性渐变，如图 3-48 所示。

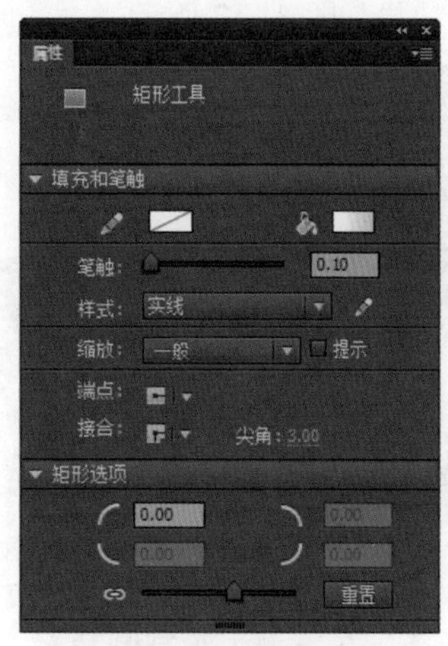

图 3-47 设置“属性”面板

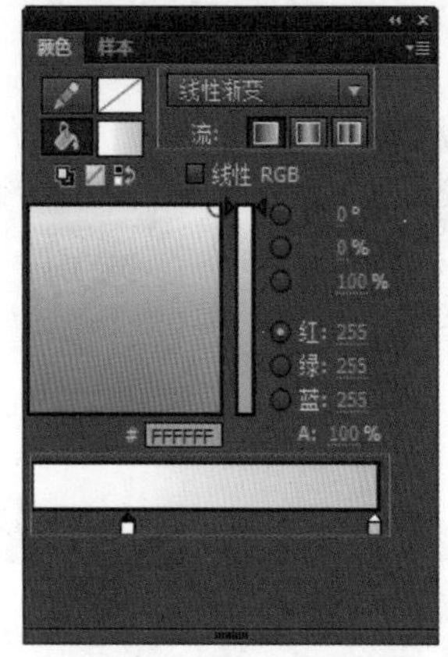

图 3-48 设置“颜色”面板

03 在场景中拖动鼠标绘制一个矩形，效果如图 3-49 所示。单击工具箱中的“渐变变形工具”按钮，对矩形的渐变填充进行调整，效果如图 3-50 所示。

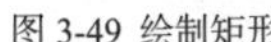

图 3-49 绘制矩形

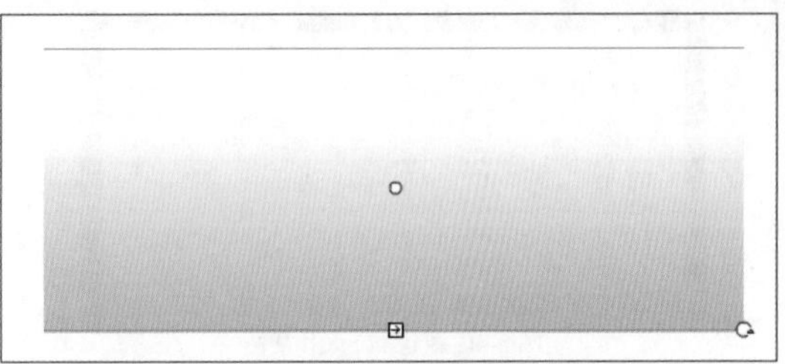
图 3-50 调整渐变填充

04 单击“时间轴”面板中的“新建图层”按钮，新建“图层 2”，使用“基本矩形工具”，在“属性”面板中进行相应的设置，如图 3-51 所示。在场景中绘制圆角矩形，效果如图 3-52 所示。

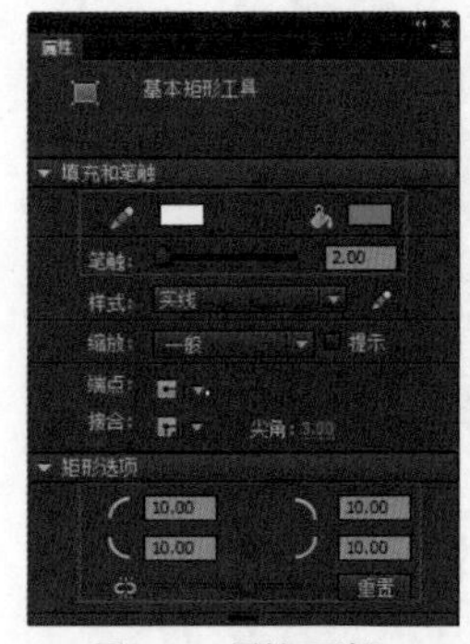

图 3-51 “属性”面板

图 3-52 绘制圆角矩形

05 使用“基本矩形工具”，在“属性”面板中进行相应的设置，在场景中绘制圆角矩形，效果如图 3-53 所示。使用相同的方法，绘制出其他圆角矩形，效果如图 3-54 所示。

图 3-53 绘制圆角矩形

图 3-54 场景效果

06 新建“图层 3”，使用“矩形工具”，在“属性”面板中进行相应的设置，如图 3-55 所示。在场景中绘制圆角矩形，效果如图 3-56 所示。

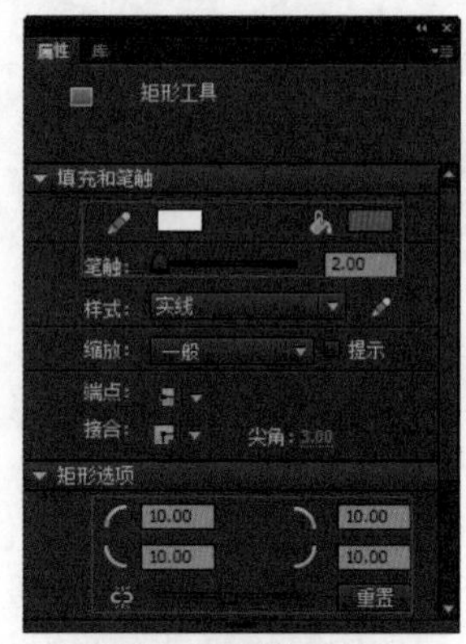

图 3-55 “属性”面板

图 3-56 绘制圆角矩形

07 使用“选择工具”，选中场景中舞台以外的部分，按 Delete 键删除，效果如图 3-57 所示。使用相同的方法，使用“矩形工具”绘制出其他矩形，最终效果如图 3-58 所示。

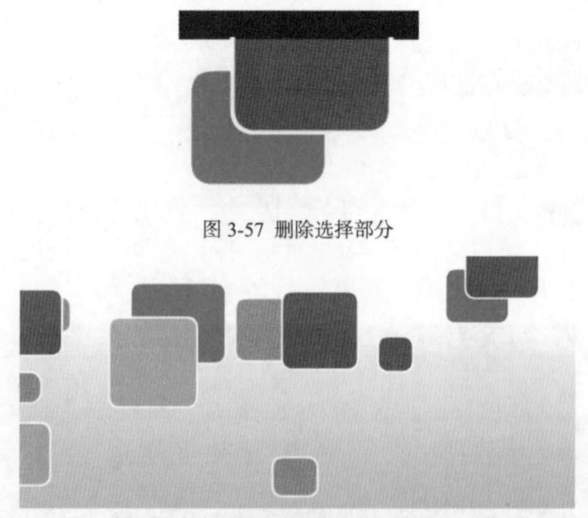
图 3-57 删除选择部分

图 3-58 最终效果

3.2 椭圆工具和基本椭圆工具

“椭圆工具”和“基本椭圆工具”属于几何形状绘制工具，用于创建各种比例的椭圆形，也可以绘制各种比例的圆形，使用方法与“矩形工具”的使用方法相似，操作起来较简单，下面将对“椭圆工具”和“基本椭圆工具”进行讲解。

3.2.1 椭圆工具

单击工具箱中的“椭圆工具”按钮，在场景中单击并拖动鼠标，并拖动至合适的位置和大小后释放鼠标，即可绘制出一个椭圆，如图 3–59 所示。在“属性”面板中可以对椭圆的相应参数进行设置，如图 3–60 所示。

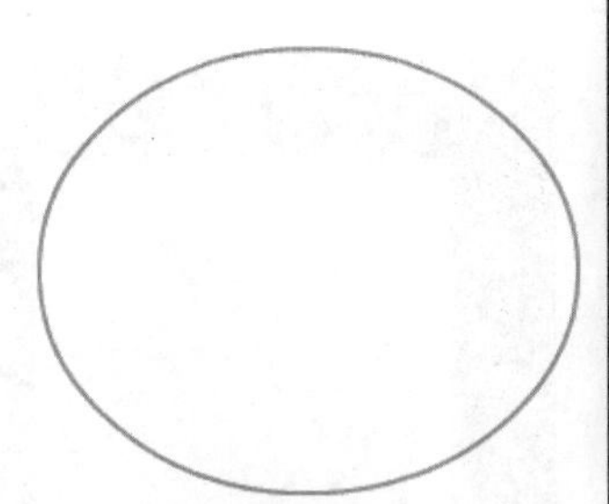

图 3-59 绘制椭圆

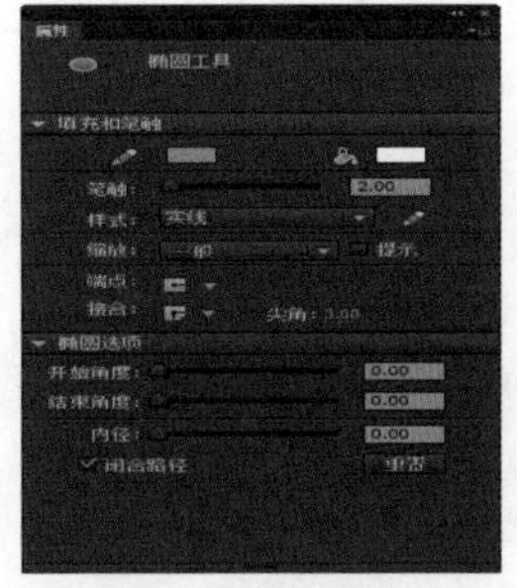

图 3-60 “属性”面板

开始角度 / 结束角度：在该选项的文本框中输入角度值或者拖动滑动条上的滑块，可以控制椭圆的开始点角度和结束点的角度，通过调整该选项的属性值，就可以轻松绘制出许多有创意的形状，例如扇形、半圆、饼形、圆环形等，如图 3–61 所示。

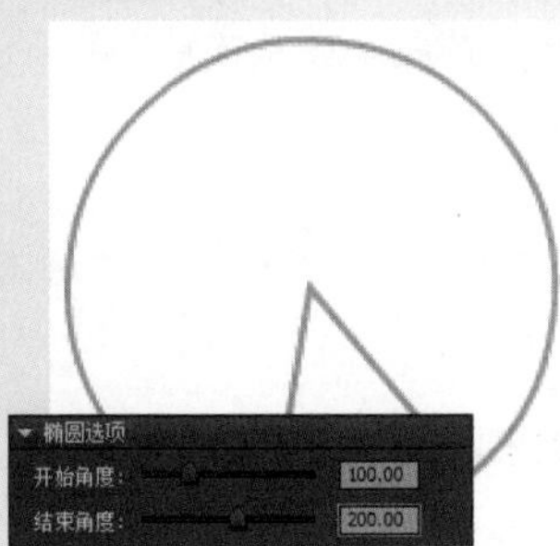

图 3-61 图形效果

内径：该选项用于调整椭圆的内径，可以直接在“属性”面板的文本框中输入内径的数值（范围：0~99），也可能拖动滑块来调整内径的大小，如图 3–62 所示为设置不同内径大小时绘制图形效果。

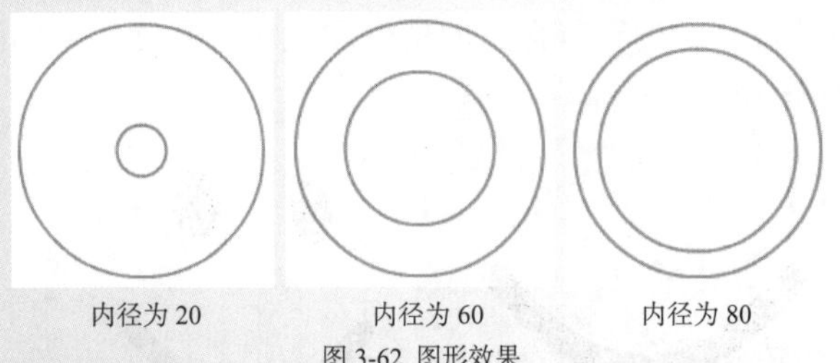

图 3-62 图形效果

闭合路径：该选项用来设置所绘制椭圆的路径是否为闭合状态，当椭圆指定了内径以后会出现多条路径，如果不选中该复选框，则绘制时会出现一条开放路径，此时如果未对所绘制的图形应用任何填充，则绘制出的图形为笔触，如图 3–63 所示。默认情况下选择闭合路径，效果如图 3–64 所示。

图 3-63 开放路径效果　　图 3-64 闭合路径效果

重置：该选项用来重置椭圆工具的所有设置，把椭圆工具的所有设置恢复为原始值，此时再在舞台中绘制的椭圆形状将会恢复为原始大小和形状。

3.2.2 基本椭圆工具

单击工具箱中的“基本椭圆工具”按钮，在场景中单击并拖动鼠标，并拖动至合适的位置和大小后释放鼠标，即可绘制出一个基本椭圆，如图 3–65 所示。在“属性”面板中可以对基本椭圆的相应参数进行设置，如图 3–66 所示。

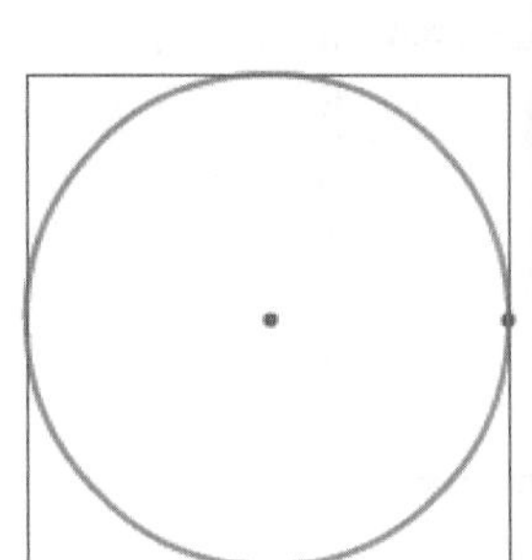

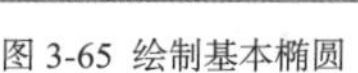

图 3-65 绘制基本椭圆

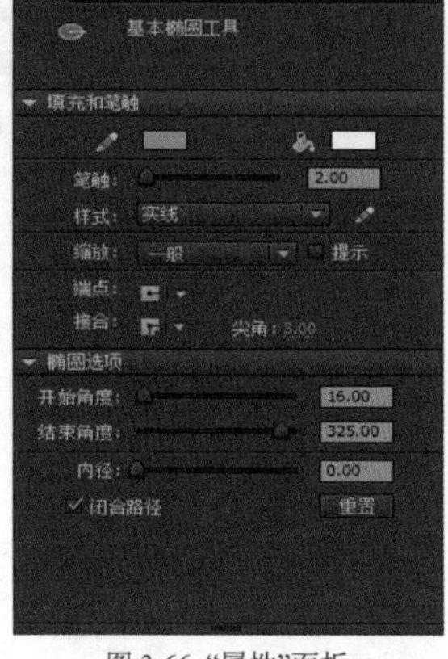

图 3-66 “属性”面板

“椭圆工具”和“基本椭圆工具”在使用方法上基本相同，不同的是，使用“椭圆工具”绘制的图形是形状，只能使用编辑工具进行修改；使用“基本椭圆工具”绘制的图形可以在“属性”面板中直接修改其基本属性，在完成基本椭圆的绘制后，也可以使用“选择工具”对其控制点进行拖动以改变其形状，如图 3–67 所示。

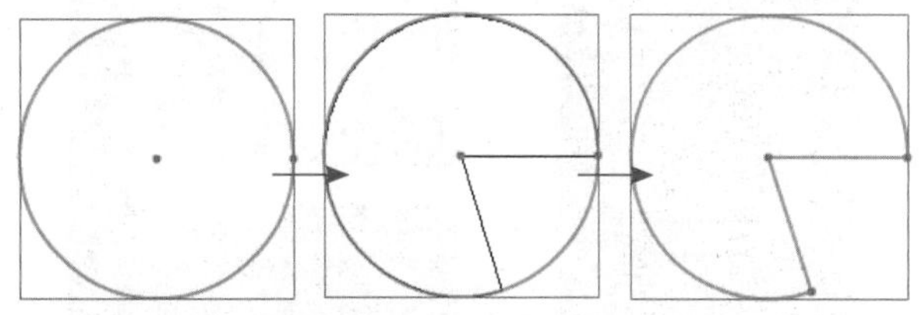

图 3-67 调整基本椭圆形状

3.2.3 绘制可爱的笑脸

本实例中绘制的是可爱的笑脸，主要运用“基本椭圆工具”和“线条工具”进行绘制，在绘制过程中实现了径向渐变填充的效果，所以配合了“渐变变形工具”的使用。

动手实践——绘制可爱的笑脸

源文件：光盘\源文件\第 3 章\3-2-3.fla

视频：光盘\视频\第 3 章\3-2-3.swf

01 执行“文件 > 新建”命令，弹出“新建文档”对话框，设置如图 3-68 所示，单击“确定”按钮，新建一个 Flash 文档，效果如图 3-69 所示。

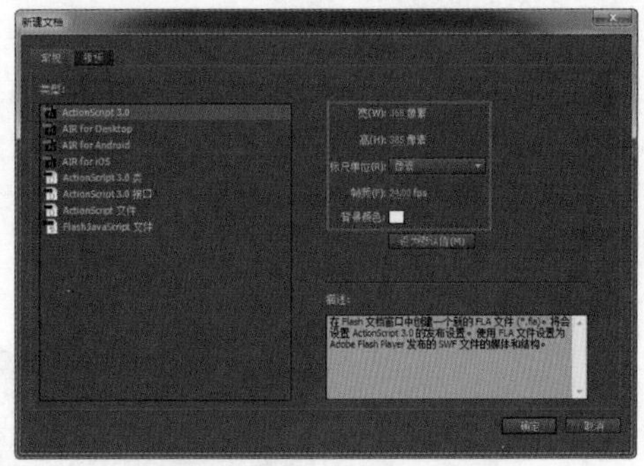

图 3-68 “新建文档”对话框

图 3-69 新建 Flash 文档

02 单击工具箱中的“基本椭圆工具”按钮，在“属性”面板中设置“笔触颜色”为无，如图 3-70 所示。打开“颜色”面板，设置“填充颜色”为由白色到黄色的径向渐变，如图 3-71 所示。

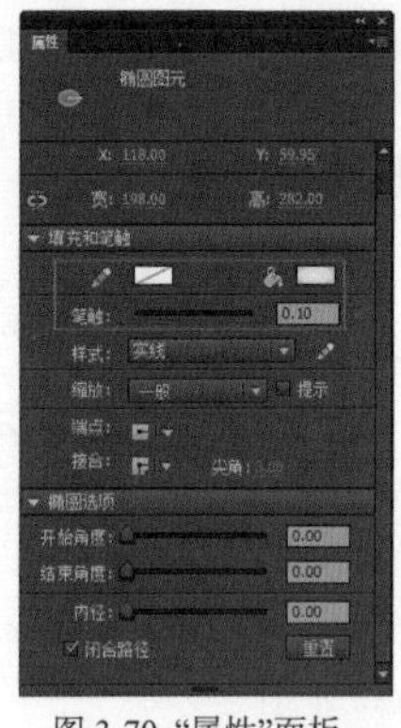

图 3-70 “属性”面板

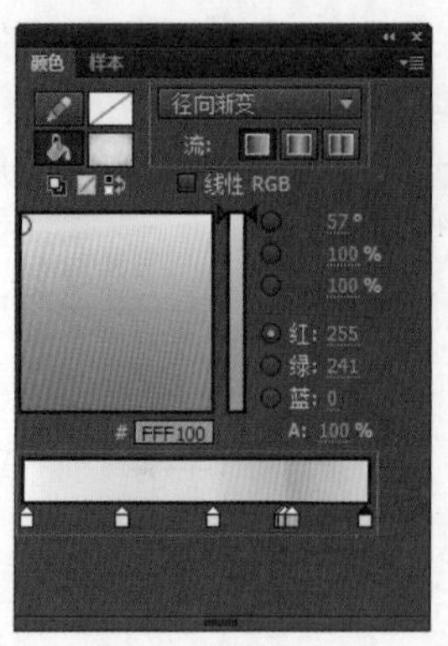

图 3-71 “颜色”面板

提示

“颜色”面板中径向渐变的颜色值从左到右依次为 RGB（255，255，255）、RGB（255，243，62）、RGB（255，241，0）、RGB（223，208，0）、RGB（219，204，0）、RGB（207，193，0）、RGB（255，241，0）。

03 按住 Shift 键在场景中拖动鼠标绘制一个正圆形，如图 3-72 所示。单击工具箱中的“渐变变形工具”按钮，对场景中的渐变填充进行调整，调整后的效果如图 3-73 所示。

图 3-72 绘制正圆形

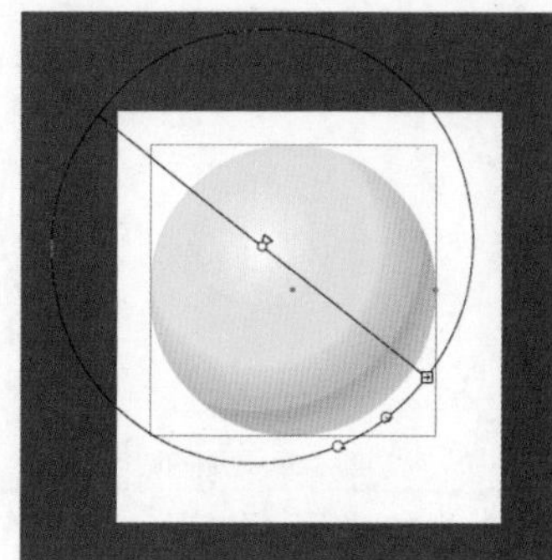

图 3-73 调整渐变填充

04 新建“图层 2”，单击工具箱中的“线条工具”按钮，在“属性”面板中进行相应的设置，如图 3-74 所示。在场景中绘制线条，使用“选择工具”，把鼠标放在绘制线条的边缘，光标会显示为状态，如图 3-75 所示。

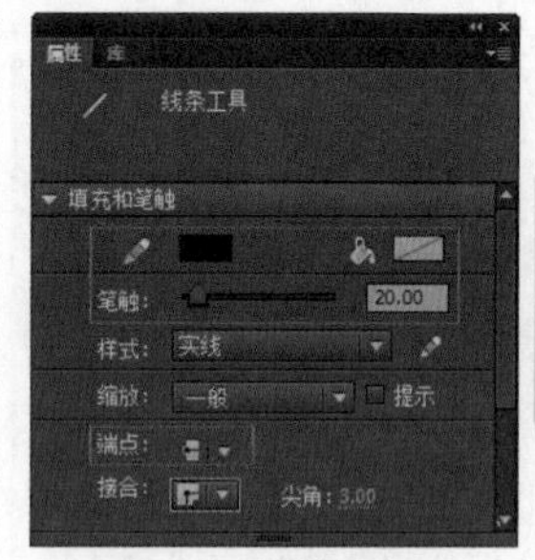

图 3-74 “属性”面板

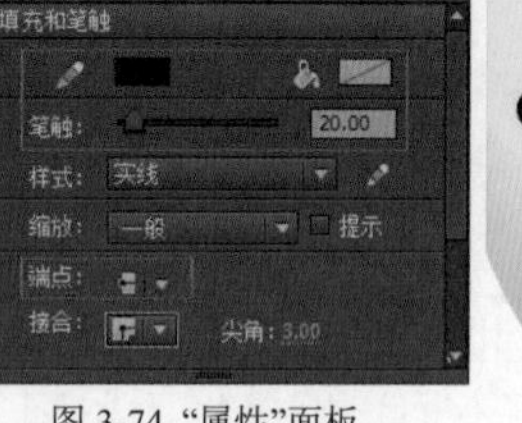

图 3-75 绘制线条

05 向下拖曳线条至合适的位置，释放鼠标，效果如图 3-76 所示。使用“基本椭圆工具”绘制笑脸的眼睛部位，并调整至合适的位置和大小，最终效果如图 3-77 所示。

图 3-76 调整线条　　图 3-77 最终效果

3.3 多角星形工具

“多角星形工具”也是几何形状绘制工具，通过设置所绘制图形的边数、星形顶点数（从 3~32）和星形顶点的大小，可以创建出各种比例的多边形，也可以绘制各种比例的星形。

单击工具箱中的“多角星形工具”按钮，在舞台中单击并拖动鼠标，拖动至合适的位置和大小后释放鼠标，即可绘制出一个多边形，如图 3–78 所示。在“属性”面板中可以对其相应的参数进行设置，如图 3–79 所示。

图 3-78 绘制多边形

图 3-79 “属性”面板

3.3.1 设置多角星形属性

除了在场景中直接单击拖动鼠标绘制多边形以外，还可以通过“属性”面板中的“工具设置”对话框来绘制多边形。在选择“多角星形工具”之后，单击“属性”面板下方的“选项”按钮，在弹出的“工具设置”对话框中对多边形的属性进行设置，如果将“样式”设置为“星形”，如图 3–80 所示。单击“确定”按钮，在场景中即可绘制出一个星形，效果如图 3–81 所示。

图 3-80 “工具设置”对话框

图 3-81 图形效果

- 样式：该选项用来设置所绘制多角星形的样式，在“样式”的下拉列表中包含“多边形”和“星形”两个选项，通常情况下，默认设置为多边形，如图 3–82 所示。

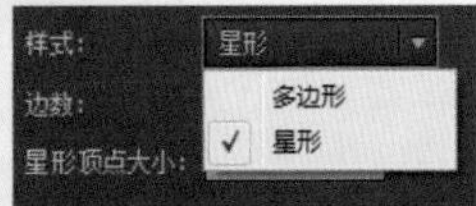

图 3-82 “样式”下拉列表

- 边数：该选项用来设置多角星形的边数，直接在文本框中输入一个 3~32 之间的数值，即可绘制出不同边数的多角星形，如图 3–83 所示为分别设置“边数”为 8 和“边数”为 15 的星形效果。

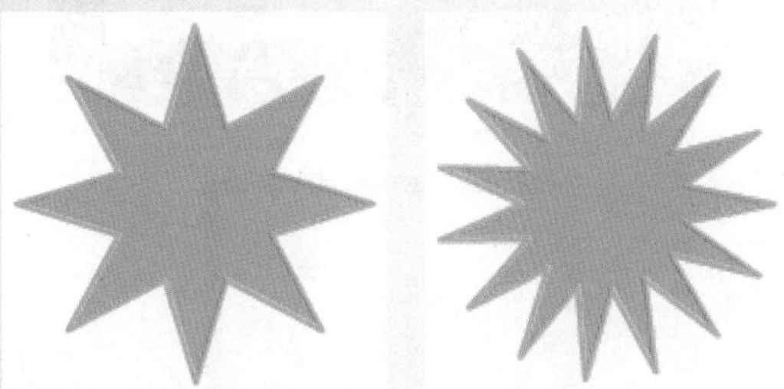

边数为 8　　边数为 15

图 3-83 不同边数的星形效果

- 星形顶点大小：该选项用来指定星形顶点的深度，在文本框中输入一个 0~1 之间的数字，即可绘制出不同顶点大小的多角星形，数字越接近 0，创建出的星形顶点越尖，如图 3–84 所示为设置不同星形顶点大小后绘制的星形效果。

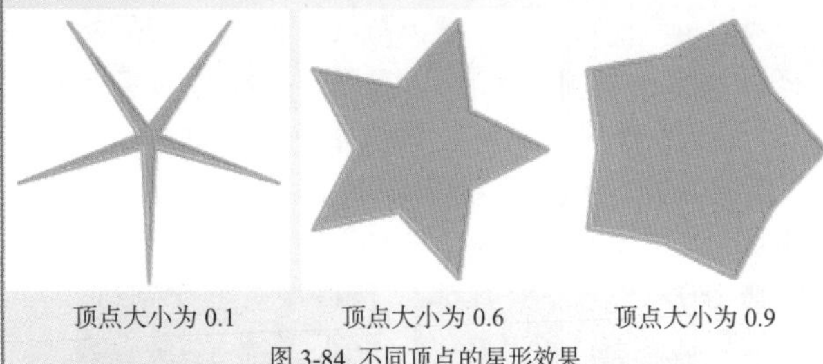

顶点大小为 0.1　　顶点大小为 0.6　　顶点大小为 0.9

图 3-84 不同顶点的星形效果

提示

如果想要绘制多边形效果，可以保持此设置不变，也不会影响多边形的形状。

3.3.2 绘制精美图标

本实例首先通过使用“多角星形工具”和“基本矩形工具”绘制图标，再配合“文本工具”的使用输入文字，绘制出精美的图标效果，绘制过程中能够更多地了解关于对象绘制的相关知识。

动手实践——绘制精美图标

源文件：光盘\源文件\第 3 章\3-3-2.fla

视频：光盘\视频\第 3 章\3-3-2.swf

01 执行“文件 > 新建”命令，弹出“新建文档”对话框，设置如图 3-85 所示，单击“确定”按钮，新建一个 Flash 文档，效果如图 3-86 所示。

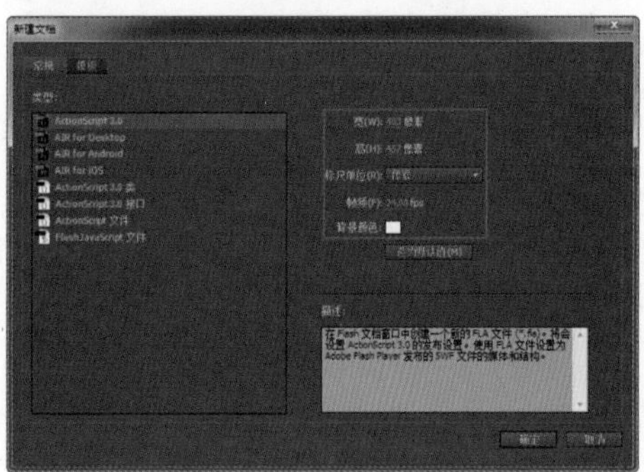

图 3-85 “新建文档”对话框

图 3-86 新建的 Flash 文档

02 单击工具箱中的“多角星形工具”按钮，单击工具箱底部的“对象绘制”按钮，激活对象绘制，设置“属性”面板中的“笔触颜色”为无，“填充颜色”为径向渐变，打开“颜色”面板进行相应设置，如图 3-87 所示。单击“属性”面板中的“选项”按钮，弹出“工具设置”对话框，在该对话框中进行相应设置，如图 3-88 所示。

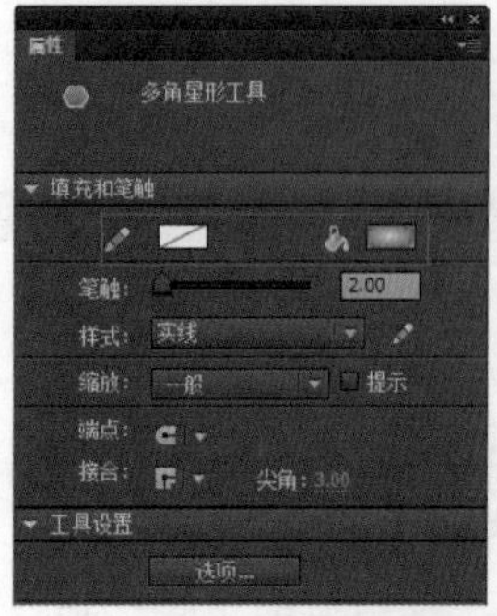

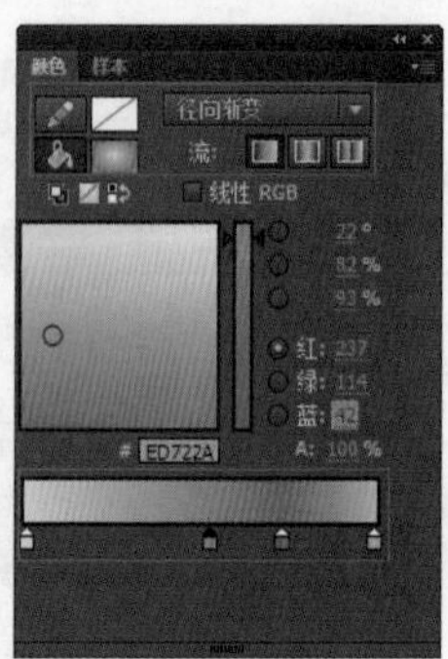

图 3-87 “属性”和“颜色”面板

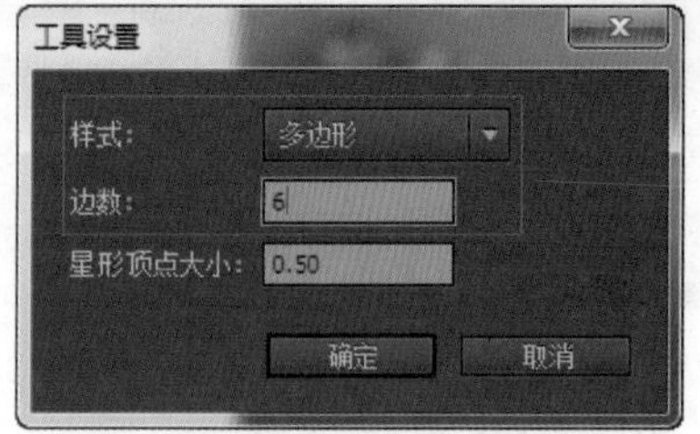

图 3-88 “工具设置”对话框

提示

“颜色”面板中径向渐变的颜色值从左到右依次为 RGB(239, 234, 60)、RGB(237, 114, 42)、RGB(225, 56, 17)、RGB(244, 197, 30)。

03 按住 Shift 键在场景中拖动鼠标绘制一个正六边形，效果如图 3-89 所示。使用“渐变变形工具”，对多边形的渐变填充进行调整，效果如图 3-90 所示。

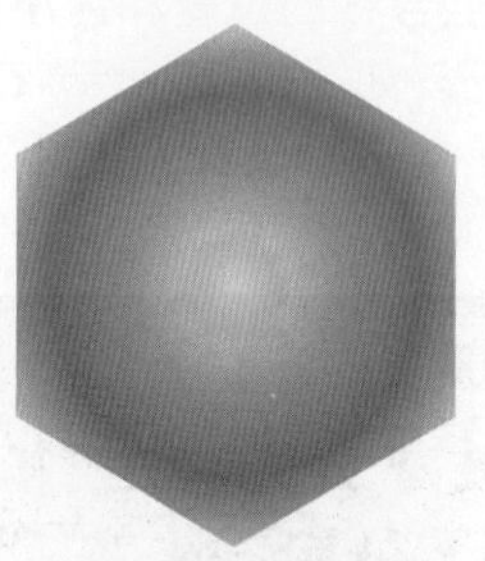

图 3-89 绘制多边形

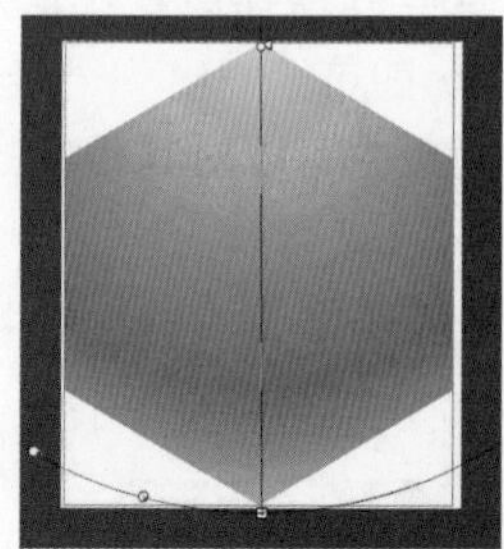

图 3-90 调整渐变填充

04 使用相同的方法，绘制出另外两个多边形，效果如图 3-91 所示。使用“矩形工具”，在场景中绘制矩形，并调整至合适的位置和大小，使用相同的方法，绘制出另外一个矩形，效果如图 3-92 所示。

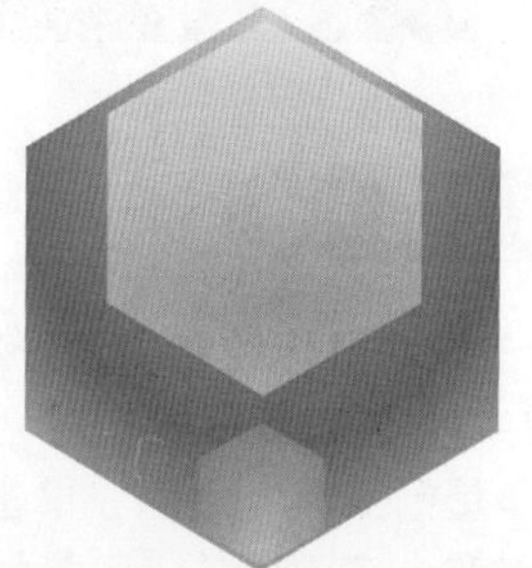

图 3-91 绘制多边形

图 3-92 绘制矩形

05 新建“图层 2”，使用“矩形工具”，在“属性”面板中进行设置，在场景中绘制矩形，并使用“部分选择工具”和“任意边形工具”对矩形进行调整，如图 3-93 所示。新建“图层 3”，使用“文本工具”，在“属性”面板中进行相应的设置，如图 3-94 所示。

图 3-93 绘制并调整后的矩形

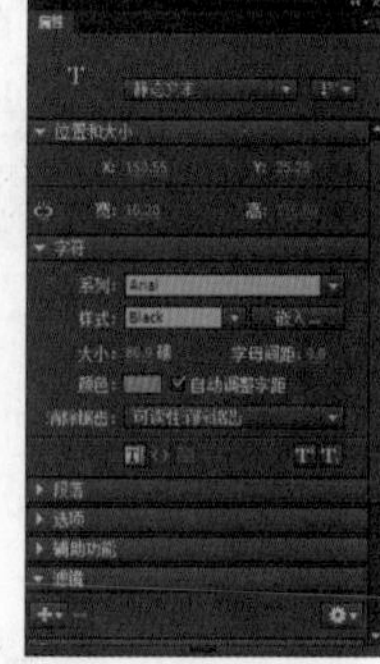

图 3-94 “属性”面板

06 完成“属性”面板的设置后，在场景中输入文字并调整至合适的位置，效果如图 3-95 所示。使用相同的方法，输入其他文字，复制并进行相应处理，最终效果如图 3–96 所示。

图 3-95 输入文字

图 3-96 最终效果

3.4 线条工具

“线条工具”主要是用来绘制直线和斜线的几何绘制工具，“线条工具”所绘制的是不封闭的直线和斜线，由两点确定一条线。

单击工具箱中的“线条工具”按钮，在场景中拖动鼠标，随着鼠标的移动就可以绘制出一条直线，释放鼠标即可完成该直线的绘制，如图 3–97 所示，通过“属性”面板可以对“线条工具”的相应属性进行设置，如图 3–98 所示。

图 3-97 绘制线条

图 3-98 “属性”面板

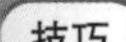

按住 Shift 键可以拖曳出水平、垂直或者 45° 的直线效果，在使用“线条工具”绘制直线时，需要注意的是，“线条工具”不支持填充颜色的使用，默认情况下只能对笔触颜色进行设置。

- 端点：该选项是用来设置线条的端点类型，在该选项的下拉列表中包括“无”“圆角”和“方形”3 种类型，如图 3–99 所示。选择不同的选项，所绘制线条端点的类型也不相同，如图 3–100 所示为不同端点类型的图形效果。

图 3-99 “端点”下拉列表

类型为“无”　类型为“圆角”　类型为“方形”

图 3-100 不同端点类型的图形效果

- 无：如果选择该选项，绘制出的线条两端将不会出现任何变化。
- 圆角：如果选择该选项，则绘制出的线条两端将变化为圆角。
- 方形：如果选择该选项，则绘制出的线条两端将变化为方形。

- 结合：该选项是用来设置线条的接合类型，在该选项的下拉列表中包括“尖角”“圆角”和“斜角”3 种类型，如图 3–101 所示。选择不同的选项，所绘制线条的效果也不相同，如图 3–102 所示为不同接合类型的图形效果。

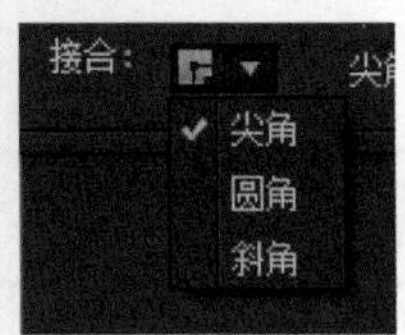

图 3-101 “接合”下拉列表

类型为“尖角”　类型为“圆角”　类型为“斜角”

图 3-102 不同接合类型的图形效果

- 尖角：如果选择该选项，则绘制出的线条的接合位置将变化为尖角。
- 圆角：如果选择该选项，则绘制出的线条的接合方式将变化为圆角。
- 斜角：如果选择该选项，则绘制出的线条的接合方式将变化为斜角。

当接合类型为“尖角”选项时，还可以设置不同的尖角大小，如图 3-103 所示。

图 3-103 设置不同尖角的效果

3.5 铅笔工具

使用“铅笔工具”不但可以直接绘制出不封闭的直线、竖线和曲线，而且可以绘制出各种规则和不规则的封闭形状，使用“铅笔工具”所绘制出的曲线通常不够精确，但是可以通过编辑对其进行修改，在绘图过程中如果能够合理地使用“铅笔工具”，不但可以有效地提高工作效率，而且还能让绘制出的图形别具特色。

“铅笔工具”的使用方法很简单，单击工具箱中的“铅笔工具”按钮，在“属性”面板中选择合适的笔触颜色、线条粗细及样式，在舞台中拖动鼠标，再释放鼠标即可完成绘制，按住 Shift 键拖动鼠标可将线条限制为垂直或水平方向。

选择“铅笔工具”后，在工具箱最下方会出现相应的附属工具“铅笔模式”选项，这是“铅笔工具”和其他绘图工具所不同的，单击工具箱中的“铅笔模式”按钮，在弹出的菜单中有3个选项：伸直、平滑和墨水，如图 3-104 所示。在不同模式下所绘制出的线条也是不同的，效果如图 3-105 所示。

伸直
平滑
墨水

图 3-104 “铅笔模式”的 3 个选项

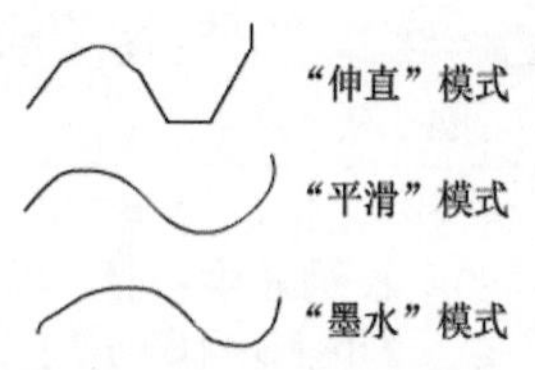

图 3-105 不同的“铅笔模式”效果

- 伸直：该选项是 Flash 的默认模式，用于形状识别，在这种模式下绘图时，Flash 会把绘制出的线条变得更直一些，一些本来是曲线的线条可能会变成直线，如果绘制出近似正方形、圆、直线或曲线，Flash 将自动调整成规则的几何形状。
- 平滑：该选项用于对有锯齿的笔触进行平滑处理，在这种模式下绘图时，线条会变得更加柔和。
- 墨水：该选项用于比较随意地绘制各类线条，这种模式不对笔触进行任何修改，绘制后不会有任何变化。

打开“铅笔工具”的“属性”面板，可以选择铅笔的笔触样式，包括“实线”、“点状线”、“斑马线”等，还可以设置笔触高度。单击“笔触颜色”选项后的颜色块，可以从弹出的“拾色器”面板上选择除渐变颜色以外的任何颜色，因为渐变不能用作笔触颜色。

提示

“铅笔工具”的“端点”和“接合”的两个属性和其他绘图工具非常相似，在这里就不一一进行讲解。使用“铅笔工具”绘制出的线条被称为“笔触”，由于“铅笔工具”很难绘制出非常流畅的线条，所以在 Flash 绘图的过程中“铅笔工具”并不是最常用的工具。

3.6 刷子工具

使用“刷子工具”可以绘制出类似钢笔、毛笔和水彩笔的封闭形状，也可以制作出例如书法等系列效果。“刷子工具”的使用方法很简单，只需要单击工具箱中的“刷子工具”按钮，在场景中任意位置单击，拖曳鼠标到合适的位置后释放鼠标即可绘制图形效果。

在 Flash 中，“刷子工具”和“铅笔工具”绘制图形的方法非常相似，不同的是，使用“刷子工具”所绘制出的是一个封闭的填充形状，可以设置它的填充颜色，而使用“铅笔工具”绘制出的则是笔触。选择“视图 > 预览模式 > 轮廓”命令，即可清楚地看到它们的不同之处，如图 3-106 所示。

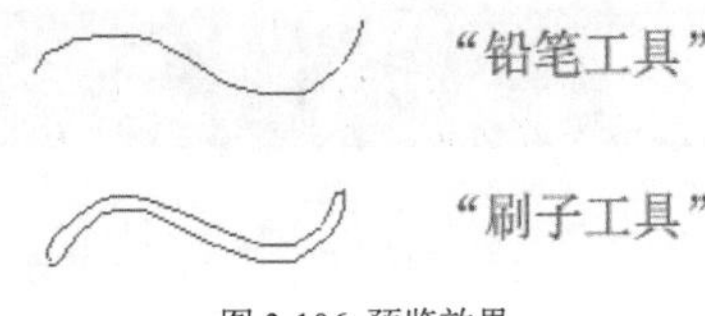

图 3-106 预览效果

3.6.1 设置刷子笔触大小

在 Flash CC 中提供了一系列大小不同的刷子尺寸，单击工具箱中的“刷子工具”按钮后，在工具箱的底部就会出现附属工具选项区，在“刷子大小”下拉列表中可以选择刷子的大小，如图 3–107 所示。选择一种刷子的大小，单击并完成线条的绘制之后，就不能重新选择刷子大小，也不能改变已经绘制完成的线条粗细，如图 3–108 所示，可以看到使用刷子工具时“属性”面板的“填充和笔触”区域呈现不可选状态。

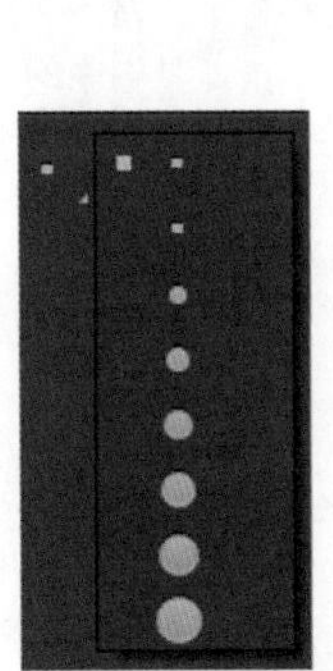

图 3-107 “刷子大小”下拉列表

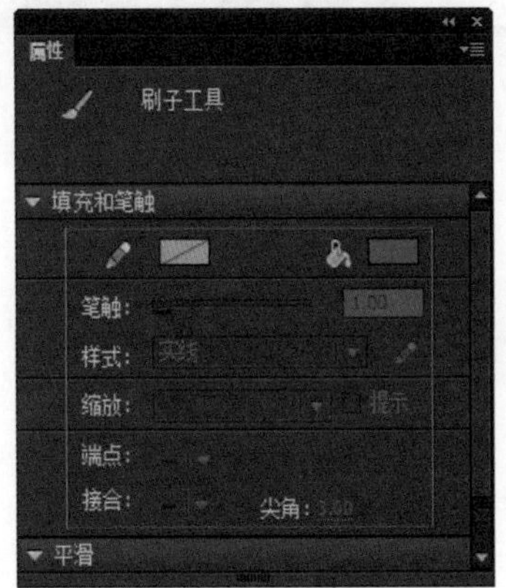

图 3-108 已设定的“属性”面板

3.6.2 设置刷子形状

工具箱底部的选项区中还有一个“刷子形状”选项按钮，在该选项的下拉列表中可以选择刷子的形状，包括直线线条、矩形、圆形、椭圆形等，如图 3–109 所示。

同样，单击“刷子模式”选项按钮，在该选项的下拉列表中有 5 种不同的刷子模式可供选择，可以根据需要进行选择，如图 3–110 所示。

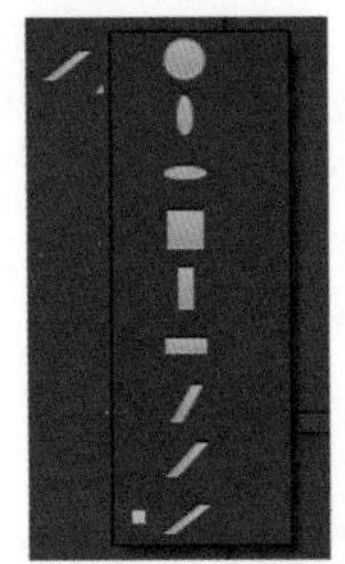

图 3-109 “刷子形状”下拉列表

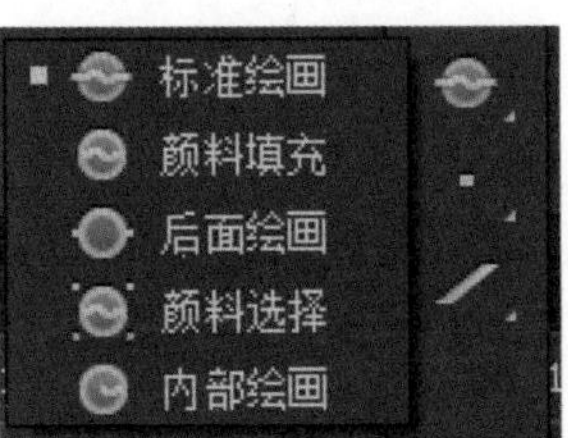

图 3-110 “刷子模式”列表

- 标准绘画：该模式可以对同一图层的线条和填充涂色，如图 3–111 所示为使用“标准绘画”模式在场景中绘制图形的效果。

- 颜料填充：该模式只对填充区域和空白区域涂色，不影响线条，如图 3–112 所示为使用“颜料填充”模式在场景中绘制图形的效果。

图 3-111 “标准绘画”模式

图 3-112 “颜料填充”模式

- 后面绘画：该模式只对场景中同一图层的空白区域涂色，不影响线条和填充，如图 3–113 所示为使用“后面绘画”模式在场景中绘制图形的效果。

- 颜料选择：当使用工具箱中的“填充”选项和“属性”面板中的“填充”选项填充颜色时，该模式会将新的填充应用到选区中，类似于选择一个填充区域并应用新填充，如图 3–114 所示为使用“颜料选择”模式在场景中绘制图形的效果。

图 3-113 “后面绘画”模式

图 3-114 “颜料选择”模式

- 内部绘画：对开始时“刷子笔触”所在的填充进行涂色，但不对线条涂色，也不会在线条外部涂色。如果在空白区域中开始涂色，该“填充”不会影响任何现有的填充区域，如图 3–115 所示为使用“内部绘画”模式在场景中绘制图形的效果。

图 3-115 “内部绘画”模式

3.7 钢笔工具

"钢笔工具"属于手绘工具，手动绘制路径可以创建直线或曲线段，通过"钢笔工具"可以绘制出很多不规则的图形，也可以调整直线段的长度及曲线段的斜率，是一种比较灵活的形状创建工具。在使用"钢笔工具"绘制图形的过程中，直线和曲线之间可以相互转换。

单击工具箱中的"钢笔工具"按钮，在场景中单击鼠标确定一个点，再单击鼠标就确定另外一个点，直到双击停止绘制。"钢笔工具"可以通过调整锚点、添加锚点、删除锚点来帮助编辑路径，使路径变得平顺，以达到所需的效果。

3.7.1 使用钢笔工具

使用"钢笔工具"绘制图形最基本的操作就是绘制曲线，绘制曲线需要首先创建锚点，也就是每条线段上的一系列节点，具体操作方法如下。

单击工具箱中的"钢笔工具"按钮，在场景中任意位置单击确定第一个锚点，此时钢笔笔尖变成一个箭头状，如图 3–116 所示。在第一个点的一侧选取另一个锚点，单击并拖曳鼠标，此时将会出现曲线的切线手柄，如图 3–117 所示，释放鼠标即可绘制出一条曲线段。

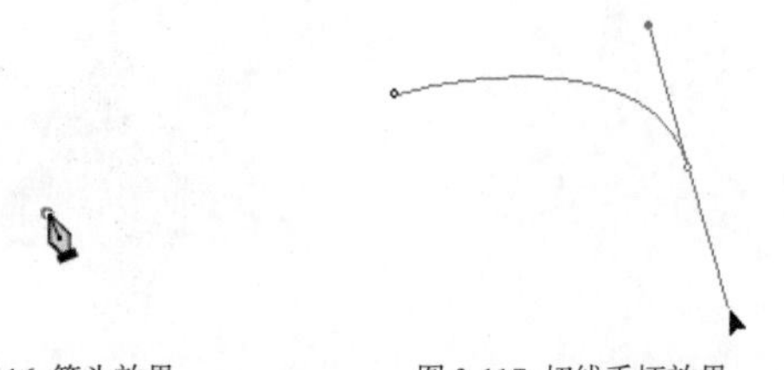

图 3-116 箭头效果　　图 3-117 切线手柄效果

提示

当使用"钢笔工具"单击并拖曳时，曲线点上出现延伸出去的切线，这是贝塞尔曲线所特有的手柄，拖曳它可以控制曲线的弯曲程度。

按住 Alt 键，当鼠标指针变为 形状时，即可移动切线手柄来调整曲线，效果如图 3–118 所示。使用相同的方法，再在舞台中选取一点，拖动鼠标到合适的位置，双击鼠标完成曲线段的绘制，如图 3–119 所示。

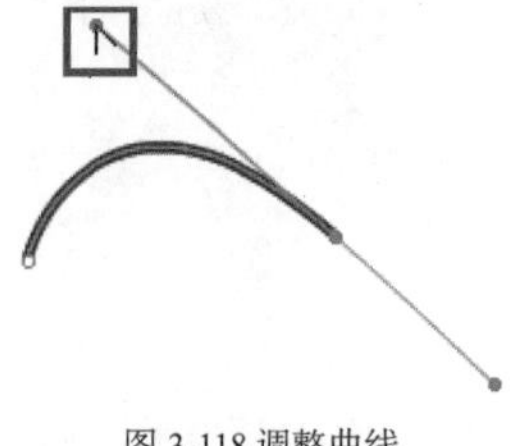

图 3-118 调整曲线

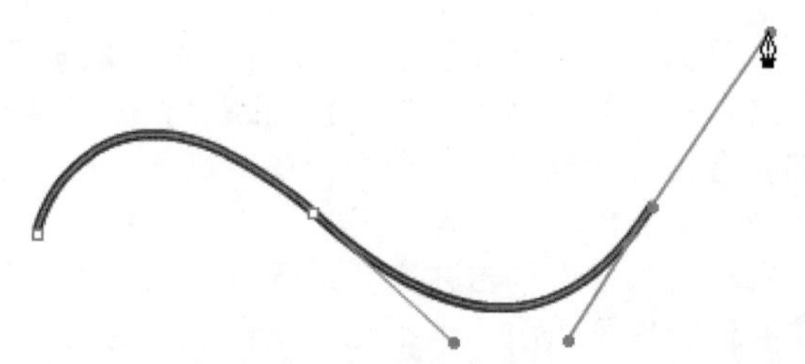

图 3-119 完成曲线绘制

技巧

完成路径绘制的方法除了双击鼠标之外，还有很多方法可以使用，例如将"钢笔工具"放置到第一个锚记点上，单击或拖曳可以闭合路径，按住 Ctrl 键在路径外单击，单击工具箱中的其他工具，选择任意一个转角点。按住 Shift 键拖动鼠标可以将曲线倾斜角限制为 45° 角的倍数。

3.7.2 调整锚点

使用"钢笔工具"绘制曲线，可以创建很多曲线点，即 Flash 中的锚点，在绘制直线段或连接到曲线段时，会创建转角点，也就是直线路径上或直线和曲线路径结合处的锚点。

使用"部分选取工具"，移动路径上的锚点，可以调整曲线的长度和角度，如图 3–120 所示。也可以使用"部分选取工具"先选中锚点，然后通过键盘上的方向键对锚点进行微调。

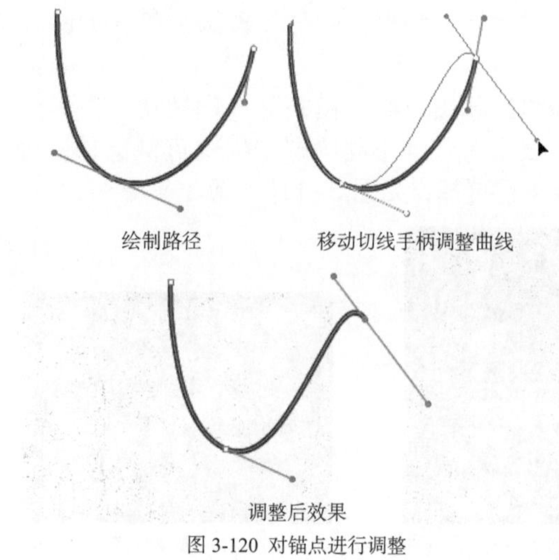

图 3-120 对锚点进行调整

3.7.3 添加锚点

使用“钢笔工具”单击并绘制完成一条线段之后，把光标移动到线段上的任意一点，当光标呈现状态时，单击即可添加锚点，效果如图 3–121 所示。

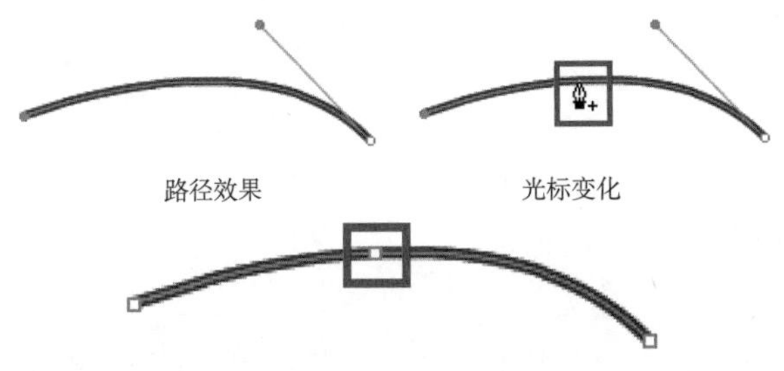

图 3-121 添加锚点

除了使用“钢笔工具”以外，单击工具箱中的“添加锚点工具”按钮，使用相同的方法，在线段中单击也可以完成添加锚点的效果。

3.7.4 删除锚点

单击工具箱中的“删除锚点工具”按钮，将光标指针指向一个路径锚点，当光标呈现状态时，单击即可删除此路径锚点，效果如图 3–122 所示。

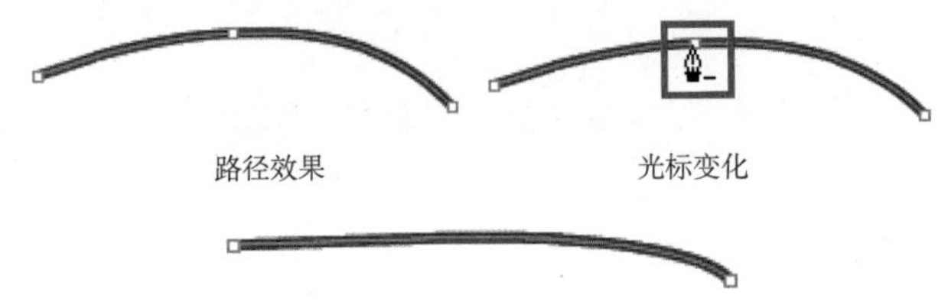

图 3-122 删除锚点

除了使用“删除锚点工具”删除锚点以外，还可以单击工具箱中的“部分选取工具”按钮，选中需要删除的锚点并按 Delete 键即可将锚点删除。

> **技巧**
>
> 使用“钢笔工具”绘制完成的路径是由许多的锚点组成的，适当地删除曲线路径上不必要的锚点，可以优化曲线，使曲线变得平滑，并且可以减小 Flash 文件的大小。

3.7.5 锚点的转换

要将线条中的直线段转换为曲线段，可以使用“部分选取工具”选中该转角点，同时按住 Alt 键拖动该点来调整切线手柄，释放鼠标即可将转角点转换为曲线点，转换过程如图 3–123 所示。

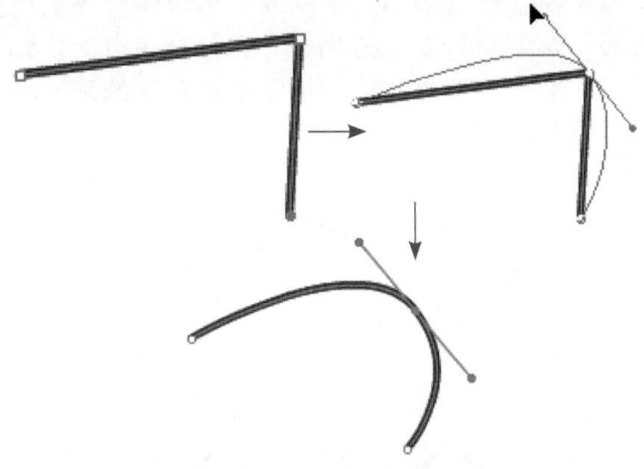
图 3-123 将直线段转换为曲线段过程

除了上述方法外，使用“转换锚点工具”，直接在转角点处单击并拖曳鼠标来调整切线手柄，释放鼠标后也可以完成将直线转换为曲线的效果。

在 Flash 中不仅可以将直线段转换为曲线段，也可以将曲线段转换为直线段，两者方法基本相同，都是通过使用工具箱中的“部分选取工具”或者“转换锚点工具”来实现转换效果。

3.7.6 调整线段

单击工具箱中的“部分选取工具”按钮，选中场景中线段上的某个锚点，拖动锚点到场景的任意位置或任意角度，可以改变线段的角度和长度，如图 3–124 所示。

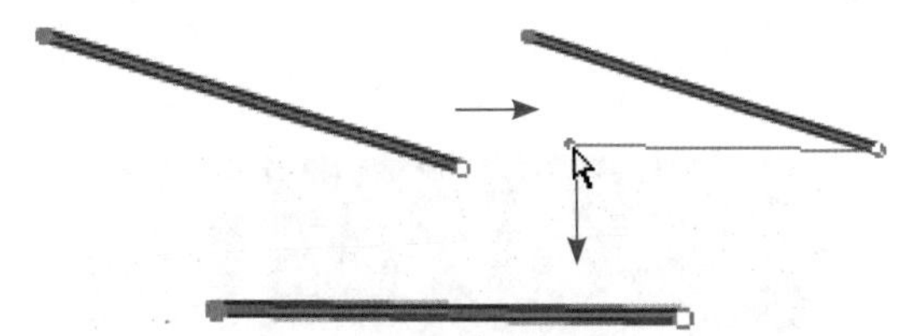
图 3-124 调整直线段

如果要调整曲线上的点或切线手柄，同样可以使用“部分选取工具”在曲线段上选择一个锚点，此时在选定的点上就会出现一个切线手柄，拖动锚点或拖动切线手柄都可以对曲线形状进行调整，如图 3–125 所示。

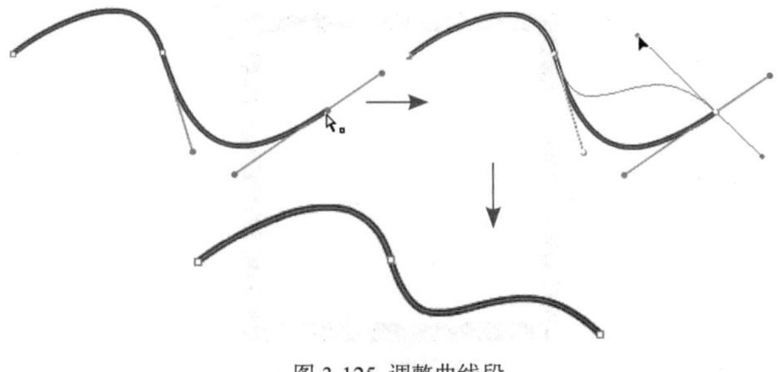
图 3-125 调整曲线段

移动曲线点上的切线手柄时，可以调整该点两边的曲线，效果如图 3–126 所示。移动转角点上的切线手柄时，则只能调整该点的切线手柄所在的那一端的曲线，效果如图 3–127 所示。

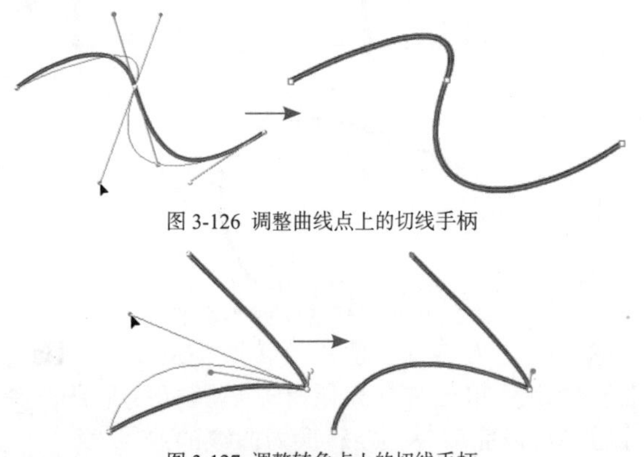
图 3-126 调整曲线点上的切线手柄

图 3-127 调整转角点上的切线手柄

3.7.7 绘制卡通小狗

本实例通过制作卡通小狗来更进一步地学习“钢笔工具”的使用方法。绘制该实例的卡通小狗，需要运用图层和配色方案，才能将小狗绘制得活泼可爱。

动手实践——绘制卡通小狗

源文件：光盘 \ 源文件 \ 第 3 章 \3-7-7.fla

视频：光盘 \ 视频 \ 第 3 章 \3-7-7.swf

01 执行“文件 > 新建”命令，弹出“新建文档”对话框，设置如图 3–128 所示。单击“确定”按钮，新建一个 Flash 文档，效果如图 3–129 所示。

图 3-128 “新建文档”对话框

图 3-129 新建的 Flash 文档

02 单击工具箱中的“椭圆工具”按钮，在“属性”面板中设置“填充颜色”为 #F7DAE8，“笔触颜色”为 #D06DA7，在场景中绘制一个椭圆，如图 3–130 所示。使用“选择工具”，对刚绘制的椭圆进行调整，作为小狗的身体部分，如图 3–131 所示。

图 3-130 绘制椭圆

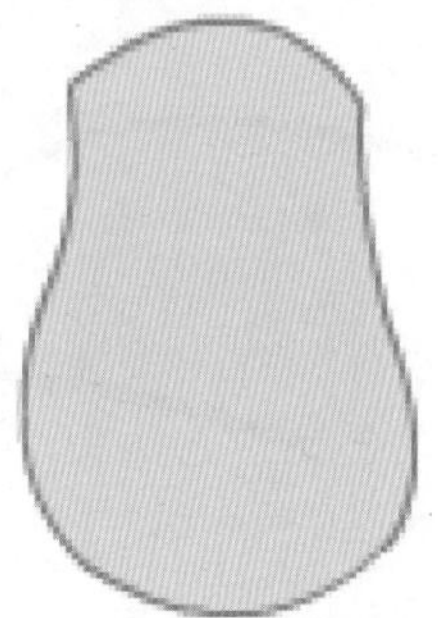
图 3-131 调整图形

03 新建“图层 2”，单击工具箱中的“钢笔工具”按钮，在“属性”面板中设置“笔触颜色”为 #D09DA7，在场景中绘制路径，如图 3–132 所示。单击工具箱中的“颜料桶工具”按钮，为刚绘制的路径填充颜色，如图 3–133 所示。

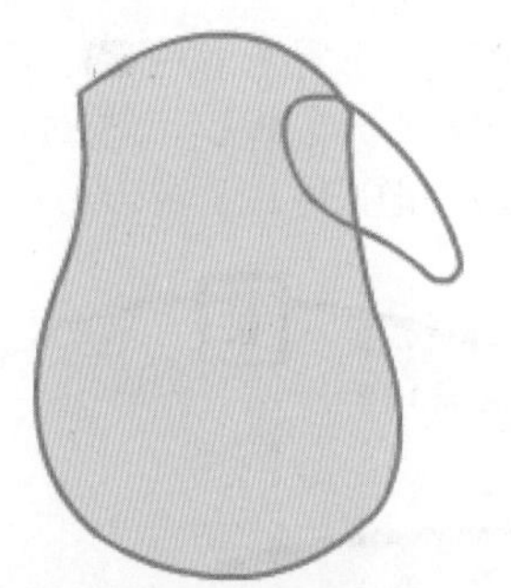
图 3-132 绘制椭圆

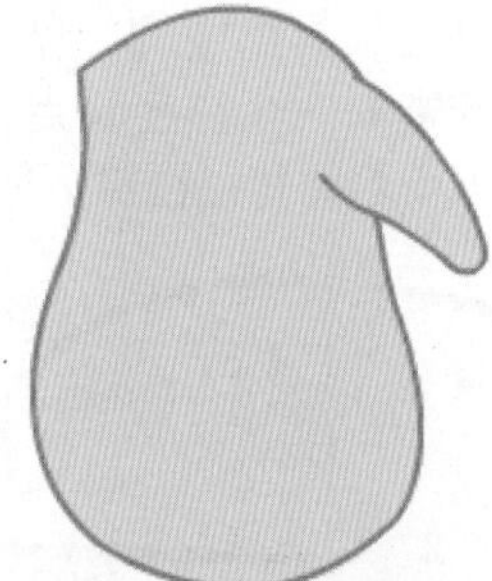
图 3-133 图形效果

04 使用相同的方法，绘制小狗的其他部分，并调整图层的叠放顺序，图形效果如图 3–134 所示，“时间轴”面板如图 3–135 所示。

图 3-134 图形效果

图 3-135 “时间轴”面板

05 新建“图层 7”，使用“椭圆工具”，设置“填充颜色”为 #FDF1F6，“笔触颜色”为 #D06DA7，绘制一个椭圆，如图 3–136 所示。使用“选择工具”，对椭圆进行调整，在“时间轴”面板中将“图层 7”拖动至“图层 3”下方，如图 3–137 所示。

图 3-136 绘制椭圆　　图 3-137 调整图形

06 新建图层，使用“刷子工具”，设置“填充颜色”为 #D370A9，在场景中绘制身体的阴影部分，如图 3-138 所示。选中阴影部分，将其转换成图形元件，设置“属性”面板上的“颜色”样式下的 Alpha 值为 17%，效果如图 3-139 所示。

图 3-138 绘制图形　　图 3-139 设置元件的 Alpha 值

07 新建图层，使用“矩形工具”，设置“填充颜色”为 #EC6D74，“笔触颜色”为 #E84351，在场景中绘制矩形，使用“部分选取工具”，选择矩形的左下角锚点，按 Delete 键删除，如图 3-140 所示。使用“选择工具”，对刚刚绘制的图形进行调整，如图 3-141 所示。

图 3-140 删除锚点　　图 3-141 调整图形

08 使用相同的方法，绘制另一边的项圈，如图 3-142 所示。新建图层，使用“矩形工具”，设置“填充颜色”为 #E84262，“笔触颜色”为 #D9284C，在场景中绘制矩形，并使用“任意变形工具”和“选择工具”对矩形进行旋转和调整，如图 3-143 所示。

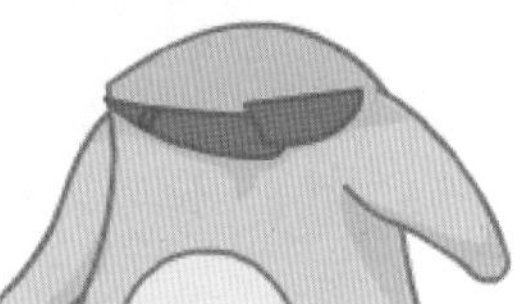

图 3-142 绘制图形　　图 3-143 绘制矩形

09 使用相同的方法，在场景中绘制矩形，使用“选择工具”对其进行调整，如图 3-144 所示。新建“图层 22”，使用“椭圆工具”，在“属性”面板中设置“填充颜色”为 #F6EA6E，“笔触颜色”为 #F5A91A，在场景中绘制一个正圆形，作为铃铛，如图 3-145 所示。

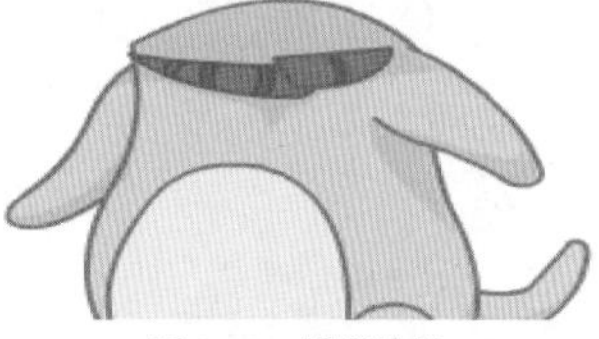

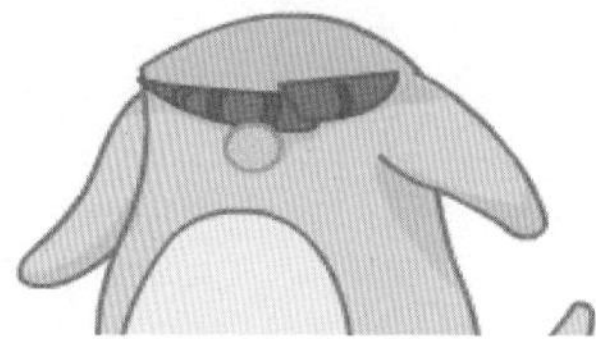

图 3-144 图形效果　　图 3-145 绘制圆形

10 新建图层，使用“矩形工具”，设置“填充颜色”为 #F08C59，“笔触颜色”为无，在场景中绘制矩形，并使用“选择工具”进行调整，如图 3-146 所示。使用相同的方法，在场景中进行绘制，图形效果如图 3-147 所示。

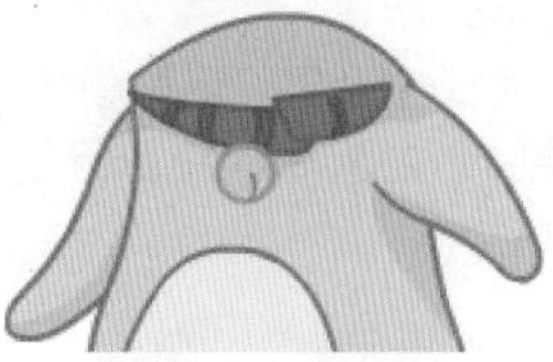

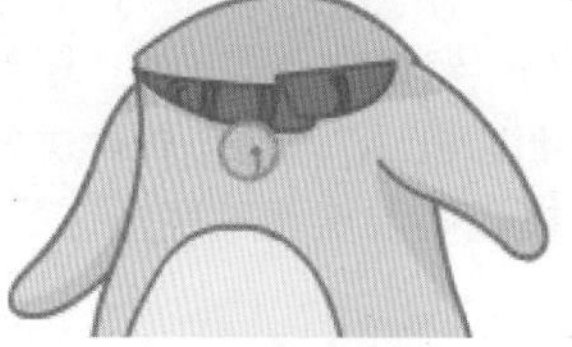

图 3-146 绘制图形　　图 3-147 绘制圆形

11 新建“图层 25”，使用“钢笔工具”在场景中绘制路径，如图 3-148 所示。使用“颜料桶工具”，在“属性”面板中设置“填充颜色”为 #D370A9，对刚绘制的路径进行填充，并删除该路径，如图 3-149 所示。

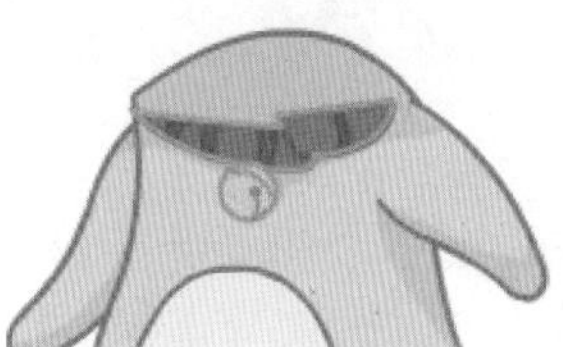

图 3-148 绘制路径　　图 3-149 填充图形

12 选择刚刚填充的图形，按快捷键 F8，将图形转换为“名称”为“元件 9”的图形元件，如图 3-150 所示。在“属性”面板上“颜色”样式下的 Alpha 值为 17%，如图 3-151 所示。

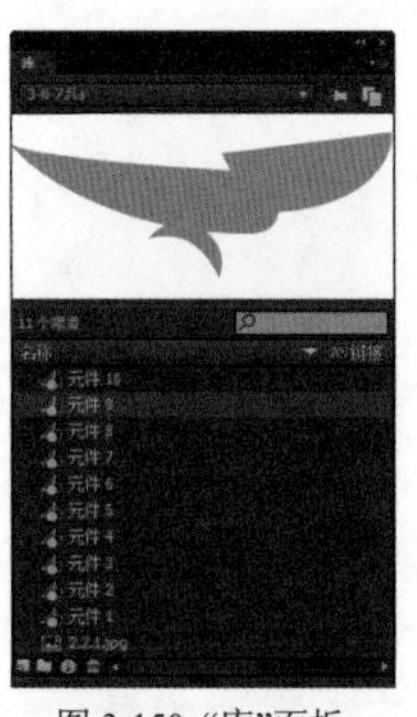

图 3-150 “库”面板　　图 3-151 设置元件的 Alpha 值

13 新建“图层 26”，使用“椭圆工具”，设置“填充颜色”为 #F7DAE8，“笔触颜色”为 #D06DA7，在场景中绘制椭圆形，如图 3–152 所示。使用“选择工具”，对刚绘制的椭圆形进行调整，如图 3–153 所示。

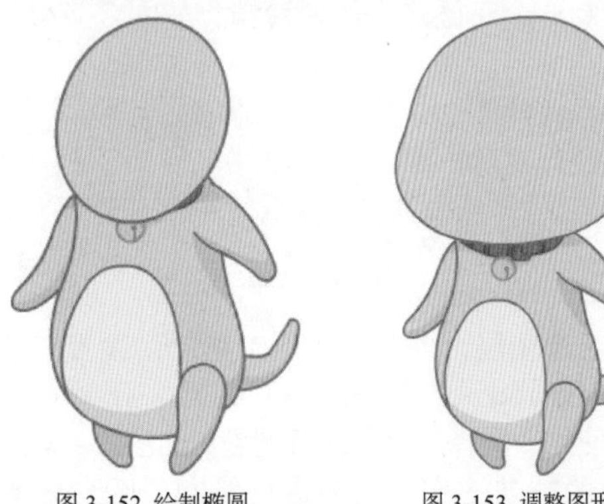

图 3-152 绘制椭圆　　图 3-153 调整图形

14 新建“图层 27”，使用“钢笔工具”，在场景中绘制图形，如图 3–154 所示。新建“图层 28”，使用“铅笔工具”，在“属性”面板中设置“笔触颜色”为 #D06DA7，在场景中进行绘制，如图 3–155 所示，并把该图层拖至“图层 27”的下方。

图 3-154 绘制图形

图 3-155 绘制线条

15 新建“图层 29”，使用“椭圆工具”，设置“填充颜色”为 #F19CC0，“笔触颜色”为 #E84F94，在场景中绘制椭圆形，如图 3–156 所示。新建图层，使用“矩形工具”，设置“填充颜色”为 #F6BED6，“笔触颜色”为 #E84F94，绘制并旋转矩形，如图 3–157 所示。

图 3-156 绘制椭圆　　图 3-157 绘制矩形

16 使用“选择工具”，对刚绘制的矩形进行调整，使用相同的方法，绘制出另一边图形，效果如图 3–158 所示。使用“椭圆工具”和“铅笔工具”在场景中进行绘制，并使用“选择工具”进行调整，如图 3–159 所示。

图 3-158 图形效果

图 3-159 绘制图形

17 新建图层，在场景中绘制椭圆，使用“选择工具”对其进行调整，如图 3–160 所示。使用相同的方法，绘制出另一边图形，并调整图层的位置，如图 3–161 所示。

图 3-160 绘制图形

图 3-161 绘制图形

18 根据前面的方法，绘制出小狗脸部的阴影部分，如图 3–162 所示。新建“图层 39”，执行“文件 > 导入 > 导入到舞台”命令，将“光盘 \ 源文件 \ 第 3 章 \ 素材 \38701.jpg”导入到场景中，并将该图层拖至所有图层的最底层，效果如图 3–163 所示。

图 3-162 图形效果

图 3-163 最终效果

19 执行“文件 > 保存”命令，将动画保存为“光盘 \ 源文件 \ 第 3 章\3-7-7.fla”，完成卡通小狗的绘制，按快捷键 Ctrl+Enter，测试动画，预览效果如图 3-164 所示。

图 3-164 预览效果

3.8 橡皮擦工具

“橡皮擦工具”可以进行擦除工作，主要用于擦除线条或填充内容，其使用方法和绘图工具相似，在使用“橡皮擦工具”的过程中，可以通过调节橡皮擦的 3 个附属工具来进行相应的操作。

“橡皮擦工具”可以全部或部分地擦除线条及填充内容。单击工具箱中的“橡皮擦工具”按钮，在工具箱中可以看到橡皮擦的相应选项，如图 3-165 所示。

图 3-165 “橡皮擦工具”选项

3.8.1 橡皮擦工具模式

使用“橡皮擦工具”，在工具箱中单击“橡皮擦模式”按钮，在该下拉列表中 Flash 为用户提供了 5 种橡皮擦模式，如图 3-166 所示，根据不同情况用户可以选择相应的模式，以达到理想的效果。

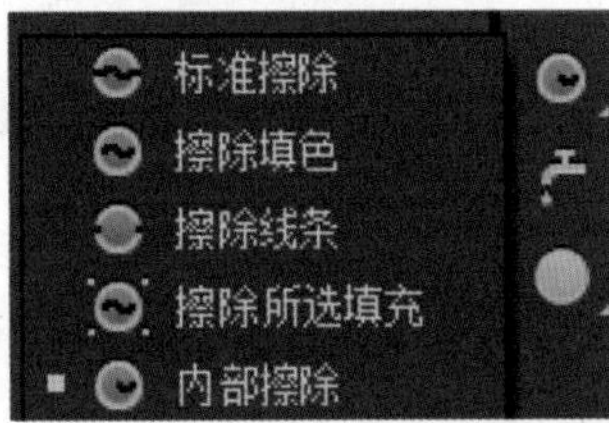

图 3-166 “橡皮擦工具”的 5 种模式

- 标准擦除：该选项用来擦除同一图层上的线条和填充内容，如图 3-167 所示为使用“标准擦除”模式擦除所绘图形的效果。
- 擦除填色：该选项用来擦除填充内容，不擦除线条，如图 3-168 所示为使用“擦除填色”模式擦除所绘图形的效果。

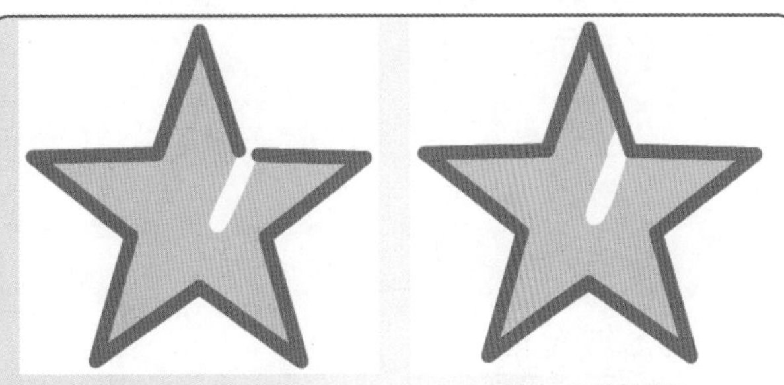

图 3-167 标准模式　　图 3-168 擦除填色

- 擦除线条：该选项用来擦除线条，但是不擦除填充内容，如图 3-169 所示为使用“擦除线条”模式擦除所绘图形的效果。
- 擦除所选填充：该选项用来在已选定区域内擦除线条和填充内容，在使用该模式擦除所绘图形之前，先使用“选择工具”选中图形中需要擦除的区域，然后再进行擦除。如图 3-170 所示为使用“擦除所选填充”模式擦除效果。

图 3-169 擦除线条

图 3-170 擦除所选填充

- 内部擦除：该选项用来擦除填充区域的内部，如果从外部空白点开始擦除，则不会擦除任何内容，以这种擦除模式使用橡皮擦只能擦除填充内容，不影响线条。如图 3–171 所示为使用“内部擦除”模式擦除图形后的效果。

图 3-171 内部擦除

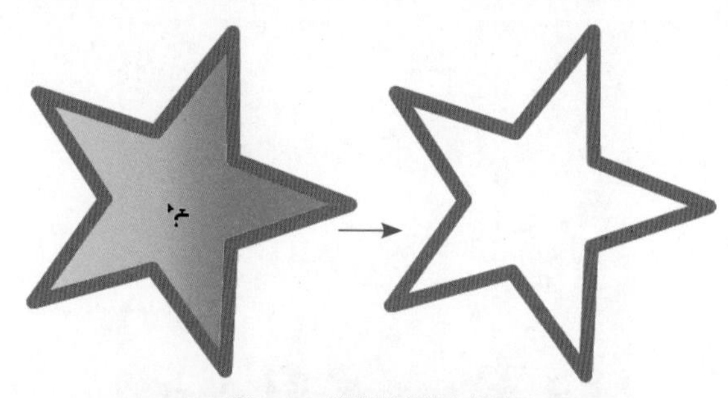

图 3-173 擦除渐变填充效果

技巧 

“水龙头”的作用相当于使用“选择工具”选中后按 Delete 键删除。如果想一次性删除场景中的所有绘制对象，只需双击工具箱中的“橡皮擦工具”，即可删除所有内容。

3.8.2 水龙头工具

“水龙头工具”可以直接擦除所选取区域内的线条或填充色，是一种智能的删除工具。

其使用方法很简单，选择“橡皮擦工具”，单击工具箱中的“水龙头工具”按钮，在需要删除的线条或填充色区域内部单击，即可快速擦除所选区域，如图 3–172 所示。

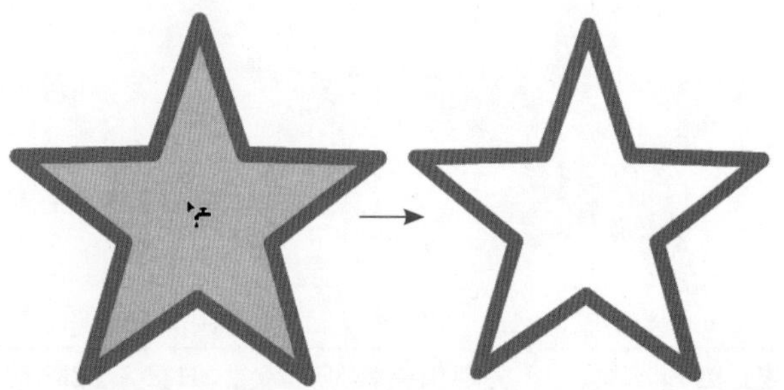

图 3-172 水龙头擦除效果

当擦除的填充部分使用的是渐变填充时，将会擦除整个渐变色块，如图 3–173 所示。

3.8.3 橡皮擦形状

“橡皮擦形状”选项是用来设置橡皮擦形状的，以进行更精确的擦除。

使用“橡皮擦工具”，单击工具箱中的“橡皮擦形状”按钮，在弹出的下拉列表中提供了圆形和方形两种形状的不同尺寸大小的选项，用户可以根据自己的需要选择合适的形状和大小来进行擦除操作，如图 3–174 所示。

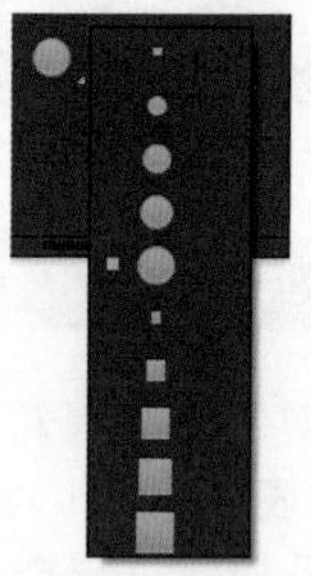

图 3-174 橡皮擦形状

3.9 矢量图形的修改

使用绘图工具绘制矢量图形以后，还可以对绘制好的矢量图形进行修改。修改的方法有很多种，如将线条转换为填充、扩大缩小填充，或者通过修改填充形状的曲线来柔化其边缘，都可以达到修改矢量图形的效果。

3.9.1 将线条转换为填充

该功能能够将线条转换为填充，选中一条或多条线后，执行“修改 > 形状 > 将线条转换为填充”命令，即可将所选中的线条转换为填充形状。

打开素材“光盘\源文件\第 3 章\素材\39101.fla”，如图 3–175 所示。使用 “选择工具”，选中场景中最顶部星形的咖啡色线条，如图 3–176 所示。执行“修改 > 形状 > 将线条转化为填充”命令，即可将选择的线条转换为填充，在“属性”面板中设置“填充颜色”(颜色参考值为 #990000)，最终效果如图 3–177 所示。

图 3-175 打开素材　　图 3-176 选择线条

图 3-177 设置填充颜色

3.9.2 扩展填充

选择一个填充形状，执行“修改 > 形状 > 扩展填充”命令，会弹出“扩展填充”对话框，在“距离”文本框中输入需要扩展的像素值，在“方向”选项后选中“扩展”单选按钮，即可扩大填充效果。该命令在没有笔触的单色填充形状上使用效果最佳。

打开素材“光盘\源文件\第 3 章\素材\39201.fla”，如图 3-178 所示。使用“选择工具”选择场景中最外层的心形区域，执行“修改 > 形状 > 扩展填充”命令，在弹出的“扩展填充”对话框中进行相应的设置，如图 3-179 所示。单击“确定”按钮，即可扩大所选心形的填充区域，效果如图 3-180 所示。

图 3-178 打开素材

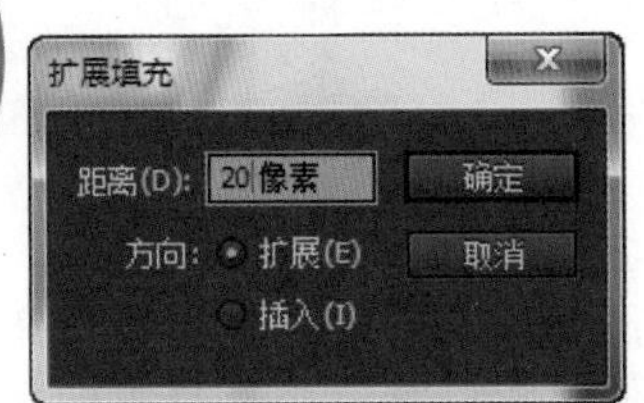

图 3-179 “扩展填充”对话框

图 3-180 最终效果

3.9.3 缩小填充

选择一个填充形状，执行“修改 > 形状 > 扩展填充”命令，弹出“扩展填充”对话框，在“距离”文本框中输入需要缩小的像素值，在“方向”选项后选中“插入”单选按钮，即可缩小填充效果。该命令在没有笔触的单色填充形状上使用效果最佳。

打开素材“光盘\源文件\第 3 章\素材\39301.fla”，如图 3-181 所示。使用“选择工具”，选择场景中糖果中间圆形的绿色区域，执行“修改 > 形状 > 扩展填充”命令，在弹出的“扩展填充”对话框中进行相应的设置，如图 3-182 所示。单击“确定”按钮，即可缩小所选图形的填充区域，效果如图 3-183 所示。

图 3-181 打开素材

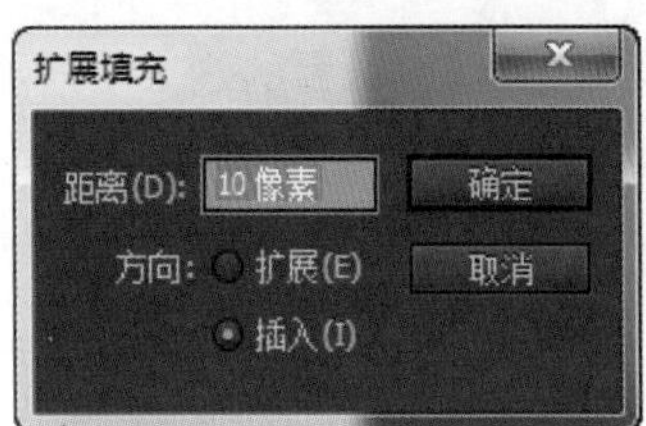

图 3-182 “扩展填充”对话框

图 3-183 最终效果

3.9.4 柔化填充边缘

选择一个填充形状，执行“修改 > 形状 > 柔化填充边缘”命令，弹出“柔化填充边缘”对话框，如图 3-184 所示。

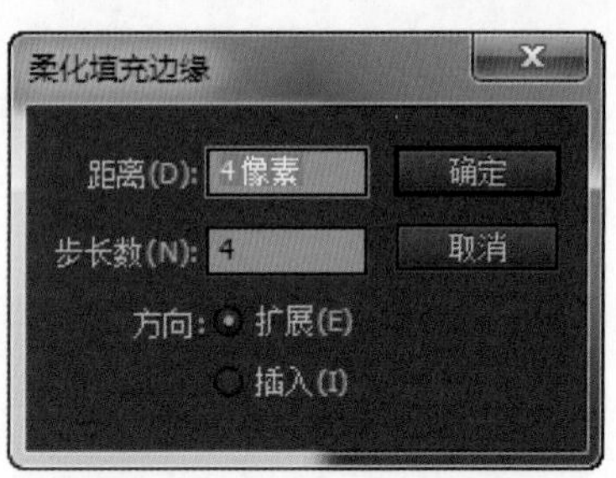

图 3-184 “柔化填充边缘”对话框

- 距离：该选项用来设置柔化边界的距离，以像素为单位。
- 步长数：该选项用来控制用于柔边效果的曲线数，该值越大，柔化效果就越明显。增加步长数后会使文件变大并降低绘画速度。
- 方向：该选项用来控制柔化边缘时形状是放大还是缩小。“扩展”为放大，“插入”为缩小。

使用“多角星形工具”在场景中绘制图形，如图 3-185 所示，执行“修改 > 形状 > 柔化填充边缘”命令，在弹出的“柔化填充边缘”对话框中进行设置，单击“确定”按钮，最终效果如图 3-186 所示。

图 3-185 绘制图形　　图 3-186 “柔化填充边缘”效果

3.10 贴紧功能

贴紧功能主要作用是将场景中的各个元素彼此自动对齐，如果想要实现自动对齐效果，可以使用贴紧功能。Flash CC 为用户提供了 3 种可以在场景中对齐对象的方法。

- 贴紧至对象：用户可以将对象沿着其他对象的边缘直接与它们贴紧。
- 贴紧至像素：用户可以在场景中将对象直接与单独的像素或像素的线条贴紧。
- 贴紧对齐：用户可以按照指定的贴紧对齐容差、与其他对象之间对齐，或者是对象与场景边缘之间的预设边界对齐。

3.10.1 对象贴紧

执行“视图 > 贴紧 > 贴紧至对象”命令，即可启用贴紧至对象功能，在使用该功能时，选中的对象将对齐场景中的其他对象。例如，可以将选中的对象对齐任何线条、手画线、路径、形状等。另外还可以使对象对齐舞台的网格。在需要将场景中的对象排成一行（列）或需要统一安排时，使用贴紧至对象功能非常方便。

使用“选择工具”，在工具箱的底部单击“贴紧至对象”按钮，如图 3-187 所示。此时拖动一个对象，使它接近另一个对象，拖曳时指针的下面会出现一个黑色的小环，当对象处于另一个对象的对齐距离内时该小环会变大，释放鼠标，被移动的对象就会对齐到目标对象上，如图 3-188 所示。

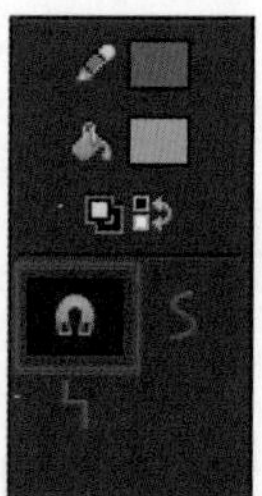

图 3-187 单击“贴紧至对象”按钮

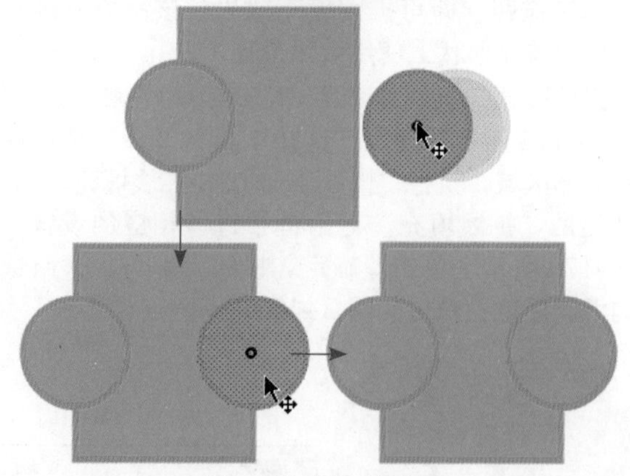

图 3-188 贴紧至对象过程

当移动对象或改变其形状时，对象上选择工具的位置为对齐提供了参考点。例如，通过拖动接近填充形状中心的位置来移动填充形状，它的中心点会与其他对象贴紧，如果需要将形状与运动路径对齐以制作动画，该功能将会起到很大的作用。

技巧

在绘制图形过程中，如果“贴紧至对象”功能处于激活状态，那么在靠近线条末端绘制线条时，新绘制线条的起始点会自动与原始线条末端无缝连接。

3.10.2 像素贴紧

执行“视图 > 贴紧 > 贴紧至像素”命令，即可启用贴紧至像素功能，该功能可以在场景中将对象直接与单独的像素或像素的线条贴紧。启用该功能时，当视图缩放比例设置为 400% 或更高的时候，会出现一个像素网格，如图 3-189 所示。该像素网格代表将在 Flash 应用程序中出现的单个像素，该命令打开之后，它的旁边会出现一个选中标记。当创建或移动一个对象时，会被限定至该像素网格内。

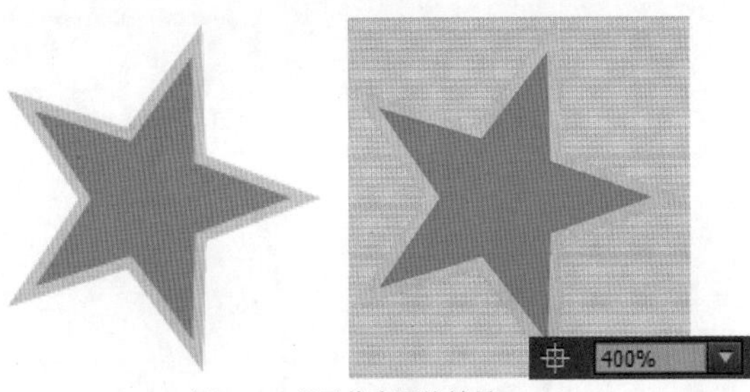

图 3-189 显示像素网格效果

如果创建的形状边缘处于像素边界内，如使用笔触宽度最小数形式，则“贴紧至像素”会贴紧至像素边界，而不是贴紧至形状边缘。

技巧

按住 C 键可以临时打开贴紧至像素功能，释放 C 键时，像素贴紧会返回到用户在“视图 > 贴紧 > 贴紧至像素”选定状态，按住 X 键可临时隐藏像素网格，释放 X 键，像素网格会重新出现。

3.10.3 贴紧对齐

执行“视图 > 贴紧 > 贴紧对齐”命令，即可启用贴紧对齐功能，也可以执行“视图 > 贴紧 > 编辑贴紧方式”命令，弹出“编辑贴紧方式”对话框，如图 3-190 所示，单击“高级”按钮，打开高级选项，就可以在该对话框中对贴紧对齐的选项进行相应的设置，如图 3-191 所示。

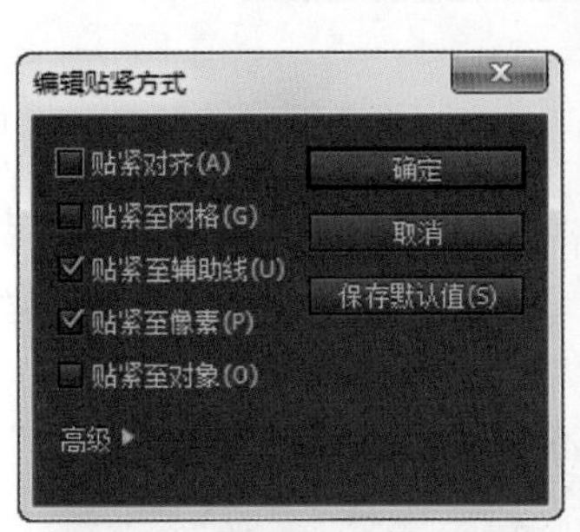

图 3-190 “编辑贴紧方式”对话框

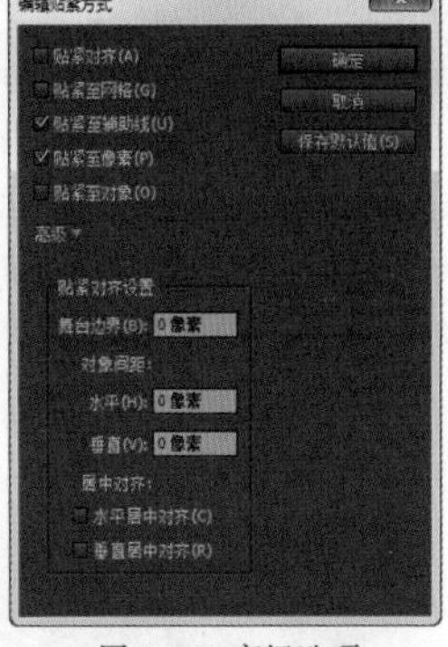

图 3-191 高级选项

- 舞台边界：该选项用来设置对象和舞台边界之间的贴紧对齐容差。
- 对象间距：该选项用来设置对象的水平或垂直边缘之间的贴紧对齐容差。
- 居中对齐：该选项用来指定是否要打开“水平居中对齐”和“垂直居中对齐”功能，在该组中选中所需要的功能复选框，即可打开该功能。

启用“贴紧对齐”功能后，在将对象拖动到指定的贴紧对齐容差位置时，点线将出现在场景中，如图 3-192 所示。如果用户在“编辑贴紧方式”对话框中选中了“水平居中对齐”复选框后，则当用户精确对齐两个对象的水平中心点时，点线将沿着这些中心点出现，如图 3-193 所示。

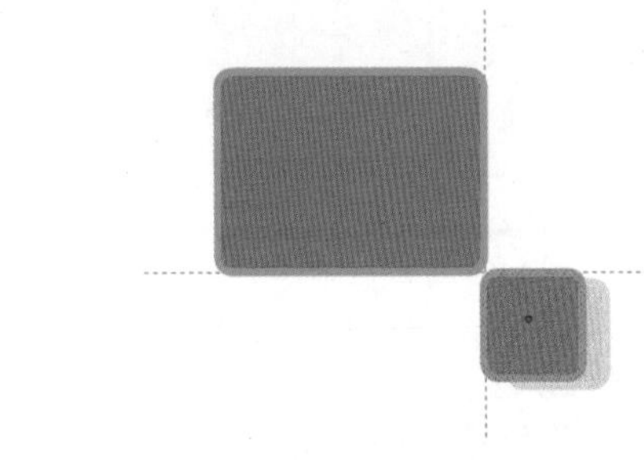

图 3-192 贴紧效果

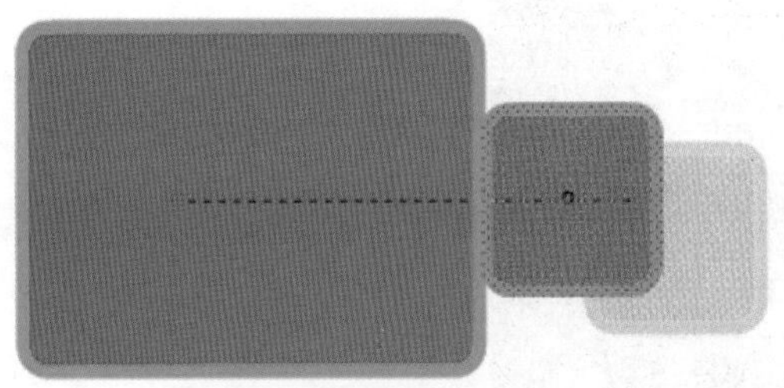

图 3-193 沿中心点贴紧

3.11 绘制可爱的卡通人物

本实例将通过介绍可爱的卡通人物的绘制过程，为读者讲解本章各种工具的综合运用，可通过学习从中领悟到 Flash CC 绘图工具的使用方法和技巧，为今后的动画制作打下坚实的基础。

动手实践——绘制可爱的卡通人物

源文件：光盘\源文件\第 3 章\3-11.fla

视频：光盘\视频\第 3 章\3-11.swf

01 执行“文件 > 新建”命令，弹出“新建文档”对话框，在对话框中进行相应的设置，如图 3-194 所示。单击“确定”按钮，新建一个 Flash 文档，效果如图 3-195 所示。

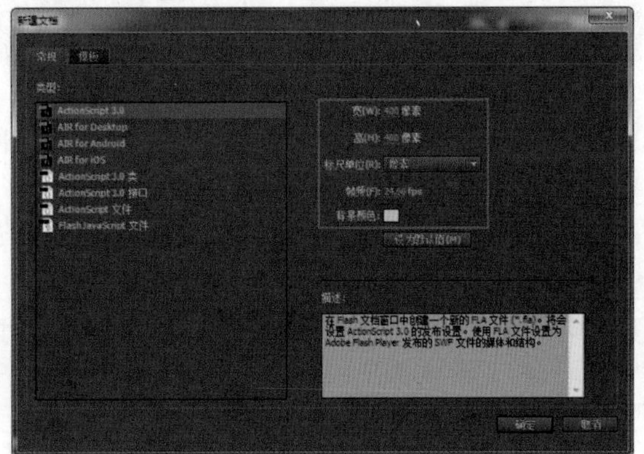

图 3-194 设置“新建文档”对话框

图 3-195 新建的 Flash 文档

02 单击工具箱中的“钢笔工具”按钮，在“属性”面板中设置“笔触颜色”为 #FE9901，“笔触”值为 1，如图 3-196 所示。在场景中绘制路径，如图 3-197 所示。

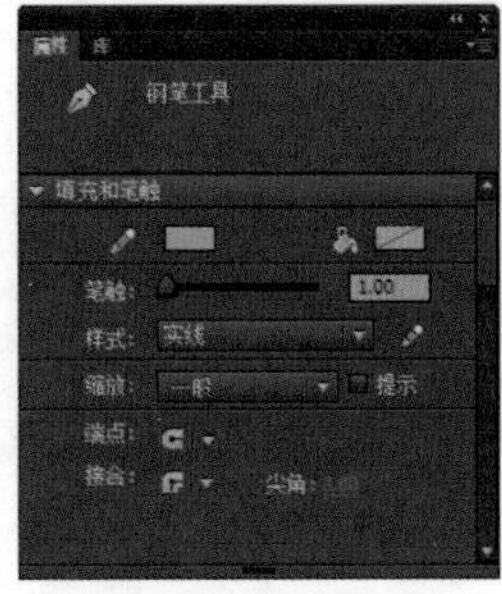

图 3-196 设置“属性”面板

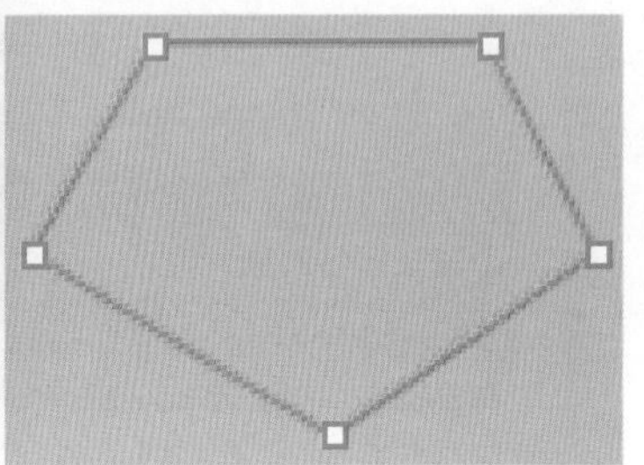

图 3-197 绘制路径

03 使用“颜料桶工具”，在“属性”面板中设置“填充颜色”为 #85C3FE，在绘制的路径内部单击，填充颜色，如图 3-198 所示。新建“图层 2”，使用“钢笔工具”，设置“填充颜色”为 #2149AB，“笔触”值为 1，在场景中绘制路径，如图 3-199 所示。

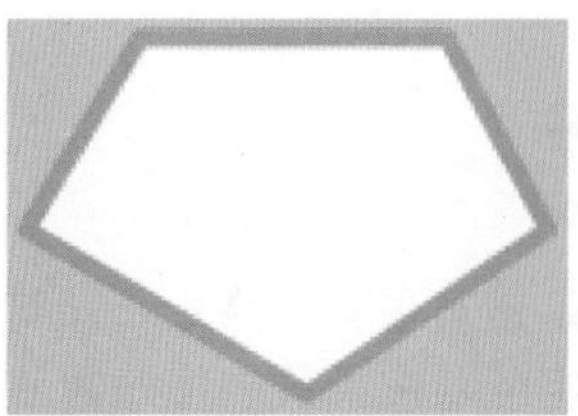

图 3-198 填充颜色

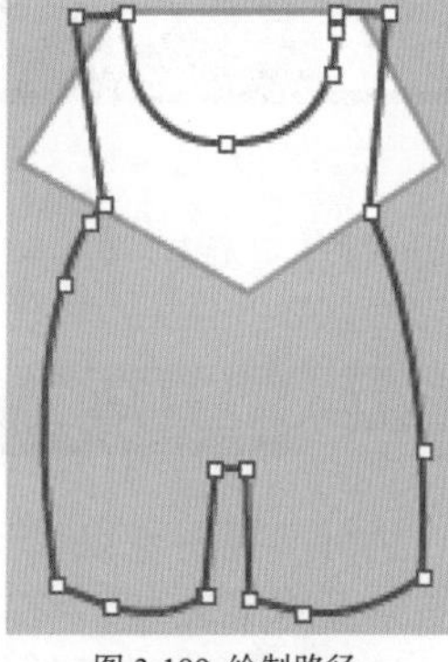

图 3-199 绘制路径

04 使用“颜料桶工具”，在“属性”面板中设置“填充颜色”为 #85C3FE，在绘制的路径内部单击，填充颜色，如图 3-200 所示。新建“图层 3”，使用“椭圆工具”，设置“笔触颜色”为 #2149AB，“填充颜色”为 #FFFFFF，在舞台中绘制正圆形，如图 3-201 所示。

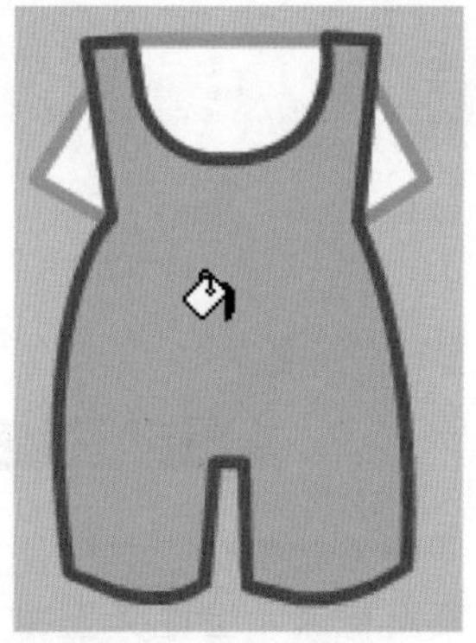

图 3-200 填充颜色

图 3-201 绘制正圆形

05 使用“矩形工具”，在场景中绘制矩形，如图 3-202 所示。使用“橡皮擦工具”，选择“橡皮擦模式”的“擦除线条”，在刚绘制的矩形上方擦除多余的线条，如图 3-203 所示。

图 3-202 绘制矩形

图 3-203 擦除线条

06 选择“图层 3”所有图形，单击工具箱中的“任意变形工具”按钮，调整其角度，选择该图形，按住 Alt 键拖动鼠标复制图形，并执行“修改 > 变形 > 水平翻转”命令，如图 3-204 所示。使用“椭圆工具”，在场景中进行绘制椭圆形，如图 3-205 所示。

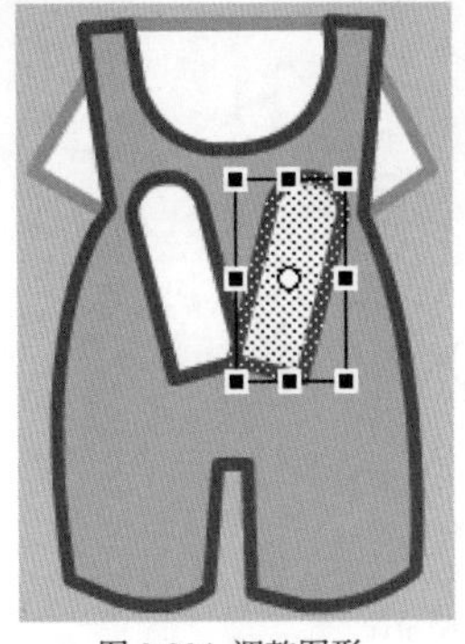

图 3-204 调整图形　　图 3-205 绘制椭圆形

07 单击工具箱中的“刷子工具”按钮，设置“填充颜色”为 #2149AB，在刚绘制的椭圆形内部单击两次，使用“铅笔工具”，在场景中进行绘制，“时间轴”面板如图 3-206 所示，图形效果如图 3-207 所示。

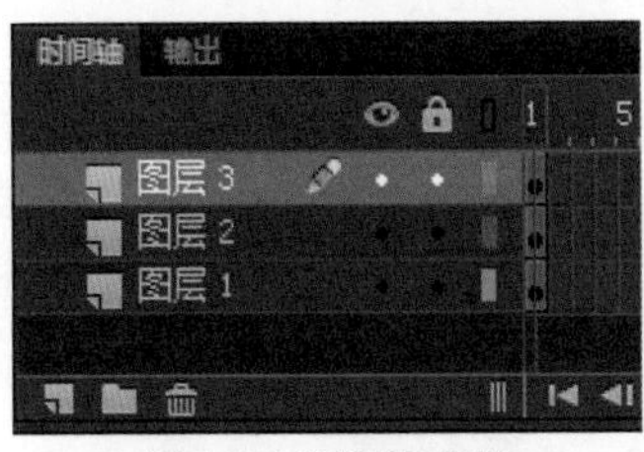

图 3-206 “时间轴”面板　　图 3-207 绘制图形

08 新建“图层 4”，使用“钢笔工具”，设置“笔触颜色”为 #0B47B5，在场景中绘制路径，如图 3-208 所示。使用“颜料桶工具”，设置“填充颜色”为 #86C2FF，在刚绘制的路径内部单击，填充颜色，如图 3-209 所示。

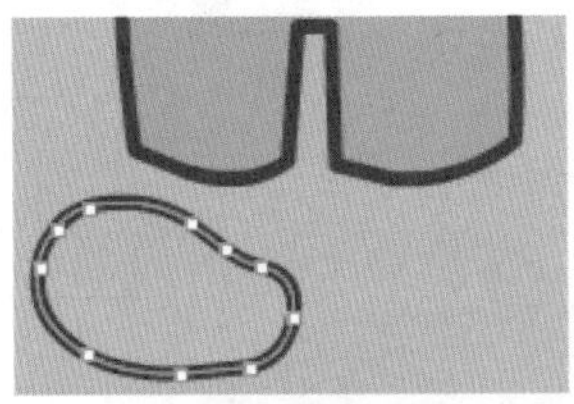

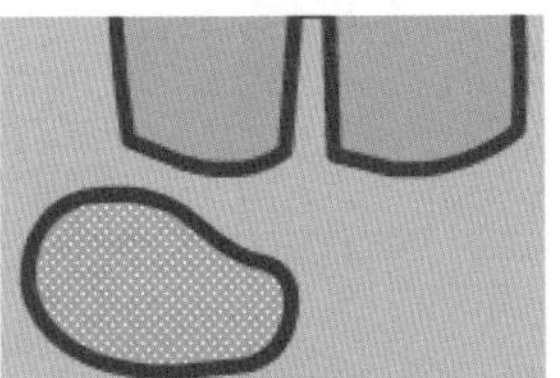

图 3-208 绘制路径　　图 3-209 填充颜色

09 使用“刷子工具”，设置“填充颜色”为 #48A3FE，选择“刷子模式”的“内部绘画”，在刚绘制的图形内部绘制，如图 3-210 所示。使用相同的方法，绘制出另一侧的图形，如图 3-211 所示。

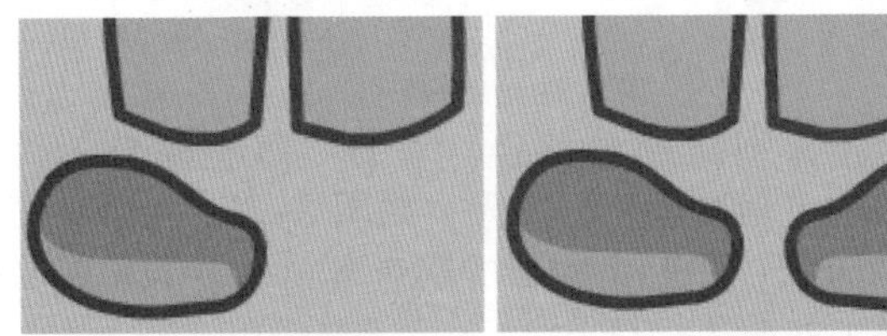

图 3-210 绘制图形　　图 3-211 绘制另一侧图形

10 新建“图层 5”，使用“矩形工具”，在“属性”面板中设置“笔触颜色”为 #D88D8A，“填充颜色”为 #FFEBEC，在场景中绘制矩形，如图 3-212 所示。使用相同的方法，绘制出另一侧的矩形，在“时间轴”面板中拖动“图层 5”至“图层 1”下方，如图 3-213 所示。

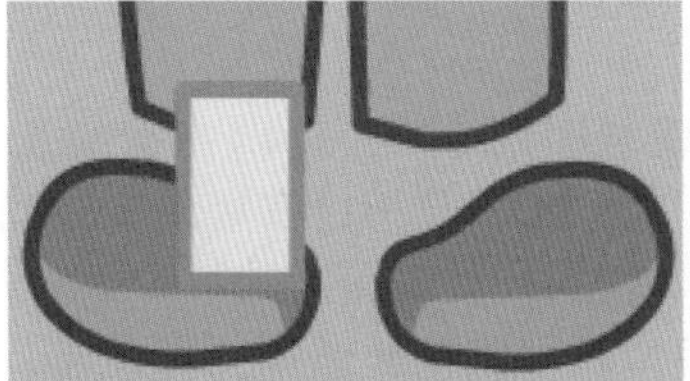

图 3-212 绘制矩形

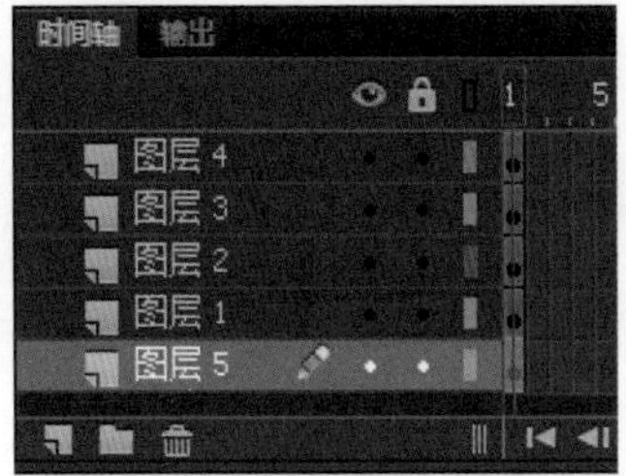

图 3-213 调整图层顺序

11 选择“图层 5”，在其上方新建“图层 6”，根据前面的方法，在场景中绘制图形，如图 3-214 所示。新建“图层 7”，使用“钢笔工具”，设置“笔触颜色”为 #FE9901，在场景中绘制路径，如图 3-215 所示。

图 3-214 绘制图形　　图 3-215 绘制路径

12 使用“颜料桶工具”，设置“填充颜色”为 #FFFFFF，在刚绘制的路径内部单击，填充颜色，如图 3-216 所示。新建“图层 8”，使用“椭圆工具”，设置“填充颜色”为 #FFEBCC，按住 Shift 键，在场景中绘制正圆形，如图 3-217 所示。

图 3-216 填充颜色

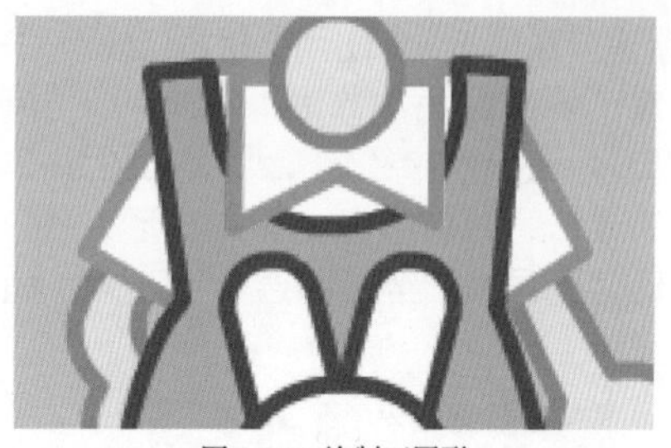

图 3-217 绘制正圆形

13 新建“图层 9”，使用“钢笔工具”，设置“笔触颜色”为 #D27D78，在场景中绘制路径，如图 3-218 所示。使用“颜料桶工具”，设置“填充颜色”为 #FFEBCC，在刚绘制的路径内部单击，填充颜色，如图 3-219 所示。

图 3-218 绘制路径　图 3-219 填充颜色

14 新建“图层 10”，根据前面的方法绘制图形，并调整“图层 10”至“图层 9”的下方，“时间轴”面板如图 3-220 所示，效果如图 3-221 所示。

图 3-220 调整图层顺序

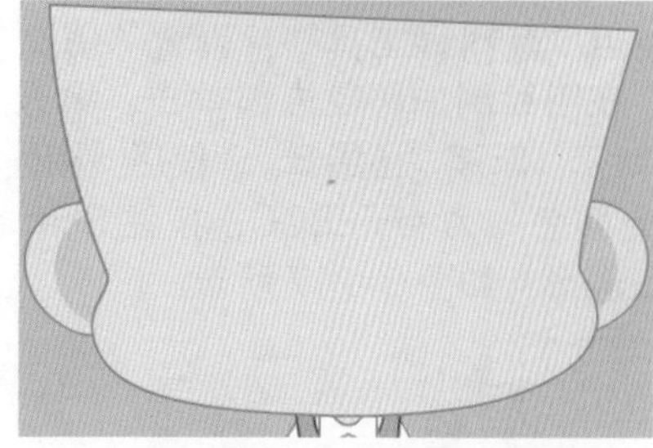

图 3-221 图形效果

15 新建“图层 11”，使用“钢笔工具”，设置“笔触颜色”为 #6F2420，在场景中绘制路径，如图 3-222 所示。使用“颜料桶工具”，设置“填充颜色”为 #A55000，在刚绘制的路径内部单击，填充颜色，如图 3-223 所示。

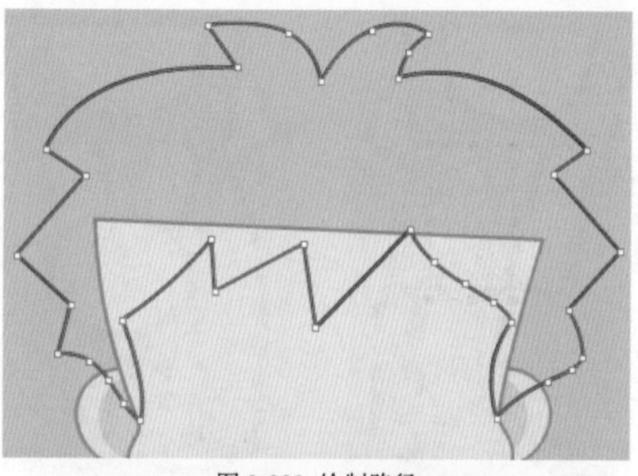

图 3-222 绘制路径

图 3-223 填充颜色

16 使用相同的方法，使用“钢笔工具”绘制路径并为其填充颜色，如图 3-224 所示。新建“图层 12”，使用“钢笔工具”，在场景中绘制路径，如图 3-225 所示。

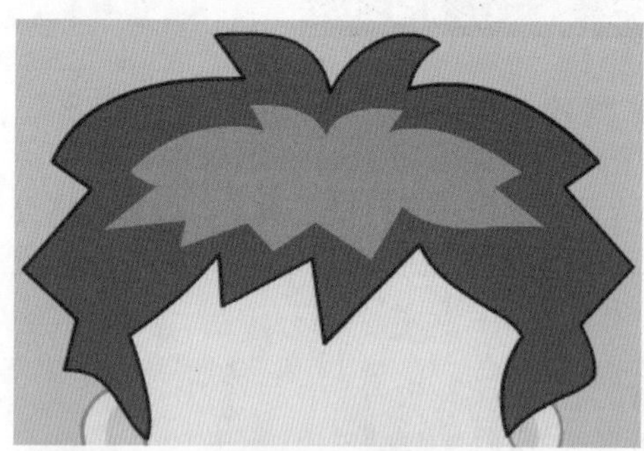

图 3-224 绘制图形

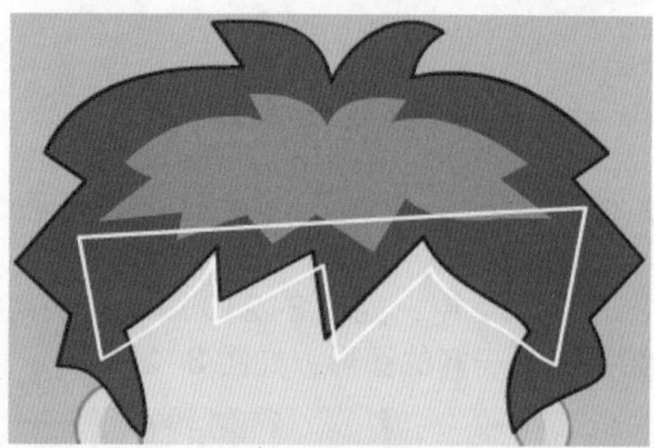

图 3-225 绘制路径

17 选择刚绘制的路径，设置“填充颜色”为 #FED698，“笔触颜色”为无，如图 3-226 所示。使用相同的方法，绘制出脸部的阴影部分，并调整图层叠放顺序，如图 3-227 所示。

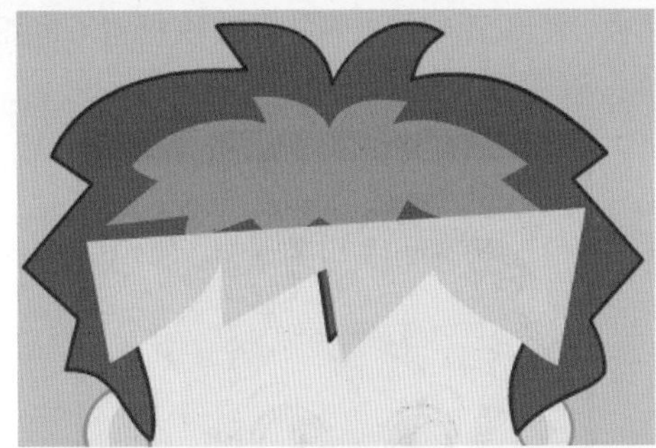
图 3-226 图形效果

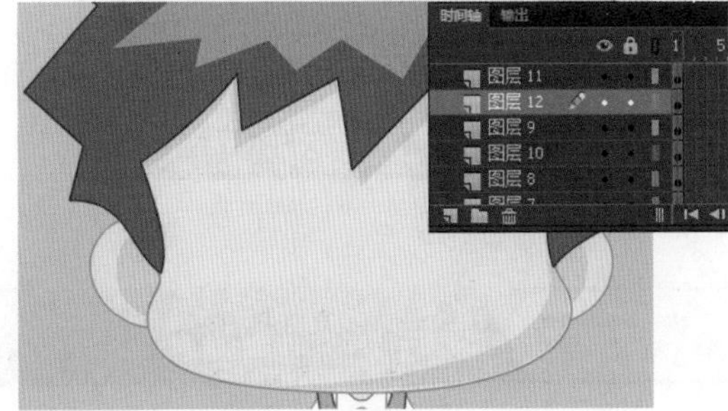
图 3-227 图形效果

18 新建“图层 13”，使用“钢笔工具”，在场景中绘制路径，选择刚绘制的路径，在“属性”面板中设置“填充颜色”为 #000000，“笔触颜色”为无，如图 3-228 所示。使用相同的方法，绘制出其他图形，如图 3-229 所示。

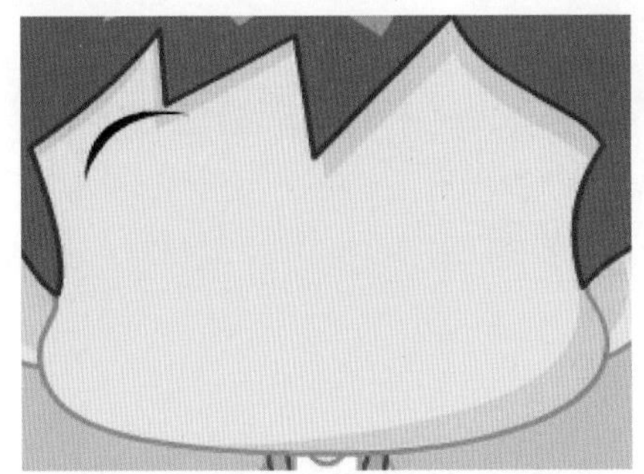
图 3-228 绘制图形

图 3-229 绘制图形

19 使用“椭圆工具”，设置“笔触颜色”为 #000000，打开“颜色”面板，在“颜色”面板中设置“填充颜色”为线性渐变，如图 3-230 所示。按住 Shift 键，在场景中绘制正圆形，如图 3-231 所示。

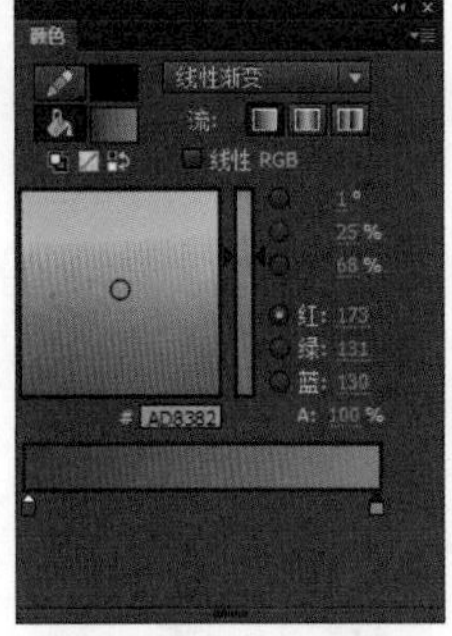
图 3-230 “颜色”面板

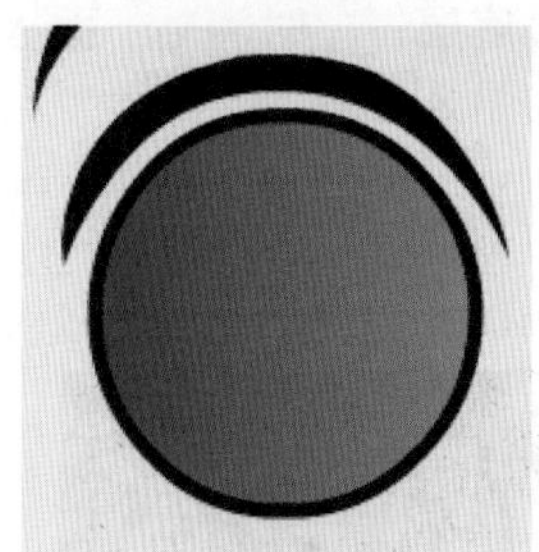
图 3-231 绘制正圆形

20 选择刚绘制的图形，使用“颜料桶工具”，在正形内部单击鼠标从左上至右下拖动，释放鼠标，填充效果如图 3-232 所示。使用“椭圆工具”，设置“填充颜色”为 #000000，“笔触颜色”为无，按住 Shift 键在场景中绘制正圆形，如图 3-233 所示。

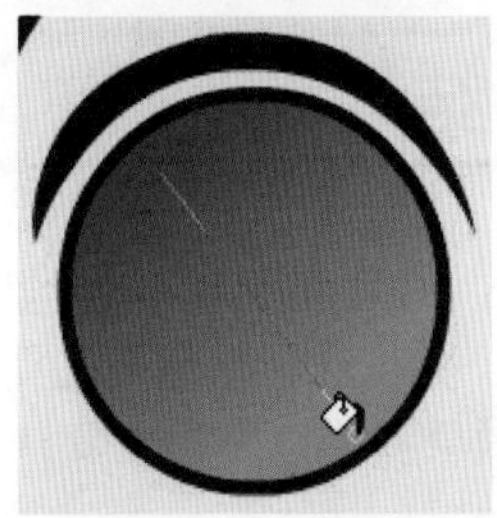
图 3-232 填充渐变

图 3-233 绘制正圆形

21 使用相同的方法，绘制出其他图形，如图 3-234 所示。新建“图层 14”，根据前面的方法，在场景中绘制图形，并在“时间轴”面板中调整“图层 14”到“图层 13”的下方，绘制出另外一侧的图形，如图 3-235 所示。

图 3-234 绘制图形

图 3-235 绘制图形

22 新建“图层 15”，执行“文件 > 导入 > 导入到舞台”命令，将“光盘\源文件\第 3 章\素材\

31301.jpg”导入到场景中，并将该图层拖至所有图层的最底层，“时间轴”面板如图 3-236 所示，最终效果如图 3-237 所示。

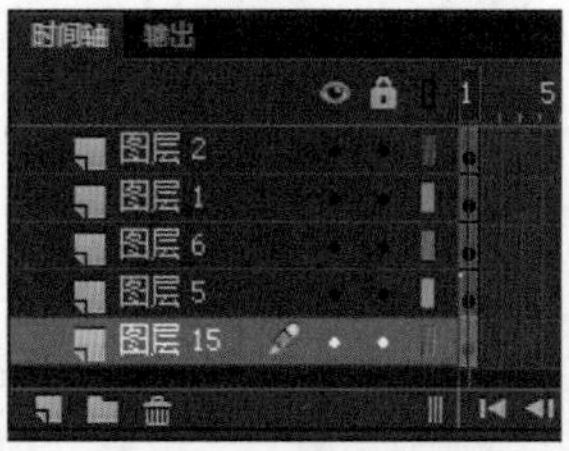

图 3-236 “时间轴”面板

图 3-237 最终效果

23 执行“文件 > 保存”命令，将动画保存为“光盘\源文件\第 3 章\3-11.fla”，按快捷键 Ctrl+Enter，测试动画，效果如图 3-238 所示。

图 3-238 测试动画效果

3.12 本章小结

本章主要讲解了 Flash CC 中提供的各种绘图工具的使用方法和技巧，并通过绘制实例的方法对绘图工具进行了进一步的介绍，使读者熟悉每个工具的各种属性及作用。通过本章的学习，读者可以使用简单的工具绘制出丰富的图形效果，为以后制作复杂的场景动画打好基础。

第4章 图形颜色处理

生活中色彩无处不在，色彩使我们周围的世界变得丰富多彩，同时带给人们视觉上的享受，所以颜色处理在设计中也是继图形绘制后一个重要的环节。在 Flash CC 中通过设置笔触颜色和“颜色”面板可以创建纯色、渐变和位图填充，通过“颜料桶工具”和“墨水瓶工具”等相应的工具可以轻松地为图形填充颜色，并能对所填充的颜色进行适当调整。在 Flash 中还可以使用“渐变变形工具”更改渐变的角度，以便于用户能快捷地在 Flash 中处理图形的颜色。

4.1 笔触颜色和填充颜色

在 Flash 中图形的颜色是由笔触和填充组成的，这两种属性决定矢量图形的轮廓和整体颜色，使用工具箱或者“属性”面板中的“笔触颜色”和“填充颜色”都可以改变笔触和填充的样式和颜色。下面就通过工具箱和“属性”面板向用户讲解如何创建笔触颜色和填充颜色 。

1. 工具箱中的“笔触颜色”和“填充颜色”

在绘制图形前，使用工具箱中的“笔触颜色”和“填充颜色”控件，可以方便快捷地设置创建图形的笔触颜色和填充颜色，工具箱中的颜色控件如图 4-1 所示。在创建时只需单击“笔触颜色”或“填充颜色”控件，即可在弹出的“拾色器”窗口中选择适合的颜色。

例如，单击“笔触颜色”控件，在弹出的“拾色器”窗口中选择一种颜色，也可以在文本框中输入颜色的十六进制值，如图 4-2 所示。

图 4-1 工具箱

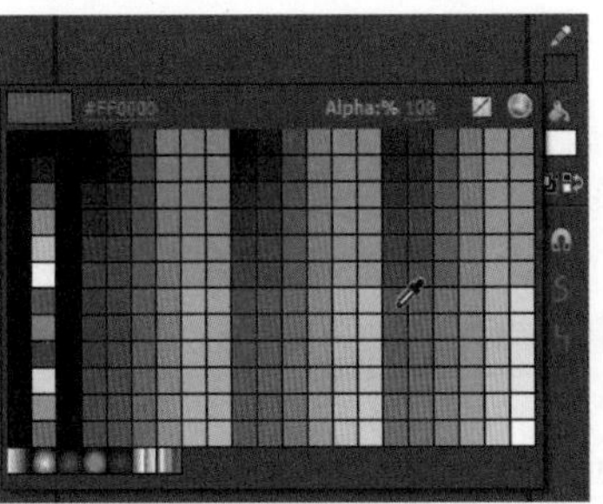

图 4-2 设置笔触颜色

单击“填充颜色”控件，在弹出的“拾色器”窗口中选择一种颜色，也可以在文本框中输入颜色的十六进制值，如图 4-3 所示。完成“笔触颜色”和“填充颜色”的设置后，在场景中拖动鼠标绘制图形，即可看到绘制图形的“笔触颜色”和“填充颜色”，如图 4-4 所示。

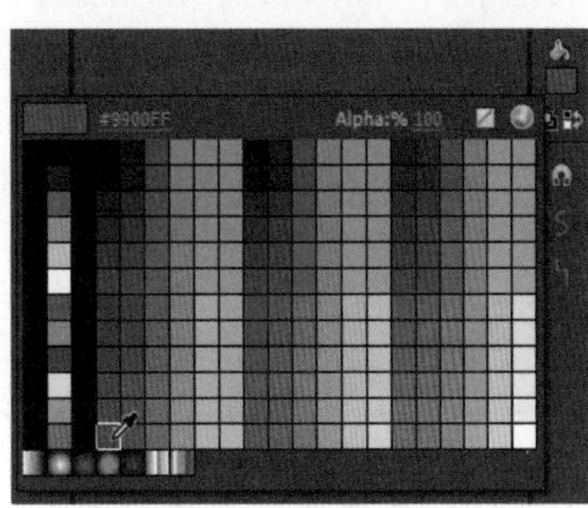

图 4-3 设置填充颜色

图 4-4 绘制图形

单击工具箱中的“默认填充和笔触”按钮，可以恢复默认颜色的设置，即白色填充和黑色笔触颜色。单击“交换填充和笔触”按钮，可以交换填充和笔触之间的颜色。

“无颜色”按钮只能在创建新椭圆或新矩形时才会出现，可以创建无笔触或无填充的新对象，不能对现有对象使用“无颜色”功能，如果想修改现有对象的笔触或填充颜色为无，先选择现有的笔触或填充，按 Delete 键删除即可。

单击“拾色器”窗口中的“无颜色”按钮，即可设置笔触或填充的颜色为无。

提示

单击“拾色器”窗口中的“自定义颜色”按钮，就会弹出“颜色选择器”对话框，如图 4-5 所示，在该对话框中可以自定义设置用户所需要的颜色，设置完成后，单击“确定”按钮，即可将自定义的颜色应用到绘制的图形中。

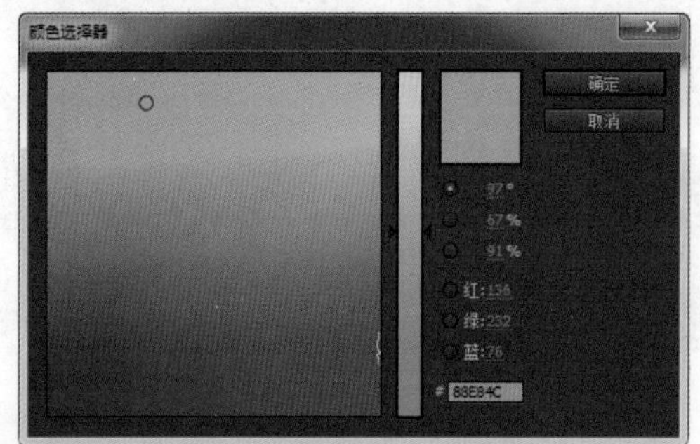

图 4-5 “颜色选择器”对话框

2. “属性”面板中的“笔触颜色”和“填充颜色”

除了在工具箱中设置图形的“笔触颜色”和“填充颜色”，还可以在“属性”面板中进行设置。

单击工具箱中的“矩形工具”按钮，打开“属性”面板，如图 4-6 所示。在“属性”面板中设置笔触和填充颜色的方法与在工具箱中的使用方法相似，直接单击“笔触颜色”或“填充颜色”控件，即可选择适合的颜色，如图 4-7 所示。

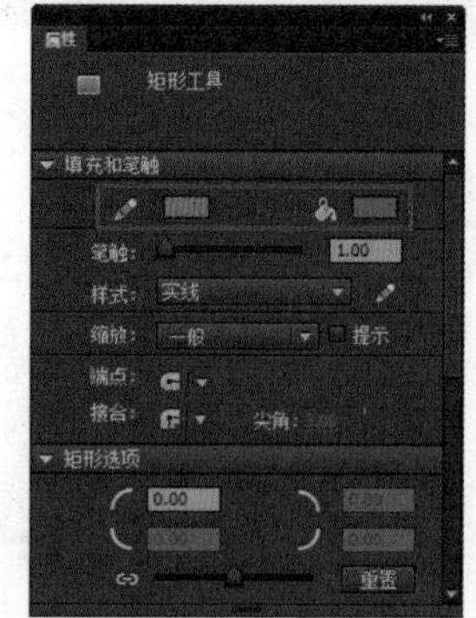

图 4-6 “属性”面板

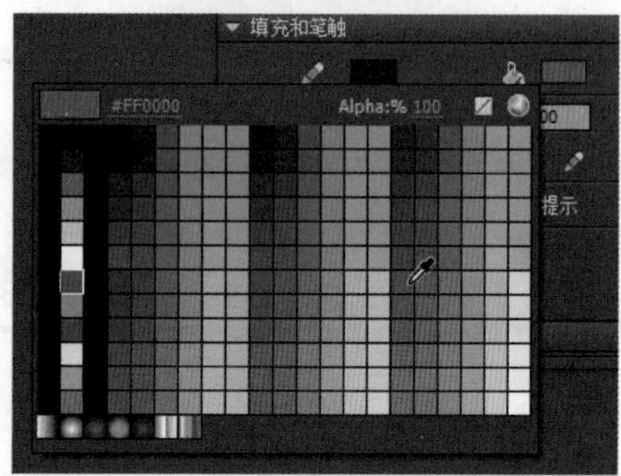

图 4-7 选择颜色

提示

工具箱与“属性”面板中的“笔触颜色”和“填充颜色”使用方法相似，不同的是，“属性”面板不仅能为图形创建笔触和填充颜色，还提供了设置笔触宽度和样式的系列选项，该选项已在前面进行了详细介绍，在这里不重复讲解。

4.2 使用“样本”面板

在 Flash 中颜色是一个相当重要的元素，图形颜色的处理都离不开它。每一个 Flash 影片都包含自己的调色板，并存储在 Flash 文档中，“样本”面板就是存储颜色样本的地方，下面将介绍“样本”面板的使用方法。

执行“窗口 > 样本”命令或按快捷键 Ctrl+F9，打开“样本”面板，在该面板中可以看到许多显示颜色的小方块，单击面板右上角的按钮，在弹出的面板菜单中可以根据需要对颜色样本进行添加、编辑、删除、复制等操作，“样本”面板如图 4-8 所示。

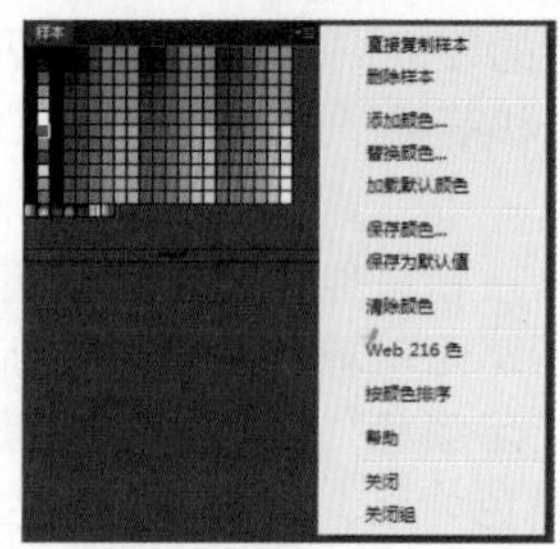

图 4- 8 “样本”面板

- 直接复制样本：执行该命令，系统将会自动复制当前选定的样本。
- 删除样本：执行该命令，系统将会自动删除当前选定的样本。
- 添加颜色：执行该命令，可以在弹出的“导入色样”对话框中选择需要添加的颜色样本。
- 替换颜色：执行该命令，可以在弹出的“导入色样”对话框中选择相应的颜色样式，可以使用所选择的颜色样本替换当前选定的颜色样本。
- 加载默认颜色：执行该命令，可以将调整后的面板恢复到面板的默认状态。
- 保存颜色：执行该命令，可以在弹出的“导出色样”

对话框中定位到相应位置，并导出调色板。

- 保存为默认值：执行该命令，可以将当前的面板保存为默认的调色板。
- 清除颜色：执行该命令，系统会自动删除黑色、白色或黑白渐变色以外的所有颜色，如图 4–9 所示。

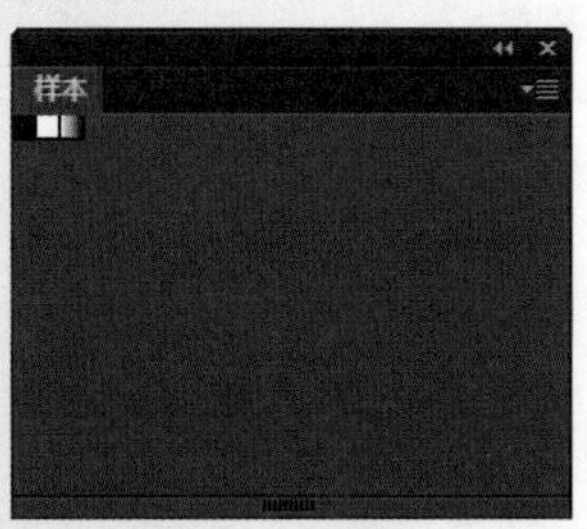

图 4-9 消除颜色

- Web216 色：执行该命令，系统会将当前调色面板重新切换到 Web 安全调色板，即“样本”面板的初始设置。
- 按颜色排序：执行该命令，系统会根据色调排列颜色，如图 4–10 所示。

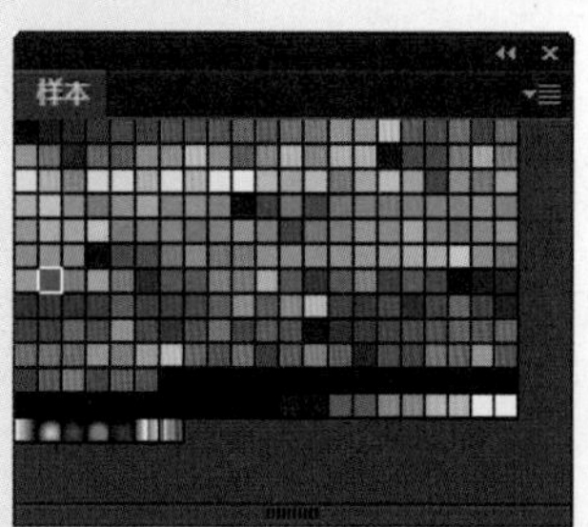

图 4-10 按颜色排序

4.3 使用“颜色”面板

“样本”面板显示的是当前调色板中单独的颜色，而“颜色”面板能够提供更改笔触和填充颜色，以及创建多色渐变的选项，通过“颜色”面板不仅可以创建和编辑纯色，还可以创建和编辑渐变色，并使用渐变达到各种效果，如赋予二维对象以深度感。

执行“窗口 > 颜色”命令或按快捷键 Alt+Shift+F9，打开“颜色”面板，如图 4–11 所示。单击面板中的“颜色类型”按钮，在弹出的下拉列表中包括 5 个选项，如图 4–12 所示。通过选择不同的选项，即可填充或修改图形笔触、填充颜色和创建多色渐变，下面将分别进行讲解。

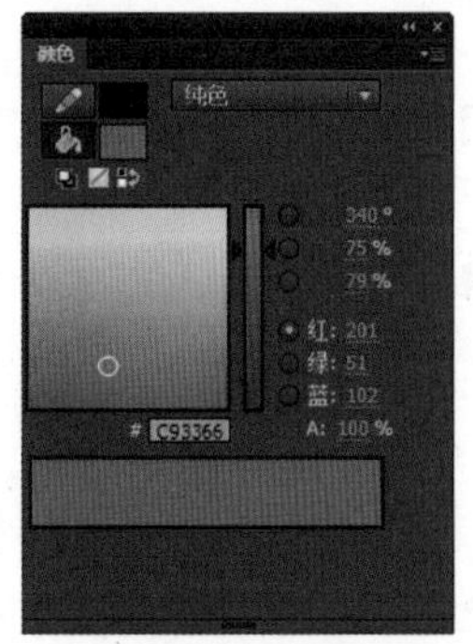
图 4-11 “颜色”面板

图 4-12 “颜色类型”下拉列表

使用“颜色”面板最大的好处就是可以动态地应用填充，这意味着在对象被创建之前或创建之后都可以更改和处理对象的填充。

4.3.1 填充纯色

使用“颜色”面板可以创建纯粹的 RGB（红、绿、蓝）、HSB（色调、饱和度、亮度）或十六进制计数法的颜色，并能够设置颜色的 Alpha 值，纯色填充可以为图形提供一种单一的笔触或填充颜色。

打开“颜色”面板，在“颜色类型”下拉列表中选择“纯色”选项，可以显示纯色填充的相关选项，“颜色”面板如图 4–13 所示，对“颜色”面板进行相应设置，为图形填充纯色后的效果如图 4–14 所示。

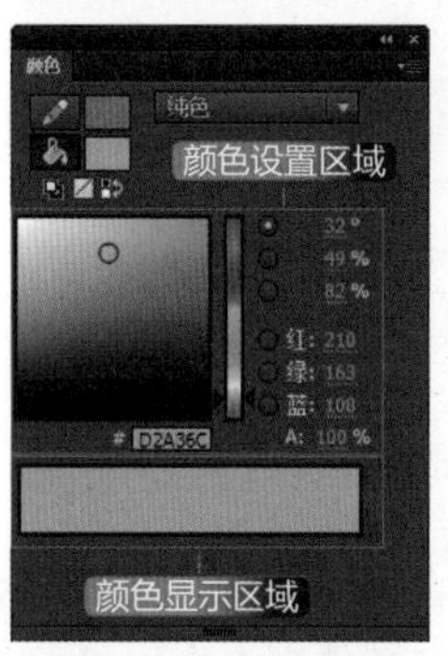

图 4-13 “纯色填充”选项

图 4-14 纯色填充的图形效果

- 笔触颜色：该选项用来设置所绘图形的笔触颜色。单击该选项，可以在弹出的“拾色器”窗口中选择适合的颜色设置笔触或边框的颜色。
- 填充颜色：该选项用来设置所绘图形的填充颜色。单击该选项，可以在弹出的“拾色器”窗口中设置图形的填充颜色。
- “黑白”按钮：单击该选项按钮，“颜色”面板将恢复默认颜色设置，即黑白（黑色笔触和白色填充）设置。
- “无色”按钮：单击该选项按钮，可以对选中的填充或笔触不应用任何颜色。

- “交换颜色”按钮：单击该选项按钮，可以在笔触和填充之间交换颜色。
- 颜色设置区域：在该区域中提供了 3 种方式对填充或笔触颜色进行设置。
  - HSB：H（色相）、S（饱和度）、B（亮度）的设置方法与 RGB 相似。
  - RGB：用户在设置了相应的颜色后，会在 R（红）、G（绿）、B（蓝）文本框中显示出相应的数值，此外也可以在文本框中输入相应的数值或拖动滑块来设置所需要的颜色。
  - A（Alpha）：该选项用来处理图形颜色的不透明度，在 Alpha 文本框中输入数值来指定透明的程度。当 Alpha 值为 0 时，创建的填充是完全透明；当 Alpha 值为 100% 时，创建的填充是完全不透明的，如图 4–15 所示为不同 Alpha 值的图形效果。

Alpha 值为 50%

Alpha 值为 100%

图 4-15 不同 Alpha 值的图形效果

  - #（十六进制值）：十六进制值显示当前颜色的十六进制值（也叫作 HEX 值），它由 6 个字符组成，例如（FFCCCC），前两个字符表示红色（R），中间两位表示绿色（G），最后两位表示蓝色（B），数字（0~9）和字母（A~F），表示从 0~16 的整数，从而实现 HEX 计数法到 RGB 值的转换。若要使用十六进制值更改颜色，键入一个新的数值即可。
- 颜色显示区域：该区域用来显示当前设置的笔触或填充的颜色。

4.3.2 填充渐变颜色

渐变颜色的填充是一种多色填充，即一种颜色逐渐转变成另一种颜色，在 Flash 中可以将多达 15 种颜色应用于渐变颜色，使用渐变色填充也可以创建一个或多个对象间平滑过渡的颜色，从而制作出令人震撼的效果。Flash 可以创建两种类型的渐变颜色：线性渐变和径向渐变，下面将分别进行讲解。

1. 线性渐变

线性渐变是沿着一条轴线以水平或垂直方向来改变颜色的，打开“颜色”面板，在“颜色类型”的下拉列表中选择“线性渐变”选项，在“颜色”面板中将会显示线性渐变的相关选项，设置相应的线性渐变效果，为图形填充线性渐变，“颜色”面板如图 4–16 所示，图形填充效果如图 4–17 所示。

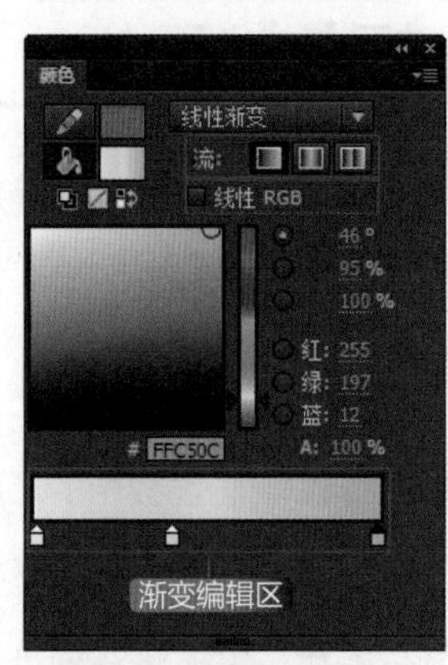

图 4-16 “线性渐变”选项

图 4-17 图形效果

- 流：该选项区可以控制超出线性或径向渐变限制应用的颜色范围。
  - “扩展颜色”按钮（默认）：用来将指定的颜色应用于渐变末端之外。
  - “反射颜色”按钮：利用反射镜像效果使用渐变颜色填充形状。指定的渐变色以下面的模式重复，从渐变的开始到结束，再以相反的顺序从渐变的结束到开始，再从渐变的开始到结束，直到所选形状填充完毕。
  - “重复颜色”按钮：从渐变的开始到结束重复渐变，直到所选形状填充完毕。
- 线性 RGB：选中该选项，可创建兼容 SVG（可伸缩的矢量图形）的线性或径向渐变，选中前后的渐变效果如图 4–18 所示。

选中前

选中后

图 4-18 选中"线性 RGB"选项前后的渐变效果

渐变编辑区：在此处可以添加和删除渐变滑块，并能够编辑渐变滑块的颜色。

添加渐变滑块：将鼠标移动到渐变编辑区，当鼠标变成状时，如图 4-19 所示，在相应的位置单击，即可添加渐变滑块，如图 4-20 所示。

图 4-19 鼠标形状

图 4-20 添加渐变滑块

删除渐变滑块：选中需要删除的滑块，使用鼠标将滑块拖离渐变编辑区，即可删除渐变滑块。

更改渐变滑块颜色：如果想要更改线性滑块的渐变颜色，选中滑块，在颜色设置区域内拖动鼠标至需要的颜色，或者在右边文本框内输入 RGB 数值即可更改渐变滑块的颜色，如图 4-21 所示。

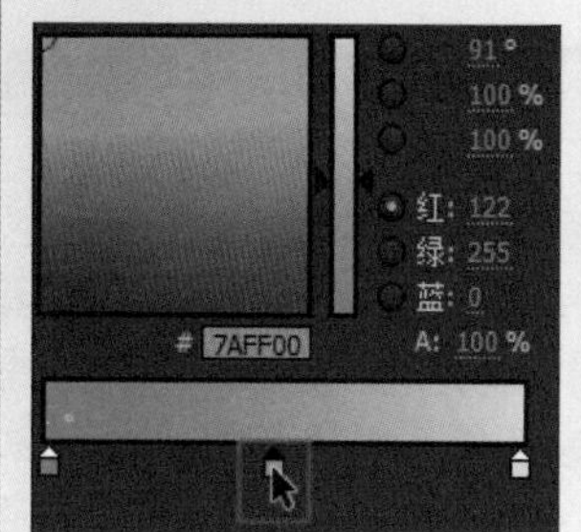

图 4-21 更改渐变滑块的颜色

如果想要保存渐变颜色，用户可以单击"颜色"面板右上角的三角形按钮，然后在弹出的面板菜单中选择"添加样本"命令，如图 4-22 所示，即可将渐变保存到"样本"面板中，如图 4-23 所示。

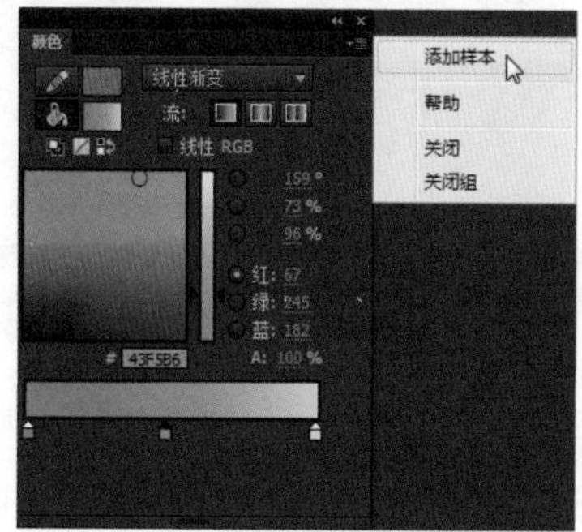

图 4-22 选择"添加样本"命令

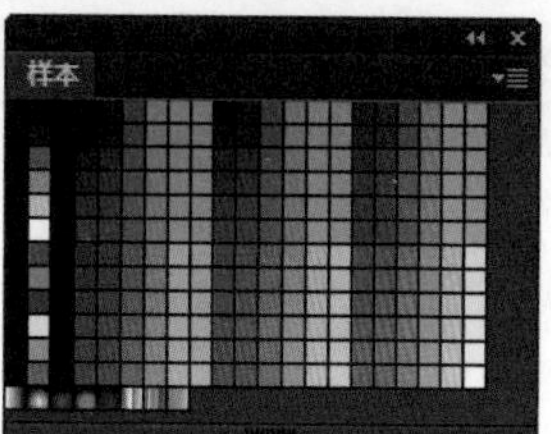

图 4-23 添加样本

2. 径向渐变

径向渐变与线性渐变非常相似，不同的是，径向渐变是从一个中心焦点向外放射来改变颜色的，打开"颜色"面板，在"颜色类型"的下拉列表中选择"径向渐变"选项，在"颜色"面板中将会显示径向渐变的相关选项，设置相应的径向渐变效果，为图形填充径向渐变，"颜色"面板如图 4-24 所示，图形填充效果如图 4-25 所示。

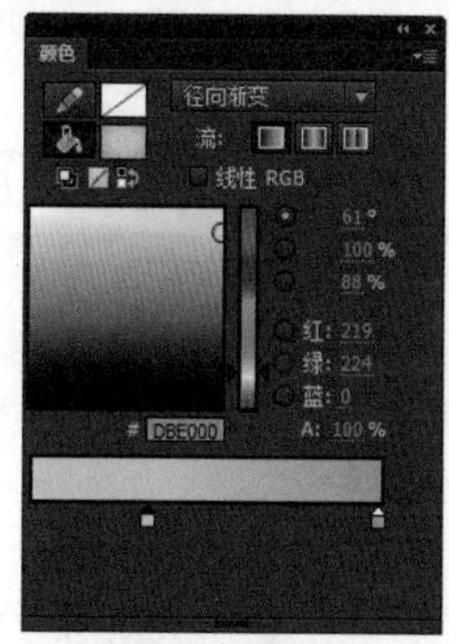

图 4-24 "径向渐变"选项

图 4-25 图形效果

4.3.3 位图填充

打开"颜色"面板，在"颜色类型"的下拉列表中选择"位图填充"选项，通过该填充类型，可以将位图应用到图形对象中，在应用时位图会以平铺的形式填充图形。

在"颜色"面板中选择"位图填充"选项，在没有导入过位图至"位图填充"选项中的时候，此时会直接弹出"导入到库"对话框，在该对话框中用户可以选择相应的位图，如图 4-26 所示，单击"打开"按钮，"颜色"面板如图 4-27 所示，即可看到已经导入位图至面板中。

图 4-26 “导入到库”对话框

图 4-27 导入位图后的“颜色”面板

导入位图完成后，可以使用相应的绘图工具在场景中绘制位图填充图形。使用“椭圆工具”，在场景中进行绘制，效果如图 4-28 所示。使用“多角星形工具”，在场景中进行绘制，效果如图 4-29 所示。

图 4-28 绘制椭圆

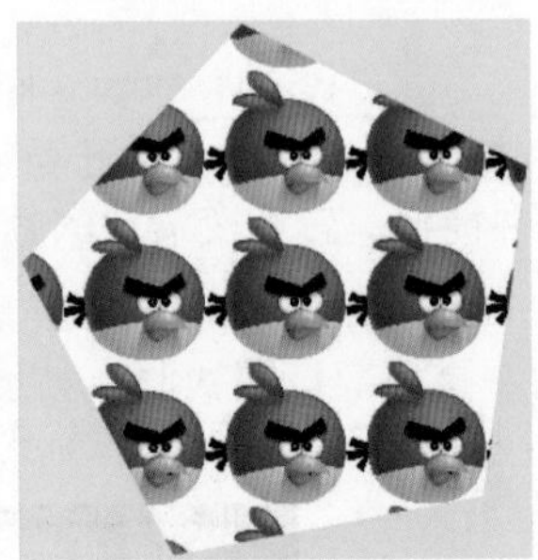
图 4-29 绘制多边形

导入一个位图后，如果还需要导入其他位图，可以在“颜色”面板的“位图填充”选项下单击“导入”按钮，此时会弹出“导入到库”对话框，用户就可以根据自己的需要选择适合的图形。

4.4 使用“滴管工具”

对图形进行填色后，为了方便操作，用户可以通过工具箱中的相关工具对填充后的图形颜色进行更改。使用“滴管工具”可以复制和填充图形的颜色，即从一个对象复制填充或笔触属性，然后将获取的颜色信息应用到另一个对象上，除此之外，“滴管工具”还可以从位图图像中取样用作填充。

4.4.1 使用“滴管工具”对笔触采样

单击工具箱中的“滴管工具”按钮，在图形的笔触部分采样，效果如图 4-30 所示，然后单击另一图形的笔触区域，此时光标由“滴管工具”自动变成“墨水瓶工具”，填充后第二个对象的笔触颜色与第一个对象的笔触颜色相同，效果如图 4-31 所示。

图 4-30 对笔触进行采样

图 4-31 填充图形笔触效果

4.4.2 使用“滴管工具”对填充颜色采样

单击工具箱中的“滴管工具”按钮，在填色区域采样，效果如图 4-32 所示，然后单击另一图形的填色区域，此时光标由“滴管工具”自动变成“颜料桶工具”，填充后第二个对象的填充颜色与第一个对象的填充颜色相同，效果如图 4-33 所示。

图 4-32 对填充进行采样　　图 4-33 填充图形效果

技巧 

使用工具箱中的“滴管工具”，单击一个对象的同时，按下 Shift 键，可以同时对填充和笔触进行采样，并同时将采样得到的填充和笔触颜色应用到其他对象上。使用“滴管工具”采到的样式一般包含笔触颜色、笔触高度、填充颜色和填充样式等。

4.5 “墨水瓶工具”和“颜料桶工具”

对填充后的图形颜色进行更改，除了用“滴管工具”外，还可以使用“墨水瓶工具”和“颜料桶工具”进行操作，本节将详细讲解“墨水瓶工具”和“颜料桶工具”的使用方法和技巧。

4.5.1 使用“墨水瓶工具”

使用“墨水瓶工具”可以在不选择形状轮廓的情况下，实现一次更改一个或多个对象的笔触属性，包括笔触的颜色、宽度和样式。但对直线或形状轮廓只能应用纯色，而不能应用渐变或位图。

使用“墨水瓶工具”的优点是，该工具可以同时更改多个对象的笔触属性，相对于只选择单独的笔触并使用“属性”面板更改的方法来说，使用该工具操作更为便捷。

单击工具箱中的“墨水瓶工具”按钮，单击“属性”面板或工具箱中的“笔触颜色”控件，在弹出的“拾色器”窗口中选择一种颜色，如图 4–34 所示，选择完成后，在“属性”面板中进行相应的设置，然后在场景中单击需要修改笔触的图形部分，修改完成后，可以看到小蜗牛的眼睛和身上的小房子部分的笔触颜色由之前的黑色变成了所选值为 #CC6600 的颜色，效果如图 4–35 所示。

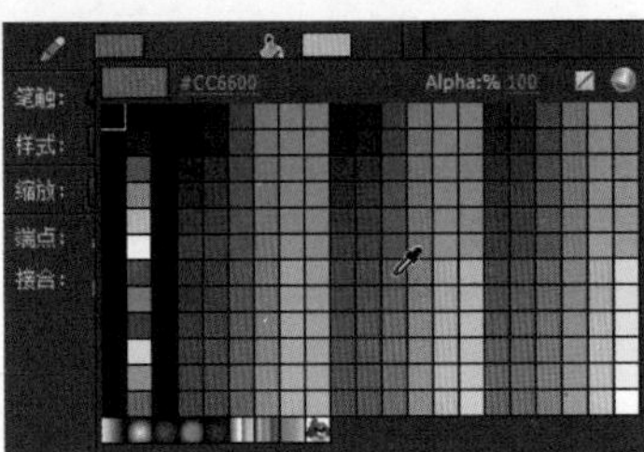

图 4-34 选择颜色

图 4-35 修改笔触颜色

技巧

使用“墨水瓶工具”也可以改变线段的属性，如果一次要改变多条线段，可按住 Shift 键将它们选中，再使用“墨水瓶工具”点选其中的任何一条线段即可。

4.5.2 使用“颜料桶工具”

“墨水瓶工具”主要是用来更改对象的笔触属性的，而“颜料桶工具”不仅可以填充空白区域的颜色，还可以对所选区域的填充颜色进行更改。填充的颜色可以使用纯色、渐变色，也可以使用位图进行填充。使用该工具还可以填充不完全封闭的区域。

单击工具箱中的“颜料桶工具”按钮，在工具箱底部会出现相应的颜料桶工具选项，如图 4–36 所示。该工具经常与“钢笔工具”配合使用，在场景中绘制了相应的路径后，使用该工具就可以为路径填充颜色。

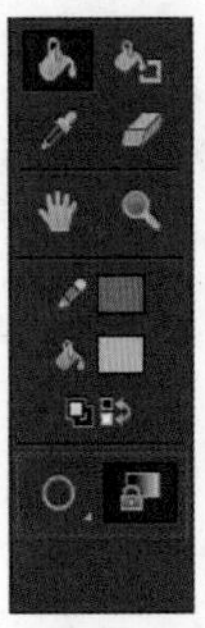
图 4-36 “颜料桶工具”及选项

“颜料桶工具”按钮：使用“颜料桶工具”更改颜色除了配合“滴管工具”使用外，还可以单击工具箱或“属性”面板中的颜色控件，在弹出的“拾色器”窗口中选择合适的颜色，然后在需要修改的对象上单击即可。单击工具箱中的“颜料桶工具”按钮，单击“填充颜色”控件，选择一种颜色，如图 4–37 所示，选择完成后在场景中需要修改填充颜色的部分单击，修改完成后可以看到图形效果，如图 4–38 所示。

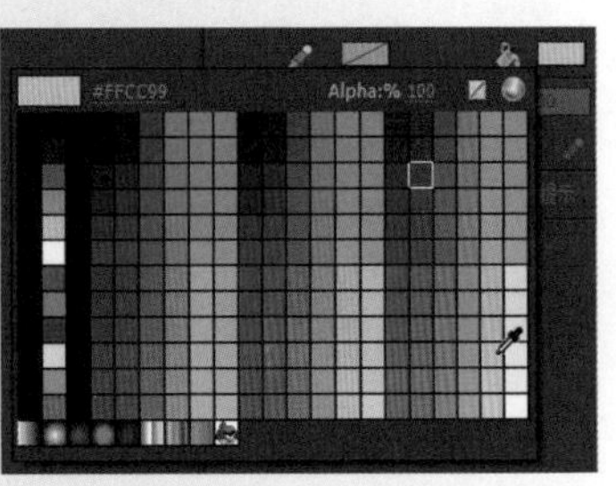

图 4-37 选择颜色

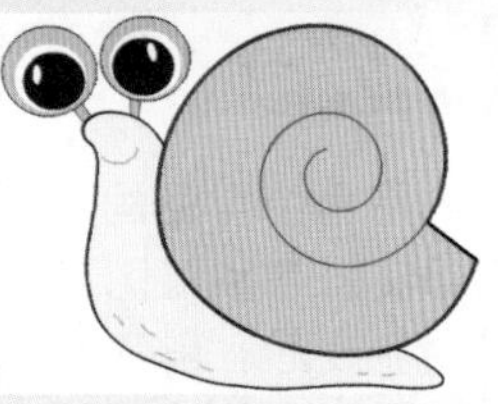
图 4-38 修改填充颜色

“间隙大小”按钮：该选项可以用来填充有空隙的图形，使绘图变得更加容易方便。需要注意的是这个空隙并不是很大的空隙，如图4-39所示这样的空隙是不可填充的，相对很小的空隙才可以填充，如图4-40所示这样的空隙在操作时就可以填充。

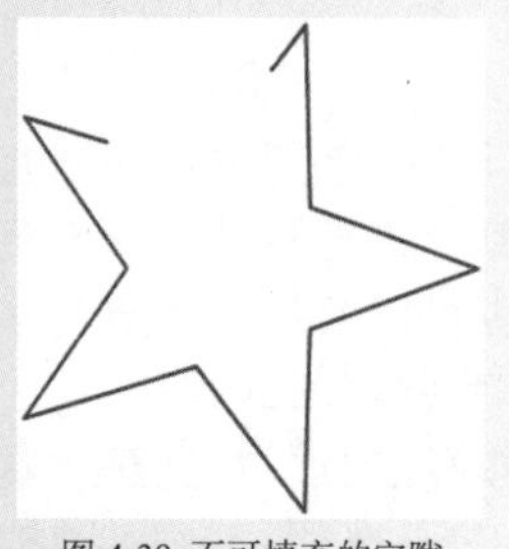
图4-39 不可填充的空隙

图4-40 可以填充的空隙

在该选项的下拉列表中，Flash为用户提供了4种填充类型，如图4-41所示，用户可根据需要选择使用。

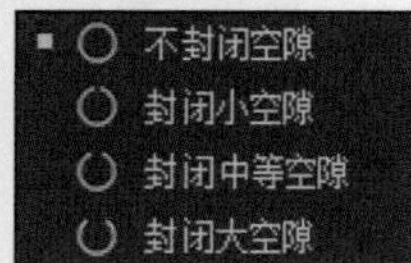

图4-41 “空隙大小”下拉列表

- 不封闭空隙：只填充封闭的区域，即没有空隙时才能填充。
- 封闭小空隙：填充有小缺口的区域。
- 封闭中等空隙：可以填充有一半缺口的区域。
- 封闭大空隙：可以填充有大缺口的区域。

如图4-42所示为选择“封闭大空隙”选项填充后的图形效果。

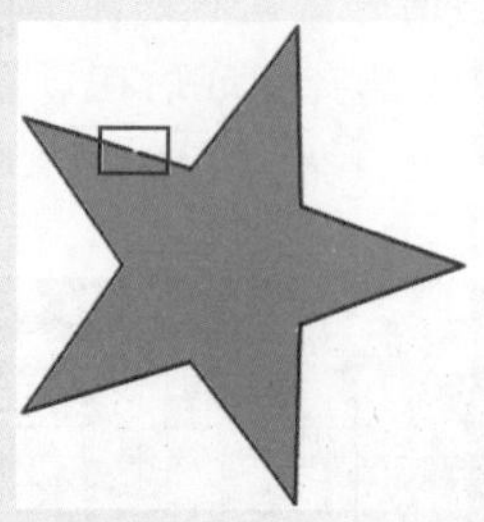
图4-42 图形效果

“锁定填充”按钮：该选项只能应用于渐变，选择该选项后，不能再应用其他渐变，而渐变之外的颜色不会受到任何影响。

4.5.3 绘制可爱小娃娃

本实例绘制的是两个可爱的小娃娃。通过新建元件，在元件的内部使用各种绘图工具绘制出娃娃身体的各个部分，绘制完成后，再拖至主场景中并进行相应的调整，即可完成可爱娃娃的绘制。

动手实践——绘制可爱小娃娃

源文件：光盘\源文件\第4章\4-5-3.fla

视频：光盘\视频\第4章\4-5-3.swf

01 执行“文件 > 新建”命令，弹出“新建文档”对话框，保持默认设置，如图4-43所示，单击“确定”按钮，新建一个Flash文档，场景效果如图4-44所示。

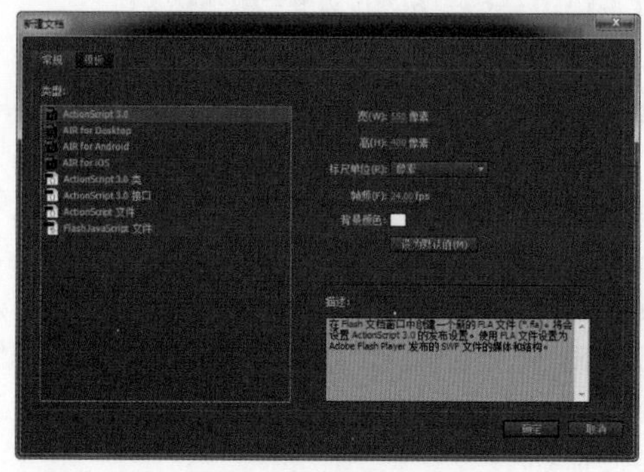
图4-43 “新建文档”对话框

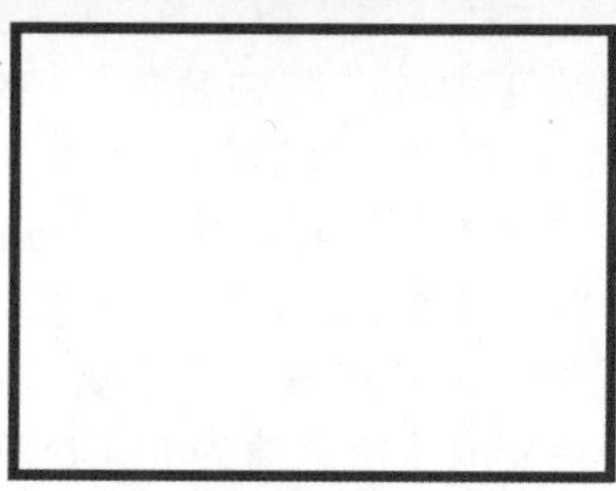
图4-44 场景中的画布效果

02 执行“插入 > 新建元件”命令，在弹出的“创建新元件”对话框中进行设置，如图4-45所示。单击“确定”按钮，使用“椭圆工具”，设置“笔触颜色”为#007CA9，“填充颜色”为#BAE2F8，“笔触”高度为1.2，在场景中进行绘制，如图4-46所示。

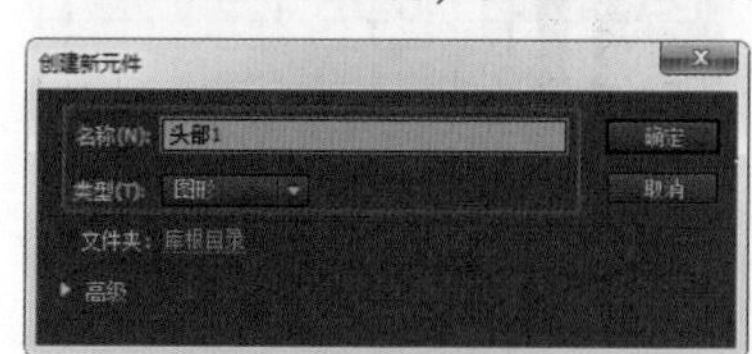

图4-45 “创建新元件”对话框

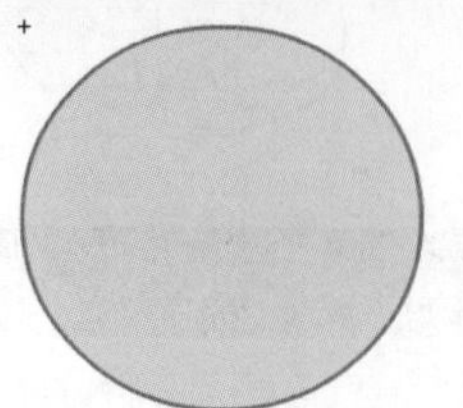
图4-46 绘制图形

03 使用“选择工具”，对刚刚绘制的椭圆进行调整，效果如图4-47所示。新建“图层2”，使用“钢笔工具”，在场景中绘制路径，使用“颜料桶工具”，设置“填充颜色”为#D2ECFA，单击图形内部，为其填充颜色，效果如图4-48所示。

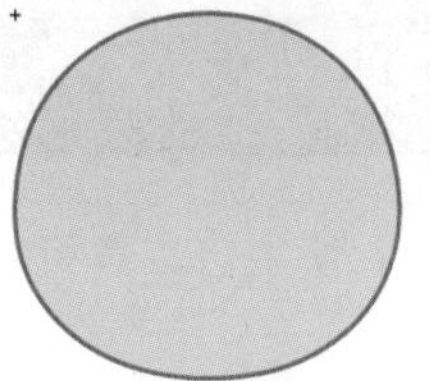

图 4-47 图形效果

图 4-48 绘制路径并填充颜色

04 使用“选择工具”选中刚刚绘制的路径，按 Delete 键删除，效果如图 4-49 所示。使用相同的方法，绘制出另一边的图形，如图 4-50 所示。

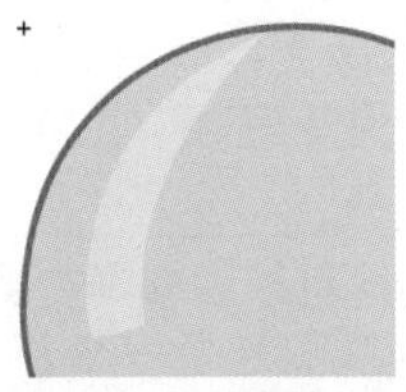

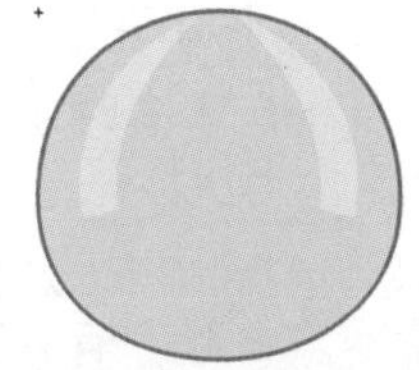

图 4-49 删除路径　　图 4-50 绘制图形

05 新建“图层 3”，使用“椭圆工具”，设置“笔触颜色”为 #007CA9，“填充颜色”为 # FFFFFF，按住 Shift 键绘制一个正圆形，如图 4-51 所示。使用相同的方法，绘制出其他图形，如图 4-52 所示。

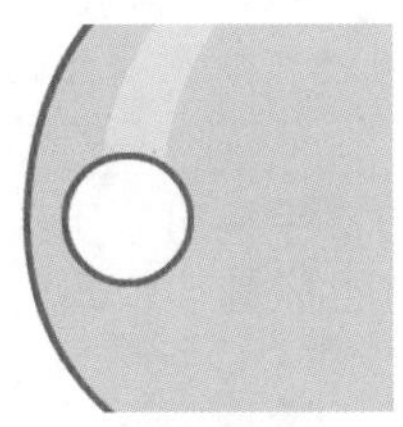

图 4-51 绘制图形　　图 4-52 绘制图形

06 执行“插入 > 新建元件”命令，在弹出的“创建新元件”对话框中进行设置，如图 4-53 所示。单击“确定”按钮，使用“椭圆工具”，设置“笔触颜色”为 #007CA9，“填充颜色”为 #BAE2F8，“笔触”高度为 1.2，在场景中进行绘制，如图 4-54 所示。

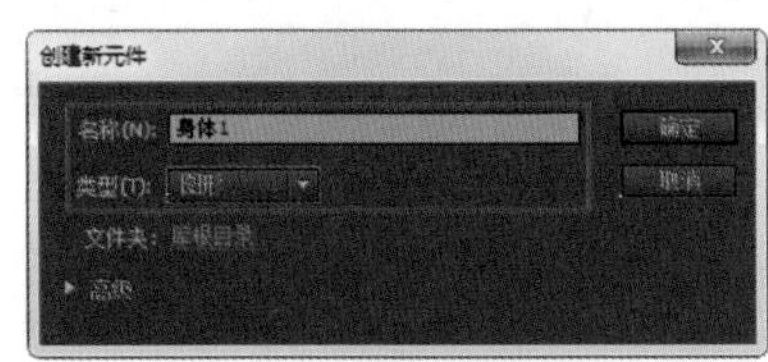

图 4-53 “创建新元件”对话框

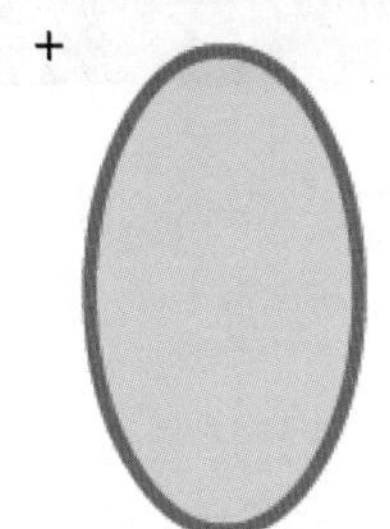

图 4-54 绘制图形

07 使用“选择工具”，对刚绘制的椭圆进行调整，效果如图 4-55 所示。使用相同的方法，绘制出小娃娃身体的其他部分，“库”面板如图 4-56 所示。

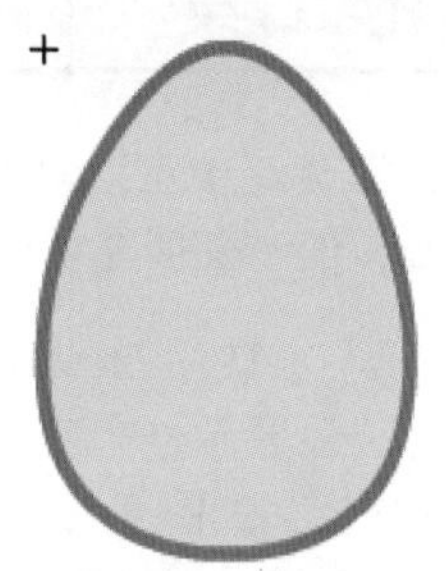

图 4-55 调整图形　　图 4-56 “库”面板

08 单击“场景 1”按钮，返回到场景编辑状态，执行“文件 > 导入 > 导入到舞台”命令，将素材“光盘 \ 源文件 \ 第 4 章 \ 素材 \45301.jpg”导入到场景中，如图 4-57 所示。新建图层，将刚刚绘制的元件拖到场景中，并调整合适的位置和大小，如图 4-58 所示。

图 4-57 导入素材

图 4-58 图形效果

09 执行“文件 > 保存”命令，将该文件保存为“光盘 \ 源文件 \ 第 4 章 \4-5-3.fla”，按快捷键 Ctrl+Enter，测试动画，预览效果如图 4-59 所示。

图 4-59 预览效果

4.6 渐变变形工具

“渐变变形工具”也是工具箱中可以对填充后的图形颜色进行更改的一种工具。使用该工具可以调整填充的大小、方向或者中心，使渐变填充发生变形。

使用工具箱中的“椭圆工具”，按住 Shift 键绘制填充线性渐变的正圆形，单击工具箱中的“渐变变形工具”按钮，在绘制的图形上单击，会显示一个带有编辑手柄的边框，当指针在这些手柄中的任何一个上面单击，它会发生变化，显示该手柄的功能，如图 4-60 所示。使用相同的方法，在场景中绘制填充径向渐变的正圆形，效果如图 4-61 所示，可以看到两者的编辑手柄大同小异。

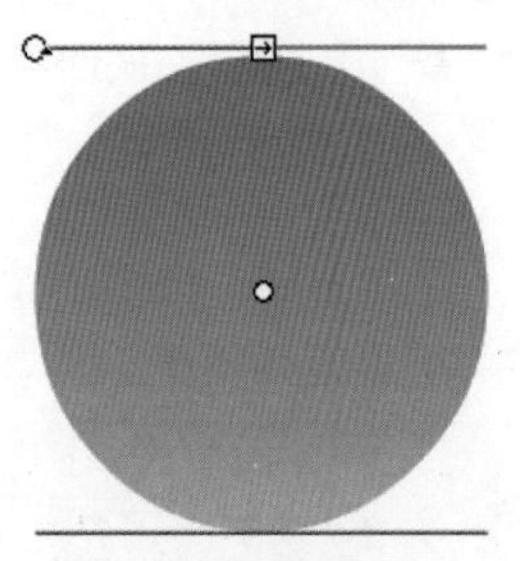

图 4-60 线性渐变编辑手柄

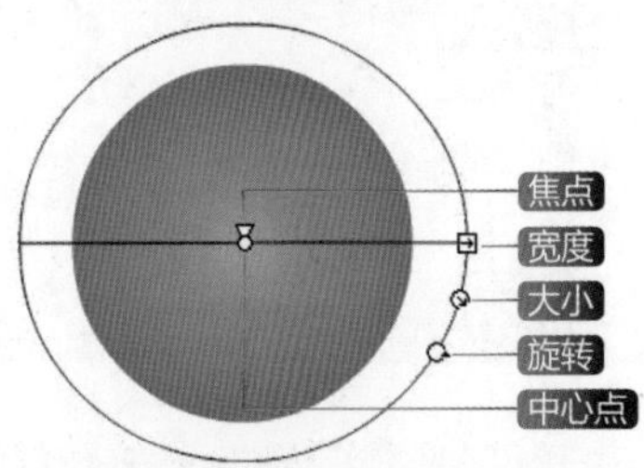

图 4-61 径向渐变编辑手柄

- 焦点：选择焦点手柄可以改变径向渐变的焦点。仅在选择径向渐变时才显示焦点手柄，它的变换图标是一个倒三角形。
- 宽度：选择和移动宽度手柄可以调整渐变的宽度。宽度手柄（方形手柄）的变换图标是一个箭头，可以调整线性渐变或径向渐变的宽度。
- 大小：单击并移动该图标可以调整渐变的大小。大小手柄的变换图标是内部有一个箭头的圆圈。
- 旋转：单击并移动边框边缘底部的手柄可以调整渐变的旋转。旋转手柄的变换图标是组成一个圆形的箭头。按下 Shift 键可以将线性渐变填充的方向限制为 45° 的倍数。
- 中心点：选择和移动中心点手柄可以更改渐变的中心点。中心点手柄的变换图标是一个四向箭头，拖动此图标可以改变渐变的位置。

4.7 锁定填充

在操作过程中可以锁定渐变色或位图填充，使填充看起来好像扩展到整个场景中，并且用该填充涂色的对象是下面的渐变或位图的遮罩。

在操作过程中如果单击工具箱中的“刷子工具”按钮或“颜料桶工具”按钮时，在工具箱底部就会出现“锁定填充”按钮，激活功能键，然后使用“刷子工具”或“颜料桶工具”涂色时，位图或者渐变填充将扩展覆盖在场景中涂色的对象。

4.8 绘制可爱小猪

本实例绘制的是一只可爱的小猪，通过使用各种绘图工具并配合“颜色”面板，设置不同的 Alpha 值，以达到不同的效果，最后导入相应素材，从而制作出可爱小猪。

动手实践——绘制可爱小猪

源文件：光盘 \ 源文件 \ 第 4 章 \4-8.fla

视频：光盘 \ 视频 \ 第 4 章 \4-8.swf

01 执行“文件 > 新建”命令，弹出“新建文档”对话框，在对话框中进行相应的设置，如图 4-62 所示。单击“确定”按钮，新建一个 Flash 文档，场景效果如图 4-63 所示。

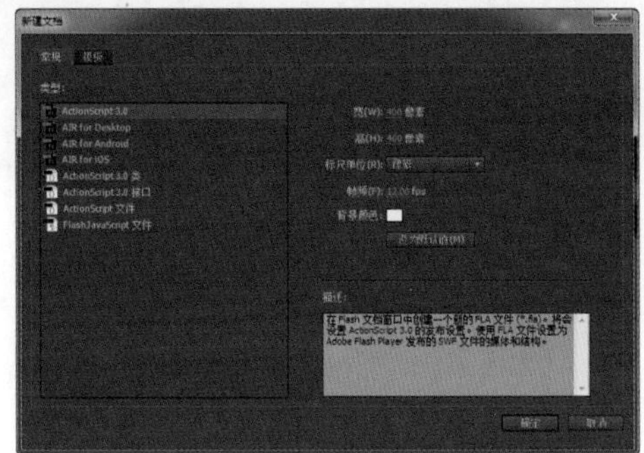
图 4-62 "新建文档"对话框

图 4-63 场景中的舞台效果

02 使"椭圆工具"，在"属性"面板中进行相应的设置，打开"颜色"面板，进行设置，如图 4-64 所示。设置完成后，在场景中进行绘制，效果如图 4-65 所示。

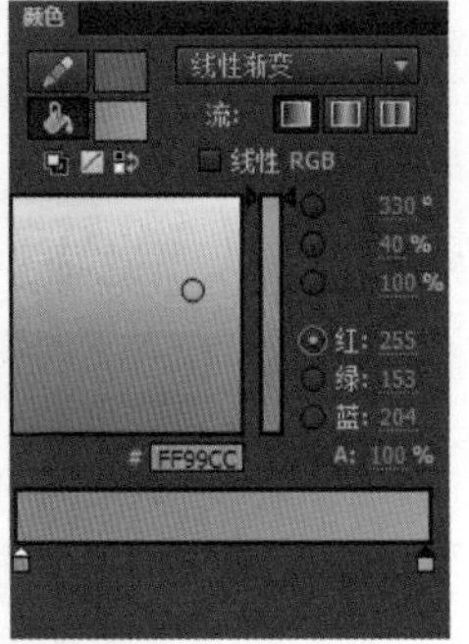
图 4-64 "属性"和"颜色"面板

图 4-65 绘制椭圆

03 使用"选择工具"和"渐变变形工具"对刚刚绘制的图形进行相应处理，效果如图 4-66 所示。新建"图层 2"，使用"铅笔工具"在场景中进行绘制，并使用"颜料桶工具"在绘制的图形上填充线性渐变，如图 4-67 所示。

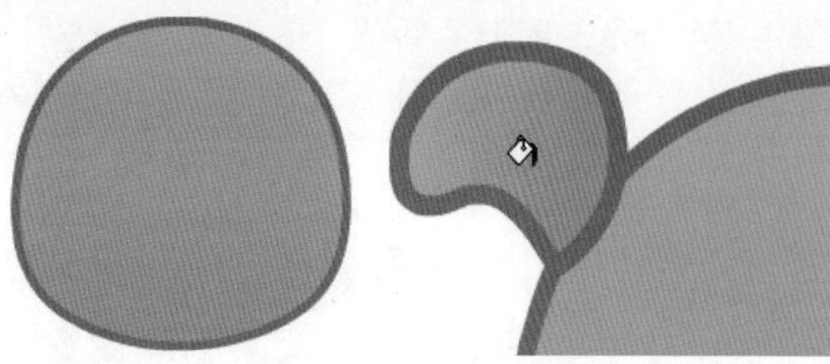
图 4-66 图形效果　　图 4-67 绘制图形并填充渐变

04 使用相同的方法绘制出另一边图形，并调整"图层 2"至"图层 1"下方，如图 4-68 所示。新建"图层 3"，使用"铅笔工具"，设置"笔触颜色"为 #C1287C，"笔触"为 1，在场景中进行绘制，如图 4-69 所示。

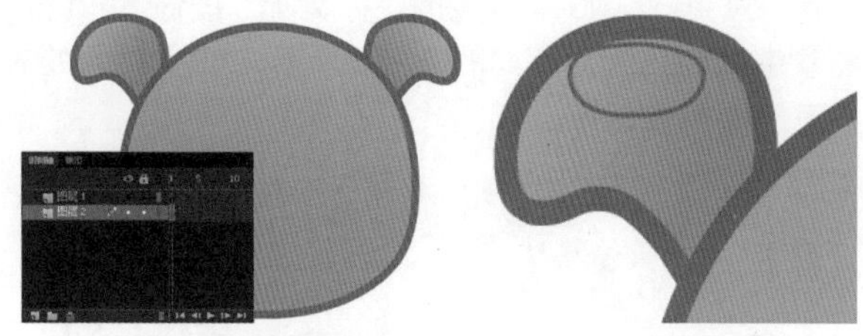
图 4-68 绘制图形　　图 4-69 绘制图形

05 使用"颜料桶工具"，在"颜色"面板上设置填充颜色为线性渐变，从左向右分别设置颜色值为 #FFFFFF、#FFFFFF，Alpha 值为 90%、0，如图 4-70 所示。设置完成后，在图形内部拖动鼠标填充渐变，如图 4-71 所示。

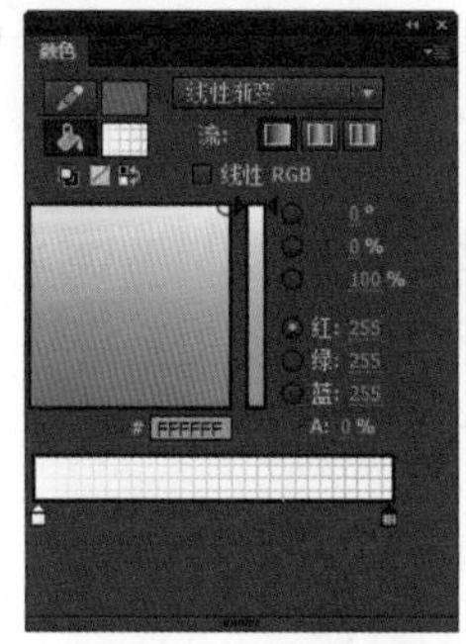

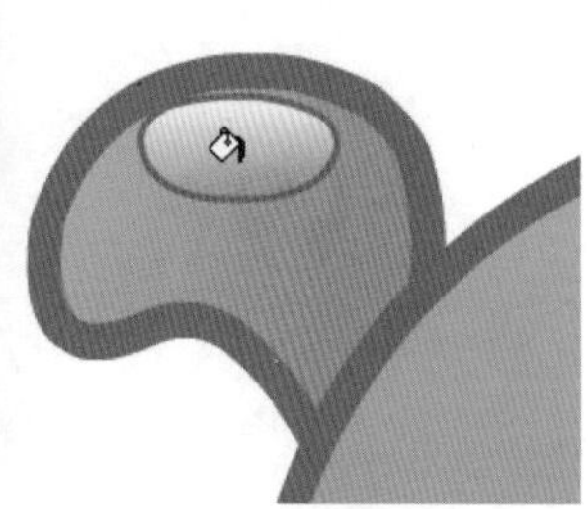
图 4-70 "颜色"面板　　图 4-71 填充渐变

06 使用相同的方法绘制出另一边的图形，如图 4-72 所示。使用"选择工具"选中刚使用"铅笔工具"绘制的图形，按 Delete 键删除，如图 4-73 所示。

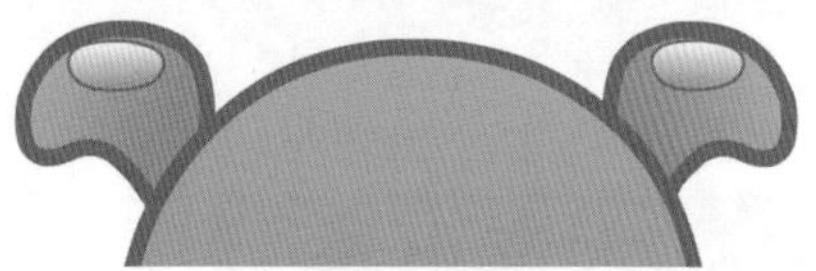
图 4-72 绘制图形

图 4-73 删除笔触

07 新建"图层 4"，根据前面的方法绘制，绘制出如图 4-74 所示的图形。新建“图层 5”，使用“刷子工具”，设置“填充颜色”为 #C1287C，“笔触”为 5，在场景中进行绘制，如图 4- 75 所示。

图 4-74 绘制图形

图 4-75 绘制图形

08 新建“图层 6”，使用“椭圆工具”，设置“填充颜色”为 #551100，“笔触颜色”为无，按住 Shift 键，在场景中绘制正圆形，如图 4-76 所示。使用相同的方法，完成眼睛的绘制，如图 4-77 所示。

图 4-76 绘制图形

图 4-77 绘制图形

09 新建“图层 7”，根据前面的方法，绘制出眼睛的高光部分，如图 4-78 所示。新建“图层 8”，使用“椭圆工具”，在场景中进行绘制，效果如图 4-79 所示。

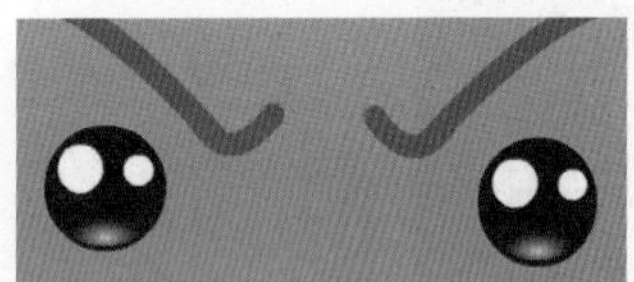
图 4-78 绘制高光

图 4-79 绘制图形

10 使用相同的方法，绘制出其他图形，如图 4-80 所示。新建“图层 14”，执行“文件 > 导入 > 导入到舞台”命令，将素材“光盘\源文件\第 4 章\素材\4801.jpg”导入到场景中，并把“图层 14”拖至所有图层的最下方，效果如图 4- 81 所示。

图 4-80 绘制图形

图 4-81 导入素材

11 执行“文件 > 保存”命令，将该文件保存为“光盘\源文件\第 4 章\4-8.fla”，按快捷键 Ctrl+Enter，测试动画，效果如图 4-82 所示。

图 4-82 预览动画效果

4.9 本章小结

本章主要讲解了 Flash CC 中颜色的处理方法，包括“样本”面板和“颜色”面板的应用，创建笔触颜色和填充颜色的方法，修改笔触颜色和填充颜色的方法，并能够使用“滴管工具”、“颜料桶工具”、“墨水瓶工具”和“渐变变形工具”对颜色进行处理。通过本章的学习，用户就能够在 Flash 中对图形进行熟练的填色操作，掌握创建颜色和修改颜色的方法，并且能够随意处理图形的颜色。

第5章 Flash 中对象的编辑管理

在 Flash 中，对象分为很多种，包括元件、位图、文本等，且不同的对象相对应的编辑操作也不尽相同。在本章中，主要向大家介绍的是在 Flash CC 中对于对象的一些基本操作，包括选择、移动、复制、删除等，熟练掌握这些对象的操作方法，可以为以后制作动画打好坚实的基础。

5.1 选择对象

在对对象进行操作前，首先应选中需要编辑的对象，然后才能对该对象进行相应的编辑操作。根据所选择对象的不同，可以使用不同的工具进行选择。在 Flash CC 中为大家提供了多种选择对象的方法，其中包括“选择工具”、“部分选取工具”、“套索工具”以及执行相应的命令对对象进行选择操作。

5.1.1 使用“选择工具”

选择对象最常使用的工具就是“选择工具”，使用“选择工具”可以通过单击对象进行选择，或者通过单击并拖动鼠标，使对象包含在矩形选取框内，都能够将对象选中。

动手实践——选择对象

源文件：光盘\源文件\第 5 章\5-1-1.fla

视频：光盘\视频\第 5 章\5-1-1.swf

01 执行“文件 > 打开”命令，打开素材文件“光盘\源文件\第 5 章\5-1-1.fla”，效果如图 5-1 所示。单击工具箱中的“选择工具”按钮，再单击卡通形象的头部，即可选中该对象，如图 5-2 所示。

图 5-1 打开文件

图 5-2 选择对象

技巧

按住 Shift 键的同时单击对象，可以连续选择多个对象。当在使用其他工具时，可以按住 Ctrl 键，临时切换到“选择工具”进行选择。

02 使用“选择工具”，在场景中单击并拖动鼠标绘制一个矩形选框，如图 5-3 所示。松开鼠标，即可将该选框内的所有对象全部选中，如图 5-4 所示。

图 5-3 绘制选区

图 5-4 选择对象

提示

如果选择的对象是连接线，则双击其中的一条线，即可选中整条连接线。

5.1.2 执行命令选择对象

执行“编辑 > 全选”命令或按快捷键 Ctrl+A，即可快速选择场景中所有的对象。但是对于被锁定、隐藏或不在当前图层中的对象，即使执行“编辑 > 全选”命令，也不会被选中。

5.1.3 使用“部分选取工具”

“部分选取工具”是用来选择矢量图形上的节点，即以贝赛尔曲线的方式编辑对象的笔触。在场景中单击并拖动鼠标即可将选区内所有的节点全部选中。

动手实践——选择对象路径和锚点

源文件：光盘 \ 源文件 \ 第 5 章 \5-1-3.fla

视频：光盘 \ 视频 \ 第 5 章 \5-1-3.swf

01 执行“文件 > 打开”命令，打开素材文件“光盘 \ 源文件 \ 第 5 章 \5-1-3.fla”，效果如图 5-5 所示。单击工具箱中的“部分选取工具”按钮，将光标移至场景中，单击图像上相应的位置，即可选中该对象的路径，如图 5-6 所示。

图 5-5 打开文件

图 5-6 选择对象

提示

当使用“部分选取工具”选择对象后，对象的路径会以锚点的形式进行显示。单击选中其中的某个锚点后，如果按 Delete 键即可删除该锚点；如果拖动鼠标即可改变该图形的形状。

02 单击并拖动鼠标绘制一个矩形选框，如图 5-7 所示。至合适的位置后松开鼠标后，可以看到矩形框中所有的锚点都已被选中了，如图 5-8 所示。

图 5-7 绘制选框

图 5-8 选中节点

技巧 

在 Flash 中使用“部分选取工具”选择对象时，当光标的右下角为黑色的实心方框时，单击即可移动对象；当光标的右下角为空心方框时，单击即可移动路径上的一个锚点。

5.1.4 使用“套索工具”

使用“套索工具”可以通过绘制任意形状的选取区域来选择不规则的图形区域，从而达到我们需要的图形。

动手实践——使用“套索工具”选择对象 

源文件：光盘 \ 源文件 \ 第 5 章 \5-1-4.fla

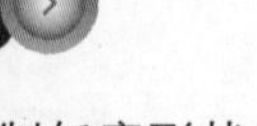

视频：光盘 \ 视频 \ 第 5 章 \5-1-4.swf

01 执行“文件 > 打开”命令，打开素材文件“光盘\源文件\第 5 章\5-1-4.fla”，效果如图 5-9 所示。单击工具箱中的“套索工具”按钮，将光标移至场景中，在图像上绘制选取区域，如图 5-10 所示。

图 5-9 打开文件

图 5-10 绘制选取区域

02 绘制完成后松开鼠标，即可看到选取区域的效果，如图 5-11 所示。此时便可以对选中的图形进行移动操作，效果如图 5-12 所示。

图 5-11 选中图形

图 5-12 移动图形

5.2 对象的基本操作

在 Flash 动画的制作过程中，对象的基本操作大致包括 3 种，分别为移动、复制和删除。这 3 种操作能够为制作者节省工作时间、提高工作效率，下面将向大家详细讲述这 3 种操作的使用技巧。

5.2.1 移动对象

在 Flash 中，移动对象的方法有很多种。在场景中，可以通过使用“选择工具”单击并移动对象，也可以通过“属性”面板、“信息”面板以及键盘上的方向键为对象指定精确的位置，还可以使用剪贴板在 Flash 和其他软件之间移动图像。

1. 拖动方法

通过单击并拖动的方法来移动对象是最简单、最便捷的方法，下面向大家介绍一下具体的操作方法。

使用“选择工具”选中需要移动的对象，如图 5-13 所示。单击并拖动该对象即可移动对象，如图 5-14 所示。

图 5-13 选择对象

图 5-14 移动对象

按快捷键 Ctrl+Z，将对象恢复到原来的位置，按住 Shift 键单击并拖动对象，可以将对象移动的方向固定在水平、垂直或 45° 角的倍数方向，效果如图 5-15 所示。

图 5-15 45°倍数角度移动对象

2. 使用方向键

在场景中单击选中相应的图形对象后，按键盘上的方向键，可以使图形对象向相应的方向移动 1 个像素。按住 Shift 键的同时按方向键，可以使图形对象向相应的放向一次移动 10 个像素。

3. 使用"属性"面板

在场景中单击选中相应的图形对象后，即可在"属性"面板中的"位置和大小"选项中设置 X 和 Y 属性的数值，为对象设置精确的定位，如图 5-16 所示。X 和 Y 属性的数值是相对于场景中坐标 (0, 0) 为基准的。

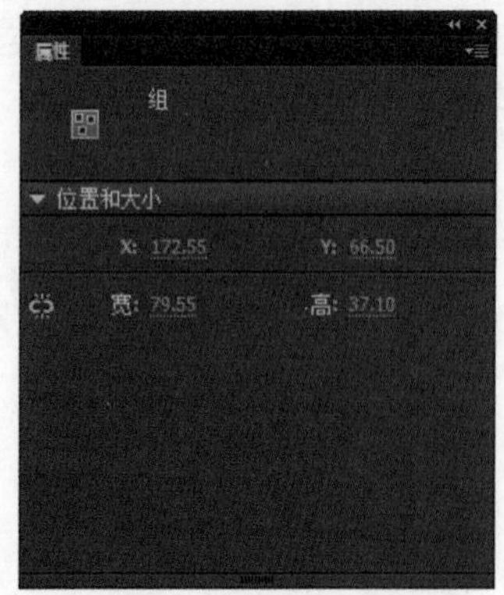

图 5-16 "属性"面板

4. 使用"信息"面板

在场景中选中相应的图形对象，执行"窗口 > 信息"命令，打开"信息"面板，如图 5-17 所示。该面板中提供了两组可调整的对象属性，分别为"宽"和"高"、X 和 Y。当对象属性更改后，图形对象会根据修改后的数值进行相应的移动。

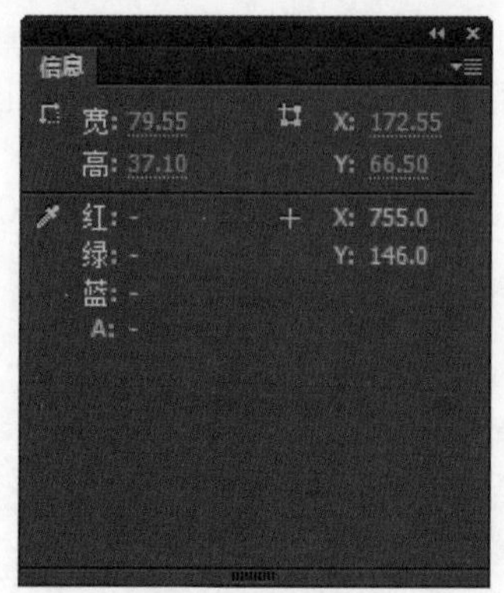

图 5-17 "信息"面板

"宽"和"高"属性分别用于设置对象的宽度和高度；X 和 Y 属性分别用于设置对象与场景左侧以及场景与对象上侧的距离。

5.2.2 复制对象

在 Flash 动画的制作过程中，在图层、场景或其他 Flash 文件之间经常需要复制对象，从而能够有效地提高工作效率。复制对象的方法有很多种，下面将分别向大家进行介绍。

1. 同一图层中复制对象

如果是在同一个图层中复制对象，选中需要复制的对象，然后按住 Alt 键单击并拖动对象，即可将该对象进行复制操作，如图 5-18 所示。

图 5-18 复制对象

2. 不同文件中复制对象

如果是在不同场景或文件中复制图形对象，则可以使用不同的对象粘贴命令，将图形对象粘贴到相对于原始位置的某个位置。

在场景中选中需要复制的对象，执行“编辑 > 复制”命令后，在“编辑”下拉菜单中可以根据不同的情况选择相应的粘贴方式，如图 5-19 所示。

图 5-19 “编辑”的下拉菜单

如果执行“粘贴到中心位置”命令或者按快捷键 Ctrl+V，即可将对象粘贴到当前文件工作区的中心；如果执行“粘贴到当前位置”命令或者按快捷键 Ctrl+Shift+V，即可将对象粘贴到相对于场景的同一个位置；如果执行“选择性粘贴”命令，即可弹出“选择性粘贴”对话框，如图 5-20 所示。

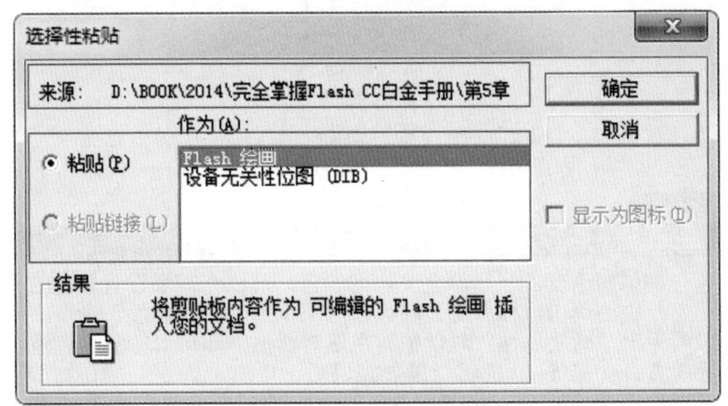

图 5-20 “选择性粘贴”对话框

- 来源：在该选项后显示了要粘贴的内容的原始位置，如果要粘贴一个来源于 Word 文档的一幅图像，则会在“来源”选项后显示 Word 文档的存储位置。
- 粘贴：单击选中相应的对象后，在“粘贴”选项后的选择框中会出现两个选项，分别为“Flash 绘画”和“设备无关性位图”。
  - Flash 绘画：如果选择该选项进行粘贴，即可复制原始对象。
  - 设备独立位图：如果选择该选项进行粘贴，即可得到一张位图图像。该选项经常会应用于将矢量图转换成位图的操作中。

5.2.3 删除对象

在 Flash 中，有时需要将用不到的对象从文件中删除。删除对象的方法有很多种，下面将分别进行介绍。

在场景中选中需要删除的对象，按键盘上的 Delete 键或 BackSpace 键，或执行“编辑 > 剪切”命令，如图 5-21 所示，以及执行“编辑 > 清除”命令都可以删除该对象，如图 5-22 所示。还可以在该对象上单击鼠标右键，在弹出的菜单中选择“剪切”命令，也可以将该对象删除。

图 5-21 “编辑 > 剪切”命令

图 5-22 “编辑 > 清除”命令

5.3 预览对象

在 Flash 动画的制作过程中，可以通过不同的模式随时预览动画的效果，从而为后面的操作奠定基础。执行“视图 > 预览模式”命令，在其下拉菜单中可以选择预览图形的模式，如图 5-23 所示。在使用这一功能时需要进行额外的计算，因此文档的显示速度也会随之改变。

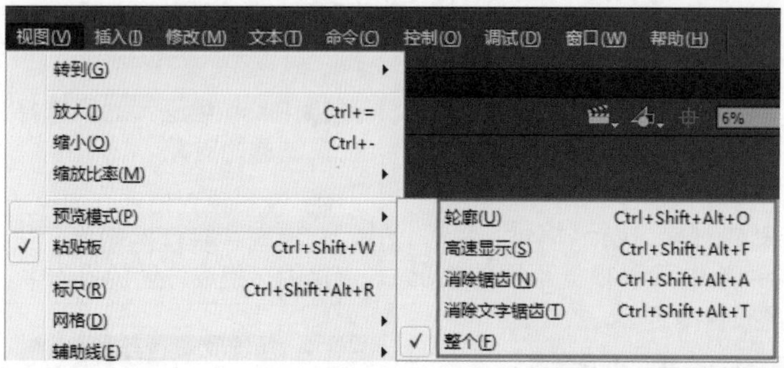

图 5-23 “预览模式”子菜单命令

5.3.1 以轮廓预览图形对象

使用“轮廓”模式预览图形，则场景中只显示对象的轮廓，并且所有的线条都使用细线进行显示，这种模式方便对对象形状的修改以及复杂场景的快速显示。

执行“文件 > 打开”命令，打开一幅素材文件，效果如图 5-24 所示。执行“视图 > 预览模式 > 轮廓”命令，或者按快捷键 Ctrl+Alt+Shift+O，即可将场景中的图形对象以轮廓模式进行预览，如图 5-25 所示，该命令针对整个场景中的所有对象。

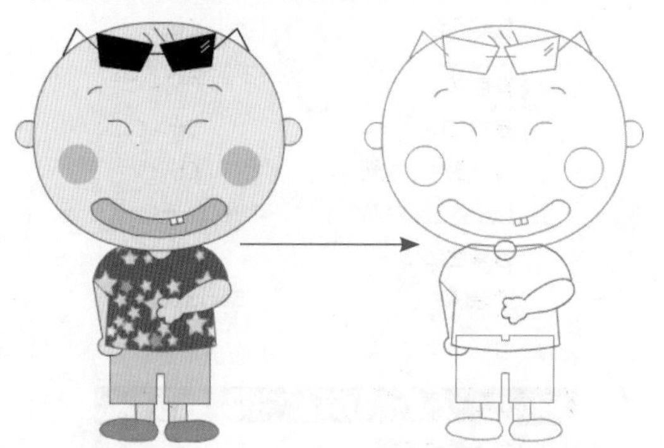

图 5-24 打开效果　　图 5-25 “轮廓”模式的效果

还可以通过单击“时间轴”面板上的“将所有图层显示为轮廓”按钮▯，如图 5-26 所示，也可以将对象以轮廓模式进行预览。

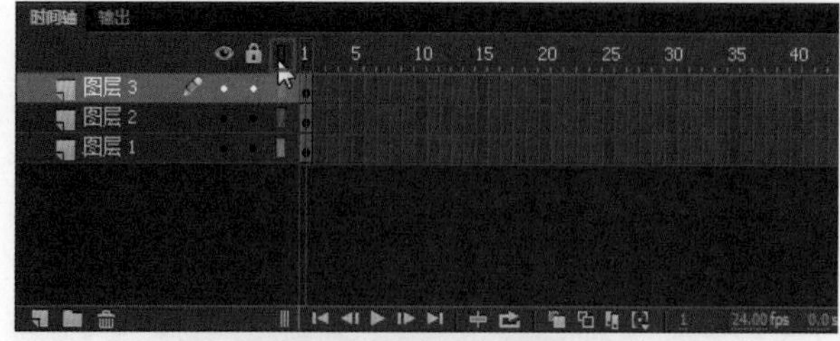

图 5-26 “时间轴”面板

技巧

如果想将单个图层转换为轮廓模式，可以在“时间轴”面板中单击该图层后的彩色方块，单击后彩色方块即可变为空心方块，如图 5-27 所示。即可将该图层的对象以轮廓模式进行显示，对象的效果如图 5-28 所示。

图 5-27 “时间轴”面板

图 5-28 对象的效果

提示

如果想改变图层后彩色方块的颜色，可以在需要设置颜色的彩色方块上单击鼠标右键，在弹出的菜单中选择“属性”命令，即可弹出“图层属性”对话框，在该对话框中即可对轮廓颜色进行设置，如图 5-29 所示。设置完成后，单击“确定”按钮，即可看到图层后彩色方块的颜色以及对象的轮廓效果，如图 5-30 所示。

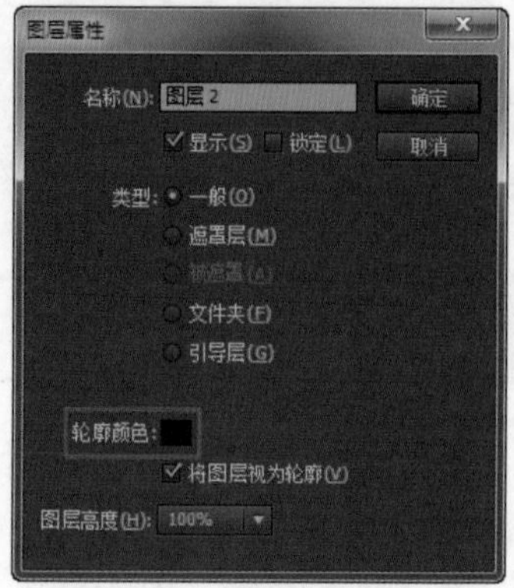

图 5-29 “图层属性”对话框

图 5-30 “时间轴”面板以及对象的轮廓效果

5.3.2 高速显示图形对象

使用高速显示模式预览图形对象后，软件便会关闭消除锯齿的功能，在图形的边缘会出现锯齿，并显示绘画的所有颜色和线条的样式。

执行“文件 > 打开”命令，打开素材文件，效果如图 5–31 所示。执行“视图 > 预览模式 > 高速显示”命令，或者按快捷键 Ctrl+Alt+Shift+F，即可将对象高速显示，图形对象的效果如图 5–32 所示。

图 5-31 打开效果

图 5-32 “高速显示”模式的效果

5.3.3 消除动画对象锯齿

该模式与“高速显示”模式恰好相反，使用“消除锯齿”模式预览图形效果，可以将打开的线条和形状的锯齿消除，且边缘更加平滑。但是在该模式下的绘画速度要比在“高速显示”模式下慢。

执行“文件 > 打开”命令，打开素材文件，效果如图 5–33 所示。执行“视图 > 预览模式 > 消除锯齿”命令，或者按快捷键 Ctrl+Alt+Shift+A，即可消除对象的锯齿，图形对象的效果如图 5–34 所示。

图 5-33 打开效果

图 5-34 “消除锯齿”模式的效果

5.3.4 消除动画文字锯齿

“消除文字锯齿”模式为 Flash 最常用的工作模式。在 Flash CC 中，使用“消除文字锯齿”模式预览动画图形，可以使所有文本的边缘变得平滑，并且字体越大，处理的效果越好。但是文本的数量越多，处理的速度便会越慢。

执行“文件 > 打开”命令，打开素材文件，效果如图 5–35 所示。执行“视图 > 预览模式 > 消除文字锯齿”命令，或者按快捷键 Ctrl+Alt+Shift+T，即可消除文字的锯齿，文字的效果如图 5–36 所示。

图 5-35 打开效果

图 5-36 “消除文字锯齿”模式的效果

图 5-37 打开效果

5.3.5 显示整个图形对象

“整个”模式是 Flash 默认的预览模式，使用该模式可能会影响图形对象的显示速度，但是视图效果却是最好的。在该模式下预览动画图形，可以完全显示场景中所有的图形对象。

执行“文件 > 打开”命令，打开素材文件，效果如图 5-37 所示。执行“视图 > 预览模式 > 整个”命令，即可完全显示场景中所有的图形对象，图形对象的效果如图 5-38 所示。

图 5-38 “整个”模式的效果

5.4 排列与对齐对象

当需要将几个图形对象进行对齐操作时，可以通过单击“对齐”面板上相应的按钮进行设置。在 Flash CC 中，图层的顺序决定了对象的层叠顺序，图层的顺序是根据图层创建的先后时间进行排列的，最新创建的图层在最上面，但是图层的顺序可以调整的。

5.4.1 对齐对象

在 Flash CC 中，使用“对齐”功能对图形对象进行对齐操作有两种方法，一种是通过执行“修改 > 对齐”命令，另一种是通过“对齐”面板。

执行“文件 > 打开”命令，打开素材文件，效果如图 5-39 所示。按快捷键 Ctrl+A，将场景中的所有图形对象全部选中，如图 5-40 所示。

图 5-39 打开效果

图 5-40 全部选中

执行“修改 > 对齐”命令，在其下拉菜单中提供了 Flash 中所有的对齐方式，如图 5-41 所示。选择“水平居中”命令，图形对象的效果如图 5-42 所示。

左对齐(L)	Ctrl+Alt+1
水平居中(C)	Ctrl+Alt+2
右对齐(R)	Ctrl+Alt+3
顶对齐(T)	Ctrl+Alt+4
垂直居中(V)	Ctrl+Alt+5
底对齐(B)	Ctrl+Alt+6
按宽度均匀分布(D)	Ctrl+Alt+7
按高度均匀分布(H)	Ctrl+Alt+9
设为相同宽度(M)	Ctrl+Shift+Alt+7
设为相同高度(S)	Ctrl+Shift+Alt+9
与舞台对齐(G)	Ctrl+Alt+8

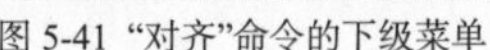

图 5-41 “对齐”命令的下级菜单

图 5-42 水平居中的效果

另一种方法是执行“窗口 > 对齐”命令，打开“对齐”面板，在该面板上选中“与舞台对齐”复选框后，再单击“对齐”选项区中的“垂直中齐”按钮，如图 5-43 所示。设置完成后，可以看到场景中图形对象的对齐效果，如图 5-44 所示。

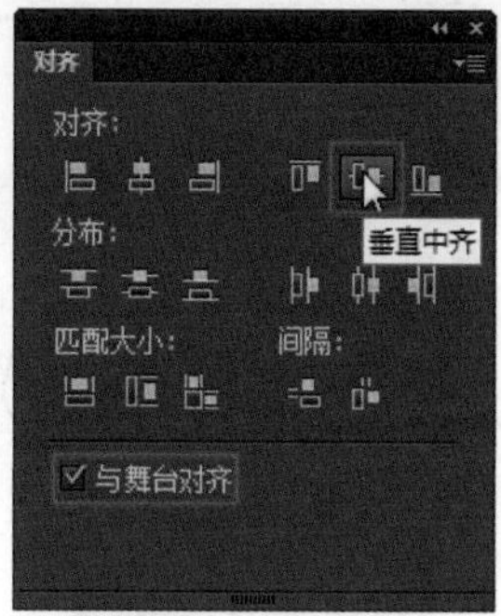

图 5-43 “对齐”面板

图 5-44 垂直中齐的效果

5.4.2 使用“对齐”面板

在“对齐”面板中可以沿选定对象的右边缘、中心或左边缘垂直对齐对象，或者沿选定对象的上边缘、中心或下边缘水平对齐对象。

执行“窗口 > 对齐”命令，即可打开“对齐”面板，如图 5-45 所示。在该面板中，通过单击相应的按钮即可调整图形对象的对齐方式。

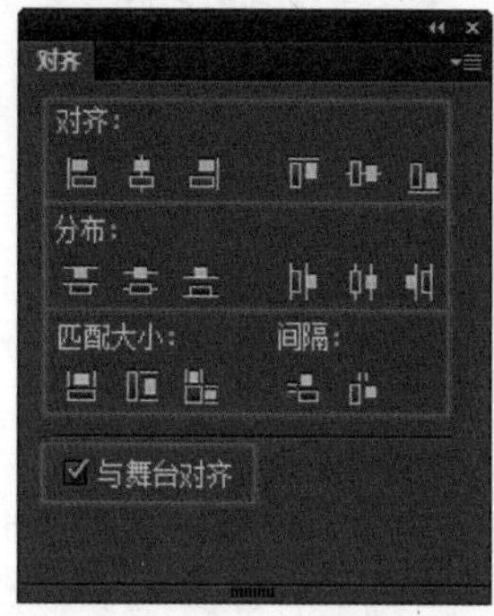

图 5-45 “对齐”面板

● 对齐：该选项中包含了 6 种对齐方式，分别为“左对齐”、“水平中齐”、“右对齐”、“顶对齐”、“垂直中齐”和“底对齐”，如图 5-46 所示为不同对齐方式下对象的效果。

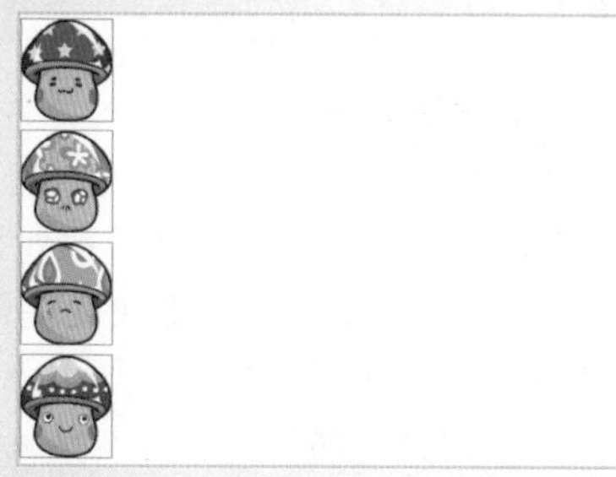

左对齐

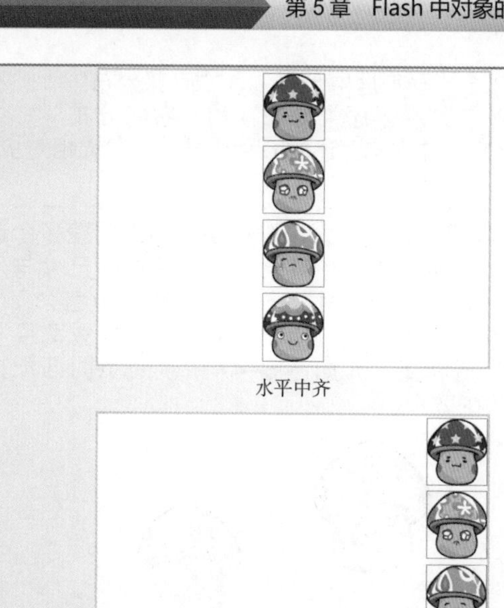

水平中齐

右对齐

顶对齐

垂直中齐

底对齐

图 5-46 不同对齐方式下对象的效果

● 分布：该选项中包含了 6 种分布方式，分别为“顶部分布”、“垂直居中分布”、“底部分布”、“左侧分布”、“水平居中分布”和“右侧分布”。这6种“分布”方式与上述的6种“对齐”方式相对应，在这里就不多做介绍了。

匹配大小：“匹配大小”选项是用来调整多个选定对象大小的，使所有对象水平或垂直的尺寸与所选定的最大对象的尺寸相一致。该选项中包含了3种匹配方式，分别为“匹配宽度”、“匹配高度”和“匹配宽和高”，如图5-47所示为不同匹配方式下对象的效果。

原始大小

匹配宽度

匹配高度

匹配宽和高

图 5-47 不同匹配方式下对象的效果

间隔：“间隔”选项是用来垂直或水平隔开选定的对象，在该选项中包含了2种间隔方式，分别为“垂直平均间隔”和“水平平均间隔”，如图5-48所示为不同间隔方式下对象的效果。

原始间隔

垂直平均间隔

水平平均间隔

图 5-48 不同间隔方式下对象的效果

技巧

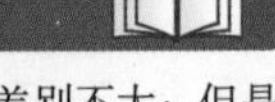

当图形对象的大小差不多时，这两个功能的差别不大；但是当图形尺寸的大小差别较大时，便能看出很明显的差别。

与舞台对齐：选中该复选框后，可以使对齐、分布等上述选项相对于舞台进行操作。

5.4.3 排列对象

在 Flash CC 中，可以通过调整图层对象的顺序，以及对图层对象的层叠进行调整来改变图形对象在场景中的显示状态，使其能够展现出更加美观的一面。

执行“文件 > 打开”命令，打开素材文件，选中相应的图形对象，如图5-49所示。执行“修改 > 排列 >

移至顶层”命令，即可将对象置于所有对象的上面，在场景中可以看到图形对象的层叠效果，如图 5–50 所示。

图 5-49 选中图形对象

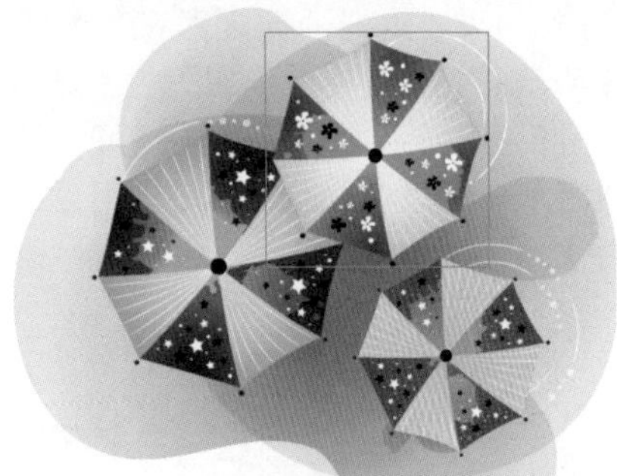

图 5-50 移至顶层后对象的效果

提示

如果同时选择多个组移动到所有未选中的组的前面或后面，则这些组之间的相对顺序将会保持不变。

5.5 编组对象

在 Flash CC 中，将场景中的图形对象进行编组，可以防止操作过程中因为重叠而产生的融合或切割等问题。另外，组还可以用来将多个对象作为一个整体来进行移动、复制等操作，从而方便后面对其进行整体的编辑操作。

5.5.1 创建对象组

在动画的制作过程中，经常会将图形对象进行组合，从而为后面的制作过程提供方便，在 Flash 中，可以通过执行命令来对图形对象进行编组操作。

执行“文件 > 打开”命令，打开素材文件，在场景中按住 Shift 键单击，连续选中多个图形对象，如图 5–51 所示。执行“修改 > 组合”命令，或者按快捷键 Ctrl+G，即可将所有选中的对象组合在一起，如图 5–52 所示。

图 5-51 选中多个对象

图 5-52 组合后对象的效果

提示

在 Flash 中，只能对在同一个图层中的多个对象进行编组。另外，如果想将组重新转换为单个的对象，可以通过执行“修改 > 取消组合”命令。

5.5.2 编辑对象组

在 Flash CC 中，对象进行编组后也可以对组中的单个对象进行编辑。此编辑操作可以有效地避免对于创建一些较为复杂的图形后还要再次进行组合的麻烦。

执行“文件 > 打开”命令，打开素材文件，选中需要进行编辑的组，如图 5–53 所示。执行“编辑 > 编辑所选项目”命令，或者在该组图形上双击，即可将该组中的元素分离显示，如图 5–54 所示。

图 5-53 选中组

图 5-54 图形对象的效果

双击对象，需要编辑的元素即可进入编辑状态，如图 5–55 所示。并且会在“编辑”栏上显示出正在编辑的组，如图 5–56 所示。编辑完成后，可以单击“场景”按钮，或者双击场景中的空白区域即可返回主场景。

图 5-55 进入编辑状态

图 5-56 “编辑”栏的效果

5.5.3 分离对象组

分离对象组能够极大地减小导入图形的文件大小，如果要对对象组进行分离操作，通过执行“修改 > 分离”命令即可。

虽然在分离对象组后，可以立即通过执行“编辑 > 撤销”命令来撤销该操作，但这并不是完全可逆的，还是会对对象产生一定的影响。

(1) 切断元件实例到其主元件的链接。

(2) 放弃动画元件中除当前帧之外的所有帧。

(3) 将位图转换成填充。

(4) 在应用于文本块时，会将每个字符放入单独的文本块中，如图 5–57 所示。

图 5-57 文本分离前后的效果

(5) 应用于单个文本字符时，会将字符转换成轮廓，如图 5–58 所示。

图 5-58 分离单独文本前后的效果

5.6 合并对象

合并对象可以合并现有的形状，在 Flash CC 中可以通过执行“修改 > 合并对象”命令来进行合并对象的操作，在该命令的子菜单中提供了 4 种合并对象的方法，分别为“联合”、“交集”、“打孔”和“裁切”，如图 5–59 所示。

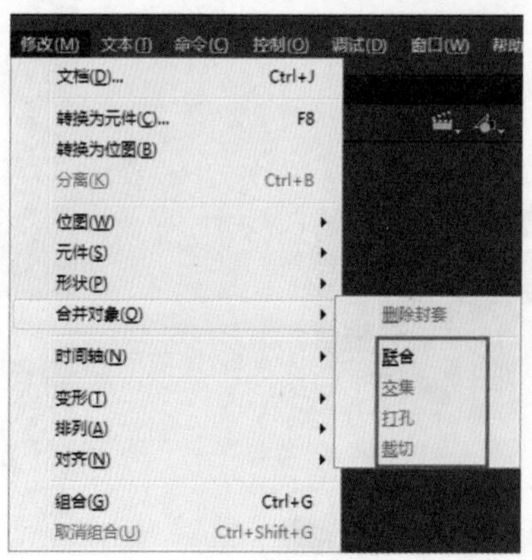

图 5-59 “合并对象”子菜单命令

5.6.1 联合对象

联合是用来合并两个或多个图形，以及绘制的对象。通过这种方式合并后的对象是图形在联合前所有可见的部分组成的，并且删除了图形中不可见的重叠部分，从而将两个对象变为一个对象。

分别使用“多角星形工具”和“椭圆工具”在场景中绘制对象，并且将这两个对象全部选中，如图 5-60 所示。执行“修改 > 合并对象 > 联合”命令，即可将两个对象进行联合，联合后对象的效果如图 5-61 所示。

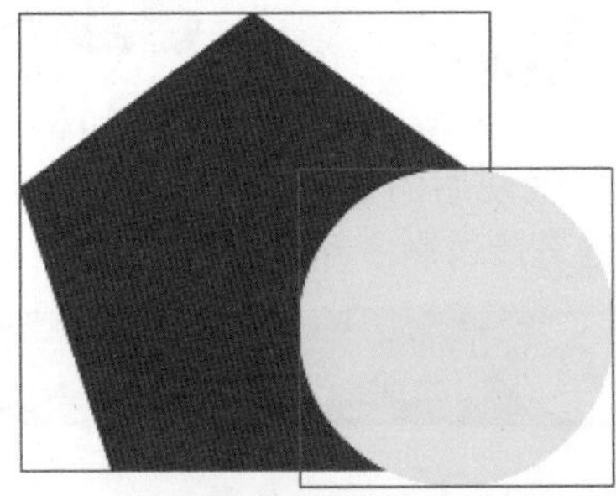

图 5-60 选中对象

图 5-61 对象的效果

技巧

使用绘图工具绘制对象时，如果两个对象之间存在重叠部分，就需要在绘制前单击工具箱中的“对象绘制”按钮，以此来确保两个对象之间图形的裁切。

提示

“联合”命令与“组合”命令的区别在于对象连接在一起后的可编辑性。联合后的对象便无法拆分；而组合后的对象可以执行“修改 > 取消组合”命令进行拆分。

5.6.2 交集对象

交集是用来创建两个或者多个绘制对象的交集部分，通过这种方式合并后的对象是由合并的形状的重叠部分组成，删除了形状上任何不重叠的部分，并且生成的形状的填充和笔触用的是堆叠中最上面的形状的填充和笔触。

按快捷键 Ctrl+Z，取消联合操作，将对象分别移至适当的位置，再次将这两个对象全部选中，如图 5-62 所示。执行“修改 > 合并对象 > 交集”命令，即可显示交集操作后对象的效果，如图 5-63 所示。

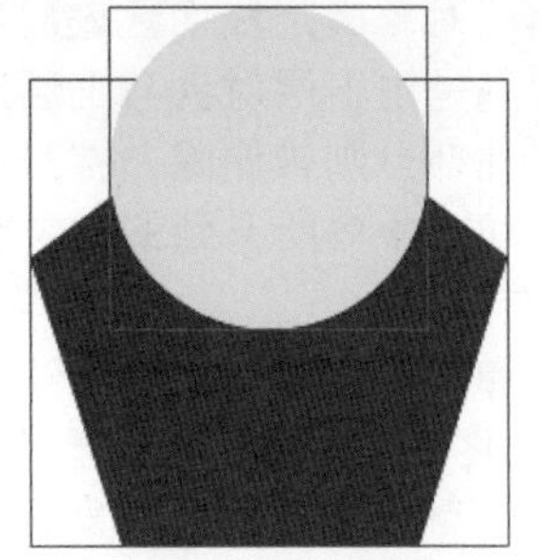

图 5-62 选中对象

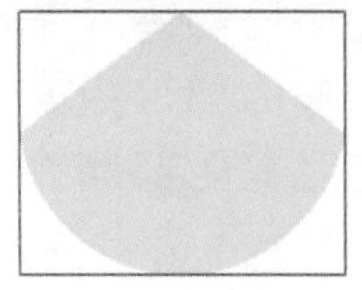

图 5-63 对象的效果

5.6.3 打孔对象

打孔是用来删除所选的绘制对象中的某部分，该部分则是由该对象与排列在其前面的另一个选定的绘制对象的重叠部分组成的，删除的绘制对象是由最上面的对象覆盖的所有部分组成，且最上面的对象全部删除。但是由此得到的对象并不会合并为单个对象，其依旧是独立的。

使用“多角星形工具”绘制两个同心五边形并同时将其选中，如图 5-64 所示。执行“修改 > 合并对象 > 打孔”命令，可以看到图形对象的效果，如图 5-65 所示。单击工具箱中的“选择工具”按钮，即可对其形状进行调整，效果如图 5-66 所示。

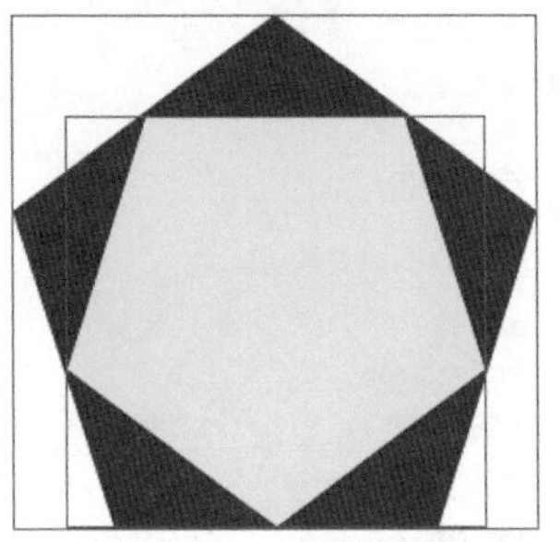

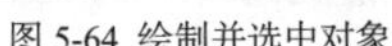

图 5-64 绘制并选中对象

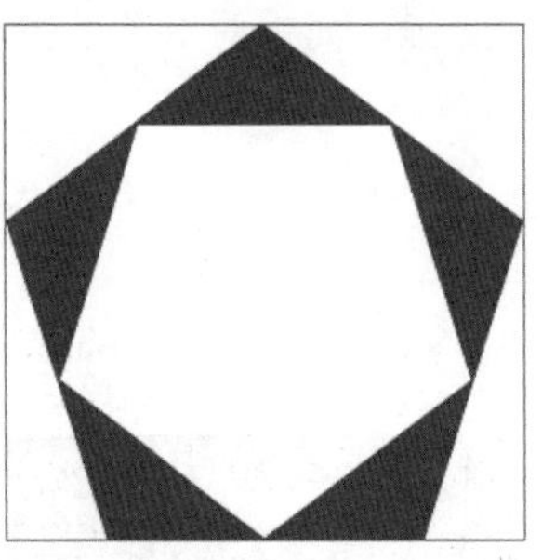

图 5-65 对象的效果

图 5-66 调整后的效果

5.6.4 裁切对象

裁切对象是指使用一个绘制对象的轮廓去裁切另

一个绘制对象，且由最上面的对象确定裁切区域的形状，裁切后保留下来的对象则是由下层对象与上层对象相重叠的部分组成的，其他部分则被删除，并且最上面的对象全部删除。“裁切”命令所得到的对象也是独立的，不会合并为单个对象。

分别使用“椭圆工具”和“多角星形工具”绘制两个对象并同时将其选中，如图 5-67 所示。执行“修改 > 合并对象 > 裁切”命令，可以看到图形对象裁切后的效果，如图 5-68 所示。

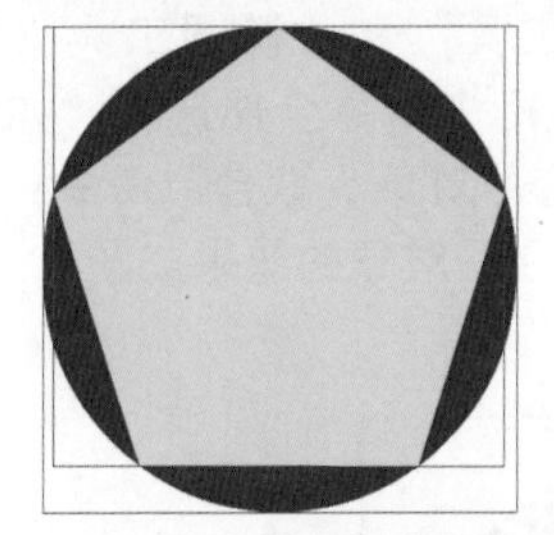

图 5-67 绘制并选中对象

图 5-68 对象的效果

可以看到裁切后的效果与前面所学到的交集效果类似，只不过是最后剩余部分不同。

5.7 变形对象

在 Flash 中可以根据需要对图形对象、组或文本块等进行旋转、扭曲或缩放等变形操作。在 Flash 中对对象进行变形操作的方法有 3 种，本节将向读者进行详细介绍。

5.7.1 使用“变形”面板

对对象进行变形操作的方法有 3 种，第 1 种是单击工具箱中的“任意变形工具”按钮进行变形；第 2 种是执行“修改 > 变形”命令，在其子菜单中执行相应的变形命令进行变形，如图 5-69 所示；第 3 种就是执行“窗口 > 变形”命令，打开“变形”面板，通过“变形”面板对对象进行相应的变形操作，如图 5-70 所示。

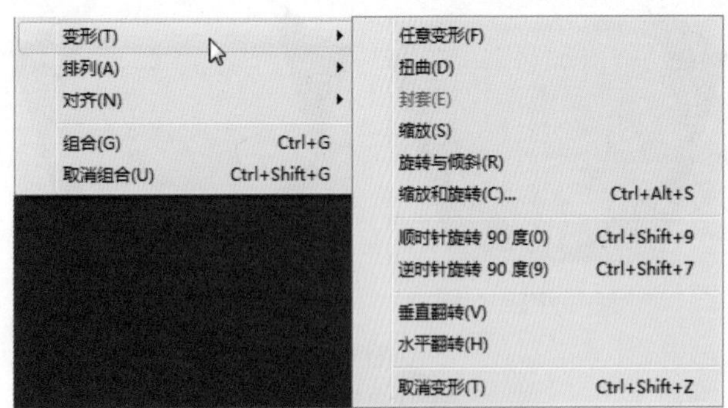

图 5-69 “变形”子菜单

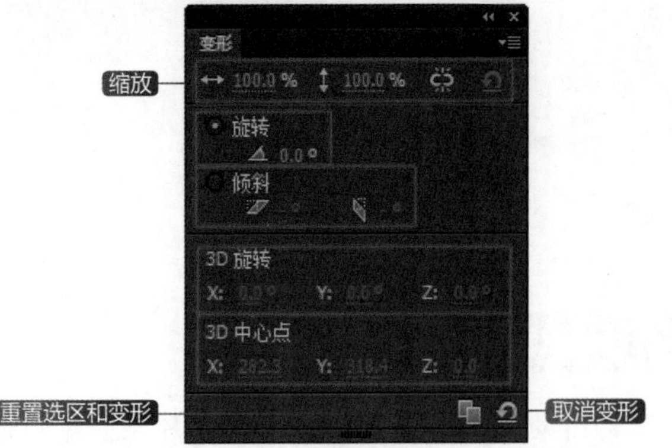

图 5-70 “变形”面板

缩放：在该选项的文本框中输入相应的数值，即可设置图形对象水平和垂直的缩放值。单击“约束”按钮，即可保持图形对象的比例不变，如图 5-71 所示。

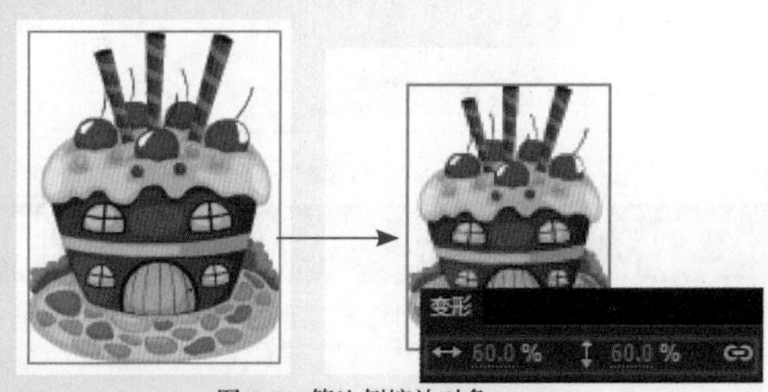

图 5-71 等比例缩放对象

旋转：选中该单选按钮，即可通过在“旋转”文本框中输入的数值来对选中的图形对象进行旋转，如图 5-72 所示为不同角度的旋转效果。

旋转角度为 0°

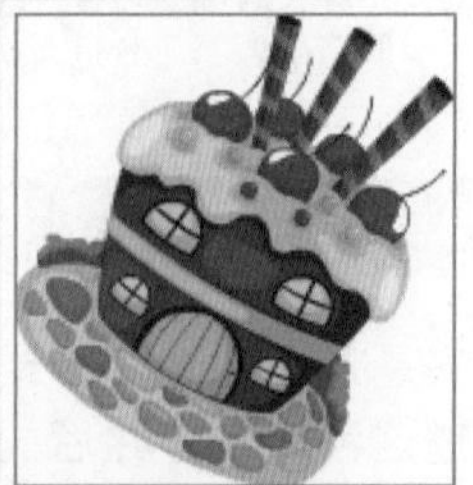

旋转角度为 30°

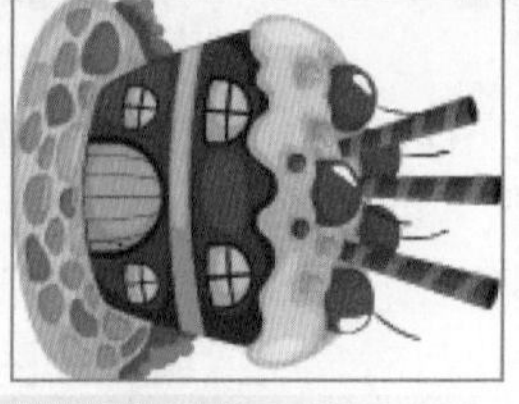

旋转角度为 90°

图 5-72 旋转对象

- 倾斜：选中该单选按钮，即可通过在“水平倾斜”和“垂直倾斜”文本框中输入的数值来指定选中的图形对象在水平和垂直方向上的倾斜角度，如图 5-73 所示为不同角度的倾斜效果。

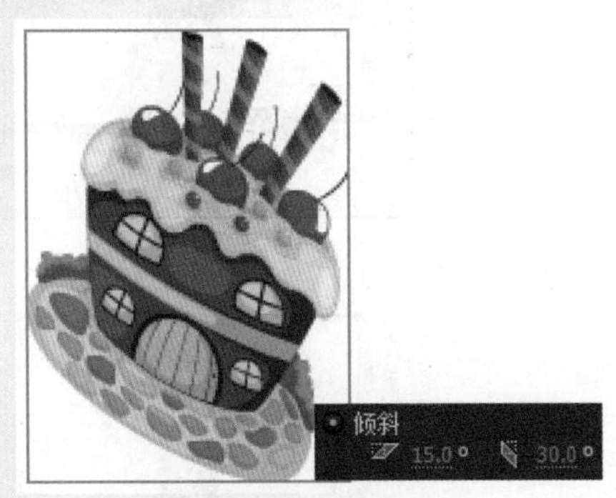

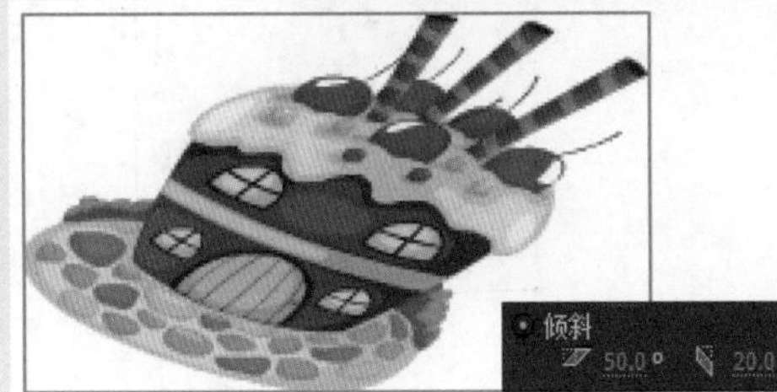

图 5-73 倾斜对象

- 3D 旋转：在不同的方向文本框中输入相应的参数，可对影片剪辑实例进行 3D 旋转操作。
- 3D 中心点：该选项用来设置影片剪辑实例进行 3D 旋转操作时的中心点位置。
- “重置选区和变形”按钮：单击该按钮，即可创建所选图形对象的变形副本。
- “取消变形”按钮：单击该按钮，即可将面板中的各个选项恢复到默认的设置。

5.7.2 变形点

在 Flash 中，变形点可以用来作为当图形对象进行一些编辑操作时的参考点。例如，当图形对象沿着变形点进行旋转、对齐或分布操作时，变形点可以用来作为参考点。

在 Flash 中，每个文本、位图和实例都有一个定位点，其主要用于对象的定位和变形，可以将其移动到场景中的任意位置。默认情况下，对象的定位点就是对象的实际位置。

选中需要移动定位点的对象，单击工具箱中的“任意变形工具”按钮，或者执行“修改 > 变形 > 任意变形”命令，如图 5-74 所示。可以看到对象中心的空心圆，就是对象的定位点，如图 5-75 所示。单击并拖动该定位点即可将其进行移动，如图 5-76 所示。

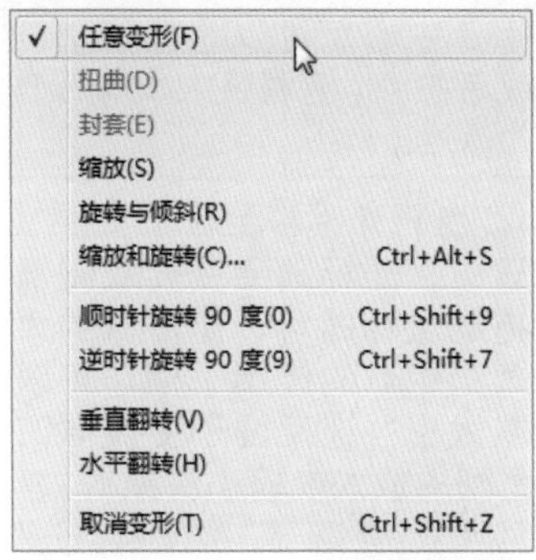

图 5-74 “修改 > 变形 > 任意变形”命令

图 5-75 图形定位点　　图 5-76 移动定位点

5.7.3 自由变换对象

单击工具箱中的“任意变形工具”按钮，在场景中选中相应的对象，便会在该对象的周围显示变换框，如图 5-77 所示。在变换框中即可进行缩放、倾斜、旋转等操作。

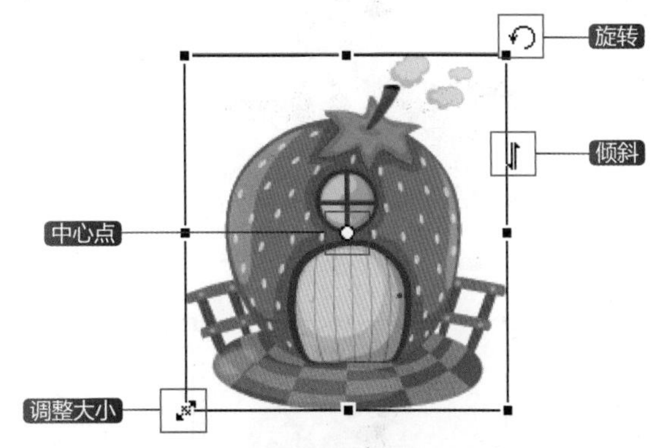

图 5-77 显示变换框

- 旋转：当将光标移至变换框四角的控制手柄外时，光标则会变成旋转箭头的形状，这时单击并拖动鼠标即可对对象进行旋转操作。
- 倾斜：当将光标移至位于四角的控制手柄和控制框四边中点的控制手柄之间的位置时，光标则会变成为反向平行双箭头的形状，这时单击并拖动鼠标即可对对象进行倾斜操作。
- 中心点：位于变换框中央位置的白色圆点即是该

对象的中心点，中心点可以随意移动，并且在对对象进行旋转或者按 Alt 键调整大小等操作时，都可以以中心点作为基准。

调整大小：当将光标移至位于变换框四角或四条边中点的位置时，光标则会变成双向箭头的形状，这时单击并拖动鼠标即可调整对象的大小。拖曳位于变换框四条边中点的控制手柄，可以在水平或垂直方向上调整大小；拖曳位于变换框四角的控制手柄，可以等比例的放大或缩小对象的大小。

5.7.4 缩放对象

缩放对象是指将选中的对象进行放大或缩小的操作，包括等比例缩放以及水平或垂直方向上的缩放。在 Flash 中，可以通过拖动变换框来缩放对象，也可以通过在相应的面板中进行设置来缩放对象，下面将向大家进行详细讲述。

执行“文件 > 打开”命令，打开素材文件，选中需要进行缩放的对象，如图 5–78 所示。执行“修改 > 变形 > 缩放”命令，显示出变换框，单击并拖动其中一个角点，即可沿 X 轴和 Y 轴两个方向进行等比例缩放，如图 5–79 所示。如果是按住 Shift 键则可以进行不等比例的缩放。

图 5-78 选中对象

图 5-79 等比例缩放

将光标移至位于变换框上下左右四条边的中心调节点上，当光标变为双向箭头时，单击并拖动鼠标即可对对象进行水平或垂直方向的缩放操作，如图 5–80 所示。

垂直缩放

水平缩放

图 5-80 拖动中心调节点

提示

在对对象进行缩放操作时，有时候边框边缘附近的元素可能会超出场景的大小，这时可以通过执行“视图 > 粘贴板”命令来查看超出场景外的元素。

5.7.5 旋转和倾斜对象

旋转对象是指使对象围绕其变形点通过一定的方向和角度进行旋转；倾斜是指使对象在水平或垂直方向进行弯曲操作。在 Flash 中，可以通过拖动变换框来旋转或倾斜对象，也可以通过在相应的面板中进行设置来实现，下面将向大家进行详细介绍。

执行“文件 > 打开”命令，打开素材文件，选中需要进行旋转或倾斜的对象，如图 5–81 所示。执行“修改 > 变形 > 旋转与倾斜”命令，当鼠标指针移动到角点上时，则会变成旋转图标，此时单击并拖动鼠标即可使对象围绕变形点进行旋转，如图 5–82 所示。

图 5-81 选中对象

图 5-82 旋转对象

将光标移至变换框的任意一条边上，当光标变成倾斜图标时，单击并拖动鼠标即可对图形进行水平或垂直方向的倾斜操作，如图 5-83 所示。

水平倾斜

垂直倾斜

图 5-83 倾斜对象

提示

如果要结束“旋转与倾斜”命令的使用，可以在图形以外的空白位置单击，单击后便回到图形的任意变形状态。

5.7.6 翻转对象

翻转对象是指将选中的对象沿水平或垂直方向进行翻转，且不会改变对象相对于场景的位置。在 Flash 中，可以通过执行菜单命令对对象进行翻转，还可以通过相应的面板来翻转对象，接下来将向大家进行详细介绍。

执行“文件 > 打开”命令，打开素材文件，选中需要进行翻转的对象，如图 5-84 所示。执行“修改 > 变形”命令，在弹出的子菜单中可以选择水平或垂直翻转，如图 5-85 所示为水平和垂直翻转后的效果。

图 5-84 对象原始状态

水平翻转

垂直翻转

图 5-85 变形后效果

5.7.7 扭曲对象

在 Flash 中，扭曲对象是通过调整变换框上控制点的位置来更改对象的形状，比如将一个规则的形状扭曲成不规则的形状。

执行“文件 > 打开”命令，打开素材文件，选中需要进行扭曲的对象，执行“修改 > 变形 > 扭曲”命令后，对象周围会出现变形框，将鼠标放置在控制点上，鼠标指针会变成白色指针，如图 5-86 所示。单击并拖动变形框上的角点或边控制点，即可移动该角或边，如图 5-87 所示。

图 5-86 指针状态

图 5-87 扭曲对象

按住 Shift 键单击并拖动角点，可以将相邻两个角沿彼此相反的方向移动同等的距离，如图 5–88 所示。按住 Ctrl 键单击并拖动边的中点，即可移动整个边，如图 5–89 所示。

图 5-88 移动点扭曲对象

图 5-89 移动边扭曲对象

提示

扭曲对象操作不能对组使用，但是可以对一个组中单独选定的对象使用。

5.7.8 封套对象

封套对象是指通过调整封套的点和切线手柄来更改封套的形状，更改封套的形状便会直接影响到该封套内对象的形状。

执行“文件 > 打开”命令，打开素材文件，选中需要封套的对象，执行“修改 > 变形 > 封套”命令后，对象周围会出现变形框，如图 5–90 所示。

图 5-90 显示封套变换框

变形框上有方形和圆形两种变形手柄，单击并拖动方形手柄即可沿着对象变形框的点对其形状进行调整，如图 5–91 所示。而圆形手柄则为切线手柄，如图 5–92 所示。

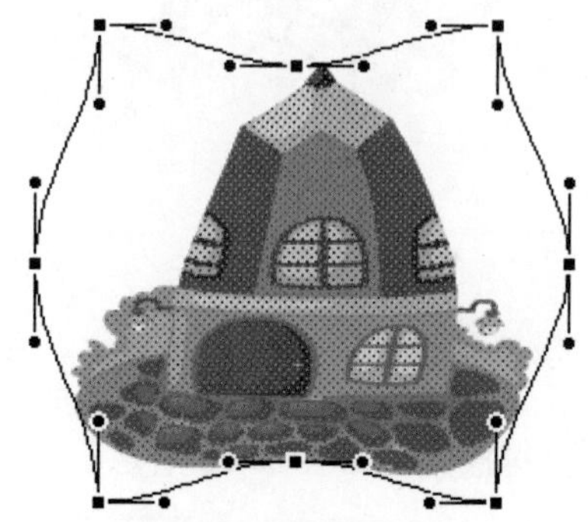

图 5-91 拖动方形手柄

图 5-92 拖动圆形手柄

提示

“封套”命令不能作用于元件、位图、视频、声音、渐变、对象组或文本等元素。如果在多项元素中包含以上任意一项，则只能对图形对象进行扭曲操作；如果要修改文本，则需将字符转换为图形对象后再进行操作。

5.7.9 制作飞入动画

在 Flash 动画的制作过程中，经常可以看到从小到大这样变化的动画效果，在制作此效果的动画时就需要使用到“任意变形工具”。下面通过一个小练习来讲解其制作方法，在该练习的制作过程中，需要使用“任意变形工具”对元件进行缩放和旋转操作，从而制作出一个飞入的动画效果。

动手实践——制作飞入动画

源文件：光盘 \ 源文件 \ 第 5 章 \5-7-9.fla

视频：光盘 \ 视频 \ 第 5 章 \5-7-9.swf

01 执行“文件 > 新建”命令，弹出“新建文档”对话框，设置如图 5–93 所示。单击“确定”按钮，新建一个 Flash 文档。执行“插入 > 新建元件”命令，弹出“创建新元件”对话框，设置如图 5–94 所示。

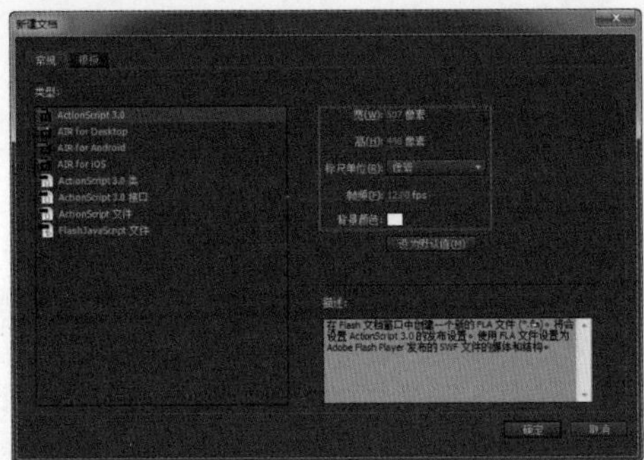

图 5-93 “新建文档”对话框

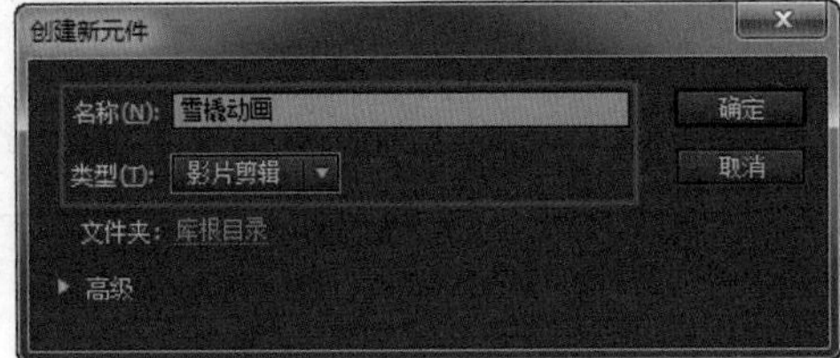

图 5-94 “创建新元件”对话框

02 单击“确定”按钮，执行“文件 > 导入 > 导入到舞台”命令，将图像“光盘 \ 源文件 \ 第 5 章 \ 素材 \57802.png”导入到舞台中，如图 5-95 所示。选中刚导入的图像，执行“修改 > 转换为元件”命令，弹出“转换为元件”对话框，设置如图 5-96 所示。

图 5-95 导入素材图像

图 5-96 “转换为元件”对话框

03 单击“确定”按钮，分别在第 5 帧和第 10 帧位置按 F6 键插入关键帧，如图 5-97 所示。使用“选择工具”，选择第 5 帧中的元件，将其向上移动 3px，如图 5-98 所示。

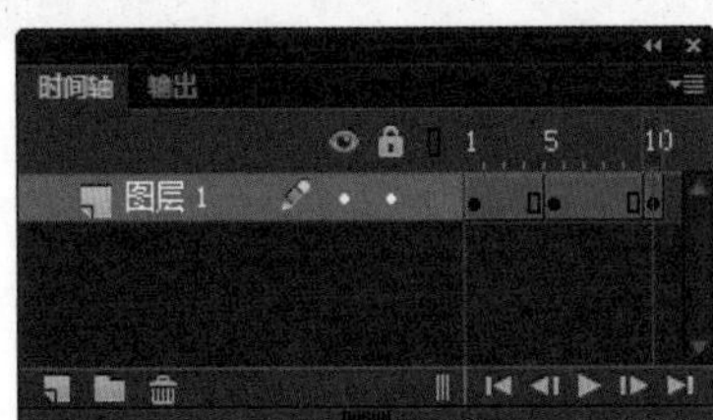

图 5-97 插入关键帧

图 5-98 向上移动元件

04 分别在第 1 帧和第 5 帧上单击鼠标右键，在弹出的菜单中选择“创建传统补间”命令，创建传统补间动画，如图 5-99 所示。返回到“场景 1”的编辑状态，将图像“光盘 \ 源文件 \ 第 5 章 \ 素材 \57801.jpg”导入到舞台中，如图 5-100 所示。

图 5-99 创建传统补间动画

图 5-100 导入素材

05 在第 100 帧位置，按 F5 键插入帧，如图 5-101 所示。新建“图层 2”，将“雪橇动画”元件从“库”面板中拖曳到场景中，如图 5-102 所示。

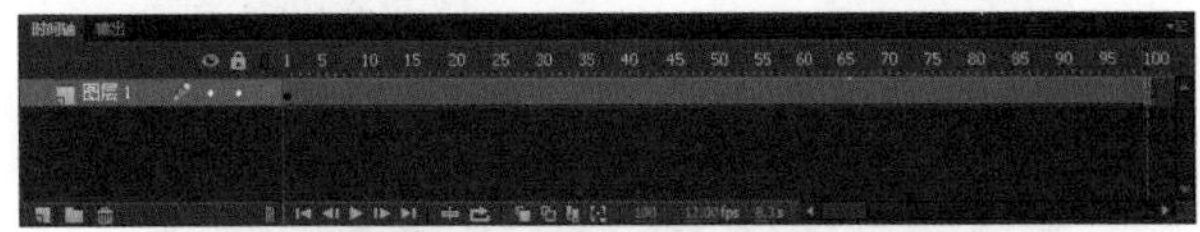

图 5-101 “时间轴”面板

图 5-102 拖入元件

06 单击工具箱中的“任意变形工具”按钮，调整元件的大小和角度，并移动到合适位置，如图5-103所示。在第1帧单击鼠标右键，在弹出的菜单中选择“创建补间动画”命令，“时间轴”面板如图5-104所示。

图 5-103 调整元件

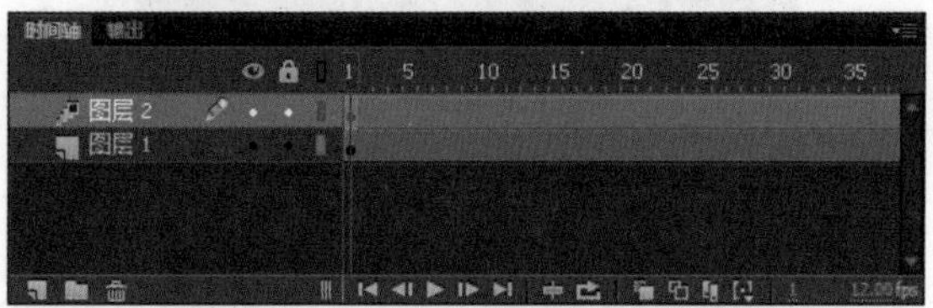

图 5-104 “时间轴”面板

技巧

使用“任意变形工具”选择对象后，可以将鼠标指针移动到角控制点上，按住 Shift 键，当鼠标指针变成倾斜的双向箭头时进行拖动，即可实现对象等比例的缩放操作。

07 在第40帧位置单击，调整元件的位置和大小，如图5-105所示。使用“选择工具”调整运动路径轨迹，如图5-106所示。

图 5-105 调整元件大小和位置

图 5-106 调整运动轨迹

08 在第41帧单击，执行“修改 > 变形 > 水平翻转”命令，并使用“任意变形工具”对角度进行调整，如图5-107所示。在第75帧位置单击，调整元件到合适的大小和位置，并旋转相应的角度，如图5-108所示。

图 5-107 水平翻转元件

图 5-108 调整元件大小和位置

09 使用“选择工具”调整运动路径轨迹，如图5-109所示。使用相同的制作方法，可以完成其他相应帧的制作，“时间轴”面板如图5-110所示。

图 5-109 调整运动轨迹

图 5-110 “时间轴”面板

10 完成飞入动画的制作，执行“文件 > 保存”命令，将文件保存为“光盘\源文件\第5章\5-7-9.fla”，按快捷键 Ctrl+Enter，测试动画，效果如图5-111所示。

图 5-111 测试动画效果

5.8　绘制可爱猫咪

本实例通过“钢笔工具”、“椭圆工具”以及“直线工具”的运用绘制了一个可爱的猫咪形象，在绘制的过程中需要读者熟练掌握这几种工具的使用方法，从而能够为动画的制作打下坚实的基础。

动手实践——绘制可爱猫咪

源文件：光盘 \ 源文件 \ 第 5 章 \5-8.fla

视频：光盘 \ 视频 \ 第 5 章 \5-8.swf

01 执行“文件 > 新建”命令，弹出“新建文档”对话框，设置如图 5-112 所示。单击“确定”按钮，新建一个 Flash 文档。执行“插入 > 新建元件”命令，在弹出的“创建新元件”对话框中进行相应的设置，设置如图 5-113 所示。

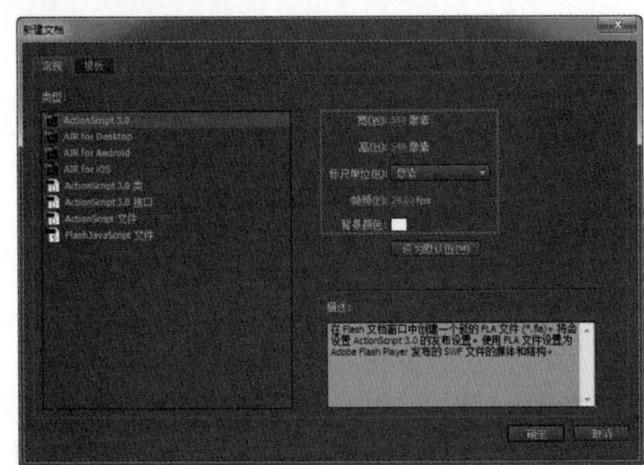

图 5-112 “新建文档”对话框

图 5-113 “创建新元件”对话框

02 单击“确定”按钮，使用“钢笔工具”，单击工具箱中的“对象绘制”按钮，打开“属性”面板，对其相关属性进行设置，如图 5-114 所示。设置完成后，在场景中绘制路径，并为该路径填充白色，如图 5-115 所示。

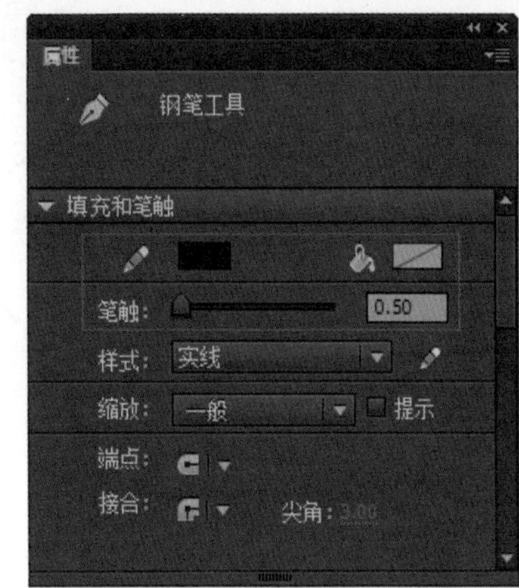

图 5-114 “属性”面板

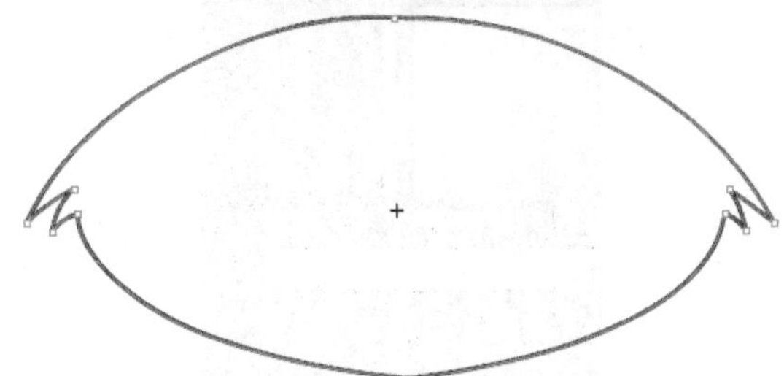

图 5-115 图形效果

03 使用“钢笔工具”，在“属性”面板上对其相关属性进行设置，如图 5-116 所示。新建“图层 2”，在场景中绘制路径，为路径填充颜色为 #C5CDE0，并删除图形的笔触，效果如图 5-117 所示。

图 5-116 “属性”面板

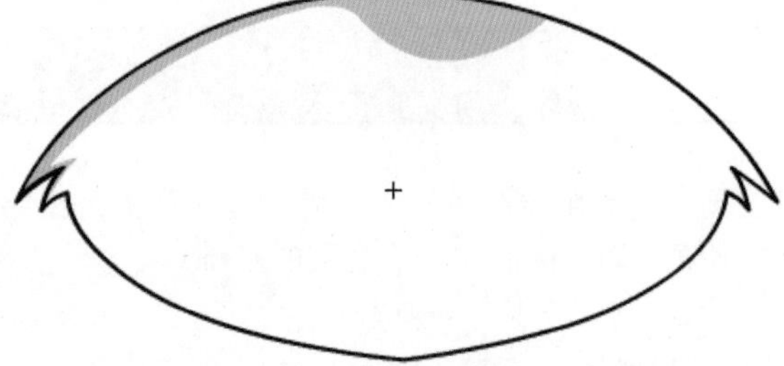

图 5-117 图形效果

04 使用相同的方法，完成其他部分图形的绘制，效果如图 5–118 所示。执行“窗口 > 颜色”命令，打开“颜色”面板，设置如图 5–119 所示。

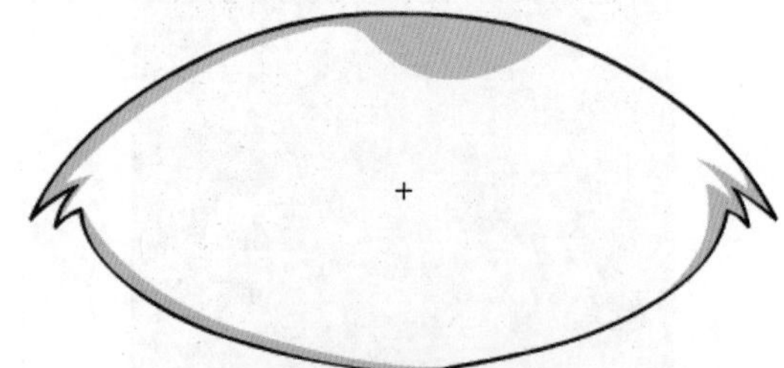

图 5-118 图形效果

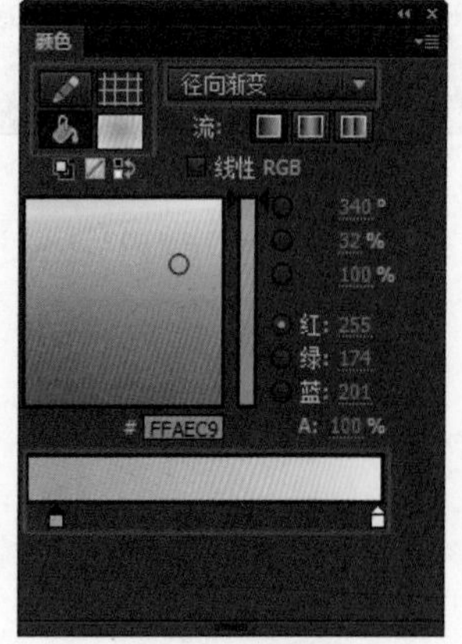

图 5-119 “颜色”面板

05 新建“图层 3”，使用“椭圆工具”，在场景中绘制一个椭圆形，效果如图 5–120 所示。使用“任意变形工具”对该图形进行相应的旋转和缩放操作，并将其移至适当的位置，如图 5–121 所示。

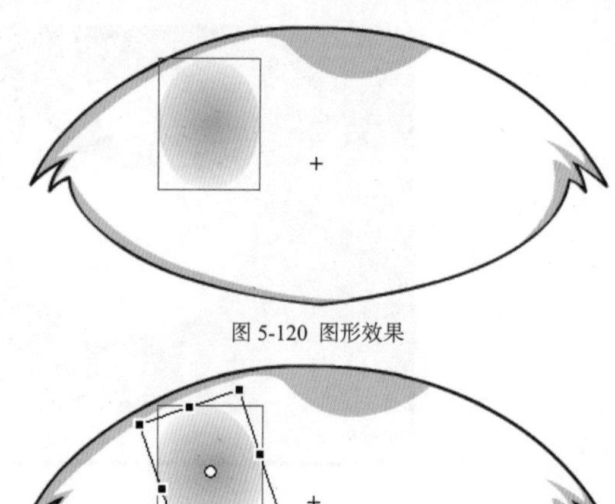

图 5-120 图形效果

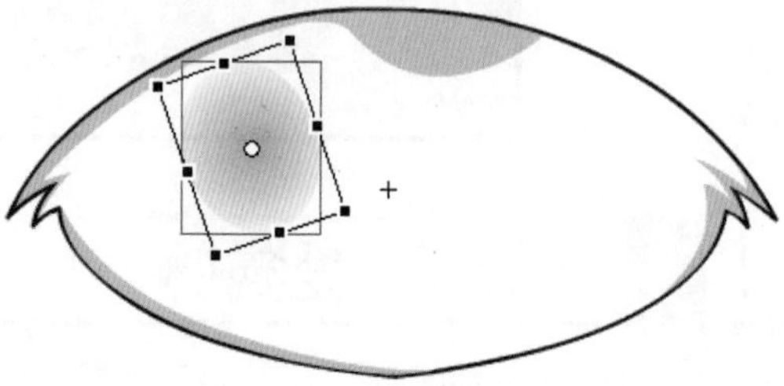

图 5-121 调整图形

06 按住 Alt 键单击并拖动刚绘制的图形，即可将该图形进行复制，如图 5–122 所示。选中刚复制的图形，执行“修改 > 变形 > 水平翻转”命令，并将其移至适当的位置，效果如图 5–123 所示。

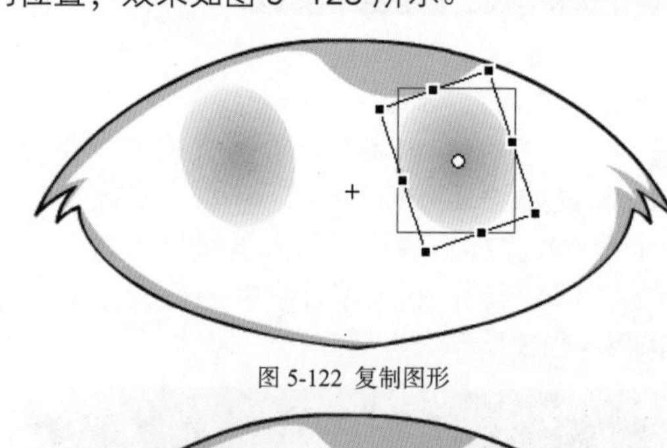

图 5-122 复制图形

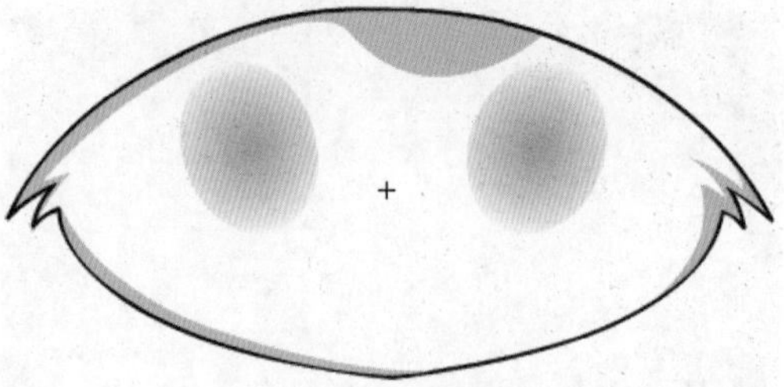

图 5-123 调整图形

07 使用相同的方法，完成其他相似图形的绘制，效果如图 5–124 所示。使用“多角星形工具”，在“属性”面板上对其相关属性进行设置，如图 5–125 所示。

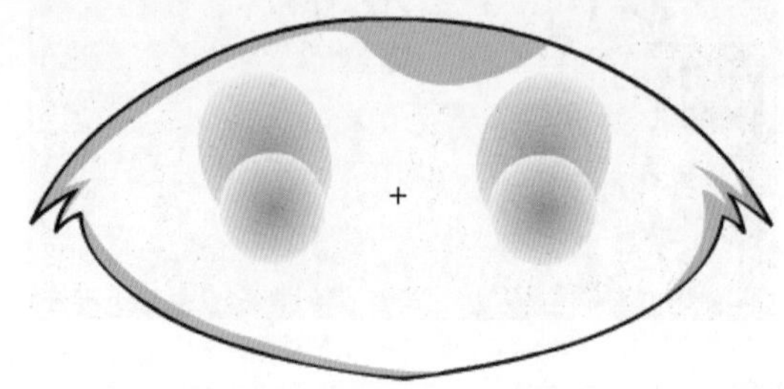

图 5-124 图形效果

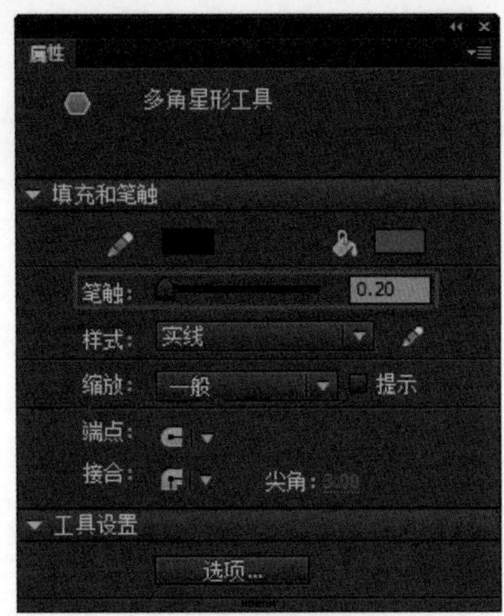

图 5-125 “属性”面板

08 单击“工具设置”选项区中的“选项”按钮，弹出“工具设置”对话框，设置如图 5-126 所示。单击“确定”按钮，新建“图层 4”，在场景中绘制图形，如图 5-127 所示。

图 5-126 “工具设置”对话框

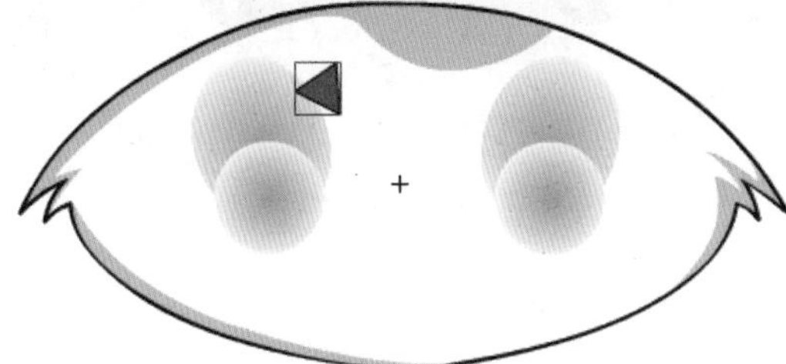

图 5-127 绘制图形

09 选中刚绘制的图形，双击进入编辑状态，使用“转换锚点工具”对该图形的形状进行调整，调整后图形的效果如图 5-128 所示。使用“铅笔工具”，在场景中绘制曲线，效果如图 5-129 所示。

图 5-128 图形效果

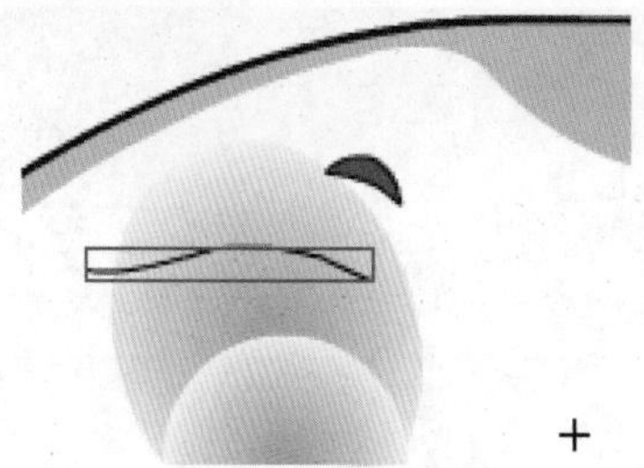

图 5-129 绘制曲线

10 使用“钢笔工具”，在“属性”面板上对其相关属性进行设置，如图 5-130 所示。在场景中绘制路径，并为路径填充颜色为 #E3E7F0，如图 5-131 所示。

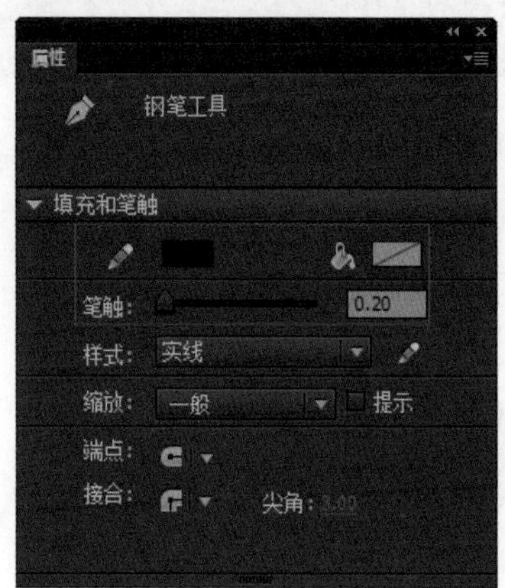

图 5-130 “属性”面板

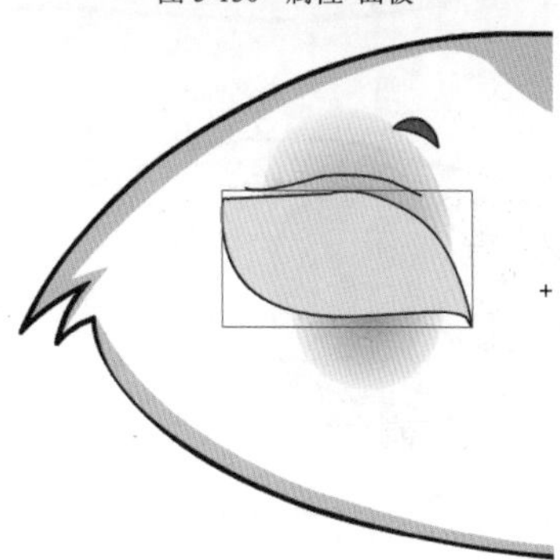

图 5-131 图形效果

11 使用相同的方法，完成其他相似图形的绘制，效果如图 5-132 所示。使用“椭圆工具”，在“属性”面板上对其相关属性进行设置，如图 5-133 所示。

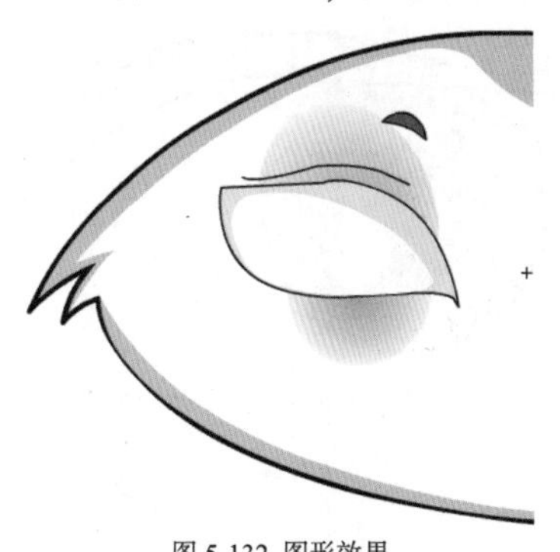

图 5-132 图形效果

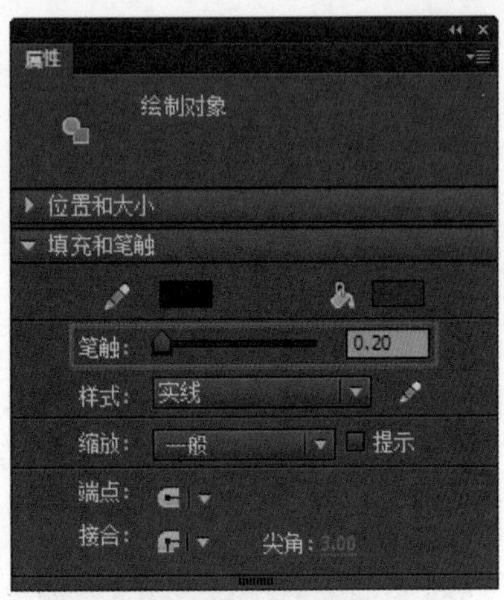

图 5-133 “属性”面板

12 在场景中绘制一个椭圆形，如图 5-134 所示。选中刚绘制的椭圆，双击进入编辑状态，调整图形的形状，调整后效果如图 5-135 所示。

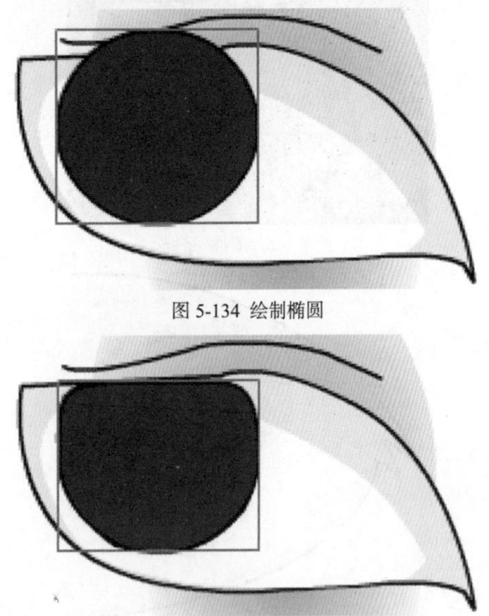

图 5-134 绘制椭圆

图 5-135 图形效果

13 使用相同的方法，完成其他图形的绘制，效果如图 5-136 所示。使用“钢笔工具”，在“属性”面板上对其相关属性进行设置，如图 5-137 所示。

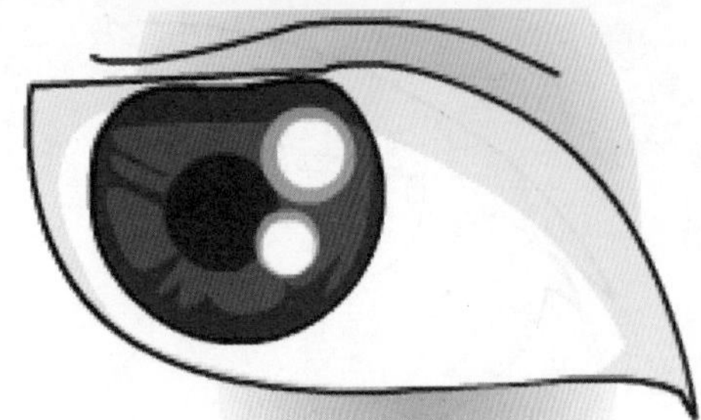

图 5-136 图形效果

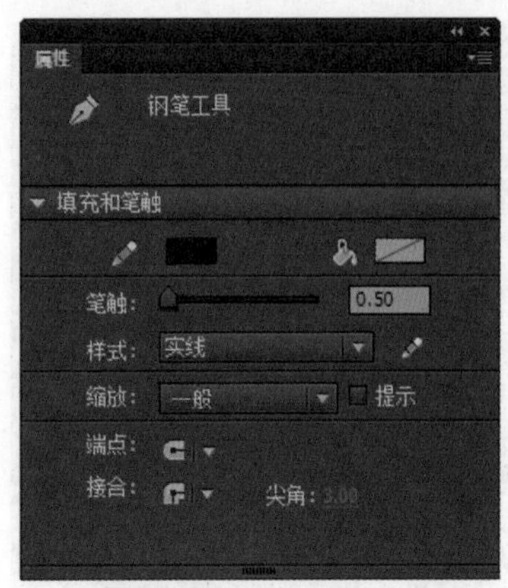

图 5-137 “属性”面板

14 在场景中绘制路径，并为该路径填充颜色为 #003300，图形效果如图 5-138 所示。使用相同的方法，完成其他图形的绘制，效果如图 5-139 所示。

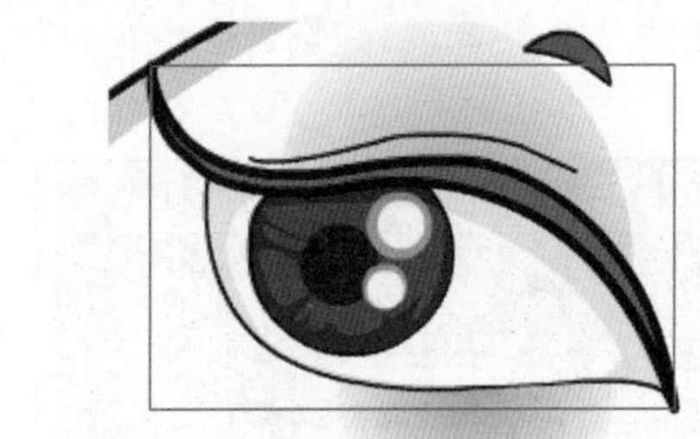

图 5-138 图形效果

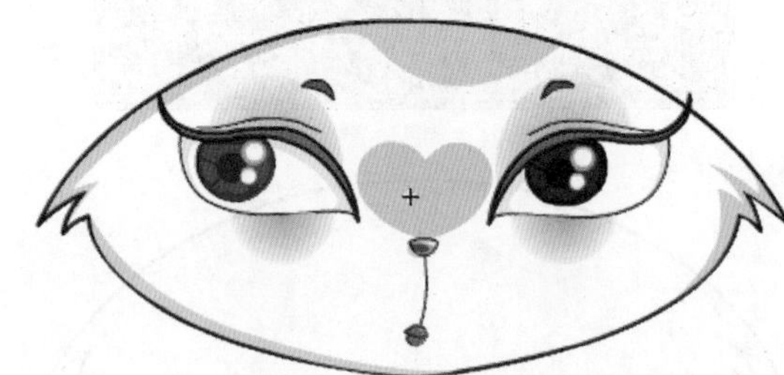

图 5-139 图形效果

15 新建“图层 6”，使用“直线工具”，在“属性”面板上对其相关属性进行设置，如图 5-140 所示。在场景中绘制一条直线，如图 5-141 所示。

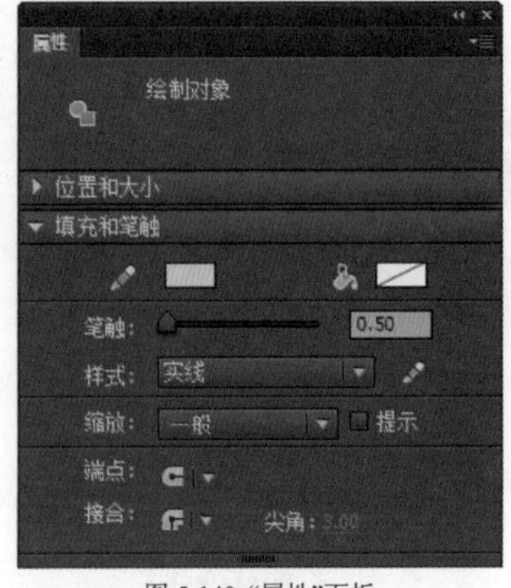

图 5-140 “属性”面板

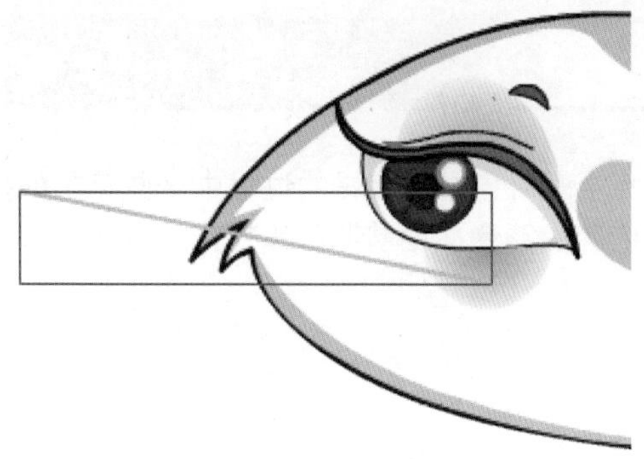

图 5-141 绘制直线

16 选中刚绘制的直线，双击进入编辑状态，并使用“选择工具”对图形的形状进行调整，效果如图 5-142 所示。使用相同的方法，完成其他图形的绘制，完成猫咪头部的制作，效果如图 5-143 所示。

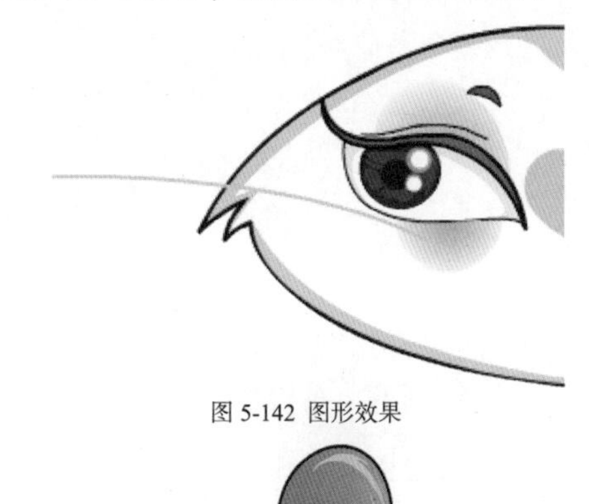

图 5-142 图形效果

图 5-143 图形效果

17 使用相同的方法绘制出其他的元件，“库”面板如图 5-144 所示。返回到“场景 1”，执行“文件 > 导入 > 导入到舞台”命令，导入背景图像“光盘 \ 源文件 \ 第 5 章 \ 素材 \5801.jpg”，如图 5-145 所示。

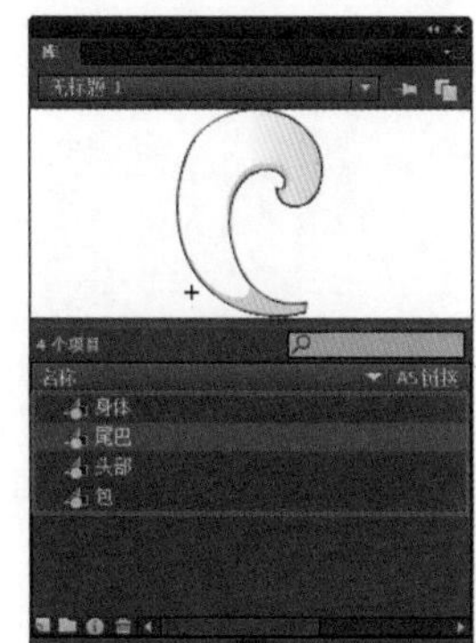

图 5-144 “库”面板

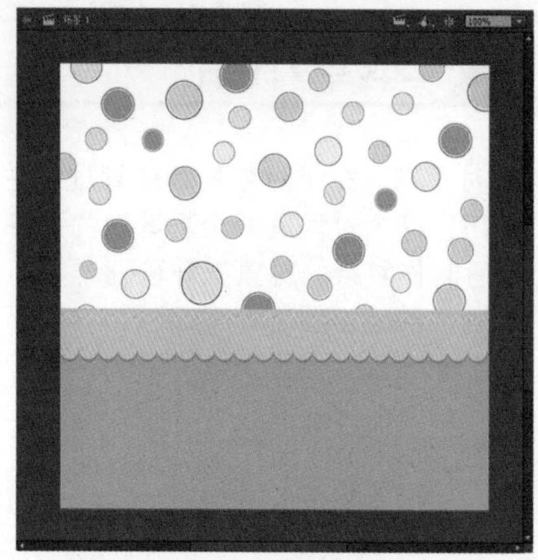

图 5-145 导入背景图像

18 从“库”面板中将“头部”元件、“身体”元件、“尾巴”元件和“包”元件拖入到场景中进行组合，并调整其至合适的大小和位置，效果如图 5-146 所示。执行“文件 > 保存”命令，保存为“光盘 \ 源文件 \ 第 5 章 \5-8.fla”，按快捷键 Ctrl+Enter，测试动画的效果，如图 5-147 所示。

图 5-146 最终效果

图 5-147 测试动画

5.9 本章小结

本章向大家介绍了对象的编辑管理，主要讲述了在 Flash 中对对象进行编辑的过程中一些基本的操作方法和技巧，这个过程是一个基本功的训练，学习好本章的内容能够全面地掌握对象操作的方法和技巧，即可为以后制作复杂的对象打好基础。

第6章 文本的创建与编辑

文本是动画制作中必不可少的关键性元素，它能够突出表达动画的主题内容，使受众快速获取相关信息。通过 Flash CC 中的相关工具可以创建不同风格的文字对象。本章将对 Flash CC 中使用的文本工具、设置文本属性、文本的编辑处理、文本的应用等内容做具体讲解。

6.1 使用“文本工具”

在 Flash CC 中使用“文本工具”可以制作出丰富的文字动画效果。单击工具箱中的“文本工具”按钮，为了满足设计的需要，可以通过“属性”面板中的各种选项对文本内容进行相应的设置。

6.1.1 文本字段的类型

在 Flash CC 中使用“文本工具”可以创建 3 种不同类型的文本字段，如图 6-1 所示。用户可以通过使用不同的文本类型，创建出非同凡响的文字动画效果。

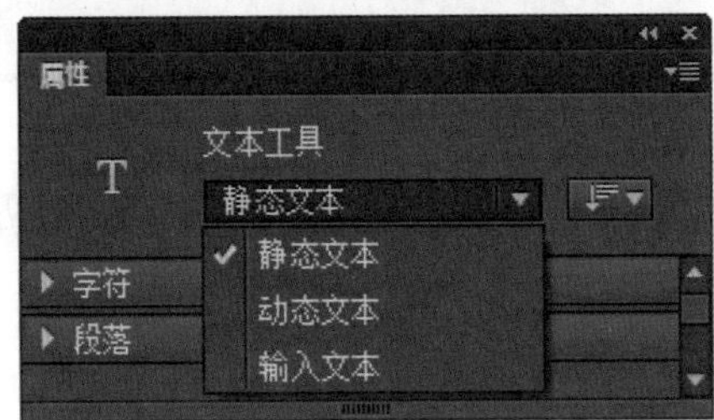

图 6-1 文本字段类型

- 静态文本：该文本是用来创建动画中一直不会发生变化的文本，例如标题或说明性的文字等，在某种意义上它就是一张图片，尽管很多人将“静态文本”称为文本对象，但是需要注意的是，真正的文本对象是指“动态文本”和“输入文本”。

提示

由于静态文本不具备对象的基本特征，没有自己的属性和方法，无法对其进行命名，因此不能通过编程使用静态文本制作动画。

- 动态文本：该文本是十分强大的，但是它只允许动态显示，却不允许动态输入。当用户需要使用 Flash 开发涉及在线提交表单这样的应用程序时，就需要一些可以让用户实时输入数据的文本域，此时则需要用到“输入文本”。

- 输入文本：由于“输入文本”和“动态文本”是由同一个类型派生出来的，因此“输入文本”也是对象，和“动态文本”有相同的属性和方法。另外，“输入文本”的创建方法与“动态文本”也是相同的，其唯一的区别是需要在“属性”面板中的“文本类型”中选择“输入文本”选项。

提示

文本类型的用法是十分方便的，它可以随时灵活地互相转换，选择特定文本，只需在其“属性”面板顶部的下拉菜单中选择一个新的文本类型即可。

6.1.2 点文本

在 Flash CC 中，使用“文本工具”在舞台区域中可以创建相应的点文本，以下将通过具体实例向读者讲解创建“点文本”的具体操作方法。

动手实践——创建点文本

源文件：光盘 \ 源文件 \ 第 6 章 \6-1-2.fla

视频：光盘 \ 视频 \ 第 6 章 \6-1-2.swf

01 执行“文件 > 打开”命令，打开素材文件“光盘 \ 源文件 \ 第 6 章 \ 素材 \61201.fla”，如图 6-2 所示。单击工具箱中的“文本工具”按钮，在其“属性”面板中对文本的属性进行设置，如图 6-3 所示。

图 6-2 打开 Flash 文件

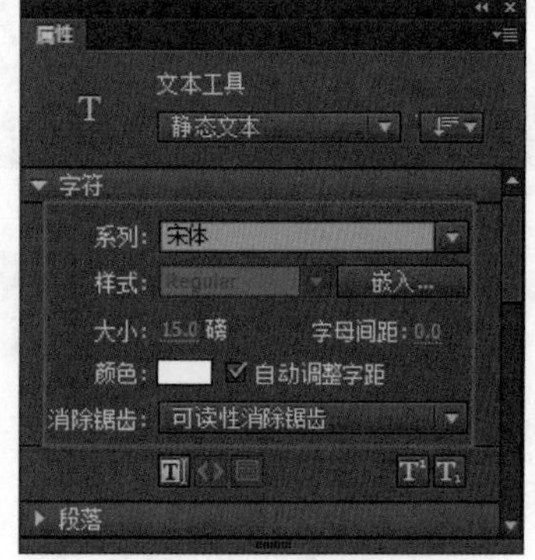

图 6-3 设置“属性”面板

02 将鼠标移至舞台区，鼠标指针呈 ⊥ 形状，在舞台区左侧最上方矩形上单击鼠标，即可创建不固定宽度的单行文本框，如图 6-4 所示。在文本输入框中输入文本，如图 6-5 所示。

图 6-4 文本输入框

图 6-5 输入文本

03 在文本以外的位置单击鼠标，即可完成“点文本”的创建。使用相同的方法，可以在其他相应的位置输入点文本，如图 6-6 所示。执行“文件 > 另存为”命令，将该文本保存为“光盘 \ 源文件 \ 第 6 章 \ 6-1-2.fla”，按快捷键 Ctrl+Enter，测试动画，效果如图 6-7 所示。

图 6-6 创建点文本

图 6-7 测试动画效果

提示

使用“文本工具”，在舞台区单击鼠标所创建的文本框中输入文字时，输入框的宽度不固定，它会随着用户所输入文本的长度自动扩展。如果需要换行输入，按 Enter 键即可。

6.1.3 段落文本

该实例是以创建“段落文本”为例，向读者详细讲解如何在舞台区域中创建段落文本，希望读者能够熟练掌握相关的操作方法，达到学以致用的目的。

动手实践——创建段落文本

源文件：光盘 \ 源文件 \ 第 6 章 \6-1-3.fla

视频：光盘 \ 视频 \ 第 6 章 \6-1-3.swf

01 执行“文件 > 打开”命令，打开素材文件“光盘 \ 源文件 \ 第 6 章 \ 素材 \61301.fla”，如图 6-8 所示。单击工具箱中的“文本工具”按钮，在“属性”面板中对文本的相关属性进行设置，如图 6-9 所示。

图 6-8 打开 Flash 文件

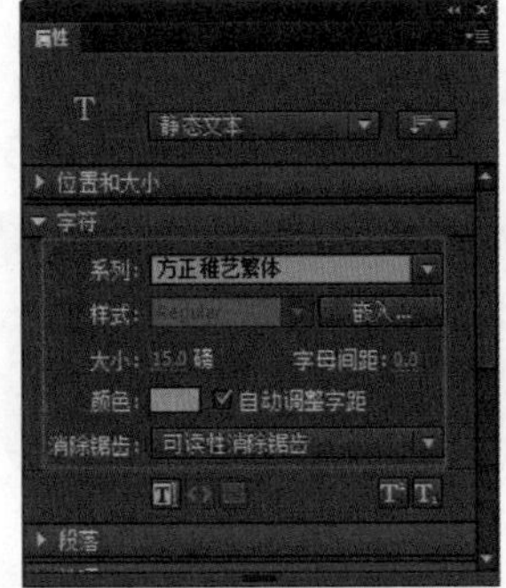

图 6-9 设置“属性”面板

02 将鼠标移至舞台区的合适位置向右拖曳鼠标至合适位置，创建一个矩形文本输入框，如图 6–10 所示。在文本输入框中输入一段文本，在文本以外的区域单击鼠标，即可完成段落文本的创建，如图 6–11 所示。

图 6-10 文本输入框

图 6-11 输入段落文本

03 完成段落文本的输入，执行“文件 > 另存为”命令，将该文件保存为“光盘 \ 源文件 \ 第 6 章 \ 6–1–3.fla”，按快捷键 Ctrl+Enter，测试动画，效果如图 6–12 所示。

图 6-12 测试动画效果

6.1.4 动态文本

在 Flash CC 中，提供了创建“动态文本”的相关功能，在 Flash 动画作品中添加动态文本可以使页面的整体氛围更加活跃，从而丰富了动画作品中的不同构成元素。

动手实践——创建动态文本

源文件：光盘 \ 源文件 \ 第 6 章 \6-1-4.fla

视频：光盘 \ 视频 \ 第 6 章 \6-1-4.swf

01 执行“文件 > 打开”命令，打开素材文件“光盘 \ 源文件 \ 第 6 章 \ 素材 \61401.fla”，如图 6–13 所示。单击“时间轴”面板上的“新建图层”按钮，新建“图层 3”，如图 6–14 所示。

图 6-13 打开 Flash 文件

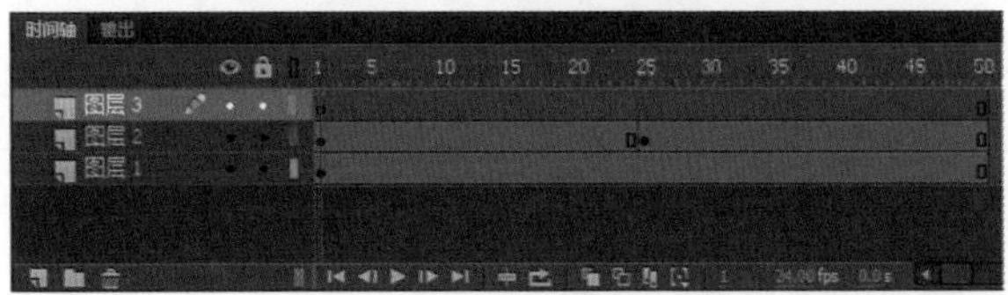

图 6-14 新建图层

02 单击工具箱中的“文本工具”按钮，将鼠标移至舞台区的合适位置向右拖曳鼠标至合适位置，创建一个矩形文本输入框，如图 6–15 所示。在其“属性”面板上对相关参数进行设置，如图 6–16 所示。

图 6-15 文本输入框

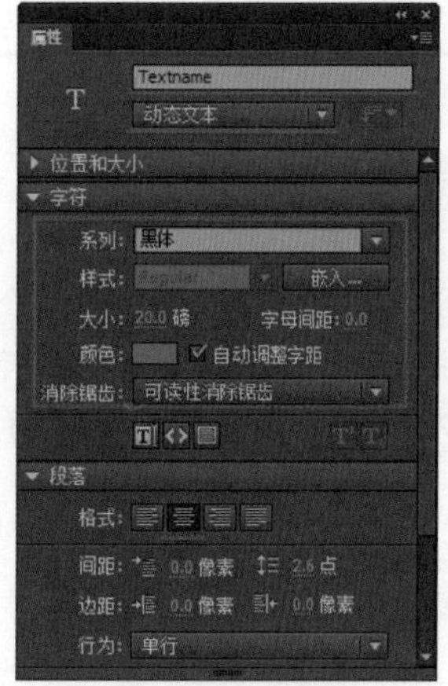

图 6-16 “属性”面板

提示

此处主要在“属性”面板中为所绘制的动态文本框设置了实例名称，接下来通过 ActionScript 脚本代码为该实例名称的动态文本框赋值。

03 新建“图层 4”，选择“图层 4”的第 1 帧，如图 6–17 所示。执行“窗口 > 动作”命令，在打开的“动作”面板中添加相应的动作脚本，如图 6–18 所示。

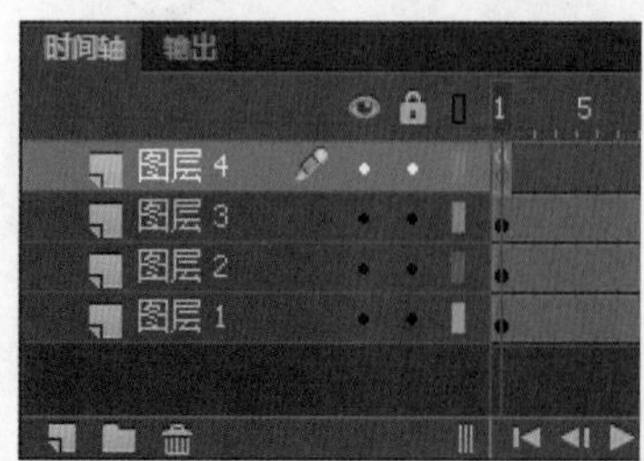

图 6-17 新建图层

图 6-18 添加动作脚本

04 在第 25 帧位置按 F7 键插入空白关键帧，如图 6–19 所示。使用相同的方法，在“动作”面板中添加相应的动作脚本，如图 6–20 所示。

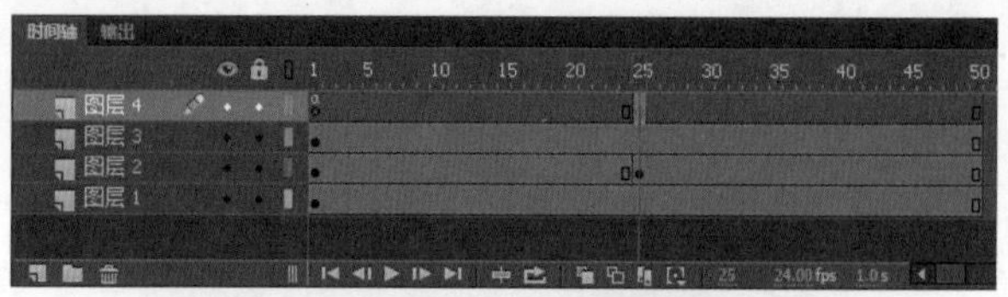

图 6-19 插入空白关键帧

图 6-20 添加动作脚本

05 执行“文件 > 另存为”命令，将该文件保存为“光盘 \ 源文件 \ 第 6 章 \6-1-4.fla”，按快捷键 Ctrl+Enter，测试动态文本效果，如图 6–21 所示。

图 6-21 测试动画效果

6.1.5 输入文本

当我们要用 Flash CC 开发涉及在线提交表单这样的应用时，需要一些能够让用户输入某些数据的文本域，这时就需要使用“输入文本”。

动手实践——创建输入文本

源文件：光盘 \ 源文件 \ 第 6 章 \6-1-5.fla

视频：光盘 \ 视频 \ 第 6 章 \6-1-5.swf

01 执行“文件 > 打开”命令，打开素材文件“光盘 \ 源文件 \ 第 6 章 \ 素材 \61501.fla”，如图 6–22 所示。单击工具箱中的“文本工具”按钮，在“属性”面板中对相关选项进行设置，如图 6–23 所示。

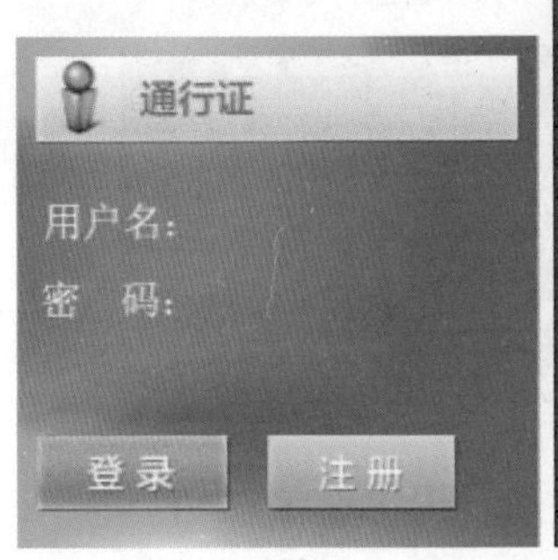
图 6-22 打开 Flash 文件

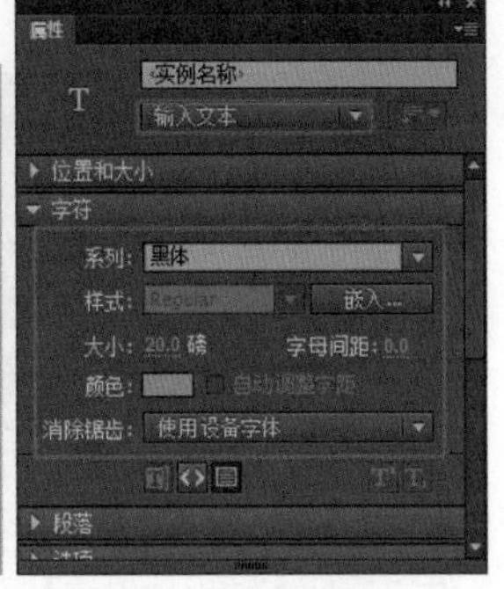
图 6-23 “属性”面板

02 将鼠标移至舞台区“用户名：”文本右侧的适当位置，鼠标指针呈 形状时向右拖曳鼠标至合适位置，即可创建一个文本输入框，如图 6-24 所示。使用相同的方法，可以完成相似部分的内容制作，如图 6-25 所示。

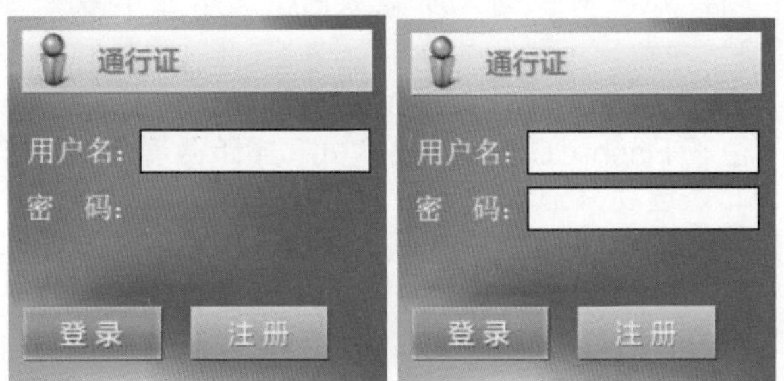
图 6-24 文本输入框　　图 6-25 文本输入框

03 选中所创建的密码输入文本框，在“属性”面板的“段落”选项区中设置“行为”为“密码”，如图 6-26 所示。执行“文件 > 另存为”命令，将该文本保存为“光盘 \ 源文件 \ 第 6 章 \6-1-5.fla”，按快捷键 Ctrl+Enter，测试动画，效果如图 6-27 所示。

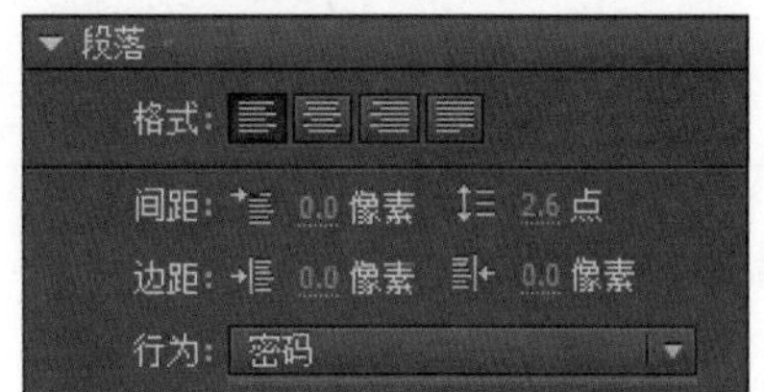
图 6-26 “段落”选项

图 6-27 测试影片效果

提示

“属性”面板的“行为”下拉列表中包含“单行”、“多行”、“多行不换行”和“密码”4 个选项。“单行”选项是指所创建的输入文本框只能单行输入。“多行”选项是指所创建的文本框可以多行输入，并且还可以实现自动换行。“多行不换行”选项是指所创建的输入文本框可以多行输入，但是却不可以自动换行，需要按 Enter 键来实现自动换行。“密码”选项是指在所创建的输入文本框中输入的文本将以 * 显示。

6.2 设置文本属性

“文本”属性包括“字符”属性和“段落”属性两种，选中特定的文字内容，可以在“属性”面板中对文字的“字符”与“段落”属性进行设置，从而达到美化动画页面的作用，并且还可以使文字更加清晰、易读。

6.2.1 设置字符属性

字体系列、样式、大小、间距、颜色以及消除锯齿等选项都属于文本的“字符”属性。可以根据设计的需要，在“字符”属性面板中对相关选项进行设置，“字符”属性面板如图 6-28 所示。

图 6-28 “字符”属性面板

- 系列：该选项可以为选中的文本应用不同的字体系列，具体设置方法有以下两种，一种是在“系列”下拉列表中选择相应的字体；另一种是在该选项的文本框中直接输入字体的名称即可。

- 样式：该选项用来设置字体的样式，不同的字体可供选择的样式也是不同的，一般情况下包括以下几种选项，如图 6-29 所示。设置字体样式的方法是多样的，还可以通过执行“文本 > 样式”命令，在弹出的菜单中选择相应选项对字体样式进行设置，如图 6-30 所示。如果所选择的字体不包括其中的某种样式，那么该样式将显示为不可用状态。

图 6-29 “样式”选项

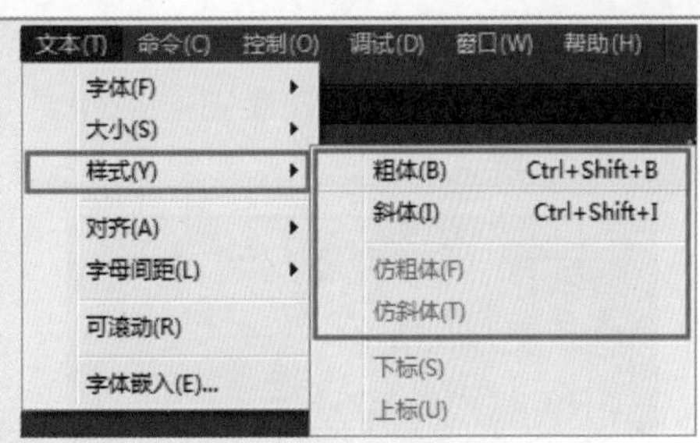

图 6-30 “样式”菜单选项

- Regular：正常样式。
- Italic：斜体。
- Bold：仿粗体。
- Bold Italic：仿斜体。

- “嵌入”按钮：单击该按钮，可以弹出“嵌入字体”对话框，通过在该对话框中进行设置，可以在所发布的 SWF 文件中嵌入所使用的字体。关于嵌入文本将在第 6.4.1 节进行详细介绍。

- 大小：单击该选项，可以在文本框中输入具体的数值来设置字体的大小，字体大小的单位值是磅，与当前标尺的单位无关。

- 字母间距：该选项可以用来设置所选字符或文本的间距，单击该选项，在文本框中输入相应的数值，会在字符之间插入统一数量的空格，从而达到编辑文本的具体要求。

- 颜色：单击该选项右侧的色块，在弹出的拾色器窗口中可以选择字体的颜色，如图 6-31 所示。另外，还可以在“颜色”面板左上角的文本框中输入颜色的十六进制值，这里可以设置的颜色只能是纯色。

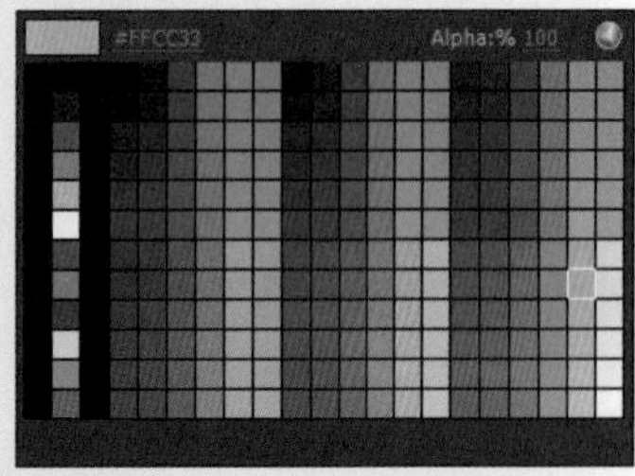

图 6-31 拾色器窗口

- 自动调整字距：选中该复选框，则可以为拉丁字符使用内置于字体中的字距调整信息。对于亚洲字符，仅对内置有字距调整信息的字符应用字距调整。

- 消除锯齿：单击该选项右侧的“字体呈现方法”下拉按钮，弹出下拉列表选项，如图 6-32 所示。选择其中某一个选项，可以对所选择的每个文本字段应用锯齿消除，而不是每个字符。另外还应注意的是，在 Flash CC 中打开现有 FLA 文件时，文本并不会自动更新为使用“字体呈现方法”选项；如果要使用“字体呈现方法”选项，必须选择各个文本字段，然后手动更改“消除锯齿”设置。

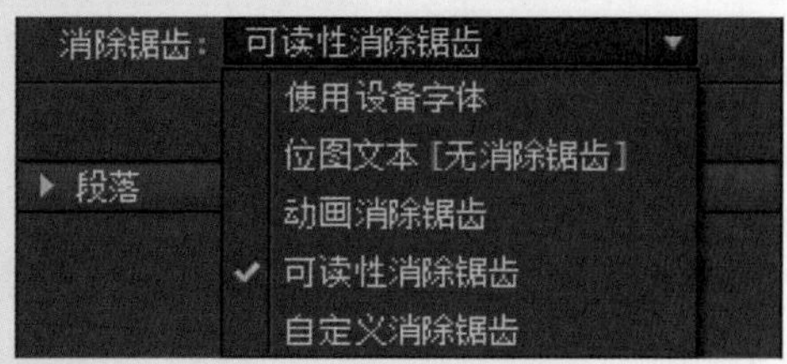

图 6-32 “消除锯齿”菜单选项

- 使用设备字体：该选项用来指定 SWF 文件使用本地计算机上所安装的字体来显示。

- 位图文本 [无消除锯齿]：该选项将关闭消除锯齿功能，不对文本进行平滑处理，而用尖锐边缘显示文本，由于字体轮廓嵌入了 SWF 文件，因此增加了 SWF 文件的大小。如果位图文本的大小与导出大小相同时，则文本显示效果较为清晰，如果对位图文本缩放后，文本显示效果则较差。

- 动画消除锯齿：该选项可以创建较平滑的动画。由于 Flash CC 忽略对齐方式和字距微调信息，因此该选项只适用于部分情况。此外，由于字体轮廓是嵌入的，因此指定“动画消除锯齿”会创建出较大的 SWF 文件。

- 可读性消除锯齿：该选项使用新的消除锯齿引擎，改进了字体（尤其是较小字体）的可读性。由于该字体轮廓也是嵌入的，因此该选项也会创建较大的 SWF 文件，为了使用“可读性消除锯齿”设置，必须将 Flash 内容发布到 Flash Player 8 或更高的版本中。

- 自定义消除锯齿：选择该选项，弹出“自定义消除锯齿”对话框，如图 6-33 所示。在该对话框中，可以对“粗细”、“清晰度”等相关属性进行设置。“粗细”选项用来确定字体消除锯齿转变显示的粗细，较大的值则会使字符看上去较粗；“清晰度”选项用来确定文本边缘与背景过渡的平滑度。

图 6-33 “自定义消除锯齿”对话框

- “可选”按钮：该按钮是用来设置生成的 SWF 文件中的文本能否被用户通过鼠标进行选择和复制。因为静态文本常用来展示信息，出于对内容的保护，一般情况下，该选项默认为不可选状态，而动态文本则默认为可选，但是输入文本则不能对这个属性进行设置。

- “将文本呈现为 HTML”按钮：该按钮是用来决定动态文本框中的文本能否使用 HTML 格式。“动态文本”和“输入文本”可以对该选项进行设置，相反“静态文本”则不能。
- “在文本周围显示边框”按钮：单击该按钮，系统会根据设置的边框大小，在字体背景上显示一个白底不透明的输入框。“动态文本”和“输入文本”可以对该选项进行设置，“静态文本”则对该选项不可设置。
- “切换上标”按钮和“切换下标”按钮：单击“切换上标”按钮，可以将文本放置在基线之上（水平文本）或基线的右侧（垂直文本）。单击“切换下标”按钮，可以将文本放置在基线之下（水平文本）或基线的左侧（垂直文本）。

6.2.2 段落属性

在文本的“段落”属性面板中可以对文本段落的格式、间距、边距、行为等选项进行设置，“段落”属性面板如图 6–34 所示。

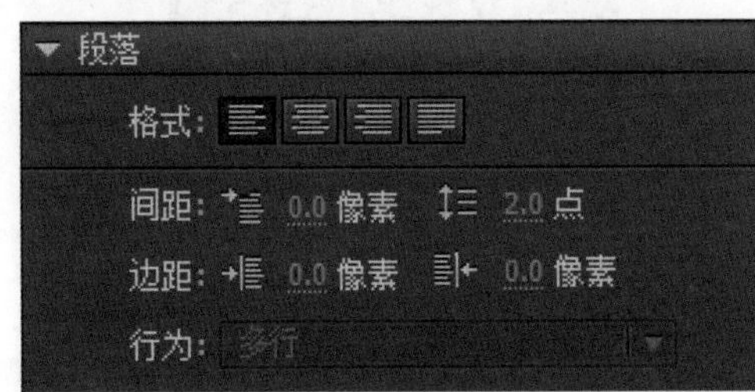

图 6-34 “段落”属性面板

- 格式：该选项是指文本的段落对齐方式，通过该选项可以对段落中每行文本相对于文本边缘的位置进行设置。
- 间距：该选项包括“缩进”和“行距”两个选项。
  - 缩进：通过使用缩进可以对首行开头字符与段落边界之间的距离进行设置。
  - 行距：通过使用行距可以对段落中相邻行之间的距离进行设置。
- 边距：该选项可以对文本字段的边框与文本之间的距离进行设置，其包含两个选项，分别是“左边距”和“右边距”。
- 行为：该选项主要用于设置文本框中段落文本的类型，如果“文本类型”为“静态文本”，则该选项不可用。如果“文本类型”为“动态文本”，则该选项的下拉列表中包含 3 个选项，如图 6–35 所示。如果“文本类型”为“输入文本”，则该选项的下拉列表中包含 4 个选项，如图 6–36 所示。

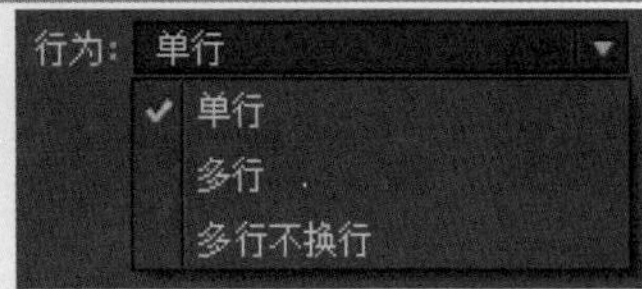

图 6-35 “行为”下拉列表

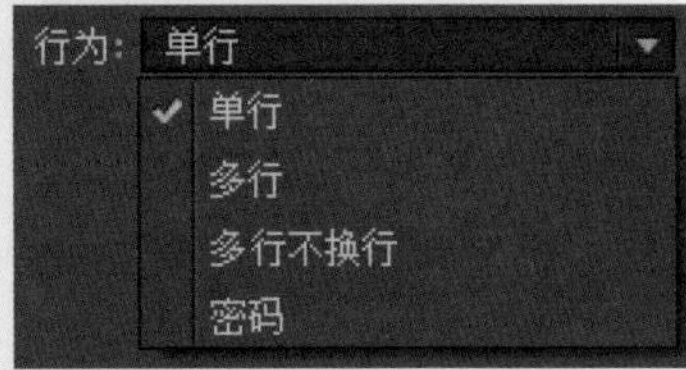

图 6-36 “行为”下拉列表

- 单行：选择该选项，是指所创建的文本框只能单行输入。
- 多行：选择该选项，是指所创建的文本框可以多行输入，并且还可以实现自动换行。
- 多行不换行：选择该选项，是指所创建的文本框可以多行输入，但是却不可以自动换行，需要按 Enter 键实现自动换行。
- 密码：选择该选项，是指在所创建的文本框中输入的文本将以“*”显示。

6.2.3 制作倒计时动画

通过对文字属性的设置，可以使所输入的文字与整个 Flash 动画的场景更加吻合，下面我们通过一个小练习，讲解在 Flash 中输入文字，并对文字的属性进行设置。

动手实践——制作倒计时动画 

源文件：光盘 \ 源文件 \ 第 6 章 \6-2-3.fla

视频：光盘 \ 视频 \ 第 6 章 \6-2-3.swf

01 执行“文件 > 新建”命令，弹出“新建文档”对话框，设置如图 6–37 所示。单击“确定”按钮，新建一个空白 Flash 文档。执行“文件 > 导入 > 导入到舞台”命令，导入素材图像“光盘 \ 源文件 \ 第 6 章 \ 素材 \62301.jpg”，如图 6–38 所示。

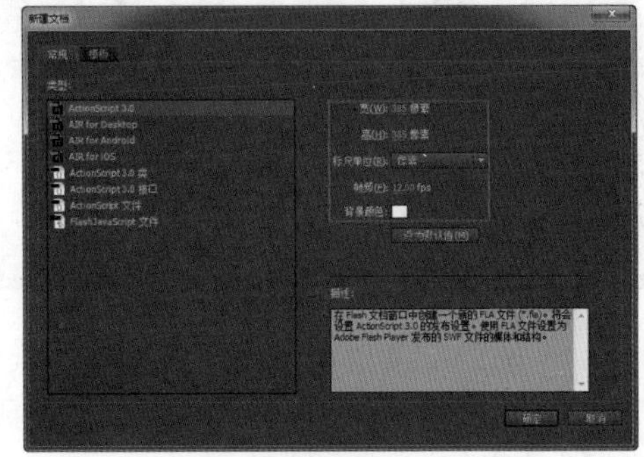

图 6-37 “新建文档”对话框

图 6-38 导入图像

02 在第 11 帧按 F5 键插入帧，新建“图层 2”，如图 6-39 所示。单击工具箱中的“文本工具”按钮 T，在舞台中绘制文本框并输入相应的文字，如图 6-40 所示。

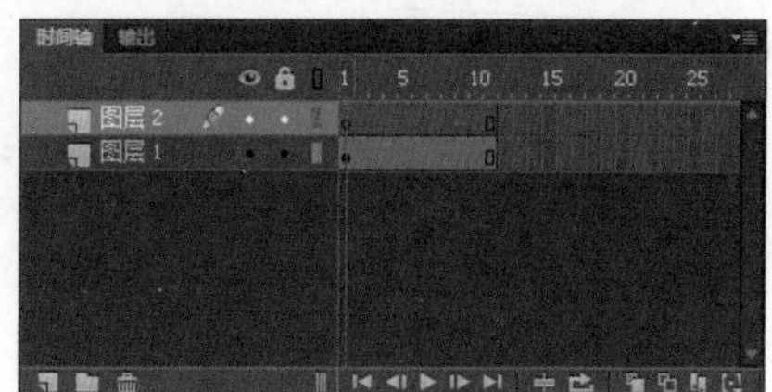

图 6-39 “时间轴”面板

图 6-40 输入文本

03 选中刚输入的文字，打开“属性”面板，对相关属性进行设置，如图 6-41 所示，可以看到文字的效果，如图 6-42 所示。

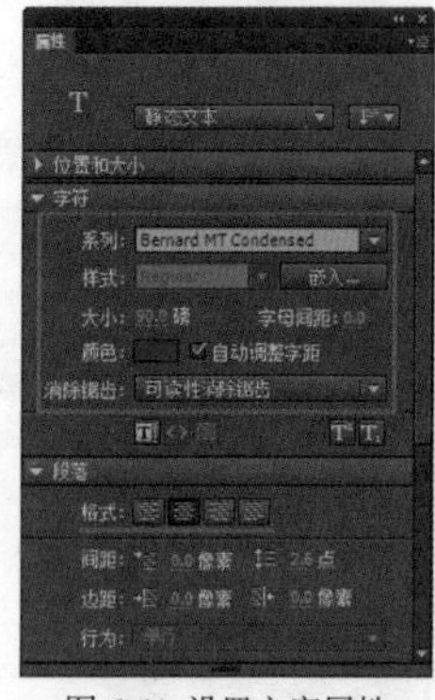

图 6-41 设置文字属性　　图 6-42 文字效果

04 在“图层 2”的第 2 帧位置按 F6 键插入关键帧，修改该帧上文字为 9，如图 6-43 所示，“时间轴”面板如图 6-44 所示。

图 6-43 修改文字

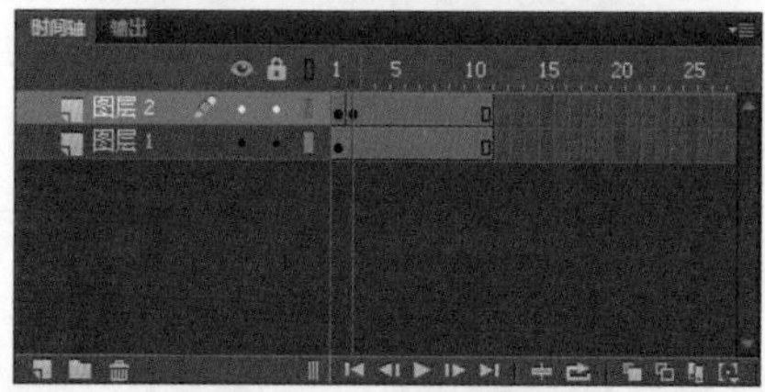

图 6-44 “时间轴”面板

05 使用相同的方法，分别在第 3 帧至第 11 帧各帧上按 F6 键插入关键帧，并分别修改各关键帧上的数字，如图 6-45 所示，“时间轴”面板如图 6-46 所示。

图 6-45 修改文字

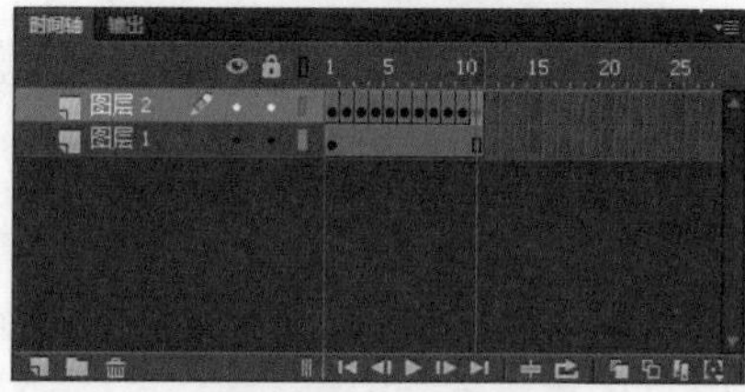

图 6-46 “时间轴”面板

06 执行“文件 > 保存”命令，将该文件保存为“光盘 \ 源文件 \ 第 6 章 \6-2-3.fla”，按快捷键 Ctrl+Enter，测试动画，效果如图 6-47 所示。

图 6-47 测试动画效果

6.3 文本的编辑处理

在学习了文本属性设置方法的基础上，用户还要熟练掌握文本编辑处理的相关操作方法，以便为日后制作出精美的文字动画打好基础。

6.3.1 选择和移动文本

执行“文件 > 打开”命令，打开素材文件“光盘\源文件\第 6 章\素材\63101.fla”，如图 6-48 所示。单击工具箱中的“文本工具”按钮T，将鼠标移至舞台中的文本右端，鼠标指针呈 I 状时，如图 6-49 所示。

图 6-48 打开 Flash 文件

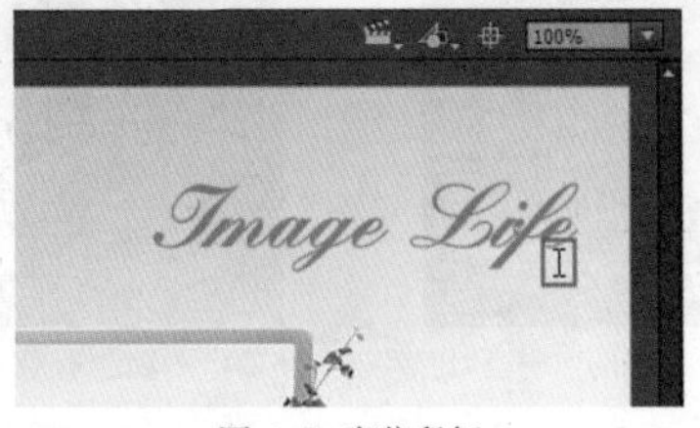

图 6-49 定位鼠标

向左拖曳鼠标至文本左端，然后释放鼠标左键，即可选中文本，如图 6-50 所示。如果想将选中的文本移动到合适的位置，使用“选择工具”，将鼠标放置于文本对象上，如图 6-51 所示。

图 6-50 选择文本

图 6-51 定位鼠标

技巧

除了使用上述方法选择文本外，还可以使用“选择工具”双击文本，即可选择文本，并且系统还会自动将当前工具切换至“文本工具”。

向左拖曳鼠标至合适位置，即可移动文本，如图 6-52 所示。

图 6-52 移动文本

6.3.2 切换文本类型

执行“文件 > 打开”命令，打开素材文件“光盘\源文件\第 6 章\素材\63201.fla”，如图 6-53 所示。选择舞台区中的文本对象，如图 6-54 所示。

图 6-53 打开 Flash 文件

图 6-54 选择文本对象

在“属性”面板中单击“文本类型”下拉列表框，在弹出的下拉列表中选择“动态文本”选项，如图6-55所示。操作完成后，即可将所选文本类型切换为动态文本，如图6-56所示。

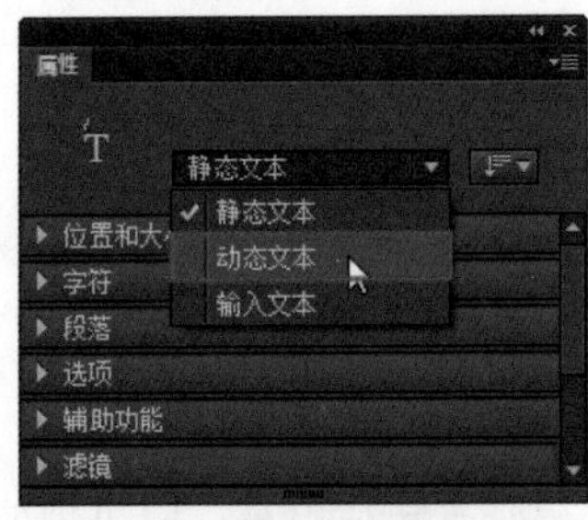

图6-55 设置文本属性

图6-56 切换文本类型

提示

如果将所选文本的文本类型从静态文本切换至动态文本，那么文本框将呈虚线显示，说明此文本框内的文字是可以随时变动的。

6.3.3 查找和替换文本

在Flash CC中对“查找和替换”功能进行了增强，不但可以查找和替换文档中的文本内容，还可以查找和替换除文本外的其他对象，如代码、颜色、元件等。如果需要查找和替换文本内容，可以选择相应的段落文本对象，执行“编辑 > 查找和替换”命令，弹出“查找和替换”面板，可以在该面板中对相关选项进行设置，如图6-57所示。

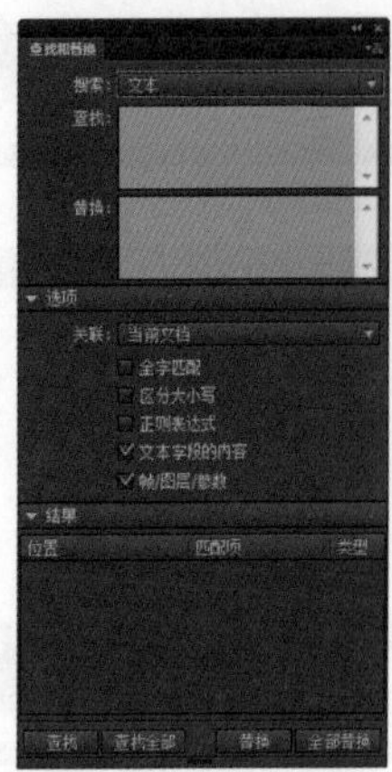

图6-57 “查找和替换”面板

- 搜索：该选项用来设置查找和替换当前文档或当前场景中的元素类型。在该选项下拉列表中包括8种选项，如图6-58所示。

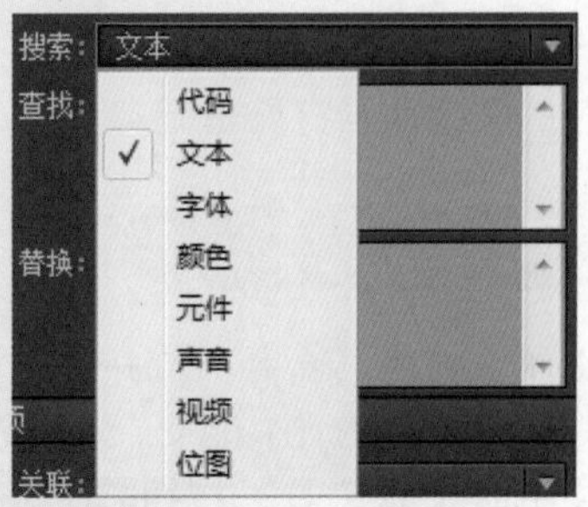

图6-58 “搜索”下拉列表

- 代码：选择该选项，则可以对文档中所添加的ActionScript代码进行查找和替换操作，如图6-59所示。
- 文本：选择该选项，则可以对文档中的文本进行查找和替换操作，如图6-60所示。

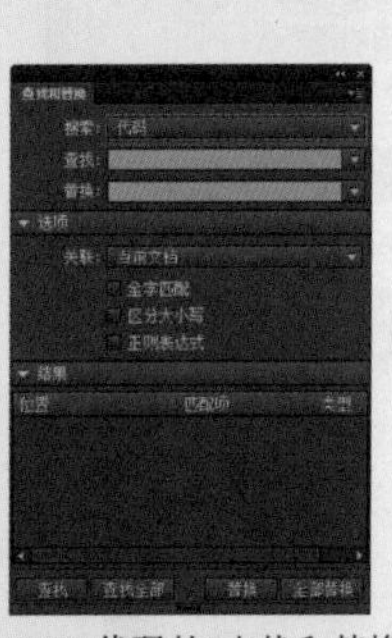

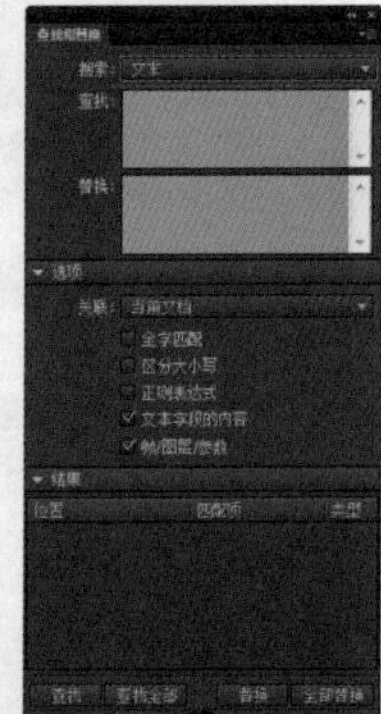

图6-59 代码的“查找和替换”　图6-60 文本的“查找和替换”

- 字体：选择该选项，则可以对文档中的文本字体进行查找和替换操作，如图6-61所示。
- 颜色：选择该选项，则可以对文档中所设置的文本颜色、填充颜色和笔触颜色进行查找和替换操作，如图6-62所示。

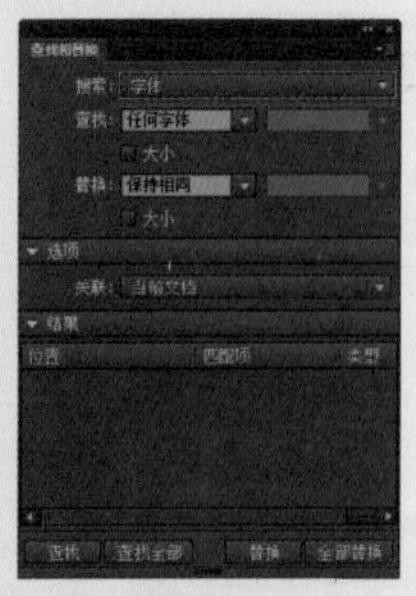

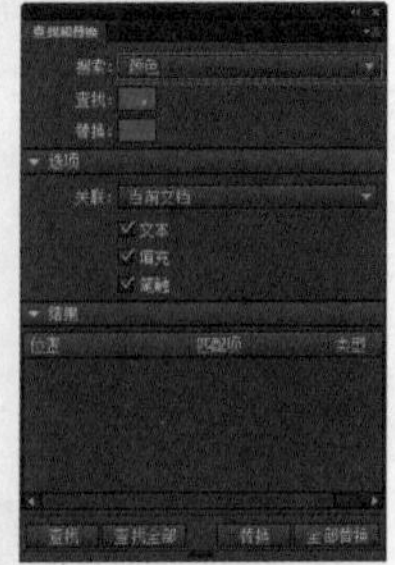

图6-61 字体的“查找和替换”　图6-62 颜色的“查找和替换”

- 元件：选择该选项，则可以对文档中所创建的元件进行查找和替换操作，如图6-63所示。
- 声音：选择该选项，则可以对文档中所使用的声音对象进行查找和替换操作，如图6-64所示。

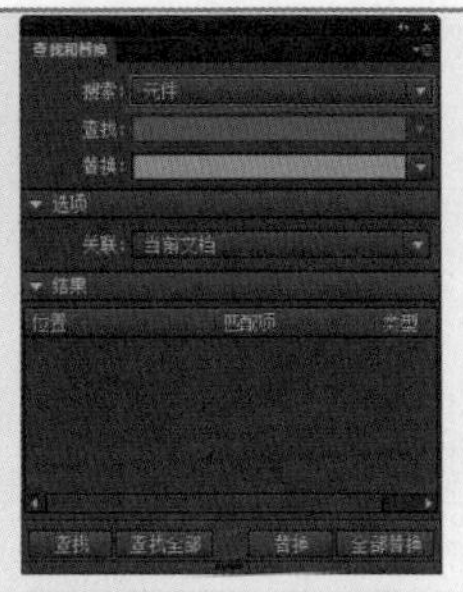

图 6-63 元件的"查找和替换"

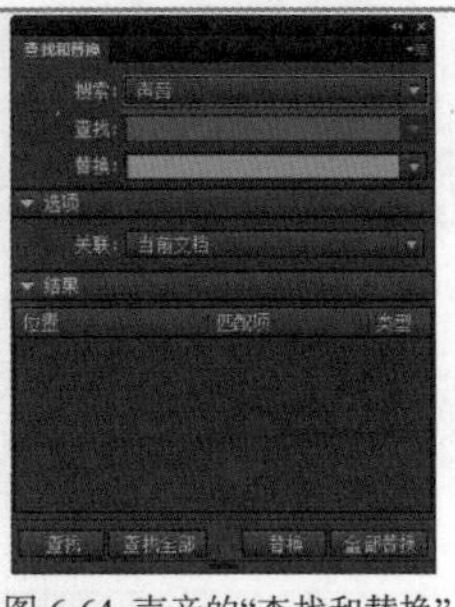

图 6-64 声音的"查找和替换"

- 视频：选择该选项，则可以对文档中所使用的视频对象进行查找和替换操作，如图 6–65 所示。
- 位图：选择该选项，则可以对文档中所使用的位图对象进行查找和替换操作，如图 6–66 所示。

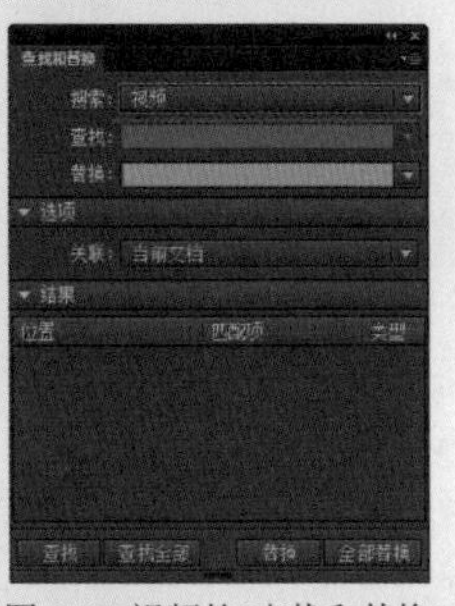

图 6-65 视频的"查找和替换"

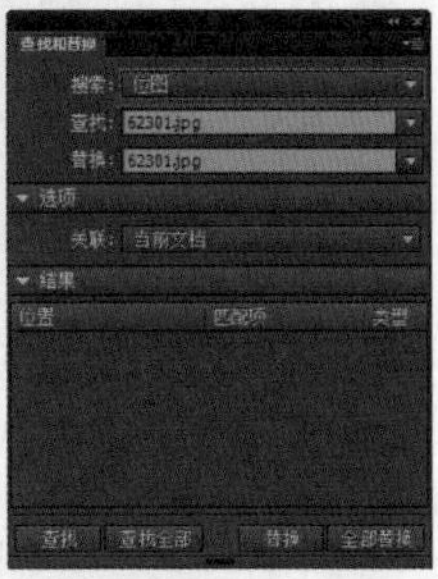

图 6-66 位图的"查找和替换"

- 查找：在该选项的文本框中，可以输入需要查找的文本。
- 替换：在该选项的文本框中，可以输入要替换现有文本的文本。
- 关联：该选项用来设置搜索的范围，在该选项的下拉列表中包括以下 4 种选项，如图 6–67 所示。

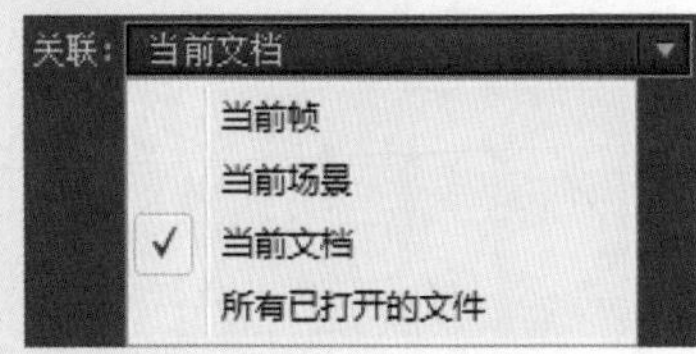

图 6-67 "关联"下拉列表

- 当前帧：选择该选项，则表示在当前帧中查找和替换所设置的对象。
- 当前场景：选择该选项，则表示在当前场景中查找和替换所设置的对象。
- 当前文档：选择该选项，则表示在当前文档中查找和替换所设置的对象。
- 所有已打开的文件：选择该选项，则表示在当前所有在 Flash CC 中打开的文件中查找和替换所设置的对象。

- 全字匹配：选中该选项，则将指定文本字符串仅作为一个完整单词搜索，两边由空格、引号或类似标记限制。如果取消选中该选项，则会将指定文本作为某个较大单词的一部分来搜索。例如，搜索 place 时，其搜索结果包括单词 replace、placement 等。
- 区分大小写：选中该选项，可以在查找和替换时搜索与指定文本的大小写（大写或小写字符格式）完全匹配的文本。
- 正则表达式：选中该选项，搜索以 ActionScript 编写的正则表达式中的文本。表达式是 Flash 可以求值并返回值的任何语句。
- 文本字段的内容：选中该选项，搜索文本字段的内容。
- 帧 / 图层 / 参数：选中该选项，可对帧标签、图层名称、场景名称和组件参数进行搜索。
- 结果：在该选项区中将显示根据所设置的查找条件所查找到的内容。
- "查找"按钮：单击该按钮，可以在所设置的搜索范围内查找下一个指定的文本。
- "查找全部"按钮：单击该按钮，可以在所设置的搜索范围内查找所有出现的指定文本。
- "替换"按钮：单击该按钮，可以替换在当前出现并选定的指定文本。
- "全部替换"按钮：单击该按钮，可以替换所有出现的指定文本。

6.3.4 为文本设置超链接

为文本设置超链接，可以将静态的文本做成一个能让用户单击的超链接。在为文本设置超链接时，需要选中相应文本，然后在打开的"属性"面板中的"选项"内容中进行设置，如图 6–68 所示。

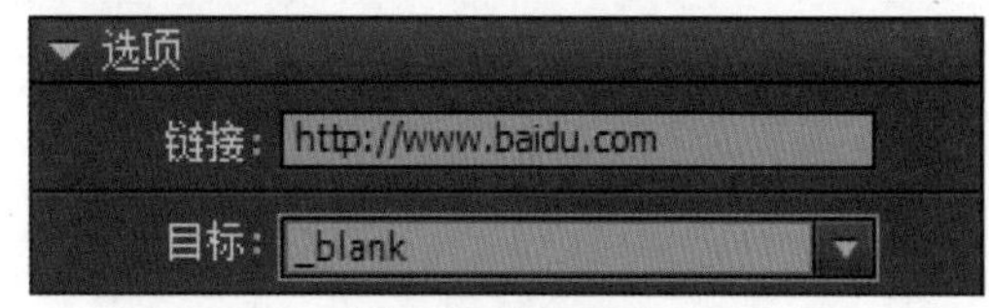

图 6-68 "选项"设置

- 链接：在该选项的文本框中输入文本链接的 URL 地址。
- 目标：该选项用来设置链接的网页在哪个窗口打开，在该选项的下拉列表中包括 4 个选项，如图 6–69 所示。

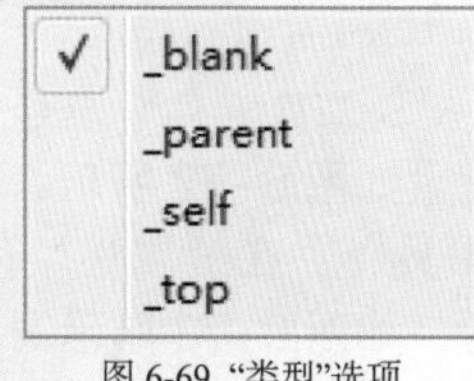

图 6-69 "类型"选项

- _blank：在一个新窗口中打开这个链接地址。
- _parent：在链接框架的窗口中打开链接地址。
- _self：在包含该链接的窗口或框架中打开。该选项为默认选项，无须特别指定。
- _top：将链接的地址装载到整个浏览器窗口。

6.3.5 制作描边文字

本实例将通过制作描边文字效果，向读者详细介绍运用字符属性对字体进行设置，并进行变换操作的方法。

动手实践——制作描边文字

源文件：光盘\源文件\第 6 章\6-3-5.fla

视频：光盘\视频\第 6 章\6-3-5.swf

01 执行“文件 > 新建”命令，新建一个 Flash 文档，如图 6-70 所示。单击“确定”按钮，新建一个空白的 Flash 文档，效果如图 6-71 所示。

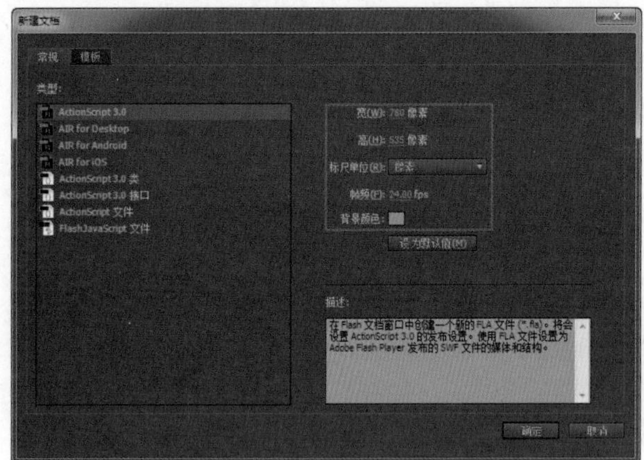

图 6-70 “新建文档”对话框

图 6-71 页面效果

02 执行“插入 > 新建元件”命令，弹出“创建新元件”对话框，设置如图 6-72 所示。单击“确定”按钮，使用“文本工具”，在“属性”面板中对字符的相关属性进行设置，如图 6-73 所示。

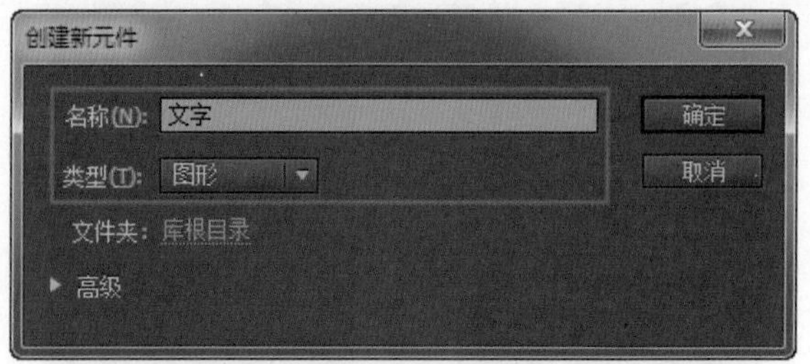

图 6-72 “创建新元件”对话框

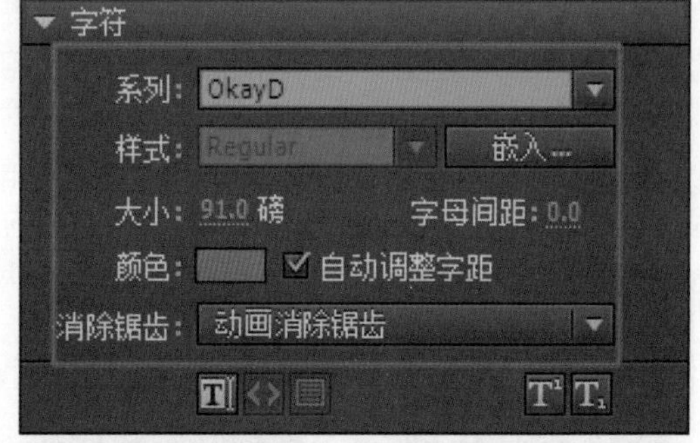

图 6-73 设置属性

03 完成设置后，在舞台上输入文字，如图 6-74 所示。按快捷键 Ctrl+C 复制文本，新建“图层 2”，按快捷键 Ctrl+Shift+V 将文本粘贴到当前位置，隐藏“图层 1”，选中“图层 2”上的文字，执行“修改 > 分离”命令两次，如图 6-75 所示。

图 6-74 输入相应文字

图 6-75 分离文字效果

04 设置“笔触颜色”为白色，使用“墨水瓶工具”，为文字图形添加描边效果，如图 6-76 所示。使用“选择工具”，将添加描边的文字图形选中，在“属性”面板中对相关选项进行设置，如图 6-77 所示。

图 6-76 添加描边效果

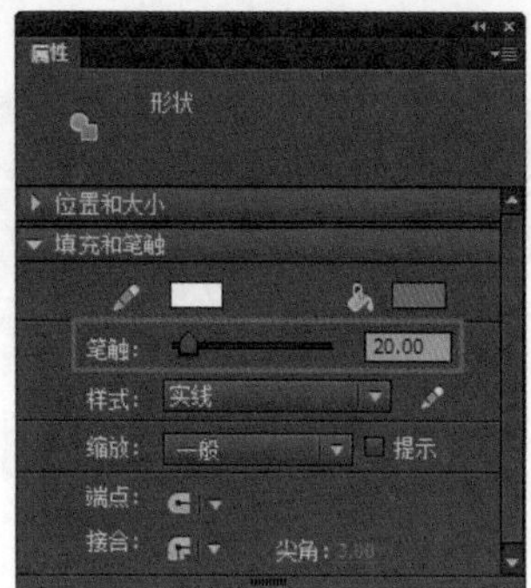

图 6-77 设置“笔触”属性

05 在舞台中可以看到相应的文字效果，如图 6-78 所示。将“图层 2”移动到“图层 1”的下方，显示“图层 1”，效果如图 6-79 所示。

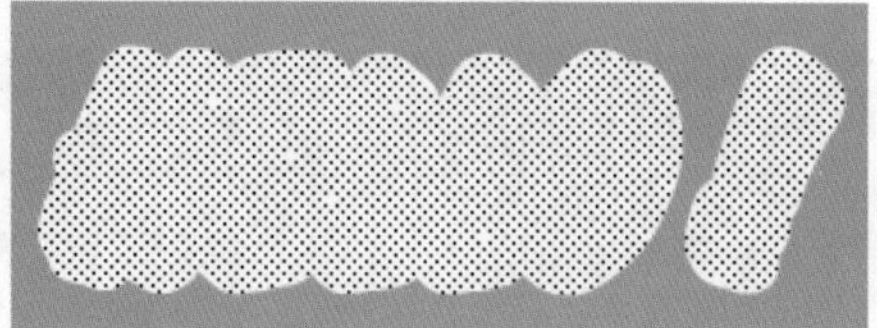

图 6-78 文字效果

图 6-79 文字效果

06 使用相同的方法，可以完成相似部分内容的制作，如图 6-80 所示。新建“图层 7”，使用“矩形工具”，在“属性”面板中对相关参数进行设置，如图 6-81 所示。

图 6-80 添加描边效果

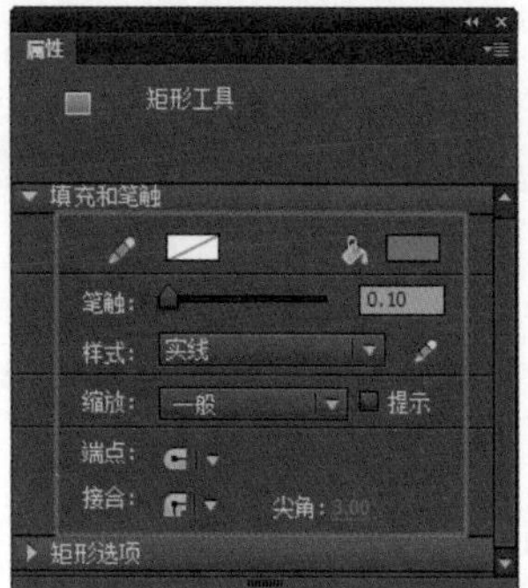

图 6-81 “属性”面板

07 完成相应的设置，在舞台中绘制矩形，如图 6-82 所示。使用“任意变形工具”，将矩形图形旋转至合适的角度并调整到合适的位置，如图 6-83 所示。

图 6-82 绘制矩形

图 6-83 调整矩形位置

08 使用相同的方法，完成相似图形的绘制，如图 6-84 所示。使用“椭圆工具”，在“属性”面板对相关选项进行设置，如图 6-85 所示。

图 6-84 绘制矩形

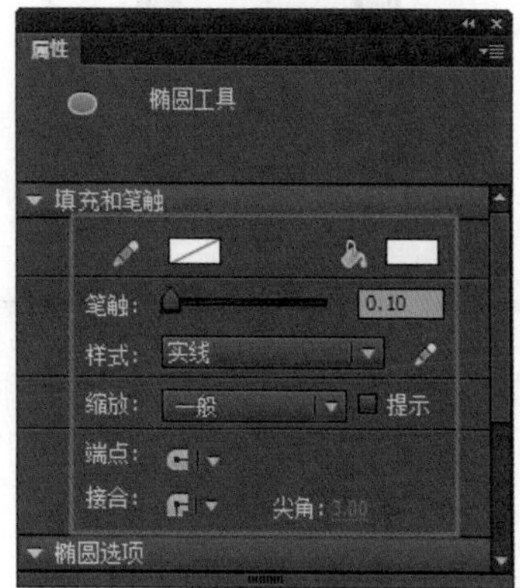

图 6-85 “属性”面板

09 完成相应的设置，在舞台中绘制正圆形，如图 6-86 所示。使用相同的方法，可以完成其他相似图形的绘制，如图 6-87 所示。

图 6-86 绘制圆形

图 6-87 图形效果

10 新建“图层 8”，使用“文本工具”，在舞台中输入相应的文字，如图 6-88 所示。返回到“场景 1”的编辑状态，执行“文件 > 导入 > 导入到舞台”命令，弹出“导入”对话框，选择需要导入的图像素材，如图 6-89 所示。

图 6-88 输入文字

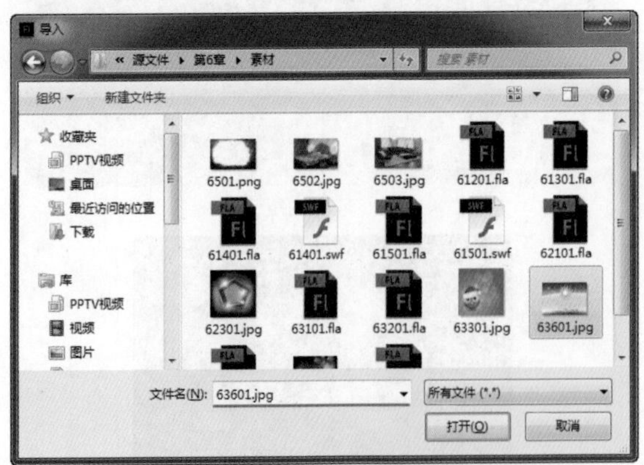

图 6-89 “导入”对话框

11 单击“打开”按钮，将图片导入到舞台中，如图 6-90 所示。新建“图层 2”，将“文字”元件从“库”面板拖入到场景中合适的位置，如图 6-91 所示。

图 6-90 导入图像

图 6-91 拖入元件

12 完成描边文字的制作，执行“文件 > 保存”命令，将该文件保存为“光盘 \ 源文件 \ 第 6 章 \6-3-5.fla”，按快捷键 Ctrl+Enter，测试动画，效果如图 6-92 所示。

图 6-92 测试动画效果

6.4 文本的应用

在 Flash CC 中不仅可以对文本进行嵌入、分离操作，而且可以将文本分散到图层，并添加滤镜效果，通过对文本的合理应用，可以制作出丰富的文字特效，并能提高工作效率。

6.4.1 嵌入文本

由于计算机通过 Internet 播放用户所发布的 SWF 文件时，不能保证用户所设置的字体在所有计算机上可用，因此可以通过执行“字体嵌入”命令，嵌入全部字体或某种字体的特定字符集，这样就可以使该字体在 SWF 文件中可用，而无须考虑播放该文件的计算机。

执行“文本 > 字体嵌入”命令，或是在“属性”面板中单击“嵌入”按钮，弹出“字体嵌入”对话框，如图 6-93 所示，通过“字体嵌入”对话框可以执行以下操作。

(1) 在一个位置管理所有嵌入的字体。

(2) 为每个嵌入的字体创建字体元件。

(3) 为字体选择自定义范围嵌入字符以及预定义范围嵌入字符。

(4) 在同一文件中使用文本布局框架文本和传统文本，并在每个文本中使用嵌入字体。

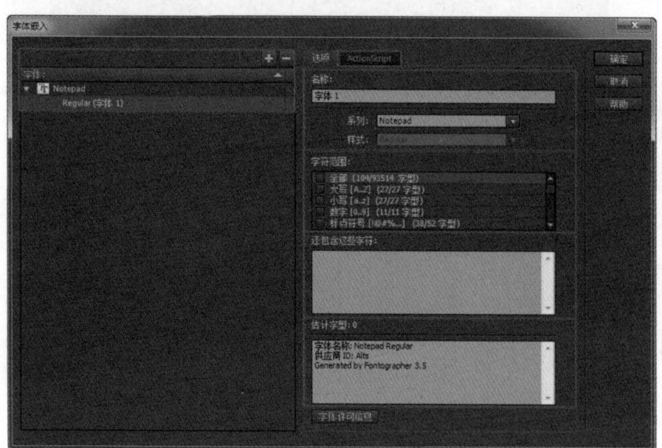

图 6-93 “字体嵌入”对话框

- 字体：打开“字体嵌入”对话框时在此处显示字体项目。
  - “添加”按钮：单击该按钮，可以将新嵌入字体添加到 FLA 文件。
  - “删除”按钮：单击该按钮，可以删除所选中的字体。
- 名称：在该选项中可以选择要嵌入字体的“系列”和“样式”。
- 字符范围：在该选项中选择要嵌入的字符范围。嵌入的字符越多，发布的 SWF 文件越大。
- 还包含这些字符：如果要嵌入任何其他特定字符，可以在该选项的文本框中输入这些字符。
- 估计字型：在该选项的文本框中显示所选择字体的字体名称、供应商等字型。

- ActionScript 选项卡：单击 ActionScript 选项卡，显示其各选项内容，如图 6-94 所示。

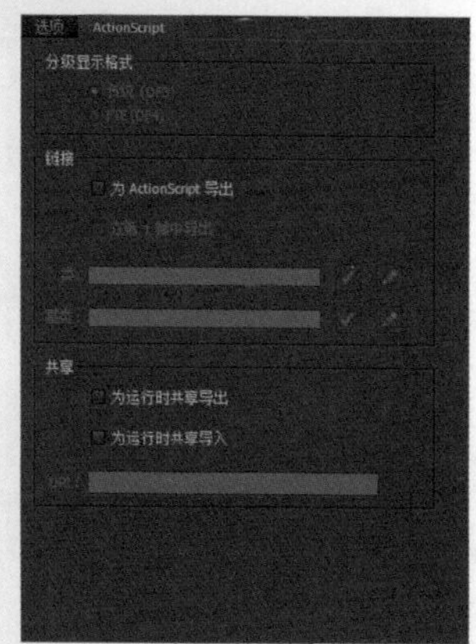

图 6-94 ActionScript 选项

- 传统（DF3）：对于传统文本容器，作为分级显示格式。
- FTE（DF4）：对于 FTE 文本容器，作为分级显示格式。
- 为 ActionScript 导出：该选项可以使嵌入字体元件能够使用 ActionScript 代码访问。如果选中该选项，则还要选择分级显示格式。如果在 PTE 文本容器和传统文本容器中使用嵌入字体元件，必须分别创建。
- 共享：在该选项中进行设置，可以将字体元件用作共享资源。

提示

在 Flash CC 中，对于包含文本的任何文本对象使用的所有字符，Flash 均会自动嵌入。如果用户自己创建嵌入字体元件，就可以使文本对象使用其他字符，例如在运行时接受用户输入或使用 ActionScript 编辑文本时。对于“消除锯齿”属性设置为“使用设备字体”的文本对象，没有必要嵌入字体。设置要在 FLA 文件中嵌入的字体后，Flash 会在发布 SWF 文件时将设置的字体嵌入进去。

技巧 

一般在以下三种情况中，需要通过在 SWF 文件中嵌入字体来确保相同效果的文本外观：（1）在要求文本外观一致的设计过程中，需要在 FLA 文件中创建文本对象时。（2）在 FLA 文件中使用 ActionScript 动态生成文本时。当使用 ActionScript 创建动态文本时，必须在 ActionScript 中设置要使用的字体。（3）当 SWF 文件包含文本对象，并且该文件可能由尚未嵌入所需字体的其他 SWF 文件加载时。

6.4.2 分离文本

在 Flash CC 中对文本进行分离操作，可以将每个字符置于单独文本字段中，然后可以快速地将文本分离。

分离后的文本，无法进行再编辑，和其他任何形状一样，可以对文本进行改变形状、擦除、分组等操作。另外还可以将它们更改为元件，并制作出动画效果，下面对分离文本的操作方法进行详细介绍。

执行“文件 > 打开”命令，打开素材文件“光盘\源文件\第 6 章\素材\64201.fla”，使用“选择工具”选中文本，如图 6–95 所示。

图 6-95 选择文本

执行“修改 > 分离”命令，或按快捷键 Ctrl+B，可以将选定文本中的每个字符都放入一个单独的文本字段中，但是文本在舞台上的位置保持不变，如图 6–96 所示，再次执行“修改 > 分离”命令，可以将舞台上的文本转换为形状，如图 6–97 所示。

图 6-96 单独文本字段

图 6-97 将每个文本转换为形状

6.4.3 文本分散到图层

执行“修改 > 时间轴 > 分散到图层”命令，可以将文本对象以单个像素的形式分散到每个图层中，可以方便制作出具有层次感和空间感的文字动画，下面将通过具体的实例向读者讲解如何将文本分散到图层。

动手实践——制作文字出场动画

源文件：光盘\源文件\第 6 章\6-4-3.fla

视频：光盘\视频\第 6 章\6-4-3.swf

01 执行“文件 > 新建”命令，弹出“新建文档”对话框，设置如图 6–98 所示。单击“确定”按钮，新建一个空白的 Flash 文档。执行“文件 > 导入 > 导入到舞台”命令，导入素材图像“光盘\源文件\第 6 章\素材\64301.jpg”，如图 6–99 所示。

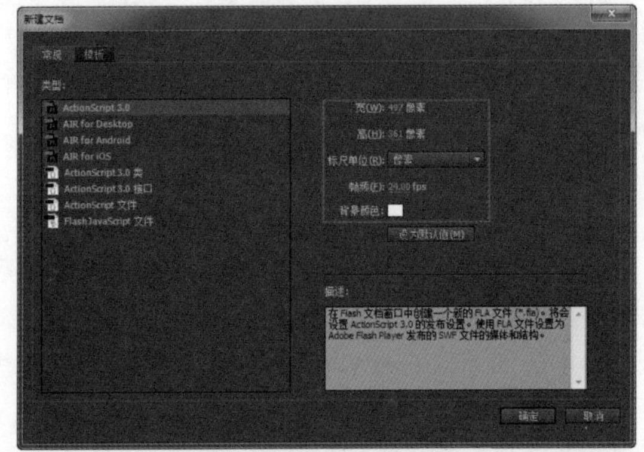

图 6-98 “新建文档”对话框

图 6-99 导入素材

02 在第 120 帧按 F5 键插入帧，新建“图层 2”，使用“文本工具”，在“属性”面板中对相关属性进行设置，如图 6–100 所示。在舞台中单击并输入相应的文字，如图 6–101 所示。

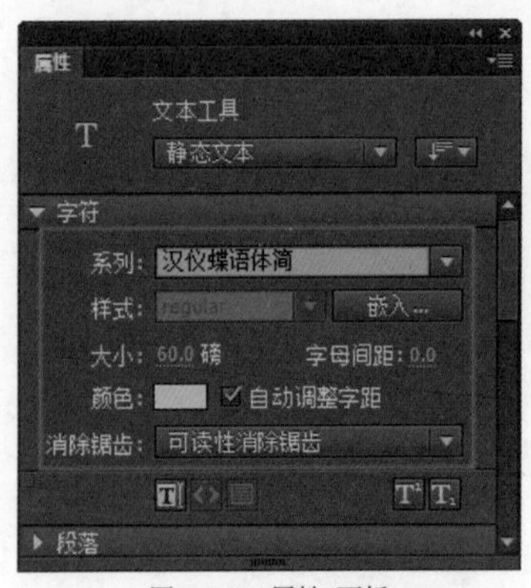

图 6-100 “属性”面板

图 6-101　输入文字

03 选中刚输入的文字，执行“修改 > 分离”命令，或按快捷键 Ctrl+B，将文本分离为单个字符，如图 6-102 所示。执行“修改 > 时间轴 > 分散到图层”命令，将单个字符分散到不同的图层中，将“图层 2”删除，“时间轴”面板如图 6-103 所示。

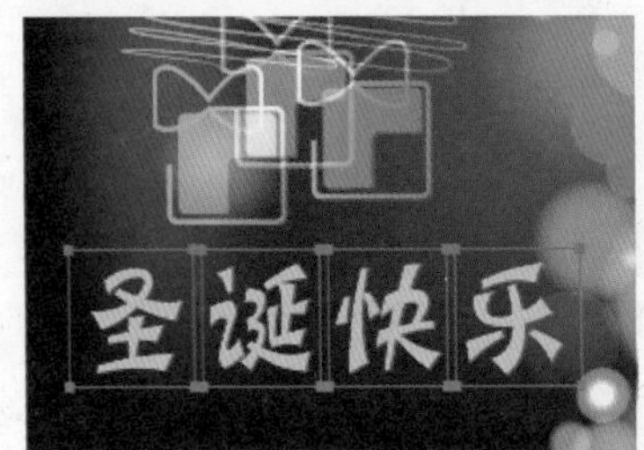

图 6-102　分离文本

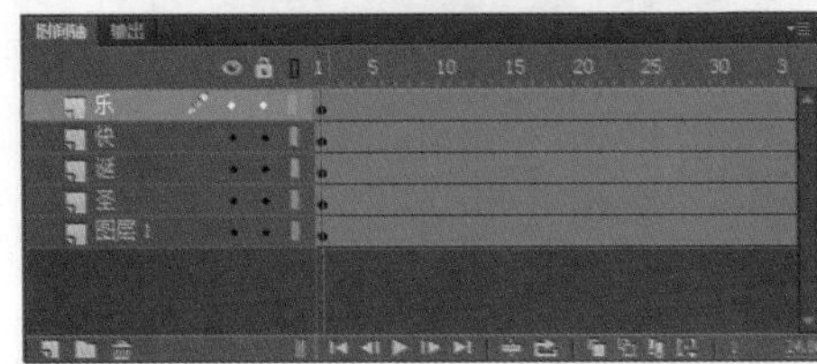

图 6-103 “时间轴”面板

04 选择“圣”图层上的“圣”文字，按快捷键 Ctrl+B，将文字分离为图形，如图 6-104 所示。执行“修改 > 转换为元件”命令，弹出“转换为元件”对话框，设置如图 6-105 所示。

图 6-104　将文字分离为图形

图 6-105 “转换为元件”对话框

05 单击“确定”按钮，在“圣”图层的第 20 帧和第 25 帧分别按 F6 键插入关键帧，选择第 1 帧上的元件，在“属性”面板上设置其 Alpha 值为 0，如图 6-106 所示。使用“任意变形工具”，将该帧上的元件等比例缩小，如图 6-107 所示。

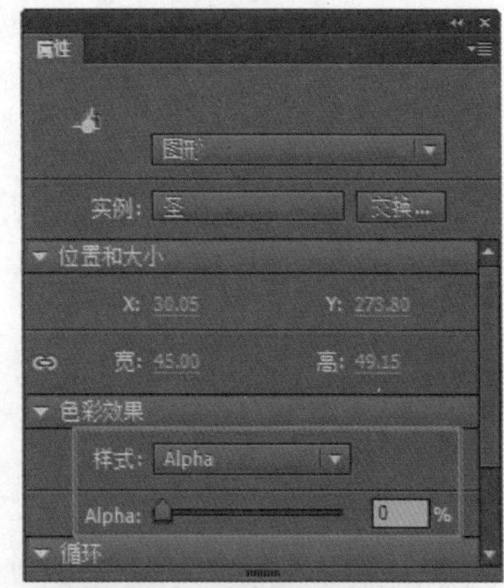

图 6-106 设置“属性”面板

图 6-107　等比例缩小元件

06 选择第 20 帧上的元件，使用“任意变形工具”，将该帧上的元件等比例放大一些，如图 6-108 所示。分别在第 1 帧和第 20 帧单击鼠标右键，在弹出的菜单中选择“创建传统补间”命令，“时间轴”面板如图 6-109 所示。

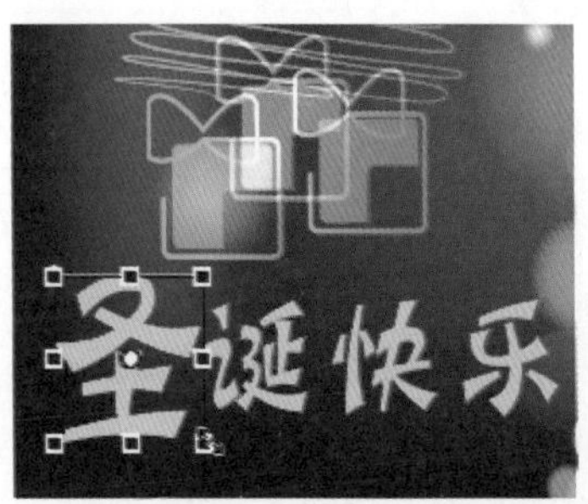

图 6-108　等比例放大元件

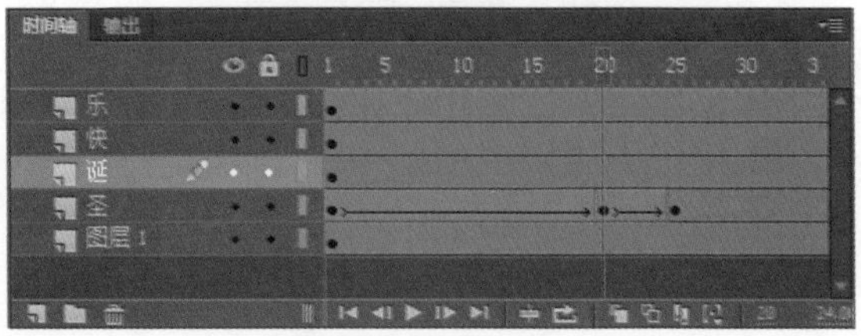

图 6-109 “时间轴”面板

07 选择“诞”图层上的“诞”文字，按快捷键Ctrl+B，将文字分离为图形，并将其转换为“名称”为“诞”的图形元件，如图 6–110 所示。拖动“诞”图层第 1 帧至第 25 帧位置，如图 6–111 所示。

图 6-110 “转换为元件”对话框

图 6-111 “时间轴”面板

08 分别在第 45 帧和第 50 帧按 F6 键插入关键帧，根据上一个文字动画的制作方法，可以完成该文字动画的制作，“时间轴”面板如图 6–112 所示。使用相同的制作方法，可以完成其他图层上文字动画效果的制作，“时间轴”面板如图 6–113 所示。

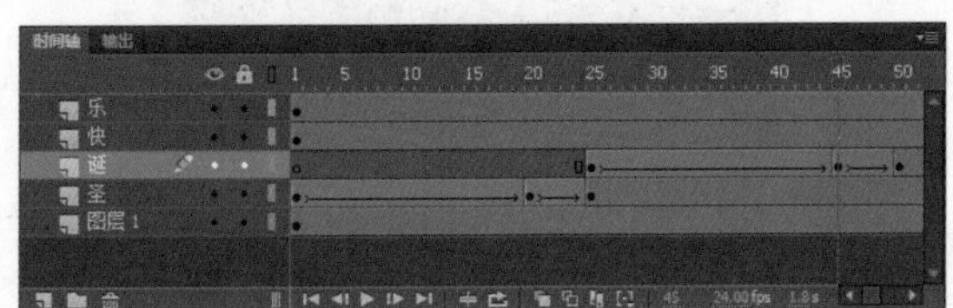

图 6-112 “时间轴”面板

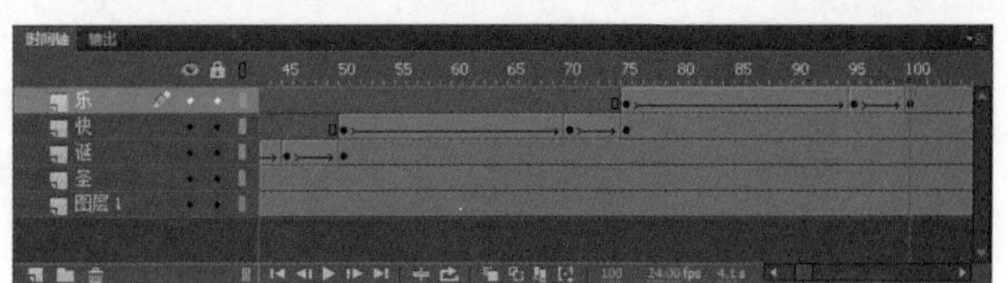

图 6-113 “时间轴”面板

09 执行“文件 > 保存”命令，将该文件保存为“光盘 \ 源文件 \ 第 6 章 \6–4–3.fla”，按快捷键Ctrl+Enter，测试动画，效果如图 6–114 所示。

图 6-114 测试动画效果

6.5 制作家居宣传广告

文字在很多的 Flash 动画中是不可或缺的，它能够直观地表达 Flash 动画的主题，本实例制作一个家居宣传广告动画，在该动画的制作中主要使用了传统补间动画与遮罩动画，并通过文字来表现主题内容。

动手实践——制作家居宣传广告

源文件：光盘 \ 源文件 \ 第 6 章 \6-5.fla

视频：光盘 \ 视频 \ 第 6 章 \6-5.swf

01 执行“文件 > 新建”命令，弹出“新建文档”对话框，设置如图 6–115 所示。单击“确定”按钮，新建一个 Flash 文档，执行“插入 > 新建元件”命令，在弹出的“创建新元件”对话框中进行相应的设置，如图 6–116 所示。

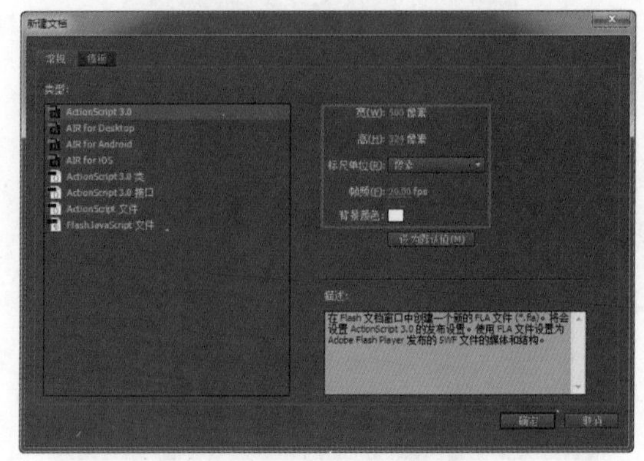

图 6-115 “新建文档”对话框

图 6-116 “创建新元件”对话框

02 单击“确定”按钮，执行“文件 > 导入 > 导入到舞台”命令，导入图像“光盘 \ 源文件 \ 第 6 章 \ 素材 \6502.jpg”，如图 6-117 所示。在第 220 帧按 F5 键插入帧，新建“图层 2”，使用“矩形工具”，在场景中绘制一个“填充颜色”为白色的矩形，如图 6-118 所示。

图 6-117 导入素材图像

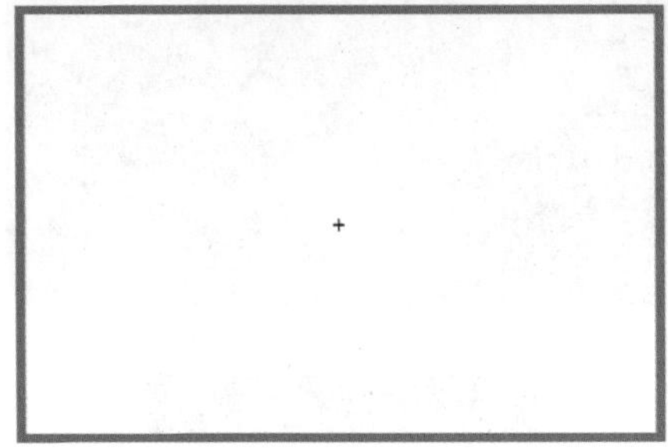

图 6-118 绘制白色矩形

03 选中刚绘制的矩形，按 F8 键，将其转换成“名称”为“过光”的图形元件。在第 10 帧按 F6 键插入关键帧，设置该帧上元件的 Alpha 值为 0，如图 6-119 所示。在第 75 帧按 F6 键插入关键帧，在第 55 帧按 F6 键插入关键帧，设置该帧上元件的 Alpha 值为 25%，如图 6-120 所示。

图 6-119 元件效果

图 6-120 元件效果

04 分别在第 1 帧和第 55 帧创建传统补间动画，“时间轴”面板如图 6-121 所示。新建“图层 3”，在第 10 帧按 F6 键插入关键帧，如图 6-122 所示。

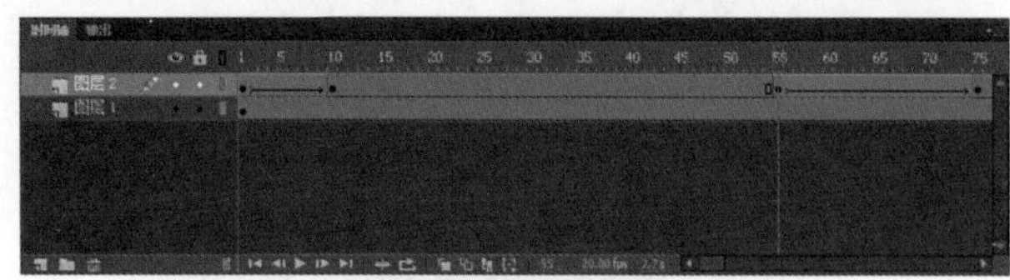

图 6-121 “时间轴”面板

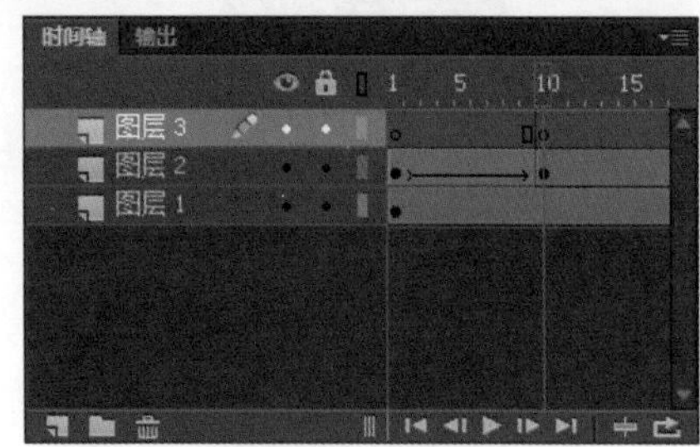

图 6-122 “时间轴”面板

05 使用“文本工具”，设置“颜色”为 #FF9900，其他设置如图 6-123 所示，在舞台中单击并输入相应文本，选择文本，执行“修改 > 分离”命令两次，将文本转换为图形，并将其转换成“名称”为“文本 1”的影片剪辑元件，效果如图 6-124 所示。

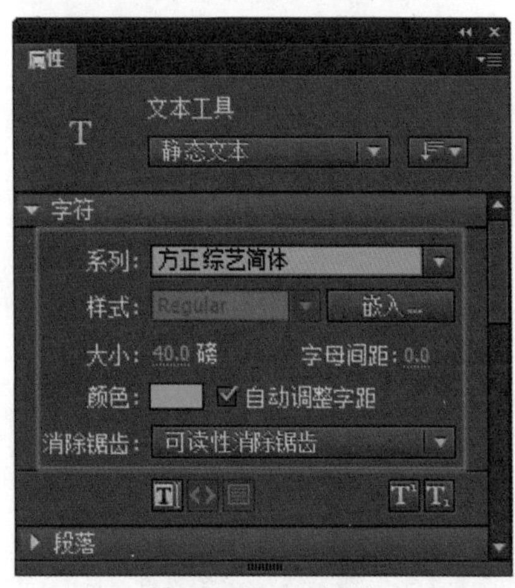

图 6-123 设置文本属性

图 6-124 场景效果

提示

将文字分离成图形，是为了使其他没有安装本实例使用字体的预览者能够正常预览动画效果。

06 选择“文本 1”元件，在“属性”面板上的“滤镜”选项区中单击“添加滤镜”按钮，在弹出的菜单中选择“投影”选项，设置如图 6–125 所示，元件效果如图 6–126 所示。

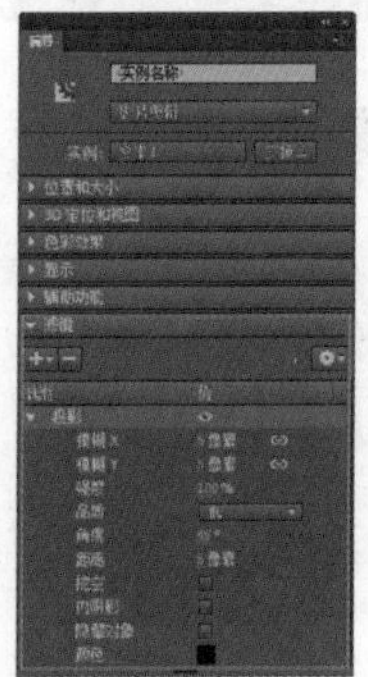
图 6-125 设置滤镜属性

图 6-126 元件效果

07 在第 20 帧按 F6 键插入关键帧，将元件向左移动 50 像素，选择第 10 帧上的元件，设置 Alpha 值为 0，并在第 10 帧创建传统补间动画，“时间轴”面板如图 6–127 所示。使用相同的制作方法，制作出“图层 4”，场景效果如图 6–128 所示。

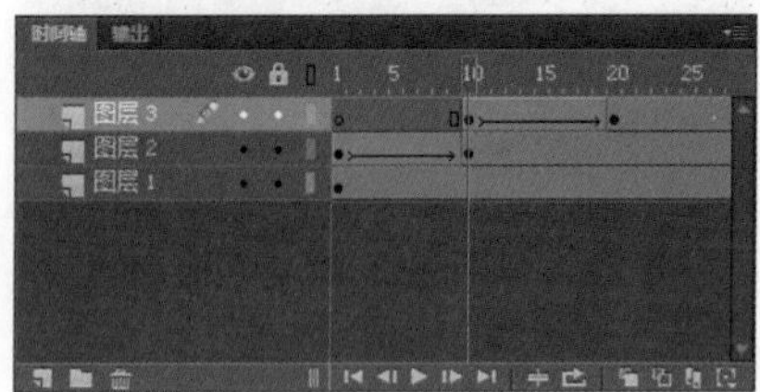

图 6-127 “时间轴”面板

图 6-128 场景效果

技巧 

移动元件时可以按键盘上的“方向键”来调整，在显示比例为 100% 的情况下，按一下方向键的任意一个键，元件就会向相应的方向移动 1 像素，按住 Shift 键按一下方向键的任意一个键，元件会向相应方向移动 10 像素。

08 新建“图层 5”，在第 80 帧按 F6 键插入关键帧，导入素材“光盘 \ 源文件 \ 第 6 章 \6503.jpg”，如图 6–129 所示。新建“图层 6”，在第 80 帧按 F6 键插入关键帧，执行“文件 > 导入 > 打开外部库”命令，打开外部库文件“光盘 \ 源文件 \ 第 6 章 \ 素材 \ 素材 .fla”，如图 6–130 所示。

图 6-129 导入图像

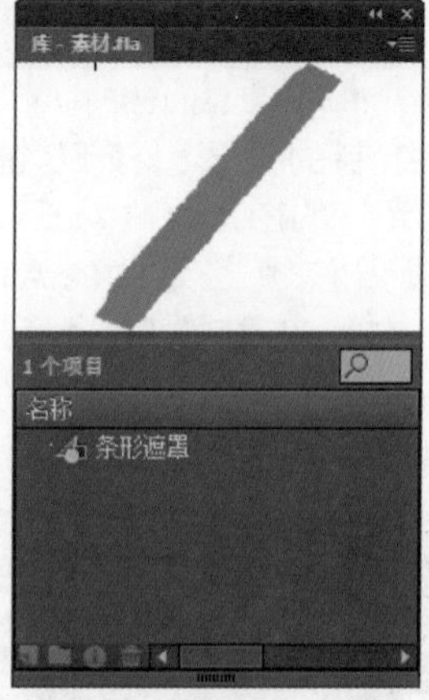

图 6-130 “库 - 素材 .fla”面板

09 将“条形遮罩”元件从“库 – 素材 .fla”面板拖入到舞台中，如图 6–131 所示。选择刚拖入的元件，将元件转换成“名称”为“遮罩动画”的影片剪辑元件，双击“遮罩动画”元件，进入到该元件的编辑状态，如图 6–132 所示。

图 6-131 拖入元件

图 6-132 进入元件编辑状态

提示

双击元件后，可以进入该元件的内部进行编辑，用这种方法便于调整元件的位置。可以通过“编辑栏”上的显示，确认当前所编辑的元件以及层级关系。

10 在第 10 帧按 F6 键插入关键帧，将元件向右上方移动，如图 6-133 所示。在第 1 帧创建传统补间动画，在第 200 帧按 F5 键插入帧。新建“图层 2”，在第 10 帧按 F6 键，插入关键帧，将“条形遮罩”元件从“库”面板中拖入到场景中，如图 6-134 所示。

图 6-133 调整元件位置

图 6-134 拖入元件

11 在第 20 帧按 F6 键插入关键帧，将元件向左下方移动，如图 6-135 所示，在第 10 帧创建传统补间动画。使用同样的制作方法，制作出其他图层的动画效果，完成后的“时间轴”面板如图 6-136 所示。

图 6-135 调整元件位置

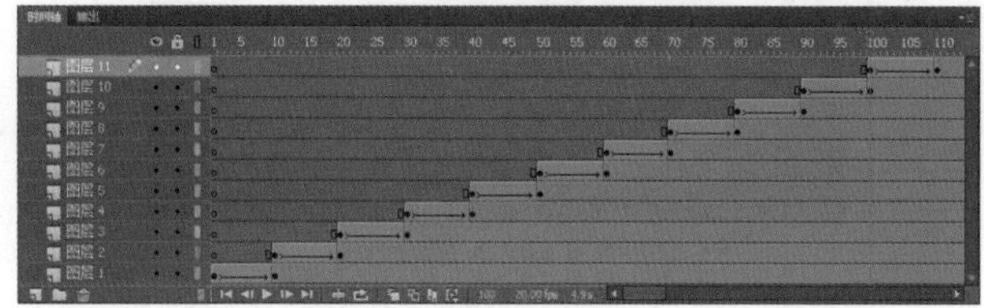

图 6-136 “时间轴”面板

12 返回到“家居动画”元件的编辑状态，在“图层 6”名称上单击鼠标右键，在弹出的菜单中选择“遮罩层”命令，创建遮罩动画，“时间轴”面板如图 6-137 所示。新建“图层 7”，在第 160 帧按 F6 键插入关键帧，使用相同的方法，可以完成“图层 7”和“图层 8”上文字动画效果的制作，场景效果如图 6-138 所示。

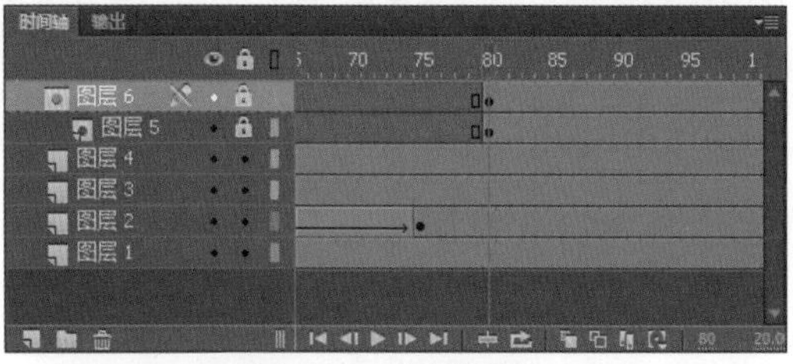

图 6-137 “时间轴”面板

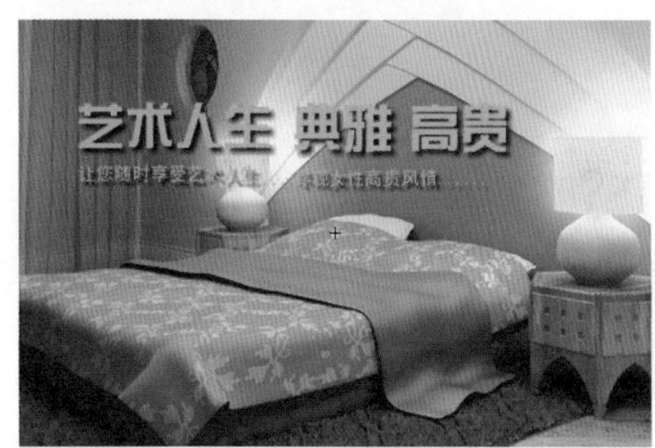

图 6-138 场景效果

13 返回到“场景 1”的编辑状态，将“家具动画”元件从“库”面板拖入到场景中，如图 6-139 所示。新建“图层 2”，导入图像“光盘\源文件\第 6 章\素材\6501.png”，如图 6-140 所示。

图 6-139 拖入元件

图 6-140 导入素材

14 执行“文件 > 保存”命令，将该文件保存为“光盘\源文件\第 6 章\6-5.fla”，按快捷键 Ctrl+Enter，测试动画，效果如图 6-141 所示。

图 6-141 测试动画效果

6.6 本章小结

通过以上对文本的使用技巧及方法的学习，相信读者已经掌握了 Flash CC 中文本的设置方法、使用方法以及使用文本应该注意的问题，读者可以在制作 Flash 动画作品时结合所学，这样不仅可以巩固知识，达到学以致用的效果，而且还有助于制作出更加完美、独具欣赏效果的动画作品。

第7章 图层与时间轴

任何动画都包含帧，每个帧都包含一个静态的图像，当这个图像与其他帧中的图像按顺序进行播放时，就产生了运动的效果。如果说图形和图像是制作动画的零件，那么图层则是用来运用和组装零件的机床，所以图层是制作动画时不可缺少的组成部分，动画的每一个场景都是由许多层组成的。本章将具体介绍图层和时间轴方面的相关知识，为后期制作动画打下基础。

7.1 新建和选择图层

图层犹如堆在一起的透明纤维纸，在不包含内容的图层区域中，可以看到下面图层中的内容，图层有助于管理影片，以及控制组织影片。图层与图层之间的动画不会互相影响，每个图层的显示方式与时间轴上的其他图层之间的关系非常重要，因为只有将所有图层内容叠加到一起时，才会生成动画。

7.1.1 新建图层

当创建了一个 Flash 文档之后，它仅包含一个默认的“图层 1”图层，用户可以根据自己的需要添加更多的图层，以便在文档中组织插图、动画和其他元素。另外，创建的图层不会增加发布的 SWF 文件的大小，Flash 在导出时自动将所有图层合并为一个图层，因此即使使用了多个图层，也不会增加文件的大小。

在创建大型的 Flash 动画时，如果只在一个图层中操作很容易产生混乱，而且会导致某些功能出问题，所以在创建复杂的动画时，有必要为每个对象或元件创建一个图层，以便用户更好地控制每个对象及整个动画的制作过程。

创建新图层的方法很简单，将鼠标移至“时间轴”面板底部的“新建图层”按钮上，光标将会显示“新建图层”字样，如图 7–1 所示，单击即可插入一个新的图层，如图 7–2 所示。

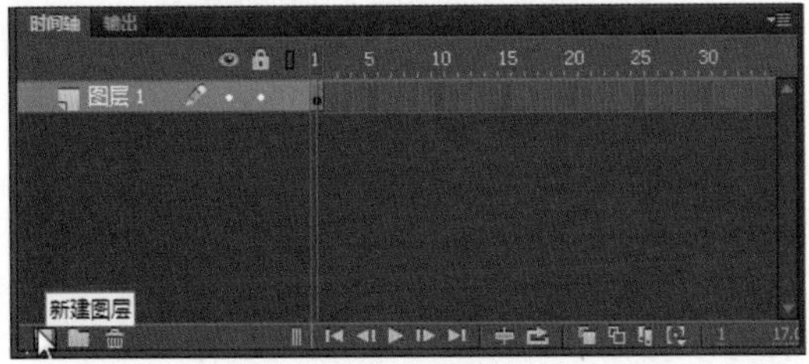

图 7-1 单击“新建图层”按钮

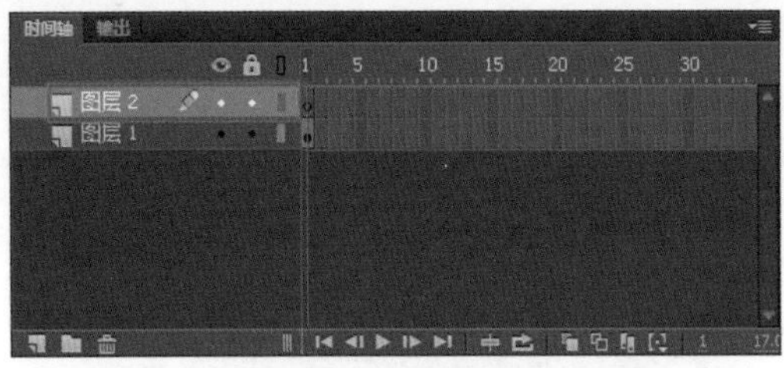

图 7-2 创建图层

还可以执行“插入 > 时间轴 > 图层”命令，即可创建新图层，如图 7–3 所示。另外，在“时间轴”面板中的图层上单击鼠标右键，在弹出的菜单中选择“插入图层”命令也可以插入新图层，如图 7–4 所示。

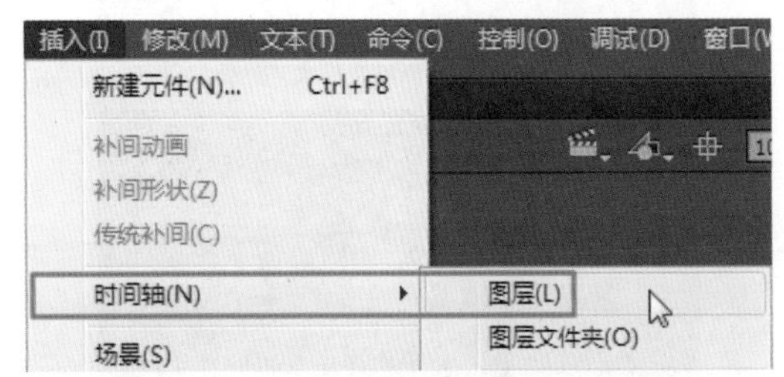

图 7-3 执行菜单命令

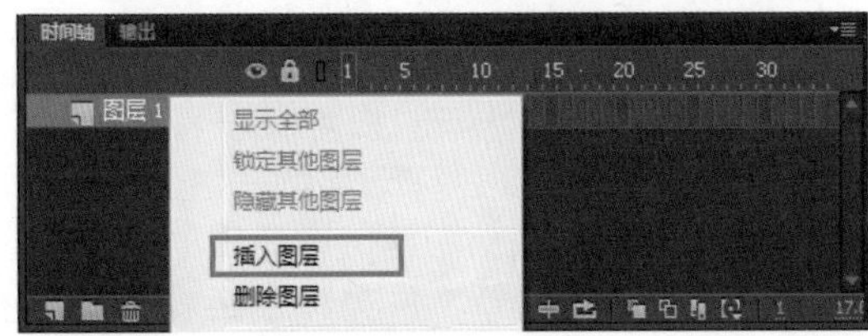

图 7-4 选择“插入图层”命令

7.1.2 新建图层组

如果用户想将一些相关的图层组织在一起，可以创建图层文件夹，将一些图层放入其中来组织和管理这些图层，即新建图层组。

将“时间轴”面板中的相关图层有规律地放入图层文件夹中，可以使图层的组织更加有序，在图层文件夹中还可以嵌套多个图层文件夹，在图层文件夹中可以包含任意图层，包含的图层或图层文件夹将以缩进的方式显示，如图 7–5 所示。

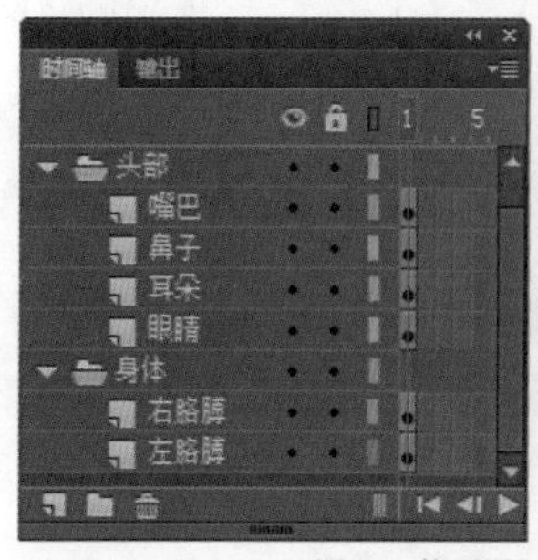
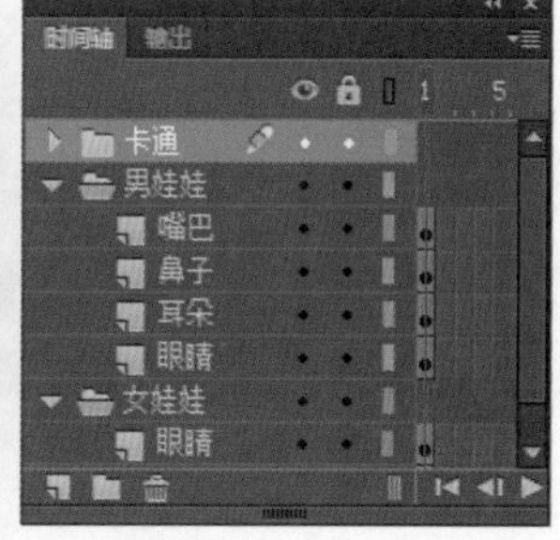

图 7-5 使用图层文本夹组织图层

1. 创建图层文件夹

新建图层文件夹的操作方法很简单。在“时间轴”面板中选中一个或多个图层，将鼠标移至“时间轴”面板底部的“新建文件夹”按钮上，光标将会显示“新建文件夹”字样，如图 7–6 所示，单击鼠标，新建文件夹将出现在所选图层的上面，如图 7–7 所示。

图 7-6 单击“新建文件夹”按钮

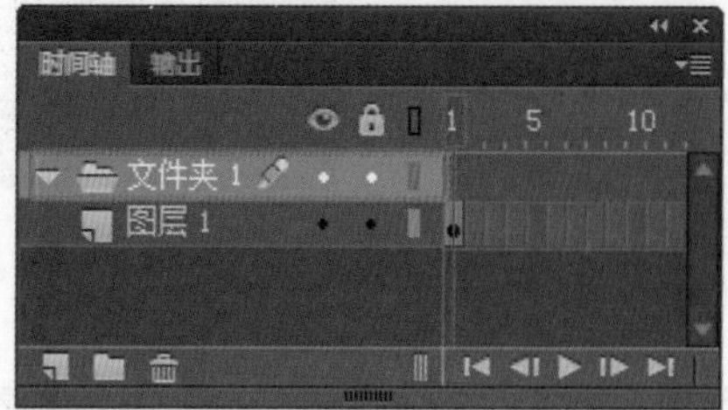

图 7-7 创建图层文件夹

还可以执行“插入 > 时间轴 > 图层文件夹”命令，即可创建图层文件夹，如图 7–8 所示。另外，在“时间轴”面板中的图层上单击鼠标右键，在弹出的菜单中执行“插入文件夹”命令，新文件夹将会出现在所选图层的上面，如图 7–9 所示。

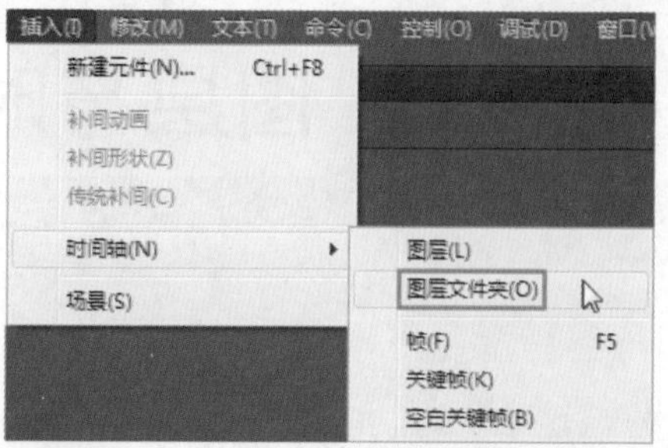

图 7-8 执行菜单命令

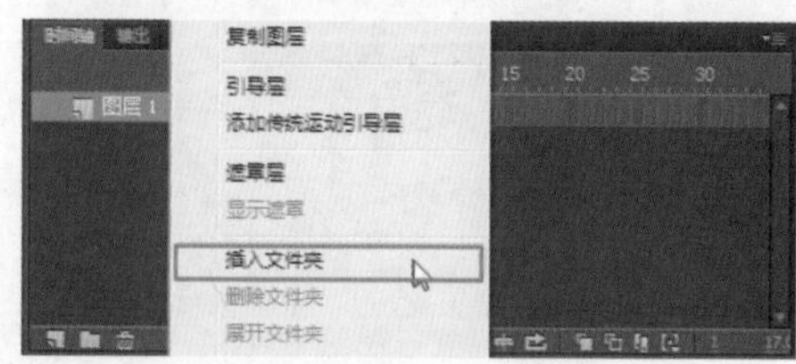

图 7-9 执行“插入文件夹”命令

2. 编辑图层文件夹

创建文件夹的目的就是为了存放图层，如果想要将图层添加到图层文件夹中，可以按照以下步骤来操作。

首先单击“新建文件夹”按钮，创建一个图层文件夹，选中需要放置到文件夹中的图层，将其拖放到图层文件夹图标的下方，此时会出现一条线段，如图 7–10 所示，释放鼠标，选中的图层即可被添加图层文件夹中，以缩进方式显示，表示该图层属于这个图层文件夹，如图 7–11 所示。

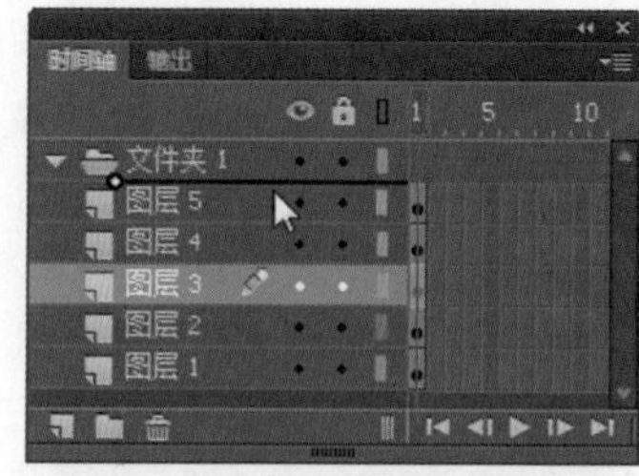

图 7-10 选中并拖动图层至图层文件夹中

图 7-11 添加到图层文件夹中的图层

3. 展开和折叠图层文件夹

想要查看一个图层文件夹中所包含的图层时，可以通过展开或折叠图层文件夹的形式来查看，使用这种方法可以隐藏“时间轴”面板中的所有相关的图层而不会影响场景中的现实效果。

单击图层文件夹左侧的三角按钮，即可展开或折叠图层文件夹。当三角形向下指，并且该文件夹中的图层都可见时，表示图层文件夹已被展开，如图 7–12 所示。当三角形向右指，且包含在其中的图层均不可见时，表示该图层文件夹已被折叠，如图 7–13 所示。

图 7-12 展开图层文件夹

图 7-13 折叠图层文件夹

7.1.3 选择图层

选择图层是对图层或文件夹以及各元素进行修改的前提，选择图层可以通过鼠标左键单击“时间轴”面板中的图层名称来实现。当某个图层被选中时，被选中的图层将被突出显示出来，以黄色背景显示，并且在该图层名称的右侧将会出现一个铅笔图标，表示该图层当前正被使用状态中，也就意味着，此时在场景中进行的任何操作都是针对该图层的。

在场景中选择某个图层的某个对象后，这个图层便成为当前选中图层。

执行“文件 > 打开”命令，打开素材“光盘\源文件\第 7 章\素材\71301.fla”，效果如图 7–14 所示，“时间轴”面板如图 7–15 所示。

图 7-14 打开素材

图 7-15 “时间轴”面板

1. 选择单个图层

将鼠标移至“时间轴”面板的“人物 1”图层上，单击鼠标，即可选择单个图层，场景效果如图 7–16 所示，“时间轴”面板如图 7–17 所示。

图 7-16 选择单个图层　　图 7-17 “时间轴”面板

选择图层后，所选图层在场景中的对象和在“时间轴”面板上的所有帧都将被选择。

2. 选择连续的多个图层

将鼠标移至“时间轴”面板的“背景”图层上，单击鼠标的同时按住 Shift 键，然后单击“建筑”图层，可以选择多个连续的图层，即选择了从“背景”图层到“建筑”图层连续的多个图层，场景效果如图 7–18 所，“时间轴”面板如图 7–19 所。

图 7-18 选择连续的多个图层

图 7-19 “时间轴”面板

提示

在选择多个连续图层时，可以先选择最上方的图层，按住 Shift 键的同时再选择最下方的图层；也可以先选择最下方的图层后，按住 Shift 键的同时再选择最上方的图层，都可以实现选择连续的多个图层效果。

3. 选择不连续的多个图层

将鼠标移至“时间轴”面板的“白云”图层上，单击鼠标的同时按住 Ctrl 键，再单击“小鸟”和“人物 2”图层，即可选择不连续的多个图层，场景效果如图 7–20 所示，“时间轴”面板如图 7–21 所示。

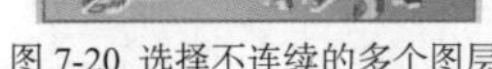

图 7-20 选择不连续的多个图层

图 7-21 “时间轴”面板

7.1.4 调整图层对象

图层中可以包含多个对象，所以选择图层的操作在制作 Flash 动画的过程中是非常重要的，本实例中将以两种方法选择图层并对图层上的帧进行调整。

动手实践——调整图层对象

源文件：光盘 \ 源文件 \ 第 7 章 \7-1-4.fla

视频：光盘 \ 视频 \ 第 7 章 \7-1-4.swf

01 执行“文件 > 打开”命令，打开素材“光盘 \ 素材 \ 第 7 章 \71401.fla”，使用“选择工具”，在场景中单击选择草地，如图 7-22 所示。此时“时间轴”面板中的“草地”图层旁边出现一个铅笔图标，说明该图层为选中状态，如图 7-23 所示。

图 7-22 选中场景中元素

图 7-23 “时间轴”面板

02 执行“窗口 > 颜色”命令，打开“颜色”面板，设置其“填充颜色”的 Alpha 值为 100%，如图 7-24 所示，场景效果如图 7-25 所示。

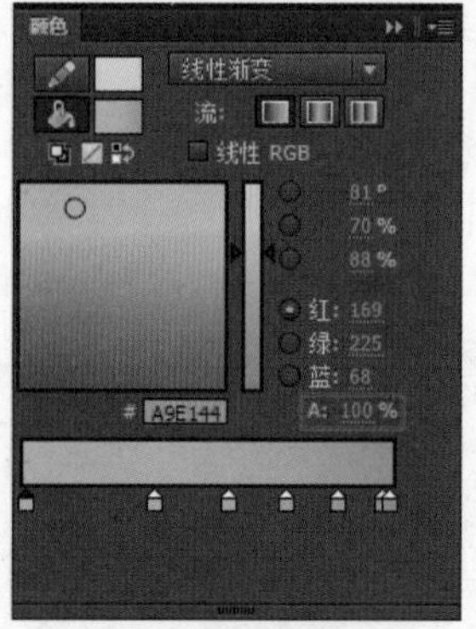

图 7-24 “颜色”面板

图 7-25 场景效果

03 单击“时间轴”面板中的“人物”图层，如图 7-26 所示，此时场景中该图层所包含的所有内容将会被全部选中，效果如图 7-27 所示。

图 7-26 选中图层

图 7-27 场景效果

04 使用“任意变形工具”，按住 Shift 键对场景中人物的大小进行调整，并将其移动到合适的位置，效果如图 7-28 所示。执行“文件 > 保存”命令，将文档保存为“光盘 \ 源文件 \ 第 7 章 \7-1-4.fla”，最终效果如图 7–29 所示。

图 7-28 调整大小和位置

图 7-29 最终效果

7.2 图层的编辑

在 Flash 中图层的使用是非常重要也是必不可少的，在制作 Flash 动画的过程中，用户可以根据不同的情况对图层进行编辑，例如用户可以根据每个图层的内容进行重命名，还可以进行复制、删除以及调整图层的叠放顺序等操作，下面将针对图层的编辑进行详细讲解。

7.2.1 重命名图层

用户在制作 Flash 动画时可以根据每个图层的内容进行重命名，每个图层在创建时都是以一个默认的名称产生的，依次为“图层 1”、“图层 2”、“图层 3”等，但是在有大量的图层时，这些默认名称容易混乱，不好区分，因此需要重命名一个可以描述其内容的名称，这样在创建一个复杂的 Flash 动画时就可以较容易地识别出图层所包含的内容，从而方便图层的管理。

选中需要重命名的图层，此时图层的右侧会出现一个铅笔图标，双击图层的名称，图层名称会呈蓝色背景显示，表示该图层名称处于编辑状态，可以开始修改名称，如图 7–30 所示，输入新的名称，输入完成后，按 Enter 键即可确定修改名称，如图 7–31 所示。

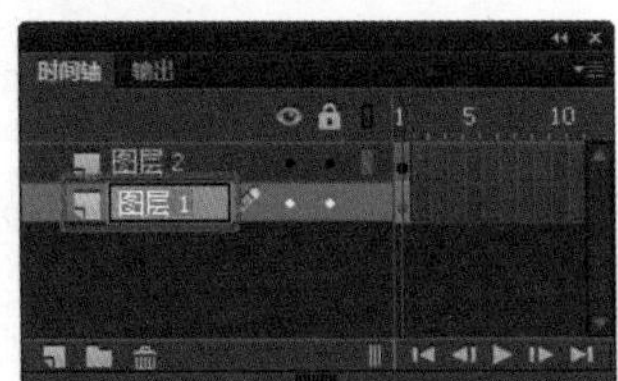

图 7-30 图层名称编辑状态

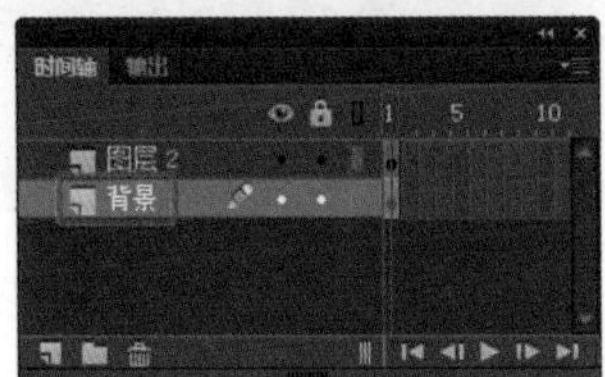

图 7-31 图层重命名

双击图层图标，或者在图层名称位置单击鼠标右键，在弹出的菜单中选择“属性”命令，如图 7–32 所示，弹出“图层属性”对话框，在该对话框的“名称”文本框中输入新名称，单击“确定”按钮，同样可以为图层重命名，如图 7–33 所示。

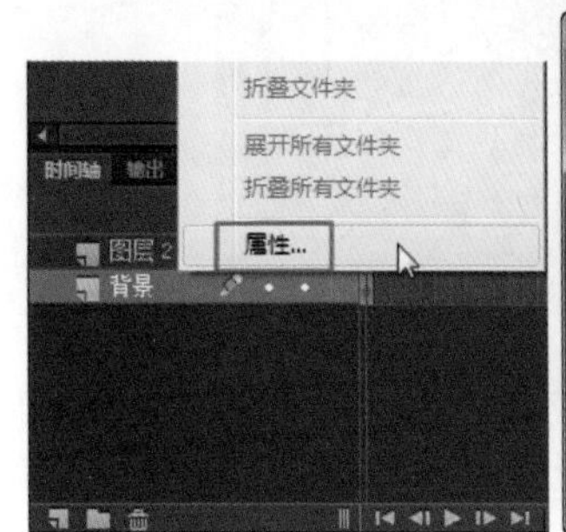

图 7-32 选择“属性”命令　　图 7-33 “图层属性”对话框

在对图层进行命名的过程中，有时图层的名称过长，就会看不见这个图层的全部名称，此时只要单击并拖动“时间轴”面板左边区域和帧所在的区域的分栏即可，如图 7–34 所示。

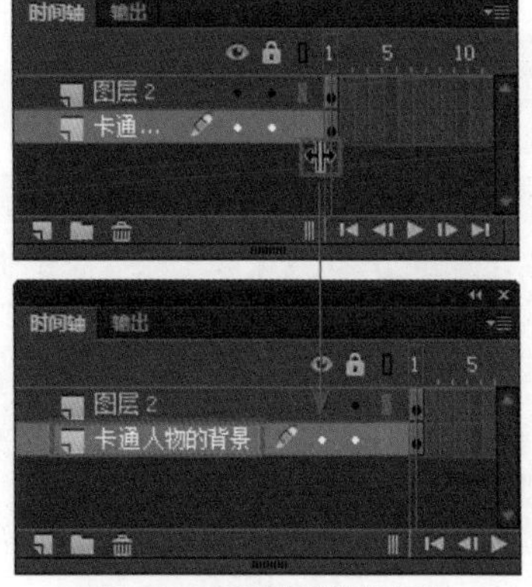

图 7-34 显示图层的完整名称

7.2.2 复制图层

当用户需要制作出两个相同的图形时，如果再重新绘制的话，会很麻烦而且浪费时间，此时就需要一个简单方便的操作方法，即复制图层，这样操作起来就会很方便快捷。

当图层处于选中状态时，单击鼠标右键，在弹出的菜单中选择“复制图层”命令，如图 7–35 所示，即可复制该选中的图层，如图 7–36 所示。

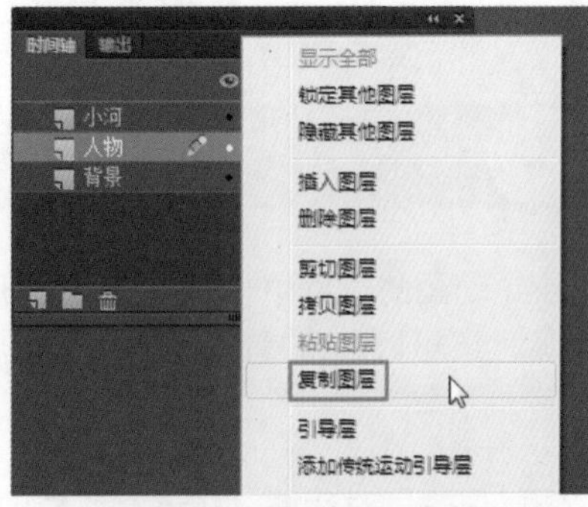

图 7-35 选择“复制图层”命令

图 7-36 复制图层

选中需要复制的图层，执行“编辑 > 时间轴 > 直接复制图层”命令，同样可以复制该选中的图层，如图 7–37 所示。

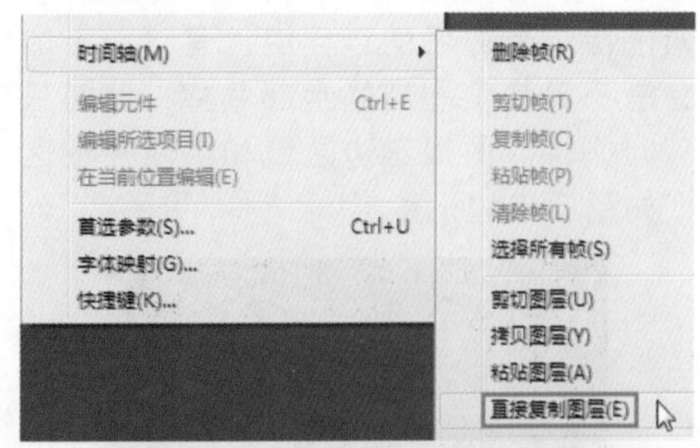

图 7-37 执行“直接复制图层”命令

7.2.3 删除图层和图层文件夹

如果想要将不需要的图层删除，方法很简单，和前面操作基本相似，可以通过“时间轴”面板中的图标来操作，或者单击鼠标右键，也可以执行菜单命令。

选择需要删除的图层，单击“删除”按钮，即可删除该选中图层，如图 7–38 所示。

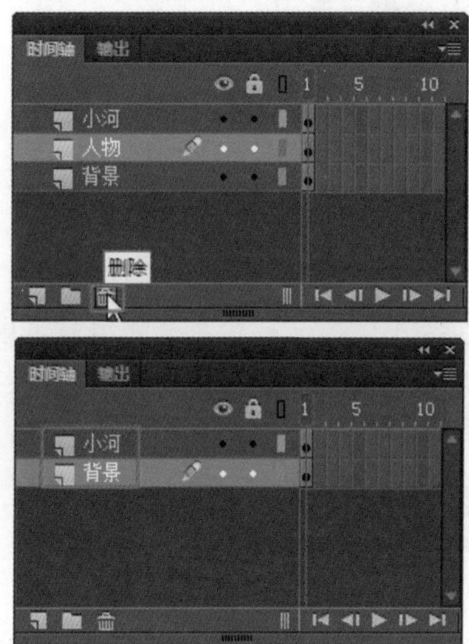

图 7-38 删除图层过程

也可以选择需要删除的图层后，单击鼠标右键，在弹出的菜单中选择“删除图层”命令即可，如图 7–39 所示。

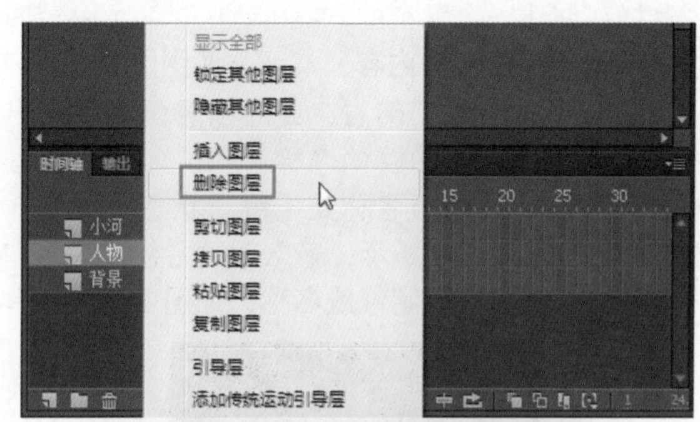

图 7-39 选择“删除图层”命令

如果想要删除文件夹，先将文件夹选择，然后单击“删除”按钮，或单击鼠标右键，在弹出的菜单中选择“删除文件夹”命令，如图 7–40 所示，此时会弹出一个提示对话框，如图 7–41 所示。单击“是”按钮，则将会删除文件夹及里面包含的所有图层。

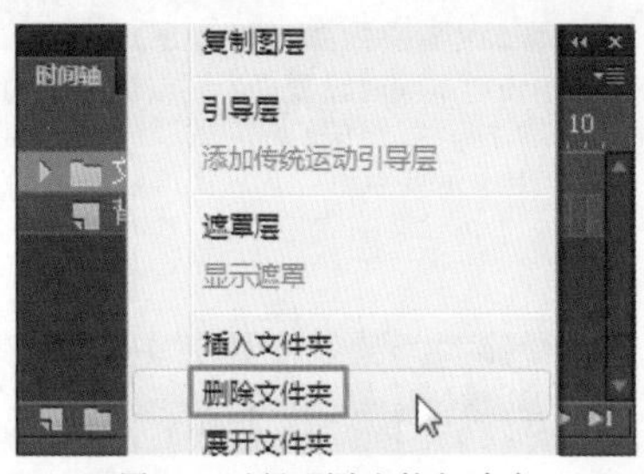

图 7-40 选择“删除文件夹”命令

图 7-41 提示对话框

7.2.4 调整图层排列顺序

在制作 Flash 动画时，图层的顺序很重要。图层的顺序决定了位于该图层上的对象或元件是覆盖其他图层上的内容，还是被其他图层上的内容覆盖，因此改变图层的排列顺序，也就改变了图层上的对象或元件与其他图层中的对象或元件在视觉上的表现形式。

调整图层排列顺序的操作方法很简单，单击选中“帽子”图层，此时该图层底部呈黄色，如图 7–42 所示，向上拖动“帽子”图层，此时会产生线段，如图 7–43 所示，当拖动至要调整的位置时，释放鼠标，此时“帽子”图层就移动到了“眼睛”图层的上方，如图 7–44 所示。

图 7-42 选中图层　图 7-43 拖动图层

图 7-44 完成图层顺序的调整

7.2.5 设置图层属性

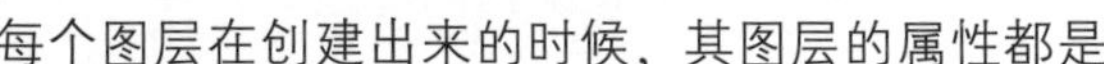

每个图层在创建出来的时候，其图层的属性都是默认设置。在需要的情况下，也可以对图层的相关属性进行修改。

双击图层名称左侧的图标，或者在该层上单击鼠标右键，在弹出的菜单中选择“属性”命令，即会弹出“属性”对话框，该对话框中的选项与“时间轴”面板上的相关按键是一一对应的，如图 7–45 所示。

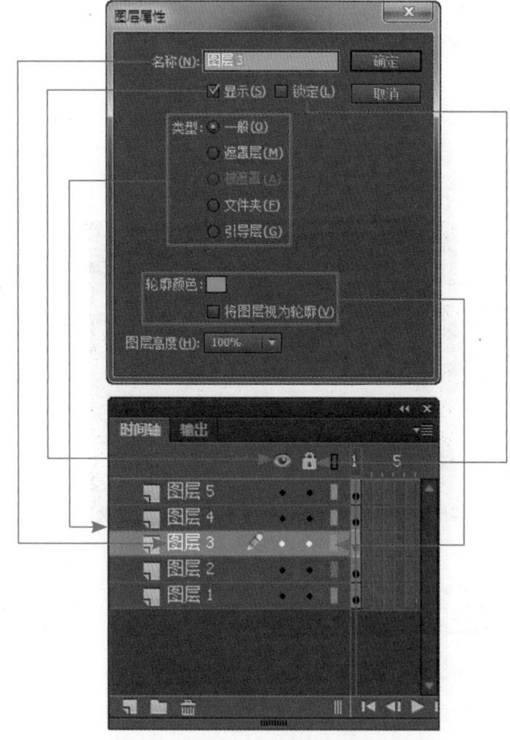

图 7-45 “图层属性”对话框和“时间轴”面板

- 名称：该选项用来设置图层的名称。在该选项后的文本框内输入字符即可为该图层重新命名。
- 显示：该选项用来控制该图层的内容是否在场景中可见。
- 锁定：该选项用来锁定图层。选中该复选框后，该图层内的内容将不能在场景中被选择和编辑。
- 类型：该选项用来设置图层所属的类型。根据不同的用途可以分为 5 种不同的类型，每种类型的区别将在后续章节中进行详细介绍。
- 轮廓颜色：当选中“将图层视为轮廓”复选框后，该图层内的内容将不再以实体显示，而是以透明轮廓的形式出现在舞台上，通过单击“轮廓颜色”后的色块，可以为这个轮廓设定显示颜色。
- 图层高度：该选项用来设置图层在“时间轴”面板中的显示高度，在该选项的下拉列表中有 100%、200%、300% 三个选项可供选择，当需要在时间线上突出，或者详细编辑该图层内容的时候，可以使用这个选项，如图 7–46 所示为设置“图层 3”的高度为 300% 后的效果。

图 7-46 “时间轴”面板

技巧

在 Flash CC 中新增了同时设置多个图层属性的功能，如果同时设置多个图层的属性，首先在“时间轴”面板中选中多个需要设置属性的图层，单击鼠标右键，在弹出的“图层属性”对话框中进行设置即可。

7.3 图层的状态

在“时间轴”面板中图层显示区域的上方，还有一些用于设置图层属性的小图标，如图 7–47 所示。每个图层都可以通过这些小图标来访问其一系列的属性。本节将介绍如何显示 / 隐藏图层、锁定 / 解锁图层、显示图层轮廓和修改图层轮廓颜色。

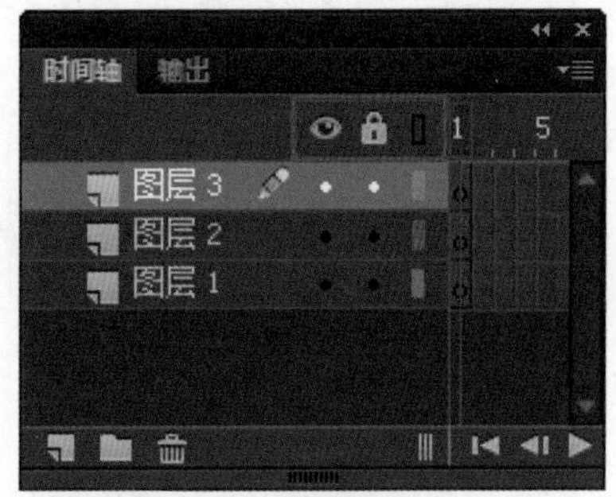
图 7-47 “时间轴”面板

7.3.1 显示 / 隐藏图层

在操作过程中，为了便于查看、编辑各个图层的内容，有时候需要将某些图层或文件夹隐藏起来，等操作完成后再重新将图层或文件夹显示出来。

单击“时间轴”面板上“显示或隐藏所有图层”图标栏下的小黑点，此时原来小黑点的位置上出现了灰色的☒，且该图层左侧的铅笔图标也被划掉，表示该图层已处于隐藏状态，如图 7–48 所示。要使图层重新显示出来的话，单击灰色的☒，即可显示图层。

图 7-48 隐藏单个图层

如果想要一次性隐藏所有图层，直接单击“时间轴”面板上的“显示或隐藏所有图层”图标，则所有图层右侧的小黑点都出现灰色的☒，如图 7–49 所示，此时表示每个图层的内容都将被隐藏，要使所有图层重新显示，再次单击“显示或隐藏所有图层”图标，或者单击鼠标右键，在弹出的菜单中选择“显示全部”命令即可，如图 7–50 所示。

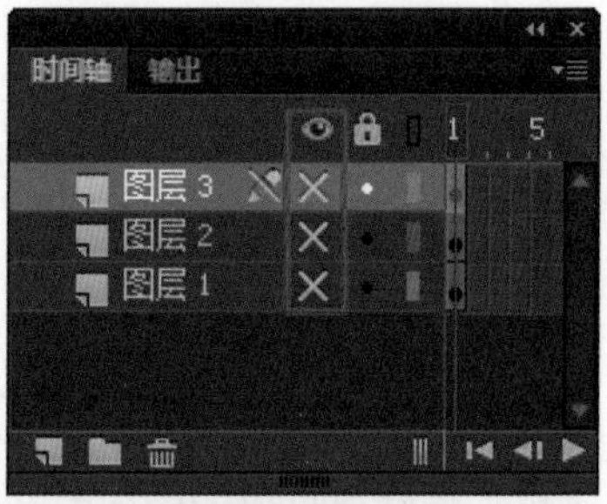

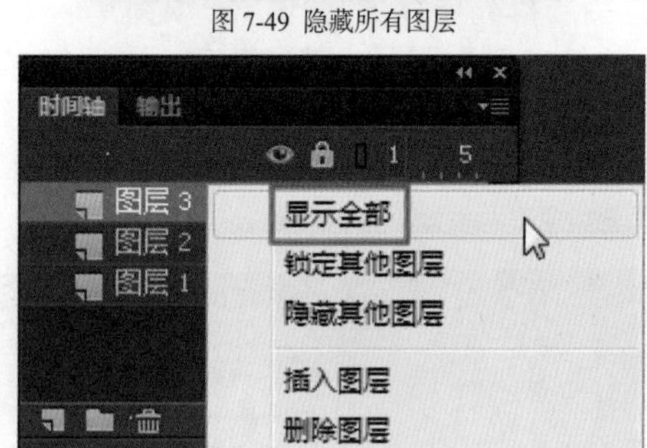
图 7-49 隐藏所有图层

图 7-50 选择“显示全部”命令

如果要隐藏除了一个图层以外的所有图层，可用鼠标右键单击不需要隐藏的图层，在弹出的菜单中选择“隐藏其他图层”命令，如图 7–51 所示。或者按住 Alt 键单击需要显示的图层后的小黑点，即可隐藏除了一个图层以外的所有图层，如图 7–52 所示。

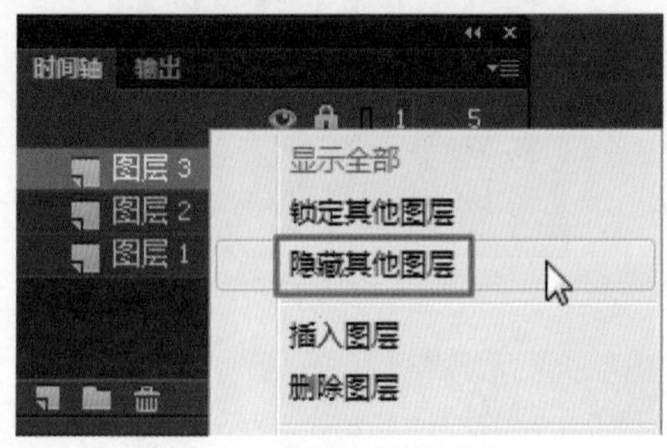

图 7-51 “隐藏其他图层”命令

图 7-52 隐藏其他图层

如果要隐藏或显示多个连续的图层，只要在显示列垂直拖动鼠标即可实现。当某个图层被隐藏之后，在场景中就不能对该图层进行任何操作了。

7.3.2 锁定 / 解锁图层

在操作一个有很多内容的图层时，为了避免影响到其他图层中的内容，可以将其他图层进行锁定操作，而对于遮罩来说，则必须锁定才能起到作用，被锁定的内容也可以解锁。

单击“时间轴”面板上的“锁定或解除锁定所有图层”图标栏下的小黑点，此时小黑点将自动转换为挂锁形式，且该图层左侧的铅笔图标也被划掉，表示该图层已处于被锁定状态，如图 7–53 所示。要对图层解除锁定，可以再次单击挂锁图标，即可解除图层锁定。

图 7-53 锁定单个图层

如果想要一次性锁定所有图层，直接单击“时间轴”面板上的“锁定或解除锁定所有图层”图标，则所有图层右侧的小黑点都出现了挂锁图标，如图 7–54 所示，此时表示每个图层的内容都被锁定，要使所有图层解锁，再次单击“锁定或解除锁定所有图层” 图标即可。

图 7-54 锁定所有图层

如果要锁定除了一个图层以外的所有图层，可用鼠标右键单击不需要锁定的图层，在弹出的菜单中选择“锁定其他图层”命令，如图 7–55 所示，或者按住 Alt 键，单击不需要锁定的图层后的小黑点，即可锁定除了一个图层以外的所有图层，如图 7–56 所示。

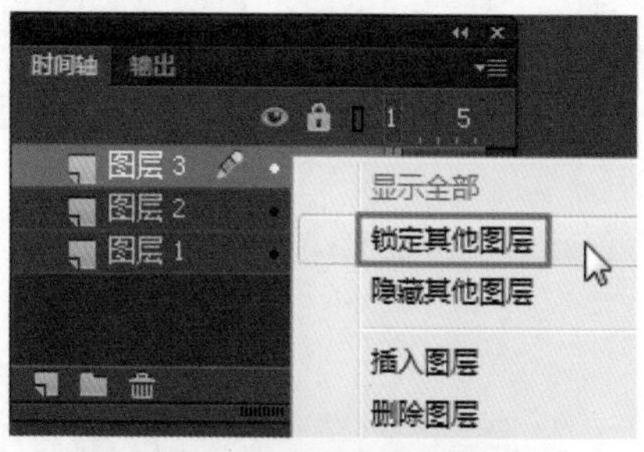

图 7-55 “锁定其他图层”命令

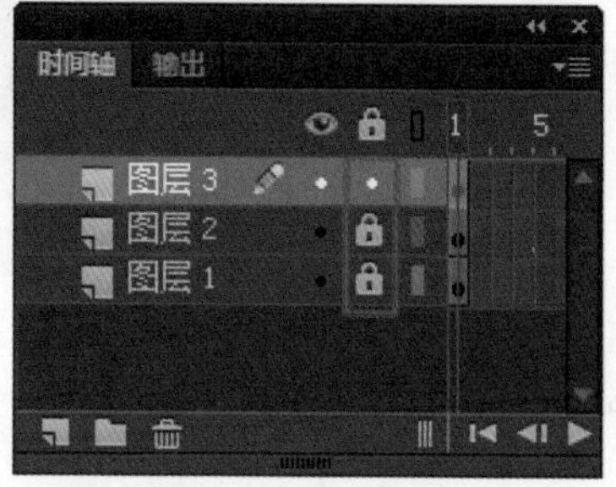

图 7-56 锁定其他的图层

如果要锁定或解锁多个连续的图层，只要在显示列垂直拖动鼠标即可实现。当某个图层被锁定之后，该图层名称后会显示图标，表示该图层当前为不可编辑状态。

技巧

要锁定单个对象而不是锁定整个图层，可以在舞台中选定某个对象，按快捷键 Ctrl+Alt+L 进行锁定，如果想要取消单个对象的锁定状态，可以再次按快捷键 Ctrl+Alt+L，如果意外地拖动了未锁定的图层中的某些内容，可以按快捷键 Ctrl+Z 撤销更改。

7.3.3 显示图层轮廓

当场景中的对象较多时，可以将图层中的对象以轮廓线的形式显示，查看该对象时，图层中的元素将以颜色的轮廓方式显示。使用轮廓线的方式显示图层有助于用户更好地区分不同的图层，便于更改图层中的对象，如果在编辑或测试动画时使用这种方法显示，还可以加速动画的显示。

单击“时间轴”面板上的“将所有图层显示为轮廓”图标栏下的颜色框，此时颜色框将以空心形式显示，表示该图层中的对象当前以轮廓形式显示，如果要恢复正常，再次单击该颜色框，当其变为实心图标时，即可恢复正常状态，如图 7–57 所示分别为正常显示和以轮廓显示的效果。

正常显示效果

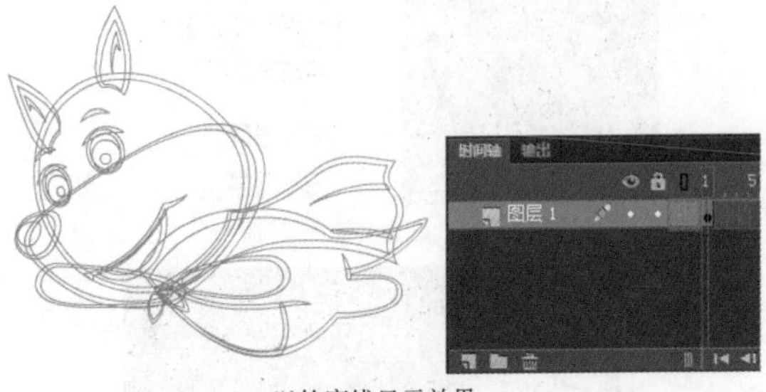

以轮廓线显示效果

图 7-57 场景效果

如果想要将场景中所有图层中的对象都以轮廓形式显示，直接单击“时间轴”面板上的“将所有图层显示为轮廓”图标即可，如图 7-58 所示。再次单击，将恢复正常显示状态。

图 7-58 将所有图层显示为轮廓

如果想将某个图层以外的所有图层都以轮廓显示，可按住 Alt 键单击该图层后的颜色框，即可使该图层以外的所有图层都以轮廓显示，如图 7-59 所示。

图 7-59 “脸”以外的所有图层以轮廓显示

如果要将多个连续的图层以轮廓显示，可在“将所有图层显示为轮廓”图标栏下，直接拖动鼠标即可以轮廓显示多个连续的图层。

技巧

执行“视图 > 预览模式 > 轮廓”命令，可以将场景中的所有对象以轮廓化显示。

7.3.4 修改图层轮廓颜色

当用户以轮廓线显示多个图层中的内容时，可以对图层轮廓线的颜色进行设置，以更好地区分各图层中的内容。

每个图层的轮廓方框图标的颜色各不相同。如果想要改变轮廓图标的颜色可以双击该图层的颜色图标，在弹出的“图层属性”对话框中对“轮廓颜色”选项进行设置，如图 7-60 所示，单击“确定”按钮，即可改变图层轮廓的颜色，如图 7-61 所示。

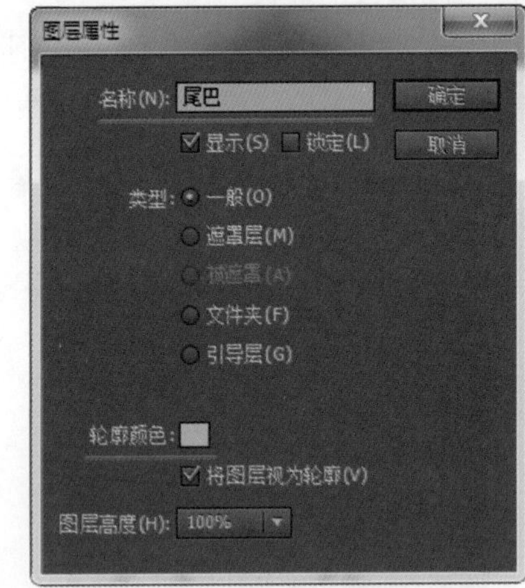

图 7-60 “图层属性”对话框

图 7-61 修改轮廓颜色

7.4 将对象分散到图层

当用户对复杂的图像或动画进行操作时，最好将单独的对象或者元件限制在单一的图层中，但是也有可能会遇到单一层中包含多个对象或元件的情况，例如当导入某些矢量文件时，导入的图像将由许多不同的未组合的对象组成。这种情况下，就可以利用 Flash 的“分散到图层”命令。

7.4.1 分散到图层

使用“分散到图层”命令，可以把一个图层或多个图层上的一帧中的所有对象快速分散到各个独立的图层中，以便将补间动画应用到对象上。Flash 会将每一个对象分散到一个独立的新图层中。任何没有选中的对象（包括其他帧中的对象）都保留在它们的原始位置。

“分散到图层”命令可以对场景中任何类型的元素进行应用，包括图形对象、实例、位图、视频剪辑和分离文本块等。

执行“文件 > 打开”命令，打开素材“光盘\源文件\第 7 章\素材\7401.fla”，效果如图 7-62 所示，“时间轴”面板如图 7-63 所示。

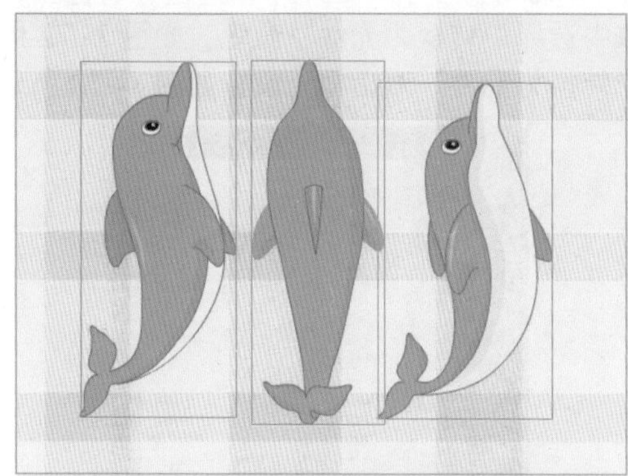

图 7-62 场景效果

图 7-63 “时间轴”面板

按快捷键 Ctrl+A，选择场景中的所有对象，单击鼠标右键，在弹出的菜单中选择“分散到图层”命令，如图 7-64 所示，即可将所选对象分散到图层，如图 7-65 所示。

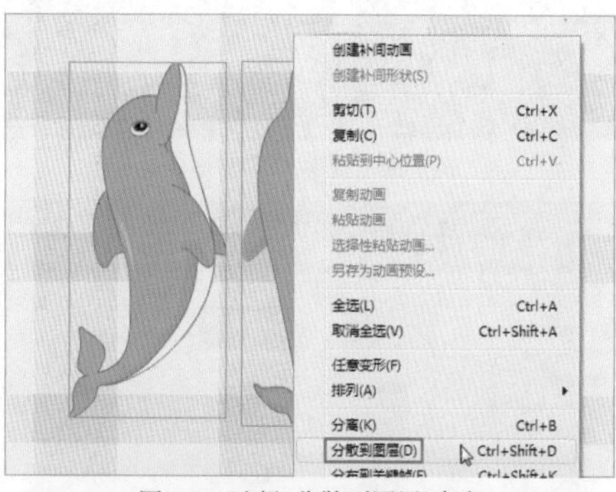

图 7-64 选择“分散到图层”命令

图 7-65 “时间轴”面板

技巧

除了运用上述方法将所选对象分散到图层外，还可以执行“修改 > 时间轴 > 分散到图层”命令，或按快捷键 Shift+Ctrl+T 也可将所选对象分散到图层。

7.4.2 制作文字淡入动画

在制作动画的时候运用“分散到图层”命令可以达到非常丰富的动画效果。本实例将通过文字淡入效果的制作，为读者讲解如何使用“分散到图层”命令。

动手实践——制作文字淡入动画

源文件：光盘\源文件\第 7 章\7-4-2.fla

视频：光盘\视频\第 7 章\7-4-2.swf

01 执行“文件 > 新建”命令，在弹出的“新建文档”对话框中进行相应的设置，如图 7-66 所示，单击“确定”按钮，新建一个 Flash 文档。执行“文件 > 导入 > 导入到库”命令，弹出“导入到库”对话框，选择多个需要导入的素材，如图 7-67 所示。

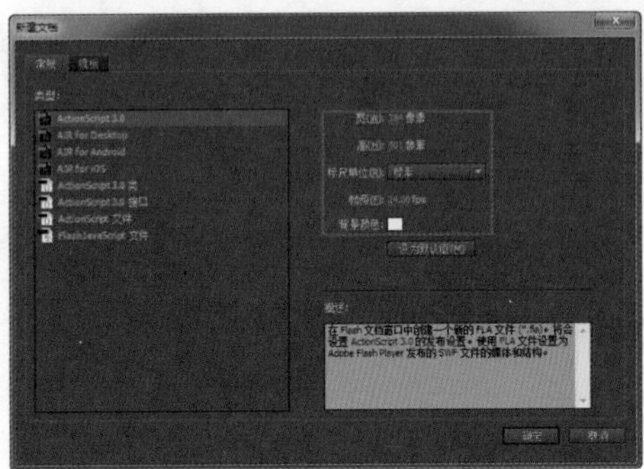
图 7-66 “新建文档”对话框

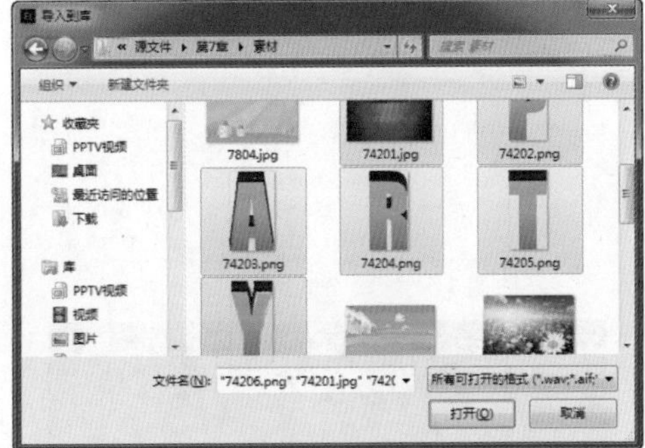
图 7-67 “导入到库”对话框

02 单击“打开”按钮，将多个素材导入到“库”面板中，如图 7-68 所示。依次将“库”面板中的素材拖曳到场景中，并调整至合适的位置，场景效果如图 7-69 所示。

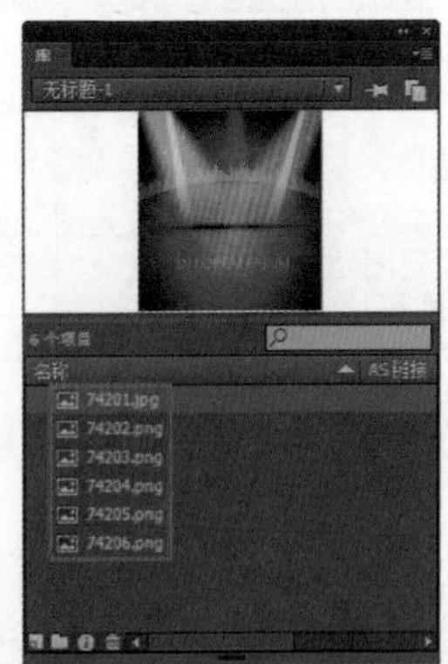
图 7-68 “库”面板

图 7-69 场景效果

03 按快捷键 Ctrl+A，选中场景中的所有对象，单击鼠标右键，在弹出的菜单中选择“分散到图层”命令，“时间轴”面板如图 7-70 所示。选择“图层 1”，将该图层删除。选中 74201.jpg 图层，在第 80 帧位置按 F5 键插入帧，如图 7-71 所示。

图 7-70 “时间轴”面板

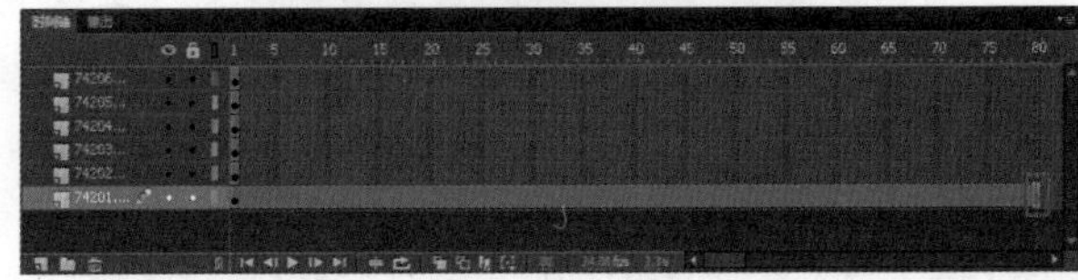
图 7-71 “时间轴”面板

04 选择场景中的字母 P，单击鼠标右键，在弹出的菜单中选择“转换为元件”命令，如图 7-72 所示。弹出“转换为元件”对话框，设置如图 7-73 所示。

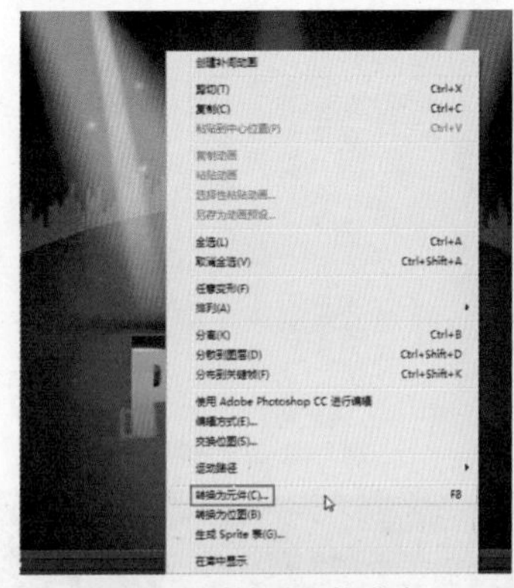
图 7-72 “转换为元件”命令

图 7-73 “转换为元件”对话框

05 单击“确定”按钮，选择第 1 帧，执行“窗口 > 动画预设”命令，打开“动画预设”面板，选择“从底部飞入”选项，如图 7-74 所示。单击“应用”按钮，应用“从底部飞入”动画，“时间轴”面板如图 7-75 所示。

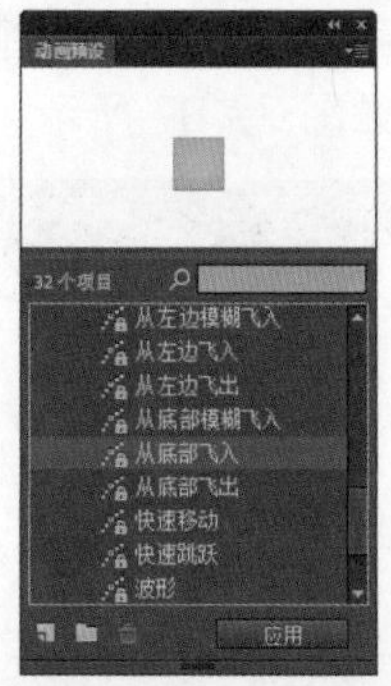
图 7-74 “动画预设”面板

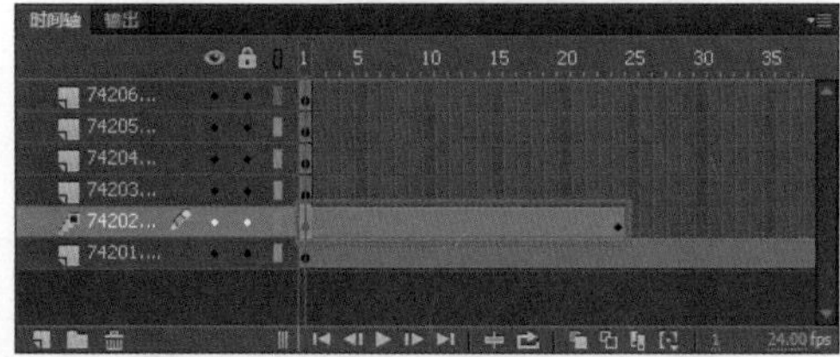
图 7-75 “时间轴”面板

06 选择第 24 帧，此时场景效果如图 7-76 所示。选择该帧上的元件，将其移动至合适的位置，如图 7-77 所示。

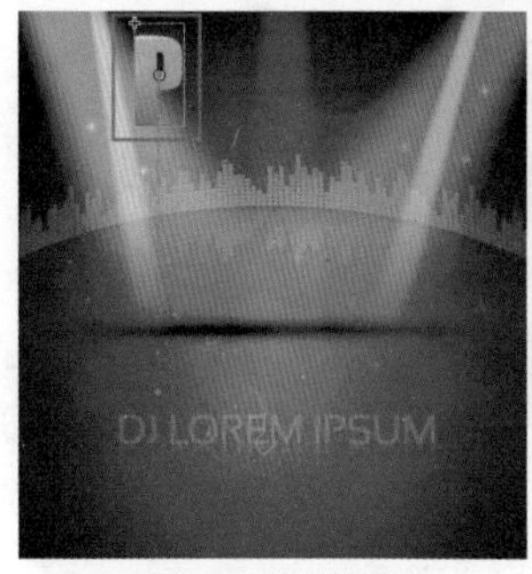

图 7-76 场景效果

图 7-77 移动元件

07 选择第 80 帧，按 F5 键插入帧，如图 7-78 所示。选择 74203.png 图层的第 1 帧，在场景中选中字母 A，单击鼠标右键，在弹出的菜单中选择“转换为元件”命令，在弹出的对话框中进行设置，如图 7-79 所示。

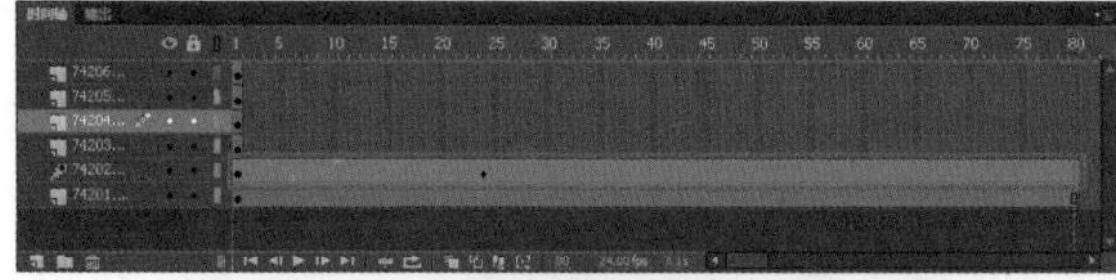
图 7-78 “时间轴”面板

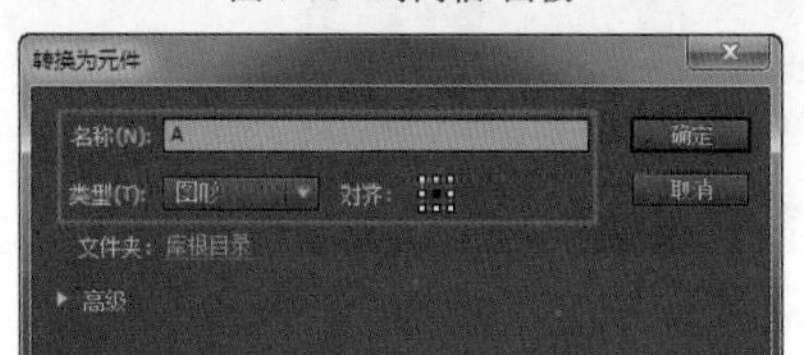

图 7-79 “转换为元件”对话框

08 单击“确定”按钮，选择第 1 帧，将其拖动至第 10 帧位置，如图 7-80 所示。在“动画预设”面板中为其选择“从底部飞入”选项，单击“应用”按钮，此时“时间轴”面板如图 7-81 所示。

图 7-80 拖至第 10 帧位置

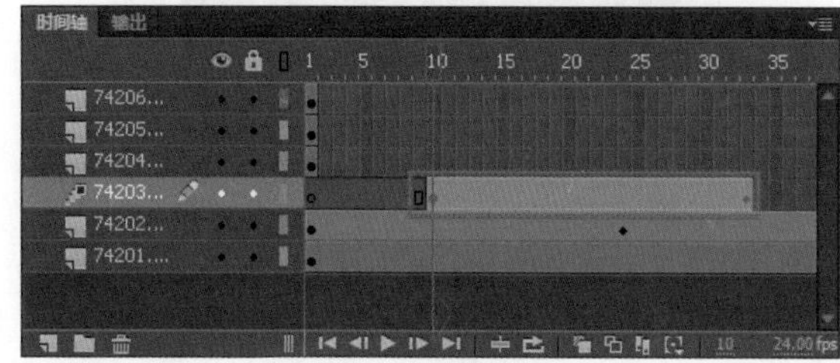
图 7-81 “时间轴”面板

09 选择第 33 帧，此时场景效果如图 7-82 所示。选择该帧上的元件，移动至合适的位置，效果如图 7-83 所示。

图 7-82 场景效果

图 7-83 移动元件

10 选择第 80 帧，按 F5 键插入帧，“时间轴”面板如图 7-84 所示。分别为字母 R、T、Y 应用动画效果，场景效果如图 7-85 所示。

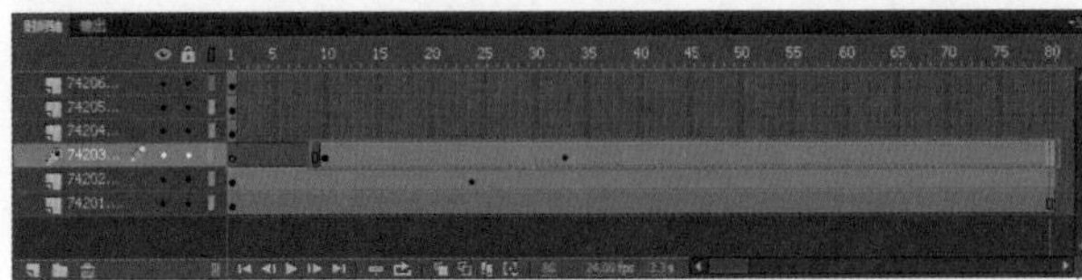

图 7-84 “时间轴”面板

图 7-85 场景效果

11 完成该动画的制作，“时间轴”面板如图 7-86 所示。

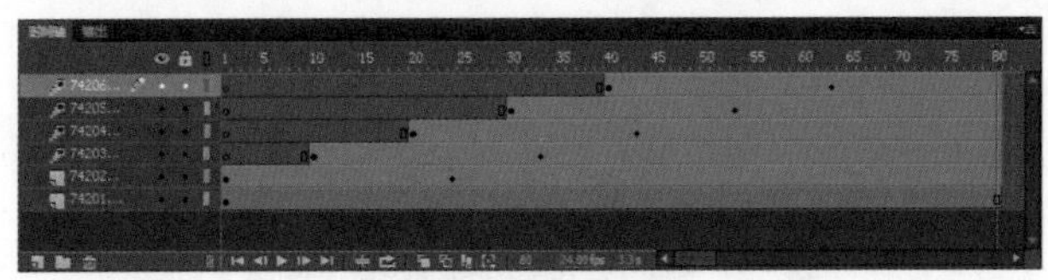

图 7-86 “时间轴”面板

12 执行“文件 > 保存”命令，将动画保存为“光盘\源文件\第 7 章\7-4-2.fla”，按快捷键 Ctrl+Enter，测试动画，预览效果如图 7- 87 所示。

图 7-87 测试动画效果

7.5 帧与时间轴

影片的制作原理是改变连续帧的过程，不同的帧代表不同的时间，包含不同的对象，影片中的画面随着时间的变换逐个出现。时间轴用于管理和控制一定时间内图层的关系以及帧内的文档内容，它类似于电影中的胶片卷，每一格胶片就是一帧，当包含连续静态图像的帧在时间轴上快速播放时，就看到了动画。

7.5.1 认识“时间轴”面板

在 Flash 中，时间轴是进行 Flash 作品创作的核心部分，时间轴由图层、帧和播放头组成，影片的进度通过帧来控制，时间轴从形式上可以分为左侧的图层操作区和右侧的帧操作区，如图 7–88 所示。

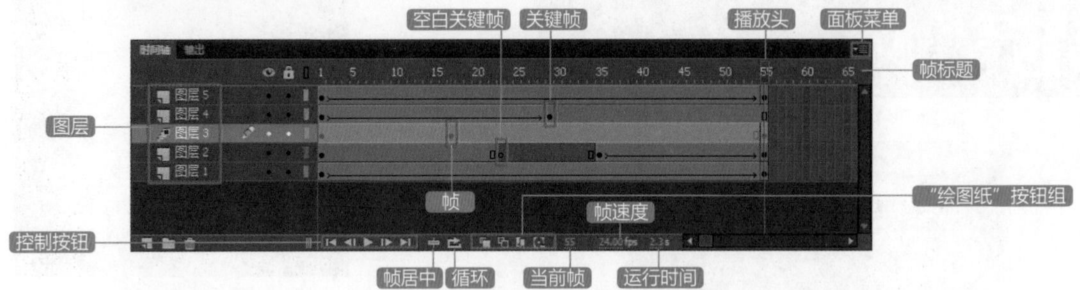

图 7-88 “时间轴”面板

- 图层：图层用于管理舞台中的元素，例如可以将背景元素和文字元素放置在不同的层中。
- 播放头：在当前播放位置或操作位置上显示，可以对其进行单击或拖动操作。
- 帧标题：帧标题位于时间轴的顶部，用来指示帧的编号。

帧：帧是 Flash 影片的基本组成部分，每个图层中包含的帧显示在该层名称右侧的一行中。Flash 影片播放的过程就是每一帧的内容按顺序呈现的过程。帧放置在图层上，Flash 按照从左到右的顺序来播放帧。

空白关键帧：创建空白关键帧是为了在该帧中插入要素。

关键帧：在空白关键帧中插入要素后，该帧就变成了关键帧。白色的圆将会变为黑色的圆。

面板菜单：该选项用来显示与时间轴相关的菜单，在该选项的弹出菜单中提供了关于时间轴的相关命令，如图 7-89 所示。

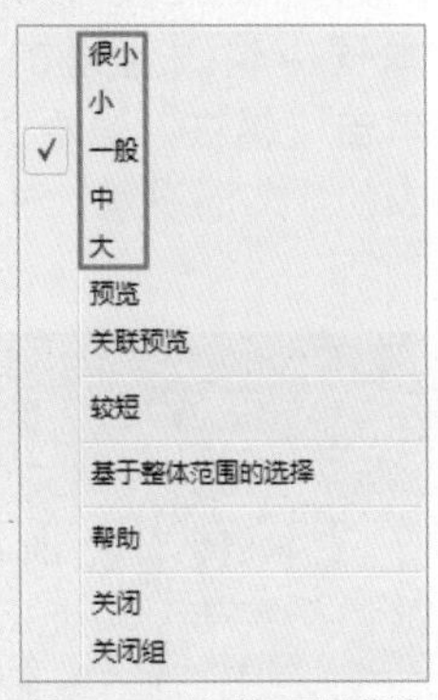

图 7-89 “时间轴”面板菜单

帧的大小：该选项用于设置每一帧在时间轴上的显示宽度，一共包括“很小”、“小”、“一般”、“中”和“大”5 种选项，默认设置为一般，如果需要看到很多帧，可以将其设置为很小；如果想仔细查看插入到帧中的音频波形等，可以将其设置为大。

预览：选择该选项后，将在每个关键帧中出现该帧内包含的元素状态的缩略图，如图 7-90 所示。该选项用来观察元素本身的形状变化。

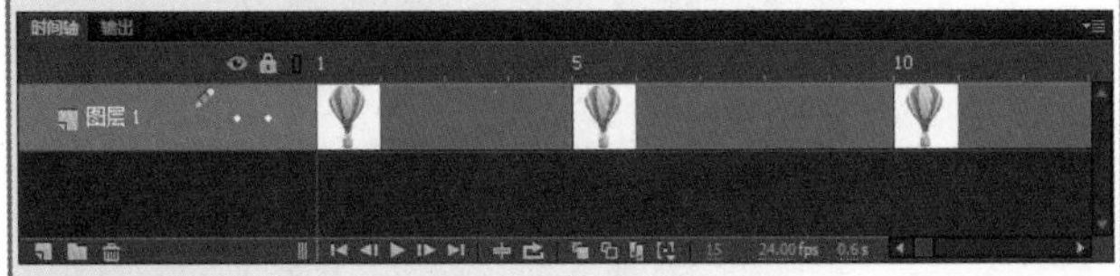

图 7-90 预览关键帧

关联预览：选择该选项后，将在每个关键帧中出现包含元素的状态及位置的缩略图，如图 7-91 所示。该选项多用于观察元素相对位置的变化。

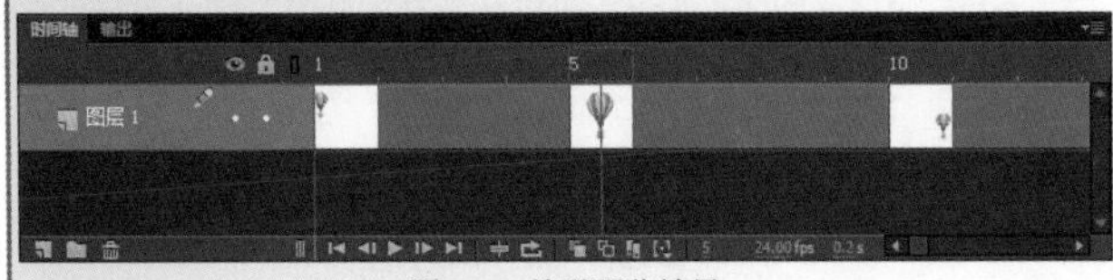

图 7-91 关联预览效果

较短：选择该选项后，时间轴上每层的高度将缩短，在同样大小的时间轴窗口内能够显示更多数量的层。

基于整体范围的选择：选择该选项后，在时间轴中单击两个关键帧之间的任意一帧，都可以选中两个关键帧之间的所有帧。

控制按钮：用来执行播放动画的相关操作，可以执行转到第一帧、后退一帧、播放、前进一帧和转到最后一帧操作。

“帧居中”按钮：将播放头所处位置的帧置于中央位置。但如果播放头位于第一帧，即使单击该按钮，也无法位于第一帧的中央位置。

“循环”按钮：单击该按钮，可以在时间轴中设置一个循环的区域，可以循环预览区域内的动画效果。

“绘图纸”按钮组：在场景中显示多帧要素，可以在操作的同时查看帧的运动轨迹。

当前帧：显示播放头所处位置的帧的编号。

帧速度：一秒钟内显示帧的个数，默认值为 24，即一秒钟内显示 24 个帧。

运行时间：显示到播放头所处位置为止动画的播放时间。帧的速率不同，动画的运行时间也会不同。

7.5.2 关于帧

不同的帧代表不同的动画，无内容的帧是以空的单元格显示，有内容的帧是以一定的颜色显示。例如，传统补间动画的帧显示深蓝色，补间动画的帧显示为浅蓝色，形状补间动画的帧显示为深绿色，关键帧后面的帧继续关键帧的内容。

1. 帧

帧又分为“普通帧”和“过渡帧”，在影片制作的过程中，经常在一个含有背景图像的关键帧后面添加一些普通帧，使背景延续一段时间，在起始关键帧和结束关键帧之间的所有帧被称为“过渡帧”，如图 7-92 所示。

图 7-92 帧效果

过渡帧是动画实现的详细过程，它能具体体现动画的变化过程，当鼠标单击过渡帧时，在舞台中可以预览这一帧的动画情况，过渡帧的画面由计算机自动生成，无法进行编辑操作。

2. 关键帧

关键帧是 Flash 动画的变化之处，是定义动画的关键元素，它包含任意数量的元件和图形等对象，在其中可以定义对动画的对象属性所做的更改，该帧的对象与前、后的对象属性均不相同。关键帧的效果如图 7–93 所示。

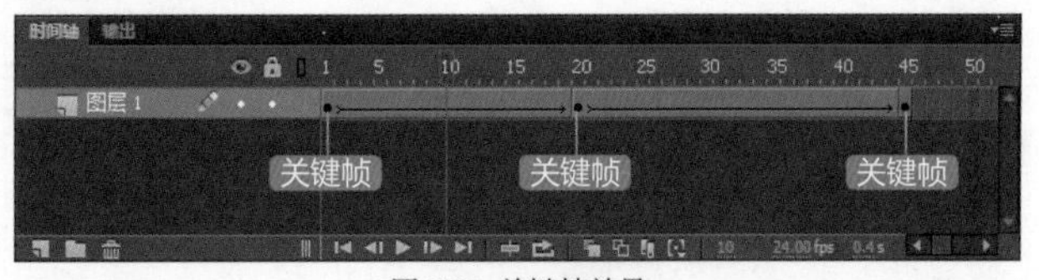

图 7-93 关键帧效果

关键帧中可以包含形状剪辑、组等多种类型的元素或诸多元素，但过渡帧中的对象只能是剪辑（影片剪辑、图层剪辑、按钮）或独立形状。两个关键帧的中间可以没有过渡帧，但过渡帧前后肯定有关键帧，因为过渡帧附属于关键帧，关键帧可以修改该帧的内容，但过渡帧无法修改该帧的内容。

3. 空白关键帧

当新建一个图层时，图层的第 1 帧默认为一个空白关键帧，即一个黑色轮廓的圆圈，当向该图层添加内容后，这个空心圆圈将变为一个小实心圆圈，该帧即为关键帧。

7.5.3 关于帧频

帧频在 Flash 动画的制作中是一个特别需要考虑的问题，因为帧频会影响最终的动画效果，将帧频设置得过高会导致处理器问题，特别是使用许多资源或使用了过多 ActionScript 创建动画时。

帧频就是动画播放的速度，以每秒钟所播放的帧数为度量。如果动画的帧频设置得太慢，会使该动画看起来没有连续感；如果动画帧频设置得太快，会使该动画的细节变得模糊，看不清。

一个动画标准的运动图像速率为每秒 24 帧。在 Flash 新建的文档中，默认的“帧频”设置为 24fps，执行“文件 > 新建”命令，弹出“新建文档”对话框，在其中即可设置动画的帧频，如图 7–94 所示。因为一个 Flash 动画文档只能设置一个帧频，所以在设计制作 Flash 动画之前，就需要确定 Flash 动画的帧频。

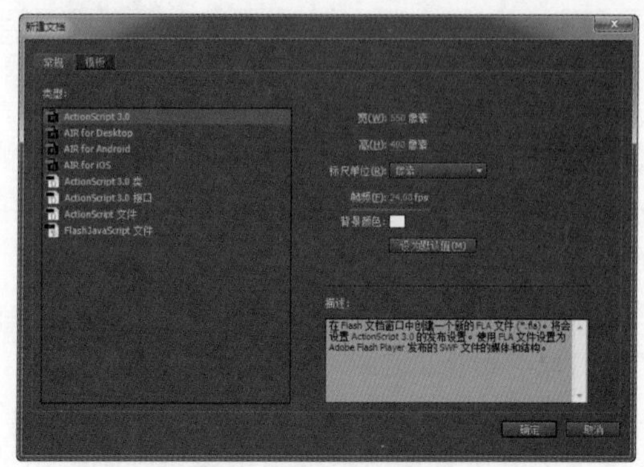

图 7-94 “新建文档”对话框

如果后期需要修改文档的帧频，可以在“属性”面板上的 FPS 文本框中输入合适的帧频即可，如图 7–95 所示；或者单击“属性”面板上的“编辑文档属性”按钮，在弹出的“文档设置”对话框中进行设置，如图 7– 96 所示。

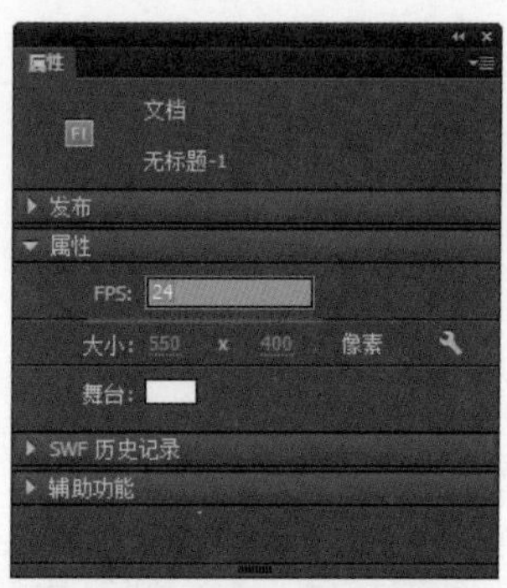

图 7-95 “属性”面板

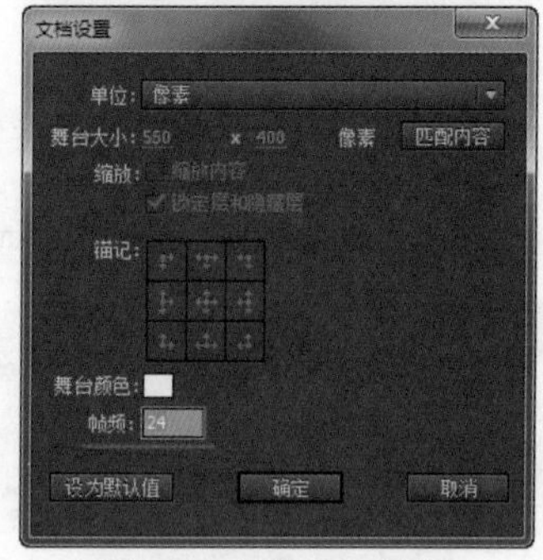

图 7-96 “文档设置”对话框

> **提示**
>
> Flash 动画的复杂程度和播放 Flash 动画的计算机速度都会影响 Flash 动画回放的流畅程度，可以在多种计算机上测试 Flash 动画，从而确定最佳的 Flash 动画帧频。

7.5.4 移动整个动画

如果要在场景中移动整个动画，必须一次移动所有帧和图层中的图形，才不会使场景中的对象产生混乱，从而避免了重新对齐场景中的所有对象。

首先解除所有图层的锁定，单击“时间轴”面板中的“编辑多个帧”按钮，拖曳绘图纸外观标记，使它们包含要选择的所有帧，执行“编辑 > 全选”命令，即可将整个动画拖曳到场景中的新位置，如图 7-97 所示。

图 7-97 “时间轴”面板

技巧

如果要移动一个或多个图层中的所有内容，而不移动其他图层上的任何内容，则应该锁定或隐藏不需要移动的所有图层，然后对需要移动图层的位置进行相应的调整。

7.5.5 使用绘图纸外观

通常情况下，Flash 在场景中一次只显示动画序列的一个帧，所以在场景中只能看到动画序列中某一帧的画面，为了更好地定位和编辑连续帧动画，可以启动绘图纸功能，这样就能一次看到两个或多个帧的画面。其中播放头所指帧中的画面显示为全彩色，为可编辑画面，而周围帧中的画面却是暗淡的，就如同每一帧都是用半透明的绘图纸绘制的，所有的绘图纸一张一张地相互叠放在一起，其中显示为灰暗色图像的帧是不能编辑的。

利用绘图纸外观功能，就不需要通过翻转来查看前面帧的内容，并能够平滑地制作出移动的对象。使用绘图纸外观功能，可以选择以下几个选项，如图 7-98 所示。

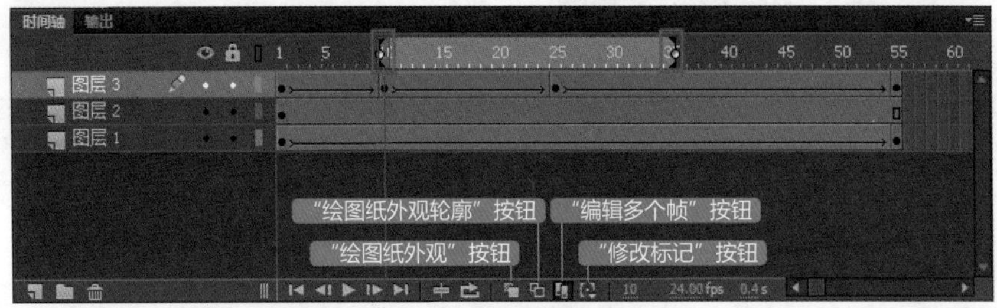

图 7-98 绘图纸选项

- “绘图纸外观”按钮：单击该按钮，将在时间轴标题上出现一个范围，并在舞台上出现该范围内元件的半透明移动轨迹，如果想增加、减少或更改绘图纸标记所包含的帧的数量，可以选中并拖动绘图纸标记两侧的起始点手柄和终止点手柄。

  当应用绘图纸功能时，位于绘图纸标记内的帧的内容将由深入浅显示出来，当前帧的内容将正常显示，颜色最深，如图 7-99 所示。在这些轨迹中，除当前播放头所在关键帧内的元素是可以移动和编辑的，其他轨迹图像都不可编辑。

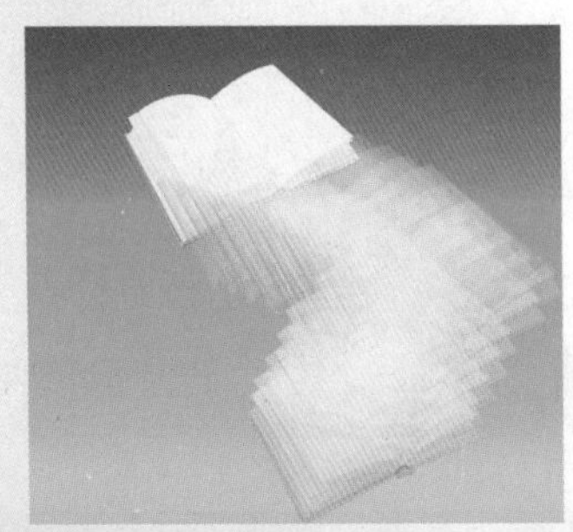

图 7-99 绘图纸外观

- “绘图纸外观轮廓”按钮：类似于绘图纸外观，单击该按钮后，可以显示多个帧的轮廓，而不是直接显示半透明的移动轨迹。当元素形状较为复杂或帧与帧之间的位移不明显的时候，使用这个按钮能更加清晰地显示元件的运动轨迹。每个图层的轮廓颜色决定了绘图纸轮廓的颜色，如图 7-100 所示。除了播放头所在关键帧内实体显示的元素可以编辑外，其他轮廓都不可编辑。

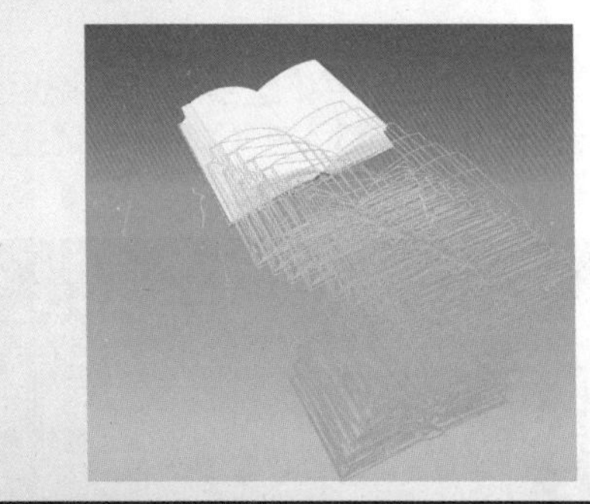
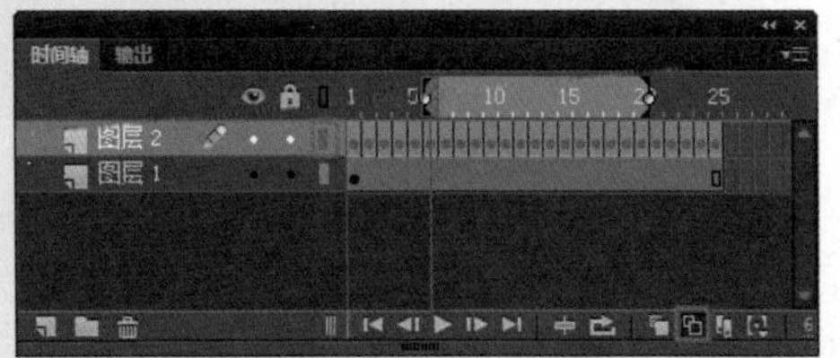

图 7-100 绘图纸外观轮廓效果

- “编辑多个帧”按钮：单击该按钮后，在舞台上会显示包含在绘图纸标记内的关键帧，与使用“绘图纸外观”功能不同的是，“编辑多个帧”功能所标记在场景中显示的多个关键帧都能够选择和编辑，如图 7–101 所示。

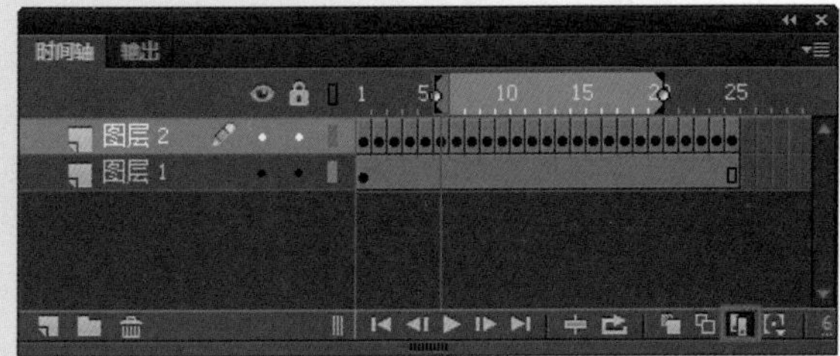

图 7-101 编辑多个帧效果

“修改标记”按钮：主要用于修改当前绘图纸的标记，通常情况下，移动播放头的位置，绘图纸的位置也会随之发生相应的变化。单击该按钮，弹出下拉菜单，如图 7–102 所示。

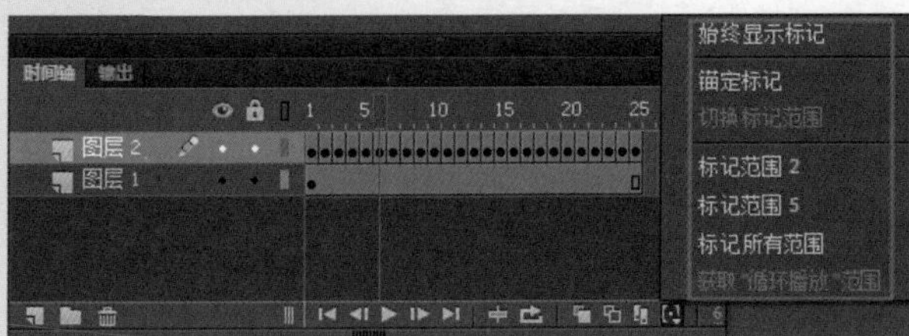

图 7-102 修改绘图纸标记

始终显示标记：选中该选项后，无论用户是否启用了绘图纸功能，都会在时间轴头部显示绘图纸标记范围，如图 7–103 所示。

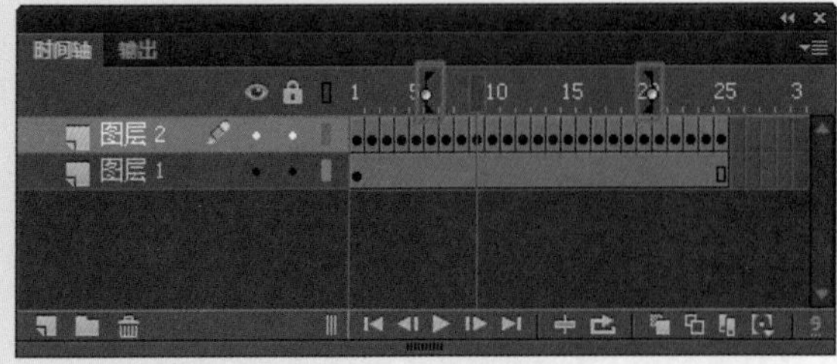

图 7-103 始终显示标记

锚定标记：选中该选项后，可以将时间轴上的绘图纸标记锁定在当前位置，不再跟随播放头的移动而发生位置上的改变，如图 7–104 所示。

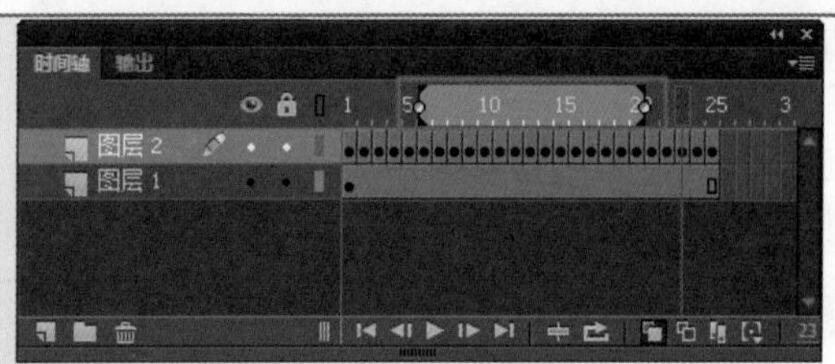

图 7-104 锚定标记

标记范围 2：选中该选项后，在当前选定帧的两侧只显示 2 个帧。

标记范围 5：选中该选项后，在当前选定帧的两侧只显示 5 个帧。

标记整个范围：选中该选项后，会自动将时间轴标题上的标记范围扩大到包括整个时间轴上所有的帧。

7.5.6 制作人物行走动画

本实例制作的是一个简单的人物行走的动画效果，运用了逐帧和传统补间动画，在制作过程中向读者展示了如何使用绘图纸外观，并预览其效果，通过本实例使读者了解绘图纸外观的使用方法。

动手实践——制作人物行走动画

源文件：光盘 \ 源文件 \ 第 7 章 \7-5-6.fla

视频：光盘 \ 视频 \ 第 7 章 \7-5-6.swf

01 执行“文件 > 新建”命令，在弹出的“新建文档”对话框中进行设置，如图 7–105 所示，单击“确定”按钮，新建一个 Flash 文档。执行“插入 > 新建元件”命令，弹出“创建新元件”对话框，设置如图 7–106 所示。

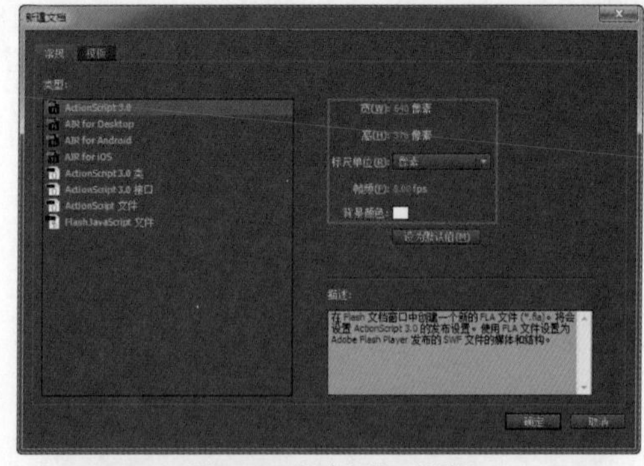

图 7-105 “新建文档”对话框

图 7-106 “创建新元件”对话框

02 执行“文件 > 导入 > 导入到舞台”命令，在弹出的“导入”对话框中选择人物素材，如图 7–107 所示，单击“打开”按钮，弹出提示对话框，如图 7–108 所示。

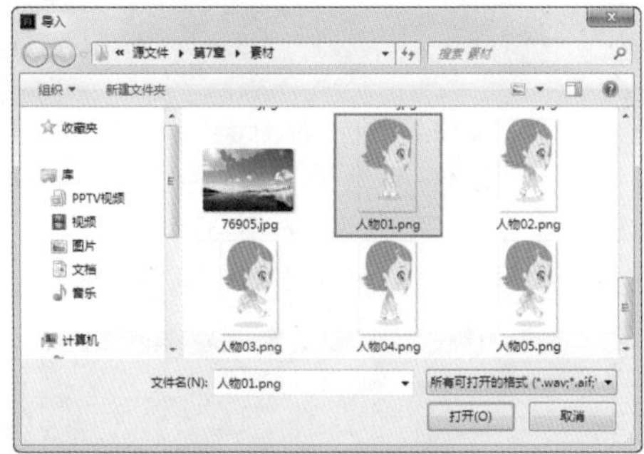

图 7-107 “导入”对话框

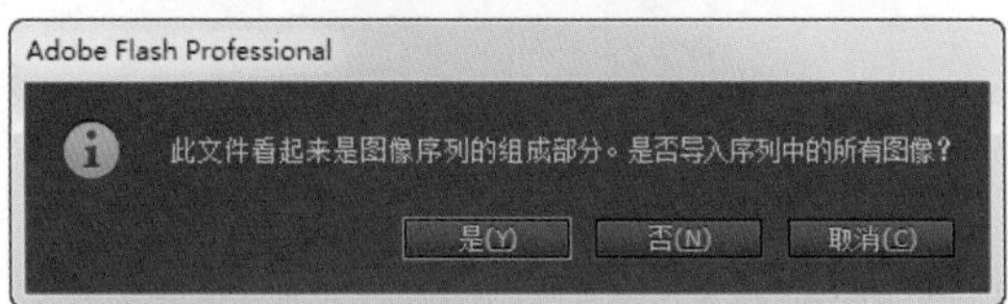

图 7-108 提示对话框

03 单击“是”按钮，将多张素材导入到场景中，完成后的“时间轴”面板如图 7–109 所示，场景效果如图 7–110 所示。

图 7-109 “时间轴”面板　　图 7-110 场景效果

04 单击“编辑”栏上的“场景 1”按钮，如图 7–111 所示，返回到“场景 1”中。执行“文件 > 导入 > 导入到舞台”命令，将素材“光盘 \ 源文件 \ 第 7 章 \ 素材 \75501.jpg”导入到场景中，并调整至合适的位置，如图 7–112 所示。

图 7-111 “场景 1”按钮

图 7-112 导入素材

05 在第 70 帧位置按 F5 键插入帧。新建“图层 2”，打开“库”面板，将“人物行走动画”元件拖入到场景中，如图 7–113 所示。在第 50 帧按 F6 键插入关键帧，并调整元件至合适位置，如图 7–114 所示。

图 7-113 拖入元件

图 7-114 移动元件

06 在第 51 帧按 F6 键插入关键帧，选择该帧上的元件，执行“修改 > 变形 > 水平翻转”命令，如图 7–115 所示，对该帧上的元件进行水平翻转操作，效果如图 7–116 所示。

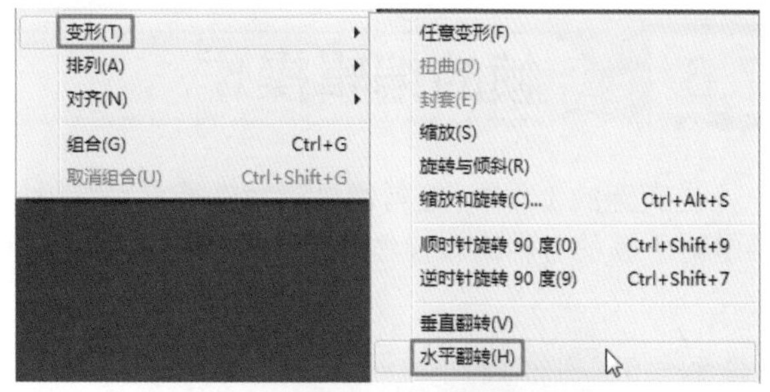

图 7-115 “水平翻转”命令

图 7-116 元件效果

07 在第 70 帧位置按 F6 键插入关键帧，移动元件至合适的位置，如图 7–117 所示。分别选择第 1 帧、第 51 帧，单击鼠标右键，在弹出的菜单中选择“创建传统补间”命令，“时间轴”面板如图 7–118 所示。

图 7-117 移动元件

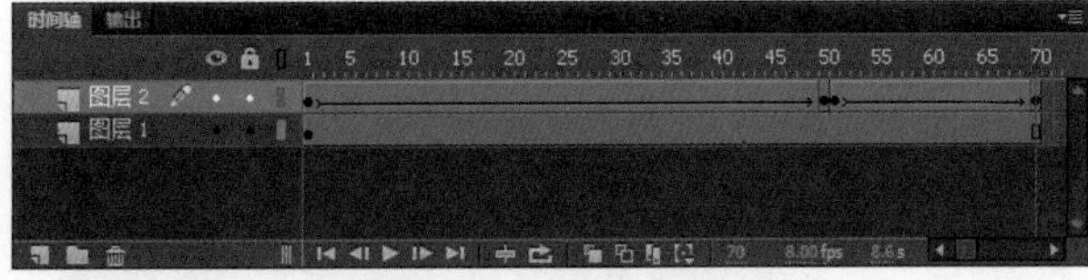

图 7-118 “时间轴”面板

08 单击“时间轴”面板底部的“绘图纸外观”按钮，移动标记至相应的位置，如图 7–119 所示。在场景中即可预览元件的运动轨迹，如图 7–120 所示。

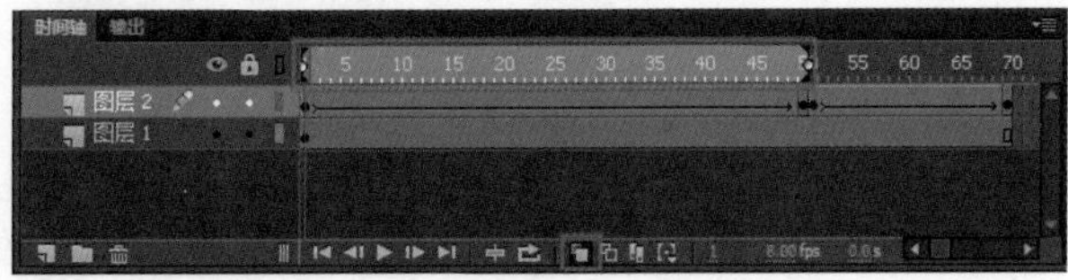

图 7-119 “时间轴”面板

图 7-120 元件运动轨迹

09 执行“文件 > 保存”命令，将动画保存为“光盘 \ 源文件 \ 第 7 章 \7–5–5.fla”，按快捷键 Ctrl+Enter，测试动画，效果如图 7–121 所示。

图 7-121 预览动画效果

7.6 帧的编辑操作

在实际的工作中，经常需要对帧进行各种编辑操作，帧的类型比较复杂，在影片中起到的作用也各不相同，但是对于帧的各种编辑操作都是相同的，下面将针对如何编辑帧进行详细讲解。

7.6.1 插入帧

由于帧的类型较多，下面将分别向读者介绍帧、关键帧和空白关键帧的插入方法。

1. 插入帧

选中需要插入帧的位置，执行“插入 > 时间轴 > 帧”命令，或者直接按 F5 键，即可在当前帧的位置插入一个帧，如图 7–122 所示。也可以在需要插入帧的位置单击鼠标右键，在弹出的菜单中选择“插入帧”命令，如图 7–123 所示。

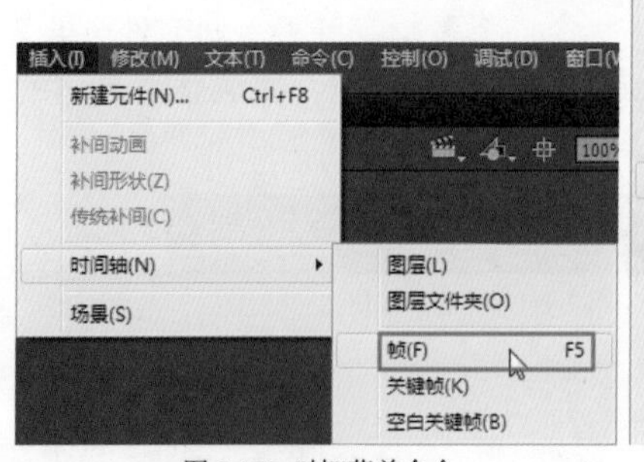

图 7-122 “帧”菜单命令

图 7-123 “插入帧”命令

2. 插入关键帧

选中需要插入关键帧的位置，执行“插入 > 时间轴 > 关键帧”命令，或者按 F6 键，即可在当前位置插入一个关键帧，如图 7–124 所示。也可以在需要插入关键帧的位置单击鼠标右键，在弹出的菜单中选择“插入关键帧”命令，如图 7–125 所示。

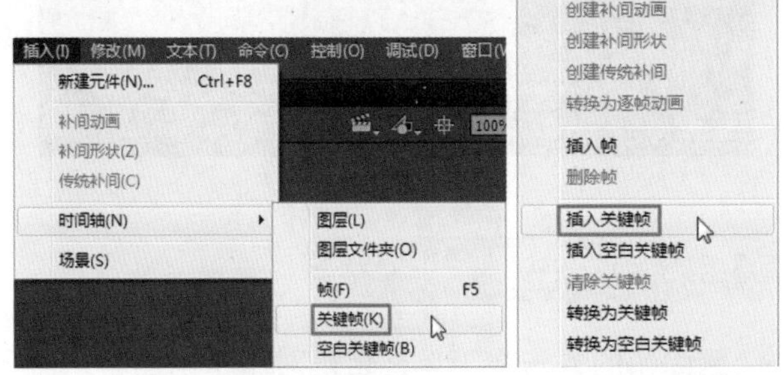

图 7-124 “关键帧”菜单命令　　图 7-125 “插入关键帧”命令

3. 插入空白关键帧

选中需要插入空白关键帧的位置，执行“插入 > 时间轴 > 空白关键帧”命令，或者按 F7 键，即可在当前位置插入一个空白关键帧，如图 7–126 所示。也可以在需要插入关键帧的位置单击鼠标右键，在弹出的菜单中选择“插入空白关键帧”命令，如图 7–127 所示。

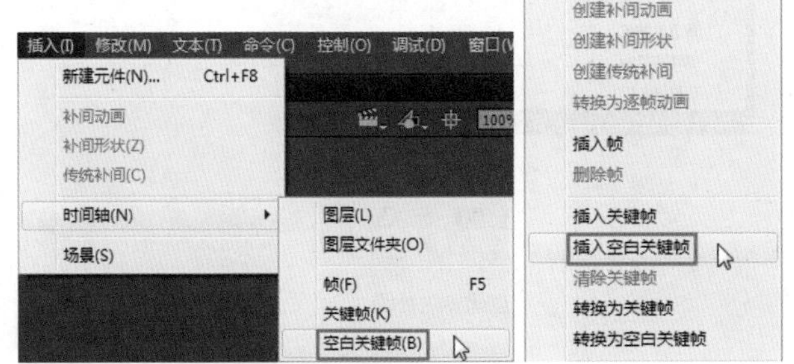

图 7-126 “空白关键帧”菜单命令　　图 7-127 “插入空白关键帧”命令

7.6.2 选择帧

鼠标左键单击帧，即可选中该帧，单击“时间轴”面板右上角的按钮，在弹出的面板菜单中选择“基于整体范围的选择”命令，如图 7–128 所示，则单击某个帧将会选择两个关键帧之间的整个帧序列，如图 7–129 所示。

图 7-128 选择“基于整体范围的选择”命令

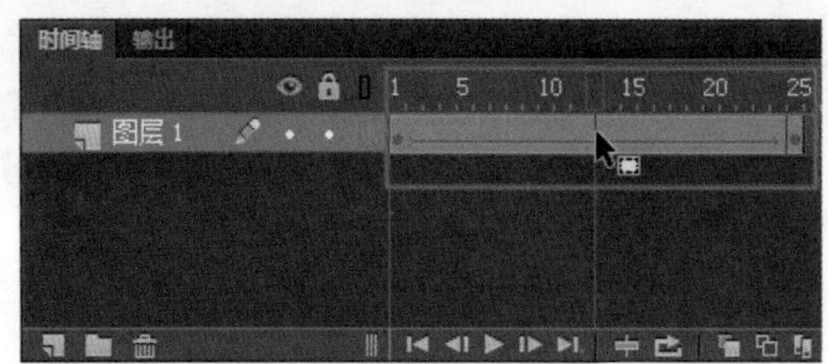

图 7-129 选择整体范围

如果想选择多个连续的帧，选中一个帧的同时按住 Shift 键，再单击其他帧即可；如果要选择多个不连续的帧，选中一个帧的同时按住 Ctrl 键，再单击其他所要选择的帧即可。

如果想要选择时间轴中的所有帧，可以执行“编辑 > 时间轴 > 选择所有帧”命令，也可以在“时间轴”面板中任意一个帧的位置单击鼠标右键，在弹出的菜单中选择“选择所有帧”命令，即可选中时间轴中的所有帧，如图 7–130 所示。

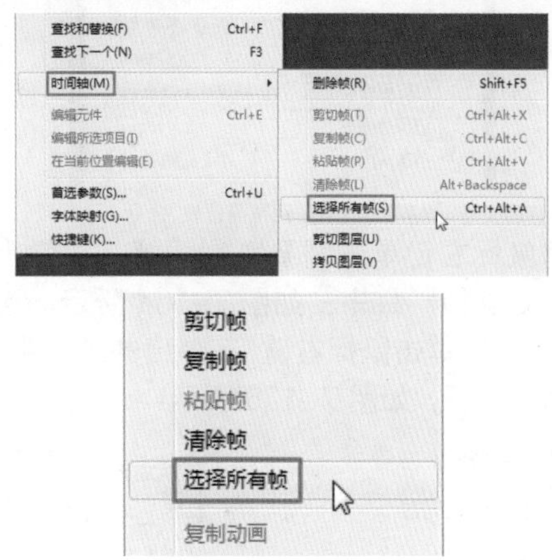

图 7-130 选择所有帧

7.6.3 复制帧

选中需要复制的帧，按住 Alt 键的同时拖动鼠标左键，停留到需要复制帧的位置，释放鼠标，即可复制该帧，如图 7–131 所示。

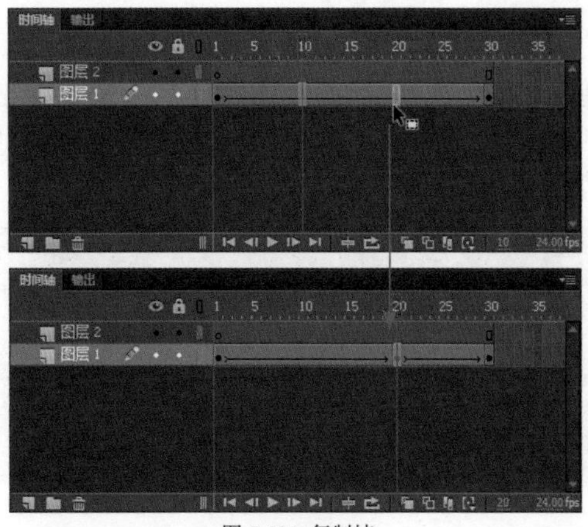

图 7-131 复制帧

还可以选中关键帧，执行“编辑 > 复制”命令，如图 7–132 所示，然后在需要粘贴帧的位置单击鼠标左键，执行“编辑 > 粘贴到当前位置”命令，即可粘贴帧，如图 7–133 所示。

图 7-132 “复制”命令

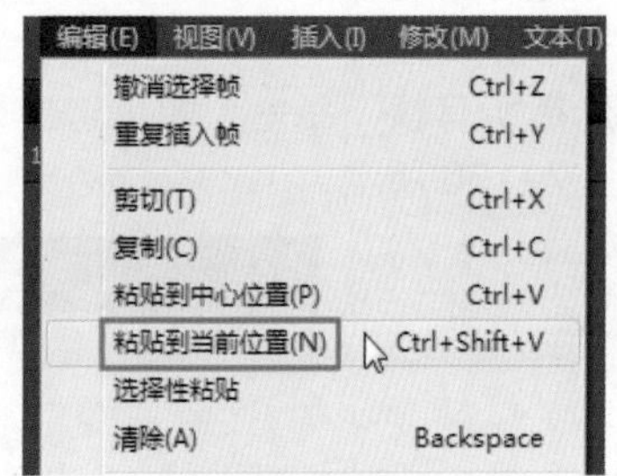

图 7-133 “粘贴到当前位置”命令

使用鼠标右键单击需要复制的帧，在弹出的菜单中选择“复制帧”命令，如图 7–134 所示。选择需要复制帧的位置，单击鼠标右键，在弹出的菜单中选择“粘贴帧”命令即可，如图 7–135 所示。

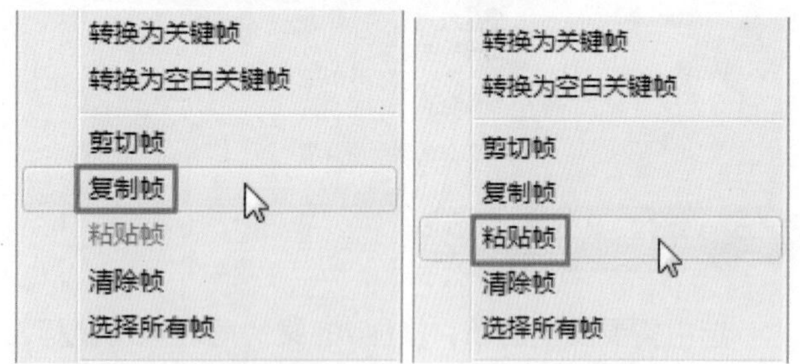

图 7-134 “复制帧”命令　　图 7-135 “粘贴帧”命令

7.6.4 移动帧

要想移动帧，只需要鼠标左键单击选中需要移动的帧，按住鼠标左键拖动到需要停留的位置，即可完成移动帧的操作，如图 7–136 所示。

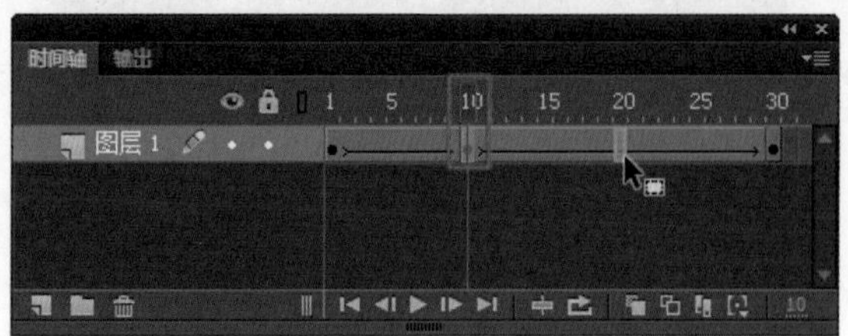

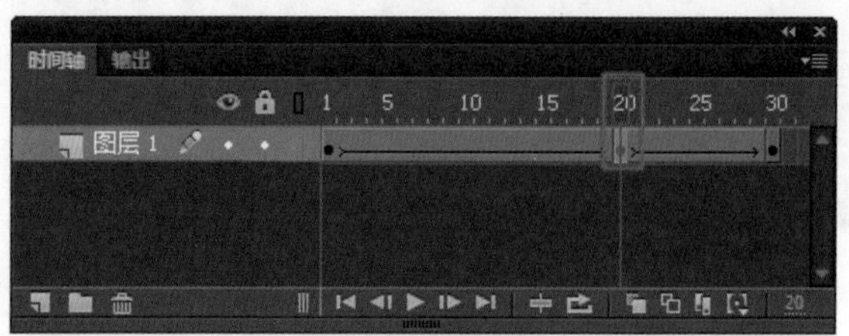

图 7-136 移动帧

7.6.5 删除和清除帧

删除帧的方法很简单，但是对于不同的帧，需要有不同的操作方法。如果要删除帧，首先选中该帧，执行“编辑 > 时间轴 > 删除帧”命令，或者按快捷键 Shift+F5，即可删除帧，如图 7–137 所示，也可以在该帧位置单击鼠标右键，在弹出的菜单中选择“删除帧”命令，如图 7–138 所示。

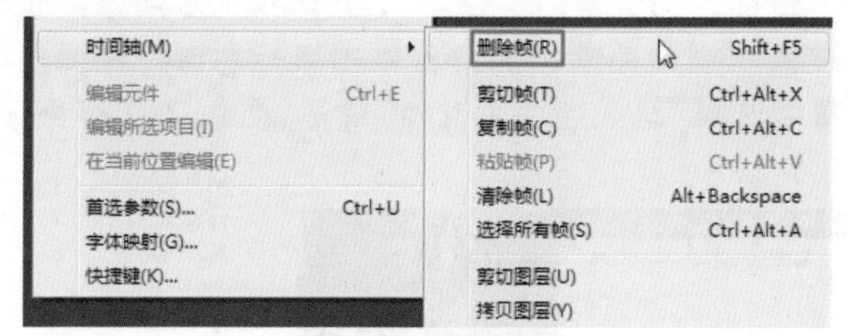

图 7-137 “删除帧”命令

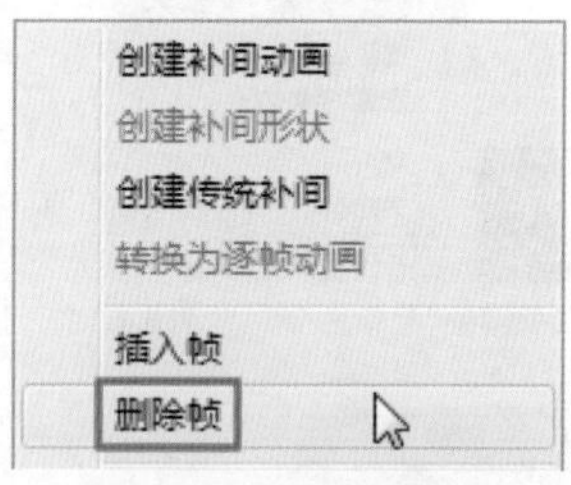

图 7-138 弹出菜单命令

而删除关键帧与空白关键帧的方法则不同，使用鼠标右键单击需要删除的关键帧或者空白关键帧，在弹出的菜单中选择“清除关键帧”命令，即可删除所选的帧，如图 7–139 所示。

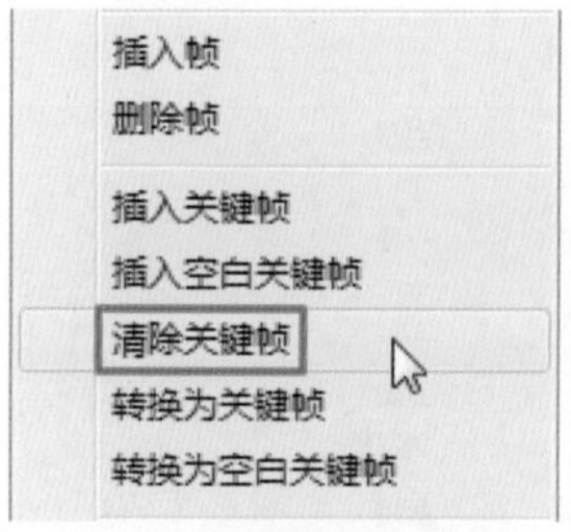

图 7-139 “清除关键帧”命令

“清除关键帧”命令主要用于清除帧和关键帧，它清除的是帧中的内容，即帧内部所含的所有对象，对帧进行了清除后，帧中将没有任何对象，清除帧的操作和删除帧的操作方法基本相同，就不再进行讲解。

7.6.6 翻转帧

选择一个或多个图层中的合适帧，执行“修改 > 时间轴 > 翻转帧”命令，即可完成翻转帧的操作，使影片的播放顺序相反，如图 7-140 所示。

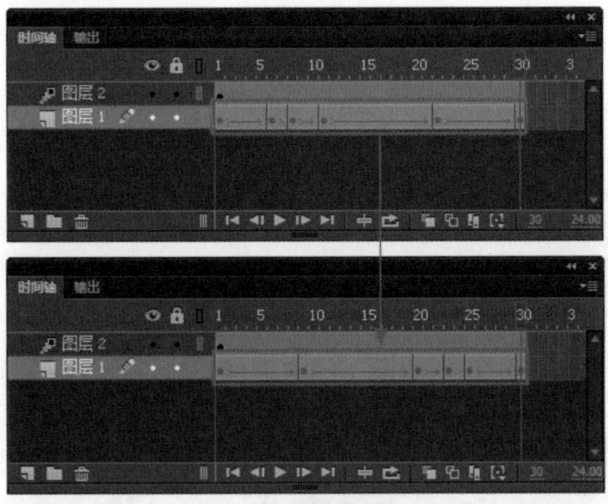

图 7-140 翻转帧效果

需要注意的是，所选序列的起始位置和结束位置都必须为关键帧。翻转帧的操作方法除了执行“修改 > 时间轴 > 翻转帧”命令外，也可以在“时间轴”面板中任意帧的位置单击鼠标右键，在弹出的菜单中选择“翻转帧”命令，两种操作方法如图 7-141 所示。

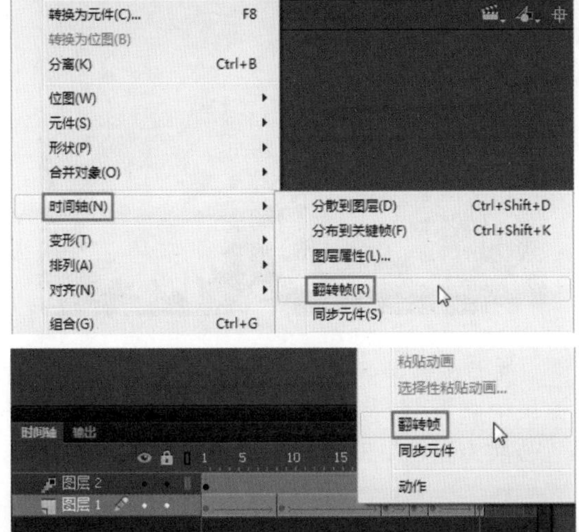

图 7-141 两种“翻转帧”的操作方法

7.6.7 帧的转换

帧、关键帧和空白关键帧之间是可以转换的，其操作方法很简单，只需要在需要转换的帧上单击鼠标右键，在弹出的菜单中选择“转换为关键帧”或者“转换为空白关键帧”命令，如图 7-142 所示，所选的普通帧将转换为关键帧，如图 7-143 所示。

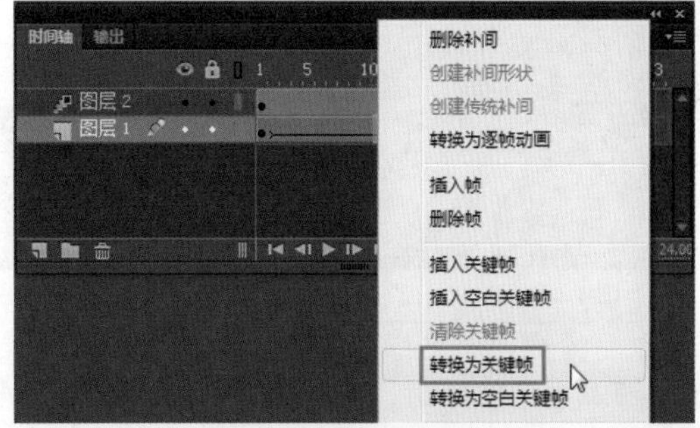

图 7-142 “转换为关键帧”命令

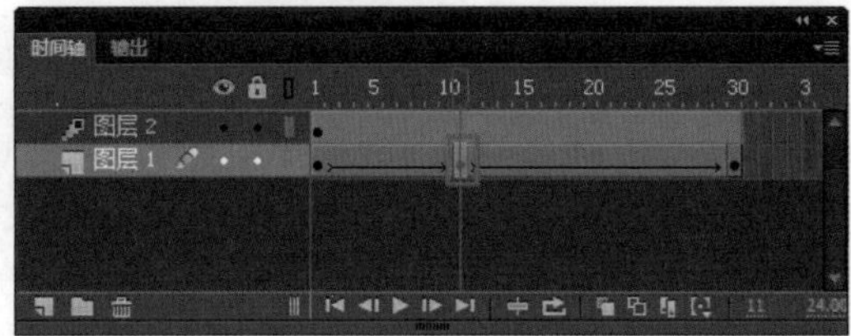

图 7-143 转换为关键帧

同样，关键帧或者空白关键帧也可以转换为普通帧，在需要转换的帧上单击鼠标右键，在弹出的菜单中选择“清除关键帧”命令，如图 7-144 所示，所选的关键帧将转换为普通帧，如图 7-145 所示。

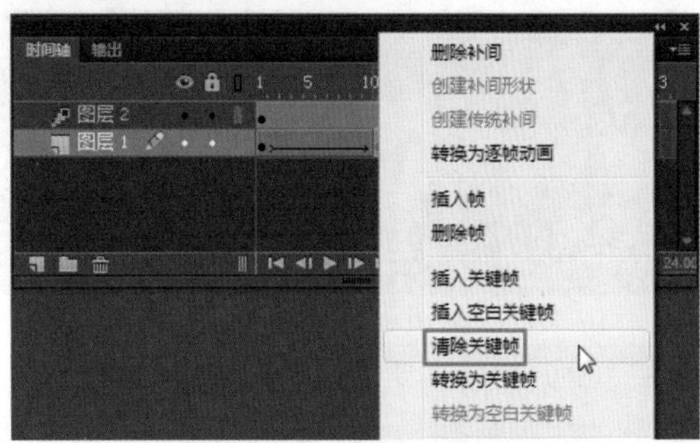

图 7-144 “清除关键帧”命令

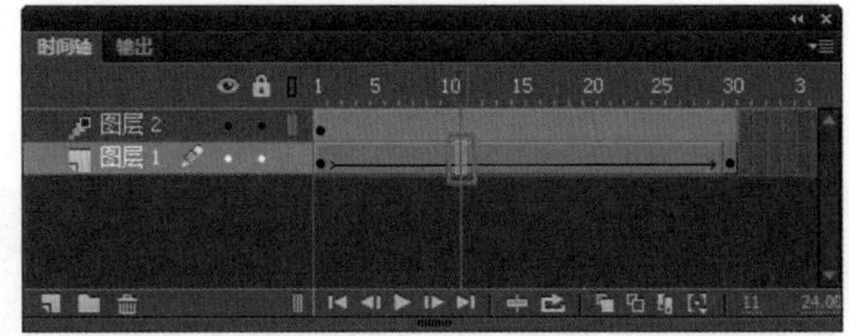

图 7-145 转换为普通帧

7.6.8 帧标签

在时间轴上选中一个关键帧，在“属性”面板上的“名称”文本框中输入帧的名称即可创建一个帧的标签，如图 7-146 所示，在“类型”下拉列表中有 3 种可供选择的类型，如图 7-147 所示。

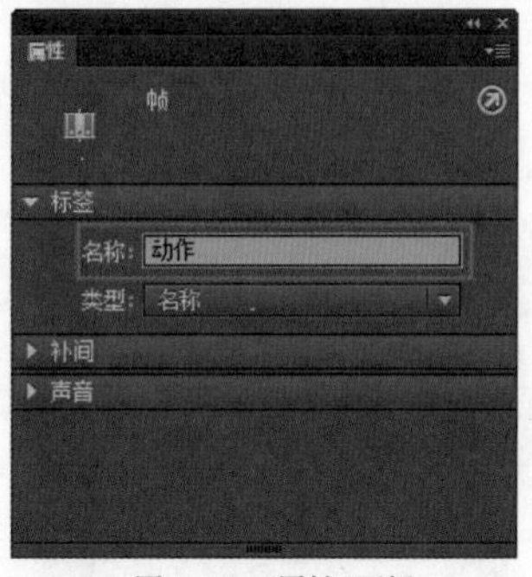
图 7-146 “属性”面板

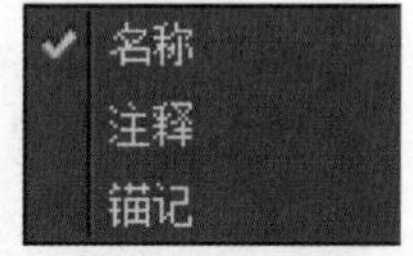

图 7-147 “类型”下拉列表

名称：该选项用来标识时间轴中的关键帧名称，在动作脚本中定位帧时，使用帧的名称，如图 7–148 所示。

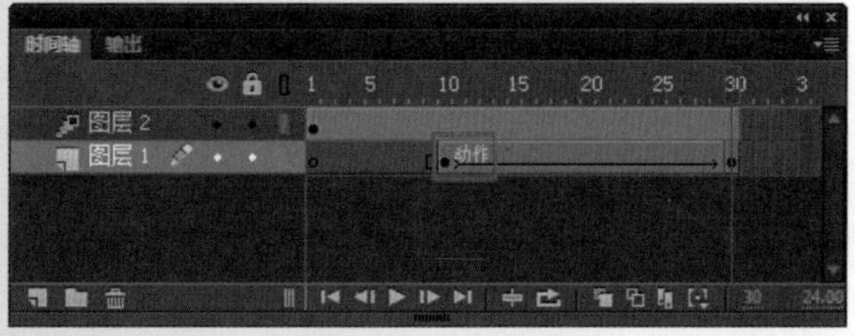
图 7-148 “名称”类型

注释：选择该选项，表示注释类型的帧标签，只对所选中的关键帧加以注释和说明，文件发布为 Flash 影片时，不包含帧注释的标识信息，不会增大导出 SWF 文件的大小，如图 7–149 所示。

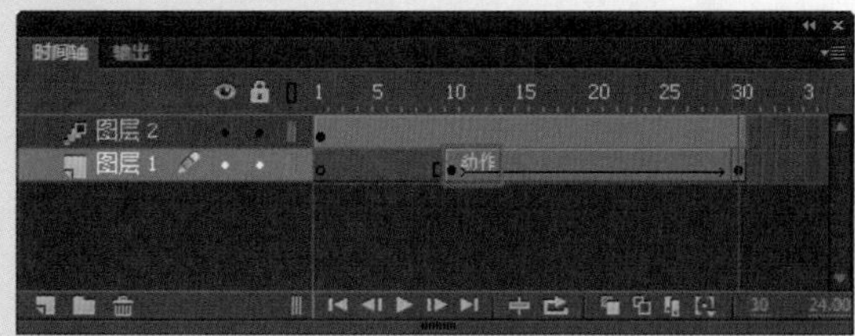
图 7-149 “注释”类型

锚记：可以使用浏览器中的“前进”和“后退”按钮，从一个帧跳到另一个帧，或是从一个场景跳到另一个场景，从而使得 Flash 动画的导航变得简单。将文档发布为 SWF 文件时，文件内部会包括帧名称和帧锚记的标识信息，文件的体积会相应增大，如图 7–150 所示。

图 7-150 “锚记”类型

7.6.9 图片切换动画

本实例通过一个简单的传统补间动画，向读者讲解了对帧进行编辑操作的方法和技巧，例如选择帧、复制帧和翻转帧，在制作过程中，设置了 Alpha 值并配合了元件的使用，最终制作出图片切换的动画效果。

动手实践——制作图片切换动画

源文件：光盘 \ 源文件 \ 第 7 章 \7-6-9.fla

视频：光盘 \ 视频 \ 第 7 章 \7-6-9.swf

01 执行“文件 > 新建”命令，在弹出的“新建文档”对话框中进行设置，如图 7–151 所示，单击“确定”按钮，新建一个 Flash 文档。执行“文件 > 导入 > 导入到舞台”命令，将素材“光盘 \ 源文件 \ 第 7 章 \ 素材 \76901.jpg”导入到场景中，如图 7–152 所示。

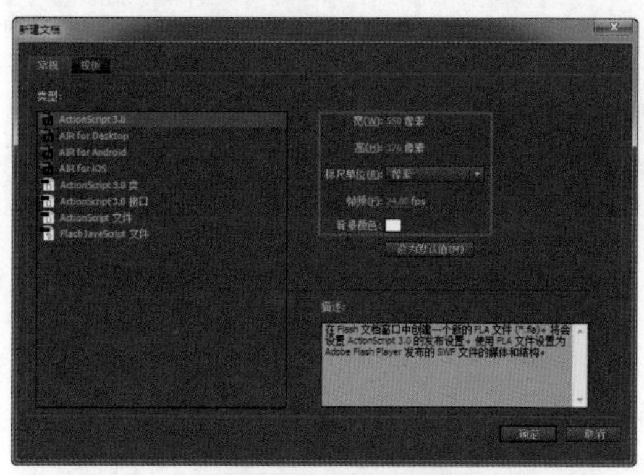
图 7-151 “新建文档”对话框

图 7-152 导入素材

02 选中场景中的素材图像，单击鼠标右键，在弹出的菜单中选择“转换为元件”命令，如图 7–153 所示。弹出“转换为元件”对话框，设置如图 7–154 所示。

图 7-153 “转换为元件”命令

图 7-154 “转换为元件”对话框

03 单击“确定”按钮，选择第 1 帧，单击鼠标右键，在弹出的菜单中选择“复制帧”命令，如图 7–155 所示。选择“图层 1”上的第 15 帧，单击鼠标右键，在弹出的菜单中选择“粘贴帧”命令，“时间轴”面板如图 7–156 所示。

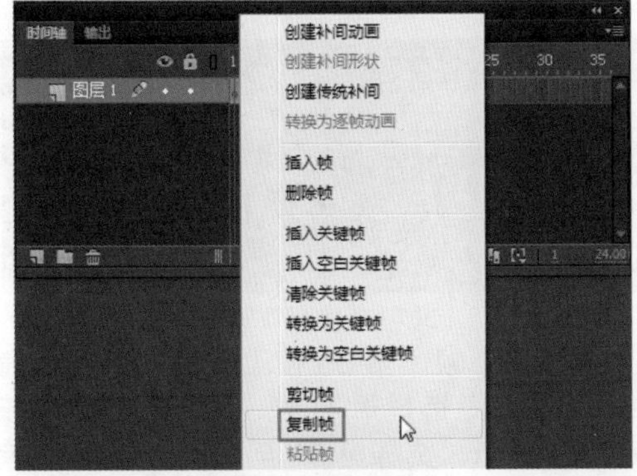

图 7-155 “复制帧”命令

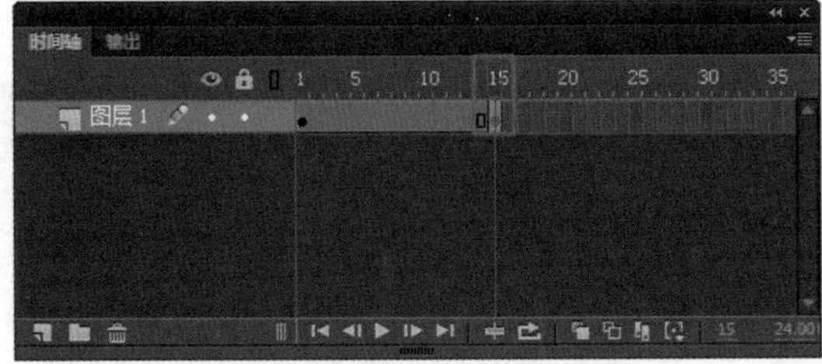

图 7-156 粘贴帧

04 选择第 1 帧上的元件，在“属性”面板“样式”的下拉列表中选择 Alpha 选项，并设置其 Alpha 值为 0，如图 7–157 所示，元件效果如图 7–158 所示。

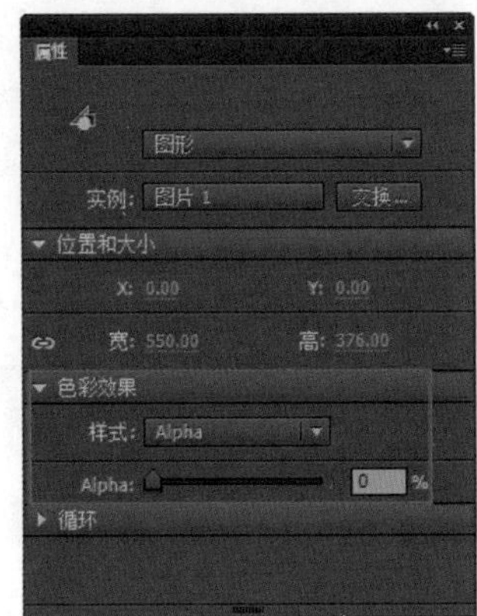

图 7-157 “属性”面板

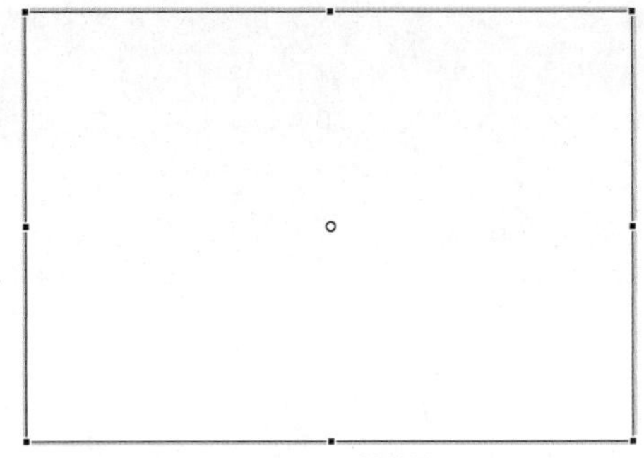

图 7-158 元件效果

05 选择第 15 帧上的元件，在“属性”面板中设置其 Alpha 值为 100%，如图 7–159 所示。选择第 1 帧，单击鼠标右键，在弹出的菜单中选择“创建传统补间”命令，“时间轴”面板如图 7– 160 所示。

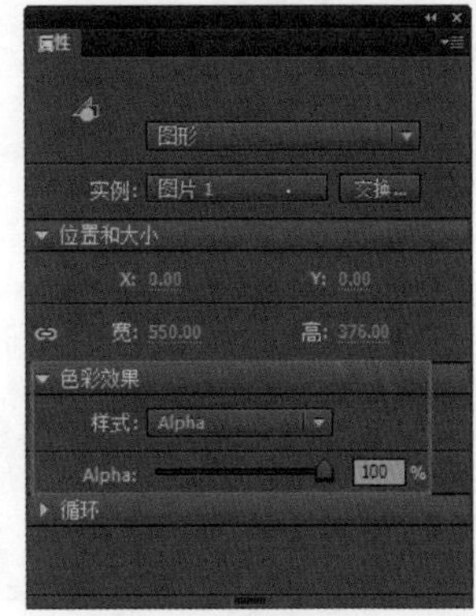

图 7-159 设置 Alpha 值

图 7-160 创建传统补间

06 选择第 1 帧至第 15 帧之间的所有帧，单击鼠标右键，在弹出的菜单中选择“复制帧”命令，如图 7–161 所示。选择第 21 帧，单击鼠标右键，在弹出的菜单中选择“粘贴帧”命令，“时间轴”面板如图 7–162 所示。

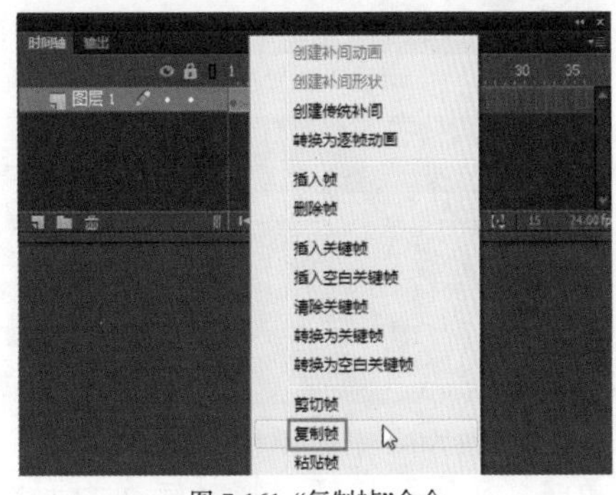

图 7-161 “复制帧”命令

图 7-162 粘贴帧

07 选择刚复制得到的所有帧，单击鼠标右键，在弹出的菜单中选择“翻转帧”命令，如图 7-163 所示。选择第 115 帧，按 F5 键插入帧，“时间轴”面板如图 7-164 所示。

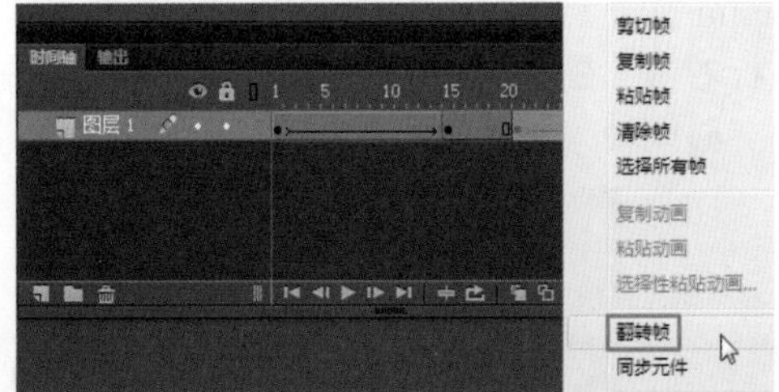

图 7-163 “翻转帧”命令

图 7-164 插入帧

08 新建“图层 2”，在第 21 帧位置按 F7 键插入空白关键帧。将素材“光盘\源文件\第 7 章\素材\76902.jpg”导入到场景中，如图 7-165 所示。按 F8 键，在弹出的“转换为元件”对话框中进行设置，如图 7-166 所示。

图 7-165 导入素材图片

图 7-166 “转换为元件”对话框

09 单击“确定”按钮，将其转换为元件，如图 7-167 所示。选择第 21 帧，单击鼠标右键，在弹出的菜单中选择“复制帧”命令，选择第 35 帧，单击鼠标右键，在弹出的菜单中选择“粘贴帧”命令，“时间轴”面板如图 7-168 所示。

图 7-167 转换为元件

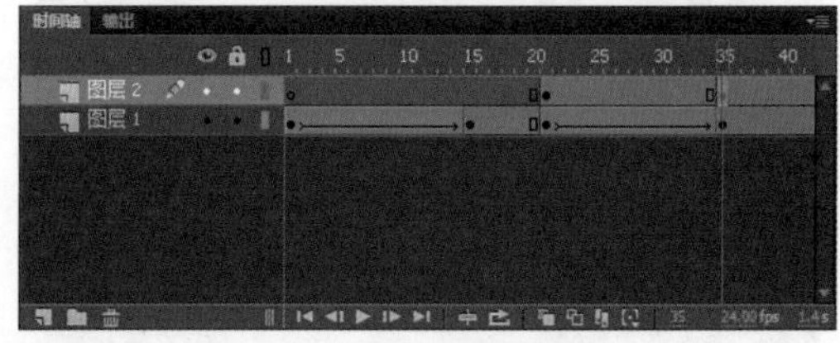
图 7-168 “时间轴”面板

10 将第 21 帧、第 35 帧上元件的 Alpha 值分别设置为 0、100%，选择第 21 帧，在该帧创建传统补间，如图 7-169 所示。选择第 21 至 35 帧之间的所有帧，按住 Alt 键复制帧至合适的位置，单击鼠标右键，选择“翻转帧”命令，如图 7-170 所示。

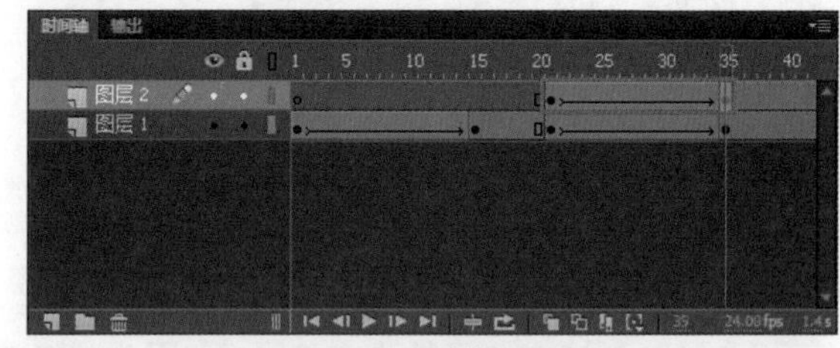
图 7-169 创建传统补间

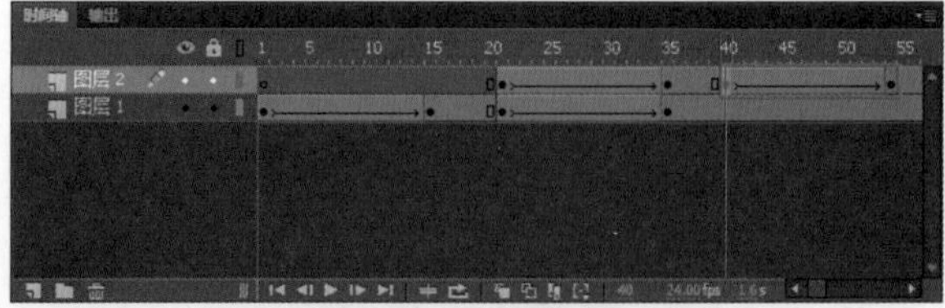
图 7-170 复制翻转帧

11 使用相同的制作方法，完成其他图层中图片动画效果的制作，“时间轴”面板如图 7-171 所示。

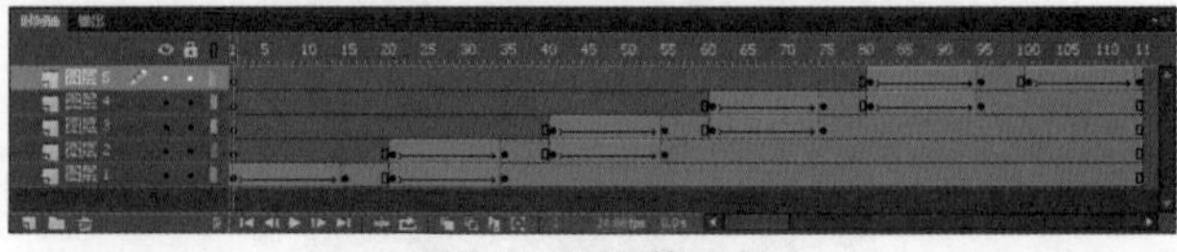
图 7-171 “时间轴”面板

12 执行“文件 > 保存”命令，将动画保存为“光盘\源文件\第 7 章\7-6-9.fla”，按快捷键

Ctrl+Enter，测试动画，效果如图 7–172 所示。

图 7-172 测试动画效果

7.7 使用场景组织 Flash 动画

不管是创建独立的动画，还是完整的 Flash 网站，都有必要对 Flash 作品进行有效的组织，在 Flash 中使用场景可以将文档组织成包含除其他场景外的内容的不连续部分。

7.7.1 创建和处理场景

利用“场景”面板可以添加、删除、复制、重命名场景和更改场景顺序，下面将分别讲解如何对场景进行一系列的操作。

1. 添加场景

执行“窗口 > 场景”命令，或者按快捷键 Shift+F2，如图 7–173 所示，打开“场景”面板，如图 7–174 所示。

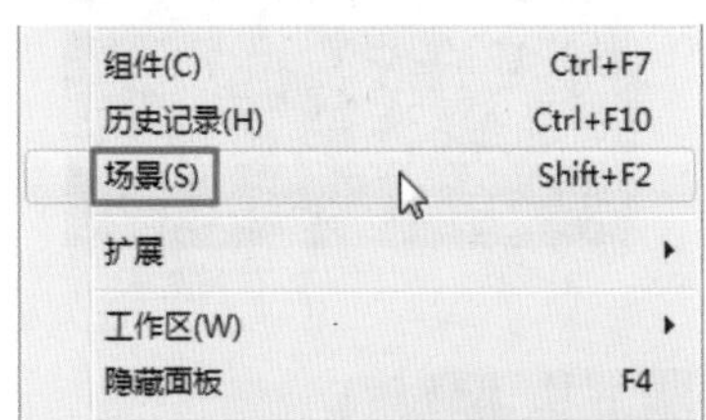

图 7-173 “场景”命令

图 7-174 “场景”面板

单击“场景”面板左下角的“添加场景”按钮，如图 7–175 所示，也可以执行“插入 > 场景”命令来添加场景，如图 7–176 所示。

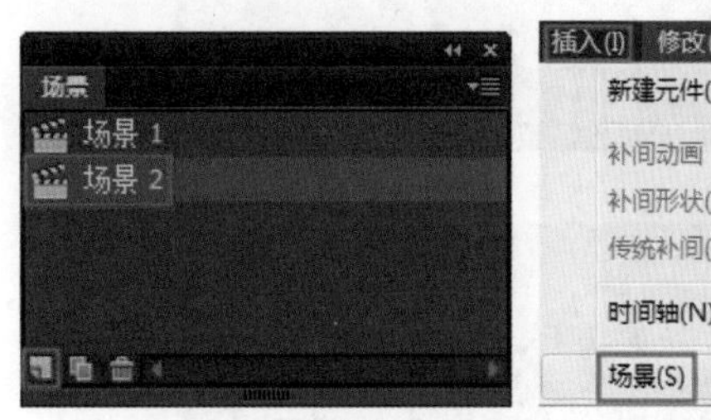

图 7-175 添加场景　　图 7-176 “场景”命令

Flash 中添加了新的场景后，默认情况下，新场景会添加到当前场景的下方，新场景的默认名称按数字编排，如场景 1、场景 2……

2. 删除场景

如果想要删除场景，首先选中需要删除的场景，单击“场景”面板左下角的“删除场景”按钮，弹出提示对话框，如图 7–177 所示，单击“确定”按钮，即可删除场景，如图 7–178 所示。

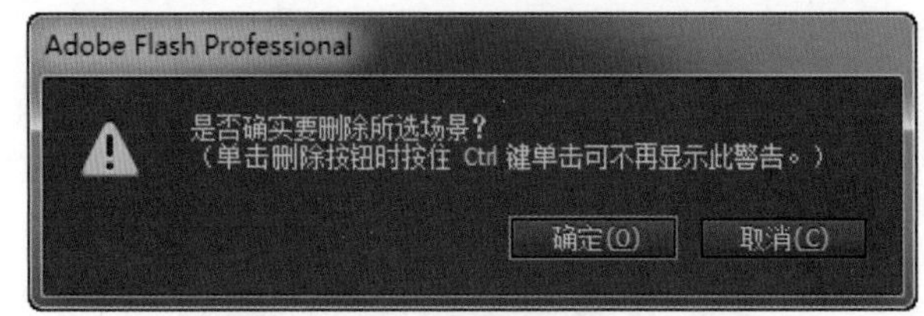

图 7-177 提示对话框

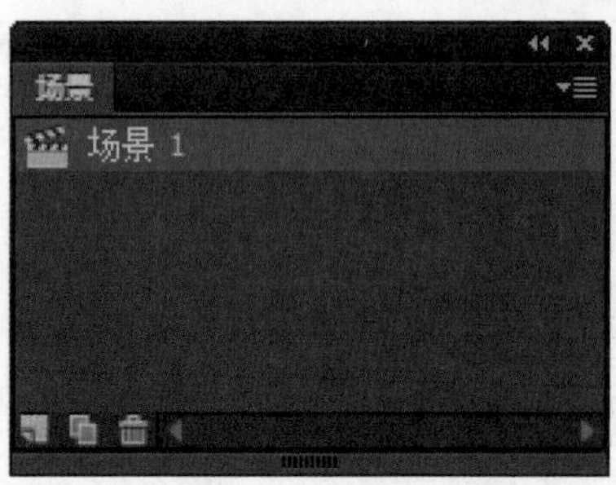

图 7-178 删除场景

3. 复制场景

在“场景”面板中选择需要复制的场景，单击“场景”面板左下角的“重制场景”按钮，如图 7–179 所示，即可复制当前所选场景，如图 7–180 所示。

图 7-179 “重制场景”按钮

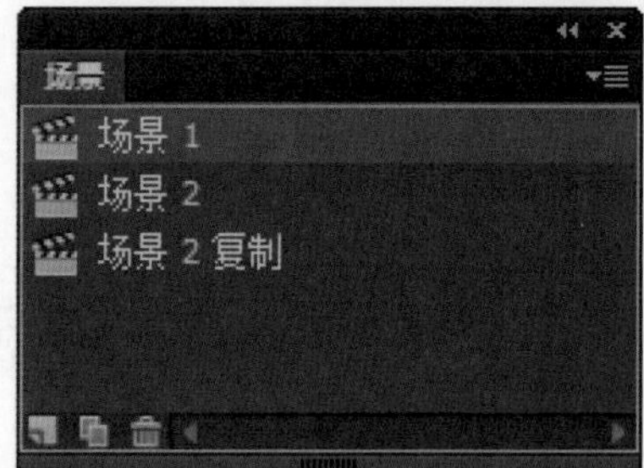

图 7-180 复制场景

4. 重命名场景

选中需要重命名的场景，双击场景的名称，如图 7–181 所示，输入新名称，即可重命名场景，如图 7–182 所示。

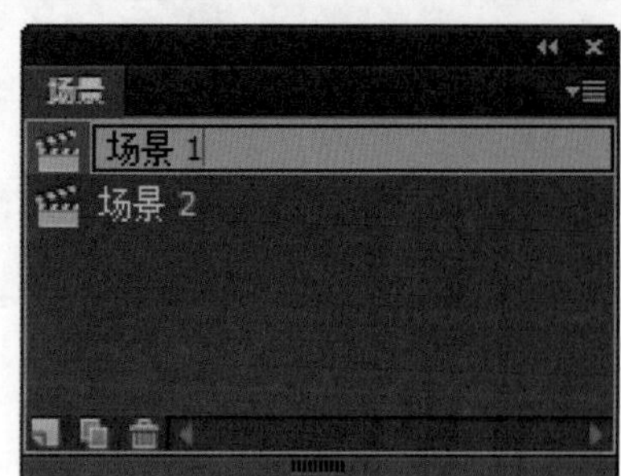

图 7-181 双击场景名称

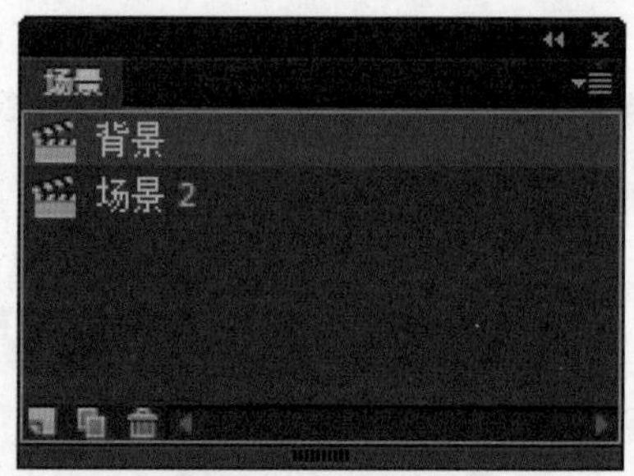

图 7-182 重命名场景

5. 更改场景顺序

与更改图层顺序的操作方法相同，首先选中场景，按住鼠标左键进行拖曳，移动到相应的位置，释放鼠标左键即可完成更改场景顺序。

7.7.2 在场景间切换

制作多场景动画时，经常需要在多个场景之间来回切换。Flash 为用户提供了如下几个场景导航工具。

（1）“场景”面板：在“场景”面板中单击要编辑的场景，就可以在影片的不同场景之间切换。

（2）“编辑场景”按钮：在“编辑”栏的右侧有两个按钮。当单击左边的“编辑场景”按钮时，将会弹出一个列有当前影片中所有场景的菜单。从中选择一个场景，Flash 将自动切换到该场景，如图 7–183 所示。

图 7-183 “编辑场景”下拉菜单

7.7.3 测试场景

在 Flash 创作环境中按 Enter 键可以播放影片，但是只能预览当前选定的活动场景，虽然导出影片后，影片将按顺序播放所有的场景，但是它并不是在 Flash 中完成的，因此需要执行“控制 > 测试场景”命令，如图 7–184 所示。

如果要测试整个影片，执行“控制 > 测试影片”命令或按快捷键 Ctrl+Enter。这样将在新的窗口中打开影片，并根据场景在“场景”面板中的顺序播放所有的场景。也可以执行“控制 > 播放所有场景”命令来播放所有的场景，如图 7–185 所示。

图 7-184 “测试场景”命令

图 7-185 “播放所有场景”命令

7.8 制作卡通场景动画

本实例主要讲解了一种简单的传统补间动画效果，首先将相应的素材导入到场景，完成基本元件动画的制作，然后返回到场景将背景图像导入到场景，再从“库”面板将相应的元件依次拖入到场景中，最后创建传统补间完成动画效果。

动手实践——制作卡通场景动画

源文件：光盘 \ 源文件 \ 第 7 章 \7-8.fla

视频：光盘 \ 视频 \ 第 7 章 \7-8.swf

01 执行“文件 > 新建”命令，在弹出的“新建文档”对话框中进行设置，如图 7–186 所示，单击“确定”按钮，新建一个 Flash 文档。执行“插入 > 新建元件”命令，弹出“创建新元件”对话框，设置如图 7–187 所示。

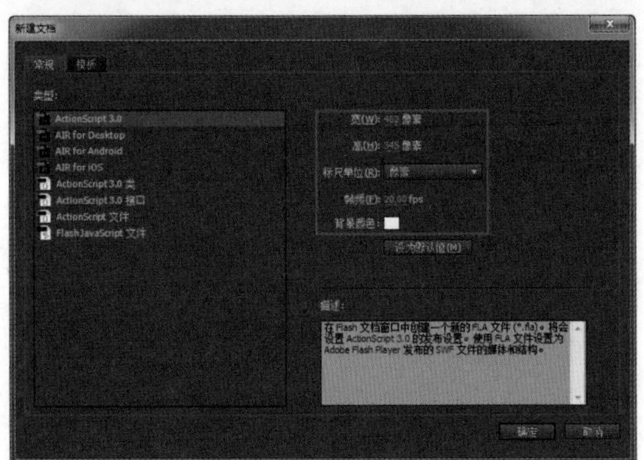

图 7-186 “新建文档”对话框

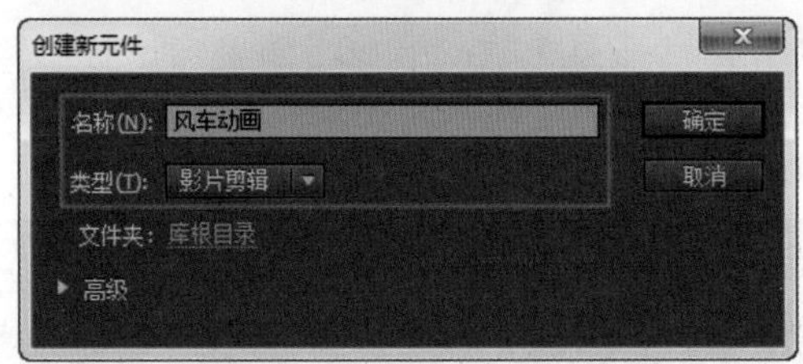

图 7-187 “创建新元件”对话框

02 执行“文件 > 导入 > 导入到舞台”命令，将素材“光盘 \ 源文件 \ 第 7 章 \ 素材 \7801.png”导入到场景中，按 F8 键，在弹出的对话框中进行设置，如图 7–188 所示，元件效果如图 7–189 所示。

图 7-188 “转换为元件”对话框

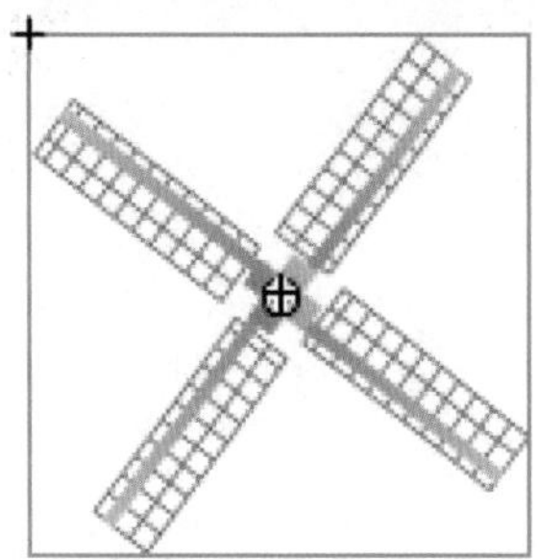

图 7-189 转换为元件

03 在第 100 帧按 F6 键插入关键帧，选择第 1 帧，单击鼠标右键，在弹出的菜单中选择“创建传统补间”命令，如图 7–190 所示，并在“属性”面板上进行相应的设置，如图 7–191 所示。

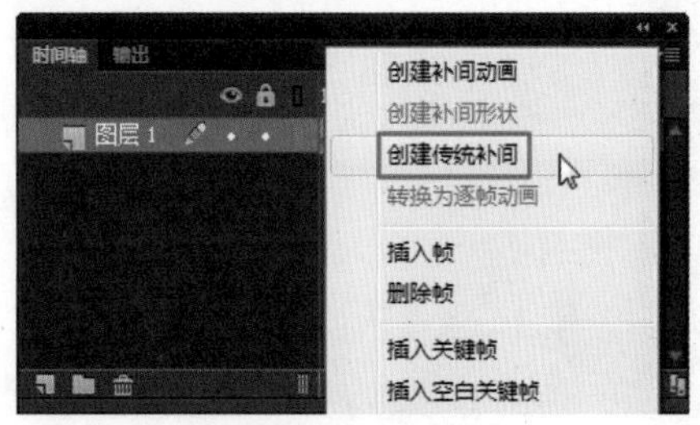

图 7-190 “创建传统补间”命令

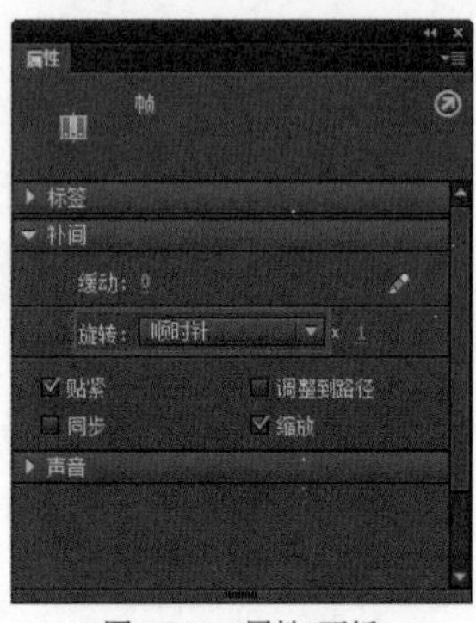

图 7-191 “属性”面板

04 导入素材 7802.png，使用相同的制作方法，完成“气球动画”元件的制作，效果如图 7-192 所示。返回到“场景 1”的编辑状态，导入素材“光盘\源文件\第 7 章\素材\7804.jpg”，并将其移动到合适的位置，如图 7-193 所示，在第 680 帧按 F5 键插入帧。

图 7-192 元件效果

图 7-193 导入素材

05 新建“图层 2”，导入素材“光盘\源文件\第 7 章\素材\7803.png”，并将其移动到合适的位置，如图 7-194 所示。按 F8 键，在弹出的对话框中进行设置，如图 7-195 所示。

图 7-194 导入图像

图 7-195 “转换为元件”对话框

06 分别在第 560 帧、第 561 帧和第 680 帧按 F6 键依次插入关键帧，移动第 560 帧上的元件至合适的位置，并设置其 Alpha 值为 0，如图 7-196 所示。将第 561 帧上的元件移动到如图 7-197 所示位置。

图 7-196 移动元件并设置 Alpha 值

图 7-197 移动元件

07 分别在第 1 帧、第 561 帧单击鼠标右键，在弹出的菜单中选择“创建传统补间”命令，“时间轴”面板如图 7-198 所示。

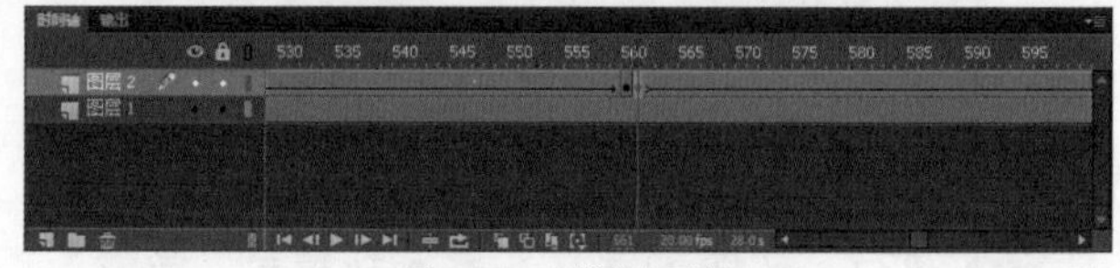

图 7-198 “时间轴”面板

08 使用相同的方法，完成“图层 3”和“图层 4”的制作，如图 7-199 所示。新建“图层 5”，打开“库”

面板，将“气球动画”元件拖入到场景，并调整合适的大小和位置，如图 7–200 所示。

图 7-199 场景效果

图 7-200 拖入元件

09 分别在第 355 帧和第 640 帧按 F6 键依次插入关键帧，移动第 355 帧上的元件至如图 7–201 所示的位置，分别在第 1 帧、第 355 帧单击鼠标右键，在弹出的菜单中选择“创建传统补间”命令。新建“图层 6”，将“风车动画”元件拖入到场景中，并调整至合适的大小和位置，如图 7–202 所示。

图 7-201 移动元件

图 7-202 拖入元件

10 新建“图层 7”，再次拖入“风车动画”元件，并调整至合适的大小和位置，如图 7–203 所示，“时间轴”面板如图 7–204 所示。

图 7-203 场景效果

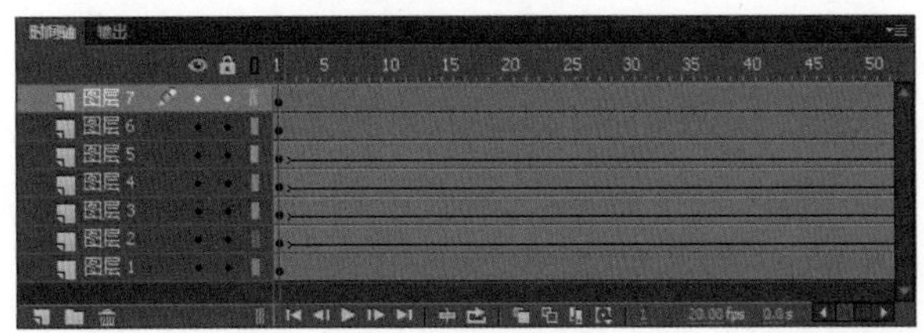

图 7-204 “时间轴”面板

11 执行“文件 > 保存”命令，将动画保存为“光盘\源文件\第 7 章\7–8.fla”，按快捷键 Ctrl+Enter，测试动画，效果如图 7–205 所示。

图 7-205 测试动画效果

7.9 本章小结

本章主要针对“时间轴”面板进行了详细讲解，其中图层和帧这两大部分非常重要，帧的基本类型、帧的一系列编辑方法及图层的一些基本操作都是读者在后期制作 Flash 动画时必不可少的，这些知识都是后期制作动画的基础，所以读者需要熟悉并掌握动画制作基础的各方面知识，为以后各种 Flash 动画的制作打下基础。

第8章 使用元件和库

元件是 Flash 中构成动画的基本元素，元件的大小直接影响动画的大小，通过综合使用不同的元件可以制作出丰富多彩的动画效果，元件可以多次使用，创建完成的元件会自动生成在“库”面板中。使用“库”面板可对文档中的图像、元件、声音和视频等资源进行统一管理，以方便在动画制作时使用。本章将针对元件的创建和使用进行学习，同时要掌握如何使用“库”面板管理各种动画制作元素。

8.1 了解元件

元件的使用使得 Flash 动画的制作简单轻松，在制作动画的过程中，如果对使用的图像元素重新编辑，那么还需要对使用了该图像元素的对象进行编辑，但通过元件的使用，就不再需要进行这样的重复操作。

8.1.1 什么是元件

元件是一些可以重复使用的图像、动画或者按钮，它们被保存在“库”面板中。如果把元件比喻成图纸，实例就是依照图纸生产出来的产品，依照一个图纸可以生产出多个产品，同样一个元件可以在舞台上拥有多个实例。修改一个元件时，舞台上所有的实例都会发生相应的变化。

在影片中，运用元件可以显著地缩小文件的尺寸。因为保存一个元件比保存每一个出现在舞台上的元素要节省更多的空间。利用元件还可以加快影片的播放，因为一个元件在浏览器上只下载一次即可。

8.1.2 元件的类型

执行“窗口 > 库”命令，打开“库”面板，即可在“库”面板中看到 3 种类型的元件，如图 8–1 所示。

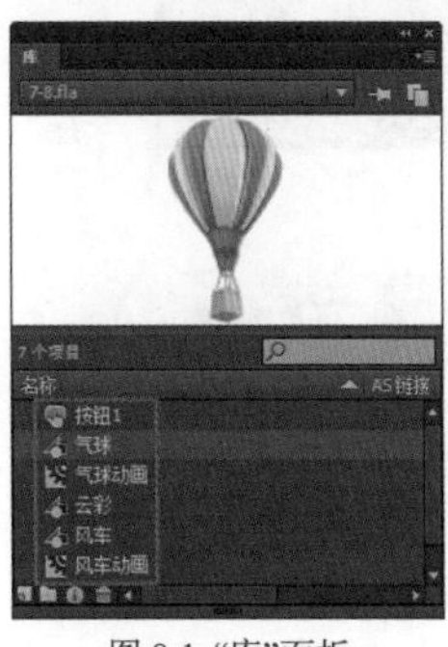

图 8-1 “库”面板

- 影片剪辑：一个独立的小影片，它可以包含交互控制和音效，甚至能包含其他的影片剪辑。
- 按钮：用于在影片中创建对鼠标事件（如单击和滑过）响应的互动按钮，制作按钮首先要制作与不同的按钮状态相关联的图形。为了使按钮有更好的效果，还可以在其中加入影片剪辑或音效文件。
- 图形：通常用于存放静态的图像，还可创建动画，在动画中也能包含其他元件，但不能加上交互控制和声音效果。

8.2 创建 Flash 元件

简单了解了元件的概念之后，接下来本节将会向读者介绍如何创建、管理元件等。创建元件需要选择元件的类型，元件类型不同，它所能接受的动画元素也会有所不同。用户可以通过场景上选定的对象来创建元件，也可以创建一个空元件，然后在元件编辑模式下制作或导入内容。通过使用包含动画的元件，用户可以在很小的文件中创建包含大量动作的 Flash 应用程序。

创建元件的方法很简单，执行“插入 > 新建元件”命令，如图 8–2 所示，或者单击“库”面板右上角的三角图标，在弹出的菜单中选择“新建元件”命令，如图 8–3 所示，即可弹出“创建新元件”对话框。

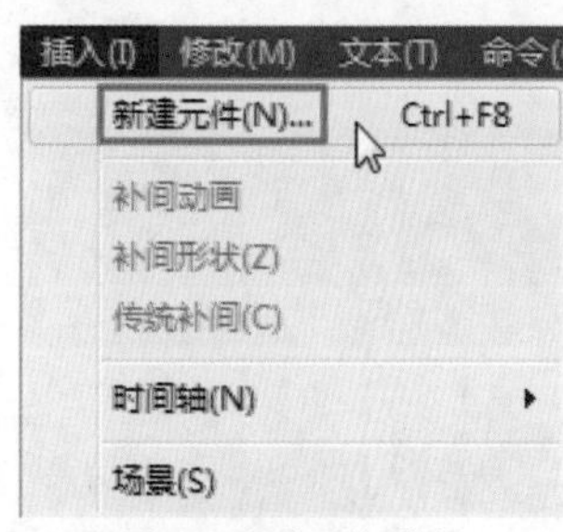

图 8-2 “新建元件”命令

图 8-3 弹出的菜单

8.2.1 创建图形元件

通常在制作 Flash 动画的过程中，都会将多次重复使用的静态图像转换为图形元件。在制作与时间轴关联的动画时也会运用到图形元件。图形元件大多是应用绘图工具与填充工具来绘制完成的，然后将得到的矢量图形转换为图形元件。

图形元件可用于创建静态图像，它是一种不能包含时间轴动画的元件，例如在图形元件中创建一个逐帧动画或补间动画后把它应用在主场景中，在测试影片时会发现它并不能生成一个动画，而只是一个静态的图像，如图 8–4 所示。

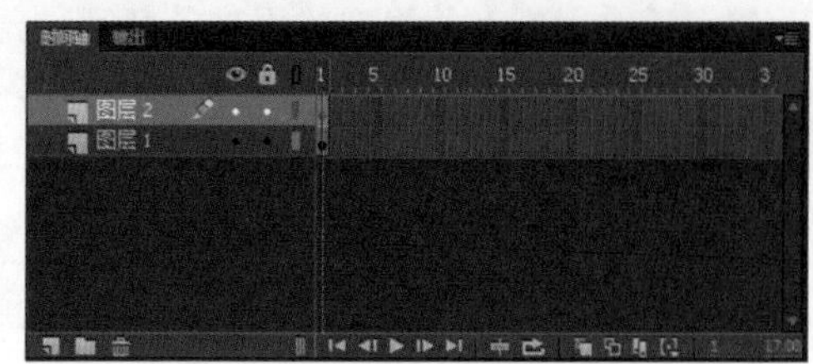

图 8-4 图形元件的“时间轴”面板

执行“插入 > 新建元件”命令，在弹出的“创建新元件”对话框的“类型”下拉列表中选择“图形”选项即可，如图 8–5 所示。

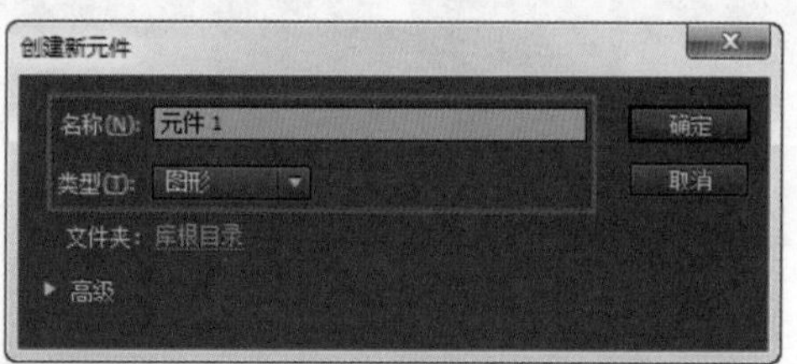

图 8-5 创建图形元件

8.2.2 创建影片剪辑元件

在与动画结合方面，影片剪辑所涉及的内容很多，是 Flash 中非常重要的元素，因为从本质来说，影片剪辑就是独立的影片，影片剪辑的时间轴独立于主时间轴，可以嵌套在主影片中，影片剪辑还支持 ActionScript 脚本语言控制动画，如图 8–6 所示。

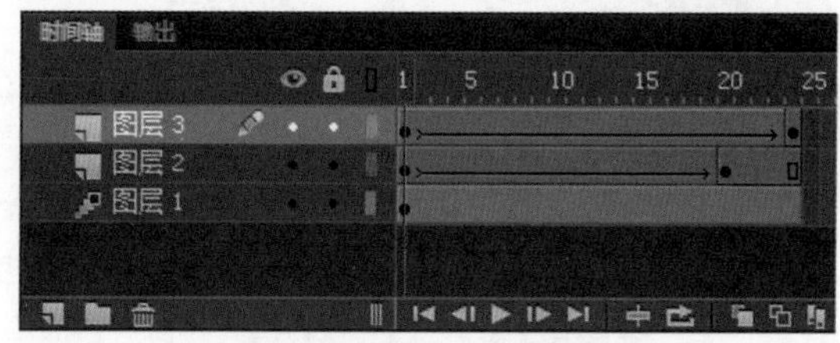

图 8-6 影片剪辑的“时间轴”面板

执行“插入 > 新建元件”命令，在弹出的“创建新元件”对话框的“类型”下拉列表中选择“影片剪辑”选项即可，如图 8–7 所示。

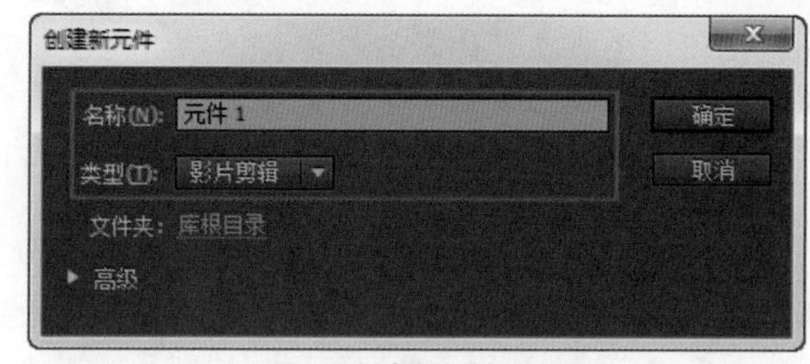

图 8-7 创建影片剪辑元件

影片剪辑可以和其他元件一起使用，也可以单独地放在场景中使用。例如，可以将影片剪辑元件放置在按钮的一个状态中，创造出有动画效果的按钮。影片剪辑与常规的时间轴动画最大的不同在于：常规的动画使用大量的帧和关键帧，而影片剪辑只需要在主时间轴上拥有一个关键帧就能够运行。

8.2.3 制作网站宣传动画

本实例应用了 Flash 的基本动画功能，主要通过创建类型为“影片剪辑”的元件，配合了创建传统补间动画和补间形状两种动画类型，制作出人物遮罩的动画效果，读者通过本实例应该对创建元件有进一步的了解和掌握。

动手实践——制作网站宣传动画

源文件：光盘 \ 源文件 \ 第 8 章 \8-2-3.fla

视频：光盘 \ 视频 \ 第 8 章 \8-2-3.swf

01 执行“文件 > 新建”命令，在弹出的“新建文档”对话框中进行设置，如图 8-8 所示，单击“确定”按钮，新建一个 Flash 文档。执行“文件 > 导入 > 导入到舞台”命令，将素材“光盘 \ 源文件 \ 第 8 章 \ 素材 \82301.jpg”导入到场景中，如图 8-9 所示。

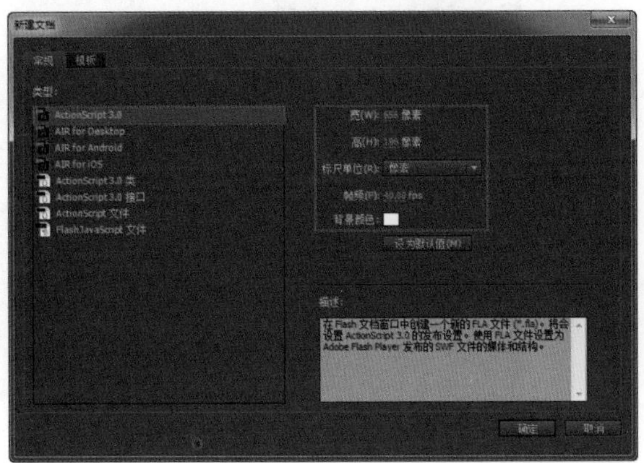

图 8-8 “新建文档”对话框

图 8-9 导入素材

02 在第 50 帧按 F5 键插入帧，“时间轴”面板如图 8-10 所示。新建“图层 2”，导入素材“光盘 \ 源文件 \ 第 8 章 \ 素材 \82302.jpg”，并调整合适的位置，如图 8-11 所示。

图 8-10 “时间轴”面板

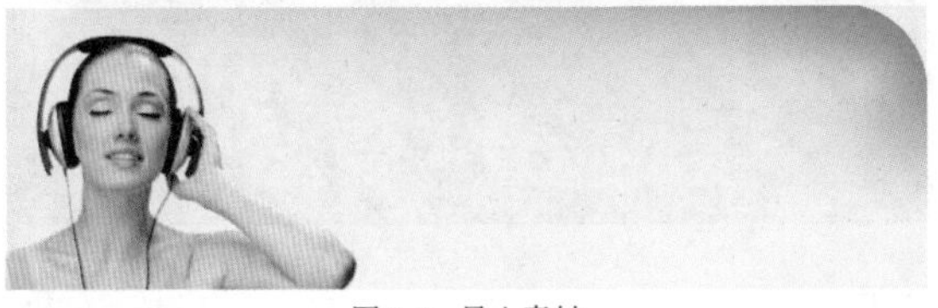

图 8-11 导入素材

03 执行“插入 > 新建元件”命令，在弹出的“创建新元件”对话框中进行相应的设置，如图 8-12 所示。单击“确定”按钮，使用“矩形工具”，在场景中绘制一个“笔触颜色”为无，任意填充颜色的矩形，如图 8-13 所示。

图 8-12 “创建新元件”对话框

图 8-13 绘制矩形

04 在第 150 帧按 F5 键插入帧，在第 15 帧按 F6 键插入关键帧，调整矩形到合适的大小和位置，如图 8-14 所示，选择第 1 帧，创建补间形状动画，如图 8-15 所示。

图 8-14 调整矩形大小和位置

图 8-15 创建补间形状动画

05 在第 25 帧按 F6 键插入关键帧，调整矩形至合适的大小和位置，如图 8-16 所示，在第 15 帧创建补间形状动画。在第 35 帧按 F6 键插入关键帧，调整矩形至合适的大小和位置，如图 8-17 所示，在第 25 帧创建补间形状动画。

图 8-16 矩形效果 1

图 8-17 矩形效果 2

06 依次在第 50 帧、第 65 帧和第 90 帧插入关键帧，分别调整各关键帧上矩形的大小和位置，分别在第 35

帧、第 50 帧和第 65 帧创建补间形状动画，“时间轴”面板如图 8-18 所示。

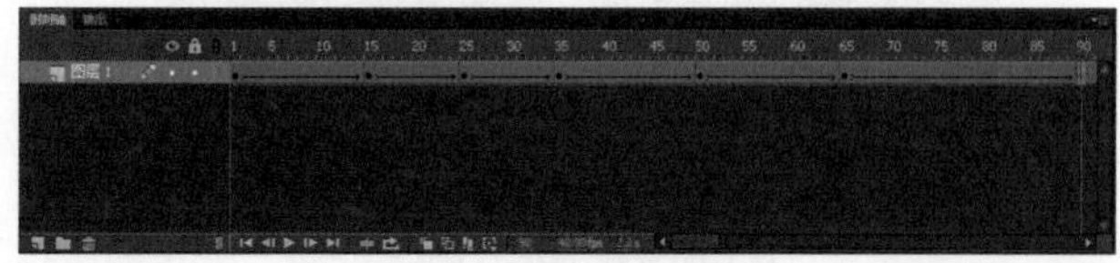

图 8-18 “时间轴”面板

07 新建“图层 2”，在第 70 帧按 F6 键插入关键帧，使用“矩形工具”绘制如图 8-19 所示的矩形。在第 95 帧按 F6 键插入关键帧，将矩形元件调整至合适的大小和位置，效果如图 8-20 所示，在第 70 帧创建补间形状动画。

图 8-19 绘制矩形

图 8-20 调整矩形

08 完成“图层 3”至“图层 13”的制作，新建“图层 14”，在第 150 帧按 F6 键插入关键帧，打开“动作”面板，输入 stop(); 脚本语言，如图 8-21 所示。完成名称为“遮罩”元件的制作，“时间轴”面板如图 8-22 所示。

图 8-21 输入脚本语言

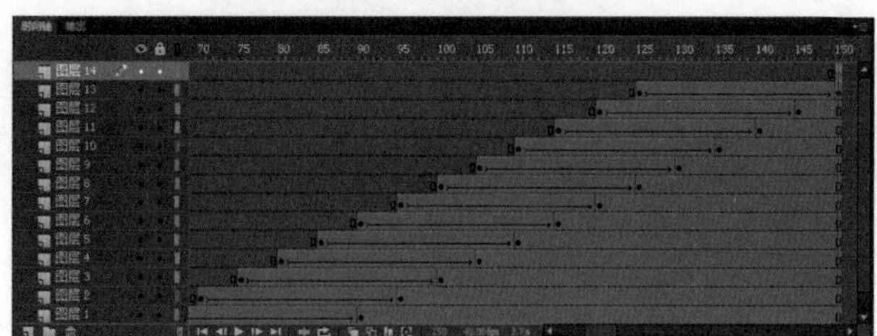

图 8-22 “时间轴”面板

09 返回到“场景 1”的编辑状态，新建“图层 3”，把“库”面板中的“遮罩”元件拖入到场景中，如图 8-23 所示。在“图层 3”上单击鼠标右键，在弹出的菜单中选择“遮罩层”命令，如图 8-24 所示。

图 8-23 拖入元件效果

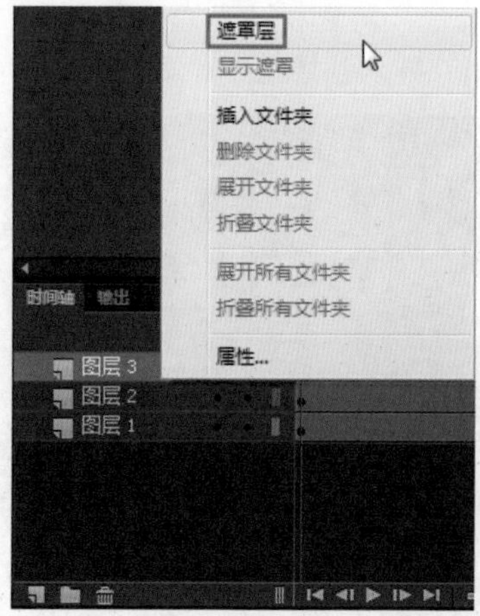

图 8-24 “遮罩层”命令

10 新建“图层 4”，使用“文本工具”在场景中输入文字，如图 8-25 所示。选择场景中的文字，单击鼠标右键，在弹出的菜单中选择“转换为元件”命令，在弹出的对话框中进行相应的设置，如图 8-26 所示。

图 8-25 输入文字

图 8-26 “转换为元件”对话框

11 选择“放飞”元件，在“属性”面板中设置其 Alpha 值为 0，效果如图 8-27 所示。在第 30 帧按 F6 键插入关键帧，将该帧上的元件移动至合适的位置，并设置其 Alpha 值为 100%，如图 8-28 所示。在第 1 帧创建传统补间动画。

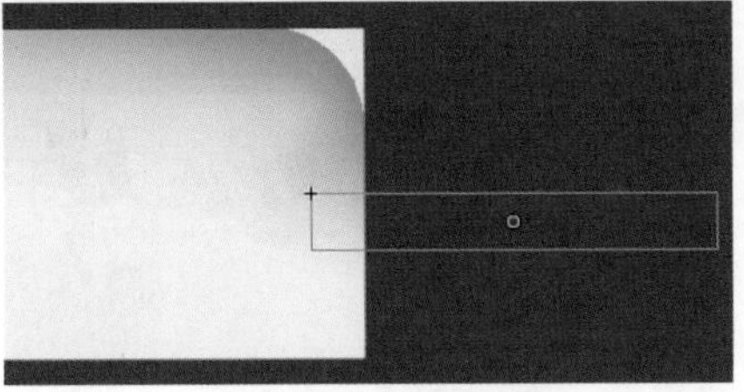

图 8-27 设置 Alpha 值效果

图 8-28 元件效果

12 使用相同的制作方法，完成“图层 5”的制作，如图 8-29 所示，“时间轴”面板如图 8-30 所示。

图 8-29 场景效果

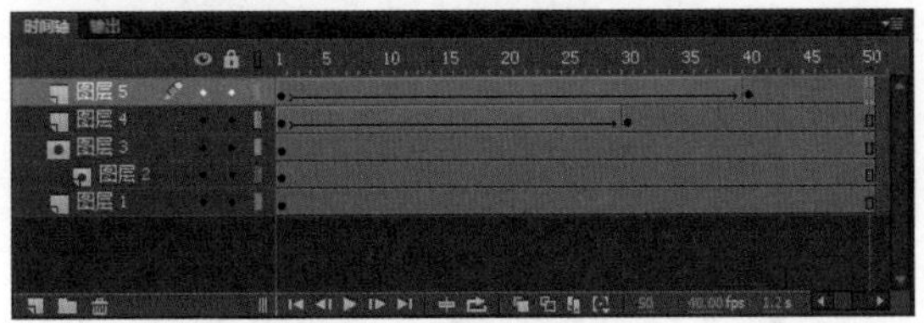

图 8-30 “时间轴”面板

13 新建“图层 6”，在第 50 帧按 F6 键插入关键帧，打开“动作”面板，输入 stop(); 脚本语言，完成动画的制作，“时间轴”面板如图 8-31 所示。

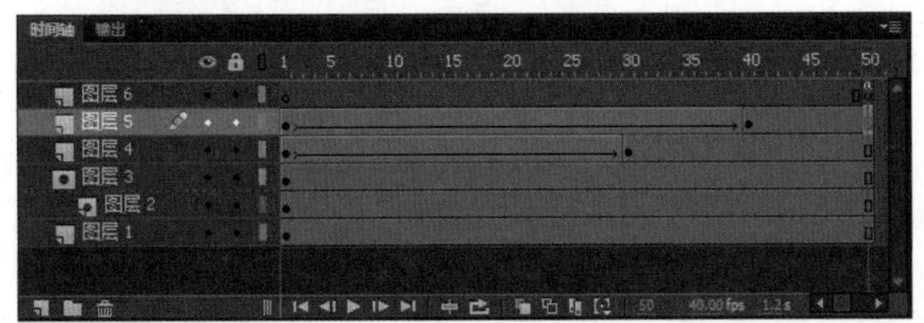

图 8-31 “时间轴”面板

14 执行“文件 > 保存”命令，将该动画保存为“光盘\源文件\第 8 章\8-2-3.fla”，按快捷键 Ctrl+Enter，测试动画，效果如图 8-32 所示。

图 8-32 预览动画效果

8.2.4 创建按钮元件

按钮元件能够实现根据鼠标单击、滑动等动作触发指定的效果，如在鼠标滑过按钮时按钮变暗或者变大甚至播放动画等效果。按钮元件是由 4 帧的交互影片剪辑组成的，当元件选择按钮行为时，Flash 会创建一个 4 帧的时间轴。前 3 帧显示按钮的 3 种可能的状态，第 4 帧定义按钮的活动区域。时间轴实际上并不播放，它只是对指针运动和动作做出反应，跳到相应的帧，如图 8-33 所示。

图 8-33 按钮元件的“时间轴”面板

执行“插入 > 新建元件”命令，在弹出的“创建新元件”对话框的“类型”下拉列表中选择“按钮”即可，如图 8-34 所示。

图 8-34 创建按钮元件

按钮元件的时间轴上的每一帧都有各自的功能与意义。

- 弹起：代表指针没有经过按钮时该按钮的状态。
- 指针经过：代表鼠标指针在按钮上时的状态。
- 按下：代表单击按钮时，该按钮的状态。
- 点击：定义对鼠标单击做出反应的区域，这个反应区域在影片中是看不见的。

要制作一个交互式按钮，可把该按钮元件的一个实例放在舞台上，然后给该实例指定动作。必须将动作指定给文档中按钮的实例，而不是指定给按钮时间轴中的帧。影片剪辑元件与按钮组件都可以创建按钮，可以添加更多的帧到按钮或添加更复杂的动画。

8.2.5 制作基础按钮动画 

在上一小节中已经向读者介绍了按钮元件的创建方法，以及按钮元件中 4 种状态的意义，下面通过一个练习制作一个基础的按钮动画，主要是通过按钮中 4 种状态帧来实现动画的效果，以帮助读者更好地理解按钮元件中的 4 种状态帧。

动手实践——制作基础按钮动画

源文件：光盘 \ 源文件 \ 第 8 章 \8-2-5.fla

视频：光盘 \ 视频 \ 第 8 章 \8-2-5.swf

01 执行“文件 > 新建”命令，在弹出的“新建文档”对话框中进行设置，如图 8–35 所示，单击“确定”按钮，新建一个 Flash 文档。执行“插入 > 新建元件”命令，在弹出的对话框中进行设置，如图 8–36 所示。

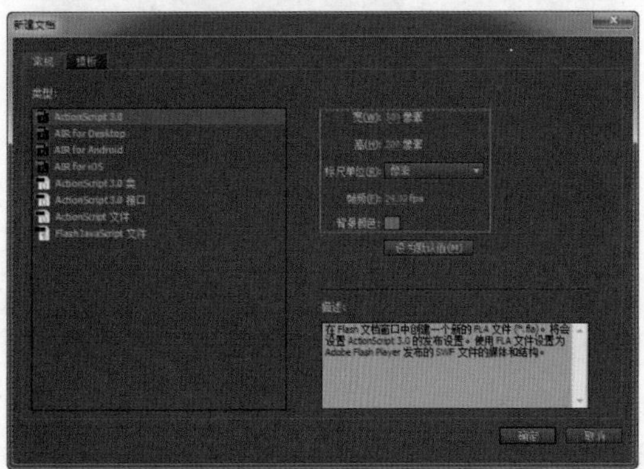

图 8-35 “新建文档”对话框

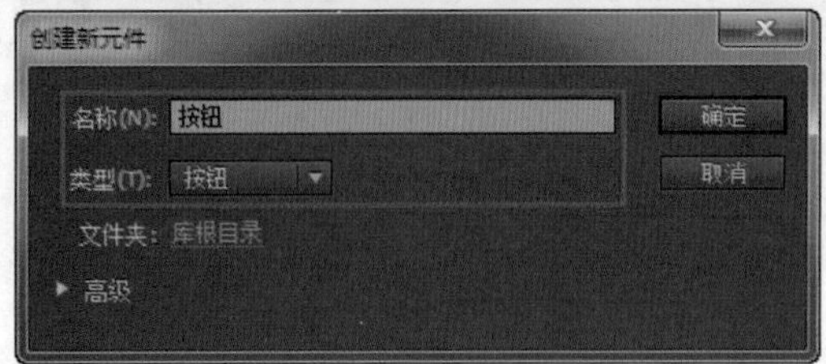

图 8-36 “创建新元件”对话框

02 单击“确定”按钮，进入“按钮”元件编辑状态，“时间轴”面板如图 8–37 所示。执行“文件 > 导入 > 导入到库”命令，弹出“导入到库”对话框，将相应的素材导入到“库”面板中，如图 8–38 所示。

图 8-37 “时间轴”面板

图 8-38 “导入到库”对话框

03 选择“弹起”帧，将素材 82501.jpg 从“库”面板中拖入至场景，如图 8–39 所示。选择“指针经过”帧，按 F7 键插入空白关键帧，将素材 82502.jpg 从“库”面板中拖入场景，如图 8–40 所示。

图 8-39 场景效果

图 8-40 场景效果

04 选择“按下”帧，按 F6 键插入关键帧，使用“任意变形工具”，将该帧上的图像等比例缩小一些，如图 8–41 所示。选择“点击”帧，按 F7 键插入空白关键帧，使用“矩形工具”在场景中进行绘制，效果如图 8–42 所示。

图 8-41 调整大小

图 8-42 绘制矩形

05 完成“按钮”元件的制作，“时间轴”面板如图 8-43 所示。返回到“场景 1”编辑状态，将“按钮”元件从库中拖入到场景中，并调整至合适位置，如图 8-44 所示。

图 8-43 “时间轴”面板

图 8-44 场景效果

06 执行“文件 > 保存”命令，将动画保存为“光盘\源文件\第 8 章\8-2-5.fla”，按快捷键 Ctrl+Enter，测试动画，效果如图 8-45 所示。

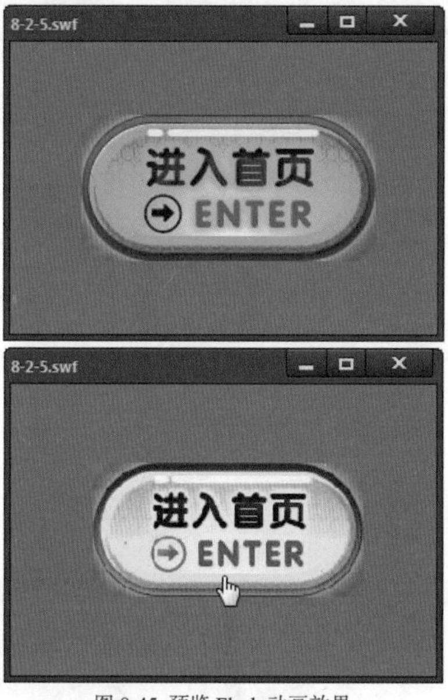

图 8-45 预览 Flash 动画效果

8.2.6 将现有对象转换为元件

首先选中场景中需要转换为元件的对象，执行“修改 > 转换为元件”命令，或者按 F8 键，弹出“转换为元件”对话框，如图 8-46 所示，在该对话框中输入要转换的元件名称及类型，在“对齐”选项中可设置元件的注册点，单击“确定”按钮，Flash 会在库中添加该元件，如图 8-47 所示。

图 8-46 “转换为元件”对话框

图 8-47 “库”面板

8.2.7 将动画转换为影片剪辑元件

如果已经在场景中创建了一段动画，并想要把该动画效果在其他元件或场景中重复使用它，则可以选择它，然后将它另存为影片剪辑元件，具体操作方法如下。

在“时间轴”面板中选中该动画序列的所有帧，执行“编辑 > 时间轴 > 复制帧”命令。执行“插入 > 新建元件”命令，创建一个“影片剪辑”元件。选中“图层 1”的第 1 帧，执行“编辑 > 时间轴 > 粘贴帧”命令，即可把主时间轴的动画序列复制到新元件中。

8.3 使用元件实例

当把一个元件从“库”面板中拖动到场景中时，实际上并不是将元件本身放置到场景中，而是创建了一个副本（即实例），元件和实例关系紧密，一个元件可派生出多个实例。实例虽然来源于元件，但是每一个实例都有其自身的、独立于元件的属性，例如可以改变某个实例的色调、透明度和亮度，重新定义实例的类型，设置图形实例内动画的播放模式，调整实例的大小比例或者对该实例进行旋转倾斜之类的操作等。

8.3.1 元件的中心点与注册点

在 Flash 中有两个坐标体系，一个是主场景的坐标体系，如图 8-48 所示，一个是元件内的坐标体系，如图 8-49 所示。

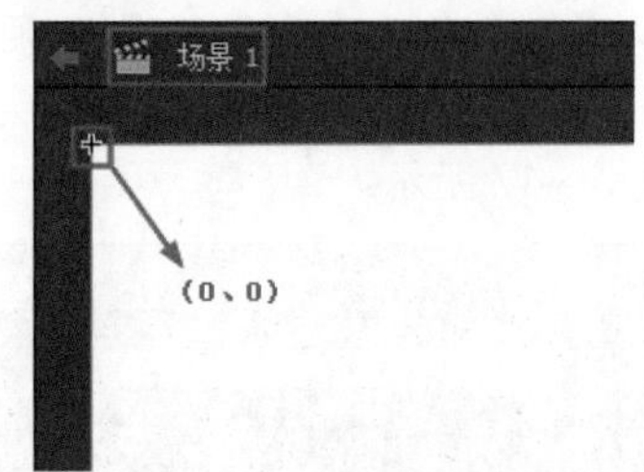

图 8-48 主场景的原点坐标

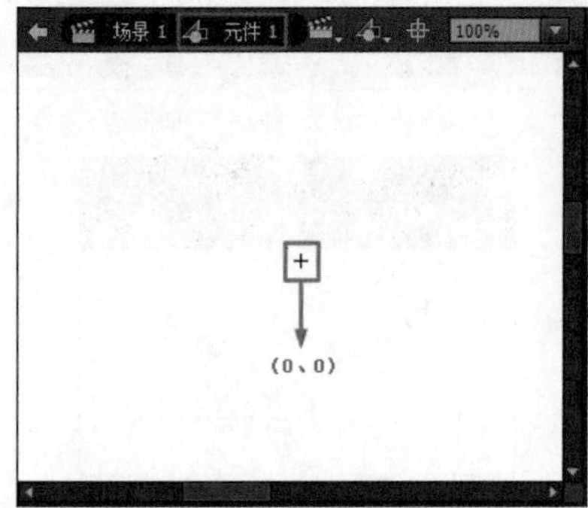

图 8-49 元件内的原点坐标

1. 元件的注册点

当用户为元件创建了一个实例时，在场景中可以看到一个黑色的十字形图标，该图标就是元件的注册点，如图 8-50 所示，这是对象本身在场景中所处位置的参考点，根据该坐标就可以在“属性”面板中直观清晰地看到对象的位置。也可以在“属性”面板中进行修改，即在“属性”面板的“位置和大小”选项区中对注册点的 X、Y 坐标进行设置，如图 8-51 所示。

图 8-50 元件的注册点

图 8-51 “属性”面板

设置不同的坐标点，在场景中的位置也是不同的。例如，在“属性”面板中对其设置 X、Y 坐标为（0、0），效果如图 8-52 所示；设置其 X、Y 坐标为（50、50），效果如图 8-53 所示。

图 8-52 （0、0）场景效果

图 8-53 （50、50）场景效果

进入元件的编辑状态，修改元件的位置坐标为(50、50)，效果如图 8-54 所示。返回到场景中，在“属性”面板中依次设置其坐标点为（0、0）和（50、50），场景效果如图 8-55 所示。

（50、50）元件坐标

图 8-54 元件坐标效果

（0、0）场景坐标

（50、50）场景坐标

图 8-55 场景坐标效果

在元件编辑状态中，注册点坐标已经改为（50、50），此时在场景中设置元件属性的坐标其实就是元件的注册点在场景中所处位置的坐标。

2. 元件的中心点

当用户选中场景中的一个实例时，除了会出现黑色十字形的注册点外，还会出现一个小圆点，如图 8-56 所示，该圆点即是元件的“中心点”，“中心点”是元件进行变形时的中心参考点，即所进行的变形操作都会以该圆点为中心调整，例如，放大、缩小或旋转。

在对元件进行变形操作时，设置不同的中心点能够制作出丰富的理想效果。中心点的位置不是固定不变的，而是可以移动的，使用“任意变形工具”，在场景中选中元件，单击鼠标向右下方拖曳中心点，可以移动到需要的位置，如图 8-57 所示，此时进行的变形操作所实现的效果也会变得不同。

图 8-56 中心点

图 8-57　移动中心点位置

8.3.2 创建元件的新实例

在“时间轴”面板上选择一个关键帧，拖入一个元件实例，那么该实例将被置入到关键帧中，如果将实例添加到该图层中，那么该实例将始终在当前图层上，如果没有选择关键帧，Flash 将会把实例添加到当前帧左侧的第一个关键帧上。

选择一个关键帧，执行“窗口 > 库”命令，打开“库”面板，如图 8-58 所示，将要创建实例的元件从“库”面板中拖曳到场景中，如图 8-59 所示，即可在舞台中创建一个该元件的实例。

图 8-58 “库”面板

图 8-59 创建新实例

8.3.3 编辑元件

在 Flash 项目的实际工作中，经常要对特定的元件进行再编辑操作，Flash 中对元件的编辑提供了 3 种方式，分别是“在当前位置编辑”、“在新窗口中编辑”和“在元件模式下编辑”。

1. 在当前位置编辑

使用“在当前位置编辑”时，其他元件将以灰色显示的状态出现，处在编辑状态下的元件名称会出现在“编辑栏”的左侧，场景名称的右侧，如图 8-60 所示。

图 8-60 “在当前位置编辑”效果

在场景中选择一个实例，执行“编辑 > 在当前位置编辑”命令，即可在当前位置编辑指定的元件，如图 8–61 所示。

图 8-61 命令菜单

技巧

双击元件也可进入当前位置的编辑状态，双击除元件外的其他区域即可退出在当前位置编辑元件。

2. 在新窗口中编辑

使用“在新窗口中编辑”时，Flash 会为元件新建一个编辑窗口，元件名称会显示在“编辑栏”中，如图 8–62 所示。

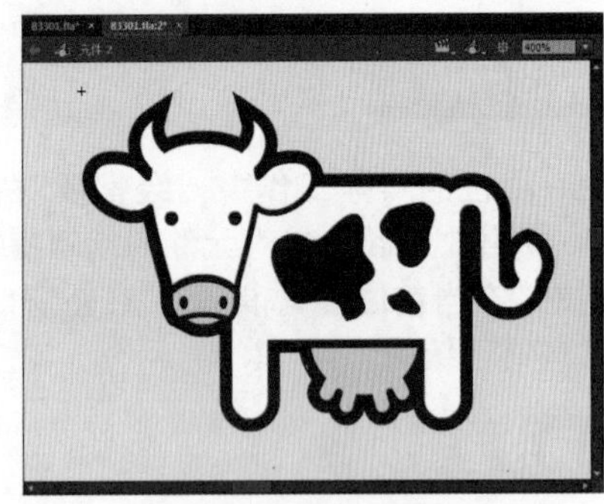

图 8-62 在新窗口中编辑元件

选择需要编辑的元件，单击鼠标右键，在弹出的菜单中选择“在新窗口中编辑”命令，如图 8–63 所示，即可在新窗口中编辑元件，完成元件的编辑后，单击该窗口选项卡的关闭按钮☒，即可退出“在新窗口中编辑元件”状态。

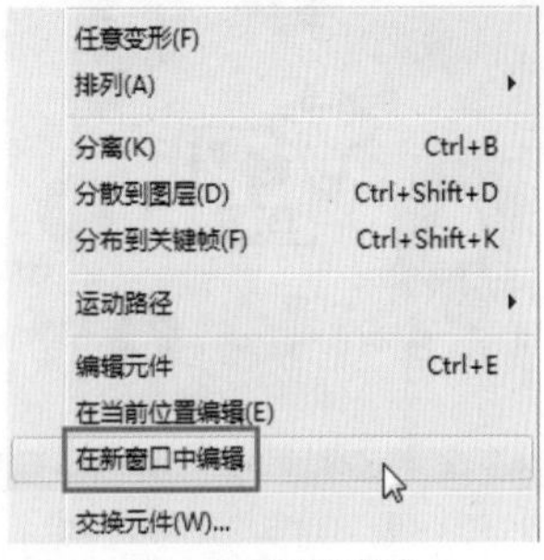

图 8-63 弹出的菜单

3. 在元件模式下编辑

在元件模式下编辑和新建元件时的编辑模式是一样的；双击“库”面板中需要编辑的元件，即可让元件在其编辑模式下进行编辑，如图 8–64 所示。也可以在场景中选中需要编辑的元件，执行“编辑 > 编辑元件”命令，如图 8–65 所示。

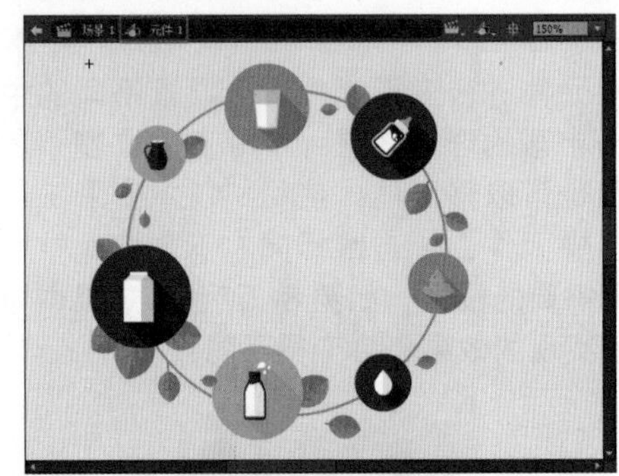

图 8-64 元件模式下编辑

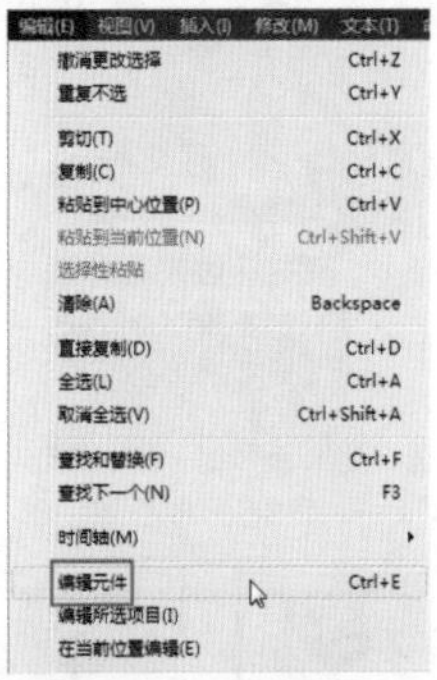

图 8-65 命令菜单

8.3.4 复制元件实例

选取场景中需要复制的实例，执行“编辑 > 复制”命令或按快捷键 Ctrl+C 快速复制一个实例，执行“编辑 > 粘贴到当前位置”命令，在原实例位置新建一个实例。

复制实例还有另外一个方法，即选中需要复制的实例，按住 Alt 键，使用“选择工具”把它拖曳到一个新的位置，释放鼠标，Flash 将会在新的位置粘贴一个实例副本。

8.3.5 更改实例类型

元件实例是“库”面板中父元件的副本，当对实例进行任意变形操作时不会改变其父元件，因此可以在正常基础上改变元件实例的类型，元件类型不同，所支持的内容也不相同，所以改变实例的类型有实际的意义，可以制作出其他不同的效果，例如可以将“图形”的元件实例更改为“影片剪辑”的元件类型，以制作出动画的效果。

选择场景中的一个实例，在“属性”面板上的“实例行为”下拉列表中选择一个元件类型完成类型的更改，如图 8–66 所示。

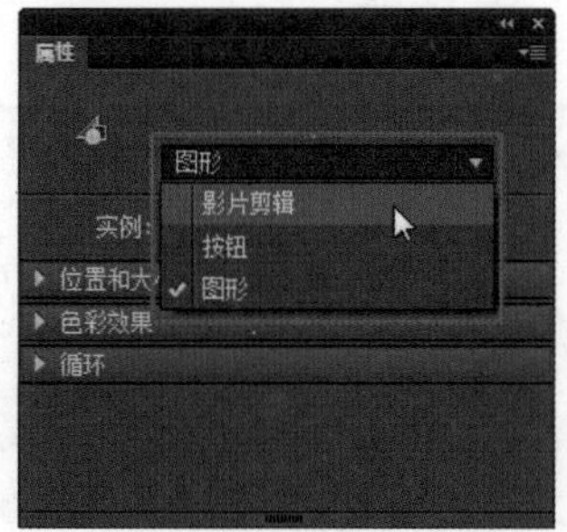

图 8-66 “属性”面板

除了在“属性”面板中修改实例类型外，还可以在“库”面板中选择需要修改的元件名称，单击鼠标右键，在弹出的菜单中选择“属性”命令，如图 8–67 所示。

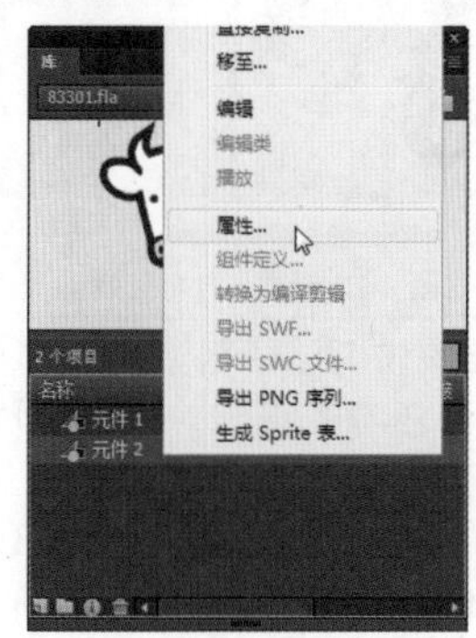

图 8-67 弹出的菜单

弹出“元件属性”对话框，在“类型”下拉列表中选择一个元件类型即可，如图 8–68 所示。

图 8-68 “元件属性”对话框

8.3.6 分离元件实例

元件实例来源于元件，是由元件派生出来的，因此当元件发生改变时，该元件的实例也会随着变化，如果想让实例不随着元件发生改变，可以分离实例，也就是使实例与元件分离。

在场景中选择一个元件，执行“修改 > 分离”命令，如图 8–69 所示，也可以选中场景中的一个元件，单击鼠标右键，在弹出的菜单中选择“分离”命令即可，如图 8–70 所示。此操作将该实例分离成若干个组成该实例的图形元素，此时即可使用工具箱中的一些工具进行操作。

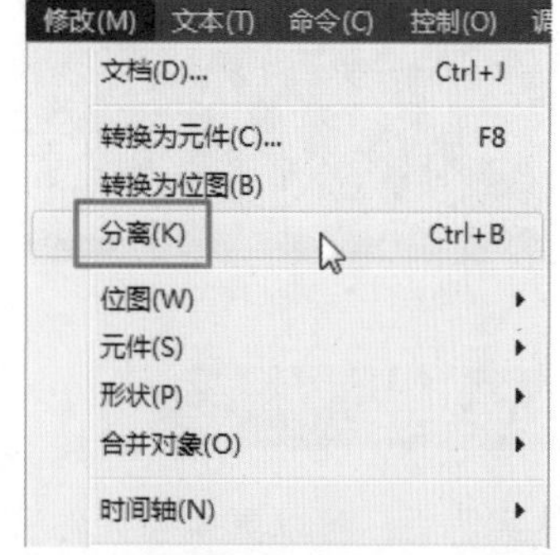

图 8-69 “分离”命令

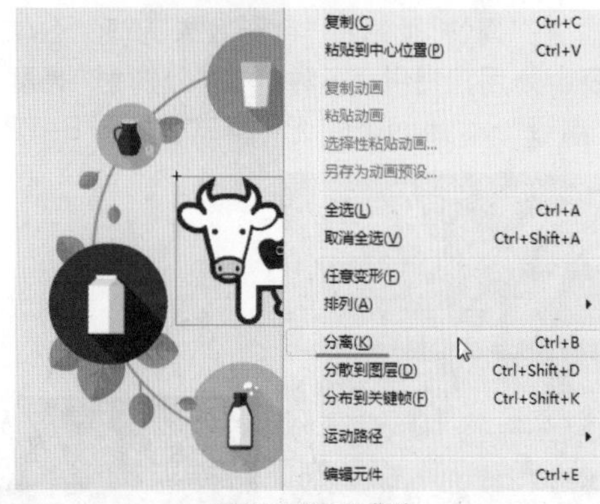

图 8-70 弹出的菜单

8.3.7 替换实例

如果在制作动画时需要保留时间轴上的各帧动画，而又需要将元件替换掉，这时就可以进行替换实例的操作，使用替换实例，可以保留原始实例的所有属性，而不必在替换实例后重新对属性进行编辑。

选择场景中的元件实例，在“属性”面板中单击“交换”按钮，如图 8–71 所示，弹出“交换元件”对话框，如图 8–72 所示，选择要交换的元件，单击“确定”按钮，即可完成元件的交换。

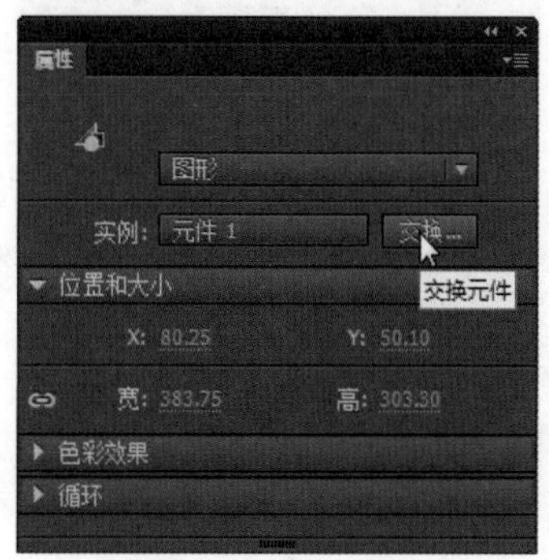

图 8-71 “属性”面板

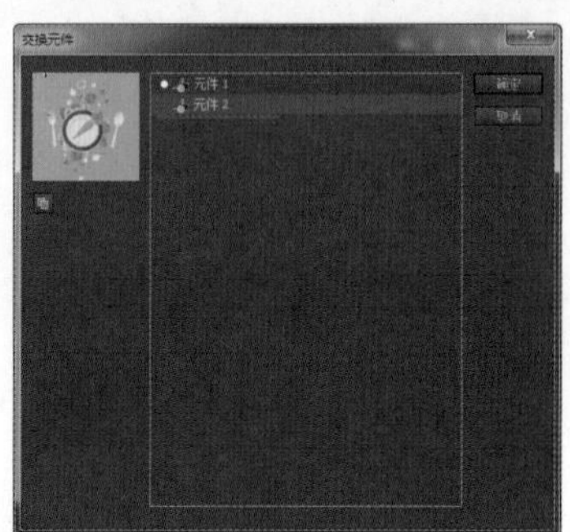

图 8-72 “交换元件”对话框

8.3.8 修改实例样式 

创建元件实例后，可以更换新元件实例的样式。用户可以通过“属性”面板为新元件实例设置不同的颜色样式，在“属性”面板的“色彩效果”选项区的“样式”下拉列表中为用户提供了5种样式，分别为“亮度”、“色调”、“高级”、Alpha 和“无”样式，如图 8-73 所示。

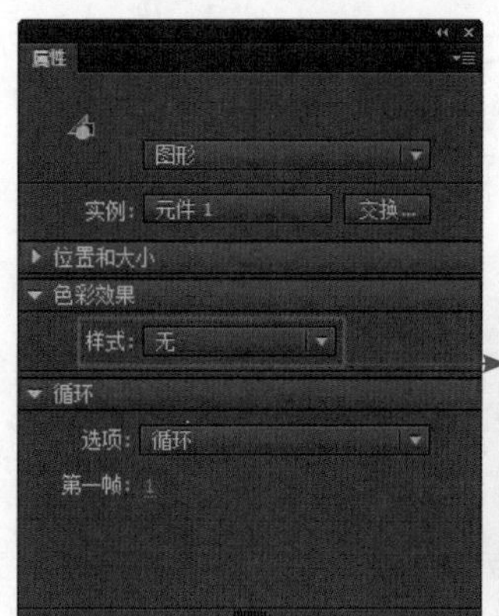

图 8-73 “属性”面板

- 亮度：选择该选项，显示亮度设置的相关选项，可以调整实例的明暗度，如图 8-74 所示。可以通过该选项右侧的文本框输入数值，也可以通过左侧的滑杆来改变数值的大小，数值越大，亮度就会越高。如图 8-75 所示为设置元件亮度的效果。

图 8-74 “亮度”选项

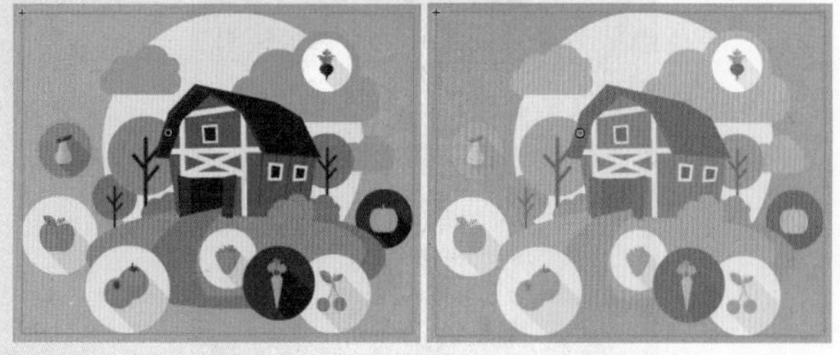

“亮度”为 0　　“亮度”为 40%

图 8-75 设置元件亮度效果

- 色调：选择该选项，显示色调设置的相关选项，如图 8-76 所示，可以，新改变元件实例的颜色。单击“样式”选项右侧的颜色块，即可在弹出的“拾色器”窗口中选择需要的颜色，还可以在 R、G、B 文本框中直接输入数值来调节实例的 RGB 颜色。如图 8-77 所示为设置元件色调的效果。

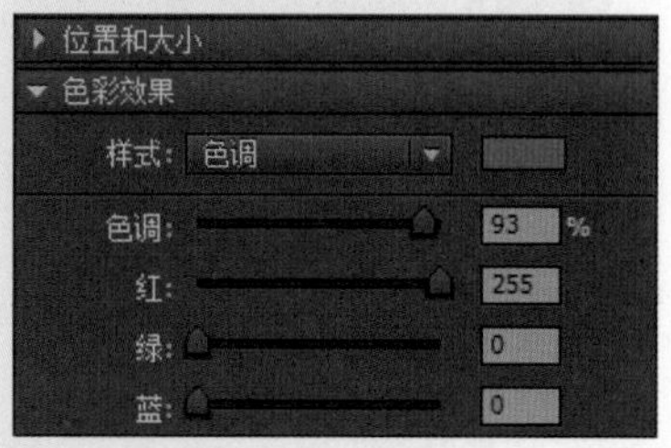

图 8-76 “色调”选项

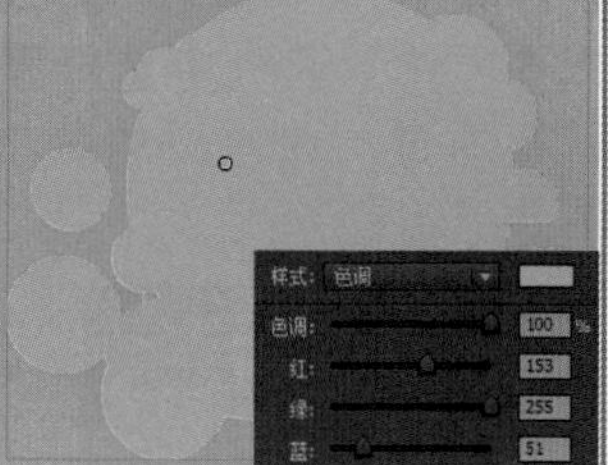

原始效果　　调整色调效果

图 8-77 设置元件色调效果

- 高级：选择该选项，可以同时调整实例的颜色和透明度，如图 8-78 所示。在选项右侧的文本框中输入数值可以调整元件实例的红、绿、蓝比例和 Alpha 值，左侧的控件可以按指定的百分比降低颜色或透明度的值，右侧的控件可以按常数值降低或增大颜色或透明度的值，通过这些属性的设置，可以产生新的颜色值。如图 8-79 所示为设置元件高级样式的效果。

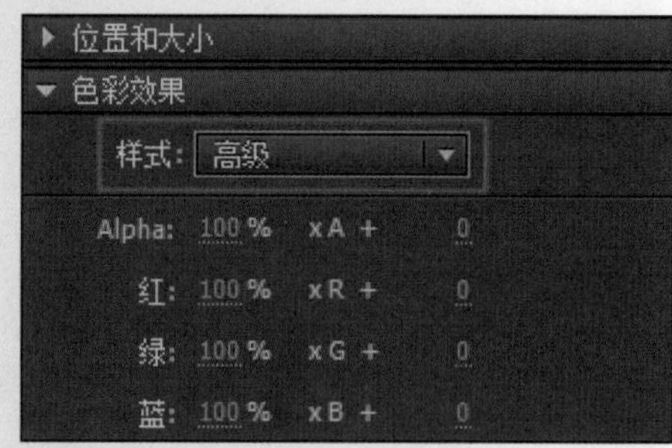

图 8-78 “高级”选项

原始效果　　调整后效果

图 8-79 设置元件高级样式效果

Alpha：选择该选项，显示 Alpha 设置的相关选项，如图 8–80 所示，可以调整元件实例的透明度，在选项右侧的文本框中直接输入数值，或者通过调节左侧的滑杆来改变数值的大小。如图 8–81 所示为设置元件 Alpha 值的效果。

图 8-80 Alpha 选项

Alpha 值为 80%

Alpha 值为 20%

图 8-81 设置元件 Alpha 值效果

无：该选项为元件的默认选项，即表示元件实例不使用任何样式设置。

8.4 使用“库”面板

“库”面板可用于存放所有存在于动画中的元素，例如元件、插图、视频和声音等。利用“库”面板，可以对库中的资源进行有效的管理。执行“窗口 > 库”命令或者按 F11 键，就能打开“库”面板。

8.4.1 认识“库”面板

在“库”面板中按列的形式显示每个元件的信息，正常情况下，它可以显示所有列的内容，读者也可以拖动面板的左边缘或者右边缘来调整“库”面板的大小。打开“库”面板，如图 8–82 所示。

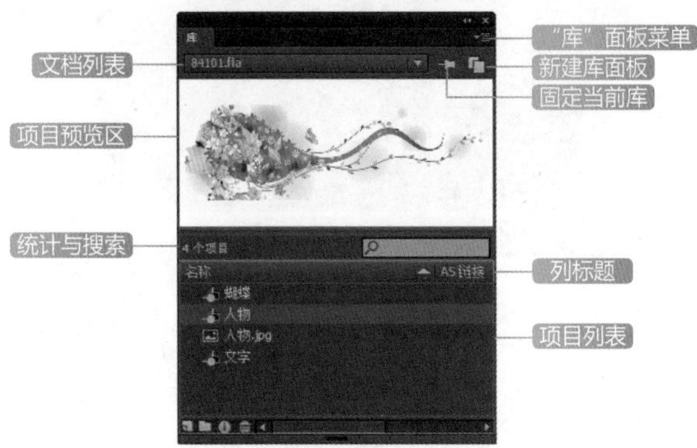

图 8-82 “库”面板

“库”面板菜单：单击该按钮弹出“库”面板菜单，如图 8–83 所示。在该菜单下可执行“新建元件”、“新建字型”、“新建视频”等命令。

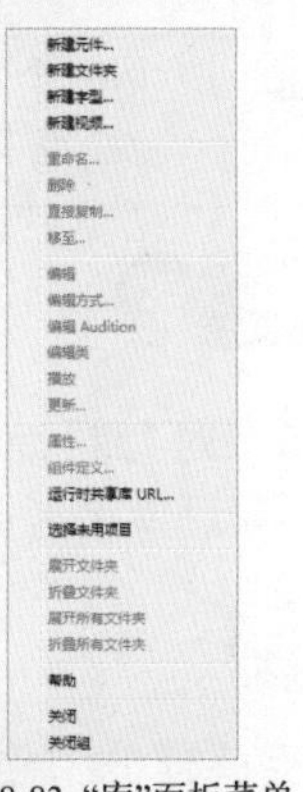

图 8-83 “库”面板菜单

文档列表：该选项用于显示当前显示库资源的所属文档，单击该选项，在弹出的下拉列表中会显示打开的文档列表，用于切换文档库，如图 8–84 所示。

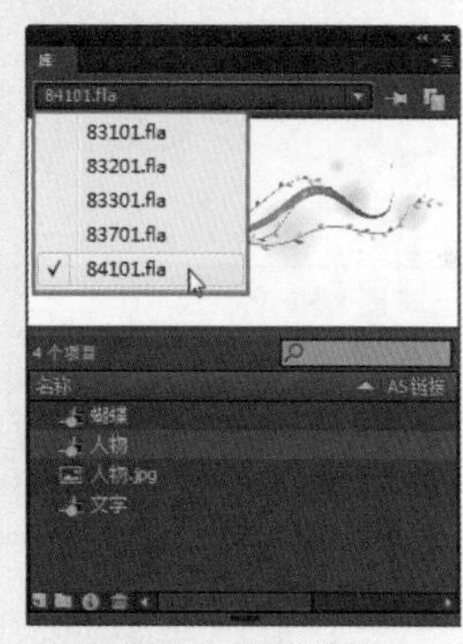

图 8-84 文档列表

“固定当前库”按钮：“固定当前库”按钮用于实现切换文档时“库”面板不会随文档改变而改变，而是固定显示指定文档。例如，当文档由 84101.fla 切换到 83701.fla 时，“库”面板中的显示不变，如图 8–85 所示。

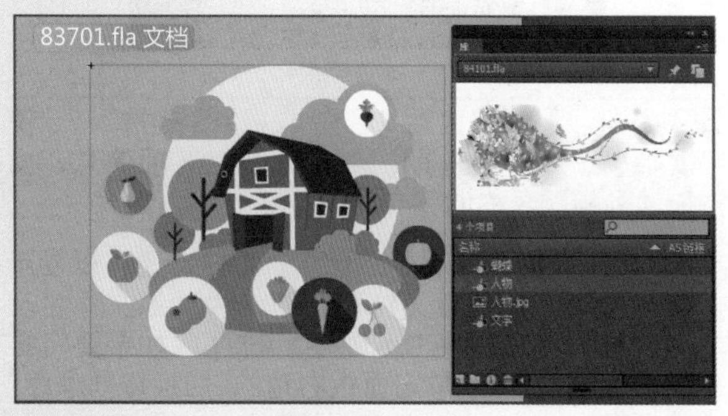

图 8-85 固定当前库

“新建库面板”按钮：单击“新建库面板”按钮，可同时打开多个“库”面板，每个面板可显示不同文档的库，如图 8–86 所示。一般在资源列表很长或元件在多文档中调用时使用。

图 8-86 新建库面板

项目预览区：选择文档中的某个项目，该项目将显示在“项目预览区”中，当项目为“影片剪辑”动画或声音文件时，预览区窗口的右上角会出现播放按钮，如图 8-87 所示，单击该播放按钮，即可在预览区欣赏影片剪辑或声音文件。

图 8-87 项目预览区

统计与搜索：该区域左侧是一个项目计数器，用于显示当前库中所包含的所有项目数，用户可在右侧文本框中输入项目关键字进行快速锁定目标项目，此时左侧会显示当前搜索结果的数目，如图 8-88 所示。

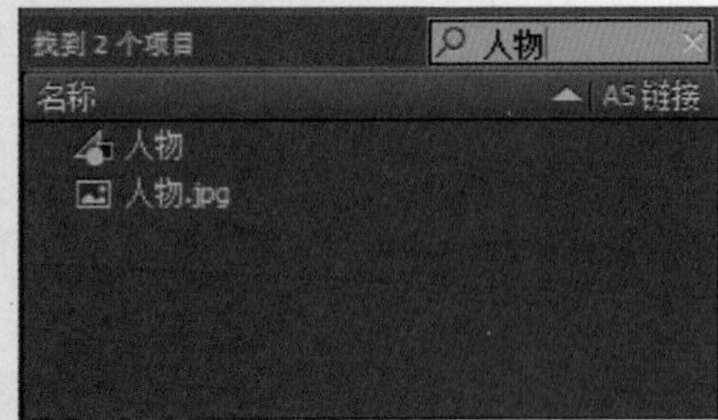

图 8-88 搜索项目

列标题：列标题包括“名称”、“AS 链接”、“使用次数”、“修改日期”、“类型”五项信息，支持拖动列标题名称调整次序。

- 名称：显示每个指定元件的名称，还可以显示导入文件（如音频文件和位图文件）的文件名。名称栏按字母顺序对元件名称排序，如果要将排列顺序取反，可以单击面板右边的“切换排列顺序”按钮。
- AS 链接：表示元件是与另一个影片共享还是从另一个影片中导入的。
- 使用次数：准确记录了每个元件被使用的次数，当建立非常复杂的动画时，可以确定在最后的影片中实际使用过的元件。
- 修改日期：表示元件或导入的文件最后被更新的时间。
- 类型：表示该元件为按钮、位图、图形、影片剪辑或声音类型。如果想将相同类型的项目放在一起，在“类型”标签上单击即可。

项目列表：项目列表罗列出指定文档下的所有资源项目，包括插图、元件、音频等，从名称前的图标可快速识别项目类型，常见如、、分别表示“影片剪辑”元件、“图形”元件、“按钮”元件。

“新建元件”按钮：单击该按钮将弹出“创建新元件”对话框，从而在“库”面板中直接创建新元件。

“新建文件夹”按钮：默认情况下，元件都存储在“库”面板的根目录下。单击该按钮可以创建一个新的文件夹，使用文件夹，更方便项目资源的管理，提高管理性。

“属性”按钮：选定一个元件或位图等项目，单击该按钮，弹出“元件属性”或“位图属性”对话框，如图 8-89 所示，用户可在该对话框中对选中项目的相关属性进行修改操作。

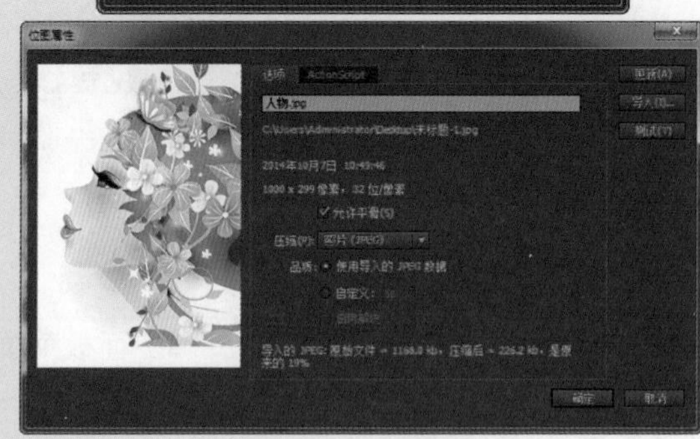

图 8-89 “元件属性”和“位图属性”对话框

“删除”按钮：选中一个项目，单击该按钮即可删除选定项目。

8.4.2 库文件夹

利用库文件夹可以对“库”面板中的项目进行编组，以方便设计师使用和管理库资源。

1. 新建文件夹

单击“库”面板底部的“新建文件夹”按钮，

即可新建一个文件夹，也可以单击“库”面板右上角的库面板菜单，在弹出的菜单中选择“新建文件夹”命令，如图 8–90 所示。

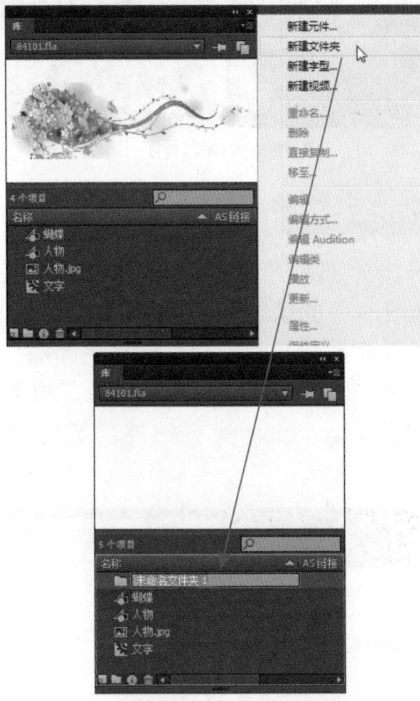

图 8-90　新建文件夹

2. 删除文件夹

选中需要删除的文件夹，单击面板底部的“删除”按钮，或者按 Delete 键，即可删除该文件夹，也可以从右键菜单中选择“删除”命令，如图 8–91 所示，或者单击“库”面板右上角的库面板菜单，在弹出的菜单中选择“删除”命令，也可以删除所选文件夹，如图 8–92 所示。

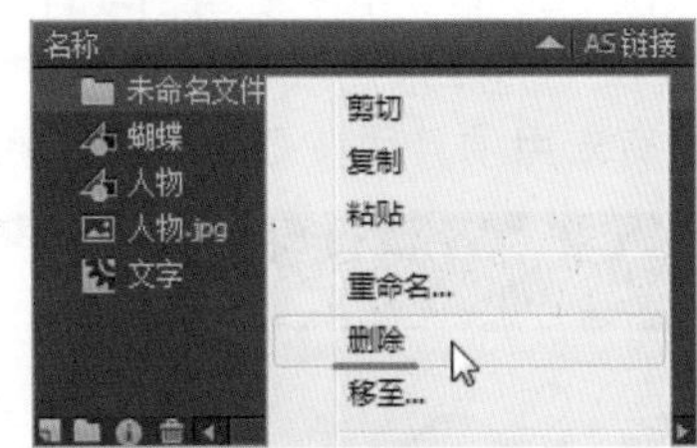

图 8-91　选择“删除”命令

图 8-92　选择“删除”命令

3. 重命名文件夹

允许在“库”面板内直接对文件夹实现重命名，选中需要重命名的文件夹，从面板菜单中选择“重命名”命令，如图 8–93 所示。或者选中文件夹的名称，单击鼠标右键，在弹出的菜单中选择“重命名”命令，如图 8–94 所示，然后输入新名称，按 Enter 键即可。也可以在“库”面板中双击文件夹名称直接更改。

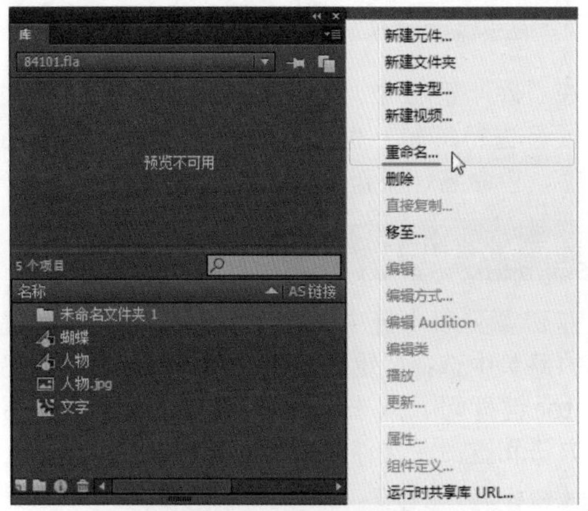

图 8-93　选择“重命名”命令 1

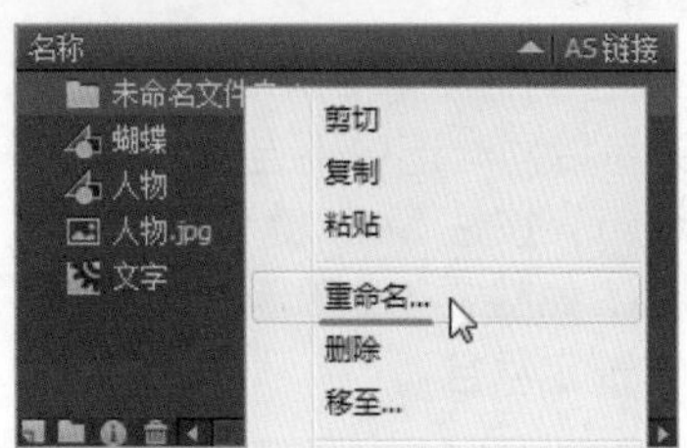

图 8-94　选择“重命名”命令 2

4. 嵌套文件夹

当新建了多个文件夹后还需要嵌套管理文件夹时，可把嵌套的子文件夹拖曳到父文件夹中，如图 8–95 所示，支持多层嵌套的实现。

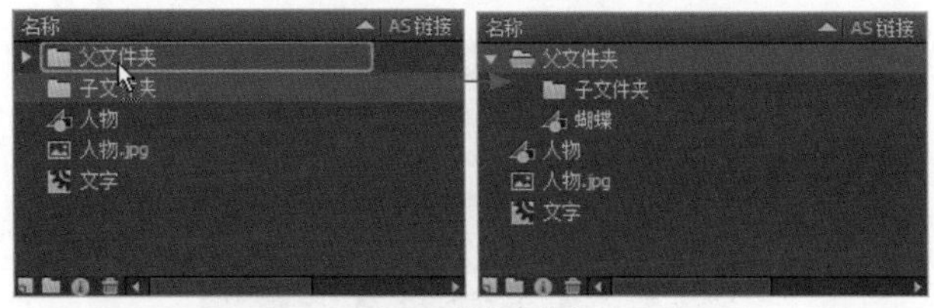

图 8-95　嵌套文件夹

5. 展开 / 折叠文件夹

展开 / 折叠文件夹可以有效地利用“库”面板的空间，单击文件夹前的小箭头即可展开 / 折叠文件夹，如图 8–96 所示。双击文件夹图标也可实现展开 / 折叠文件夹的操作。

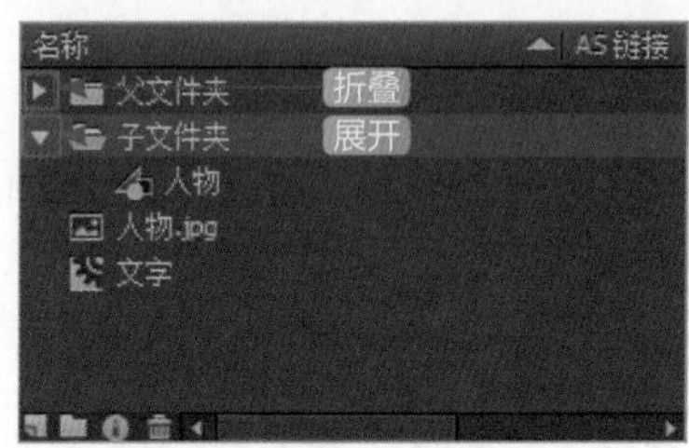

图 8-96 折叠 / 展开文件夹效果

8.4.3 管理库项目

在“库”面板中，不仅可以利用“文件夹”对库中的项目进行编辑，也可以轻松对资源进行编组、项目排序、重命名、更新等管理。

1. 重命名库项目

在资源列表中选中一个项目，单击鼠标右键，在弹出的菜单中选择“重命名”命令，输入新项目名称，按 Enter 键即可。双击项目名称也可对其重命名，其操作方法和重命名文件夹的方法相同。

2. 删除库项目

删除库项目的方法和删除文件夹的方法相同。另外，按 Ctrl 键可以同时选中不连续的多个库项目文件，如图 8–97 所示，按住 Shift 键可以同时选中多个连续的库项目文件，如图 8–98 所示，再执行“删除”命令即可删除所有选定项目。

图 8-97 多选不连续项目

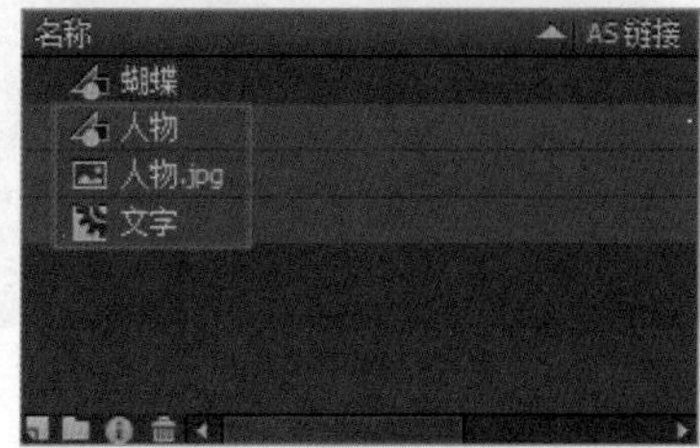

图 8-98 多选连续项目

3. 排序库项目

在制作大型动画时，会有较多的项目，通常会显得比较凌乱，这时就需要对项目进行排序操作，有助于提高工作效率和管理项目。选择一个列标题，则该标题下的库项目将按字母数字顺序排列，如图 8–99 所示。

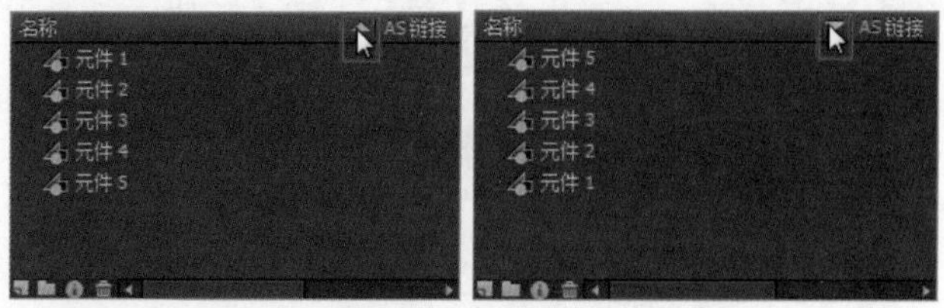

图 8-99 项目排序

4. 更新库项目

导入一张外部图片到“库”面板中，然后使用外部编辑器修改库中的该图片，Flash 会自动更新其修改，如位图或声音等。当 Flash 没有自动更新时，用户可以手动更新，在“库”面板菜单中选择“更新”命令，如图 8–100 所示，Flash 就会把外部文件导入并覆盖库中文件。

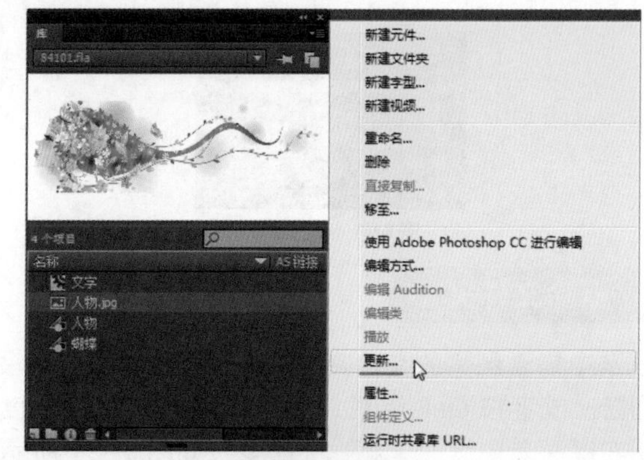

图 8-100 “更新”命令

5. 查找未使用的库项目

如果想删除“库”面板中未使用的项目，可以在“库”面板菜单中选择“选择未用项目”命令，如图 8–101 所示，找到所有未用项目后按 Delete 键即可删除。

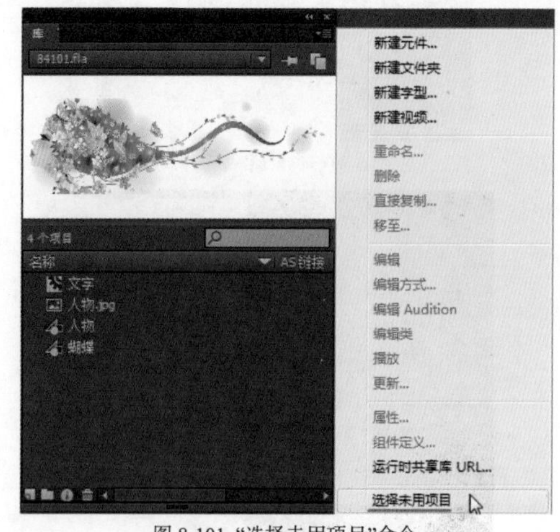

图 8-101 “选择未用项目”命令

8.5 使用外部库和共享资源

在Flash中可以创建自定义的素材库文件，将多个Flash动画所需要使用的资源放置在该素材库文件中，在Flash动画的制作过程中，可以随时调用外部素材库，从而实现素材资源的重复使用。在Flash中还可以共享资源，Flash的共享资源有两种模式，分别为运行时共享元件库与创作时共享元件库。本节将为读者介绍如何使用外部库和共享资源。

8.5.1 使用外部库

在Flash中制作动画时，除了可以使用文档本身的库资源，还可以使用外部FLA文件中的库资源。

执行“文件 > 导入 > 打开外部库”命令，弹出“打开”对话框，如图8–102所示，选择要使用的库文档，单击“打开”按钮，即可打开一个浮动的以该文件名称命名的“库”面板，如图8–103所示。

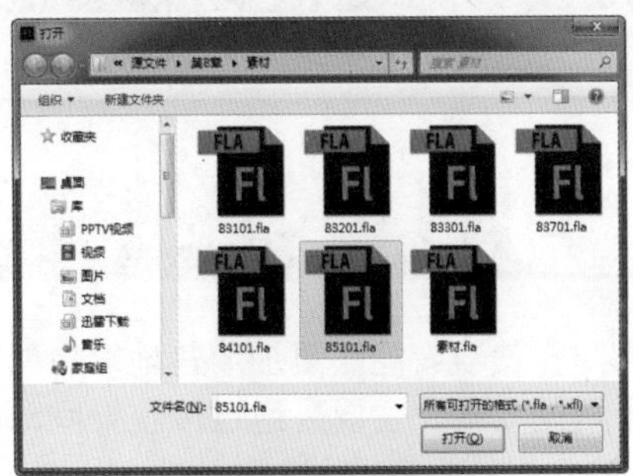

图 8-102 “打开”对话框

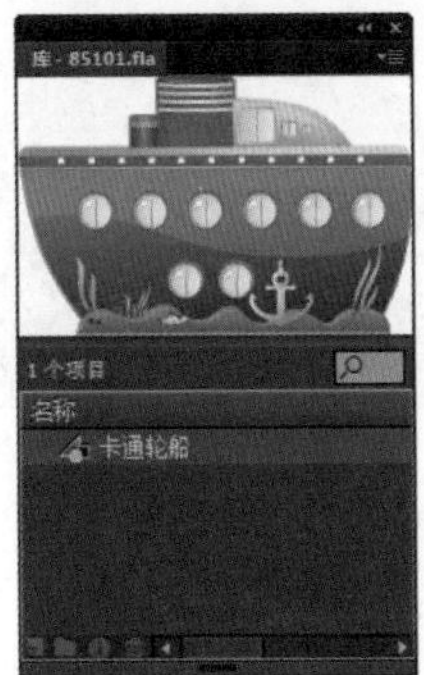

图 8-103 “外部库”面板

8.5.2 使用共享资源

使用资源共享的方式有两种，运行时共享资源和创作期间共享资源，它们都是基于网络传输而实现的，但所适用的网络环境却有所不同。

使用共享资源可以优化工作流程和文档资源管理，与使用公用库和外部库的不同之处是，在文档中使用其他文档的共享资源进行创作，当在源文档进行修改时，应用该资源的文档也会随之更新。

如果想要使用共享资源，那么首先要在源文档中创建共享资源库，然后才可以在目标文档中使用该资源。

1. 创建共享资源库

运行时共享资源不需要在本地网络上，为了让共享资源在运行时可供目标文档使用，源文档必须发布到URL上。

在源文档中定义要共享的资源的字符串和源文档要发布的URL地址，仅支持以http或https开头的，如http://www.*.com/lido/flash。

打开“库”面板，选择要共享的元件资源，单击鼠标右键，在弹出的菜单中选择“属性”命令，在弹出的“元件属性”对话框中展开“高级”选项，如图8–104所示，在“ActionScript链接”标签和“运行时共享库”标签中进行相应的设置，如图8–105所示，设置完毕后，单击“确定”按钮，完成对该资源的共享设置。

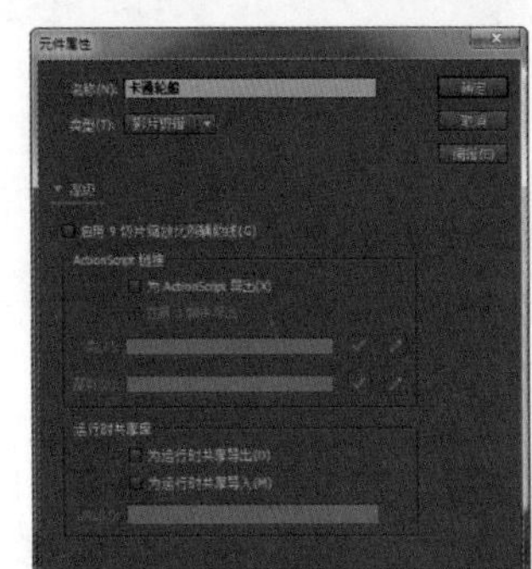

图 8-104 “元件属性”对话框

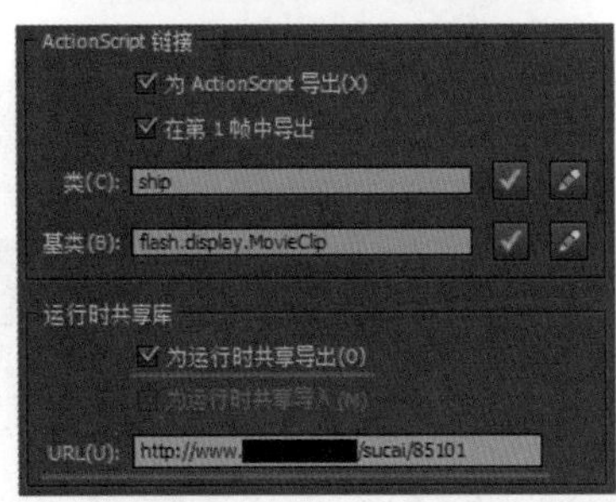

图 8-105 定义共享资源

2. 使用共享资源

定义好的共享资源在任意目标文档中都可以调用它。打开“库”面板，选择要转换为共享资源的元件，单击鼠标右键，在弹出的菜单中选择“属性”命令，展开“高级”选项，如图 8–106 所示。在“运行时共享库”标签下选中“为运行时共享导入”，在对其他选项进行设置时需要与源文档的设置相同，如图 8–107 所示。

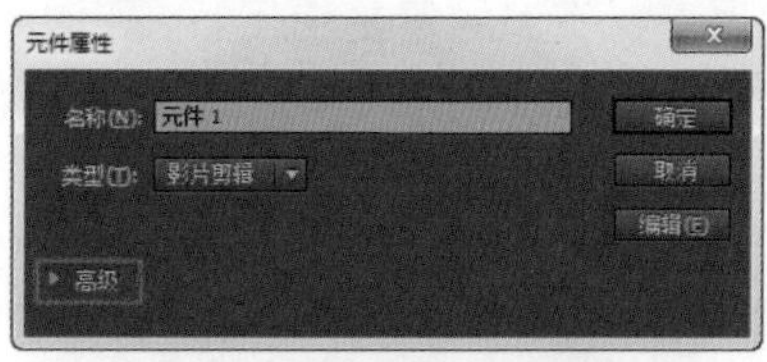

图 8-106 “元件属性”对话框

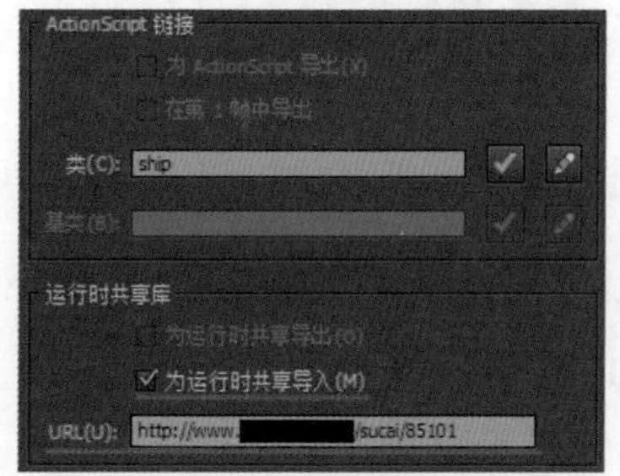

图 8-107 链接共享资源

3. 断开与共享资源的链接

当目标文档中使用源文档的共享资源后，只要源文档对该资源进行修改，目标文档中的资源也会随之而改变，断开它们的链接后，源文档对共享资源的修改将不再同步到目标文档中。

如果想要断开目标文档中的某个资源，在“库”面板中选择该资源，单击鼠标右键，在弹出的菜单中选择“属性”命令，在弹出的“元件属性”对话框中展开“高级”选项，取消“运行时共享库”选项区中的“为运行时共享导入”选中，如图 8–108 所示。

图 8-108 断开资源共享链接

8.6 制作娱乐网站动画

学习了元件以及“库”面板的相关操作，接下来通过一个练习，使读者能够更加清楚地掌握创建新元件、转换为元件和“库”面板的应用。本实例设计制作一个娱乐网站动画，主要是通过传统补间动画来制作动画效果。

动手实践——制作娱乐网站动画

源文件：光盘 \ 源文件 \ 第 8 章 \8-6.fla

视频：光盘 \ 视频 \ 第 8 章 \8-6.swf

01 执行“文件 > 新建”命令，弹出“新建文档”对话框，设置如图 8–109 所示。单击“确定”按钮，新建一个 Flash 文档，执行“插入 > 新建元件”命令，弹出“创建新元件”对话框，设置如图 8–110 所示。

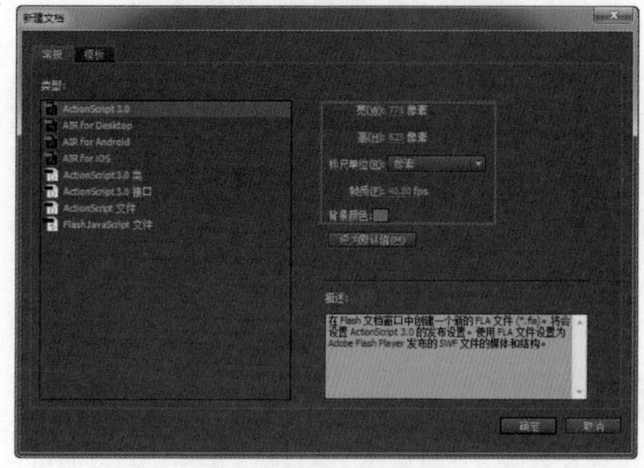

图 8-109 “新建文档”对话框

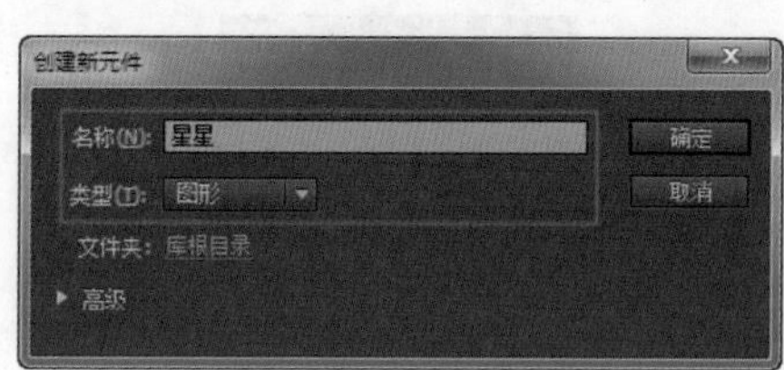

图 8-110 “创建新元件”对话框

02 单击“确定”按钮，使用 Flash 中的绘图工具，绘制出星星的效果，如图 8–111 所示。执行“插入 > 新建元件”命令，弹出“创建新元件”对话框，设置如图 8–112 所示。

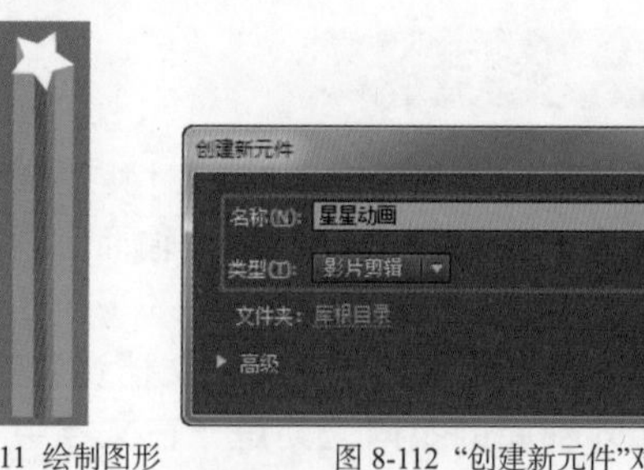

图 8-111 绘制图形　　图 8-112 “创建新元件”对话框

03 单击“确定”按钮，在“库”面板中将“星星”元件拖入到舞台中，打开“属性”面板，对“样式”选项进行设置，如图 8–113 所示，元件效果如

图 8-114 所示。

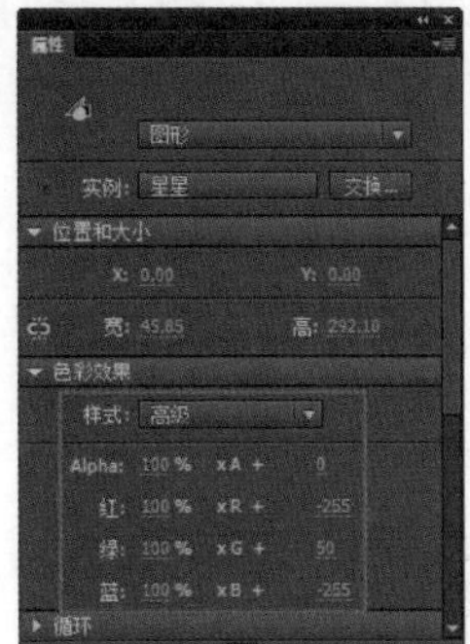
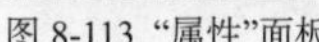

图 8-113 “属性”面板　　图 8-114 元件效果

04 在第 20 帧按 F6 键插入关键帧，将该帧上的元件向上移动 170 像素，如图 8-115 所示。分别在第 65 帧和第 70 帧按 F6 键插入关键帧，选择第 70 帧上的元件，将其向上移动 10 像素，如图 8-116 所示。

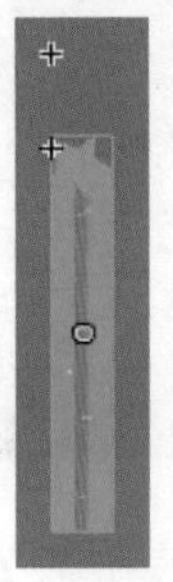
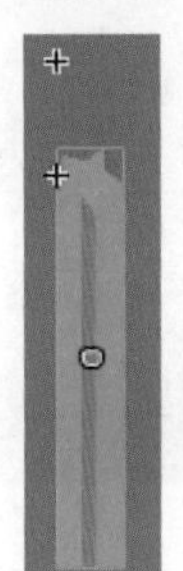

图 8-115 向上移动元件　　图 8-116 向上移动元件

05 在第 80 帧按 F6 键插入关键帧，将该帧上的元件向下移动 20 像素，如图 8-117 所示。在第 85 帧按 F6 键插入关键帧，将该帧上的元件向上移动 10 像素，如图 8-118 所示。在第 90 帧按 F5 键插入帧。

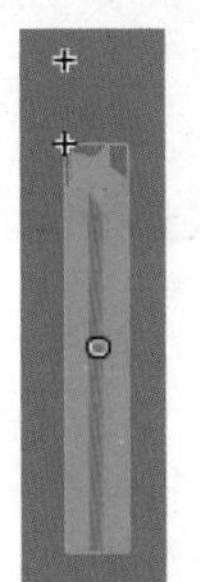

图 8-117 向下移动元件　　图 8-118 向上移动元件

06 分别在第 1 帧、第 65 帧、第 70 帧和第 80 帧创建传统补间动画，“时间轴”面板如图 8-119 所示。

图 8-119 “时间轴”面板

07 使用相同的制作方法，可以完成“图层 2”至“图层 6”上动画效果的制作，场景效果如图 8-120 所示，“时间轴”面板如图 8-121 所示。

图 8-120 场景效果

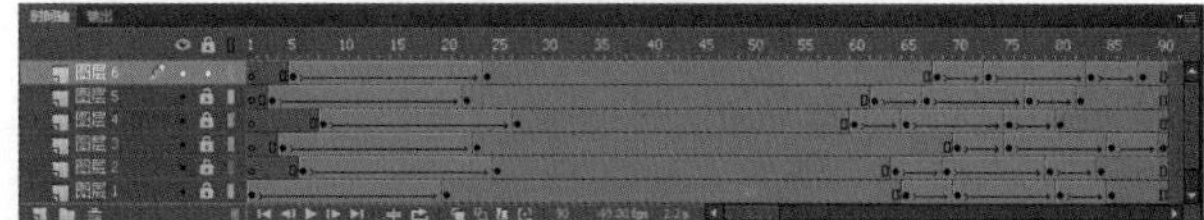

图 8-121 “时间轴”面板

08 新建“图层 7”，在第 90 帧按 F6 键插入关键帧，打开“动作”面板，输入脚本代码，如图 8-122 所示。使用相同的制作方法，可以制作出“星星动画 2”的影片剪辑元件，如图 8-123 所示。

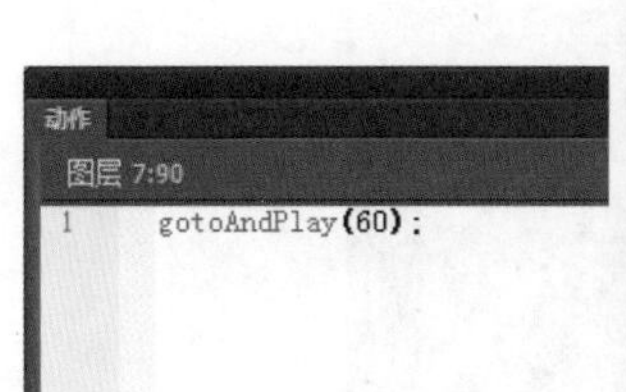

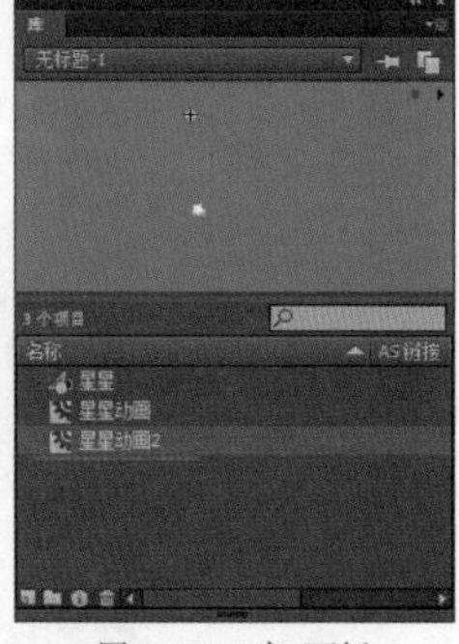

图 8-122 输入脚本代码　　图 8-123 “库”面板

09 执行“插入 > 新建元件”命令，弹出“创建新元件”对话框，设置如图 8-124 所示。单击“确定”按钮，使用 Flash 中的绘图工具和文字工具相结合，绘制出图形效果，如图 8-125 所示。

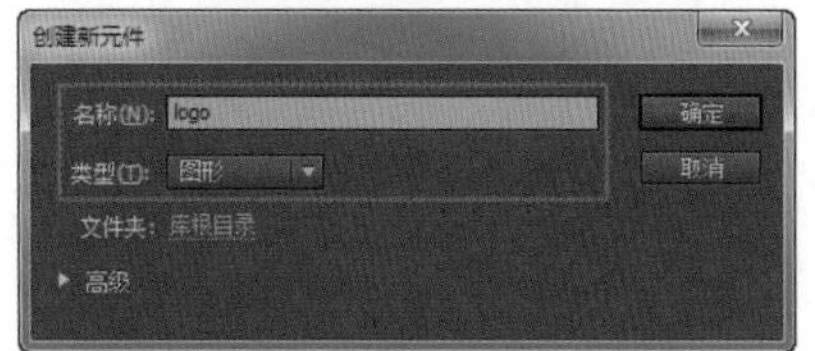

图 8-124 “创建新元件”对话框

图 8-125 绘制图形

10 返回“场景 1”编辑状态，执行“文件 > 导入 > 导入到舞台”命令，导入图像素材“光盘\源文件\第 8 章\素材\8701.jpg”，如图 8-126 所示，在第 145 帧按 F5 键插入帧。新建“图层 2”，在第 10 帧按 F6 键插入关键帧，导入图像素材“光盘\源文件\第 8 章\素材\8702.png”，如图 8-127 所示。

图 8-126 导入图像素材

图 8-127 导入图像素材

11 选中刚导入的图像，执行“修改 > 转换为元件”命令，弹出“转换为元件”对话框，设置如图 8-128 所示。使用“任意变形工具”，调整元件到合适的大小和位置，并设置其 Alpha 值为 0，效果如图 8-129 所示。

图 8-128 “转换为元件”对话框

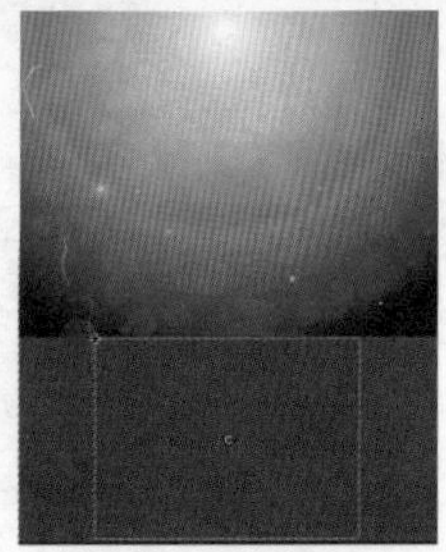

图 8-129 元件效果

12 在第 20 帧按 F6 键插入关键帧，设置该帧上元件的 Alpha 值为 100%，并将该帧上的元件向上移动，如图 8-130 所示。在第 40 帧按 F6 键插入关键帧，将该帧上的元件向上移动，如图 8-131 所示。

图 8-130 向上移动元件

图 8-131 向上移动元件

13 在第 45 帧按 F6 键插入关键帧，将该帧上的元件向下移动，如图 8-132 所示。在第 55 帧按 F6 键插入关键帧，将该帧上的元件向上移动，如图 8-133 所示。

图 8-132 向下移动元件

图 8-133 向上移动元件

14 分别在第 60 帧、第 65 帧和第 70 帧按 F6 键插入关键帧，并分别调整各帧上元件的位置，分别在各关键帧之间创建传统补间动画，“时间轴”面板如图 8-134 所示。

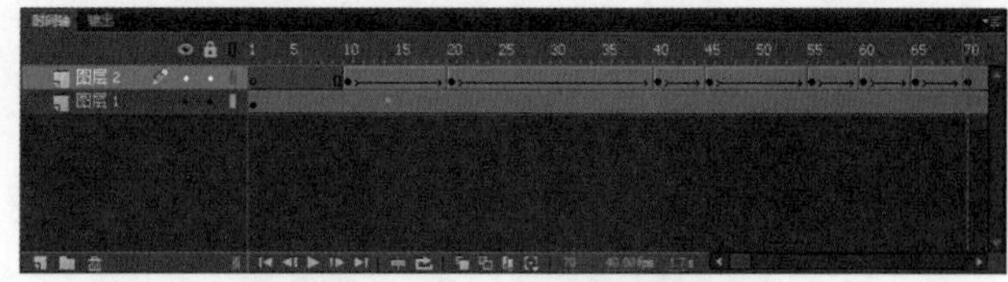

图 8-134 “时间轴”面板

15 新建“图层 3”，导入素材图像“光盘\源文件\第 8 章\素材\87023.png”，如图 8-135 所示。选中刚导入的图像，执行“修改 > 转换为元件”命令，弹出“转换为元件”对话框，设置如图 8-136 所示。

图 8-135 导入图像素材

图 8-136 “转换为元件”对话框

16 分别在第 45 帧和第 55 帧按 F6 键插入关键帧，选择第 55 帧上的元件，将其向上移动，如图 8-137 所示。在第 60 帧按 F6 键插入关键帧，选择该帧上的元件，将其向下移动，如图 8-138 所示。

图 8-137 向上移动元件

图 8-138 向下移动元件

17 分别在第 45 帧和第 55 帧创建传统补间动画，将“图层 3”调整至“图层 2”下方，“时间轴”面板如图 8-139 所示，场景效果如图 8-140 所示。

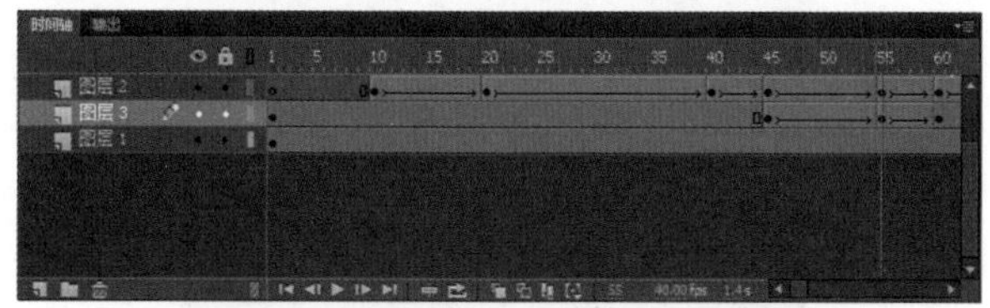

图 8-139 “时间轴”面板

图 8-140 向下移动元件

18 在“图层 3”上方新建“图层 4”，在第 45 帧按 F6 键插入关键帧，执行“文件 > 导入 > 打开外部库”命令，打开外部库文件“光盘 \ 源文件 \ 第 8 章 \ 素材 \ 素材 .fla”，如图 8-141 所示。将“图层 2”隐藏，在“库 - 素材”面板中将“光波动画 1”元件拖入到舞台中，如图 8-142 所示。

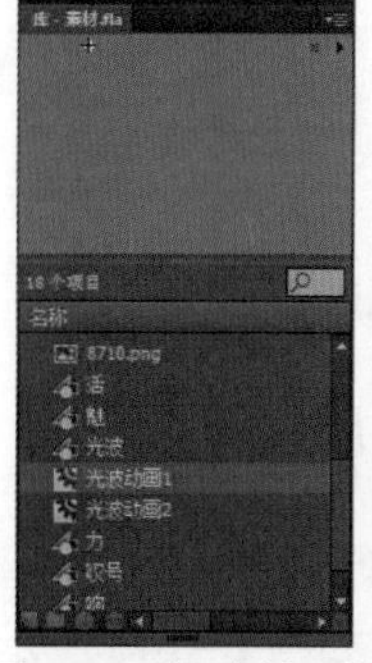

图 8-141 “库 - 素材”面板

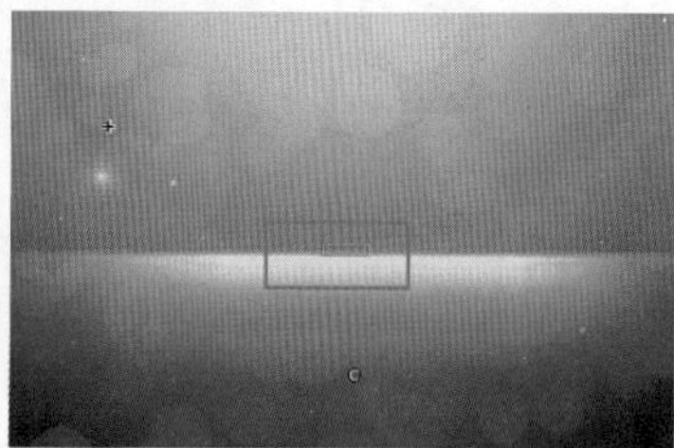

图 8-142 拖入元件

19 新建“图层 5”，在第 80 帧按 F6 键插入关键帧，在“库 - 素材”面板中将“光波动画 2”元件拖入到舞台中，如图 8-143 所示。新建“图层 6”，在第 75 帧按 F6 键插入关键帧，在“库”面板中将“星星动画 2”元件拖入到舞台中，如图 8-144 所示。

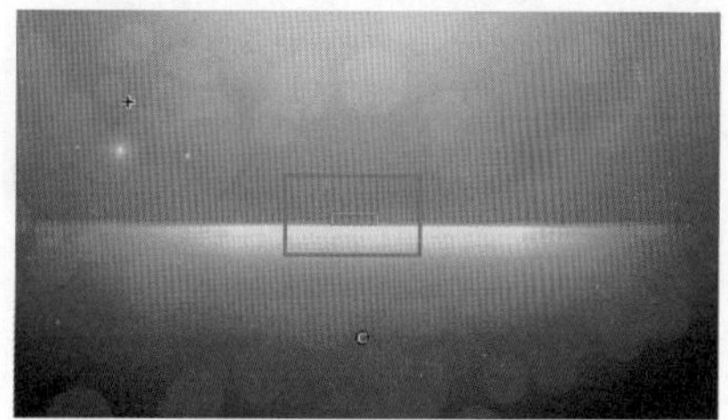

图 8-143 拖入元件

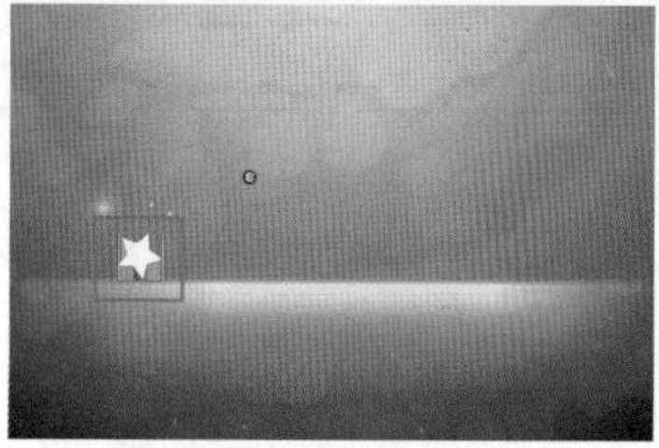

图 8-144 拖入元件

20 新建“图层 7”，在第 105 帧按 F6 键插入关键帧，在“库”面板中将“星星动画”元件拖入到舞台中，如图 8-145 所示。显示“图层 2”，在“图层 2”上方新建“图层 8”，在第 60 帧按 F6 键插入关键帧，在“库”面板中将 logo 元件拖入到舞台中，如图 8-146 所示。

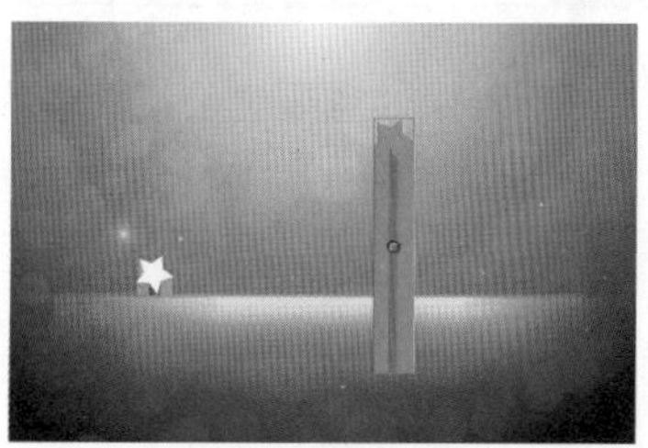

图 8-145 拖入元件

图 8-146 拖入元件

21 分别在第 65 帧和第 70 帧按 F6 键插入关键帧，选择第 60 帧上的元件，设置其 Alpha 值为 0，并将该帧上的元件等比例缩小，如图 8-147 所示。选择第 65 帧上的元件，将其等比例放大一些，如图 8-148 所示。

图 8-147 调整元件

图 8-148 调整元件

22 分别在第 60 帧和第 65 帧创建传统补间动画，新建“图层 9”，在第 80 帧按 F6 键插入关键帧，在“库 - 素材”面板中将“文字动画”元件拖入到舞台中，如图 8-149 所示。新建“图层 10”，在第 145 帧按 F6 键插入关键帧，打开“动作”面板，输入脚本，如图 8-150 所示。

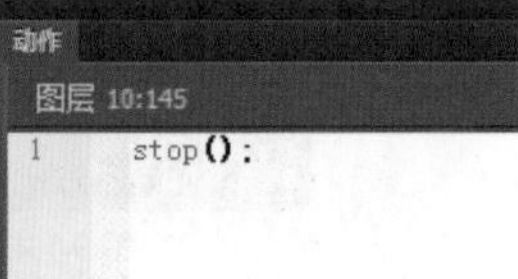

图 8-149 拖入元件　　图 8-150 输入脚本

23 完成该 Flash 动画效果的制作，“时间轴”面板如图 8-151 所示。

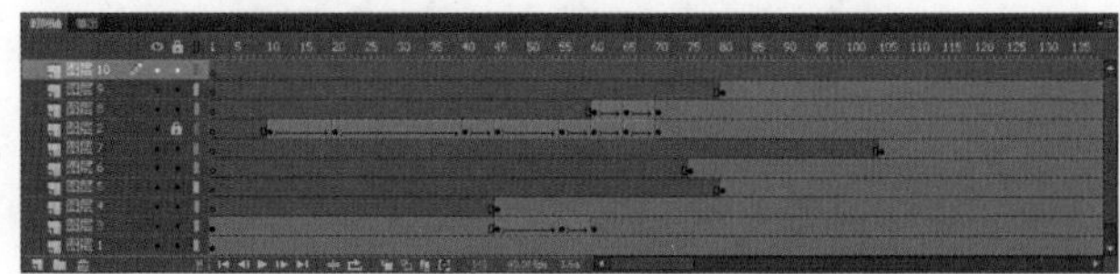
图 8-151 “时间轴”面板

24 执行“文件 > 保存”命令，将该文件保存为“光盘\源文件\第 8 章\8-6.fla”，按快捷键 Ctrl+Enter，测试动画，效果如图 8-152 所示。

图 8-152 测试动画效果

8.7 本章小结

元件是 Flash 中最重要也是最基本的元素，任何一个复杂的动画都是借助元件完成的，元件存储在“库”面板中，把元件从“库”面板中拖曳至场景中时，即创建了一个被称为实例的元件副本。本章对元件、库和实例的相关知识都做出了详细介绍，读者在完成本章的学习后，需要了解元件、库和实例之间的关系。

第 9 章 制作基础 Flash 动画

Flash 是一款优秀的动画制作软件，使用 Flash 可以制作出与传统动画相同的帧动画，但是在制作手法和流程上却比传统的制作方法更加简洁、明了，从而更能够节省动画的制作时间，提高工作效率，因此这种动画制作的方法非常适合个人以及动画爱好者。

9.1 使用模板创建 Flash 动画

在 Flash 中，使用模板创建新的影片文件，就是根据原有的架构对其中可以编辑的元件进行相应的修改、更换或调整，从而能够方便、快速地制作出精彩的影片。模板实际上就是已经编辑完成的具有完整影片架构的文件，并且拥有强大的互动扩充功能。

执行“文件 > 新建”命令，或者按快捷键 Ctrl+N，在弹出的“新建文档”对话框中单击“模板”标签，即可看到预设的模板。选中某个模板，在右侧的“预览”窗口中可以看到该影片模板的效果，在“描述”文本框中提供了该影片模板的功能说明，如图 9–1 所示。

图 9-1 “从模板创建”对话框

9.1.1 范例文件

范例文件中提供的是 Flash 中常见功能的示例。在 Flash CC 中，“范例文件”类别的模板有 14 个，分别为“切换按钮范例”、“透视缩放”、“外部文件的预加载器”、“嘴型同步”、“AIR 窗口示例”、“Alpha 遮罩层范例”、“手写”、“RPG 游戏 – 命中判定”、“平移”、“SWF 的预加载器”、“拖放范例”、“日期倒计时范例”、“自定义鼠标光标范例”和“菜单范例”。通过这些模板，用户可以轻松地制作出常用的动画文件。

动手实践——制作自定义光标动画

源文件：光盘 \ 源文件 \ 第 9 章 \9-1-1.fla

视频：光盘 \ 视频 \ 第 9 章 \9-1-1.swf

01 执行“文件 > 新建”命令，在弹出的“新建文档”对话框中单击“模板”标签，该对话框就会变为“从模板新建”对话框，设置如图 9–2 所示。单击“确定”按钮，即可创建该动画模板，效果如图 9–3 所示。

图 9-2 “从模板新建”对话框

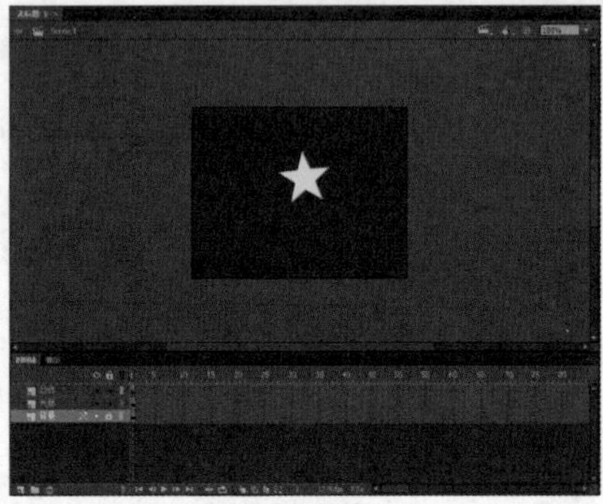
图 9-3 动画效果

02 执行“窗口 > 库”命令，打开“库”面板，如图 9-4 所示。双击 custom cursor 元件，进入该元件的编辑状态，如图 9-5 所示。

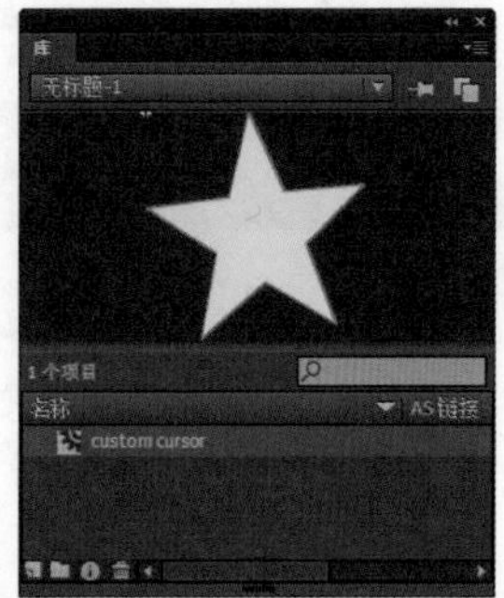

图 9-4 “库”面板

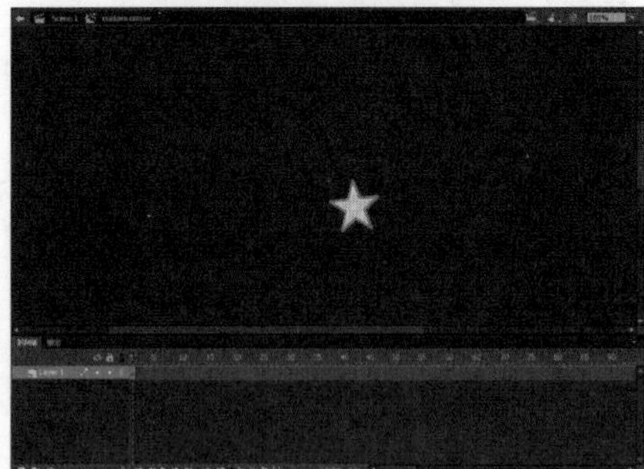
图 9-5 进入编辑状态

03 删除该图形，执行“文件 > 导入 > 导入到舞台”命令，在弹出的“导入”对话框中选择相应的素材图片，如图 9-6 所示。单击“打开”按钮，即可导入该素材图片，如图 9-7 所示。

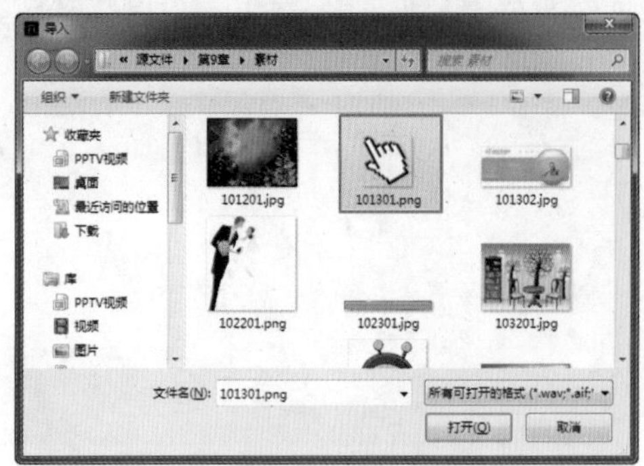

图 9-6 “导入”对话框

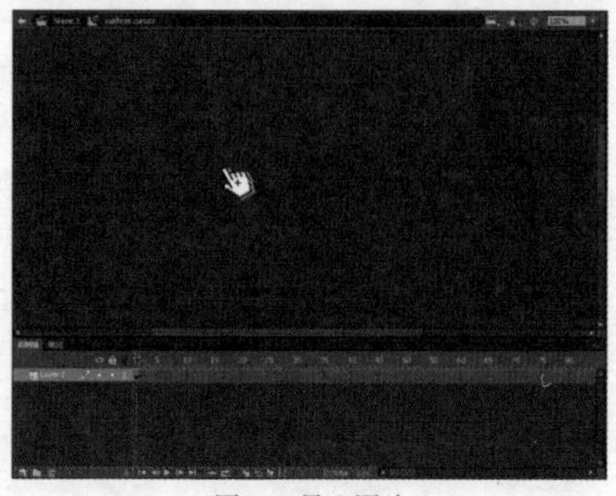
图 9-7 导入图片

04 返回“场景 1”编辑状态，将“背景”图层解锁，选中该图层上的图形，按 Delete 键删除，并在“属性”面板上对相关属性进行设置，如图 9-8 所示。设置完成后，可以看到场景的效果，如图 9-9 所示。

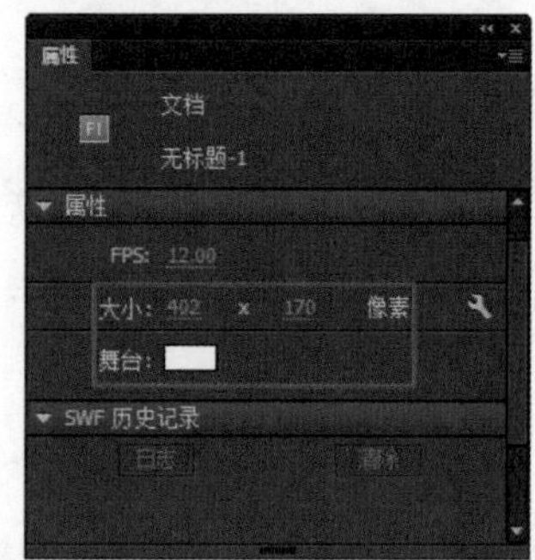

图 9-8 “属性”面板

图 9-9 场景效果

05 执行“文件 > 导入 > 导入到舞台”命令，在弹出的“导入”对话框中选择相应的素材图片，如图 9-10 所示。单击“打开”按钮，即可导入该素材图片，如图 9-11 所示。

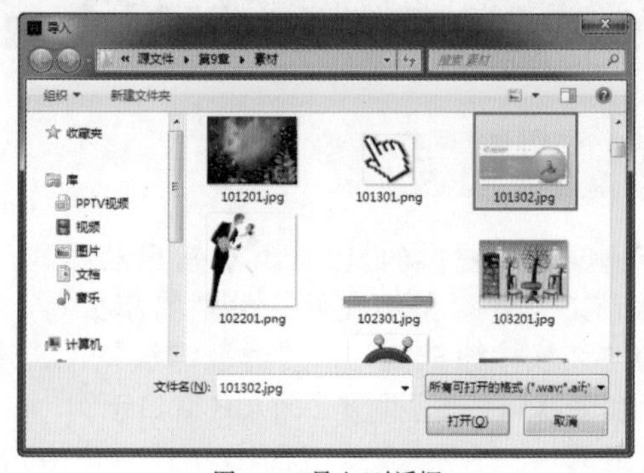

图 9-10 “导入”对话框

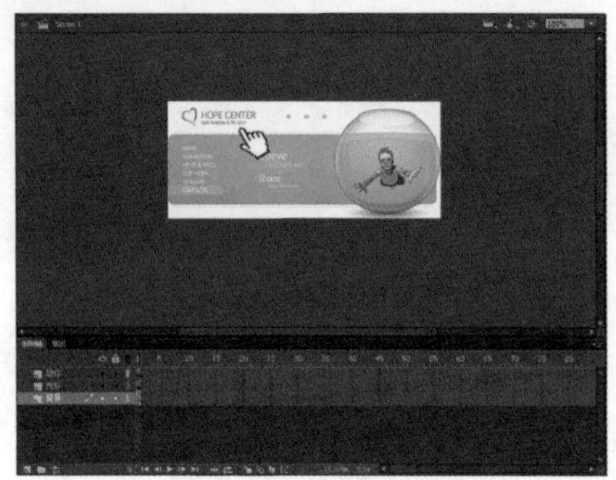

图 9-11 导入图像

06 执行“文件 > 保存”命令，保存到“光盘 \ 源文件 \ 第 9 章 \9-1-1.fla”，按快捷键 Ctrl+Enter 即可测试动画的效果，如图 9-12 所示。

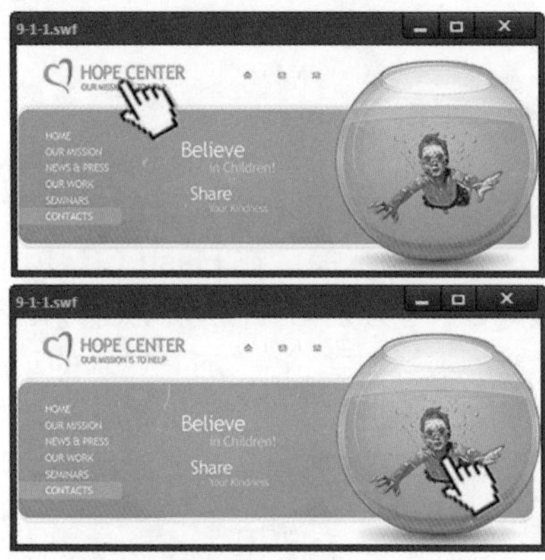

图 9-12 测试动画效果

9.1.2 演示文稿

在 Flash CC 中，通过使用“演示文稿”模板，可以创建出简单和复杂两种演示文稿的样式，并且可以用幻灯片的形式播放库中的图片。

执行“文件 > 新建”命令，或者按快捷键 Ctrl+N，弹出“新建文档”对话框，单击“模板”标签，在预设的模板中单击选择“演示文稿”模板，该模板中包含了两种类型的模板，分别为“简单演示文稿”和“高级演示文稿”，如图 9-13 所示。

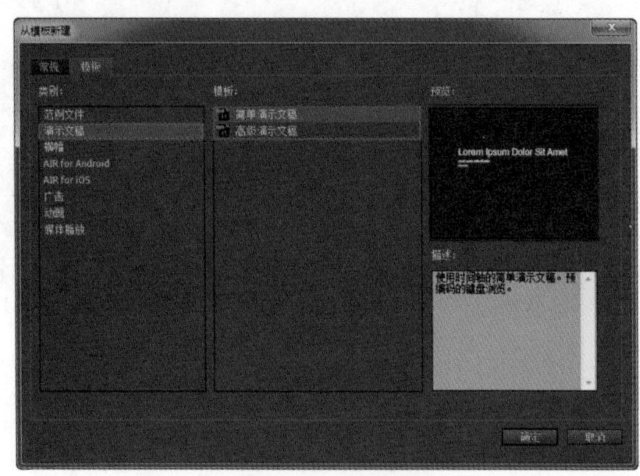

图 9-13 “演示文稿”模板

> **提示**
>
> 在高级演示文稿中，可以根据说明层进行操作，从而更加方便、快速地达到自己想要的效果。

9.1.3 横幅

在 Flash CC 中，可以通过“横幅”模板制作横幅样式模板，这些模板中还包括网站界面中常用的尺寸和功能。

执行“文件 > 新建”命令，或者按快捷键 Ctrl+N，弹出“新建文档”对话框，单击“模板”标签，在预设的模板中单击选择“横幅”模板，该模板中包含了 4 种类型的模板，分别为“160×600 简单按钮 AS3”、“160×600 自定义光标”、“468×60 加载视频”和“728×90 动画按钮”，如图 9-14 所示。

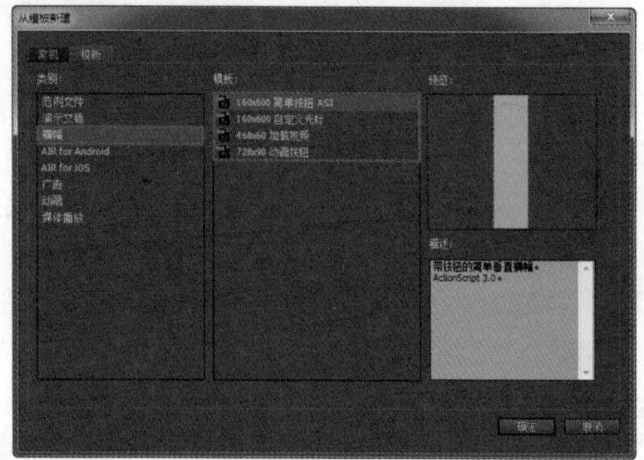

图 9-14 “横幅”模板

9.1.4 AIR for Android

AIR for Android 模板主要是为了方便用户创建基于 Android 系统的 AIR 移动应用程序。在该选项的模板中包括了 5 个模板，分别是“选项菜单”、“800×400 空白”、“加速计”、“投掷”和“滑动手势库”，如图 9-15 所示，选择其中任意一个模板，单击“确定”按钮，即可创建基于所选择模板的 FLA 文件，如图 9-16 所示。

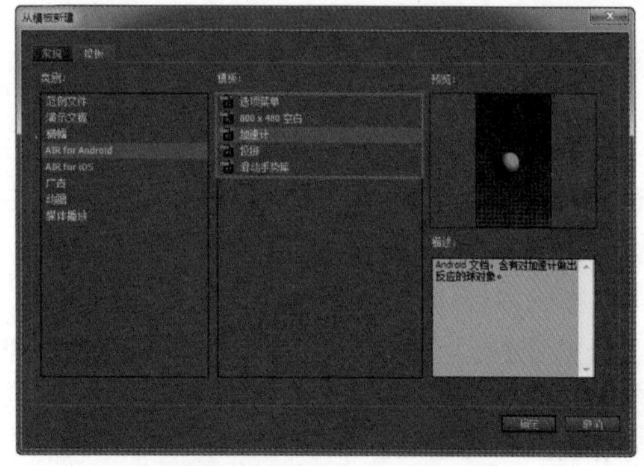

图 9-15 AIR for Android 模板选项

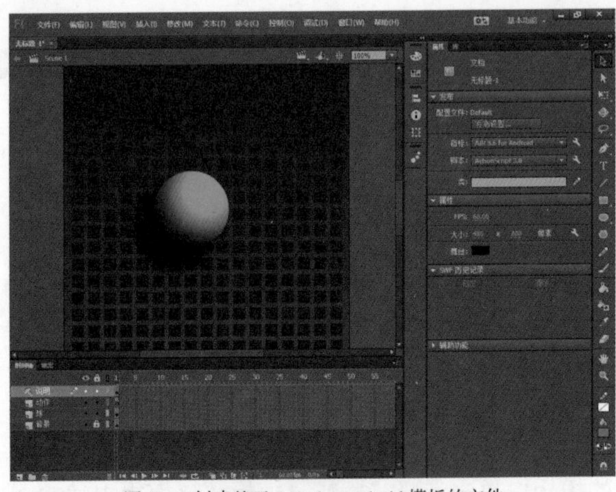

图 9-16 创建基于 AIR for Android 模板的文件

9.1.5 AIR for iOS

AIR for iOS 模板是 Flash CC 新增的模板类型，主要是为了方便用户创建基于 iOS 系统的移动应用程序。在该选项的模板中提供了 5 种不同尺寸的适用于 iOS 系统的空白模板文件，分别是“480 x 320 空白”、“960 x 640 空白”、“1024 x 768 空白”、“1136 x 640 空白”和“2048 x 1536 空白”，选择其中任意一个模板，单击“确定”按钮，即可创建基于 iOS 系统的空白模板文件，如图 9–17 所示。

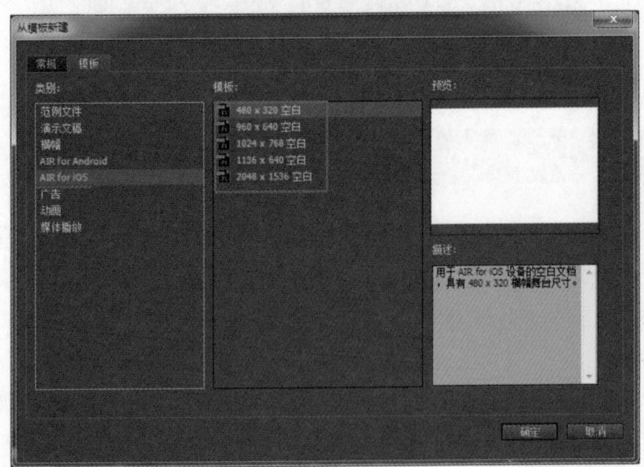

图 9-17 AIR for iOS 模板选项

9.1.6 广告

“广告”模板又称为“丰富式媒体”模板，侧重于推动丰富式媒体广告的发展以及提供出色的在线广告体验，通过使用“广告”模板能够更加方便、快捷地创建标准的媒体类型和大小。

当我们任意打开一个网站页面时，通常会弹出一些广告窗口，这些广告的展示方式多种多样，或在页面上流动显示，或直接嵌入到页面中。在 Flash CC 中，“广告”类型的模板有 16 种，如图 9–18 所示。

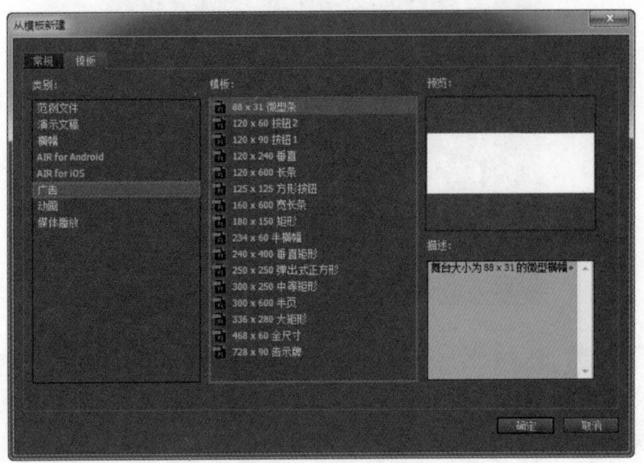

图 9-18 “广告”模板

9.1.7 动画

“动画”模板中包括一些常见的动画类型，例如动作、发光、加亮显示等。在 Flash CC 中，“动画”类别的模板有 8 种，分别为“补间形状的动画遮罩层”、“补间动画的动画遮罩层”、“加亮显示的动画按钮”、“文本发光的动画按钮”、“随机布朗运动”、“随机纹理运动”、“雪景脚本”和“雨景脚本”。

动手实践——使用模板创建动画

源文件：光盘 \ 源文件 \ 第 9 章 \9-1-7.fla

视频：光盘 \ 视频 \ 第 9 章 \9-1-7.swf

01 执行“文件 > 新建”命令，在弹出的“新建文档”对话框中单击“模板”标签，该对话框就会变为“从模板新建”对话框，设置如图 9–19 所示。单击“确定”按钮，即可创建该模板动画，效果如图 9–20 所示。

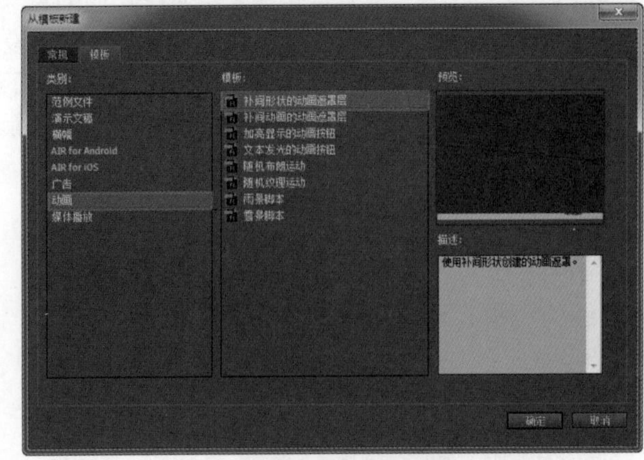

图 9-19 “从模板新建”对话框

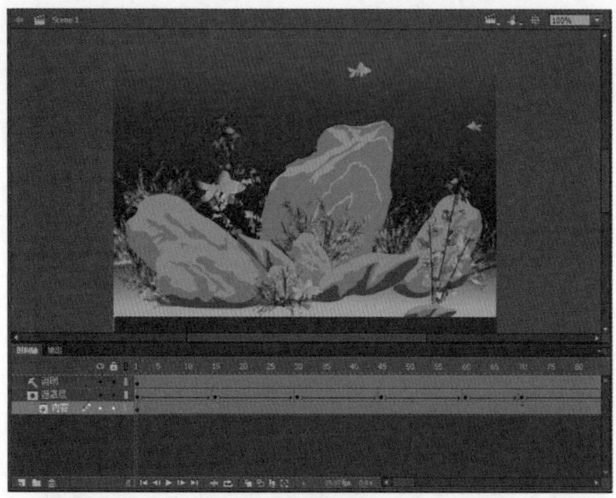

图 9-20 动画效果

02 执行“窗口 > 库”命令，打开“库”面板，如图 9-21 所示。双击 fish Tank.png 素材，即可弹出“位图属性”对话框，如图 9-22 所示。

图 9-21 “库”面板

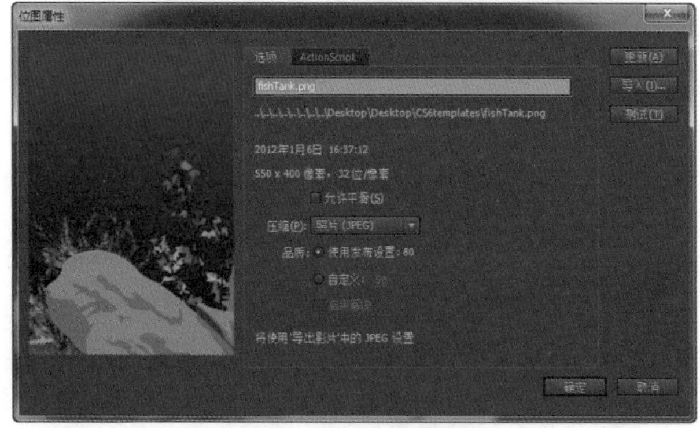

图 9-22 “位图属性”对话框

03 单击“导入”按钮，在弹出的“导入位图”对话框中选择相应的素材图片，如图 9-23 所示。单击“打开”按钮，返回到“位图属性”对话框中，选中“允许平滑”复选框，如图 9-24 所示。

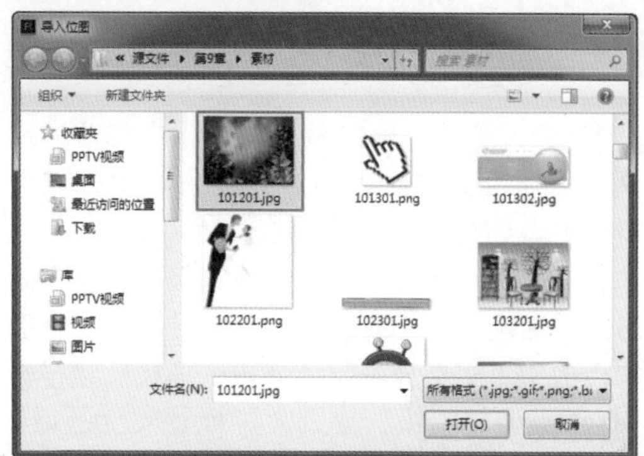

图 9-23 “导入位图”对话框

图 9-24 “位图属性”对话框

04 单击“确定”按钮，可以看到动画模板的效果，如图 9-25 所示。执行“文件 > 保存”命令，保存到“光盘 \ 源文件 \ 第 9 章 \9-1-7.fla”，按快捷键 Ctrl+Enter，即可测试动画的效果，如图 9-26 所示。

图 9-25 模板效果

图 9-26 测试动画效果

9.1.8 媒体播放

在 Flash CC 的“媒体播放”模板中包含了一些常用的视频尺寸和高宽比的照片相册，可以通过该模板制作多种类型的视频文件和照片相册。

执行“文件 > 新建”命令，或者按快捷键 Ctrl+N，在弹出的“新建文档”对话框中单击“模板”标签，在预设的模板中单击选择“媒体播放”模板，该模板中包含了 10 种类型的模板，分别为“标题安全区域 HDTV 720”、“标题安全区域 HDTV 1080”、“标题安全区域 NTSC D1”、“标题安全区域 NTSC D1wide”、“标题安全区域 NTSC DV”、“标题安全区域 NTSC DVwide”、“标题安全区域 PAL D1DV”、“标题安全区域 PAL D1DVwide”、“简单相册”和“高级相册”，如图 9–27 所示。

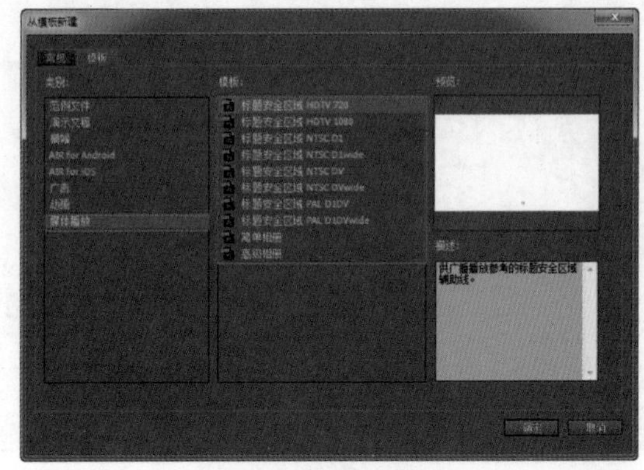

图 9-27 “媒体播放”模板

9.2 逐帧动画

制作逐帧动画的基本思想是把一系列差别很小的图形或文字放置在一系列的关键帧中，从而使得播放起来就像是一系列连续变化的动画效果。其利用人的视觉暂留原理，看起来像是在运动的画面，实际上只是一系列静止的图像。

创建逐帧动画需要将每一帧都定义为关键帧，然后为每个帧创建不同的图像。由于每个新关键帧最初包含的内容与其之前的关键帧是相同的，因此可以递增地修改动画中的帧。

9.2.1 逐帧动画的特点

逐帧动画最大的特点在于其每一帧都可以改变场景中的内容，非常适用于图像在每一帧中都在变化而不仅仅只在场景中移动的较为复杂的动画的制作。

但是，逐帧动画在制作大型的 Flash 动画时，复杂的制作过程导致制作的效率降低，并且每一帧中的图形或者文字的变化要比渐变动画占用的空间大。

9.2.2 使用外部导入素材生成逐帧动画

在 Flash CC 中，可以通过序列组将一系列的外部图像导入到场景中并制作成动画，在此过程中，只需要在选择图像序列的开始帧后将图像序列进行导入即可，接下来通过实例的制作向大家进行详细讲述。

动手实践——制作光影逐帧动画 

源文件：光盘 \ 源文件 \ 第 9 章 \9-2-2.fla

视频：光盘 \ 视频 \ 第 9 章 \9-2-2.swf

01 执行“文件 > 新建”命令，弹出“新建文档”对话框，设置如图 9–28 所示。单击“确定”按钮，新建一个 Flash 文档。执行“文件 > 导入 > 导入到舞台”命令，选择需要导入的图像“光盘 \ 源文件 \ 第 9 章 \ 素材 \z41301.jpg”，单击“打开”按钮，弹出提示对话框，如图 9–29 所示。

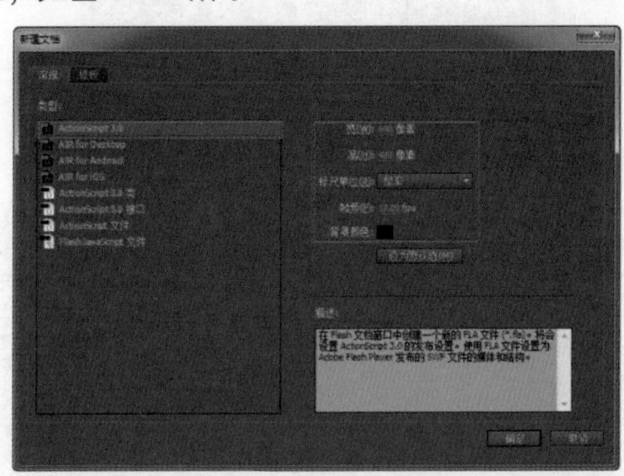

图 9-28 “新建文档”对话框

图 9-29 提示对话框

02 单击“是”按钮，导入图像序列，“时间轴”面板如图 9–30 所示。新建“图层 2”，执行“文件 > 导入 > 导入到舞台”命令，将图像“光盘 \ 源文件 \ 第 9 章 \ 素材 \102201.png”导入到场景中，如图 9–31

所示。

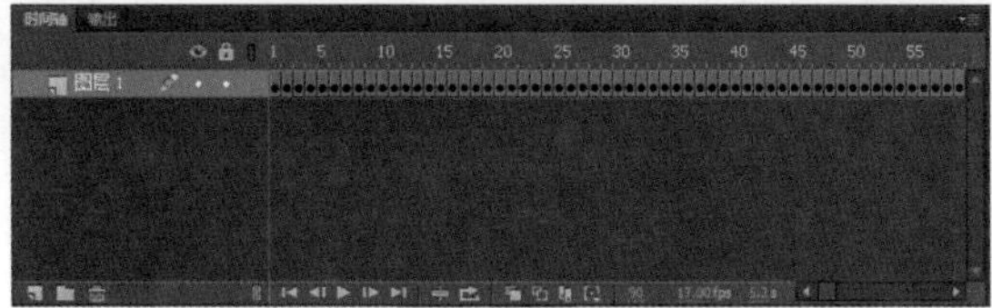

图 9-30 “时间轴”面板

图 9-31 导入图像

提示

当导入的图像素材文件名称为序列名称时，会弹出如图 9-29 所示的提示对话框。如果单击“是”按钮，则会自动以逐帧的方式将该序列的图像全部导入到 Flash 中；如果单击“否”按钮，则只会将选中的图像导入到 Flash 中。

03 选中人物图像，单击鼠标右键，在弹出的菜单中选择“转换为元件”命令，弹出“转换为元件”对话框，设置如图 9-32 所示。单击“确定”按钮，将其移至适当的位置，如图 9-33 所示。

图 9-32 “转换为元件”对话框

图 9-33 场景效果

04 分别在第 20 帧、第 25 帧和第 30 帧按 F6 键插入关键帧，选择第 1 帧上的元件，设置 Alpha 值为 15%，如图 9-34 所示。选择第 25 帧上的元件，设置其“亮度”值为 100%，如图 9-35 所示。

图 9-34 元件效果

图 9-35 元件效果

05 分别为第 1 帧、第 20 帧和第 25 帧创建传统补间动画，“时间轴”面板如图 9-36 所示。新建“图层 3”，根据“图层 1”的制作方法，完成“图层 3”的制作，“时间轴”面板如图 9-37 所示。

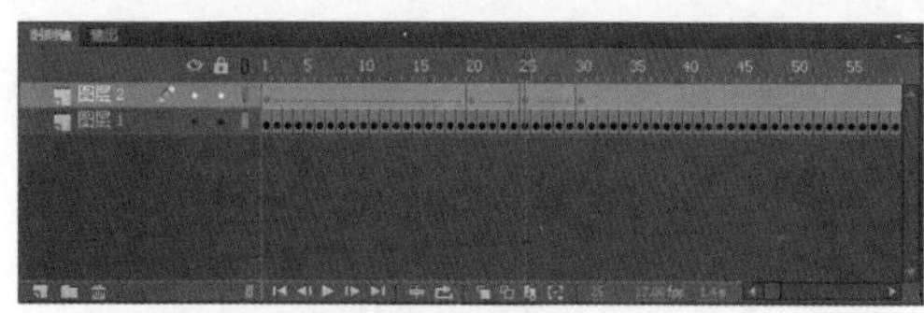

图 9-36 “时间轴”面板

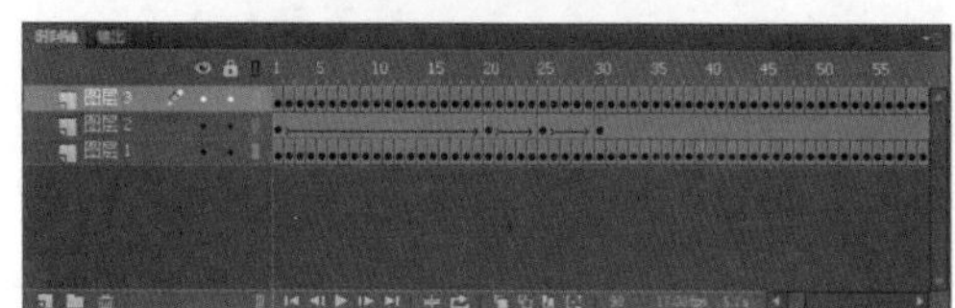

图 9-37 “时间轴”面板

06 执行“文件 > 保存”命令，将文件保存为“光盘\源文件\第 9 章\9-2-2.fla”，按快捷键 Ctrl+Enter，测试动画的效果，如图 9-38 所示。

图 9-38 测试动画效果

技巧 

动画播放的速度可以通过修改帧频来调整，也可以通过调整关键帧的长度来控制动画播放的速度，当然逐帧动画还是通过帧频来调整比较好。

9.2.3 制作逐帧动画 

本实例将使用逐帧动画制作一个 Flash 网站导航条，该导航条较为简单，主要是通过逐帧动画的原理制作出当鼠标经过菜单项时，菜单项抖动的动画效果，下面将为大家进行详细介绍。

动手实践——制作简单的导航菜单 

源文件：光盘\源文件\第 9 章\9-2-3.fla

视频：光盘\视频\第 9 章\9-2-3.swf

01 执行“文件 > 新建”命令，弹出“新建文档”对话框，设置如图 9–39 所示。单击“确定”按钮，新建一个 Flash 文档。执行“文件 > 导入 > 导入到舞台”命令，将图像“光盘\源文件\第 9 章\素材\102301.jpg”导入到场景中，效果如图 9–40 所示。

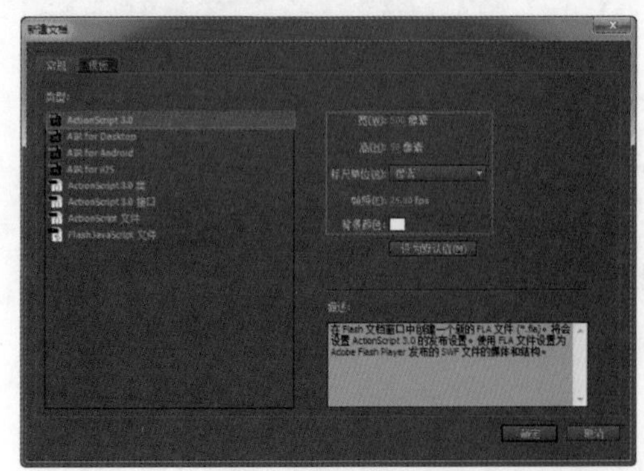

图 9-39 “新建文档”对话框

图 9-40 导入背景图片

02 执行“插入 > 新建元件”命令，弹出“创建新元件”对话框，设置如图 9–41 所示。单击“确定”按钮，使用“文本工具”，在“属性”面板中对相关属性进行设置，如图 9–42 所示。

图 9-41 “创建新元件”对话框

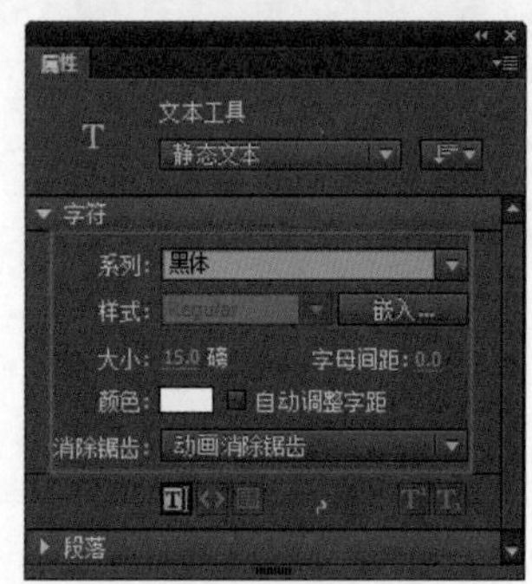

图 9-42 “属性”面板

03 设置完成后，在场景中输入文字，如图 9–43 所示。执行“插入 > 新建元件”命令，弹出“创建新元件”对话框，设置如图 9–44 所示。

我们是谁

图 9-43 输入文字

图 9-44 “创建新元件”对话框

提示

在此为了能够看清文字的效果，可以临时将背景颜色改为较深的颜色。

04 单击“确定”按钮，使用“文本工具”，在“属性”面板中对相关属性进行设置，如图 9–45 所示。设置完成后，在场景中输入文字，如图 9–46 所示。

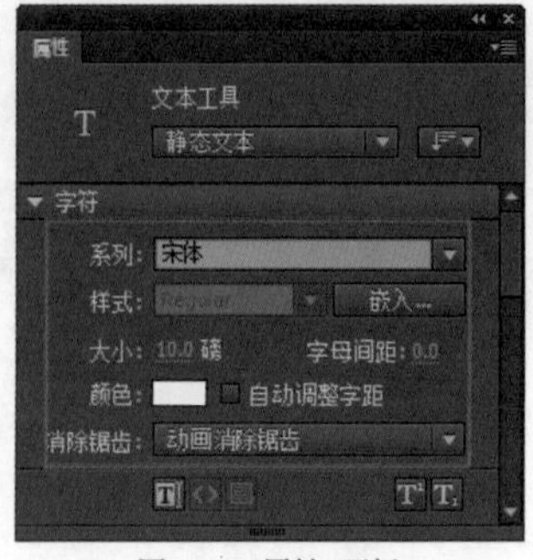

图 9-45 “属性”面板

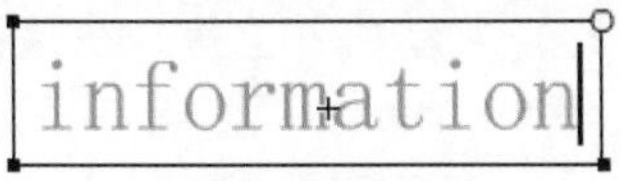

图 9-46 输入文字

05 使用相同的方法，完成其他菜单文字元件的制作，“库”面板如图 9–47所示。执行“插入 > 新建元件”命令，弹出“创建新元件”对话框，设置如图 9–48 所示。

图 9-47 “库”面板

图 9-48 “创建新元件”对话框

06 单击“确定”按钮，将“文字 1”元件从“库”面板中拖入到场景中，执行两次“修改 > 分离”命令，将元件分离，效果如图 9–49 所示。执行“修改 > 时间轴 > 分散到图层”命令，选中“图层 1”，并将其删除，“时间轴”面板如图 9–50 所示。

图 9-49 分离元件

图 9-50 “时间轴”面板

07 分别在 4 个图层的第 3 帧和第 5 帧位置依次按 F6 键插入关键帧，“时间轴”面板如图 9–51 所示。分别将 4 个图层的第 3 帧上的文字进行移动，如图 9–52 所示。

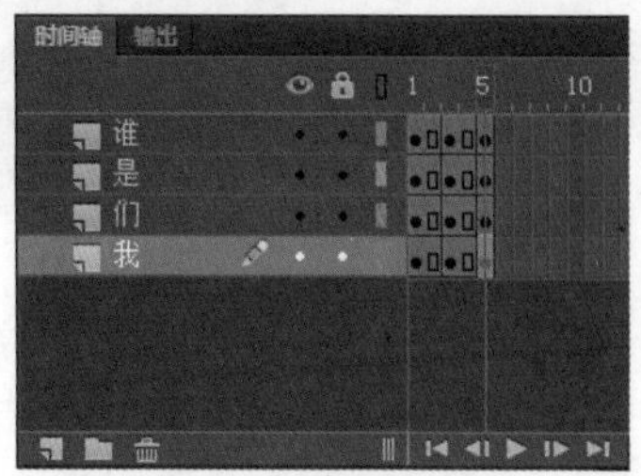

图 9-51 “时间轴”面板

图 9-52 移动元件

08 使用相同的方法，完成其他元件的制作，“库”面板如图 9–53 所示。执行“插入 > 新建元件”命令，弹出“创建新元件”对话框，设置如图 9–54 所示。

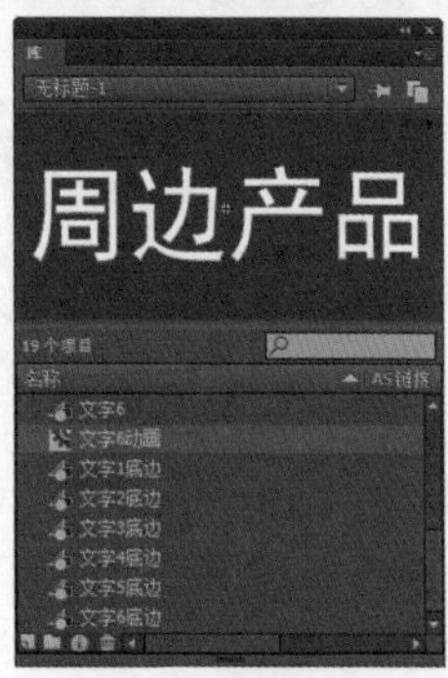

图 9-53 “库”面板

图 9-54 “创建新元件”对话框

09 单击“确定”按钮，使用“矩形工具”，在“属性”面板上对相关属性进行设置，如图 9–55 所示。在场景中绘制圆角矩形，如图 9–56 所示。

图 9-55 “属性”面板

图 9-56 绘制圆角矩形

10 执行“插入 > 新建元件”命令，弹出“创建新元件”对话框，设置如图 9–57 所示。单击“确定”按钮，将“背景”元件从“库”面板中拖入场景中，如图 9–58 所示。

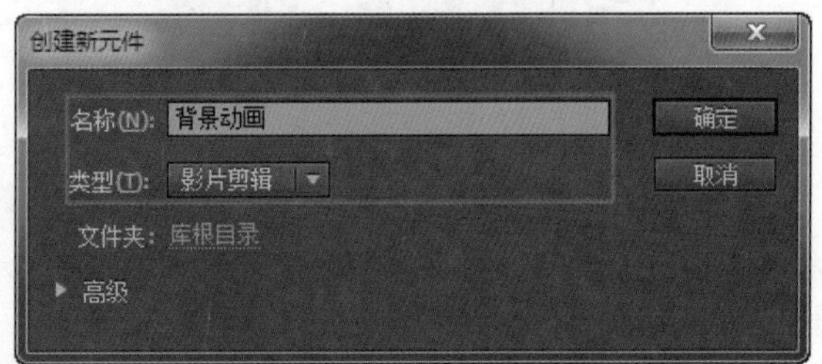

图 9-57 “创建新元件”对话框

图 9-58 拖入“背景”元件

11 在第 10 帧的位置按 F6 键插入关键帧，“时间轴”面板如图 9–59 所示。选中第 1 帧上的图形元件，使用“任意变形工具”，将其等比例缩小，并在“属性”面板上对其相关属性进行设置，如图 9–60 所示。

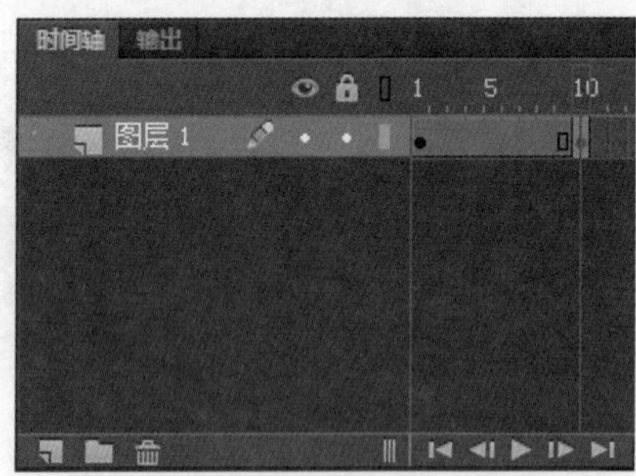

图 9-59 “时间轴”面板

图 9-60 “属性”面板

12 在第 1 帧上创建传统补间动画，新建“图层 2”，在第 9 帧的位置按 F6 键，插入关键帧，执行“窗口 > 动作”命令，打开“动作”面板，在该面板中输入脚本语言，如图 9–61 所示，“时间轴”面板如图 9–62 所示。

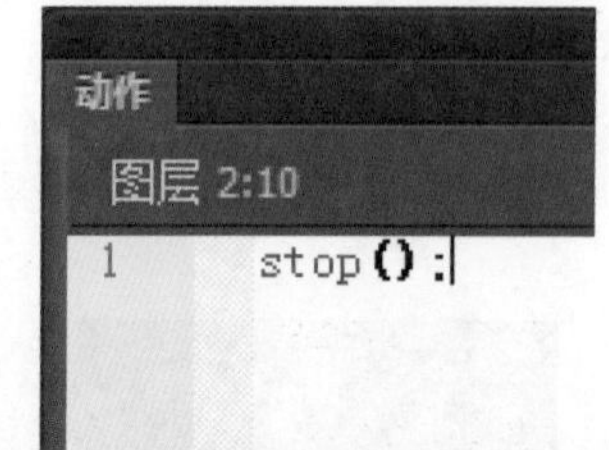

图 9-61 “动作”面板

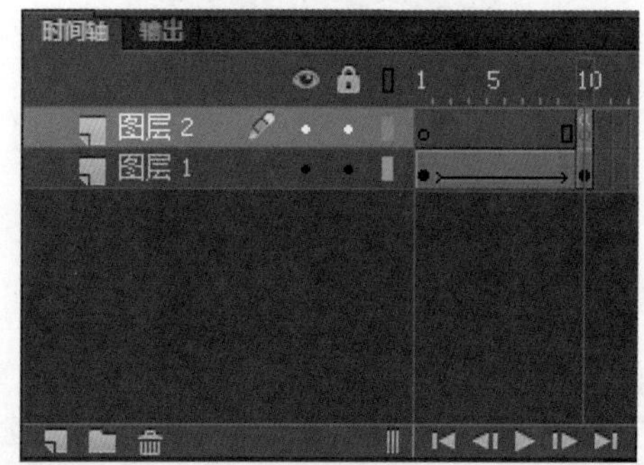

图 9-62 “时间轴”面板

13 执行“插入 > 新建元件”命令，弹出“创建新元件”对话框，设置如图 9–63 所示。单击“确定”按钮，使用“线条工具”，在“属性”面板上对其相关属性进行设置，如图 9–64 所示。

图 9-63 “创建新元件”对话框

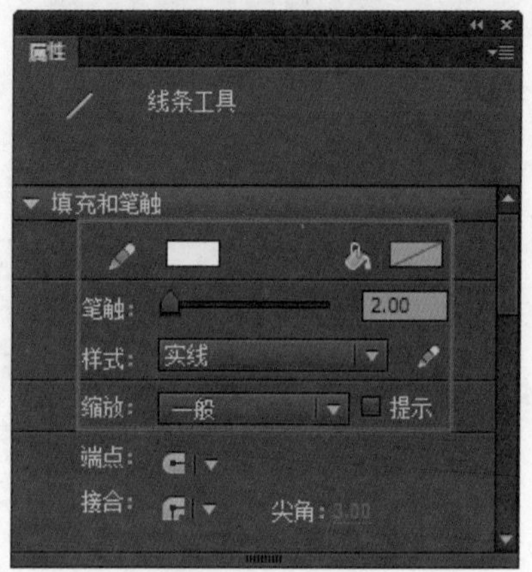

图 9-64 “属性”面板

14 在场景中绘制线段，如图 9–65 所示。执行“插入 > 新建元件”命令，弹出“创建新元件”对话框，设置如图 9–66 所示。

图 9-65 绘制线段

图 9-66 “创建新元件”对话框

15 单击“确定”按钮，将“文字 1 底边”元件从“库”面板拖入场景中，如图 9–67 所示。在“点击”状态按 F5 键插入帧，“时间轴”面板如图 9–68 所示。

information

图 9-67 拖入元件

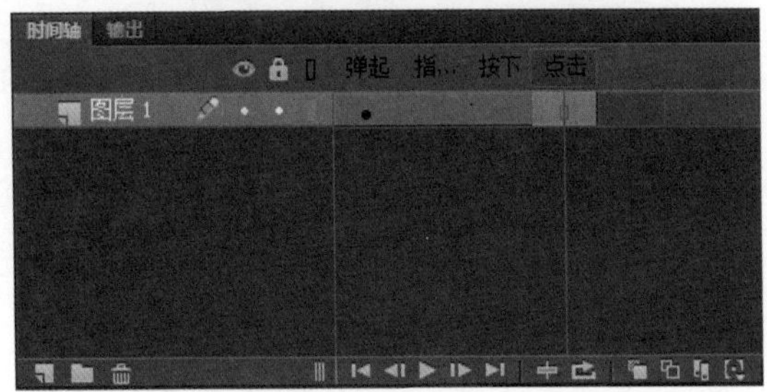

图 9-68 “时间轴”面板

16 使用相同的方法，完成其他图层的制作，“时间轴”面板如图 9–69 所示。选中“图层 3”上的元件，在“属性”面板上对相关属性进行设置，如图 9–70 所示。

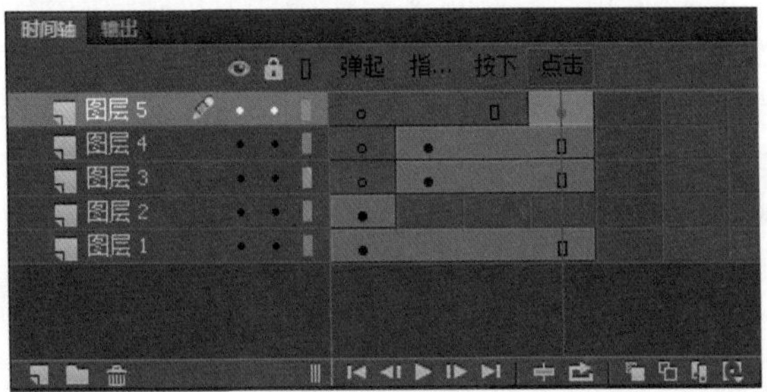

图 9-69 “时间轴”面板

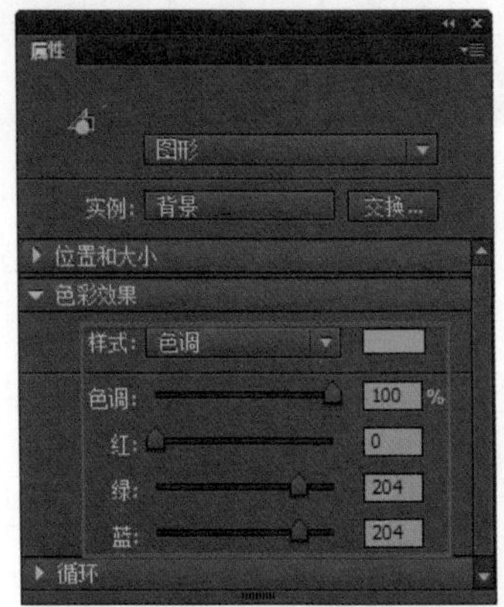

图 9-70 “属性”面板

提示

此处在“图层 2”上拖入“文字 1”图形元件，在“图层 3”上拖入“背景动画”影片剪辑元件，在“图层 4”上拖入“文字 1 动画”影片剪辑元件，在“图层 5”上绘制反应区范围。

17 使用相同的方法，可以完成其他“按钮”元件的制作，“库”面板如图 9–71 所示。返回到场景中，将菜单元件拖入场景中，如图 9–72 所示。

图 9-71 “库”面板

我们是谁　短篇漫画　动画游戏　下载专区　缤纷移动　周边产品

图 9-72 场景效果

18 新建“图层 2”，多次将名称为“分割线”的元件拖入场景中，并调整其至合适的大小和位置，如图 9–73 所示。执行“文件 > 保存”命令，将该文件保存为“光盘 \ 源文件 \ 第 9 章 \9–2–3.fla”，按快捷键 Ctrl+Enter，测试动画效果，如图 9–74 所示。

我们是谁　短篇漫画　动画游戏　下载专区　缤纷移动　周边产品

图 9-73 场景效果

图 9-74 测试动画效果

9.3 形状补间动画

我们经常会在电视、电影中看到由一种形态自然而然地转换成为另一种形态的画面，这种功能被称为变形效果。在 Flash CC 中，形状补间就具有这样的功能，能够改变形状不同的两个对象，接下来将为大家进行详细介绍。

9.3.1 形状补间动画的特点

在 Flash CC 中，创建形状补间动画只需要在运动的开始和结束的位置插入不同的对象，即可在动画中自动创建中间的过程，但是插入的对象必须具有分离的属性。

形状补间动画与补间动画的区别在于，在形状补间动画中的起始和结束位置上插入的对象可以不一样，但必须具有分离的属性，并且由于其变化是不规则的，因此无法获知具体的中间过程。

在舞台中绘制一个图形，如图 9-75 所示。在第 20 帧位置按 F7 键插入空白关键帧，“时间轴”面板如图 9-76 所示。

图 9-75 绘制图形

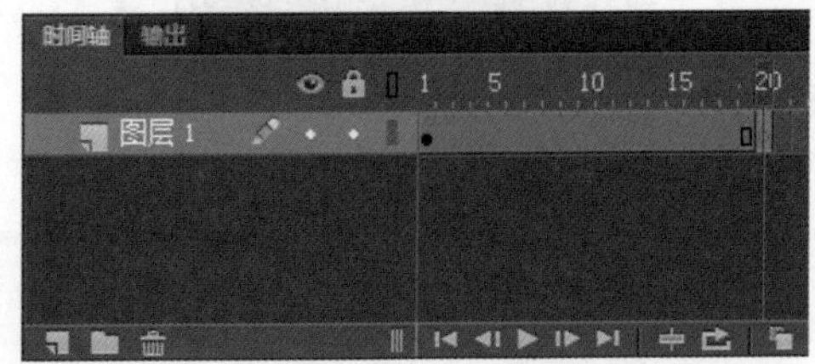

图 9-76 “时间轴”面板

在空白的舞台中绘制另一个图形，如图 9-77 所示。在第 1~20 帧中的任意一帧上单击鼠标右键，在弹出的菜单中选择“创建补间形状”命令，“时间轴”面板如图 9-78 所示。

图 9-77 卡通形象

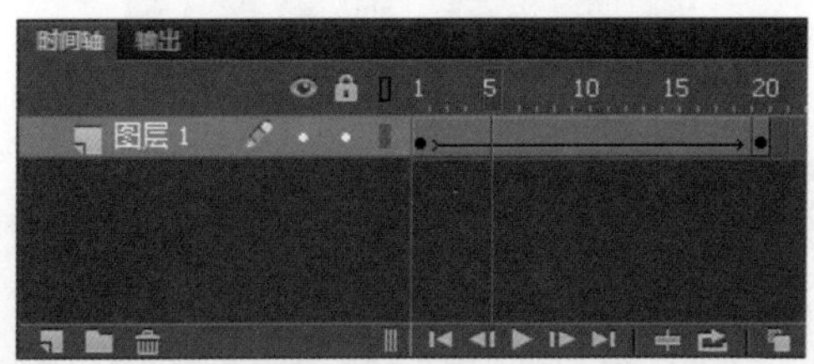

图 9-78 “时间轴”面板

按快捷键 Ctrl+Enter，测试动画可以看到影片效果，如图 9-79 所示为不同帧的动画效果。

图 9-79 测试动画效果

9.3.2 制作形状补间动画

本实例主要是向大家介绍形状补间动画的运用，首先通过使用“椭圆工具”绘制一个正圆并填充径向渐变，再使用“形状补间”功能制作出类似于发光的效果，接下来将向大家进行详细讲述。

动手实践——制作闪光动画

源文件：光盘 \ 源文件 \ 第 9 章 \9-3-2.fla

视频：光盘 \ 视频 \ 第 9 章 \9-3-2.swf

01 执行“文件 > 打开”命令，打开素材文件“光盘 \ 源文件 \ 第 9 章 \ 素材 \932.fla”，场景效果如图 9-80 所示。双击场景中的“书动画”元件，进入到元件编辑状态，进入元件后，场景效果如图 9-81 所示。

图 9-80 打开文件

图 9-81 进入元件编辑状态

02 在“图层 2”上新建“图层 9”，在第 5 帧位置按 F6 键插入关键帧，“时间轴”面板如图 9-82 所示。使用“椭圆工具”，打开“颜色”面板，设置从 Alpha 值为 100% 的 #FFFF00 到 Alpha 值为 30% 的 #FFFF00 到 Alpha 值为 20% 的 #FFFFFF 的径向渐变，如图 9-83 所示。

图 9-82 “时间轴”面板

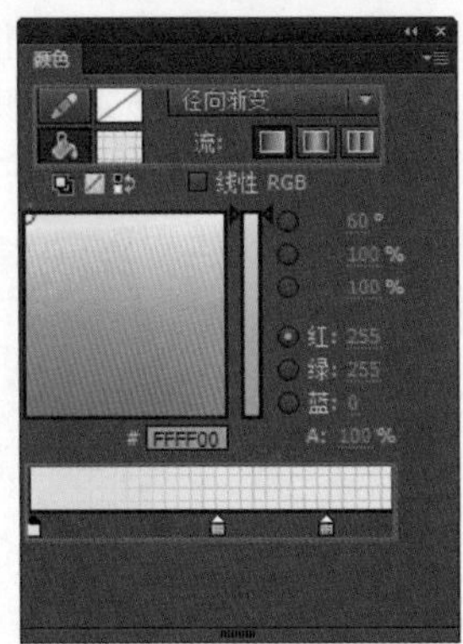

图 9-83 “颜色”面板

03 按住 Shift 键在场景中绘制一个正圆形，如图 9-84 所示。使用相同的方法，分别在第 15 帧、第 20 帧、第 25 帧、第 30 帧、第 35 帧和第 43 帧位置按 F6 键插入关键帧，“时间轴”面板如图 9-85 所示。

图 9-84 绘制正圆形

图 9-85 “时间轴”面板

04 使用“任意变形工具”，按住 Shift+Alt 键将第 15 帧上的图形等比例扩大，并调整图形在场景中的位置，效果如图 9-86 所示。再次使用“任意变形工具”，将第 20 帧上的图形等比例放大，效果如图 9-87 所示。

图 9-86 调整大小

图 9-87 调整大小

05 将第 25 帧上的图形等比例缩小，效果如图

9-88 所示。使用相同的方法，调整其他帧上的图形。分别在第 5 帧、第 15 帧、第 20 帧、第 25 帧、第 30 帧和第 35 帧位置单击鼠标右键，在弹出的菜单中选择“创建补间形状”命令，“时间轴”面板如图 9-89 所示。

图 9-88 调整大小

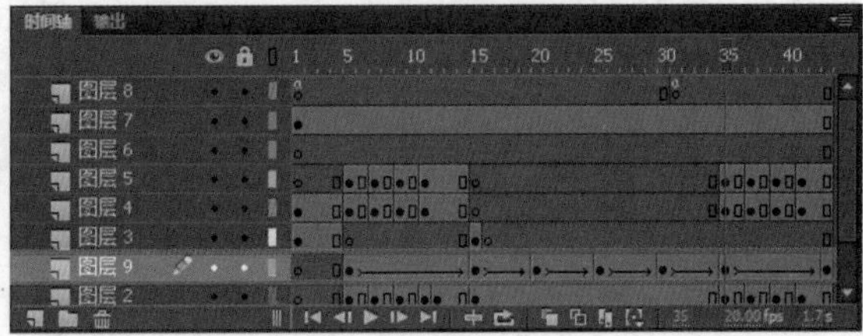

图 9-89 “时间轴”面板

06 执行“文件 > 另存为”命令，将动画保存为“光盘 \ 源文件 \ 第 9 章 \9-3-2.fla”，按快捷键 Ctrl+Enter，测试动画效果，如图 9-90 所示。

图 9-90 测试动画效果

9.3.3 控制形状变化

在 Flash 中，形状提示会标识起始形状和结束形状中相对应的点的位置。当需要控制比较复杂或者罕见的形状变化时，即可使用形状提示来辅助操作。

将具有分离属性的正五边形变形成为具有分离属性的五角星形，其变化的过程为 Flash 默认的变化规律，如图 9-91 所示。

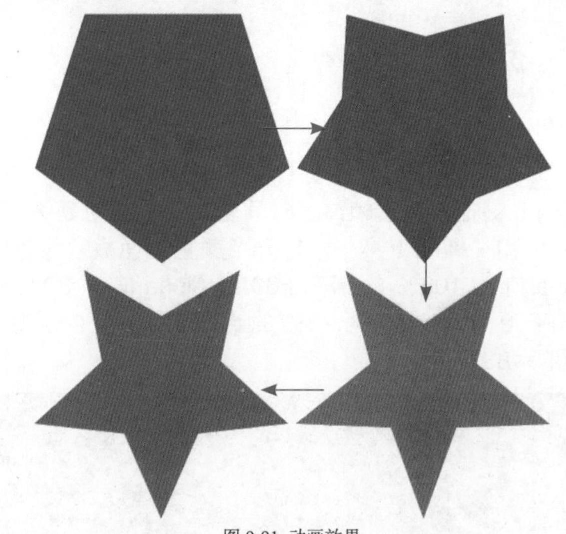

图 9-91 动画效果

在时间轴上选择第 1 帧，执行“修改 > 形状 > 添加形状提示”命令，或者按快捷键 Ctrl+Shift+H，该形状中某处显示为一个带有字母 a 的红色圆圈即是刚添加的形状提示，如图 9-92 所示。将形状提示移动到相应的点，如图 9-93 所示。选择结束帧，在该帧的形状中调整形状提示的位置，如图 9-94 所示。

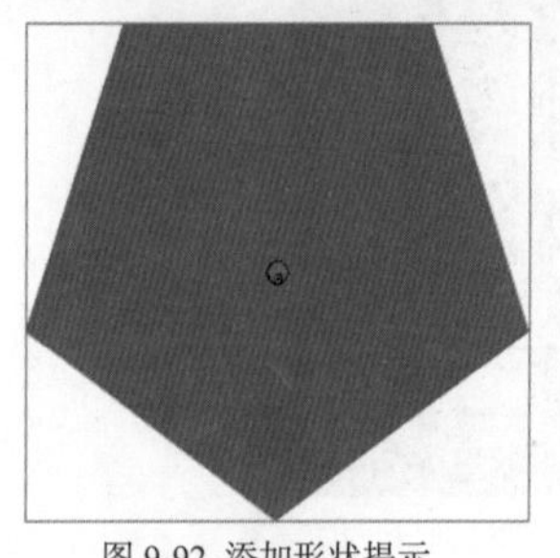

图 9-92 添加形状提示

图 9-93 移动形状提示

图 9-94 标记对应点

使用相同的方法，可以添加多个形状提示，并调整其位置，如图 9–95 所示。

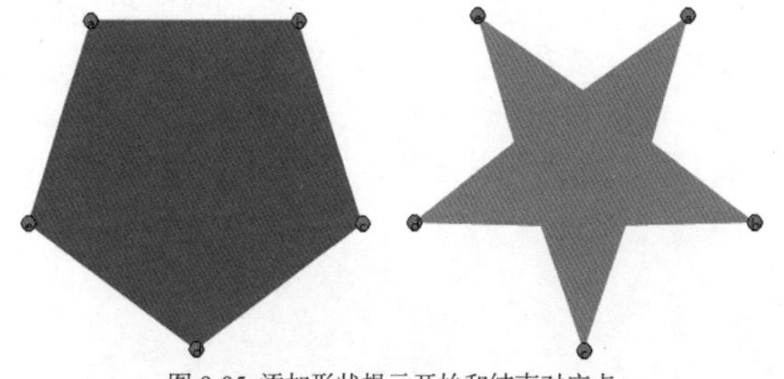

图 9-95 添加形状提示开始和结束对应点

此时，形状的变化过程会根据设置相对应的点进行有规律的变形，如图 9–96 所示。

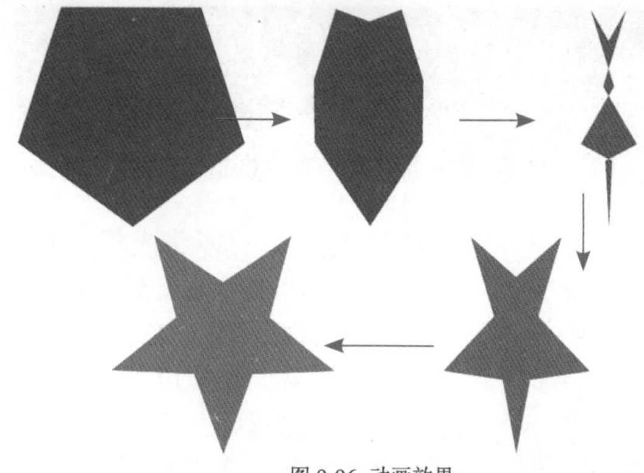

图 9-96 动画效果

要想在补间形状中获得最佳效果，可以遵循以下准则。

（1）在复杂的补间形状中，需要创建中间形状，然后再进行补间，而不要只定义起始和结束的形状。

（2）确保形状提示符合逻辑。例如，如果在一个三角形中使用三个形状提示，则在原始三角形和要补间的三角形中它们的顺序必须相同。

（3）按照逆时针顺序从形状的左上角开始放置形状提示，其工作效果最好。

9.4 补间动画

在 Flash CC 中可以支持创建不同类型的动画，例如补间动画、传统补间动画等。补间动画是用来创建随着时间移动和变化的动画，并且是能够在最大程度上减小文件的占用空间的最有效的方法。

9.4.1 补间动画的特点

在 Flash CC 中，由于创建补间动画的步骤符合人们的逻辑，因此比较易于掌握和理解。其中，补间动画只能在元件实例和文本字段上应用，但元件实例可以包含嵌套元件，在将补间动画应用于其他对象时，这些对象将作为嵌套元件包装在元件中，且包含的嵌套元件能够在自己的时间轴上进行补间。

执行“文件 > 打开”命令，打开素材文件“光盘\源文件\第 9 章\素材\941.fla”，如图 9–97 所示。新建“图层 2”，执行“文件 > 导入 > 导入到舞台”命令，导入素材图像，并调整到合适的大小和位置，如图 9–98 所示。

图 9-97 打开文件

图 9-98 导入图片

在第 1 帧单击鼠标右键，在弹出的菜单中选择“创建补间动画”命令，此时会弹出名为“将所选的内容转换为元件以进行补间”的警告对话框，如图 9–99 所示。单击“确定”按钮，即可将图像转换为“影片剪辑”元件，并创建补间动画，这时时间轴将自动增加到 24 帧，颜色由灰色变成蓝色，“时间轴”面板如图 9–100 所示。

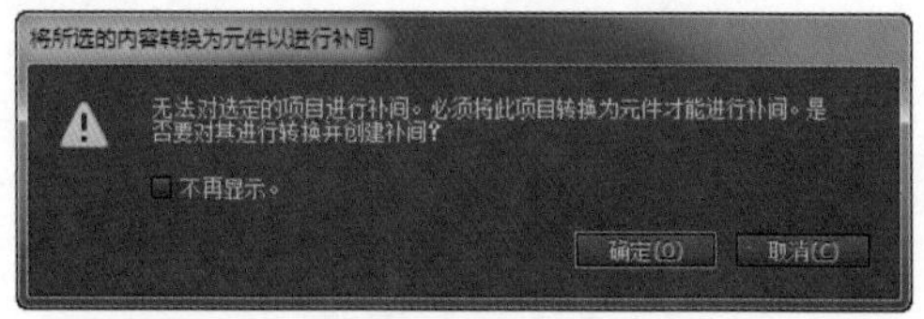

图 9-99 警告对话框框

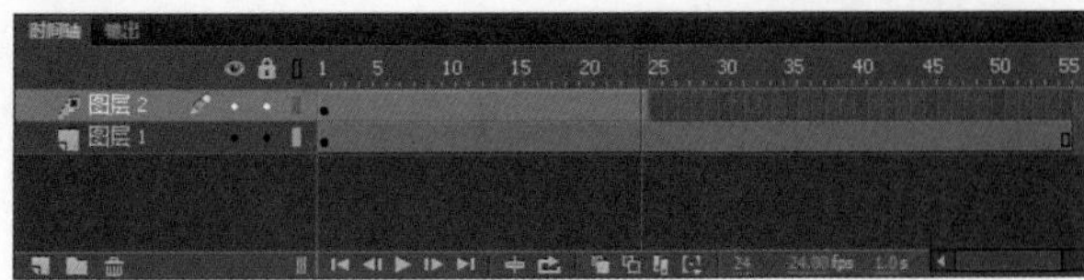
图 9-100 “时间轴”面板

如果想设置补间动画的帧数，可以将光标移至结束帧，当鼠标变成双向箭头时，单击并拖曳至需要的帧处即可，如图 9-101 所示。按住 Ctrl 键，在第 50 帧的位置单击，将蜜蜂移至合适的位置，并使用“任意变形工具”对其进行缩小操作，设置完成后，可以看到蜜蜂是按照位移路径做直线运动，如图 9-102 所示。

图 9-101 “时间轴”面板

图 9-102 元件效果

如果想让蜜蜂做曲线运动，可以通过更改路径线条来改变运动的轨迹。使用“选择工具”，将光标移至路径，当指针变为↖图标时，单击并拖动鼠标即可调整路径，如图 9-103 所示。如果需要更改路径端点的位置，可以将光标移至需要改变位置的端点，当光标变成↖图标时，单击并拖动鼠标即可改变端点位置，如图 9-104 所示。

图 9-103 调整路径

图 9-104 调整路径端点

如果需要更改整个路径的位置，可以单击路径，当路径线条变成实线后，单击并拖动鼠标即可改变路径位置，如图 9-105 所示。按快捷键 Ctrl+Enter，测试动画，可以看到影片效果，如图 9-106 所示。

图 9-105 调整整个路径

图 9-106 测试动画效果

9.4.2 制作补间动画

本实例制作的动画主要使用了 Flash CC 中补间动画的功能，在该动画中，不管是新建的元件还是直接导入的图片都可以创建补间动画，但是直接导入的图片在创建补间动画之前需要将其转换为元件。

动手实践——制作海底世界动画

源文件：光盘 \ 源文件 \ 第 9 章 \9-4-2.fla

视频：光盘 \ 视频 \ 第 9 章 \9-4-2.swf

01 执行“文件 > 新建”命令，弹出“新建文档”对话框，设置如图 9-107 所示。单击“确定”按钮，新建一个 Flash 文档。执行“插入 > 新建元件”命令，弹出“创建新元件”对话框，设置如图 9-108 所示。

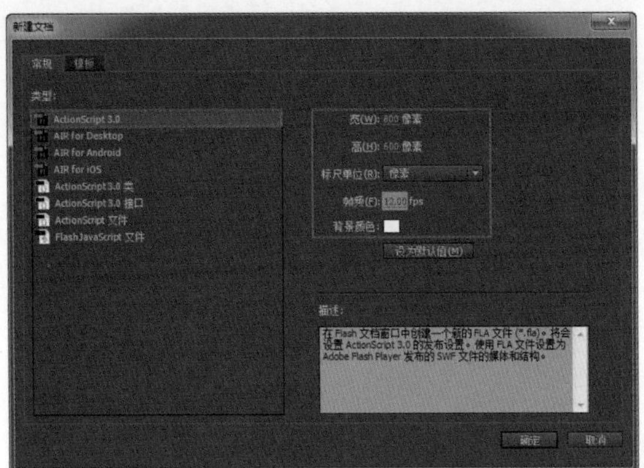
图 9-107 “新建文档”对话框

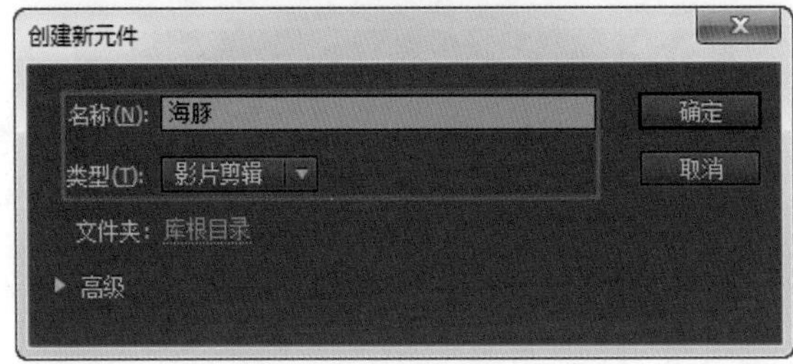

图 9-108 “创建新元件”对话框

02 单击“确定”按钮，执行“文件 > 导入 > 导入到舞台”命令，导入图片“光盘\源文件\第 9 章\素材\104202.png”，如图 9-109 所示。在导入的图片上单击鼠标右键，在弹出的菜单中选择“转换为元件”命令，弹出“转换为元件”对话框，设置如图 9-110 所示。

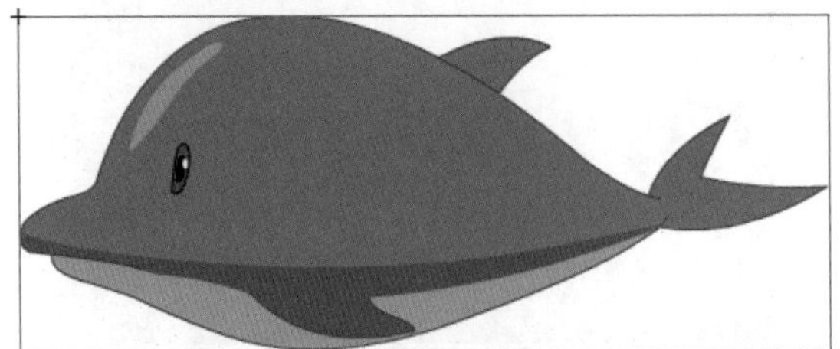
图 9-109 导入图片

图 9-110 “转换为元件”对话框

03 分别在第 3 帧和第 5 帧按 F7 键插入空白关键帧，使用相同的方法，分别在第 3 帧和第 5 帧的位置上导入相应的素材图片，“时间轴”面板如图 9-111 所示。执行“插入 > 新建元件”命令，弹出“创建新元件”对话框，设置如图 9-112 所示。

图 9-111 “时间轴”面板

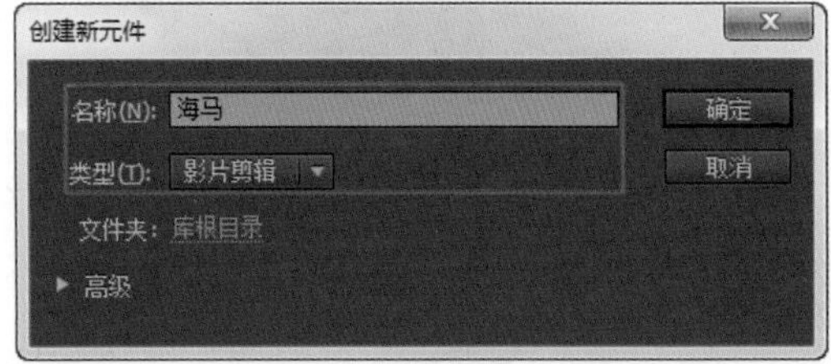

图 9-112 “创建新元件”对话框

04 执行“文件 > 导入 > 导入到舞台”命令，导入图片“光盘\源文件\第 9 章\素材\104205.png”，如图 9-113 所示。在导入的图片上单击鼠标右键，在弹出的菜单中选择“转换为元件”命令，将其转换为“名称”为“元件 4”的图形元件，效果如图 9-114 所示。

图 9-113 导入图片

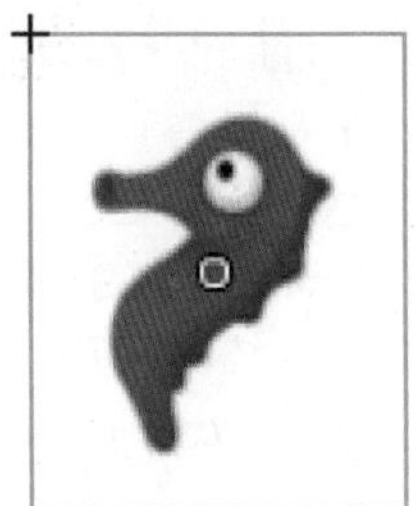
图 9-114 转换为元件

05 分别在第 5 帧和第 10 帧按 F6 键插入关键帧，“时间轴”面板如图 9-115 所示。选中第 5 帧上的元件，将其向左上方进行移动操作，如图 9-116 所示。

图 9-115 “时间轴”面板

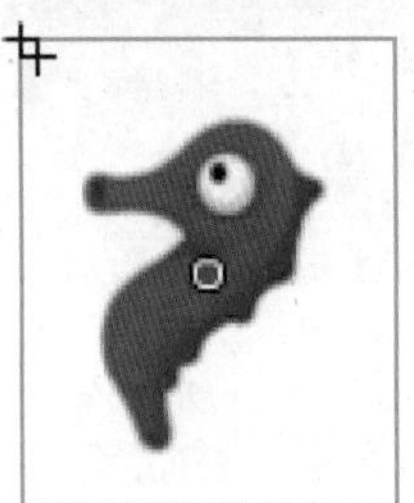
图 9-116 移动元件

06 分别在第 1 帧和第 5 帧上单击鼠标右键，在弹出的菜单中选择“创建传统补间”命令，“时间轴”面板如图 9-117 所示。使用相同的方法，完成其他元件的制作，“库”面板如图 9-118 所示。

图 9-117 “时间轴”面板

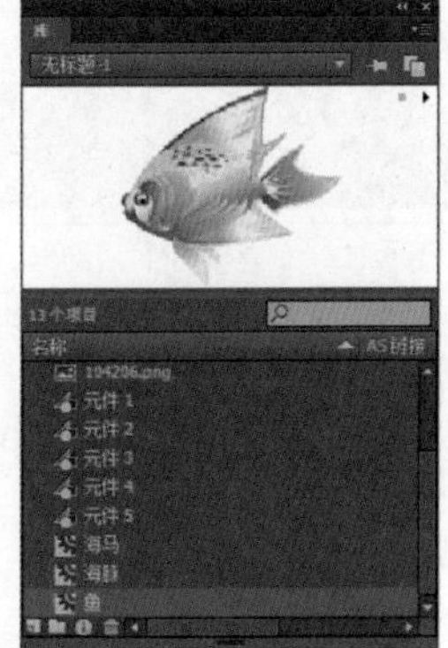
图 9-118 “库”面板

07 返回到“场景 1”编辑状态，执行“文件 > 导入 > 导入到舞台”命令，将图像“光盘\源文件\第 9 章\素材\104201.jpg”导入到场景中，效果如图 9-119 所示。在第 95 帧按 F5 键插入帧，“时间轴”面板如图 9-120 所示。

图 9-119 导入图片

图 9-120 “时间轴”面板

08 新建“图层 2”，从“库”面板中将名为“海豚”的元件拖入场景中，并调整其至合适的大小和位置，如图 9-121 所示。在第 1 帧上单击鼠标右键，在弹出的菜单中选择“创建补间动画”命令，“时间轴”面板如图 9-122 所示。

图 9-121 拖入元件

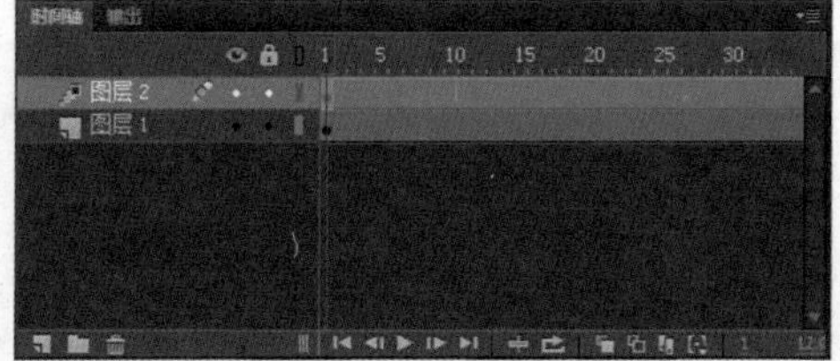
图 9-122 “时间轴”面板

09 选择第 20 帧，选中该帧上的元件，对其进行移动和旋转操作，如图 9-123 所示。使用相同的方法，分别在第 55 帧和第 95 帧的位置对元件进行相应的操作，效果如图 9-124 所示。

图 9-123 元件效果

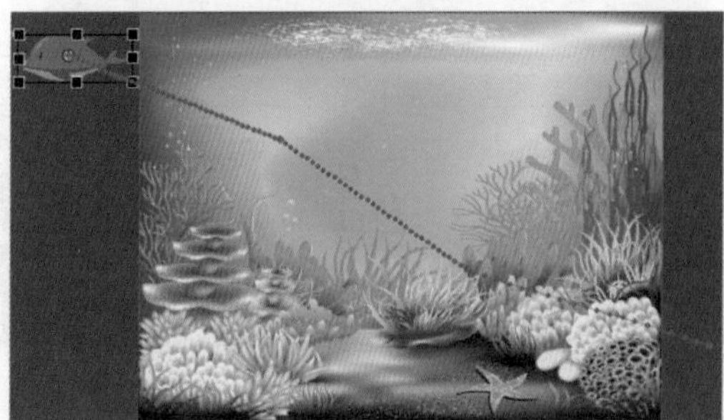
图 9-124 元件效果

10 使用“选择工具”，对元件的运动路径进行适当的调整，效果如图 9-125 所示。新建“图层 3”，在第 20 帧按 F6 键插入关键帧，并再次拖入名为“海豚”的元件，执行“修改 > 变形 > 水平翻转”命令，效果如图 9-126 所示。

图 9-125 调整路径

图 9-126 元件效果

11 使用“任意变形工具”对元件进行缩放操作，并将其移至适当的位置，如图 9-127 所示。在第 20 帧单击鼠标右键，在弹出的菜单中选择“创建补间动画”命令，“时间轴”面板如图 9-128 所示。

图 9-127 元件效果

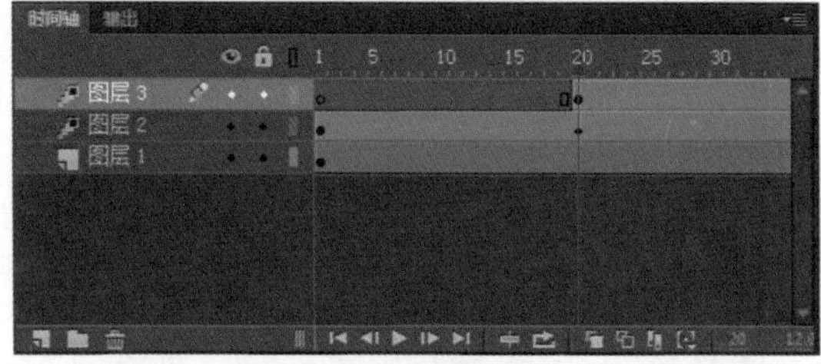

图 9-128 “时间轴”面板

12 打开“属性”面板，选中“调整到路径”复选框，如图 9-129 所示。在第 30 帧的位置单击，将元件移至合适的位置，效果如图 9-130 所示。

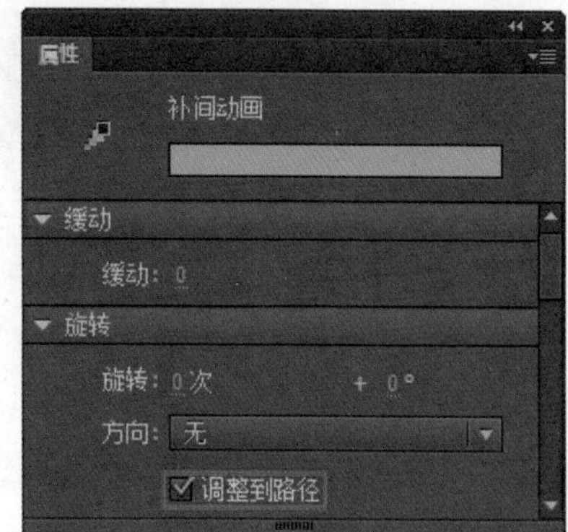

图 9-129 “属性”面板

图 9-130 元件效果

13 此时，“时间轴”面板如图 9-131 所示。使用“选择工具”，对运动路径进行相应的调整，如图 9-132 所示。

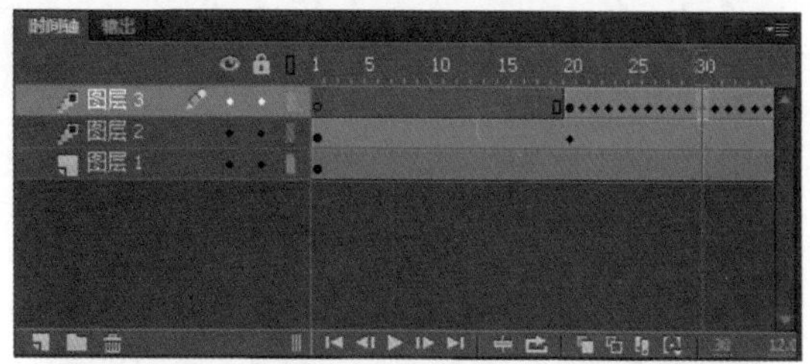

图 9-131 “时间轴”面板

图 9-132 调整路径

14 使用相同的方法，分别在第 40 帧、50 帧、60 帧、70 帧、80 帧和 95 帧的位置对元件和路径进行相应的调整，效果如图 9-133 所示。使用相同的方法，完成其他补间动画的制作，效果如图 9-134 所示。

图 9-133 场景效果

图 9-134 场景效果

15 新建“图层 6”，在第 25 帧按 F6 键插入关键帧，执行“文件 > 导入 > 导入到舞台”命令，导入图片“光盘 \ 源文件 \ 第 9 章 \ 素材 \104207.png”，并将其移至合适的位置，效果如图 9–135 所示。将刚导入的素材转换为“名称”为“元件 6”的图形元件，如图 9–136 所示。

图 9-135 导入图片

图 9-136 转换为元件

16 在该图层第 25 帧上单击鼠标右键，在弹出的菜单中选择“创建补间动画”命令，“时间轴”面板如图 9–137 所示。选择第 95 帧上的元件，将其移至适当的位置并调整运动路径，如图 9–138 所示。

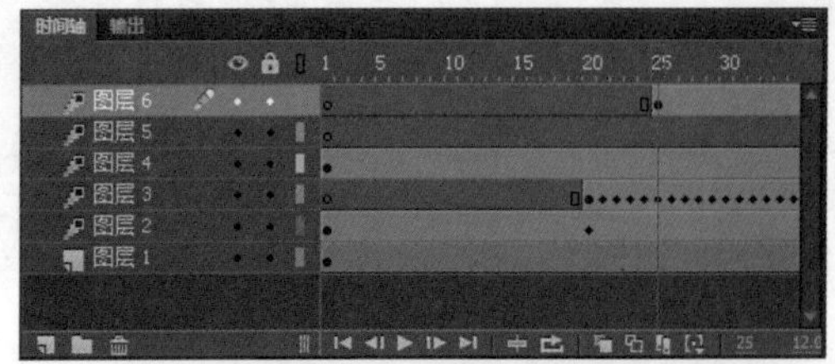

图 9-137 “时间轴”面板

图 9-138 调整路径

17 使用相同的方法，完成其他内容的制作。执行“文件 > 保存”命令，将该文件保存为“光盘 \ 源文件 \ 第 9 章 \9–4–2.fla”，按快捷键 Ctrl+Enter，测试动画的效果，如图 9–139 所示。

图 9-139 测试动画效果

9.4.3 设置补间动画

创建完补间动画后，在“时间轴”面板上选择补间动画的任意一帧，即可在“属性”面板上对该帧的相关属性进行设置，如图 9-140 所示。

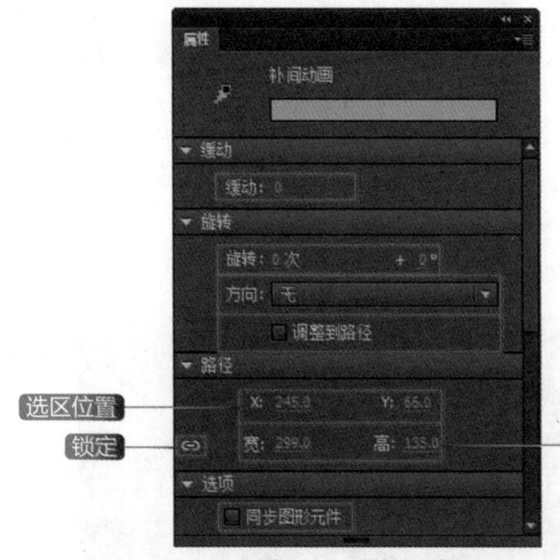

图 9-140 “属性”面板

- 缓动：该选项用于设置动画播放过程中的速率，单击缓动数值可激活输入框，直接输入数值即可。或者将鼠标放置到数值上，当鼠标变成此图标后，左右拖动也可调整数值。数值范围在 -100 ~ 100 之间。当数值为 0 时，表示正常播放；当数值为负值，表示先慢后快；当数值为正值时，表示先快后慢。
- 旋转：用于设置影片剪辑实例的旋转次数和旋转角度。
- 方向：该选项用于设置旋转的方向，在该选项的下拉列表中包含了 3 个选项，分别是“无”、“顺时针”和“逆时针”。
  - 无：如果防止旋转，请选择该选项，此选项为默认设置。
  - 顺时针：如果需要朝顺时针方向旋转，请选择该选项。
  - 逆时针：如果需要朝逆时针方向旋转，请选择该选项。
- 调整到路径：选中该复选框后，补间对象将随着运动路径随时调整自身的方向，如图 9-141 所示。

图 9-141 不同帧上元件的效果

- 选区位置：设置选区在舞台中的位置。如果改变选区的位置，路径线条也将随之移动，如图 9-142 所示。可以通过单击 X、Y 轴数值激活输入框后输入数值，也可在数值上按住鼠标左键进行左右拖曳调整。

X : 10、Y : 20

X : 150、Y : 20

图 9-142 不同选区数值下元件的效果

- 选区宽度 / 高度：改变选区宽度和高度的同时，会对路径曲线进行调整，如图 9-143 所示。

宽度：100、长度：50

宽度：200、长度：180

图 9-143 调整选区数值后路径的效果

锁定：该按钮用于将元件的宽度和高度值固定在同一比例上，当修改其中一个值时，另一个数值也随之变大或变小，再次单击即可解除比例锁定。

同步图形元件：选中该复选框后，会重新计算补间的帧数，从而匹配时间轴上分配给它的帧数，使图形元件实例的动画与主时间轴同步。该属性适用于当元件中动画序列的帧数不是文档中图形实例占用帧数的偶数倍时。

9.5 传统补间动画

传统补间动画相较于补间动画来说，操作方法太过于繁杂，因此使用起来不太方便，但是其独有的某些类型动画的控制功能，使其在动画的制作上占据着不可替代的位置。

9.5.1 传统补间动画的特点

创建传统补间动画需要先设定起始帧和结束帧的位置，然后在动画对象的起始帧和结束帧之间建立传统补间。在中间的过程中，Flash 会自动完成起始帧与结束帧之间的过渡动画。

执行“文件 > 打开”命令，打开素材文件“光盘\源文件\第 9 章\素材\951.fla”，如图 9–144 所示。新建“图层 2”，执行“文件 > 导入 > 导入到舞台”命令，导入素材图像，将其转换成名为“飞船”的影片剪辑元件，并调整元件的大小和位置，如图 9–145 所示。

图 9-144 打开效果

图 9-145 拖入图片

在第 50 帧位置按 F6 键插入关键帧，将“飞船”元件移至适当的位置，并将其放大，如图 9–146 所示。在第 1~50 帧中的任意一帧上单击鼠标右键，在弹出的菜单中选择“创建传统补间”命令，“时间轴”面板如图 9–147 所示。

图 9-146 元件效果

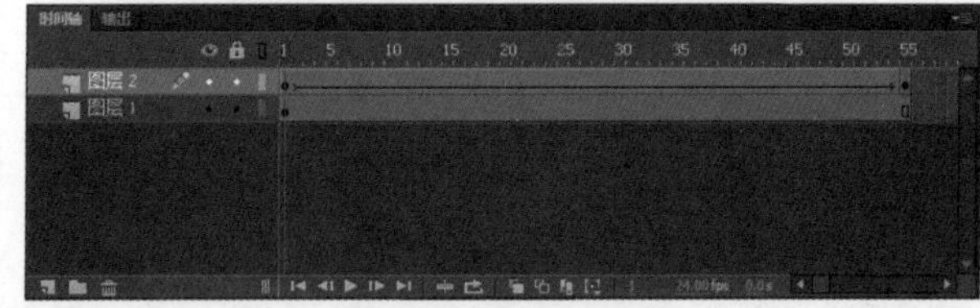

图 9-147 “时间轴”面板

提示

此处场景中的背景已经是事先在第 50 帧插入了帧，因此，当飞船在第 50 帧的位置插入关键帧后，背景图像依然存在。

选择第 1 帧上的元件，打开“属性”面板，在“滤镜”选项区域添加“模糊”滤镜，设置如图 9–148 所示。此时，可以看到第 1 帧上元件的模糊效果，如图 9–149 所示。

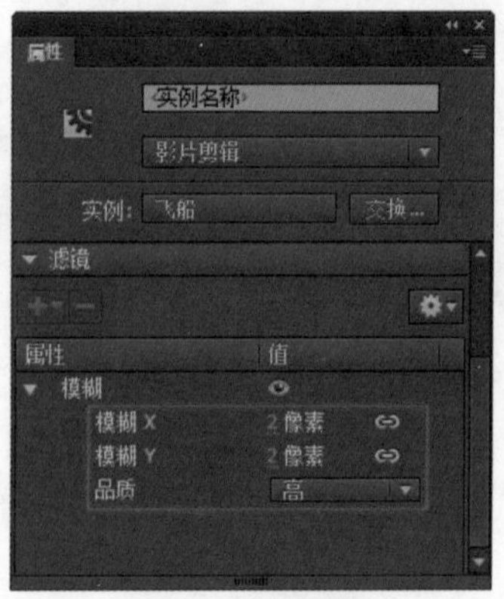

图 9-148 “属性”面板

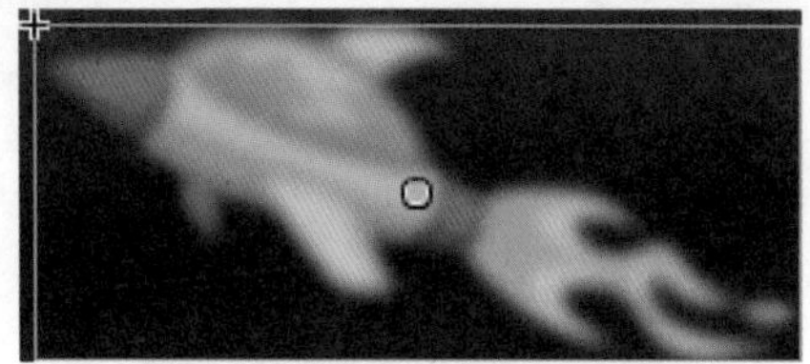
图 9-149 元件效果

按快捷键 Ctrl+Enter，测试动画，可以看到影片效果，如图 9-150 所示为不同帧的动画效果。

图 9-150 测试动画效果

9.5.2 制作传统补间动画

本实例制作的动画是通过 Flash CC 中传统补间功能的运用，对动画中的相关元素创建传统补间，从而形成动画的效果。接下来将向大家详细讲述该实例的制作步骤。

动手实践——制作游戏人物入场动画

源文件：光盘 \ 源文件 \ 第 9 章 \9-5-2.fla

视频：光盘 \ 视频 \ 第 9 章 \9-5-2.swf

01 执行“文件 > 新建”命令，弹出“新建文档”对话框，设置如图 9-151 所示。单击“确定”按钮，新建一个 Flash 文档。执行“文件 > 导入 > 导入到舞台”命令，导入图片“光盘 \ 源文件 \ 第 9 章 \ 素材 \ 105201.jpg”，效果如图 9-152 所示。

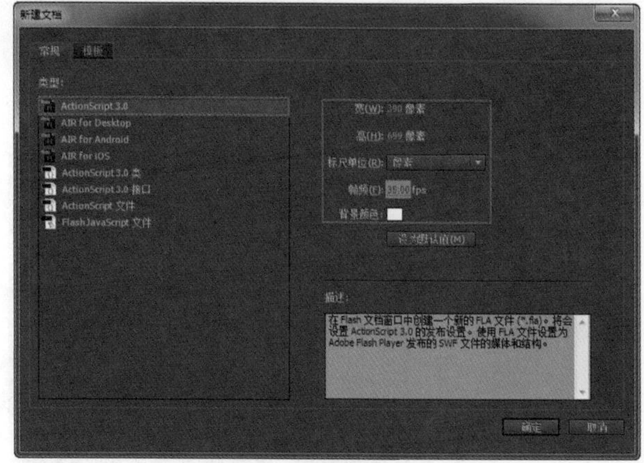
图 9-151 “新建文档”对话框

图 9-152 导入图片

02 在第 180 帧位置按 F5 键插入帧，“时间轴”面板如图 9-153 所示。新建“图层 2”，执行“文件 > 导入 > 导入到舞台”命令，导入素材“光盘 \ 源文件 \ 第 9 章 \ 素材 \105202.png”，效果如图 9-154 所示。

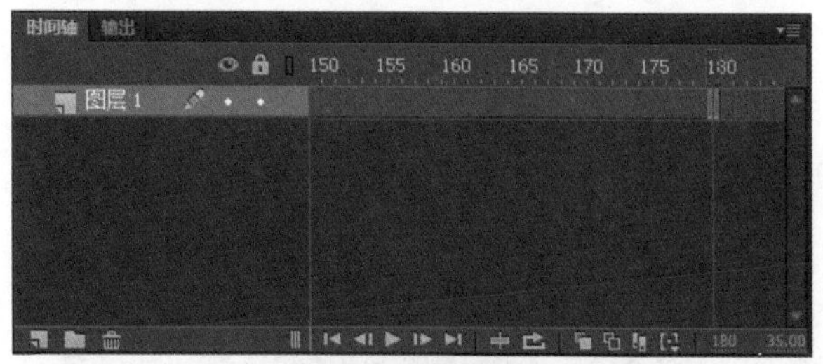

图 9-153 “时间轴”面板

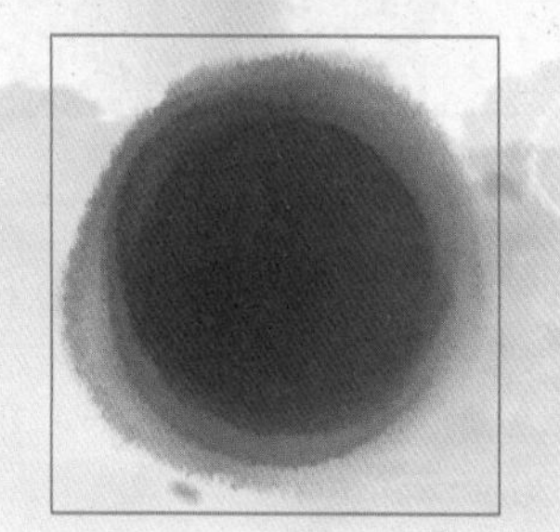
图 9-154 导入图片

03 选择刚导入的图像，按 F8 键将图像转换成“名称”为“墨点”的图形元件，并调整其至合适的大小和位置，效果如图 9-155 所示。在“属性”面板上对其相关属性进行设置，如图 9-156 所示。

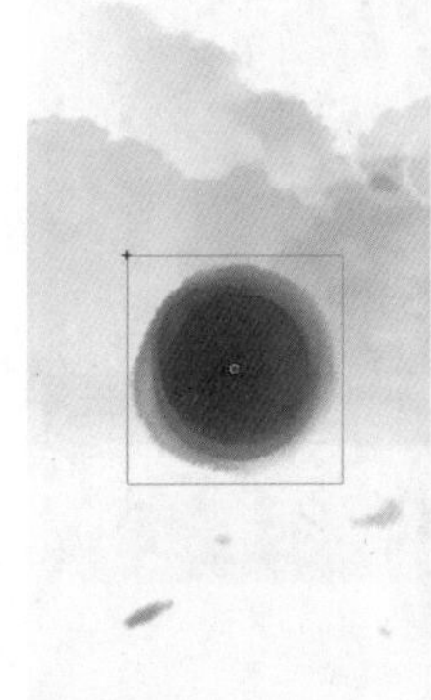

图 9-155 元件效果

图 9-156 “属性”面板

04 在第 20 帧位置按 F6 键插入关键帧，调整该帧上的元件至合适的大小，并在“属性”面板上设置“色彩效果”为“无”，效果如图 9-157 所示。在第 1 帧上单击鼠标右键，在弹出的菜单中选择“创建传统补间”命令，“时间轴”面板如图 9-158 所示。

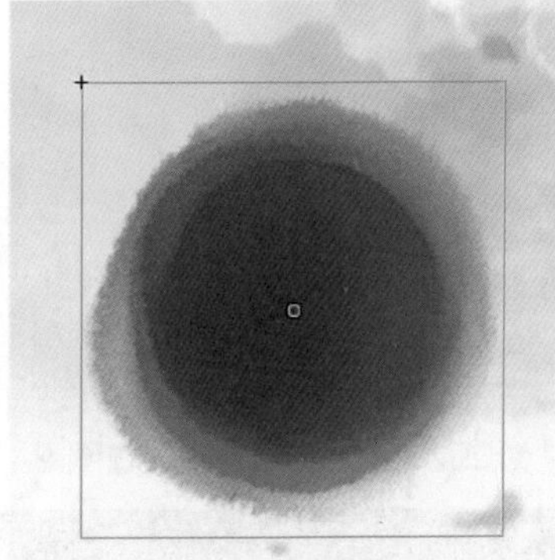

图 9-157 元件效果

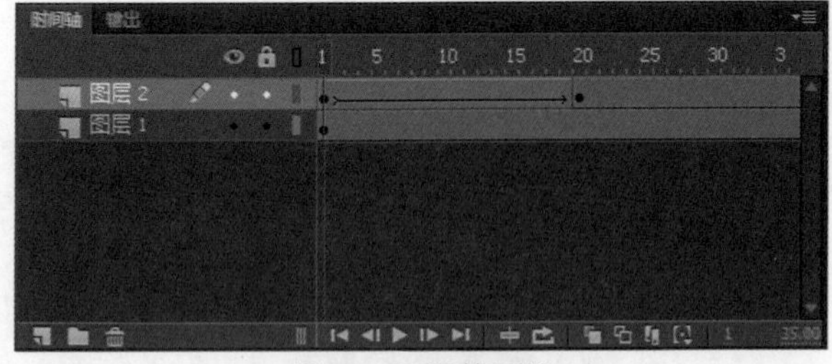

图 9-158 “时间轴”面板

05 新建“图层 3”，在第 10 帧位置按 F6 键插入关键帧，从“库”面板中将名为“墨点”的元件拖入到场景中，调整其至合适的大小和位置，并在“属性”面板上设置其 Alpha 值为 0，如图 9-159 所示，元件效果如图 9-160 所示。

图 9-159 “属性”面板

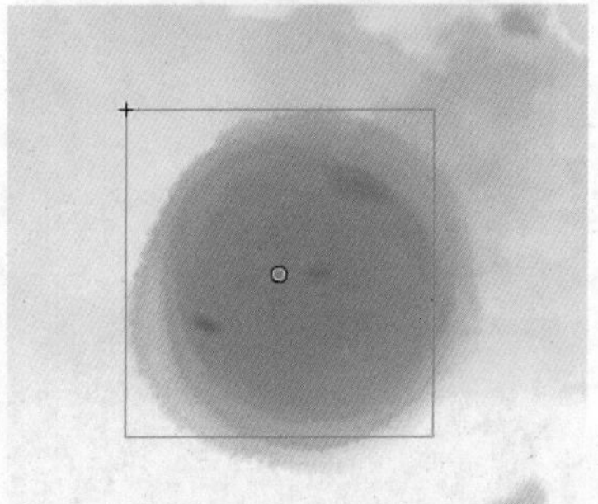

图 9-160 元件效果

06 在第 20 帧位置按 F6 键插入关键帧，调整该帧中的元件至合适的大小，并在“属性”面板上设置其 Alpha 值为 50%，如图 9-161 所示，“时间轴”面板如图 9-162 所示。

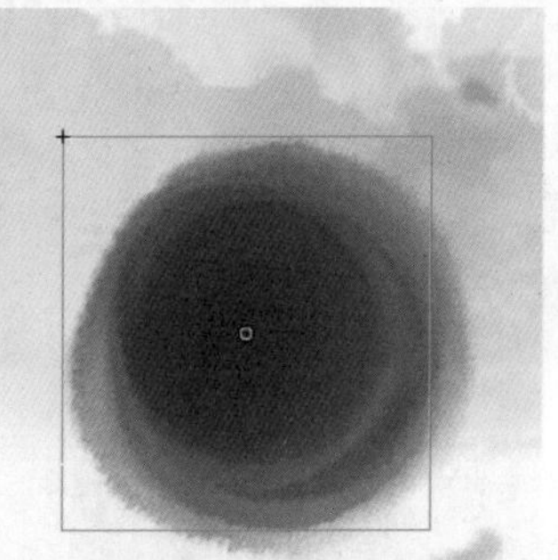

图 9-161 元件效果

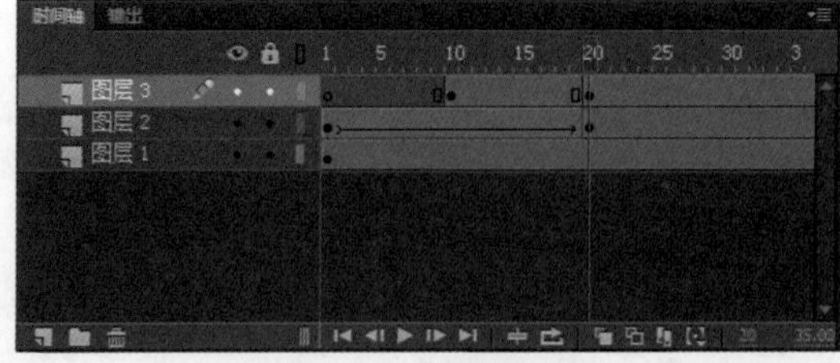

图 9-162 “时间轴”面板

07 在第 28 帧位置按 F6 键插入关键帧，调整该帧中的元件至合适的大小，并在“属性”面板设置其 Alpha 值为 0，如图 9-163 所示。分别在第 10 帧和第 20 帧位置单击鼠标右键，在弹出的菜单中选择“创建传统补间”命令，“时间轴”面板如图 9-164 所示。

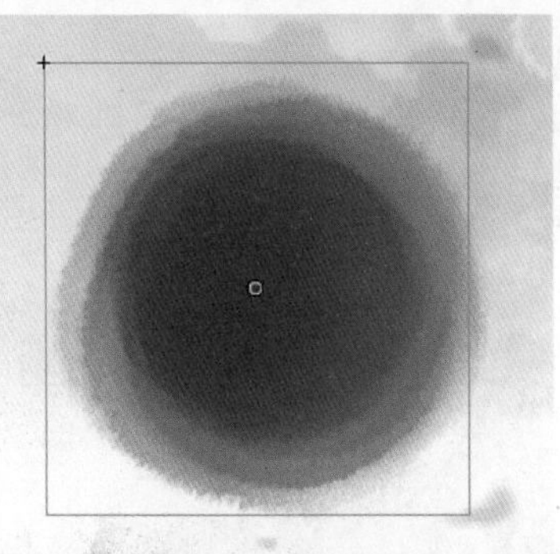

图 9-163 元件效果

图 9-164 “时间轴”面板

08 使用相同的方法，完成其他内容的制作。执行“文件 > 保存”命令，将该文件保存为“光盘\源文件\第 9 章\9-5-2.fla”，按快捷键 Ctrl+Enter，测试动画的效果，如图 9-165 所示。

图 9-165 测试动画效果

9.5.3 设置传统补间动画

创建传统补间动画后，在“时间轴”面板上单击选中传统补间动画上的任意一帧，即可在“属性”面板上对该帧的相关属性进行设置，如图 9-166 所示。

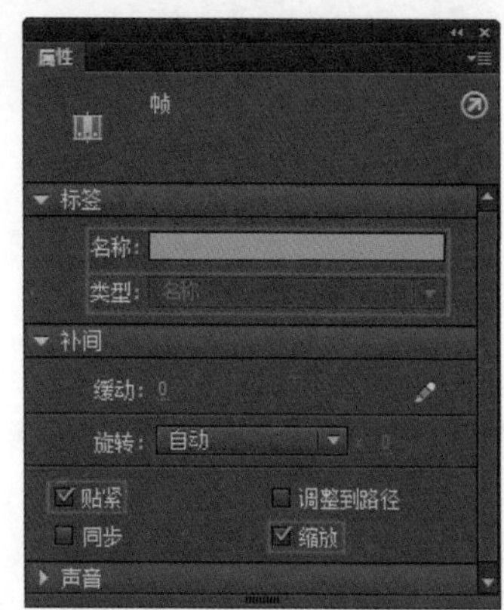

图 9-166 “属性”面板

- 名称：该选项用于标记该传统补间动画，在输入框中输入动画名称后，在时间轴中的前面会显示该名称，如图 9-167 所示。

图 9-167 “时间轴”面板

- 类型：在该下拉列表中包含 3 种类型的标签，分别为“名称”、“注释”和“锚记”。
  - 名称：帧标签的名称，可以让 AS 来识别此帧。
  - 注释：一种解释，方便对文件进行修改。
  - 锚记：动画记忆点，发布成 HTML 文件的时候，可以在 IE 的地址栏中输入锚点，这样可以方便直接跳转到对应的片断播放。例如，在场景 2 的第 1 帧加入一个锚点，那么在 IE 中填入锚点以后，就可以直接播放场景 2，而不需要先播放场景 1 的内容，从而方便动画的预览、节省动画制作的时间。
- 贴紧：选中该复选框后，当使用辅助线对对象进行定位时，能够使对象紧贴辅助线，从而能够更加精确地绘制和安排对象。
- 缩放：选中该复选框后，在制作缩放动画时，会随着帧的移动逐渐变大或变小；若取消选中，则只在结束帧直接显示缩放后的对象大小。

9.6 使用动画预设

使用动画预设是学习在 Flash 中创建动画比较快捷的方法。在 Flash CC 中，使用动画预设的方法很简单，只要在场景中选中需要应用动画预设的对象后，单击“动画预设”面板上的“应用”按钮即可。当熟练掌握了动画预设的工作方式后，要想自己制作动画，便是轻而易举的事了。

9.6.1 预览动画预设

Flash 中的每个动画预设都可以在“动画预设”面板中预览效果。通过预览预设动画的效果，可以提前了解在将动画应用于 FLA 文件中的对象时所获得的结果。对于自己创建或导入的自定义预设，可以添加自己的预览。

执行“窗口 > 动画预设”命令，打开“动画预设”面板，在“默认预设”文件夹中选择一个默认的预设动画，即可预览默认动画预设的效果，如图 9–168 所示。在该面板外单击鼠标即可停止预览播放。

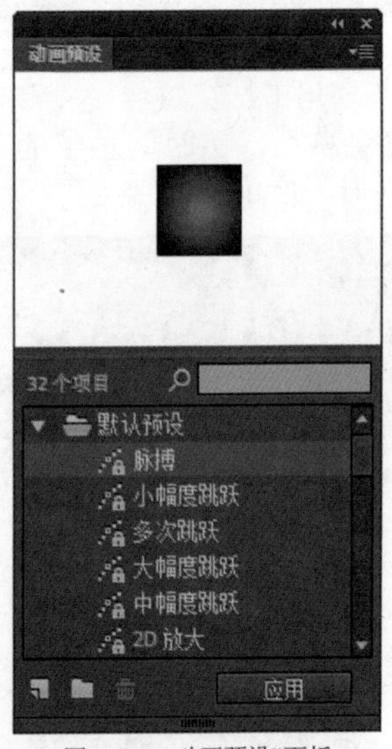

图 9-168 “动画预设”面板

9.6.2 应用动画预设

在 Flash CC 中，包含了多种常用的动画预设，这些动画效果可以简化制作动画的步骤，有效地提高工作效率。本实例将向大家讲述的就是运用动画预设制作的动画效果。

动手实践——制作卡通场景动画

源文件：光盘 \ 源文件 \ 第 9 章 \9-6-2.fla

视频：光盘 \ 视频 \ 第 9 章 \9-6-2.swf

01 执行“文件 > 新建”命令，弹出“新建文档”对话框，设置如图 9–169 所示。单击“确定”按钮，新建一个 Flash 文档。执行“文件 > 导入 > 导入到舞台”命令，导入图片“光盘 \ 源文件 \ 第 9 章 \ 素材 \ 106201.jpg”，效果如图 9–170 所示。

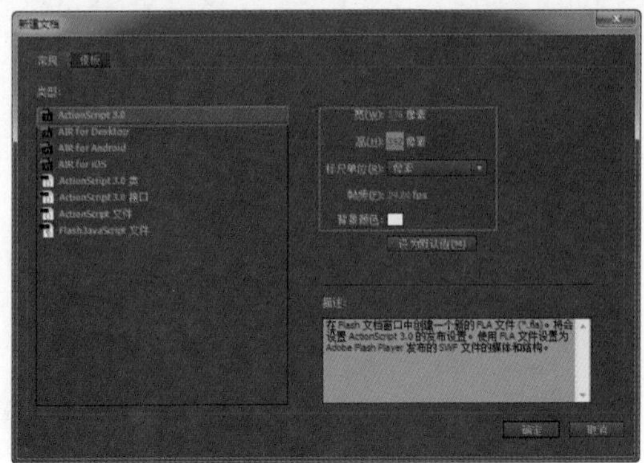

图 9-169 “新建文档”对话框

图 9-170 导入图片

02 在第 95 帧位置按 F5 键插入帧，“时间轴”面板如图 9–171 所示。新建“图层 2”，执行“文件 > 导入 > 导入到舞台”命令，导入图片“光盘 \ 源文件 \ 第 9 章 \ 素材 \106202.png”，并移至适当的位置，效果如图 9–172 所示。

图 9-171 “时间轴”面板

图 9-172 导入图片

03 在刚导入的图片上单击鼠标右键，在弹出的菜单中选择“转换为元件”命令，将其转换为“名称”为“元件 1”的图形元件，效果如图 9–173 所示。执行“窗口 > 动画预设”命令，打开“动画预设”面板，选择“从底部飞入”选项，如图 9–174 所示。

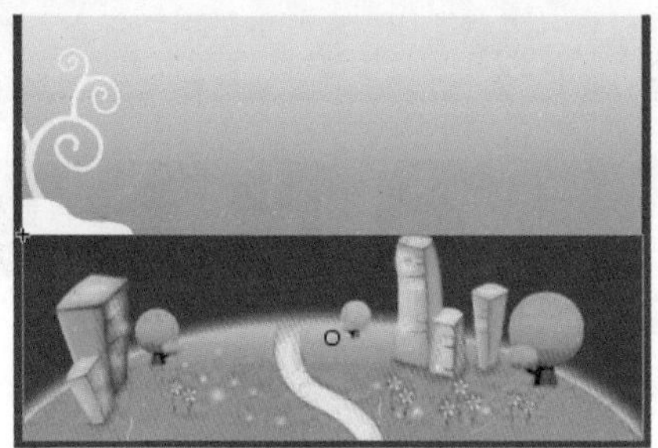
图 9-173 转换为元件

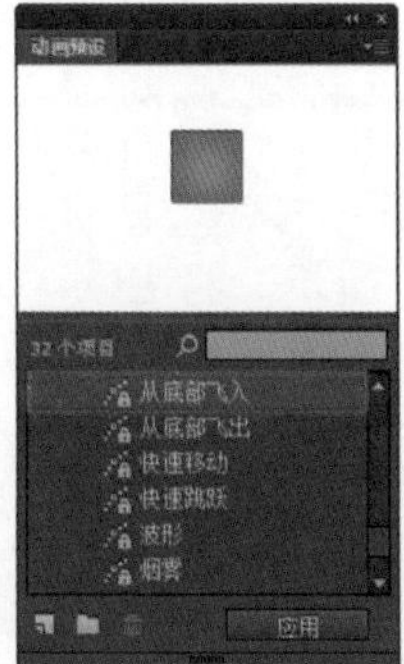

图 9-174 “动画预设”面板

04 单击“应用”按钮，元件的效果如图 9-175 所示，“时间轴”面板如图 9-176 所示。

图 9-175 元件效果

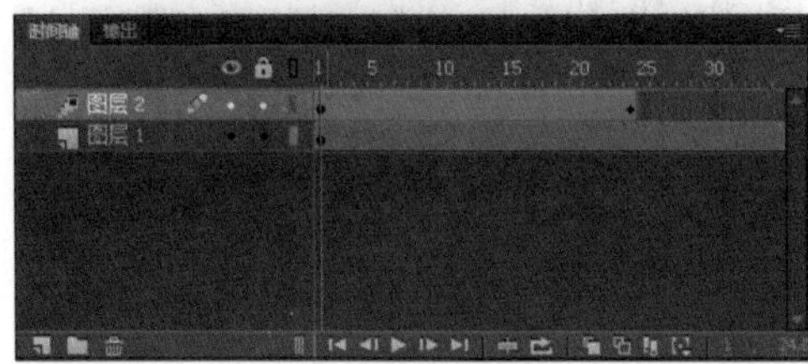

图 9-176 “时间轴”面板

05 选择第 24 帧上的关键帧，将其调整至第 20 帧的位置，“时间轴”面板如图 9-177 所示。选中第 20 帧上的元件，将其调整至合适的位置，效果如图 9-178 所示。

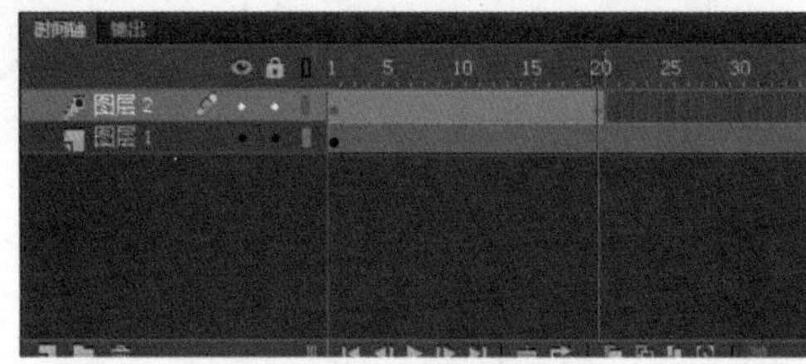

图 9-177 “时间轴”面板

图 9-178 调整元件位置

06 在第 95 帧位置按 F5 键插入帧。新建“图层 3”，在第 20 帧位置按 F6 键插入关键帧，如图 9-179 所示。执行“文件 > 导入 > 导入到舞台”命令，导入图片“光盘 \ 源文件 \ 第 9 章 \ 素材 \106203.png”，并移至适当的位置，效果如图 9-180 所示。

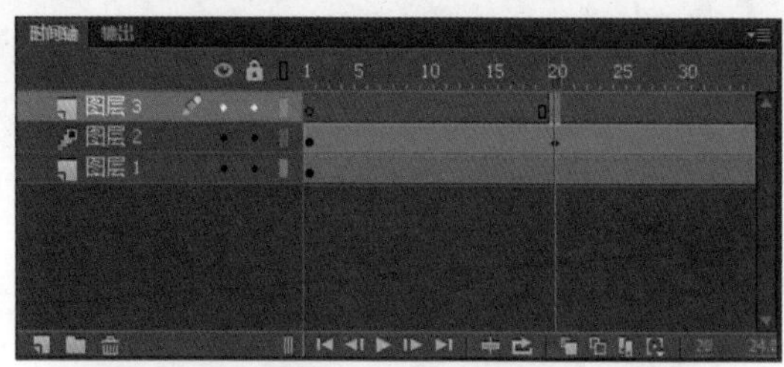

图 9-179 “时间轴”面板

图 9-180 导入图片

07 使用相同的方法，将该图片转换为“名称”为“元件 2”的图形元件，并应用“从左边飞入”动画预设，效果如图 9-181 所示，“时间轴”面板如图 9-182 所示。

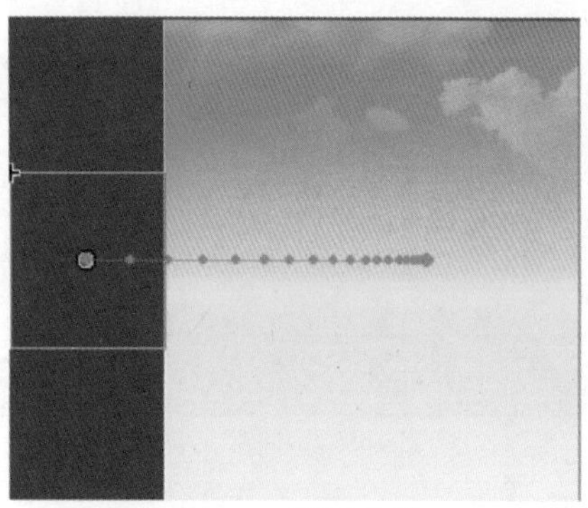
图 9-181 转换为元件

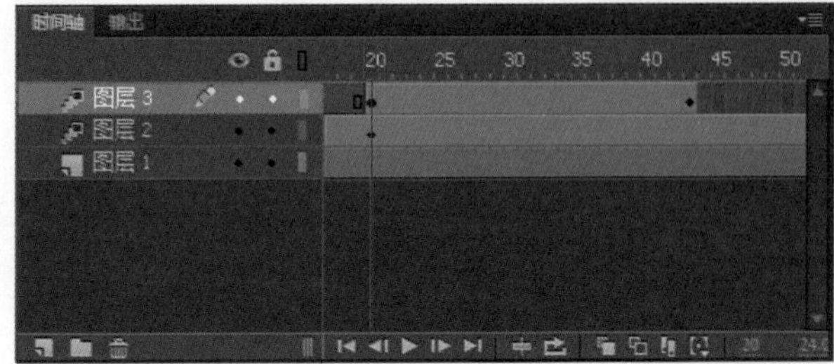

图 9-182 “时间轴”面板

08 选择第 44 帧上的关键帧，将其调整至第 40 帧位置，如图 9–183 所示。选中第 40 帧上的元件，将其调整至合适的位置，效果如图 9–184 所示。

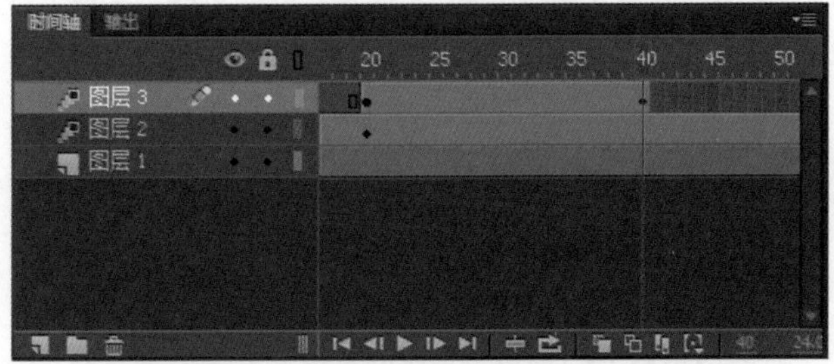

图 9-183 “时间轴”面板

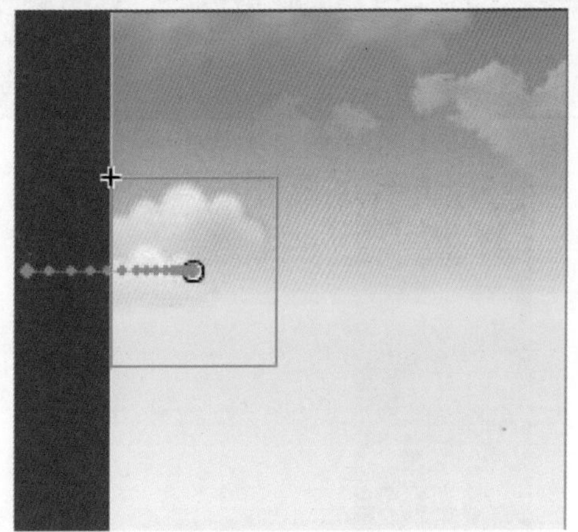

图 9-184 调整元件位置

09 在第 95 帧位置按 F5 键插入帧，使用相同的方法，完成其他部分内容的制作。新建“图层 6”，在第 80 帧位置按 F6 键插入关键帧，如图 9–185 所示。执行“文件 > 导入 > 打开外部库”命令，在弹出的“打开”对话框中选择相应的素材文件，如图 9–186 所示。

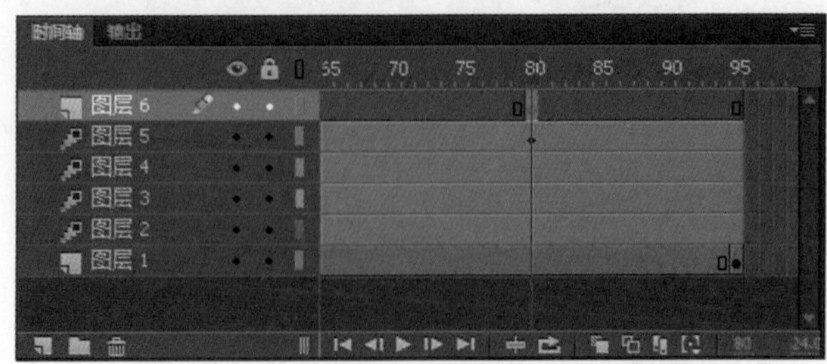

图 9-185 “时间轴”面板

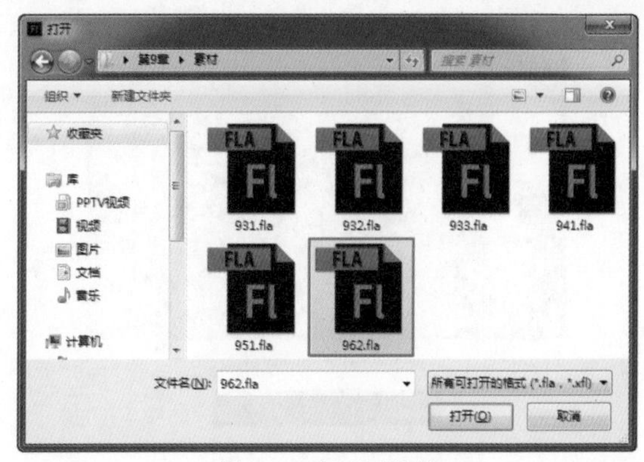

图 9-186 “打开”对话框

10 单击“打开”按钮，即可打开“库 –962.fla”面板，如图 9–187 所示。将名为“人物上下动画”的元件拖到场景中，并调整其至合适的大小和位置，如图 9–188 所示。

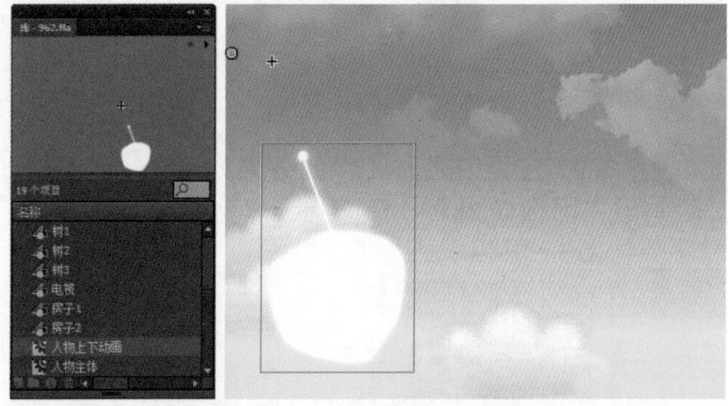

图 9-187 “库 -962.fla”面板　　图 9-188 元件效果

11 新建“图层 7”，在第 95 帧位置按 F6 键插入关键帧，执行“窗口 > 动作”命令，打开“动作”面板，输入脚本代码，如图 9–189 所示，“时间轴”面板如图 9–190 所示。

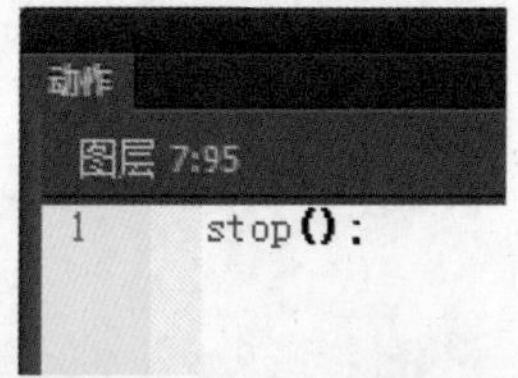

图 9-189 “动作”面板

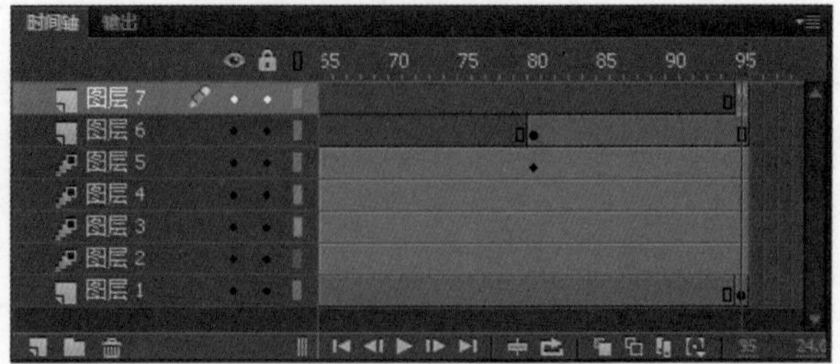

图 9-190 “时间轴”面板

12 执行“文件 > 保存”命令，将该文件保存为“光盘 \ 源文件 \ 第 9 章 \9–6–2.fla”，按快捷键 Ctrl+Enter，测试动画效果，如图 9–191 所示。

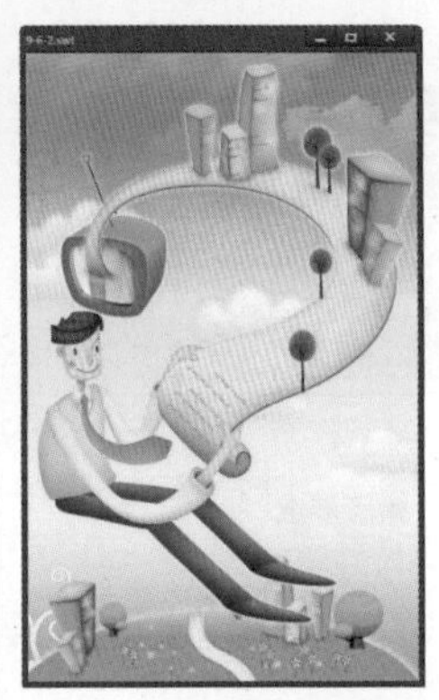

图 9-191 测试动画效果

9.7 制作简单欢迎动画

本实例制作一个简单的网站欢迎动画，在该动画的制作过程中，主要是通过传统补间动画来实现的，导入相应的素材，将素材图像转换为元件，并制作出相应的动画效果。

动手实践——制作简单欢迎动画

源文件：光盘 \ 源文件 \ 第 9 章 \9-7.fla

视频：光盘 \ 视频 \ 第 9 章 \9-7.swf

01 执行“文件 > 新建”命令，弹出“新建文档”对话框，设置如图 9–192 所示。单击“确定”按钮，新建一个 Flash 文档。执行“插入 > 新建元件”命令，在弹出的“创建新元件”对话框中进行相应的设置，如图 9–193 所示。

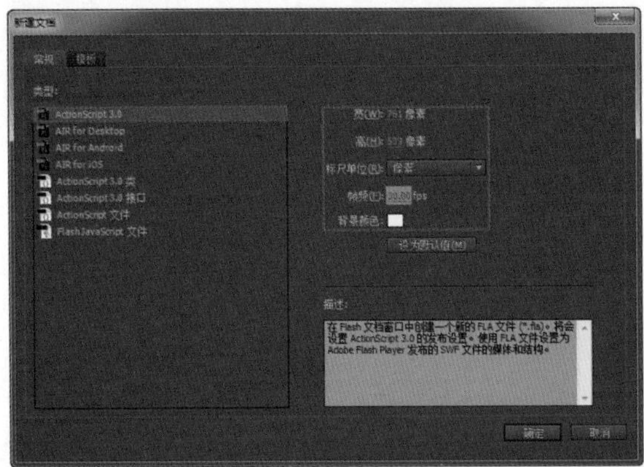

图 9-192 “新建文档”对话框

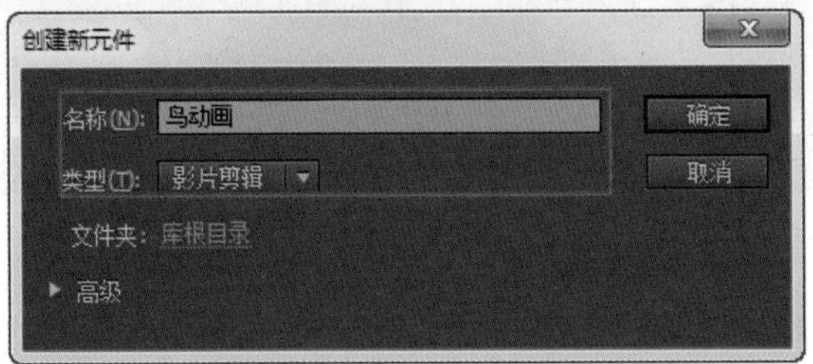

图 9-193 “创建新元件”对话框

02 单击“确定”按钮，执行“文件 > 导入 > 导入到舞台”命令，导入图片“光盘 \ 源文件 \ 第 9 章 \ 素材 \10701.png”，效果如图 9–194 所示。在第 4 帧位置按 F7 键插入空白关键帧，“时间轴”面板如图 9–195 所示。

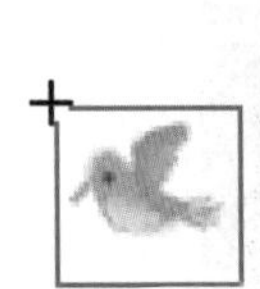

图 9-194 导入图片

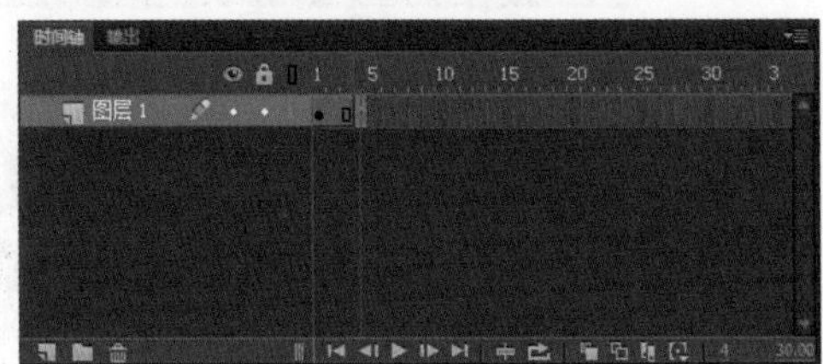

图 9-195 “时间轴”面板

03 执行“文件 > 导入 > 导入到舞台”命令，导入图片“光盘 \ 源文件 \ 第 9 章 \ 素材 \10702.png”，效果如图 9–196 所示。在第 6 帧位置按 F5 键插入帧，如图 9–197 所示。

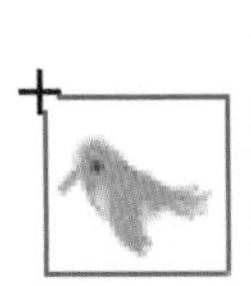

图 9-196 导入图片

图 9-197 “时间轴”面板

04 执行“插入 > 新建元件”命令，弹出“创建新元件”对话框，设置如图 9–198 所示。单击“确定”按钮，从“库”面板中将名为“鸟动画”的元件拖入场景中，如图 9–199 所示。

图 9-198 “创建新元件”对话框

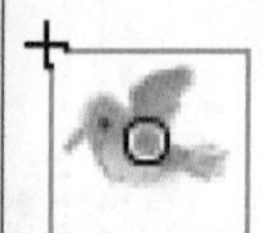

图 9-199 拖入元件

05 在第 30 帧位置按 F6 键插入关键帧，并调整元件的位置，如图 9-200 所示。在第 60 帧位置按 F6 键插入关键帧，并调整元件的位置，如图 9-201 所示。

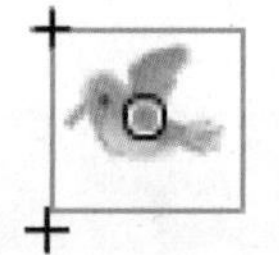

图 9-200 调整元件位置

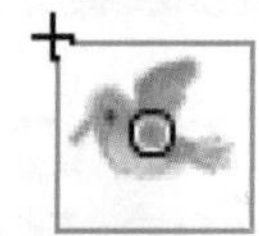

图 9-201 调整元件位置

06 分别在第 1 帧和第 30 帧位置单击鼠标右键，在弹出的菜单中选择“创建传统补间”命令，如图 9-202 所示。执行“插入 > 新建元件”命令，弹出“创建新元件”对话框，设置如图 9-203 所示。

图 9-202 “时间轴”面板

图 9-203 “创建新元件”对话框

07 单击“确定”按钮，执行“文件 > 导入 > 导入到舞台”命令，导入图片“光盘 \ 源文件 \ 第 9 章 \ 素材 \10703.png”，效果如图 9-204 所示。将其转换为“名称”为“元件 1”的图形元件，并使用“任意变形工具”，调整该元件中心点的位置，效果如图 9-205 所示。

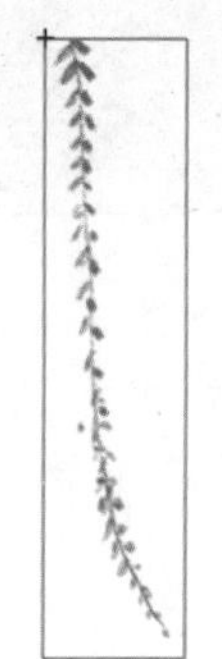

图 9-204 导入图片

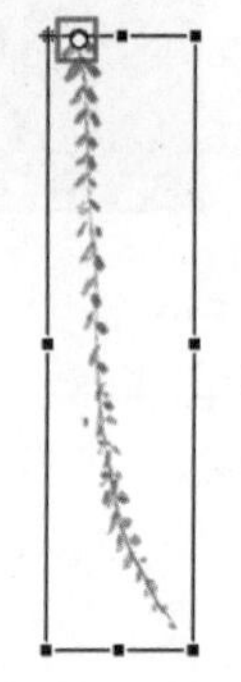

图 9-205 元件效果

08 分别在第 30 帧、60 帧和 90 帧位置按 F6 键插入关键帧，如图 9-206 所示。选择第 30 帧上的元件，使用“任意变形工具”，对元件进行适当的旋转操作，效果如图 9-207 所示。

图 9-206 “时间轴”面板

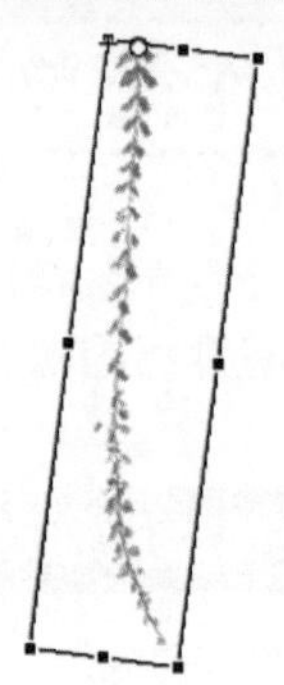

图 9-207 旋转元件

09 选择第 60 帧上的元件，使用“任意变形工具”，对元件进行适当的旋转操作，效果如图 9-208 所示。分别在第 1 帧、第 30 帧和第 60 帧的位置单击鼠标右键，在弹出的菜单中选择“创建传统补间”命令，如图 9-209 所示。

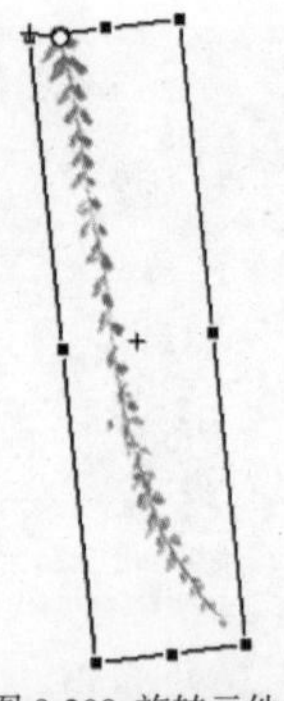

图 9-208 旋转元件

图 9-209 “时间轴”面板

10 使用相同的方法，完成其他元件的制作，“库”面板如图 9-210 所示。执行“插入 > 新建元件”命令，在弹出“创建新元件”对话框中进行相应的设置，如图 9-211 所示。

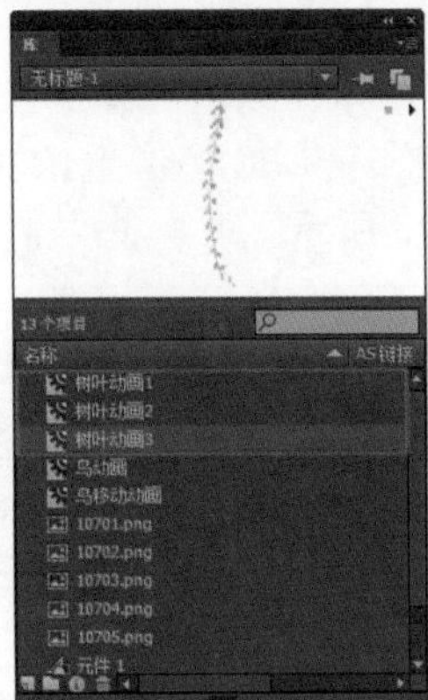

图 9-210 “库”面板

图 9-211 “创建新元件”对话框

11 执行“文件 > 导入 > 导入到舞台”命令，导入图片“光盘 \ 源文件 \ 第 9 章 \ 素材 \10706.png”，如图 9-212 所示。在图片上单击鼠标右键，在弹出的菜单中选择“转换为元件”命令，弹出“转换为元件”对话框，设置如图 9-213 所示。

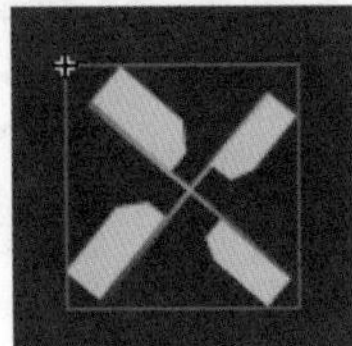
图 9-212 导入图片

图 9-213 “转换为元件”对话框

在此为了能够看清图片的效果，可以临时将背景颜色改为较深的颜色。

12 单击“确定”按钮，分别在第 50 帧、100 帧、150 帧和 200 帧位置按 F6 键插入关键帧，选择第 50 帧上的元件，使用“任意变形工具”，对元件进行适当的旋转操作，如图 9-214 所示。使用相同的方法，依次对第 100 帧和 150 帧上的元件进行适当的旋转操作。分别在第 1 帧、50 帧、100 帧和 150 帧创建传统补间动画，如图 9-215 所示。

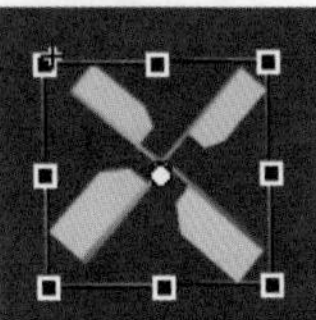
图 9-214 旋转操作

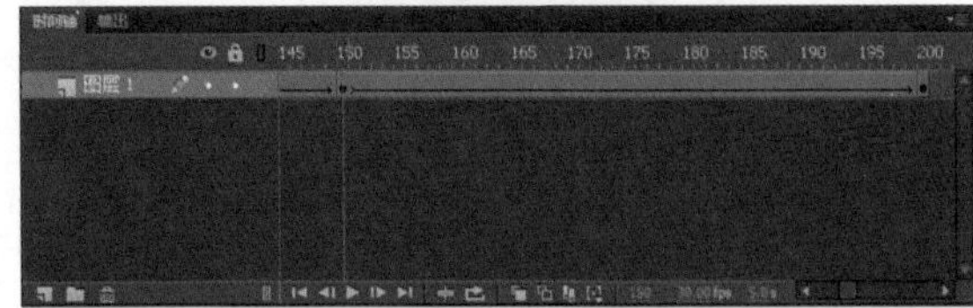
图 9-215 “时间轴”面板

13 执行“插入 > 新建元件”命令，弹出“创建新元件”对话框，设置如图 9-216 所示。单击“确定”按钮，执行“文件 > 导入 > 导入到舞台”命令，导入图片“光盘 \ 源文件 \ 第 9 章 \ 素材 \10707.png”，如图 9-217 所示。

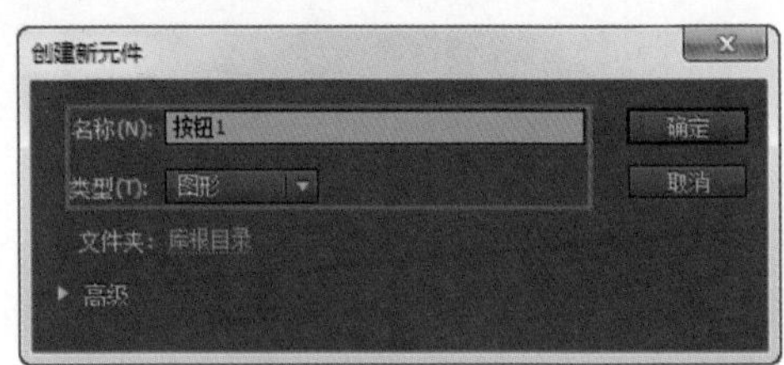

图 9-216 “创建新元件”对话框

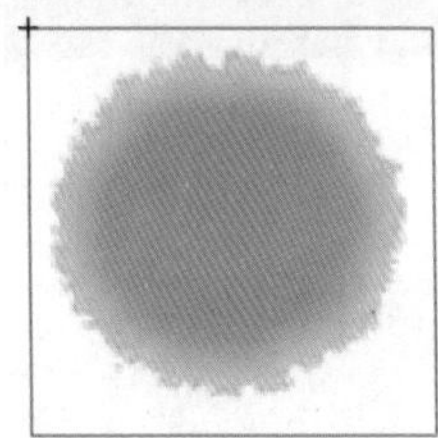
图 9-217 导入图片

14 新建“图层 2”，使用“文本工具”，在“属性”面板上对相关属性进行设置，如图 9-218 所示。设置完成后，在场景中输入文字，效果如图 9-219 所示。

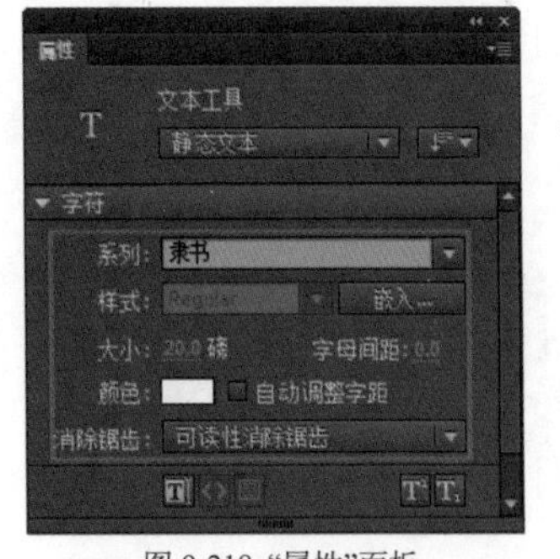

图 9-218 “属性”面板

图 9-219 输入文字

15 执行“插入 > 新建元件”命令，弹出“创建新元件”对话框，设置如图 9-220 所示。单击“确定”按钮，从“库”面板中将名为“按钮 1”的元件拖入场景中，如图 9-221 所示。

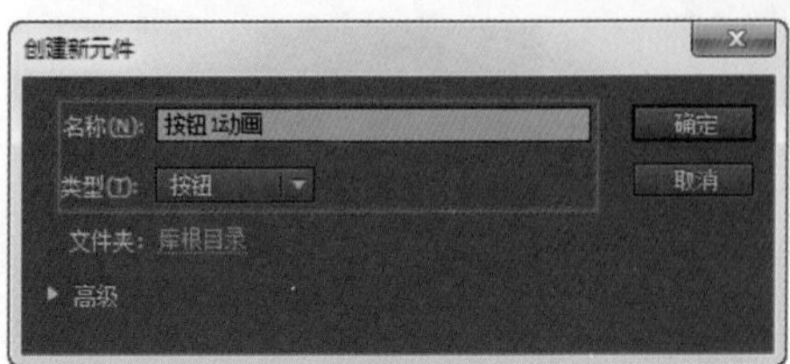

图 9-220 “创建新元件”对话框

图 9-221 拖入元件

16 在“点击”帧位置按 F5 键插入帧，如图 9-222 所示。使用相同的方法，完成其他元件的制作，“库”面板如图 9-223 所示。

图 9-222 “时间轴”面板

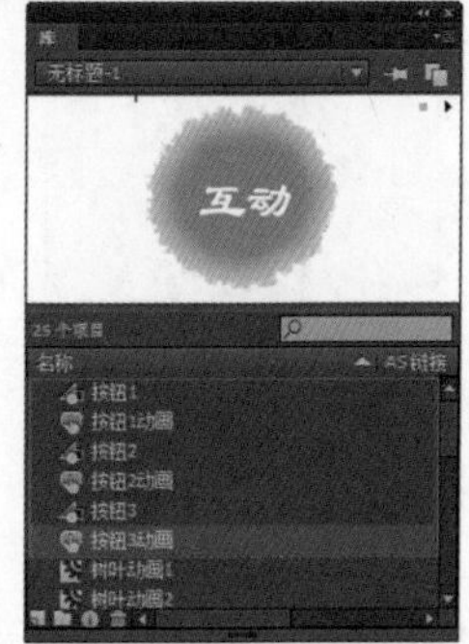

图 9-223 “库”面板

17 执行“插入 > 新建元件”命令，弹出“创建新元件”对话框，设置如图 9-224 所示。执行“文件 > 导入 > 导入到舞台”命令，导入图片“光盘 \ 源文件 \ 第 9 章 \ 素材 \10710.png”，如图 9-225 所示。

图 9-224 “创建新元件”对话框

我和春天有个约会

图 9-225 导入图片

18 在图片上单击鼠标右键，在弹出的菜单中选择“转换为元件”命令，弹出“转换为元件”对话框，设置如图 9-226 所示。单击“确定”按钮，分别在第 30 帧、第 100 帧和第 130 帧位置依次按 F6 键插入关键帧，如图 9-227 所示。

图 9-226 “转换为元件”对话框

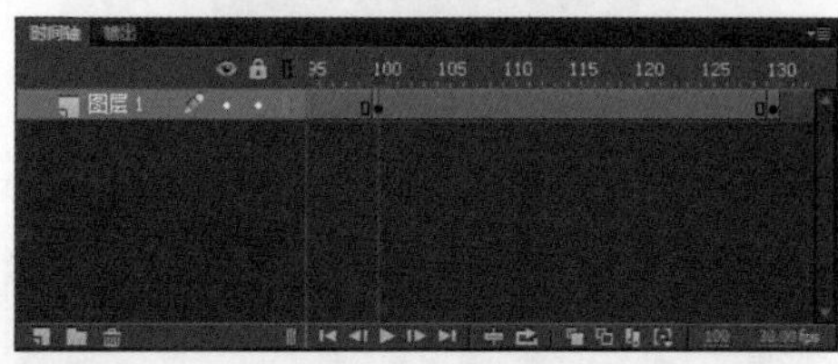

图 9-227 “时间轴”面板

19 依次选择第 1 帧和第 130 帧上的元件，分别在“属性”面板上设置其 Alpha 值为 0，如图 9-228 所示。分别在第 1 帧和第 100 帧的位置单击鼠标右键，在弹出的菜单中选择“创建传统补间”命令，并在“时间轴”面板中进行设置，如图 9-229 所示。

图 9-228 “属性”面板

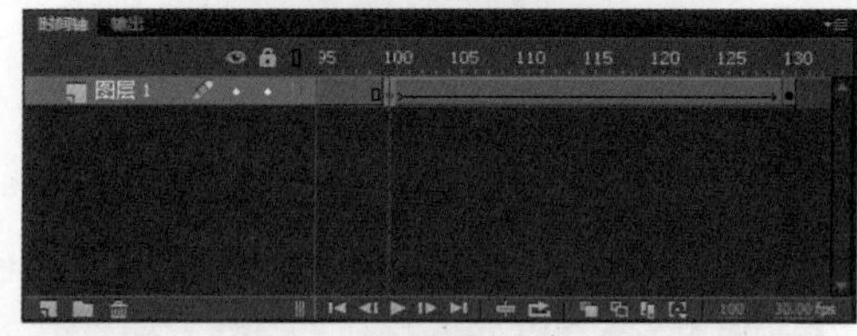

图 9-229 “时间轴”面板

20 执行“插入 > 新建元件”命令，弹出“创建新元件”对话框，设置如图 9-230 所示。单击“确定”按钮，执行“文件 > 导入 > 导入到场景”命令，导入图片“光盘 \ 源文件 \ 第 9 章 \ 素材 \10711.jpg”，如图 9-231 所示。

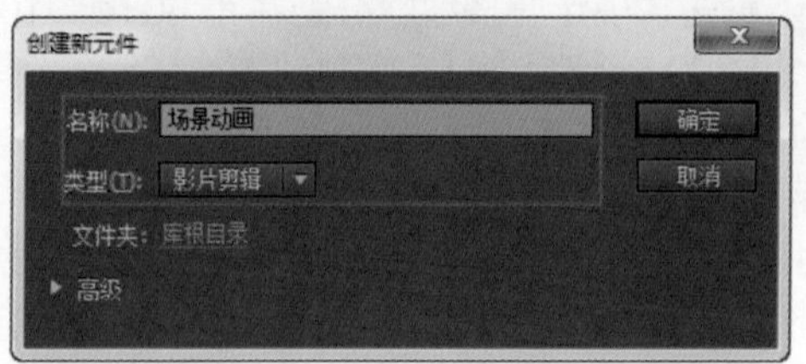

图 9-230 “创建新元件”对话框

图 9-231 导入图片

21 在图片上单击鼠标右键，在弹出的菜单中选择“转换为元件”命令，弹出“转换为元件”对话框，设置如图 9-232 所示。单击“确定”按钮，新建“图层 2”，从“库”面板中将名为“鸟移动动画”的元件拖入场景中，并放置在适当的位置，如图 9-233 所示。

图 9-232 “转换为元件”对话框

图 9-233 拖入元件

22 使用相同的方法，依次将其他元件拖入到场景中，效果如图 9-234 所示，“时间轴”面板如图 9-235 所示。

图 9-234 场景效果

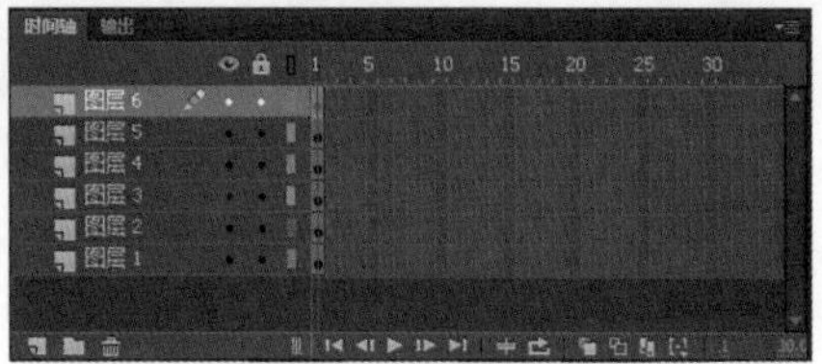

图 9-235 “时间轴”面板

23 返回到“场景 1”编辑状态，执行“文件 > 导入 > 导入到舞台”命令，导入图片“光盘 \ 源文件 \ 第 9 章 \ 素材 \10712.jpg”，如图 9-236 所示。在图片上单击鼠标右键，在弹出的菜单中选择“转换为元件”命令，弹出“转换为元件”对话框，设置如图 9-237 所示。

图 9-236 导入图片

图 9-237 “转换为元件”对话框

24 单击“确定”按钮，在第 15 帧位置按 F6 键插入关键帧，在第 35 帧位置按 F5 键插入帧，如图 9-238 所示。选择第 1 帧上的元件，在“属性”面板上对相关属性进行设置，如图 9-239 所示。

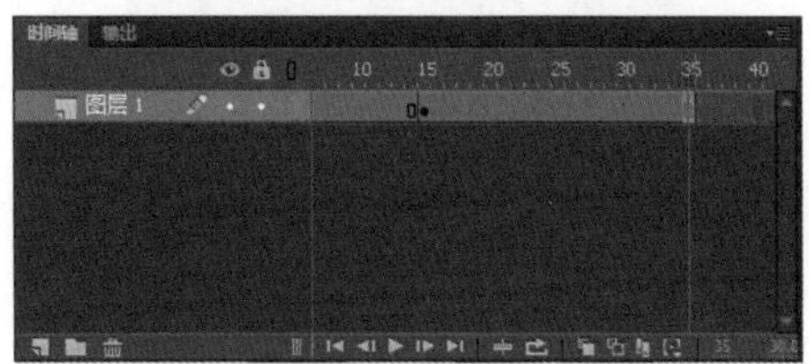

图 9-238 “时间轴”面板

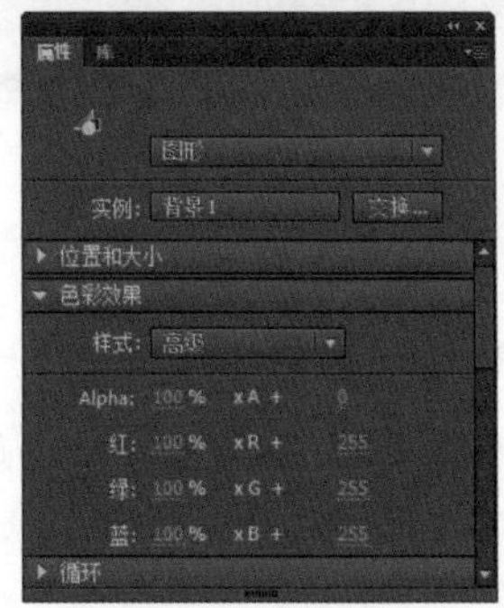

图 9-239 “属性”面板

25 在第 1 帧位置单击鼠标右键，在弹出的菜单中选择“创建传统补间”命令，如图 9–240 所示。新建“图层 2”，在第 15 帧位置按 F6 键插入关键帧，从“库”面板中将名为“场景动画”的元件拖入场景中，如图 9–241 所示。

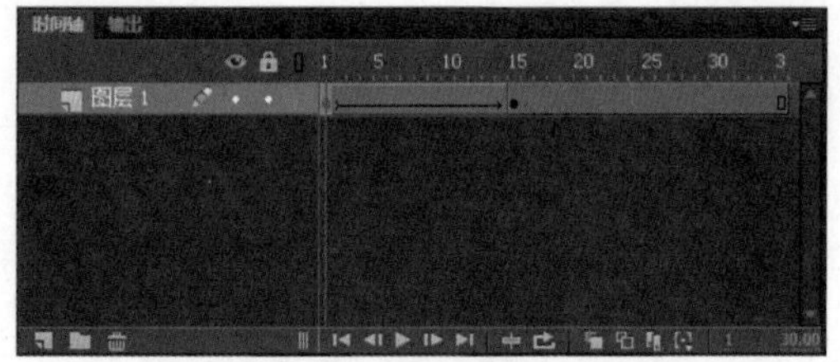

图 9-240 “时间轴”面板

图 9-241 拖入元件

26 在第 35 帧位置按 F6 键插入关键帧，选择第 15 帧上的元件，在“属性”面板进行相应的设置，如图 9–242 所示。在第 15 帧的位置上单击鼠标右键，在弹出的菜单中选择“创建传统补间”命令，如图 9–243 所示。

图 9-242 “属性”面板

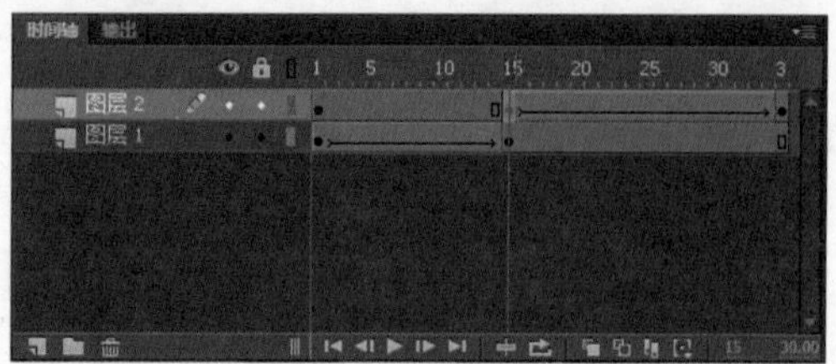

图 9-243 “时间轴”面板

27 新建“图层 3”，在第 35 帧位置按 F6 键插入关键帧，执行“窗口 > 动作”面板，打开“动作”面板，输入脚本代码 stop();，“时间轴”面板如图 9–244 所示。

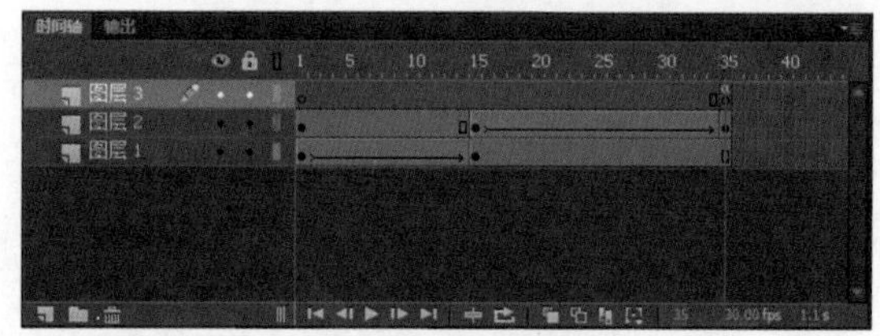

图 9-244 “时间轴”面板

28 执行“文件 > 保存”命令，将该文件保存为“光盘\源文件\第 9 章\9–7.fla”，按快捷键 Ctrl+Enter，测试动画效果，图 9–245 所示。

图 9-245 测试动画效果

9.8 本章小结 

本章主要带领大家初步认识了动画的制作过程和步骤，并了解了一些动画制作的基本操作方式和技巧。每种类型的动画都拥有其本身的特点，大家可以根据制作的动画类型的不同选择最合适的制作方法。本章只是学习动画制作的一个开始，学好本章的内容，便可以为以后制作更加复杂的动画打下坚实的基础。

第10章 制作高级 Flash 动画

本章主要向大家介绍的是引导动画和遮罩动画这两个高级动画的相关知识，以及 Flash 中混合模式的使用方法。在 Flash 动画设计中，引导动画和遮罩动画分别占据着不可替代的位置。一个 Flash 动画的创意层次主要体现在其制作过程中，制作方法在很大程度上决定了该动画的技术含量。接下来将向大家介绍引导动画、遮罩动画的制作，以及元件混合模式的相关知识。

10.1 引导动画

引导动画是通过引导层来实现的，主要用来制作沿轨迹运动的动画效果。如果创建的动画为补间动画，则会自动生成引导线，并且该引导线可以进行任意调整；如果创建的动画是传统补间动画，那么则需要先使用绘图工具绘制路径，再将对象移至紧贴开始帧的开头位置，最后将对象拖动至结束帧的结尾位置即可。

10.1.1 引导动画的特点

在 Flash 中创建引导动画需要两个图层，分别为绘制路径的图层、在开始和结束的位置应用传统补间动画的图层。引导层在 Flash 中最大的特点在于，其一，在绘制图形时，引导层可以帮助对象对齐；其二，由于引导层不能导出，因此不会显示在发布的 SWF 文件中。

在 Flash CC 中，任何图层都可以使用引导层。当一个图层作为引导层时，则该图层名称的左侧会显示引导线图标，如图 10–1 所示。

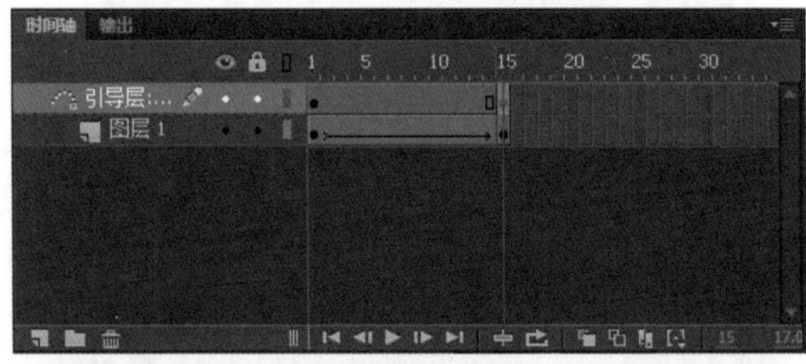

图 10-1 “时间轴”面板

提示

对象的中心必须与引导线相连，才能使对象沿着引导线自由运动。位于运动起始位置的对象的中心通常会自动连接到引导线，但是结束位置的对象则需要手动进行连接。如果对象的中心没有和引导线相连，那么对象便不能沿着引导线自由运动。

10.1.2 创建引导动画

前面主要向大家介绍了引导动画的相关知识，接下来将向大家介绍的是创建引导动画的方法。

创建引导动画有两种方法，一种是在需要创建引导动画的图层上单击鼠标右键，在弹出的菜单中选择“添加传统运动引导层”命令即可；另一种是首先在需要创建引导动画的图层上单击鼠标右键，在弹出的菜单中选择“引导层”命令，将其自身变为引导层后，再将其他图层拖动到该引导层中，使其归属于引导层即可。

1. 创建引导层

在 Flash 中绘制图形时，引导层可以起到辅助静态对象定位的作用，并且可以单独使用，无须使用被引导层。此外，引导层上的内容和辅助线的作用差不多，不会被输出。

2. 创建运动引导层

执行“文件 > 打开”命令，打开素材文件“光盘\源文件\第 10 章\素材\1012.fla”，在该图层名称上单击鼠标右键，在弹出的菜单中选择“添加传统运动引导层”命令，如图 10–2 所示。选择了该命令后，会自动添加传统运动引导层，如图 10–3 所示。

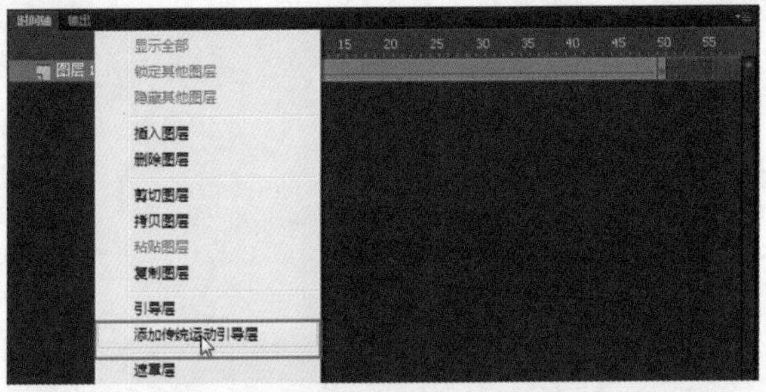

图 10-2 “添加传统运动引导层”命令

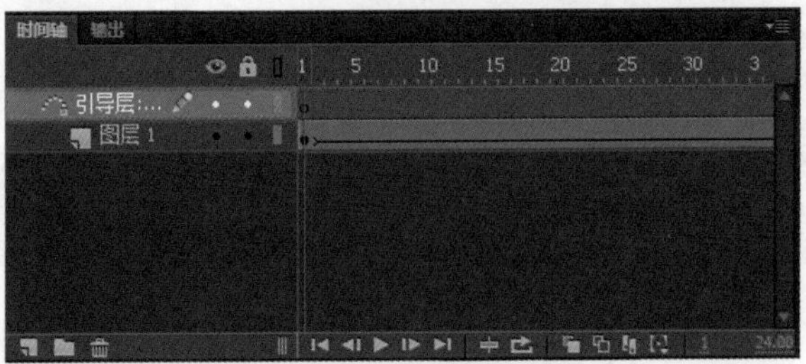

图 10-3 “时间轴”面板

使用“钢笔工具”，在场景中绘制对象运动的路径，对象会自动吸附到该路径的起点，如图 10-4 所示。在结束帧的位置单击，将该帧上元件的中心点移至引导线的结束位置，如图 10-5 所示。

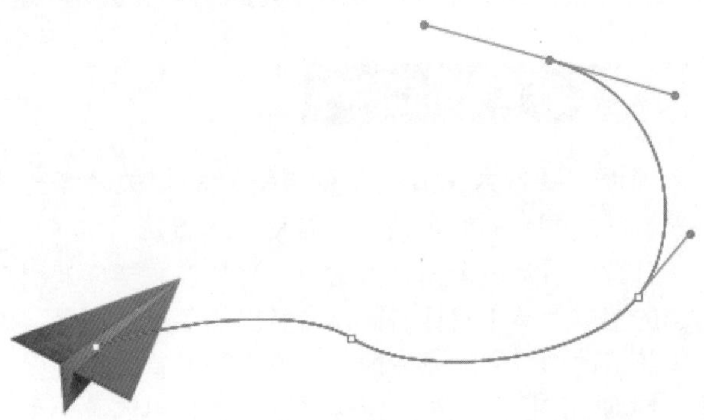

图 10-4 绘制路径

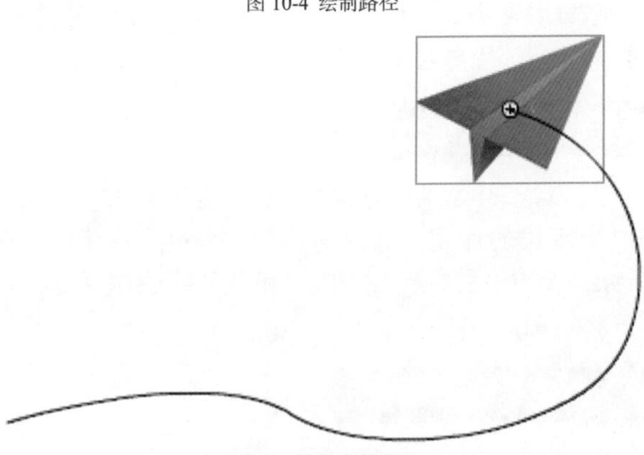

图 10-5 调整元件位置

分别在第 15 帧和第 30 帧的位置按 F6 键插入关键帧，并分别对第 15 帧、第 30 帧和第 50 帧上的元件进行适当的旋转操作，“时间轴”面板如图 10-6 所示。此时，对象元件将会沿着引导线移动。

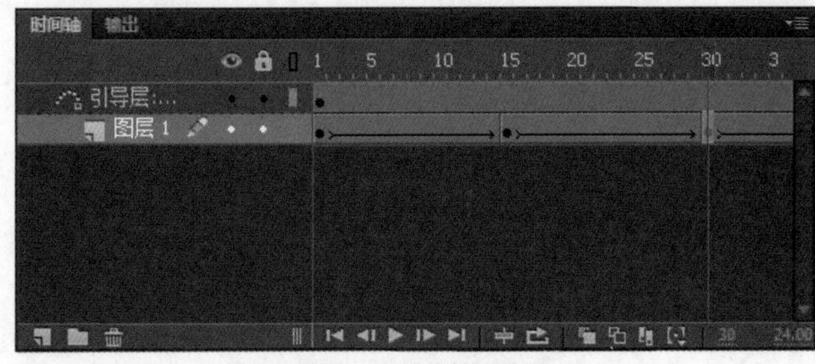

图 10-6 “时间轴”面板

10.1.3 制作蜻蜓飞舞动画

本实例通过制作蜻蜓飞舞动画，向读者讲解利用 Flash 的引导动画制作蜻蜓不规则飞舞路线的效果，引导动画的制作方法非常简单，接下来将向大家进行详细介绍。

动手实践——制作蜻蜓飞舞动画

源文件：光盘 \ 源文件 \ 第 10 章 \10-1-3.fla

视频：光盘 \ 视频 \ 第 10 章 \10-1-3.swf

01 执行“文件 > 新建”命令，弹出“新建文档”对话框，设置如图 10-7 所示。单击“确定”按钮，新建一个 Flash 文档。执行“插入 > 新建元件”命令，弹出“创建新元件”对话框，设置如图 10-8 所示。

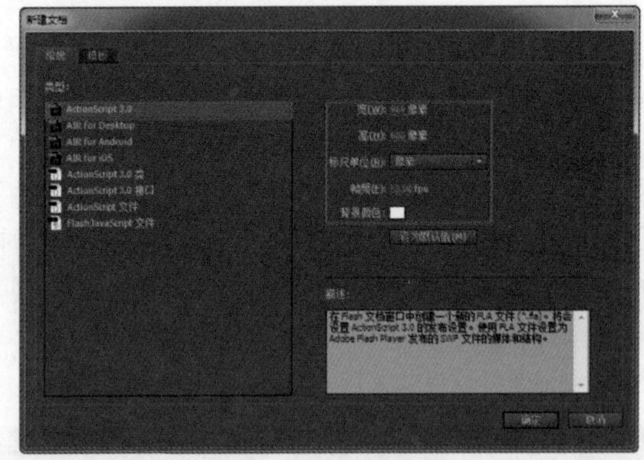

图 10-7 “新建文档”对话框

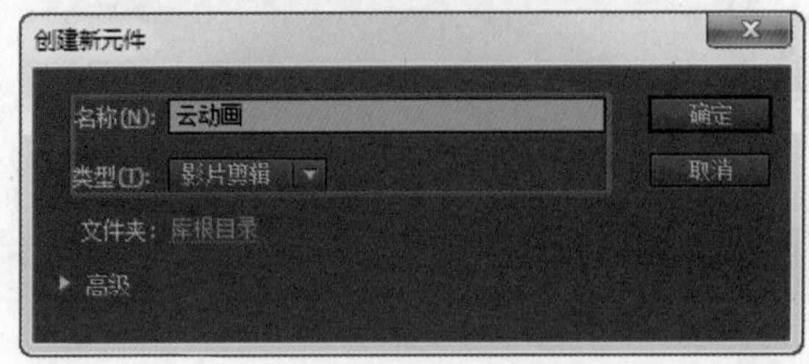

图 10-8 “创建新元件”对话框

02 单击“确定”按钮，执行“文件 > 导入 > 导入到舞台”命令，导入图片“光盘 \ 源文件 \ 第 10 章 \ 素材 \101301.png”，效果如图 10-9 所示。执行“修改 > 转换为元件”命令，弹出“转换为元件”对话框，设置如图 10-10 所示。

图 10-9 导入图片

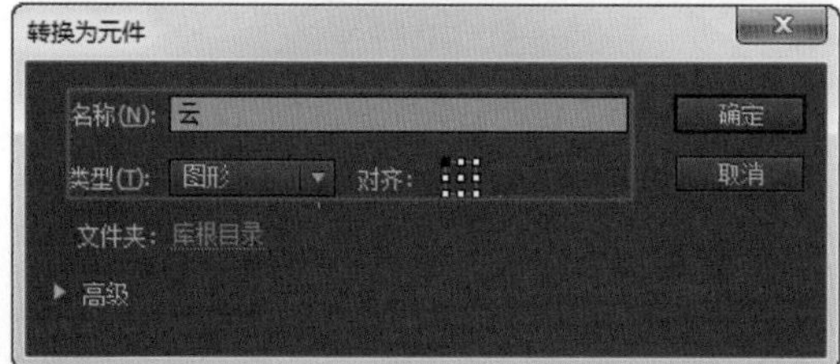

图 10-10 “转换为元件”对话框

提示

为了让读者看清元件的效果，所以先将背景颜色改为黑色。

03 单击“确定”按钮，在第 1120 帧按 F6 键插入关键帧，如图 10-11 所示。将元件水平向右移动 970 像素，并在第 1 帧单击鼠标右键，在弹出的菜单中选择“创建传统补间”命令，“时间轴”面板如图 10-12 所示。

图 10-11 “时间轴”面板

图 10-12 “时间轴”面板

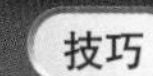**技巧**

一般情况下，在新建的元件或空场景中，是无法直接选择第 1120 帧的，因此可以通过在所能看见的最后一帧的位置按 F5 键插入帧，此时在刚插入的帧后面就会出现更多的帧可供选择，通过这种方法便可以在第 1120 帧位置插入关键帧。

04 分别在第 50 帧和第 1070 帧位置按 F6 键插入关键帧，分别选择第 1 帧和第 1120 帧上的元件，设置其 Alpha 值为 0，如图 10-13 所示。执行“插入 > 新建元件”命令，弹出“创建新元件”对话框，设置如图 10-14 所示。

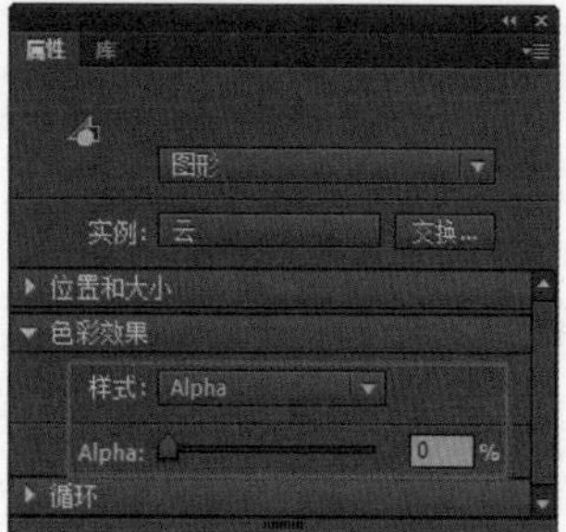

图 10-13 “属性”面板

图 10-14 “创建新元件”对话框

技巧

在上一步骤中，先创建传统补间动画，然后在传统补间中插入相应的关键帧并进行调整，这种方式可以在不影响动画效果的同时为动画添加一些特殊效果。

05 单击“确定”按钮，执行“文件 > 导入 > 导入到舞台”命令，导入图片“光盘\源文件\第 10 章\素材\101302.png”，如图 10-15 所示。在第 5 帧位置按 F5 键插入帧，“时间轴”面板如图 10-16 所示。

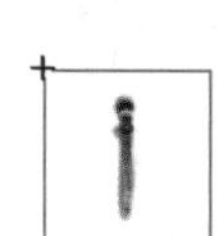

图 10-15 导入图片

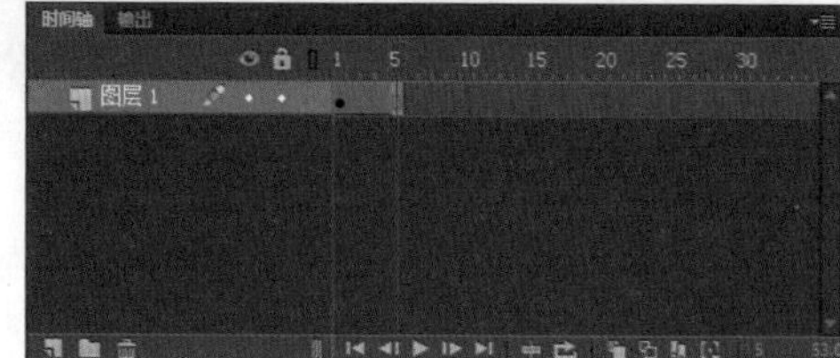

图 10-16 “时间轴”面板

06 新建“图层 2”，执行“文件 > 导入 > 导入到舞台”命令，导入图片“光盘\源文件\第 10 章\素材\101303.png”，效果如图 10-17 所示。执行“修改 > 转换为元件”命令，弹出“转换为元件”对话框，设置如图 10-18 所示。

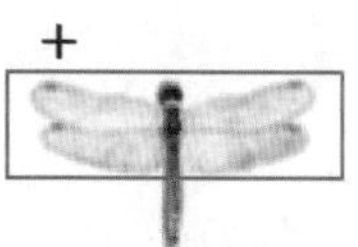

图 10-17 导入图片

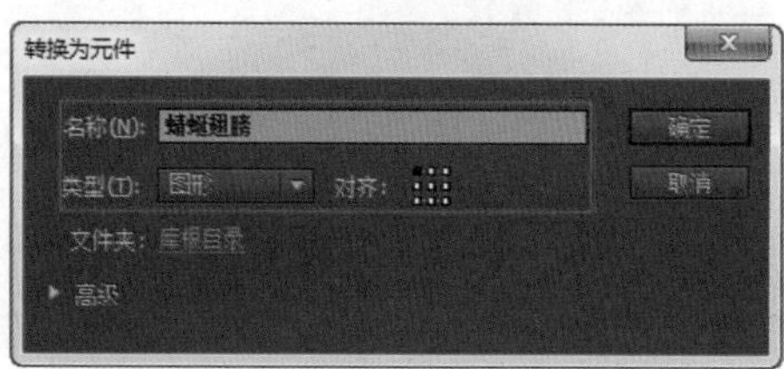

图 10-18 “转换为元件”对话框

07 单击“确定”按钮，分别在第 4 帧和第 5 帧位置按 F6 键插入关键帧，如图 10–19 所示。选择第 4 帧上的元件，使用“任意变形工具”，调整元件的形状，调整后元件的效果如图 10–20 所示。

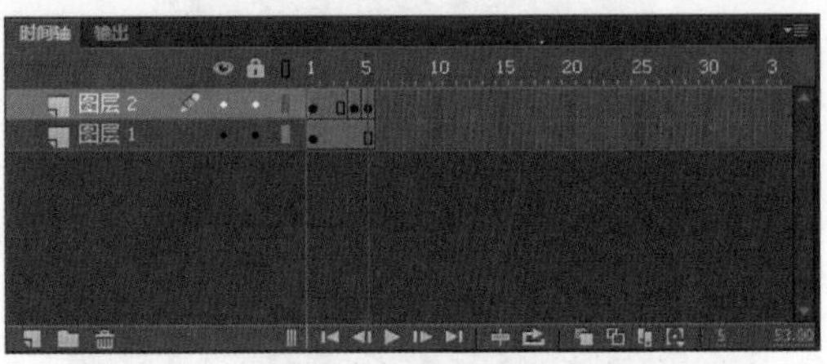
图 10-19 “时间轴”面板

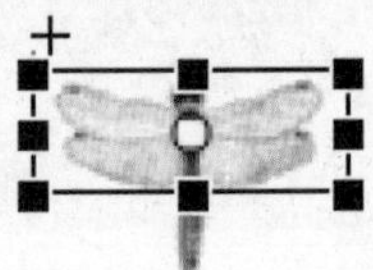
图 10-20 元件效果

08 在第 1 帧位置单击鼠标右键，在弹出的菜单中选择“创建传统补间”命令，如图 10–21 所示。执行“插入 > 新建元件”命令，弹出“创建新元件”对话框，设置如图 10–22 所示。

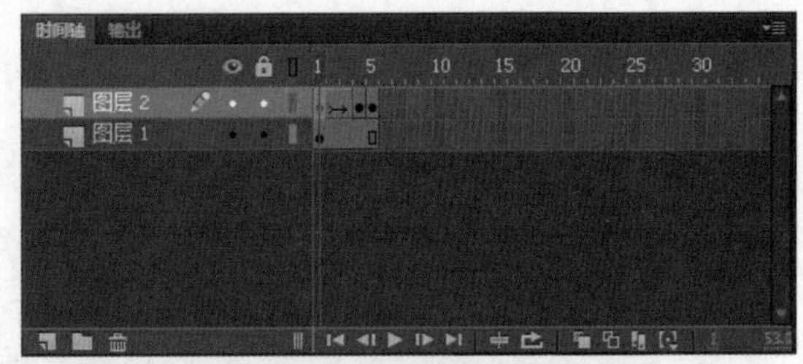
图 10-21 “时间轴”面板

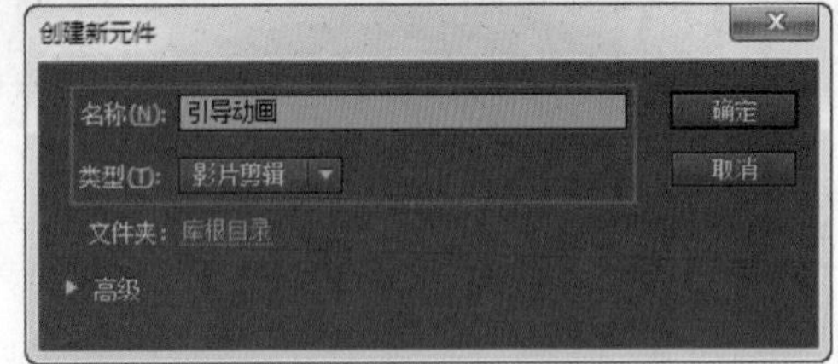

图 10-22 “创建新元件”对话框

09 单击“确定”按钮，从“库”面板中将名为“蜻蜓动画”元件拖入到场景中，在第 140 帧位置按 F5 键插入帧，如图 10–23 所示。在“图层 1”的图层名称上单击鼠标右键，在弹出的菜单中选择“添加传统运动引导层”命令，“时间轴”面板如图 10–24 所示。

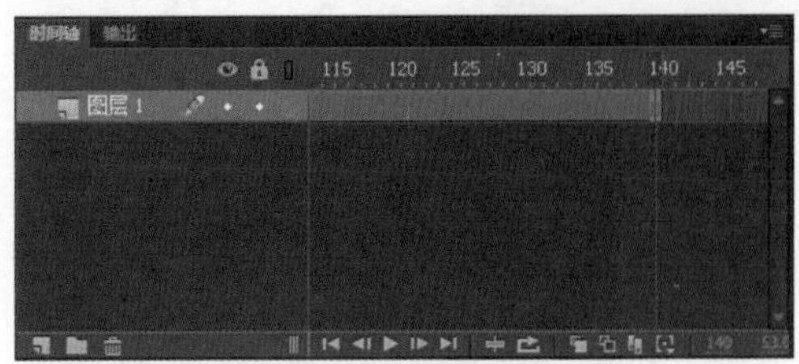
图 10-23 “时间轴”面板

图 10-24 “时间轴”面板

10 使用“钢笔工具”，在场景中绘制一条引导线，如图 10–25 所示。单击选择第 1 帧上的元件，使用“任意变形工具”，调整元件中心点的位置并将其旋转至合适的角度，如图 10–26 所示。

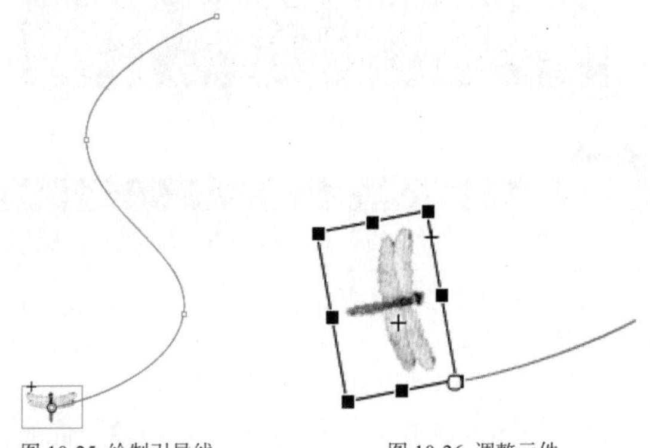
图 10-25 绘制引导线　　图 10-26 调整元件

11 在第 140 帧位置按 F6 键插入关键帧，将元件移至引导线的另一端并进行相应的调整，如图 10–27 所示。在第 1 帧单击鼠标右键，在弹出的菜单中选择“创建传统补间”命令，如图 10–28 所示。

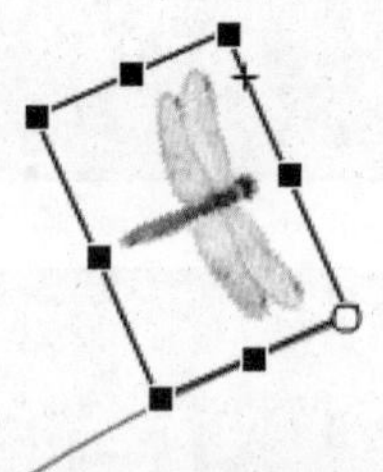
图 10-27 调整元件

图 10-28 “时间轴”面板

12 在第 30 帧位置按 F6 键插入关键帧，使用“任意变形工具”，调整元件的位置并将其旋转至合适的角度，如图 10–29 所示。在第 45 帧位置按 F6 键插入关键帧，使用“任意变形工具”，调整元件的位置并将其旋转至合适的角度，如图 10–30 所示。

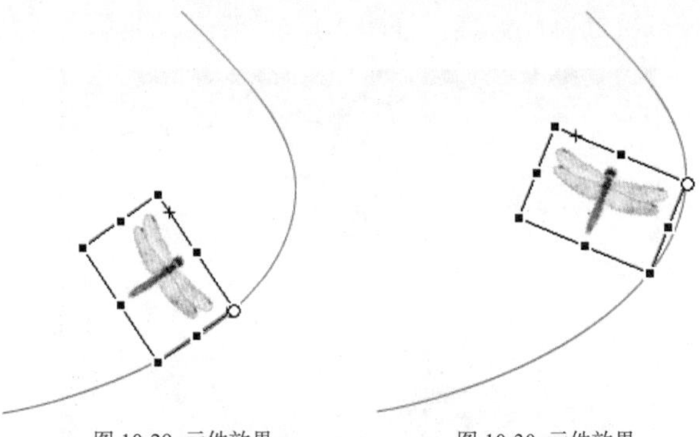

图 10-29 元件效果　　图 10-30 元件效果

13 在第 65 帧位置按 F6 键插入关键帧，使用“任意变形工具”，调整元件的位置并将其旋转至合适的角度，如图 10-31 所示。在第 115 帧位置按 F6 键插入关键帧，使用“任意变形工具”，调整元件的位置并将其旋转至合适的角度，如图 10-32 所示。

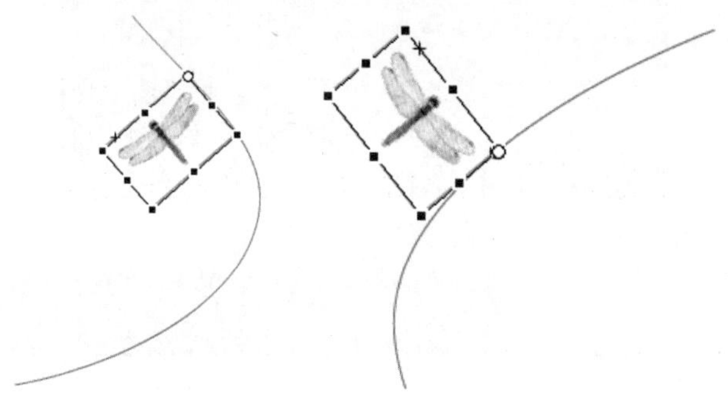

图 10-31 元件效果　　图 10-32 元件效果

14 分别设置第 1 帧和第 140 帧上元件的 Alpha 值为 0，如图 10-33 所示。在第 141 帧位置按 F7 键插入空白关键帧，在第 210 帧位置按 F5 键插入帧，“时间轴”面板如图 10-34 所示。

图 10-33 “属性”面板

图 10-34 “时间轴”面板

15 返回“场景 1”编辑状态，执行“文件 > 导入 > 导入到舞台”命令，导入图片“光盘\源文件\第 10 章\素材\101304.jpg”，如图 10-35 所示。在第 170 帧位置按 F5 键插入帧，“时间轴”面板如图 10-36 所示。

图 10-35 导入图片

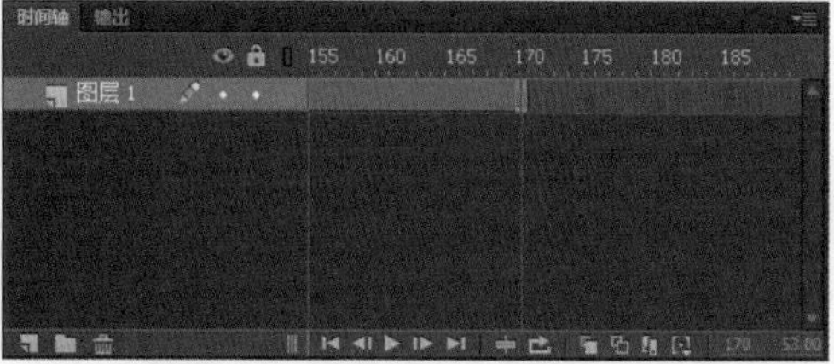

图 10-36 “时间轴”面板

16 新建“图层 2”，从“库”面板中将名为“云动画”的元件拖入到场景中并放置在合适的位置，如图 10-37 所示。新建“图层 3”，从“库”面板中将“引导动画”元件拖入到场景中，并放置在适当的位置，如图 10-38 所示。

图 10-37 元件效果

图 10-38 元件效果

17 新建“图层 4”，在第 10 帧位置按 F6 键插入关键帧，将“引导动画”元件拖入到场景中，调整大小并放置在适当的位置，如图 10-39 所示。新建“图层 5”，在第 50 帧位置按 F6 键插入关键帧，再次将“引导动画”元件拖入到场景中，放置在适当的位置，并执行“修改 > 变形 > 水平翻转”命令，如图 10-40 所示。

图 10-39 元件效果

图 10-40 元件效果

18 执行“文件 > 保存”命令，将其保存到“光盘\源文件\第 10 章\10–1–3.fla”，按快捷键 Ctrl+Enter，即可测试动画的效果，如图 10–41 所示。

图 10-41 测试动画效果

10.2 遮罩动画

遮罩动画是 Flash 动画中一种常见的动画形式，是通过遮罩层来显示需要展示的动画效果。通过遮罩动画能够制作出很多极富创意色彩的 Flash 动画，例如过渡效果、聚光灯效果以及动态效果等。接下来将向大家详细讲述遮罩动画的相关知识。

10.2.1 遮罩动画的特点和用途

遮罩就像是个窗口，将遮罩项目放置在需要用作遮罩的图层上，通过遮罩可以看到下面链接层的区域，而其余所有的内容都会被遮罩层的其余部分隐藏。

在创建遮罩动画时，一般情况下，一个遮罩动画中可以同时存在多个被遮罩图层，但是一个遮罩层只能包含一个遮罩项目，遮罩项目可以是填充的形状、影片剪辑、文字对象或者图形。按钮内部不能存在遮罩层，并且不能将一个遮罩应用于另一个遮罩，但是可以将多个图层组织在一个遮罩项目下，来创建更加复杂的遮罩动画效果。

在创建动态的遮罩动画时，对于不同的对象需要使用不同的方法。如果是对于填充的对象，则可以使用补间形状；如果是对于文字、影片剪辑或者图形对象，则可以使用补间动画或传统补间动画。

10.2.2 创建遮罩图层

在前面已经向大家介绍了关于遮罩图层的特点以及用途，接下来将向大家讲述在 Flash CC 中如何创建遮罩图层，从而制作出遮罩动画。

执行“文件 > 打开”命令，打开素材文件“光盘\源文件\第 10 章\素材\1022.fla”，如图 10–42 所示。新建“图层 2”，使用“多角星形工具”，在“属性”面板上单击“选项”按钮，弹出“工具设置”对话框，设置如图 10–43 所示。

图 10-42 打开文件

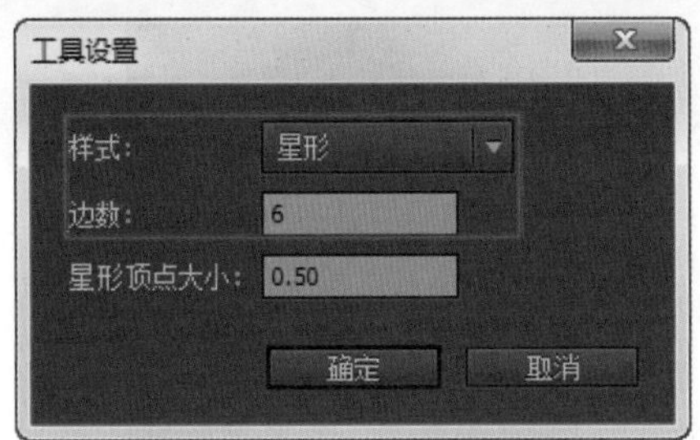

图 10-43 “工具设置”对话框

单击“确定”按钮，按住 Shift 键在场景中绘制一个六角星形，如图 10-44 所示。在第 60 帧位置按 F6 键插入关键帧，使用“任意变形工具”对该图形进行等比例放大，如图 10-45 所示。

图 10-44 绘制图形

图 10-45 放大图形

在“图层 2”上的开始帧与结束帧之间的任意一帧上单击鼠标右键，在弹出的菜单中选择“创建补间形状”命令，“时间轴”面板如图 10-46 所示。在“图层 2”名称处单击鼠标右键，在弹出的菜单中选择“遮罩层”命令，“时间轴”面板如图 10-47 所示。

图 10-46 “时间轴”面板

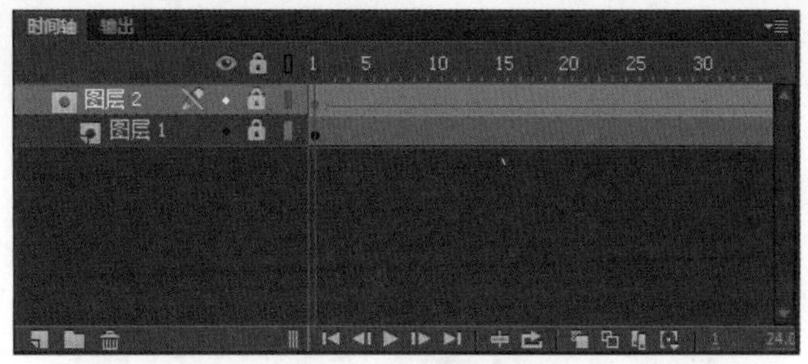

图 10-47 “时间轴”面板

按快捷键 Ctrl+Enter，即可测试动画效果，可以看到遮罩的效果如图 10-48 所示。

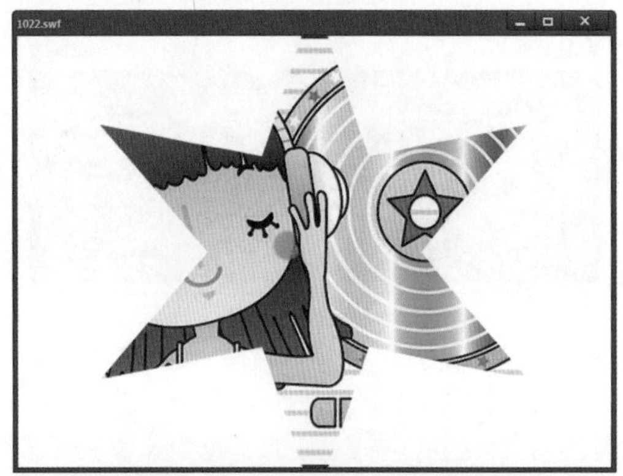

图 10-48 测试动画效果

10.2.3 制作餐饮宣传动画

本实例制作的是一个餐饮宣传的动画，主要是通过遮罩动画的应用和传统补间动画的创建制作的，流畅的动画效果与绿色的主色调进行搭配，使得整个画面给人一种赏心悦目的感觉。

动手实践——制作餐饮宣传动画

源文件：光盘 \ 源文件 \ 第 10 章 \10-2-3.fla

视频：光盘 \ 视频 \ 第 10 章 \10-2-3.swf

01 执行“文件 > 新建”命令，弹出“新建文档”对话框，设置如图 10-49 所示。单击“确定”按钮，新建一个 Flash 文档。执行“插入 > 新建元件”命令，弹出“创建新元件”对话框，设置如图 10-50 所示。

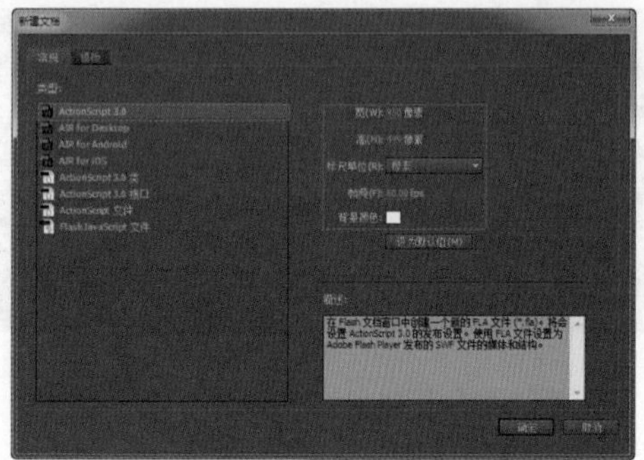
图 10-49 “新建文档”对话框

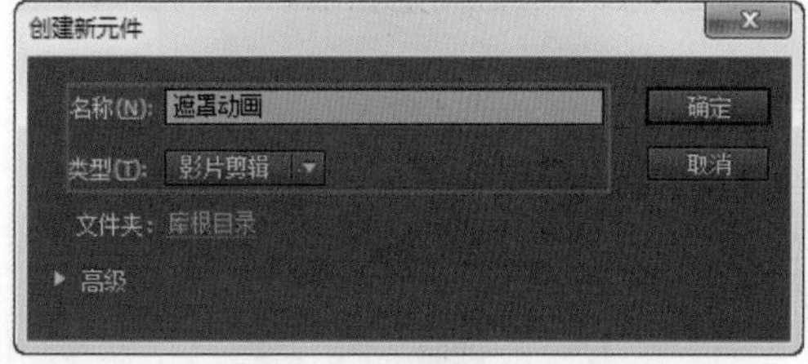

图 10-50 “创建新元件”对话框

02 单击“确定”按钮，在第 40 帧位置按 F6 键插入关键帧，如图 10-51 所示。执行“文件 > 导入 > 导入到舞台”命令，导入素材“光盘 \ 源文件 \ 第 10 章 \ 素材 \102401.jpg”，如图 10-52 所示。

图 10-51 “时间轴”面板

图 10-52 导入素材

03 在刚导入的图片上单击鼠标右键，在弹出的菜单中选择“转换为元件”命令，弹出“转换为元件”对话框，设置如图 10-53 所示。单击“确定”按钮，选中该元件，在“属性”面板中对其相关属性进行设置，如图 10-54 所示。

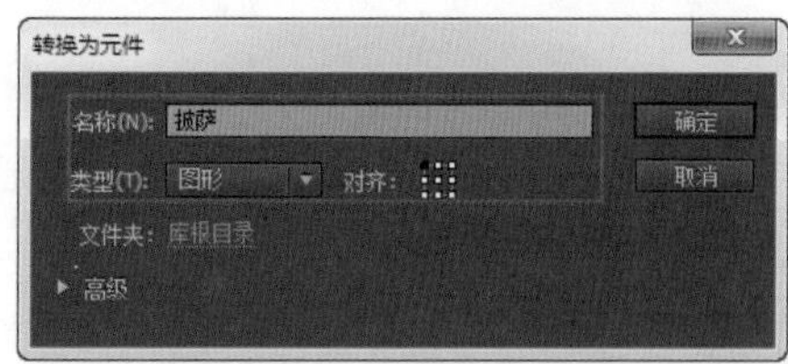

图 10-53 “转换为元件”对话框

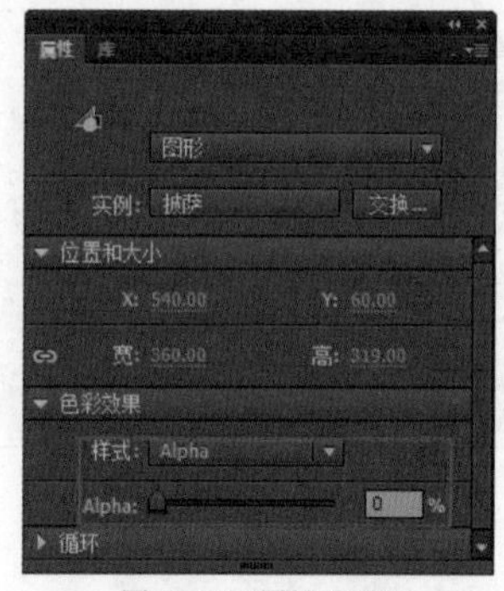
图 10-54 “属性”面板

04 在第 130 帧位置按 F6 键插入关键帧，选中该帧上的元件，在“属性”面板中对其相关属性进行设置，如图 10-55 所示。在第 40 帧上单击鼠标右键，在弹出的菜单中选择“创建传统补间”命令，“时间轴”面板如图 10-56 所示。

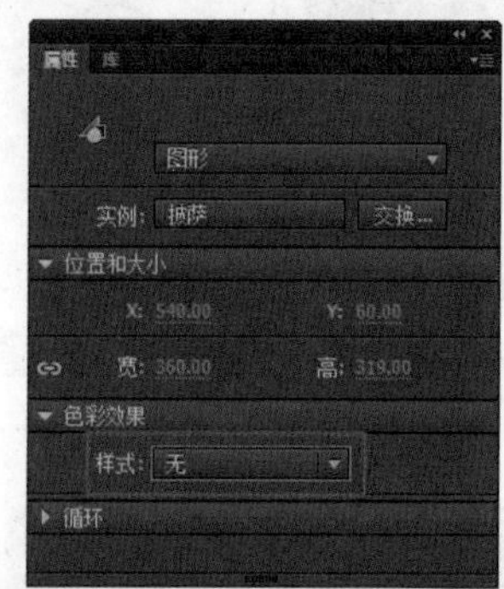
图 10-55 “属性”面板

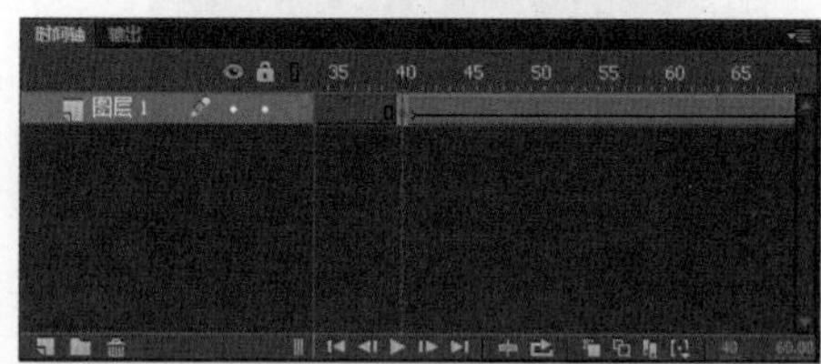
图 10-56 “时间轴”面板

05 新建“图层 2”，在第 40 帧位置按 F6 键插入关键帧，使用“椭圆工具”，按住 Shift 键在场景中绘制一个任意填充颜色的正圆形，如图 10-57 所示。在第 130 帧位置按 F6 键插入关键帧，调整正圆形至合适的大小，如图 10-58 所示。

图 10-57 绘制正圆

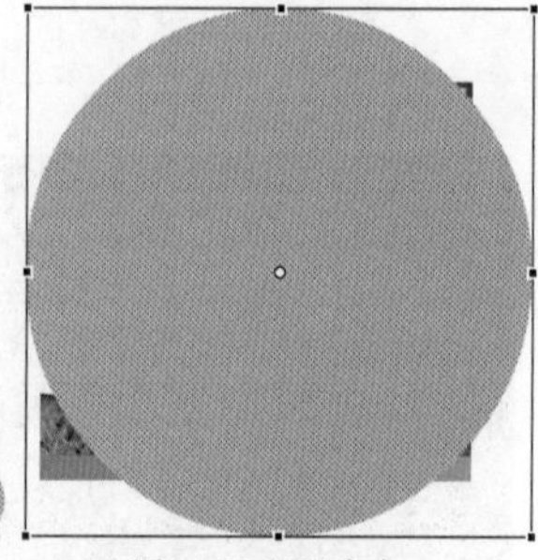
图 10-58 调整大小

06 在第 40 帧位置单击鼠标右键，在弹出的菜单中选择“创建补间形状”命令，“时间轴”面板如图 10–59 所示。新建“图层 3”，执行“文件 > 导入 > 导入到舞台”命令，导入素材“光盘 \ 源文件 \ 第 10 章 \ 素材 \102402.jpg”，如图 10–60 所示。

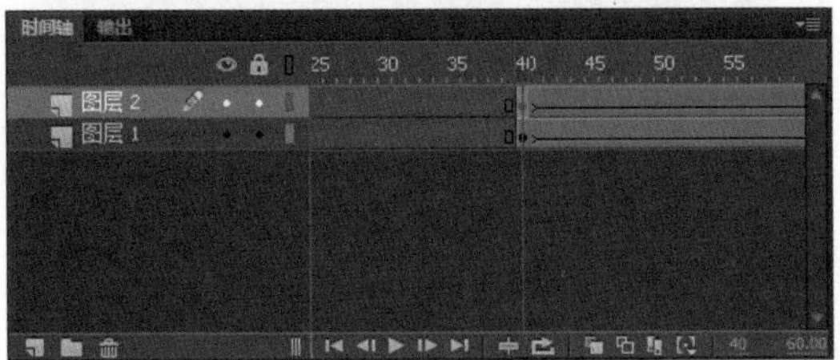
图 10-59 “时间轴”面板

图 10-60 导入素材

07 在刚导入的图片上单击鼠标右键，在弹出的菜单中选择“转换为元件”命令，弹出“转换为元件”对话框，设置如图 10–61 所示。单击“确定”按钮，选中该元件，在“属性”面板上设置其 Alpha 值为 0，如图 10–62 所示。

图 10-61 “转换为元件”对话框

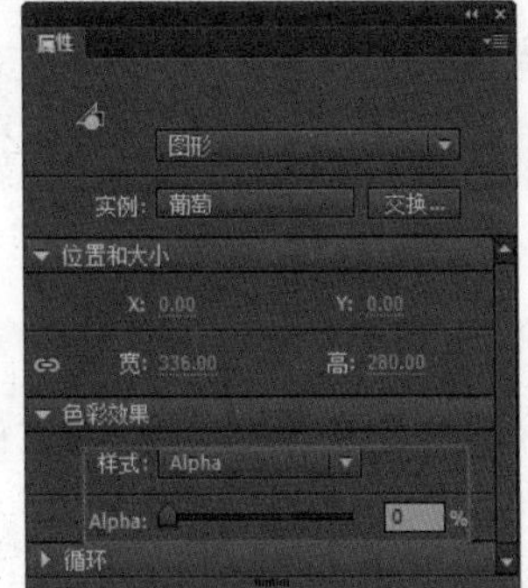
图 10-62 “属性”面板

08 在第 50 帧位置按 F6 键插入关键帧，选中该帧上的元件，在“属性”面板上设置其“样式”为“无”，如图 10–63 所示。在第 1 帧位置单击鼠标右键，在弹出的菜单中选择“创建传统补间”命令，“时间轴”面板如图 10–64 所示。

图 10-63 “属性”面板

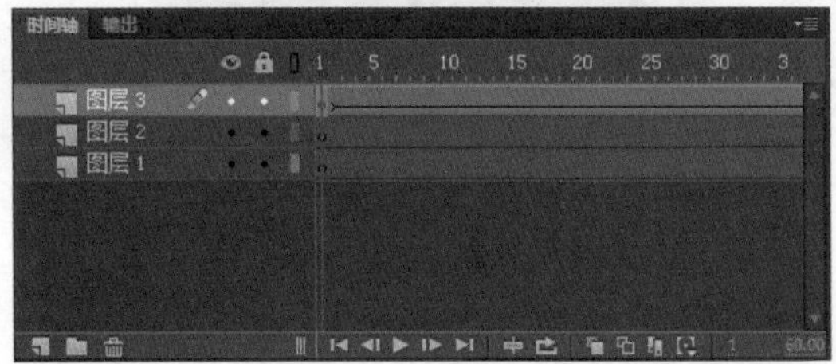
图 10-64 “时间轴”面板

09 新建“图层 4”，使用“椭圆工具”，按住 Shift 键在场景中绘制一个任意填充颜色的正圆形，如图 10–65 所示。在第 50 帧位置按 F6 键插入关键帧，调整正圆形大小，如图 10–66 所示。

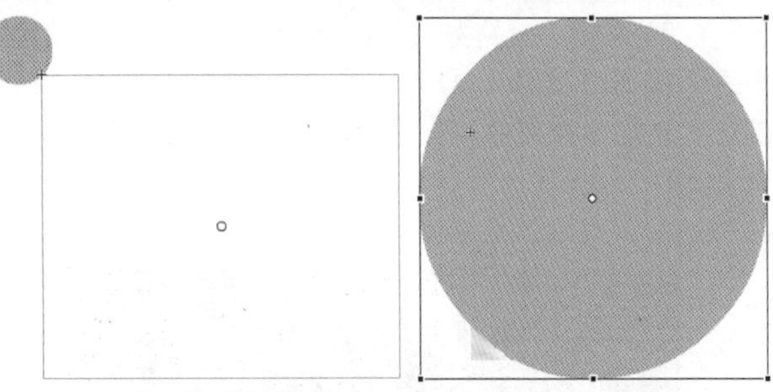
图 10-65 绘制正圆　　图 10-66 调整大小

10 在第 1 帧位置单击鼠标右键，在弹出的菜单中选择“创建补间形状”命令，“时间轴”面板如图 10–67 所示。在“图层 4”上单击鼠标右键，在弹出的菜单中选择“遮罩层”命令，使用相同的方法，设置“图层 2”为遮罩层，“时间轴”面板如图 10–68 所示。

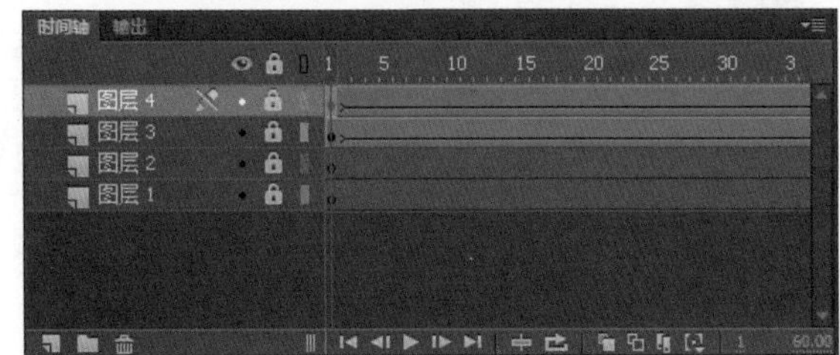
图 10-67 “时间轴”面板

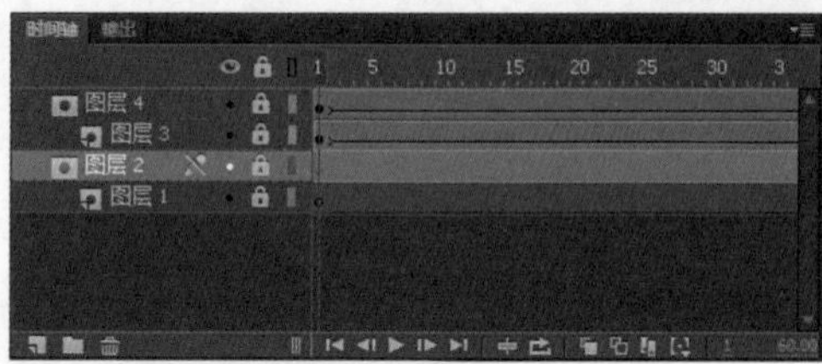

图 10-68 “时间轴”面板

11 新建“图层 5”，在第 130 帧位置按 F6 键插入关键帧，执行“窗口 > 动作”命令，打开“动作”面板，输入脚本代码，如图 10-69 所示，“时间轴”面板如图 10-70 所示。

图 10-69 “动作”面板

图 10-70 “时间轴”面板

12 执行“插入 > 新建元件”命令，弹出“创建新元件”对话框，设置如图 10-71 所示。单击“确定”按钮，执行“文件 > 导入 > 导入到舞台”命令，导入素材“光盘 \ 源文件 \ 第 10 章 \ 素材 \102403.png”，如图 10-72 所示。

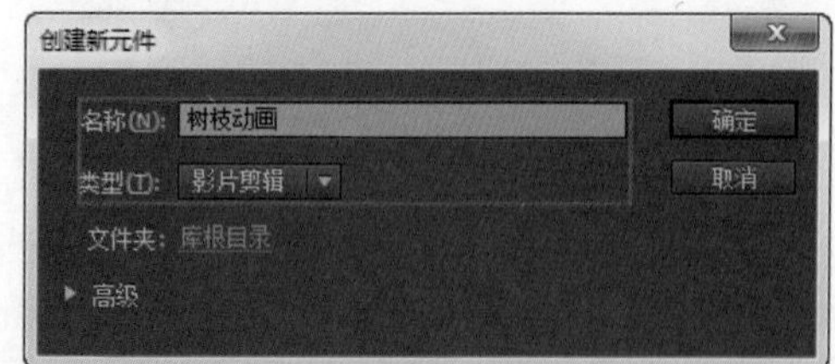

图 10-71 “创建新元件”对话框

图 10-72 导入素材

13 在刚导入的图片上单击鼠标右键，在弹出的菜单中选择“转换为元件”命令，弹出“转换为元件”对话框，设置如图 10-73 所示。单击“确定”按钮，使用“任意变形工具”，调整该元件中心点的位置，如图 10-74 所示。

图 10-73 “转换为元件”对话框

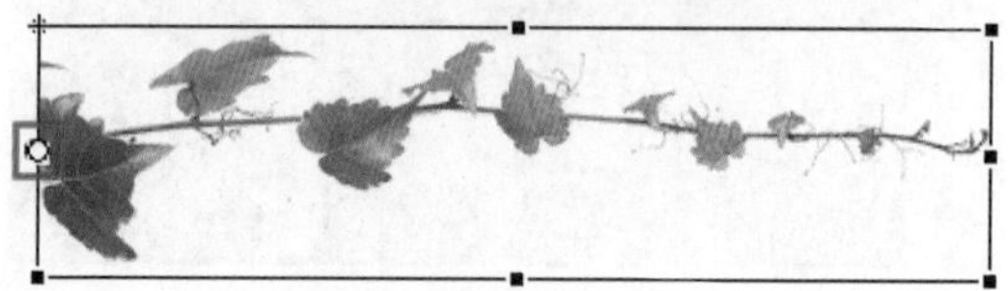

图 10-74 调整中心点

14 在第 35 帧位置按 F6 键插入关键帧，对元件进行适当的旋转操作，如图 10-75 所示。在第 90 帧位置按 F6 键插入关键帧，对元件进行适当的旋转操作，如图 10-76 所示。

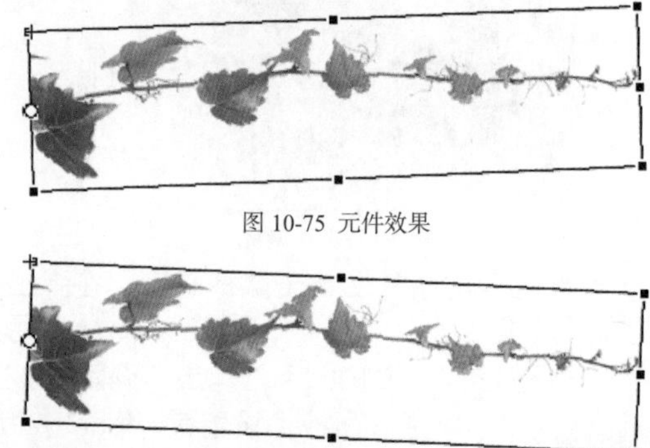

图 10-75 元件效果

图 10-76 元件效果

15 在第 1 帧和第 35 帧位置单击鼠标右键，在弹出的菜单中选择“创建传统补间”命令，“时间轴”面板如图 10-77 所示。执行“插入 > 新建元件”命令，在弹出的对话框中进行相应的设置，如图 10-78 所示。

图 10-77 “时间轴”面板

图 10-78 “创建新元件”对话框

16 单击“确定”按钮，执行“文件 > 导入 > 导入到舞台”命令，导入素材“光盘 \ 源文件 \ 第 10 章 \ 素材 \102404.png”，如图 10-79 所示。在第 110 帧位置按 F5 键插入帧，如图 10-80 所示。

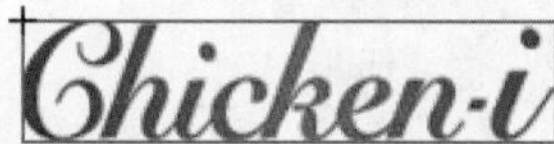

图 10-79　导入素材

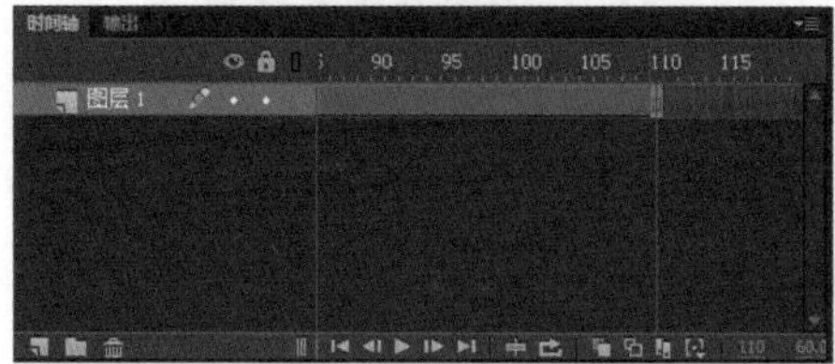

图 10-80 “时间轴”面板

17 新建“图层 2”，使用“矩形工具”，在场景中绘制一个 Alpha 值为 60% 的白色矩形，如图 10-81 所示。执行“修改 > 变形 > 旋转与倾斜”命令，对矩形进行适当的倾斜操作，如图 10-82 所示。

图 10-81　绘制矩形

图 10-82　倾斜操作

在此，为了让读者能够看清绘制的效果，暂时将舞台颜色设置为 #333333。

18 在第 110 帧位置按 F6 键插入关键帧，将矩形移至适当的位置，如图 10-83 所示。在第 1 帧单击鼠标右键，在弹出的菜单中选择“创建补间形状”命令，如图 10-84 所示。

图 10-83　移动位置

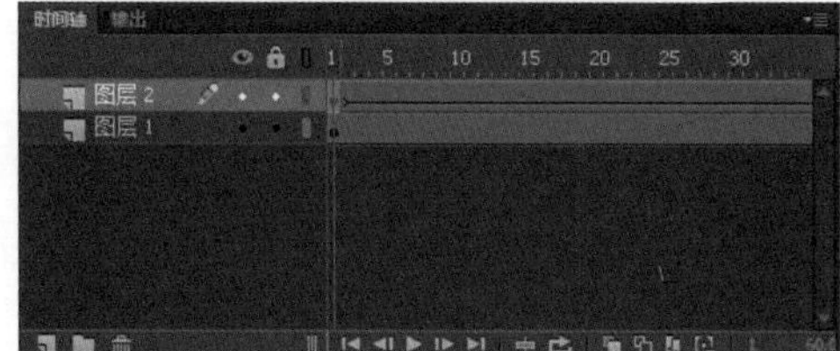

图 10-84 “时间轴”面板

19 新建“图层 3”，根据“图层 2”的制作方法，完成“图层 3”的动画制作，如图 10-85 所示。执行“插入 > 新建元件”命令，弹出“创建新元件”对话框，设置如图 10-86 所示。

图 10-85　元件效果

图 10-86 “创建新元件”对话框

20 单击“确定”按钮，使用“文本工具”，设置其“属性”面板如图 10-87 所示。设置完成后，在场景中输入文字，如图 10-88 所示。

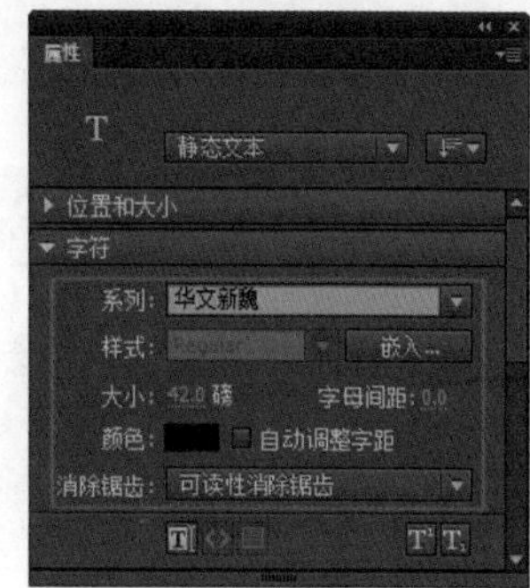

图 10-87 “属性”面板

图 10-88　输入文字

21 使用“选择工具”，单击选中刚输入的文字，执行“修改 > 分离”命令两次，并按 F8 键将其转换成名为“文字 1”的图形元件，如图 10-89 所示。选中该元件，在“属性”面板上设置其 Alpha 值为 0，如图 10-90 所示。

图 10-89　转换为元件

图 10-90 “属性”面板

22 在第 15 帧位置按 F6 键插入关键帧，选中该帧上的元件，在“属性”面板上设置其“样式”为“无”，如图 10-91 所示。在第 85 帧位置按 F5 键插入帧，在第 1 帧单击鼠标右键，在弹出的菜单中选择“创建传统补间”命令，“时间轴”面板如图 10-92 所示。

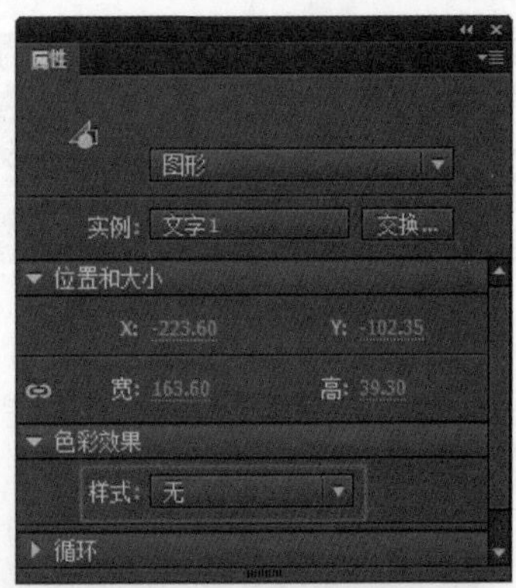

图 10-91 “属性”面板

图 10-92 “时间轴”面板

23 新建“图层 2”，在第 15 帧位置按 F6 键插入关键帧，使用“文本工具”，在“属性”面板上进行相应的设置，如图 10-93 所示。在场景中输入文字，如图 10-94 所示。

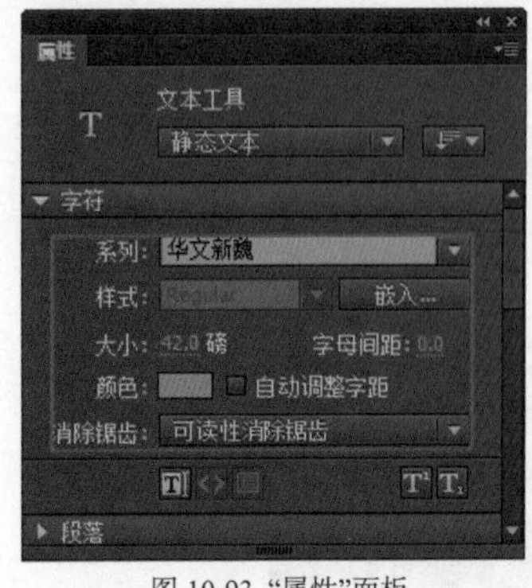

图 10-93 “属性”面板

图 10-94 输入文字

24 单击选中刚输入的文字，执行“修改 > 分离”命令两次，按 F8 键将其转换成名为“文字 2”的图形元件，如图 10-95 所示。选中该元件，在“属性”面板设置其 Alpha 值为 0，如图 10-96 所示。

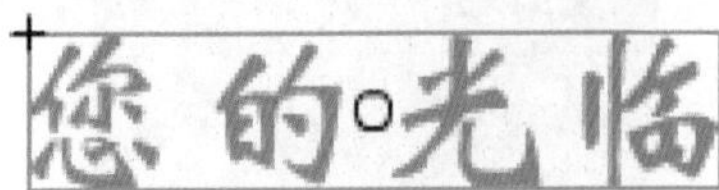

图 10-95 转换为元件

图 10-96 “属性”面板

25 在第 25 帧位置按 F6 键插入关键帧，选中该帧中的元件，在“属性”面板设置其“样式”为“无”，如图 10-97 所示。使用“任意变形工具”，将该元件等比例缩放至合适的大小，如图 10-98 所示。

图 10-97 “属性”面板

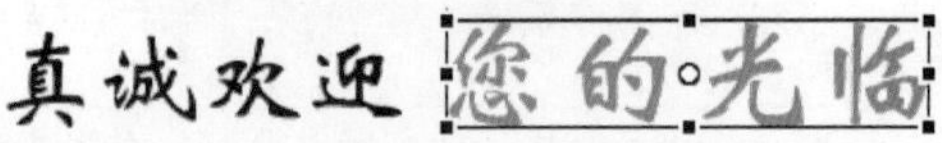

图 10-98 调整大小

26 在第 35 帧位置按 F6 键插入关键帧，调整元件至合适的大小，如图 10-99 所示。在第 15 帧和第 25 帧单击鼠标右键，在弹出的菜单中选择“创建传统补间”命令，“时间轴”面板如图 10-100 所示。

图 10-99 调整大小

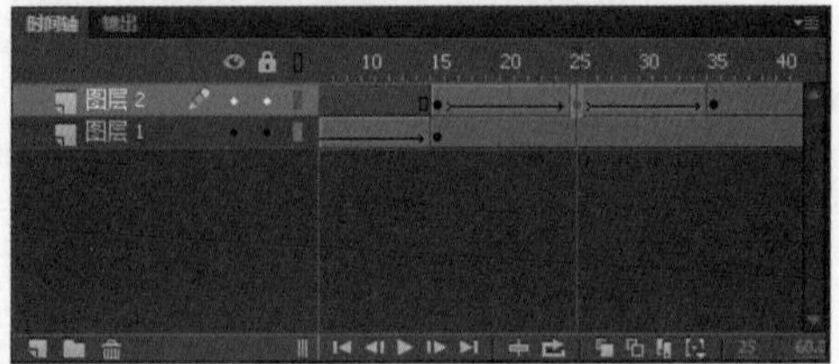

图 10-100 “时间轴”面板

27 使用相同的方法，完成其他内容的制作，如图 10-101 所示，“时间轴”面板如图 10-102 所示。

真诚欢迎　您的光临

Chicken·i

服务让您满意

质量让您放心

图 10-101　元件效果

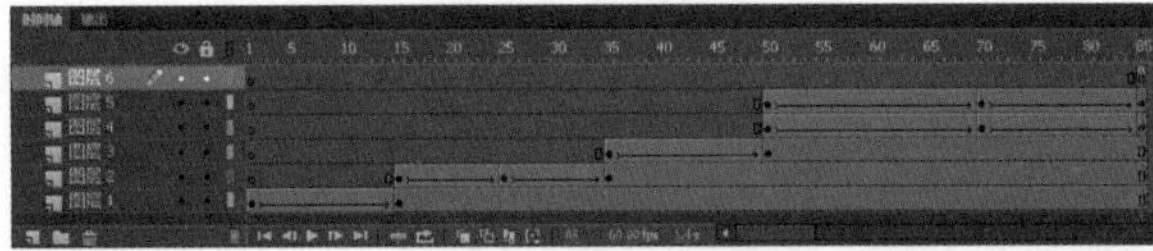

图 10-102 “时间轴”面板

28 返回“场景 1”编辑状态，执行“文件 > 导入 > 导入到舞台”命令，导入图片“光盘 \ 源文件 \ 第 10 章 \ 素材 \102405.jpg”，如图 10–103 所示。新建“图层 2”，从“库”面板中将名为“遮罩动画”的影片剪辑元件拖入到场景中，如图 10–104 所示。

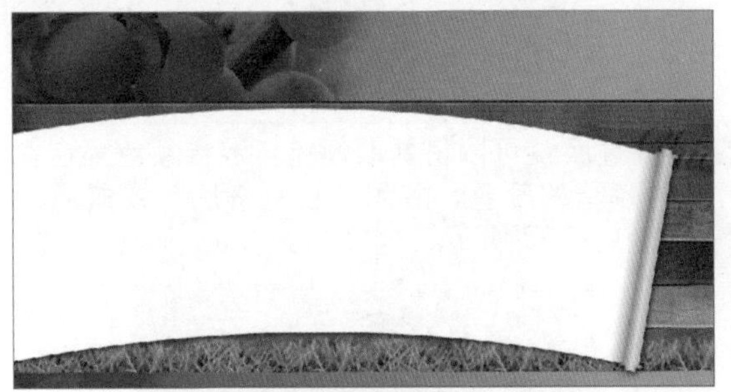

图 10-103　导入图片

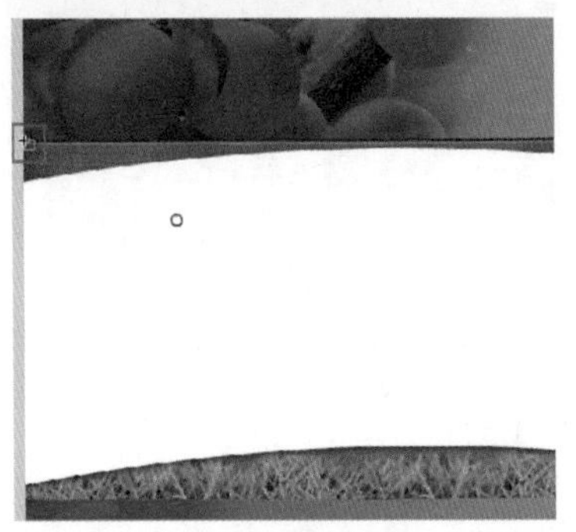

图 10-104　拖入元件

29 新建“图层 3”，执行“文件 > 导入 > 导入到舞台”命令，导入图片“光盘 \ 源文件 \ 第 10 章 \ 素材 \102406.png”，效果如图 10–105 所示。使用相同的方法，新建图层，将“库”面板中的其他元件拖入到场景中，效果如图 10–106 所示。

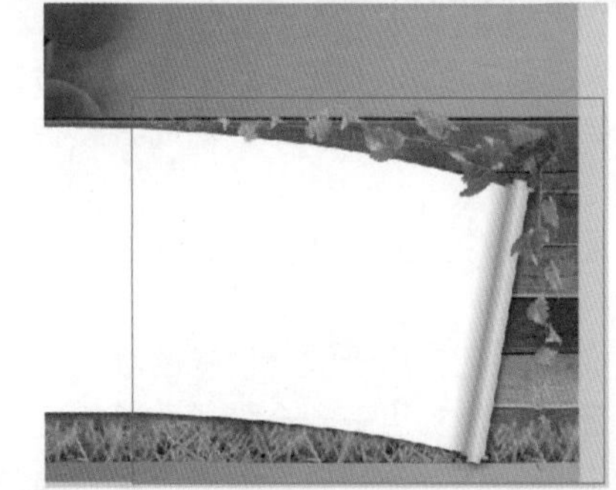

图 10-105　导入图片

图 10-106　场景效果

30 执行“文件 > 保存”命令，将其保存为“光盘 \ 源文件 \ 第 10 章 \10–2–3.fla”。按快捷键 Ctrl+Enter，即可测试动画效果，如图 10–107 所示。

图 10-107　测试动画效果

10.3 使用混合模式

在 Flash 中混合是一种元件的属性，并且只对影片剪辑元件起作用，使用混合模式可以混合重叠影片剪辑中的颜色，通过各个选项的设置，能够创造出别具一格的视觉效果，从而能够为动画的效果增添不少色彩。

10.3.1 关于混合模式

使用混合模式可以创建复合对象，复合是改变两个或两个以上的重叠对象的透明度或者颜色相互关系的过程。

根据混合模式选项的内容，在混合时一般可分为以下几种。

(1) 混合颜色应用于混合模式的颜色。

(2) 不透明度应用于混合模式的透明度。

(3) 基准颜色混合颜色下面的像素的颜色。

(4) 结果颜色基准颜色上混合效果的结果。

10.3.2 混合模式详解 

在 Flash 中，要想为某个影片剪辑元件创建混合模式的话，可以通过对“属性”面板中的“显示”属性进行相应的设置加以实现。

混合模式的创建是通过“属性”面板中的“显示”属性来实现的，“显示”属性如图 10-108 所示。单击“混合”选项后的倒三角按钮，在弹出的模式下拉列表中包含了混合模式所有的选项，如图 10-109 所示。

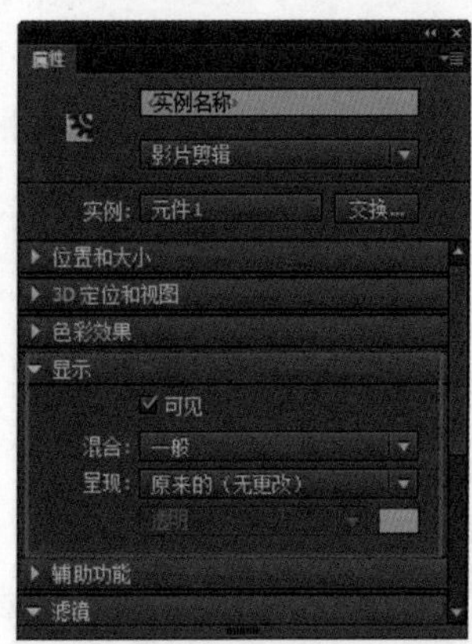

图 10-108 “属性”面板

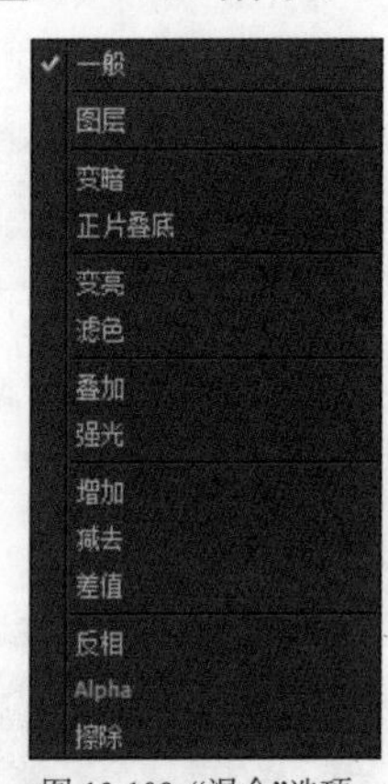

图 10-109 “混合”选项

一般：可以正常应用颜色，不与基准颜色发生混合变化，应用“一般”模式后的效果如图 10-110 所示。

图 10-110 “一般”模式

图层：可以层叠各个影片剪辑，而不影响其颜色，应用“图层”模式后的效果如图 10-111 所示。

图 10-111 “图层”模式

变暗：只替换比混合颜色亮的区域，比混合颜色暗的区域将保持不变，应用“变暗”模式后的效果如图 10-112 所示。

图 10-112 “变暗”模式

正片叠底：可以将基准颜色与混合颜色复合，从而产生较暗的颜色，应用“正片叠底”模式后的效果如图 10-113 所示。

图 10-113 “正片叠底”模式

变亮：只替换比混合颜色暗的像素，比混合颜色亮的区域将保持不变，应用“变亮”模式后的效果如图 10-114 所示。

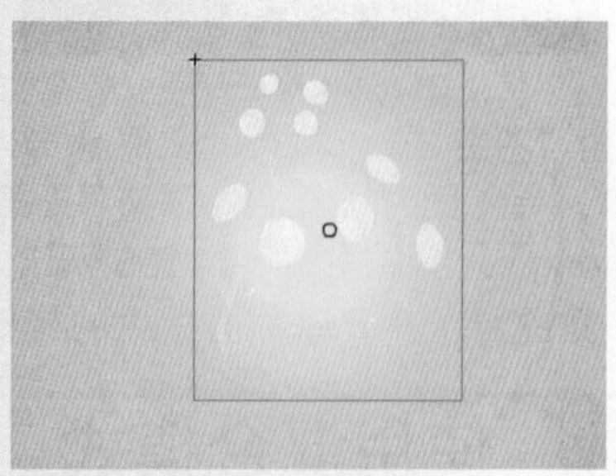

图 10-114 “变亮”模式

滤色：可以将混合颜色的反色与基准颜色复合，从而产生漂白效果，应用“滤色”模式后的效果如图 10-115 所示。

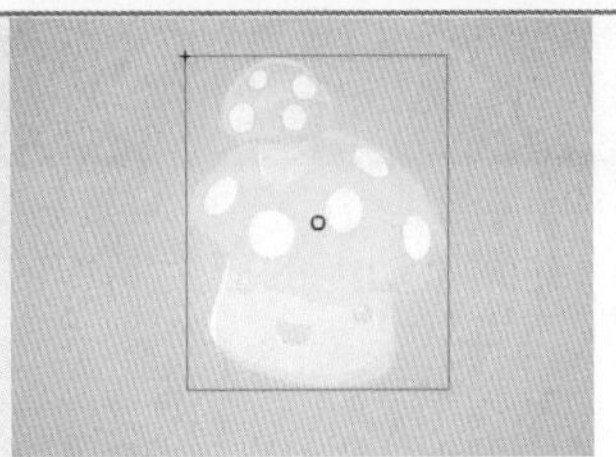
图 10-115 “滤色”模式

- 叠加：可以复合或过滤颜色，结果颜色需取决于基准颜色，应用“叠加”模式后的效果如图 10–116 所示。

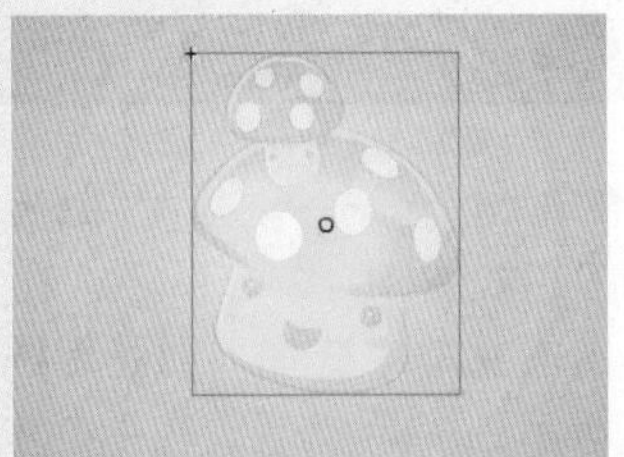
图 10-116 “叠加”模式

- 强光：可以复合或过滤颜色，结果颜色需取决于混合模式颜色。此效果类似于用点光源照射对象，应用“强光”模式后的效果如图 10–117 所示。

图 10-117 “强光”模式

- 增加：通常用于两个对象之间创建动画的变亮分解效果，应用“增加”模式后的效果如图 10–118 所示。

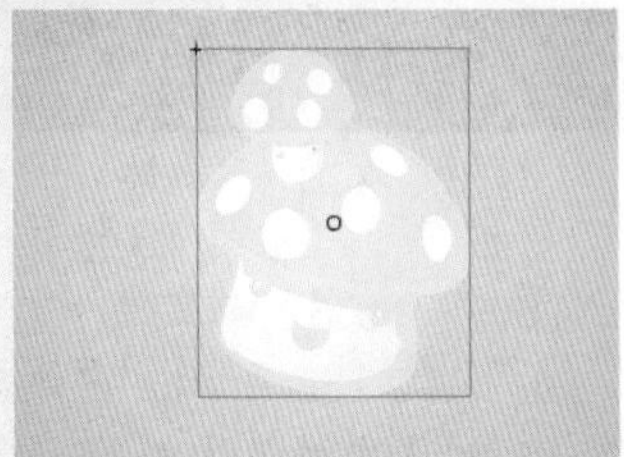
图 10-118 “增加”模式

- 减去：通常用于两个对象之间创建动画的变暗分解效果，应用“减去”模式后的效果如图 10–119 所示。

图 10-119 “减去”模式

- 差值：从基色减去混合色或从混合色减去基色，结果颜色取决于哪一种的亮度值较大，此效果类似于彩色底片，应用“差值”模式后的效果如图 10–120 所示。

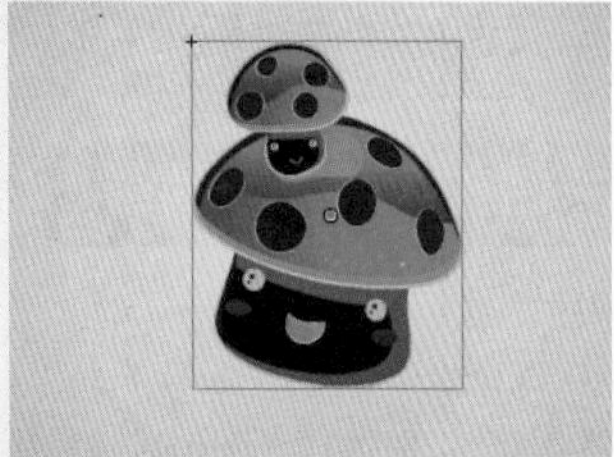
图 10-120 “差值”模式

- 反相：可以反转基准颜色，应用“反相”模式后的效果如图 10–121 所示。

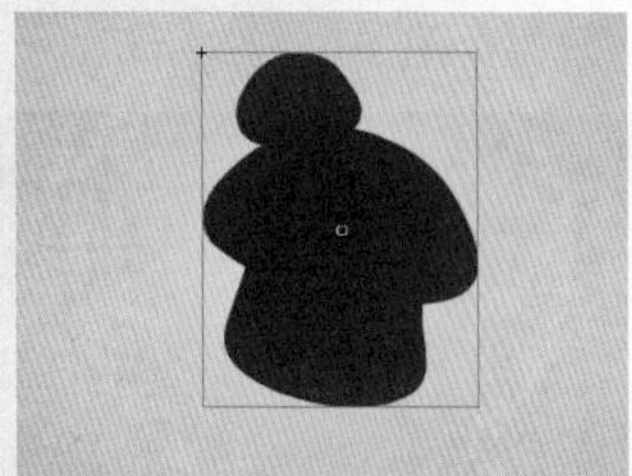
图 10-121 “反相”模式

- Alpha：应用 Alpha 遮罩层，应用 Alpha 模式后的效果如图 10–122 所示。

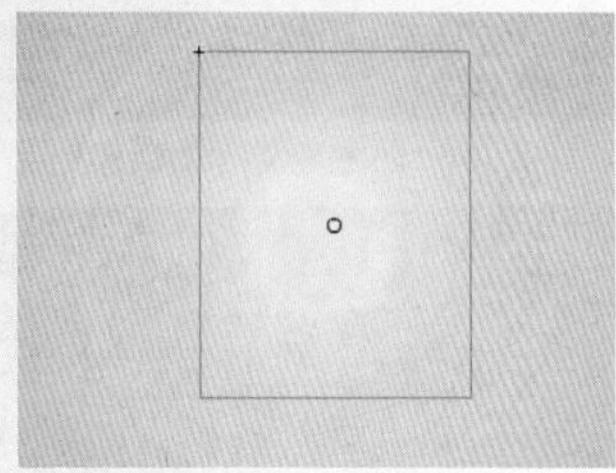
图 10-122 Alpha 模式

- 擦除：可以删除所有基准颜色像素，包括背景对象中的基准颜色像素，应用“擦除”模式后的效果如图 10–123 所示。

图 10-123 “擦除”模式

提示

混合模式不仅取决于要应用混合的对象的颜色，还取决于基础颜色。在使用时用户可试验不同的混合模式，以获得最满意的效果。“擦除”和 Alpha 混合模式要求将“图层”混合模式应用于父级影片剪辑。不能将背景剪辑更改为“擦除”并应用它，因为该对象将是不可见的。

10.4 制作网站开场动画

本实例是通过遮罩动画、引导动画的使用，以及传统补间、形状补间等功能的应用制作的一个网站开场动画，从本实例的制作过程中可以了解补间动画以及外部库的应用。

动手实践——制作网站开场动画

源文件：光盘\源文件\第 10 章\10-4.fla

视频：光盘\视频\第 10 章\10-4.swf

01 执行“文件 > 新建”命令，弹出“新建文档”对话框，设置如图 10-124 所示。单击“确定”按钮，新建一个 Flash 文档，执行“文件 > 导入 > 导入到舞台”命令，导入图片“光盘\源文件\第 10 章\素材\10801.jpg”，效果如图 10-125 所示。

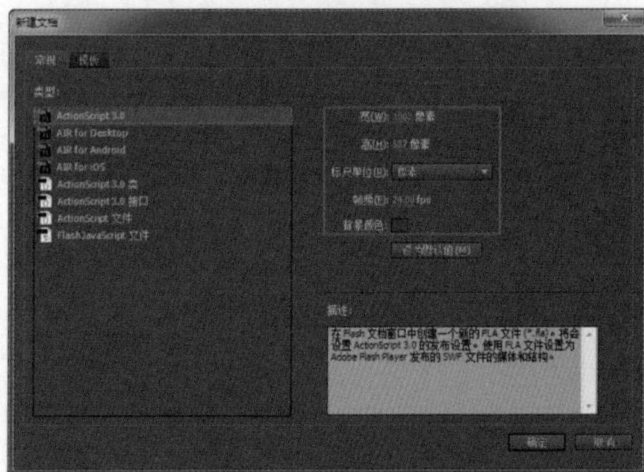

图 10-124 “新建文档”对话框

图 10-125 导入图片

02 在刚导入的图片上单击鼠标右键，在弹出的菜单中选择“转换为元件”命令，弹出“转换为元件”对话框，设置如图 10-126 所示。单击“确定”按钮，在第 15 帧位置按 F6 键插入关键帧，在第 170 帧位置按 F5 键插入帧，如图 10-127 所示。

图 10-126 “转换为元件”对话框

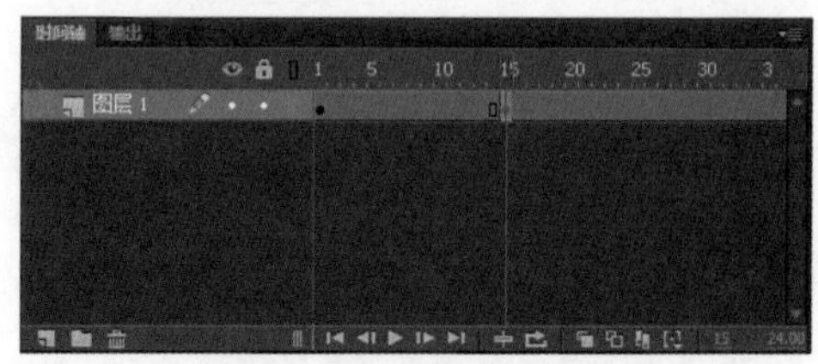

图 10-127 “时间轴”面板

03 选择第 1 帧上的元件，在“属性”面板上设置其 Alpha 值为 0，如图 10-128 所示。在第 1 帧单击鼠标右键，在弹出的菜单中选择“创建传统补间”命令，如图 10-129 所示。

图 10-128 “属性”面板

图 10-129 “时间轴”面板

04 新建“图层 2”，在第 13 帧位置按 F6 键插入关键帧，导入图片“光盘\源文件\第 10 章\素材\10802.png”，如图 10-130 所示。在刚导入的图片上单击鼠标右键，在弹出的菜单中选择“转换为元件”命令，弹出“转换为元件”对话框，设置如图 10-131 所示。

图 10-130 导入图片

图 10-131 "转换为元件"对话框

05 单击"确定"按钮，在第 25 帧位置按 F6 键插入关键帧，选中第 13 帧上的元件，在"属性"面板上设置其 Alpha 值为 0，如图 10-132 所示。在第 13 帧单击鼠标右键，在弹出的菜单中选择"创建传统补间"命令，"时间轴"面板如图 10-133 所示。

图 10-132 "属性"面板

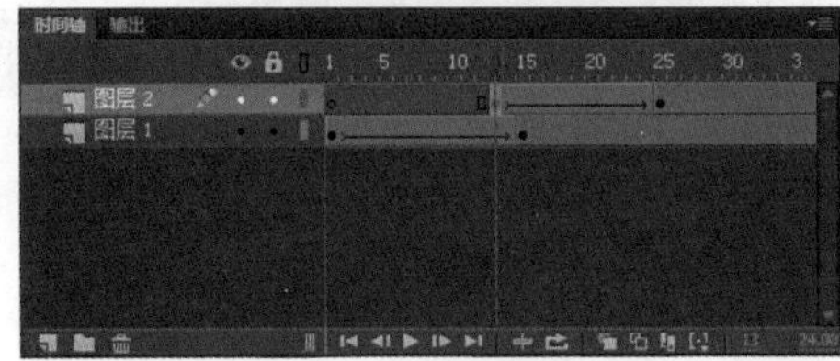

图 10-133 "时间轴"面板

06 新建"图层 3"，在第 30 帧位置按 F6 键插入关键帧，导入图片"光盘\源文件\第 10 章\素材\10803.png"，如图 10-134 所示。在刚导入的图片上单击鼠标右键，在弹出的菜单中选择"转换为元件"命令，弹出"转换为元件"对话框，设置如图 10-135 所示。

图 10-134 导入图片

图 10-135 "转换为元件"对话框

07 单击"确定"按钮，依次在第 42 帧和第 56 帧位置按 F6 键插入关键帧，分别选中第 30 帧和第 56 帧上的元件，在"属性"面板上设置其 Alpha 值为 0%，如图 10-136 所示。分别在第 30 帧和第 42 帧单击鼠标右键，在弹出的菜单中选择"创建传统补间"命令，"时间轴"面板如图 10-137 所示。

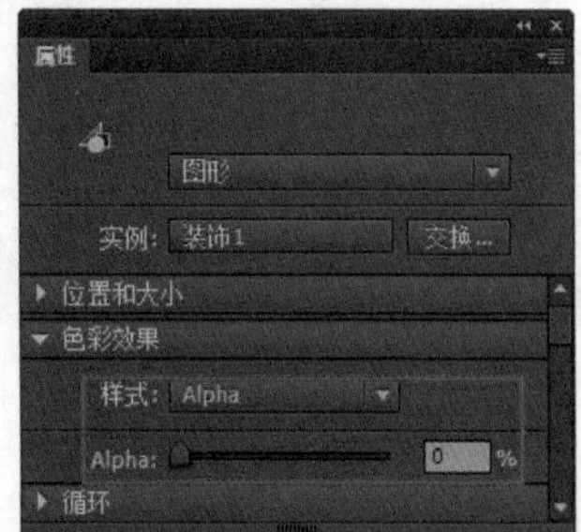

图 10-136 "属性"面板

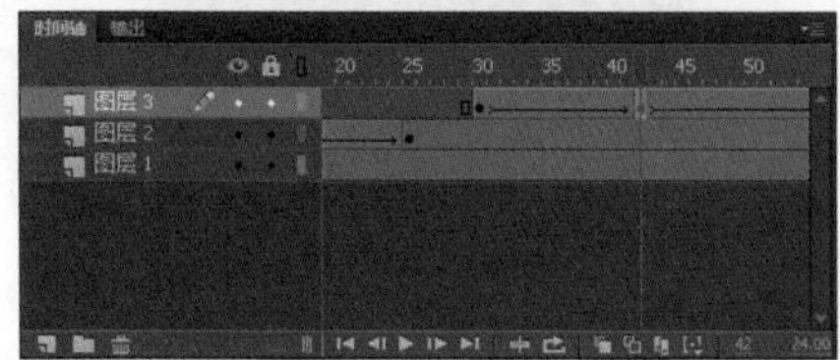

图 10-137 "时间轴"面板

08 新建"图层 4"，在第 155 帧位置按 F6 键插入关键帧，执行"文件 > 导入 > 打开外部库"命令，在弹出的"打开"对话框中选择相应的文件，如图 10-138 所示。单击"打开"按钮，即可打开"库 – 素材"面板，如图 10-139 所示。

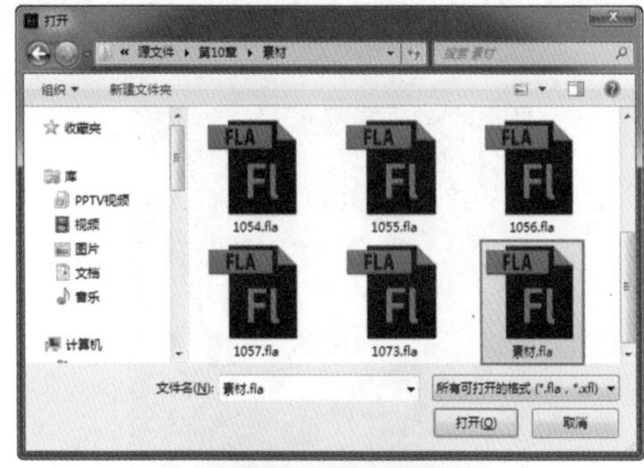

图 10-138 "打开"对话框

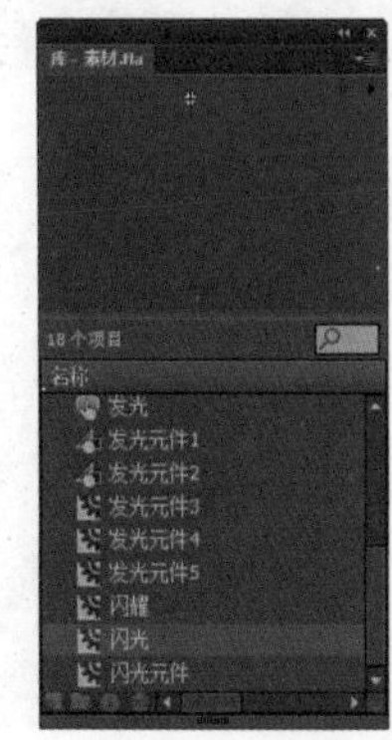

图 10-139 "库 - 素材"面板

09 将名为“闪光”的影片剪辑元件从“库－素材”面板拖入到场景中，如图 10-140 所示。选中该元件，在“属性”面板上设置其 Alpha 值为 30%，如图 10-141 所示。

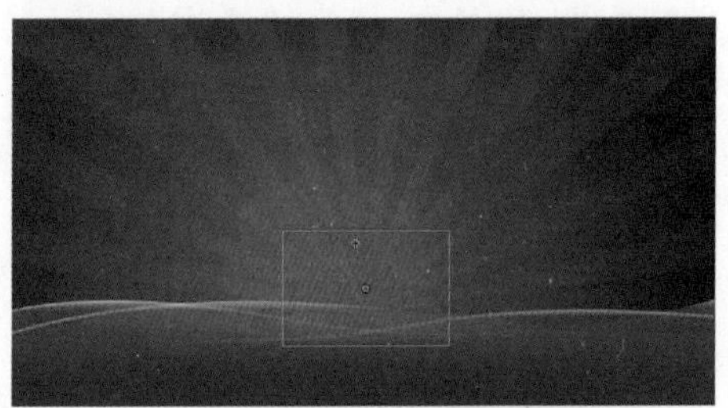

图 10-140 拖入元件

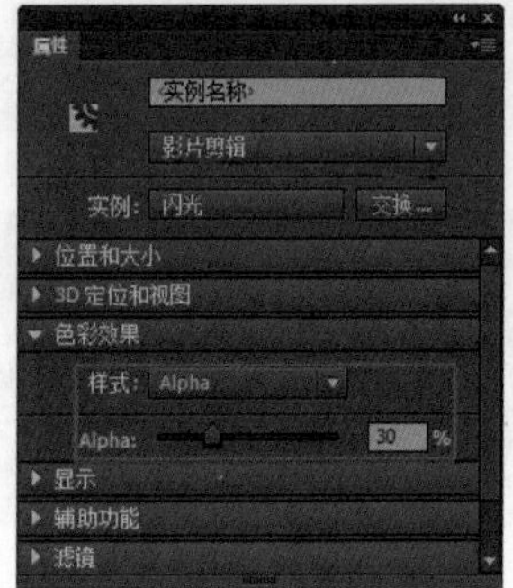

图 10-141 “属性”面板

10 新建“图层 5”，在第 55 帧位置按 F6 键插入关键帧，导入图片“光盘\源文件\第 10 章\素材\10804.png”，如图 10-142 所示。新建“图层 6”，在第 55 帧位置按 F6 键插入关键帧，使用“椭圆工具”，在场景中绘制一个任意填充颜色的椭圆形，如图 10-143 所示。

图 10-142 导入图片

图 10-143 绘制椭圆

11 在第 90 帧位置按 F6 键插入关键帧，选中该帧上的椭圆形，对其进行相应的调整，如图 10-144 所示。在第 55 帧位置单击鼠标右键，在弹出的菜单中选择“创建补间形状”命令，在“图层 6”上单击鼠标右键，在弹出的菜单中选择“遮罩层”命令，“时间轴”面板如图 10-145 所示。

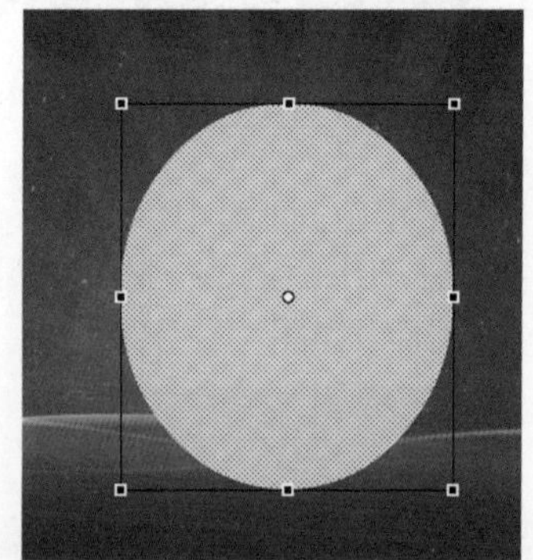

图 10-144 调整椭圆大小

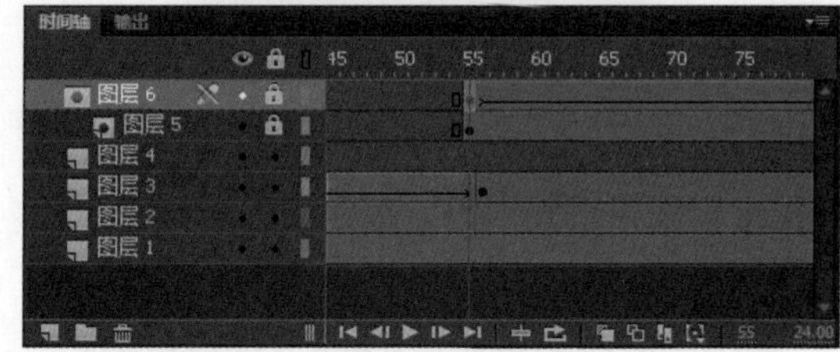

图 10-145 “时间轴”面板

12 新建“图层 7”，在第 45 帧位置按 F6 键插入关键帧，导入图片“光盘\源文件\第 10 章\素材\10805.png”，如图 10-146 所示。在刚导入的图片上单击鼠标右键，在弹出的菜单中选择“转换为元件”命令，弹出“转换为元件”对话框，设置如图 10-147 所示。

图 10-146 导入图片

转换为元件

名称(N): 装饰2　　确定

类型(T): 图形　对齐：　　取消

文件夹：库根目录

▸ 高级

图 10-147 “转换为元件”对话框

13 单击“确定”按钮，在第 55 帧位置按 F6 键插入关键帧，选中第 45 帧上的元件，在“属性”面板上设置其 Alpha 值为 0，如图 10-148 所示。在第 45 帧单击鼠标右键，在弹出的菜单中选择“创建传统补间”命令，“时间轴”面板如图 10-149 所示。

图 10-148 “属性”面板

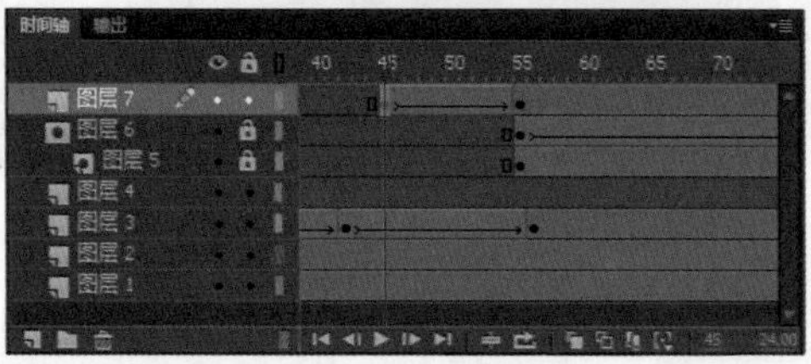

图 10-149 “时间轴”面板

14 新建“图层 8”，在第 65 帧位置按 F6 键插入关键帧，导入图片“光盘\源文件\第 10 章\素材\10806.png”，如图 10-150 所示。在刚导入的图片上单击鼠标右键，在弹出的菜单中选择“转换为元件”命令，弹出“转换为元件”对话框，设置如图 10-151 所示。

图 10-150 导入图片

图 10-151 “转换为元件”对话框

15 单击“确定”按钮，新建“图层 9”，在第 65 帧位置按 F6 键插入关键帧，使用“椭圆工具”，在场景中绘制一个任意填充颜色的椭圆形，如图 10-152 所示。在第 75 帧位置按 F6 键插入关键帧，选中该帧上的椭圆形，对其进行相应的调整，如图 10-153 所示。

图 10-152 绘制椭圆

图 10-153 调整椭圆大小

16 在第 65 帧单击鼠标右键，在弹出的菜单中选择“创建补间形状”命令，在“图层 9”上单击鼠标右键，在弹出的菜单中选择“遮罩层”命令，“时间轴”面板如图 10-154 所示，场景效果如图 10-155 所示。

图 10-154 “时间轴”面板

图 10-155 场景效果

17 根据“图层 8”、“图层 9”的制作方法，制作出其他图层动画，场景效果如图 10-156 所示，“时间轴”面板如图 10-157 所示。

图 10-156 场景效果

图 10-157 "时间轴"面板

18 新建"图层 18"，在第 150 帧位置按 F6 键插入关键帧，从"库 – 素材"面板中将名为"蝴蝶"的影片剪辑元件拖入到场景中，如图 10–158 所示。新建"图层 19"，在第 135 帧位置按 F6 键插入关键帧，从"库 – 素材"面板中将名为"发光"的元件拖入到场景中，如图 10–159 所示。

图 10-158 拖入元件

图 10-159 拖入元件

19 新建"图层 20"，在第 170 帧位置按 F6 键插入关键帧，打开"动作"面板，在该面板中输入脚本语言，如图 10–160 所示。"时间轴"面板如图 10–161 所示。

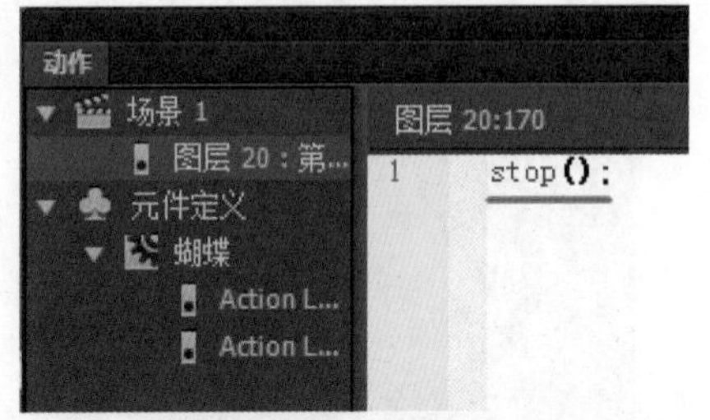

图 10-160 "动作"面板

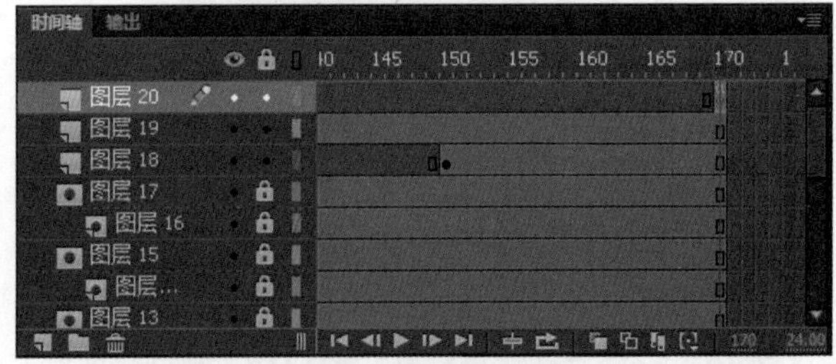

图 10-161 "时间轴"面板

20 执行"文件 > 保存"命令，将其保存为"光盘\源文件\第 10 章\10–4.fla"，按快捷键 Ctrl+Enter，测试动画效果，效果如图 10–162 所示。

图 10-162 测试动画效果

10.5 本章小结

本章主要向大家介绍了 Flash CC 中引导动画和遮罩动画的制作，以及影片剪辑元件混合模式的设置方法和技巧，通过本章的学习，可以将多种不同的动画类型相结合制作出更加复杂的动画效果，使动画更加丰富多彩。

第11章 3D 动画与滤镜效果

从 Flash CS4 开始，在 Flash 中添加了 3D 工具，通过使用 3D 工具可以很轻松地制作出 3D 平移和 3D 翻转动画效果，可以增强 Flash 动画的 3D 立体空间感。在 Flash 动画中可以为文本、按钮和影片剪辑对象添加滤镜，从而增强对象的视觉表现效果。在本章中将向读者介绍如何使用 Flash 中的 3D 工具制作 3D 动画效果以及 Flash 中滤镜的制作方法和技巧。

11.1 使用 3D 旋转对象

"3D 旋转工具"是指通过 3D 旋转控件旋转影片剪辑实例，使其沿 X、Y 和 Z 轴旋转，产生一种类似三维空间的透视效果。通过使用"3D 旋转工具"可以制作出许多类似于三维空间的动画效果。

11.1.1 使用"3D 旋转工具"

3D 旋转控制由四部分组成：红色的是 X 轴控件、绿色的是 Y 轴控件、蓝色的是 Z 轴控件，使用橙色的自由变换控件可以同时绕 X 和 Y 轴进行旋转。

动手实践——对影片剪辑元件进行 3D 旋转

源文件：光盘\源文件\第 11 章\11-1-1.fla

视频：光盘\视频\第 11 章\11-1-1.swf

01 执行"文件 > 打开"命令，打开素材文件"光盘\源文件\第 11 章\11-1-1.fla"，效果如图 11-1 所示。选中文档中需要进行 3D 旋转的影片剪辑对象，如图 11-2 所示。

图 11-1 打开文件

图 11-2 选中影片剪辑对象

02 单击工具箱中的"3D 旋转工具"按钮，所选中的影片剪辑对象上将出现 3D 旋转控件，如图 11-3 所示。将光标移至 3D 旋转控制的红色 X 轴上，光标变为形状，拖动鼠标可以使影片剪辑对象沿 X 轴进行旋转，如图 11-4 所示。

图 11-3 显示 3D 旋转控件

图 11-4 沿 X 轴旋转对象

提示

3D 旋转控件使用户可以沿 X、Y 和 Z 轴任意旋转和移动对象，从而产生极具透视效果的动画。相当于把舞台上的平面图形看作三维空间中的一个纸片，通过操作旋转控件，使得这个二维纸片在三维空间中旋转。

03 将光标移至 3D 旋转控制的绿色 Y 轴上，光标变为▸Y形状，拖动鼠标可以使影片剪辑对象沿 Y 轴进行旋转，如图 11–5 所示。将光标移至 3D 旋转控制的蓝色 Z 轴上，光标变为▸Z形状，拖动鼠标可以使影片剪辑对象沿 Z 轴进行旋转，如图 11–6 所示。

图 11-5 沿 Y 轴旋转对象

图 11-6 沿 Z 轴旋转对象

04 将光标移至 3D 控制轴最外侧的橙色自由旋转控件上，拖动鼠标可以使影片剪辑对象同时在 X 和 Y 轴上进行自由旋转，如图 11–7 所示。

图 11-7 自由旋转对象

提示

在 X 轴、Y 轴或 Z 轴上旋转对象时，其他轴将显示为灰色，表示当前不可操作，这样可以确保对象不受其他控件的影响。

11.1.2 使用“变形”面板实现 3D 旋转 

除了可以使用“3D 旋转工具”在影片剪辑对象上拖动实现对象的 3D 旋转操作外，还可以通过“变形”面板实现影片剪辑对象的精确 3D 旋转。

在舞台中选中相应的影片剪辑对象，执行“窗口 > 变形”命令，打开“变形”面板，效果如图 11–8 所示。

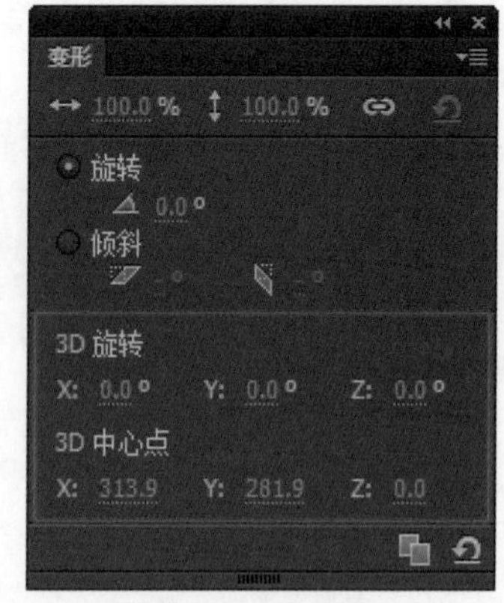

图 11-8 “变形”面板

在“变形”面板中的“3D 旋转”选项区的 X、Y 和 Z 选项中输入所需要的值以旋转选中的对象。也可以在数值上，通过左右拖动鼠标来调整数值。

如果需要移动 3D 旋转点，则可以在“3D 中心点”选项区中的 X、Y 和 Z 选项中输入所需要的值。也可以在数值上，通过左右拖动鼠标来调整数值。

11.1.3 全局转换与局部转换

当选择“3D 旋转工具”后，在工具箱底部的选项区中有一个“全局转换”按钮，如图 11–9 所示。

图 11-9 “全局转换”按钮

“3D 旋转工具”的默认模式是全局转换模式，与其相对的模式是局部转换，单击工具箱中的“全局转换”按钮，可以在这两个模式中进行转换。

两种模式的主要区别是：在全局转换模式下的 3D 旋转控件方向与舞台相关，如图 11–10 所示。而局部转换模式下的 3D 旋转控件方向与影片剪辑的空间相关，如图 11–11 所示。

图 11-10 全局转换模式

图 11-11 局部转换模式

11.1.4 制作 3D 旋转动画

一般的 Flash 动画都是二维动画，由于 3D 工具的出现，可以使得在 Flash 中制作三维动画变成了现实。下面通过“3D 旋转工具”制作出照片 3D 旋转出场的效果。

动手实践——制作照片 3D 展示动画

源文件：光盘\源文件\第 11 章\11-1-4.fla

视频：光盘\视频\第 11 章\11-1-4.swf

01 执行“文件 > 新建”命令，弹出“新建文档”对话框，设置如图 11–12 所示。单击“确定”按钮，新建一个空白 Flash 文档，执行“文件 > 导入 > 导入到舞台”命令，导入素材“光盘\源文件\第 11 章\素材\121401.jpg”，如图 11–13 所示。

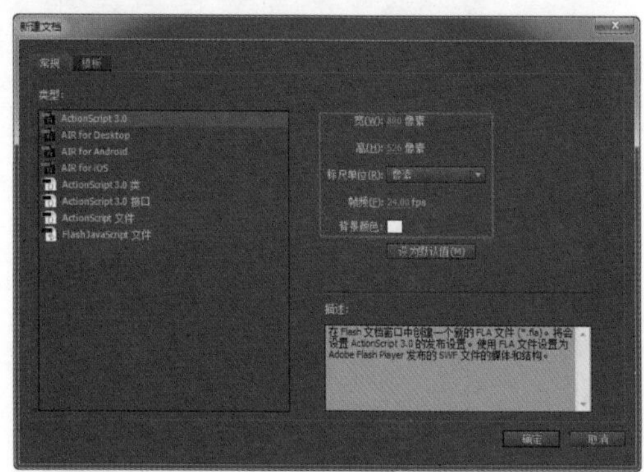

图 11-12 “新建文档”对话框

图 11-13 导入素材图像

02 在第 100 帧位置，按 F5 键插入帧。执行“插入 > 新建元件”命令，弹出“创建新元件”对话框，设置如图 11–14 所示。单击“确定”按钮，导入素材“光盘\源文件\第 11 章\素材\121402.png”，并调整到合适位置，如图 11–15 所示。

图 11-14 “创建新元件”对话框

图 11-15 导入素材图像

03 将刚导入的素材转换为名称为“照片 1”的影片剪辑元件，如图 11–16 所示。在第 1 帧单击鼠标右键，在弹出的菜单中选择“创建补间动画”命令，将光标移至第 24 帧位置，按 F6 键插入关键帧，如图 11–17 所示。

图 11-16 “转换为元件”对话框

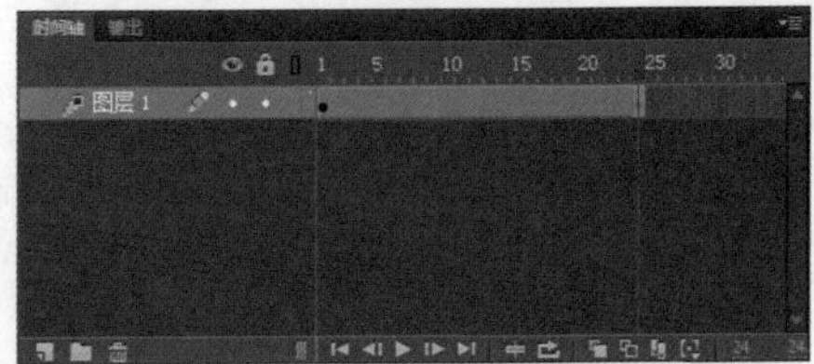

图 11-17 “时间轴”面板

04 选择第 1 帧，单击工具箱中的“3D 旋转工具”按钮，沿 Z 轴拖动鼠标，对元件进行 3D 旋转操作，如图 11–18 所示。新建“图层 2”，在第 24 帧位置按 F6 键插入关键帧，按 F9 键打开“动作”面板，输入脚本代码 stop();，如图 11–19 所示。

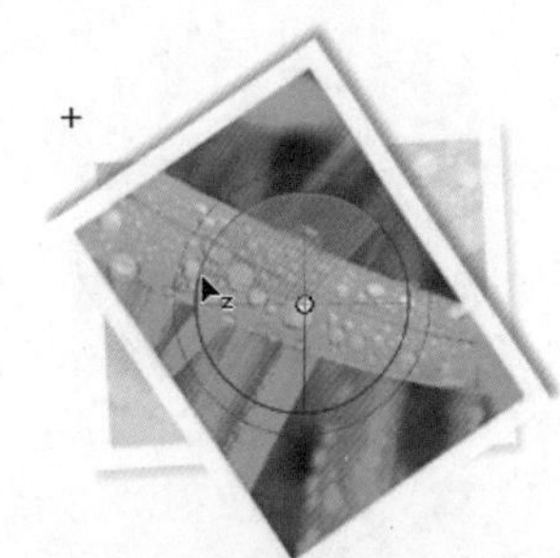

图 11-18 沿 Z 轴旋转对象

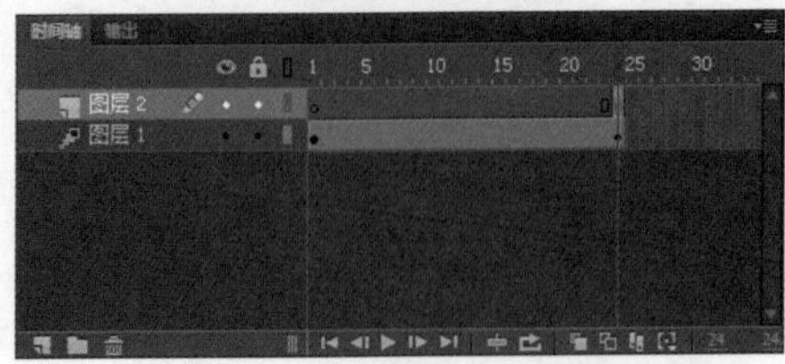

图 11-19 “时间轴”面板

05 执行“插入 > 新建元件”命令，在弹出的“创建新元件”对话框中进行设置，如图 11–20 所示。单击“确定”按钮，导入素材“光盘 \ 源文件 \ 第 11 章 \ 素材 \121403.png”，并调整到合适位置，如图 11–21 所示。

图 11-20 “创建新元件”对话框

图 11-21 导入素材图像

06 将刚导入的素材转换成名称为“照片 2”的影片剪辑元件，如图 11–22 所示。在第 1 帧位置单击鼠标右键，在弹出的菜单中选择“创建补间动画”命令，选择第 1 帧，单击工具箱中的“3D 旋转工具”按钮，沿 Y 轴拖动鼠标，对元件进行 3D 旋转操作，如图 11–23 所示。

图 11-22 “转换为元件”对话框

图 11-23 沿 Y 轴旋转对象

07 选择第 24 帧，使用“3D 旋转工具”，沿 Y 轴拖动鼠标，对元件进行 3D 旋转操作，如图 11–24 所示。新建“图层 2”，在第 24 帧位置按 F6 键插入关键帧，按 F9 键打开“动作”面板，输入脚本代码 stop();，如图 11–25 所示。

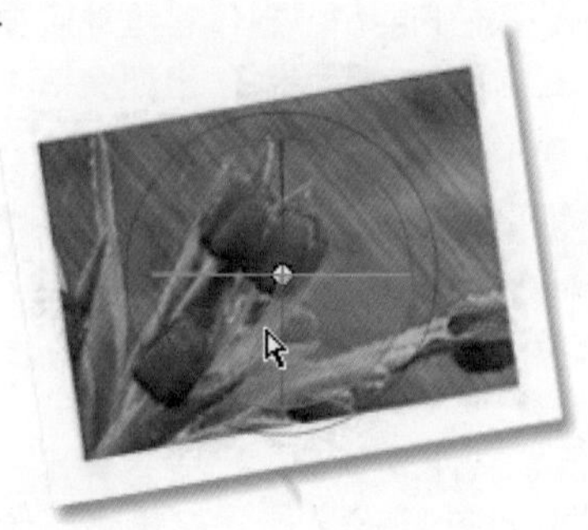

图 11-24 沿 Y 轴旋转对象

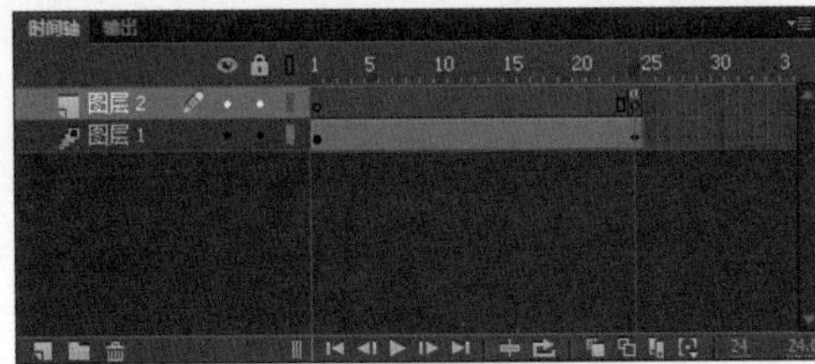
图 11-25 “时间轴”面板

08 使用相同的制作方法，可以制作出“照片 3 动画”元件，如图 11-26 所示。返回“场景 1”编辑状态，新建“图层 2”，将“照片 1 动画”元件拖入到舞台中，并调整到合适的位置，如图 11-27 所示。

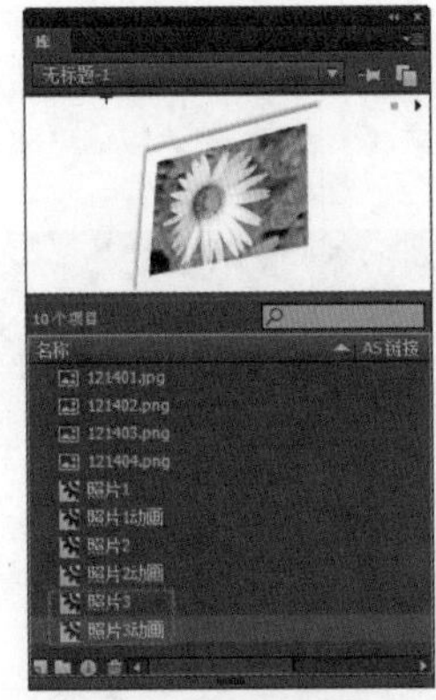
图 11-26 “库”面板

图 11-27 拖入元件

09 选择刚拖入的元件，设置其 Alpha 值为 0，如图 11-28 所示。在第 24 帧位置按 F6 键插入关键帧，设置该帧上元件的 Alpha 值为 100%，在第 1 帧创建传统补间动画，如图 11-29 所示。

图 11-28 元件效果

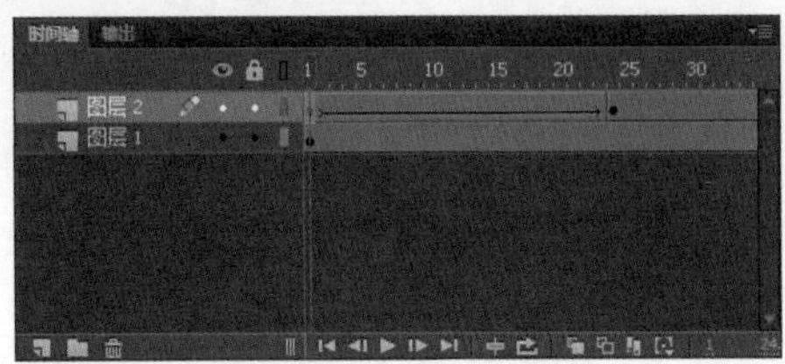
图 11-29 “时间轴”面板

10 新建“图层 3”，在第 10 帧位置按 F6 键插入关键帧，导入素材图像“光盘\源文件\第 11 章\素材\121405.png”，如图 11-30 所示。将其转换成名称为“夹子 1”的图形元件，如图 11-31 所示。

图 11-30 导入素材图像

图 11-31 “转换为元件”对话框

11 在第 24 帧位置按 F6 键插入关键帧，选择第 10 帧上的元件，设置其 Alpha 值为 0，如图 11-32 所示。在第 10 帧创建传统补间动画，“时间轴”面板如图 11-33 所示。

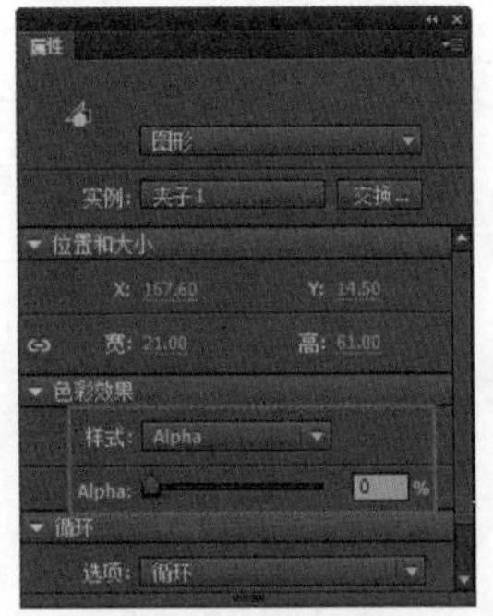
图 11-32 “属性”面板

图 11-33 “时间轴”面板

12 新建“图层 4”，在第 25 帧按 F6 键插入关键帧，将“照片 2 动画”元件拖入到舞台中，并调整到合适的位置，如图 11–34 所示。在第 49 帧位置按 F6 键插入关键帧，选择第 25 帧上的元件，设置其 Alpha 值为 0，如图 11–35 所示。

图 11-34 拖入元件

图 11-35 元件效果

13 在第 25 帧创建传统补间动画，使用相同的方法，可以制作出“图层 5”上的动画效果，场景效果如图 11–36 所示，“时间轴”面板效果如图 11–37 所示。

图 11-36 场景效果

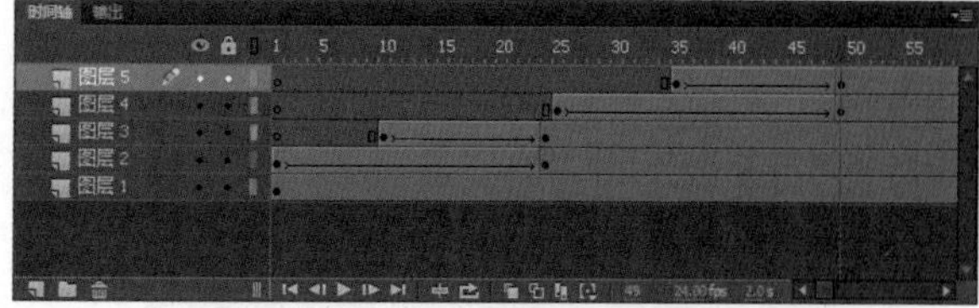
图 11-37 “时间轴”面板

14 使用相同的制作方法，可以制作出“图层 6”和“图层 7”上的动画效果，场景效果如图 11–38 所示，“时间轴”面板效果如图 11–39 所示。

图 11-38 场景效果

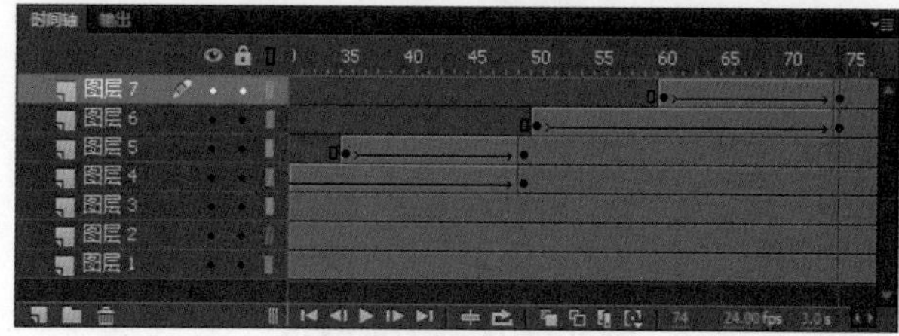
图 11-39 “时间轴”面板

15 执行“文件 > 保存”命令，将动画保存为“光盘 \ 源文件 \ 第 11 章 \11–1–4.fla”。按快捷键 Ctrl+Enter 测试动画，效果如图 11–40 所示。

图 11-40 测试动画效果

11.2 使用 3D 平移对象

在 3D 空间中移动对象被称为平移对象，使用“3D 平移工具”，可以将对象沿着 X、Y 和 Z 轴移动。当使用该工具选中影片剪辑实例后，影片剪辑对象的 X、Y、Z 三个轴将显示在舞台对象的顶部，X 轴为红色，Y 轴为绿色，Z 轴为蓝色。

11.2.1 平移 3D 对象

单击工具箱中的“3D 平移工具”按钮，将光标移至 X 轴上，指针变成形状时，按住鼠标左键进行拖动，即可沿 X 轴方向移动，移动的同时，Y 轴改变颜色，表示当前不可操作，确保只沿 X 轴移动，如图 11–41 所示。同样，将光标移至 Y 轴上，当指针变化后进行拖动，可沿 Y 轴移动，如图 11–42 所示。

图 11-41 沿 X 轴平移效果

图 11-42 沿 Y 轴平移效果

X 轴和 Y 轴相交的地方是 Z 轴，即 X 轴与 Y 轴相交的黑色实心圆点，将鼠标指针移动到该位置，光标指针变成形状，按住鼠标左键进行拖动，可使对象沿 Z 轴方向移动，移动的同时 X、Y 轴颜色改变，确保当前操作只沿 Z 轴移动，如图 11–43 所示。

图 11-43 沿 Z 轴平移效果

提示

在使用 3D 工具时，单击工具箱底部的“全局转换”按钮，即可进入全局转换模式，在“全局转换模式”下的控件方向与舞台相关，而“局部转换模式”的空间方向与影片剪辑的空间相关，如图 11–44 所示。

全局转换模式

局部转换模式

图 11-44 不同转换模式下控件效果

技巧

使用“3D 平移工具”移动对象看上去与“选择工具”或“任意变形工具”移动对象结果相同，但这两者之间有着本质的区别。使用“3D 平移工具”是使对象在虚拟的三维空间中移动，产生空间感的画面，而使用“选择工具”或“任意变形工具”只是在二维平面上对对象进行操作。

11.2.2 平移多个 3D 对象

使用“3D 平移工具”不仅可以移动单个的对象，还可以同时对多个对象进行 3D 平移操作。

执行“文件 > 打开”命令，打开素材文件“光盘\源文件\第 11 章\素材\1122.fla”，效果如图 11-45 所示。在场景中同时选中多个需要进行 3D 平移操作的影片剪辑元件，如图 11-46 所示。

图 11-45 打开文档

图 11-46 选中多个对象

单击工具箱中的“3D 平移工具”按钮，在其中某一个对象上拖动鼠标，如图 11-47 所示，则同时选中的多个对象会一起进行 3D 平移操作，如图 11-48 所示。

图 11-47 按住并拖动鼠标

图 11-48 对多个对象进行 3D 平移操作

如果需要把 3D 轴控件移动到另一个对象上，按住 Shift 键的同时在这个对象上单击两次鼠标即可，如图 11-49 所示。选中所有对象后，通过双击 Z 轴控件，可以将 3D 轴控件移动到多个对象的中间，如图 11-50 所示。

图 11-49 移动 3D 轴控件至另一个对象

图 11-50 移动 3D 轴控件至对象中间

11.2.3 3D 平移的属性设置

使用“3D 平移工具”选中影片剪辑实例后，在“属性”面板中将显示相应的参数，如图 11–51 所示。

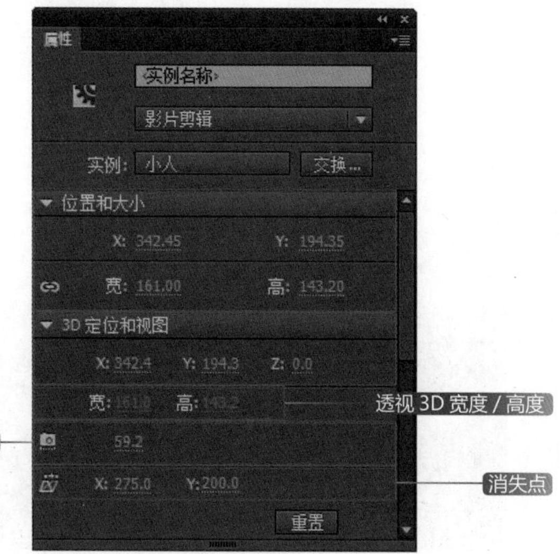

图 11-51 “属性”面板

- 位置和大小：在该选项区中主要显示所选中的元件实例的坐标位置以及元件实例的宽度和高度。单击数值激活键盘输入，可以重新设置元件实例的位置及大小。
- 3D 定位和视图：在该选项区中主要显示所选中的影片剪辑元件实例在 3D 控件中所处的位置。单击数值激活键盘输入，可以分别对 X、Y 和 Z 轴数值进行设置，精确调整影片剪辑元件在 3D 空间中所处的位置。
- 透视 3D 宽度 / 高度：显示所选中的影片剪辑元件实例的 3D 透视宽度和高度，这两个数值是灰色的，不可以编辑。
- 透视角度：该选项用于设置应用了 3D 旋转或 3D 平移的影片剪辑元件实例的透视角度。增大透视角度可以使 3D 对象看起来更近，减小透视角度可以使 3D 对象看起来更远，该效果与通过镜头更改视角的照相机镜头缩放类似，如图 11–52 所示。

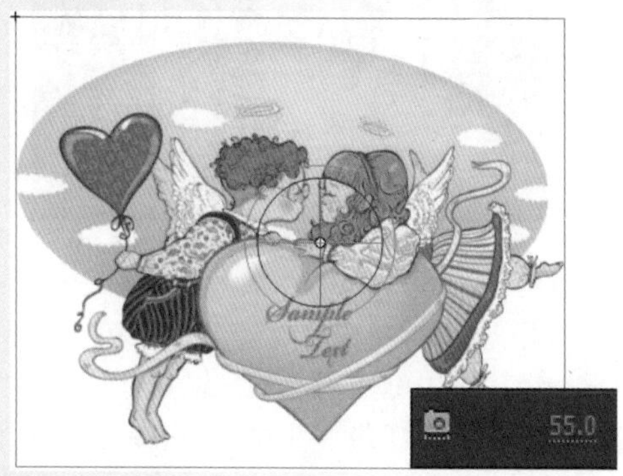

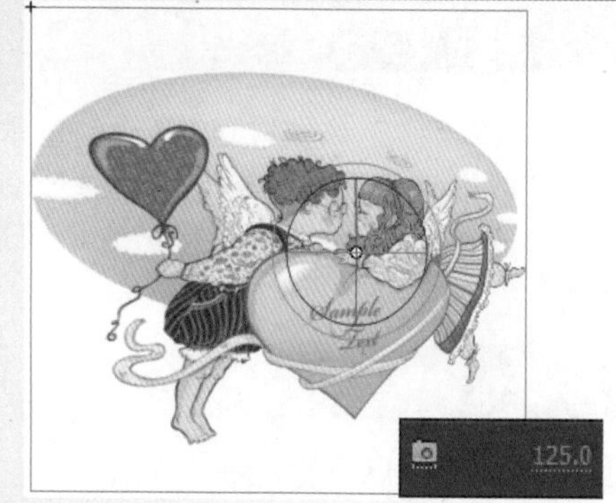

图 11-52 更改透视角度效果

该选项默认的透视角度为 55°，取值范围为 1°~180°，如果需要修改透视角度，首先需要选择一个应用了 3D 旋转或平移的影片剪辑元件实例，然后单击“透视角度”的数值，输入数值，或者在数值上拖动鼠标来调整数值。

- 消失点：该选项用于控制舞台上应用了 Z 轴平移或旋转的 3D 影片剪辑元件实例的 Z 轴方向。由于所有 3D 影片剪辑实例的 Z 轴都朝着消失点后退，因此通过重新定位消失点，可以更改沿 Z 轴平移对象时对象的移动方向。消失点的默认位置是舞台中心。

如果将消失点定位在舞台的左上角（0、0），则增大影片剪辑的 Z 轴属性值可以使影片剪辑远离查看者并向着舞台的左上角移动，如图 11–53 所示。因为消失点影响所有 3D 影片剪辑，所以更改消失点也会更改应了 Z 轴平移的所有影片剪辑的位置。

图 11-53 更改消失点效果

- “重置”按钮：单击该按钮，可以将消失点移回舞台中心。

11.2.4 制作 3D 平移动画

使用“3D 平移工具”与 Flash 中的基本动画功能相结合，可以很轻松地制作出一些简单的动画效果，下面就通过一个练习，带领读者完成一个 3D 平移动画效果的制作。

动手实践——3D 平移入场动画

源文件：光盘 \ 源文件 \ 第 11 章 \11-2-4.fla

视频：光盘 \ 视频 \ 第 11 章 \11-2-4.swf

01 执行“文件 > 新建”命令，弹出“新建文档”对话框，设置如图 11–54 所示。单击“确定”按钮，新建一个空白 Flash 文档，执行“文件 > 导入 > 导入到舞台”命令，导入素材“光盘 \ 源文件 \ 第 11 章 \ 素材 \122401.png”，如图 11–55 所示。

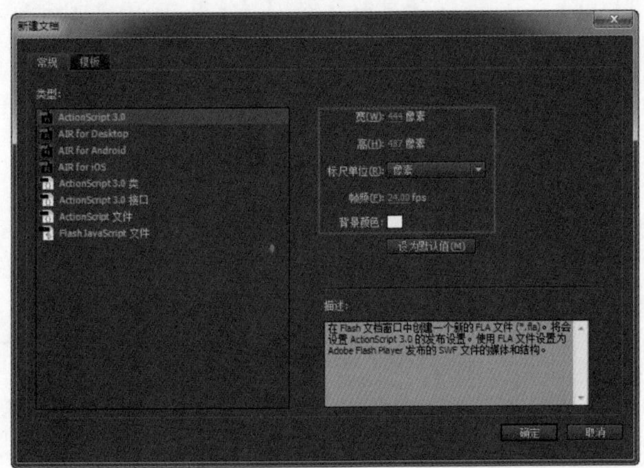

图 11-54 “新建文档”对话框

图 11-55 导入素材

02 在第 100 帧位置按 F5 键插入帧。新建“图层 2”，执行“文件 > 导入 > 导入到舞台”命令，导入素材“光盘 \ 源文件 \ 第 11 章 \ 素材 \122402.png”，并调整到合适位置，如图 11–56 所示。将其转换为名称为“人物”的影片剪辑元件，如图 11–57 所示。

图 11-56 导入素材

图 11-57 “转换为元件”对话框

03 在第 1 帧单击鼠标右键，在弹出的菜单中选择“创建补间动画”命令，将光标移至第 50 帧位置，按 F6 键插入关键帧，如图 11–58 所示。选择第 1 帧上的元件，单击工具箱中的“3D 平移工具”按钮，沿 Z 轴拖动鼠标，对元件进行 3D 平移操作，如图 11–59 所示。

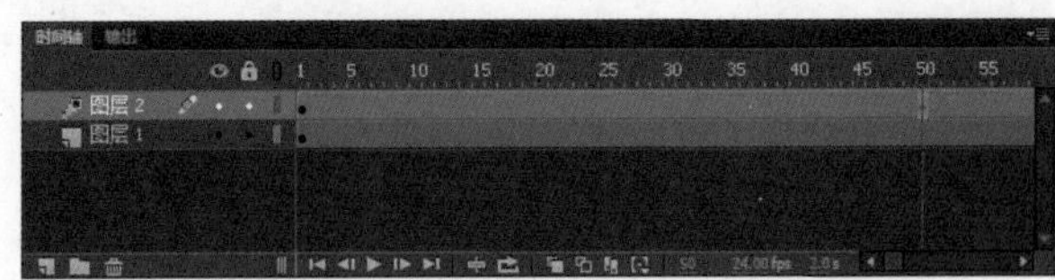

图 11-58 “时间轴”面板

图 11-59 沿 Z 轴平移对象

04 新建“图层 3”，在第 50 帧按 F6 键插入关键帧，导入素材“光盘 \ 源文件 \ 第 11 章 \ 素材 \ 122403.png”，并调整到合适位置，如图 11–60 所示。将其转换成名称为“文字 ”的影片剪辑元件，如图 11–61 所示。

图 11-60 导入素材

图 11-61 “转换为元件”对话框

05 在第 50 帧单击鼠标右键，在弹出的菜单中选择“创建补间动画”命令，将光标移至第 85 帧位置，单击工具箱中的“3D 平移工具”按钮，沿 X 轴拖动鼠标，对元件进行 3D 平移操作，如图 11-62 所示，“时间轴”面板如图 11-63 所示。

图 11-62 沿 X 轴平移对象

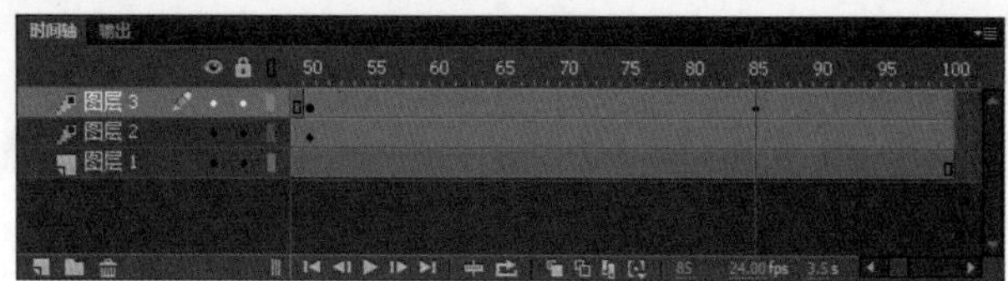

图 11-63 “时间轴”面板

06 执行“文件 > 保存”命令，将动画保存为“光盘 \ 源文件 \ 第 11 章 \11-2-4.fla”。按快捷键 Ctrl+Enter 测试动画，效果如图 11-64 所示。

图 11-64 测试动画效果

11.3 Flash 滤镜效果概述

在 Flash CC 中使用滤镜，可以为文本、按钮和影片剪辑对象增添有趣的视觉效果，而 Flash 所独有的一个功能是可以使用补间动画让应用的滤镜动起来。由一个补间分别联合不同关键帧上的对象，如果某个滤镜在补间的另一端没有与其相匹配的滤镜，Flash 则会自动添加滤镜，从而确保在动画的末端能够出现该滤镜效果；如果补间的一端缺少某个滤镜，或者滤镜在时间轴的某一端以不同的顺序应用，则 Flash 会自动进行相应的操作，以确保补间动画的正常运行。

如果将补间动画应用于已经应用过滤镜的影片剪辑，当在补间的另一端插入关键帧时，则在该补间的最后一帧就会自动应用该补间开始帧所运用的滤镜，并且层叠顺序会保持一致。

如果将两个应用了不同滤镜的影片剪辑分别放置在两个不同的帧上，并且在这两个帧之间应用了补间动画，那么 Flash 则会首先处理应用滤镜效果最多的影片剪辑，然后分别比较应用于第一个影片剪辑和第二个影片剪辑的滤镜。

如果两个关键帧之间存在补间动画，那么当将滤镜应用到其中一个关键帧上的对象时，Flash 则会在到达补间另一端的关键帧时自动将虚拟滤镜应用到影片剪辑中；如果从关键帧上的对象中删除滤镜，那么 Flash 则会在到达补间另一端的关键帧时，自动从影片剪辑中删除相匹配的滤镜。

提示

如果在另一个关键帧上的影片剪辑中找不到与其相匹配的滤镜，Flash 将会自动生成一个不带参数，并且拥有与现有滤镜的颜色相一致的虚拟滤镜。

如果补间动画的起始处和结束处的滤镜参数设置不同，Flash 则会将起始帧的滤镜设置应用于过渡帧；但是当补间动画在应用挖空、内侧阴影、内侧发光、渐变发光或者渐变斜角等滤镜后，在起始处和结束处的滤镜参数设置不一致时，Flash 则不会将起始帧的滤镜设置应用于过渡帧。例如，使用投影滤镜创建补间动画，在补间的第一帧上应用挖空投影，在补间的最后一帧上应用内侧阴影，在这种情况下，Flash 则会应用补间第一帧所应用的滤镜设置。

1. 关于滤镜和 Flash Player 的性能

在 Flash CC 中为对象应用的滤镜类型、数量和质量对 SWF 文件的播放性能有着直接的影响，应用的滤镜越多，Flash Player 为确保能够正确显示创建的视觉效果，其需要的处理量就越大。

系统建议一个对象最好只应用有限数量的滤镜，另外，每个滤镜中都包含控件，可以对所应用的滤镜的强度和质量进行设置。如果计算机运行的速度较慢，则使用较低的设置可以有效地提高性能；如果需要创建在一系列不同性能的计算机上回放的内容，则可以通过将滤镜的品质级别设置为“低”，从而实现最佳的回放性能。

2. 关于 Pixel Bender 滤镜

Adobe Pixel Bender 是 Adobe 开发的一种编程语言，用户可以使用该语言创建自定义滤镜、效果和混合模式，以用于 Flash 和 After Effects。

Pixel Bender 与计算机的硬件无关，主要是运行于各种 GPU 和 CPU 体系结构之上。Pixel Bender 开发人员通过编写 Pixel Bender 代码并将代码保存在文件扩展名为 pbj 的文本文件中来创建滤镜，编写完成后，任何 Flash 文档都可以使用。另外，使用 ActionScript 3.0 不但可以加载滤镜，还能使用其控件。

11.4 应用滤镜效果 

在 Flash CC 中，通过在“属性”面板中的“滤镜”选项区中添加并设置滤镜属性，可以为选中的对象添加各种滤镜效果。

在“属性”面板中的“滤镜”选项区中单击“添加滤镜”按钮，在弹出的菜单中包含了所有的滤镜选项，如图 11-65 所示。单击选择相应的选项，即可为选中的对象添加一个新的滤镜效果，在滤镜列表中则可以对该滤镜的各种参数值进行设置，如图 11-66 所示。

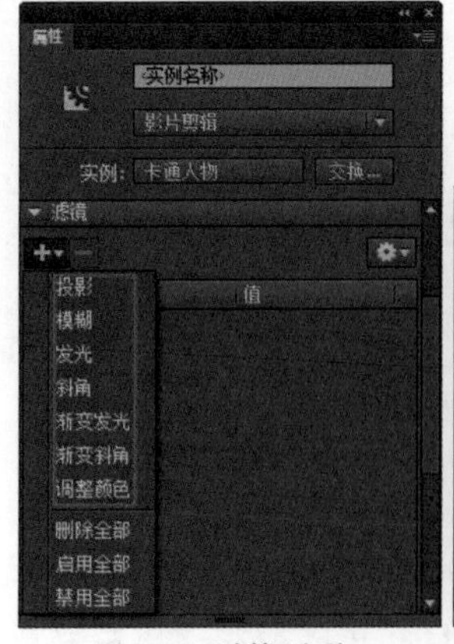

图 11-65 “滤镜”选项

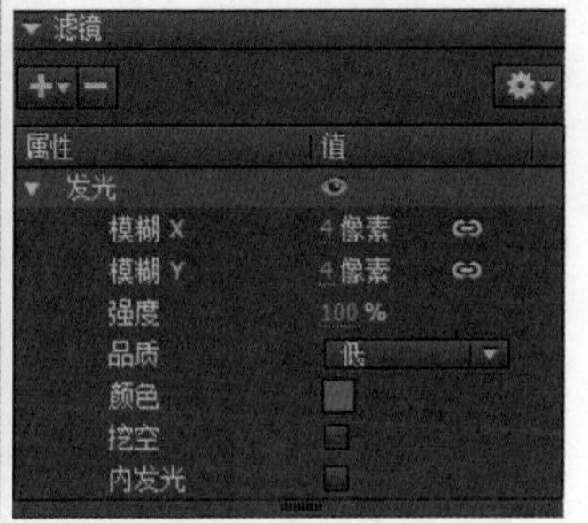

图 11-66 “滤镜”参数

11.4.1 投影

“投影”滤镜可以模拟所选对象向一个表面投影的效果，或是在背景中剪出一个形似该对象的形状来模拟对象的外观。在 Flash CC 中，为对象应用“投影”滤镜，可以使对象看起来更加富有立体感。

执行“文件 > 打开”命令，打开素材文件“光盘\源文件\第 11 章\素材\1141.fla”，选中名为“卡通人物”的影片剪辑元件，如图 11-67 所示。在“属性”面板上的“滤镜”选项区中单击“添加滤镜”按钮，在弹出的菜单中选择“投影”选项，如图 11-68 所示。

图 11-67 选中影片剪辑元件

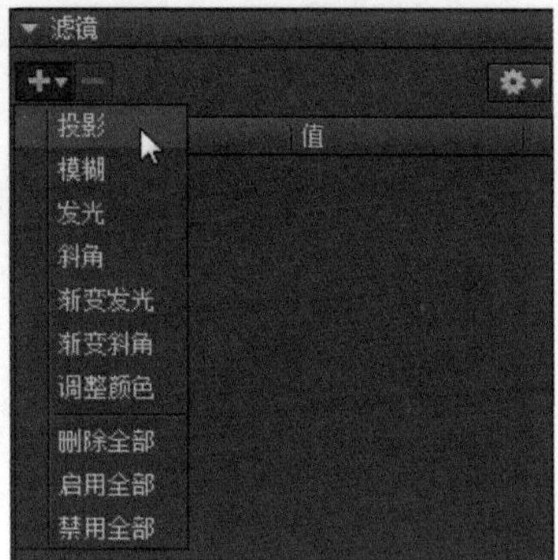

图 11-68 选择“投影”选项

添加“投影”滤镜，可以看到列表中包含了很多“投影”滤镜的相关参数，如图 11–69 所示。通过对这些参数进行设置即可为元件添加不同的投影效果，如图 11–70 所示。

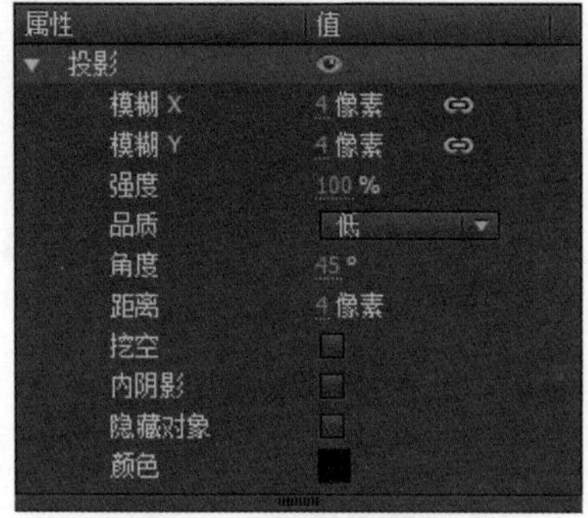

图 11-69 “投影”滤镜选项

图 11-70 “投影”滤镜效果

模糊 X：可以在 X 轴方向设置投影的模糊大小。数值越大，投影越模糊，取值范围为 0 ~ 255，如图 11–71 所示为不同模糊数值的投影效果。

“模糊 X”为 5　　“模糊 X”为 25

图 11-71 设置“模糊 X”的效果

模糊 Y：可以设置在 Y 轴方向设置投影的模糊大小。数值越大，投影越模糊，如图 11–72 所示为不同模糊数值的投影效果。

“模糊 Y”为 5　　“模糊 Y”为 55

图 11-72 设置“模糊 Y”的效果

技巧

在“模糊 X”和“模糊 Y”选项后分别有两个按钮，即“链接 X 和 Y 属性值”按钮，单击此处，按钮会变成状，这时 X 轴和 Y 轴会等比例的增加或减少数值。并且，当按钮变成状时，所有的“滤镜”选项按钮，也会随之改变。

强度：可以设置投影的明暗度，取值范围是 0 ~ 1000，强度越大，投影就越暗，如图 11–73 所示为强度不同的投影效果。

“强度”为 40%　　“强度”为 80%

图 11-73 “强度”不同的投影效果

品质：可以设置投影的质量级别，在此列表中有 3 个选项可供选择，分别是“低”、“中”和“高”。选择不同的选项，投影的质量也会发生相应的变化，如图 11–74 所示。

“低”品质

“中”品质

"高"品质

图 11-74 不同品质的投影效果

- 低：可以实现最佳的回放性能。
- 中：介于低和高中间。
- 高：则近似于高斯模糊。

- 角度：可以设置投影的角度，取值范围为0° ~360° ，如图11-75所示为角度不同的投影效果。

"角度"为 45°

"角度"为 120°

图 11-75 "角度"不同的投影效果

- 距离：可以设置投影与对象之间的距离，如图 11-76 所示为不同距离的投影效果。

"距离"为 5px

"距离"为 20px

图 11-76 "距离"不同的投影效果

- 挖空：选中该选项可挖空源对象，即从视觉上隐藏源对象，并在挖空对象上只显示投影效果，"挖空"效果如图 11-77 所示。

图 11-77 "挖空"效果

- 内阴影：选中该选项可以在对象边界内应用投影，"内阴影"效果如图 11-78 所示。

图 11-78 "内阴影"效果

- 隐藏对象：选中该选项可以只显示其投影而不显示原来的对象，还可以更轻松地创建逼真的投影，"隐藏对象"效果如图 11-79 所示。

图 11-79 "隐藏对象"效果

- 颜色：可以设置投影的颜色。单击"颜色"控件，在打开的面板中选择相应的颜色即可，如图 11-80 所示为颜色不同的投影效果。

"颜色"为 #993300

"颜色"为 #FF0000

图 11-80 "颜色"不同的投影效果

11.4.2 模糊

"模糊"滤镜可以对所选对象的边缘和细节进行柔化处理，使其看起来不那么清晰，从而达到模糊的效果，能够在视觉上给人一种空间感和运动感。

执行"文件 > 打开"命令，打开素材文件"光盘\源文件\第 11 章\素材\1142.fla"，选中名为"卡通人物"的影片剪辑元件，如图 11-81 所示。在"属性"面板上的"滤镜"选项区中选择"模糊"滤镜，可以看到列表中包含了"模糊"滤镜的相关参数，如图 11-82

所示。其设置与“投影”滤镜相似，只是效果不一样，通过对这些参数进行设置即可为元件添加模糊效果，如图 11–83 所示。

图 11-81 打开文件

图 11-82 “模糊”滤镜选项

图 11-83 “模糊”滤镜效果

- 模糊 X/ 模糊 Y：可以设置所选对象在 X 轴和 Y 轴方向的模糊程度，在设置时可输入 0 ~ 255 之间的任意整数值。如果输入值为最大值，原对象会消失掉，而变成与原对象颜色相近的颜色块，如图 11–84 所示为不同模糊程度的元件效果。

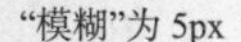

“模糊”为 5px

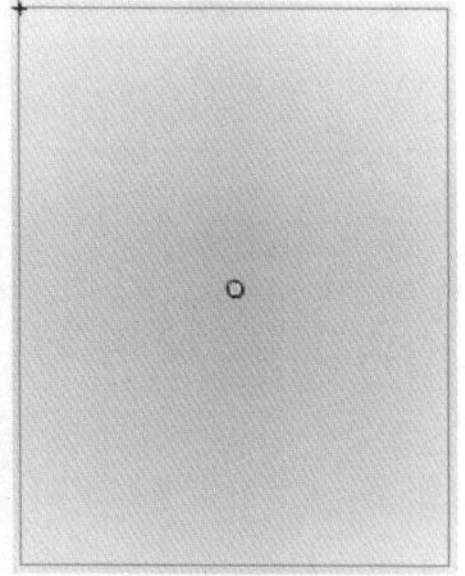

“模糊”为 255px

图 11-84 不同模糊程度的元件效果

- 品质：可以设置发光的清晰度，品质越高，发光的显示就越清晰。在该选项列表中有 3 个选项可供选择，分别是“低”、“中”和“高”。选择不同的选项，模糊的质量也会发生相应的变化，如图 11–85 所示。

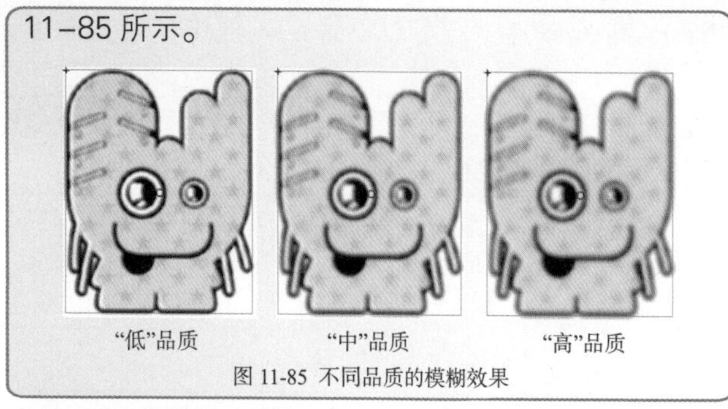

“低”品质　“中”品质　“高”品质

图 11-85 不同品质的模糊效果

11.4.3 发光

“发光”滤镜可以为对象的周围应用颜色，从而打造出发光的效果。

执行“文件 > 打开”命令，打开素材文件“光盘\源文件\第 11 章\素材\1143.fla”，选中名为“卡通人物”的影片剪辑元件，如图 11–86 所示。在“属性”面板上的“滤镜”选项区中添加“发光”滤镜，可以看到列表中的参数与“投影”滤镜相似，如图 11–87 所示。其设置与“投影”滤镜相似，只是效果不一样，通过对这些参数进行设置即可为元件添加发光效果，如图 11–88 所示。

图 11-86 打开文件

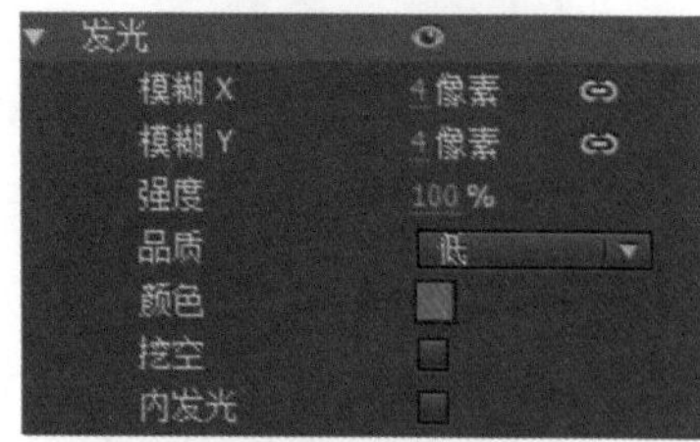

图 11-87 “发光”滤镜选项

图 11-88 “发光”滤镜效果

- 模糊 X/ 模糊 Y：可以设置在 X 轴和 Y 轴方向发光的模糊程度。
- 强度：可以设置发光的清晰度。数值越大，发光的显示就越清晰。
- 品质：可以设置发光的质量级别。设置为“高”则近似于高斯模糊，设置为“低”可以实现最佳的回放性能。
- 颜色：可以设置发光的颜色。
- 挖空：选中该选项可以挖空对象只显示发光效果，如图 11–89 所示。

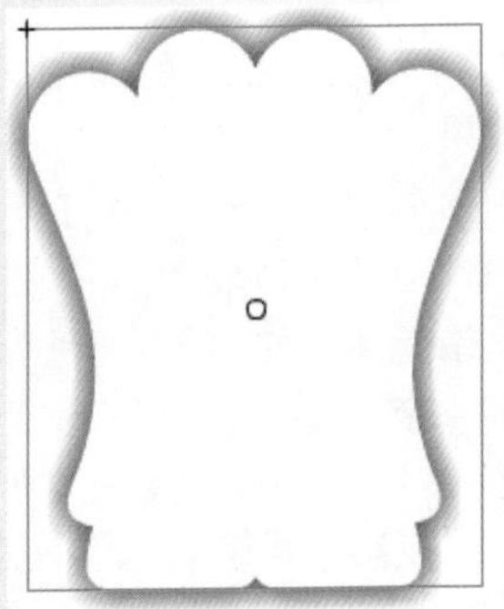

图 11-89 “挖空”效果

- 内发光：选中该选项可以在所选对象的边界内添加发光效果，如图 11–90 所示。

图 11-90 “内发光”效果

11.4.4 斜角

“斜角”滤镜可以为所选对象添加加亮效果，使得对象看起来凸出于背景的表面，能够在视觉上给人一种立体的浮雕效果。

执行“文件 > 打开”命令，打开素材文件“光盘\源文件\第 11 章\素材\1144.fla”，选中名为“花”的影片剪辑元件，如图 11–91 所示。在“属性”面板上的“滤镜”选项区中添加“斜角”滤镜，可以看到列表中的参数与“投影”滤镜相似，如图 11–92 所示。其设置与“投影”滤镜相似，只是效果不一样，应用“斜角”滤镜后对象的效果如图 11–93 所示。

图 11-91 打开文件

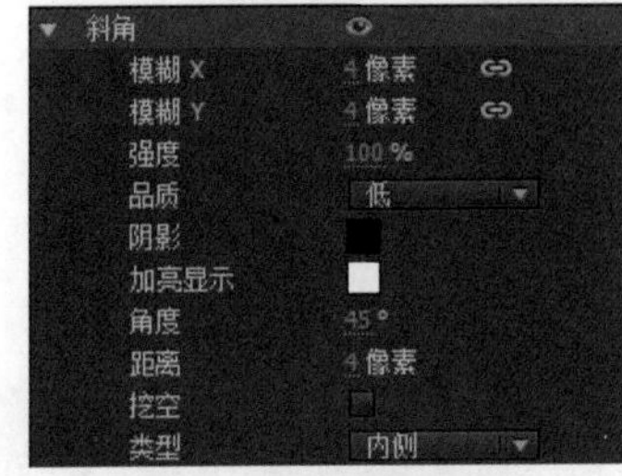

图 11-92 “斜角”滤镜选项

图 11-93 “斜角”滤镜效果

- 模糊 X/ 模糊 Y：可以设置在 X 轴和 Y 轴方向斜角的模糊程度。
- 强度：可以设置斜角的清晰度，即不透明度。如果将该值设置为 0，将不会显示斜角效果。
- 品质：可以设置斜角的质量级别，级别越高，越模糊。
- 阴影：可以设置斜角阴影的颜色。
- 加亮显示：可以设置斜角高光的颜色。
- 角度：可以设置斜角的角度。
- 距离：可以设置斜角与对象之间的距离。
- 挖空：选中该选项可以挖空对象只显示斜角效果。
- 类型：可以设置所选对象应用的发光类型，在“类型”下拉列表中有 3 个选项，包括“内侧”、“外侧”和“全部”。选择不同的选项，所形成的发光效果也不相同，如图 11–94 所示。

内侧　　外侧

全部

图 11-94 “类型”选项

- 内侧：在对象内侧应用“发光”滤镜效果。
- 外侧：在对象外侧应用“发光”滤镜效果。
- 全部：同时在对象的“内侧”和“外侧”应用“发光”滤镜效果。

11.4.5 渐变发光

“渐变发光”滤镜可以为对象的表面添加带渐变颜色的发光效果。“渐变发光”滤镜要求渐变开始处颜色的 Alpha 值为 0，且不能移动该颜色所处的位置。

执行“文件 > 打开”命令，打开素材文件“光盘\源文件\第 11 章\素材\1145.fla”，选中名为“卡通小鹿”的影片剪辑元件，如图 11–95 所示。在“属性”面板上的“滤镜”选项区中添加“渐变发光”滤镜，可以看到列表中的参数与“投影”滤镜相似，如图 11–96 所示。其设置与“投影”滤镜相似，只是效果不一样，应用“渐变发光”滤镜后对象的效果如图 11–97 所示。

图 11-95 打开文件

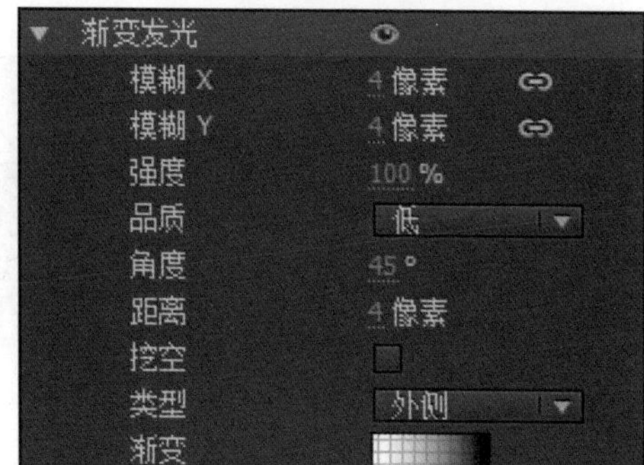

图 11-96 “渐变发光”滤镜选项

图 11-97 “渐变发光”滤镜效果

- 模糊 X/ 模糊 Y：设置渐变发光的模糊程度。
- 强度：设置渐变发光的清晰度。
- 品质：设置渐变发光的质量级别。
- 角度：设置渐变发光的角度。
- 距离：设置渐变发光与对象之间的距离。
- 挖空：可以设置挖空对象上只显示渐变发光效果。
- 类型：可以设置渐变发光的类型，在此下拉列表中包括 3 个选项，如图 11–98 所示。选择相应的选项，则分别在对象内侧、外侧或内侧和外侧应用渐变发光效果，默认设置为外侧。

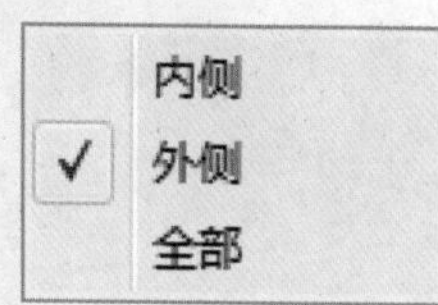

图 11-98 “类型”选项

- 渐变：可以设置发光的渐变颜色，其设置方法与渐变填充的方法相似。单击“渐变预览器”按钮，打开“渐变编辑”区域，如图 11–99 所示。可以看到面板中有两个滑块，开始处的颜色为 Alpha 颜色，其位置不可以删除或者改变，但可以修改其颜色。

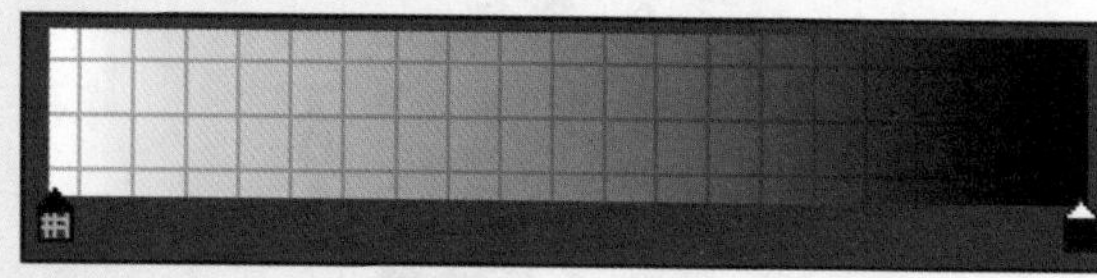

图 11-99 渐变编辑区域

  - 改变滑块颜色：单击相应的颜色滑块，在打开的面板中选择相应的颜色即可。
  - 改变滑块位置：单击并拖动相应的滑块，即可改变其位置。
  - 添加滑块：在颜色显示区域下方当光标变成状时，单击即可添加滑块。
  - 删除滑块：单击相应的颜色滑块，将其拖离颜色显示区域，此滑块会自动消失。

11.4.6 渐变斜角

“渐变斜角”滤镜可以为对象添加带渐变颜色的凸起效果，从视觉上看像是从背景上凸起。“渐变斜角”要求渐变颜色中间的一种颜色 Alpha 值为 0。

执行“文件 > 打开”命令，打开素材文件“光盘\源文件\第 11 章\素材\1146.fla”，选中名为“卡通奶牛”的影片剪辑元件，如图 11-100 所示。在“属性”面板上的“滤镜”选项区中添加“渐变斜角”滤镜，可以看到列表中的参数与“投影”滤镜相似，如图 11-101 所示。其设置与“渐变发光”滤镜相似，只是效果不一样，应用“渐变斜角”滤镜后效果如图 11-102 所示。

图 11-100 打开文件

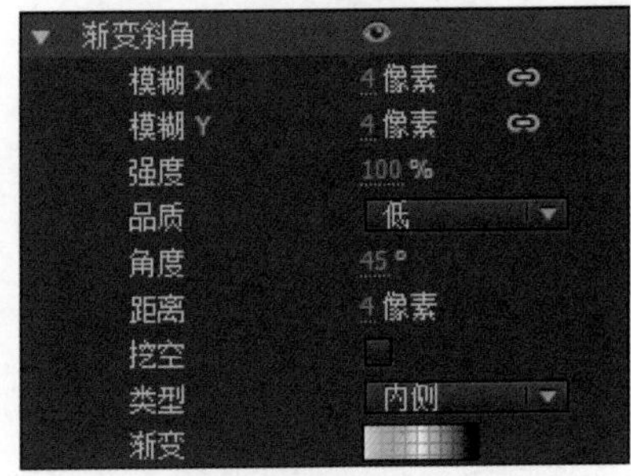

图 11-101 “渐变斜角”滤镜选项

图 11-102 “渐变斜角”滤镜效果

- 模糊 X/ 模糊 Y：设置渐变斜角的模糊程度。
- 强度：设置渐变斜角的清晰度。
- 品质：设置渐变斜角的质量级别。
- 角度：设置渐变斜角的角度。
- 距离：设置渐变斜角与对象之间的距离。
- 挖空：可以设置挖空对象上只显示渐变斜角效果。
- 类型：可以设置渐变斜角的类型，在此下拉列表中包括 3 个选项，包括“内侧”、“外侧”和“全部”。选择相应的选项，则分别在对象内侧、外侧或内侧和外侧应用渐变斜角效果，默认设置为外侧。
- 渐变：可以设置斜角的渐变颜色，其设置方法与“渐变发光”效果相似。单击“渐变预览器”按钮，打开“渐变编辑”区域，如图 11-103 所示。可以看到面板中有三个滑块，其中渐变第二个颜色称为 Alpha 颜色，不可以删除和改变它的位置，但可以改变它的颜色；按 Ctrl 键单击此滑块即可删除此滑块。

图 11-103 渐变编辑区域

11.4.7 调整颜色

“调整颜色”滤镜可以用来对所选对象的颜色属性进行调整，其中包括对比度、亮度、饱和度以及色相等。

执行“文件 > 打开”命令，打开素材文件“光盘\源文件\第 11 章\素材\1147.fla”，选中名为“卡通人物”的影片剪辑元件，如图 11-104 所示。在“属性”面板上的“滤镜”选项区中添加“调整颜色”滤镜，可以看到列表中显示出调整颜色的相关参数设置，如图 11-105 所示。

图 11-104 打开文件

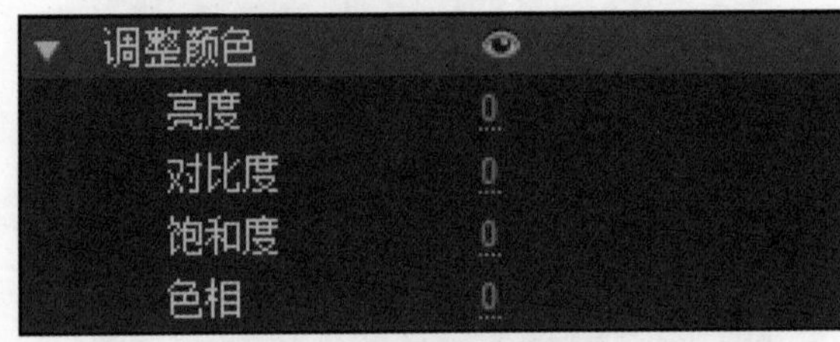

图 11-105 “调整颜色”滤镜选项

- 亮度：在此处可以输入 -100 ~ 100 之间的数值设置对象的亮度，如图 11-106 所示为不同亮度的对象效果。

“亮度”为 -50%

“亮度”为 50%

图 11-106 不同“亮度”的对象效果

- 对比度：在此处可以输入 -100 ~ 100 之间的数值设置对象加亮、阴影及中调的对比度，如图 11-107 所示为不同对比度的对象效果。

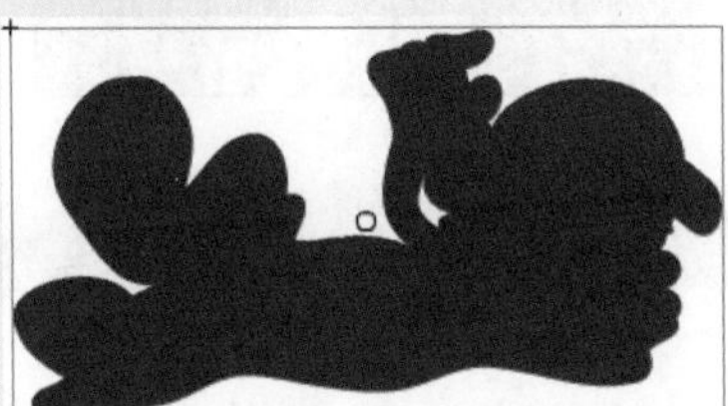

“对比度”为 -100%

“对比度”为 100%

图 11-107 不同“对比度”的对象效果

- 饱和度：在此处可以输入 -100 ~ 100 之间的数值设置颜色的强度，如图 11-108 所示为不同饱和度的对象效果。

“饱和度”为 -100%

“饱和度”为 100%

图 11-108 不同“饱和度”的对象效果

- 色相：在此处可以输入 -100 ~ 100 之间的数值为对象设置不同的颜色，如图 11-109 所示为不同色相的对象效果。

“色相”为 -100%

“色相”为 100%

图 11-109 不同“色相”的对象效果

11.5 滤镜的编辑操作

前面为大家讲述了 Flash CC 中几种滤镜效果和使用技巧，在为所选对象应用滤镜时，不但可以对一个对象应用多个滤镜效果，还可以删除所选对象之前应用过的滤镜，并且能够将设置过的滤镜参数存储为预设。

11.5.1 添加和删除滤镜

在 Flash CC 中，只能对文本、按钮和影片剪辑对象添加滤镜效果，为所选对象应用滤镜效果后，还可以对应用过的滤镜进行删除和禁用操作。

1. 添加滤镜

如果需要为对象添加滤镜效果，可以在“属性”面板上的“滤镜”选项区中单击“添加滤镜”按钮，在弹出的菜单中选择相应的滤镜，即可添加该滤镜效果。

2. 删除滤镜

如果需要删除为对象所添加的滤镜效果，可以在“属性”面板上的“滤镜”选项区中的已添加滤镜列表中单击选中删除的滤镜，单击“删除滤镜”按钮，即可删除所选中的滤镜。

3. 删除全部滤镜

如果为对象添加了多个滤镜效果，想要一次性快速删除所添加的所有滤镜效果，可以在“属性”面板上的“滤镜”选项区中单击“添加滤镜”按钮，在弹出的菜单中选择“删除全部”选项，如图11–110所示，即可快速删除为该对象所添加的所有滤镜效果。

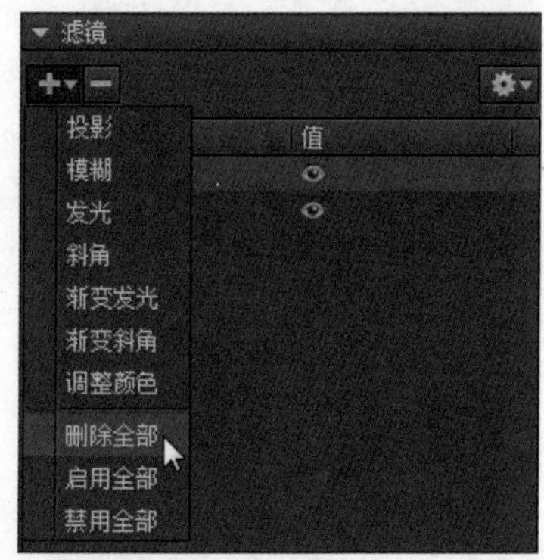

图 11-110 选择“删除全部”选项

4. 启用和禁用滤镜

在 Flash 动画的制作过程中，通过启用与禁用功能可以更加方便、快捷地查看所选对象应用滤镜前后的效果。

如果需要禁用为对象所添加的所有滤镜效果，可以在“属性”面板上的“滤镜”选项区中单击“添加滤镜”按钮，在弹出的菜单中选择“禁用全部”命令，即可禁用为该对象所添加的所有滤镜效果。

如果需要启用为对象所添加的所有滤镜效果，可以在“属性”面板上的“滤镜”选项区中单击“添加滤镜”按钮，在弹出的菜单中选择“启用全部”命令，即可启用为该对象所添加的所有滤镜效果。

除了可以使用菜单选项对滤镜进行删除、启用或禁用操作，还可以通过使用按钮进行操作，在操作时既可以配合快捷键操作，也可以配合鼠标进行操作。

在“滤镜”列表中单击选中需要禁用的滤镜，单击“启用或禁用滤镜”按钮，即可禁用该滤镜，禁用后的“滤镜”列表如图11–111所示。再次单击该按钮即可启用该滤镜，使滤镜设置恢复正常，如图11–112所示。

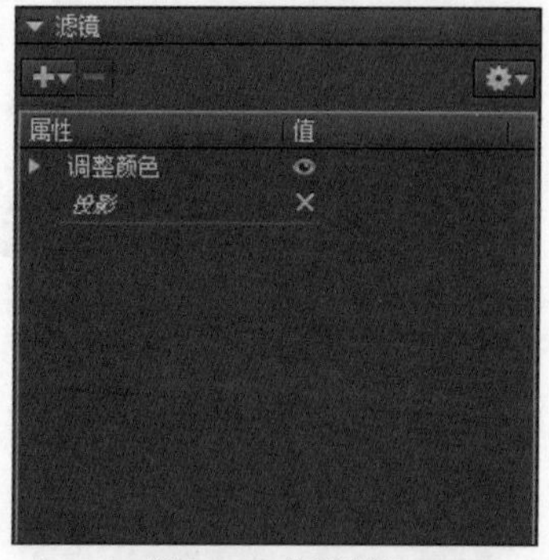

图 11-111 禁用滤镜

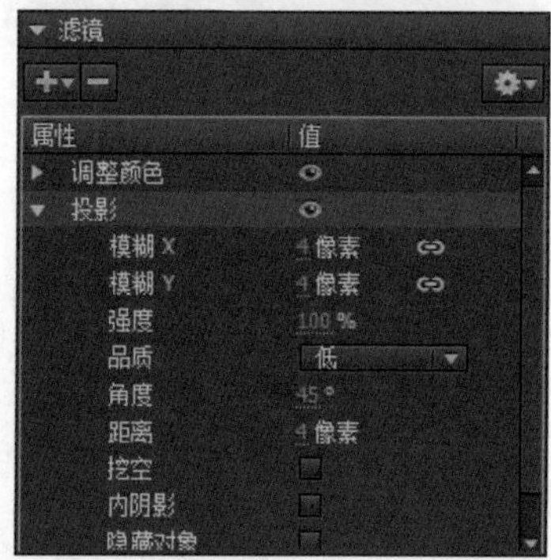

图 11-112 启用滤镜

技巧 

在所有滤镜都启用的状态下，在“滤镜”列表中单击选中一个滤镜，按住 Alt 键单击“滤镜”列表中的“启用或禁用滤镜”按钮，会保留所选滤镜的启用状态，并禁用列表中的所有其他滤镜；再次按住 Alt 键单击“启用或禁用滤镜”按钮，则可以启用其他所有的滤镜。

11.5.2 复制与粘贴滤镜

在 Flash CC 中，可以通过复制与粘贴的功能对设置好的滤镜参数进行复制，再将其粘贴到所选对象上，从而不用重新设置参数就能够为其添加相同的滤镜效果。

在“属性”面板上的“滤镜”选项区中单击“选项”按钮，即可弹出下拉菜单，如图11–113所示。在该菜单中可以通过“复制选定的滤镜”、“复制所有滤镜”和“粘贴滤镜”命令对滤镜进行复制或者粘贴操作。

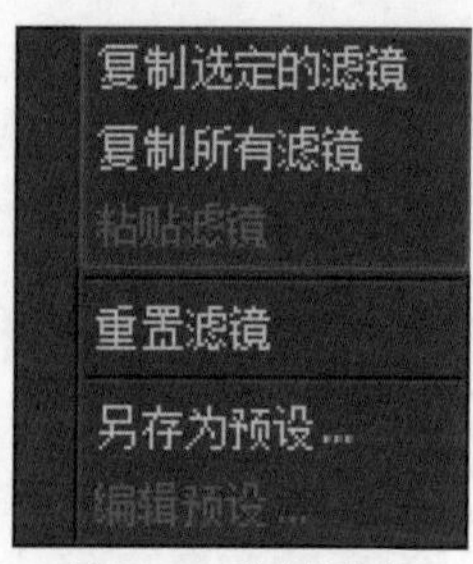

图 11-113 弹出的菜单

- 复制选定的滤镜：执行该命令，可以复制当前在所添加的滤镜列表中选择的滤镜设置。

- 复制所有滤镜：执行该命令，可以复制当前在所添加的滤镜列表中的所有滤镜设置，包括选中的和没有被选中的滤镜。

- 粘贴滤镜：执行该命令，可以将复制的滤镜设置应用到所选对象中。

11.5.3 重置滤镜

如果对所添加的滤镜设置不满意，可以将该滤镜的设置恢复到默认的设置参数，在当前所添加的滤镜列表中单击选中需要重新设置的滤镜，在“滤镜”选项区中单击“选项”按钮，在弹出的菜单中选择“重置滤镜”命令，即可将该滤镜的参数设置恢复到系统默认的状态。

11.5.4 滤镜预设

滤镜预设是将设置好的滤镜参数保存到预设库，以便以后需要用时不用重新设置。

在“属性”面板上的“滤镜”选项区中单击“选项”按钮，在弹出的菜单中可以通过“另存为预设”、“编辑预设”和“粘贴滤镜”命令，对滤镜预设进行存储和编辑操作，如图 11-114 所示。

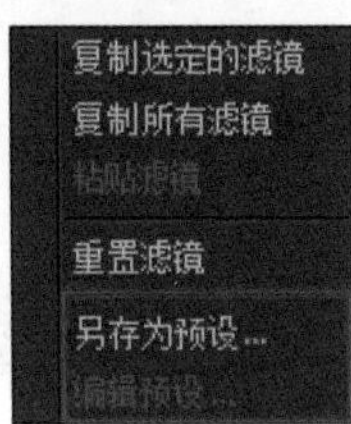

图 11-114 弹出菜单

- 另存为预设：选择该命令，在弹出的“将预设另存为”对话框中可以对滤镜预设的名称进行设置，如图 11-115 所示。单击“确定”按钮，完成存储，此时存储的滤镜将会出现在弹出的菜单的最下方，如图 11-116 所示。

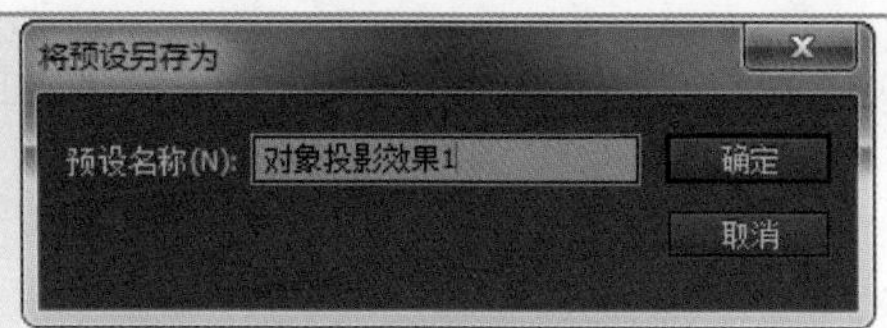

图 11-115 “将预设另存为”对话框

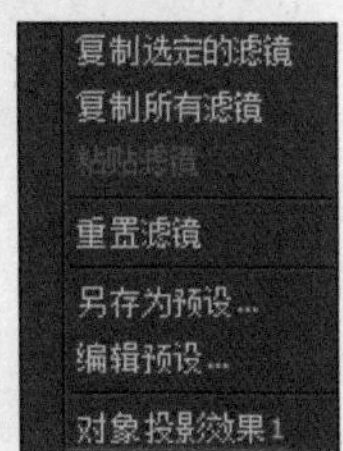

图 11-116 存储的滤镜预设

- 编辑预设：选择该命令，在弹出的“编辑预设”对话框中可以对所存储的滤镜预设进行编操作，如图 11-117 所示。双击要修改的滤镜预设名称，输入新的滤镜预设名称，即可对该滤镜预设进行重命名。选中需要删除的滤镜预设，单击“删除”按钮，即可删除所选中的滤镜预设。

图 11-117 “编辑预设”对话框

提示

如果要为所选对象应用预设滤镜，首先需要单击选中需要应用滤镜预设的对象，然后在“属性”面板上的“滤镜”选项区中单击“选项”按钮，在弹出的菜单中即可选择需要应用的滤镜预设。

技巧 

将滤镜预设应用于对象时，Flash 会将当前应用于所选对象的所有滤镜替换为该预设中使用的滤镜。

11.6 制作人物开场动画

本实例将综合使用 Flash 中的多种动画类型制作人物开场动画，并且在动画中为元件添加相应的滤镜效果，从而丰富动画播放的效果。通过本实例的制作，读者需要掌握将滤镜效果与动画相结合的表现形式。

动手实践——制作人物开场动画 

源文件：光盘\源文件\第 11 章\11-6.fla

视频：光盘\视频\第 11 章\11-6.swf

01 执行“文件 > 新建”命令，弹出“新建文档”对话框，设置如图 11-118 所示。单击“确定”按钮，新建一个 Flash 文档，执行“文件 > 导入 > 导入到舞台”命令，导入图片“光盘\源文件\第 11 章\素材\107401.jpg”，效果如图 11-119 所示。

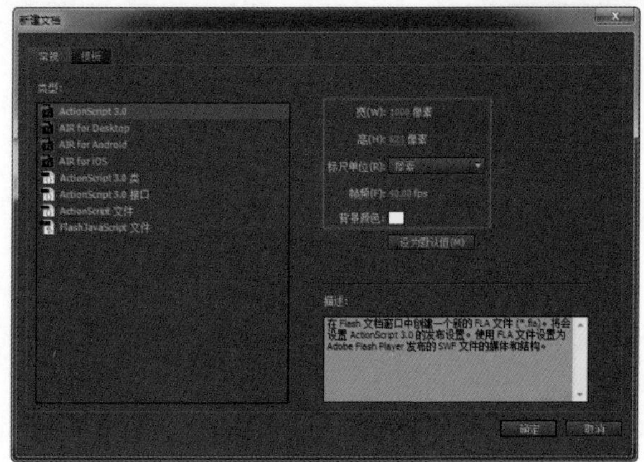

图 11-118 “新建文档”对话框

图 11-119 导入图片

02 在第 145 帧位置按 F5 键插入帧，如图 11–120 所示。新建“图层 2”，导入图片“光盘\源文件\第 11 章\素材\107402.png”，效果如图 11–121 所示。

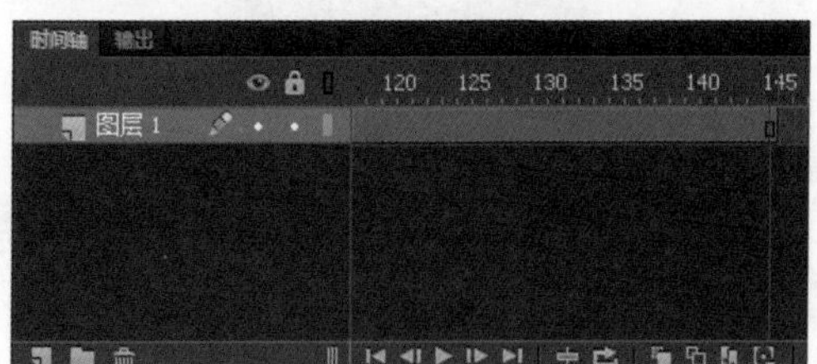

图 11-120 “时间轴”面板

图 11-121 导入图片

03 选中刚导入的图片，执行“修改 > 分离”命令，使用“魔术棒工具”，在场景中单击选中图片周围的透明区域，如图 11–122 所示。按 Delete 键，将其删除，选择图像，单击鼠标右键，在弹出的菜单中选择“转换为元件”命令，弹出“转换为元件”对话框，设置如图 11–123 所示。

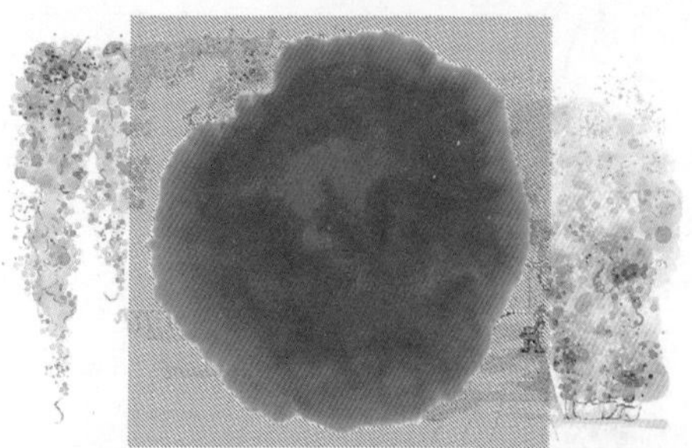

图 11-122 选中透明区域

图 11-123 “转换为元件”对话框

04 单击“确定”按钮，将其调整至合适的大小并移至适当的位置，如图 11–124 所示。在第 26 帧位置按 F6 键插入关键帧，并调整该帧上元件的大小，如图 11–125 所示。

图 11-124 调整大小和位置

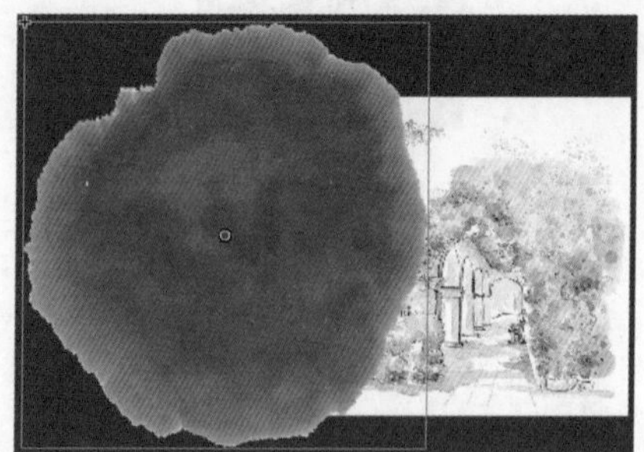

图 11-125 元件效果

05 在第 1 帧位置单击鼠标右键，在弹出的菜单中选择“创建传统补间”命令，如图 11–126 所示。使用相同的制作方法，可以完成“图层 3”和“图层 4”上动画效果的制作，效果如图 11–127 所示。

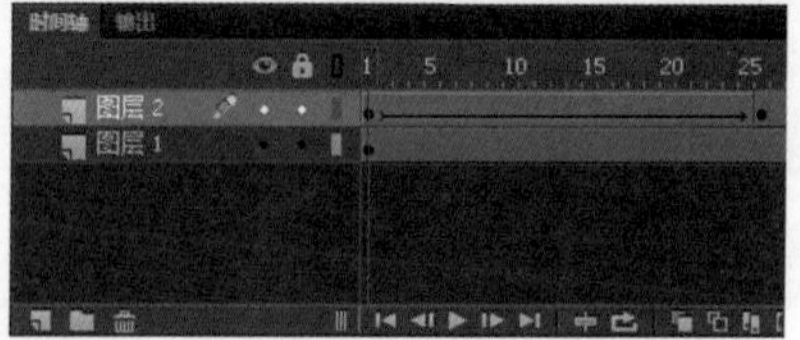

图 11-126 “时间轴”面板

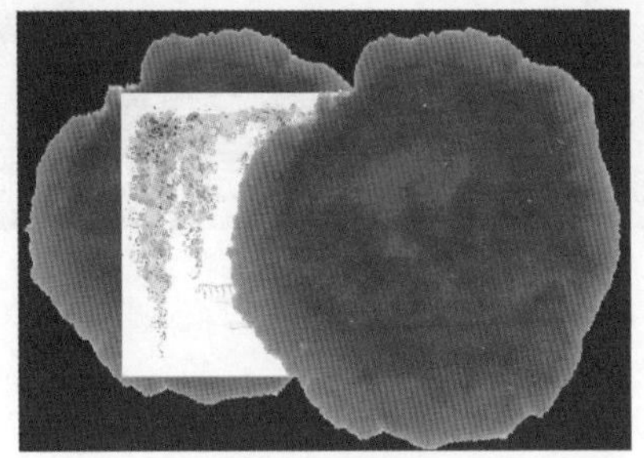

图 11-127 场景效果

06 分别在“图层 2”和“图层 4”的名称上单击鼠标右键，在弹出的菜单中选择“遮罩层”命令，如图 11–128 所示。新建“图层 5”，在第 48 帧位置按 F6 键插入关键帧，导入图片“光盘\源文件\第 11 章\素材\107403.png”，如图 11–129 所示。

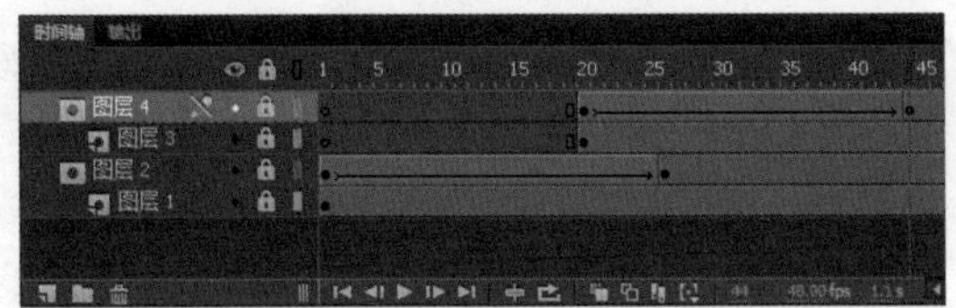

图 11-128 “时间轴”面板

图 11-129 导入图片

07 在刚导入的图片上单击鼠标右键，在弹出的菜单中选择“转换为元件”命令，弹出“转换为元件”对话框，设置如图 11–130 所示。单击“确定”按钮，在第 82 帧位置按 F6 键插入关键帧，在第 48 帧位置单击鼠标右键，在弹出的菜单中选择“创建补间动画”命令，如图 11–131 所示。

图 11-130 “转换为元件”对话框

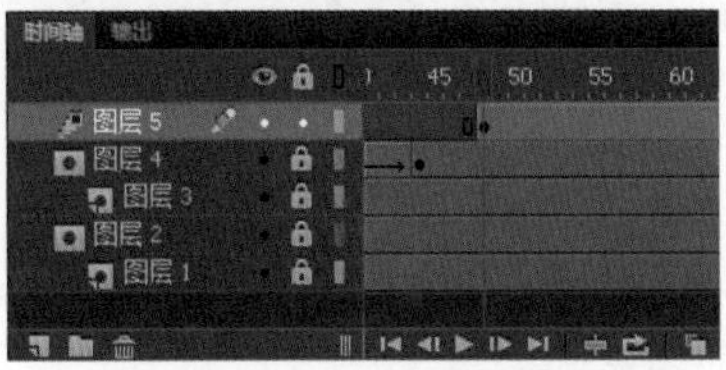

图 11-131 “时间轴”面板

08 选择第 48 帧上的元件，将其移至适当的位置，并使用“任意变形工具”将该元件的中心点移至适当的位置，如图 11–132 所示。在第 73 帧位置，移动元件至合适的位置，如图 11–133 所示。

图 11-132 调整位置

图 11-133 调整位置

09 在第 77 帧位置，使用“任意变形工具”调整元件的高度，如图 11–134 所示。在第 81 帧位置，使用“任意变形工具”调整元件的高度，如图 11–135 所示。

图 11-134 调整元件高度

图 11-135 调整元件高度

10 选择第 48 帧中的元件，在“属性”面板上的“滤镜”选项区中单击“添加滤镜”按钮，在弹出的菜单中选择“模糊”命令，添加“模糊”滤镜，设置如图 11–136 所示，元件效果如图 11–137 所示。

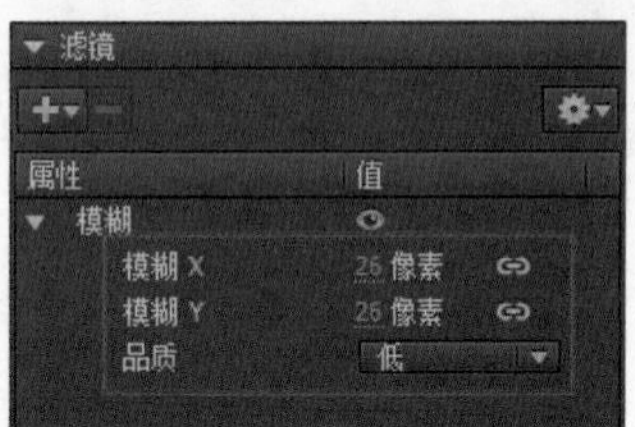

图 11-136 “属性”面板

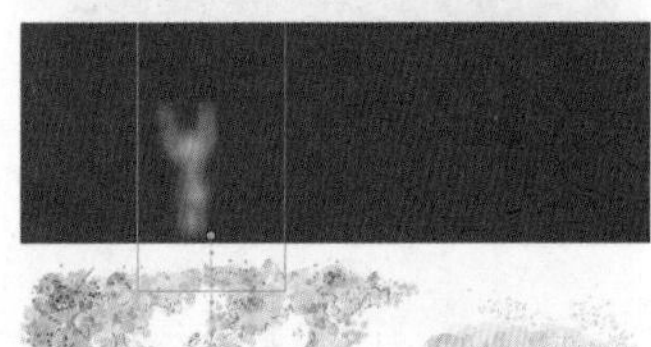

图 11-137 元件效果

11 选择第 73 帧中的元件，在“属性”面板上的“滤镜”选项区中对“模糊”滤镜的相关属性进行设置，如图 11–138 所示。完成该图层中动画效果制作，“时间轴”面板如图 11–139 所示。

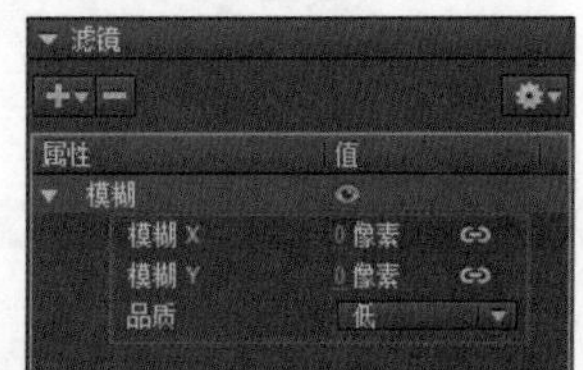

图 11-138 设置“模糊”滤镜

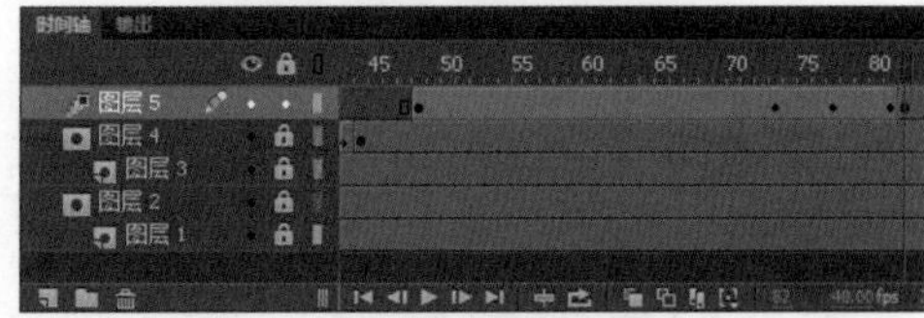

图 11-139 “时间轴”面板

12 根据“图层 5”的制作方法，可以完成“图层 6”和“图层 7”上动画效果的制作，场景效果如图 11–140 所示，“时间轴”面板如图 11–141 所示。

图 11-140 场景效果

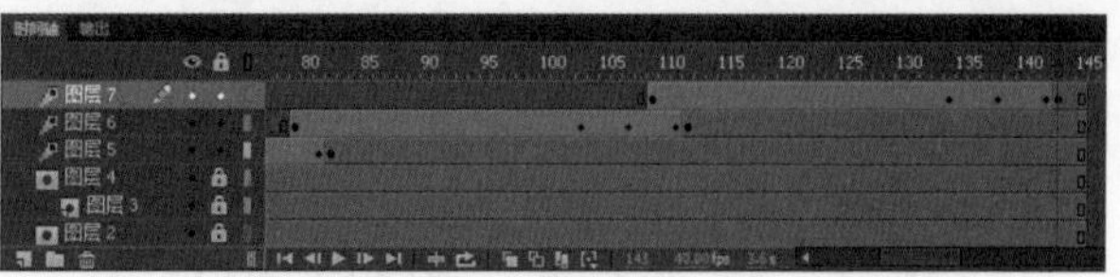

图 11-141 “时间轴”面板

13 新建“图层 8”，在第 145 帧位置按 F6 键插入关键帧，执行“窗口 > 动作”命令，打开“动作”面板，输入脚本代码，如图 11–142 所示，“时间轴”面板如图 11–143 所示。

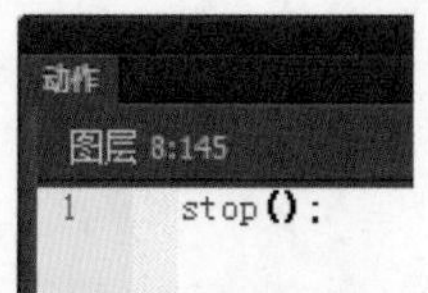

```
1    stop();
```

图 11-142 “动作”面板

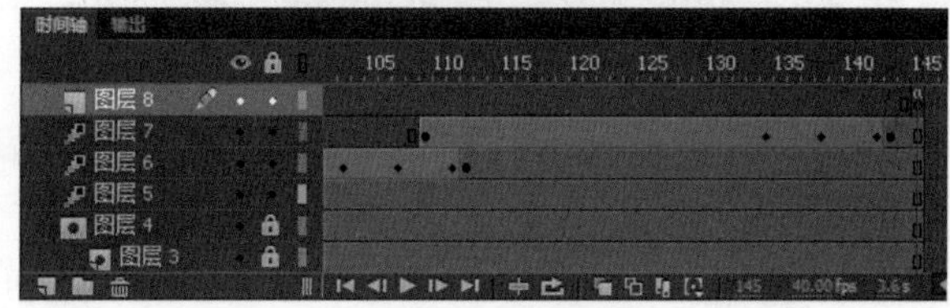

图 11-143 “时间轴”面板

14 执行“文件 > 保存”命令，将其保存为“光盘\源文件\第 11 章\11–6.fla”，按快捷键 Ctrl+Enter，测试动画效果，如图 11–144 所示。

图 11-144 测试动画效果

11.7 本章小结

本章主要针对 Flash CC 中 3D 工具和滤镜效果进行了详细的讲解。通过学习，读者要能够掌握使用 3D 工具完成三维元件的创建和三维旋转、平移的动画制作，进一步体会 Flash 动画中的三维空间概念，能够在动画制作过程中为对象添加各种不同的滤镜，从而丰富动画的表现效果。

第12章 导入图像、声音和视频

Flash 动画之所以惟妙惟肖、趣味性强，是由于它应用到许多的资源，如图像、声音和视频等，图像文件可以增强画面的效果，而声音与视频作为一种媒介手段可以增强动画效果的感染力，升华作品的意境。本章将介绍在 Flash CC 中导入图像、声音和视频的方法。

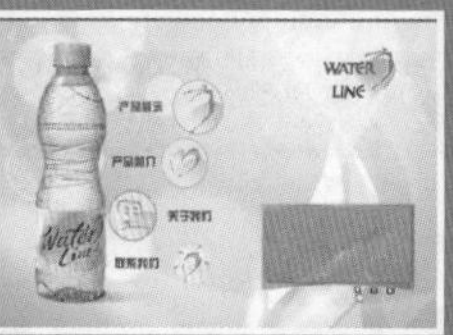

12.1 导入图像

一般情况下，为了更好地提高工作效率，我们在制作 Flash 动画时，不会全部采用绘制矢量图来应用图像，而是通过导入外部图像来获取素材，这样获取方式更加方便，表现力也较为丰富，因而外部图像对于制作动画作品是必不可少的。

12.1.1 Flash 支持的位图格式

虽然 Flash 是一种矢量动画制作软件，但是为了满足丰富画面效果、增强作品感染力的要求，可以十分方便地导入各种位图图像，Flash 支持的位图格式如下。

1. GIF 图像（扩展名为 .gif）

GIF（Graphics Interchange Format，图形交换格式）是一种支持 256 色、多帧动画以及 Alpha 通道（透明）的压缩图像格式。

在表现图像方面，GIF 格式所占磁盘空间最小，但效果也几乎是最差的。Flash 可以方便地导入 GIF 格式图像。如果导入的 GIF 图像包含动画，Flash 还可以对动画的各帧进行编辑。

2. JPEG/JPG 图像（扩展名为 .jpg）

JPEG（Join Photographic Experts Group，联合图像专家组）格式是目前互联网中应用最广泛的位图有损压缩图像格式。JPEG 格式的图像支持按照图像的保真品质进行压缩，共分 11 个等级。通常可以保证图像较好的清晰度和磁盘占用空间平衡的级别为第 8 级，即 Flash 中的品质 80，如图 12-1 所示。

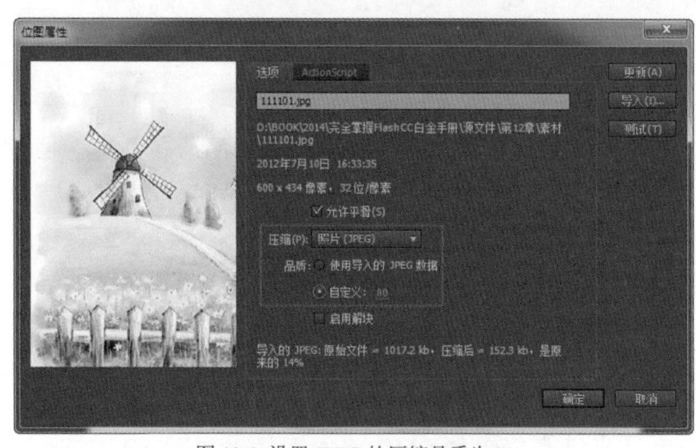

图 12-1 设置 JPEG 的压缩品质为 80

3. PNG 图像（扩展名为 .png）

PNG（Portable Network Graphics，便携式网络图形）是一种无损压缩的位图格式，也是目前 Adobe 推荐使用的一种位图图像格式。

PNG 图像支持最低 8 位到最高 48 位彩色、16 位灰度图像和 Alpha 通道（透明通道），压缩比比较大，由于这些原因，PNG 图像的使用越来越广泛。

提示

由于 PNG 图像兼有以上 GIF 与 JPEG 两种图像格式的优点，既支持 256 色以上的颜色数目，又支持透明背景。如果需要在 Flash 中导入透明背景的高品质图像，建议采用 PNG 格式。

12.1.2 导入 PNG 格式图像

由于 PNG 格式的图像具有很多的优点，因此在设计动画作品时，常常会导入 PNG 格式的素材图像，执行“文件 > 导入 > 导入到舞台”命令，弹出“导入”对话框，在该对话框中可以选择需要导入的位图，如图 12-2 所示。完成相应的设置，单击“打开”按钮，即可将所选择的 PNG 格式的图像导入到舞台中，如图 12-3 所示。

图 12-2 设置“导入”对话框

图 12-3 导入图像

执行相同的命令，在弹出的“导入”对话框中选择另一张需要导入的 PNG 格式图像，如图 12-4 所示。单击“打开”按钮，即可将其导入到舞台中，并将其移动到合适的位置，效果如图 12-5 所示。

图 12-4 设置“导入”对话框

图 12-5 导入图像

提示

PNG 文件是一种无损压缩的文件格式，并且自带 Alpha 通道，PNG 图像无像素的区域将以透明的方式显示。

12.1.3 导入 JPG 格式图像

在 Flash CC 中，导入 JPG 格式的图像与导入 PNG 格式的图像的操作方法类似，执行“文件 > 导入 > 导入到舞台”命令，如图 12-6 所示。弹出“导入”对话框，在该对话框中选择需要导入的 JPG 格式图像，如图 12-7 所示。

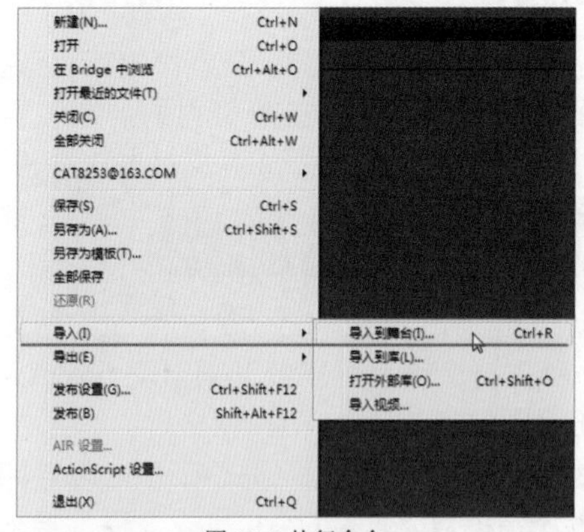

图 12-6 执行命令

图 12-7 设置“导入”对话框

技巧

除了可以执行“文件 > 导入 > 导入到舞台”命令导入素材图像之外，还可以通过以下两种方法导入素材图像。（1）按快捷键 Ctrl+R，可以直接弹出“导入”对话框，在对话框中选择需要导入的素材图像。（2）直接将需要导入的素材图像拖曳至 Flash 程序中的舞台区域或“库”面板中。

单击“打开”按钮，即可将所选中的 JPG 格式图像导入到舞台中，如图 12-8 所示。

图 12-8 导入图像

12.1.4 导入 Illustrator 文件

AI 是 Adobe Illustrator 的简称，它是由 Illustrator 绘制的矢量图形文档的格式而来。在 Flash 中，不仅可以导入各种格式的位图，同样还可以方便地导入 AI 格式的矢量图素材。

为了能够让 Illustrator 中的对象可以像其他 Flash 对象一样进行处理，在将 AI 文件导入到 Flash 之前，必须取消所有图层上的 Illustrator 对象的组合。

在 Flash CC 中，执行“文件 > 导入 > 导入到舞台”命令，在弹出的“导入”对话框中选择 AI 格式的矢量素材，如图 12-9 所示。单击“打开”按钮，这时弹出“导入到舞台”对话框，在该对话框中可以对相关选项进行设置，如图 12-10 所示。

图 12-9 设置“导入”对话框

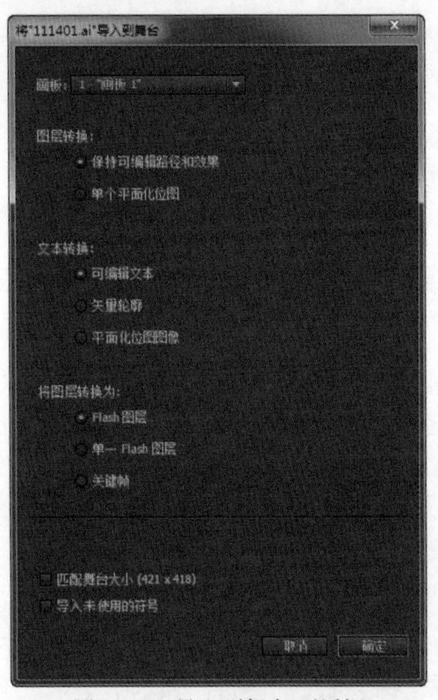

图 12-10 “导入到舞台”对话框

- 画板：如果所导入的 Illustrator 文件中包含有多个画板，在该选项的下拉列表中可以选择需要导入的是该 Illustrator 文件中的哪个画板中的内容。

- 图层转换：该选项用于选择导入 Illustrator 文件的处理方式，包括“保持可编辑路径和效果”和“单个平面化位图”两个选项。
  - 保持可编辑路径和效果：如果选择该选项，则所导入的 Illustrator 文件在 Flash 中将保存原有的路径和效果，可以在 Flash 中对所导入的素材路径和效果进行编辑。
  - 单个平面化位图：如果选择该选项，则将所导入的 Illustrator 文件转换为位图导入到 Flash 中，不可以对导入的素材进行编辑。

- 文本转换：该选项用于设置所导入的 Illustrator 文件中文本的处理方式，包括“可编辑文本”、“矢量轮廓”和“平面化位图图像”3 个选项。
  - 可编辑文本：选择该选项，则 Illustrator 文件中的文本在导入到 Flash 后依然保持可编辑的状态。
  - 矢量轮廓：选择该选项，则 Illustrator 文件中的文本在导入到 Flash 后会自动分离为矢量图形，不再具有文本的属性。
  - 平面化位图图像：选择该选项，则 Illustrator 文件中的文本在导入到 Flash 后会自动转换为位图图像。

- 将图层转换为：该选项用于设置 Illustrator 文件中的图层在导入到 Flash 后的处理方式，包括“Flash 图层”、“单一 Flash 图层”和“关键帧”3 个选项。
  - Flash 图层：选择该选项，可以将所导入的

Illustrator 文件中的每个图层转换为 Flash 文档中的图层。

- 单一 Flash 图层：选择该选项，可以将所导入的 Illustrator 文件中的所有图层转换为 Flash 文档中的单个图层。
- 关键帧：选择该选项，可以将所导入的 Illustrator 文件中的每个图层转换为 Flash 文档中的关键帧。

- 匹配舞台大小：选中该选项，Flash CC 会读取所导入的 Illustrator 文件的尺寸，然后将该尺寸应用到 Flash 动画源文件中，使 Flash 动画源文件的尺寸与 Illustrator 文件的尺寸保持一致，默认情况下，该选项未选中。
- 导入未使用的符号：选中该选项，在画板上无实例的所有 Illustrator 文件符号都将导入到 Flash 库中，如果没有选中该选项，则在 Illustrator 文件中未使用的符号不会导入到 Flash 文档中。

在这里我们将保持默认设置，单击“确定”按钮，完成对话框的设置，导入的 AI 图像效果如图 12–11 所示。对于导入的 AI 文件，可以像其他 Flash 对象一样进行处理。

图 12-11 导入的 AI 文件

12.1.5 导入 PSD 文件

PSD 是 Photoshop（Adobe 开发的图像处理软件）默认的文件格式，Flash 可以导入分层的 PSD 文件并保留许多 Photoshop 功能，并可在 Flash 中保持 PSD 文件的图像质量和可编辑性。如果要导入 PSD 文件，只需执行“文件 > 导入 > 导入到舞台”命令，弹出“导入”对话框，在该对话框中选择需要导入的 PSD 文件，如图 12–12 所示。单击“打开”按钮，弹出“导入到舞台”对话框，如图 12–13 所示，在该对话框中可以对相关选项进行设置。

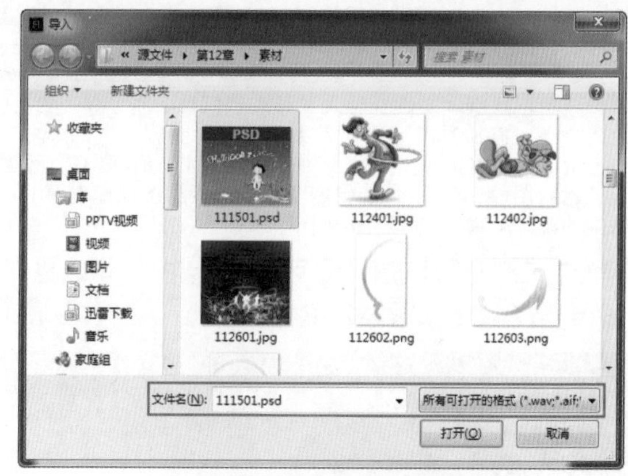

图 12-12 设置“导入”对话框

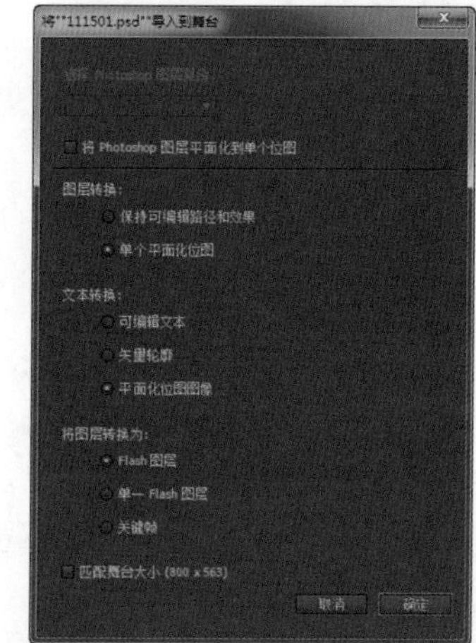

图 12-13 “导入到舞台”对话框

该对话框中的选项与导入 Illustrator 文件时所弹出的“导入到舞台”对话框中的选项基本相同。如果所导入的 PSD 文件中包含有图层复合，则可以在该对话框中的“选择 Photoshop 图层复合”下拉列表中选择需要导入的图层复合。

此处将对话框中的相关选项保持默认设置，单击“确定”按钮，完成 PSD 图像的导入，如图 12–14 所示。

图 12-14 导入 PSD 文件

导入 PSD 文件后，“库”面板中的根文件夹将使用 PSD 文件的名称，如图 12–15 所示。用户可以更改根文件夹的名称，也可以将文件移到文件夹之外。

图 12-15 “库”面板

> **提示**
>
> “库”面板将按字母顺序对导入的 PSD 文件内容进行排序。分层组合和文件夹结构保持不变，但“库”面板会按字母顺序重新排列它们。

12.2 编辑导入的位图

将位图导入到 Flash CC 之后，为了能够更好地使用位图素材，可以在 Flash CC 中对其进行编辑，从而控制位图的合理应用。

12.2.1 设置位图属性

在 Flash CC 中，可以根据设计的需要，对导入的位图的属性进行相应的设置，以更符合动画作品的要求，下面将向读者介绍设置位图属性的方法。

执行“文件 > 打开”命令，打开素材文件“光盘\源文件\第 12 章\素材\122101.fla”，如图 12-16 所示。选中舞台中的位图，在“属性”面板中可以对相关选项进行设置，如图 12-17 所示。

图 12-16 Flash 文件效果

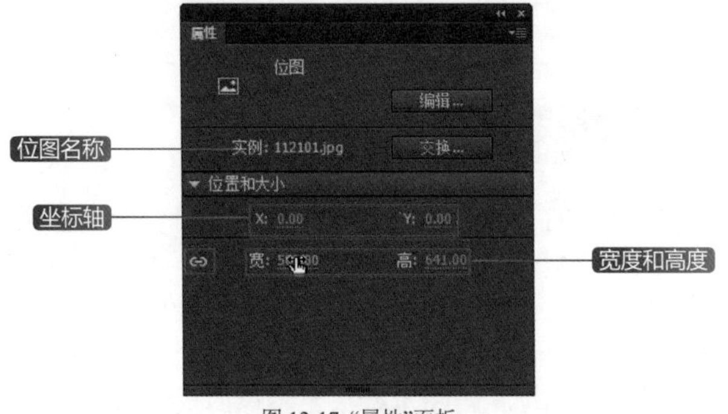

图 12-17 “属性”面板

- 位图名称：在 Flash CC 的舞台中选中位图后，可以在“属性”面板左上角显示所选中的位图素材的名称。
- “编辑”按钮：单击该按钮，可以打开 Flash CC 默认的位图编辑软件。对位图进行相应的编辑，可对当前所选位图的属性重新定义。
- “交换”按钮：单击该按钮，弹出“交换位图”对话框，在该对话框中可以选择需要的位图，单击“确定”按钮，即可使该位图替换当前场景中选择的位图。
- 坐标轴：在 X 文本框中显示了位图的水平坐标位置，在 Y 文本框中显示了位图的垂直坐标轴位置。更改数值，可以对位图在文档中的位置进行精确控制。
- 宽度和高度：在“宽”选项中显示了位图的宽度，在“高”选项中显示位图的高度，另外可以在文本上单击对宽度和高度的数值进行更改，从而可以更加精确地控制位图的大小。

单击“将宽度值和高度值锁定在一起”按钮，将鼠标移至“宽”文本上，单击鼠标，在文本框中输入 400，如图 12-18 所示。按 Enter 键进行确认，即可修改所选择的位图的大小，效果如图 12-19 所示。

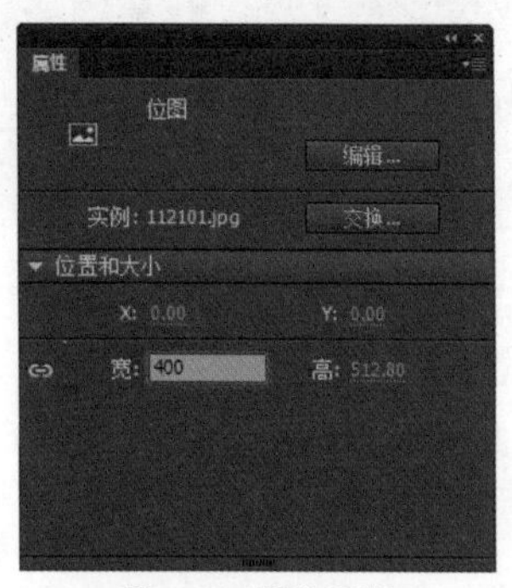

图 12-18 “属性”面板

图 12-19 设置位图属性效果

12.2.2 将位图矢量化

将位图矢量化，可以将位图转换成具有颜色区域的 Flash 矢量文件格式。在大多数情况下，将位图矢量化还会减小文件的大小。将位图转换为矢量图形后，矢量图形不再链接到“库”面板中的位图对象。

执行“文件 > 打开”命令，打开素材文件“光盘\源文件\第 12 章\素材\122201.fla”，选中舞台区的位图，如图 12–20 所示。执行“修改 > 位图 > 转换位图为矢量图”命令，弹出“转换位图为矢量图”对话框，如图 12–21 所示，在该对话框中可以对相关选项进行设置。

图 12-20 打开 Flash 文件效果

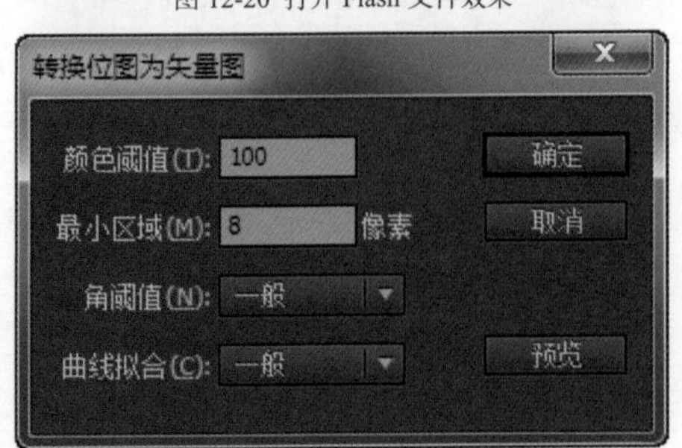

图 12-21 “转换位图为矢量图”对话框

- 颜色阈值：在文本框中可输入一个介于 0 到 500 之间的值。当两个像素进行比较后，如果它们在 RGB 颜色值上的差异低于该颜色阈值，则两个像素被认为是颜色相同。如果增大了该阈值，则意味着降低了颜色的数量，也就是在转换位图中颜色减少。如果输入的阈值很小，转换的图像将会拥有更多的颜色。
- 最小区域：输入一个介于 1 到 1000 之间的值，用于设置在指定像素颜色时要考虑的周围像素的数量。如果输入一个非常大的值，最后产生的矢量图将会拥有较多的实心块，因为 Flash 将忽略小块的颜色。如果输入一个非常小的值，Flash 将会抽取这些较小的区域转换成矢量图形，所以值越小，产生的图像越精细，但是如果将“最小区域”值设置得较小来转换大型复杂的位图，将会耗费计算机的资源，因此可以从 1000 开始往下试，直至得到理想的效果。
- 角阈值：在该选项的下拉列表中选择一个选项，以确定是保留锐边还是进行平滑处理。
- 曲线拟合：在该选项的下拉列表中选择一个选项，用于确定绘制的轮廓的平滑程度。选项包括“像素”、“非常紧密”、“紧密”、“一般”、“平滑”和“非常平滑”。如果选择“像素”，Flash 将沿着像素的边缘尖锐地绘制线条，最后的图像线条可能会出现正方的点，显得失常。如果图像中有很多想要保留的曲线，可以选择“紧密”或“非常紧密”。如果不考虑在图像中保留非常精确的形状，则可以选择“光滑”或“非常光滑”。

完成相应的设置，单击“确定”按钮，即可将位图矢量化，如图 12–22 所示。

图 12-22 位图矢量化效果

提示

如果导入的位图包含复杂的形状和许多颜色，则转换后的矢量图形的文件大小会比原来的位图文件大。

12.2.3 去除位图背景

Flash CC 为去除位图背景提供了十分方便的操作方法，执行“文件 > 打开”命令，打开素材文件“光盘\源文件\第 12 章\素材\122301.fla”，效果如图 12–23 所示。选择舞台中的位图，矢量化位图，在舞台区的空白位置单击鼠标，再将鼠标移至图像的褐色背景区域单击鼠标，选择褐色背景区域，如图 12–24 所示。

图 12-23 打开 Flash 文件效果

图 12-24 选择褐色背景区域

按 Delete 键，即可去除位图的背景，如图 12-25 所示。

图 12-25 去除位图的背景

技巧

位图被矢量化后，使用“选择工具”，在某个颜色区域上单击鼠标，可以在位图中选择与该颜色相同或相近的颜色区域。

12.2.4 将位图分布到关键帧

在 Flash CC 中新增了将多个位图一次性分布到连续的关键帧中的功能，通过使用该功能可以更加方便地在动画制作过程中使用位图。

执行“文件 > 导入 > 导入到舞台”命令，弹出“导入”对话框，选择多个需要同时导入到舞台中的图像素材，如图 12-26 所示。单击“打开”按钮，可以将选中的多个位图素材同时导入到舞台中，如图 12-27 所示。

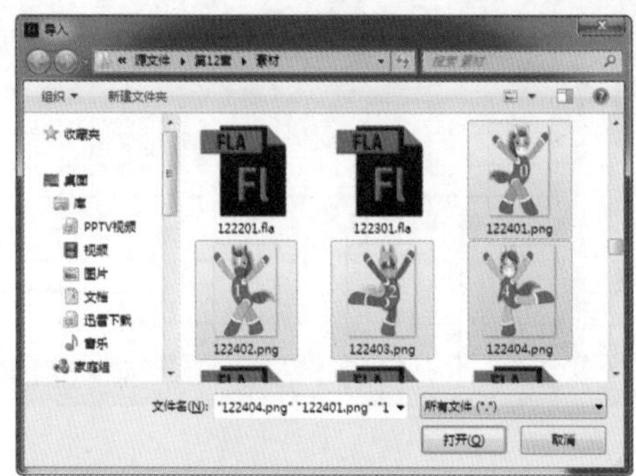

图 12-26 选择多个需要同时导入的位图

图 12-27 同时导入多个位图素材

选中多个需要分布到关键帧中的位图素材，单击鼠标右键，在弹出的菜单中选择“分布到关键帧”命令，如图 12-28 所示。即可将所选中的多个位图素材依次放置在连续的关键帧中，“时间轴”面板如图 12-29 所示。

图 12-28 执行“分布到关键帧”命令

图 12-29 “时间轴”面板

提示

选中的多个位图素材可以位于同一个图层中，也可以位于不同图层中。执行“分布到关键帧”命令后，位图素材将依次放置在连续的关键帧中，原位图素材所在的关键帧将转换为空白关键帧。

技巧

除了可以对多个位图素材执行“分布到关键帧”命令外，同样可以对多个元件执行“分布到关键帧”命令，将多个元素依次放置在连续的关键帧中，操作方法相同。

12.2.5 填充和修改位图

Flash CC 提供了填充位图的功能，它是一种非常快捷、简单的填充方法，可以简化制作动画作品的步骤，在一定程度上可以有效地提高工作效率。

1. 填充位图

执行“文件 > 打开”命令，打开素材文件“光盘\源文件\第 12 章\素材\122501.fla”，如图 12–30 所示。选择舞台上的位图图像，执行“修改 > 分离”命令，将位图分离为图形，如图 12–31 所示。

图 12-30 打开文件效果

图 12-31 分离位图

在舞台区域的空白位置单击鼠标，使位图处于未被选择状态，隐藏该图层，新建“图层 2”，并选中“图层 2”的第 1 帧，如图 12–32 所示。使用“矩形工具”在舞台区域绘制矩形，如图 12–33 所示。

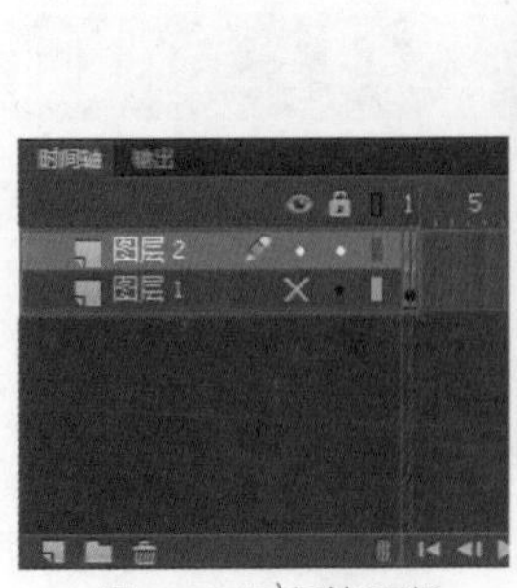

图 12-32 “时间轴”面板

图 12-33 绘制矩形

使用“颜料桶工具”，单击工具箱中的“填充颜色”按钮，弹出“拾色器”面板，在该面板中选择要填充的位图，如图 12–34 所示。使用“颜料桶工具”在矩形区域单击鼠标，即可将灰色区域填充为位图，如图 12–35 所示。

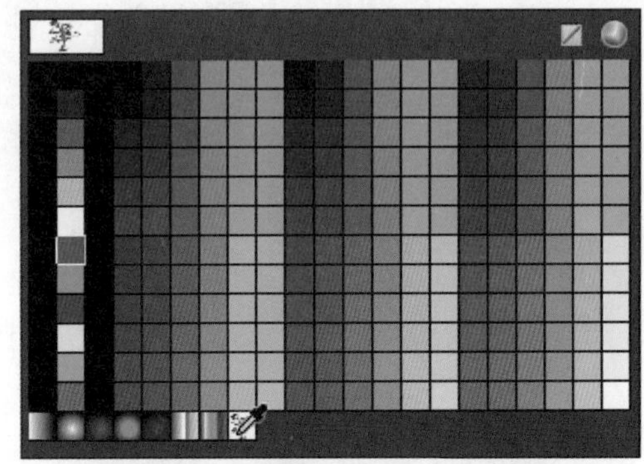

图 12-34 “拾色器”面板

图 12-35 填充位图图像

2. 修改填充效果

在 Flash CC 中，不仅可以在舞台区域填充位图，而且还可以对已经填充好的位图图像进行修改，只需要在“拾色器”面板上选择相应的位图，如图 12–36 所示。然后，使用“颜料桶工具”在舞台区域单击鼠标，即可完成填充效果的修改，如图 12–37 所示。

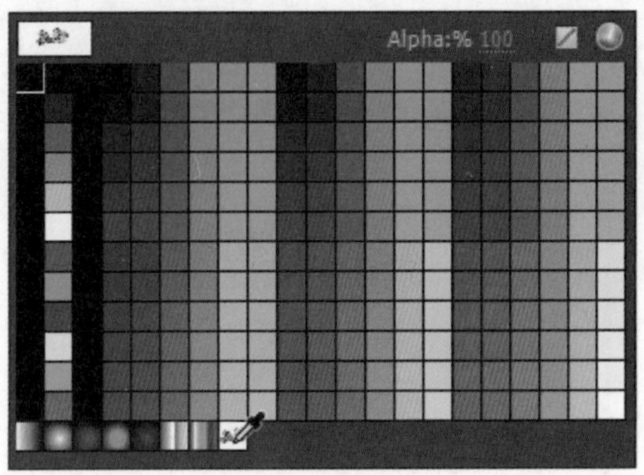

图 12-36 “拾色器”面板

图 12-37 修改填充效果

12.2.6 压缩与交换位图

在制作动画作品时，由于文档过大，我们通常会采用压缩位图的方式来控制文档的大小。另外，还可以根据设计的需要，对位图实行交换操作。下面将介绍压缩与交换位图的操作方法。

1. 压缩位图

执行“文件 > 打开”命令，打开素材文件“光盘\源文件\第 12 章\素材\122601.fla”，效果如图 12-38 所示。打开“库”面板，在位图图像上单击鼠标右键，在弹出的菜单中选择“属性”命令，如图 12-39 所示。

图 12-38 打开 Flash 文件

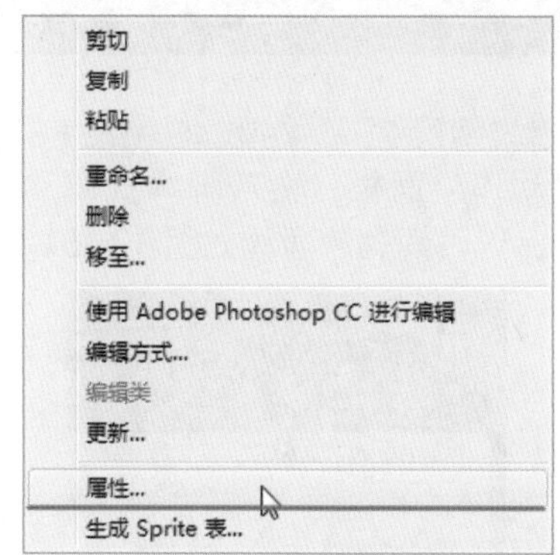

图 12-39 选择“属性”命令

弹出“位图属性”对话框，在“品质”选项区中选中“自定义”单选按钮，并在后面的文本框中输入 10，选中“启用解决”复选框，如图 12-40 所示。单击“确定”按钮，即可压缩图像，如图 12-41 所示。

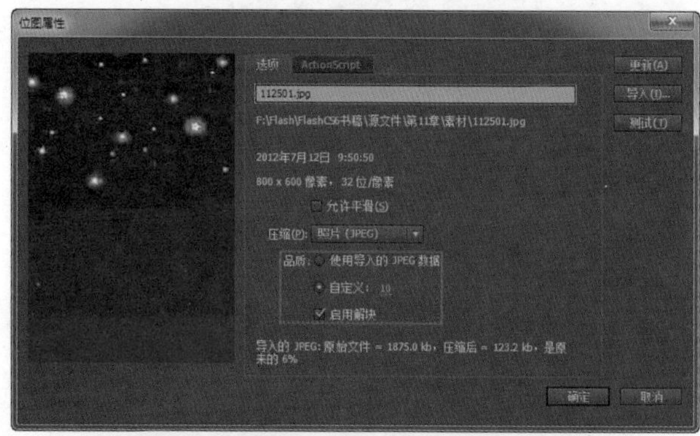

图 12-40 “位图属性”对话框

图 12-41 压缩图像

提示

图像被压缩后，清晰度会下降，但可以减小文档的大小。如果在“位图属性”对话框中选中“启用解决”复选框，图像被压缩后，可以降低品质设置的失真程度。

2. 交换位图

执行“文件 > 打开”命令，打开素材文件“光盘\源文件\第 12 章\素材\122602.fla”，选中舞台上的图像，如图 12-42 所示。在“属性”面板中单击“交换”按钮，如图 12-43 所示。

图 12-42 打开 Flash 文件

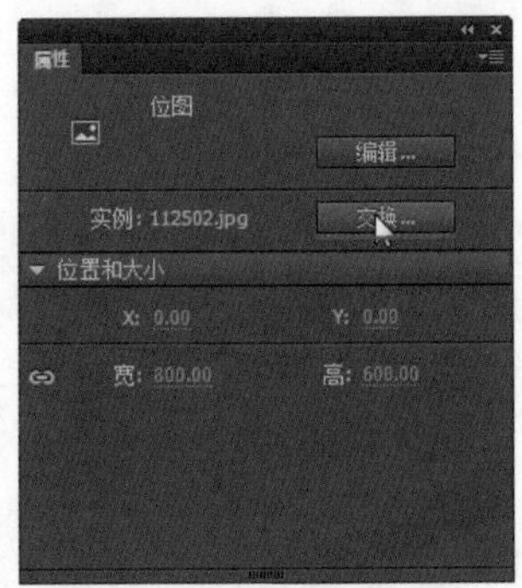

图 12-43 单击“交换”按钮

弹出“交换位图”对话框，在该对话框中选择 112503.jpg，如图 12-44 所示。单击“确定”按钮，即可交换图像，如图 12-45 所示。

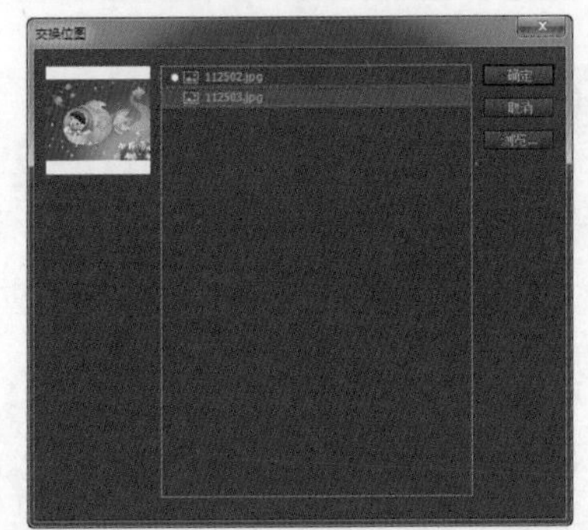

图 12-44 设置“交换位图”对话框

图 12-45 交换位图效果

12.2.7 制作炫彩网站开场动画

本实例练习是制作一个炫彩的网站开场动画效果，在该动画中主要是通过导入一系列连贯的位图图像来制作出逐帧动画的光影效果。

动手实践——制作炫彩网站开场动画

源文件：光盘 \ 源文件 \ 第 12 章 \12-2-7.fla

视频：光盘 \ 视频 \ 第 12 章 \12-2-7.swf

01 执行“文件 > 新建”命令，弹出“新建文档”对话框，设置如图 12-46 所示。单击“确定”按钮，新建一个文档。执行“插入 > 新建元件”命令，弹出“创建新元件”对话框，设置如图 12-47 所示。

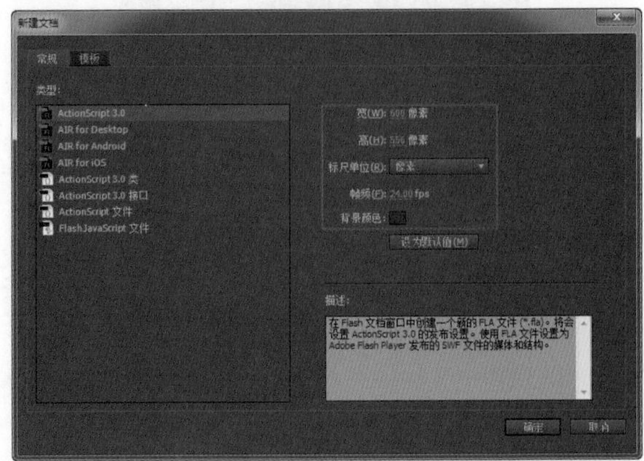

图 12-46 “新建文档”对话框

图 12-47 “创建新元件”对话框

02 单击“确定”按钮，执行“文件 > 导入 > 导入到舞台”命令，导入图像“光盘 \ 源文件 \ 第 12 章 \ 素材 \img1.png”，弹出提示对话框，如图 12-48 所示，单击“是”按钮，导入图像序列，“时间轴”面板如图 12-49 所示。

图 12-48 提示对话框

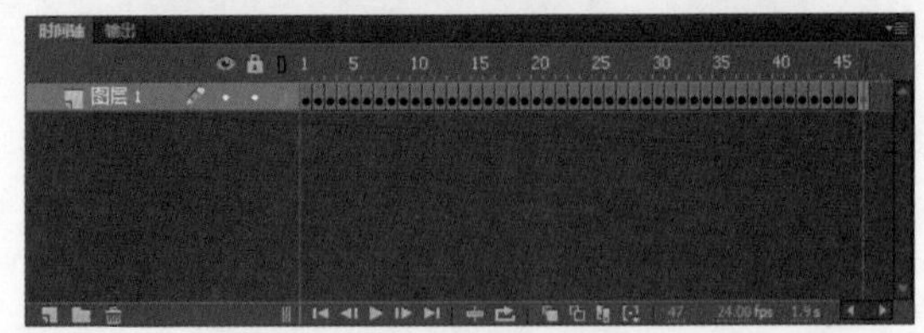

图 12-49 “时间轴”面板

03 新建“图层 2”，在第 48 帧按 F6 键插入关键帧，打开“动作”面板，输入脚本代码 stop();，如图 12-50 所示，“时间轴”面板如图 12-51 所示。

图 12-50 输入脚本代码

图 12-51 “时间轴”面板

04 执行“插入 > 新建元件”命令，弹出“创建新元件”对话框，设置如图 12-52 所示。单击“确定”按钮，导入相应的素材图像，效果如图 12-53 所示。

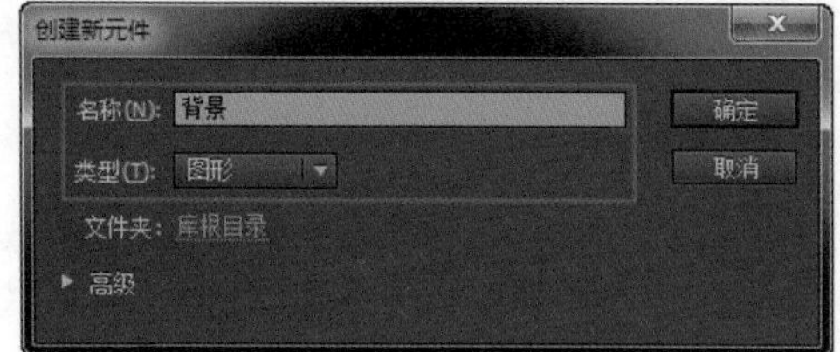

图 12-52 “创建新元件”对话框

图 12-53 导入图像素材

05 执行“插入 > 新建元件”命令，弹出“创建新元件”对话框，设置如图 12-54 所示。单击“确定”按钮，在“库”面板中将“背景”元件拖入到舞台中，如图 12-55 所示，在第 75 帧按 F5 键插入帧。

图 12-54 “创建新元件”对话框

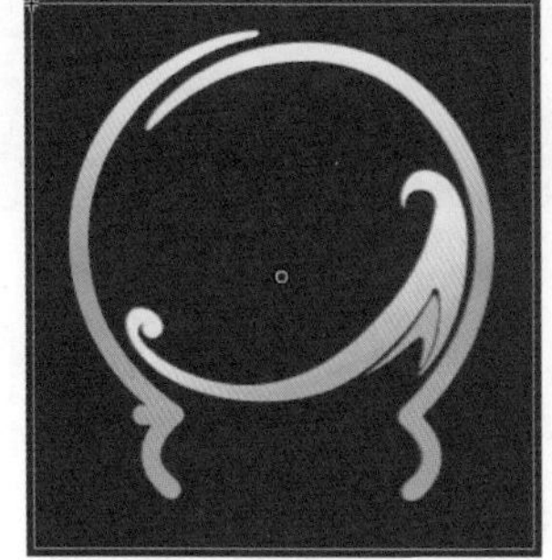
图 12-55 拖入元件

06 新建“图层 2”，使用“椭圆工具”，在舞台中绘制一个“描边颜色”为无，填充任意颜色的正圆形，如图 12-56 所示。在第 50 帧按 F6 键插入关键帧，将该帧上的图形等比例放大，如图 12-57 所示。

图 12-56 绘制正圆形

图 12-57 等比例放大图形

07 在第 1 帧创建补间形状动画，并将“图层 2”设置为遮罩层，创建遮罩动画，如图 12-58 所示。新建“图层 3”，在“库”面板中将“光影”元件拖入到舞台中，并调整到合适的位置，如图 12-59 所示。

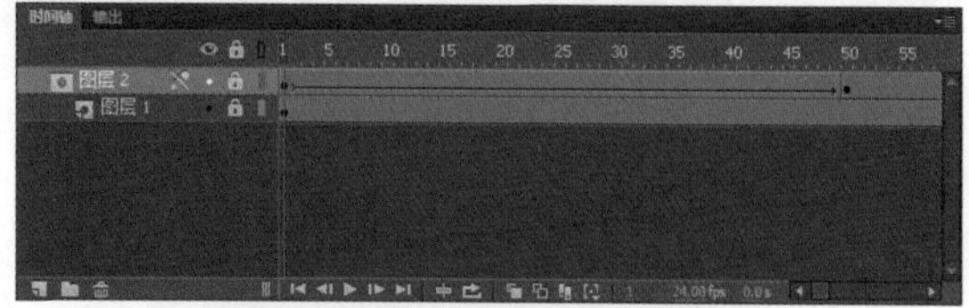
图 12-58 “时间轴”面板

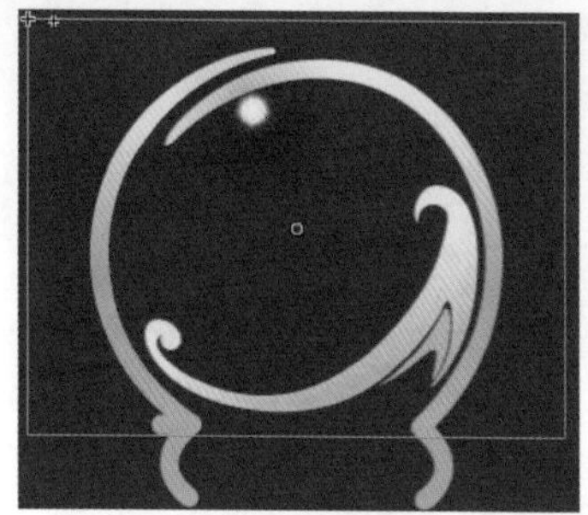
图 12-59 拖入元件

08 新建“图层 4”，在第 50 帧按 F6 键插入关键帧，导入素材图像“光盘 \ 源文件 \ 第 12 章 \ 素材 \ 112606.png”，如图 12-60 所示。选中刚导入的图像，将其转换成“名称”为 music 的图形元件，调整元件到合适的大小和位置，如图 12-61 所示。

图 12-60 导入图像素材

图 12-61 调整元件大小和位置

09 在第 65 帧按 F6 键插入关键帧，选择第 50 帧上的元件，设置其 Alpha 值为 0，如图 12-62 所示。在第 50 帧创建传统补间动画，“时间轴”面板如图 12-63 所示。

图 12-62 元件效果

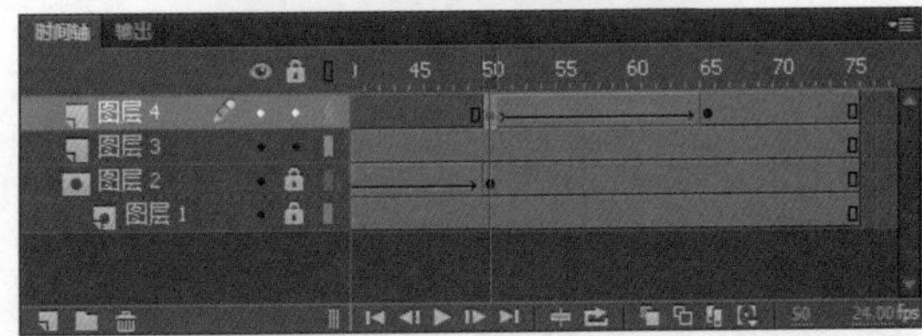
图 12-63 “时间轴”面板

10 新建“图层 5”，使用相同的制作方法，完成该图层上动画的制作，场景效果如图 12-64 所示。新建“图层 6”，在第 75 帧按 F6 键插入关键帧，打开“动作”面板，输入脚本代码 stop();，“时间轴”面板如图 12-65 所示。

图 12-64 场景效果

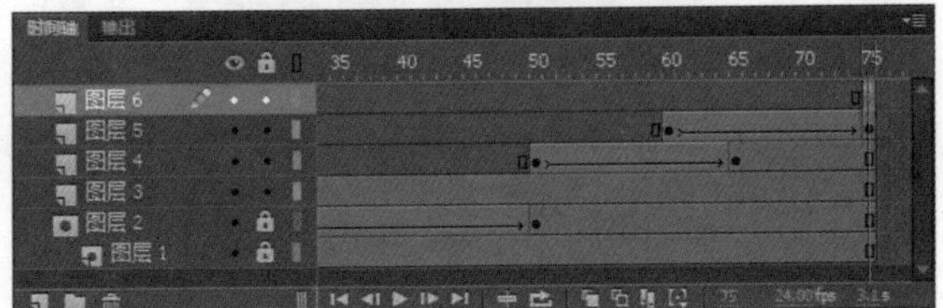
图 12-65 “时间轴”面板

11 返回“场景 1”编辑状态，导入素材图像“光盘\源文件\第 12 章\素材\112601.jpg”，如图 12-66 所示。新建“图层 2”，在“库”面板中将“主体动画”元件拖入到舞台中，如图 12-67 所示。

图 12-66 导入素材　　图 12-67 拖入元件

12 执行“文件 > 保存”命令，将动画保存为“光盘\源文件\第 12 章\12-2-7.fla”，按快捷键 Ctrl+Enter，测试动画效果，如图 12-68 所示。

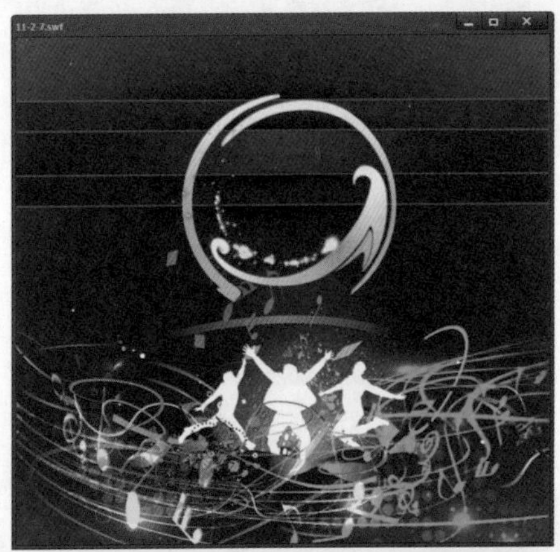

图 12-68 测试动画效果

12.3 导入音频

音频是一个优秀动画作品中必不可少的重要元素之一，在 Flash 动画中导入音频可以使 Flash 动画本身效果更加丰富，并且对 Flash 本身起到很大的烘托作用，使动画作品增色不少。接下来将向读者介绍如何在 Flash 中导入音频。

12.3.1 支持的音频格式

在 Flash CC 中，通过执行“文件 > 导入”命令，可以将外部各种类型的声音文件导入到动画场景中，在 Flash 中支持被导入的音频文件格式如表 12-1 所示。

表 12-1 Flash 中所支持的音频格式

文件格式	适用环境
ASND	Windows 或 Macintosh
WAV	Windows
AIFF	Macintosh
MP3	Windows 或 Macintosh

如果系统中安装了 QuickTime 4 或更高版本，则可以导入如表 12-2 附加的声音文件格式。

表 12-2 附加的声音文件格式

文件格式	适用环境
AIFF	Windows 或 Macintosh
Sound Designer II	Macintosh
QuickTime 影片	Windows 或 Macintosh
Sun AU	Windows 或 Macintosh
System 7 声音	Macintosh
WAV	Windows 或 Macintosh

提示

ASND 格式是 Adobe Soundbooth 的本机音频文件格式，具有非破坏性。ASND 文件可以包含应用了效果的音频数据（可对效果进行修改）、Soundbooth 多轨道会话和快照（允许恢复到 ASND 文件的前一状态）。

由于音频文件本身比较大，为了避免占用较大的磁盘空间和内存，因此在制作动画时尽量选择效果相对较好、文件较小的声音文件。MP3 音频数据是经过压缩处理的，所以比 WAV 或 AIFF 文件要小。如果使用 WAV 或 AIFF 文件，要使用 16 位 22kHz 单声道，如果要向 Flash 中添加音频效果，最好导入 16 位音频。当然，如果内存有限，就尽可能地使用短的音频文件或用 8 位音频文件。

12.3.2 支持的音频类型

在 Flash CC 中，包括两种声音类型：事件声音和流式声音（音频流）。

事件音频：必须等全部下载完毕才能开始播放，并且是连续播放，直到接受了明确的停止命令。可以把事件音频用作单击按钮的音频，也可以把它作为循环背景音乐。

流式音频：只要下载了一定的帧数，就可以立即开始播放，而且音频的播放可以与时间轴上的动画保持同步。

技巧 

由于事件音频在播放之前必须完全下载，所以音频文件不易过大。可以将同一个音频在某处设置为事件音频，而在另一处设置为流式音频。

12.3.3 导入音频

执行“文件 > 导入 > 导入到舞台”命令，弹出“导入”对话框，选择需要添加的音频文件，如图 12-69 所示。单击“打开”按钮，即可将该音频文件导入到场景中，在“库”面板中可以看到刚刚导入的声音文件并对其进行编辑，如图 12-70 所示。

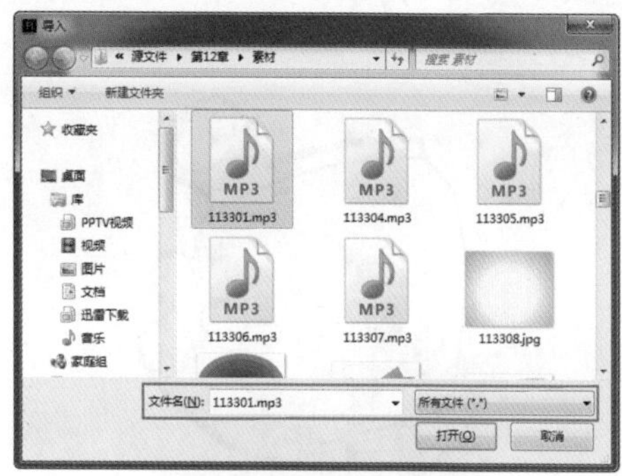

图 12-69 设置“导入”对话框

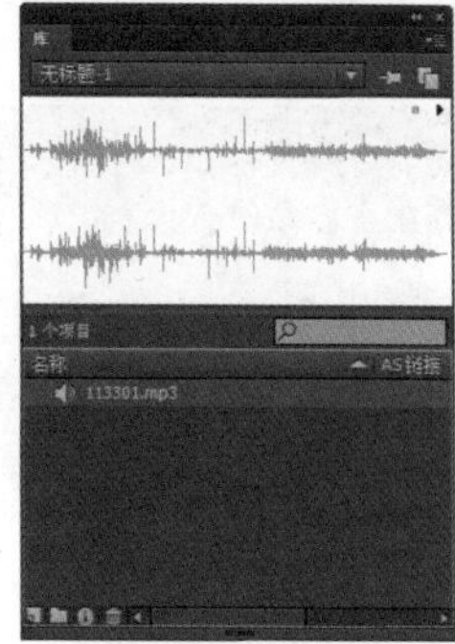

图 12-70 “库”面板

12.3.4 为按钮添加音频

在 Flash CC 中，为动画作品中的按钮添加声音是最常用的一项技术，而它的操作实际上是非常简单的，并不需要使用 ActionScript 脚本来处理，为按钮的不同状态添加不同的声音来响应，可以使交互的效果更加生动。

动手实践——为按钮添加音频 

源文件：光盘\源文件\第 12 章\12-3-4.fla

视频：光盘\视频\第 12 章\12-3-4.swf

01 执行“文件 > 打开”命令，打开文件“光盘\源文件\第 12 章\素材\123401.fla”，如图 12-71 所示。

图 12-71 打开 Flash 文件

02 打开“库”面板，在“库”面板上双击“按钮”元件，进入“按钮”元件编辑状态中，场景效果如图 12-72 所示，“时间轴”面板如图 12-73 所示。

图 12-72 场景效果

图 12-73 “时间轴”面板

03 执行“文件 > 导入 > 导入到库”命令，将音频文件“光盘\源文件\第 12 章\素材\113304.mp3 和 113305.mp3”导入到“库”面板中，如图 12-74 所示。新建“图层 3”，“时间轴”面板如图 12-75 所示。

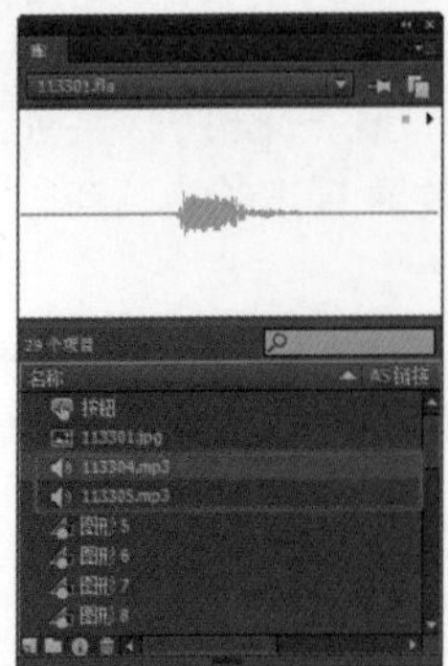
图 12-74 “库”面板

图 12-75 “时间轴”面板

04 在“指针经过”帧按 F6 键插入关键帧，在“属性”面板上的“声音”选项区中设置“名称”为 113304.mp3，“同步”为“开始”，设置“重复”为 2，如图 12-76 所示，“时间轴”面板如图 12-77 所示。

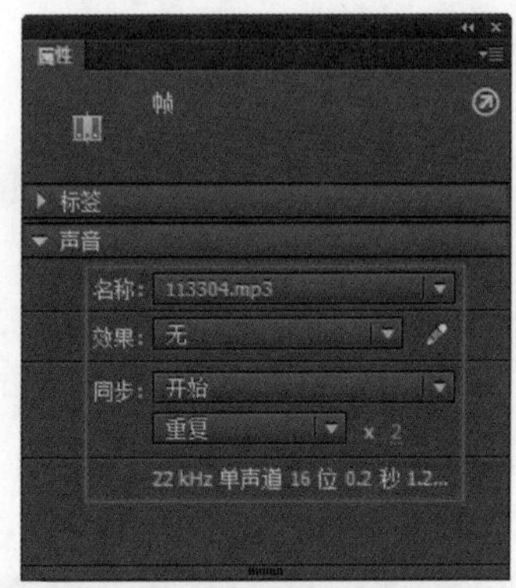

图 12-76 “属性”面板

图 12-77 “时间轴”面板

05 在“按下”帧按 F6 键插入关键帧，在“属性”面板上的“声音”选项区中设置“名称”为 113305.mp3，“同步”为“开始”，设置“重复”为 1，如图 12-78 所示，“时间轴”面板如图 12-79 所示。

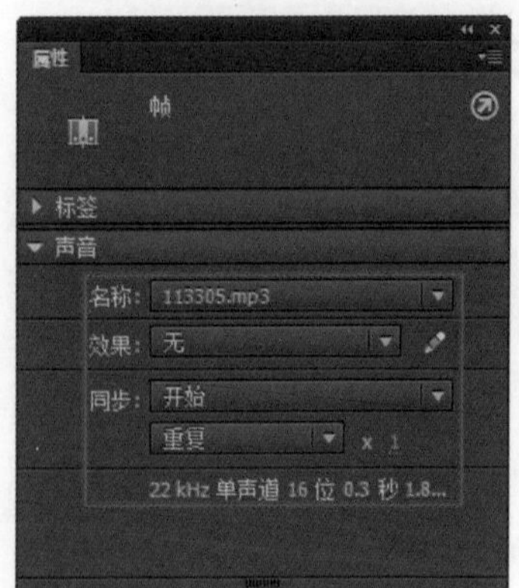

图 12-78 “属性”面板

图 12-79 “时间轴”面板

06 返回到场景中，执行“文件 > 另存为”命令，将动画保存为“光盘 \ 源文件 \ 第 12 章 \12-3-4.fla”，按快捷键 Ctrl+Enter，测试动画，将光标置于按钮上或单击按钮时就可以听到音效，如图 12-80 所示。

图 12-80 预览动画效果

12.3.5 为影片剪辑添加音频

本实例为一个游戏开场动画添加音频，向读者讲解为动画作品添加音频的具体操作方法，通过添加相应的音频，可以使动画作品更加生动、更具感染力。

动手实践——为影片剪辑添加音频

源文件：光盘 \ 源文件 \ 第 12 章 \12-3-5.fla

视频：光盘 \ 视频 \ 第 12 章 \12-3-5.swf

01 执行“文件 > 新建”命令，弹出“新建文档”对话框，设置如图 12-81 所示。单击“确定”按钮，创建一个 Flash 文档。执行“文件 > 导入 > 导入到舞台”命令，将图像“光盘 \ 源文件 \ 第 12 章 \ 素材 \ 113308.jpg”导入到场景中，如图 12-82 所示。

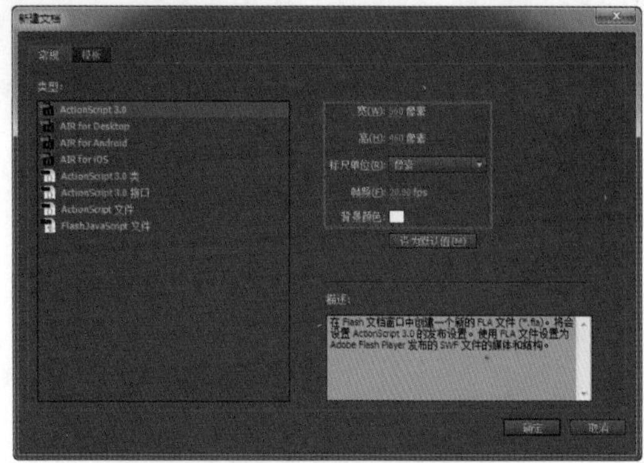

图 12-81 “新建文档”对话框

图 12-82 导入图像

02 在第 90 帧按 F5 键插入帧，新建“图层 2”，将图像“光盘 \ 源文件 \ 第 12 章 \ 素材 \113309.png”导入到场景中，并调整图像在场景中的位置，如图 12-83 所示。选中刚导入的图像，按 F8 键，弹出“转换为元件”对话框，设置如图 12-84 所示。

图 12-83 导入图像

图 12-84 “转换为元件”对话框

03 在第 15 帧按 F6 键插入关键帧，选择第 1 帧上的元件，使用“任意变形工具”，按住 Shift 键将第 1 帧上的元件等比例缩小，如图 12-85 所示，在第 1 帧创建传统补间动画。执行“文件 > 导入 > 导入到库”命令，将音频“光盘 \ 源文件 \ 第 12 章 \ 素材 \

113306.mp3 和 113307.mp3”导入到“库”面板中，如图 12-86 所示。

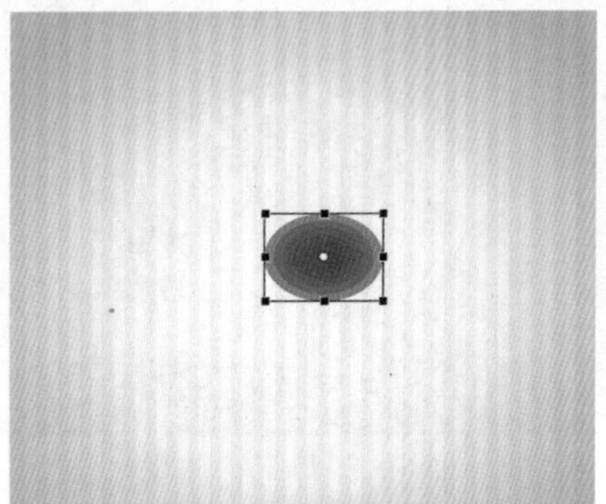

图 12-85 将元件等比例缩小

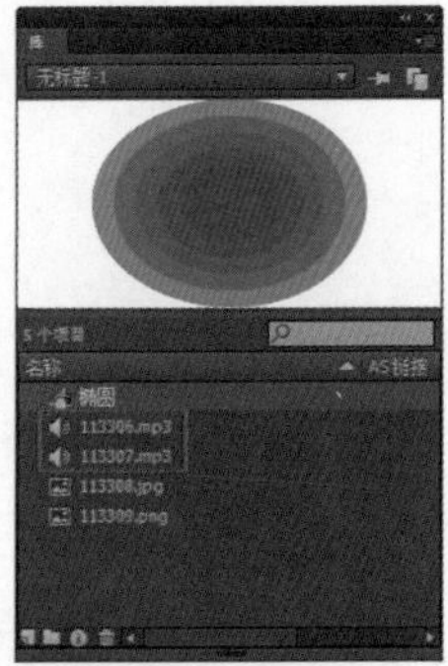

图 12-86 “库”面板

技巧

执行“窗口 > 变形”命令，打开“变形”面板，在“变形”面板中可以输入相应的数值，从而可以对元件或图形的尺寸进行精确调整。

04 选择“图层 2”第 1 帧，在“属性”面板上对相关选项进行设置，如图 12-87 所示。完成相应的设置后，“时间轴”面板如图 12-88 所示。

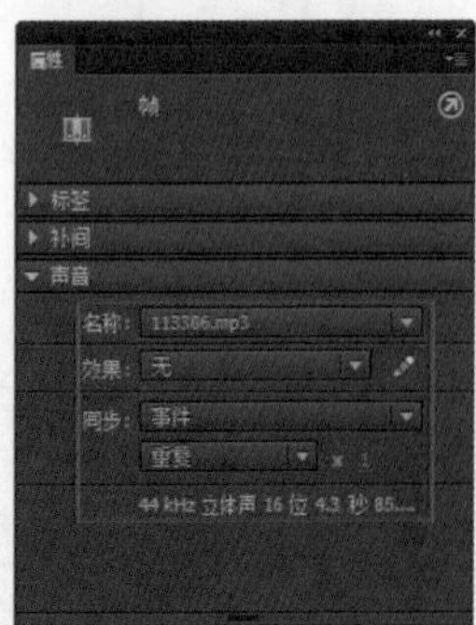

图 12-87 “属性”面板

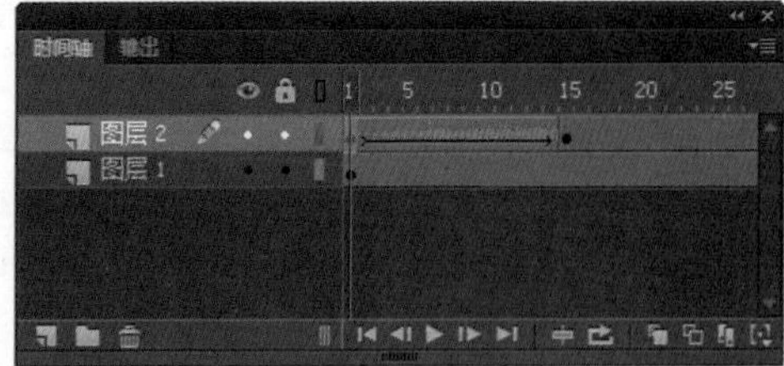

图 12-88 “时间轴”面板

05 新建“图层 3”，在第 30 帧按 F6 键插入关键帧，将图像“光盘 \ 源文件 \ 第 12 章 \ 素材 \113310.png”导入到场景中，如图 12-89 所示。按 F8 键，弹出“转换为元件”对话框，设置如图 12-90 所示。

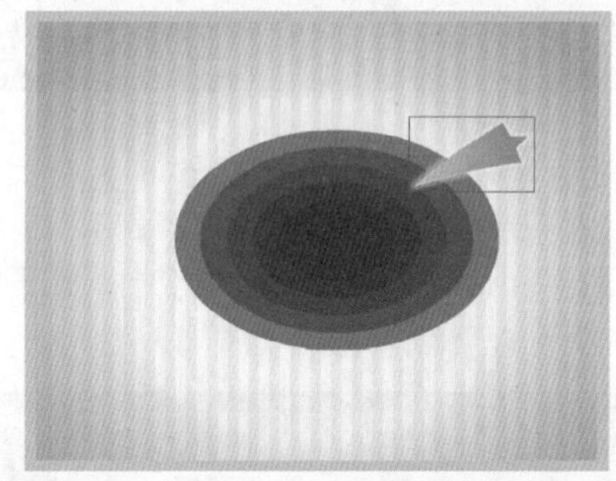

图 12-89 导入图像

图 12-90 “转换为元件”对话框

技巧

除了以上所介绍的将位图转换为元件的方法外，还可以通过执行“修改 > 转换为元件”命令，将位图转换为元件。

06 在第 40 帧按 F6 键插入关键帧，选择第 30 帧上的元件，将该帧上的元件向左下方移动，如图 12-91 所示。在第 30 帧创建传统补间动画，“时间轴”面板如图 12-92 所示。

图 12-91 移动元件

图 12-92 “时间轴”面板

07 使用与“图层 3”相同的制作方法，可以制作出其他图层上的动画，完成后的场景效果如图 12-93 所示，“时间轴”效果如图 12-94 所示。

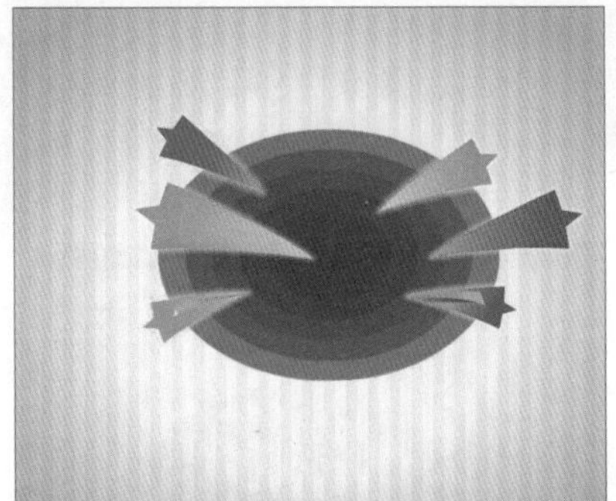

图 12-93 场景效果

图 12-94 “时间轴”面板

08 新建“图层 9”，在第 5 帧按 F6 键插入关键帧，将图像“光盘\源文件\第 12 章\素材\113316.png”导入到场景中，如图 12-95 所示。将其转换成“名称”为“椭圆圆形”的图形元件，分别在第 10 帧、第 15 帧和第 20 帧位置依次按 F6 键插入关键帧，选择第 5 帧上的元件，将其等比例缩小并垂直向上移动，如图 12-96 所示。

图 12-95 导入位图

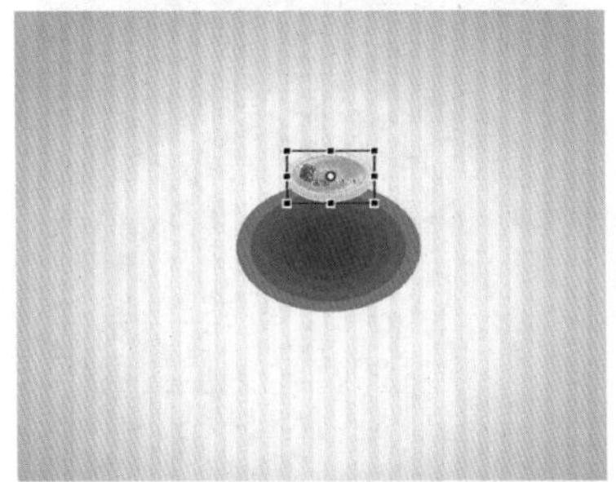

图 12-96 移动元件

09 将第 15 帧上的元件垂直向下移动，如图 12-97 所示。分别在第 5 帧、第 10 帧和第 15 帧上创建传统补间动画，“时间轴”面板如图 12-98 所示。

图 12-97 垂直向下移动元件

图 12-98 “时间轴”面板

10 新建“图层 10”，在第 20 帧按 F6 键插入关键帧，并将素材图像“光盘\源文件\第 12 章\素材\113317.png”导入到场景中，如图 12-99 所示。按 F8 键，弹出“转换为元件”对话框，设置如图 12-100 所示。

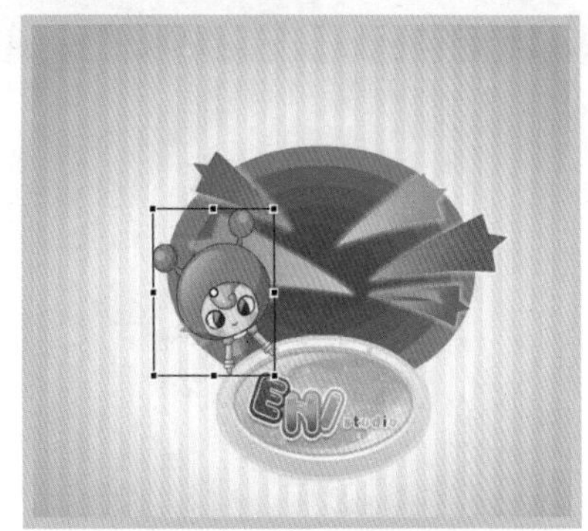

图 12-99 导入图像

图 12-100 “转换为元件”对话框

11 在第 30 帧按 F6 键插入关键帧，选择第 20 帧上的元件，将其向右下方移动，并设置其 Alpha 值为 0，效果如图 12-101 所示。在第 20 帧创建传统补间动画，并在“属性”面板上设置“声音”选项区中的“名称”为 113307.mp3，“时间轴”面板如图 12-102 所示。

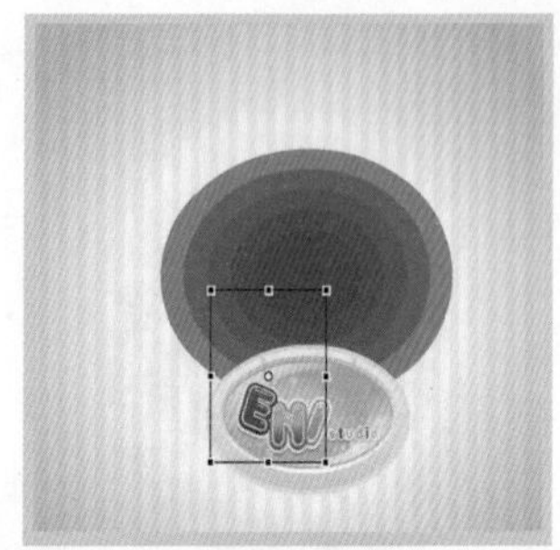

图 12-101 元件效果

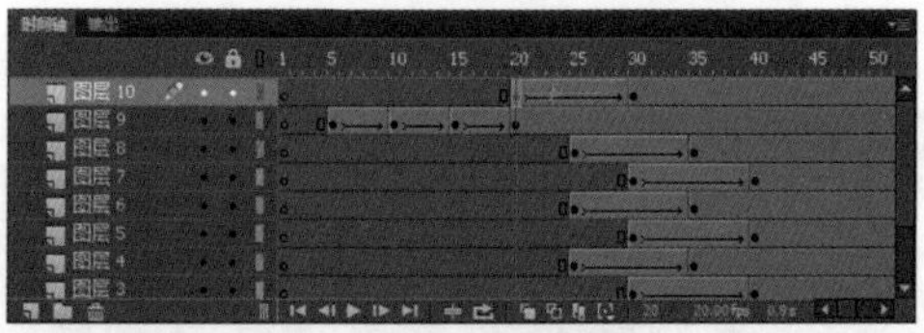

图 12-102 “时间轴”面板

12 使用与“图层 10”相同的方法，制作出“图层 11”和“图层 12”上的动画，并设置声音为 113307.mp3，“时间轴”面板如图 12-103 所示，场景效果如图 12-104 所示。

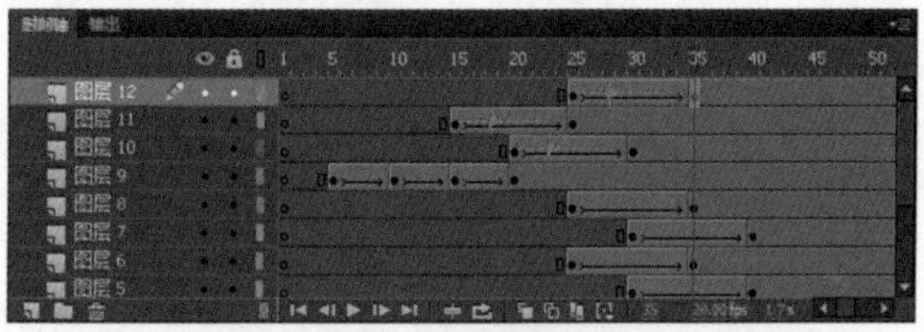

图 12-103 “时间轴”面板

图 12-104 场景效果

13 新建“图层 13”，在第 90 帧按 F6 键插入关键帧，打开“动作”面板，输入 stop(); 脚本语言，如图 12-105 所示，“时间轴”面板如图 12-106 所示。

图 12-105 “动作”面板

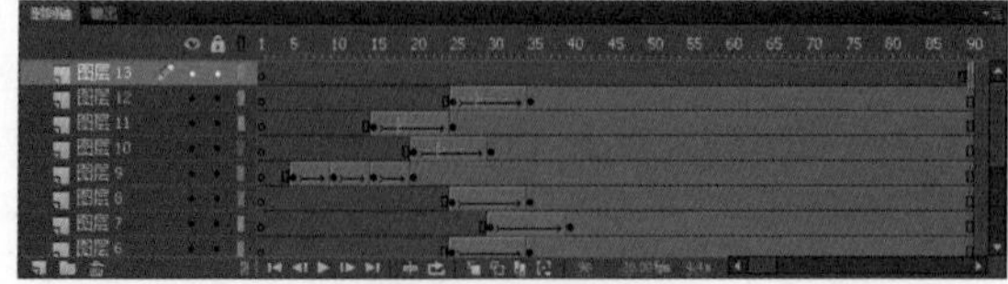

图 12-106 “时间轴”面板

14 完成动画效果的制作，执行“文件 > 保存”命令，将动画保存为“光盘 \ 源文件 \ 第 12 章 \12-3-5.fla”，按快捷键 Ctrl+Enter，测试动画效果，如图 12-107 所示。

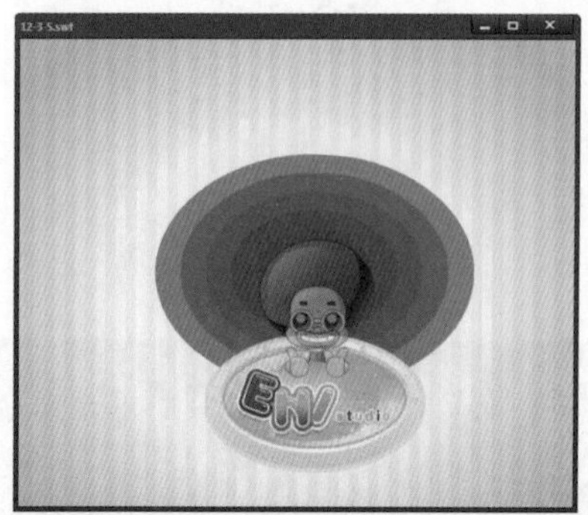

图 12-107 预览动画效果

12.3.6 设置音频属性

在 Flash CC 中，可以在“属性”面板中的“声音”选项区中对声音的相关属性进行设置，如图 12-108 所示。为声音添加效果，设置事件以及播放次数，通过声音的编辑控制功能还可以对声音的起始点进行定义、控制音频的音量、改变音频开始播放和停止播放的位置以及将声音文件中多余的部分删除，以减小文件的大小，下面针对声音的编辑进行详细讲解。

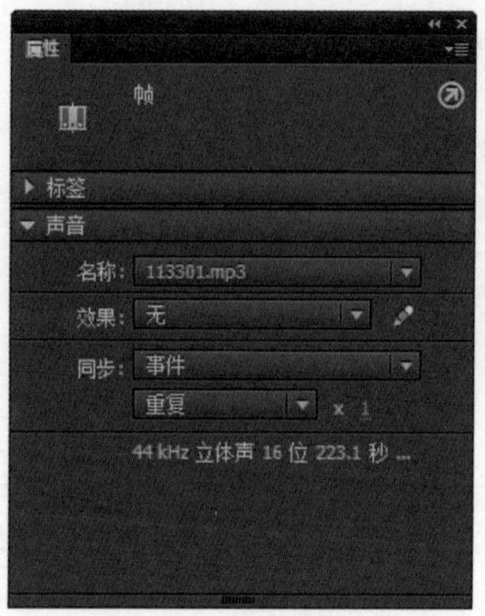

图 12-108 “属性”面板

名称：在该选项后可以看到当前添加的音频文件名，如图 12–109 所示。如果需要对其音频文件进行更改，可以在下拉列表中选择需要的音频即可，如图 12–110 所示。

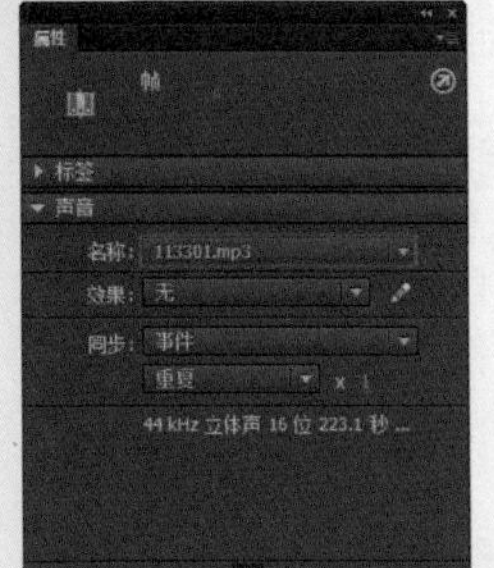

图 12-109　当前添加的音频文件

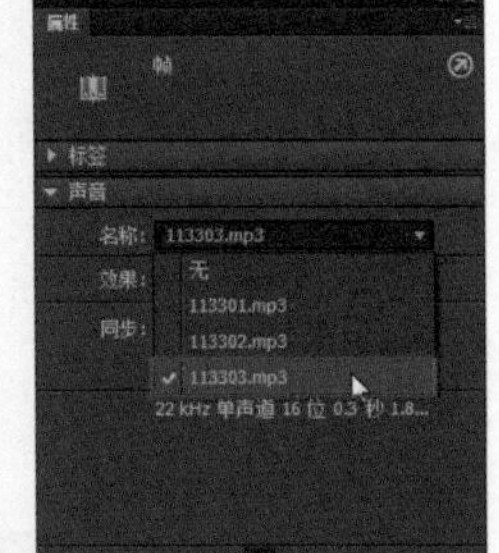

图 12-110　更改音频

效果：该选项可以用来设置音频的效果，在该选项的下拉列表中根据设计的需要，可以选择任意一种效果，如图 12–111 所示。同时也可以单击“编辑声音封套”按钮，在弹出的“编辑封套”对话框中，对其效果进行设置，如图 12–112 所示。

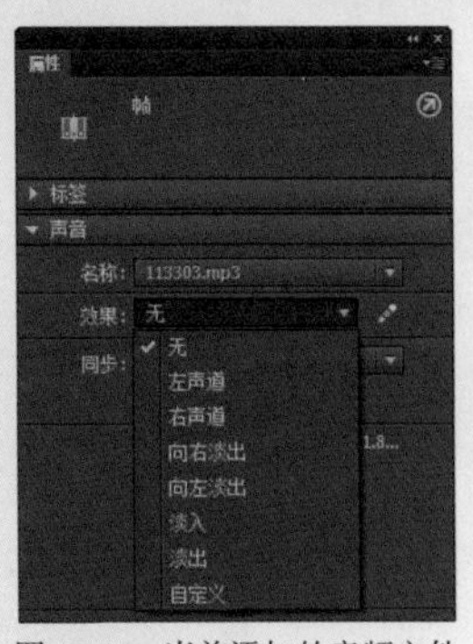

图 12-111　当前添加的音频文件

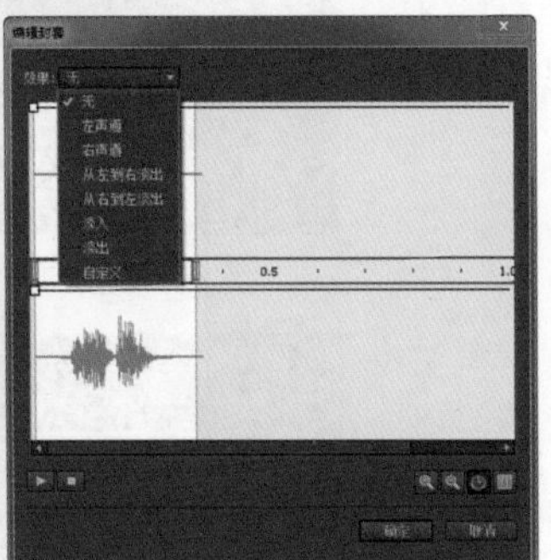

图 12-112　“编辑封套”对话框

- 无：不对声音进行任何设置。
- 左声道：只在左声道播放。
- 右声道：只在右声道播放。
- 向右淡出：控制声音在播放时从左声道切换到右声道。
- 向左淡出：控制声音在播放时从右声道切换到左声道。
- 淡入：随着声音的播放逐渐增加音量。
- 淡出：随着声音的播放逐渐减小音量。
- 自定义：允许用户自行编辑声音的变化效果，选择该选项后，将弹出“编辑封套”对话框，可以在该对话框中创建自定义的声音淡入和淡出点。

同步：在“同步声音”下拉列表中选择“事件”选项，可以为声音选择一个开始关键帧或停止关键帧，该关键帧将和场景中事件的关键帧相对应，如图 12–113 所示。除了“事件”以外，在该选项的下拉列表中还包括其他几个选项，如图 12–114 所示。

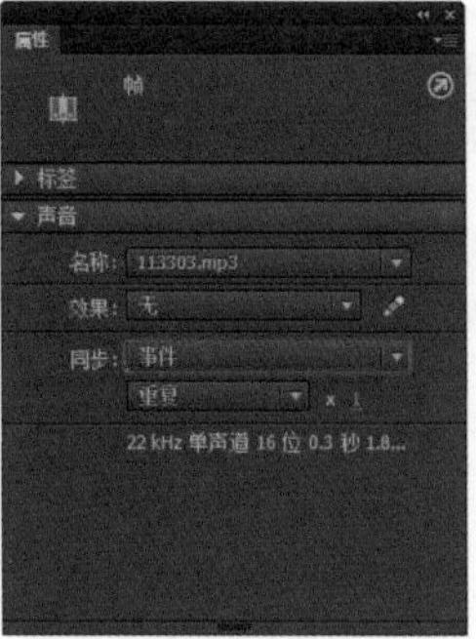

图 12-113　选择“事件”选项

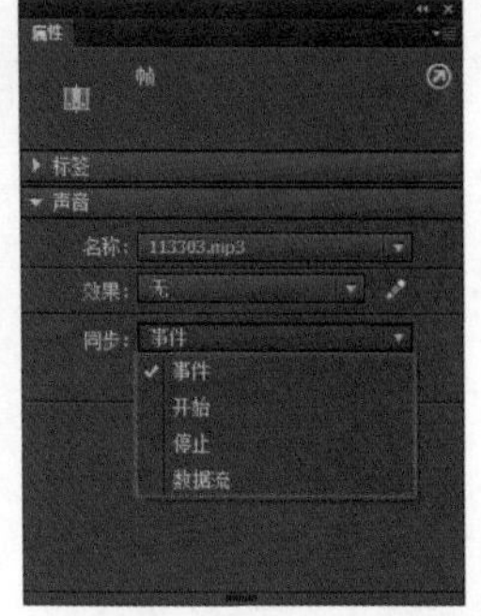

图 12-114　“同步”下拉列表

- 事件：选择该选项，可以将声音和一个事件的发生过程同步起来。事件声音在它的起始关键帧开始播放，并独立于时间轴播放整个声音，即使影片停止也会继续播放。当播放发布的动画时，事件声音会混合在一起。
- 开始：该选项与“事件”选项相似，但如果声音正在播放，新声音则不会播放。
- 停止：选择该选项，可以使当前指定的声音停止播放。
- 数据流：选择该选项，可以用于在互联网上同步播放声音，Flash 可以协调动画和声音流，使动画与声音同步。如果 Flash 显示动画帧的速度不够快，Flash 会自动跳过一些帧。与事件声音不同的是，如果声音过长而动画过短，声音流将随着动画的结束而停止播放。声音流的播放长度绝不会超过它所占帧的长度。发布影片时，声音流混合在一起播放。

循环：对“声音循环”下拉列表进行设置，可以指定声音播放的次数，如图 12–115 所示。系统默认为播放一次，如果需要将声音设置为持续播放较长时间，可以在该文本框中输入较大的数值。另外，还可以在该选项的下拉列表中选择“循环”选项，以连续播放声音，如图 12–116 所示。

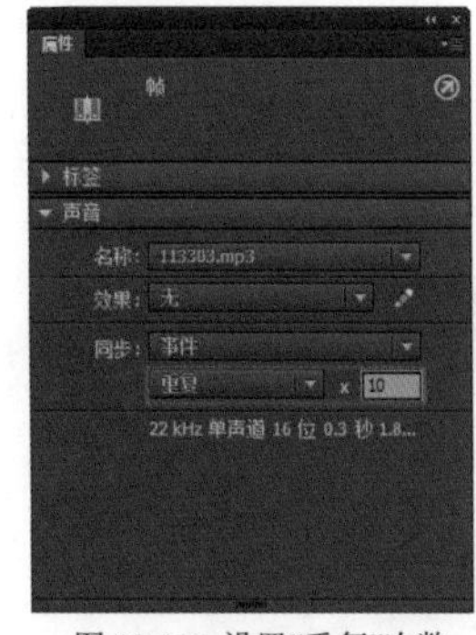
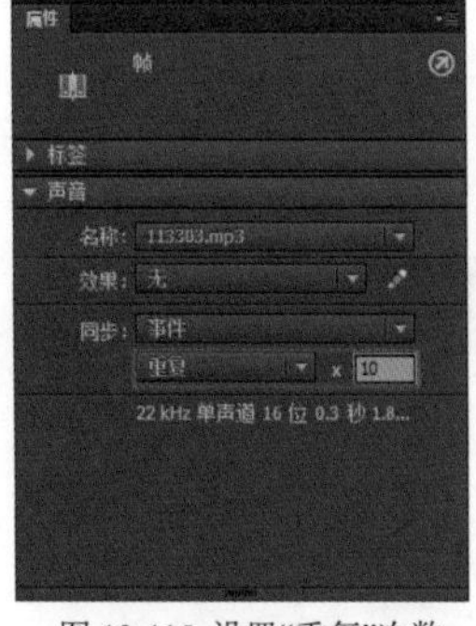

图 12-115　设置“重复”次数

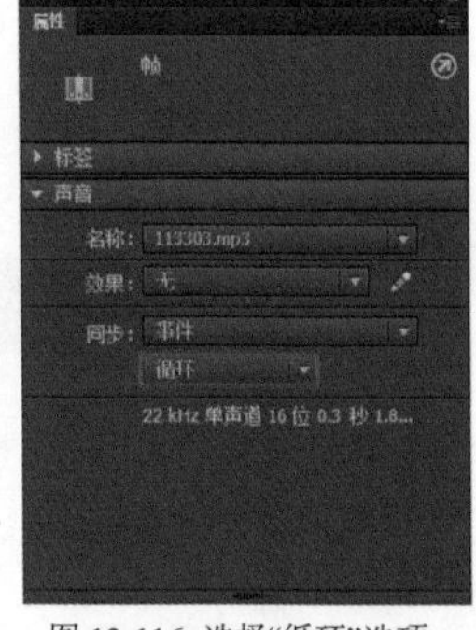

图 12-116　选择“循环”选项

提示

需要注意，如果将声音设置为循环播放，帧就会添加到文件中，文件的大小就会根据声音循环播放的次数而倍增，所以一般情况下，不建议设置为循环播放。

12.4 编辑音频

为了能够使制作的音频文件更好地与动画主题融为一体，以达到更佳的欣赏效果，需要对导入到 Flash CC 中的音频文件做进一步的编辑。编辑音频的方法主要是通过“声音编辑器”对话框对音频进行编辑。

使用声音属性中的声音编辑控制功能可以定义声音的起始点、终止点及播放时的问题音量大小。除此之外，使用这一功能还可以去除声音中多余的部分，以减小声音文件的大小。

选中所要编辑声音的动画帧，在“属性”面板中的“效果”下拉列表中选择“自定义”选项，或者直接单击“编辑声音封套”按钮，弹出“编辑封套”对话框，在弹出的对话框中可以进行声音文件的各种编辑，如图 12-117 所示。

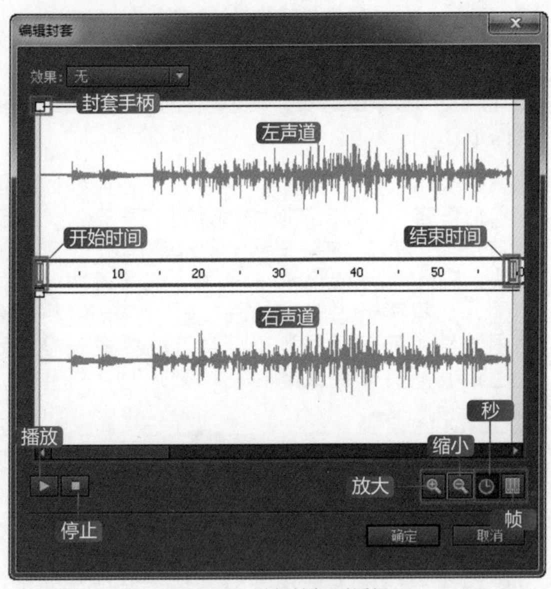

图 12-117 “编辑封套”对话框

封套手柄：通过拖动封套手柄，可以更改声音在播放时的音量高低，如图 12-118 所示。封套线显示了声音播放时的音量，单击封套线可以增加封套手柄，最多可达到 8 个手柄，如果想要将手柄删除，可以将封套线拖至窗口外面。

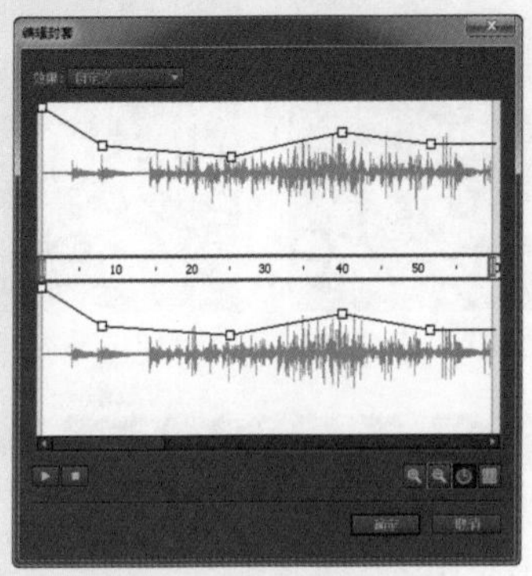

图 12-118 增加 / 删除手柄

开始时间 / 结束时间：拖动“开始时间”控件，声音将从所拖到的位置开始播放，如图 12-119 所示；拖动“结束时间”控件，将声音在拖到的位置结束，如图 12-120 所示。通过此操作不仅可以去除声音中多余的部分，还可以使同一声音的不同部分产生不同的效果。

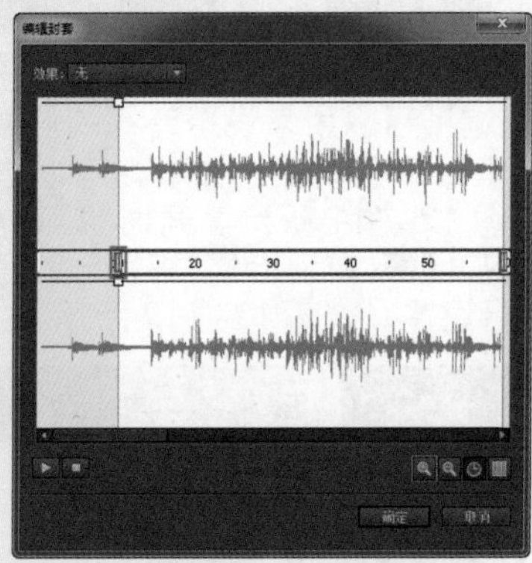

图 12-119 更改“开始时间”位置

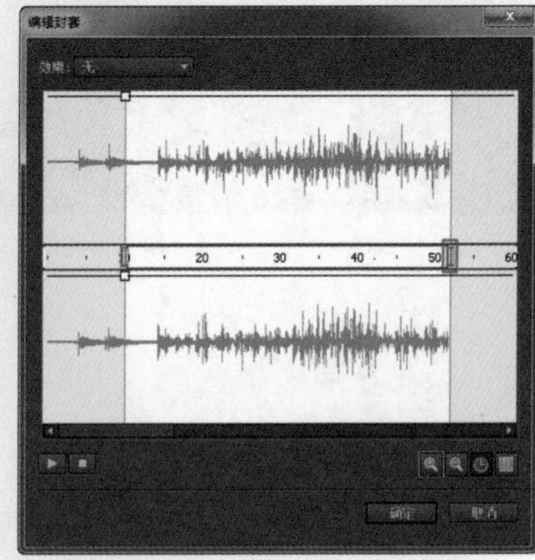

图 12-120 更改“结束时间”位置

“放大”按钮和“缩小”按钮：使用“放大”和“缩小”按钮可以使窗口中的声音波形图样以放大或缩小模式显示。通过这些按钮可以对声音进行微调。

“秒”按钮和“帧”按钮：“秒”和“帧”按钮可以以秒数或帧数为度量单位对窗口中的尺寸进行转换。如果想要计算声音的持续时间，可以选择以秒为单位；如果要在屏幕上将可视元素与声音同步，可以选择帧为单位，这样就可以确切地显示出时间轴上声音播放的实际帧数。

“播放”按钮和“停止”按钮：单击“播放”按钮，可以播放音频的效果；单击“停止”按钮，可以停止音频的播放。

12.5 压缩音频

由于受到网络速度的限制，在将 Flash 动画应用到网页中时，就必须考虑制作后的 Flash 动画的大小，尤其是带有声音的文件。压缩后的音频可以在不影响动画效果的同时减少数据量。可以为单个的事件声音选择压缩选项，然后按这些设置导出单独的声音，也可以为单个的流式声音选择压缩选项。

12.5.1 “声音属性”对话框

如果需要为音频设置输出属性，可以打开包含音频文件的“库”面板，在音频文件上单击鼠标右键，在弹出的菜单中选择“属性”命令，同时还可以双击“库”面板中音频文件前的图标，都可弹出“声音属性”对话框，如图 12-121 所示。

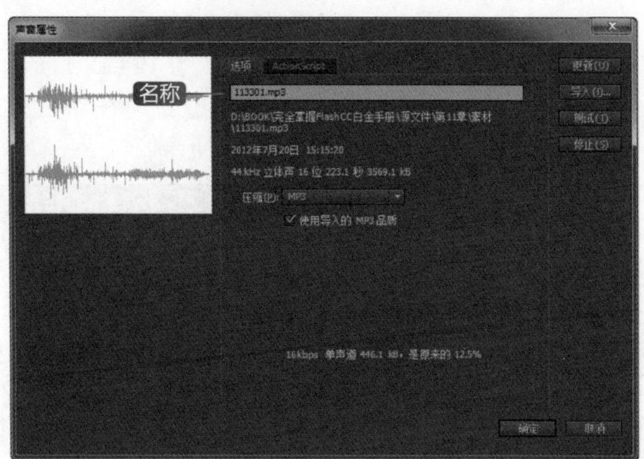

图 12-121 “声音属性”对话框

- 名称：该选项的文本框中将用来显示音频文件的名称，用户还可以在该文本框中输入新的名称，用来更改 Flash 中该音频文件的名称。
- 压缩：该选项是用来设置音频文件在 Flash 中的压缩方式，在该选项的下拉列表中提供了 5 种压缩方式，包括“默认”、ADPCM、MP3、“原始”和“语音”。
- “更新”按钮：单击该按钮，可以将在外部编辑过的音频文件按照新的设置更新音频文件的属性。
- “导入”按钮：单击该按钮，可以导入新的音频文件。导入的音频文件将替换原有的音频文件，但是原有音频文件的名称保持不变。
- “测试”按钮：单击该按钮，可以按照当前设置的音频属性对音频文件进行测试。
- “停止”按钮：单击该按钮，可以停止正在播放的音频。

12.5.2 音频压缩设置

使用“声音属性”对话框中的压缩设置可以很好地控制单个音频文件的导出质量和大小，如图 12-122 所示。如果没有定义声音的压缩设置，则 Flash 将使用“发布设置”对话框中默认的压缩设置来导出声音，用户也可以通过执行“文件 > 发布设置”命令，在弹出的“发布设置”对话框中按自己的需要进行设置，如图 12-123 所示。

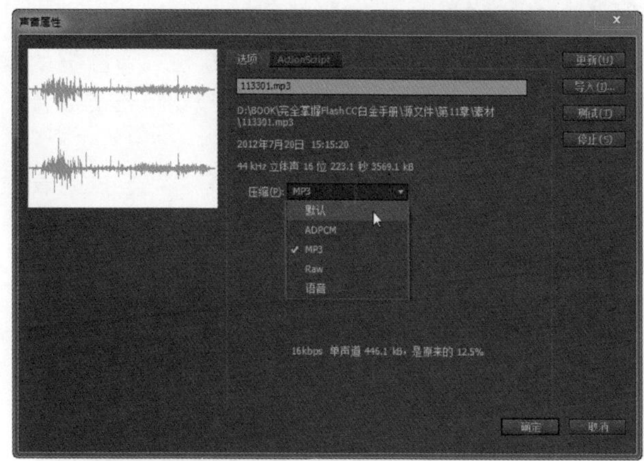

图 12-122 “声音属性”对话框

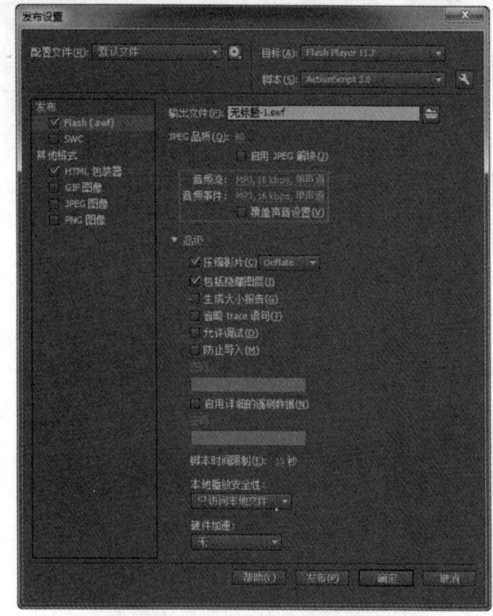

图 12-123 “发布设置”对话框

但是在导出影片时，采样率和压缩比将对音频的质量和大小有显著影响。压缩比越高、采样率越低，则文件越小、音质越差。如果想取得更好的效果，需要不断地进行尝试。

提示

当导入 MP3 文件时，可以选择使用导入时的设置以 MP3 格式导出文件，MP3 最大的特点就是以较小的比特率、较大的压缩比达到近乎完美的 CD 音质。所以用 MP3 格式对 WAV 音乐文件进行压缩，既可以保证效果，也达到了减少数据量的目的。

1. 默认压缩选项

如果在“压缩”选项的下拉列表中选择“默认”压缩选项，表示在导出影片时，将使用“发布设置”对话框中默认的压缩设置，该设置没有附加设置可供选择。

2. 使用 ADPCM 压缩选项

ADPCM 压缩方式用于 8 位或 16 位声音数据的压缩设置。当导出较短的声音事件（如按钮单击的声音）时，可以使用 ADPCM 压缩方式。

在“声音属性”对话框中的“压缩”下拉列表中选择 ADPCM 选项，将显示 ADPCM 压缩选项，如图 12-124 所示。

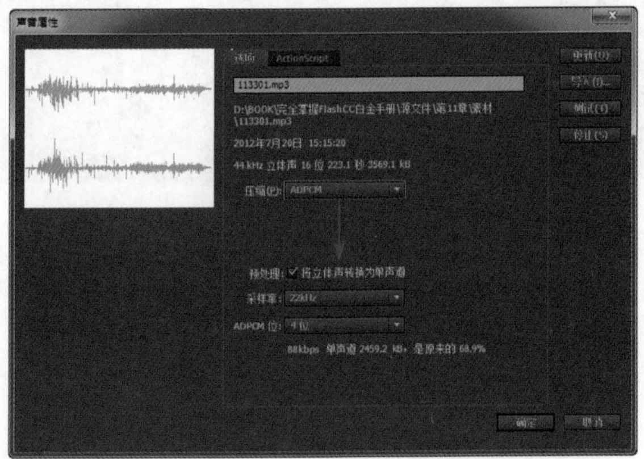

图 12-124 选择 ADPCM 选项

- 预处理：选中该复选框，可以将混合立体声转换为单声（非立体声）。单声道声音将不受此选项的影响。

- 采样率：在该选项的下拉列表中，可以设置导出声音文件的采样率，如图 12-125 所示。采样率越高，声音的保真效果越好，文件也就越大。采样率越低，则文件就越小，可以有效地节省磁盘空间。

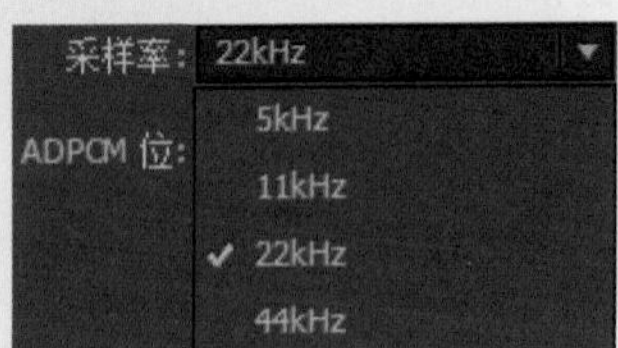

图 12-125 “采样率”选项

- 5kHz：该选项对于语音来说，5kHz 是最低的可接受标准，只能达到人们讲话的声音质量。
- 11 kHz：该选项是播放音乐短片的最低标准，是标准 CD 比率的四分之一。
- 22 kHz：该选项用于 Web 回放的常用选择，是标准 CD 比率的二分之一。
- 44 kHz：该选项是标准的 CD 音质，可以达到很好的听觉效果。

- ADPCM 位：该选项是用于确定在 ADPCM 编码中声音压缩的位数。位数越高，生成的声音的品质就越高。

3. 使用 MP3 压缩选项

如果要导出较长的流式声音，如乐曲时，可以使用 MP3压缩格式导出声音，在“声音属性”对话框中选择“压缩”选项下拉列表里的 MP3 选项，如图 12-126 所示。取消“使用导入的 MP3 品质”复选框，将在对话框中显示相应的设置选项，如图 12-127 所示。

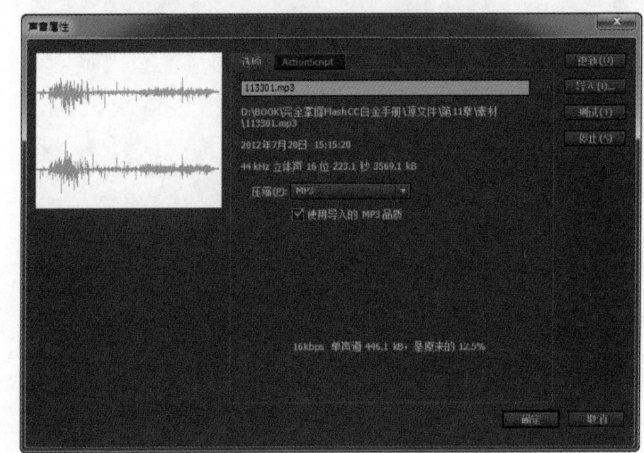

图 12-126 选择 MP3 选项

图 12-127 显示更多设置选项

- 使用导入的 MP3 品质：该选项默认为选中状态，此时导出的 MP3 文件将以相同的设置来导出。如果取消选中，可以对 MP3 压缩格式进行设置。

- 预处理：选中该选项，可以将混合立体声转换为单声（非立体声）。单声道音频不受此选项的影响。

- 比特率：在该选项的下拉列表中，可以设置导出音频文件中每秒播放的位数。Flash 支持 8 Kbps~160 Kbps，当导出音乐时，将比特率设为 16 Kbps 或更高将获得非常好的效果。

- 品质：在该选项下拉列表中，可以确定压缩速度和音频的质量，其中包括“快速”、“中”、“最佳”3 个选项。
  - 快速：选择该选项可以使压缩速度加快而使音频质量降低。
  - 中：选择该选项可以获得稍微慢一些的压缩速度和高一些的音频质量。
  - 最佳：该选项可以获得最慢的压缩速度和最高的音频质量。

4. RAW 压缩与语音压缩

RAW 压缩选项导出的音频是不经过压缩的，如图 12-128 所示。“语音”压缩选项使用一个特别适合于语音的压缩方式导出音频，如图 12-129 所示。

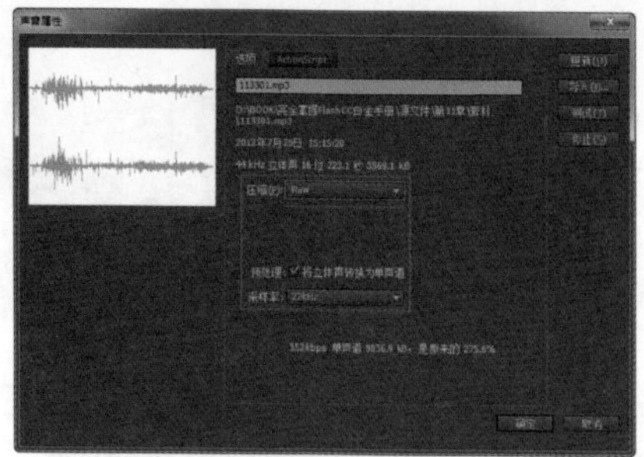

图 12-128 “原始”压缩选项

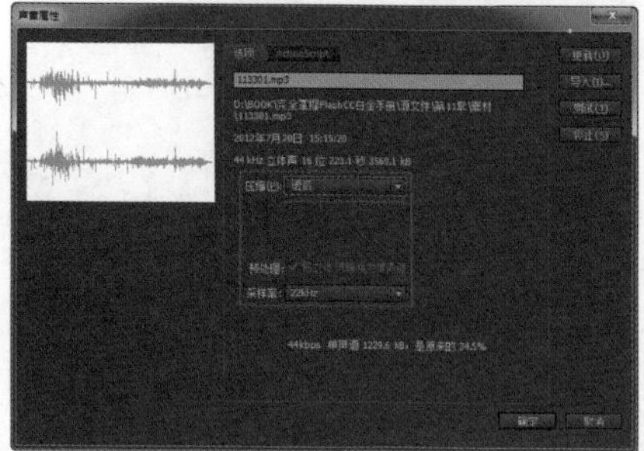

图 12-129 “语音”压缩

12.6 导入视频

视频文件包含了许多种不同的格式，在 Flash 中如果想使用视频文件，就必须要了解所支持的格式，然后再通过导入命令将需要的视频文件导入到 Flash 文档中，本节将对 Flash 中所支持的视频文件格式以及导入视频的方法进行讲解。

12.6.1 支持的视频格式

在 Flash CC 中，可以导入多种格式的视频文件，如果用户系统中安装了适用于 Macintosh 的 Quick Time 7、适用于 Windows 的 Quick Time 6.5，或者安装了 DirectX 9 或更高版本（仅限于 Windows），则可以导入多种文件格式的视频剪辑，如 MOV、AVI 和 MPG/MPEG 等格式，还可以导入 MOV 格式的链接视频剪辑。可以将带有嵌入视频的 Flash 文档发布为 SWF 文件。如果使用带有链接的 Flash 文档，就必须以 Quick Time 格式发布。

如果安装了 Quick Time 7，则导入嵌入视频时支持的格式如表 12-3 所示。

表 12-3　支持导入的视频格式

文件类型	扩展名
音频视频	.avi
数字视频	.dv
运动图像专家组	.mpg、.mpeg
Quick Time 视频	.mov

如果系统中安装了 DirectX 9 或者更高版本（仅限于 Windows），则在导入嵌入视频时支持如表 12-4 所示的视频文件格式。

表 12-4　支持导入的文件格式

文件类型	扩展名
音频视频	.avi
运动图像专家组	.mpg、.mpeg
Windows Media	.wmv、.asf

提示

如果在 Flash 文档中导入的视频或音频文件不支持，则会弹出一条警告信息，提示无法完成文件导入。另外，还有一种情况是可以导入视频但无法导入音频，那么就可以通过其他软件对视频或音频进行格式修改。

12.6.2 使用“导入视频”对话框

Flash CC 中的视频根据文件的大小及网络条件，可以采用两种方式将视频导入到 Flash 文档中。执行“文件 > 导入 > 导入视频”命令，如图 12-130 所示。弹出“导入视频”对话框，在该对话框中提供了两个视频导入选项，如图 12-131 所示。

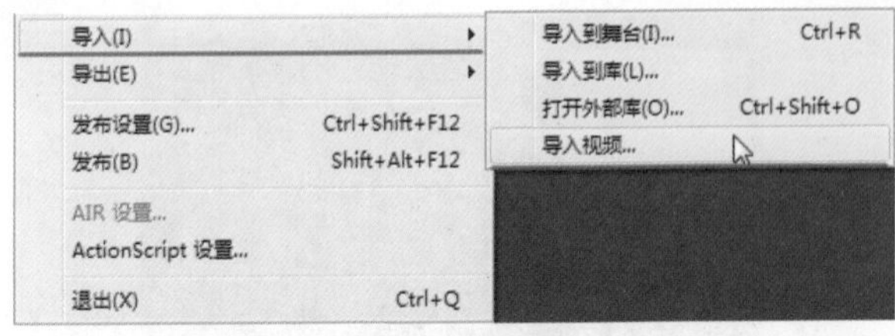

图 12-130 执行命令

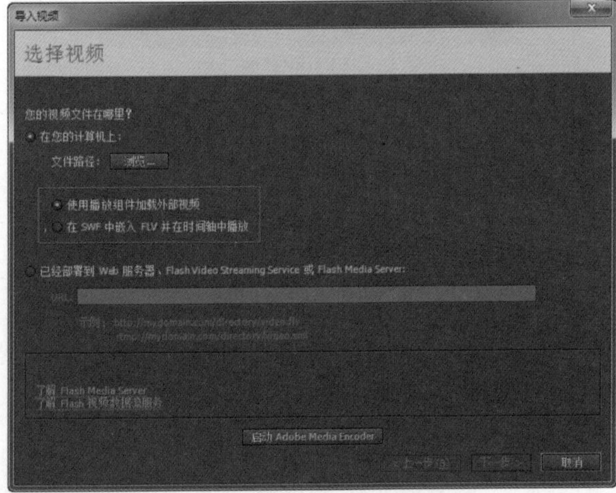

图 12-131 "导入视频"对话框

使用播放组件加载外部视频：选中该选项，在导入视频时，并同时通过 FLVPlayback 组件创建视频的外观，将 Flash 文档作为 SWF 发布并将其上载到 Web 服务器时，还必须将视频文件上载到 Web 服务器或 Flash Media Server，并按照已上载视频文件的位置进行配置。

在 SWF 中嵌入 FLV 并在时间轴中播放：选中该选项，允许将 FLV 或 F4V 嵌入到 Flash 文档中成为 Flash 文档的一部分，导入的视频将直接置于时间轴中，可以清晰地看到时间轴帧所表示的各个视频帧的位置。

12.6.3 Web 服务器以渐进方式下载视频

利用渐进式下载，用户可以使用 FLVPlayback 组件或编写 ActionScript 通过运行时在 SWF 文件中加载并播放外部的 FLV 或 F4V 文件。

由于视频文件独立于其他 Flash 内容，因此更新视频内容相对容易，无须重新发布 SWF 文件。相对于在时间轴中嵌入视频，渐进式下载视频具有如下一些优点。

(1) 在创作期间，仅发布 SWF 文件即可预览或测试部分或全部 Flash 内容。因此能更快速地预览，从而缩短重复试验的时间。

(2) 在播放期间，将第一段视频下载并缓存到本地计算机的磁盘驱动器后，即可开始播放视频。

(3) 在运行时，Flash Player 将视频文件从计算机的磁盘驱动器加载到 SWF 文件中，并且不限制视频文件大小或持续时间。不存在音频同步的问题，也没有内存限制。

(4) 视频文件的帧速率可以与 SWF 文件的帧速率不同，从而允许在创作 Flash 内容时有更大的灵活性。

动手实践——制作渐进式下载视频

源文件：光盘 \ 源文件 \ 第 12 章 \12-6-3.fla

视频：光盘 \ 视频 \ 第 12 章 \12-6-3.swf

01 执行"文件 > 新建"命令，弹出"新建文档"对话框，设置如图 12-132 所示。单击"确定"按钮，新建一个文档。执行"文件 > 导入 > 导入到舞台"命令，导入素材图像"光盘 \ 源文件 \ 第 12 章 \ 素材 \ 116301.jpg"，如图 12-133 所示。

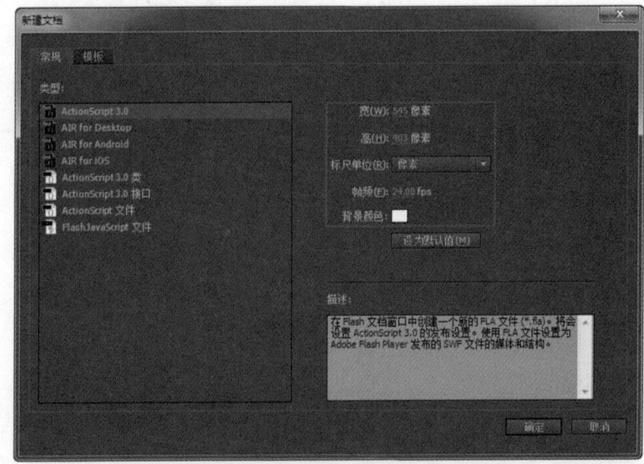

图 12-132 "新建文档"对话框

图 12-133 导入素材图像

02 新建"图层 2"，执行"文件 > 导入 > 导入视频"命令，弹出"导入视频"对话框，如图 12-134 所示。在"文件路径"选项后单击"浏览"按钮，弹出"打开"对话框，从中选择需要导入的视频文件，如图 12-135 所示。

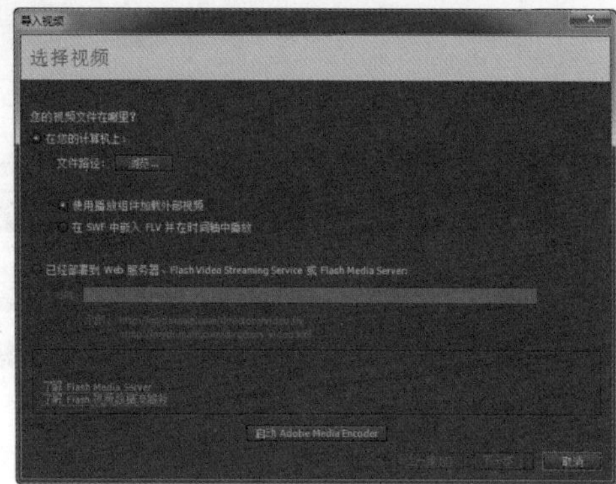

图 12-134 “导入视频”对话框

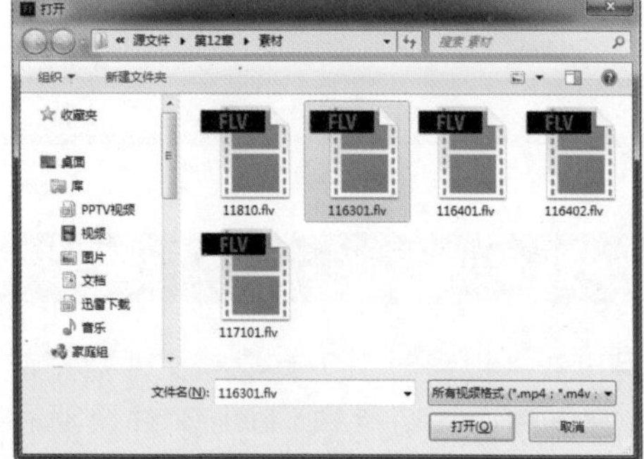

图 12-135 选择需要导入的视频

03 单击“打开”按钮，在“导入视频”对话框中可以看到导入的视频路径，如图 12–136 所示。继续选择视频导入选项，在这里保持默认选择“使用播放组件加载外部视频”选项，如图 12–137 所示。

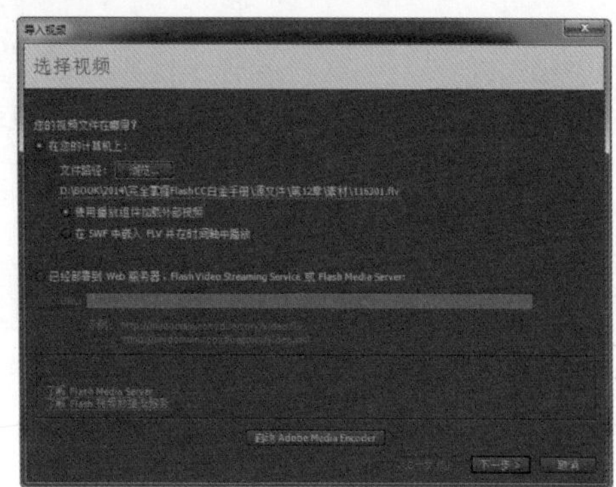

图 12-136 视频路径

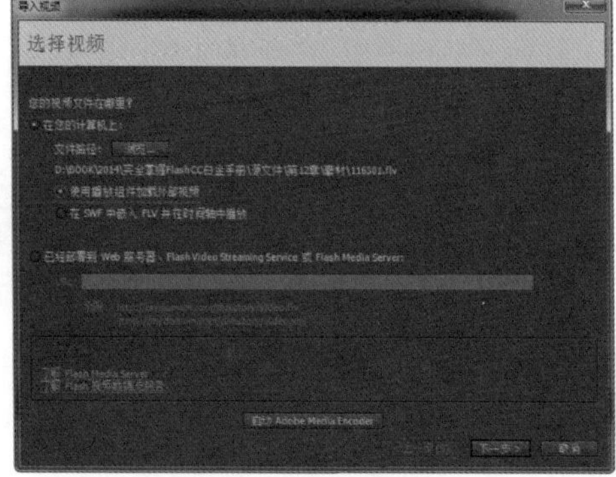

图 12-137 选择导入选项

04 单击“下一步”按钮，进入“设定外观”窗口，在这里可以选择一种视频的外观，如图 12–138 所示。单击“外观”下拉列表中还可以选择其他的预定义外观，如图 12–139 所示，Flash 会将外观复制到 FLA 文件所在的文件夹。

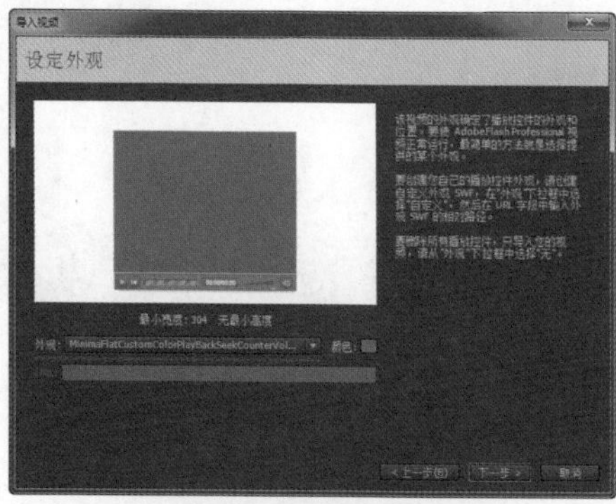

图 12-138 选择视频外观

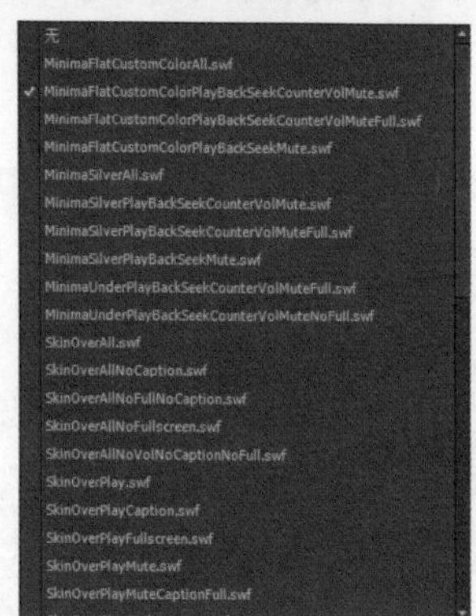

图 12-139 “外观”下拉列表

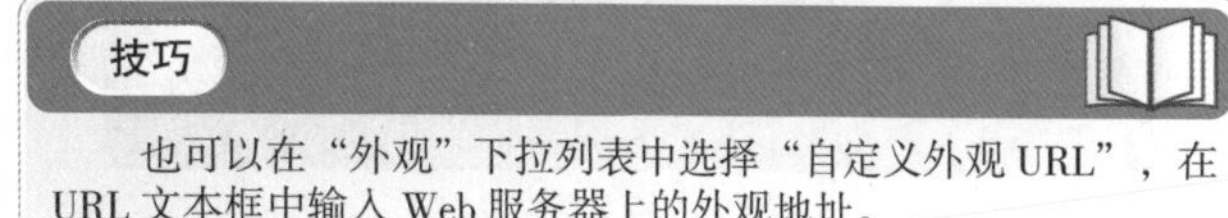

也可以在“外观”下拉列表中选择“自定义外观 URL”，在 URL 文本框中输入 Web 服务器上的外观地址。

05 单击“下一步”按钮，弹出“完成视频导入”窗口，如图 12–140 所示。单击“完成”按钮，即可完成视频的导入，此时舞台中可以看到刚导入的视频文件效果，如图 12–141 所示。

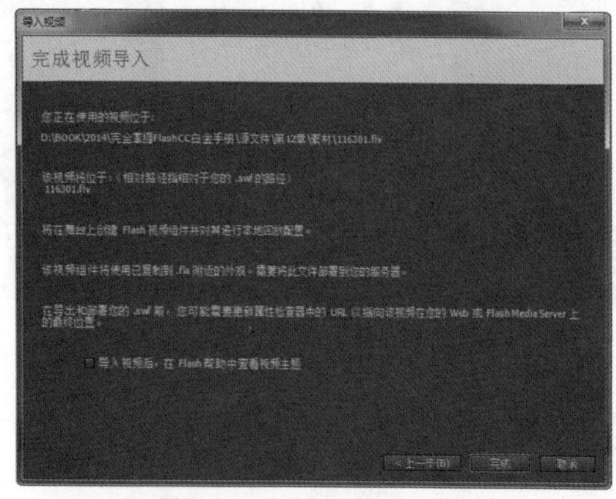

图 12-140 显示完成视频导入界面

图 12-141 导入视频效果

06 使用“任意变形工具”，将刚导入的视频调整到合适的大小和位置，如图 12-142 所示。执行“文件 > 保存”命令，将文档保存为“光盘 \ 源文件 \ 第 12 章 \12-6-3.fla”，按快捷键 Ctrl+Enter，测试动画，可以看到导入的视频效果，并且可以通过视频控制组件对视频的播放进行控制，如图 12-143 所示。

图 12-142 调整视频大小

图 12-143 测试视频动画效果

07 打开源文件所在的文件夹，可以发现除了视频文件以外，多了一个 MinimaFlatCustomColorPlayBackSeekCounterVolMute.swf 文件，这就是刚刚所设置的视频外观，如图 12-144 所示。

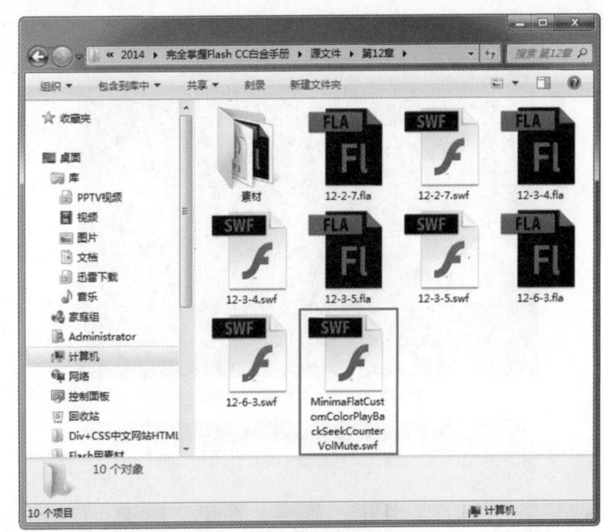

图 12-144 视频外观文件

12.6.4 在 Flash 文件中嵌入视频文件

当用户嵌入视频时，所有视频文件数据都将添加到 Flash 文件中，这将导致 Flash 文件及随后生成的 SWF 文件比较大。视频被放置在时间轴中，方便查看在时间帧中显示的单独视频帧。由于每个视频帧都由时间轴中的一个帧表示，因此视频剪辑和 SWF 文件的帧速率必须设置为相同的速率。如果对 SWF 文件和嵌入的视频剪辑使用不同的帧速率，视频回放将不一致。

对于回放时间少于 10 秒的较小视频剪辑，嵌入视频的效果最好。如果是回放时间较长的视频剪辑，可以考虑使用渐进式下载的视频，或者使用 Flash Media Server 传送视频流。

技巧 

如果需要使用可变的帧速率，必须使用渐进式下载或 Flash Media Server 流式加载视频。在使用这两种方法中的任何一种导入视频文件时，FLV 或 F4V 文件都是自包含文件，它的运行帧频与流 SWF 文件中包含的所有其他时间轴帧频都不同。

动手实践——制作嵌入的视频效果

源文件：光盘 \ 源文件 \ 第 12 章 \12-6-4.fla

视频：光盘 \ 视频 \ 第 12 章 \12-6-4.swf

01 执行“文件 > 新建”命令，弹出“新建文档”对话框，设置如图 12-145 所示。单击“确定”按钮，新建一个文档。执行“文件 > 导入 > 导入到舞台”命令，导入素材图像“光盘 \ 源文件 \ 第 12 章 \ 素材 \ 116401.png”，如图 12-146 所示。

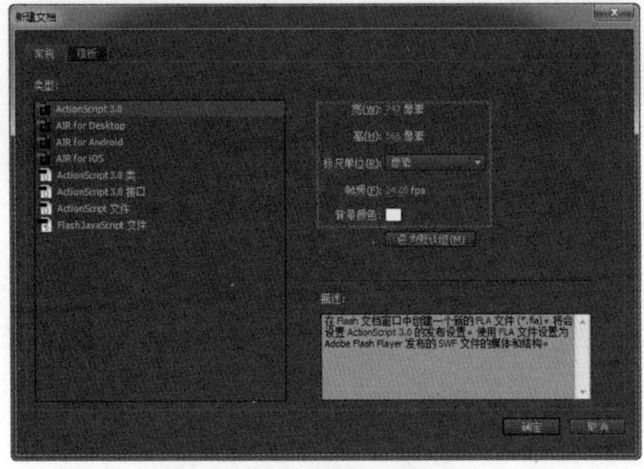

图 12-145 “新建文档”对话框

图 12-146 导入素材图像

02 新建“图层 2”，执行“文件 > 导入 > 导入视频”命令，弹出“导入视频”对话框，单击“浏览”按钮，弹出“打开”对话框，选择需要导入的视频，如图 12–147 所示。单击“打开”按钮，选择视频导入方式为“在 SWF 中嵌入 FLV 并在时间轴上播放”选项，如图 12–148 所示。

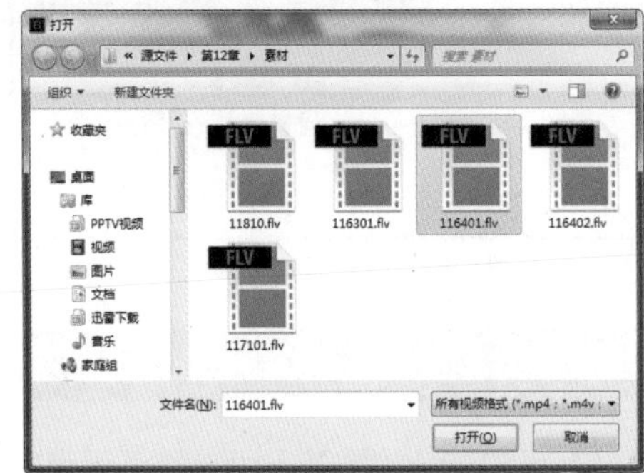

图 12-147 选择需要导入的视频

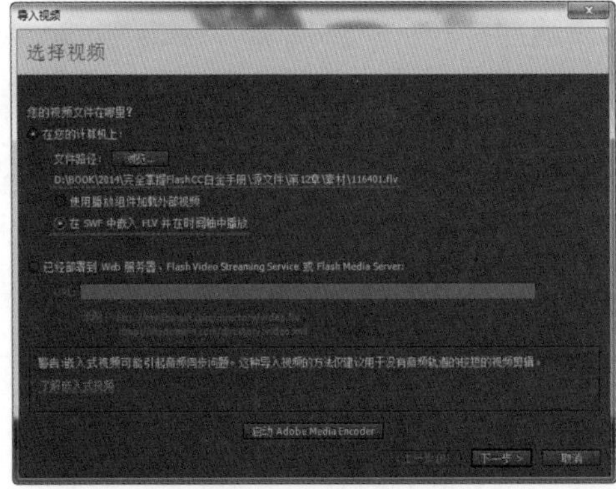

图 12-148 “导入视频”对话框

03 单击“下一步”按钮，进入嵌入窗口，从中可以选择用于将视频嵌入到 SWF 文件的元件类型，如图 12–149 所示。单击“下一步”按钮，弹出完成视频导入窗口，如图 12–150 所示。

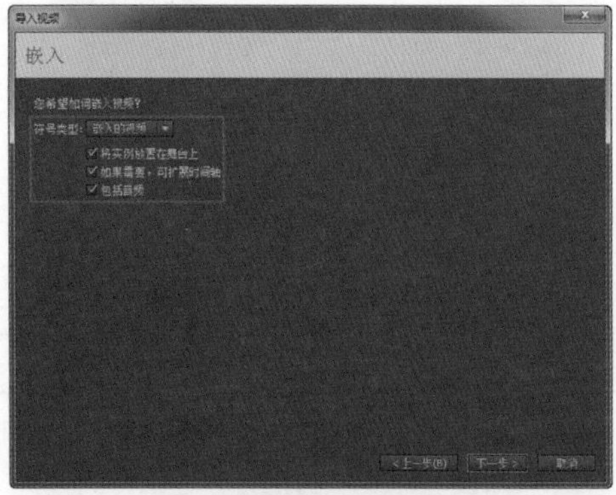

图 12-149 设置嵌入视频选项

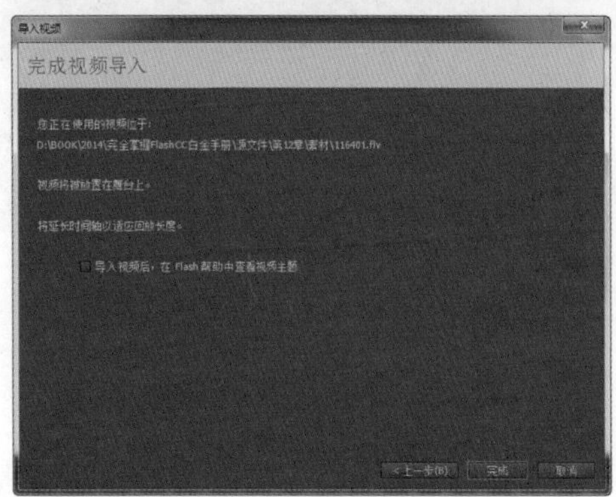

图 12-150 完成视频导入界面

提示

在“符号类型”下拉列表中包含 3 个选项，分别是“嵌入的视频”、“影片剪辑”和“图形”。如果选择“嵌入的视频”选项，则直接将视频导入到时间轴上；如果选择“影片剪辑”选项，则将视频置于影片剪辑实例中，这样可以很好地控制影片剪辑，视频的时间轴将独立于主时间轴进行播放；如果选择“图形”选项，则将视频置于图形元件中，通常这种方法将无法使用 ActionScript 与该视频进行交互。

04 单击“完成”按钮，即可完成视频的导入，如图 12–151 所示。在“图层 2”的第 123 帧按 F7 键插入空白关键帧，使用相同的方法，导入另外一段嵌入的视频，效果如图 12–152 所示。

图 12-151 导入嵌入视频

图 12-152 导入另一段视频

05 选择“图层 1”的第 265 帧，按 F5 键插入帧，如图 12-153 所示。在“图层 2”上方新建“图层 3”，使用“椭圆工具”在舞台中绘制椭圆形，并对椭圆进行调整，效果如图 12-154 所示。

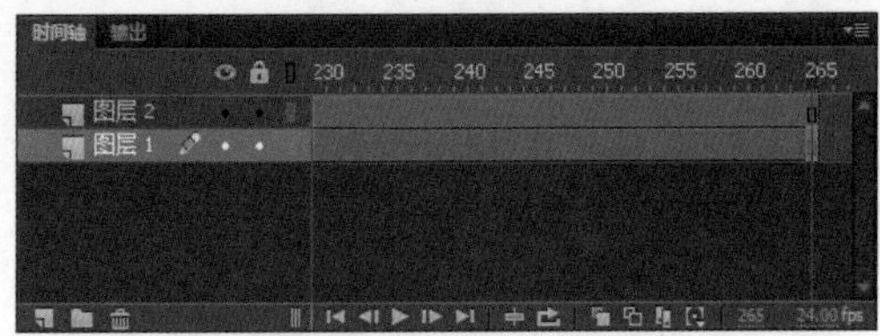

图 12-153 “时间轴”面板

图 12-154 绘制图形

06 将“图层 3”设置为遮罩层，创建遮罩动画，效果如图 12-155 所示，“时间轴”面板如图 12-156 所示。

图 12-155 场景效果

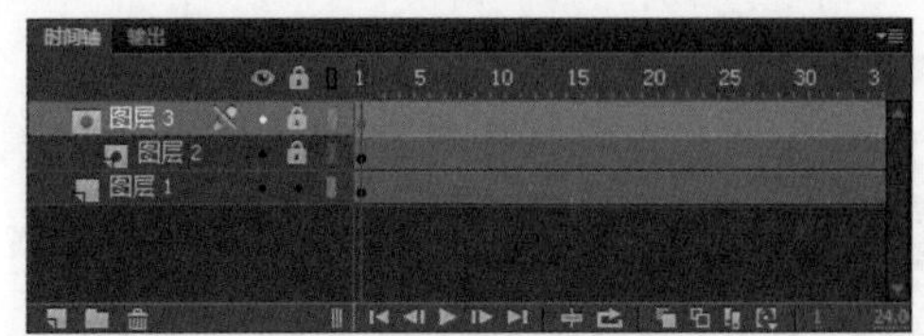

图 12-156 “时间轴”面板

07 执行“文件 > 保存”命令，将该文件保存为“光盘 \ 源文件 \ 第 12 章 \12-6-4.fla”，按快捷键 Ctrl+Enter，测试动画，可以看到嵌入的视频效果，如图 12-157 所示。

图 12-157 测试嵌入的视频效果

12.6.5 Flash Media Server 流式加载视频

Flash Media Server 是基于用户的可用带宽，使用带宽检测传送视频或音频内容。在传送的过程中，每个 Flash 客户端都打开一个到 Flash Media Server 的持久连接，并且传送中的视频和客户端交互之间存在受控关系。根据用户访问和下载内容的能力，向他们提供不同的内容。使用 Flash Media Server 传送视频与使用嵌入和渐进式下载的视频相比，具有以下优势。

(1) 回放视频的开始时间与其他集成视频的方法相比更早一些。

(2) 由于客户端不需要下载整个文件，因此传送使用的客户端内存和磁盘空间相对较少一些。

(3) 使用 Flash Media Server 传送视频时，只有

用户查看的视频部分才会传送给客户端，所以网络资源的使用变得更加有效。

(4) 在传送媒体流时，媒体不会保存到客户端的缓存中，因此媒体传送更加安全。

(5) 相对于其他视频来说，其具备更好的跟踪、报告和记录能力。

(6) 传送实时视频和音频演示文稿，或者通过 Web 摄像头或数码摄像机捕获视频。

(7) Flash Media Server 为视频聊天、视频信息和视频会议应用程序提供多向和多用户的传送。

(8) 通过使用服务器端脚本控制视频和音频流，可以根据客户端的连接速度创建服务器端播放曲目、同步流和更智能的传送选项。

12.7 设置视频属性

在 Flash 文档中导入视频时，并不是每个视频都适合 Flash 文档的要求，这就需要将导入的视频文件进行相应的设置或更改，从而使视频更符合 Flash 文档的要求。

12.7.1 “视频属性”对话框

我们可以通过在视频文件上单击鼠标右键，在弹出的菜单中选择“属性”命令，如图 12–158 所示。或者双击“库”面板中视频文件前的图标，弹出“视频属性”对话框，如图 12–159 所示。

图 12-158 选择“属性”命令

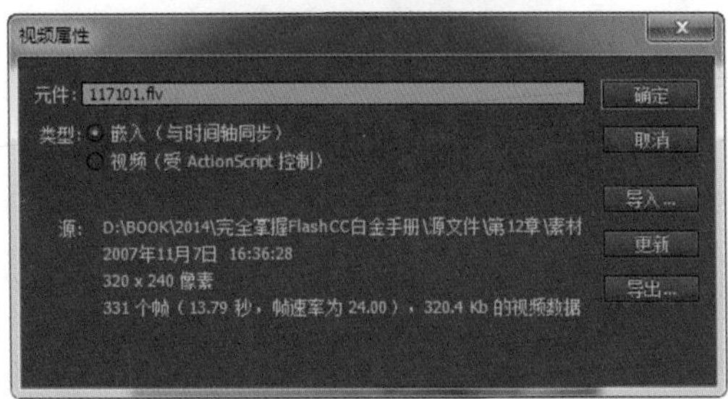

图 12-159 “视频属性”对话框

- 元件：可以在该选项的文本框中更改视频剪辑的名称。
- 源：该选项是用于查看导入的视频剪辑的相关信息，包括视频剪辑的类型、名称、路径、创建日期、像素、长度和文件大小。
- “导入”按钮：单击该按钮，可以使用 FLV 或 F4V 文件替换视频。
- “更新”按钮：单击该按钮，可以对已经在外部编辑器中修改过的视频剪辑进行更新。
- “导出”按钮：单击该按钮，弹出“导出 FLV”对话框，如图 12–160 所示。在该对话框中选择好文件的保存位置，并为其进行命名，然后单击“保存”按钮，即可将当前选定的视频剪辑导出为 FLV 文件。

图 12-160 “导出 FLV”对话框

12.7.2 更改视频文件

在 Flash CC 中的舞台区域，选中导入的视频，在“属性”面板中可以为视频指定名称，设置宽度、高度以及舞台上的坐标位置，“属性”面板如图 12–161 所示。单击“交换”按钮，可以从弹出的“交换视频”对话框中更换当前文档中的新的视频，如图 12–162 所示。

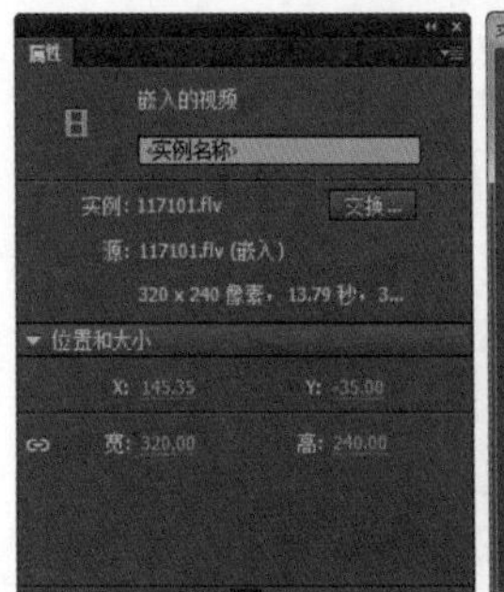

图 12-161 “属性”面板

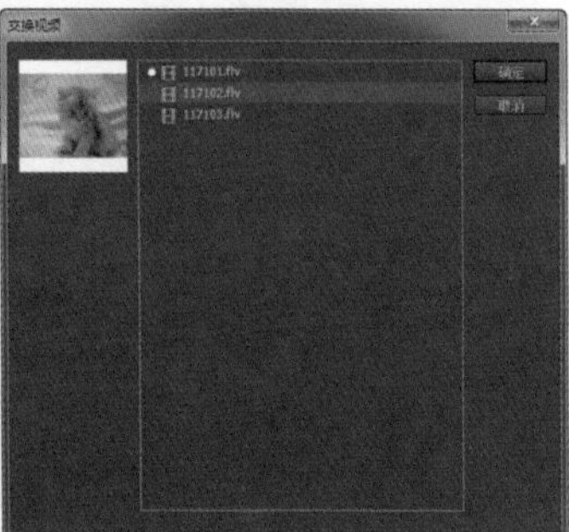

图 12-162 “交换视频”对话框

12.8 在 Flash 网站中插入视频

该实例主要向读者讲解在 Flash 动画中导入视频文件的方法，以及通过 ActionScript 脚本代码对视频的播放、暂停和停止进行控制，通过本实例的练习，希望读者能够熟练掌握插入视频和控制视频的方法。

动手实践——在 Flash 网站中插入视频

源文件：光盘 \ 源文件 \ 第 12 章 \12-8.fla

视频：光盘 \ 视频 \ 第 12 章 \12-8.swf

01 执行“文件 > 新建”命令，弹出“新建文档”对话框，设置如图 12–163 所示。单击“确定”按钮，新建一个 Flash 文档，执行“插入 > 新建元件”命令，弹出“创建新元件”对话框，设置如图 12–164 所示。

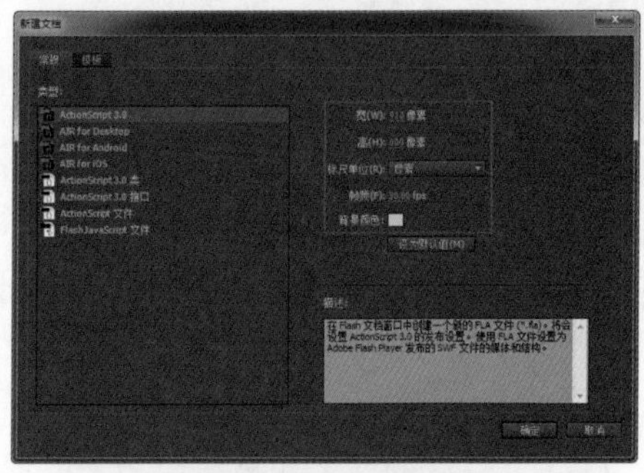

图 12-163 “新建文档”对话框

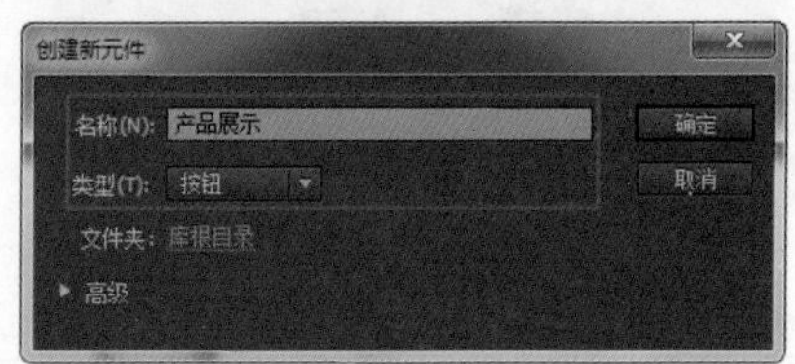

图 12-164 “创建新元件”对话框

02 执行“文件 > 导入 > 导入到舞台”命令，将图像“光盘 \ 源文件 \ 第 12 章 \ 素材 \11802.png”导入到场景中，如图 12–165 所示。选择刚导入的图像，按 F8 键，弹出“转换为元件”对话框，设置如图 12–166 所示。

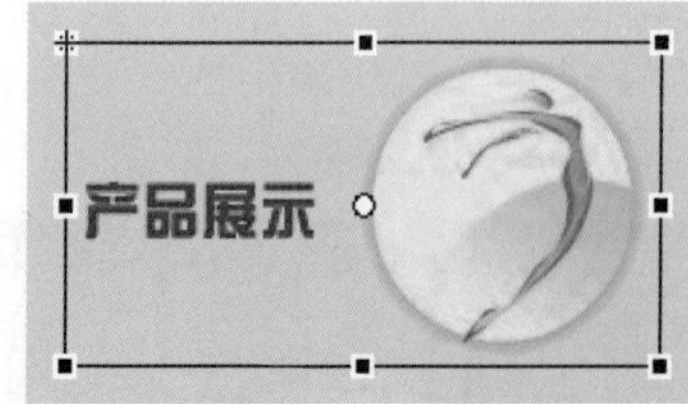

图 12-165 导入图像

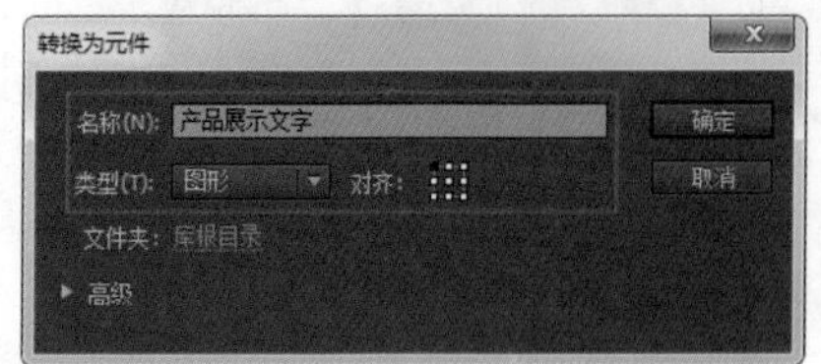

图 12-166 “转换为元件”对话框

03 分别在“指针经过”和“按下”帧按 F6 键插入关键帧，如图 12–167 所示。选择“指针经过”帧上的元件，在“属性”面板中设置“亮度”为 30%，如图 12–168 所示。

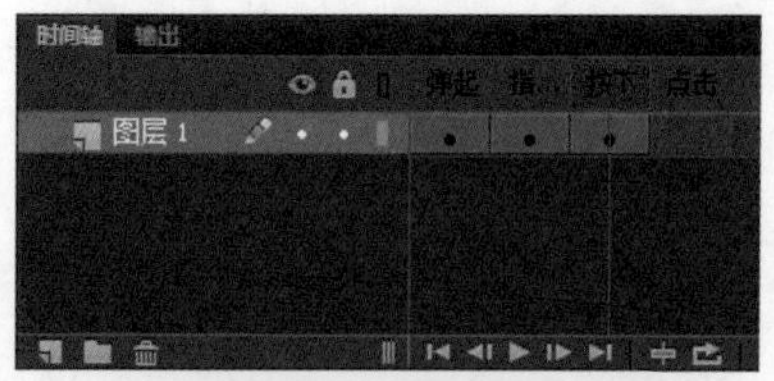

图 12-167 “时间轴”面板

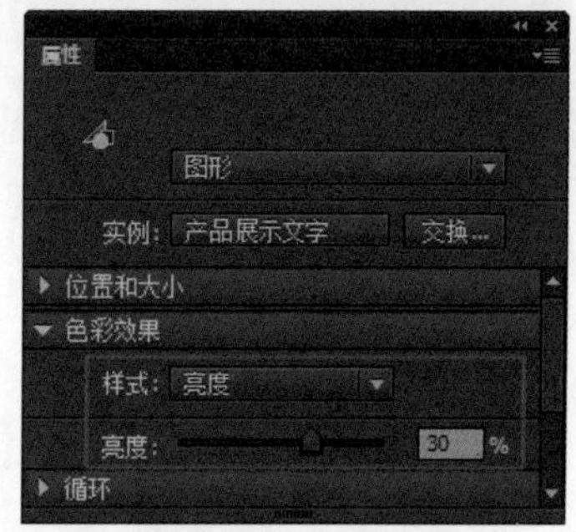

图 12-168 “属性”面板

04 完成相应的设置，元件效果如图 12–169 所示。选择“按下”帧上的元件，使用“任意变形工具”，将该帧上的元件等比例缩小，如图 12–170 所示。

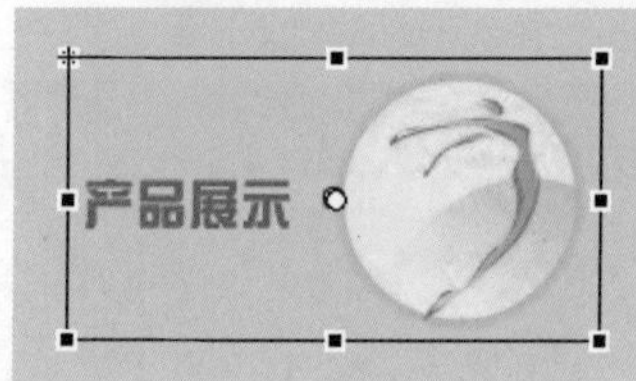

图 12-169 元件效果

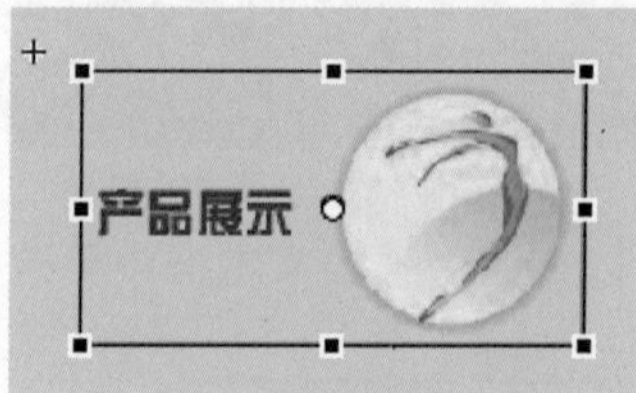

图 12-170 将元件等比例缩小

05 在“点击”帧按 F7 键插入空白关键帧，使用“矩形工具”，在场景中绘制一个尺寸为 222 像素 ×115 像素的矩形，如图 12–171 所示。使用制作“产品展示”元件的方法，制作出“产品简介”元件、“关于我们”元件、“联系我们”元件、“播放”元件、“暂停”元件和“停止”元件，如图 12-172 所示。

图 12-171 绘制矩形

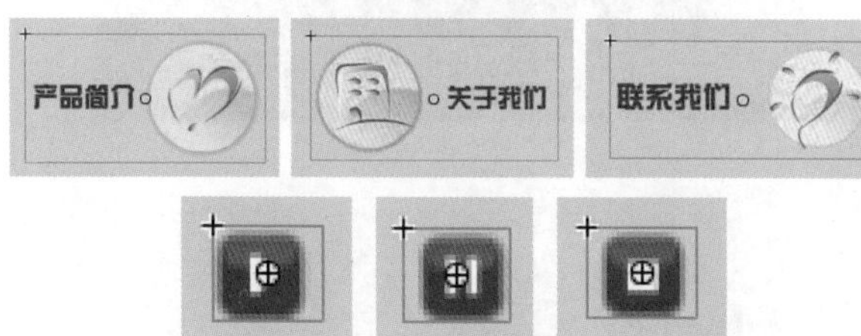

图 12-172 元件效果

06 执行“插入 > 新建元件”命令，弹出“创建新元件”对话框，设置如图 12-173 所示。导入素材图像“光盘\源文件\第 12 章\素材\11809.png”，如图 12-174 所示，在第 80 帧按 F5 键插入帧。

图 12-173 “创建新元件”对话框

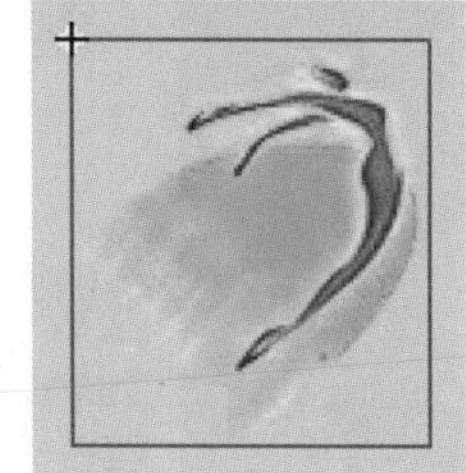

图 12-174 导入图像

07 新建“图层 2”，使用“文本工具”，在“属性”面板上对相关选项进行设置，如图 12-175 所示，在场景中输入相应的文本，如图 12-176 所示。

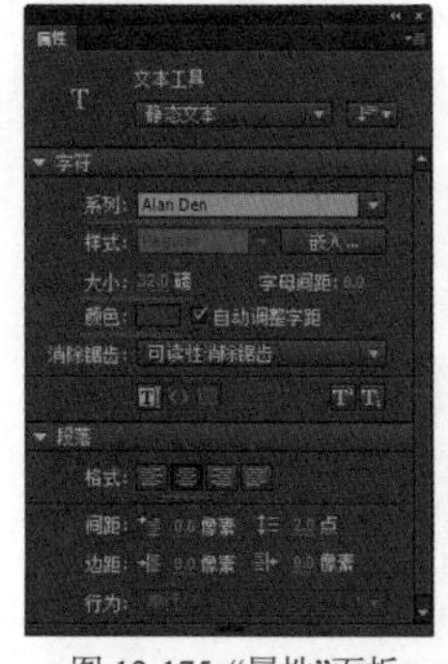

图 12-175 “属性”面板

图 12-176 输入文本

08 新建“图层 3”，使用“矩形工具”，打开“颜色”面板，设置从透明到白色再到透明的渐变颜色，如图 12-177 所示。在场景中绘制一个渐变矩形，如图 12-178 所示。

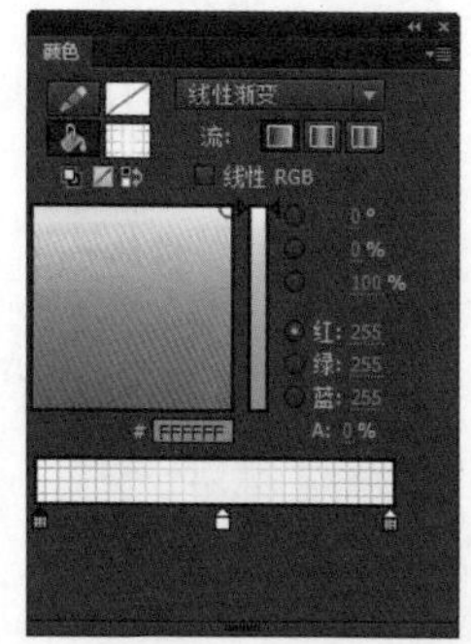

图 12-177 “颜色”面板

图 12-178 绘制渐变矩形

09 使用“任意变形工具”，将刚绘制的渐变矩形进行旋转，并调整到合适的位置，如图 12-179 所示。在第 30 帧按 F6 键插入关键帧，将渐变矩形向右上角移动，如图 12-180 所示，并在第 1 帧上创建补间形状动画。

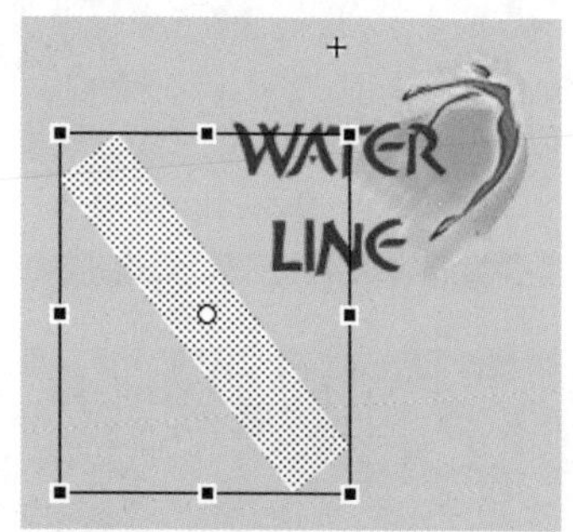

图 12-179 旋转图形并调整位置

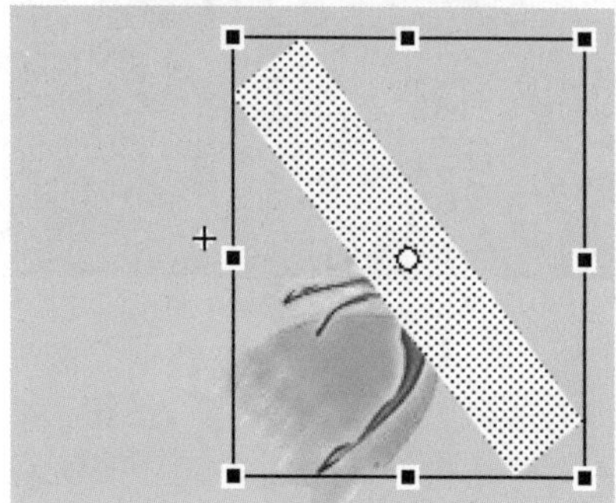

图 12-180 将渐变矩形向右上角移动

10 选择“图层 2”中的文本，执行“编辑 > 复制”命令，新建“图层 4”，执行“编辑 > 粘贴到当前位置”命令，选中复制得到的文本，执行“修改 > 分离”命令两次，将文本分离成图形，如图 12–181 所示。在“图层 4”上单击鼠标右键，在弹出的菜单中选择“遮罩层”命令，创建遮罩动画，如图 12–182 所示。

图 12-181 场景效果

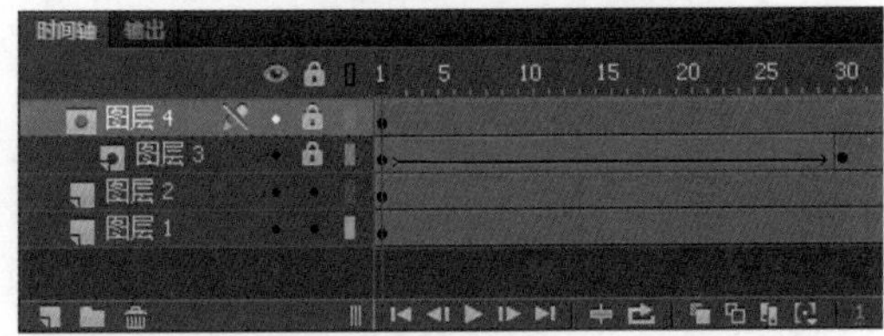

图 12-182 “时间轴”面板

11 执行“插入 > 新建元件”命令，弹出“创建新元件”对话框，设置如图 12–183 所示。执行“文件 > 导入 > 导入视频”命令，弹出“导入视频”对话框，设置如图 12–184 所示。

图 12-183 “创建新元件”对话框

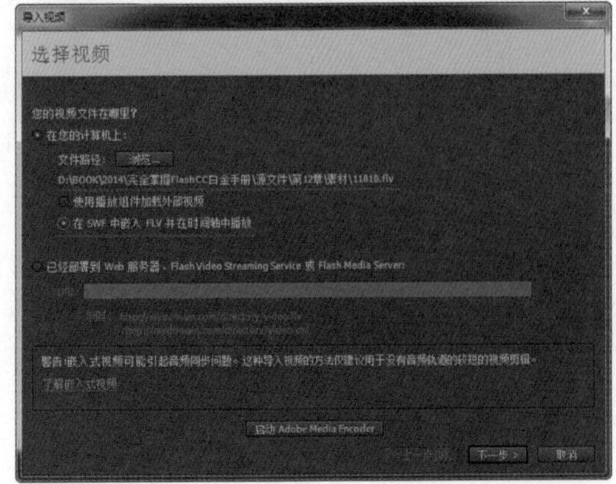

图 12-184 “导入视频”对话框

12 单击“下一步”按钮，切换到“嵌入”选项，如图 12–185 所示。单击“下一步”按钮，切换到“完成视频导入”对话框，单击“完成”按钮，将视频导入到场景中，如图 12–186 所示。

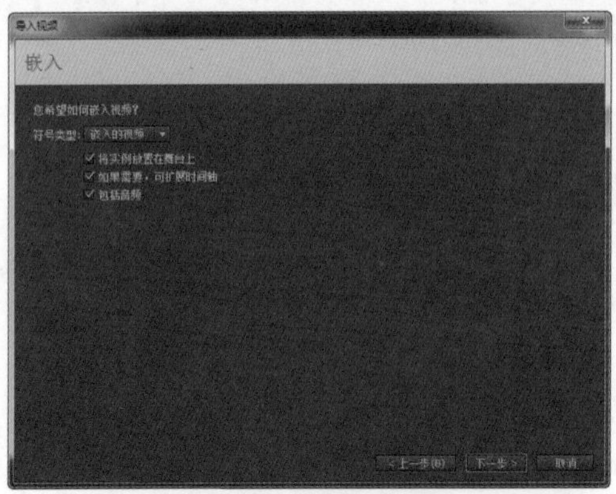

图 12-185 “嵌入”对话框

图 12-186 场景效果

13 选择刚导入的视频，在“属性”面板中设置其“实例名称”为 sp，如图 12–187 所示。新建“图层 2”，执行“窗口 > 动作”命令，打开“动作”面板，在“动作”面板中输入相应的脚本语言，如图 12–188 所示。

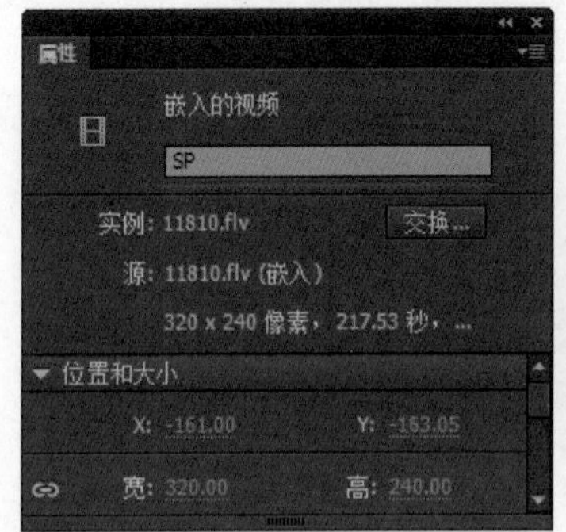

图 12-187 “属性”面板　　图 12-188 “动作”面板

14 执行“插入 > 新建元件”命令，弹出“创建新元件”对话框，设置如图 12–189 所示。在第 45 帧按 F6 键插入关键帧，导入素材图像“光盘\源文件\第 12 章\素材\11811.png”，如图 12–190 所示。

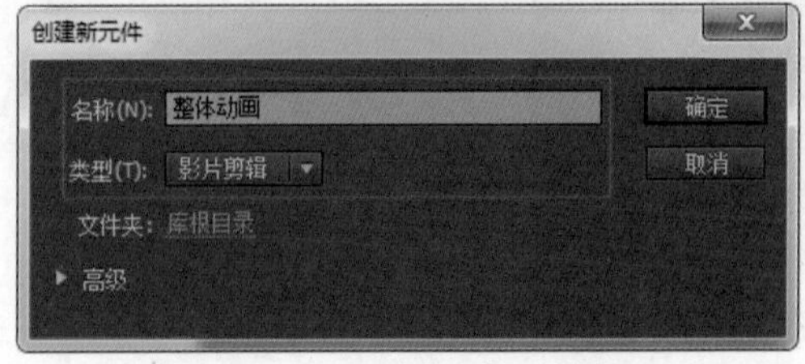

图 12-189 “创建新元件”对话框

图 12-190　导入图像

15 新建“图层 2”，在第 45 帧按 F6 键插入关键帧，将“视频”元件从“库”面板中拖入到场景中，使用“任意变形工具”将该元件等比例缩小，如图 12–191 所示。在“属性”面板中设置“视频”元件的“实例名称”为 shipin，如图 12–192 所示。

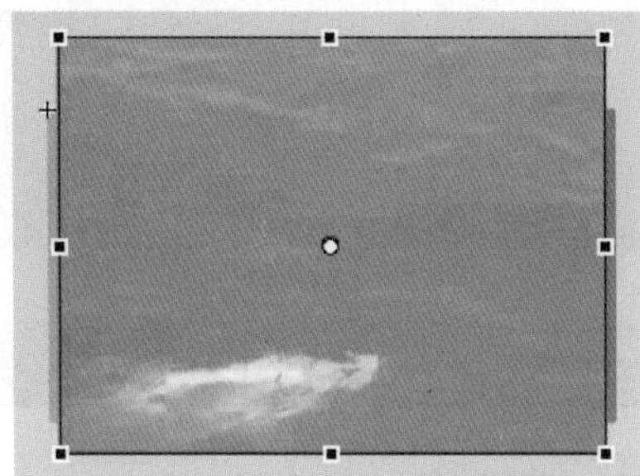

图 12-191　拖入元件并将元件等比例缩小

图 12-192 “属性”面板

16 新建“图层 3”，在第 45 帧按 F6 键插入关键帧，使用“矩形工具”，在“属性”面板上对相关选项进行设置，如图 12–193 所示。在场景中绘制一个圆角矩形，如图 12–194 所示。

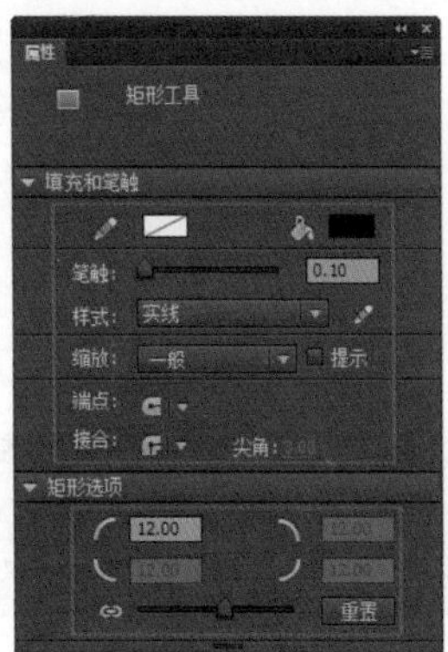

图 12-193 “属性”面板

图 12-194　绘制圆角矩形

17 在“图层 3”上单击鼠标右键，在弹出的菜单中选择“遮罩层”命令，创建遮罩动画，如图 12–195 所示。新建“图层 4”，在第 45 帧按 F6 键插入关键帧，将“播放”元件从“库”面板中拖入到场景中，如图 12–196 所示。

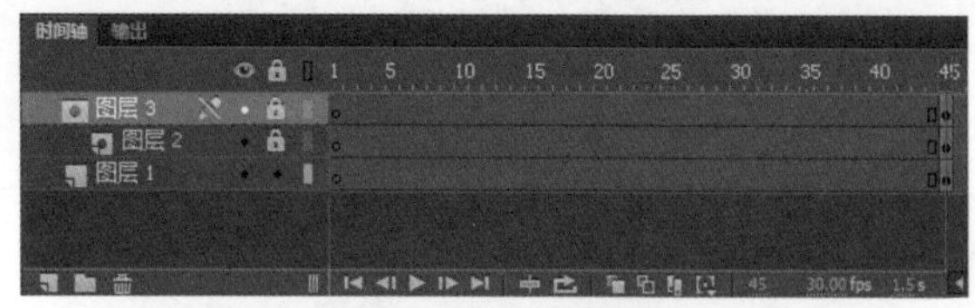

图 12-195 “时间轴”面板

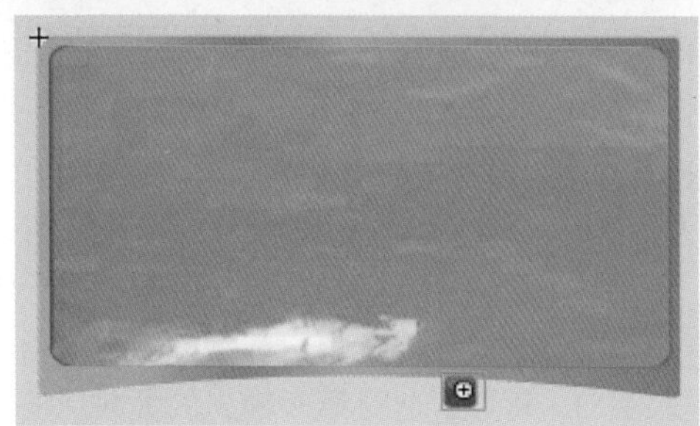

图 12-196　拖入元件

18 选中刚拖入的“播放”元件，在“属性”面板中设置该元件的“实例名称”为 playbtn，如图 12–197 所示。新建“图层 5”和“图层 6”，分别在第 45 帧按 F6 键插入关键帧，分别将“暂停”元件和“停止”元件从“库”面板中拖入到场景中，并分别设置这两个元件的“实例名称”为 pausebtn 和 stopbtn，如图 12–198 所示。

图 12-197　设置“实例名称”

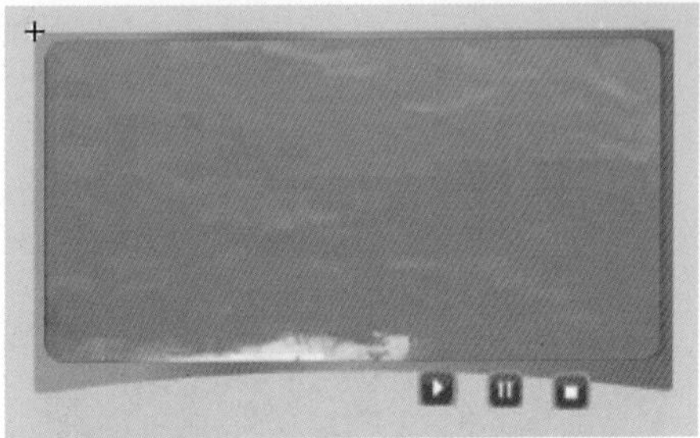
图 12-198 拖入元件并设置

19 新建“图层 7”，导入素材图像“光盘\源文件\第 12 章\素材\11812.png”，如图 12-199 所示。选择刚导入的图像，按 F8 键，弹出“转换为元件”对话框，设置如图 12-200 所示。

图 12-199 导入图像

图 12-200 “转换为元件”对话框

20 在第 44 帧按 F6 键插入关键帧，在第 45 帧按 F7 键插入空白关键帧，选择第 1 帧上的元件，使用“任意变形工具”，将该帧上的元件等比例缩小，并调整到合适的位置，如图 12-201 所示。在第 35 帧按 F6 键插入关键帧，“时间轴”面板如图 12-202 所示。

图 12-201 将元件等比例缩小并调整位置

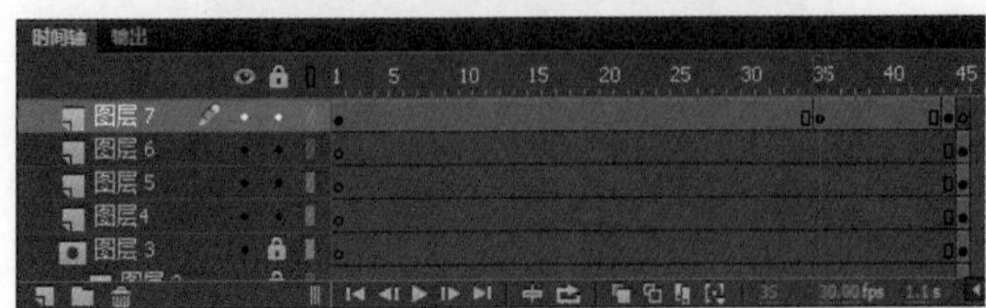
图 12-202 “时间轴”面板

21 选择第 35 帧上的元件，将其向左平移，效果如图 12-203 所示。在第 1 帧创建传统补间动画，在“属性”面板中设置“旋转”为“逆时针”，如图 12-204 所示。

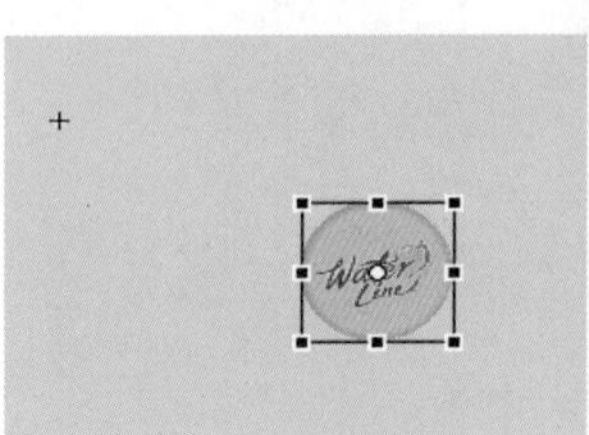
图 12-203 调整元件位置

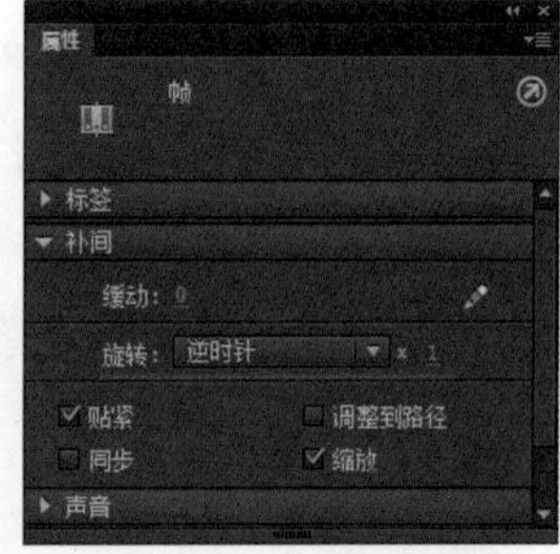

图 12-204 “时间轴”面板

22 使用相同的方法，调整第 44 帧上元件的大小和位置，在第 35 帧位置创建传统补间动画，如图 12-205 所示。新建“图层 8”，在第 45 帧按 F6 键插入关键帧，打开“动作”面板，输入脚本代码，如图 12-206 所示。

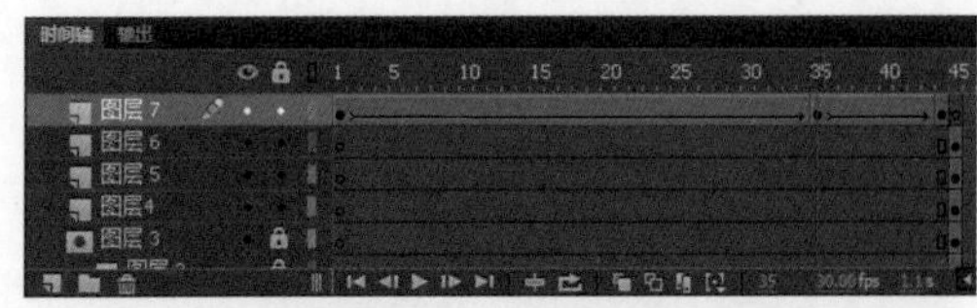
图 12-205 “时间轴”面板

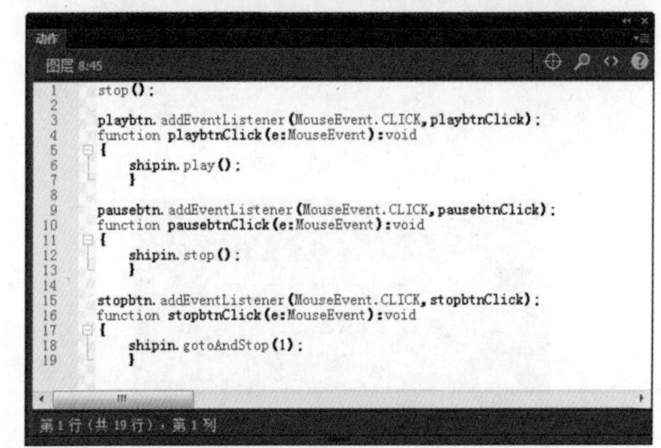
```
stop();

playbtn.addEventListener(MouseEvent.CLICK,playbtnClick);
function playbtnClick(e:MouseEvent):void
{
    shipin.play();
}

pausebtn.addEventListener(MouseEvent.CLICK,pausebtnClick);
function pausebtnClick(e:MouseEvent):void
{
    shipin.stop();
}

stopbtn.addEventListener(MouseEvent.CLICK,stopbtnClick);
function stopbtnClick(e:MouseEvent):void
{
    shipin.gotoAndStop(1);
}
```
图 12-206 输入脚本代码

23 返回到“场景 1”编辑状态，导入素材图像“光盘\源文件\第 12 章\素材\11801.jpg”，如图 12-207 所示。在第 80 帧按 F5 键插入帧，“时间轴”面板如图 12-208 所示。

图 12-207 导入图像

图 12-208 “时间轴”面板

24 新建"图层 2",执行"文件 > 导入 > 打开外部库"命令，打开外部库文件"光盘\源文件\第 12 章\素材\素材 01.fla"，如图 12-209 所示。将"整体气泡动画"元件从"库 - 素材 01.fla"面板中拖入到场景中，并调整元件大小，如图 12-210 所示。

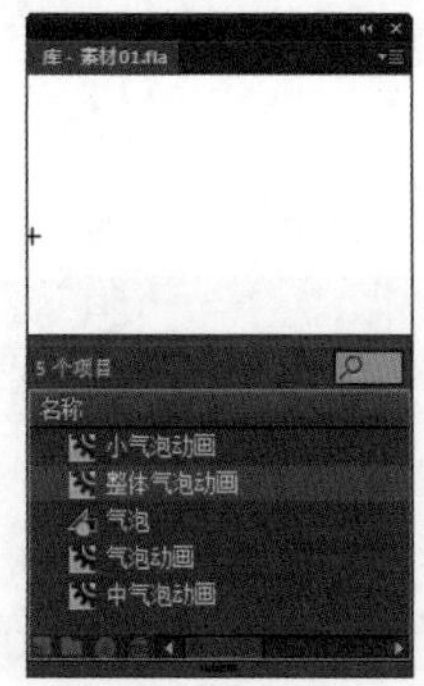

图 12-209 "库 - 素材 01.fla"面板

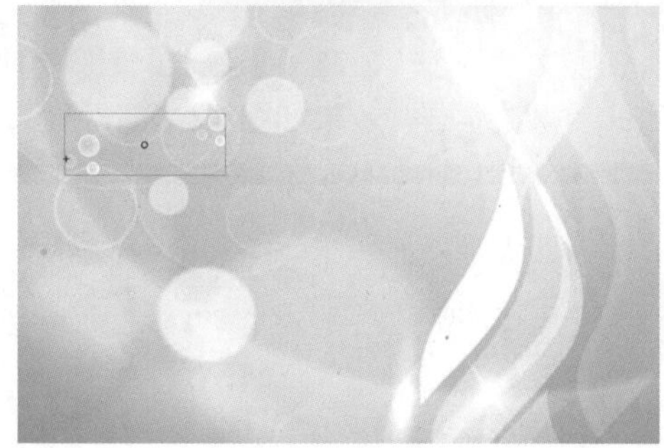
图 12-210 拖入元件

25 新建"图层 3"，再次将"整体气泡动画"元件拖入到场景中，如图 12-211 所示。新建"图层 4"，在第 5 帧按 F6 键插入关键帧，导入素材图像"光盘\源文件\第 12 章\素材\11813.jpg"，如图 12-212 所示。

图 12-211 拖入元件

图 12-212 导入图像

26 新建"图层 5"，在第 25 帧按 F6 键插入关键帧，打开"库"面板，将"产品展示"元件拖入到场景中，如图 12-213 所示。在第 35 帧按 F6 键插入关键帧，将第 25 帧上的元件水平向左移动，如图 12-214 所示。

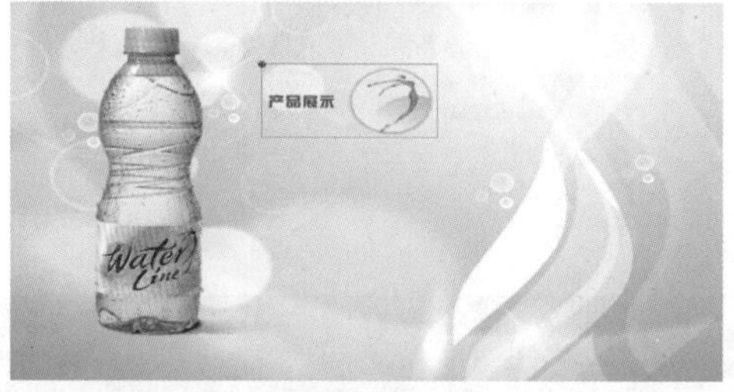

图 12-213 拖入元件

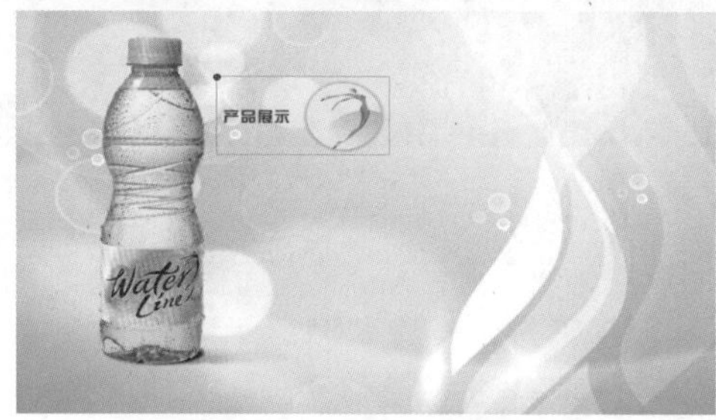

图 12-214 水平向左移动元件

27 选择第 25 帧上的元件，在"属性"面板中设置其 Alpha 值为 0，如图 12-215 所示。在第 25 帧上创建传统补间动画，"时间轴"面板如图 12-216 所示。

图 12-215 "属性"面板

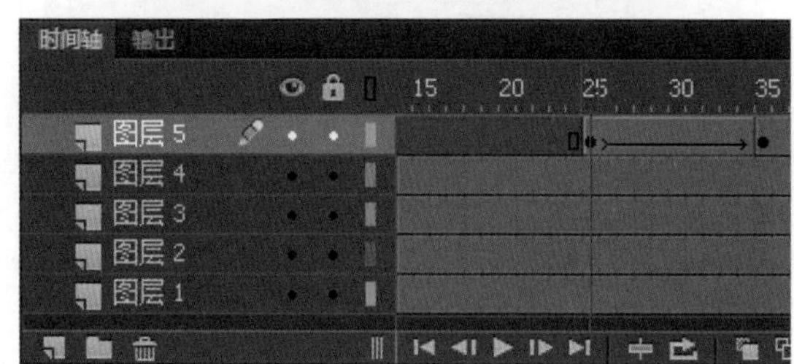

图 12-216 "时间轴"面板

28 使用制作"图层 5"的方法，制作出"图层 6"、"图层 7"和"图层 8"，完成后的场景效果如图 12-217 所示，"时间轴"面板如图 12-218 所示。

图 12-217 场景效果

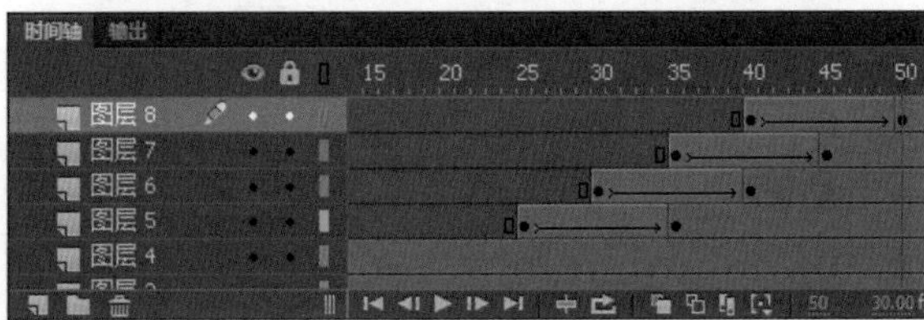

图 12-218 "时间轴"面板

29 新建"图层 9"，在第 20 帧按 F6 键插入关键帧，将"遮罩动画"元件从"库"面板中拖入到场景中，如图 12-219 所示。新建"图层 10"，在第 60 帧按 F6 键插入关键帧，将"整体动画"元件从"库"面板中拖入到场景中，如图 12-220 所示。

图 12-219 拖入元件

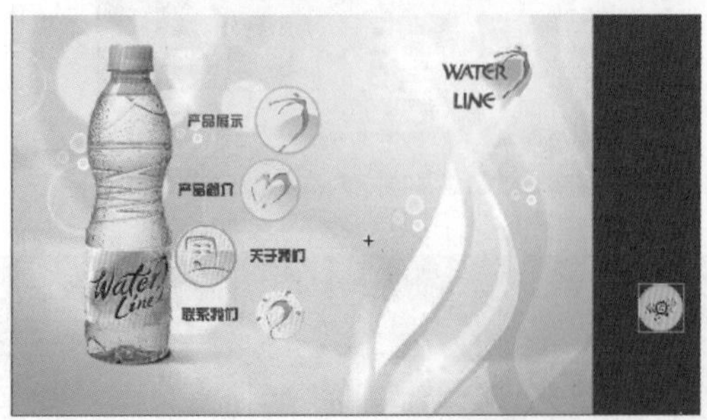

图 12-220 拖入元件

30 新建"图层 11"，在第 80 帧按 F6 键插入关键帧，打开"动作"面板，输入 stop(); 脚本语言，如图 12-221 所示，"时间轴"面板如图 12-222 所示。

图 12-221 "动作"面板

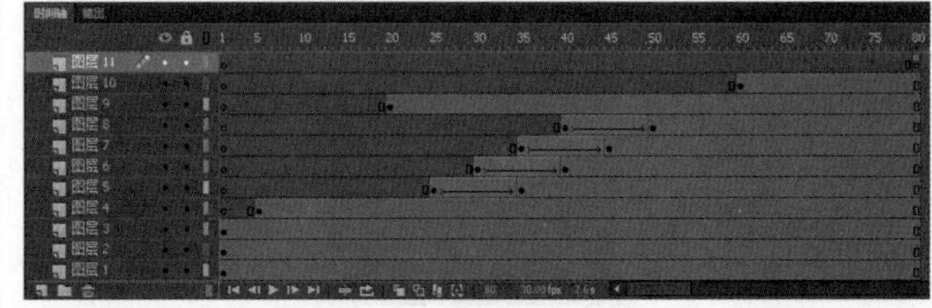

图 12-222 "时间轴"面板

31 执行"文件 > 保存"命令，将动画保存为"光盘\源文件\第 12 章\12-8.fla"，按快捷键 Ctrl+Enter，测试动画，效果如图 12-223 所示。

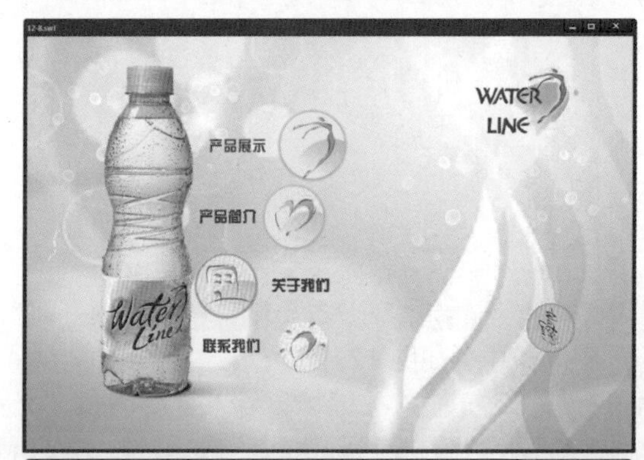

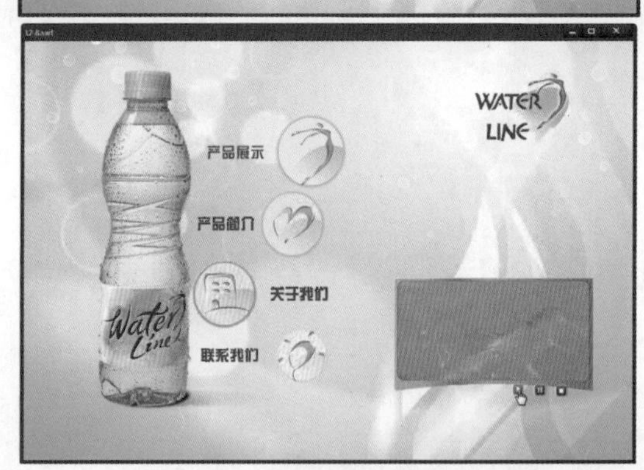

图 12-223 预览动画效果

12.9 本章小结

本章主要和读者一起学习了如何在 Flash CC 中导入图像、音频和视频，其中对 Flash CC 所支持的图像、音频及视频的格式进行了讲解，此外还详细介绍了图像、音频和视频的类型及编辑方法等。通过本章的学习，希望读者能够对动画中所使用的图像、音频及视频的相关知识点有充分的了解，并且能够掌握和运用，以制作出更加优秀的动画作品。

第13章 认识 ActionScript 编程环境

ActionScript 是 Flash 的脚本语言，是一种面向对象的编程语言。使用 ActionScript 可以控制 Flash 动画中的对象，创建导航元素和交互元素，扩展 Flash 创作交互动画和网络应用的能力。作为开发环境，Flash CC 具备强大功能的 ActionScript 编辑环境，通过 Flash 中的 ActionScript 编程环境，初学者和熟练的程序员都可以迅速而有效地编写出功能强大的程序。

13.1 什么是 ActionScript

ActionScript（简称 AS）是一种面向对象的编程语言，它基于 ECMAScript 脚本语言规范，是在 Flash 动画中实现交互的重要组成部分，也是 Flash 能够优于其他动画制作软件的主要因素。

13.1.1 ActionScript 简介

ActionScript 是 Flash 的脚本程序语言，简称 AS。近年来，ActionScript 脚本程序语言被广泛地应用于用户图形界面、Web 交互制作、Flash 游戏开发、Flash widget 等多个方面，这使得 Flash 不再拘泥于动画制作，而是发展到包括互联网、产品应用、游戏和人机交互等多个领域。通过使用它，能够实现 Flash 程序开发，它具有如下特点。

（1）为 Flash 用户提供了简单、便捷的开发环境和方法。

（2）极大程度地丰富了 Flash 动画的交互性，使得用户可以通过鼠标、键盘与 Flash 动画进行交互。

在 ActionScript 脚本语言版本方面，截止目前共有 3 个版本。

- ActionScript 1.0：从 Flash 5 版本开始，首次在 Flash 软件中引入了 ActionScript 1.0 脚本语言，ActionScript 1.0 脚本语言具备 ECMAScript 标准的语法格式和语义解释，主要应用于帧的导航和鼠标的交互。
- ActionScript 2.0：从 Flash MX 版本开始引入了 ActionScript 2.0 脚本语言，ActionScript 2.0 脚本语言的编写方式更加成熟，在 ActionScript 2.0 脚本语言中引入了面向对象的编程方式，具有变量的类型检测和新的 class 类语法。到目前为止，ActionScript 2.0 脚本语言依然在 Flash 动画制作中被广泛运用。
- ActionScript 3.0：从 Flash CS3 版本开始引入了全新的 ActionScript 3.0，ActionScript 3.0 与 ActionScript 1.0 和 2.0 有着很大的差别，ActionScript 3.0 全面支持 ECMA4 的语言标准，并具有 ECMAScript 中的 Package、命名空间等多项 ActionScript 2.0 所不具备的特点。

提示

在最新版的 Flash CC 中已经不再支持 ActionScript 1.0 和 ActionScript 2.0 脚本语言，只支持 ActionScript 3.0 脚本语言。ActionScript 3.0 的脚本编写功能超越了 ActionScript 的早期版本，它旨在方便创建拥有大型数据集和面向对象的可重用代码库的高度复杂的应用程序。

在语言结构方面，简单来说，ActionScript 与许多应用程序中使用的编程语言都很相似，同样拥有语法、变量、函数等。它由多行语句代码组成，每行语句又是由一些命令、运算符、分号等组成。所以对于有高级编程经验的人来说，学习 ActionScript 是很轻松的。

对于初学者来说，也并不需要太过于担心，相较于其他的编程语言来说，ActionScript 编程要容易得多，在 Flash CC 的编程环境中编写 ActionScript 脚本代码具有以下优势。

（1）在“动作”面板中编写 ActionScript 脚本代码时会显示相应的代码提示，方便用户快速编写 ActionScript 脚本代码。

（2）如果输入的 ActionScript 代码，在测试 Flash

动画时会打开“错误输出窗口”面板显示相应的错误信息，并获得错误修改提示。

(3) 完成一段 ActionScript 程序编写后，可以直接在 ActionScript 的调试过程中，检查每一个变量的赋值过程。

(4) 在 Flash CC 中提供了组件的功能，可以在很大程序上帮助用户实现常用的交互操作。

在 ActionScript 程序代码的编译执行方面，ActionScript 由 Flash Player 中的 ActionScript 虚拟机 Action Virtual Machine（AVM）来解释执行。ActionScript 语句要通过 Flash 编译环境或 Flex 服务器将其编译成二进制代码格式，然后成为 SWF 文件中的一部分，被 Flash Player 执行。

提示

Flash Player 具有强大的跨平台性，任何平台只要内嵌 Flash Player，就能够轻松地播放 SWF 文件中的内容。

13.1.2 ActionScript 的相关术语

ActionScript 作为一种功能强大的脚本编辑语言，具有很多的组件。了解这些术语及它们在 ActionScript 中是如何结合的非常重要。下面将对 ActionScript 中的相关术语进行简单介绍。

- 动作（Action）：用于在影片运行过程中告知影片或它的组件去做某些事情。例如 gotoAndPlay 动作就可以将播放磁头跳转到指定的帧或帧标记进行播放。“动作”也可以称作语句。
- 参数（Parameter）：参数是存储信息的容器，并被传送给语句或函数。
- 类（Class）：这是影片中信息的类目。每个对象都属于一个类，并且是这个类的一个实例。要定义新的对象，必须根据它的类创建对象的实例，这是通过构造器函数完成的。
- 常量（Constant）：这是不发生变化的脚本元素。例如整数是常量，可以用于检查表达式的值。关键字 space 是一个常量，因为它通常指的是空格。
- 构造器（Constructor）：构造器用于创建基于类的对象的函数。这种函数具有的自变量可以给出对象所属的类专用的属性。
- 数据类型（Data Type）：定义变量或 ActionScript 元素进行通信的信息的类型。在 ActionScript 中，数据类型是字符串、数字、布尔值（Ture 和 Flase）、对象、影片剪辑、未定义或空。
- 事件（Event）：在影片运行时发生。它们在鼠标单击、加载影片剪辑和敲击键盘等情况下发生。用于触发函数和其他 ActionScript 语言。
- 表达式(Expression)：它是能够产生值的信息块。
- 函数（Function）：它是信息处理器。它们可以接收自变量形式的信息并能够返回相应的值。
- 处理器（Handler）：它用于执行函数以便对事件进行响应。在 ActionScript 中，有用于鼠标和影片剪辑事件的处理器。
- 标识符(Identifier)：它是指派给函数、方法、对象、属性或变量的唯一的名称。标识符的第一个字符必须是字母、美元符号或下划线。完成的标识符可以使用这些字符和数字。
- 实例（Instance）：这是属于类的单独的对象。例如 today 实例就是属于 Data 类。
- 实例名（Instance Name）：在影片中用于指向特定的影片剪辑实例的唯一的名称。它可以是文本栏、声音或者数组对象的一个实例。影片剪辑可以像对象一样使用，但是它们在根本上是不同的，因为影片剪辑是在 Flash 中创建并且被存为元件的。为了用 ActionScript 控制它们，影片剪辑需要一个实例名。影片中每个实例必须通过它唯一的实例名来引用。这种区分使 ActionScript 能够单独地控制影片剪辑元件的每个实例。
- 关键字（Keyword）：它是在 ActionScript 语言中具有特殊含义的单词。关键字不能作为变量、函数等使用。
- 方法（Method）：它是可以被对象执行的动作。对于自定义对象，可以创建自定义的方法。在 ActionScript 中，每个预定义的对象（如 Sound 对象或 MovieClip 对象）都拥有自己的方法。
- 对象（Object）：它是类的实例，ActionScript 有几种叫作对象的内置类，它们包括 Sound 对象、Data 对象和 MovieClip 对象。
- 操作符（Operator）：它是用于计算和比较数值的元素。例如正斜杠（/）操作符用于使一个数除以另一个数。
- 属性（Property）：用于定义对象或对象实例的性质。例如 _x 属性决定了舞台上影片剪辑的 X 坐标轴。
- 目标路径（Target Path）：用于按照影片剪辑实例名、变量和影片中对象的形式传递信息。
- 变量（Variable）：这是存储位置，用于保存信息和值。变量可以用于固定的存储，可以在影片播放时进行检索，以便在脚本中使用。

13.1.3 ActionScript 3.0 的改进

ActionScript 3.0 包含许多类似于 ActionScript 1.0

和 2.0 的类和功能。但是 ActionScript 3.0 在架构和概念上与早期的 ActionScript 版本不同。ActionScript 3.0 中的改进包括新增的核心语言功能，以及能够更好地控制低级对象的改进 API。

(1) API 的增强。在 ActionScript 3.0 中，新增了许多新的显示类型。除了影片剪辑、文本和按钮以外，ActionScript 3.0 还可以控制包括形状、视频、位图等在内的大部分显示对象。另外显示对象的创建和移除则通过 new 语句以及 addChild 或 removeChild 等方法实现，类似 attachMovie 的旧方法已经被 ActionScript 3.0 舍弃。

(2) 语法方面的增强和改动。引入了包（Package）和命名空间（Namespace）这两个概念。其中 Package 用来管理类定义，防止命名冲突，而 Namespace 则用来控制程序属性方法的访问。

(3) 新增 ECMAScript for XML（E4X）支持。E4X 是 ActionScript 3.0 中内置的 XML 处理语法。在 ActionScript 3.0 中，XML 成为内置类型，而之前的 ActionScript 2.0 版本中 XML 的处理 API 则转移到 flash.xml.* 包中，以保持向下兼容。

(4) 新增 * 类型标识用来标识类型不确定的变量，通常在运行变量类型无法确定时使用。

(5) 新增 is 和 as 两个运算符来进行类型检查。

13.2 ActionScript 编程环境

在 Flash CC 中，可以在“动作”面板中创建 ActionScript 脚本程序，它是 Flash CC 中一个功能强大的 ActionScript 代码编辑器。在 Flash CC 中，对“动作”面板进行了简化，去掉了许多不常用的功能，使得“动作”面板更加精简，使用更高效。

在 Flash CC 中执行“窗口 > 动作”命令，或者按快捷键 F9，即可打开“动作”面板，如图 13-1 所示。“动作”面板大致可以分为工具栏、脚本导航器和脚本编辑窗口三个部分。

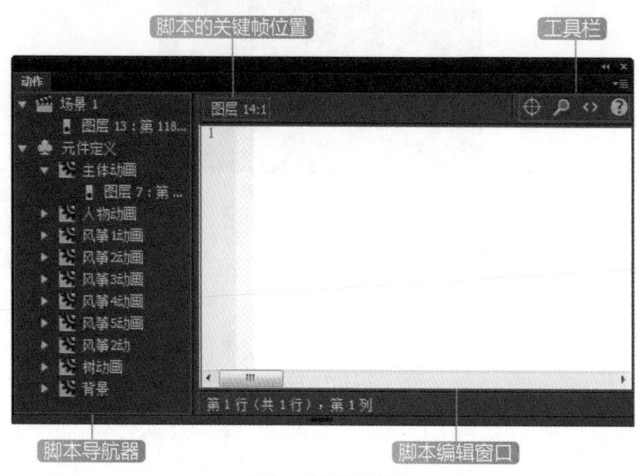

图 13-1 “动作”面板

13.2.1 工具栏

工具栏位于“动作”面板的右上方，主要是由 4 个工具按钮组成，如图 13-2 所示。

图 13-2 工具栏

- “插入实例路径和名称”按钮：单击该按钮，可以弹出“插入目标路径”对话框，如图 13-3 所示。显示当前舞台中所有实例的相对或绝对路径，选中实例，单击“确定”按钮，该实例的目标路径便会出现在 ActionScript 脚本编辑窗口中。

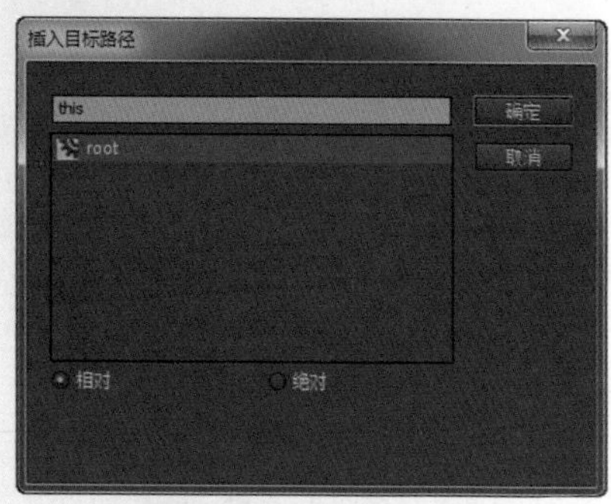

图 13-3 “插入目标路径”对话框

- “查找”按钮：单击该按钮，可以在“动作”面板的工具栏下方显示“查找”选项栏，如图 13-4 所示。可以对“动作”面板中输入的 ActionScript 脚本代码实现查找替换操作。再次单击“查找”按钮，可以在“动作”面板中隐藏“查找”选项栏。

图 13-4 “查找”选项栏

- 搜索框：在该文本框中输入需要查找的 ActionScript 脚本代码内容，完成查找内容的输入后按 Enter 键，则在“动作”面板中高亮显示所查找到的第一处相匹配的内容。
- “下一个”按钮：单击该按钮，可以在 ActionScript 脚本代码中继续查找第二处与搜索内容相匹配的内容。

- "上一个"按钮：单击该按钮，可以转到 ActionScript 脚本代码中所查找到的当前位置前一处的相匹配的内容。
- "查找"下拉列表：在该选项的下拉列表中包含两个选项，分别是"查找"和"查找和替换"。如果选择"查找和替换"选项，则在"查找"选项栏中将显示替换的相关选项，可以对 ActionScript 代码进行查找和替换操作，如图 13-5 所示。

图 13-5 显示查找和替换选项

- "选项"按钮：单击该按钮，将在"查找"选项栏中显示"全字匹配"和"区分大小写"两个选项，如图 13-6 所示。选中"全字匹配"选项，则将指定文本字符串仅作为一个完整单词搜索，两边由空格、引号或类似标记限制；选中"区分大小写"选项，可以在查找和替换时搜索与指定文本的大小写（大写或小写字符格式）完全匹配的文本。

图 13-6 显示两个选项

- "高级"按钮：单击该按钮，弹出"查找和替换"面板，在该面板中的"搜索"下拉列表中选择"代码"选项，在该面板中提供了更加详细的对 ActionScript 代码进行查找和替换操作的选项，如图 13-7 所示。

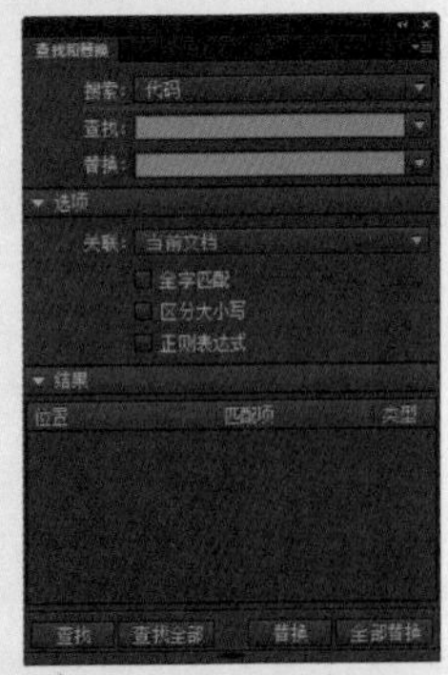

图 13-7 "查找和替换"面板

- "关闭"按钮：单击该按钮，可以关闭"查找"选项栏。
- "代码片断"按钮：单击该按钮，可以打开"代码片断"面板，如图 13-8 所示。在该面板中提供了 Flash CC 预设的多种类型的代码片断，选择需要使用的代码片断，双击该代码片断，即可将该片断插入到"动作"面板中。

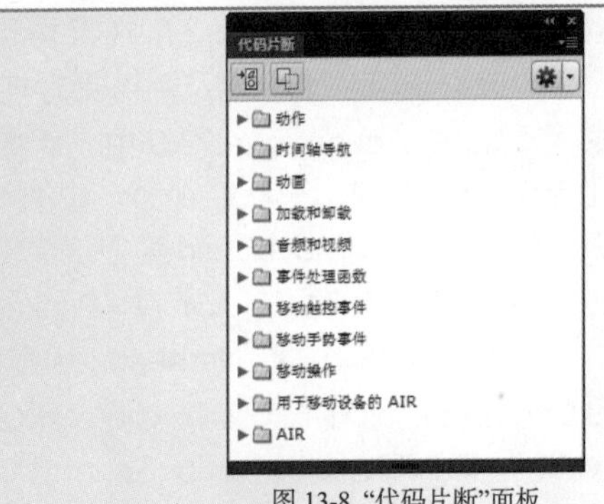

图 13-8 "代码片断"面板

- "帮助"按钮：在编写 ActionScript 脚本代码的过程中，有任何的问题都可以单击"帮助"按钮，来查询解决方法。

13.2.2 脚本导航器

脚本导航器位于"动作"面板的左侧，它可以快速显示正在工作的对象，以及在哪些关键帧上添加了脚本。使用它可以在 Flash 文档中的各个脚本之间快速切换，如图 13-9 所示。

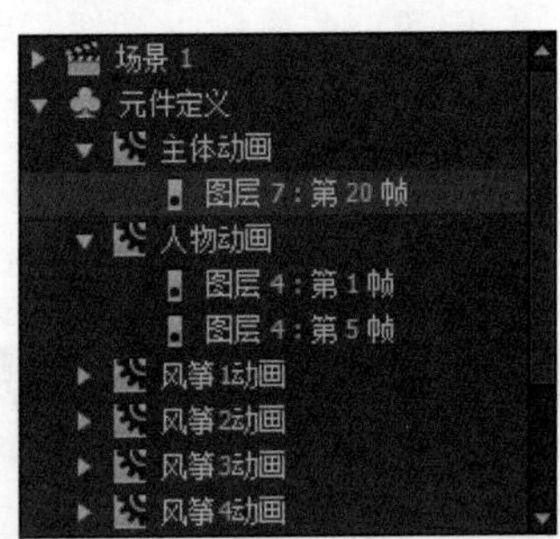

图 13-9 脚本导航器

单击脚本导航器中的某一选项，那么与该项目关联的脚本将显示在脚本编辑窗口中，并且播放头将移到时间轴上相应的位置。

如果用户需要在"动作"面板中隐藏脚本导航器，可以将光标放置在"动作"面板中的脚本导航器与脚本编辑窗口之间的分栏上，如图 13-10 所示。向左拖动鼠标，即可将脚本导航器隐藏，如图 13-11 所示。如果需要再次显示脚本导航器，可以使用相同的方法，向右拖动鼠标显示脚本导航器。

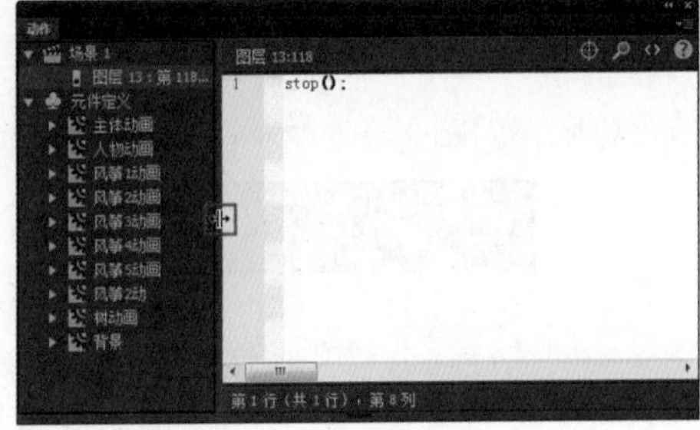

图 13-10 拖动分栏

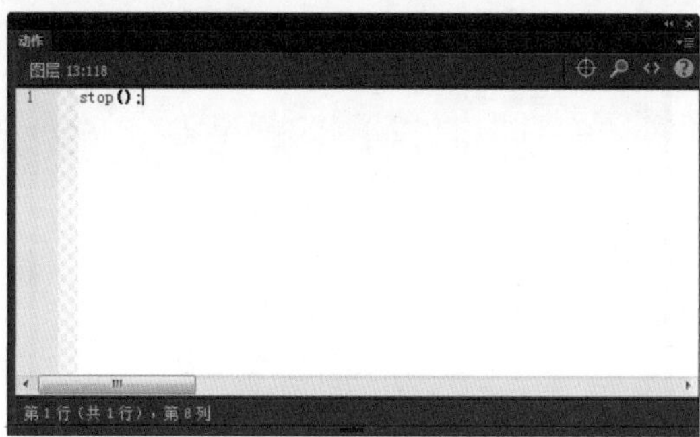
图 13-11 隐藏脚本导航器

13.2.3 脚本编辑窗口

在 FLA 文件中编辑 ActionScript 脚本时，脚本编辑窗口位于“动作”面板的右下角空白处，如图 13-12 所示。

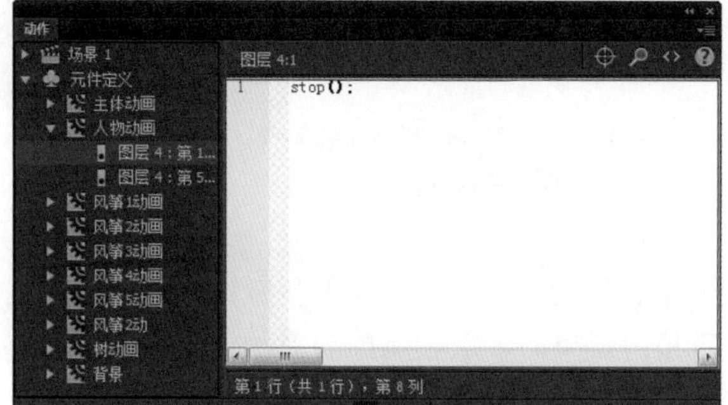
图 13-12 脚本编辑窗口

此外也可以在 Flash CC 中创建导入应用程序的外部脚本文件，例如 ActionScript、Flash Communication 或 Flash JavaScript 文件，如图 13-13 所示。

图 13-13 脚本编辑窗口

如果是直接在 FLA 文件中添加 ActionScript 脚本代码，只需要打开“动作”面板，在脚本编辑窗口中直接输入 ActionScript 脚本代码即可。

如果需要创建外部 ActionScript 文件，可以执行“文件 > 新建”命令，弹出“新建文档”对话框，在“类型”列表中选择需要创建的外部脚本文件的类型（ActionScript 3.0 类、ActionScript 3.0 接口、ActionScript 文件、FlashJavaScript 文件），如图 13-14 所示。单击“确定”按钮，即可在打开的脚本编辑窗口中直接输入 ActionScript 脚本代码。

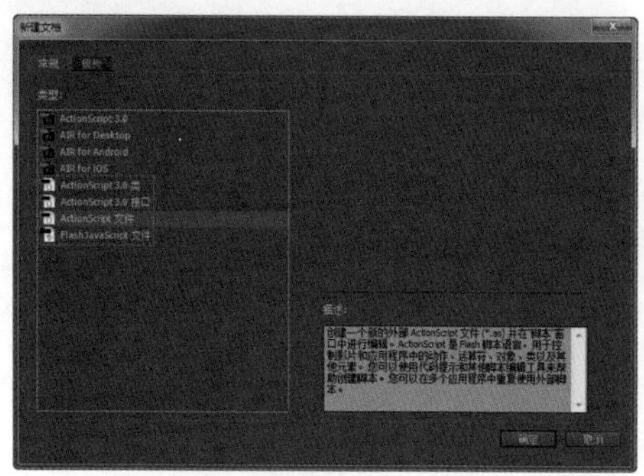
图 13-14 “新建文档”对话框

13.3 编辑 ActionScript

在 Flash CC 中，可以将 ActionScript 脚本代码编写在 FLA 文件中，也可以编写在外部的 ActionScript 脚本文件中，通过调整的方式，调用外部的 ActionScript 脚本文件。本节将向读者介绍如何在 Flash CC 中编辑 ActionScript 脚本代码。

13.3.1 添加 ActionScript 脚本代码

要想在 Flash 文件中通过 ActionScript 脚本代码实现一些特殊的交互效果，首先需要清楚如何为 Flash 文件添加 ActionScript 脚本，下面向读者介绍两种添加 ActionScript 脚本代码的方法。

1. 添加在 FLA 文件中

执行“文件 > 新建”命令，弹出“新建文档”对话框，在“类型”列表中选择 ActionScript 3.0 选项，如图 13-15 所示。单击“确定”按钮，即可创建一个基于 ActionScript 3.0 脚本的 Flash 文档。

选择刚创建的文档的“图层 1”的第 1 帧关键帧，如图 13-16 所示。执行“窗口 > 动作”命令，打开“动作”面板，即可在该面板中编写相应的 ActionScript 脚本代码。

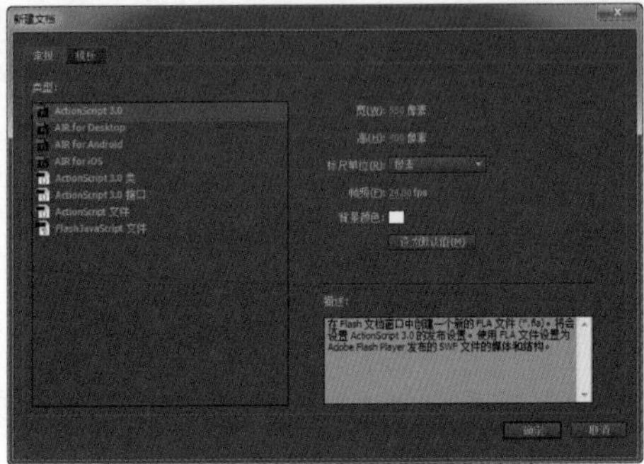

图 13-15 “新建文档”对话框

图 13-16 选择关键帧

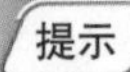

提示

如果用户创建的是基于 ActionScript 3.0 的 Flash 文档，则只能够将 ActionScript 脚本代码添加到关键帧上，不可以在元件或其他对象上添加 ActionScript 脚本代码。

2. 添加到外部 AS 脚本文件中

执行“文件 > 新建”命令，弹出“新建文档”对话框，在“类型”列表中选择“ActionScript 文件”选项，如图 13-17 所示。单击“确定”按钮，即可创建一个外部的 ActionScript 脚本文件。在打开的脚本编辑窗口中即可编写 ActionScript 脚本代码，如图 13-18 所示。

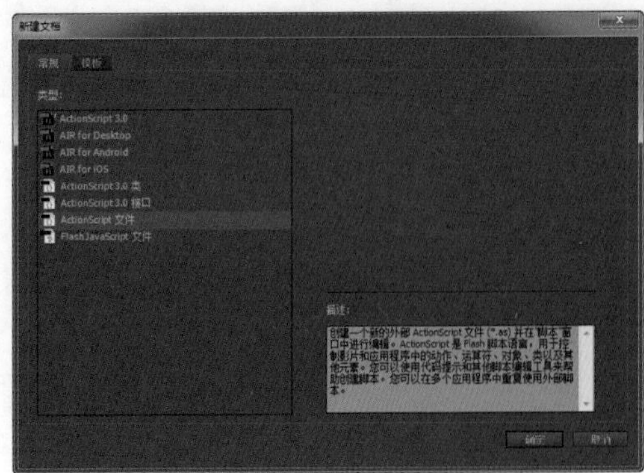

图 13-17 “新建文档”对话框

```
package {
    import flash.display.MovieClip;
    import flash.text.TextField;
    import flash.text.TextFormat;
    public class TextShow extends MovieClip {
        private var text:TextField;
        public function TextShow():void {
            text = new TextField();
            text.multiline = true;
            text.wordWrap = true;
            text.width = stage.stageWidth;
            text.height = stage.stageHeight;
            text.x = 80;
            text.y = 350;
            text.text = "Merry Christmas!";
            var format:TextFormat = new TextFormat();
            format.font = "Arial";
            format.size = 40;
            format.color = 0xFFFFFF;
            text.setTextFormat(format);
            addChild(text);
        }
    }
}
```

图 13-18 编写 ActionScript 脚本文件

提示

编辑 AS 文件的脚本窗口与“动作”面板并不是完全相同，并且 ActionScript 文件是纯文本格式的文件，可以使用任何的文本编辑器进行编辑。

13.3.2 使用脚本辅助

默认情况下，在 Flash CC 的“动作”面板中输入 ActionScript 脚本代码时，可以获得 Flash 对全局函数、语句和内置类的方法和属性的提示。这时当用户输入一个关键字时，Flash 会自动识别该关键字并自动弹出适用的属性或方法列表供用户选择。

例如，在“动作”面板中输入“trace(”的时候，Flash 会给出如图 13-19 所示的参数提示。当需要为变量声明数据类型时，输入“:”，Flash 会给出如图 13-20 所示的参数提示。

```
trace(
    trace(...parameters) : void
```

图 13-19 显示代码提示

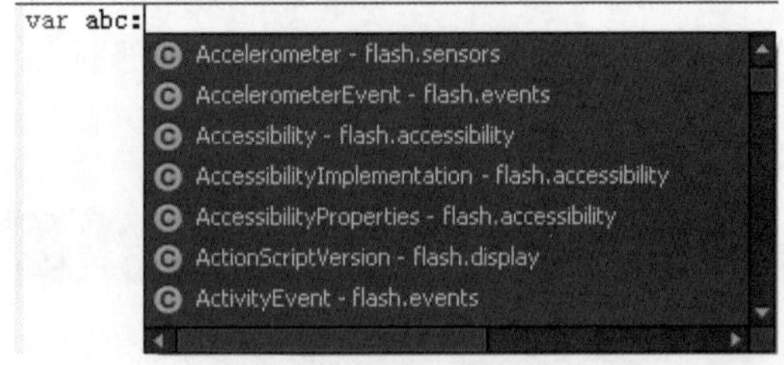

图 13-20 显示代码提示

13.4 ActionScript 3.0 高级设置

在 Flash CC 中，可以通过两种方式对 ActionScript 3.0 进行设置，第一种方式称为应用程序级别，另一种方式称为文档级。本节将向读者详细介绍如何对 ActionScript 3.0 进行设置。

13.4.1 应用程序级别

执行“编辑 > 首选参数”命令，弹出“首选参数”对话框，在左侧列表中选择“代码编辑器”选项，如图 13-21 所示。单击“ActionScript 3.0 设置”按钮，弹出“ActionScript 3.0 高级设置”对话框，如图 13-22 所示。

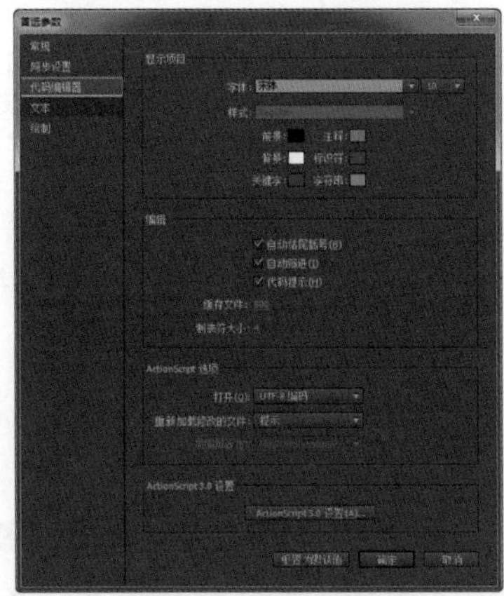

图 13-21 “首选参数”对话框

图 13-22 “ActionScript 3.0 高级设置”对话框

- Flex SDK 路径：Flex 是 Adobe 公司开发的可以输出成基于 Flash Player 来运行的因特网应用程序。借助 Flex 开发人员可以创建含丰富数据演示、强大客户端逻辑和集成多媒体的复杂应用程序。SDK 是 Software Development Kit 的缩写，意思是“软件开发工具包”。Flex SDK 包含了辅助 Flex 开发的相关文档、范例和工具。该选项用于指向包含 Flex SDK 的文件夹。

- 源路径：当自定义外部文件作为类，Flash 需要找到包含类或接口定义的外部 ActionScript 文件。该 ActionScript 文件所在的文件目录就称为源路径，该源路径目录中创建的子目录就是包，使用包可以对类进行分类整理。

  单击“浏览路径”按钮，浏览到需要添加的文件夹，单击“确定”按钮。单击“添加新路径”按钮，输入相对路径或绝对路径，单击“确定”按钮。如果需要从源路径中删除文件路径，只需要选中该路径，单击“从路径删除”按钮即可。

- 库路径：库路径指向的是 SWC 文件或包含 SWC 文件的文件夹。SWC 文件是 Flash 的组件文件。

  单击“浏览路径”按钮，找到需要添加的文件夹，单击“确定”按钮。单击“浏览 SWC 文件”按钮，找到需要添加的SWC文件，单击“确定”按钮。单击“添加新路径”按钮，输入相对路径或绝对路径，单击“确定”按钮。如果需要从库路径中删除文件路径，只需要选中该路径，单击“从路径删除”按钮即可。

- 外部库路径：外部库路径通常被用来运行共享库。制作 Flash 项目的时候常常会重复使用一些素材，例如图片、声音、影片剪辑、字体等，这时就需要用到共享库。通过使用外部库路径，可以指定库在编译时的 SWC 文件或者目录的位置。编译器会在编译时根据这个选项进行链接的检查。

  单击“浏览路径”按钮，找到需要添加的文件夹，单击“确定”按钮。单击“浏览 SWC 文件”按钮，找到需要添加的 SWC 文件，单击“确定”按钮。单击“添加新路径”按钮，输入相对路径或绝对路径，单击“确定”按钮。如果需要从外部库路径中删除文件路径，只需要选中该路径，单击“从路径删除”按钮即可。

13.4.2 文档级

使用文档级的设置方法，仅适用于当前的FLA文件。执行“文件 > 发布设置”命令，弹出“发布设置”对话框，如图 13-23 所示。单击“脚本”选项后的“ActionScript 脚本设置”按钮，弹出“高级 ActionScript 3.0 设置”对话框，如图 13-24 所示。

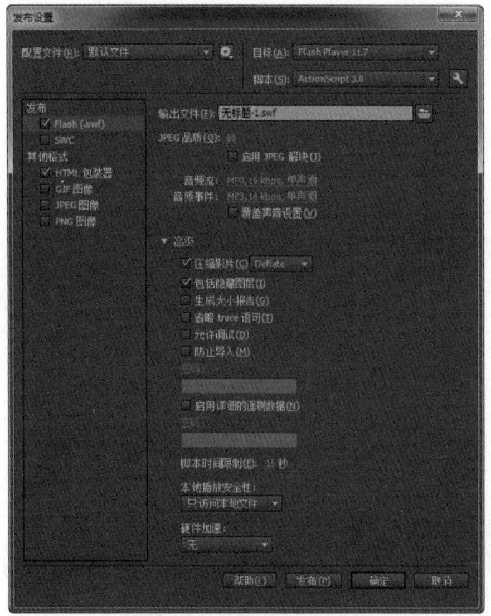

图 13-23 “发布设置”对话框

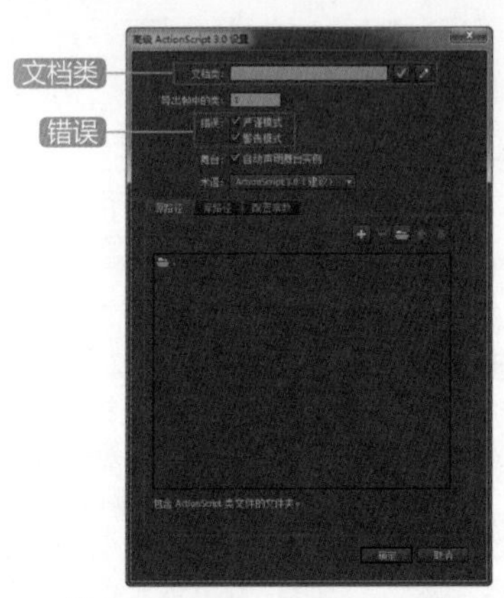

图 13-24 “高级 ActionScript 3.0 设置”对话框

文档类：文档类继承自 Sprite 或 MovieClip 类，是 SWF 文件的主类。Flash 在读取 SWF 文件的时候，文档类的构造函数会被自动调用，它是用户程序的入口，任何想要做的事都可以从这里展开。

在 Flash CC 中，可以直接在时间轴的关键帧上写代码，也可以创建导入到应用程序的外部脚本文件，如果选择后者，就一定要指定文档类。有两种方法可以指定文档类。

第一种，在“高级 ActionScript 3.0 设置”对话框的“文档类”文本框中直接添加，输入该类的 AS 文件的文件名。注意，不要包含 .as 文件扩展名。

第二种，单击舞台的空白区域，在“属性”面板上的“类”文本框中输入该类的 AS 文件名，同样不要包含 .as 文件扩展名。

错误：在 Flash CC 中的错误设置分为两种情况，分别是“严谨模式”和“警告模式”。

严谨模式：该模式将编译器警告报告为错误，意味着如果存在这些类型的错误，编译将会失败。

警告模式：该模式将报告多余警告，这些警告对将 ActionScript 2.0 代码更新到 ActionScript 3.0 时发现不兼容现象非常有用。

13.5 使用“代码片断”面板

使用“代码片断”面板不需要 ActionScript 3.0 的知识，就可以轻松地将 ActionScript 3.0 代码添加到 FLA 文件，以启用常用功能。这对于 ActionScript 新手，或者希望无需学习 ActionScript 语言，就能够添加简单的交互功能的设计者来说，是非常实用的一个功能。

13.5.1 了解“代码片断”面板

执行“窗口 > 代码片断”命令，可以打开“代码片断”面板，在该面板中 Flash CC 预置了多种不同类型的 ActionScript 脚本代码，如图 13-25 所示。

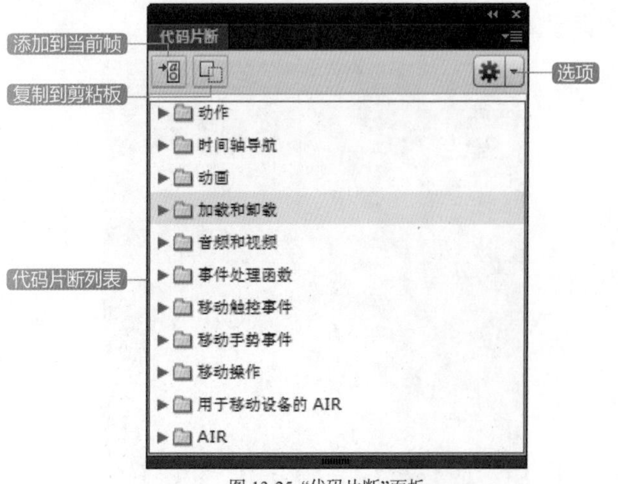

图 13-25 “代码片断”面板

代码片断列表：该部分按功能分类提供了相应的代码片断，单击分类名称前的三角形按钮，可以展开该分类，可以看到该分类中的代码片断，如图 13-26 所示。

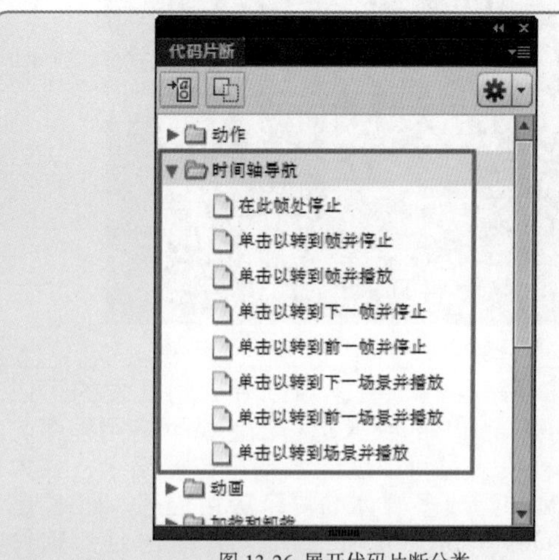

图 13-26 展开代码片断分类

“添加到当前帧”按钮：在代码片断列表中选中需要添加的代码片断，单击该按钮可以将相应的 ActionScript 脚本添加到当前所选中的关键帧中。当应用代码片断时，如果在添加代码片断时并没有选中关键帧，则 Flash 会自动在“时间轴”面板中所有图层上方创建 Actions 图层，将所添加的代码片断脚本添加到 Actions 图层当前位置的关键帧中，如图 13-27 所示。所添加的代码片断相应的 ActionScript 脚本代码会自动添加到“动作”面板中，如图 13-28 所示。

图 13-27 自动添加 Actions 图层

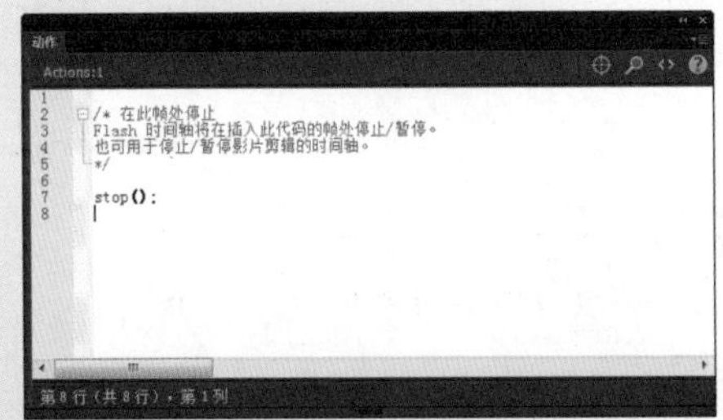

图 13-28 自动添加相应的 ActionScript 代码

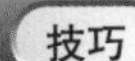
技巧

除了可以在“代码片断”面板中选中需要添加的代码片断，单击“添加到当前帧”按钮，添加代码片断外，还可以在需要添加的代码片断名称上双击，同样可以在当前帧添加该代码片断。

- “复制到剪贴板”按钮：单击该按钮，可以将选中的代码片断复制到剪贴板中，再粘贴到“动作”面板中，以此来组合代码片断，实现更复杂的控制。
- “选项”按钮：单击该按钮，可以弹出选项菜单，如图 13–29 所示。对于有编程基础的用户，可以通过选项菜单中的命令将创建的自定义代码片断添加到代码片断列表中，以便重复使用。

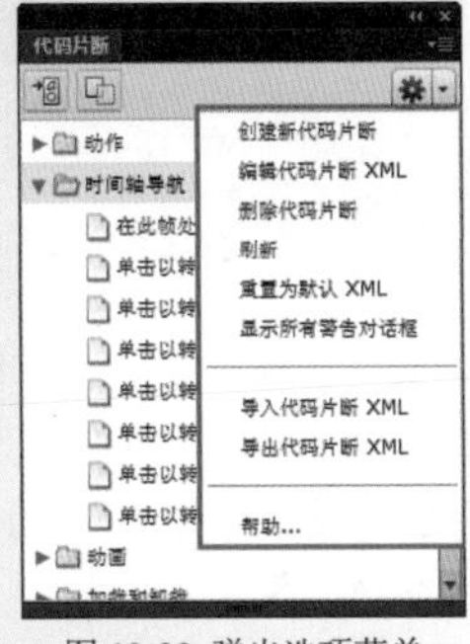

图 13-29 弹出选项菜单

提示

其实使用 Flash 附带的代码片段也是 ActionScript 3.0 入门的一种好途径。通过学习代码片断中的 ActionScript 代码，并遵循片段说明，有助于了解 ActionScript 3.0 代码结构和词汇。

13.5.2 使用代码片断加载外部文件

了解了“代码片断”面板，以及添加代码片断的方法，接下来通过一个小练习，讲解如何通过“代码片断”面板添加 ActionScript 代码，并实现加载外部 SWF 文件。

动手实践——调用外部动画

源文件：光盘 \ 源文件 \ 第 13 章 \13-5-2.fla

视频：光盘 \ 视频 \ 第 13 章 \13-5-2.swf

01 执行“文件 > 新建”命令，弹出“新建文档”对话框，设置如图 13–30 所示。单击“确定”按钮，新建 Flash 文档。导入素材图像“光盘 \ 源文件 \ 第 13 章 \ 素材 \13601.jpg”，如图 13–31 所示。

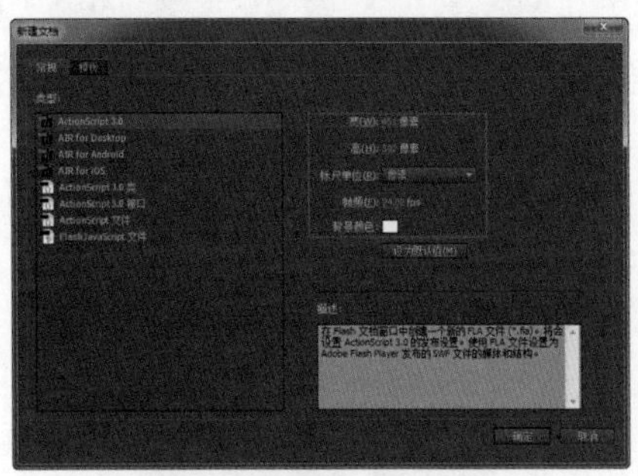
图 13-30 “新建文档”对话框

图 13-31 导入素材

02 新建“图层 2”，导入素材图像“光盘 \ 源文件 \ 第 13 章 \ 素材 \13602.png”，如图 13–32 所示。打开“代码片断”面板，展开“加载和卸载”选项，如图 13–33 所示。

图 13-32 导入图像

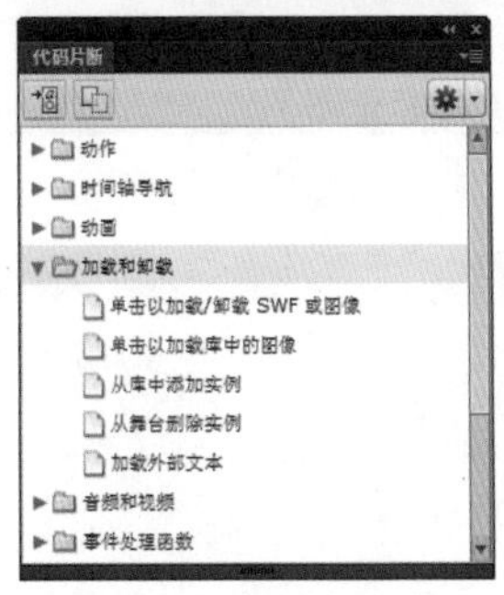

图 13-33 “代码片断”面板

03 选中刚导入的素材图像，双击“代码片断”面板中的“单击以加载 / 卸载 SWF 或图像”选项，为当前所选择的对象应用该代码片断，此时会弹出提示对话框，如图 13-34 所示。

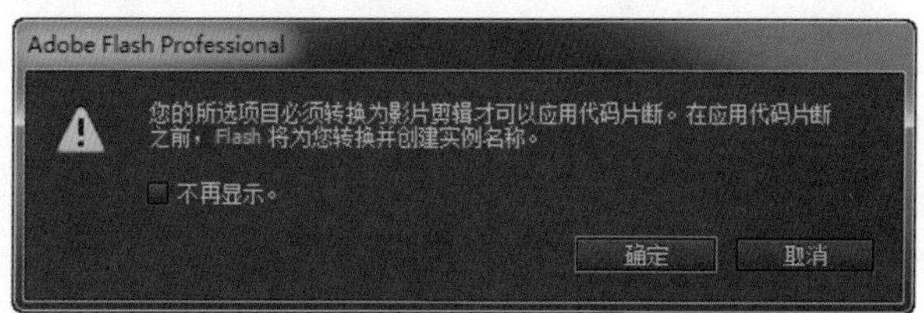

图 13-34 提示对话框

提示

因为此处所选择的对象不是影片剪辑元件，因此在应用该代码片段时，Flash 会自动要求将该对象转换为影片剪辑元件并创建实例名称。

04 单击“确定”按钮，Flash 自动将该对象转换为影片剪辑元件，并为其设置一个实例名称，“属性”面板如图 13-35 所示。同时在“时间轴”面板中会新增一个名为 Actions 的图层，在“动作”面板中会自动添加所选择的代码片断，如图 13-36 所示。

图 13-35 “属性”面板

图 13-36 自动添加的代码片断

提示

在应用代码片断时，此代码将添加到“时间轴”面板中的 Actions 图层的当前帧。如果用户自己尚未创建 Actions 图层，Flash 将在“时间轴”面板中的所有其他图层之上添加一个 Actions 图层。

05 在“动作”面板中的 ActionScript 代码中，根据提示找到需要修改的地方，将需要加载的内容进行替换，如图 13-37 所示。完成代码的修改，“时间轴”面板如图 13-38 所示。

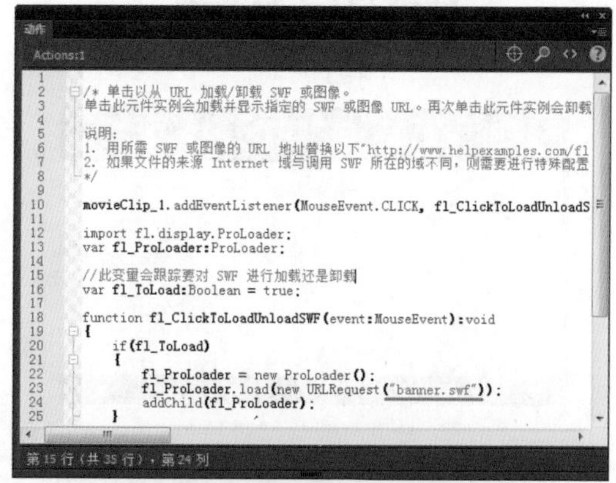

图 13-37 替换需要加载的内容

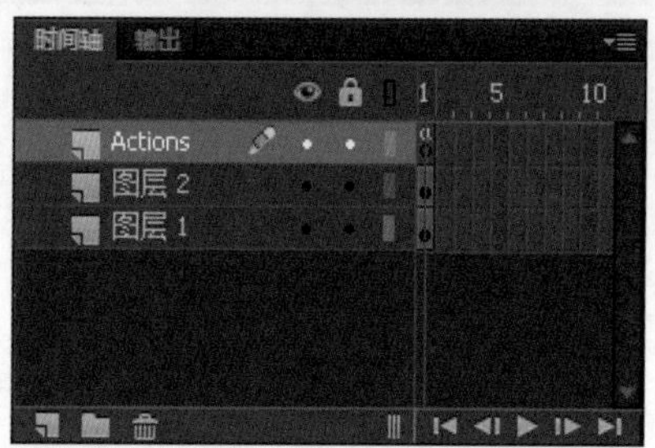

图 13-38 “时间轴”面板

提示

在修改加载文件时需要注意，加载的文件路径可以是绝对路径的文件，也可以是相对路径的文件，此处所加载的文件与该 SWF 文件位于同一文件夹中，所以直接填充需要加载的文件名称即可。如果文件的来源与调用 SWF 所在的域不同，则需要进行特殊配置才可以加载这些文件。

06 执行“文件 > 保存”命令，将其保存为“光盘 \ 源文件 \ 第 13 章 \13-5-2.fla”，按快捷键 Ctrl+Enter 测试动画，如图 13-39 所示。单击“播放动画”按钮，将会在原 SWF 动画窗口中加载所设置的 SWF 文件，如图 13-40 所示。

图 13-39 测试动画

图 13-40 加载外部的 SWF 文件

13.5.3 使用代码片断控制时间轴

在很多的 Flash 动画中常常可以看到通过单击相应的按钮来控制影片播放、停止的功能，这样的功能通过代码片断就能够轻松地实现。接下来通过一个实例的制作来学习如何通过代码片断控制时间轴。

动手实践——控制动画的播放

源文件：光盘 \ 源文件 \ 第 13 章 \13-5-3.fla

视频：光盘 \ 视频 \ 第 13 章 \13-5-3.swf

01 执行“文件 > 打开”命令，打开素材文件“光盘 \ 源文件 \ 第 13 章 \ 素材 \1353.fla”，效果如图 13-41 所示。“时间轴”面板如图 13-42 所示。

图 13-41 场景效果

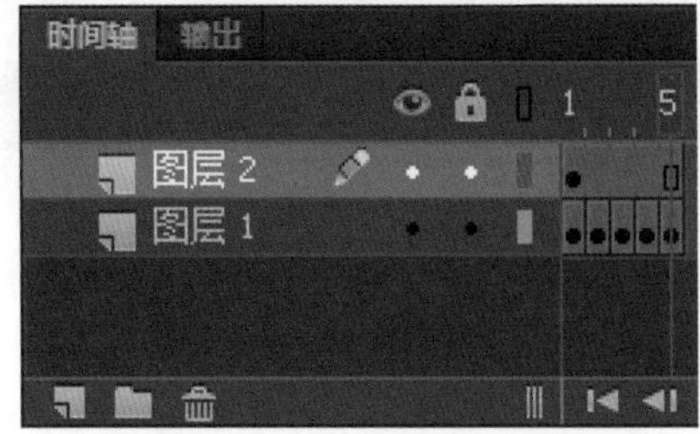

图 13-42 “时间轴”面板

02 在“时间轴”面板中将播放头移至第 1 帧位置，打开“代码片断”面板，展开“时间轴导航”选项，选择“在此帧停止”选项，单击“添加到当前帧”按钮，如图 13-43 所示。在打开的“动作”面板中可以看到所添加的 ActionScript 脚本代码，如图 13-44 所示。

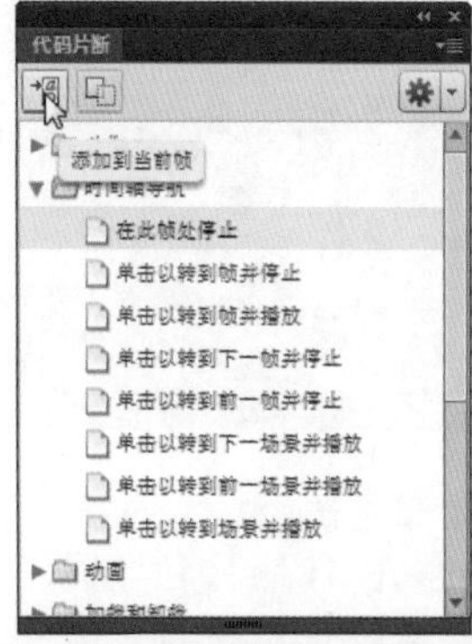

图 13-43 “代码片断”面板

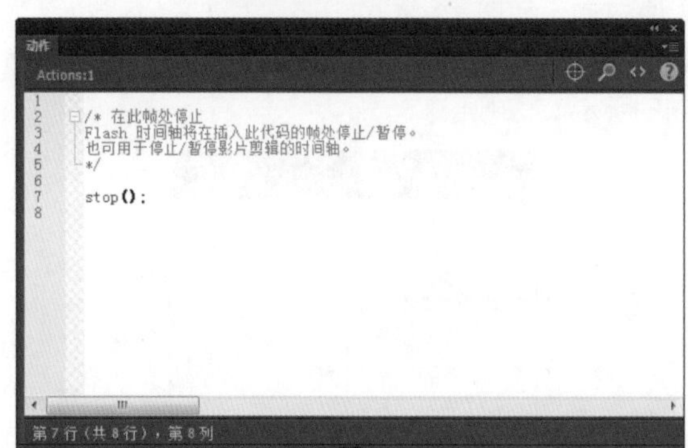

图 13-44 自动添加相应的 ActionScript 脚本代码

提示

默认情况下，Flash 动画会自动播放时间轴，此处在第 1 帧位置添加停止的 ActionScript 脚本，使动画默认情况下不会自动播放，需要通过单击动画中相应的按钮跳转到相应的关键帧。接下来为各按钮元件设置“实例名称”，并添加 ActionScript 脚本进行控制。

03 在舞台中单击选中右方向箭头元件，如图 13-45 所示。在“属性”面板中设置“实例名称”为 bt_next，如图 13-46 所示。使用相同的方法，为右方向双箭头元件设置“实例名称”为 bt_end，为左方向箭头元件设置“实例名称”为 bt_prev，为左方向双箭头元件设置“实例名称”为 bt_first。

图 13-45 选中元件

图 13-46 设置“实例名称”

04 在舞台中单击选中右方向箭头元件，打开“代码片断”面板，展开“时间轴导航”选项，选择“单击以转到下一帧并停止”选项，单击“添加到当前帧”按钮，如图 13-47 所示。在打开的“动作”面板中可以看到所添加的 ActionScript 脚本代码，如图 13-48 所示。

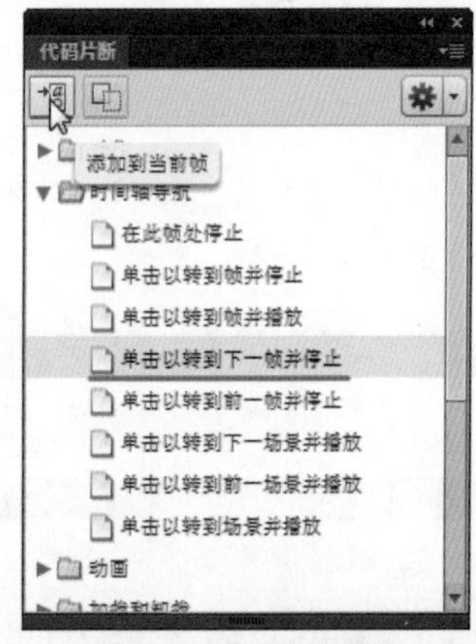

图 13-47 “代码片断”面板

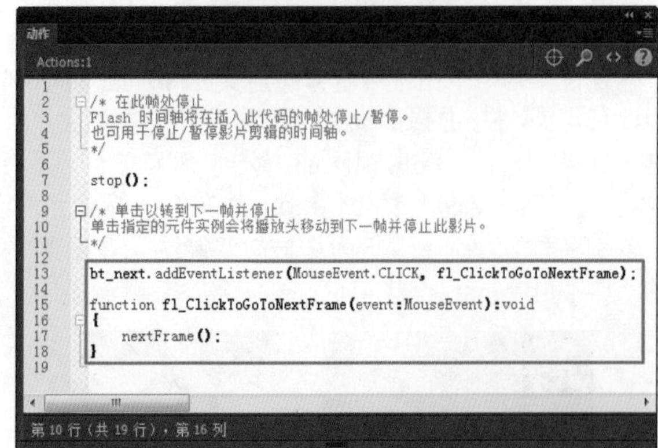

图 13-48 自动添加相应的 ActionScript 脚本代码

05 在舞台中单击选中左方向箭头元件，打开“代码片断”面板，展开“时间轴导航”选项，选择“单击以转到前一帧并停止”选项，单击“添加到当前帧”按钮，如图 13-49 所示。在打开的“动作”面板中可以看到所添加的 ActionScript 脚本代码，如图 13-50 所示。

图 13-49 “代码片断”面板

图 13-50 自动添加相应的 ActionScript 脚本代码

06 在舞台中单击选中左方向双箭头元件，打开“代码片断”面板，展开“时间轴导航”选项，选择“单击以转到帧并停止”选项，单击“添加到当前帧”按钮，如图 13-51 所示。在打开的“动作”面板中可以看到所添加的 ActionScript 脚本代码，修改 gotoAndStop() 函数中的参数为 1，控制其转到第 1 帧并停止，如图 13-52 所示。

图 13-51 “代码片断”面板

图 13-52 自动添加相应的 ActionScript 脚本代码

07 在舞台中单击选中右方向双箭头元件，打开“代码片断”面板，展开“时间轴导航”选项，选择“单击以转到帧并停止”选项，单击“添加到当前帧”按钮，如图 13–53 所示。在打开的“动作”面板中可以看到所添加的 ActionScript 脚本代码，修改 gotoAndStop() 函数中的参数为 5，控制其转到第 5 帧并停止，如图 13–54 所示。

图 13-53 “代码片断”面板

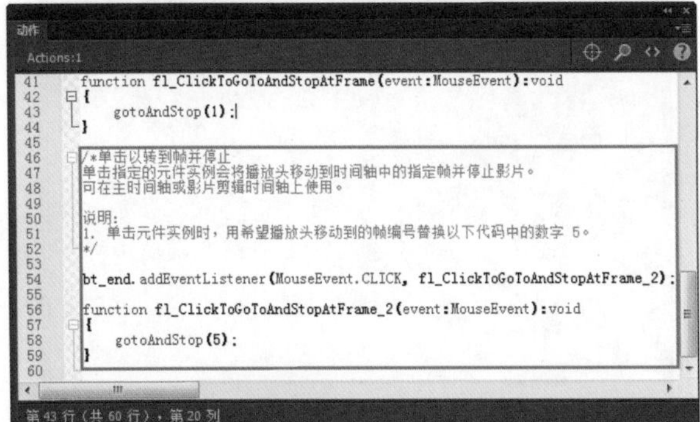

图 13-54 自动添加相应的 ActionScript 脚本代码

08 完成该动画的制作，执行“文件 > 另存为”命令，将该动画另存为“光盘 \ 源文件 \ 第 13 章 \13–5–3.fla”，按快捷键 Ctrl+Enter，测试动画效果，可以通过单击按钮来控制动画的播放，如图 13–55 所示。

图 13-55 测试动画效果

13.5.4 单击以转到 Web 页

“单击以转到 Web 页”是 Flash 动画中添加超链接的代码片断，通常用于按钮链接到网址或单击按钮发送邮件。接下来通过一个案例介绍如何使用“单击以转到 Web 页”代码片断为 Flash 动画添加超链接。

动手实践——为按钮添加超链接

源文件：光盘 \ 源文件 \ 第 13 章 \13-5-4.fla

视频：光盘 \ 视频 \ 第 13 章 \13-5-4.swf

01 执行“文件 > 打开”命令，打开素材文件“光盘 \ 源文件 \ 第 13 章 \ 素材 \1354.fla”，效果如图 13–56 所示。单击选中舞台中需要设置超链接的元件，如图 13–57 所示。

图 13-56 打开文件

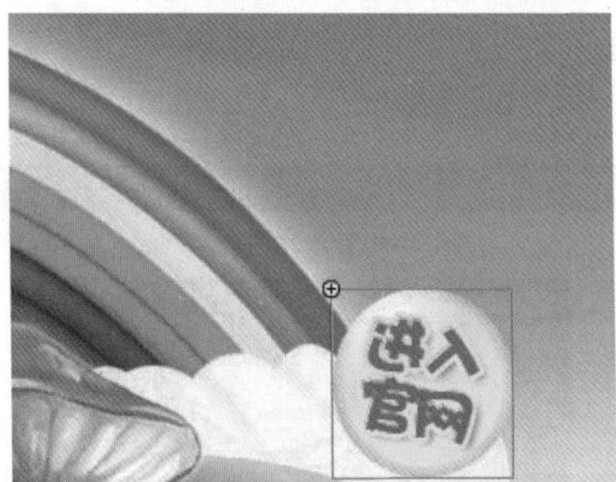

图 13-57 选中元件

02 在“属性”面板中为该元件设置“实例名称”为 btn。打开“代码片断”面板，展开“动作”选项，选择“单击以转到 Web 页”选项，单击“添加到当前帧”按钮，如图 13-58 所示。在打开的“动作”面板中可以看到所添加的 ActionScript 脚本代码，如图 13-59 所示。

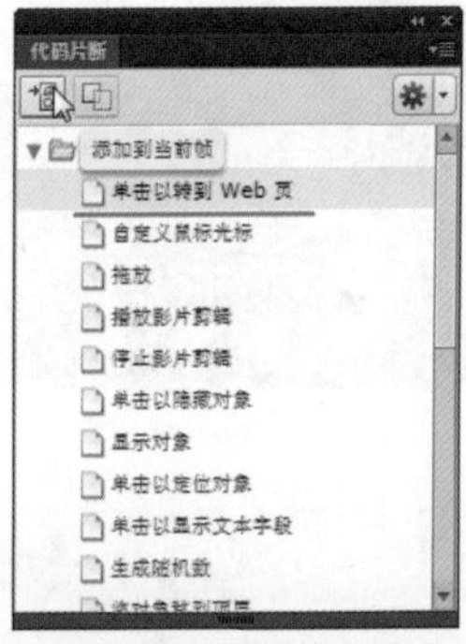

图 13-58 “代码片断”面板

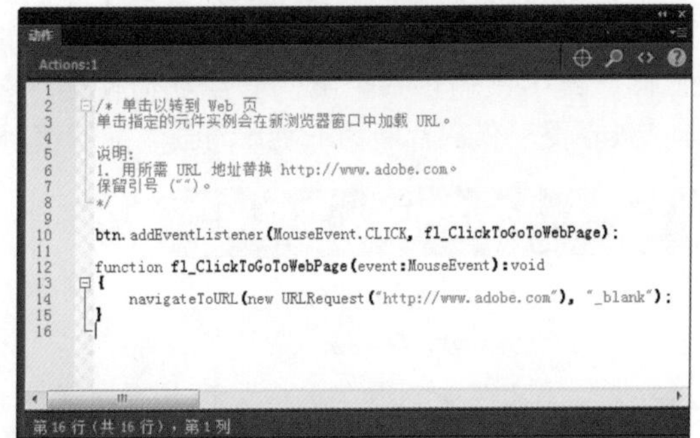

图 13-59 自动添加相应的 ActionScript 脚本代码

03 在所添加的 ActionScript 代码的 URLRequest() 函数中可以将默认的链接地址修改为用户需要的链接地址，如图 13-60 所示。完成链接地址的修改，可以在“时间轴”面板中看到自动添加的 Actions 图层，如图 13-61 所示。

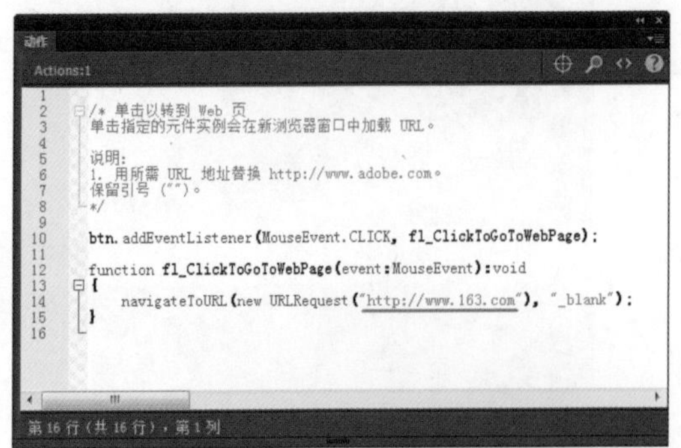

图 13-60 修改超链接地址

图 13-61 “时间轴”面板

04 完成 Flash 动画中添加超链接的操作，执行“文件 > 另存为”命令，将该动画另存为“光盘 \ 源文件 \ 第 13 章 \13-5-4.fla”，按快捷键 Ctrl+Enter，测试动画效果，可以通过单击设置了超链接的元件打开链接页面，如图 13-62 所示。

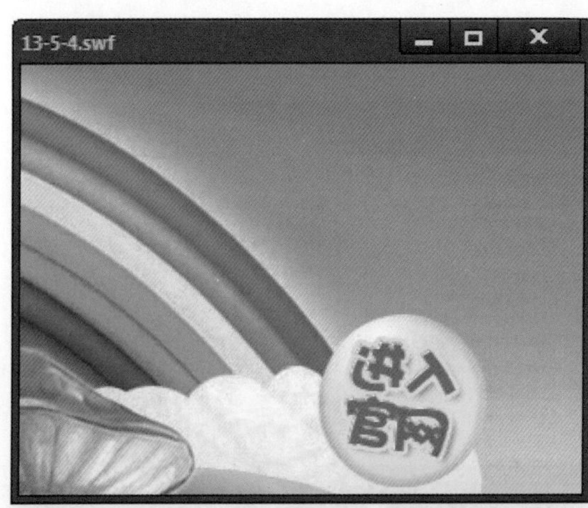

图 13-62 测试动画效果

13.5.5 控制影片剪辑

交互性是 Flash 动画的魅力所在，通过为元件添加相应的代码片断可以实现对 Flash 动画中的影片剪辑进行控制，从而实现控制影片剪辑的播放、停止等。接下来通过一个案例向读者介绍如何通过代码片断控制影片剪辑元件的播放与停止。

动手实践——控制影片剪辑的播放与停止

源文件：光盘 \ 源文件 \ 第 13 章 \13-5-5.fla

视频：光盘 \ 视频 \ 第 13 章 \13-5-5.swf

01 执行“文件 > 打开”命令，打开素材文件“光盘 \ 源文件 \ 第 13 章 \ 素材 \1355.fla”，场景效果如图 13-63 所示。双击舞台中需要控制的影片剪辑元件，进入该影片剪辑的编辑状态，如图 13-64 所示。

图 13-63 打开文件

图 13-64 进入影片剪辑元件编辑状态

02 将播放头移至第 1 帧位置，打开“代码片断”面板，展开“时间轴导航”选项，选择“在此帧停止”选项，单击“添加到当前帧”按钮，如图 13-65 所示。在打开的“动作”面板中可以看到所添加的 ActionScript 脚本代码，如图 13-66 所示。控制该影片剪辑元件默认情况下不会自动播放。

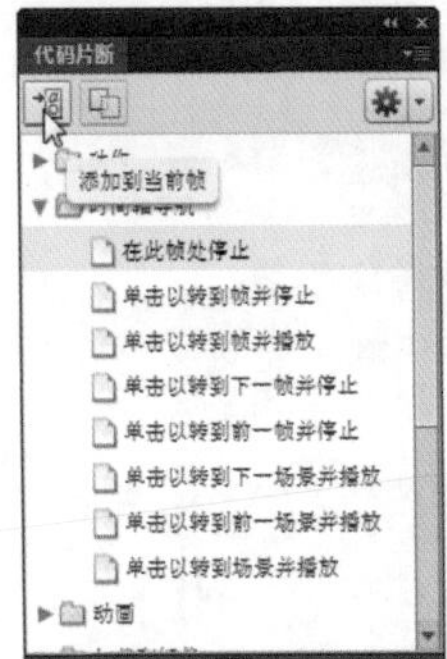

图 13-65 “代码片断”面板

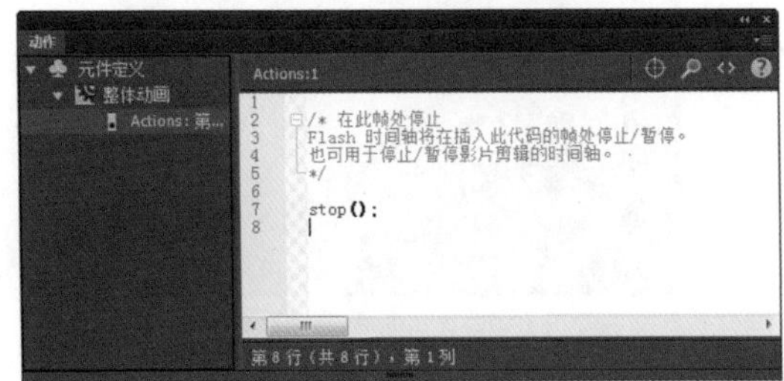

图 13-66 自动添加相应的 ActionScript 脚本代码

03 返回“场景 1”编辑状态，选中舞台中需要控制的影片剪辑元件，在“属性”面板中设置其“实例名称”为 main_MC，如图 13-67 所示。选中舞台中的“播放按钮”元件，在“属性”面板中设置“实例名称”为 btn_play，如图 13-68 所示。

图 13-67 设置“实例名称”

图 13-68 设置“实例名称”

04 选中舞台中的“暂停按钮”元件，在“属性”面板中设置“实例名称”为 btn_pause，如图 13-69 所示。选中舞台中的“播放按钮”元件，打开“代码片断”面板，展开“事件处理函数”选项，选择“Mouse Click 事件”选项，单击“添加到当前帧”按钮，如图 13-70 所示。

图 13-69 设置“实例名称”

图 13-70 “代码片断”面板

05 在打开的“动作”面板中可以看到所添加的 ActionScript 脚本代码，如图 13-71 所示。此处需要用户手动在事件处理函数中编写相应的 ActionScript 脚本代码，如图 13-72 所示。

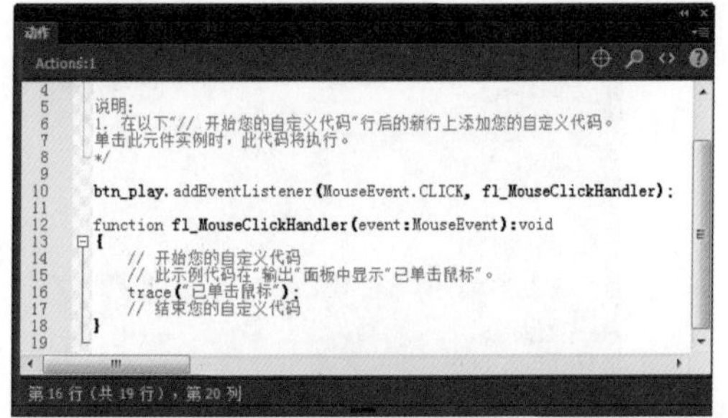
图 13-71 自动添加相应的 ActionScript 脚本代码

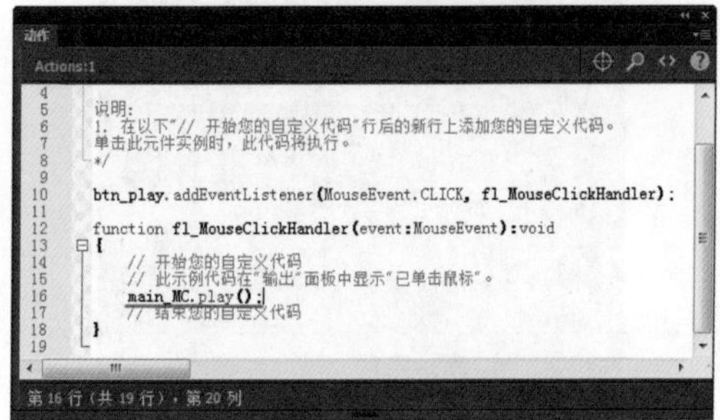
图 13-72 修改 ActionScript 脚本代码

06 选中舞台中的“暂停按钮”元件，打开“代码片断”面板，展开“事件处理函数”选项，选择“Mouse Click 事件”选项，单击“添加到当前帧”按钮，如图 13-73 所示。在打开的“动作”面板中可以看到所添加的 ActionScript 脚本代码，如图 13-74 所示。

图 13-73 “代码片断”面板

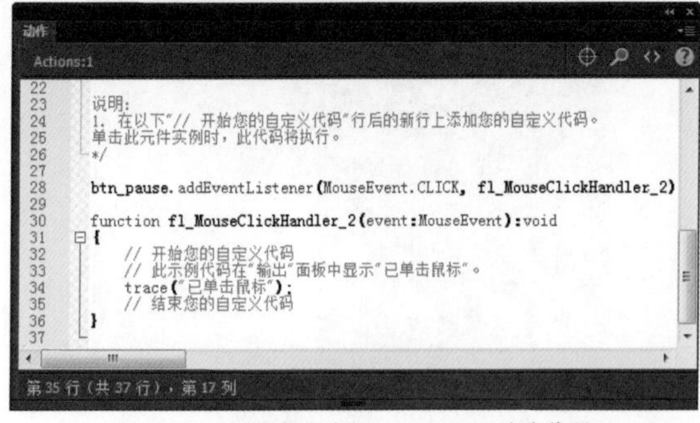
图 13-74 自动添加相应的 ActionScript 脚本代码

07 在添加的 ActionScript 脚本代码中修改代码，使影片剪辑元件停止播放，如图 13-75 所示。完成影片剪辑元件控制代码的添加，在“时间轴”面板中可以看到自动添加的 Actions 图层，如图 13-76 所示。

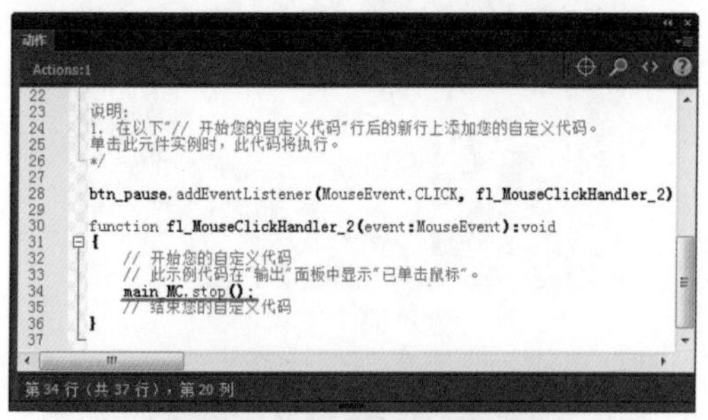
图 13-75 修改 ActionScript 脚本代码

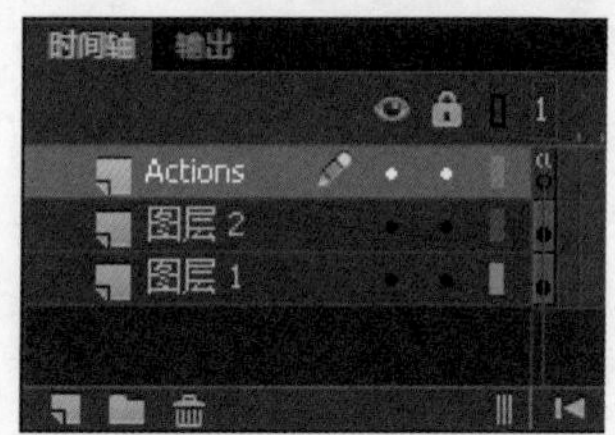

图 13-76 “时间轴”面板

08 执行“文件 > 另存为”命令，将该动画另存为“光盘\源文件\第 13 章\13-5-5.fla”，按快捷键 Ctrl+Enter，测试动画效果，可以通过单击按钮控制动画中影片剪辑的播放和停止，如图 13-77 所示。

图 13-77 测试 Flash 动画效果

提示

代码片断的用法大同小异，只要认真阅读代码提示和注释说明，很容易上手，可以大大提高开发效率，也是初学者学习 ActionScript 的良好途径。

13.6 移动设备触控及调试

Flash 不仅可以制作动画，更是开发移动应用程序和桌面应用程序的专业开发软件，可以使用 Flash 开发适合在手机上应用的 FlashLite 应用程序、在 Android 和 iOS 系统上运行的移动设备应用程序，以及在操作系统上运行的 AIR 桌面应用程序。

Flash CC 提供了移动应用程序和桌面应用程序的代码片断，比如“移动触控事件”、“移动手势事件”、“移动操作”、“用于移动设备的 AIR”和 AIR 5 类代码片断，如图 13–78 所示。用户可以通过这些代码片断开发简单的移动应用内容和桌面应用内容。接下来通过制作滑动屏幕切换内容的实例来介绍如何使用代码片断开发移动设备内容。

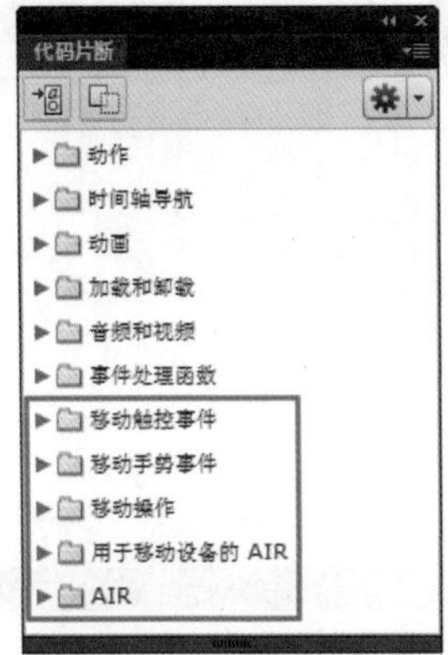

图 13-78 “代码片断”面板

动手实践——制作滑屏切换动画

源文件：光盘 \ 源文件 \ 第 13 章 \13-6.fla

视频：光盘 \ 视频 \ 第 13 章 \13-6.swf

01 执行“文件 > 新建”命令，弹出“新建文档”对话框，选择 AIR for iOS 选项，对相关选项进行设置，如图 13–79 所示。单击“确定”按钮，新建文档。执行“文件 > 导入 > 导入到舞台”命令，弹出“导入”对话框，选择需要同时导入到舞台中的 3 张素材图像，如图 13–80 所示。

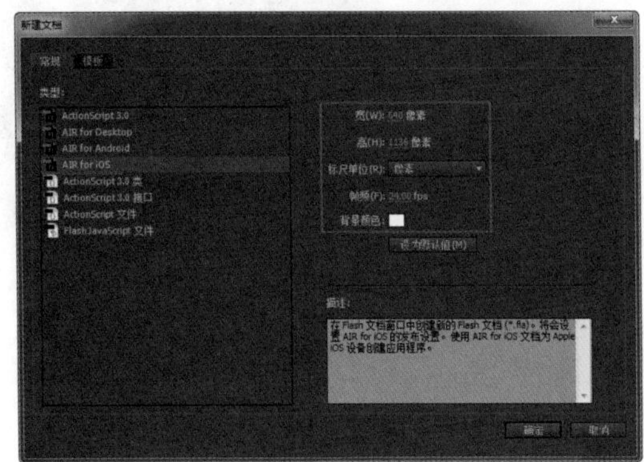

图 13-79 “新建文档”对话框

图 13-80 选择需要同时导入的 3 张图像

提示

此处在“新建文档”对话框中选择 AIR for iOS 选项，来创建基于 iPhone 手机的应用程序。选择 AIR for iOS 选项后，默认的文档尺寸是宽 640 像素，高 960 像素，这是 iPhone 4 手机的屏幕分辨率。iPhone 5 手机的屏幕分辨率尺寸是宽 640 像素，高 1136 像素，在这里我们将文档尺寸大小设置为 iPhone 5 手机的屏幕分辨率尺寸。

02 单击“打开”按钮，即可同时将选中的 3 张图像导入到舞台中，如图 13–81 所示。同时选中舞台中的 3 张素材图像，单击鼠标右键，在弹出的菜单中选择“分布到关键帧”命令，如图 13–82 所示。

图 13-81 导入 3 张素材图像

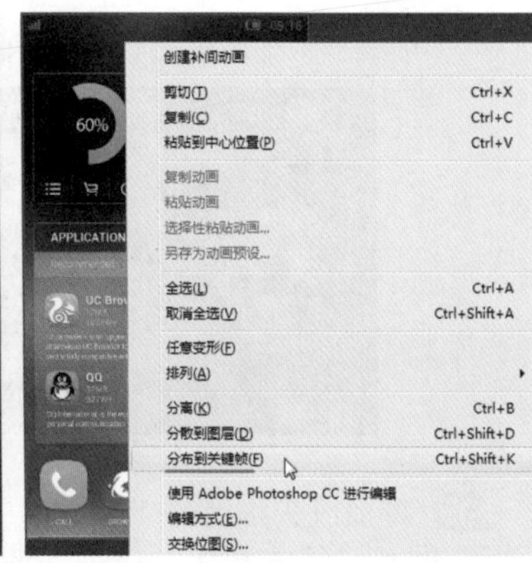

图 13-82 选择“分布到关键帧”命令

03 在“时间轴”面板中将第 1 帧空白关键帧删除，“时间轴”面板如图 13–83 所示。将播放头移至第 1 帧位置，打开“代码片断”面板，展开“时间轴导航”选项，选择“在此帧处停止”选项，单击“添加到当前帧”按钮，如图 13–84 所示。

图 13-83 “时间轴”面板　　图 13-84 “代码片断”面板

“分布到关键帧”功能是 Flash CC 新增的功能，可以把一系列素材按所选的顺序分布到连续的关键帧中。“分布到关键帧”的操作会从当前帧开始生成关键帧，由于所选对象分配到后续帧中，第 1 帧变成空白关键帧，可以在空白关键帧上单击鼠标右键，在弹出的菜单中执行“删除帧”命令，删除空白关键帧。

04 在打开的“动作”面板中可以看到所添加的 ActionScript 脚本代码，如图 13-85 所示。使用相同的方法，分别在第 2 帧和第 3 帧添加“在此帧处停止”代码片断，“时间轴”面板如图 13-86 所示。

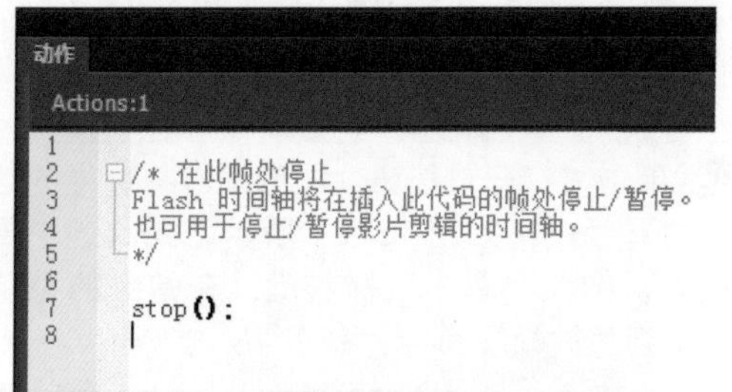

图 13-85 自动添加相应的 ActionScript 脚本代码

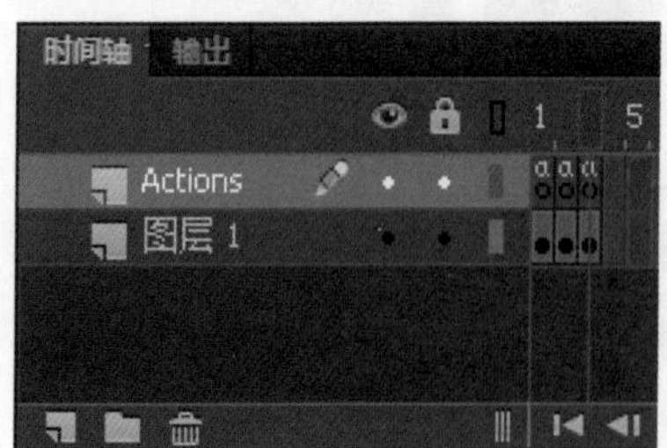

图 13-86 “时间轴”面板

05 将播放头移至第 1 帧位置，打开“代码片断”面板，展开“移动操作”选项，选择“滑动以转到上/下一帧并停止”选项，单击“添加到当前帧”按钮，如图 13-87 所示。在打开的“动作”面板中可以看到所添加的 ActionScript 脚本代码，如图 13-88 所示。

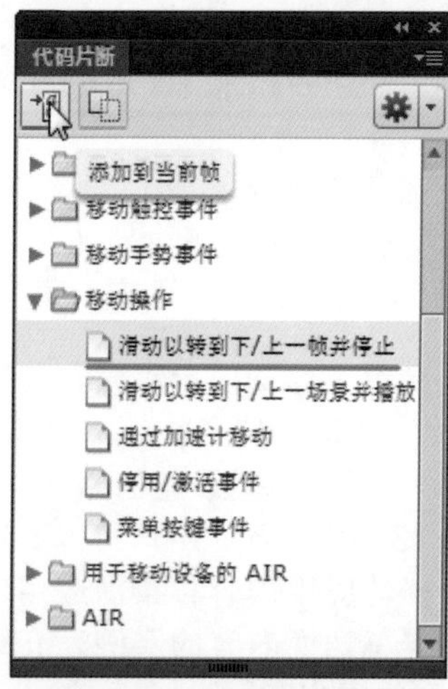

图 13-87 “代码片断”面板

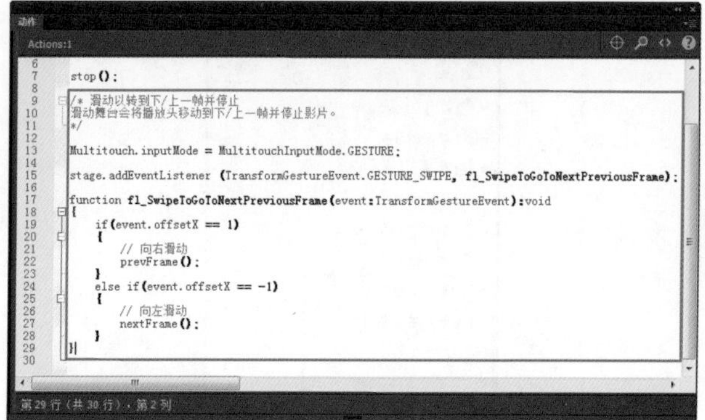

图 13-88 自动添加相应的 ActionScript 脚本代码

06 执行“文件 > 保存”命令，将动画保存为“光盘\源文件\第 13 章\13-6.fla”，按快捷键 Ctrl+Enter，测试应用程序，Flash 会弹出一个手机模拟器窗口和一个调试窗口，如图 13-89 和图 13-90 所示。

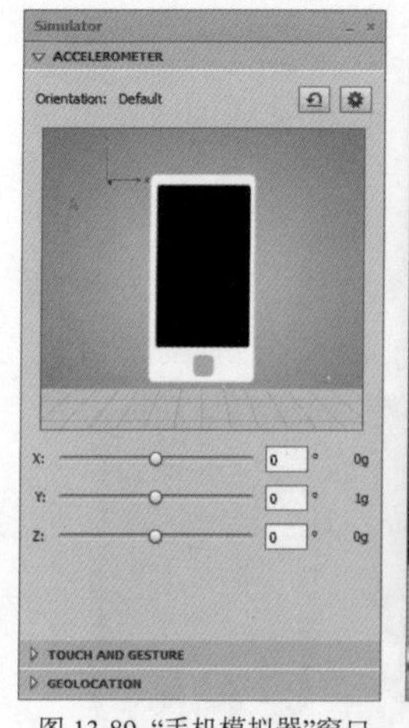

图 13-89 “手机模拟器”窗口　　图 13-90 “调试”窗口

07 “手机模拟器”窗口主要包括 ACCELEROMETER（加速计）、TOUCH AND GESTURE（多点触控）和 GEOLOCATION（地理定位）3 个选项卡，如图 13-91 所示。

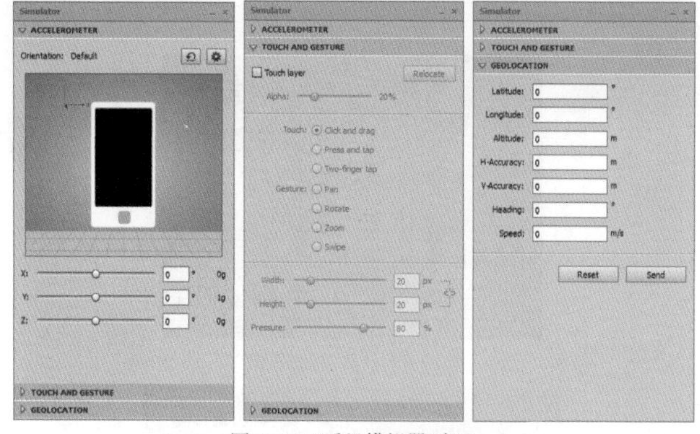

图 13-91 “手机模拟器”窗口

08 在“手机模拟器”窗口中打开 TOUCH AND GESTURE 选项卡，选中 Touch layer 选项，在 Gesture 手势中选择 Swipe 滑动手势，如图 13-92 所示。模拟器会自动在“调试”窗口上覆盖一层透明度为 20% 的黑色，光标变成一个圆圈表示手指，如图 13-93 所示。

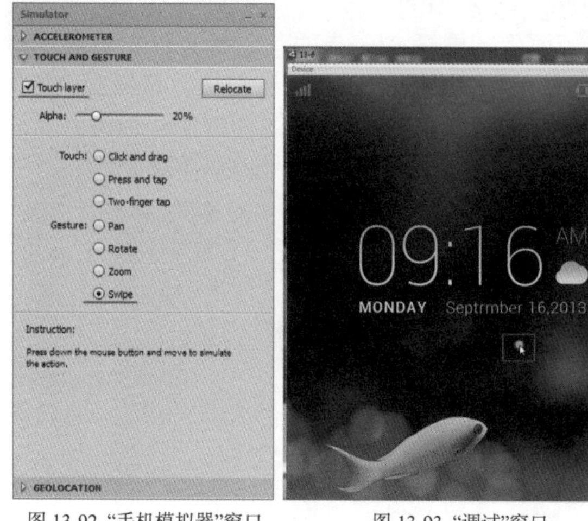

图 13-92 “手机模拟器”窗口　　图 13-93 “调试”窗口

09 在“调试”窗口中向右滑动鼠标，可以看到内容自动切换的效果，如图 13-94 所示。

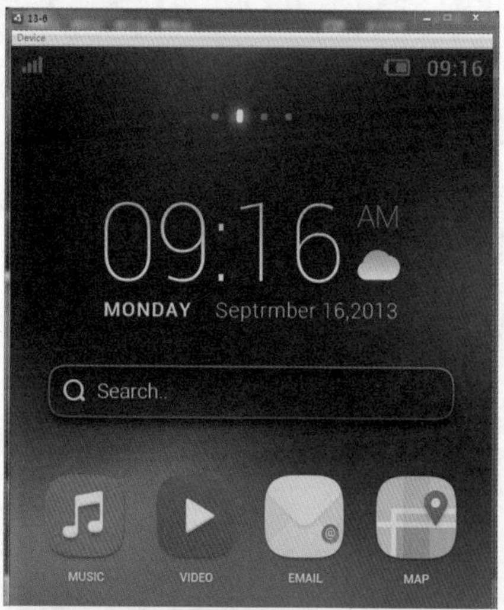

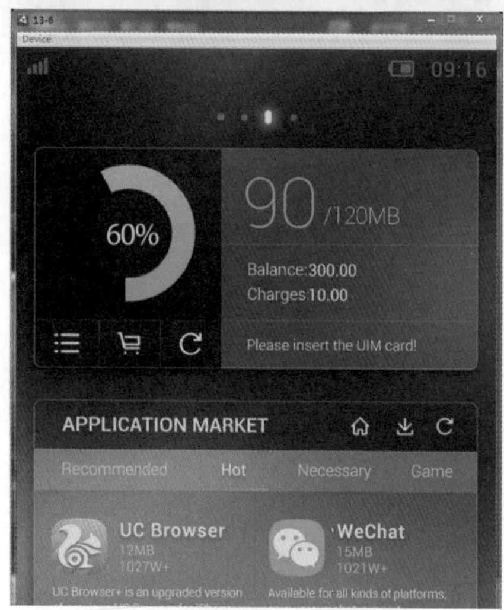

图 13-94 测试滑屏效果

13.7 AIR 程序基本应用

Adobe AIR 即 Adobe Integrated Runtime，它可以使开发人员跨平台和设备（包括个人计算机、电视、Android、BlackBerry 和 iOS 设备）部署通过 HTML、JavaScript、ActionScript、Flex、Adobe Flash Professional 和 Adobe Flash Builder 创建的独立应用程序。Flash 同样可以开发 AIR 应用程序。下面通过一个实例来讲解如何通过 Flash 开发 AIR 桌面应用程序，该应用程序实现窗口的最大化、最小化和关闭功能。

动手实践——制作 AIR 桌面应用程序

源文件：光盘 \ 源文件 \ 第 13 章 \13-7.fla

视频：光盘 \ 视频 \ 第 13 章 \13-7.swf

01 执行“文件 > 新建”命令，弹出“新建文档”对话框，选择 AIR for Desktop 选项，对相关选项进行设置，如图 13-95 所示。单击“确定”按钮，新建文档。执行“文件 > 导入 > 导入到舞台”命令，导入素材图像“光盘 \ 源文件 \ 第 13 章 \ 素材 \13701.jpg”，如图 13-96 所示。

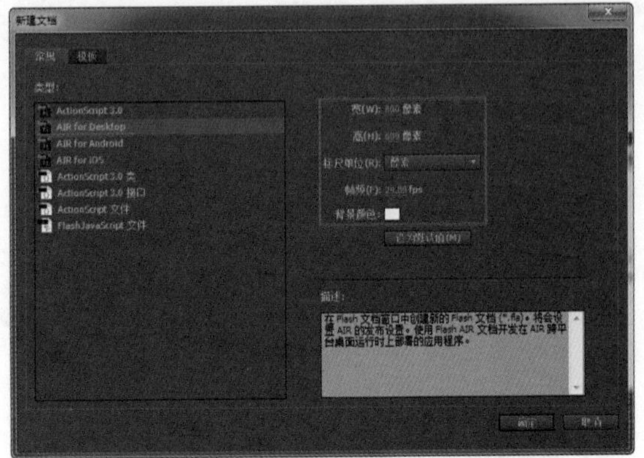

图 13-95 “新建文档”对话框

图 13-96 导入素材图像

02 执行“文件 > 导入 > 导入到舞台”命令，导入素材图像“光盘\源文件\第 13 章\素材\13702.png”，如图 13-97 所示。将该素材图像转换成“名称”为“最小化”的按钮元件，如图 13-98 所示。

图 13-97 导入素材图像

图 13-98 “转换为元件”对话框

03 选中该元件，在“属性”面板中设置其“实例名称”为 min，如图 13-99 所示。使用相同的方法，导入其他素材图像并分别转换成“名称”为“最大化”和“关闭”的按钮元件，然后分别设置“实例名称”为 max 和 close，如图 13-100 所示。

图 13-99 设置“实例名称”

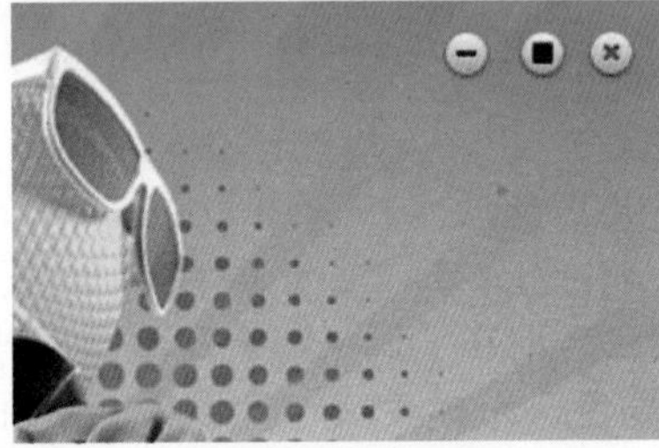

图 13-100 场景效果

04 选中舞台中的“最小化”按钮元件，打开“代码片断”面板，展开 AIR 选项，选择“单击以最小化 AIR 窗口”选项，单击“添加到当前帧”按钮，如图 13-101 所示。在打开的“动作”面板中可以看到所添加的 ActionScript 脚本代码，如图 13-102 所示。

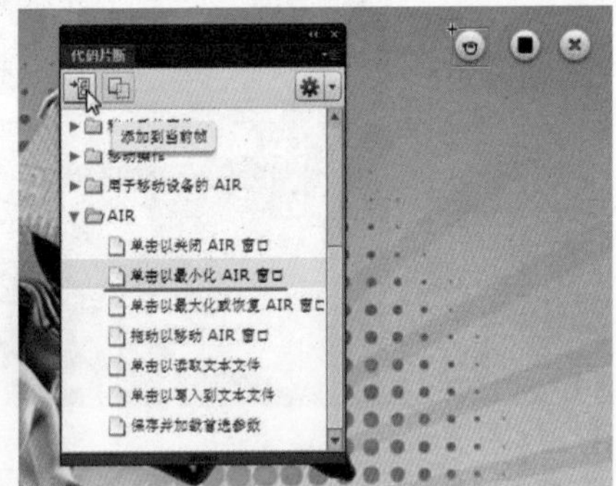

图 13-101 “代码片断”面板

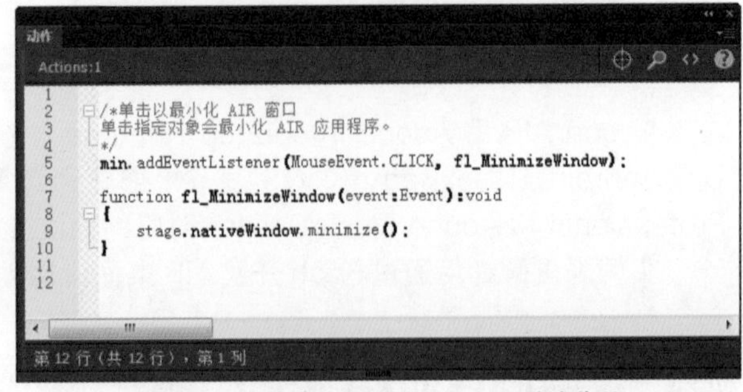


```
/*单击以最小化 AIR 窗口
单击指定对象会最小化 AIR 应用程序。
*/
min.addEventListener(MouseEvent.CLICK, fl_MinimizeWindow);

function fl_MinimizeWindow(event:Event):void
{
    stage.nativeWindow.minimize();
}
```

图 13-102 自动添加相应的 ActionScript 脚本代码

05 选中舞台中的“最大化”按钮元件，打开“代码片断”面板，展开 AIR 选项，选择“单击以最大化或恢复 AIR 窗口”选项，单击“添加到当前帧”按钮，如图 13-103 所示。在打开的“动作”面板中可以看到所添加的 ActionScript 脚本代码，如图 13-104 所示。

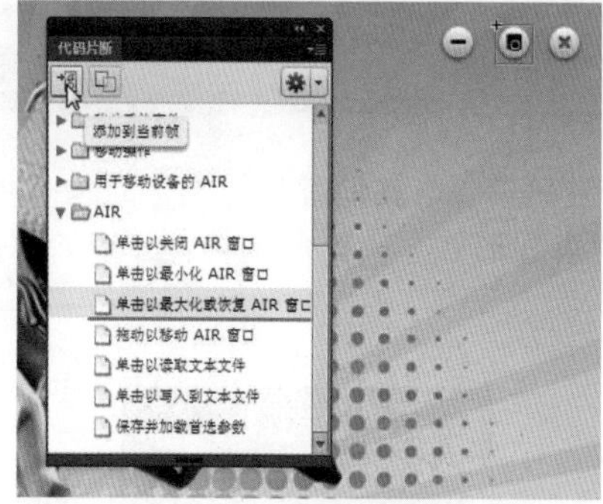

图 13-103 “代码片断”面板

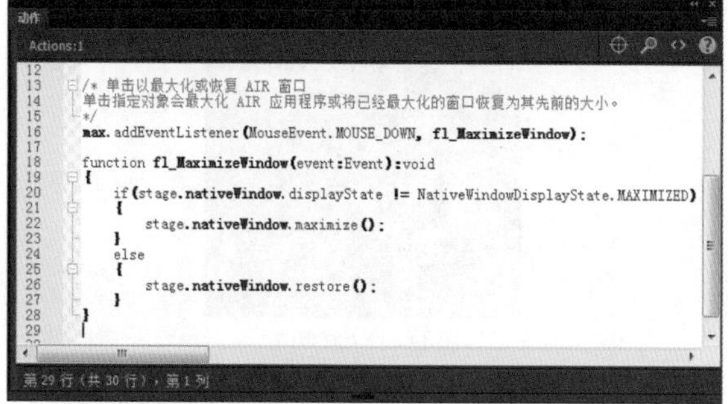

图 13-104 自动添加相应的 ActionScript 脚本代码

06 选中舞台中的“关闭”按钮元件，打开“代码片断”面板，展开 AIR 选项，选择“单击以关闭 AIR 窗口”选项，单击“添加到当前帧”按钮，如图 13-105 所示。在打开的“动作”面板中可以看到所添加的 ActionScript 脚本代码，如图 13-106 所示。

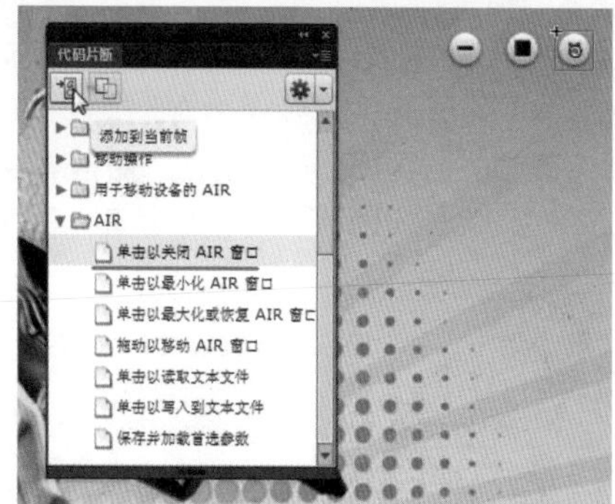

图 13-105 “代码片断”面板

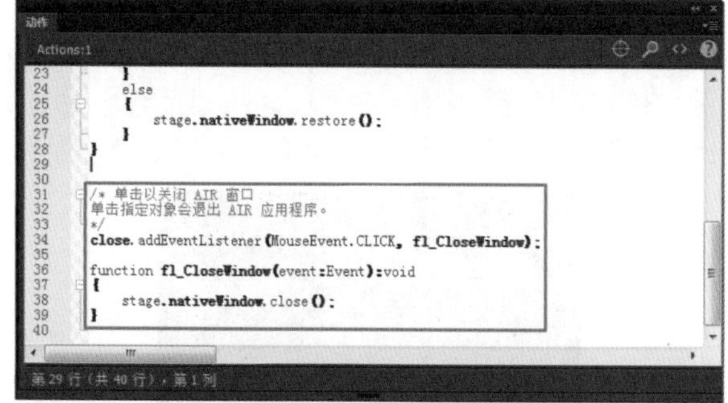

图 13-106 自动添加相应的 ActionScript 脚本代码

07 在舞台空白位置单击，打开“属性”面板，单击“目标”选项后的“编辑应用程序设置”按钮，如图 13-107 所示。弹出“AIR 设置”对话框，设置“窗口样式”为“自定义镶边（不透明）”，如图 13-108 所示。

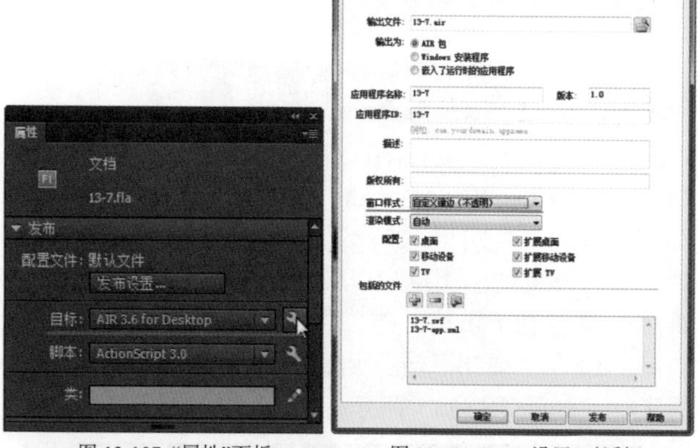

图 13-107 “属性”面板　　图 13-108 “AIR 设置”对话框

08 单击“确定”按钮，执行“文件 > 保存”命令，将文件保存为“光盘 \ 源文件 \ 第 13 章 \13-7.fla”，按快捷键 Ctrl+Enter，测试 AIR 应用程序，可以看到该 AIR 桌面应用程序的效果，单击相应的按钮，可以最小化、最大化和关闭 AIR 窗口，如图 13-109 所示。

图 13-109 测试 AIR 桌面应用程序

13.8 制作楼盘宣传动画

本实例是制作一个楼盘宣传动画，在设计时应着重注意其商业价值，与其他类型的广告动画有所不同，楼盘宣传类广告动画计时需要根据楼盘自身的特点来选择适当的表现形式，有鲜明的特色，可以采用抽象的动画形象来表现出楼盘的特点，给浏览者耳目一新的感觉。

动手实践——制作楼盘宣传动画

源文件：光盘\源文件\第 13 章\13-8.fla

视频：光盘\视频\第 13 章\13-8.swf

01 执行“文件 > 新建”命令，弹出“新建文档”对话框，设置如图 13-110 所示。单击“确定”按钮，新建一个空白 Flash 文档。执行“文件 > 导入 > 导入到库”命令，弹出“导入到库”命令，选中需要导入的素材，如图 13-111 所示。

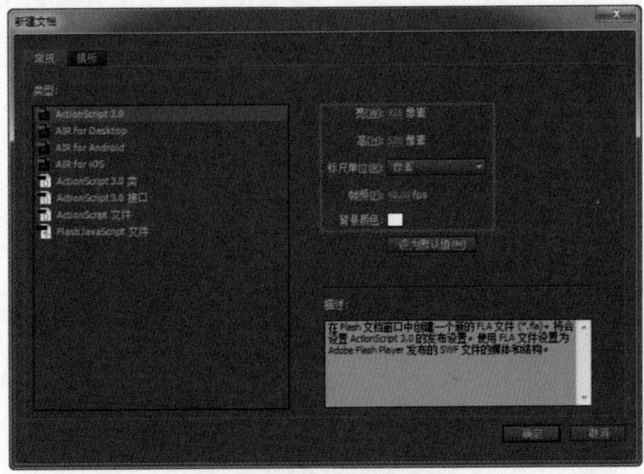

图 13-110 “新建文档”对话框

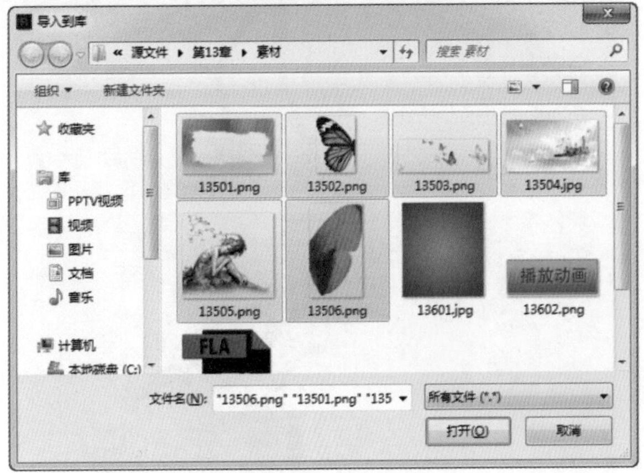

图 13-111 选择需要导入的素材

02 单击“打开”按钮，将选中的素材图像导入到“库”面板中，如图 13-112 所示。执行“插入 > 新建元件”命令，弹出“创建新元件”对话框，设置如图 13-113 所示。

图 13-112 “库”面板

图 13-113 “创建新元件”对话框

03 单击“确定”按钮，在“库”面板中将 13502.png 元件拖入场景中，如图 13-114 所示。将其转换成“名称”为“翅膀 1”的图形元件。在第 8 帧位置，按 F6 键插入关键帧，使用“任意变形工具”，对该帧上的元件进行任意变形操作，如图 13-115 所示。

图 13-114 拖入素材

图 13-115 调整元件

04 在第 1 帧创建传统补间动画，“时间轴”面板如图 13-116 所示。执行“插入 > 新建元件”命令，弹出“创建新元件”对话框，设置如图 13-117 所示。

图 13-116 “时间轴”面板

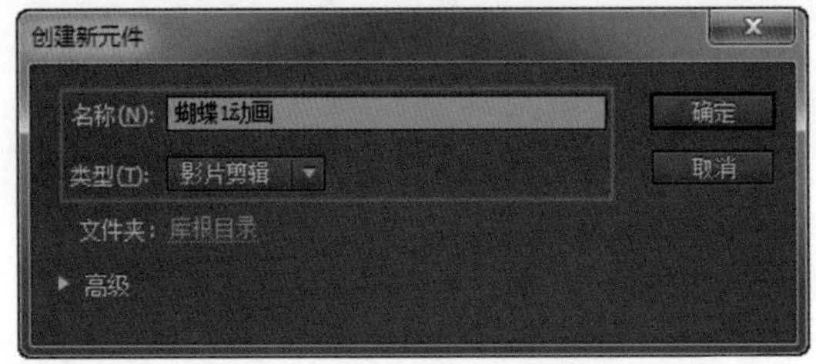

图 13-117 “创建新元件”对话框

05 单击“确定”按钮，将“蝴蝶 1 翅膀”元件拖入场景中，再拖入一个“蝴蝶 1 翅膀”元件，并执行“修改 > 变形 > 水平翻转”命令，对该元件进行水平翻转，调整到合适的位置，如图 13–118 所示。执行“插入 > 新建元件”命令，弹出“创建新元件”对话框，设置如图 13–119 所示。

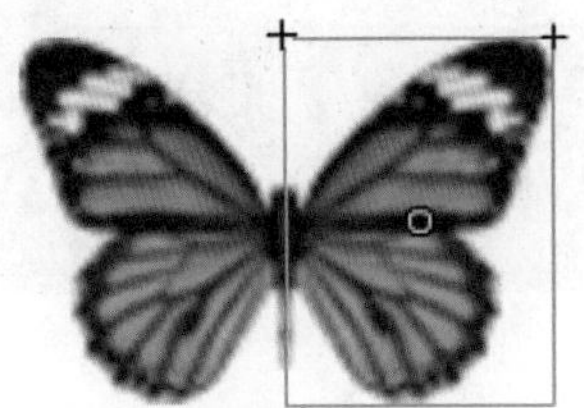

图 13-118 拖入元件

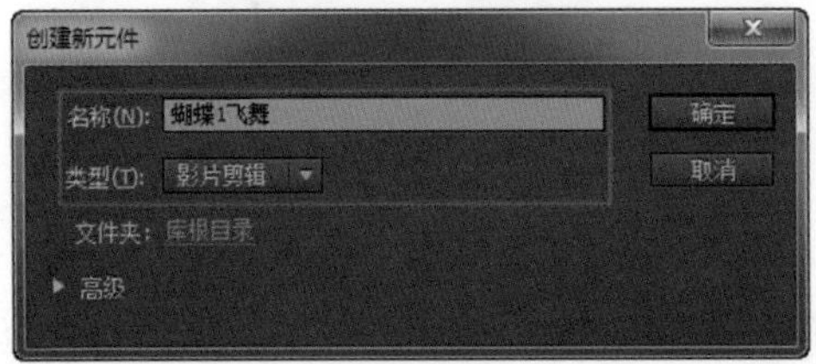

图 13-119 “创建新元件”对话框

06 单击“确定”按钮，在“库”面板中将“蝴蝶 1 动画”元件拖入场景中，如图 13–120 所示。在“图层 1”上单击鼠标右键，在弹出的菜单中选择“添加传统运动引导层”命令，得到“引导层：图层 1”，如图 13–121 所示。

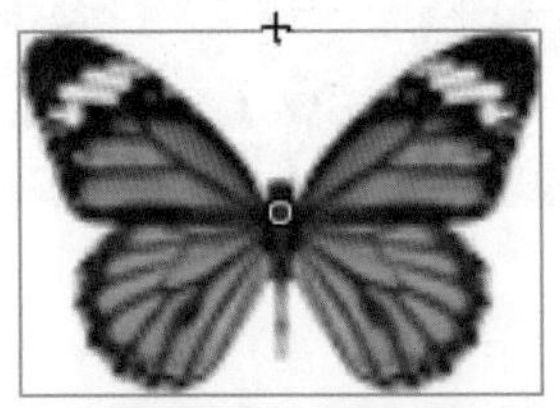

图 13-120 拖入元件

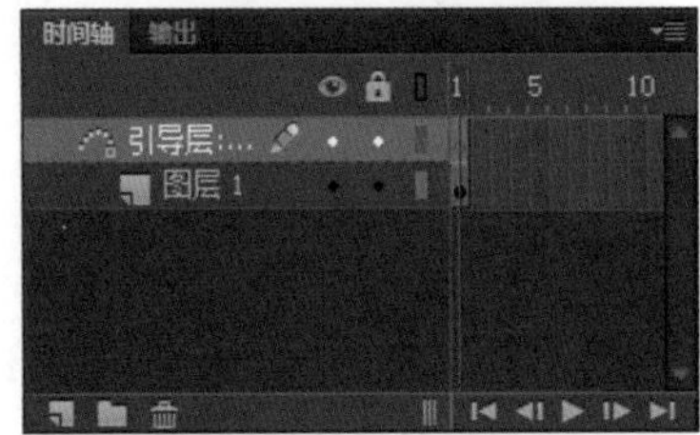

图 13-121 添加传统运动引导层

07 使用“钢笔工具”，在场景中绘制引导线，如图 13–122 所示。在“引导层：图层 1”第 75 帧按 F5 键插入帧，在“图层 1”第 75 帧按 F6 键插入关键帧，“时间轴”面板如图 13–123 所示。

图 13-122 绘制引导线

图 13-123 “时间轴”面板

08 选择“图层 1”第 1 帧上的元件，使其中心点与引导线一端的端点相重合，如图 13–124 所示。选择第 75 帧上的元件，调整该元件的位置，并将中心点与另一端的端点重合，如图 13–125 所示。在第 1 帧创建传统补间动画。

图 13-124 调整元件中心点与端点重合

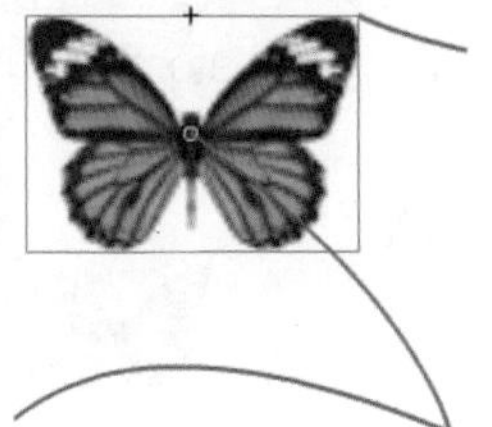

图 13-125 调整元件位置

09 执行“插入 > 新建元件”命令，弹出“创建新元件”对话框，设置如图 13–126 所示。在“库”面板中将“蝴蝶 1 飞舞”元件拖入场景中，调整到合适的位置，如图 13–127 所示。

图 13-126 “创建新元件”对话框

图 13-127 拖入元件

10 在第 42 帧位置按 F6 键插入关键帧，将该帧上的元件放大，并设置该元件 Alpha 值为 0，效果如图

13-128 所示，在第 1 帧创建传统补间动画。新建“图层 2”，在“库”面板中将“蝴蝶 1 飞舞”元件拖入场景中，调整到合适的大小和位置，如图 13-129 所示。

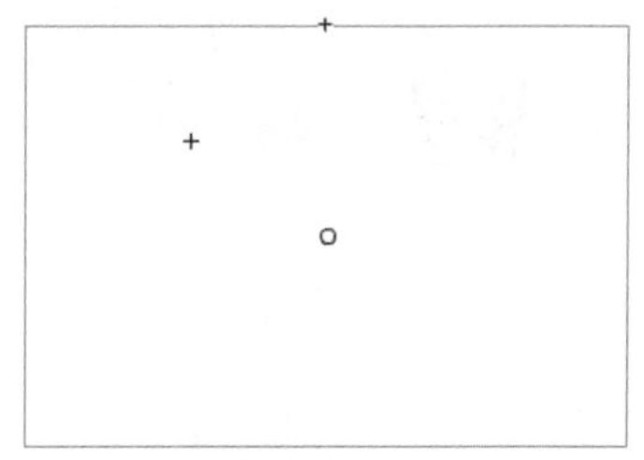

图 13-128 元件效果

图 13-129 拖入元件

11 使用相同的制作方法，可以完成该图层中动画的制作。新建“图层 3”，使用相同的方法完成相似动画效果的制作，场景效果如图 13-130 所示。新建“图层 4”，在第 42 帧位置按 F6 键插入关键帧，打开“动作”面板，输入脚本代码 stop();，“时间轴”面板如图 13-131 所示。

图 13-130 场景效果

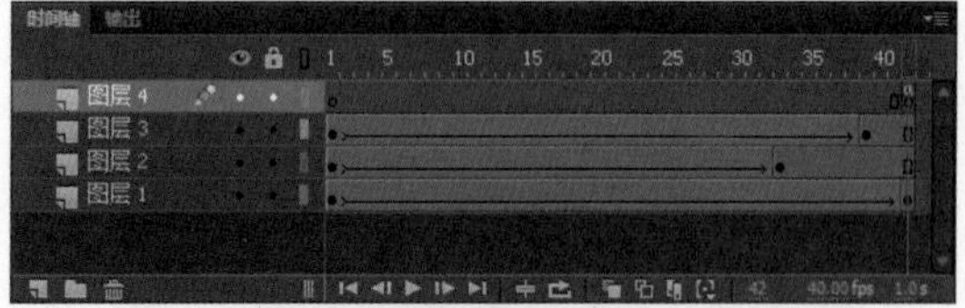

图 13-131 “时间轴”面板

12 执行“插入 > 新建元件”命令，弹出“创建新元件”对话框，设置如图 13-132 所示。在“库”面板中将 13503.png 图像拖入场景中，按快捷键 Ctrl+B，将位图分离，将多余的蝴蝶图形删除，效果如图 13-133 所示。

图 13-132 “创建新元件”对话框

图 13-133 场景效果

13 执行“插入 > 新建元件”命令，弹出“创建新元件”对话框，设置如图 13-134 所示。在“库”面板中将 13503.png 图像拖入场景中，按快捷键 Ctrl+B，将位图分离，将多余的蝴蝶图形删除，效果如图 13-135 所示。

图 13-134 “创建新元件”对话框

图 13-135 场景效果

14 执行“插入 > 新建元件”命令，弹出“创建新元件”对话框，设置如图 13-136 所示。在“库”面板中将“蝴蝶群 1”元件拖入场景中，调整到合适的位置，如图 13-137 所示。

图 13-136 “创建新元件”对话框

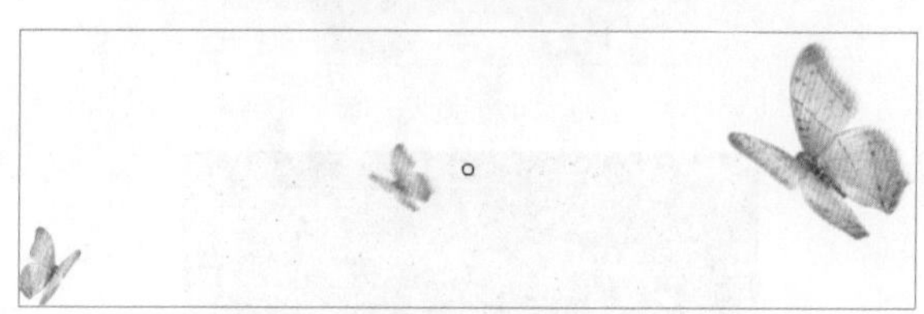

图 13-137 拖入元件

15 在第 14 帧按 F6 键插入关键帧，选中该帧上的元件，将该元件向左移动 10 像素，向下移动 10 像素，如图 13-138 所示。选中第 1 帧上的元件，设置该元件的 Alpha 值为 0，并在该关键帧处创建传统补间动画，在第 27 帧位置按 F5 键插入帧，如图 13–139 所示。

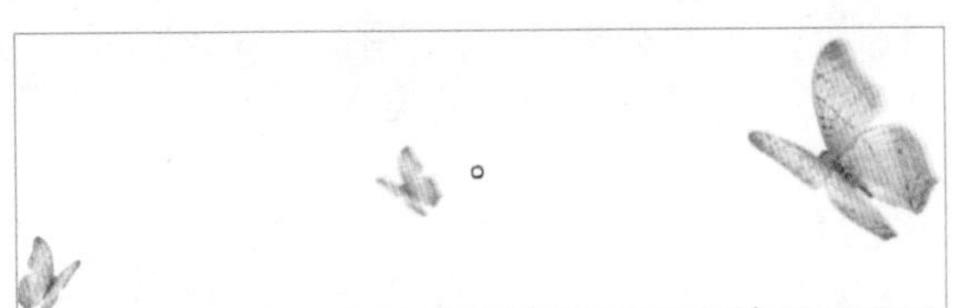

图 13-138　调整元件位置

图 13-139 “时间轴”面板

16 新建“图层 2”，在第 7 帧按 F6 键插入关键帧，在“库”面板中将“蝴蝶群 2”元件拖入场景中，调整到合适的位置，如图 13–140 所示。在第 27 帧按 F6 键插入关键帧，选中该帧上的元件，将该元件向右移动 10 像素，向下移动 10 像素，如图 13–141 所示。

图 13-140　拖入元件

图 13-141　调整元件位置

17 选择第 7 帧上的元件，在“属性”面板上设置其 Alpha 值为 0，如图 13–142 所示，在第 7 帧创建传统补间动画。新建“图层 3”，在第 27 帧按 F6 键插入关键帧，打开“动作”面板，输入脚本代码 stop();，“时间轴”面板如图 13–143 所示。

图 13-142　设置“属性”面板

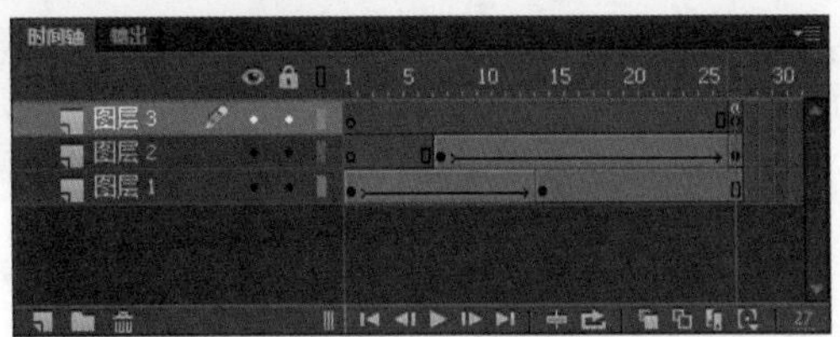

图 13-143 “时间轴”面板

18 执行“插入 > 新建元件”命令，弹出“创建新元件”对话框，设置如图 13–144 所示。在“库”面板中将 13503.png 拖入场景中，调整到合适的位置，如图 13–145 所示。将其转换成“名称”为“蝴蝶群”的图形元件。

图 13-144 “创建新元件”对话框

图 13-145　拖入图像

19 分别在第 9 帧、第 19 帧和第 28 帧按 F6 键插入关键帧，选中第 9 帧上的元件，在“属性”面板上的“样式”下拉列表中选择“高级”选项，设置如图 13–146 所示，元件效果如图 13–147 所示。

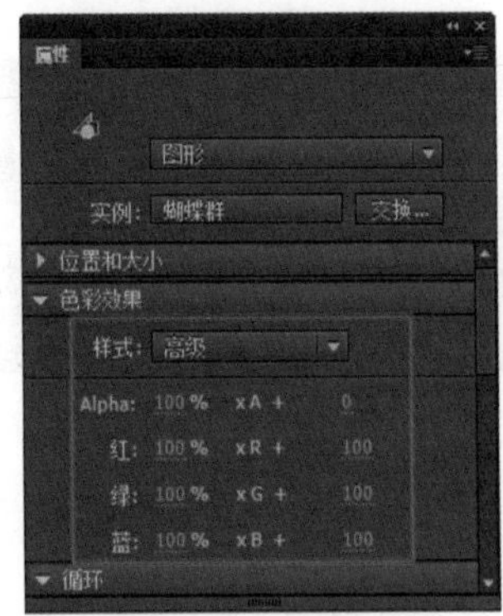

图 13-146　设置高级选项

图 13-147　元件效果

20 选中第 28 帧上的元件，在“属性”面板上设置该元件的 Alpha 值为 0，分别在第 1 帧、第 9 帧、第 19 帧创建传统补间动画，“时间轴”面板如图 13-148 所示。新建“图层 2”，在第 12 帧按 F6 键插入关键帧，在“库”面板中将“三只蝴蝶”元件拖入场景中，调整到合适的大小和位置，如图 13-149 所示。

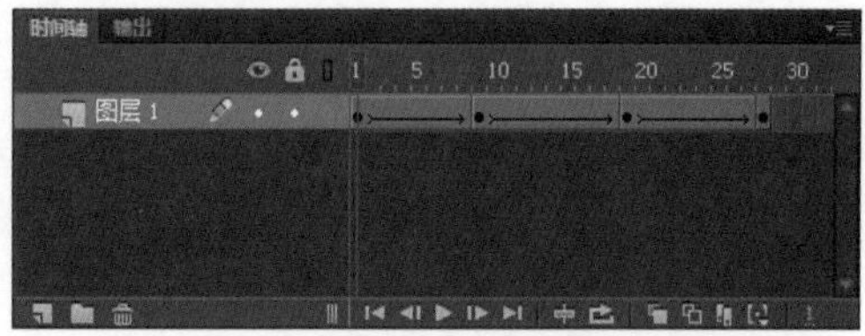
图 13-148 “时间轴”面板

图 13-149 拖入元件

21 在第 28 帧按 F6 键插入关键帧，将该帧上的元件适当缩小，并向右方向移动，如图 13-150 所示。在第 12 帧创建传统补间动画，新建“图层 3”，在第 28 帧按 F6 键插入关键帧，打开“动作”面板，输入脚本代码 stop();，“时间轴”面板如图 13-151 所示。

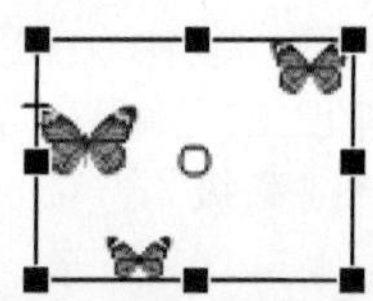
图 13-150 元件效果

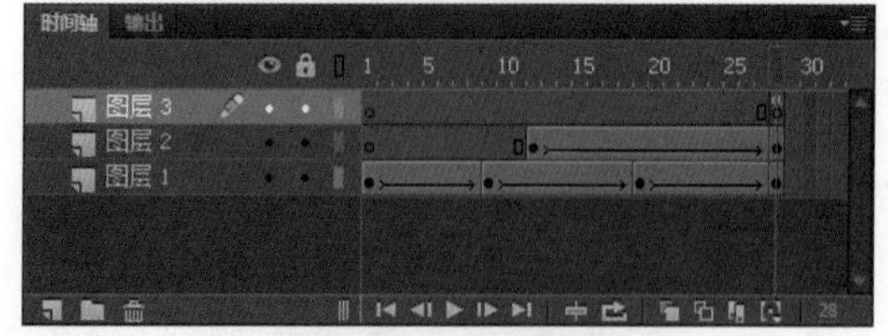
图 13-151 “时间轴”面板

22 执行“插入 > 新建元件”命令，弹出“创建新元件”对话框，设置如图 13-152 所示。在场景中绘制蝴蝶触角图形，如图 13-153 所示。

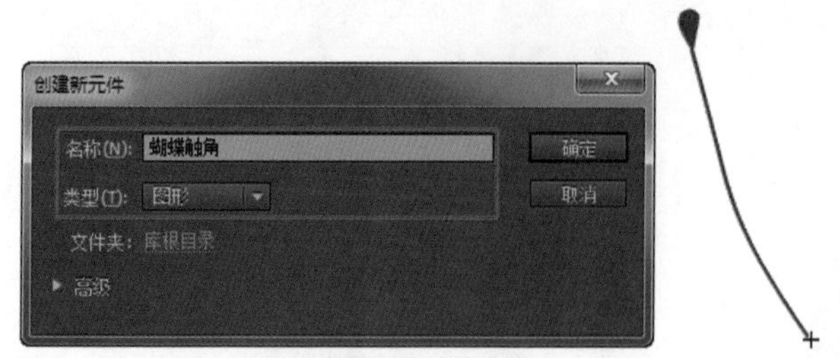
图 13-152 “创建新元件”对话框　图 13-153 绘制图形

23 新建一个“名称”为“蝴蝶触角动画”的影片剪辑的元件。在“库”面板中将“蝴蝶触角”元件拖入场景中，调整元件的中心点，如图 13-154 所示。分别在第 10 帧和第 20 帧按 F6 键插入关键帧，选中第 10 帧上的元件，将元件旋转一定角度，如图 13-155 所示。分别在第 1 帧和第 10 帧创建传统补间动画，在第 30 位置按 F5 键插入帧，“时间轴”面板如图 13-156 所示。

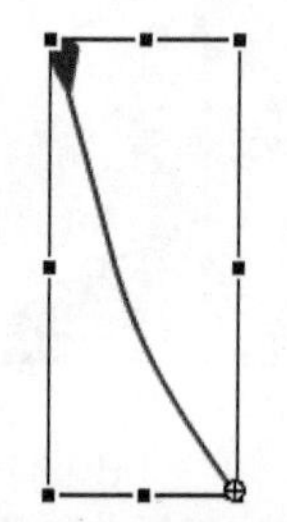
图 13-154 调整元件中心点　图 13-155 旋转元件

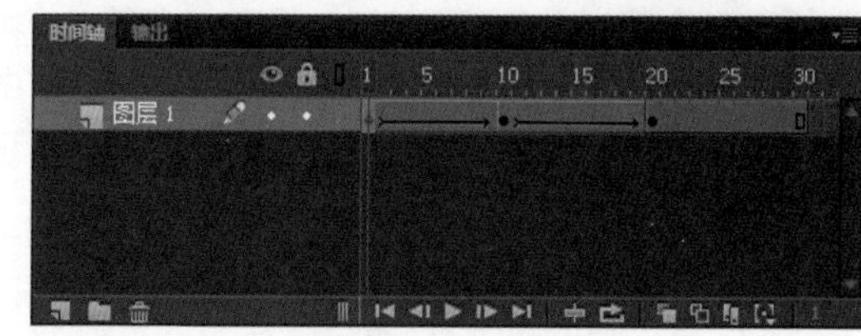
图 13-156 “时间轴”面板

24 使用相同的制作方法，可以完成其他一些元件动画效果的制作，如图 13-157 所示。执行“插入 > 新建元件”命令，弹出“创建新元件”对话框，设置如图 13-158 所示。

图 13-157 “库”面板

图 13-158 “创建新元件”对话框

25 在“库”面板中将 13501.png 拖入场景中，调整到合适的位置，如图 13-159 所示，在第 294 帧按 F5 键插入帧。新建“图层 2”，在第 46 帧按 F6 键插入关键帧，在“库”面板中将 13504.jpg 拖入场景中，如图 13-160 所示。将刚拖入的图像转换成“名称”为“背景”的图形元件。

图 13-159 拖入素材

图 13-160 拖入素材

26 在第 56 帧按 F6 键插入关键帧，选中第 46 帧上的元件，设置该元件的 Alpha 值为 0，如图 13-161 所示，并在该关键帧位置创建传统补间动画，拖动“图层 2”至“图层 1”下方，“时间轴”面板如图 13-162 所示。

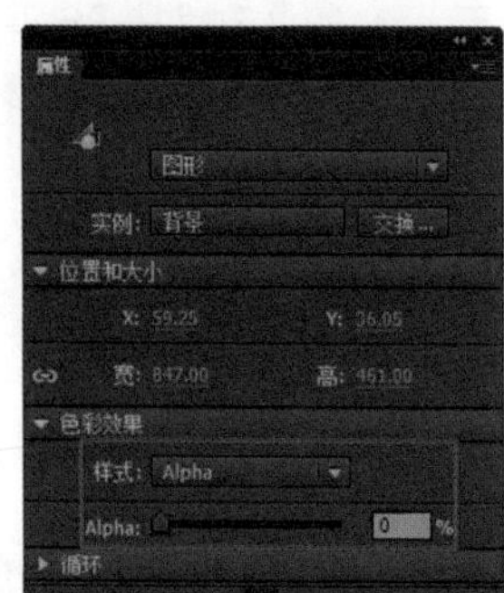

图 13-161 设置 Alpha 值

图 13-162 “时间轴”面板

27 在“图层 1”上新建“图层 3”，在第 38 帧按 F6 键插入关键帧，在“库”面板中将“蝴蝶群动画 1”元件拖入到场景中，如图 13-163 所示。在第 294 帧按 F7 键插入空白关键帧，在“库”面板中将“蝴蝶群动画 2”元件拖入到场景中，如图 13-164 所示。

图 13-163 拖入元件

图 13-164 拖入元件

28 新建“图层 4”，在第 120 帧按 F6 键插入关键帧，在“库”面板中将 13505.png 拖入到场景中，如图 13-165 所示，将该图像转换为“名称”为“人物”的图形元件。选中该元件，在“属性”面板上设置其 Alpha 值为 0，如图 13-166 所示。

图 13-165 拖入图像

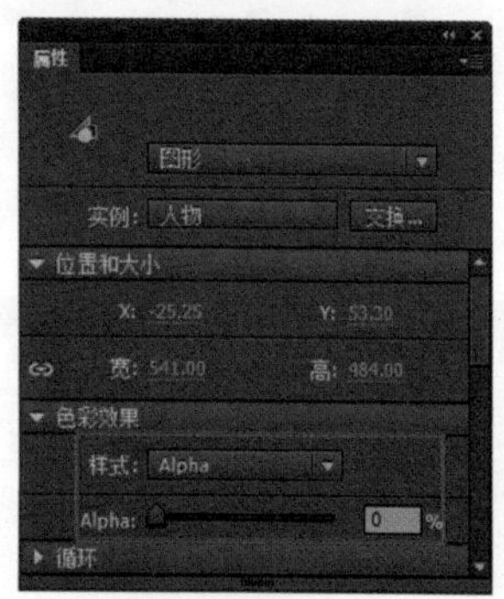

图 13-166 设置 Alpha 值

29 在第 132 帧按 F6 键插入关键帧，将该帧上的元件向右移动一些，选中元件，在“属性”面板上的“颜色”下拉列表中选择“高级”选项，设置如图 13-167 所示，元件效果如图 13-168 所示。

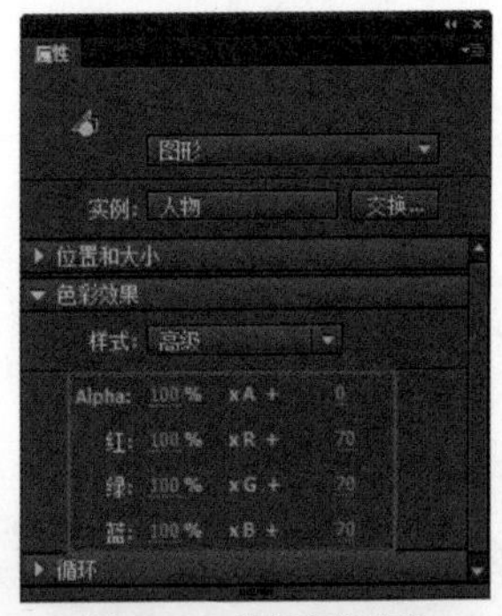

图 13-167 设置高级选项

图 13-168 元件效果

30 在第 152 帧按 F6 键插入关键帧，将该帧上的元件向右移动，选中元件，在“属性”面板上设置“样式”为无，元件效果如图 13-169 所示。分别在第 120 帧和第 132 帧创建传统补间动画，“时间轴”面板如图 13-170 所示。

图 13-169 元件效果

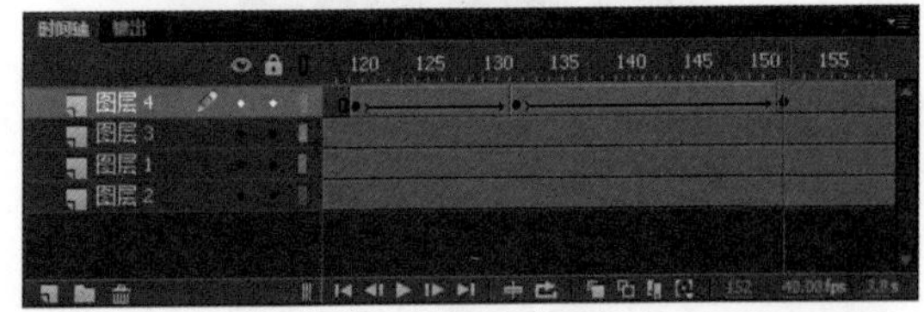

图 13-170 “时间轴”面板

31 新建“图层 5”，在第 14 帧按 F6 键插入关键帧，在“库”面板中将“蝴蝶 1 飞舞”元件拖入到场景中，如图 13-171 所示。在第 64 帧按 F6 键插入关键帧，选中该帧上的元件，将该元件适当缩小并向左下方移动位置，并设置该元件的 Alpha 值为 0，如图 13-172 所示，在第 14 帧创建传统补间动画。

图 13-171 拖入元件

图 13-172 调整元件大小和位置

32 新建“图层 6”，在第 3 帧按 F6 键插入关键帧，在“库”面板中将“蝴蝶 1 飞舞”元件拖入到场景中，如图 13-173 所示。在第 16 帧按 F6 键插入关键帧，将该帧上的元件适当缩小并向左上方移动位置，如图 13-174 所示。

图 13-173 拖入元件

图 13-174 调整元件大小和位置

33 在第 45 帧按 F6 键插入关键帧，将该帧上的元件适当缩小并向右下方移动位置，如图 13–175 所示。在第 59 帧按 F6 键插入关键帧，将该帧上的元件适当缩小并向右下方移动位置，如图 13–176 所示。

图 13-175 调整元件大小和位置

图 13-176 调整元件大小和位置

34 选择第 3 帧上的元件，设置该帧上元件的 Alpha 值为 0，选择第 59 帧上的元件，设置该帧上元件的 Alpha 值为 0，如图 13–177 所示。分别在第 3 帧、第 16 帧和第 45 帧创建传统补间动画，“时间轴”面板如图 13–178 所示。

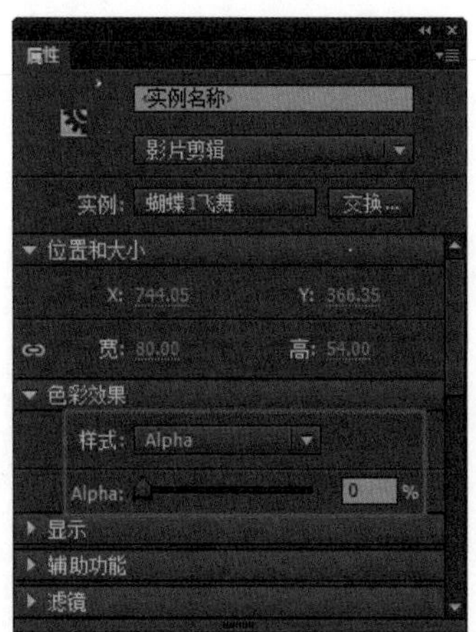

图 13-177 设置 Alpha 值

图 13-178 “时间轴”面板

35 新建“图层 7”，在第 275 帧按 F6 键插入关键帧，将“蝴蝶 2 动画”元件拖入到场景中，如图 13–179 所示。在第 292 帧按 F6 键插入关键帧，选中第 275 帧上的元件，设置该元件 Alpha 值为 0，并在该帧创建传统补间动画，“时间轴”面板如图 13–180 所示。

图 13-179 拖入元件

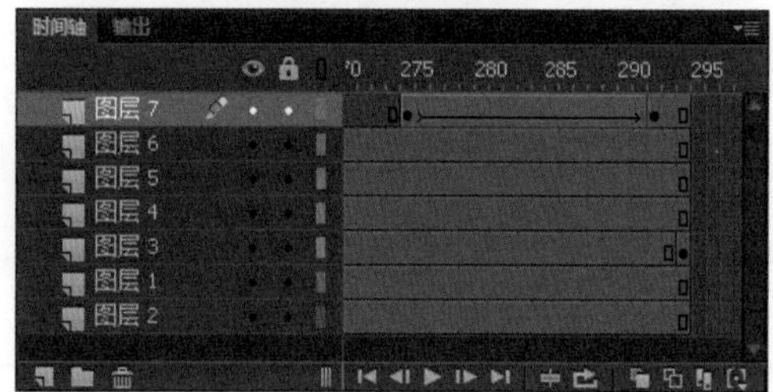

图 13-180 “时间轴”面板

36 新建“图层 8”，在第 280 帧按 F6 键插入关键帧，执行“文件 > 导入 > 打开外部库”命令，打开素材文件“光盘 \ 源文件 \ 第 13 章 \ 素材 \ 素材 .fla”，如图 13–181 所示。在“库 – 素材 .fla”面板中将“闪闪动画”元件拖入场景中，调整到合适的位置，如图 13–182 所示。

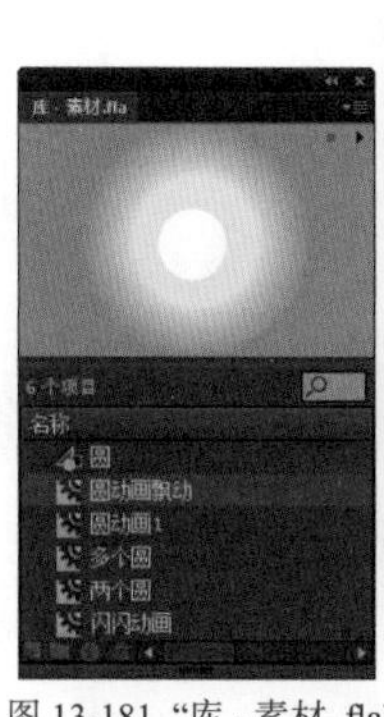

图 13-181 “库 - 素材 .fla”　　图 13-182 拖入元件

37 新建“图层 9”，在“图层 9”第 294 帧按 F6 键插入关键帧，打开“动作”面板，输入脚本代码 stop();，“时间轴”效果如图 13–183 所示。

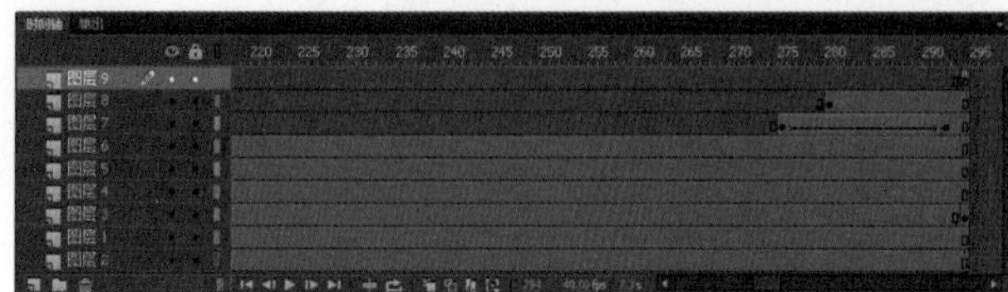
图 13-183 “时间轴”面板

38 返回到“场景 1”编辑状态，将“主体动画”元件拖入场景中，如图 13-184 所示。

图 13-184 拖入元件

39 完成动画的制作，执行“文件 > 保存”命令，将动画保存为“光盘 \ 源文件 \ 第 13 章 \13-6.swf”，按快捷键 Ctrl+Enter，测试动画效果，如图 13-185 所示。

图 13-185 预览 Flash 动画效果

13.9 本章小结

本章主要向读者介绍了 ActionScript 的相关基础知识，以及如何在 Flash 中编辑 ActionScript 脚本代码，通过本章的学习，希望读者对 ActionScript 有基础的了解，并能够在 Flash 中添加简单的一些 Flash 脚本，通过练习和实际操作，掌握 ActionScript 脚本的使用方法和技巧。

第14章 ActionScript 3.0 基础

本章主要向读者介绍有关 ActionScript 3.0 的基础知识及其相关的应用方法。在设计 Flash 动画作品时，合理运用 ActionScript 3.0 相关知识，可以实现更美好、更具丰富视觉效果的动画作品，另外还可以实现与用户的交互，是实现强大动画的先决条件，以下将对内容进行详细讲解，希望读者可以快速掌握本章内容 。

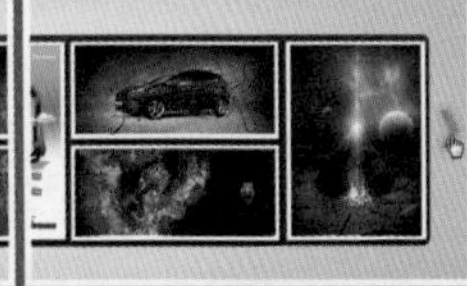

14.1 ActionScript 3.0 基础语法

与其他程序开发语言相似，ActionScript 3.0 具有语法和标点规则，这些规则是用来定义创建代码的字符（Character）、单词（Word）、语句（Statement），以及撰写它们的顺序。下面就这些基本的语法规则进行学习。

14.1.1 点操作符

在 ActionScript 3.0 中，点（.）可以用来表示与某个对象相关的属性和方法，另外它还可以用来表示变量的目标路径。点语法的表达式是以对象名开始，然后是一个点，后面紧跟着的是要指定的属性、方法或者变量。

```
myArray.height
```

height 是 Array 对象的属性，它是指数组的元素数量。表达式是指 Array 类实例 myArray 的 height 属性。

表达一个对象的方法遵循相同的模式。例如 myArray 实例的 join 方法把 myArray 数组中所有的元素连接成为一个字符串。

```
myArray.join();
```

表达一个影片剪辑的方法遵循相同的模式。例如，a_mc 实例的 play 方法移动 a_mc 的时间轴播放头，开始播放。

```
a_mc.play();
```

点语法有两个特殊的别名：root 和 parent。root 是指主时间轴，可以使用 root 创建一个绝对路径。

```
root.functions.myFunc();
```

这段代码的意思就是调用主时间轴上影片剪辑实例 functions 内的 myFunc() 函数。

也可以使用别名 parent 引用嵌套当前影片剪辑的影片剪辑，也可以用 parent 创建一个相对目标路径。

```
parent.stop();
```

14.1.2 界定符

在 ActionScript 中界定符包括花括号、分号、圆括号 3 种，不同的界定符具有不同的作用，下面分别对这 3 种界定符进行讲解。

1. 花括号

ActionScript 3.0 中的一组语句可以被一对花括号（{…}）括起来组成一个语句块。

```
public function myDate(){
//创建myDate 对象
Var myDate:Date = new Date();
currentMonth = myDate.getMonth();
}
```

此外，条件语句、循环语句也经常用花括号进行分块。

2. 分号

ActionScript 中的语句是由一个分号来结尾的，但也并不是必需的。语句结尾不加分号，Flash 也可以对此进行成功的编译。例如下面的语句就是以分号结尾的语句。

```
now = today.getTime();
month = "Monday";
```

下面不是以分号结尾的语句，同样可以在 Flash 中使用。

```
now = today.getTime()
month = "Month"
```

3. 圆括号

在定义一个函数的时候，任何的参数定义都必须放在一对圆括号内。

```
public function myFunction(name,age,gender){
……
}
```

调用函数时，需要被传递的参数也必须放在一对圆括号内。

```
myFunction("Mike",23,"male");
```

使用圆括号还可以改变一条语句中的优先执行顺序，从而可以提高程序的易读性。

另外还可以利用圆括号来计算一个点语句左边的表达式。例如下面的语句将先生成一个 Color 对象，然后再调用该对象的方法 setRGB。

```
(new Color(this)).setRGB(Oxffffff);
```

如果不使用圆括号，则必须先生成一个 Color 的对象才行。

```
myColor = new Color(this);
myColor.setRGB(Oxffffff);
```

14.1.3 字母的大小写

在 ActionScript 中，变量和对象都区分大小写，例如下面的语句就定义了两个不同的变量。

```
var ppr: Number = 0;
var PPR: Number = 2;
```

如果在书写关键字时没有正确使用大小写，程序将会出现错误。当在“动作”面板中启用语法突出显示功能时，用正确的大小写书写的关键字显示为蓝色。

14.1.4 注释

一般情况下，程序包括很多行，为了方便阅读和修改，可以在“动作”面板中使用注释语句给代码添加相应的注释。此外添加注释有助于合作开发者更好地理解编写的程序，从而提高工作效率。

为程序添加相应的注释，可以让复杂的程序更有条理性、更容易让人理解。

```
//创建新的日期对象
var myDate:Date = new Date();
var currentMont:Number = myDate.getMouth();
//把用数字表示的月份转换为用文字表示的月份
var monthName:Namber = calcMonth(currentMonth);
var year:Number = myDate.getFullYear();
var currentDate:Number = myDate.getDate();
```

如果要在程序中使用多行注释，可以使用“/*”和“*/”。位于注释开始标签（/*）和注释结束标签（*/）之间的任何字符都被 ActionScript 解释程序解释为注释并忽略。

需要注意在使用多行注释时，不要让注释陷入递归循环当中，否则会引起错误。

```
/*
"使用多行注释时要注意"；/*递归注释会引起问题*/
*/
```

在“动作”面板中，注释内容以灰色显示，长度不限。而且注释不会影响输出文件的大小，也不需要遵循 ActionScript 语法规则。

14.1.5 保留字和关键字

ActionScript 中的保留字其实就是一些单词，这些单词是保留给 ActionScript 使用的，所以不能在 ActionScript 代码中将它们用作标识符。

保留字包括“词汇关键字”，编译器将词汇关键字从程序的命名空间中删除。如果将词汇关键字用作标识符，编译器则会报告一个错误。如表 14–1 所示为词汇关键字。

表 14-1 词汇关键字

class	const
continue	default
delete	do
else	extends
false	finally
for	function
if	implements
import	in
instanceof	interface
internal	is
native	new
null	package
private	protected
public	return
Super	switch
this	throw
to	true
try	typeof
Use	var
void	while
with	

有一组名为“语法关键字”的关键字，这些关键字可用作标识符，但是在某些上下文中则具有特殊的含义，如表 14–2 所示。

表 14-2 语法关键字

include	dynamic
final	native
override	static
else	extends

还有几个有时称为“供将来使用的保留字”的标识符。这些标识符不是为 ActionScript 3.0 保留的，但是其中的一些可能会被采用 ActionScript 3.0 的软件视为关键字。可以在自己的代码中使用其中的许多标识符，但是 Adobe 不建议使用它们，因为它们可能会在以后的 ActionScript 版本中作为关键字出现，如表 14–3 所示。

表 14-3 供将来使用的保留字

abstract	boolean
byte	cast
export	float
goto	intrinsic
long	prototype
short	synchronized
throws	to
transient	type
virtual	volatile

14.1.6 常量

常量是指具有无法改变的固定值的属性。

ActionScript 3.0 支持 const 语句，该语句可以用来创建常量。只能为常量赋值一次，而且必须在最接近常量声明的位置赋值。例如将常量声明为类的成员，则只能在声明过程中或者在类构造函数中为常量赋值。

下面的代码声明了两个常量，第 1 个常量 MinNum 是在声明语句中赋值的，第 2 个常量 MaxNum 是在构造函数中赋值的。

```
class A
{
public const MinNum:int=0;
public const MaxNum:int;
public function A()
{
MaxNum=10;
}
}
var a:A=new A();
trace(a.MinNum);//0
trace(a.MaxNum);//10
```

14.1.7 运算符

运算符是一种特殊的函数，它们具有一个或多个操作数，并返回相应的值。操作数是被运算符用作输入的值，通常是字面值、变量或表达式。例如在下面的代码中，将加法运算符（+）和乘法运算符（*）与 3 个字面值操作数 (2、3 和 4) 结合时用来返回一个值。赋值运算符（=）随后使用该值将所返回的值 14 赋给变量 sumNumber。

```
var sumNumber:uint=2+3*4;//unit=14
```

1. 算术运算符

算术运算符用于一般的算术运算中。例如“+”在字符串类型的时候，它所进行的操作是把两个字符串连接起来，如表 14–4 所示。

表 14-4 算术运算符

操作符	说明
*	乘号
+	加号
–	减号
/	除号
++	变量自加 1
––	变量自减 1
%	取余数

2. 逻辑运算符

逻辑运算符用来对参数进行比较或判断其逻辑关系，如表 14–5 所示。它主要用在条件语句中，例如如下的代码。

```
if(x<100){
x++;
}else{
x--;
}
```

表 14-5 逻辑运算符

操作符	说明
!	逻辑非
! =	不等于
&&	逻辑与
<	小于
< =	小于等于
<>	不等于
==	相等
>	大于
> =	大于等于
and	逻辑与
not	逻辑非
or	逻辑或
||	逻辑或

提示

<、<=、> 和 >= 等在比较双方都是字符串的时候，将按照顺序比较两个字符串相应位置的字符大小。当比较双方有一个是数字的时候，字符串要先被转换成数字，之后才参加比较。

3. 位操作符

位操作符用来对二进制的数位进行逻辑运算，如表 14–6 所示。

表 14-6 位操作符

操作符	说明
&	位与
|	位或
~	位补
^	位异或
<<	位左移
>>	位右移
>>>	位右移（无符号）

4. 复合操作符

复合操作符即操作符的简写格式，如表 14–7 所示。

表 14-7 复合操作符

操作符	说明
%=	A%=B 等效于 A=A%B
&=	A&=B 等效于 A=A&B
*=	A*B 等效于 A=A*B
+=	A+=B 等效于 A=A+B
–=	A–=B 等效于 A=A–B
/=	A/=B 等效于 A=A/B
<<=	A<<=B 等效于 A=A<<B
>>=	A>>=B 等效于 A=A>>B
>>>=	A>>>=B 等效于 A=A>>>B
^=	A*=B 等效于 A=A*B
|=	A|=B 等效于 A=A|B

5. 字符串操作符

字符串操作符，如表 14–8 所示。

表 14-8 字符串操作符

操作符	说明
Add	连接两个字符串
Eq	A eq B 字符串 A 值与字符串 B 值相等
Ge	A ge B 字符串 A 值大于字符串 B 值
Gt	A gt B 字符串 A 值大于字符串 B 值
Le	A le B 字符串 A 值小于字符串 B 值
Lt	A lt B 字符串 A 值小于字符串 B 值
Ne	A ne B 字符串 A 值不等于字符串 B 值

6. 其他操作符

另外，还有一些用来界定范围或数据类型的符号，如表 14–9 所示。

表 14-9 其他操作符

操作符	说明
""	字符串
()	括号
=	赋值
[]	数组操作符
typeof	返回变量类型
.	点操作符
/	斜线操作符
void	无类型符号

14.1.8 语句

ActionScript 程序是语句的集合，它有两个分支，包括 if 条件语句和循环语句，其中循环语句包括 do … while、while、for 和 for…in 等。

1. if 语句

if 语句的一般形式如下。

```
if(条件表达式)
{…}
else{…}
else(条件表达式)
{…}
…
```

2. do 语句

do 语句的一般形式如下。

```
do
循环体
while(条件表达式);
```

3. while 语句

while 语句的一般形式如下。

```
while(条件表达式)
循环体
```

4. for 语句

for 语句的一般形式有两种，第一种形式如下。

```
for(初始化语句;条件表达式;递增语句)
循环体
for(递增语句in对象)
循环体
```

第二种形式的 for 语句在 ActionScript 中比较特殊，

例如下面的例子。

```
myObject={name:'Mike',age:23,city:'北京'};
for(pfopertyName in myObject){
trace("myObject has the property: "+property+ ",with the value: "+
myObject[propertyName]);
}
```

在这里，myObject 相当于一个枚举类型的数组，例如 myObject[name] 的值是字符串“Mike”。

当 ActionScript 语句在执行时，“输出窗口”则会显示如下信息。

```
myObject has the property:name,whith the value:Mike
myObject has the property:age,whith the value:23
myObject has the property:city,whith the value:北京
```

5. 条件终止语句

在 Flash 中提供了 3 种终止语句。Break 语句用于退出循环语句和标号块，Continue 语句用于跳转到循环体末尾最后一行语句，Return 语句用于退出一个方法或程序体，它们的用法与 JavaScript 中的用法相同。

事件是一种可以被程序响应的变动。例如用户单击了某个按钮，某个窗体的外观发生了变化，经过了一段指定时间等，这些都可以称之为事件。对于程序来说，每个可视化对象都只能感知到属于自己的特定类型的事件。一般来说，用户的交互式操作方式往往和用户触发事件有关，而系统的初始化处理及基于时间的自动批处理等有关问题，则可能和系统环境事件有关。

14.2 ActionScript 3.0 中的数据类型

数据类型是指用来描述一个动作脚本的变量或元素可以保存为何种数据。动作脚本包括两种数据类型：简单数据类型和引用（指针）数据类型。简单数据类型——String、Number 和 Boolean 等拥有固定类型的值，因此可以保存它们所代表的实际值；引用数据类型——影片剪辑和对象等的值的类型是不固定的，它们所操纵的是当前指向的对象或影片剪辑。

14.2.1 字符串

如果一个值被引号所包含，那么这个值的数据类型就是字符串。如果一个表达式涉及了字符串数据类型，它的数据类型也是字符串。

以下都是字符串类型。

```
var firstName:String="Frank";
var lastName:String="Houston";
var fullName:String=firstName+lastName;
var pathsuffix:String="1";
```

字符串可以包含字母、数字和标点符号等，字符串必须用一对双引号标记。字符串可以用加号（+）相加，这相当于两个字符串的连接操作。

```
var greeting:String="Hello, "+"world! "
```

在 ActionScript 3.0 中，变量名不仅要区分大小写，并且文本框内显示的文本也要区分大小写。

动手实践——制作学员信息表

源文件：光盘 \ 源文件 \ 第 14 章 \14-2-1.fla

视频：光盘 \ 视频 \ 第 14 章 \14-2-1.swf

01 执行“文件 > 新建”命令，弹出“新建文档”对话框，设置如图 14-1 所示，单击“确定”按钮，新建一个 Flash 文档，导入素材图像“光盘 \ 源文件 \ 第 14 章 \ 素材 \142101.png”，如图 14-2 所示。

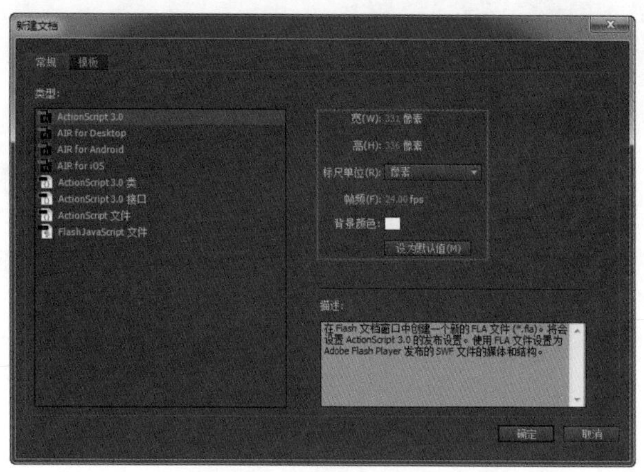

图 14-1 “新建文档”对话框

图 14-2 导入素材

02 新建“图层 2”，使用“文本工具”，在舞台中输入相应的文字，如图 14-3 所示。使用“文本工具”，在舞台中绘制一个动态文本框，如图 14-4 所示。

图 14-3 输入静态文字 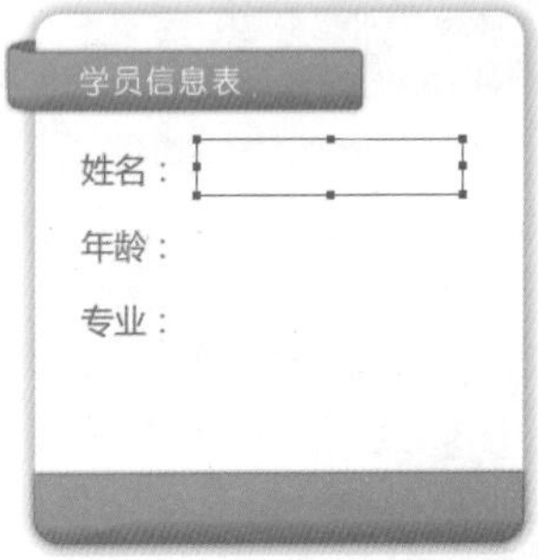　　图 14-4 绘制动态文本框

03 选中刚绘制的动态文本框，在“属性”面板中设置其“实例名称”为 uname，如图 14-5 所示。使用相同的方法，在舞台中再绘制两个动态文本框，并分别设置其“实例名称”为 age 和 zhuanye，场景效果如图 14-6 所示。

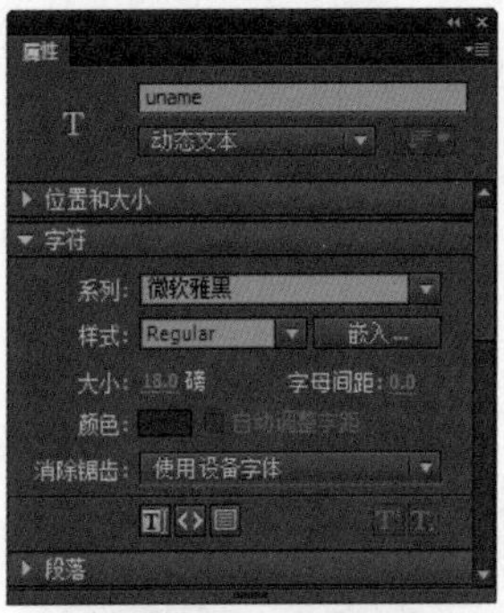

图 14-5 设置“实例名称” 　　图 14-6 绘制动态文本框

04 新建“图层 3”，选择第 1 帧关键帧，打开“动作”面板，输入 ActionScript 脚本代码，如图 14-7 所示。执行“文件 > 保存”命令，将该文件保存为“光盘 \ 源文件 \ 第 14 章 \14-2-1.fla”，按快捷键 Ctrl+Enter，测试动画，效果如图 14-8 所示。

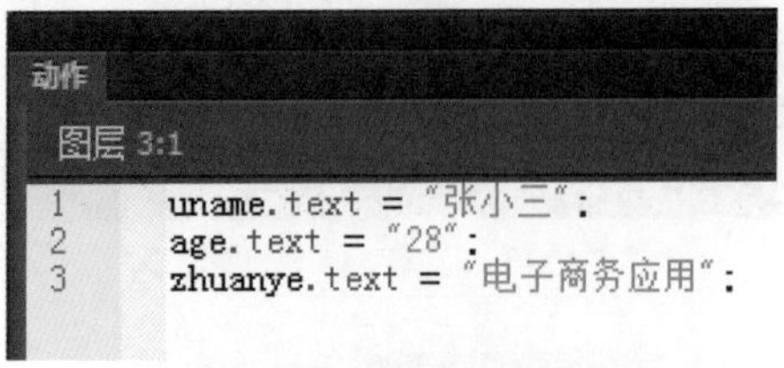

```
uname.text = "张小三";
age.text = "28";
zhuanye.text = "电子商务应用";
```

图 14-7 输入脚本代码

图 14-8 测试动画效果

14.2.2 数值

数值类型的数据是指数字的算术值。要进行正确的数学运算的值必须是数字数据类型。例如将如下的 ActionScript 脚本代码添加到 Flash 源文件的第 1 帧上。

```
stop();
var myAge:String="21";
var years:String="6";
myAge=myAge+years;
trace(""+years+"年后我"+myAge+"岁。");
```

按快捷键 Ctrl+Enter 进行测试，跟踪信息将出现在“输出”面板中，如图 14-9 所示。

图 14-9 “输出”面板

显然这并不是所希望的答案。由于 myAge 和 years 被指定为字符串值（带有引号），因此 Flash 仅仅串联了（连接）这两个字符串的值，“21”+“6”就是“216”，为了将这些值作为数值，需要将代码做如下的改动。

```
stop();
var myAge:Number=21;
var years:Number=6;
myAge=myAge+years;
trace(""+years+"年后我"+myAge+"岁。");
```

目前对于 Flash 来说，myAge 和 years 的值则表现为真正的数值，进行数据运算将把 myAge 和 years 的值正确加起来。按快捷键 Ctrl+Enter 进行测试，效果如图 14-10 所示。

图 14-10 “输出”面板

此外用户可以使用 Number() 函数把字符串数据转换为数值数据。在前面的字符串例子中，通过添加以下代码，就可以把 myVersion 字符串的值转换为数字值。

```
myVersion=Number(myVersion);
```

14.2.3 布尔型

其值为 true 或 false 的变量称为布尔型变量。

有许多需要指出变量的值是 true 还是 false 的情况出现。在“是 / 否”的情况下，或者当需要一个切换开关(这个开关就像电灯开关一样，有开和关两种状态)时，布尔型变量发挥着十分重要的作用。在下面的代码中，名为 value 的变量初始为 true 的布尔型变量，在重新赋值（1>2）后变成为 false 值。

```
stop();
var value:Boolean=true;
trace("value 的类型是"+typeof(value));
value = 1>2;
trace("1>2的值是"+value);
```

可以将这段代码放置于 Flash 文档的第 1 帧，按快捷键 Ctrl+Enter 进行测试，效果如图 14–11 所示。

图 14-11 “输出”面板

14.2.4 MovieClip 对象

MovieClip 对象可以对动画的播放进行控制，Flash 应用程序中的每个影片剪辑都是一个 MovieClip 对象，它们都拥有 Movieclip 对象中定义的方法和属性。通过点操作符，可以调用影片剪辑内部的属性和方法。

```
myMovie.startDrag (true);//允许myMovie被拖曳
parentMovie.childMovie.getURL("http://www.163.com/");//打开一个网页
```

正如此数据类型的名称所暗示的，舞台上的影片剪辑实例拥有影片剪辑数据类型。可以使用 typeof 运算符来检测变量和对象声明的数据类型。Flash 将 MovieClip 对象区别于其他基于代码的对象，以至于可以很容易地在代码中检测到 MovieClip 对象。下面的变量值将具有影片剪辑的数据类型。

```
path=_root.ballAnim;
```

只要实际名为 ballAnime 的影片剪辑实例在主时间轴上，path 的数据类型就是影片剪辑。如果 ballAnim 不存在了，那么 path 的数据类型将是“未定义”。

14.2.5 对象

所谓的对象数据类型是指所有使用 ActionScript 创建的基于对象的代码。一个对象是一些属性的集合，每个属性都拥有自己的名字和值，属性的类型可以是 Flash 支持的任何一种数据类型，包括对象类型。通过点操作符，可以引用对象中的属性。

利用 ActionScript 中预定义的对象，可以对一些专门的信息进行访问和操纵，例如 Math 对象就包含了一些算术运算函数。下面是一个 sqrt 方法应用的例子。

```
squareRoot=Math.sqrt(100);
```

MovieClip 对象包含了一些用于控制影片剪辑播放的方法。

```
myMovie.play();           //开始播放myMovie
myMovie.nextFrame();  //跳转到下一帧
```

下面的代码将作为 Object 数据类型。

```
var mySound:Sound=new Sound();
var myObject:Object=new Object();
```

14.2.6 数组对象

在 ActionScript 中，遇到过一串有许多共同之处的变量吗？是否使用过这些变量呢？例如，name_1、name_2、name_3 和 name_4 等，这些变量看起来类似于信息的列表。

```
name_1 = "John";
name_2 = "Vanessa";
name_3 = "Jennifer";
name_4 = "Frank";
```

> **提示**
> 在编程语言中，数组是一个值的列表，表中的值可以通过它们在表中的位置而被访问。数组可以通过 Array 构造器来创建。

```
var visitors:Array=new Array();
```

此代码对象仅仅创建了数组容器。可以使用指定信息来创建一个数组，如下所示。

```
var visitors:Array=new Array("John","Vanessa","Jennifer","Frank");
```

可以使用数组访问运算符和数组索引编号，来访问 visitors 中的项目。可以使用下面的语句来访问第 1 个数据，效果如图 14–12 所示。

```
trace("hello"+visitors[0]+",and welcome");
```

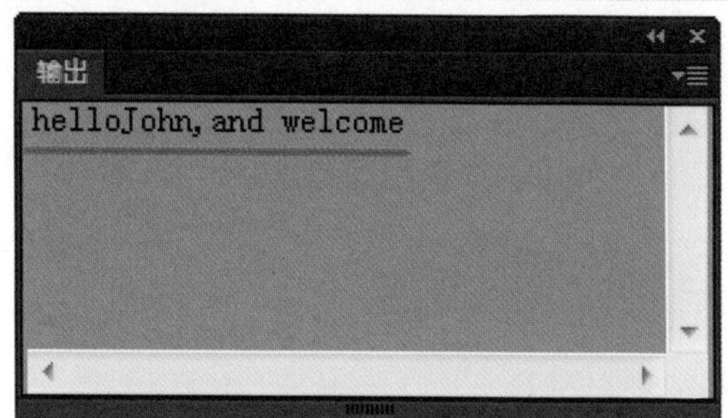

图 14-12 “输出”面板

在大多数的编程语言中，第 1 个索引值（开始的位置）是 0，而不是 1。可以使用数组访问运算符，来设置和得到数组中的值。通过设置索引位置为一个新的值，可以替换已存在的数组值。通过增加索引编号的方式，就可以向数组中添加值，如下所示。

```
var visitors:Array=new Array("John","Vanessa","Jennifer","Frank");
visitors[3]="Nicole";
visitor[4]="candice";
```

在这个例子中，Nicole 替换了 Frank，而 candice 则被添加在数组的末尾。也可以使用数组对象的 push 方法向数组中添加元素，如下所示。

```
var visitors:Array=new Array("John","Vanessa","Jennifer","Frank");
visitors .push("Nicole","Candice");
newLength=visitors.length;
```

这段代码在 Frank 之后添加 Nicole 和 Candice，并且设置新变量 newLength 等于 visitors 数组的 length。Length 是数组的属性，它返回数组元素的数量。在前面的例子中，newLength 等于 6，这是由于现在数组中有 6 个元素的缘故。

14.2.7 未定义

在 ActionScript 3.0 中，要求必须为所有的变量、参数和返回值定义数据类型。如果一个函数引用了未在其他地方定义的变量，那么 Flash CC 在默认情况下会给出一个警告。

```
//参数变量myTime未在其他地方定义
trace(myTime);
```

当测试包含这条语句的影片时，“编译器错误”面板中将显示错误，如图 14-13 所示。

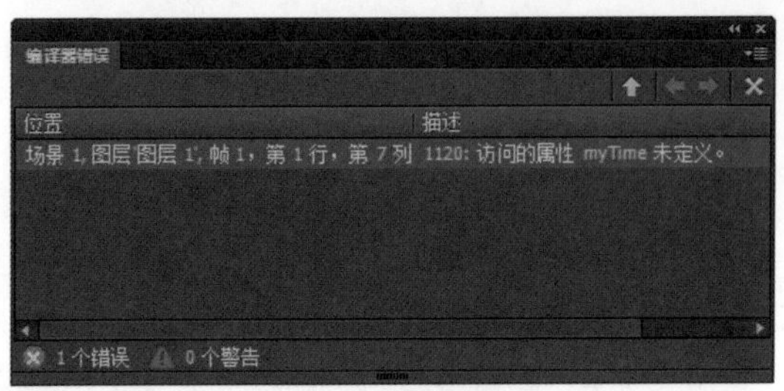

图 14-13 “编译器错误”面板

14.2.8 检测数据类型

在了解了 ActionScript 3.0 中各种不同的数据类型之后，接下来学习如何检测给定信息片段的数据类型。使用 typeof 运算符，就可以对 ActionScript 中元素的数据类型进行判断。typeof 运算符只接受一个选项：希望检测的动作脚本元素的名称。例如可以在“输出”面板中跟踪变量（或对象）的类型。

```
var myName:String="李云";
trace("myname的数据类型是"+typeof(myName)+"");
```

当测试这个影片时，“输出”面板中会给出警告，如图 14-14 所示。

图 14-14 “输出”面板

14.3 ActionScript 3.0 中的变量

ActionScript 3.0 对变量的声明有了要求，要求指明变量的类型。声明变量是写程序应该遵守的法则，这样便于掌握了一个变量的生命周期，并且能够知道某一个变量的意义，以有利于程序的调试。

一般情况下，在动画的第 1 帧就已经声明了大部分的全局变量，并对它们赋予了初始值，每个 MovieClip 对象都拥有自己的一套变量，而且不同的 MovieClip 对象中的变量相互独立且互不影响。

14.3.1 变量名

变量名必须是一个 ActionScript 标识符，应遵循以下标准的命名规则。

(1) 第一个字符必须为字母、下划线或者美元符号。

(2) 后面可以跟字母、下划线、美元符号、数字，最好不要包含其他符号。虽然可以使用其他 Unicode 符号作为 ActionScript 标识符，但是不推荐使用，以避免代码混乱。

(3) 变量不能是一个关键字或逻辑常量（true、false、null 或 undefined）。

(4) 保留的关键字是一些英文单词，因为这些单词是保留给 ActionScript 使用的，所以不能在代码中将它们用作变量、实例、自定义类等。

(5) 变量不能是 ActionScript 语言中的任何元素，例如不能是类名称。

(6) 变量名在它的作用范围内必须是唯一的。

14.3.2 变量类型

在 ActionScript 3.0 脚本代码中声明变量时，需要使用 var 关键词。用“:”号定义变量类型，用“=”号给变量赋值。

```
var a; //声明一个变量x
var a:Number; //用“:”号定义一个整数型变量x
var a:Number=5; //用“=”号给整数型变量x赋值
```

声明了没有被赋值的变量被称为无类型变量。

在特定的条件下，ActionScript 可以自动地对变量的类型进行转换。例如 trace 语句传递一个值以后，这个值就会被自动地转换成字符串类型，输出到“输出”面板中。

在表达式中，ActionScript 会根据需要对变量进行类型转换。

```
"这个数是"+5
```

ActionScript 将数字 5 自动地转换成为字符串“5”，并将它添加在字符串的末尾，得到新字符串“这个数是 5”。

在调试 ActionScript 时，需要确切地知道一个变量的数据类型，因为数据类型决定了变量的行为。ActionScript 中提供有 typeof 操作符，用于确定某一个变量的类型。

```
trace(typeof(变量名);
```

使用 Number 函数，可以将一个字符串转换成数字。使用 String 函数，可以将一个数字转换成一个字符串。

14.3.3 变量的作用域

在 ActionScript 中，包含两种变量，分别是局部变量和全局变量，全局变量在整个动画的脚本中都有效，而局部变量则只在它自己的作用域内有效。

例如在下面的例子中，i 是一个局部的循环变量，它只在函数 init 中有效。

```
function init(){
var i: Number;
for(i=0;i<10;i++){
randomArray[i]=radom(100);
}
}
```

使用局部变量的好处在于可以减少发生程序错误的可能。例如在一个函数中使用了局部变量，那么这个变量只会在函数内部被改变。而一个全局变量则可在整个程序的任何位置被改变，使用错误的变量可能会导致函数返回错误的结果，甚至使整个系统崩溃。

使用局部变量可以防止名字冲突，而名字冲突可能会导致致命的程序错误。例如变量 n 是一个局部变量，它可以用在一个 MovieClip 对象中计数；而另外的一个 MovieClip 对象中可能也有一个变量 n，它可能用作一个循环变量。因为它们有不同的作用域，所以并不会造成任何冲突。

14.3.4 声明变量

在声明变量时要严格指定数据类型。具体的操作方法就是在变量名后面加上一个冒号，然后是数据类型，例如声明一个名称是 startName 的字符串类型变量。

```
var startName:String;
```

也可以在一条语句中声明多个变量，用逗号分隔各个声明。

```
var startName:String,goodName:String, endName:String;
```

在声明变量时也可以直接为变量赋值。

```
var startName:String ="Tom";
```

同样的一条语句可以定义多个变量，同时为这些变量赋值。

```
Var startName:String="tom",
goodName:Sting="David",
endName:String = "Elliott"
```

需要注意的是，ActionScript 中的变量名区分大小写，例如下面的两个变量是不同的两个变量。

```
var startName = String;
var StartName = String;
```

14.3.5 使用变量

声明变量后，就可以在程序中使用变量了，其中包括为变量赋值、传递变量的值等，只有赋了值的变量才有真正的意义。

1. 为变量赋值

在变量名后直接使用等于号（=）就可以为变量赋值，例如下面的代码为变量 userName 赋值。

```
var userName:String;
userName = "Qing Tian";
```

首先声明一个变量，然后为该变量赋值，该变量类型为 String（字符串），所以需要置于引号中。如果要显示变量的值，可以使用 trace() 语句。

```
var userName:String;
userName = "Qing Tian";
trace（useName）;
//返回值为Qing Tian
```

2. 使用变量和获取变量值

变量的值可以互相传递，也可以作为函数的参数被使用，或者也可以被直接显示在“输出”面板中。

```
var var_a:int, var_b:int;
var var_c:String;
var_a=100;
var_b=var_a+2000;
//var_b的值现在等于2100
```

首先定义三个变量 var_a、var_b、var_c。

然后为 var_a 赋值，变量 var_b 被赋值为 var_a+2000，将得到的值传送给 var_b。

14.4 ActionScript 3.0 中的函数

函数可以将重复的运算封装在一起，有利于代码的重复使用，这是高级程序语言不可或缺的。ActionScript 中内建了很多预定好的函数，用于处理一些常见的操作。而且用户还可以自定义函数，将一些重复运算的语句封装起来，以便可以多次使用。

14.4.1 自定义函数

在 ActionScript 3.0 中，可以通过以下两种方法对函数进行定义。

1. 使用函数语句定义函数

函数语句是以 function 关键字开头，后跟函数名称、参数列表和返回数据的类型，以及用大括号括起来的函数体（即在调用函数时，需要执行的程序代码）。

```
function FunctionName(…args):FunctionType{
statements;
return value;
}
```

其中 FunctionName 表示函数的名称，…args 表示传递给函数的参数列表，FunctionType 表示函数返回数据的类型，return 为用于返回函数结果的关键字，value 表示函数的返回值。

提示

在参数列表中，如果包含有多个参数，则各个参数之间需要使用逗号“,”隔开。另外如果函数没有返回值，则可以省略 return value 语句。

如果不需要传递参数，则函数的参数列表可以为空，这样的函数叫作无参函数。

```
function FunctionName():FunctionType{
statements;
return value;
}
```

2. 使用函数表达式定义函数

自定义函数的另一种方法是结合使用赋值语句和函数表达式。

带有函数表达式的赋值语句以 var 关键字开头，后跟函数名、冒号运算符（:）、Function 类名、赋值运算符（=），以及函数表达式。

```
var FunctionName:Function=function (…args) {
statements;
}
```

提示

函数表达式不是语句。因此函数表达式不能独立存在，而函数语句则可以，函数表达式只能用作语句（通常是赋值语句）的一部分。

14.4.2 调用函数

通过使用后跟小括号 () 的函数标识符可以调用函数，其中需要把传递给函数的任何参数都包含在小括号中。

```
FunctionName(argument);
```

其中 FunctionName 表示调用函数的名称，argument 为传递给函数的参数。

当传递给函数多个参数时，则需要将这些参数以逗号“,”的形式隔起来，如下所示。

```
FunctionName(argument1,argument2,…);
```

其中 argument1 和 argument2 分别表示传递给函数的参数。

如果不需要传递给函数任何参数，则使小括号留空即可，如下所示。

```
FunctionName();
```

技巧

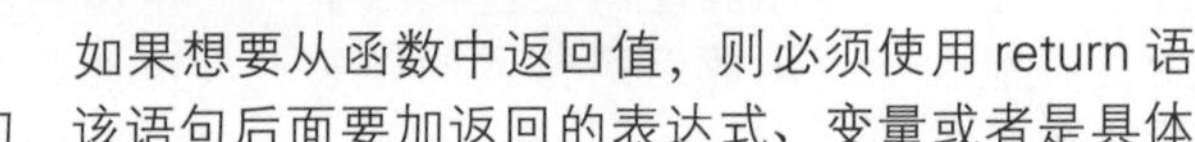

用 function 关键字定义函数与调用函数的前后顺序无关。

14.4.3 从函数中返回值

如果想要从函数中返回值，则必须使用 return 语句，该语句后面要加返回的表达式、变量或者是具体的值，其语法如下。

```
return expression | variable | value;
```

使用 return 语句还可以中断函数的执行，这种方式通常会用在判断语句中。如果某条件为 false，则不执行后面的代码，直接返回。例如代码如下。

```
function isNum(num:*):void{
var bool:Boolean=num is Number;
if(! bool){
return;
}
trace("数字");
}
```

在上面的代码中，首先判断传递的参数是否为数字类型。如果不是，则执行 if 语句中的 return 语句跳出函数，这样后面的代码将不会被执行。

return 语句只能返回一个值，当使用的 return 语句中包括多个返回值时，将只返回最后一个值，代码如下。

```
return a, b, c;
```

上面的代码中包含了 3 个返回值，但是最终返回的只有 c 的值。

在某种特殊情况下，函数需要根据不同的判断结果返回不同的值。在条件语句中，每个条件分支都对应一条返回语句。例如如下的代码。

```
function result (…args){
if(condition){
return a;
}else if (condition){
return b;
}else{
return c;
}
}
```

在 ActionScript 3.0 中，使用 return 语句需要遵守以下几点规则。

(1) 如果所指定的返回类型为 void，则不应该加入 return 语句。

(2) 如果为函数指定除 void 以外任何其他返回值的类型，则必须在函数中添加 return 语句。

(3) 如果不指定返回类型，则可以根据情况选择是否加入 return 语句。如果不加入 return 语句，则返回一个空字符串。

14.4.4 跟随鼠标移动的星星

了解了 ActionScript 3.0 的相关知识，接下来通过一个小练习的制作，向读者介绍如何通过 ActionScript 3.0 实现跟随鼠标移动的星星效果。

动手实践——跟随鼠标移动的星星

源文件：光盘\源文件\第 14 章\14-4-4.fla

视频：光盘\视频\第 14 章\14-4-4.swf

01 执行“文件 > 新建”命令，弹出“新建文档”对话框，设置如图 14-15 所示。单击“确定”按钮，新建 Flash 文档。导入素材图像“光盘\源文件\第 14 章\素材\144501.jpg”，如图 14-16 所示。

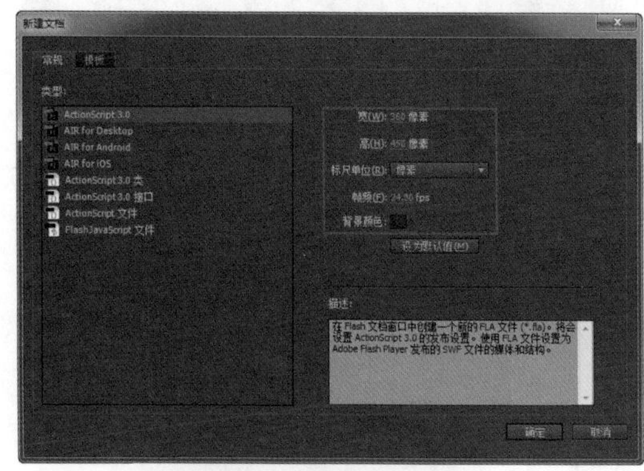

图 14-15 “新建文档”对话框

图 14-16 导入素材

02 执行“插入 > 新建元件”命令，弹出“创建新元件”对话框，设置如图 14-17 所示。单击“确定”按钮，使用 Flash 中的绘图工具在舞台中绘制出星星图形，如图 14-18 所示。

图 14-17 “创建新元件”对话框

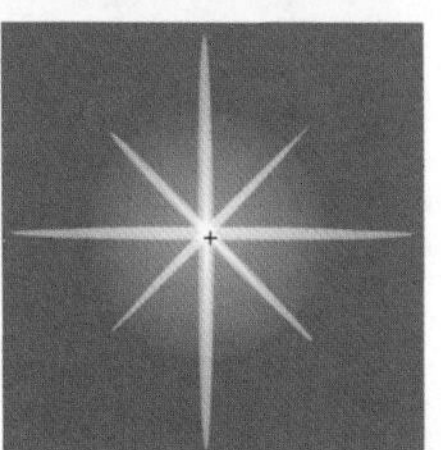

图 14-18 绘制图形

03 返回"场景 1"编辑状态，在"库"面板中的 star 元件上单击鼠标右键，在弹出的菜单中选择"属性"命令，弹出"元件属性"对话框，设置"类"选项为 star，如图 14–19 所示。新建"图层 2"，"时间轴"面板如图 14–20 所示。

图 14-19 设置"类"选项

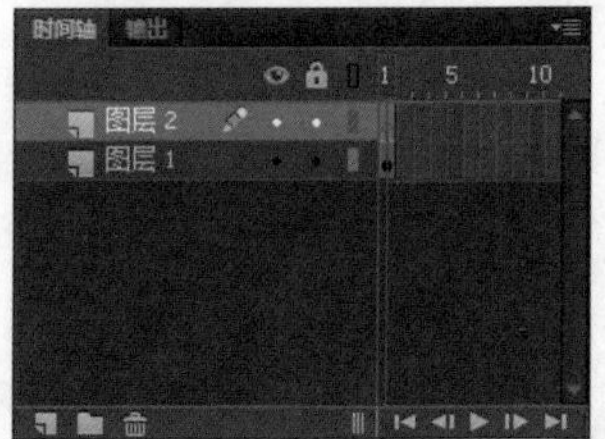

图 14-20 "时间轴"面板

04 打开"动作"面板，输入相应的 ActionScript 脚本代码，代码如下。

```
var jianju:uint=30;
var speed:uint=2;
var mymc:star;
for(var i:int=0;i<6;i++){
this["mymc"+i]=new star();
this["mymc"+i].x=100+jianju*i;
this["mymc"+i].y=100;
this["mymc"+i].gotoAndStop(Math.floor(Math.
random()*5))
addChild(this["mymc"+i])
}
addEventListener(Event.ENTER_FRAME,genshui);
function genshui(e:Event) {
this.mymc0.x+=(root.mouseX+25-this.mymc0.x)/
speed;
this.mymc0.y+=(root.mouseY-this.mymc0.y)/speed;
for(var i:uint=5;i>0;i--){
this["mymc"+i].x+=(this["mymc"+(i-1)].x+jianju-
this["mymc"+i].x)/speed;
this["mymc"+i].y+=(this["mymc"+(i-1)].y-this["mymc"+i].
y)/speed;
}
}
```

05 完成该动画的制作，执行"文件 > 保存"命令，将该文件保存为"光盘 \ 源文件 \ 第 14 章 \14–4–4.fla"，按快捷键 Ctrl+Enter，测试动画，效果如图 14–21 所示。

图 14-21 测试动画效果

14.5 事件

事件是指所发生的、ActionScript 能够识别并可响应的事情。SWF 文件中进行的任何与用户的交互都可以视为事件，如键盘输入、鼠标单击等。

14.5.1 事件处理

从本质上来说，当 ActionScript 程序在运行时，Flash Player 只是在等待某些事情的发生。当这些事情发生时，Flash Player 将会运行为这些事件指定的 ActionScript 代码。

1. 事件处理结构

在任何时候编写处理事件的 ActionScript 代码，都会包含事件源、事件和响应 3 个元素，并且还遵循以下基本结构。

```
function eventSource(eventobject:EventType):void{
//为响应事件而执行的程序代码
}
eventSource.addEventListener(EventType.EVENT_
NAME,eventResponse);
```

在以上的代码中，首先要定义一个函数，用于指定为响应事件而执行的程序代码。然后调用事件对象的 addEventListener() 方法，以便当事件发生时，执行该函数的动作。

2. 事件对象

在 ActionScript 3.0 中，每个事件都由一个事件对象表示。事件对象是 Event 类或某个子类的实例，它不但存储有关特定事件的信息，还包含便于操作事件对象的方法。例如当 Flash Play 检测到鼠标单击时，它会创建一个事件对象（MouseEvent 类的实例）以表示该特定鼠标单击事件。

为了能够对这些属性和方法的访问更加方便，Flash Player API 定义了一个 Event 类，以作为所有事件对象的基类。Event 类定义一组基本的、适用于所有事件对象的属性和方法，介绍如下。

- Bubbles 属性：该属性可以用于指示事件是否为冒泡事件。如果事件可以冒泡，则此值为 true，否则为 false。
- cancelablc 属性：该属性用于指示是否可以阻止与事件相关联的行为。如果可以取消该行为，则此值为 true，否则为 false。
- currengTarget 属性：该属性是指当前正在使用某个事件侦听器处理 Event 对象的对象。
- eventPhase 属性：事件流程中的当前阶段。此属性可以包含以下数值——捕获阶段、目标阶段和冒泡阶段。
- Target 属性：事件目标，此属性包含目标节点。
- Type 属性：事件类型，类型区分大小写。
- Event() 构造函数：创建一个作为参数传递给事件侦听器的 Event 对象的对象。
- Clone() 方法：返回一个新的 Event 对象，它是 Event 对象的原始实例的副本。
- formatTostring() 方法：在自定义 Event 类中实现 toString() 方法的实用程序函数。
- isDefaultPrevented() 方法：检查是否已对事件调用 preventedDefault() 方法。如果已调用，将返回 true，否则将会返回 false。
- preventDefault() 方法：如果可以取消事件的默认行为，则取消该行为。
- stopImmediatePropagation() 方法：防止对事件流中当前节点中和所有后续节点中的事件侦听器进行处理。该方法会立即生效，并且还会影响当前节点中的事件侦听器。
- stop Propagation() 方法：防止对事件流中当前节点的后续节点中的所有事件侦听器进行处理。此方法不会影响当前节点（currentTarget）中的任何事件侦听器。
- toString() 方法：返回一个字符串，其中包含 Event 对象的所有属性。

3. 事件处理函数

事件处理函数又称为事件侦听器，它是 Flash Player 为响应特定事件而执行的函数。

添加事件侦听器可以将过程分为两步：首先为 Flash Player 创建一个为响应事件而执行的函数或类方法（也可称为侦听器函数或事件处理函数）。然后通过调用事件源对象的 addEventListener() 方法，在事件目标中注册侦听器函数。

> **提示**
>
> 所有具有事件的对象都同时具有 addEventListener() 方法。

addEventListener()方法包含两个参数。

```
addEventListener(EventType.EVENT_NAME,
eventResponse);
```

其中，第一个参数是希望响应的特定事件的名称；第二个参数是事件响应函数的名称。如果将函数名称作为参数进行传递，则在写入函数名称时不使用括号。

14.5.2 键盘事件

键盘事件是由 KeyboardEvent 类来管理的，只有 KEY_DOWN 和 KEY_UP 两个事件，分别表示按下键和释放键。

KeyboardEvent 类同时定义了一些属性和方法来辅助键盘事件的处理，其属性介绍如下。

- altKey：表示 Alt 键是否处于活动状态。
- ctrlKey：表示 Ctrl 键是否处于活动状态。
- shiftKey：表示 Shift 键是否处于活动状态。
- charCode：包含按下或释放的键的字符代码值。
- keyCode：按下或释放的键的键控制代码值。
- keyLocation：表示键在键盘上的位置。

其中 keyCode 属性是最常用的，它通常用于判断是哪个键被按下或释放。当按下某个键时，其 keyCode 属性等于键控代码。

KeyboardEvent 类的方法如下。

- KeyboardEvent()：构造函数，用于创建实例。
- clone：复制实例。
- toString：返回全部属性的字符串。
- updateAfterEvent()：更新显示，与设置的帧速无关。

KeyboardEvent 类提供了 updateafterEvent() 方法可以用来更新显示，它可以让对象的显示与帧频无关，即保证对象的显示更加流畅。该方法的基本形式如下。

```
Event.updateAfterEvent();
```

提示

在 ActionScript 3.0 中，updateAfterEven() 作为指定类（如 KeyboardEvent 类和 MouseEvent 类）的方法，只有在接受相应事件的侦听器中才能使用。

14.5.3 鼠标事件

鼠标事件是指与鼠标操作有关的事件。例如单击事件、双击事件、鼠标按下事件和鼠标经过事件等。

鼠标事件是由 MouseEvent 类来管理的，该类定义了与鼠标事件相关的属性、方法和事件。MouseEvent 类的属性介绍如下。

- buttonDown：表示鼠标是否按下。
- delta：表示使用滚轮时，每单位滚动的值。
- localX：表示鼠标的本地 X 坐标值。
- localY：表示鼠标的本地 Y 坐标值。
- relatedObject：表示滑进滑出时指向的显示实例。
- stageX：表示鼠标的全局 X 坐标值。
- stageY：表示鼠标的全局 Y 坐标值。

其中 buttonDown 属性是指鼠标事件发生时，鼠标是否处于被按下的状态。如果处于被按下状态，buttonDown 属性为 true，否则为 false。

可交互对象会针对鼠标的交互分派必要的事件，下面介绍的是几种常用的鼠标事件。

- CLICK：该事件表示当用户在目标对象上，按下并释放鼠标键时就会发生。
- DOUBLE_CLICK：该事件表示当用户在目标对象上，快速连续按下和释放鼠标键两次时就会发生。
- MOUSE_DOWN：该事件表示当用户在目标对象上，按下鼠标键时就会发生。
- MOUSE_UP：该事件表示当用户在目标对象上，释放鼠标键时就会发生。
- MOUSE_OVER：该事件表示当用户从目标对象边界外，把鼠标指针移进边界内时就会发生。
- MOUSE_MOVE：该事件表示当指针位于目标对象边界内时，只要用户移动鼠标指针就会发生。
- MOUSE_OUT：该事件表示当用户从目标对象边界内，将鼠标指针移至边界外时就会发生。

当使用鼠标的滚轮时，会触发 mouseWheel 事件，MouseEvent 类的 delta 属性决定滚轮发生时的滚动值。在默认情况下，当滚轮向上滚动时，delta 属性为 3；当滚轮向下滚动时，delta 属性为 -3。

14.5.4 使用 ActionScript 实现拖曳效果

前面已经向读者介绍了有关 ActionScript 中事件的处理，也了解了键盘事件和鼠标事件，接下来通过一个练习，主要是通过 ActionScript 中的鼠标事件来实现元件的拖曳效果。

动手实践——制作拖曳效果动画

源文件：光盘 \ 源文件 \ 第 14 章 \14-5-4.fla

视频：光盘 \ 视频 \ 第 14 章 \14-5-4.swf

01 执行“文件 > 新建”命令，弹出“新建文档”对话框，设置如图 14-22 所示，单击“确定”按钮，新建一个 Flash 文档。导入素材图像“光盘 \ 源文件 \ 第 14 章 \ 素材 \144401.jpg”，如图 14-23 所示，在第 100 帧按 F5 键插入帧。

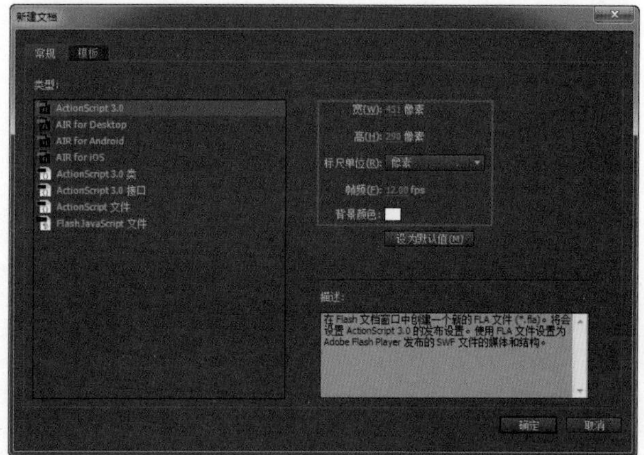

图 14-22 “新建文档”对话框

图 14-23 导入素材

02 新建“图层 2”，导入素材“光盘 \ 源文件 \ 第 14 章 \ 素材 \144402.png”，按 F8 键，将其转换成“名称”为“白云 1”的图形元件，如图 14-24 所示。在“图层 2”第 1 帧创建补间动画，选择第 60 帧，调整元件的位置，如图 14-25 所示。

图 14-24 元件效果

图 14-25 调整元件位置

03 使用相同的制作方法，可以完成“图层 3”上动画效果的制作，场景效果如图 14-26 所示，“时间轴”面板如图 14-27 所示。

图 14-26 场景效果

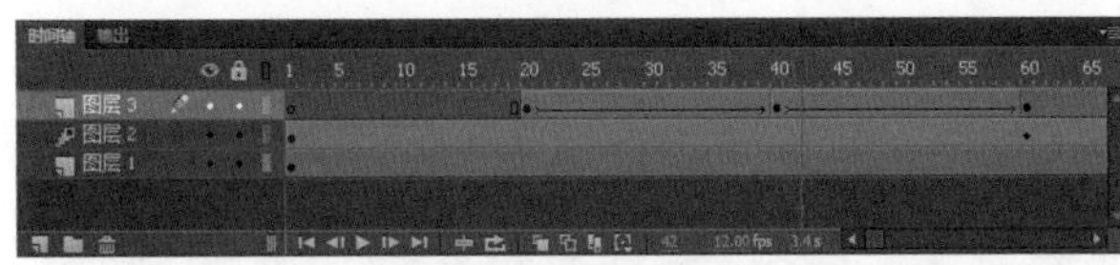

图 14-27 “时间轴”面板

04 执行“文件 > 导入 > 打开外部库”命令，打开外部库文件“光盘\源文件\第 14 章\素材\素材 1.fla”，如图 14-28 所示。新建为“图层 4”，在“库 - 素材 1.fla”面板中将“小马动画”元件拖入到舞台中，并调整到合适的大小，如图 14-29 所示。

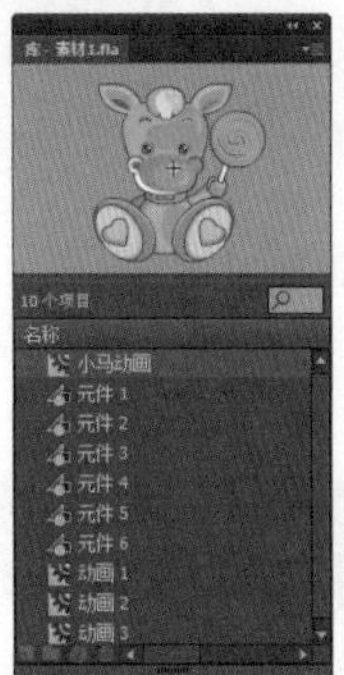

图 14-28 “库 - 素材 1.fla”面板

图 14-29 拖入元件

05 选中刚拖入的元件，在“属性”面板中设置其“实例名称”为 circle_mc，如图 14-30 所示。执行“文件 > 新建”命令，弹出“新建文档”对话框，选择“ActionScript 文件”选项，如图 14-31 所示。

图 14-30 设置“实例名称”

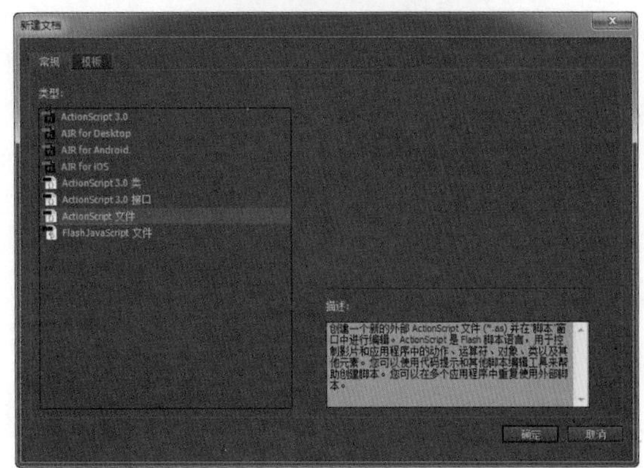

图 14-31 “新建文档”对话框

06 单击“确定”按钮，新建一个 ActionScript 脚本文件，在该文件中编写相应的脚本代码，如图 14–32 所示。将该脚本文件保存为“光盘\源文件\第 14 章\drag.as”。返回 Flash 动画文件中，新建“图层 5”，打开“动作”面板，输入 ActionScript 脚本代码，如图 14–33 所示。

图 14-32 输入 ActionScript 脚本

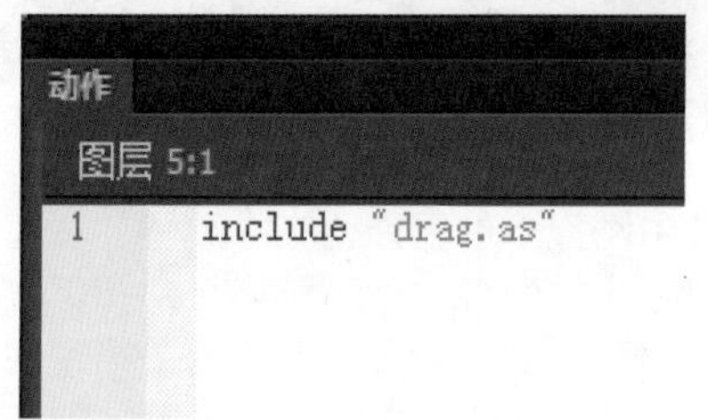

图 14-33 输入 ActionScript 脚本

创建的 Action Script 文件，必须和动画保存在同一个目录下。

07 执行“文件 > 保存”命令，将该文件保存为“光盘\源文件\第 14 章\14-5-4.fla”，按快捷键 Ctrl+Enter，测试动画，可以在动画中拖动相应的元件，如图 14–34 所示。

图 14-34 测试动画效果

14.6 模拟触屏手机滑动效果

目前触摸屏的手机越来越普遍，只需要通过手指滑动，就可以实现翻页的功能，在 Flash 中通过 ActionScript 同样可以实现这样的效果，本实例就通过使用 ActionScript 3.0 脚本代码制作一个触屏手机的滑动效果动画。

动手实践——模拟触屏手机滑动效果

源文件：光盘\源文件\第 14 章\14-6.fla

视频：光盘\源文件\第 14 章\14-6.swf

01 执行“文件 > 新建”命令，弹出“新建文档”对话框，设置如图 14–35 所示，单击“确定”按钮，新建 Flash 文档。执行“插入 > 新建元件”命令，弹出“创建新元件”对话框，设置如图 14–36 所示。

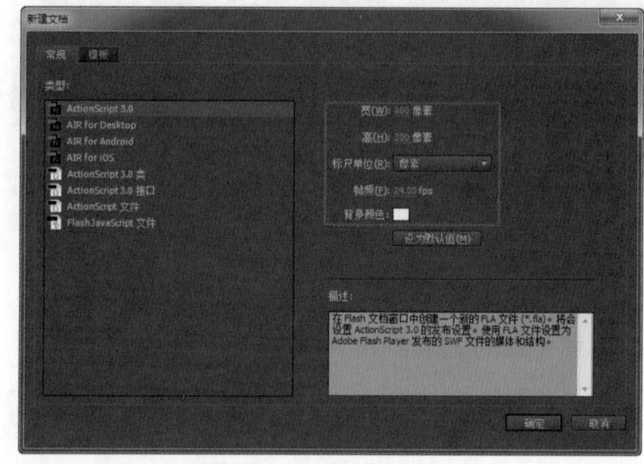

图 14-35 “新建文档”对话框

图 14-36 “创建新元件”对话框

02 单击“确定”按钮，导入素材图像“光盘\源文件\第 14 章\素材\14602.png”，如图 14-37 所示。执行“插入 > 新建元件”命令，弹出“创建新元件”对话框，设置如图 14-38 所示。

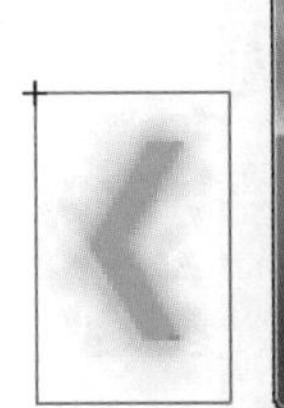
图 14-37 导入素材图像

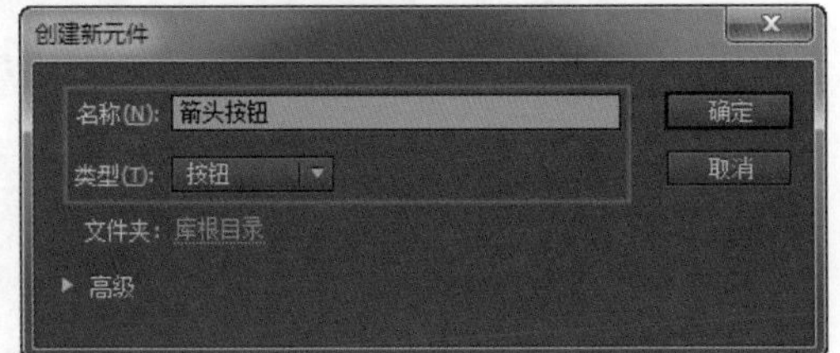

图 14-38 “创建新元件”对话框

03 在“库”面板中将“箭头”元件拖入到舞台中，如图 14-39 所示。在“按下”帧位置按 F6 键插入关键帧，在“点击”帧位置按 F5 键插入帧，如图 14-40 所示。

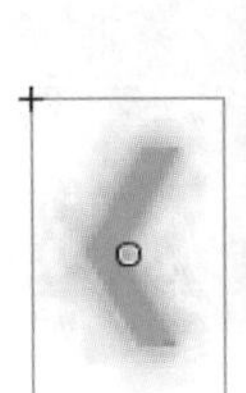
图 14-39 拖入元件

图 14-40 “时间轴”面板

04 选择“弹起”帧上的元件，在“属性”面板中设置其“亮度”为 -20%，如图 14-41 所示，元件效果如图 14-42 所示。

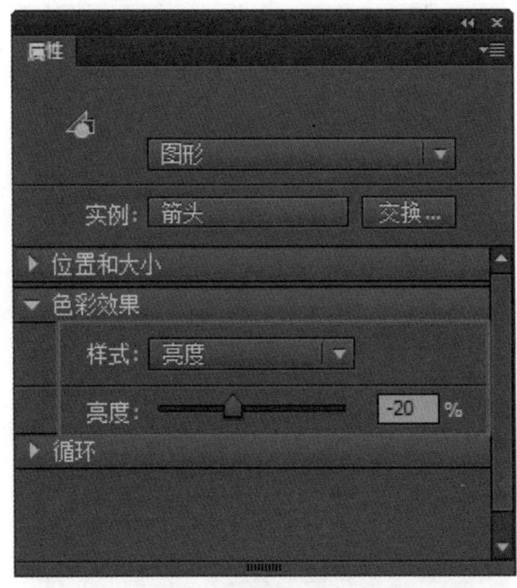

图 14-41 设置“亮度”选项

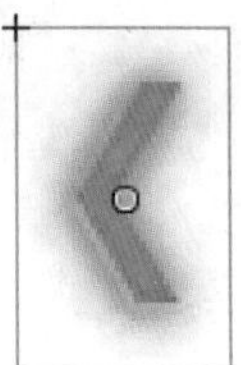
图 14-42 元件效果

05 执行“插入 > 新建元件”命令，弹出“创建新元件”对话框，设置如图 14-43 所示。单击“确定”按钮，在“库”面板中将“箭头按钮”元件拖入到舞台中，如图 14-44 所示。

图 14-43 “创建新元件”对话框

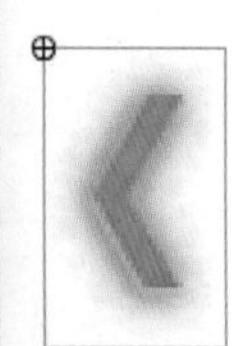
图 14-44 拖入元件

06 执行“插入 > 新建元件”命令，弹出“创建新元件”对话框，设置如图 14-45 所示。单击“确定”按钮，导入素材图像“光盘\源文件\第 14 章\素材\14603.jpg”，如图 14-46 所示。

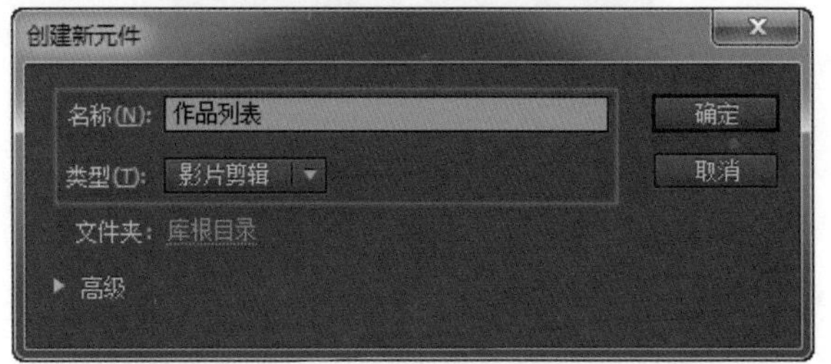

图 14-45 “创建新元件”对话框

图 14-46 导入素材图像

07 执行“插入 > 新建元件”命令，弹出“创建新元件”对话框，设置如图 14-47 所示。单击“确定”按钮，使用“矩形工具”，在“属性”面板中设置“圆角半径”为 5 像素，在舞台中绘制一个圆角矩形，如图 14-48 所示。

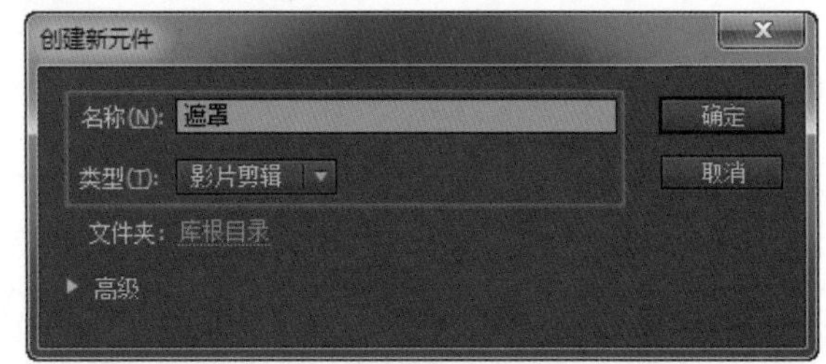

图 14-47 “创建新元件”对话框

图 14-48 绘制圆角矩形

08 返回“场景 1”的编辑状态，使用“矩形工具”，在舞台中绘制一个矩形，打开“颜色”面板，设置渐变颜色，如图 14-49 所示，在刚绘制的矩形上填充径向渐变，效果如图 14-50 所示。

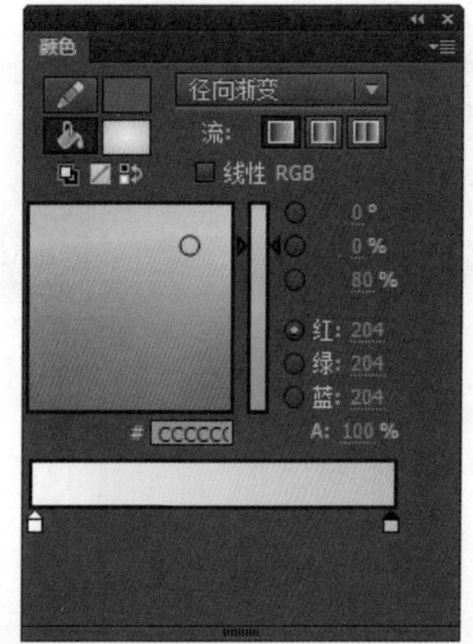

图 14-49 设置渐变颜色

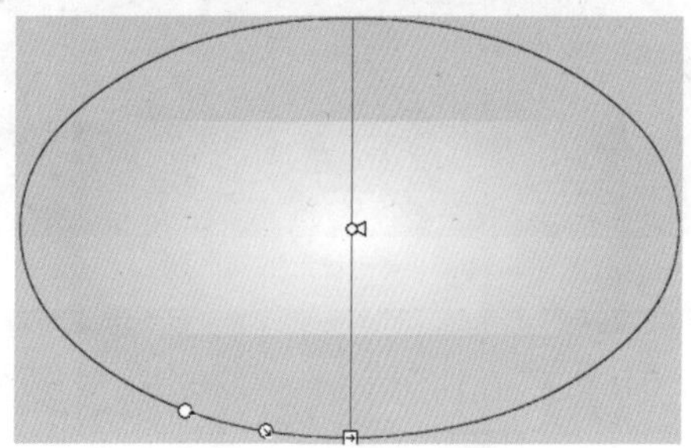

图 14-50 填充径向渐变

09 新建“图层 2”，导入素材图像“光盘\源文件\第 14 章\素材\14601.png”，如图 14-51 所示。新建“图层 3”，在“库”面板中将“作品列表”元件拖入到舞台中，调整到合适的大小和位置，如图 14-52 所示。

图 14-51 导入素材图像

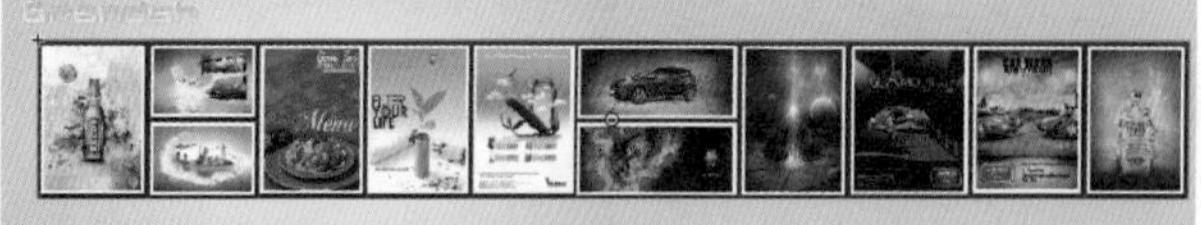

图 14-52 拖入元件

10 选中刚拖入的元件，在“属性”面板中设置其“实例名称”为 main_con，如图 14-53 所示。新建“图层 4”，在“库”面板中将“遮罩”元件拖入到舞台中，并调整到合适的大小和位置，如图 14-54 所示。

图 14-53 设置“实例名称”

图 14-54 拖入元件

11 选中刚拖入的“遮罩”元件，在“属性”面板中设置其“实例名称”为 maskMC，如图 14-55 所示。新建“图层 5”，在“库”面板中将“箭头动画”元件拖入到舞台中，并调整到合适的位置，如图 14-56 所示。

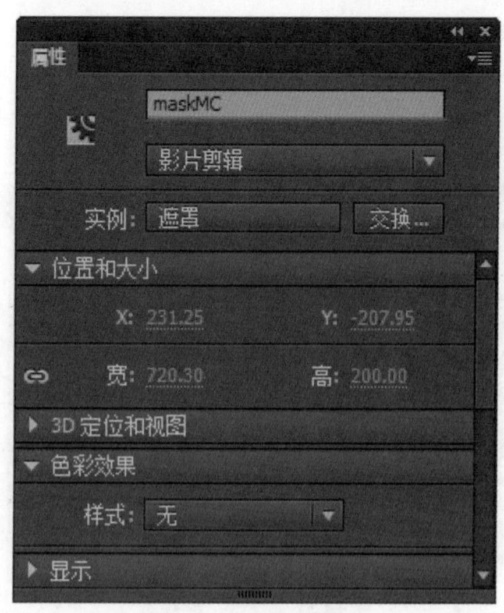

图 14-55 设置“实例名称”

图 14-56 拖入元件

12 选中刚拖入的“箭头动画”元件，在“属性”面板中设置其“实例名称”为 bnt_left，如图 14-57 所示。再次拖入一个“箭头动画”元件，执行“修改 > 变形 > 水平翻转”命令，对其进行水平翻转操作，设置其“实例名称”为 bnt_right，效果如图 14-58 所示。

图 14-57 设置“实例名称”

图 14-58 拖入元件

13 执行“文件 > 新建”命令，新建一个 ActionScript 脚本文件，在该文件中编写脚本代码，如图 14-59 所示。将该文件保存为“光盘 \ 源文件 \ 第 14 章 \HtouchScroll.as”。返回制作的 Flash 动画文件中，新建“图层 6”，打开“动作”面板，输入相应的 ActionScript 脚本代码，如图 14-60 所示。

```
package {
    import flash.display.DisplayObject;
    import flash.display.MovieClip;
    import flash.events.MouseEvent;
    import flash.events.Event;

    public class HtouchScroll{

        public var tween:Number = 0.3;      //缓动 0-1之间  1为不缓动
        public var moveSetp:Number = 200;   //左右按钮移动幅度
        private var v_targetMC:MovieClip;
        private var v_maskMC:MovieClip;
        private var v_Lbnt:MovieClip;
        private var v_Rbnt:MovieClip;
        private var automask:Boolean = false;//是否自动遮罩
        private var LimitLeft:Number;
        private var LimitRight:Number;
        private var toPositionX:Number;
        private var StartPositionX:Number;
        private var distance:Number;
        private var StopPos:Number;
        /**
         * 横板拖动菜单
         * @param   ScrollMc    //被遮罩对象
         * @param   MaskMC      //遮罩
         */
        public function HtouchScroll(ScrollMC:MovieClip, MaskMC:MovieClip) {
            v_targetMC = ScrollMC ;
            v_maskMC = MaskMC ;
            StopPos = v_targetMC.x;         //原始点
```

图 14-59 编写 ActionScript 代码

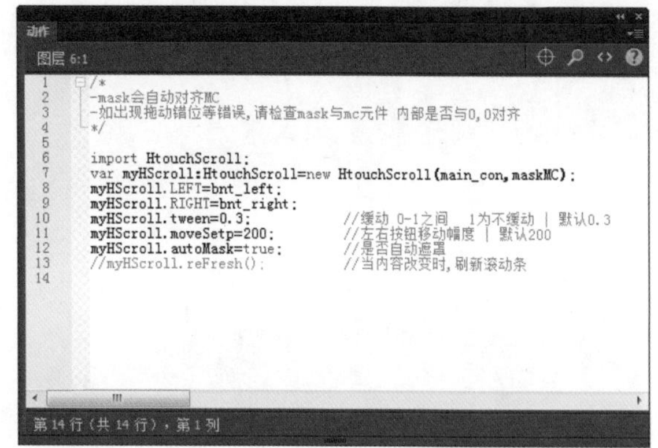

图 14-60 编写 ActionScript 代码

提示

此处由于 ActionScript 脚本代码较多，不再给出全部代码，读者可以参考光盘中的源文件。

14 完成动画的制作，执行“文件 > 保存”命令，将该文件保存为“光盘 \ 源文件 \ 第 14 章 \14-6.fla”，按快捷键 Ctrl+Enter，测试动画，在动画中可以通过左右箭头滑动图像，也可以直接使用鼠标在图像上拖曳滑动图像，如图 14-61 所示。

图 14-61 测试动画效果

14.7 本章小结

ActionScript 3.0 的脚本编写功能超越了 ActionScript 的任何早期版本。它旨在方便创建拥有大型数据集和面向对象的可重用代码库的高度复杂应用程序。本章主要讲解了 ActionScript 3.0 的相关基础知识，读者需要能够理解并掌握这些基础知识，在实践中不断熟悉和掌握 ActionScript 3.0 的相关应用。

第15章 ActionScript 3.0 的应用 

ActionScript 是内建的一种只在 Flash 中使用的脚本编程语言，用于控制 Flash 影片的播放，为 Flash 动画添加交互性和创建复杂的 Flash 应用程序。本章将向读者介绍 ActionScript 3.0 中的包和类的相关知识，结合实例使读者对 ActionScript 3.0 进行更深入、更透彻的学习，为今后制作出更加精彩的交互式动画打下坚实的基础。

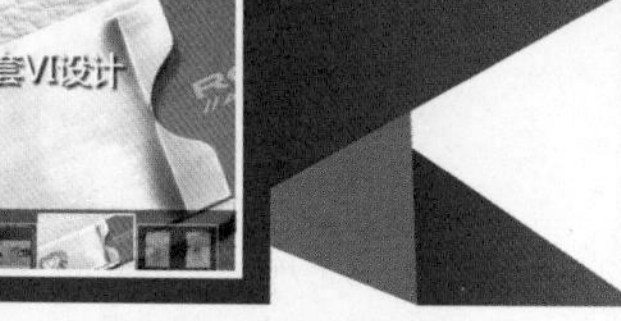

15.1 什么是面向对象的编程 

面向对象是将对象作为程序的基本单元，将程序和数据封装在其中，以提高软件的重用性、灵活性和扩展性。面向对象的编程通常需要遵循一些基本的理论，是一种程序设计思想。

1. 对象

对象（Object）也是面向对象编程语言中的重要组成部分，是类的实例。在现实世界中，任何事物都可以被当作对象。例如读者甲、读者乙就都是“读者对象”。对象实际上就是由数据和处理这些数据的操作组成的封装体，与客观实体有直接对应关系。

2. 类

用户通过在程序的内部编写出指令来创建对象。为了能够让 Flash 创建一个对象，就必须提供一个称为“类（Class）”的定义。通过类，将对象转换为实例，对象就是某个确切的实例，例如 myText 对象是 TextField 类的一个实例。

类（Class）是对象的抽象表示形式。类用来存储有关对象可保存的数据类型及对象可表现的行为的信息。如果编写的脚本中只包含几个彼此交互的对象，使用这种抽象类的作用可能并不明显。但是随着程序作用域不断扩大以及必须管理的对象数不断增加，可能会发现，可以使用类更好地控制对象的创建方式以及对象之间的交互方式。

3. 继承性

继承性（Inheritance）是面向对象的一种基本特性，其规定了对象与类之间的关系，即对象将继承类中所有的特征，包括类的基本性质和可实现的功能（在面向对象的编程语言中，就是类属性和方法）。

4. 多样性

多样性（Polymorphism）是指在不同的环境下，类的基本性质和可实现的功能也会有所差别。

在面向过程的编程语言中，程序在每一种环境中执行操作都需要单独编写方法；而在面向对象的编程语言中，则可以用相同的方法，根据使用环境的改变实现不同的功能。

在面向对象的程序设计中，通常在编写方法时就要考虑到使用方法的各种环境，需要大量的工作。然而，当方法编写完成后，其可适应的范围要比普通的方法更广泛，使用也更简便，这正是多样性的优越性。

5. 封装

封装(Encapsulation)是面向对象编程的一个特点，即模块化的设计思想。将程序的所有类属性和方法封装起来，只保留对外的接口供用户调用。

封装可以最大程序地保证类和对象的独立性，用户不需要了解类中各类属性和方法的编写，只需要了解调用这些类属性和方法的方式，即可使用这些类属性和方法。同时，封装也为程序提供了更大的适应性。

15.2 包和命名空间

包和命名空间是两个相关的概念。通过使用包，有利于共享代码并尽可能减少命名冲突的方式将多个类定义捆绑在一起。使用命名空间，可以控制标识符（如属性名和方法名）的可见性。无论命名空间位于包的内部还是外部，都可以应用于代码。包可用于组织类文件，命名空间可用于管理各个属性和方法的可见性。

15.2.1 包的概念

ActionScript 3.0 是以类为基础的，因此所有使用类的代码都必须放在类的方法中，这就需要使用到包。而包存放在影片外部的 ActionScript 文件中。

例如，创建包的代码如下所示。

```
Package PackageName {
//代码
}
```

其中，Package 为创建包的关键字，PackageName 表示包的名称。

在 ActionScript 3.0 中还可以不指明包的名称，仅使用 Package 关键字和大括号。在这种情况下，类将创建在默认的顶层包中，其代码如下。

```
Package {
//代码
}
```

提示

使用包还有助于确保所使用的标识符名称是唯一的，而且不与其他标识符名称冲突，这也是包的主要优点。假设两个希望相互共享代码的程序员各创建了一个名为 SampleCode 的类。如果没有包，这样就会造成名称冲突，唯一的解决方法就是重命名其中的一个类。但是使用包，就可以将其中的一个类放在具有唯一名称的包中，从而轻松地避免了名称冲突。

当 ActionScript 文件创建完成后，如果想让 Flash 文档中引用包中的程序，则需要将 Flash 文档与该 AS 文件进行连接。在 Flash 文档中，在“属性”面板上的“类”文本框中输入 ActionScript 文件的名称，然后单击“编辑类定义”按钮即可，如图 15-1 所示。

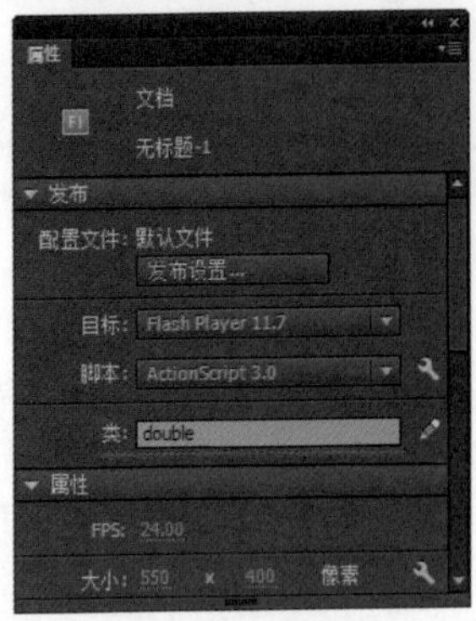

图 15-1 “属性”面板

提示

使用包，可以通过有利于共享代码并尽可能减少命名冲突的方式，将多个类定义捆绑在一起。

15.2.2 创建包

ActionScript 3.0 在包、类和源文件的组织方式上具有很大的灵活性。早期的 ActionScript 版本只允许每个源文件有一个类，而且要求源文件的名称与类名称匹配。ActionScript 3.0 允许在一个源文件中包括多个类，但是每个文件中只有一个类可供该文件外部的代码使用。换言之，每个文件中只有一个类可以在包声明中进行声明。用户必须在包定义的外部声明其他任何类，以使这些类对于该源文件外部的代码不可见。在包定义内部声明的类的名称必须与源文件的名称匹配。

ActionScript 3.0 在包的声明方式上也具有更大的灵活性。在早期的 ActionScript 版本中，包只是表示可用来存放源文件的目录，不必用 Package 语句来声明包，而是在类声明中将包名称包括在完全限定的类名称中。在 ActionScript 3.0 中，尽管包仍表示目录，但是它现在不只包含类。在 ActionScript 3.0 中，使用 Package 语句来声明包，这意味着用户还可以在包的顶级声明变量、函数和命名空间，甚至还可以在包的顶级包括可执行语句。如果在包的顶级声明变量、函数或命名空间，则在顶级只能使用 public 和 internal 属性，并且每个文件中只能有一个包级声明使用 public 属性（无论该声明是类声明、变量声明、函数声明还是命名空间声明）。

包的作用是组织代码并防止名称冲突。用户不应将包的概念与类继承这一不相关的概念混淆。位于同一个包中的两个类具有共同的命名空间，但是它们在其他任何方面都不需要相关。同样嵌套包可以与其父包无关。

15.2.3 导入包

如果希望使用位于某个包内部的特定类，则必须导入该包或该类。这与 ActionScript 2.0 不同，在

ActionScript 2.0 中，类的导入是可选的。

例如，使用 package 指令来创建一个包含单个类的简单包。

```
package samples
{
public class SampleCode
{
public var sampleGreeting:String;
public function sampleFunction()
{
trace(sampleGreeting + " from sampleFunction()");
}
}
}
```

以上的代码中，该类的名称是 SampleCode。由于该类位于 samples 包中，因此编译器在编译时会自动将其类名称限定为完全限定名称：samples.SampleCode。

如果该类位于名为 samples 的包中，那么在使用 SampleCode 类之前，必须使用下列导入语句之一。

```
import samples.*;
```

或者

```
import samples.SampleCode;
```

通常 import 语句越具体越好。如果只打算使用 samples 包中的 SampleCode 类，则应只导入 SampleCode 类，而不应导入该类所属的整个包。导入整个包可能会导致意外的名称冲突。

还必须将定义包或类的源代码放在类路径内部。类路径是用户定义的本地目录路径列表，它决定了编译器将在何处搜索导入的包和类。类路径有时被称为“生成路径”或“源路径”。

技巧

在正确地导入类或包之后，可以使用类的完全限定名称（samples.SampleCode），也可以只使用类名称本身（SampleCode）。

15.2.4 命名空间的概念

通过命名空间可以控制所创建的属性和方法的可见性。将 public、private、protected 和 internal 访问控制说明符视为内置的命名空间。如果这些预定义的访问控制说明符无法满足要求，可以创建自己的命名空间。

要了解命名空间的工作方式，有必要先了解属性或方法的名称总是包含两部分：标识符和命名空间。标识符通常被视为名称。例如以下类定义中的标识符是 sampleGreeting 和 sampleFunction()。

```
class SampleCode
{
var sampleGreeting:String;
function sampleFunction () {
trace(sampleGreeting + " from sampleFunction()");
}
}
```

只要定义不以命名空间属性开头，就会用默认 internal 命名空间限定其名称，这意味着，它们仅对同一个包中的调用可见。如果编译器设置为严格模式，则编译器会发出一个警告，指明 internal 命名空间将应用于没有命名空间属性的任何标识符。为了确保标识符可在任何位置使用，必须在标识符名称的前面明确加上 public 属性。在上面的示例代码中，sampleGreeting 和 sampleFunction() 都有一个命名空间值 internal。

使用命名空间时，应遵循以下三个基本步骤。

第一，必须使用 namespace 关键字来定义命名空间。例如下面的代码定义 version1 命名空间。

```
namespace version1;
```

第二，在属性或方法声明中，使用命名空间（而非访问控制说明符）来应用命名空间。下面的示例将一个名为 myFunction() 的函数放在 version1 命名空间中。

```
version1 function myFunction() {}
```

第三，在应用了该命名空间后，可以使用 use 指令引用它，也可以使用该命名空间来限定标识符的名称。下面的示例通过 use 指令来引用 myFunction() 函数。

```
use namespace version1;
myFunction();
```

还可以使用限定名称来引用 myFunction() 函数，如下面的示例所示。

```
version1::myFunction();
```

15.2.5 定义命名空间

命名空间中包含一个名为统一资源标识符（URL）的值，该值有时称为命名空间名称。使用 URL 可确保命名空间定义的唯一性。

可通过使用以下两种方法之一来声明命名空间定义，以创建命名空间。第一种方法是像定义 XML 命名空间那样使用显式 URL 定义命名空间；第二种方法是省略 URL。下面的示例说明如何使用 URL 来定义命名空间。

```
namespace flash_proxy = "http://www.adobe.com/flash/proxy";
```

URL 用作该命名空间的唯一标识字符串。如果省略 URL（如下面的示例所示），则编译器将创建一个唯一的内部标识字符串来代替 URL。用户对于这个内部标识字符串不具有访问权限。

```
namespace flash_proxy;
```

在定义了命名空间（具有 URL 或没有 URL）后，就不能在同一个作用域内重新定义该命名空间。如果尝试定义的命名空间以前在同一个作用域内定义过，则将生成编译器错误。

如果在某个包或类中定义了一个命名空间，则该命名空间可能对于此包或类外部的代码不可见，除非使用了相应的访问控制说明符。例如下面的代码显示了在 flash.utils 包中定义的 flash_proxy 命名空间。在下面的示例中，缺乏访问控制说明符意味着 flash_proxy 命名空间将仅对于 flash.utils 包内部的代码可见，而对于该包外部的任何代码都不可见。

```
package flash.utils
{
namespace flash_proxy;
}
```

下面的代码使用 public 属性，以使 flash_proxy 命名空间对该包外部的代码可见。

```
Package flash.utils
{
public namespace flash_proxy;
}
```

15.2.6 应用命名空间

应用命名空间意味着在命名空间中放置定义。可以放在命名空间中的定义包括函数、变量和常量（不能将类放在自定义命名空间中）。

例如，考虑一个使用 public 访问控制命名空间声明的函数。在函数的定义中使用 public 属性会将该函数放在 public 命名空间中，从而使该函数对于所有的代码都可用。在定义了某个命名空间之后，可以按照与使用 public 属性相同的方式来使用所定义的命名空间，该定义将对于可以引用用户自定义命名空间的代码可用。如果用户定义一个名为 example1 的命名空间，则可以添加一个名为 myFunction() 的方法并将 example1 用作属性，如下面的示例所示。

```
namespace example1;
class someClass
{
example1 myFunction() {}
}
```

如果在声明 myFunction() 方法时，将 example1 命名空间用作属性，则意味着该方法属于 example1 命名空间。

在应用命名空间时，应注意以下几点。

（1）对于每个声明只能应用一个命名空间。

（2）不能一次将同一个命名空间属性应用于多个定义。换言之，如果希望将自己的命名空间应用于 10 个不同的函数，则必须将该命名空间作为属性分别添加到这 10 个函数的定义中。

（3）如果应用了命名空间，则不能同时指定访问控制说明符，因为命名空间和访问控制说明符是互斥的。换言之，如果应用了命名空间，就不能将函数或属性声明为 public、private、protected 或 internal。

15.2.7 通过 ActionScript 3.0 输出文本

前面已经向读者介绍了 ActionScript 3.0 中包和命名空间的相关知识，接下来通过一个简单的小练习，向读者介绍一个 ActionScript 3.0 脚本的编辑以及包的使用。

动手实践——通过 ActionScript 3.0 输出文本

源文件：光盘\源文件\第 15 章\15-2-7.fla

视频：光盘\视频\第 15 章\15-2-7.swf

01 执行“文件 > 新建”命令，弹出“新建文档”对话框，设置如图 15-2 所示，单击“确定”按钮，新建一个 Flash 文档。导入素材图像“光盘\源文件\第 15 章\素材\152701.jpg”，如图 15-3 所示。

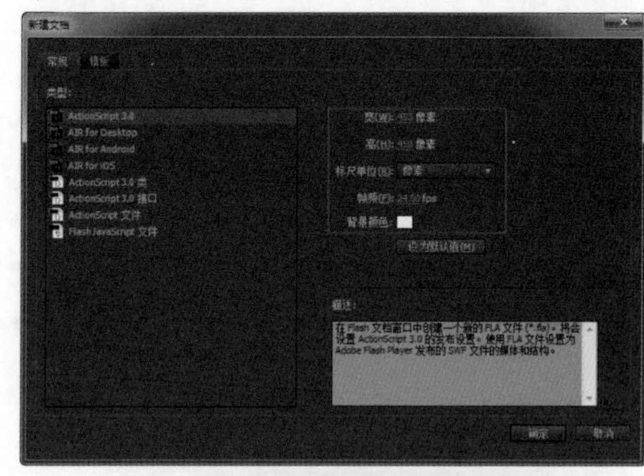

图 15-2 “新建文档”对话框

图 15-3 导入素材图像

02 执行“文件 > 新建”命令，弹出“新建文档”对话框，新建一个 ActionScript 脚本文件，如图 15-4 所示。执行“文件 > 保存”命令，将该脚本文件保存为“光盘\源文件\第 15 章\TextShow.as”，如图 15-5 所示。

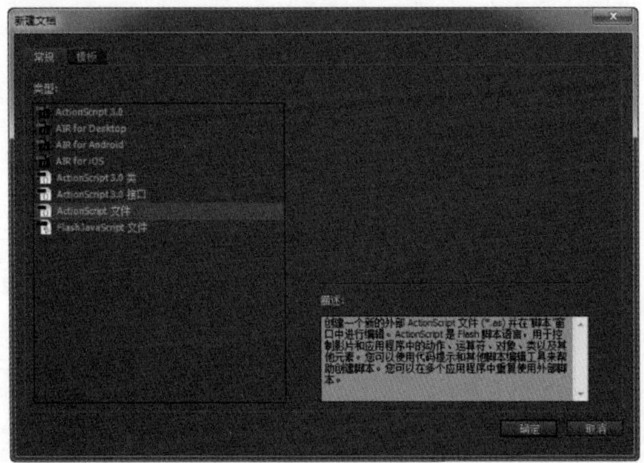

图 15-4 “新建文档”对话框

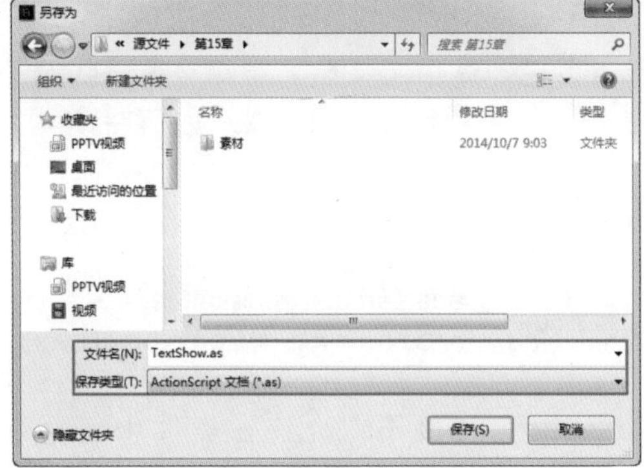

图 15-5 “另存为”对话框

03 在名为 TextShow.as 的脚本文件中编写 ActionScript 3.0 脚本代码，如下所示。

```
package {
import flash.display.MovieClip;
import flash.text.TextField;
import flash.text.TextFormat;
public class TextShow extends MovieClip {
        private var text:TextField;
public function TextShow():void {
        text = new TextField();
        text.multiline = true;
        text.wordWrap = true;
        text.width = stage.stageWidth;
        text.height = stage.stageHeight;
        text.x = 80;
        text.y = 350;
        text.text = "Merry Christmas!";
        var format:TextFormat = new TextFormat();
        format.font = "Arial";
        format.size = 40;
        format.color = 0xFFFFFF;
        text.setTextFormat(format);
        addChild(text);
    }
  }
}
```

04 完成脚本代码的编写，保存该文件。返回到新建的 FLA 文件中，打开“属性”面板，设置“类”为 TextShow，如图 15-6 所示。执行“文件 > 保存”命令，将该文件保存为“光盘\源文件\第 15 章\15-2-7.fla”，按快捷键 Ctrl+Enter 测试动画，可以看到通过 ActionScript 3.0 输出的文字效果，如图 15-7 所示。

图 15-6 设置“类”选项　　图 15-7 测试动画效果

15.3 ActionScript 3.0 中的类

早在 ActionScript 1.0 中，ActionScript 程序员就能使用 Function 对象创建类似类的构造函数。在 ActionScript 2.0 中，通过使用 class 和 extends 等关键字，正式添加了对类的支持。ActionScript 3.0 不但继续支持 ActionScript 2.0 中引入的关键字，而且还添加了一些新功能，如通过 protected 和 internal 属性增强了访问控制，通过 final 和 override 关键字增强了对继承的控制。

15.3.1 类定义

一个类包含类名和类体，类体又包含类的类属性和方法，其结构如图 15-8 所示。

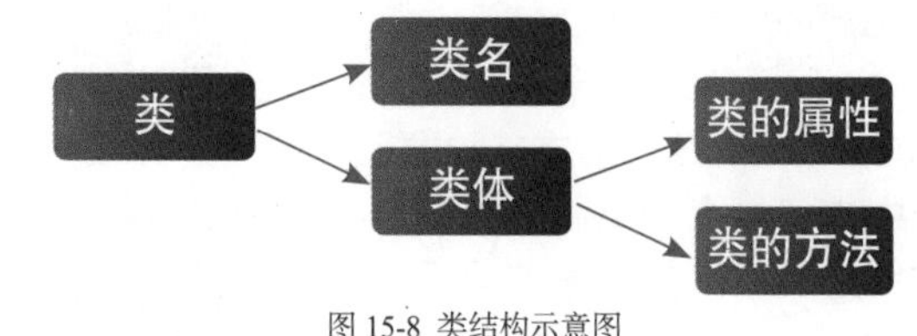

图 15-8 类结构示意图

在 ActionScript 3.0 中，使用 class 关键字定义类，其后跟类的名称，类体需要放在大括号（{}）内，类体放在类名称的后面，如下所示。

```
public class className {
//类体
}
```

例如以下代码创建了名为 Shape 的类，其中包含名为 visible 的变量。

```
public class Shape
{
var visible:Boolean = true;
}
```

对于包中的类定义，有一项重要的语法更改。在 ActionScript 2.0 中，如果类在包中，则在类声明中必须包含包名称。在 ActionScript 3.0 中，引入了 Package 语句，包名称必须包含在包声明中，而不是包含在类声明中。例如以下类声明说明如何在 ActionScript 2.0 和 ActionScript 3.0 中定义 BitmapData 类（该类是 flash.display 包的一部分）。

```
// ActionScript 2.0
class flash.display.BitmapData {}
// ActionScript 3.0
Package flash.display
{
public class BitmapData {}
}
```

15.3.2 类属性

在 ActionScript 3.0 中，可使用以下四个属性之一来修改类定义。

- dynamic：允许在运行时向实例添加属性。
- final：不得由其他类扩展。
- internal（默认）：对当前包内的引用可见。
- 公共：对所有位置的引用可见。

使用 internal 以外的每个属性时，必须以明确定义的方式包含该属性才能获得相关的行为。

如果定义类时未包含 dynamic 属性（attribute），则不能在运行时向类实例中添加属性（property）。通过在类定义的开始处放置属性，以明确的属性名称分配属性，如下面的代码所示。

```
dynamic class Shape {}
```

注意列表中未包含名为 abstract 的属性。这是因为 ActionScript 3.0 不支持抽象类。同时还需要注意，列表中未包含名为 private 和 protected 的属性。这些属性只在类定义中有意义，但不可以应用于类本身。如果不希望某个类在包以外公开可见，可以将该类放在包中，并用 internal 属性标记该类。或者可以省略 internal 和 public 这两个属性，编译器会自动添加 internal 属性。如果不希望某个类在定义该类的源文件以外可见，可将类放在包定义右大括号下面的源文件底部。

15.3.3 类体

类体放在大括号内，用于定义类的变量、常量和方法。下面的例子显示 Adobe Flash Player API 中 Accessibility 类的声明。

```
public final class Accessibility
{
public static function get active():Boolean;
public static function updateProperties():void;
}
```

还可以在类体中定义命名空间。下面的例子说明如何在类体中定义命名空间，以及如何在该类中将命名空间用作方法的属性。

```
public class SampleClass
{
public namespace sampleNamespace;
sampleNamespace function doSomething():void;
}
```

ActionScript 3.0 不但允许在类体中包括定义，而且还允许包括语句。如果语句在类体中，但在方法定义之外，这些语句只在第一次遇到类定义并且创建了相关的类对象时执行一次。下面的例子包括一个对 hello() 外部函数的调用和一个 trace 语句，在定义类时输出确认消息。

```
function hello():String
{
trace("hola");
}
class SampleClass
{
hello();
trace("class created");
}
// 创建类时输出
hola
class created
```

与以前版本的 ActionScript 相比，ActionScript 3.0 中允许在同一类体中定义同名的静态属性和实例属性。例如，下面的代码声明一个名为 message 的静态变量和一个同名的实例变量。

```
class StaticTest
{
```

```
static var message:String = "static variable";
var message:String = "instance variable";
}
// 在脚本中
var myST:StaticTest = new StaticTest();
trace(StaticTest.message); // 输出：静态变量
trace(myST.message); // 输出：实例变量
```

15.3.4 制作跳跃的小鸡 

本节通过一个小练习，学习如何通过 ActionScript 3.0 响应鼠标单击事件，从而实现对象的跳跃效果。

动手实践——制作跳跃的小鸡 

源文件：光盘\源文件\第 15 章\15-3-4.fla

视频：光盘\视频\第 15 章\15-3-4.swf

01 执行“文件 > 新建”命令，弹出“新建文档”对话框，设置如图 15-9 所示，单击“确定”按钮，新建 Flash 文档。执行“插入 > 新建元件”命令，弹出“创建新元件”对话框，设置如图 15-10 所示。

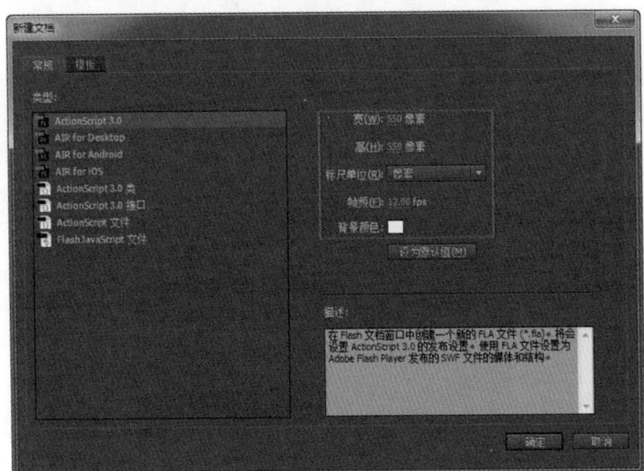

图 15-9 “新建文档”对话框

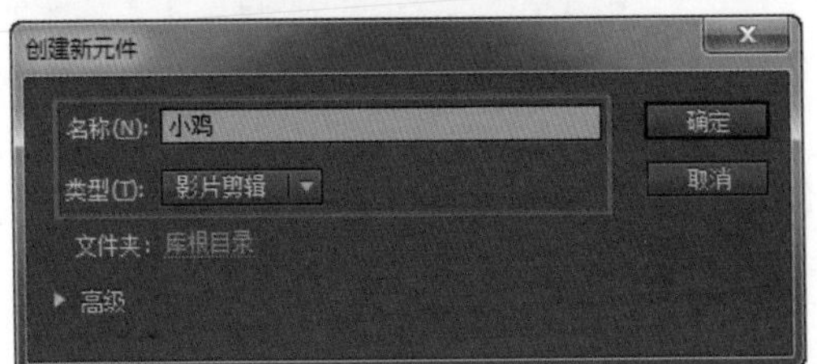

图 15-10 “创建新元件”对话框

02 导入素材图像“光盘\源文件\第 15 章\素材\z4101.png”，弹出提示对话框，如图 15-11 所示。单击“是”按钮，导入图像序列，如图 15-12 所示。

图 15-11 提示对话框

图 15-12 导入图像序列

03 返回“场景 1”编辑状态，导入素材图像“光盘\源文件\第 15 章\素材\153401.png”，如图 15-13 所示。新建“图层 2”，在“库”面板中将“小鸡”元件拖入到舞台中，如图 15-14 所示。

图 15-13 导入素材

图 15-14 拖入元件

04 选中刚拖入的“小鸡”元件，在“属性”面板中设置其“实例名称”为 mcBall，如图 15-15 所示。执行“文件 > 新建”命令，弹出“新建文档”对话框，新建一个 ActionScript 脚本文件，如图 15-16 所示。

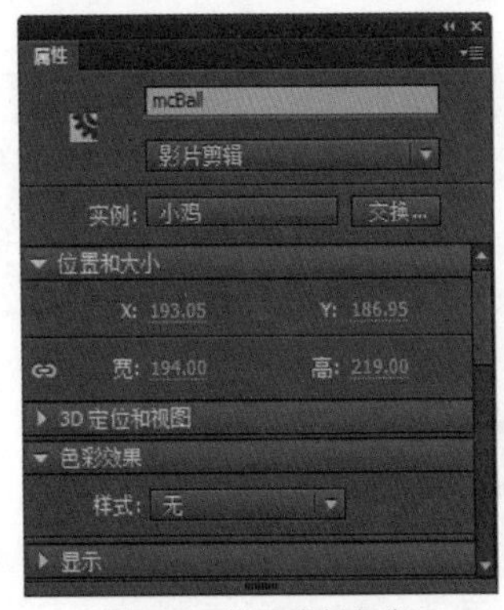

图 15-15 设置“实例名称”

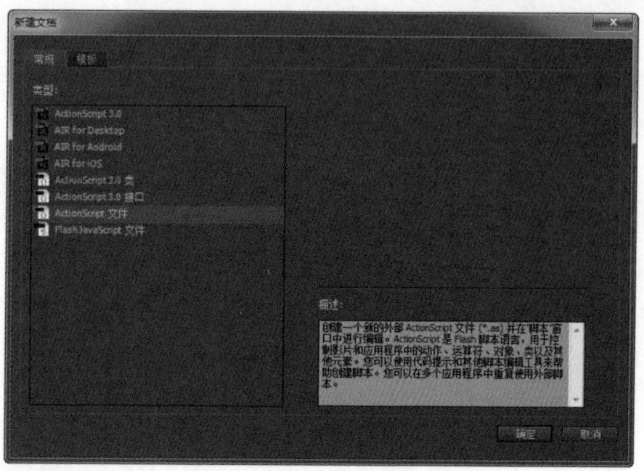

图 15-16 “新建文档”对话框

05 将该 ActionScript 脚本文件保存为“光盘\源文件\第 15 章\MouseClick.as”，并在该 ActionScript 脚本文件中编写如下的脚本代码。

```
package {
    import fl.transitions.Tween;
    import fl.transitions.easing.*;
    import flash.display.MovieClip;
    import flash.events.MouseEvent;
    public class MouseClick extends MovieClip {
            public function MouseClick():void {
                    //为目标对象注册事件侦听函数
                    mcBall.
addEventListener(MouseEvent.CLICK,clickListener);
                    }
            //创建事件侦听函数
            private function clickListener(event:Mous
eEvent):void {
                    //使用Bounce类模拟弹跳
                    var tweenCircle:Tween = new
Tween(mcBall,“y”,Bounce.easeOut,mcBall.y-200,mcBall.
y,1,true);
                    }
            }
    }
```

06 保存该脚本文件，返回编辑的 FLA 文件中，在空白位置单击，在“属性”面板中设置“类”为 MouseClick，如图 15-17 所示。执行“文件 > 保存”命令，将该文件保存为“光盘\源文件\第 15 章\15-3-4.fla”，按快捷键 Ctrl+Enter 测试动画，单击 Flash 中的小鸡将会产生小鸡的弹跳效果，如图 15-18 所示。

图 15-17 设置“类”选项

图 15-18 测试动画效果

15.4 属性和方法

属性和方法是类的重要组成部分，用于表现类的性质和实现功能。本节将向读者介绍类属性的定义和使用方法，通过对类属性进行定义，可以在 Flash 中更加轻松地实现各种功能。

15.4.1 属性

属性是指在类中声明的各种可被外部引用的变量或常量。可被外部引用的常量又被称为公共常量。公共常量和属性合称类属性。

1. 定义类属性

定义类属性时，通常将要定义的变量或常量放置到构造函数或方法的外部进行定义，并通过 public 修饰符确保类属性可以被外部引用。

例如，在类中分别定义一个属性和一个公共常量，代码如下所示。

```
package {
 public class ClassName {
 public const PublicConstant = Value1;
 public var AttributeName = Value2;
}
}
```

在以上的代码中，public 为访问修饰符，class 为定义类的关键字，ClassName 为类的名称，const 为定义公共常量的关键字，PublicConstant 为公共常量的名称，Value1 为公共常量的值，AttributeName 为属性的名称，Value2 为属性的值。

提示

类的公共常量是一个不可更改的值，而类中的各种属性则可以根据类的实例进行相应的变化。

2. 成员属性和局部属性

类属性还可以根据其定义域的不同分为成员属性和局部属性，这两种属性的区别在于其定义域不同。成员属性的定义域为整个类，在整个类中都可以被方便地引用，而局部属性则只在定义的方法内有效。

如下所示，为定义成员属性和局部属性的代码。

```
package {
  public class ClassName {
  public var MemberAttribute = Value1;
  public function ClassName():void {
  var LocalAttribute = Value2;
}
}
}
```

在以上的代码中，MemberAttribute 为成员属性的名称，Value1 为成员属性的值，LocalAttribute 为局部属性的名称，Value2 为局部属性的值。

提示

局部属性可以在构造函数中定义，也可以在方法中定义。通常局部属性是无法被外部引用的。

3. 实例属性和静态属性

类属性中的成员属性还可以分为实例属性和静态属性。实例属性只能通过类的实例访问，而静态属性则只能通过类的名称来访问。

如下所示，为定义实例属性和静态属性的代码。

```
package {
  public class ClassName {
  public var InstantialAttribute = Value1;
  static public var StaticAttribute = Value2;
}
}
```

其中 InstantialAttribute 为实例属性的名称，Value1 为实例属性的值，static 为定义静态属性的修饰符，StaticAttribute 为静态属性的名称，Value2 为静态属性的值。

实例属性是实例所特有的，修改某个实例属性，并不会影响到另一个实例的属性。而静态属性则是所有实例所共有的，修改任何一个静态属性，都会影响到所有的实例。

15.4.2 方法

方法是类定义中的函数。创建类的一个实例后，就会捆绑一个方法。与在类外部声明的函数不同，不能将方法与附加方法的实例分开使用。

方法是使用 function 关键字定义的，可以使用函数语句，代码如下。

```
public function sampleFunction(): String{ }
```

也可以使用分配了函数表达式的变量，代码如下。

```
public var sampleFunction: Function = function() { }
```

1. 构造函数方法

构造函数方法是与在其中定义函数的类共享同一名称的函数。只要使用 new 关键字创建了类实例，就会执行构造函数方法中的所有代码。

例如，创建一个名称为 MyText 的简单类，该类包含名称为 Mname 的属性，该属性的值在构造函数中定义，代码如下。

```
class MyText {
  public var status: String;
  public function MyText() {
  Mname = "类属性的值";
}
}
var MyText1: MyText = new MyText();
trace (MyText1.Mname);
//输出类属性的值
```

提示

构造函数方法只能是公共方法，但可以选择性地使用 public 属性。不能对构造函数使用任何其他访问控制说明符（包括使用 private、protected 或 internal），也不能对函数构造方法使用用户定义的命名空间。

构造函数可以使用 super() 语句明确地调用其直接超类的构造函数。如果没有明确所调用的超类构造函数的名称，编译器会在构造函数体中的第一个语句前自动插入一个调用。

2. 静态方法

静态方法也叫作类方法，是使用 static 关键字声明的方法，例如如下的代码。

```
package {
  public class ClassName {
  public function ClassName():void { }
  static function StaticMethod(): FunctionType { }
```

```
  }
}
```

其中，static表示定义静态方法的修饰符，staticMethod表示静态方法的名称，FunctionType表示静态方法的数据类型。

静态方法附加到类而不是类的实例，因此在封装对单个实例的状态以外的内容有影响时，静态方法很有用。

提示

由于静态方法附加到整个类，所以只能通过类访问静态方法，而不能通过类实例访问。

3. 实例方法

实例方法指的是不使用static关键字声明的方法。实例方法附加到类实例而不是整个类，在实现对类的各个实例有影响的功能时，实例方法是很有用的。

```
package {
  public class ClassName {
    public function ClassName(): void{ }
    public function InstantialMethod(): FunctionType{ }
  }
}
```

在以上代码中，public表示定义公共方法的修饰符，instantiaMethod表示实例方法的名称。

实例方法体中的this引用的值是对方法所附加实例的引用，下面的代码说明this是指向包含方法的实例。

```
class ThisText {
function thisValue(): ThisText {
return this;
}
}
var myText: ThisText = new ThisText();
trace(myText.thisValue() == myText());
//输出true
```

15.4.3 自动创建多个元件实例

对于一些稍复杂的程序来说，是由主类和多个辅助类组成的。辅助类封装分割开的功能，主类用来显示和集成各部分功能。下面通过一个练习，介绍如何通过多个类来实现在Flash中创建多个元件实例，并且这些元件实例可以任意进行拖动。

动手实践——自动创建多个元件实例

源文件：光盘\源文件\第15章\15-4-3.fla

视频：光盘\视频\第15章\15-4-3.swf

01 执行“文件 > 新建”命令，弹出“新建文档”对话框，设置如图15-19所示，单击“确定”按钮，新建Flash文档。执行“插入 > 新建元件”命令，弹出“创建新元件”对话框，设置如图15-20所示。

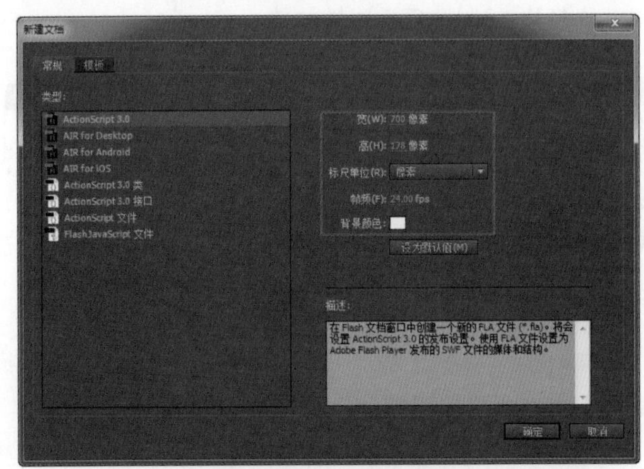

图15-19 “新建文档”对话框

图15-20 “创建新元件”对话框

02 单击“确定”按钮，使用Flash中的绘图工具在舞台中绘制花朵图形，效果如图15-21所示。返回“场景1”编辑状态，导入素材图像“光盘\源文件\第15章\素材\154301.png”，如图15-22所示。

图15-21 绘制图像

图15-22 导入素材图像

03 在“库”面板中的“花朵”元件上单击鼠标右键，在弹出的菜单中选择“属性”命令，弹出“元件属性”对话框，展开“高级”选项，设置“类”为Drag_flower，如图15-23所示，单击“确定”按钮。执行“文件 > 保存”命令，将其保存为“光盘\源文件\第15章\15-4-3.fla”。

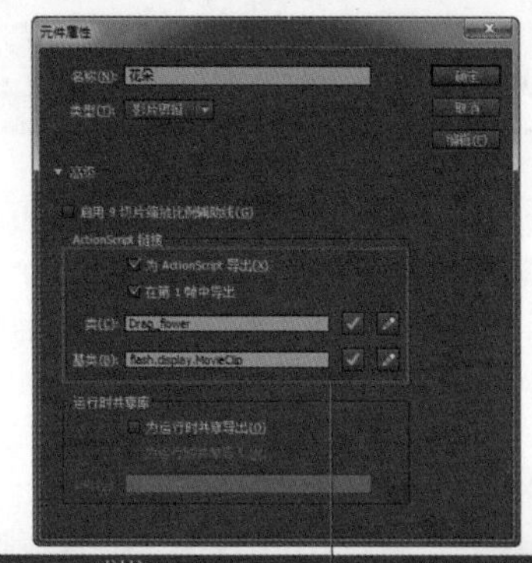

图 15-23 设置"类"选项

04 执行"文件 > 新建"命令，新建一个 ActionScript 脚本文件，并将该文件保存为"光盘 \ 源文件 \ 第 15 章 \Drag_flower.as"，在该文件中编写如下的代码。

```
package {
    import flash.display.Sprite;
    import flash.events.MouseEvent;
    public class Drag_flower extends Sprite {
            public function Drag_flower(){
                    this.buttonMode = true;
                                    this.
    addEventListener(MouseEvent.CLICK,onClick);
                                    this.
      addEventListener(MouseEvent.MOUSE_
                DOWN,onDown);
                                    this.
  addEventListener(MouseEvent.MOUSE_UP,onUp);
            }
                        private function
 onClick(event:MouseEvent):void{
                    trace("circle clicked");
                            }
                        private function
        onDown(event:MouseEvent):void{
                    this.startDrag();
            }
                        private function
         onUp(event:MouseEvent):void{
                    this.stopDrag();
            }
    }
}
```

05 执行"文件 > 新建"命令，新建一个 ActionScript 脚本文件，并将该文件保存为"光盘 \ 源文件 \ 第 15 章 \ DocumentClass.as"，在该文件中编写如下的代码。

```
package {
    import flash.display.MovieClip;
    public class DocumentClass extends MovieClip {
            // 属性
            private var _circle:Drag_flower;
            private const maxBalls:int = 25;
            // 构造函数
            public function DocumentClass(){
                    var i:int;
                    // 循环创建花朵
                    for(i=0;i<=maxBalls; i++){
                        // 创建可拖动花朵的实例
                            _circle = new Drag_
flower();
                        // 设置蝴蝶花朵的一些属性
                            _circle.scaleY = _circle.
scaleX = Math.random();
                            // 场景中的x,y位置
    _circle.x= Math.round(Math.random()*(stage.
stageWidth - _circle.width));
    _circle.y= Math.round(Math.random()*(stage.
stageHeight - _circle.height));
                            // 在场景上显示
                            addChild(_circle);
                    }
            }
    }
}
```

06 返回 15-4-3.fla 文件中，在舞台空白处单击，打开"属性"面板，设置"类"为 DocumentClass，如图 15-24 所示。保存该文件，按快捷键 Ctrl+Enter 测试动画，在动画中可以看到自动生成的花朵元件实例，并能够自由拖动，如图 15-25 所示。

图 15-24 设置"类"选项

图 15-25 测试动画效果

15.5 处理 XML 对象

XML（eXtensible Markup Language，可扩展标记语言），是一种表示结构化信息的标准方法，以使计算机能够方便地使用此类信息，并且人们可以非常方便地编写和理解这些信息。在 ActionScript 3.0 中包含一组基于 ECMAScript for XML（E4X）规范的类，这些类包含用于处理 XML 数据的强大且易用的功能。

15.5.1 创建 XML 对象

XML 对象根据其内容可以分为两种：有子元素的 XML 对象被视为包含复杂内容的 XML 对象；如果 XML 对象是属性、注释、处理指令或文本元素中的任意一个，那它就是包含简单内容的 XML 对象。

通过使用 new 运算符和 XML() 构造函数，可以创建一个空的 XML 对象，其基本形式如下所示。

```
var xml: XML = new XML();
```

如果想要在创建 XML 对象的同时初始化该对象，可以在赋值符号“=”的右侧添加 XML，其基本的形式如下所示。

```
var xml: XML = <root>
  <element1>content1</element1>
  <element2> content2</element2>
  <element3> content3</element3>
  ……
  <elementN> contentN</elementN>
</root>
```

另外还可以将 XML 首先存储到字符串对象中，然后再将该公示以参数的形式传递给 XML() 构造函数，代码如下所示。

```
var str:string = "<root>
  <element1>content1</element1>
  <element2> content2</element2>
  <element3> content3</element3>
  ……
  <elementN> contentN</elementN>
</root>"
var xml:XML = new XML(str);
```

XML 对象具有 5 个静态属性，其中 IgnoreComments 和 IgnoreProcessingInstrections 属性确定分析 XML 对象时是否忽略注释或处理指令。IgnoreWhitespace 属性确定在只有空白字符分隔的元素标签和内嵌表达式中是否忽略空白字符。prettyIndent 和 prettyPrinting 属性用于设置由 XML 类的 toString() 和 toXMLString() 方法返回的文本的格式。

15.5.2 添加 XML 元素

在 ActionScript 3.0 中，可以使用语法中的点运算符“.”向 XML 对象中添加新元素，例如如下的代码。

```
var xml: XML = <example></example>;
xml.newElement = <newElement>content</
newElement>
//创建新的节点
trace(xml);
```

以上一段代码，输出的内容如下。

```
<example>
  <newElement>content</newElement>
</example>
```

提示

XML 对象的属性名称可以和所创建的节点名称不相同，如 xml newElement = <element>content</element>;。

除了可以使用点运算符“.”外，还可以使用操作符“[]”来添加新的元素，如下的代码所示。

```
var xml: XML = <example></example>;
var str:String = "newElement";
xml [str] = <newElement>content</newElement>;
```

上面的两种方法是在 XML 树的尾部添加新的元素，如果想要在指定的位置添加新元素，则可以使用 XML 对象的 insertChildBefore() 和 insertChildAfter() 方法。

insertChildBefore() 方法在指定元素位置之前添加新元素，并返回生成的 XML 对象，代码如下所示。

```
xml = xml.insertChildBefore(news1,news2);
```

在上面的代码中，news2 对象会被插入到 news1 对象之前。

insertChildAfter() 方法可以在指定元素位置之后添加新元素，并返回生成的 XML 对象。

```
Xml = xml.insertChildAfter(news1,news2);
```

在上面的代码中，news2 对象会被插入到 news1 对象之后。

15.5.3 为 XML 元素设置属性

使用 @ 操作符可以为 XML 元素设置新的属性。在元素后面使用点运算符“.”，再紧跟 @ 操作符，指定属性的名称，然后在赋值运算符“=”的右侧定义属性的值。

```
xml.@attributeName = "value";
```

当使用这种语法时，属性名称必须是合法的变量名称，也就是说必须是数字、字母和下划线组成且不能以数字开头。

如果需要为子元素定义属性，则在元素后面添加点运算符“.”，再紧跟子元素的名称即可。

```
xml.subElement.@attributeName = "value";
```

如果属性名称中需要包含一些特殊符号，则不能用 @ 操作符，必须加上 [] 操作符，例如如下的代码。

```
xml.@["attribute-name"] = "value";
```

在 [] 操作符中还可以使用表达式产生动态属性名，这在处理一系列的属性时非常有用，例如如下的代码。

```
xml.@["name"+num] = "value";
```

15.5.4 读取 XML 元素

使用 ActionScript 3.0 中的 elements() 方法可以列出 XML 对象的元素，其写法如下。

```
xml.elements(name);
```

其中 name 为可选参数，该参数可以是 QName 对象、String 数据类型或随后转换为 String 数据类型的任何其他数据类型。

技巧

如果要列出所有元素，可以使用星号“*”，这也是默认参数。

使用带星号参数的 length() 方法还可以获取 XML 对象中元素的总数量，其写法如下。

```
xml.elements("*").length();
```

如果将 elements() 方法与 for each 循环语句结合使用，可以编写 XML 对象中的所有元素属性，其写法如下。

```
for each(var element:XML in xml.element()) {
  trace(element.@attributeName)
}
```

上面的这种方法只读取了 XML 对象中的下一级子元素，而对于该子元素中的下一级子元素将无法读取。此时如果想要访问整个 XML 结构，还需要递归循环来处理，例如如下的代码。

```
walk(xml);
function walk(xml:XML):void {
  for each(var element:XML in xml.elements()) {
  trace(element.@attributeName);
  walk(element);
 }
}
```

使用 XML 对象的 attributes() 方法可以读取属性列表。使用 xml.attributes() 等效于 xml.@*。如果想要读取指定的属性，则可以在后面紧跟操作符“[]”，并在操作符中输入一个索引序列，例如如下的代码。

```
xml.attributes() [i]
```

15.5.5 删除 XML 元素

对于 XML 对象来说，使用 delete 关键字可以删除不需要的元素、元素值或属性。在 delete 关键字后面紧跟要删除的元素名或属性名即可，代码写法如下。

```
delete xml.elementName;  //删除元素
delete xml.elementName.@attributeName;  //删除元素的属性
```

如果想要删除 XML 对象中的所有元素，可以使用 for 循环，以逆向次序编写这些元素。

15.6 制作网站展示广告

网站中 Flash 动画的应用最为广泛，其中网站的展示广告动画也是最常见的一种形式，其制作方法也有多种，本实例制作一个网站展示广告动画，主要是通过 ActionScript 3.0 脚本代码与 XML 文件相结合来实现的。使用这种制作方法的好处是，不需要修改 Flash 源文件，即可更改 Flash 动画的效果。

动手实践——制作网站展示广告

源文件：光盘 \ 源文件 \ 第 15 章 \15-6.fla

视频：光盘 \ 源文件 \ 第 15 章 \15-6.swf

01 执行“文件 > 新建”命令，弹出“新建文档”对话框，设置如图 15-26 所示。单击“确定”按钮，新建 Flash 文档。执行“插入 > 新建元件”命令，弹出“创建新元件”对话框，设置如图 15-27 所示。

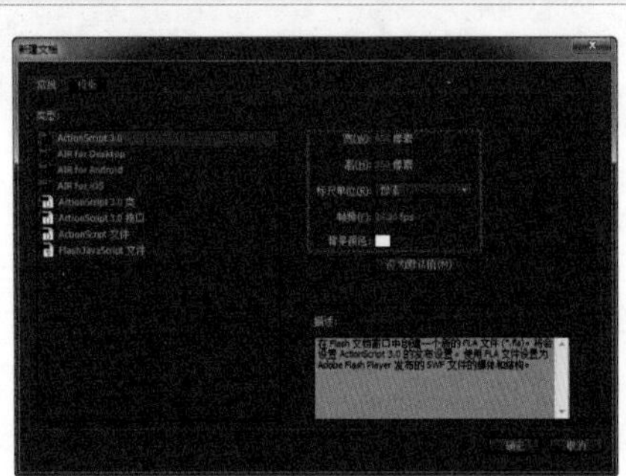

图 15-26 “新建文档”对话框

图 15-27 “创建新元件”对话框

02 单击“确定”按钮，使用“矩形工具”，设置“填充颜色”为黑色，“描边颜色”为无，在舞台中绘制矩形，如图 15-28 所示。执行“插入 > 新建元件”命令，弹出“创建新元件”对话框，设置如图 15-29 所示。

图 15-28 绘制矩形

图 15-29 “创建新元件”对话框

03 单击“确定”按钮，使用“矩形工具”，在“属性”面板中设置其“填充颜色”为白色，Alpha 值为 0，“描边颜色”为无，在舞台中绘制矩形，如图 15-30 所示。在“库”面板中的“黑色条”元件上单击鼠标右键，在弹出的菜单中选择“属性”命令，弹出“元件属性”对话框，设置“类”为 black，如图 15-31 所示。

图 15-30 绘制矩形

图 15-31 设置“类”选项

04 返回到“场景 1”编辑状态，在“库”面板中的“方块”元件上单击鼠标右键，在弹出的菜单中选择“属性”命令，弹出“元件属性”对话框，设置“类”为 mc，如图 15-32 所示。在“库”面板中将“黑色条”元件拖入到舞台中，并设置该元件的 Alpha 值为 60%，如图 15-33 所示。

图 15-32 设置“类”选项

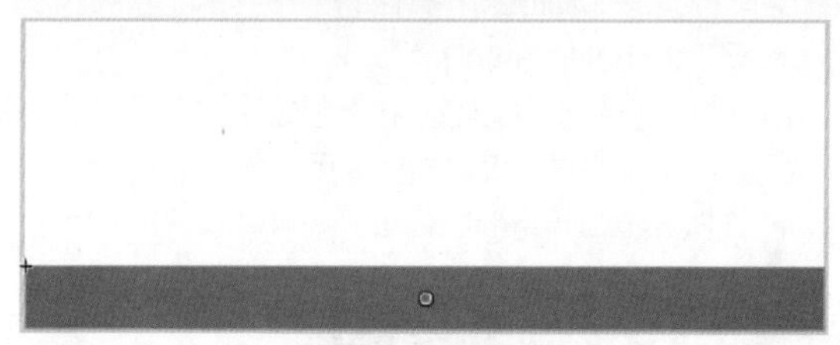

图 15-33 元件效果

05 新建“图层 2”，在“库”面板中将“方块”元件拖入到舞台中，如图 15-34 所示。新建“图层 3”，使用“文本工具”，在“属性”面板中对相关选项进行设置，如图 15-35 所示。

图 15-34 拖入元件

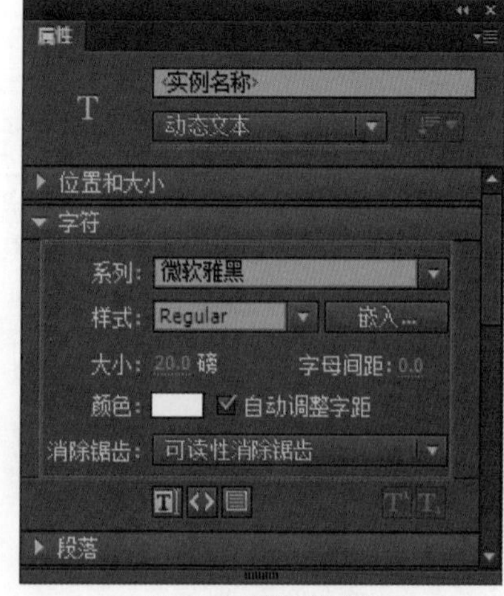

图 15-35 设置文字属性

06 在舞台中拖动鼠标绘制一个动态文本框，如图 15-36 所示。选中刚绘制的动态文本框，在“属性”面板中设置其“实例名称”为 title_txt，并添加“投影”滤镜进行设置，如图 15-37 所示。

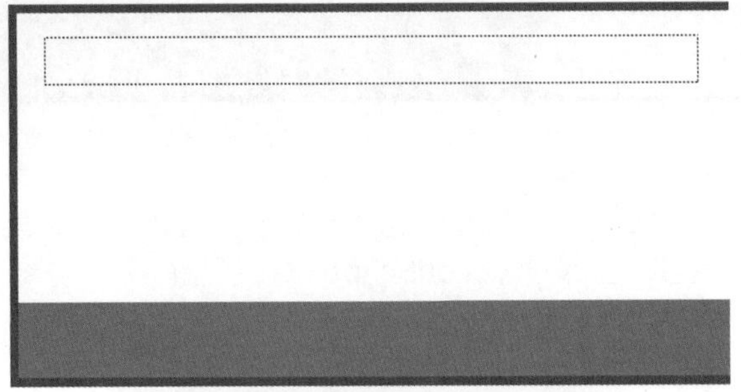

图 15-36 绘制动态文本框

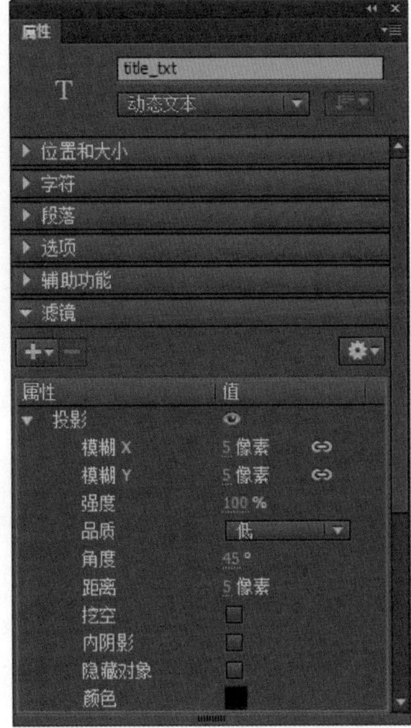

图 15-37 设置“属性”面板

07 使用相同的方法，可以再绘制两个动态文本框，并分别进行相应的设置，场景效果如图 15-38 所示。执行“文件 > 保存”命令，将该文件保存为“光盘 \ 源文件 \ 第 15 章 \15-6.fla”。

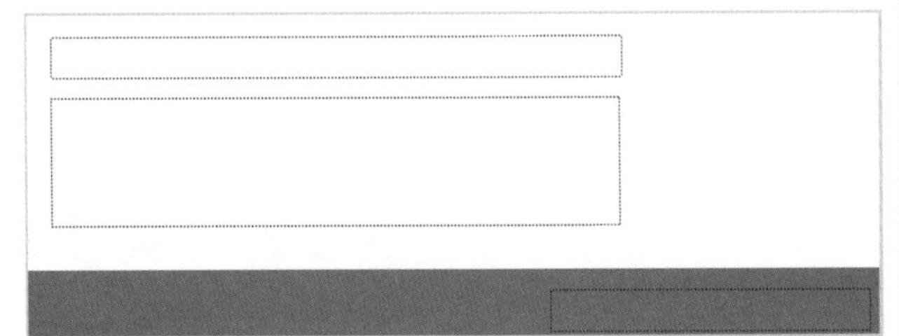

图 15-38 场景效果

08 在 15-6.fla 文件的同一目录中新建一个文本文件，并将其另存为 switch.xml，使用记事本打开该文件，编写 XML 代码，如图 15-39 所示。返回 15-6.fla 文件中，新建“图层 4”，打开“动作”面板，输入 ActionScript 脚本代码，如图 15-40 所示。

图 15-39 编写 XML 文件

图 15-40 编写 ActionScript 代码

提示

编辑 XML 文件的方法有很多，除了可以使用记事本进行编辑外，还可以使用 Dreamweaver 进行编辑。此处，由于代码过多，没有将全部代码给出，用户可以查看光盘中的源文件，获得相应的代码。

09 完成该动画的制作，保存该文件，按快捷键 Ctrl+Enter 测试动画，可以看到使用 ActionScript 3.0 与 XML 相结合所实现的网站展示广告动画效果，如图 15-41 所示。

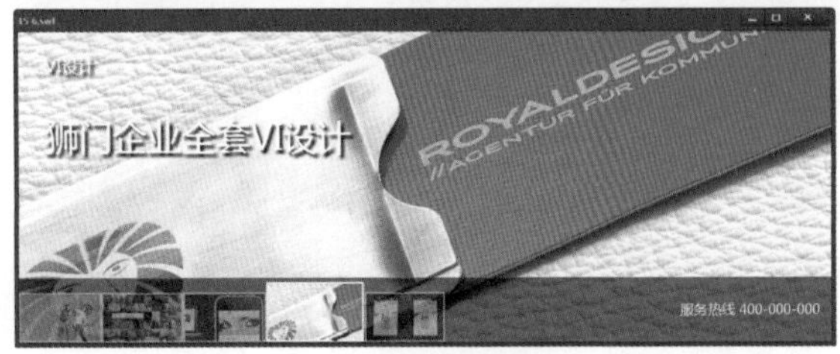

图 15-41 测试动画效果

15.7 本章小结

本章对在 Flash 动画制作中常使用的类进行学习，分别学习了类的基本概念和调用方法，以及包和命名空间的相关知识。通过本章的学习，读者能够熟练掌握 ActionScript 3.0 中包和类的使用方法，并且能够掌握常用的 ActionScript 效果的实现方法，通过不断的练习，加深对 ActionScript 3.0 的理解。

第16章 组件的应用

Flash CC 中的组件是带有参数的影片剪辑，使用组件可以轻松快速地在 Flash 文档中添加简单的用户界面元素，例如单选按钮、复选框等用户界面控件，还可以在 Flash 中修改它们的外观和行为。本章主要向读者介绍 Flash CC 中的组件，以及如何在 Flash 动画中使用组件来创建简单的应用程序。

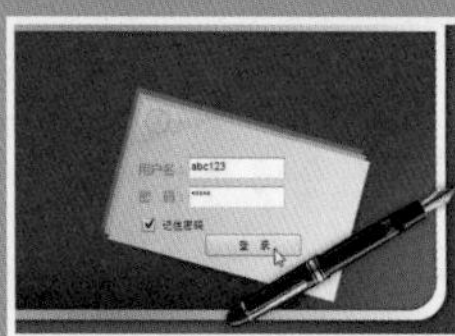

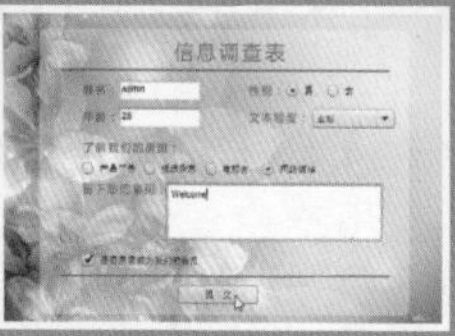

16.1 关于组件

组件是包含有参数的复杂的动画剪辑，本质上是一个容器，包含有很多资源。Flash CC 中的各种组件可以使动画具备某种特定的交互功能。用户还可以自己扩展组件，从而拥有更多的 Flash 界面元素或动画资源。

16.1.1 组件简介

Flash 组件是带参数的影片剪辑，可以修改它们的外观和行为。组件既可以是简单的用户界面控件，例如单选按钮或复选框，也可以包含内容，例如滚动窗格，还可以是不可视的。

使用组件可以不用自己创建按钮、组合框和列表等，也可以不用深入了解 ActionScript 脚本语言，而是直接从“组件”面板中将组件拖到场景中，就可以设计出功能强大且具有一致外观和行为的应用程序。

每个组件都含有预定义参数，还有一组独有的 ActionScript 方法、属性和事件，它们也称为 API，即应用程序编程接口，用户可以通过该接口在运行时设置组件的参数和其他选项。

16.1.2 组件的类型

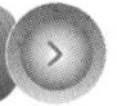

组件是面向对象技术的一个重要特征。在 Flash CC 中默认为用户提供了一些预设的组件，存放在“组件”面板中。

执行“窗口 > 组件”命令，打开“组件”面板，在 Flash CC 的“组件”面板中默认提供了两组不同类型的组件，如图 16-1 所示。单击每个组前面的三角形图标，可以展开相应类型中的组件，如图 16-2 所示。每个组件都有预定义参数，可以在制作 Flash 动画时设置这些参数。

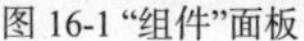

图 16-1 “组件”面板

图 16-2 展开某一类型组件

1. User Interface 组件

通过使用 User Interface 组件可以实现与应用程序进行交互。在 Flash 组件中，最常用的是 User Interface 组件，包括按钮（Button）、单选按钮（RadioButton）、复选框（CheckBox）、列表框（List）、下拉列表框（ComboBox）、滚动窗格（ScrollPane）等。这些常用组件的功能介绍如下。

- Button：一个大小可以调整的按钮，可以使用自定义图标来重新定义该组件的外观。
- CheckBox：复选框组件，允许用户进行布尔值选择（真或假）。

- ColorPicker：颜色选择组件，允许用户在弹出的拾色器窗口中选择颜色。
- ComboBox：允许用户从滚动的选择列表中选择一个选项。该组件可以在列表顶部有一个可选择的文本字段，以允许用户搜索该列表。
- DataGrid：数据网格组件，允许用户显示和操作多列数据。
- Label：一个 Label 组件就是一行文本。用户可以指定一个标签采用 HTML 格式。用户也可以控制标签的对齐和大小。Label 组件没有边框 、不能具有焦点，并且不产生任何事件。
- List：选项列表组件，允许用户从滚动列表中选择一个或多个选项。
- NumericStepper：NumericStepper 组件允许用户逐个通过一组经过排序的数字。该组件由文本框和显示它旁边的上下箭头按钮组成。
- ProgressBar：进度条组件，进度条通过显示某个操作的完成百分比来传达其进度。
- RadioButton：单选按钮组件，允许用户在相互排斥的选项之间进行选择。
- ScrollPane：使用自动滚动条在有限的区域内显示影片剪辑、位图和 SWF 文件。
- Slider：通过该组件可以在限定的区间内通过移动滑块来选择值。
- TextArea：多行文本框组件，效果等同于将 ActionScript 的 TextField 对象进行换行。
- TextInput：单行文本框组件，该组件是本机 ActionScript TextField 对象的包装。TextInput 组件也可以采用 HTML 格式，或作为掩饰文本的密码字段。
- TileList：TileList 组件由一个列表组成，其中的行和列由数据提供程序提供的数据填充。
- UILoader：UILoader 组件是一个容器，可以显示 SWF、JPEG、PNG 和 GIF 文件。每当需要从远程位置检索内容并将其添加到 Flash 应用程序中时，用户都可以使用 UILoader 组件。
- UIScrollBar：UIScrollBar 组件允许用户为文本字段添加滚动条。用户可以在创建时将 UIScrollBar 组件添加到文本字段中，或者使用 ActionScript 在运行时添加。

2. Video 组件

该组件是一个媒体组件，从中可以查看 FLV 文件，并且包括了对该文件进行操作的控件，如图 16–3 所示。这些控件包括 BackButton、BufferingBar、ForwardButton、MuteButton、PauseButton、PlayButton、PlayPauseButton、SeekBar、StopButton 和 VolumeBar。

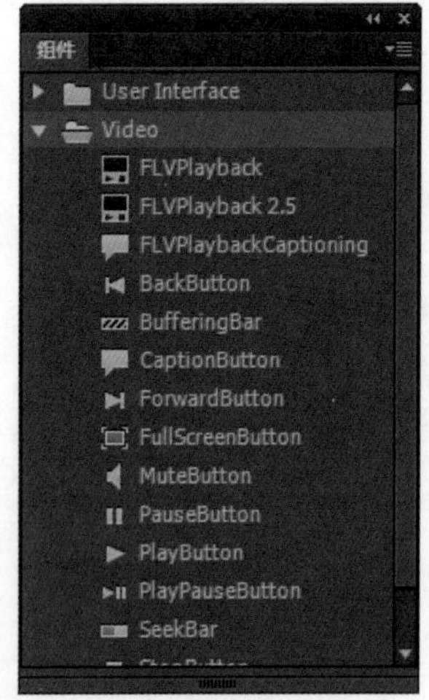

图 16-3 Video 组件

16.1.3 使用组件

向 Flash 文档添加组件一般有两种方式：一种是在创建时添加组件；另一种是使用 ActionScript 脚本代码在运行时添加组件。

1. 在创建时添加组件

执行“窗口 > 组件”命令，或按快捷键 Ctrl+F7，打开“组件”面板，选择需要的组件，如图 16–4 所示。将选择的组件从“组件”面板拖动到舞台上或双击选择的组件，即可将该组件添加到舞台上，如图 16–5 所示。

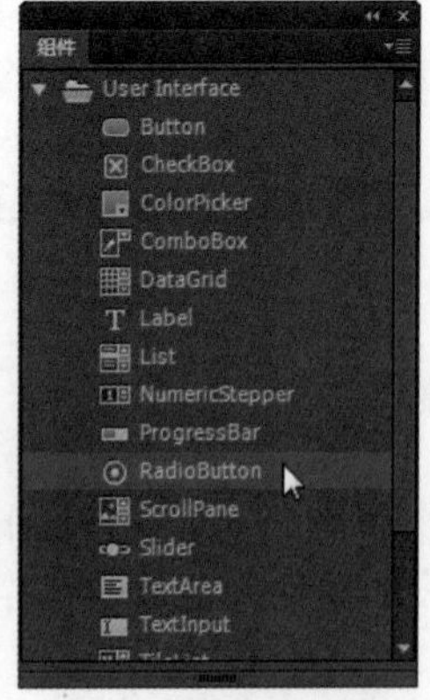

图 16-4 选择需要的组件

图 16-5 在舞台中添加组件

选中刚添加的单选按钮组件，打开“属性”面板，在“属性”面板上的“组件参数”选项卡中可以看到所选中的组件的相关属性设置，如图 16–6 所示，通过对这些属性选项进行设置，可以改变整个组件的外观效果。

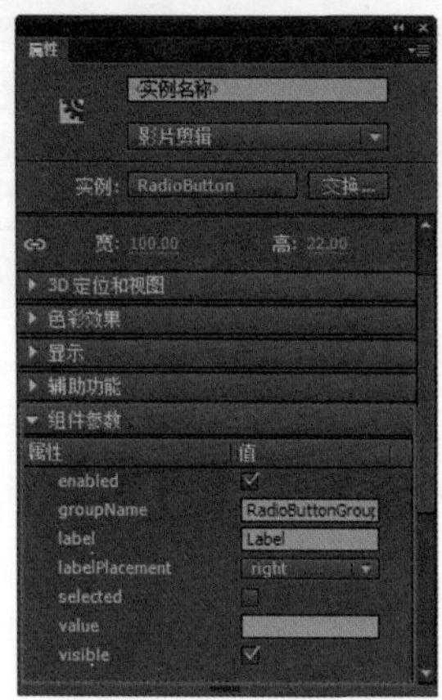

图 16-6 组件参数选项

2. 使用 ActionScript 在运行时添加组件

在 Flash CC 中，可以使用 ActionScript 在运行时添加组件。在 ActionScript 脚本中，用户可以采用 createClassObject() 方法（大多数组件都是从 UIObject 类继承该方法）向 Flash 应用程序动态添加组件。

在运行时添加组件，首先需要将组件从“组件”面板拖放到当前文档的“库”面板中，然后在“时间轴”面板中选择需要添加组件的关键帧，打开“动作”面板，添加相应的 ActionScript 脚本代码。

3. 设置组件大小

在舞台上选择需要设置大小的组件实例，使用“任意变形工具”，拖动鼠标即可改变组件的大小，如图 16-7 所示。也可以直接在“属性”面板中对组件实例的宽度和高度进行设置，如图 16-8 所示，从而改变组件的大小。

图 16-7 调整组件大小

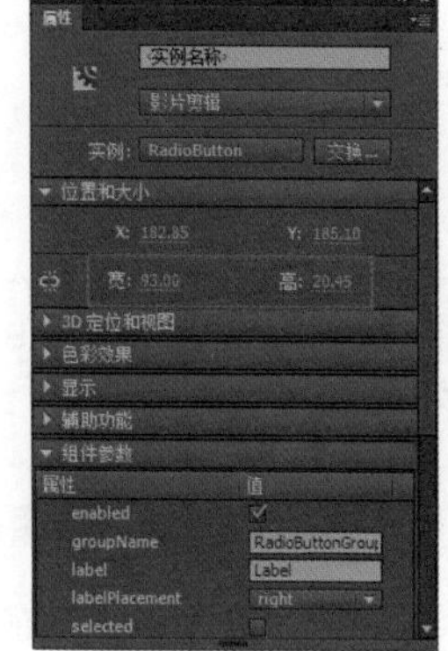

图 16-8 设置组件大小

在 ActionScript 代码中，从任何组件实例中都可以调用 setSize() 方法来调整组件大小。例如下面代码即可将 hTextArea 组件的大小调整为 200 像素宽、300 像素高。

```
hTextArea.setSize(200,300);
```

16.2 Flash 常用组件

在前面已经对 Flash 中组件的相关知识进行了简单介绍，读者对组件的应用也有了一定了解。在 Flash CC 中，利用组件可以很方便地制作出许多具有很强交互性的动画，本节就向读者介绍 Flash 中常用组件的应用方法。

16.2.1 添加 CheckBox 组件

CheckBox 组件也就是我们常见的复选框，应用 CheckBox 组件，可以很轻松地在网页中实现复选框的效果。

动手实践——添加 CheckBox 组件

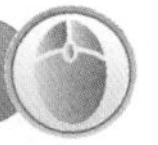

源文件：光盘 \ 源文件 \ 第 16 章 \16-2-1.fla

视频：光盘 \ 视频 \ 第 16 章 \16-2-1.swf

01 执行“文件 > 打开”命令，打开文件“光盘\源文件\第 16 章\素材\1621.fla”，效果如图 16-9 所示。打开“组件”面板，在 User Interface 组件类型中选择 CheckBox 组件，如图 16-10 所示。

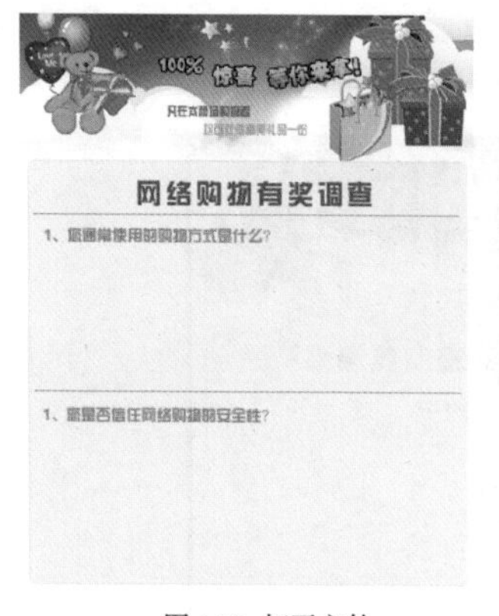

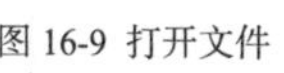

图 16-9 打开文件

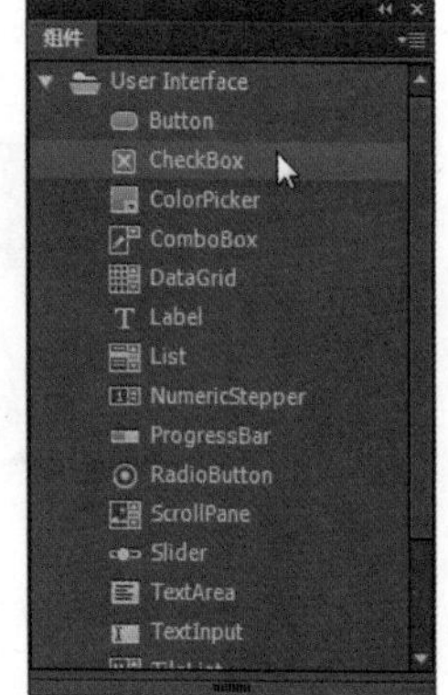

图 16-10 选择 CheckBox 组件

02 将该组件拖曳至舞台中合适的位置，添加 CheckBox 组件，如图 16-11 所示。打开“属性”面板，在“组件参数”选项区中设置 label 属性为“商场或超市购物”，如图 16-12 所示。

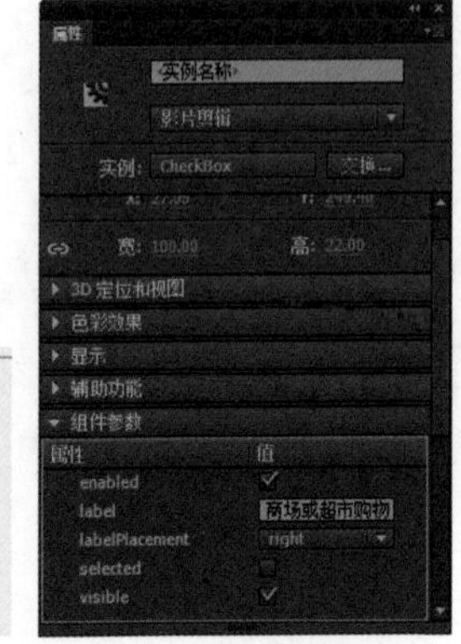

图 16-11 添加 CheckBox 组件　　图 16-12 设置 label 属性

03 按 Enter键确认，即可更改复选框的名称，如图 16–13 所示。使用相同的方法，可以在舞台中添加多个复选框，并分别进行相应的设置，如图 16–14 所示。

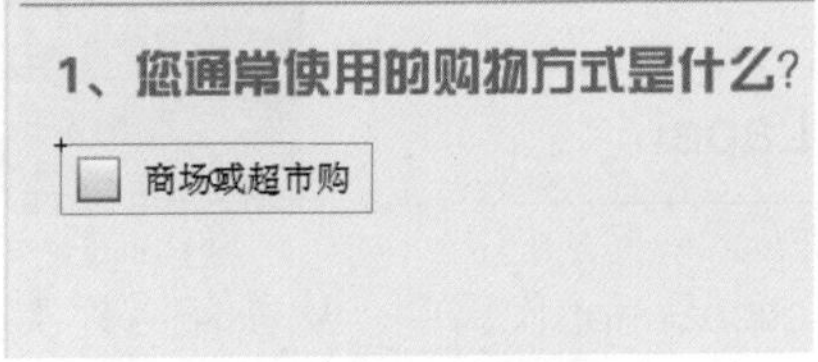

图 16-13 CheckBox 组件效果

图 16-14 添加多个 CheckBox 组件

04 执行“文件 > 另存为”命令，将该文件保存为“光盘 \ 源文件 \ 第 16 章 \16-2-1.fla”，按快捷键 Ctrl+Enter 测试动画，可以看到 CheckBox 组件的效果，如图 16–15 所示。

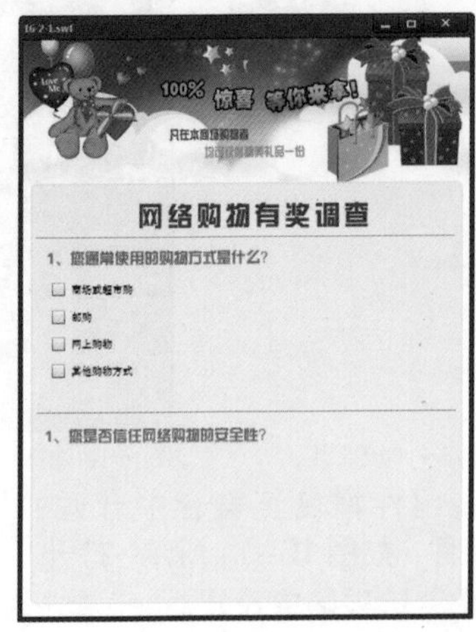

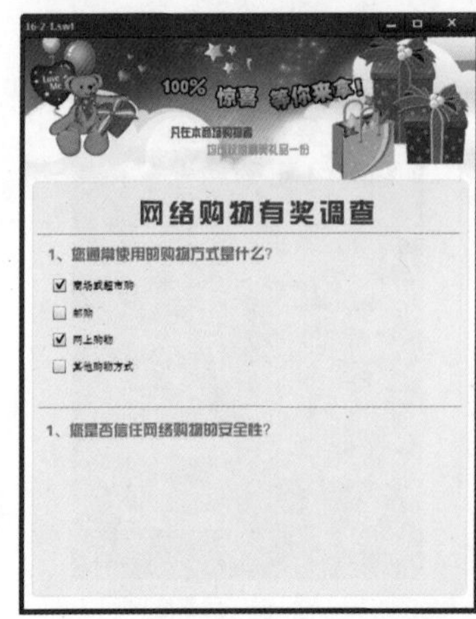

图 16-15 预览 CheckBox 组件效果

16.2.2 设置 Checkbox 组件属性

在舞台中选中所添加的 CheckBox 组件，在“属性”面板上的“组件参数”选项区中可以对 CheckBox 组件的相关属性进行设置，如图 16–16 所示。

图 16-16 CheckBox 组件属性

- enabled：该选项用于设置复选框是否可用，其默认值是 true，即选中状态。
- label：该选项用于设置复选框后显示的文本内容，其默认值为 label，可以直接在该选项后的文本框中修改该选项值。
- labelPlacement：该选项用于设置复选框中标签文本的方向，在该选项的下拉列表中有 4 个选项，分别为 left、right、top 和 bottom，默认选项是 right。
- selected：该选项用于设置复选框的初始状态，选中该选项，则可以将复选框初始状态设置为选中，默认为不选中该选项。
- visible：该选项用于设置复选框是否可见，默认选中该选项，表示复选框可见。

16.2.3　添加 RadioButton 组件

RadioButton 组件实现的是单选按钮的效果，下面通过一个小练习，了解一下 RadioButton 组件的应用方法。

动手实践——添加 RadioButton 组件

源文件：光盘 \ 源文件 \ 第 16 章 \16-2-3.fla

视频：光盘 \ 视频 \ 第 16 章 \16-2-3.swf

01 执行“文件 > 打开”命令，打开文件“光盘 \ 源文件 \ 第 16 章 \ 素材 \1623.fla”，效果如图 16-17 所示。打开“组件”面板，在 User Interface 组件类型中将 RadioButton 组件拖至舞台中合适的位置，如图 16-18 所示。

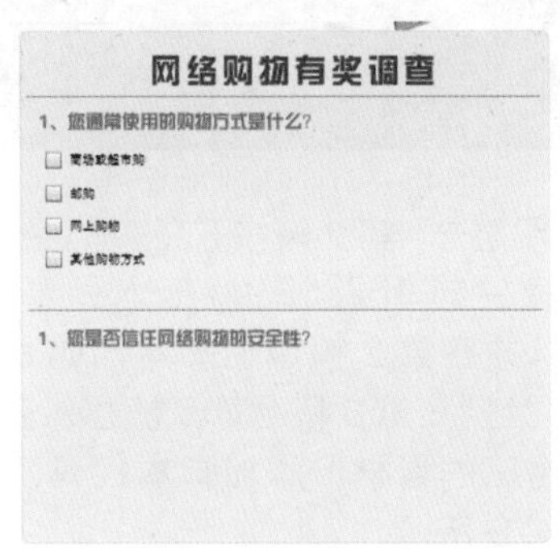

图 16-17 打开文件

图 16-18 添加 RadioButton 组件

02 选中刚添加的 RadioButton 组件，打开“属性”面板，在“组件参数”选项区中设置 label 属性值为“安全”，如图 16-19 所示。使用相同的方法，可以添加其他的 RadioButton 组件，并分别进行相应的设置，效果如图 16-20 所示。

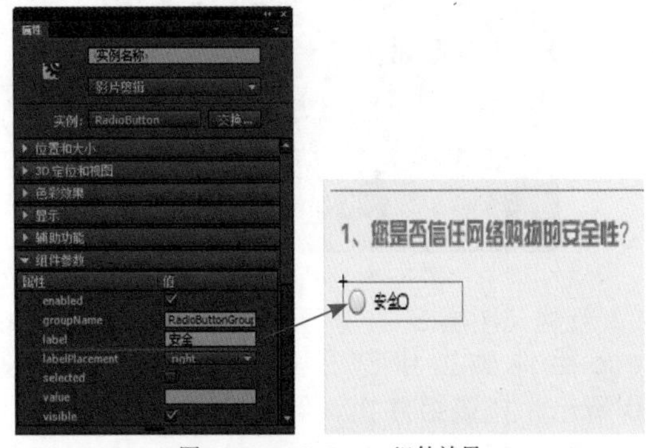

图 16-19 RadioButton 组件效果

图 16-20 添加其他 RadioButton 组件

提示

在 RadioButton 组件的“属性”面板中，其组件参数值与 CheckBox 大多相似，有两个不同的属性，groupName 属性用于指定当前单选按钮所属的单选按钮组，该参数值相同的单选按钮自动被编为一组，并且在一组单选按钮中只能选择一个单选按钮。value 属性用于定义与单选按钮相关联的值，通常用于与程序交互。

03 执行“文件 > 另存为”命令，将该文件保存为“光盘 \ 源文件 \ 第 16 章 \16-2-3.fla”，按快捷键 Ctrl+Enter 测试动画，可以看到 RadioButton 组件的效果，如图 16-21 所示。

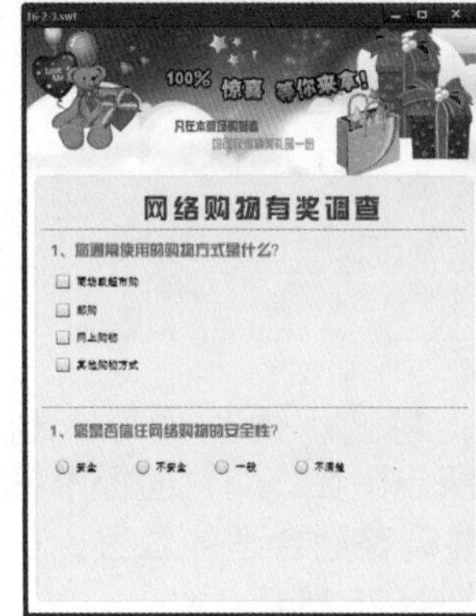

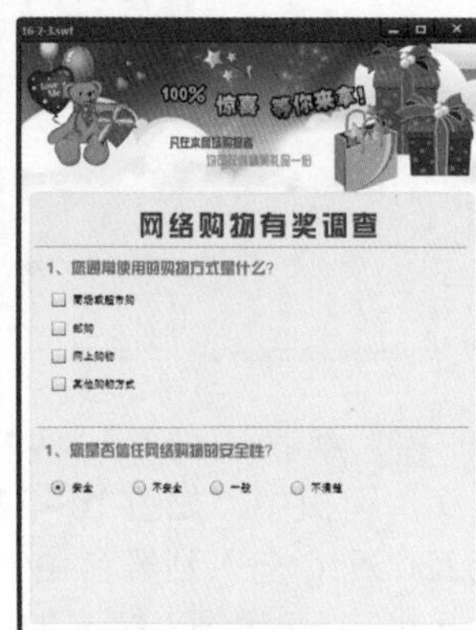

图 16-21 预览 RadioButton 组件效果

16.2.4　添加 ComboBox 组件

ComboBox 组件是一个下拉列表框组件，通过该组件，可以在 Flash 动画中实现下拉列表的效果，下面通过一个练习，讲解如何使用 ComboBox 组件与 ActionScript 实现交互效果。

动手实践——添加 ComboBox 组件

源文件：光盘 \ 源文件 \ 第 16 章 \16-2-4.fla

视频：光盘 \ 视频 \ 第 16 章 \16-2-4.swf

01 执行“文件 > 新建”命令，弹出“新建文档”对话框，设置如图 16-22 所示。单击“确定”按钮，新建文档。执行“文件 > 导入 > 导入到库”命令，弹出“导入到库”对话框，选择多个需要导入的图像，如图 16-23 所示。

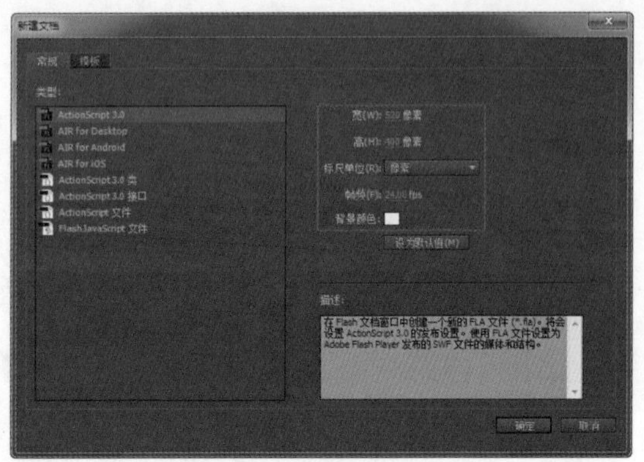

图 16-22 “新建文档”对话框

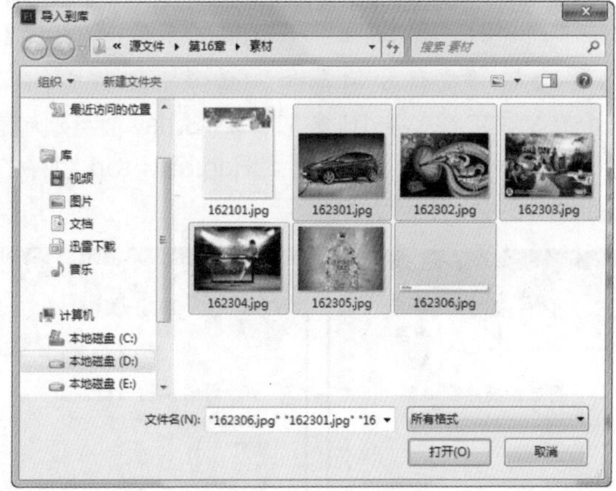

图 16-23 “导入到库”对话框

02 单击“打开”按钮，将选中的图像导入到“库”面板中，如图 16-24 所示。在“库”面板中将 162306.jpg 拖入到舞台中，并调整到合适的位置，在第 5 帧按 F5 键插入帧，如图 16-25 所示。

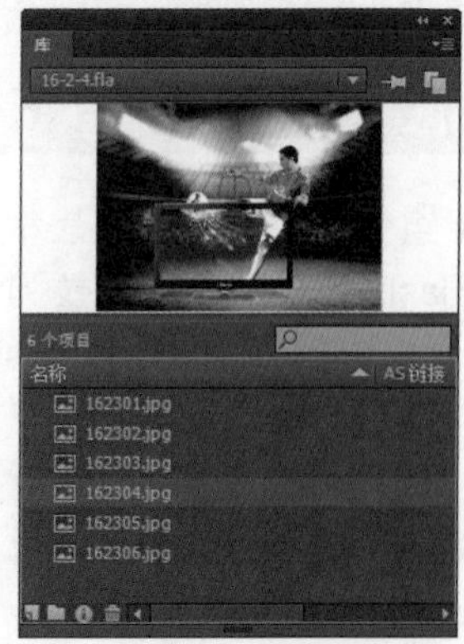

图 16-24 “库”面板

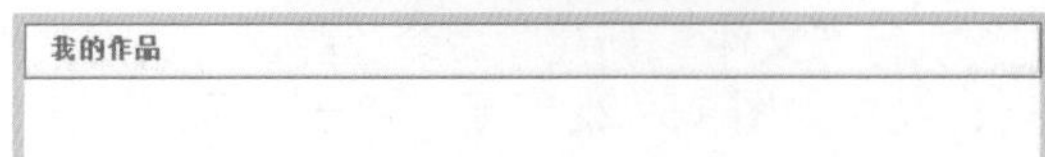

图 16-25 拖入素材

03 新建“图层 2”，在“库”面板中将 162301.jpg 拖入到舞台中，如图 16-26 所示。选择“图层 2”第 1 帧，打开“动作”面板，输入脚本代码 stop();，如图 16-27 所示。

图 16-26 拖入素材

图 16-27 “时间轴”面板

04 在“图层 2”第 2 帧按 F7 键插入空白关键帧，在“库”面板中将 162302.jpg 拖入到舞台中，如图 16-28 所示，并在第 2 帧添加脚本代码 stop();。使用相同的方法，分别在第 3 帧至第 5 帧插入空白关键帧，并分别拖入相应的素材，添加脚本代码，“时间轴”面板如图 16-29 所示。

图 16-28 拖入素材

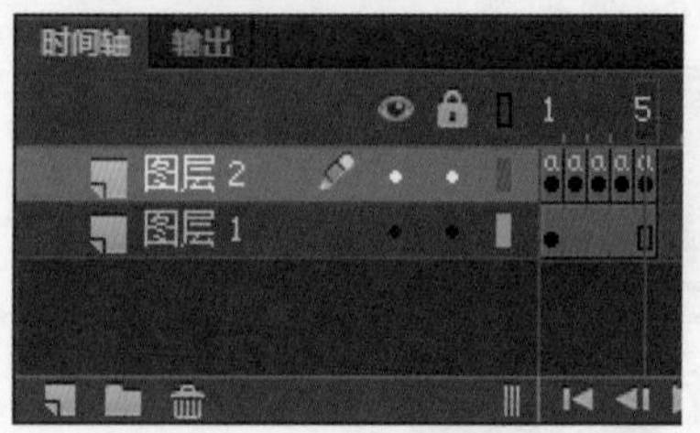

图 16-29 “时间轴”面板

05 新建“图层 3”，打开“组件”面板，在 User Interface 组件类型中选择 ComboBox 组件，如图 16-30 所示。将该组件拖入到舞台中，并调整到合适的位置，如图 16-31 所示。

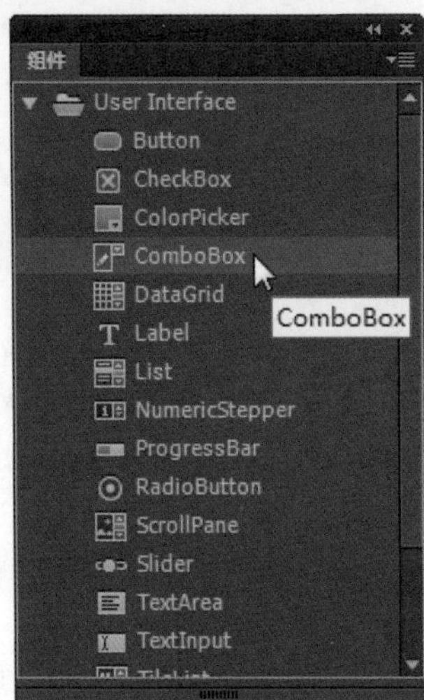

图 16-30 选择 ComboBox 组件

图 16-31 添加 ComboBox 组件

06 选择刚添加的 ComboBox 组件，打开“属性”面板，设置其“实例名称”为 work，如图 16–32 所示。在“属性”面板上的“组件参数”选项区中单击 dataProvider 属性后的“编辑”按钮，弹出“值”对话框，如图 16–33 所示。

图 16-32 设置“实例名称”

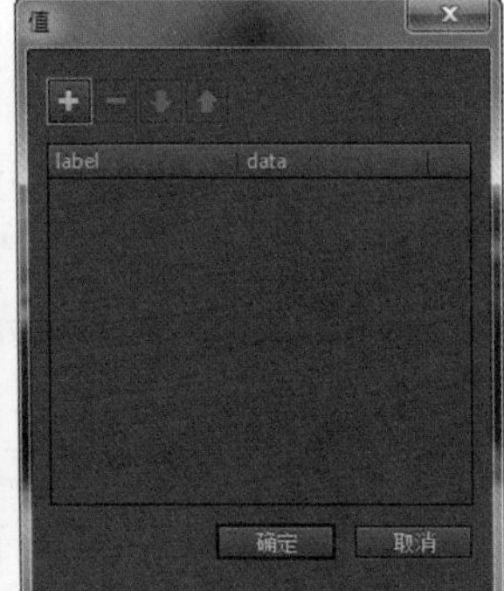

图 16-33 “值”对话框

07 单击“添加”按钮，设置相应的参数，如图 16–34 所示。单击“确定”按钮，完成“值”对话框的设置，“属性”面板如图 16–35 所示。

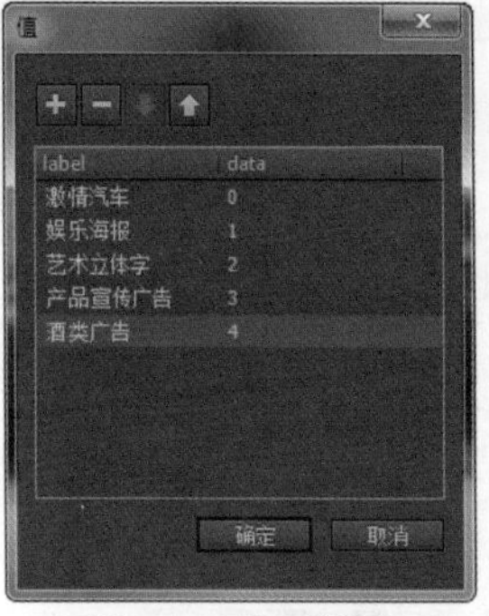

图 16-34 “值”对话框

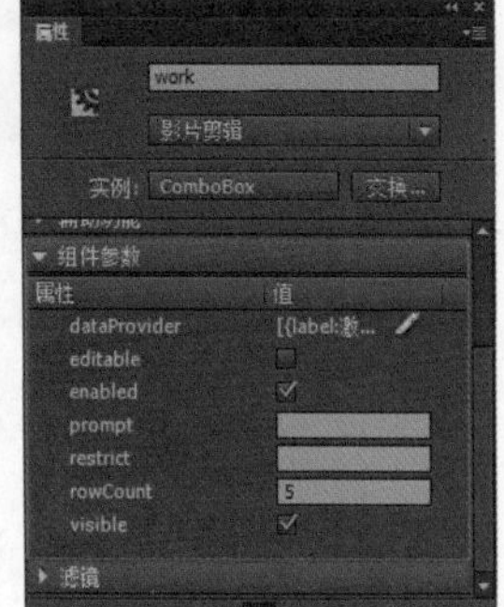

图 16-35 “属性”面板

08 选中“图层 3”第 1 帧，打开“动作”面板，输入相应的 ActionScript 脚本代码，如图 16–36 所示，“时间轴”面板如图 16–37 所示。

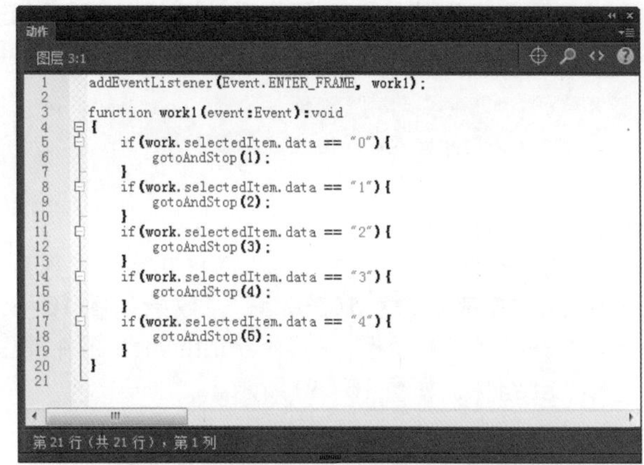

图 16-36 “动作”面板

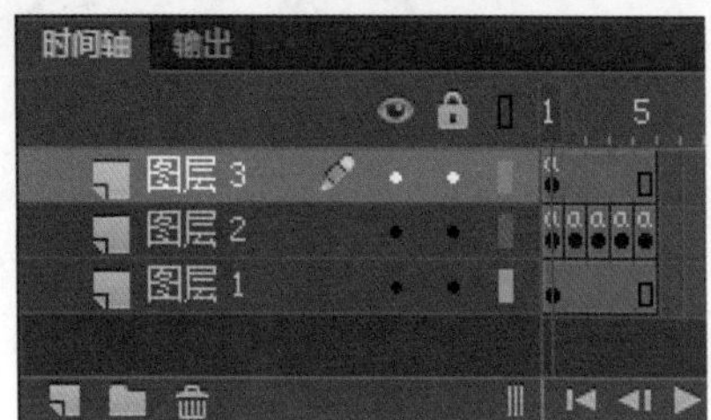

图 16-37 “时间轴”面板

09 执行“文件 > 另存为”命令，将该文件保存为“光盘 \ 源文件 \ 第 16 章 \16-2-4.fla”，按快捷键 Ctrl+Enter 测试动画，可以看到 ComboBox 组件的效果，如图 16–38 所示。

图 16-38 测试 ComboBox 组件效果

16.2.5 添加 List 组件

List 组件实现的是一个列表框的效果，下面通过一个小练习，向读者介绍在 Flash 中如何使用 List 组件。

动手实践——添加 List 组件

源文件：光盘 \ 源文件 \ 第 16 章 \16-2-5.fla

视频：光盘 \ 视频 \ 第 16 章 \16-2-5.swf

01 执行"文件 > 打开"命令，打开文件"光盘\源文件\第 16 章\素材\1625.fla"，效果如图 16-39 所示。打开"组件"面板，在 User Interface 组件类型中选择 List 组件，如图 16-40 所示。

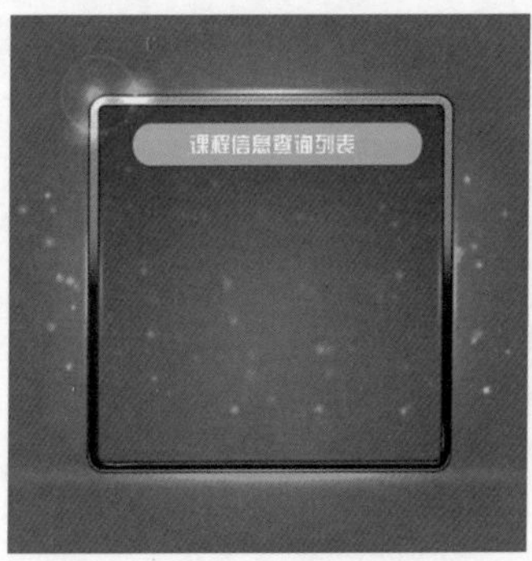

图 16-39 打开文件

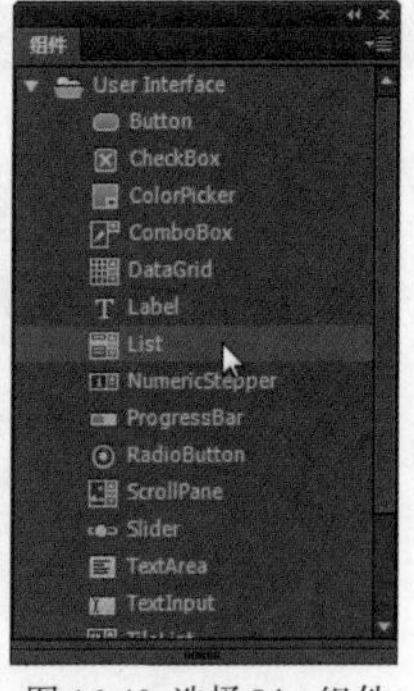

图 16-40 选择 List 组件

02 将 List 组件拖入到舞台中，并调整到合适的位置，如图 16-41 所示。使用"任意变形工具"，将舞台中的 List 组件等比例放大，如图 16-42 所示。

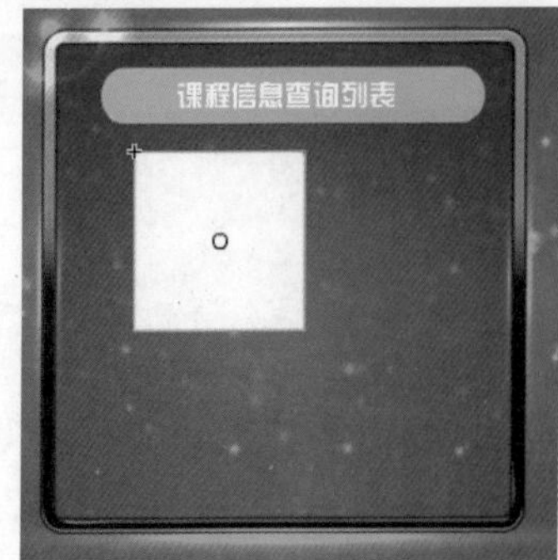

图 16-41 添加 List 插件

图 16-42 调整 List 组件的大小

03 选择舞台中的 List 组件，打开"属性"面板，单击"组件参数"选项区中 dataProvider 属性后的"编辑"按钮，弹出"值"对话框，单击"添加"按钮，设置参数，如图 16-43 所示。使用相同的方法，可以添加多个参数，如图 16-44 所示。

图 16-43 "值"对话框

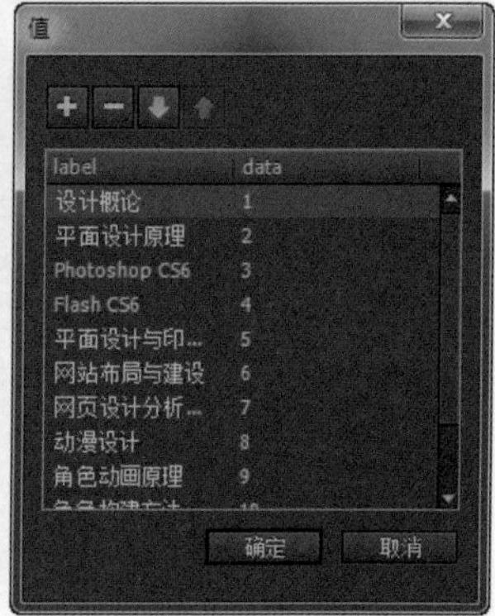

图 16-44 添加参数

04 单击"确定"按钮，完成"值"对话框的设置，可以看到舞台中 List 组件的效果，如图 16-45 所示。执行"文件 > 另存为"命令，将该文件保存为"光盘\源文件\第 16 章\16-2-5.fla"，按快捷键 Ctrl+Enter 测试动画，可以看到 List 组件的效果，如图 16-46 所示。

图 16-45 List 组件效果

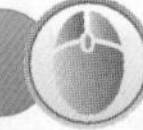

图 16-46 测试 List 组件

16.2.6 设置 List 组件的属性

选择舞台中添加的 List 组件，在“属性”面板上的“组件参数”选项区中可以对 List 组件的相关属性进行设置，如图 16–47 所示。

图 16-47 List 组件属性

- allowMultipleSelection：该属性用于设置是否可以一次选择多个列表项目，默认不选中该复选框，如果选中该选项，则表示可以一次选择多个列表项目。
- dataProvider：该选项用于设置在 List 组件列表框中所显示的列表项目。
- horizontalLineScrollSize：该选项用于设置水平方向滚动条的宽度，默认值为 4。
- horizontalPageScrollSize：该选项用于设置水平方向上可以滚动的大小。
- horizontalScrollPolicy：该选项用于设置是否显示水平方向滚动条，在该选项的下拉列表中包括 on、off 和 auto3 个选项，默认情况下选择 auto 选项。
- verticalLineScrollSize：该选项用于设置垂直方向滚动条的宽度，默认值为 4。
- verticalPageScrollSize：该选项用于设置垂直方向上可以滚动的大小。
- verticalScrollPolicy：该选项用于设置是否显示垂直方向滚动条，在该选项的下拉列表中包括 on、off 和 auto3 个选项，默认情况下选择 auto 选项。
- visible：该选项用于设置 List 组件是否可见，默认选中该选项，表示复选框可见。

16.2.7 添加 Button 组件

Button 组件主要是在 Flash 动画中实现按钮的效果，类似于网页中的按钮表单元素，接下来通过一个小练习，介绍如何在 Flash 中添加 Button 组件。

动手实践——添加 Button 组件

源文件：光盘 \ 源文件 \ 第 16 章 \16-2-7.fla

视频：光盘 \ 视频 \ 第 16 章 \16-2-7.swf

01 执行“文件 > 打开”命令，打开文件“光盘 \ 源文件 \ 第 16 章 \ 素材 \1627.fla”，如图 16–48 所示。打开“组件”面板，选择 User Interface 选项下的 Button 组件，如图 16–49 所示。

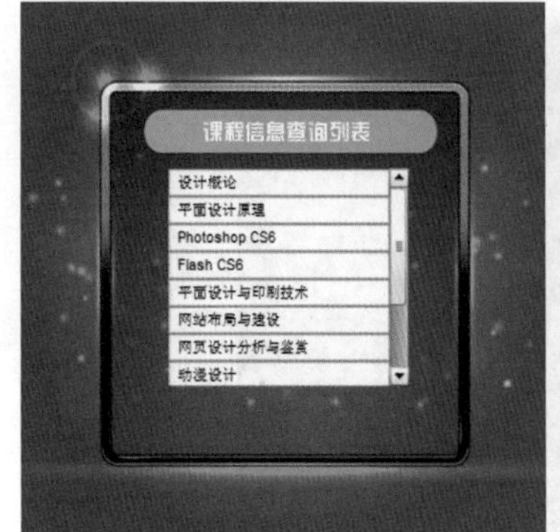

图 16-48 打开文件

图 16-49 选择 Button 组件

02 将 Button 组件拖入到舞台中合适的位置，如图 16–50 所示。选中舞台中的 Button 组件，打开“属性”面板，在“组件参数”选项区中设置 label 属性为“查询”，如图 16–51 所示。

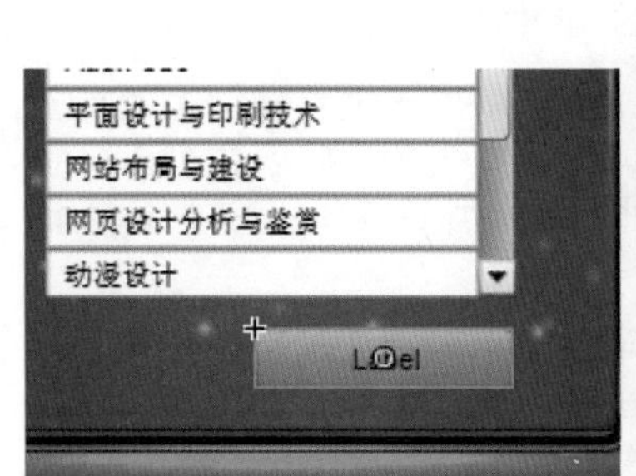

图 16-50 添加 Button 组件

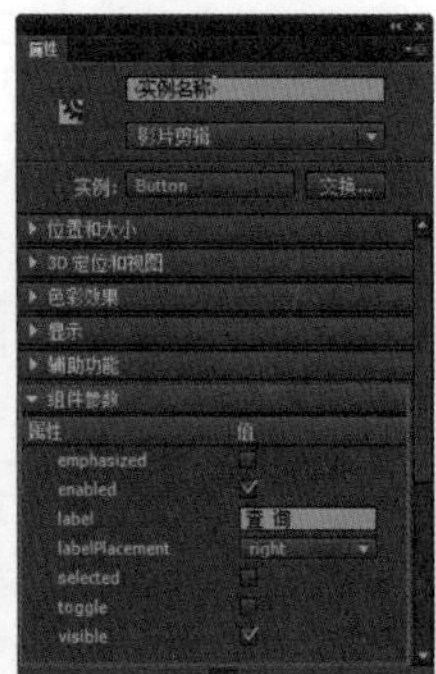

图 16-51 设置 Button 组件参数

03 执行“文件 > 另存为”命令，将其保存为“光盘 \ 源文件 \ 第 16 章 \16–2–7.fla”，按快捷键 Ctrl+Enter 测试动画，可以看到 Button 组件的效果，如图 16-52 所示。

图 16-52 预览 Button 组件效果

16.2.8 设置 Button 组件属性

选择舞台中所添加的 Button 组件，在“属性”面板上的“组件参数”选项区中可以对 Button 组件的相关属性进行设置，如图 16-53 所示。

图 16-53 Button 组件属性

- emphasized：该选项用于设置按钮是否处于强调状态，强调状态相当于默认的普通按钮外观。
- label：该选项用于设置按钮上的文本内容。
- labelPlacement：该选项用于设置按钮上的标签文本相对于图标的方向，在该选项的下拉列表中包括 left、right、top 和 bottom 这 4 个选项，其默认值为 right。
- selected：该选项用于指定按钮是否处于按下状态，默认情况下，按钮不处于按下状态，选中该复选框，可以将其设置为按下状态。
- toggle：该选项用于设置是否将按钮转变为切换开关。如果选中该选项，则按钮在单击后保持凹陷状，再次单击后才返回到弹起状态。如果不选中该选项，则按钮在单击后立即弹起。

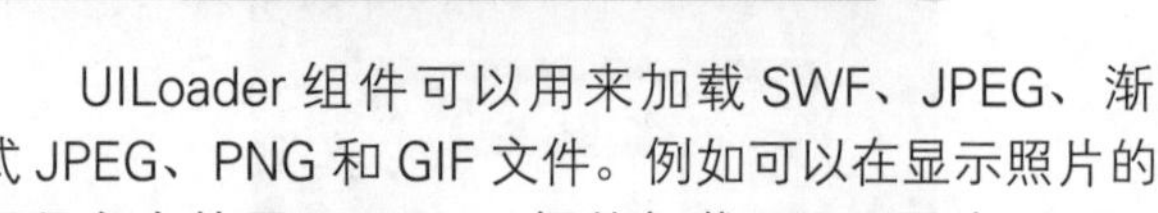

16.2.9 添加 UILoader 组件

UILoader 组件可以用来加载 SWF、JPEG、渐进式 JPEG、PNG 和 GIF 文件。例如可以在显示照片的应用程序中使用 UILoader 组件加载 JPEG 图片。下面通过一个小练习介绍在 Flash 中如何使用 UILoader 组件。

动手实践——添加 UILoader 组件

源文件：光盘\源文件\第 16 章\16-2-9.fla

视频：光盘\视频\第 16 章\16-2-9.swf

01 执行“文件 > 新建”命令，弹出“新建文档”对话框，设置如图 16-54 所示。单击“确定”按钮，新建空白的 Flash 文档，将该文本保存为“光盘\源文件\第 16 章\16-2-9.fla”。打开“组件”面板，选择 User Interface 类别下的 UILoader 组件，如图 16-55 所示。

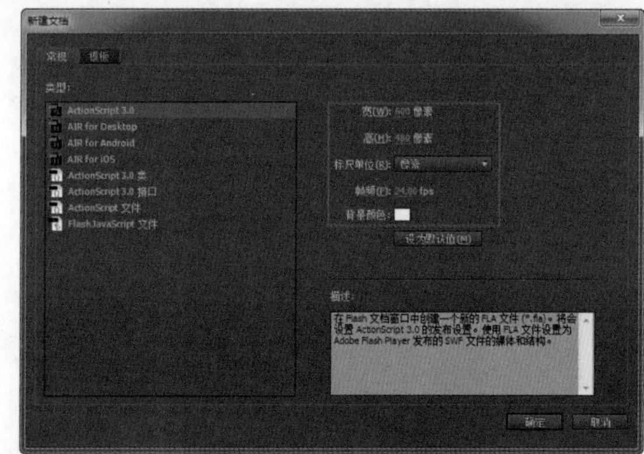

图 16-54 “新建文档”对话框

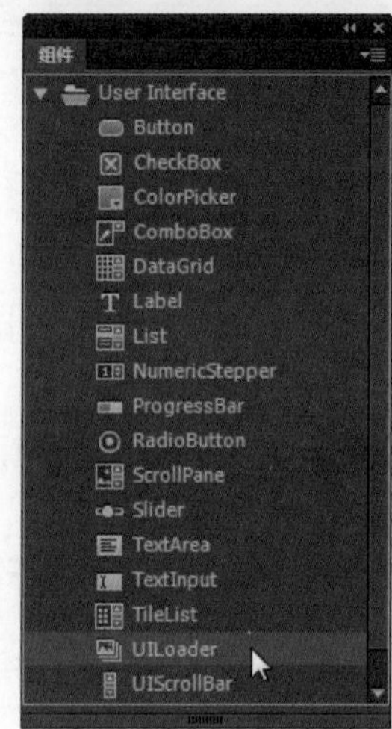

图 16-55 选择 UILoader 组件

02 将 UILoader 组件拖至舞台中，添加该组件，效果如图 16-56 所示。选中刚刚添加的 UILoader 组件，在“属性”面板中设置其宽度和高度与舞台大小相同，如图 16-57 所示。

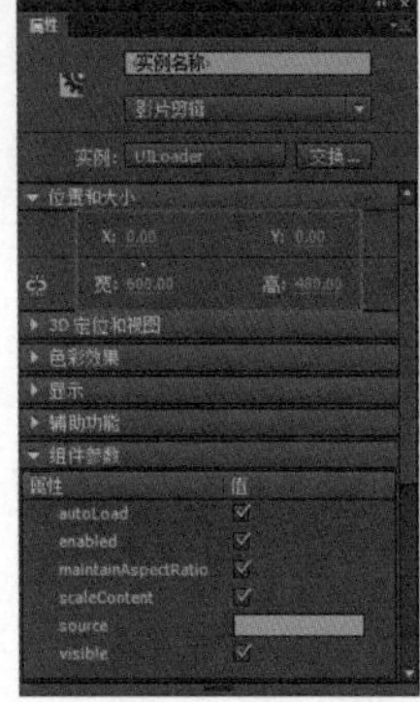

图 16-56 添加 UILoader 组件　　图 16-57 设置大小和位置

03 选中刚添加的 UILoader 组件，在“属性”面板上的“组件参数”选项区中的 source 属性后的文本框中输入需要加载的图像的路径，如图 16-58 所示。执行“文件 > 保存”命令，保存动画，按快捷键 Ctrl+Enter 预览动画，可以看到使用 UILoader 组件加载的图像效果，如图 16-59 所示。

图 16-58 设置 source 属性　　图 16-59 预览 UILoader 组件加载图像效果

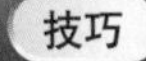

source 属性用于设置所需要加载的内容路径，可以直接在该属性后的文本框中输入需要加载内容的相对路径或绝对路径。

16.2.10 添加 ScrollPane 组件

ScrollPane 组件实现的是滚动窗格的效果，该组件只能接受影片剪辑、JPEG、PNG、GIF 和 SWF 文件，不接受文本字段，如果需要显示文本，可以使用影片剪辑和 SWF 文件进行嵌入文字显示，或者也可以使用 UIScrollBar 组件。

动手实践——添加 ScrollPane 组件

源文件：光盘 \ 源文件 \ 第 16 章 \16-2-10.fla

视频：光盘 \ 视频 \ 第 16 章 \16-2-10.swf

01 执行“文件 > 新建”命令，弹出“新建文档”对话框，设置 16-60 所示。单击“确定”按钮，新建一个空白的 Flash 文档，执行“文件 > 导入 > 导入到舞台”命令，导入素材“光盘 \ 源文件 \ 第 16 章 \ 素材 \162701.jpg”，如图 16-61 所示。

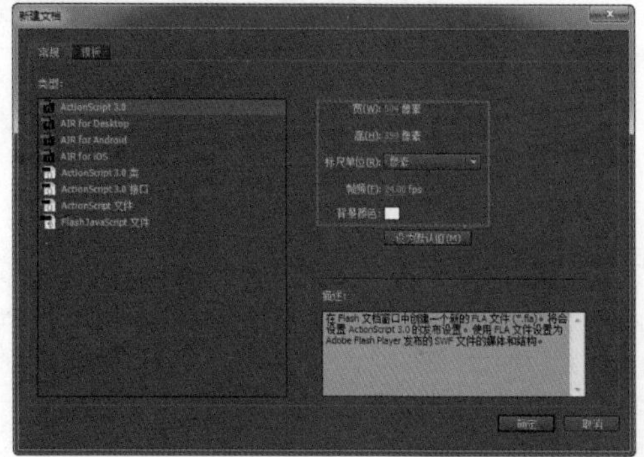

图 16-60 “新建文档”对话框

图 16-61 导入素材图像

02 新建“图层 2”，使用“文本工具”，在“属性”面板中对文字的相关选项进行设置，如图 16-62 所示。在舞台中绘制文本框并输入相应的文字内容，如图 16-63 所示。

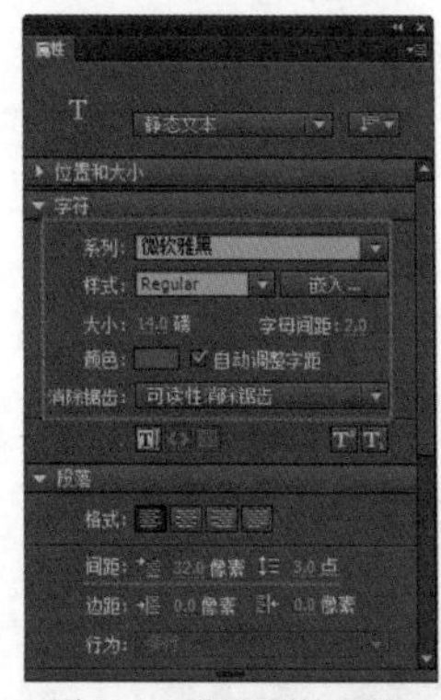

图 16-62 设置“属性”面板

图 16-63 输入文字

03 选中整个文本框，单击鼠标右键，在弹出的菜单中选择“转换为元件”命令，弹出“转换为元件”对话框，设置如图 16–64 所示。单击“确定”按钮，转换为元件。将舞台中刚转换的元件删除，打开“库”面板，在名为“文本”的影片剪辑元件上单击鼠标右键，在弹出的菜单中选择“属性”命令，如图 16–65 所示。

图 16-64 “转换为元件”对话框

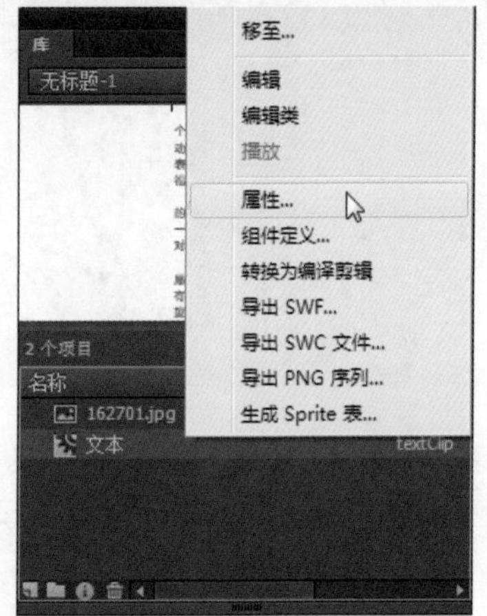

图 16-65 选择“属性”命令

04 弹出“元件属性”对话框，显示出高级选项，选中“为 ActionScript 导出”复选框，并设置“类”选项，如图 16–66 所示，单击“确定”按钮。打开“组件”面板，在 User Interface 类别中选择 ScrollPane 组件，如图 16–67 所示。

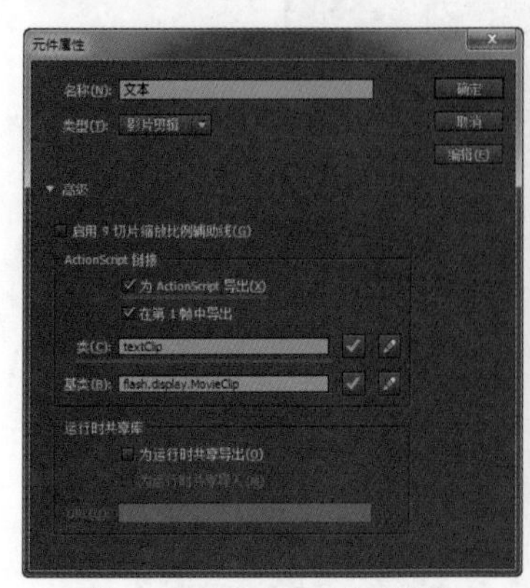

图 16-66 设置“元件属性”对话框

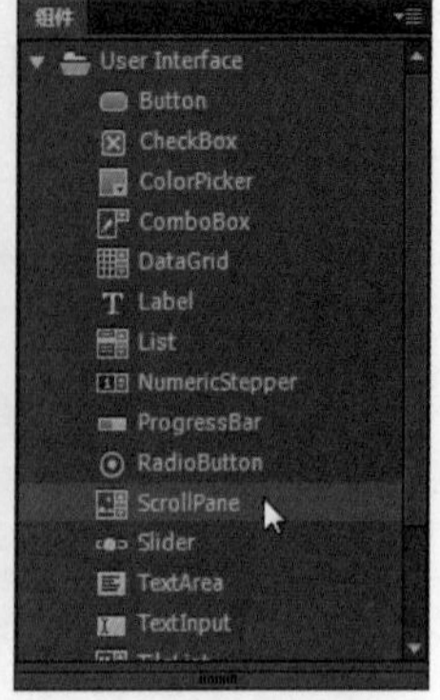

图 16-67 选择 ScrollPane 组件

05 将 ScrollPane 组件拖入到舞台中，如图 16–68 所示。使用“任意变形工具”，调整该组件到合适的大小和位置，如图 16–69 所示。

图 16-68 拖入 ScrollPane 组件

图 16-69 调整组件大小和位置

06 选中舞台上的 ScrollPane 组件，打开“属性”面板，在“组件参数”选项区中设置 source 属性为“文本”影片剪辑的类名称 textClip，如图 16–70 所示。执行“文件 > 保存”命令，保存动画，按快捷键 Ctrl+Enter 预览动画，可以看到使用 ScrollPane 组件的效果，如图 16–71 所示。

图 16-70 设置组件参数

图 16-71 测试 ScrollPane 组件效果

16.2.11 添加 TextInput 组件

TextInput 组件实现的是文本输入框的效果，通过 TextInput 组件与 Button 组件相结合，可以很方便地在 Flash 中制作出登录框的效果。接下来通过一个小练习，介绍如何通过 TextInput 组件实现登录框效果。

动手实践——添加 TextInput 组件

源文件：光盘 \ 源文件 \ 第 16 章 \16-2-11.fla

视频：光盘 \ 视频 \ 第 16 章 \16-2-11.swf

01 执行“文件 > 新建”命令，弹出“新建文档”对话框，设置 16–72 所示。单击“确定”按钮，新建一个空白的 Flash 文档，执行“文件 > 导入 > 导入到舞台”命令，导入素材“光盘 \ 源文件 \ 第 16 章 \ 素材 \162801.jpg”，如图 16–73 所示。

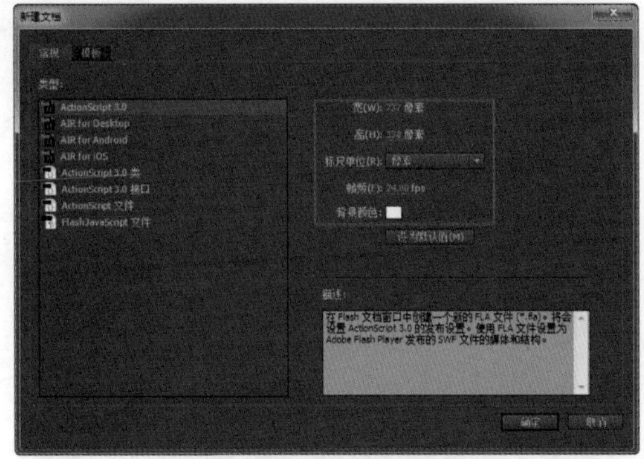

图 16-72 “新建文档”对话框

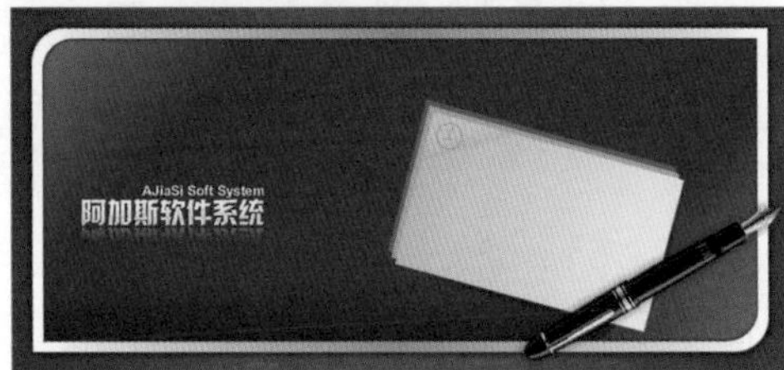

图 16-73 导入素材图像

02 新建“图层 2”，使用“文本工具”，在“属性”面板中对相关属性进行设置，如图 16–74 所示。在舞台中输入相应的文字，如图 16–75 所示。

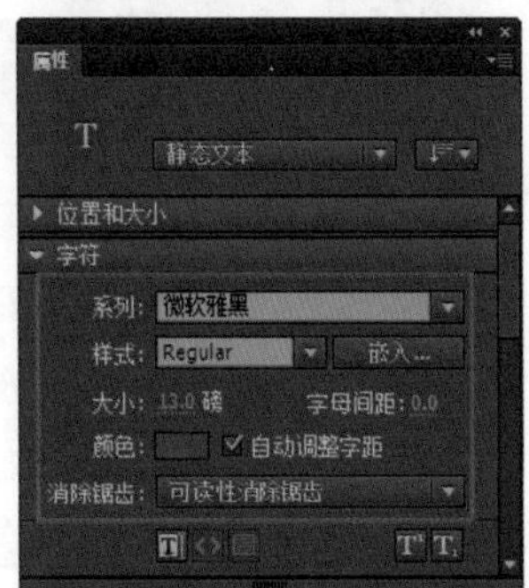

图 16-74 设置文本属性

图 16-75 输入文字

03 打开“组件”面板，将 TextInput 组件拖入到舞台中，使用相同的方法，再拖入一个 TextInput 组件，如图 16–76 所示。选择“密码：”后的 TextInput 组件，打开“属性”面板，在“组件参数”选项区中选中 displayASPassword 选项，如图 16–77 所示。

图 16-76 添加 TextInput 组件

图 16-77 设置组件参数

04 在“组件”面板中将 CheckBox 组件拖入到舞台中，如图 16–78 所示。选择刚拖入的 CheckBox 组件，在“属性”面板上的“组件参数”选项区中设置 label 属性为“记住密码”，如图 16–79 所示。

图 16-78 添加 CheckBox 组件

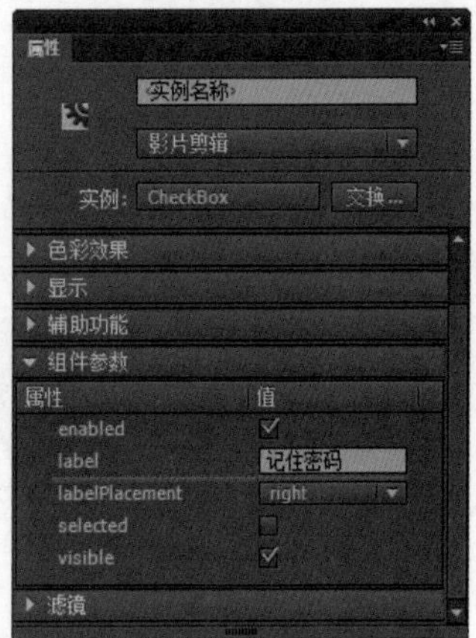

图 16-79 设置组件参数

05 在“组件”面板中将Button组件拖入到舞台中，如图 16–80 所示。选择刚拖入的 Button 组件，在“属性”面板上的“组件参数”选项区中设置label属性为“登录”，效果如图 16–81 所示。

图 16-80 添加 Button 组件

图 16-81 组件效果

06 执行“文件 > 保存”命令，保存动画，按快捷键 Ctrl+Enter 预览动画，可以看到使用 TextInput 组件的效果，如图 16–82 所示。

图 16-82 测试 TextInput 组件的效果

16.3 添加视频组件

除了通过 ActionScript 自己编写视频播放器之外，Flash CC 也提供了完整的视频组件供用户直接使用。视频组件除具备常用的控制功能，如播放、暂停等之外，还提供自定义面板的操作。

16.3.1 关于视频组件

一般来说，组件是一段预定义的代码，这段代码能够执行特定的动作。例如利用视频组件可以轻松地创建视频播放器，并且加入字幕。在 ActionScript 中不但可以建立更为复杂的组件，而且可以建立被 ActionScript 控制的组件。

组件的结构并不复杂，一个组件不过是由影片剪辑和 ActionScript 组成的。所以用户可以修改组件中的任何元素。

打开“组件”面板，展开 Video 选项卡，可以看到在 Flash CC 中所提供的视频组件，如图 16–83 所示。

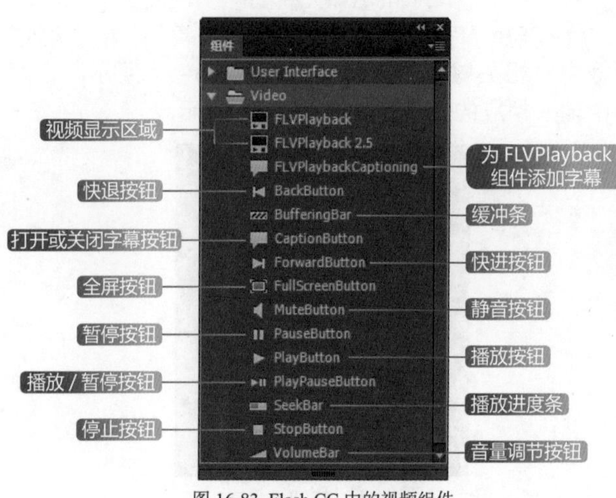

图 16-83 Flash CC 中的视频组件

16.3.2 添加 FLVPlayback 组件

FLVPlayback 组件实现的是视频播放器的效果，可以将视频播放器包括在 Flash CC 应用程序中，以便播放通过 HTTP 渐进式下载的 Flash 视频文件，或者播放 FLV 流文件。下面通过一个小练习，介绍如何在 Flash 中使用 FLVPlayback 组件。

动手实践——添加 FLVPlayback 组件

源文件：光盘 \ 源文件 \ 第 16 章 \16-3-2.fla

视频：光盘 \ 视频 \ 第 16 章 \16-3-2.swf

01 执行“文件 > 新建”命令，弹出“新建文档”对话框，设置如图 16-84 所示。单击“确定”按钮，新建文档。执行“文件 > 导入 > 导入到舞台”命令，导入素材“光盘 \ 源文件 \ 第 16 章 \ 素材 \163201.jpg”，如图 16-85 所示。

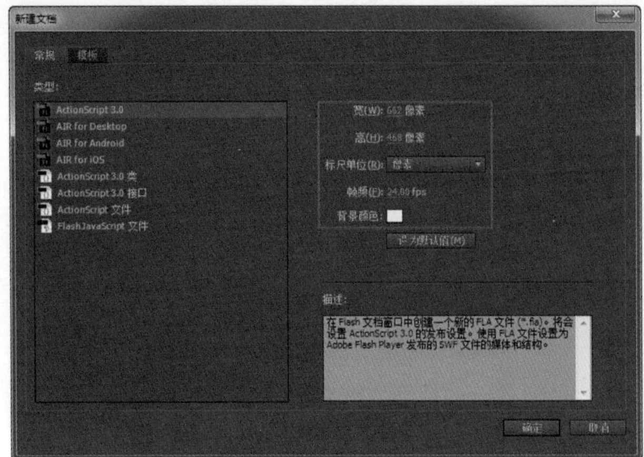

图 16-84 “新建文档”对话框

图 16-85 导入素材

02 打开“组件”面板，将 FLVPlayback 组件拖入到舞台中，如图 16-86 所示。使用“任意变形工具”，调整 FLVPlayback 组件到合适的大小和位置，如图 16-87 所示。

图 16-86 添加 FLVPlayback 组件

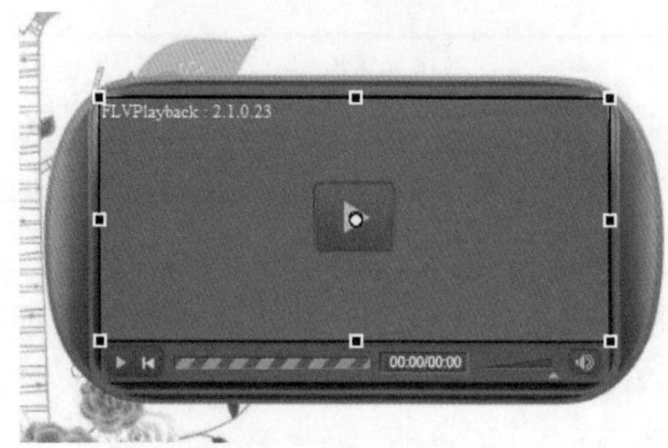

图 16-87 调整 FLVPlayback 组件大小

03 选中舞台中的 FLVPlayback 组件，打开“属性”面板，单击“组件参数”选项区中 source 属性后的“编辑”按钮，如图 16-88 所示。弹出“内容路径”对话框，单击“浏览文件”按钮，浏览到视频文件“光盘 \ 源文件 \ 第 16 章 \ 素材 \movie1.flv”，其他设置如图 16-89 所示。

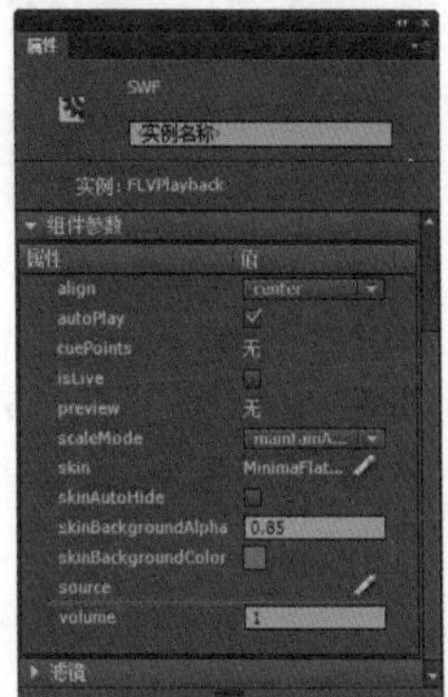

图 16-88 “组件参数”选项区

图 16-89 “内容路径”对话框

04 单击“确定”按钮，完成“内容路径”对话框的设置。执行“文件 > 保存”命令，将该文件保存为“光盘 \ 源文件 \ 第 16 章 \16-3-2.fla”，按快捷键 Ctrl+Enter 测试动画，可以看到 FLVPlayback 组件的效果，如图 16-90 所示。

图 16-90 测试动画效果

16.3.3 设置 FLVPlayback 视频组件属性

在舞台中添加了 FLVPlayback 组件后，选中该组件，在“属性”面板上的“组件参数”选项区中可以对 FLVPlayback 组件的相关参数进行设置，如图 16-91 所示。

图 16-91 FLVPlayback 组件参数

- align：该选项用于设置视频的布局对齐方式，在该选项的下拉列表中提供了 9 种对齐方式，如图 16-92 所示。默认的对齐方式为 center。

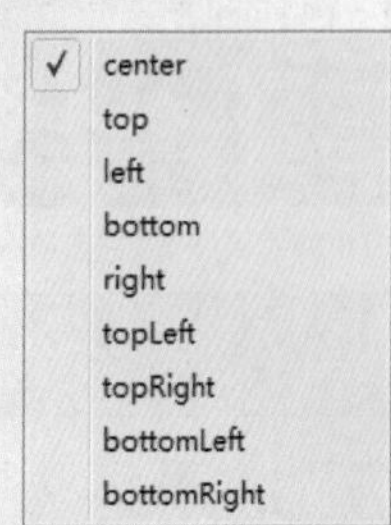

图 16-92 align 下拉列表

- autoPlay：该选项用于设置视频是否自动播放，默认选中该选项，表示视频自动播放。
- cuePoints：提示点可以嵌入到视频文件的任意时间点上。当视频播放到该位置时，会调用回调函数 onCuePoint。提示点有很多用途，例如记录日志，显示提示信息等。
- isLive：该选项用于设置视频传送的方式，如果选中该选项，则从 FMS 实时传送视频文件流。
- preview：实时预览 FLV 视频内容，不需要编译生成 SWF 文件。
- scaleMode：该选项用于设置在视频加载后调整其大小，在该选项的下拉列表中包含 3 个选项，如图 16-93 所示。

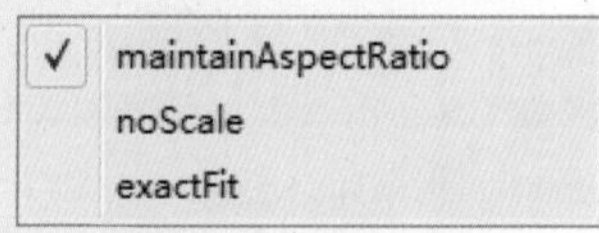

图 16-93 scalMode 下拉列表

  - maintainAspectRatio：将视频高宽比保持在 registrationX、registrationY、registrationWidth 和 registrationHeight 所定义的矩形内。
  - noScale：使视频自动调整为源 FLV 文件尺寸大小。
  - exactFit：忽略 FLV 文件的尺寸大小，并将视频拉伸到适合 registrationX、registrationY、registrationWidth 和 registrationHeight 所定义的矩形内。
- skin：该选项用于设置视频播放器的外观，单击该选项后的“编辑”按钮，弹出“选择外观”对话框，在该对话框中的“外观”下拉列表中可以选择预设的多种播放器外观，如图 16-94 所示。

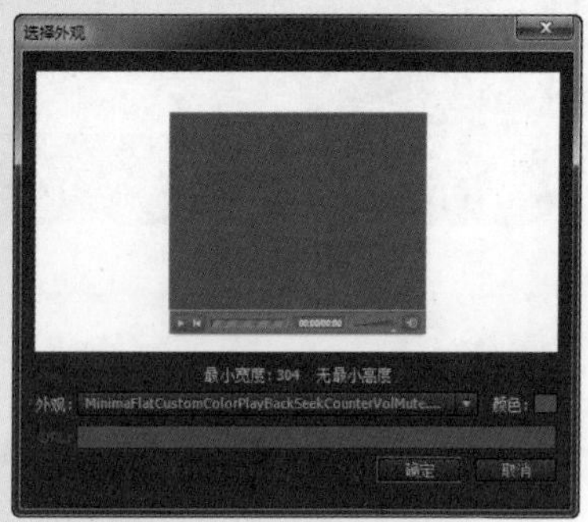

图 16-94 “选择外观”对话框

- skinAutoHide：该选项用于设置视频播放器外观的显示与隐藏。如果选中该选项，则当鼠标移出 FLV 文件或外观区域时，将隐藏播放器的外观。
- skinBackgroundAlpha：该选项用于设置播放器外观的 Alpha 透明度，取值范围为 0.0~1.0。
- skinBackgroundColor：该选项用于设置播放器外观的背景颜色，单击该选项后的色块，可以打开“拾色器”面板，可以在该面板中选择相应的背景颜色。
- source：该选项用于设置视频内容路径、链接视频和播放组件，单击该选项后的“编辑”按钮，弹出“内容路径”对话框，如图 16-95 所示，在该对话框中可以设置视频内容的路径。

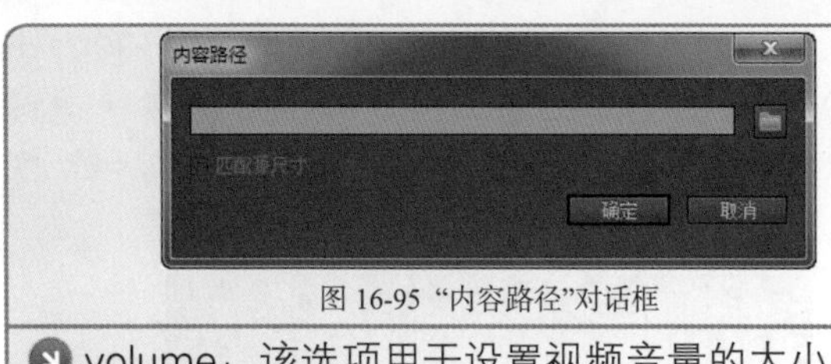
图 16-95 “内容路径”对话框

- volume：该选项用于设置视频音量的大小。

16.3.4 自定义视频播放组件

在使用 FLVPlayback 组件实现视频播放的过程中，除了可以使用 FLVPlayback 组件中自带的播放器外观对视频进行控制外，还可以使用其他的视频播放控制组件对视频进行控制。下面通过一个小练习，向读者介绍如何使用其他的视频播放组件对视频进行控制。

动手实践——自定义视频播放组件

源文件：光盘 \ 源文件 \ 第 16 章 \16-3-4.fla

视频：光盘 \ 视频 \ 第 16 章 \16-3-4.swf

01 执行“文件 > 新建”命令，弹出“新建文档”对话框，设置如图 16-96 所示。单击“确定”按钮，新建文档。执行“文件 > 导入 > 导入到舞台”命令，导入素材“光盘 \ 源文件 \ 第 16 章 \ 素材 \163401.jpg”，如图 16-97 所示。

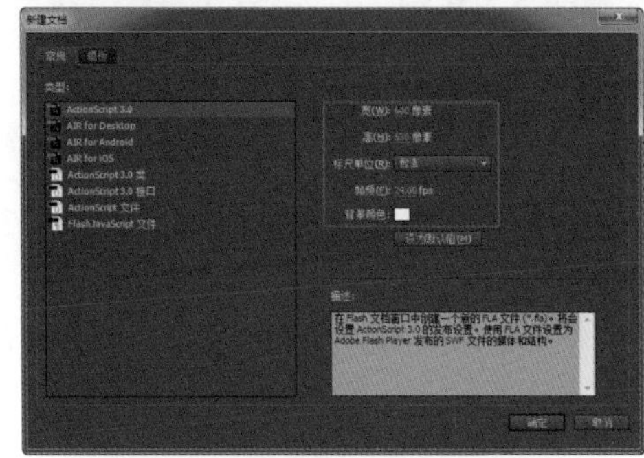
图 16-96 “新建文档”对话框

图 16-97 导入素材

02 打开“组件”面板，将 FLVPlayback 组件拖入到舞台中，如图 16-98 所示。选中刚添加的 FLVPlayback 组件，打开“属性”面板，在“组件参数”选项区中对相关选项进行设置，如图 16-99 所示。

图 16-98 添加 FLVPlayback 组件

图 16-99 设置相关参数

03 使用“任意变形工具”，调整 FLVPlayback 组件到合适的大小和位置，如图 16-100 所示。单击“组件参数”选项区中 source 属性后的“编辑”按钮，弹出“内容路径”对话框，浏览到视频文件“光盘 \ 源文件 \ 第 16 章 \ 素材 \movie2.flv”，其他设置如图 16-101 所示。

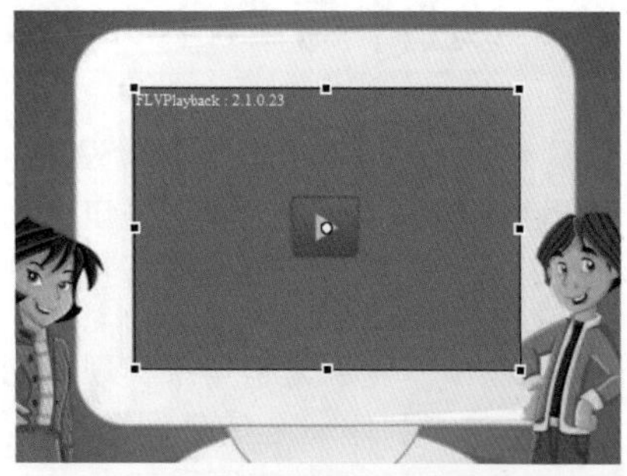
图 16-100 调整 FLVPlayback 组件大小

图 16-101 “内容路径”对话框

04 单击“确定”按钮，完成“内容路径”对话框的设置，效果如图 16-102 所示。打开“组件”面板，将 PlayPuseButton 组件和 StopButton 组件分别拖入到舞台中，如图 16-103 所示。

图 16-102 FLVPlayback 组件效果

图 16-103 拖入其他的组件

提示

添加自定义组件时需要注意两点：（1）在添加自定义组件之前，要确保 FLV 视频对象没有同样功能的控制按钮存在，否则组件功能无效。（2）自定义组件必须与 FLV 视频对象放置在同一图层的同一关键帧上，组件功能才会自动和视频控制相匹配。

05 执行“文件 > 保存”命令，将该文件保存为“光盘\源文件\第 16 章\16-3-4.fla”，按快捷键 Ctrl+Enter 测试动画，通过添加的组件可以对 FLV 视频的播放进行控制，如图 16-104 所示。

图 16-104 测试动画效果

16.4 组件与 ActionScript 的综合应用

组件是 Flash 中内置的自带参数设置的影片剪辑，在前面已经对常用的组件进行了介绍，并且在前几章中也对 Flash 中的 ActionScript 语句的添加方法和基本语法进行了学习，本节将向读者介绍如何使用组件与 ActionScript 相结合，实现许多特殊的交互效果。

在 Flash 动画中，组件常常用来实现 Flash 中的一些表单效果，本实例制作一个信息调整表，主要是通过 Flash 中的多种不同的组件来实现其表现效果，再通过 ActionScript 脚本代码读取组件中所输入的内容。

动手实践——制作信息调整表

源文件：光盘\源文件\第 16 章\16-4-1.fla

视频：光盘\视频\第 16 章\16-4-1.swf

01 执行“文件 > 新建”命令，弹出“新建文档”对话框，设置如图 16-105 所示。单击“确定”按钮，新建一个 Flash 文档。执行“文件 > 导入 > 导入到舞台”命令，导入图像“光盘\源文件\第 16 章\素材\164101.jpg”，如图 16-106 所示。

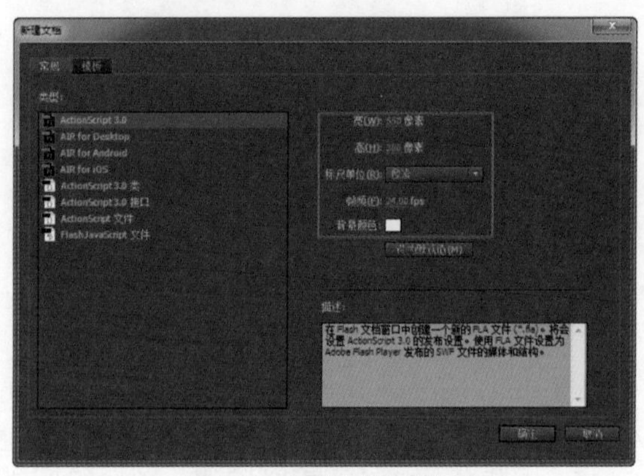

图 16-105 “新建文档”对话框

图 16-106 导入素材图像

02 新建“图层 2”，使用“矩形工具”，在“属性”面板中设置“填充颜色”Alpha 值为 40% 的白色，其他设置如图 16-107 所示。在舞台中拖动鼠标绘制一个圆角矩形，如图 16-108 所示。

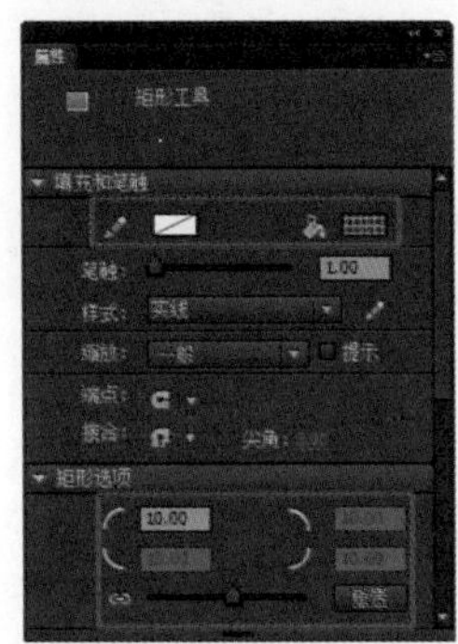

图 16-107 设置“属性”面板

图 16-108 绘制圆角矩形

03 新建“图层 3”，使用“文本工具”，在舞台中输入相应的文字，如图 16-109 所示。使用“线条工具”在舞台中绘制出相应的直线，如图 16-110 所示。

图 16-109 输入文字

图 16-110 绘制直线

04 新建“图层 4”，打开“组件”面板，将 TextInput 组件拖入到舞台中，选中该组件，在“属性”面板中设置其“实例名称”为 uname，如图 16-111 所示，效果如图 16-112 所示。

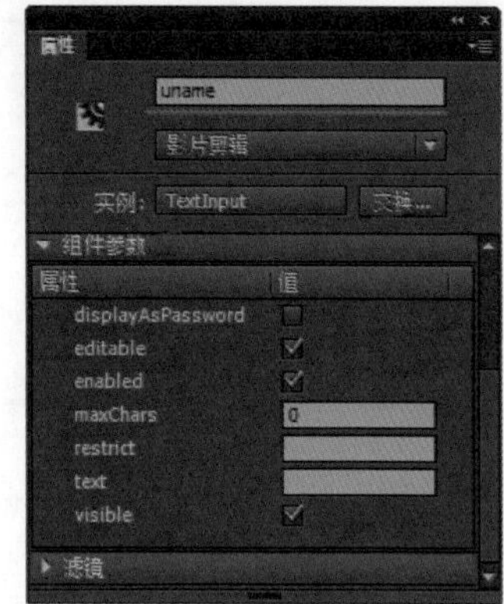

图 16-111 设置“实例名称”

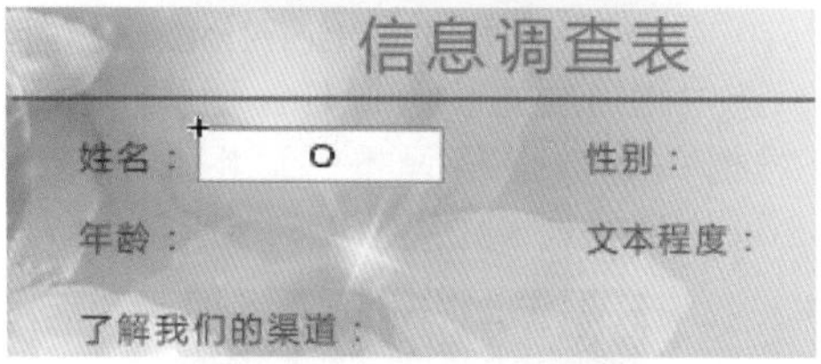

信息调查表

姓名：　　　　性别：

年龄：　　　　文本程度：

了解我们的渠道：

图 16-112 TextInput 组件效果

05 再拖入一个 TextInput 组件，选中该组件，在“属性”面板中设置其“实例名称”为 age，如图 16-113 所示，效果如图 16-114 所示。

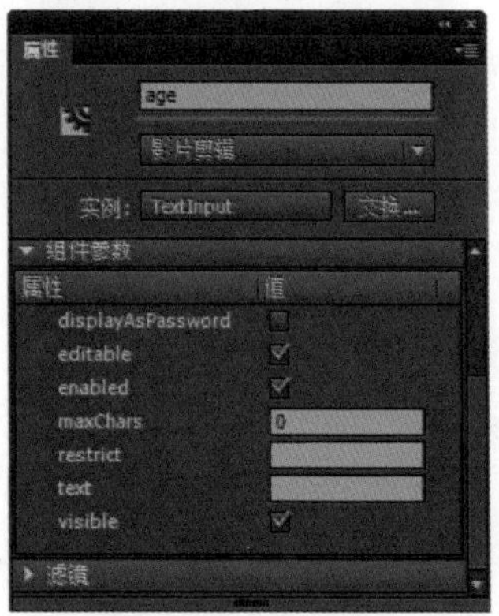

图 16-113 设置“实例名称”

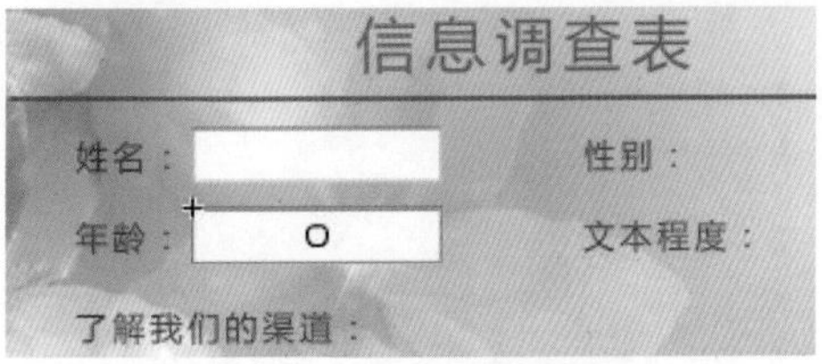

图 16-114 TextInput 组件效果

06 在“组件”面板中将 RadioButton 组件拖入到舞台中，选中刚添加的 RadioButton 组件，在“属性”面板上的“组件参数”选项区中设置 label 的属性为“男”，效果如图 16-115 所示。使用相同的方法，再拖入一个 RadioButton 组件，并进行相应设置，效果如图 16-116 所示。

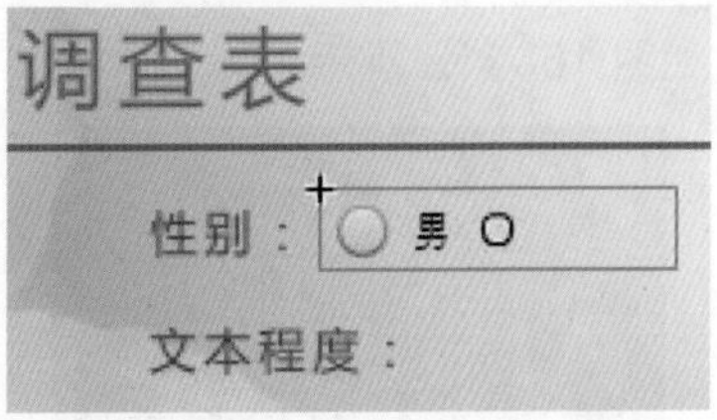

图 16-115 添加 RadioButton 组件

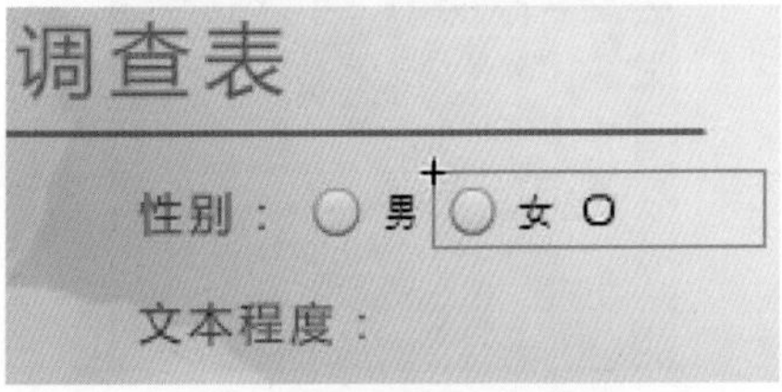

图 16-116 添加 RadioButton 组件

07 在“组件”面板中将 ComboBox 组件拖入到舞台中，选中刚添加的 ComboBox 组件，在“属性”面板中对相关参数进行设置，如图 16-117 所示。ComboBox 组件的效果如图 16-118 所示。

图 16-117 设置“属性”面板

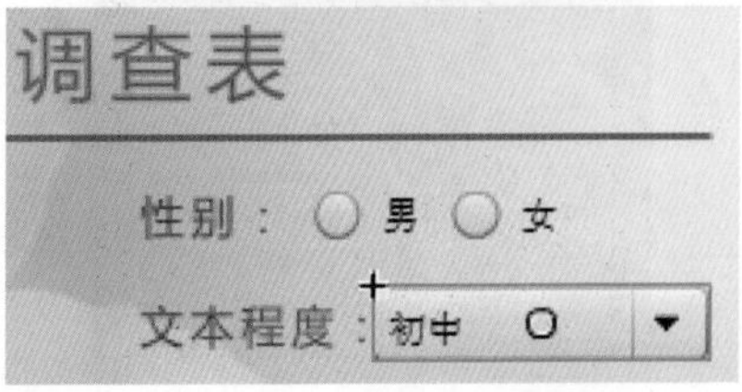

图 16-118 ComboxBox 组件效果

08 在舞台中拖入多个 RadioButton 组件，分别在其“属性”面板上设置 label 属性，并设置这些 RadioButton 组件的 groupName 属性值为 qudao，如图 16-119 所示，效果如图 16-120 所示。

图 16-119 设置“属性”面板

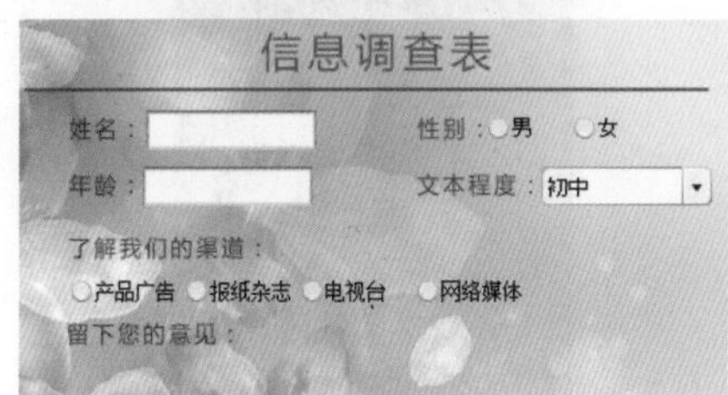

图 16-120 多个 RadioButton 组件效果

09 在“组件”面板中将 TextArea 组件拖入到舞台中，选中刚添加的 TextArea 组件，在“属性”面板中设置其“实例名称”为 advice，如图 16-121 所示。使用“自由变换工具”，调整舞台中的 TextArea 组件到合适的大小，如图 16-122 所示。

图 16-121 设置“实例名称”

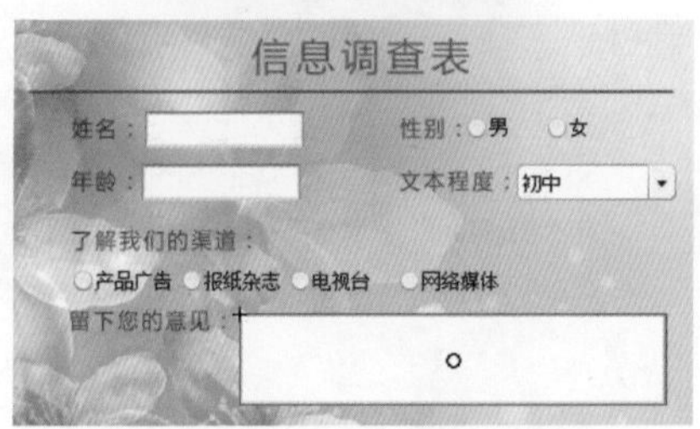

图 16-122 TextArea 组件效果

10 在“组件”面板中将 CheckBox 组件拖入到舞台中，选中刚添加的 CheckBox 组件，在“属性”

面板中对相关参数进行设置，如图 16–123 所示。CheckBox 组件的效果如图 16–124 所示。

图 16-123 设置“属性”面板

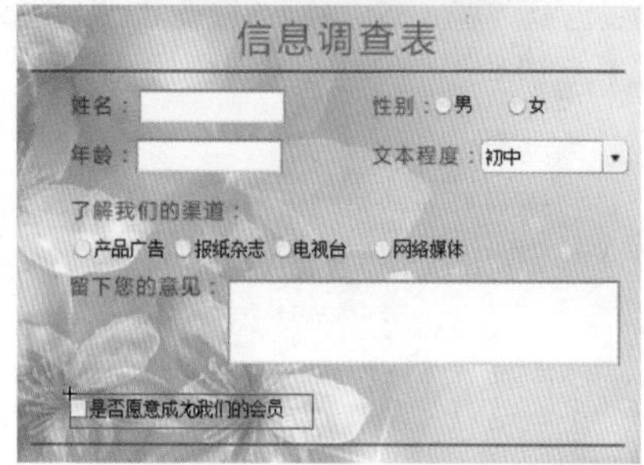

图 16-124 CheckBox 组件效果

11 在“组件”面板中将 Button 组件拖入到舞台中，选中刚添加的 Button 组件，在“属性”面板中对相关参数进行设置，如图 16–125 所示。Button 组件的效果如图 16–126 所示。

图 16-125 设置“属性”面板

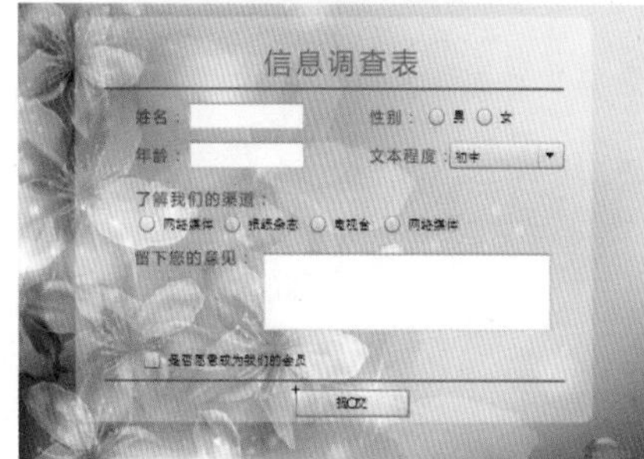

图 16-126 Button 组件效果

12 新建“图层 5”，选择第 1 帧，打开“动作”面板，输入 ActionScript 脚本代码 stop();，如图 16–127 所示。在第 2 帧按 F6 键插入关键帧，导入相应的素材并输入相应文字，如图 16–128 所示。

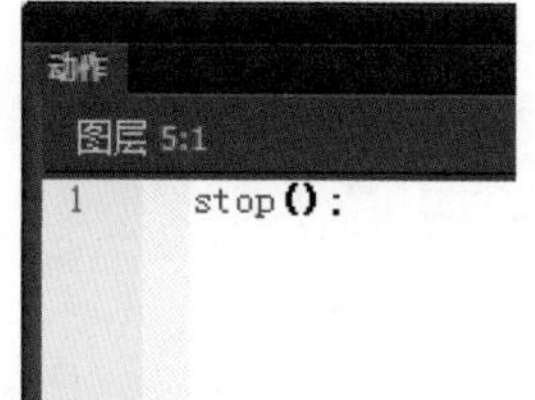

图 16-127 输入脚本代码

图 16-128 导入素材并输入文字

13 使用“文本工具”，在舞台中绘制一个动态文本框，在“属性”面板中对相关属性进行设置，如图 16–129 所示。文本框效果如图 16–130 所示。

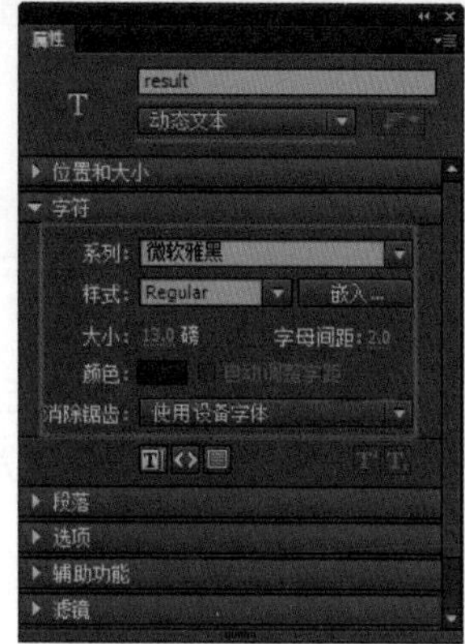

图 16-129 设置“属性”面板

图 16-130 动态文本框

14 选择“图层 5”的第 1 帧，打开“动作”面板，添加相应的 ActionScript 脚本代码，如图 16–131 所示。完成动画的制作，“时间轴”面板如图 16–132 所示。

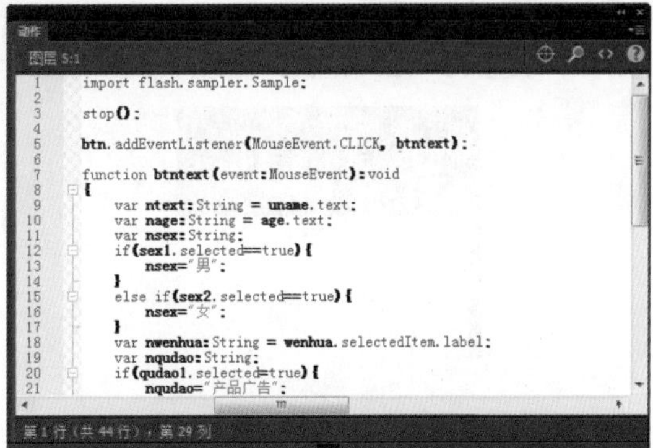
图 16-131 输入脚本代码

图 16-132 “时间轴”面板

15 执行“文件 > 保存”命令，将其保存为“光盘\源文件\第 16 章\16-4-1.fla”，按快捷键 Ctrl+Enter 测试动画，在各组件中输入相应的内容，并单击“提交”按钮，如图 16-133 所示，可以看到所提交的相关信息，如图 16-134 所示。

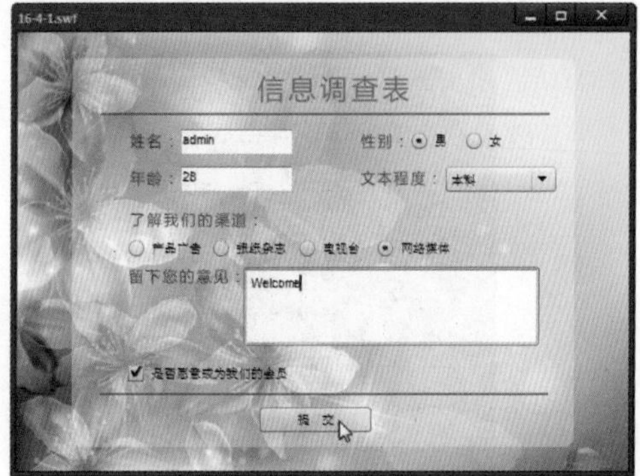

图 16-133 输入相关信息

图 16-134 提交相关信息

16.5 本章小结

本章主要向读者介绍了 Flash CC 中的组件，包括组件的功能，如何在 Flash 中使用各种常用的组件，以及组件与 ActionScript 脚本相结合实现交互的效果。完成本章的学习，读者需要对 Flash 组件有基本的了解，并掌握常用组件的应用和设置方法。

第17章 优化与输出 Flash 动画

由于 Flash 影片主要是通过互联网进行发布的，因此应尽量减小作品的体积，从而为用户缩短下载的时间。在 Flash CC 中，优化功能便可实现该效果。优化完成后，为了更加方便观看，可以将影片进行输出操作；如果想在其他软件中使用 Flash 文件，可以使用发布功能，将 Flash 影片发布成其他格式，以方便在其他地方使用。

17.1 测试 Flash 动画

制作完成的 Flash 动画最终需要应用到网络中，让更多的人来欣赏，因此在导出动画之前，应该先对 Flash 动画进行测试，测试 Flash 动画文件在网络中的下载速度，看动画是否有延迟的现象，以便及时进行修改和调整。

17.1.1 在编辑环境中测试 Flash 动画

在 Flash 中有两种测试 Flash 动画的方式，一种是在 Flash 编辑环境中对动画进行测试，另一种是在 Adobe Scout CC 中对 Flash 动画进行测试。

执行“文件 > 打开”命令，打开素材文件“光盘\源文件\第 17 章\素材\171101.fla”，效果如图 17–1 所示。按键盘上的 Enter 键，播放磁头将在“时间轴”面板中进行移动，自动播放“时间轴”面板中的动画效果，即可在编辑环境中测试动画，如图 17–2 所示。

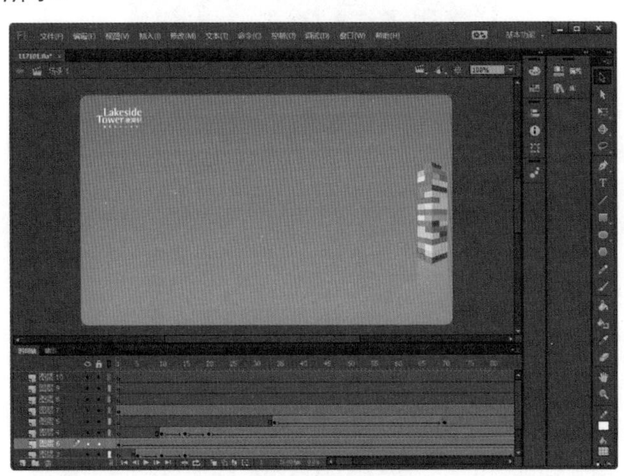

图 17-1 打开 Flash 动画

图 17-2 在编辑环境中测试 Flash 动画

在 Flash CC 的编辑环境中不能测试的内容主要有以下 4 种。

- 影片剪辑：影片剪辑中的声音、动画和动作将不可见或不起作用。只有影片剪辑的第 1 帧会出现在编辑环境中。
- 动作：goto、stop 和 play 是唯一可以在编辑环境中操作的动作。也就是说，用户无法在编辑环境中测试交互效果、鼠标事件或其他动作功能。
- 动画速度：Flash 编辑环境中的重放速度比最终经过优化和导出的动画慢。
- 下载性能：无法在编辑环境中测试动画在网络上的下载性能。

17.1.2 在 Scout CC 中测试 Flash 动画

如果需要将 Flash 动画输出后应用于网页，可以在预览测试时，全真模拟网络下载速度，测试是否有延迟现象，找出影响传输速度的原因，以便尽早发现问题和解决问题。还可以通过合理的参数调整，尽量减小文件量，使作品更适合各种传输条件，提升用户的交互体验。

在 Flash CC 之前的版本测试 Flash 动画时，可以通过模拟下载及带宽设置来对 SWF 文件进行调试和优化，现在 Adobe 推出了更加专业的调试分析软件 Adobe Scout CC，因此 Flash CC 也相应地把测试优化的功能转交给了 Adobe Scout CC。

1. 了解 Adobe Scout CC

Adobe Scout CC 是一款用于 Flash 运行分析与概要分析的工具，可以用来分析针对移动设备、桌面或网络设计的应用程序的性能。Adobe Scout CC 设计用于提供从多个系统资源聚合的准确数据。它提供的数据足够直观，便于对应用程序的性能进行度量和分析。

Adobe Scout CC 针对在计算机上运行的任何 SWF 文件，提供了基本的遥测数据。安装 Adobe Scout CC 后，Flash CC 可以与其进行集成，利用 Adobe Scout CC 提供的高级遥测功能对 SWF 文件进行分析。

2. 在 Flash CC 中启用遥测数据

在 Flash CC 中执行“文件 > 发布设置”命令，弹出“发布设置”对话框，在高级选项中选中“启用详细的遥测数据”选项，如图 17-3 所示，单击“确定”按钮，即可与 Adobe Scout CC 进行通信。

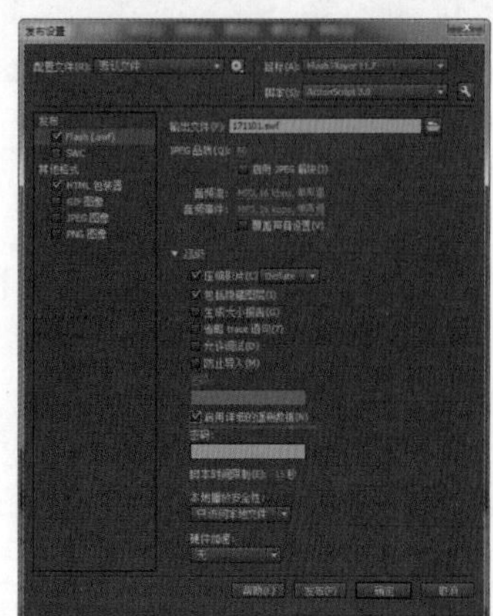

图 17-3 选中“启用详细的遥测数据”选项

3. 在 Adobe Scout CC 中测试 Flash 动画

运行 Adobe Scout CC，如图 17-4 所示，运行状态的 Adobe Scout CC 会监听计算机中运行的 SWF 文件，并与之进行通信。

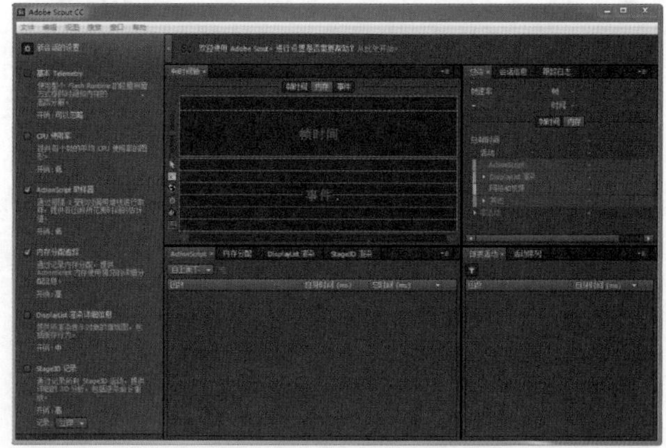

图 17-4 Adobe Scout CC 工作界面

提示

需要注意的是，使用 Adobe Scout CC 需要 Flash Player 的版本在 11.4 以上。

返回 Flash CC 中，打开需要测试的 Flash 文件，在“属性”面板上的“目标”下拉列表中选择 AIR 3.6 for Desktop 选项，如图 17-5 所示。执行“控制 > 测试”命令，或按快捷键 Ctrl+Enter，测试 Flash 动画，Flash 会自动生成 SWF 文件，并使用 Flash Player 播放器进行播放，如图 17-6 所示。

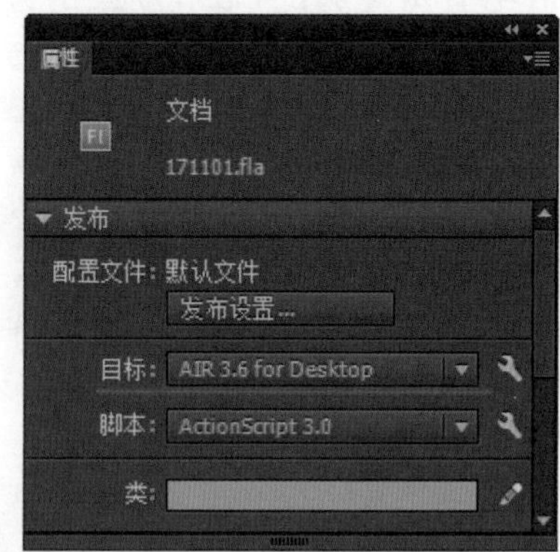

图 17-5 设置“目标”选项

图 17-6 测试 Flash 动画

Adobe Scout CC 监测到 SWF 文件后会建立通信，开始显示 SWF 动画的详细信息，如图 17-7 所示。

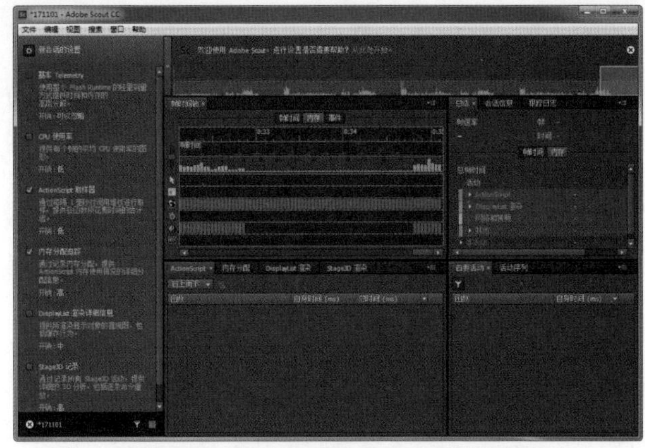

图 17-7 Adobe Scout CC 显示 SWF 动画的详细信息

通过 Adobe Scout CC 对 SWF 进行详细的数据分析，用户可以很方便地看到 SWF 在某一帧中的资源使用情况，以及该时间点所执行的任务情况，根据这些数据去优化和调整 Flash 的内容，以便使作品播放更加流畅。关于 Adobe Scout CC 的详细使用方法已经超出本书范畴，感兴趣的读者可以查看 Adobe 官方网站以及关于 Adobe Scout CC 的帮助文档。

提示

因为 Adobe Scout CC 只能够分析针对移动设备、桌面或网络设计的应用程序的性能，所以如果需要分析 Flash 动画的性能，则需要将该 Flash 动画发布为应用程序，Adobe Scout CC 才能够监听到该 SWF 动画文件。

17.2 优化 Flash 动画

前面讲述了测试影片的方法和技巧，Flash 影片测试完毕后，在输出之前还需要对影片进行优化操作，采取适当的措施来减小影片的尺寸，从而缩短影片的下载时间，但前提是不能损坏和影响影片的质量和播放效果。

17.2.1 优化元件和动画

(1) 如果 Flash 动画中的某个元素重复使用了多次，可以使用元件、动画或者其他方法先建立一个基本元件，然后通过对此元件的变形以及改变光亮度等操作重复使用。

(2) 由于关键帧使用得越多，影片文件就越大，因此关键帧动画比逐帧动画占用资源少，如果可以，尽量使用关键帧动画。

(3) 尽量缩小动作区域，限制每个关键帧中发生变化的区域。

(4) 在动画播放的过程中，可以用图层将发生变化的元素与没有发生任何变化的元素分开。

(5) 尽量避免在同一时间内安排多个对象同时产生动作。

(6) 尽量避免对位图图像进行动画处理，一般可以将其作为背景或者静态元素。

(7) 可以将有动作的对象与其他静态对象放在自己专属的图层内，以加速 Flash 动画的处理过程。

17.2.2 优化图形、文本及颜色

(1) 尽可能避免使用特殊的线条类型，例如虚线、点线等。相比较之下，实线会比那些特殊线条占用的资源要少，另外使用“铅笔工具”绘制的线条要比用“刷子工具”绘制的线条占用的资源少。

(2) 多使用构图简单的矢量图形。矢量图形越复杂，CPU 运算起来就越费时间。执行“修改 > 形状 > 优化”命令，在弹出的“优化曲线”对话框中可以设置“优化强度”选项，用来指定平滑程度，从而减小文件的大小，如图 17–8 所示。

图 17-8 “优化曲线”对话框

(3) 尽可能多地使用群组元素。

(4) 限制字体和字体样式的使用。尽量不要使用太多不同的字体，因为使用的字体越多，影片的文件就越大，另外尽可能使用 Flash 内定的字体，嵌入字体会增加文件的大小。

(5) 尽量不要将字体打散，即执行“修改 > 分离”命令。字体打散后就变成了图形，这样也会增加文件的大小。

(6) 尽量少使用渐变颜色填充。使用渐变颜色填充一个区域，比使用纯色填充区域要多占 50 字节左右。

(7) 尽量使用系统的颜色面板的设定。让影片的调色板与浏览器指定的调色板相匹配。

17.2.3 减少对 CPU 的占用

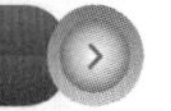

(1) 影片的长宽尺寸越小越好。尺寸越小，影片文件就越小。在场景的空白部分单击鼠标右键，在弹

出的菜单中选择“文档属性”命令，在弹出的“文档属性”对话框中可以修改影片的尺寸大小，如图 17–9 所示。

(2) 先制作较小尺寸的影片，然后再放大。可以在 Flash 中将影片的尺寸设置得小一些，先导出较小尺寸的 SWF 影片，接着执行“文件 > 发布设置”命令，在弹出的“发布设置”对话框中的“HTML 包装器”选项卡中将影片的尺寸设置大一些，如图 17–10 所示。这样在网页中就会呈现出尺寸较大的影片，而画面的质量也不会有丝毫的损坏。

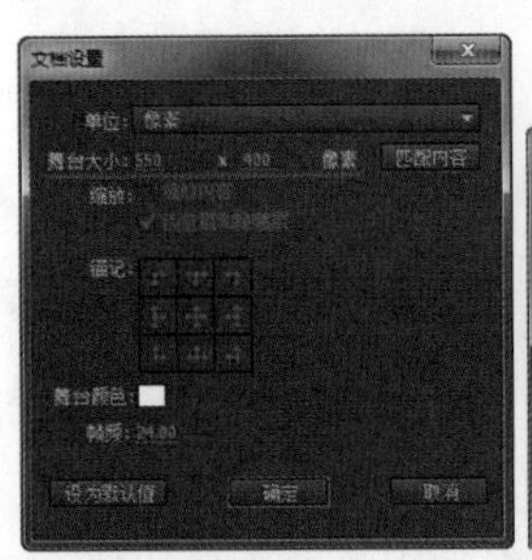

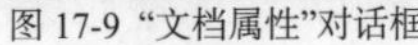

图 17-9 “文档属性”对话框

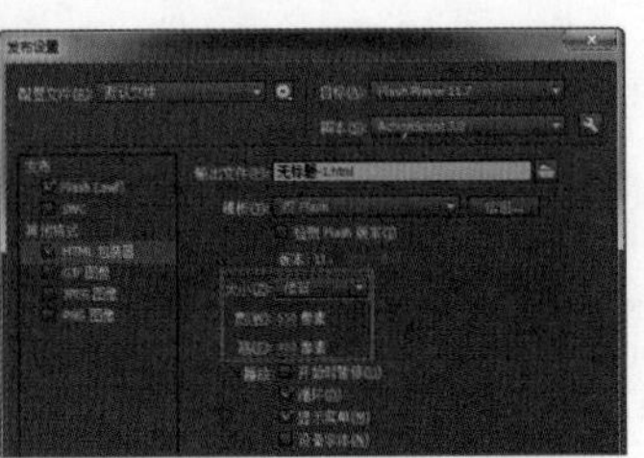

图 17-10 “发布设置”对话框

17.2.4 慎用位图、音频和视频

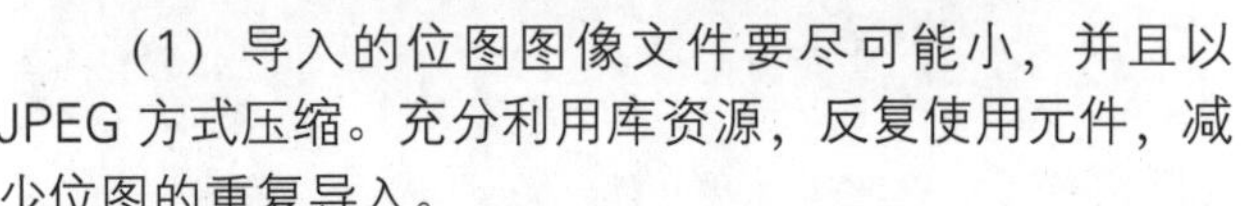

(1) 导入的位图图像文件要尽可能小，并且以 JPEG 方式压缩。充分利用库资源，反复使用元件，减少位图的重复导入。

(2) MP3 格式的音频是使声音最小化的格式，压缩比非常高，因此应尽可能地使用 MP3 格式来输出声音。

17.2.5 分散加载压力

(1) 使用 Loader 类减轻影片开始下载时的负担。可以将影片划分成多个子影片，然后通过主影片中的 Loader 和 Unload 方法随时调用和卸载子影片。

(2) 使用预先下载画面。可在影片一开始加入预先下载画面，以便后续影片的画面能够平滑播放。特别是一些较大的音频文件，尤其需要预先下载。

17.3 Flash 动画发布设置

通过发布 Flash 动画，可以将制作好的动画发布为不同的格式、预览发布效果，并应用在不同的其他文档中，以实现动画的制作目的或价值。在 Flash 中可以输出的 Flash 影片类型有很多种，因此为了避免输出多种格式的文件时一个一个进行设置，可以执行“文件 > 发布设置”命令，在弹出的“发布设置”对话框中选择需要的发布格式并进行设置，便可以一次性输出所有指定的文件格式，这些输出的文件将会存放在影片文件所在的目录中。

17.3.1 “发布设置”对话框

执行“文件 > 发布设置”命令，即可弹出“发布设置”对话框，如图 17–11 所示。用户可以在发布动画前设置想要发布的格式，默认情况下，“发布”命令会创建一个 Flash SWF 文件和一个 HTML 文档，该 HTML 文档会将 Flash 内容插入到浏览器窗口中。在“发布设置”对话框中单击其他的“格式”选项，则会在该对话框右侧出现相应的发布格式的选项。

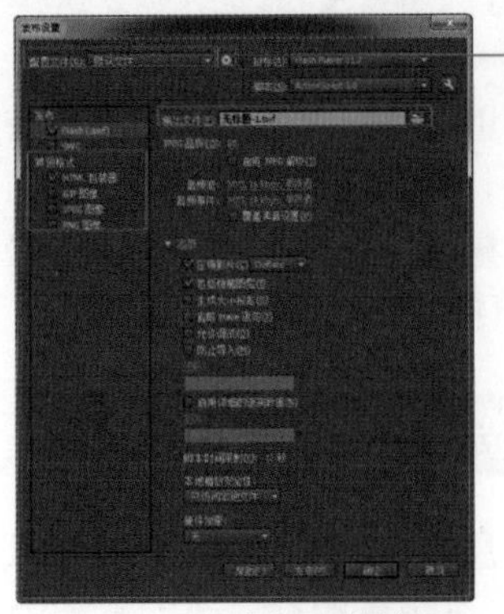

配置文件选项

图 17-11 “发布设置”对话框

- 当前配置文件：在此处显示当前使用的配置文件。

- “配置文件选项”按钮：单击该按钮，在弹出的菜单中包含了控制配置文件的各种操作选项，如图 17–12 所示。

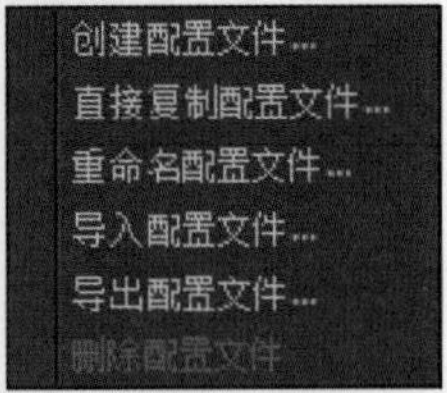

图 17-12 配置文件选项

- 创建配置文件：可以创建新的发布配置文件。
- 直接复制配置文件：可以复制当前的配置文件。
- 重命名配置文件：可以修改当前配置文件的名称。
- 导入配置文件：可以导入其他用户创建和导出发布的配置文件。
- 导出配置文件：选择要导出的发布配置文件，在弹出的对话框中接受默认位置或浏览到新的位置来保存发布配置文件，单击“保存”按钮即可。

- 删除配置文件：可以删除当前配置文件。
- 输出文件：在该选项的文本框中可以对文件的名称、格式进行修改；单击文本框后的“选择发布目标”按钮，即可在弹出的“选择发布目标”对话框中选择需要发布的目标文件。
- 其他格式：在此处显示格式的多种类型，可以通过选中的方式选择需要发布的格式。

提示

使用发布配置文件可以让用户的操作更为方便，主要有以下几点好处：（1）保存发布设置配置、导出该配置，然后将发布配置文件导入其他文档或供其他用户使用。（2）导入发布配置文件以在文档中使用。（3）创建配置文件，以多种媒体格式发布。（4）创建公司内部使用的发布配置文件，这不同于为客户发布文件。（5）为公司创建标准发布配置文件，从而确保以一致的方式发布文件。

17.3.2 发布 Flash 影片

执行“文件 > 发布设置”命令，在弹出的“发布设置”对话框中选择 Flash 选项，在该对话框的右侧提供了 Flash 发布格式的相关选项，如图 17–13 所示。发布后 Flash 影片的效果如图 17–14 所示。

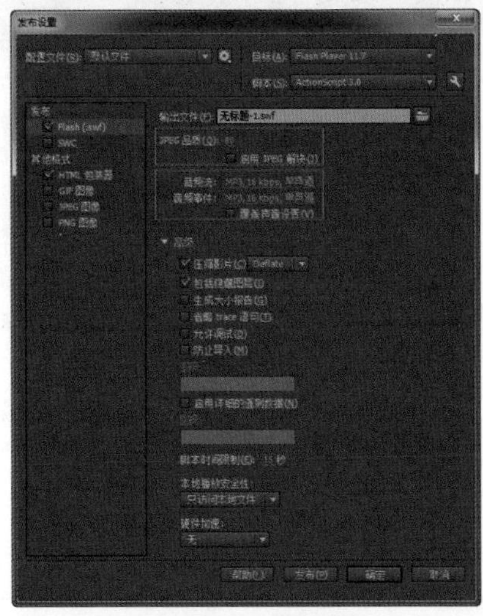

图 17-13 Flash 选项

图 17-14 Flash 影片的效果

- JPEG 品质：该选项用来控制位图压缩的品质。在该选项后的数值上按住鼠标不放并左右拖动即可对该数值进行调整，或者直接单击即可输入精确的数值。数值越小，图像的品质就越低，生成的文件就越大；反之数值越大，压缩比越小，文件越大。
  - 启用 JPEG 解块：选中该复选框，可以使高度压缩的 JPEG 图像显得更为平滑，即可减少由于 JPEG 压缩导致的典型失真，如图像中通常出现的 8x8 像素的马赛克，但可能会使一些 JPEG 图像丢失少许细节。
- 音频流 / 音频事件：分别单击这两个选项右边的相关内容，在弹出的对话框中进行相应设置，可以为 SWF 文件中的所有声音流或事件声音设置采样率和压缩，如图 17–15 所示。

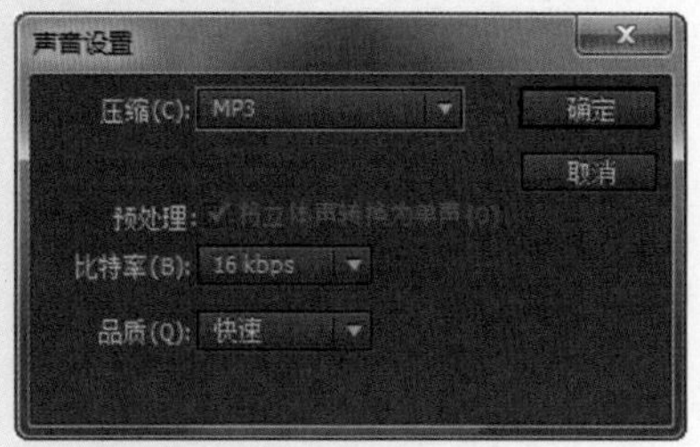

图 17-15 “声音设置”对话框

  - 覆盖声音设置：若要覆盖在“属性”面板中的“声音”选项区中为个别声音指定的设置，或者创建一个较小的低保真版本的 SWF 文件，即可选中“覆盖声音设置”复选框；若取消选中该选项，则 Flash 会扫描文档中的所有音频流（包括导入视频中的声音），然后按照各个设置中最高的设置发布所有音频流。如果一个或多个音频流具有较高的导出设置，则可能增加文件大小。
- 压缩影片：选中该选项，将会对导出的 SWF 文件进行压缩，在该选项后的下拉列表中可以选择相应的压缩方式。
- 包括隐藏图层：选中该选项，则在导出的 SWF 文件中将包含 FLA 文件中的隐藏图层，如果不选中该复选框，则导出的 SWF 文件中将不包含隐藏图层中的内容。默认情况下，选中该复选框。
- 生成大小报告：选中该选项，则会生成一个报告，并按文件列出最终 Flash 内容中的数据量。
- 省略 trace 语句：选中该选项，会使 Flash 忽略当前 SWF 文件中的 ActionScript trace 语句，则 trace 语句的信息将不会显示在“输出”面板中。
- 允许调试：选中该选项，将激活调试器并允许远程调试 Flash SWF 文件。可以使用密码来保护 SWF 文件。
- 防止导入：选中该选项，可以防止其他人导入 SWF 文件并将其转换回 FLA 文档。可以使用密码来保护 Flash SWF 文件。
  - 密码：可在该选项的文本字段中输入密码，以防止他人调试或导入 SWF 文件。如果想执行调试或导入操作，则必须输入密码。但只有用户选中了“防止导入”选项，才能激活“密码”选项。

- 启用详细的遥测数据：选中该选项，可以将 Flash CC 与 Adobe Scout CC 进行集成，便于在 Adobe Scout CC 中测试 Flash 动画文件。在该选项下方的“密码”选项中，用户可以设置密码来保护对 Flash 动画的详细遥测数据的访问。

- 脚本时间限制：可以设置脚本在 SWF 文件中执行时可占用的最大时间量，在此文本框中输入一个数值，Flash Player 将取消执行超出此限制的任何脚本。

- 本地播放安全性：可以选择要使用的 Flash 安全模型是授予已发布的 SWF 文件本地安全性访问权，还是网络安全性访问权。在该选项的列表中包含了两个选项，如图 17–16 所示。

✔ 只访问本地文件
只访问网络

图 17-16 配置文件选项

- 只访问本地文件：可使已发布的 SWF 文件与本地系统上的文件和资源交互，但不能与网络上的文件和资源交互。

- 只访问网络：可使已发布的 SWF 文件与网络上的文件和资源交互，但不能与本地系统上的文件和资源交互。

- 硬件加速：可以设置 SWF 文件使用硬件加速，在该选项的列表中包含了 3 个选项，如图 17–17 所示，其默认设置为“无”。

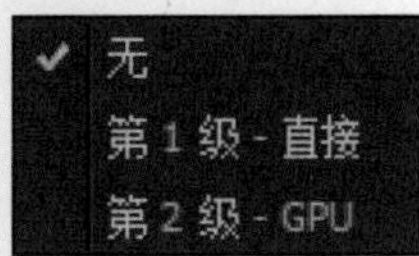

图 17-17 配置文件选项

- 无：不使用任何设置。

- 第 1 级 – 直接：通过允许 Flash Player 在屏幕上直接绘制，而不是让浏览器进行绘制，从而改善播放性能。

- 第 2 级 –GPU：Flash Player 利用图形卡的可用计算能力执行视频播放并对图层化图形进行复合。根据用户的图形硬件的不同，将提供更高一级的性能优势。如果用户拥有高端图形卡，则可以使用此选项。

17.3.3 发布 HTML

要在 Web 浏览器中播放 Flash 影片，则必须先创建 HTML 文档，激活影片和指定浏览器设置。在 Flash CC 中，使用“发布”命令即可按模板文档中的 HTML 参数自动生成 HTML 文档。HTML 参数可以控制 Flash 影片出现在浏览器窗口中的位置、背景颜色和影片大小等，并且可以设置 object 和 embed 标签的属性。

执行“文件 > 发布设置”命令，在弹出的“发布设置”对话框中选择“HTML 包装器”选项，在该对话框的右侧即可显示 HTML 发布格式的相关选项，如图 17–18 所示。发布后 HTML 影片的效果如图 17–19 所示。

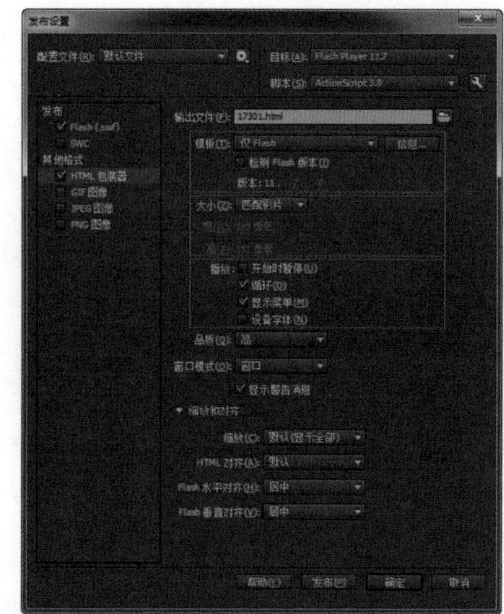

图 17-18 “HTML 包装器”选项

图 17-19 HTML 影片的效果

- 模板：可以显示 HTML 设置并选择要使用的已安装的模板，在该选项的列表中包含了 7 种类型的模板，如图 17–20 所示，默认选项是“仅 Flash”。

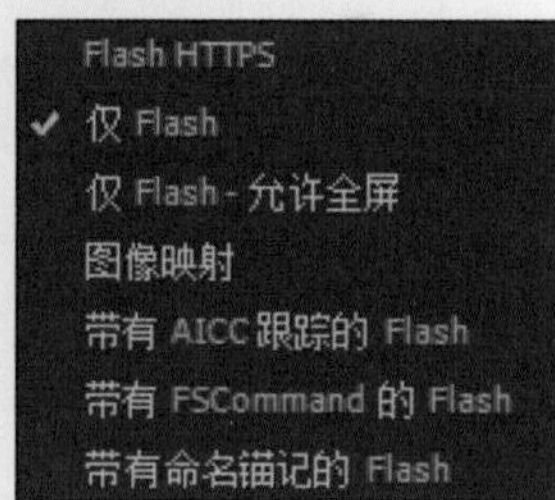

图 17-20 “模板”列表

- “信息”按钮：单击该按钮，即可弹出“HTML 模板信息”对话框，如图 17–21 所示。在该对话框中显示了所选模板的名称、描述以及文件名。

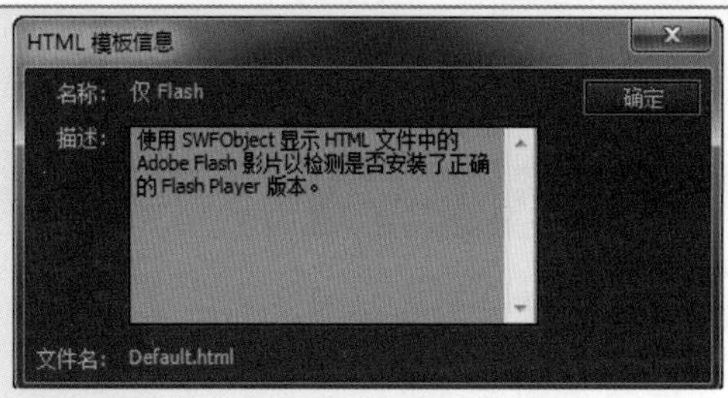

图 17-21 "HTML 模板信息"对话框

- 检测 Flash 版本：选中该选项，可以将文档配置为检测用户所拥有的 Flash Player 版本，并在用户没有指定播放器时向用户发送替代 HTML 页面。替代 HTML 页面包含最新版本的 Flash Player 的下载链接。

- 大小：可以设置 object 和 embed 标签中 width 和 height 属性的值，在该选项的列表中有 3 个选项，如图 17-22 所示。

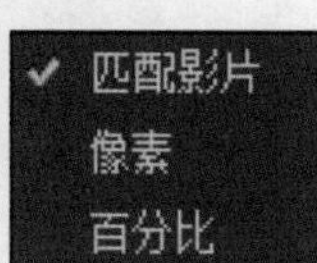

图 17-22 "大小"列表

- 匹配影片：使用 SWF 文件的大小，与动画制作中的场景尺寸相同，选择该选项的好处是不会看到工作区以外的内容，一般情况下选择该选项。

- 像素：输入宽度和高度的像素数量。

- 百分比：指定 SWF 文件所占浏览器窗口的百分比。选择该选项后，动画外框会随着浏览器窗口的缩放而改变尺寸。如果宽和高都设置成 100%，那么可以使 Flash 动画填满整个浏览器窗口，制作出全屏的 Flash 效果。

- 播放：可以用来控制 SWF 文件的播放和各种功能。

- 开始时暂停：一直暂停播放 SWF 文件，直到用户单击按钮或从快捷菜单中选择"播放"后才开始播放。默认状态下取消选中此选项，即加载内容后就立即开始播放。

- 循环：循环内容到达最后一帧后再重复播放。取消选中会使内容在到达最后一帧后停止播放。

- 显示菜单：选中该选项，在动画中单击鼠标右键，可以显示出完整的菜单选项；如果不选中该选项，则在右键菜单中只有"关于 Flash"一个选项。

- 设备字体：（仅限 Windows）会用消除锯齿（边缘平滑）的系统字体替换用户系统尚未安装的字体。使用设备字体可使小号字体清晰易辨，并能减小 SWF 文件的大小。该选项只影响那些包含静态文本（创作 SWF 文件时创建且在内容显示时不会发生更改的文本）且文本设置为用设备字体显示的 SWF 文件。

- 品质：该选项用于设置 Flash 动画的播放质量，该选项的列表中包含了 6 个选项，如图 17-23 所示。

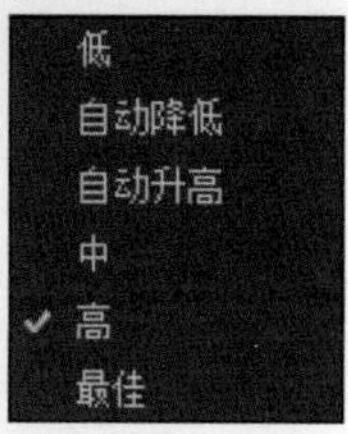

图 17-23 "品质"列表

- 低：使回放速度优先于外观，并且不使用消除锯齿功能。

- 自动降低：优先考虑速度，但是也会尽可能改善外观。回放开始时，消除锯齿功能处于关闭状态。如果 Flash Player 检测到处理器可以处理消除锯齿功能，则会自动打开该功能。

- 自动升高：在开始时是回放速度和外观两者并重，但在必要时会牺牲外观来保证回放速度。回放开始时，消除锯齿功能处于打开状态。如果实际帧频降到指定帧频之下，就会关闭消除锯齿功能以提高回放速度。

- 中：会应用一些消除锯齿功能，但并不会平滑位图。"中"选项生成的图像品质要高于"低"设置生成的图像品质，另外又低于"高"选项设置生成的图像品质。

- 高：使外观优先于回放速度，并始终使用消除锯齿功能。如果 SWF 文件不包含动画，则会对位图进行平滑处理；如果 SWF 文件包含动画，则不会对位图进行平滑处理。

- 最佳：提供最佳的显示品质，而不考虑回放速度。所有的输出都已消除锯齿，而且始终对位图进行平滑处理。

- 窗口模式：运用 IE 4.0 以上版本浏览器所支持的绝对定位、分层显示和透明电影功能，设置 Flash 动画在浏览器中的透明度。在该选项的下拉列表中包含了 4 个选项，如图 17-24 所示。

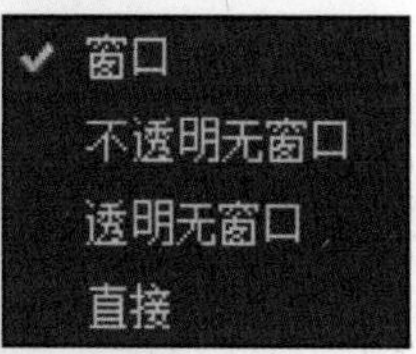

图 17-24 "窗口模式"列表

- 窗口：默认情况下不会在 object 和 embed 标签中嵌入任何窗口相关的属性。内容的背景不透明并使用 HTML 背景颜色。HTML 代码无法呈现在 Flash 内容的上方或下方。

- 不透明无窗口：将 Flash 内容的背景设置为不透明，并遮蔽该内容下面的所有内容。使 HTML

内容显示在该内容的上方。

透明无窗口：将 Flash 内容的背景设置为透明，并使 HTML 内容显示在该内容的上方和下方。如果在“发布设置”对话框的Flash选项卡中选中“硬件加速”选项，则会忽略所选的窗口模式，并默认为“窗口”。在某些情况下，当 HTML 图像复杂时，透明无窗口模式的复杂呈现方式可能会导致动画速度变慢。

直接：选择该选项，则 Flash 动画在网页中的显示方式将是默认的方式，不做任何的设置。

显示警告消息：选中该选项后，如果在标签设置发生冲突时，例如某个模板的代码引用了尚未指定的替代图像时，会显示错误消息。

缩放：可以在更改了文档的原始宽度和高度的情况下，将内容放到指定的边界内，在该选项的列表中包含了 4 个选项，如图 17–25 所示。

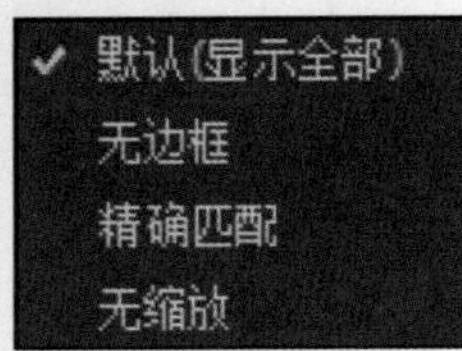

图 17-25 “缩放”下拉列表

默认(显示全部)：在指定的区域显示整个文档，并且保持SWF文件的原始高宽比，而不发生扭曲。应用程序的两侧可能会显示边框。

无边框：对文档进行缩放以填充指定的区域，并保持 SWF 文件的原始高宽比，同时不会发生扭曲，并根据需要裁剪 SWF 文件边缘。

精确匹配：在指定区域显示整个文档，但不保持原始高宽比，因此可能会发生扭曲。

无缩放：禁止文档在调整 Flash Player 窗口大小时进行缩放。

HTML 对齐：可以在浏览器窗口中定位 SWF 文件窗口，在该选项的列表中包括 5 个选项，如图 17–26 所示。

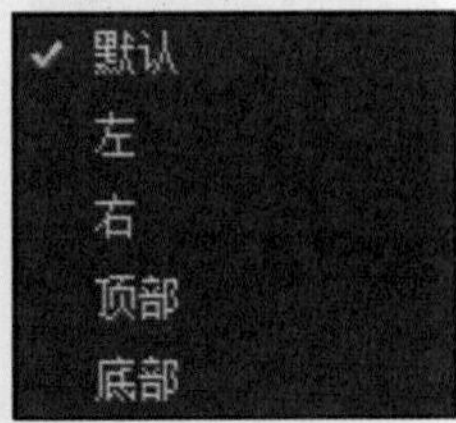

图 17-26 “Html 对齐”列表

默认：使内容在浏览器窗口内居中显示，如果浏览器窗口小于应用程序，则会裁剪边缘。

左 / 右 / 顶部 / 底部：会将 SWF 文件与浏览器窗口的相应边缘对齐，并根据需要裁剪其余的三边。

Flash 水平对齐 /Flash 垂直对齐：通过水平和垂直方向的设置，限制 Flash 动画播放的对齐方式。

17.3.4 发布 GIF 图像 

标准的 GIF 文件是一种简单的压缩位图，它提供了一种较为简单的方法来导出绘画和简单动画，可以在 Web 中使用。

执行“文件 > 发布设置”命令，在弹出的“发布设置”对话框中选择“GIF 图像”选项，在该对话框的右侧则会显示 GIF 图像发布格式的相关选项，如图 17–27 所示。发布后 GIF 图像的效果如图 17–28 所示。

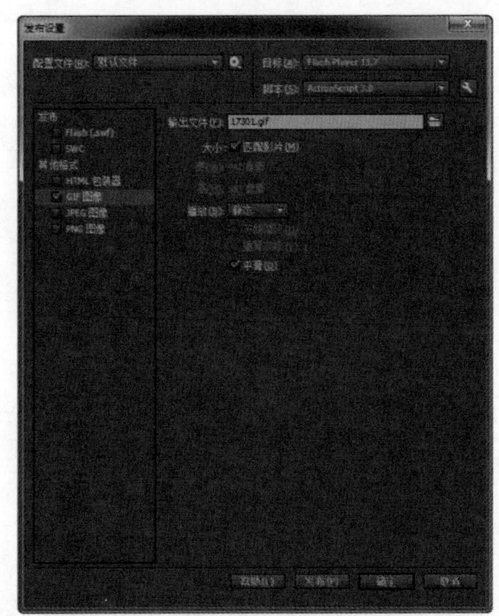
图 17-27 “GIF 图像”选项

图 17-28 GIF 图像的效果

大小：该选项可以用来设置导出的位图图像的宽度和高度值。如果选中“匹配影片”复选框，则可以使其与 SWF 文件大小相同并保持原始图像的高宽比。

播放：该选项可以用来设置创建的是静止图像还是 GIF 动画，在该选项的列表中包含了两个选项，如图 17–29 所示。

图 17-29 “播放”列表

如果选择“动画”选项，即可激活“不断循环”和“重复次数”选项，可以选择“不断循环”选项或输入重复次数。

平滑：选中该选项后，可以消除导出位图的锯齿，从而生成较高品质的位图图像，并且还能够改善文本的显示品质。但是平滑可能会导致彩色背景上已消除锯齿的图像周围出现灰色像素的光晕，并且会增加 GIF 文件的大小。如果出现光晕，或者如果要将透明 GIF 放置在彩色背景上，则在导出图像时不要使用平滑操作。

17.3.5 发布 JPEG 图像和 PNG 图像

除了可以将 Flash 动画发布为动画形式，还可以将其发布为静态的 JPEG 图像和 PNG 图像。

执行“文件 > 发布设置”命令，在弹出的“发布设置”对话框中选择“JPEG 图像”选项，在该对话框的右侧则会显示 JPEG 图像发布格式的相关选项，如图 17–30 所示。在“发布设置”对话框中选择“PNG 图像”选项，在该对话框的右侧则会显示 PNG 图像发布格式的相关选项，如图 17–31 所示。

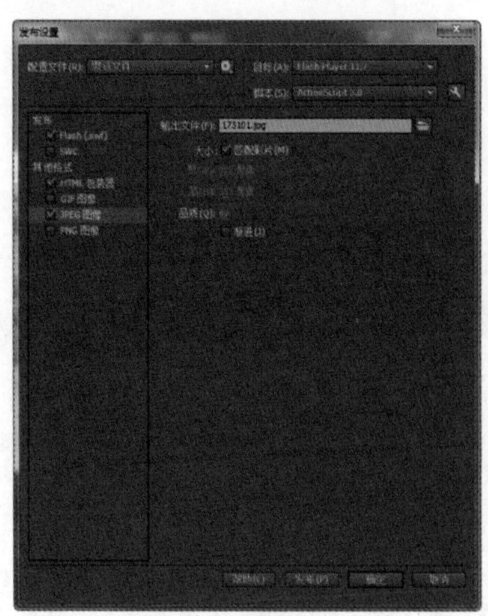

图 17-30 “JPEG 图像”选项

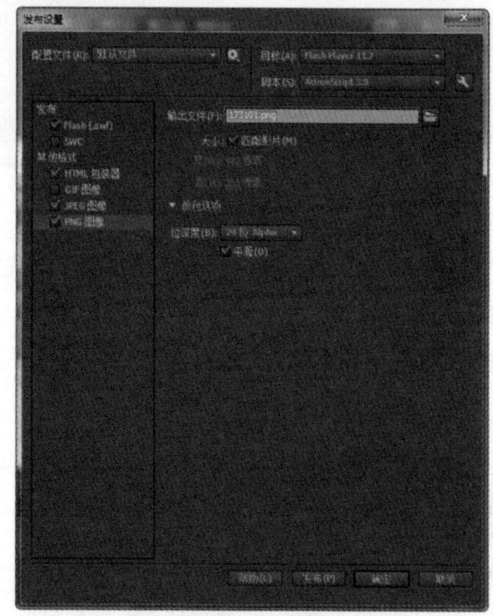

图 17-31 “PNG 图像”选项

品质：该选项用于设置所发布的 JPEG 图像的质量，通过拖动该选项后的数值或直接输入数值，可以控制所发布的 JPEG 图像的压缩量。图像品质越低则文件越小，反之亦然。

渐进：选中该选项，在 Web 浏览器中增量显示渐进式 JPEG 图像，从而可以在低速网络连接上以较快的速度显示加载的图像。

位深度：该选项用于设置所发布的 PNG 图像时要使用每个像素的位数和颜色数。位深度越高，文件就越大。在该选项的下拉列表中包括 3 个选项，如图 17–32 所示。

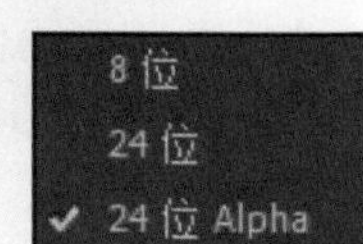

图 17-32 “位深度”列表

- 8 位：用于 256 色图像。
- 24 位：用于数千种颜色的图像。
- 24 位 Alpha：用于数千种颜色并带有透明度的图像。

17.4 导出 Flash 动画

Flash 作为一款出色的二维动画软件，提供了优秀的绘图和动画功能，不仅可以制作出在网络中播放的 SWF 文件，还可以导出为其他格式的文件，供作品的再次加工。例如，如果制作一个影视片头，需要用到人物动画和视频特效，人物动画可以在 Flash 中制作完成，但是视频特效可以用更专业的软件完成，例如 After Effects。可以把 Flash 中完成的动画放到专业视频软件中继续处理，这就要求制作完 Flash 动画后，将 Flash 动画导出为标准的视频格式，例如 MOV 格式，这样就可以在其他视频软件中进行再加工了。

执行“文件 > 导出”命令，在该命令的子菜单中包含了 3 种导出命令，分别为“导出图像”、“导出影片”和“导出视频”，如图 17–33 所示。

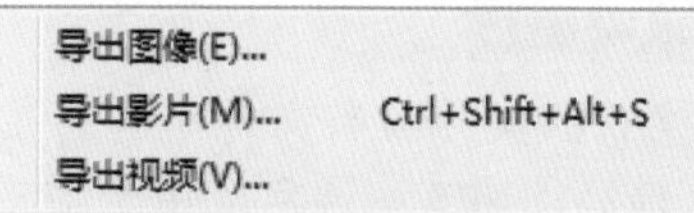

图 17-33 导出命令

17.4.1 导出图像文件

在 Flash 中，导出图像文件即是将当前帧上的内容或当前所选的图像以一种静止的图像格式或者单帧动画进行导出。

执行“文件 > 导出 > 导出图像”命令，即可弹出“导出图像”对话框，如图 17-34 所示。在该对话框中的“保存类型”下拉列表中包含了多种图像文件的格式，如图 17-35 所示。

图 17-34 “导出图像”对话框

SWF 影片 (*.swf)
JPEG 图像 (*.jpg ; *.jpeg)
GIF 图像 (*.gif)
PNG 图像 (*.png)

图 17-35 图像格式

单击选择相应的选项即可将图像文件以指定的文件格式保存到相应的位置，在 Windows 操作系统中，不同的图像格式将呈现不同的图标，如图 17-36 所示。

图 17-36 不同图像格式的图标

1. SWF 影片

SWF 影片通常被称为 Flash 文件，该格式是 Flash 专用的动画格式，是一种支持矢量和点阵图形的动画文件格式，广泛应用于网页设计和动画制作等领域。

这种格式可以播放所有在编辑时设置的动画效果和交互功能，而且文件容量小，如果发布为 SWF 影片，可以对其设置保护。

2. JPEG 图像

JPEG 格式的文件具有文件小的特征，是所有格式中压缩率最高的格式，通常应用于图像预览和一些超文本文档，例如 HTML 文档等。在“导出图像”对话框中的“保存类型”下拉列表中选择“JPEG 图像 (*.jpg, *.jpeg)”选项，即可弹出“导出 JPEG”对话框，如图 17-37 所示。

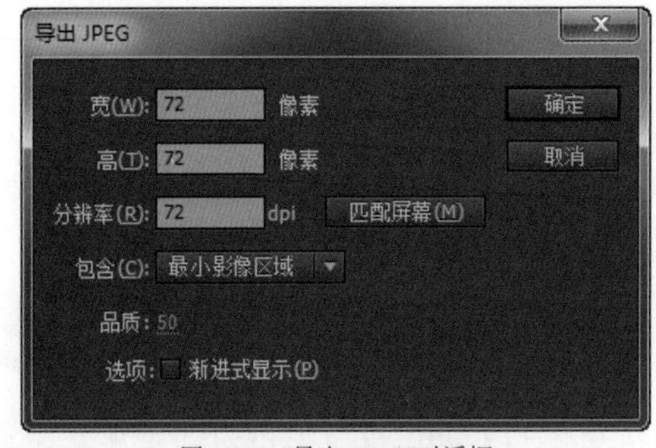

图 17-37 “导出 JPEG”对话框

该对话框中的相关选项与“发布设置”对话框的“JPEG 图像”选项卡中的选项相类似，在这里就不多做介绍了。

3. GIF 图像

在“导出图像”对话框中的“保存类型”下拉列表中选择“GIF 图像 (*.gif)”选项，即可弹出“导出 GIF”对话框，如图 17-38 所示。该对话框中的相关选项与“发布设置”对话框的 GIF 选项卡中的设置大致相同。

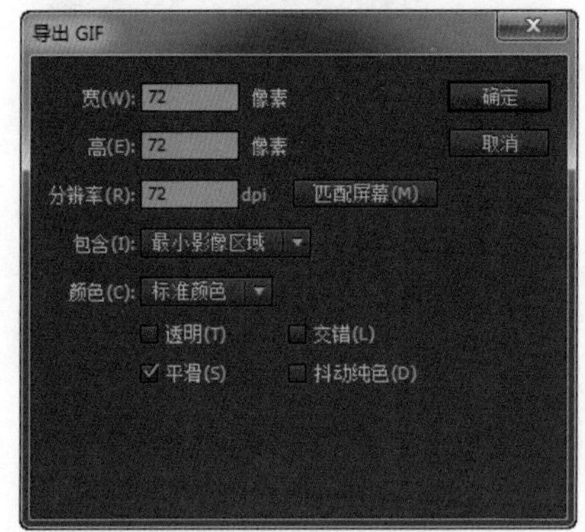

图 17-38 “导出 GIF”对话框

“颜色”选项用于创建导出图像的颜色数量。在该选项的列表中包括 4 色、8 色、16 色、32 色、64 色、128 色、256 色以及标准颜色（标准 Web 安全 216 色调色板）。

4. PNG 图像

PNG 格式的文件具有保真性、透明性、文件小等特征，因此被广泛应用在网页设计与平面设计中。在“导出图像”对话框中的“保存类型”下拉列表中选择“PNG(*.png)”选项，即可弹出“导出 PNG”对话框，如图 17-39 所示。

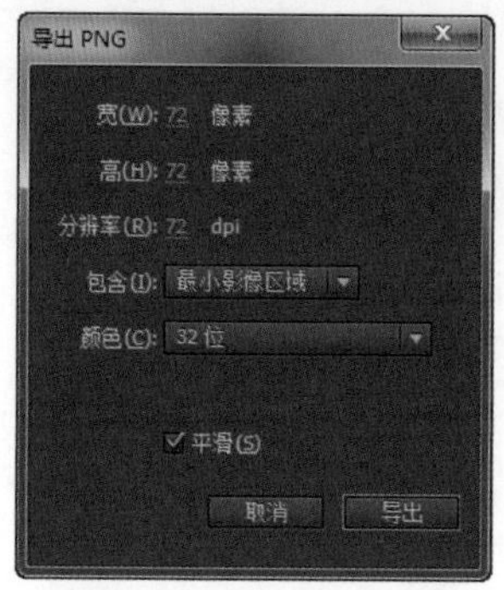

图 17-39 “导出 PNG”对话框

该对话框中的选项与前面介绍的差不多，在这里就不多做介绍了。

17.4.2 导出动画文件

在 Flash CC 中，导出动画文件即是将 Flash 动画作为 Flash 动画或者静止图像，并且可以为动画中的第一帧创建一个带有编辑的图像文件。

执行“文件 > 导出 > 导出影片”命令，弹出“导出影片”对话框，如图 17–40 所示。在该对话框中的“保存类型”下拉列表中包含了多种动画文件的格式，如图 17–41 所示。

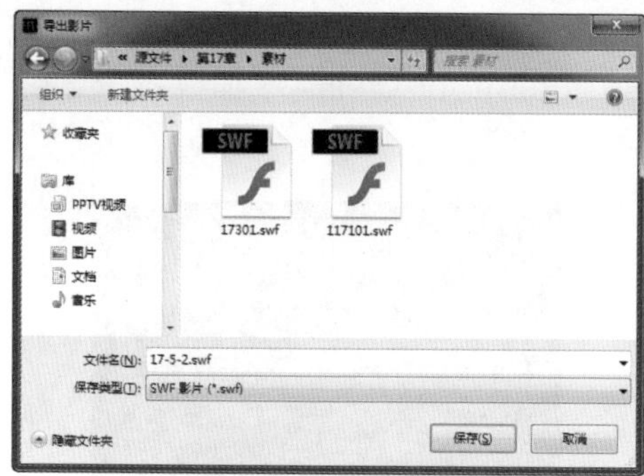

图 17-40 “导出影片”对话框

SWF 影片 (*.swf)
JPEG 序列 (*.jpg ; *.jpeg)
GIF 序列 (*.gif)
PNG 序列 (*.png)
GIF 动画 (*.gif)

图 17-41 “动画文件”类型

在下拉列表中单击选择相应的动画格式，单击“确定”按钮，即可将该动画文件以指定的格式保存到相应的位置。

1. SWF 影片

该命令用于将 Flash 动画导出为 SWF 影片，与在“导出图像”对话框中的“类型”下拉列表中选择“SWF 影片”选项，导出的结果相同。

2. JPEG 序列和 PNG 序列

在 Flash CC 中，还可以将逐帧更改的文件导出为 JPEG 序列和 PNG 序列的图像，这两个的导出对话框设置分别与“JPEG 图像”和“PNG 图像”的设置相同，在这里就不再做具体的讲解。

3. GIF 动画和 GIF 序列

GIF 动画文件提供了一种简单的方法来导出简短的动画序列。Flash 可以优化 GIF 动画文件，并且只存储逐帧更改的文件。

这两个选项的对话框如图 17–42 所示。设置与 GIF 图像大致相似，唯一不同的是动画只能够用于 GIF 动画导出格式，输入重复次数，0 表示无限次重复。

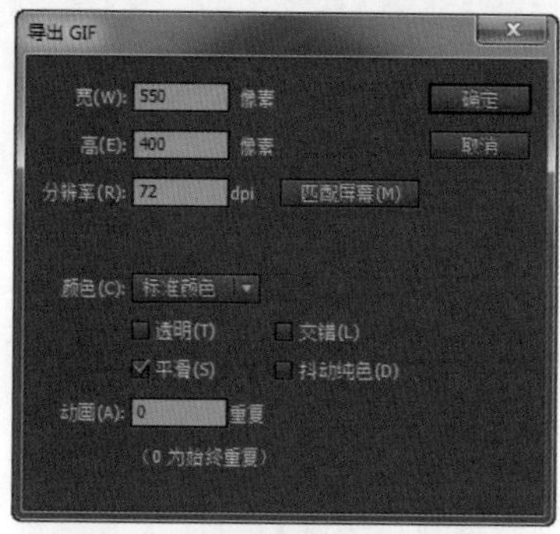

GIF 动画

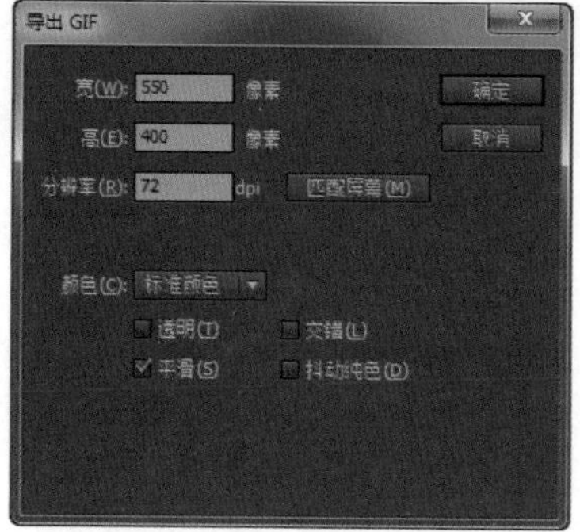

GIF 序列

图 17-42 “导出 GIF”对话框

17.4.3 导出视频文件

在 Flash CC 中重新设计了导出视频的流程，深度整合了 Adobe Media Encoder。Flash CC 只能导出 MOV 一种格式的视频文件，因为 Adobe Media Encoder 可以把 MOV 格式的视频转换成各种视频格式。

QuickTime 是 Apple 公司制定的标准视频文件格式，用于存储常用数字媒体类型，其后缀为 *.mov。但是如果要播放 QuickTime 文件，系统中必须要有 QuickTime Player 的支持。

提示

QuickTime 文件能够保留动画的声音以及大多数的交互功能，文件大小也不是太大。可以说，除了 SWF 格式文件之外，最适合并且能够全面展现 Flash 动画功能的就是 QuickTime 了。

如果需要将 Flash 动画导出为 QuickTime 视频文件，可以执行“文件 > 导出 > 导出视频”命令，弹出“导出视频”对话框，如图 17-43 所示，在该对话框中可以对导出的 QuickTime 视频的相关选项进行设置。

图 17-43 “导出视频”对话框

- 呈现宽度 / 呈现高度：该选项显示所导出的 QuickTime 视频的宽度和高度。默认情况下，QuickTime 会使用与源 Flash 文件相同的尺寸来创建视频文件，并导出整个 Flash 动画。
- 忽略舞台颜色（生成 Alpha 通道）：选中该选项后，即可使用舞台颜色创建一个 Alpha 通道。由于 Alpha 通道是作为透明轨道进行编码的，因此即可将导出的 QuickTime 视频叠加在其他内容上面，以改变背景的颜色或场景。
- 在 Adobe Media Encoder 中转换视频：选中该选项后，导出的 QuickTime 视频文件，可以在 Adobe Media Encode 中转换成其他格式的视频文件。
- 停止导出：该选项用于设置停止导出影片的方式。
  - 到达最后一帧时：将整个 Flash 动画导出为 QuickTime 视频。
  - 经过此时间之后：要导出的 Flash 动画的持续时间，其格式为：小时：分：秒：毫秒。
- 导出文件位置：用于设置所导出的 QuickTime 视频文件的存储路径位置，单击该选项前的“浏览”按钮，可以在弹出的对话框中选择所导出的 QuickTime 视频文件的路径位置。

17.5 导出为 HTML 5 内容

HTML 5 是新一代的 HTML 标准，它强化了 Web 的表现性能，追加本地数据库等 Web 应用功能 ，几乎所有的浏览器都已经支持 HTML 5 技术。在 Flash CC 中新增了 Toolkit for CreateJS 面板，方便用户将所制作的 Flash 动画导出为 HTML 5 内容。

17.5.1 了解 Toolkit for CreateJS

Toolkit for CreateJS 让设计人员和动画制作人员可以使用开源 CreateJS JavaScript 库来创建 HTML 5 项目的内容。单击鼠标，Toolkit for CreateJS 便可将内容导出为可以在浏览器中预览的 JavaScript，支持 Flash 的大多数核心动画和插图功能，包括矢量、位图、补间、声音、按钮和 JavaScript 时间轴脚本。用户可以使用 Flash 设计制作出能够在任何兼容 HTML 5 的移动设备或桌面浏览器中运行的极富表现力的内容。

Toolkit for CreateJS 功能并不是让我们打开 Flash 文档，一键发布成 HTML 5 内容，而是让用户的工作流程更轻松，使用原有的 Flash 技术创建新的内容。即使不学习 HTML 5，也能够做出专业的内容。

17.5.2 认识 Toolkit for CreateJS 面板

在 Flash CC 中执行“窗口 >Toolkit for CreateJS”命令，打开 Toolkit for CreateJS 面板，如图 17-44 所示。

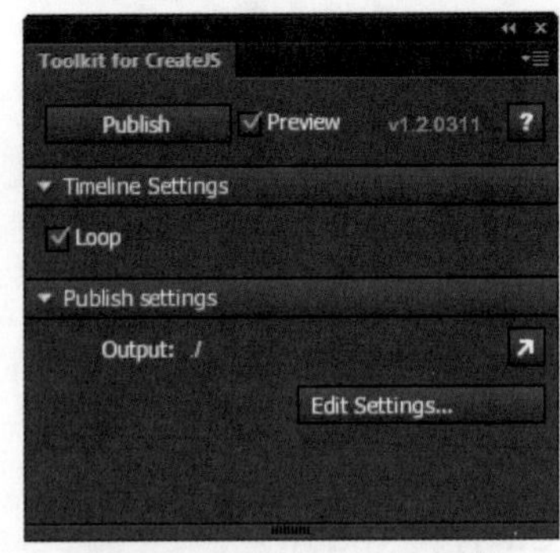

图 17-44 Toolkit for CreateJS 面板

- Publish 按钮：单击该按钮，可以将当前 Flash 动画导出为 HTML 5 内容。
- Preview：选中该选项，可以在将动画发布为 HTML 5 内容后自动在浏览器中预览所发布的内容效果。
- Timeline Settings 选项区：在该选项区中可以对时间轴选项进行设置，选中 Loop 选项，则在导出的 HTML 5 内容中重复播放时间轴。
- Publish settings 选项区：在该选项区中可以对发布选项进行设置。

- Output：该选项用于设置所输出的 HTML 5 文件的存储路径，单击该选项右侧的按钮，可以在弹出的对话框中查看当前所设置的存储目录文件夹。

- Edit Settings 按钮：单击该按钮，弹出 Publish settings 对话框，如图 17-45 所示。Images、Sounds、CreateJS 选项分别用于设置导出图像、声音、JS 库的目录名称，默认选中。如果 Flash 动画中有导入图像或声音等资源，便会自动导出。如果未选中，则不导出这些资源。

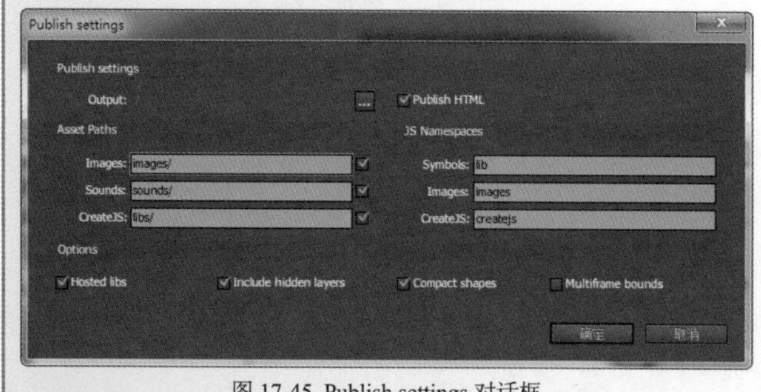

图 17-45 Publish settings 对话框

17.5.3 将 Flash 动画导出为 HTML 5 网页

了解了 Toolkit for CreateJS 的相关知识，并且认识了 Flash CC 中全新的 Toolkit for CreateJS 面板，接下来通过一个实例的制作向读者介绍如何将 Flash 动画导出为 HTML 5 网页。

动手实践——将 Flash 动画导出为 HTML 5 网页

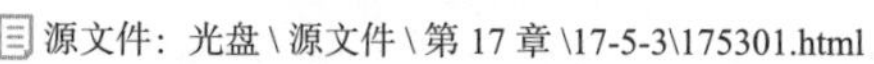

源文件：光盘\源文件\第 17 章\17-5-3\175301.html

视频：光盘\视频\第 17 章\17-5-3.swf

01 打开 Flash CC，执行“文件 > 打开”命令，打开素材文件“光盘\源文件\第 17 章\素材\175301.fla”，效果如图 17-46 所示。该 Flash 动画的“时间轴”面板如图 17-47 所示。

图 17-46 打开动画

图 17-47 “时间轴”面板

02 执行“窗口 >Toolkit for CreateJS”命令，打开 Toolkit for CreateJS 面板，单击 Edit Settings 按钮，如图 17-48 所示。弹出 Publish settings 对话框，单击 Output 选项后的按钮，如图 17-49 所示。

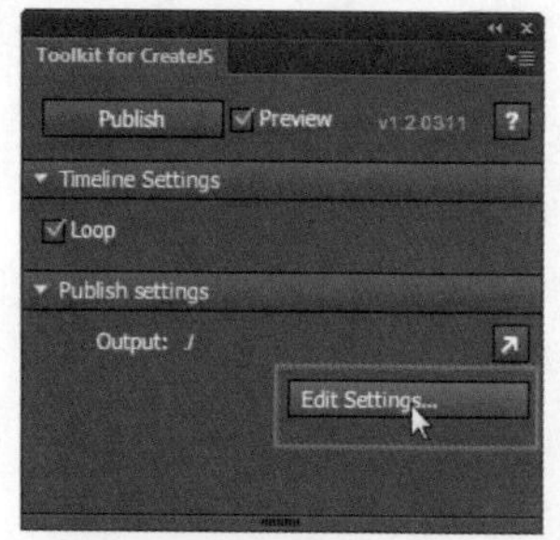

图 17-48 单击 Edit Settings 按钮

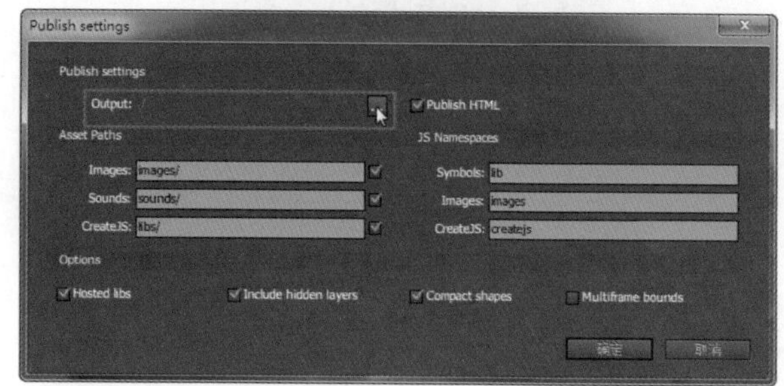

图 17-49 Publish settings 对话框

03 在弹出的 Save output to 对话框中选择将输出的 HTML 5 网页保存的文件夹，如图 17-50 所示。单击“选择文件夹”按钮，选择输出文件夹，如图 17-51 所示。

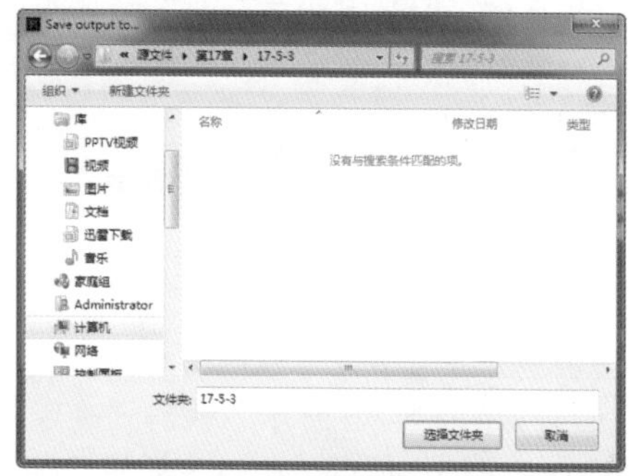

图 17-50 Save output to 对话框

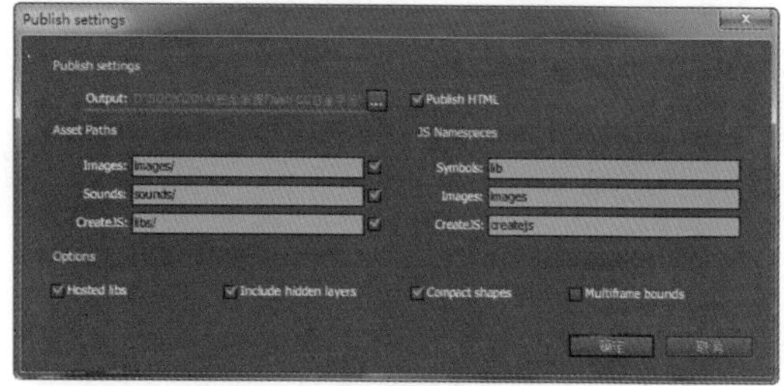

图 17-51 Publish settings 对话框

04 单击“确定”按钮，完成 Publish setting 对话框的设置，在 Toolkit for CrreateJS 面板中采用的默认设置，单击 Publish 命令，如图 17-52 所示。即可将该 Flash 动画发布为 HTML 5 网页，发布完成后自动弹出浏览器窗口预览发布结果，如图 17-53 所示。

图 17-52 单击 Publish 按钮

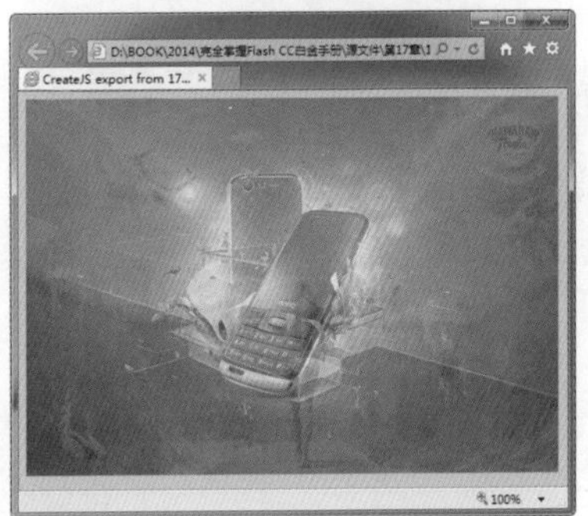

图 17-53 预览 HTML 5 网页效果

05 打开导出的 HTML 5 网页所在文件夹，可以看到导出得到的相关文件，如图 17-54 所示。

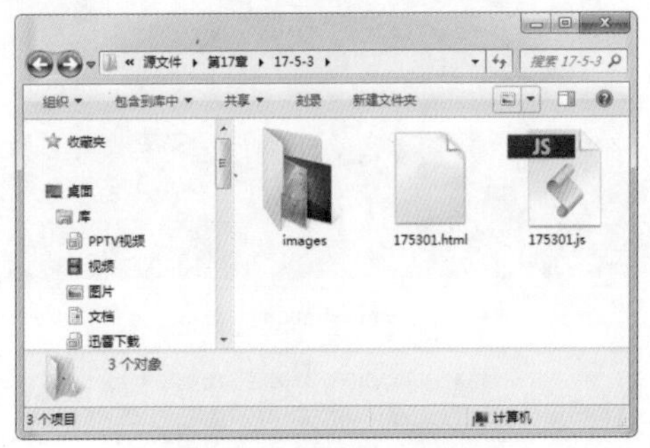

图 17-54 导出得到的相关文件

17.6 制作产品宣传动画

产品宣传动画通常会用较为简洁、明朗的表现方式来制作动画，从而能够清楚地向浏览者表达产品的用途、效果、功能，以及宣传产品的形象和服务，另外该动画的色彩也是以所展示的产品色调与网站页面的主色调相协调的前提进行搭配，从而达到协调、统一的效果。

动手实践——制作产品宣传动画

源文件：光盘 \ 源文件 \ 第 17 章 \17-6.fla

视频：光盘 \ 视频 \ 第 17 章 \17-6.swf

01 执行“文件 > 新建”命令，弹出“新建文档”对话框，设置如图 17-55 所示。单击“确定”按钮，新建一个 Flash 文档。执行“插入 > 新建元件”命令，在弹出的“创建新元件”对话框中进行相应设置，设置如图 17-56 所示。

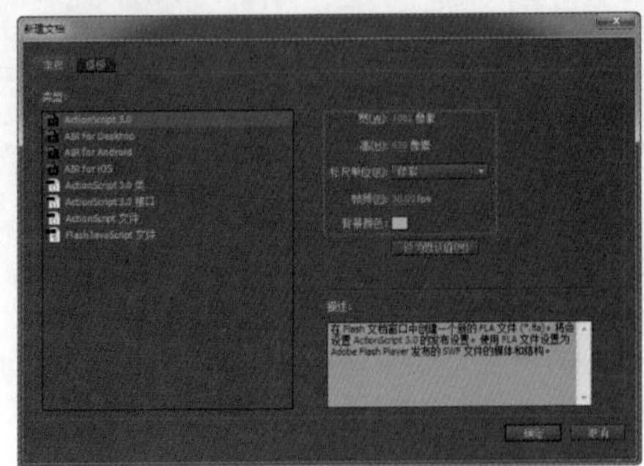

图 17-55 “新建文档”对话框

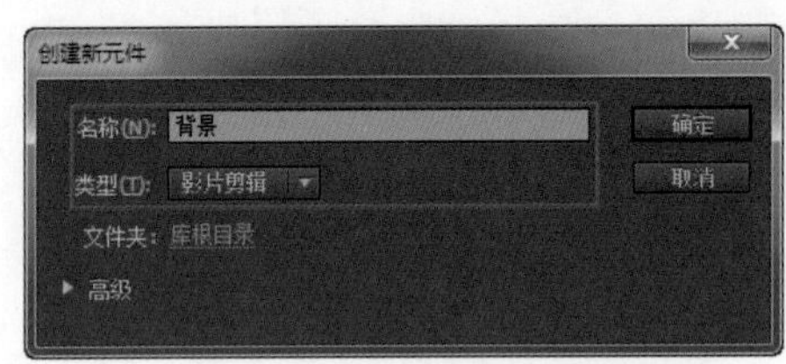

图 17-56 “创建新元件”对话框

02 单击“确定”按钮，导入素材图像“光盘 \ 源文件 \ 第 17 章 \ 素材 \17601.png”，如图 17-57 所示。在刚导入的图像上单击鼠标右键，在弹出的菜单中选择“转换为元件”命令，弹出“转换为元件”对话框，设置如图 17-58 所示。

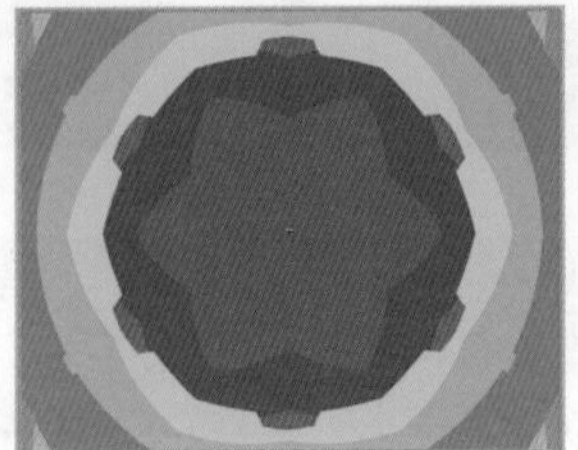

图 17-57 导入图像

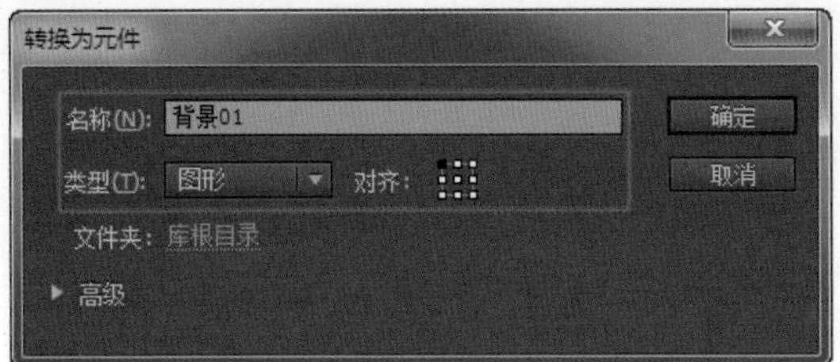

图 17-58 “转换为元件”对话框

03 在第 16 帧按 F5 键插入关键帧，“时间轴”面板如图 17-59 所示。新建“图层 2”，导入图像“光盘 \ 源文件 \ 第 17 章 \ 素材 \17601.png”，并调整至合适的大小和位置，如图 17-60 所示。

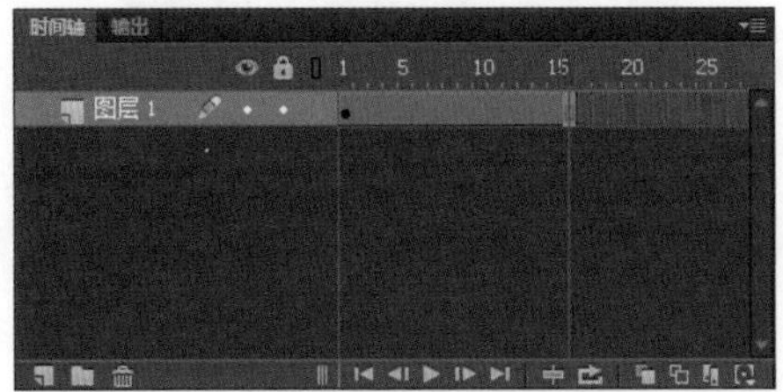

图 17-59 “时间轴”面板

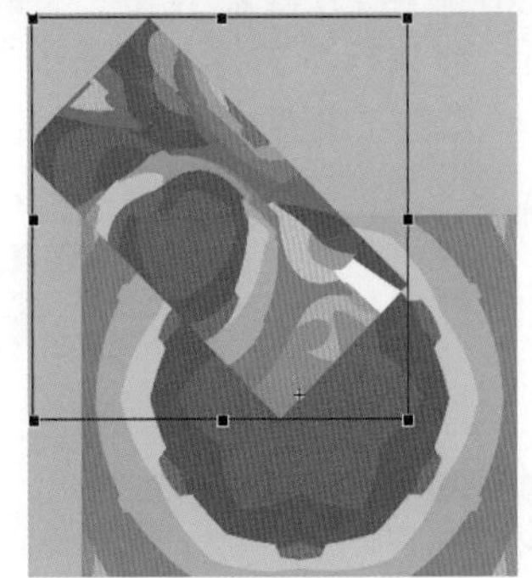

图 17-60 导入图像

04 选择刚导入的图像，按 F8 键弹出“转换为元件”对话框，设置如图 17-61 所示。单击“确定”按钮，在“图层 2”上单击并拖动鼠标，同时选中第 4 帧至第 16 帧，按 F6 键插入关键帧，“时间轴”面板如图 17-62 所示。

图 17-61 “转换为元件”对话框

图 17-62 “时间轴”面板

05 选择第 4 帧上的元件，将该元件向左下方进行移动，如图 17-63 所示。使用相同的方法，依次调整第 5 帧至第 16 帧中各元件的位置和大小。在第 1 帧创建传统补间动画，“时间轴”面板如图 17-64 所示。

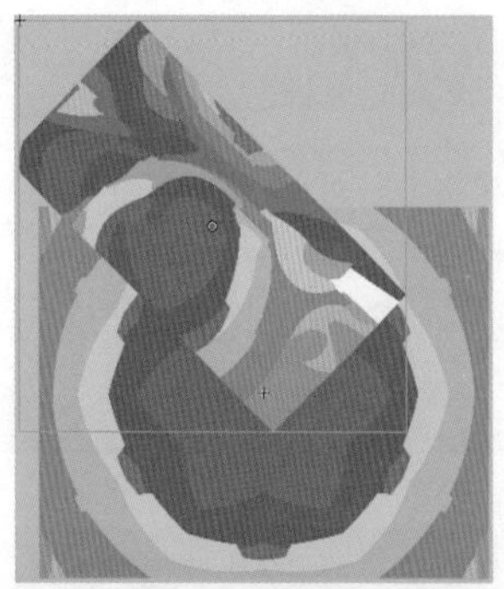

图 17-63 调整元件位置

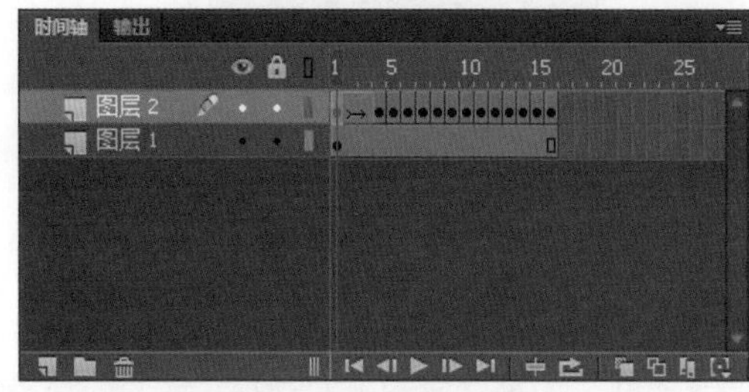

图 17-64 “时间轴”面板

06 新建“图层 3”，使用“多角星形工具”，在舞台中绘制一个三角形，调整到合适的大小和位置，如图 17-65 所示。在“图层 3”上单击鼠标右键，在弹出的菜单中选择“遮罩层”命令，“时间轴”面板如图 17-66 所示。

图 17-65 绘制三角形

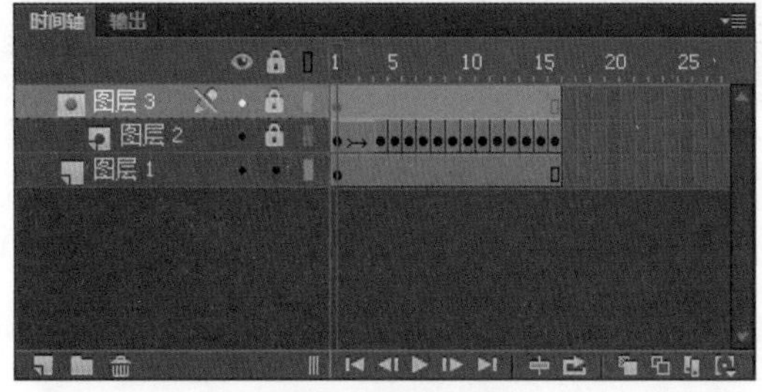

图 17-66 “时间轴”面板

07 使用相同的方法，完成其他图层动画的制作，“时间轴”面板如图 17–67 所示。新建“图层 26”，在第 16 帧按 F6 键插入关键帧，打开“动作”面板，输入脚本代码，如图 17–68 所示。

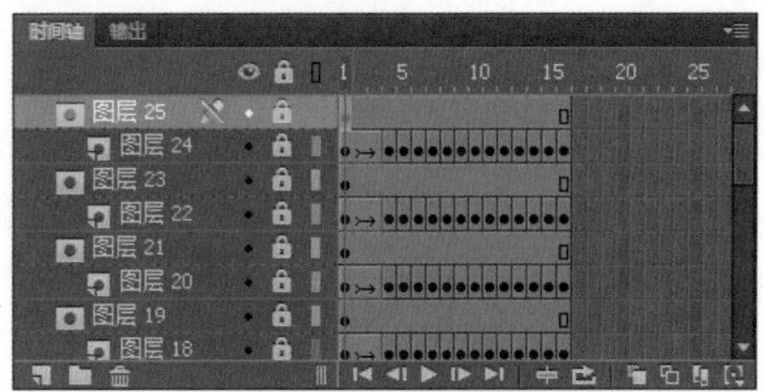

图 17-67 “时间轴”面板

图 17-68 “动作”面板

08 执行“插入 > 新建元件”命令，弹出“创建新元件”对话框，设置如图 17–69 所示。单击“确定”按钮，导入图像“光盘\源文件\第 17 章\素材\17603.jpg”，并调整至合适的位置，如图 17–70 所示。

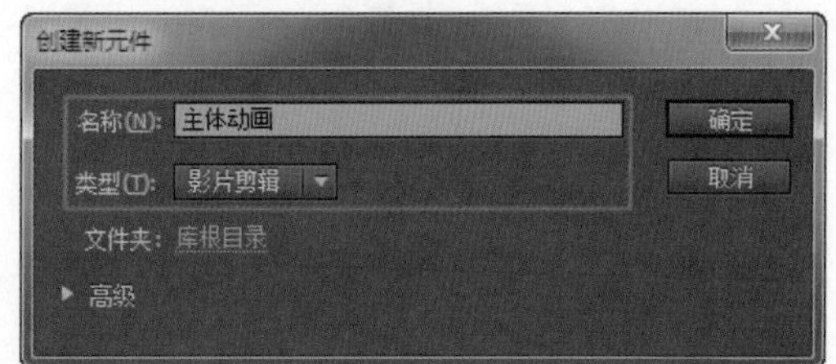

图 17-69 “创建新元件”对话框

图 17-70 导入图像

09 选中刚导入的图像，按 F8 键弹出“转换为元件”对话框，设置如图 17–71 所示。单击“确定”按钮，选中刚拖入场景中的元件，在“属性”面板上设置其“实例名称”为 mv_1，如图 17–72 所示。

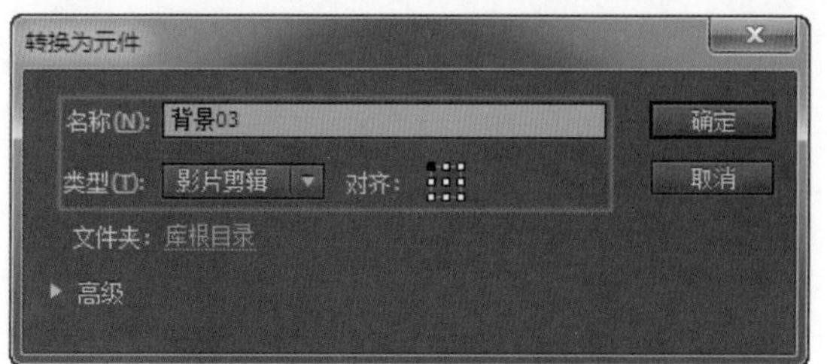

图 17-71 “转换为元件”对话框

图 17-72 “属性”面板

10 在第 20 帧按 F5 键插入帧，“时间轴”面板如图 17–73 所示。执行“文件 > 导入 > 打开外部库”命令，打开素材文件“光盘\源文件\第 17 章\素材\素材 .fla”，“库 - 素材”面板如图 17–74 所示。

图 17-73 “时间轴”面板

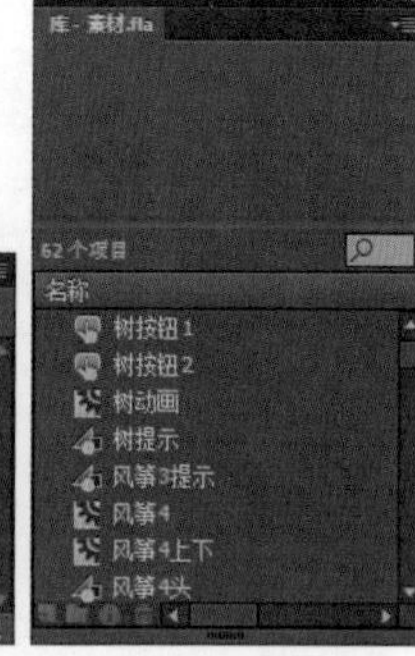

图 17-74 “库 - 素材”面板

11 新建“图层 2”，从“库 – 素材”面板中将名为“风筝群 1”的元件拖入到场景中，并调整至合适的位置，如图 17–75 所示。选中刚拖入场景中的元件，在“属性”面板上设置“实例名称”为 mv_2，如图 17–76 所示。

图 17-75 拖入元件

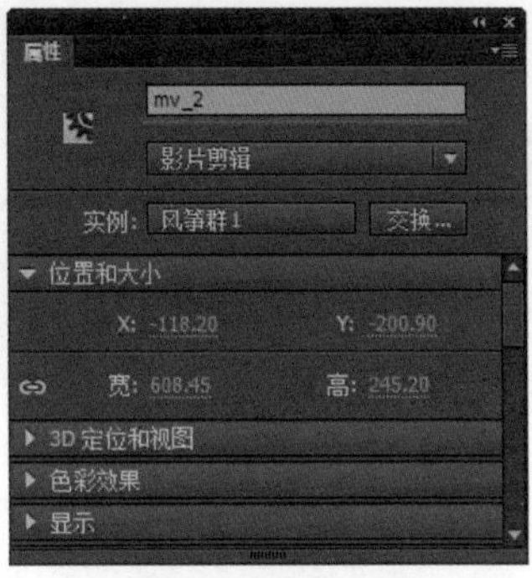
图 17-76 “属性”面板

12 使用相同的方法，完成其他图层的制作，场景效果如图 17-77 所示。“时间轴”面板如图 17-78 所示。

图 17-77 场景效果

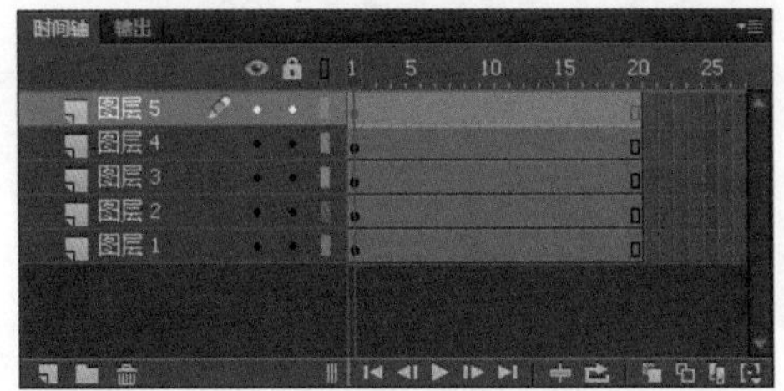
图 17-78 “时间轴”面板

13 新建“图层 6”，使用“矩形工具”，在场景中绘制一个“宽”为 938px，“高”为 567px 的矩形，并调整至合适的位置，如图 17-79 所示。在“图层 6”上单击鼠标右键，在弹出的菜单中选择“遮罩层”命令，并将“图层 1”至“图层 5”都设置为被遮罩层，“时间轴”面板如图 17-80 所示。

图 17-79 绘制矩形

图 17-80 “时间轴”面板

14 在“图层 6”上新建“图层 7”，在第 20 帧按 F6 键插入关键帧，打开“动作”面板，输入 ActionScript 脚本代码，如图 17-81 所示。“时间轴”面板如图 17-82 所示。

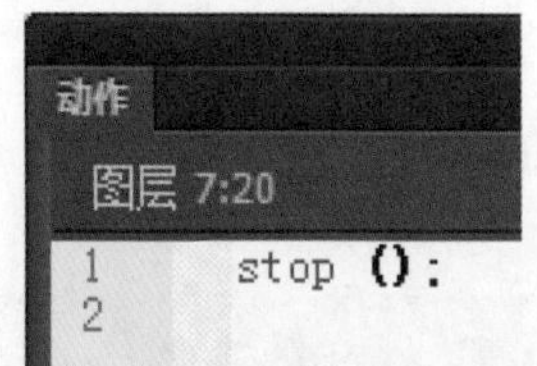

图 17-81 “动作”面板

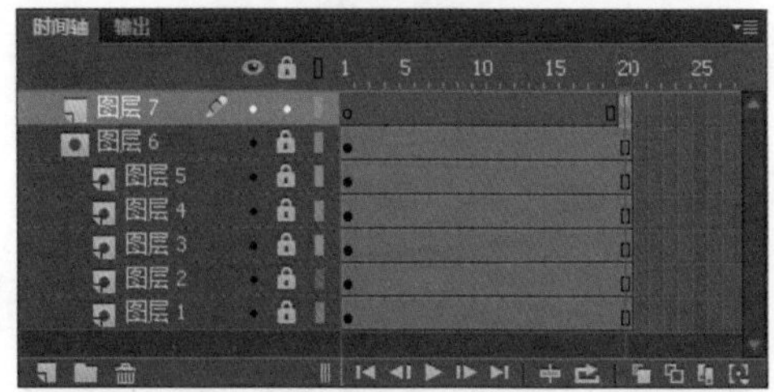
图 17-82 “时间轴”面板

15 执行“插入 > 新建元件”命令，弹出“创建新元件”对话框，设置如图 17-83 所示。单击“确定”按钮，使用“文本工具”，在“属性”面板上对其相关属性进行设置，如图 17-84 所示。

图 17-83 “创建新元件”对话框

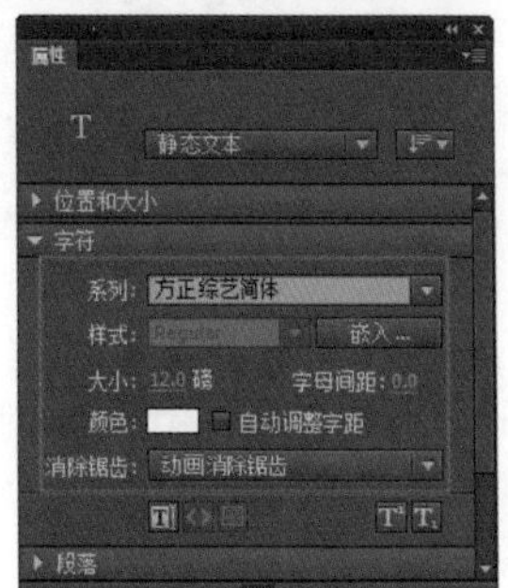
图 17-84 “属性”面板

16 设置完成后，在场景中输入相应的文字，如图

17-85 所示，执行两次“修改 > 分离”命令，将文字分离为图形。返回到“场景 1”编辑状态，从“库”面板中将名为“背景”的元件拖入到场景中，并调整至合适的位置，如图 17-86 所示。

欢迎来到我的音乐世界！我的音乐世界我作主！我的音乐世界听我的！

图 17-85 输入文字

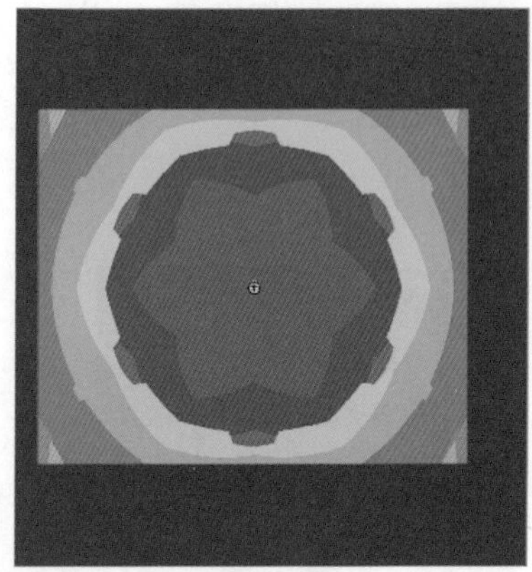

图 17-86 拖入元件

17 在第 118 帧按 F5 键插入帧，“时间轴”面板如图 17-87 所示。新建“图层 2”，在第 28 帧按 F6 键插入关键帧，在“库”面板中将名为“文字”的元件拖入到场景中，如图 17-88 所示。

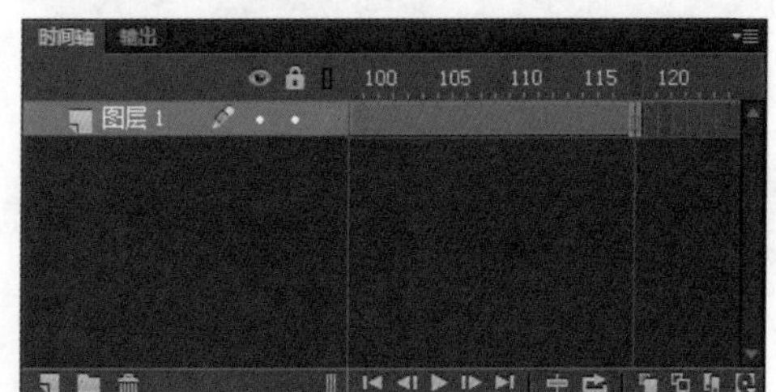

图 17-87 “时间轴”面板

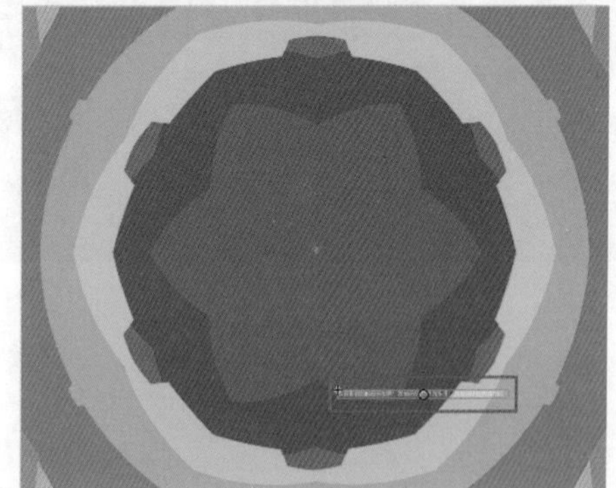

图 17-88 拖入元件

18 单击并拖动鼠标选中第 50 帧至第 118 帧，单击鼠标右键，在弹出的菜单中选择“删除帧”命令，删除多余的帧，如图 17-89 所示。新建“图层 3”，在第 28 帧按 F6 键插入关键帧，从“库”面板中将“主体动画”元件拖入到场景中，并调整其至合适的位置和大小，如图 17-90 所示。

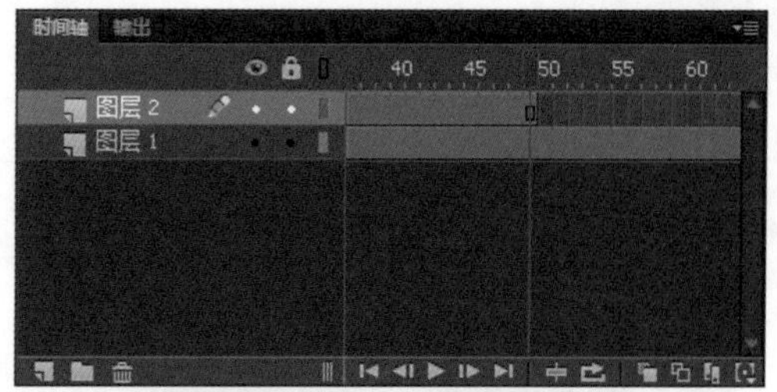

图 17-89 “时间轴”面板

图 17-90 拖入元件

19 将“图层 3”第 50 帧至第 118 帧删除。新建“图层 4”，在第 28 帧按 F6 键插入关键帧，导入图像“光盘 \ 源文件 \ 第 17 章 \ 素材 \17607.png”，如图 17-91 所示。选中刚导入的图像，按 F8 键弹出“转换为元件”对话框，设置如图 17-92 所示。

图 17-91 导入图像

图 17-92 “转换为元件”对话框

20 单击“确定”按钮，并将“图层 4”的第 50 帧至第 118 帧删除，如图 17-93 所示。新建“图层 5”，在第 28 帧按 F6 键插入关键帧，使用“矩形工具”，在场景中绘制矩形，并将其转换成名为“方块 1”的图形元件，如图 17-94 所示。

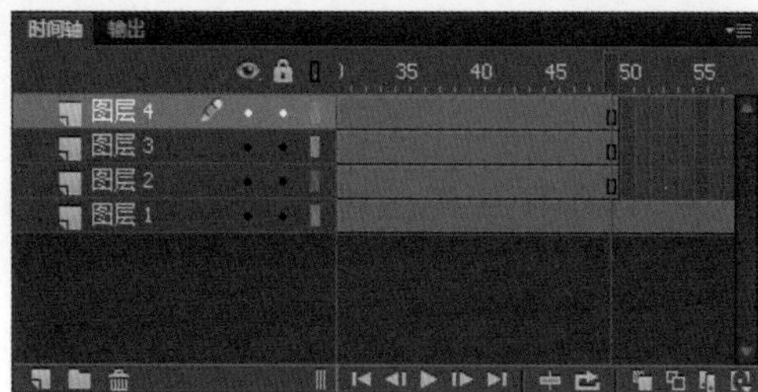

图 17-93 “时间轴”面板

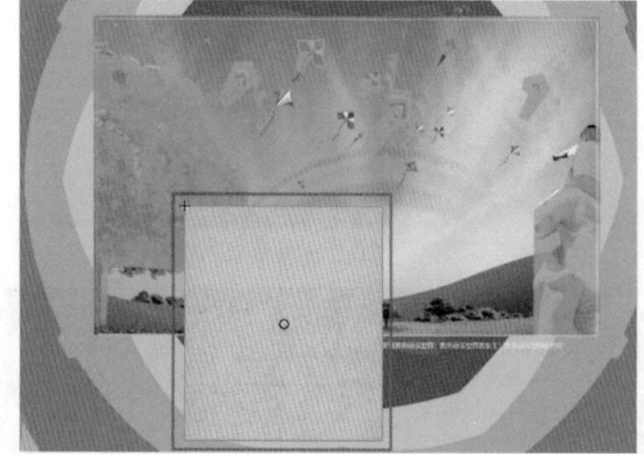
图 17-94 元件效果

21 使用“任意变形工具”对其进行旋转、缩放和移动等操作，如图 17–95 所示。在第 37 帧按 F6 键插入关键帧，将该帧上的元件向右上方进行移动，如图 17–96 所示。

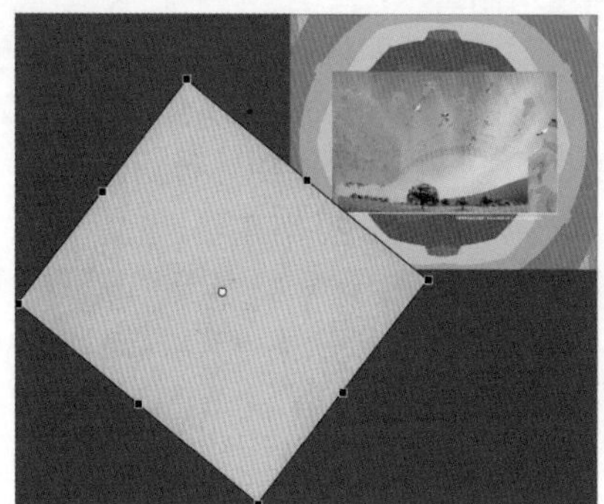
图 17-95 编辑元件

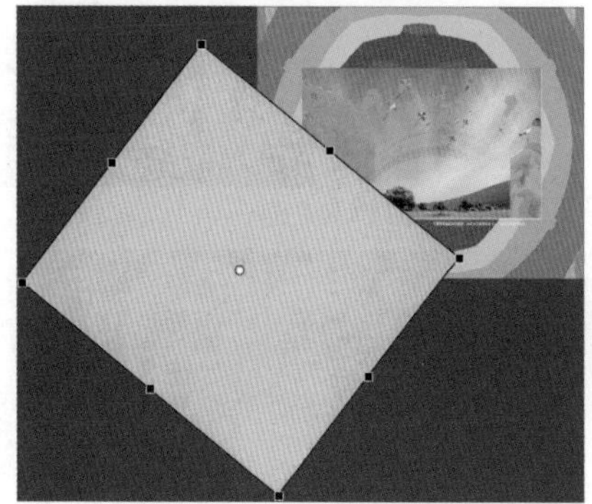
图 17-96 调整元件位置

22 在第 43 帧按 F6 键插入关键帧，将元件向右上方进行移动，如图 17–97 所示。在第 49 帧按 F6 键插入关键帧，将元件向右上方进行移动，如图 17–98 所示。

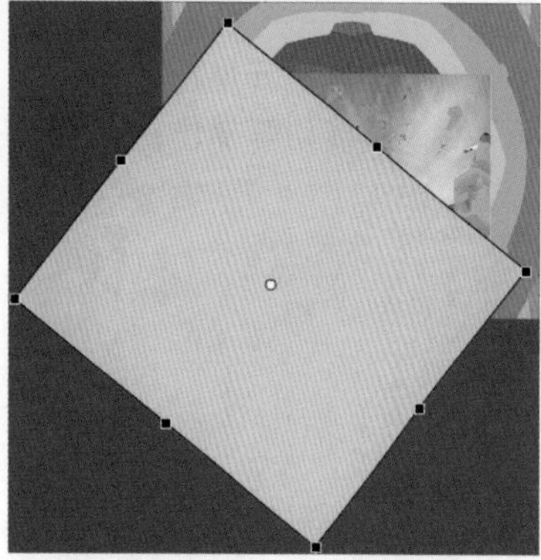
图 17-97 调整元件位置

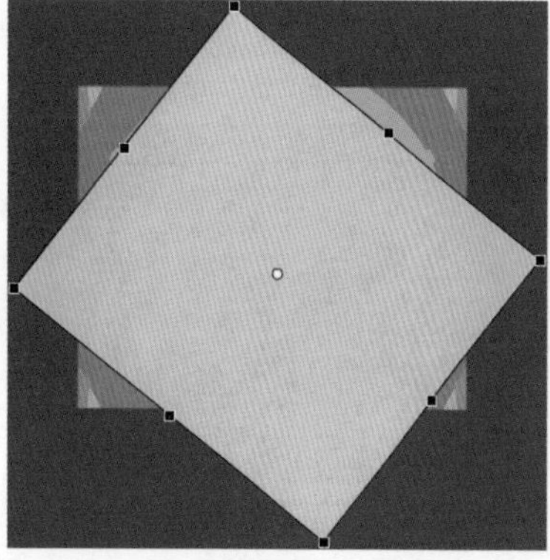
图 17-98 调整元件位置

23 分别在第 28 帧、第 37 帧和第 43 帧创建传统补间动画，如图 17–99 所示。在“图层 5”上单击鼠标右键，在弹出的菜单中选择“遮罩层”命令，并将“图层 2”和“图层 3”设置为“图层 5”的被遮罩层，如图 17–100 所示。

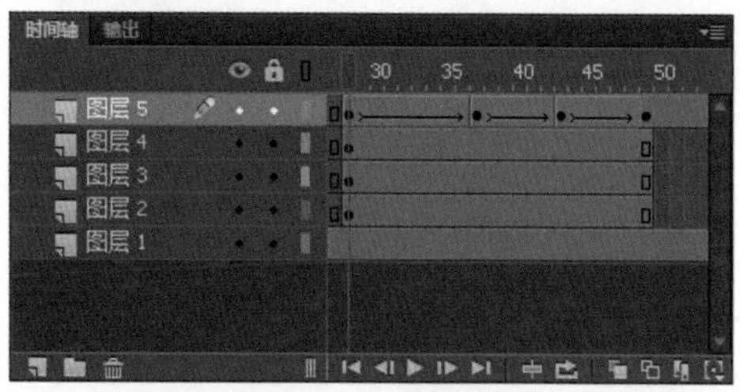

图 17-99 “时间轴”面板

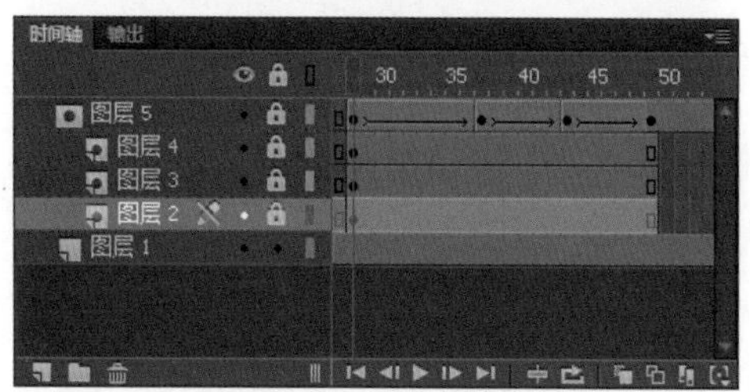

图 17-100 “时间轴”面板

24 在“图层 5”上新建“图层 6”，在第 50 帧按 F6 键插入关键帧。从“库”面板中分别将名为“主体动画”、“边框”和“文字”的元件拖入场景中，并调整至合适的位置，如图 17–101 所示。新建“图层 7”，在第 28 帧按 F6 键插入关键帧，从“库 – 素材”面板中将名为“方块 2”的元件拖入场景中，并对其进行适当的旋转、缩放和移动等操作，如图 17–102 所示。

图 17-101 拖入元件

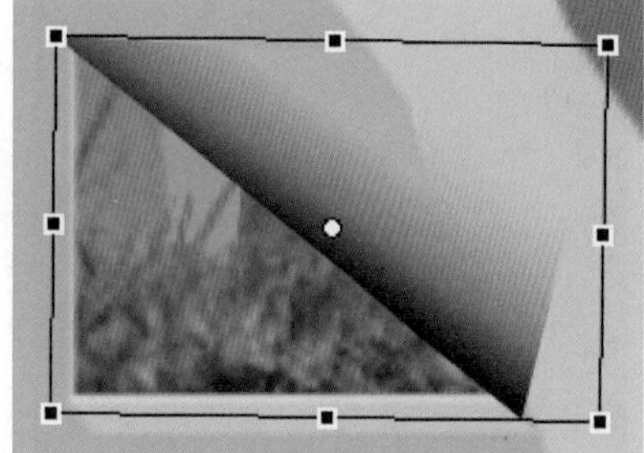

图 17-102 拖入并调整元件

25 在第 29 帧按 F6 键插入关键帧，将该帧上的元件调整至合适的大小和位置，如图 17–103 所示。在第 37 帧按 F6 键插入关键帧，将该帧上的元件调整至合适的大小和位置，如图 17–104 所示。

图 17-103 元件效果

图 17-104 元件效果

26 在第 43 帧按 F6 键插入关键帧，将该帧上的元件调整至合适的大小和位置，如图 17–105 所示。分别在第 29 帧和第 37 帧创建传统补间动画，并将第 44 帧至第 118 帧删除，“时间轴”面板如图 17–106 所示。

图 17-105 元件效果

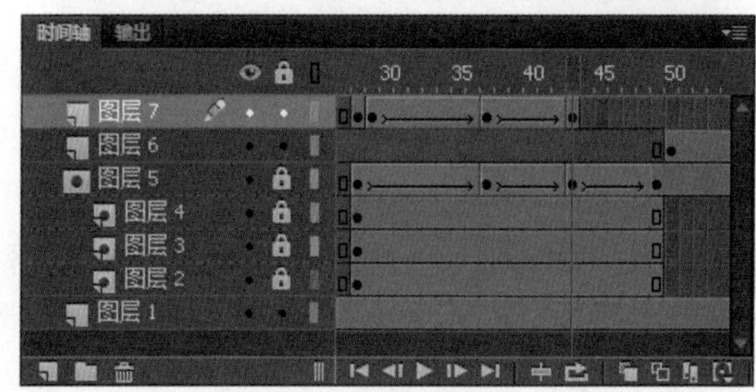

图 17-106 “时间轴”面板

27 新建“图层 8”，在第 28 帧按 F6 键插入关键帧，从“库 – 素材”面板中将名为“方块 3”的元件拖入到场景中，并调整至合适的位置，如图 17–107 所示。在第 37 帧按 F6 键插入关键帧，将该帧上的元件移至适当的位置，如图 17–108 所示。

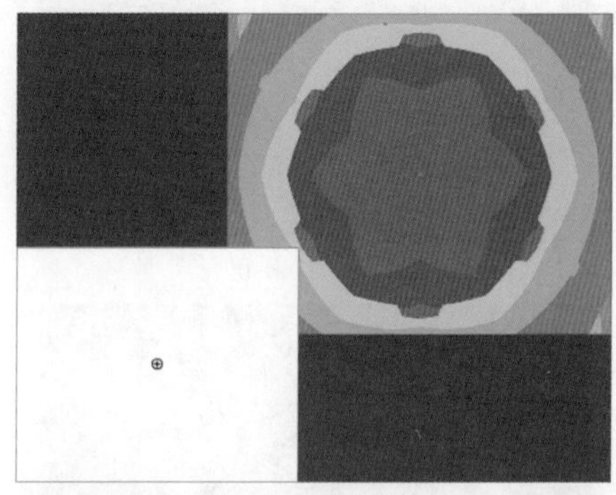

图 17-107 拖入元件

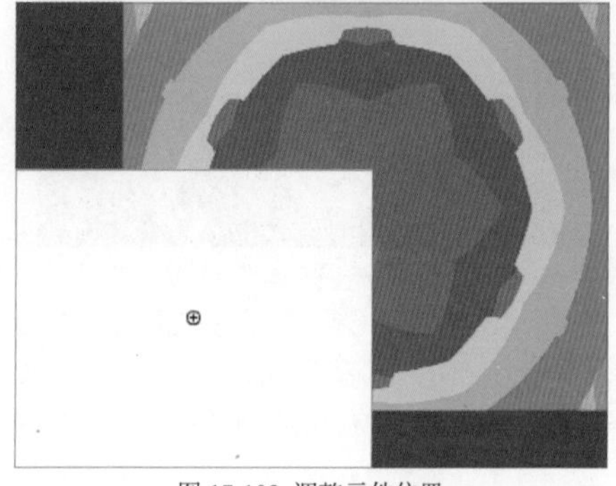

图 17-108 调整元件位置

28 在第 43 帧按 F6 键插入关键帧，将该帧上的元件移至适当的位置，如图 17-109 所示。在第 49 帧按 F6 键插入关键帧，将该帧上的元件移至适当的位置，如图 17-110 所示。

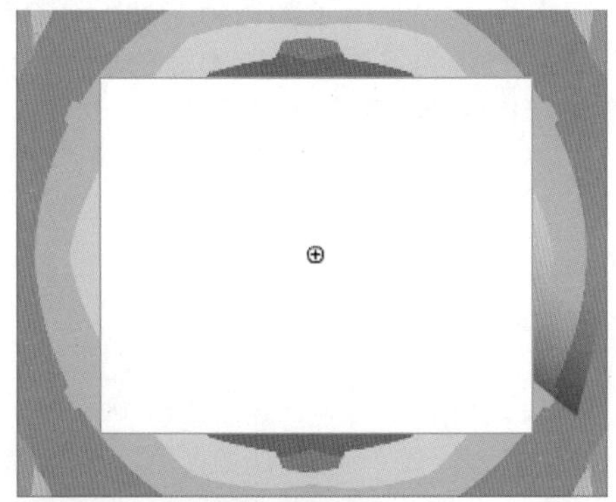
图 17-109 调整元件位置

图 17-110 调整元件位置

29 分别在第 28 帧、第 37 帧和第 43 帧创建传统补间动画，并将第 50 帧至第 118 帧删除，“时间轴”面板如图 17-111 所示。使用相同的制作方法，完成其他图层动画的制作，“时间轴”面板如图 17-112 所示。

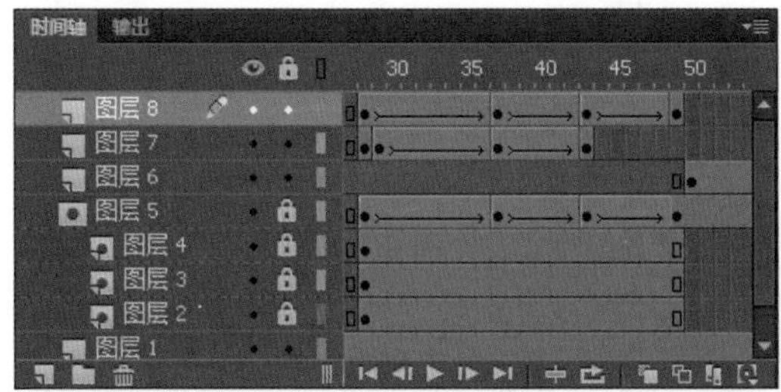

图 17-111 “时间轴”面板

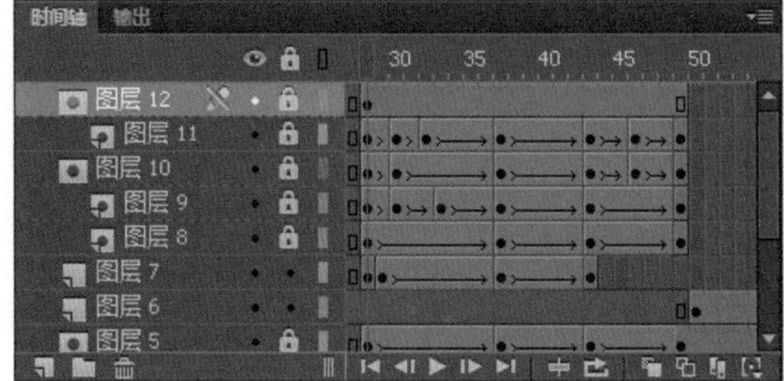

图 17-112 “时间轴”面板

30 新建“图层 13”，在第 118 帧按 F6 键插入关键帧，打开“动作”面板，输入脚本代码，如图 17-113 所示。“时间轴”面板如图 17-114 所示。

图 17-113 “动作”面板

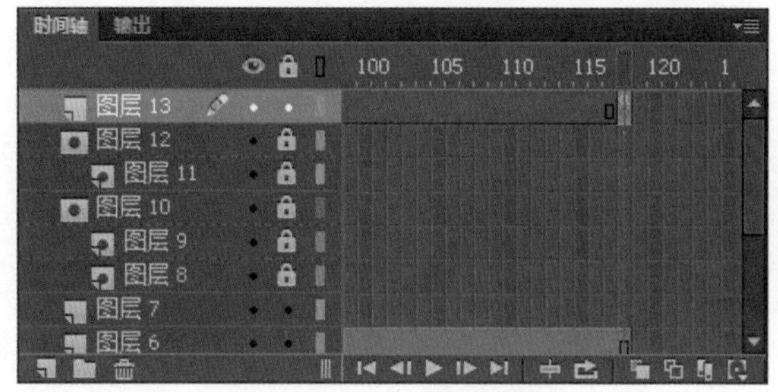

图 17-114 “时间轴”面板

31 执行“文件 > 保存”命令，将其保存为“光盘\源文件\第 17 章\17-6.fla”，按快捷键 Ctrl+Enter 测试动画的效果，如图 17-115 所示。

图 17-115 测试动画效果

17.7 本章小结

本章主要向大家介绍了关于影片的测试、优化、发出和导出的格式以及方法，其中包括测试动画，以及发布 Flash 影片、HTML、GIF 动画、导出图像和导出影片等知识点，还介绍了如何将 Flash 动画导出为 HTML 5 网页，该部分内容相对较为简单，读者需要在理解的基础上熟练为掌握。通过本章的学习，用户需要掌握测试动画的方法、发布影片的格式和设置方法、导出图像和影片的格式及其他注意事项。

第18章 Flash 动画制作案例

随着网络技术的发展，Flash CC 以其舒适和便捷的动画编辑环境而深受广大动画制作者的喜爱。Flash CC 具有强大的编辑功能，因此，可以根据设计的需要，制作出网页页面中常见的按钮动画，同时还可以制作出绚丽多姿的导航菜单和温馨美观的宣传广告动画等。

18.1 按钮动画

在网站中如果想要制作出精彩独特的网站效果，那么就离不开 Flash 动态按钮的应用，Flash 按钮是用户可以直接与 Flash 动画进行交互的途径。本节通过 3 个不同类型的 Flash 按钮动画的制作练习，向读者介绍 Flash 按钮动画的制作方法和技巧。

18.1.1 制作游戏按钮动画

在 Flash CC 中，制作出的游戏按钮动画，不仅要具有独特的游戏风格，而且还要体现出游戏的鲜明特点，在网站页面中能够起到画龙点睛的作用，下面一起来完成一个游戏按钮动画的制作。

动手实践——制作游戏按钮动画

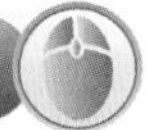

源文件：光盘 \ 源文件 \ 第 18 章 \18-1-1.fla

视频：光盘 \ 视频 \ 第 18 章 \18-1-1.swf

01 执行“文件 > 新建”命令，弹出“新建文档”对话框，设置如图 18–1 所示。将图像“光盘 \ 源文件 \ 第 18 章 \ 素材 \181101.png”导入到库中，如图 18–2 所示。

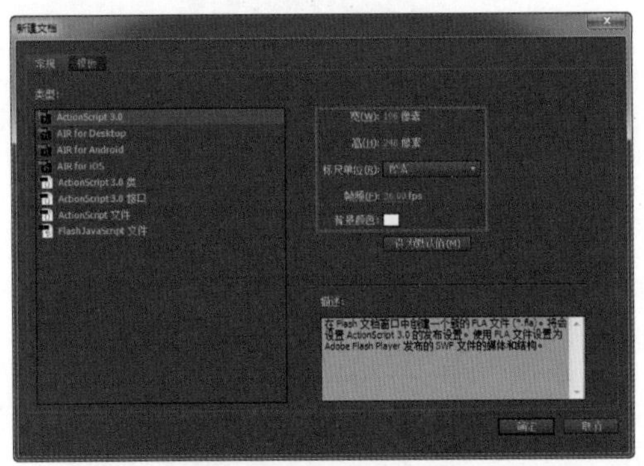

图 18-1 “新建文档”对话框

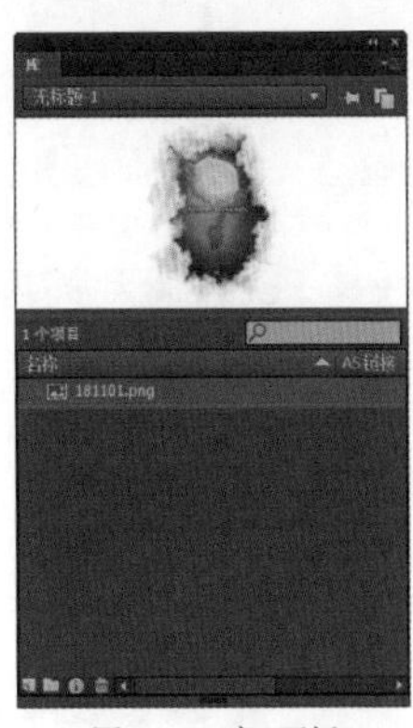

图 18-2 “库”面板

02 使用相同的方法，将其他素材导入到“库”面板中，如图 18–3 所示。执行“插入 > 新建元件”命令，弹出“创建新元件”对话框，设置如图 18–4 所示。

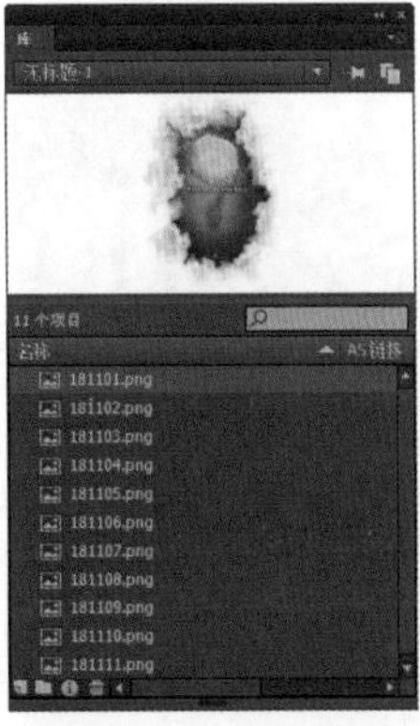

图 18-3 “库”面板

图 18-4 “创建新元件”对话框

03 将“库”面板中的 181104.png 拖入到舞台中，如图 18-5 所示。执行“修改 > 转换为元件”命令，弹出“转换为元件”对话框，设置如图 18-6 所示。

图 18-5 拖入图像

图 18-6 “转换为元件”对话框

04 在第 10 帧按 F6 键插入关键帧，将该帧上元件的位置向右下方移动一些，如图 18-7 所示。在第 11 帧按 F6 键插入关键帧，再次将元件的位置进行移动，如图 18-8 所示。

图 18-7 移动元件位置

图 18-8 移动元件位置

05 使用相同的方法，分别在第 12 帧、第 13 帧按 F6 键插入关键帧，并分别将每帧上的元件进行适当的移动，“时间轴”面板如图 18-9 所示。在第 1 帧创建传统补间动画，“时间轴”面板如图 18-10 所示。

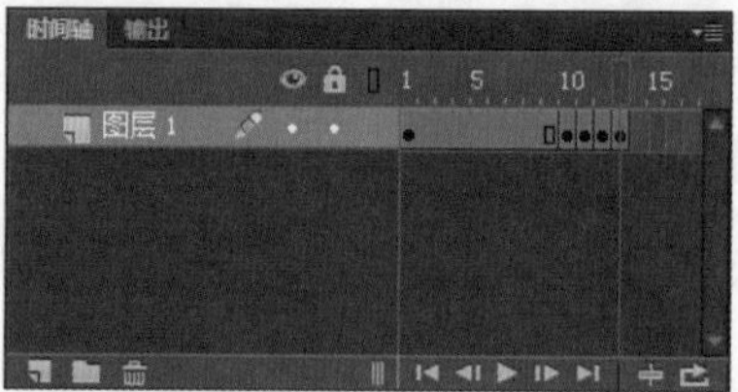

图 18-9 “时间轴”面板

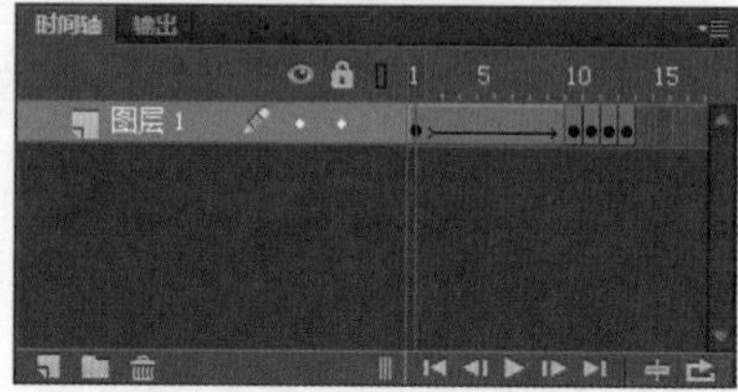

图 18-10 “时间轴”面板

06 新建“图层 2”，将“库”面板中的 181105.png 拖入到舞台中，如图 18-11 所示。执行“修改 > 转换为元件”命令，弹出“转换为元件”对话框，设置如图 18-12 所示。

图 18-11 拖入图像

图 18-12 “转换为元件”对话框

07 使用“图层 1”的制作方法，完成“图层 2”的制作，场景效果如图 18-13 所示。“时间轴”面板如图 18-14 所示。

图 18-13 场景效果

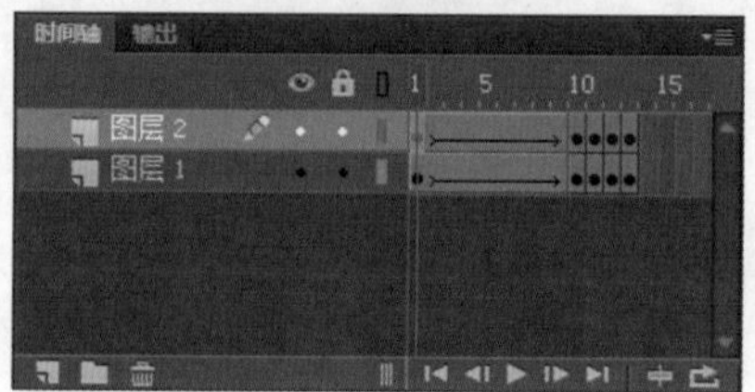

图 18-14 “时间轴”面板

08 新建“图层 3”，在第 9 帧按 F6 键插入关键帧，打开“属性”面板，设置如图 18-15 所示。“时间轴”面板如图 18-16 所示。

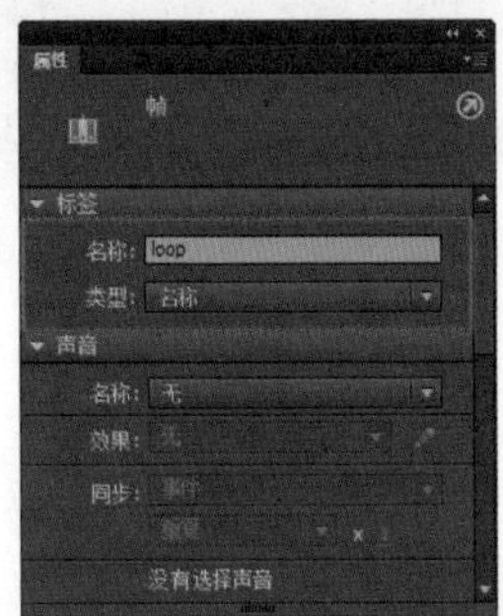

图 18-15 “属性”面板

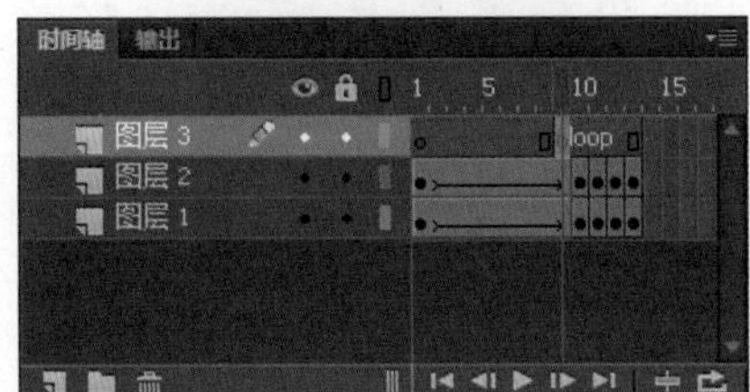

图 18-16 “时间轴”面板

09 新建“图层 4”，打开“动作”面板，输入相应的脚本语言，如图 18-17 所示。在第 13 帧按 F6 键插入关键帧，并在“动作”面板中输入相应的脚本语言，如图 18-18 所示。

图 18-17 “动作”面板

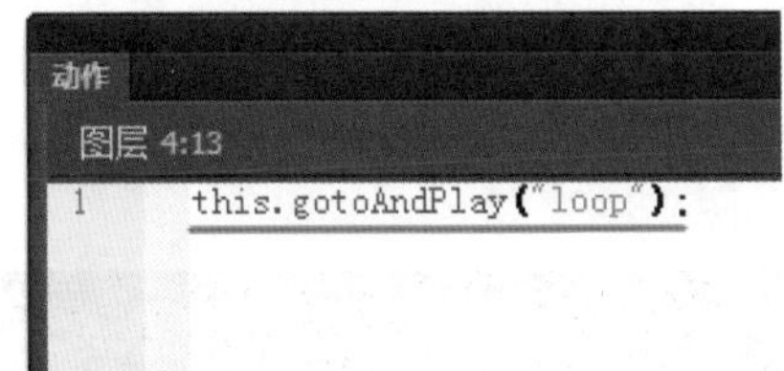

图 18-18 “动作”面板

10 执行“插入 > 新建元件”命令，弹出“创建新元件”对话框，设置如图 18-19 所示。将“库”面板中的 181106.png 拖入到舞台中，如图 18-20 所示。

图 18-19 “创建新元件”对话框

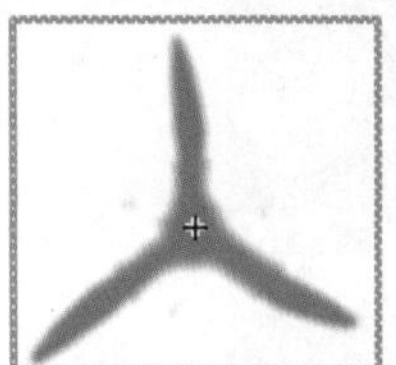

图 18-20 拖入图像

11 执行“修改 > 转换为元件”命令，弹出“转换为元件”对话框，设置如图 18-21 所示。在第 34 帧按 F6 键插入关键帧，使用“任意变形工具”，选中该帧上的元件，进行适当的旋转，如图 18-22 所示。

图 18-21 “转换为元件”对话框

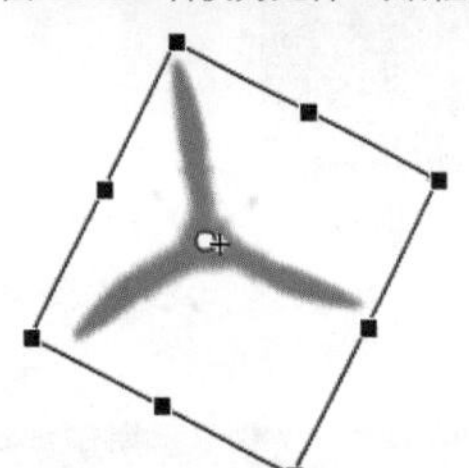

图 18-22 旋转元件

12 在第 41 帧按 F6 键插入关键帧，对该帧上的元件进行适当的旋转，如图 18-23 所示。使用相同的方法，在第 44 帧按 F6 键插入关键帧，并分别对各帧上的元件进行旋转操作，“时间轴”面板如图 18-24 所示。

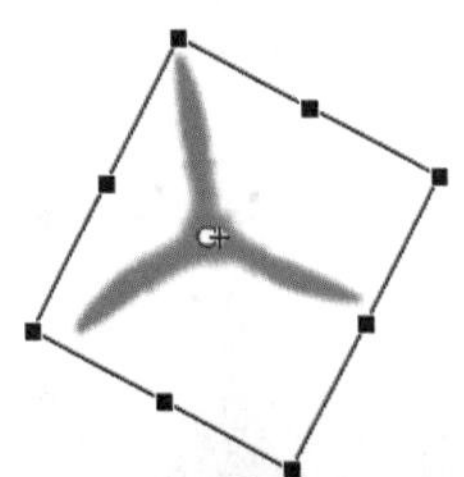

图 18-23 旋转元件

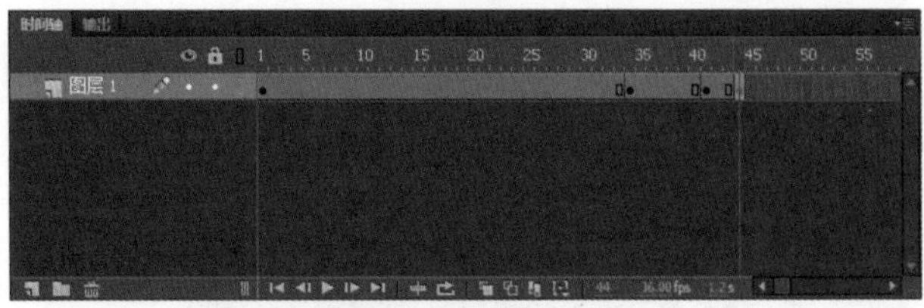

图 18-24 “时间轴”面板

13 选择第 41 帧上的元件，在“属性”面板中设置其 Alpha 值为 50%，如图 18-25 所示。元件效果如图 18-26 所示。

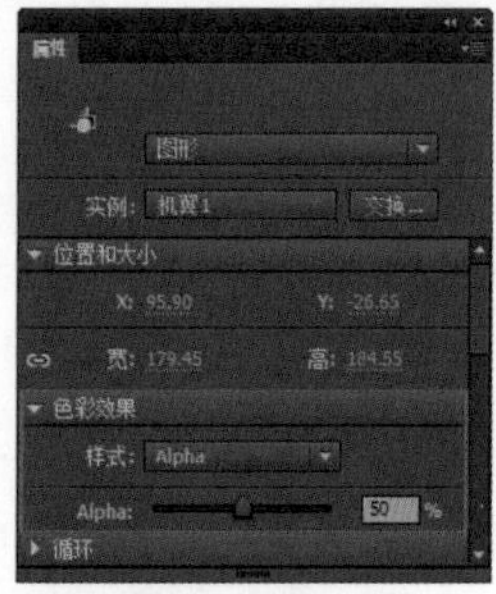

图 18-25 “属性”面板

图 18-26 元件效果

14 选择第 44 帧上的元件，在“属性”面板上设置其 Alpha 值为 0，如图 18-27 所示，元件效果如图 18-28 所示。

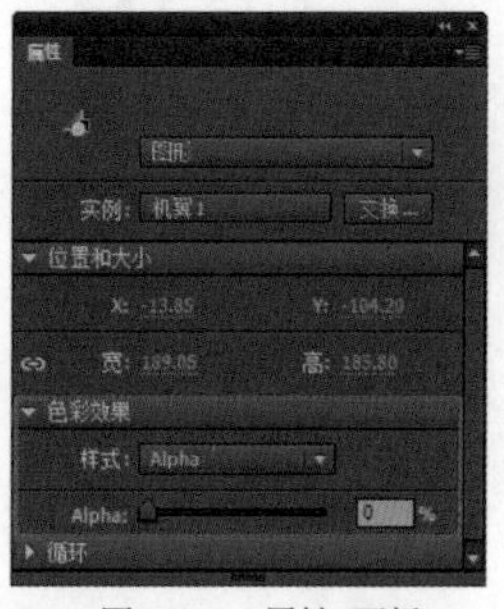

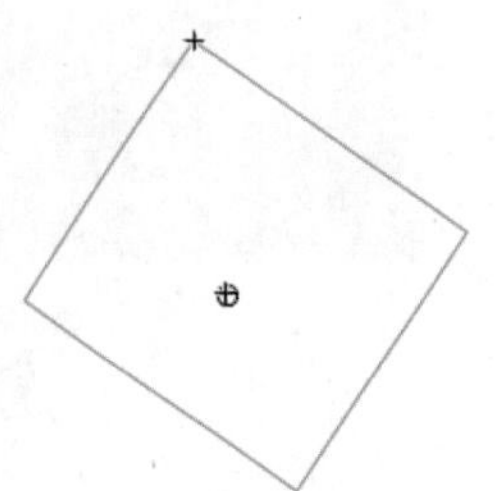

图 18-27 “属性”面板

图 18-28 元件效果

15 分别在各关键帧之间创建传统补间动画，“时间轴”面板如图 18-29 所示。

图 18-29 “时间轴”面板

16 新建“图层 2”，将“库”面板中的 181107.png 拖入到舞台中，如图 18-30 所示。执行“修改 > 转换为元件”命令，弹出“转换为元件”对话框，设置如图 18-31 所示。

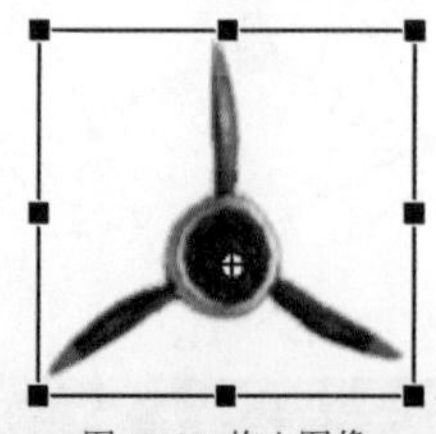

图 18-30 拖入图像

图 18-31 “转换为元件”对话框

17 使用“图层 1”的制作方法，完成“图层 2”动画的制作，“时间轴”面板如图 18-32 所示。场景效果如图 18-33 所示。

图 18-32 “时间轴”面板

图 18-33 场景效果

18 新建“图层 3”，在第 41 帧按 F6 键插入关键帧，将“库”面板中的 181109.png 拖入到舞台中，如图 18-34 所示，执行“修改 > 转换为元件”命令，弹出“转换为元件”对话框，设置如图 18-35 所示。

图 18-34 拖入图像

图 18-35 “转换为元件”对话框

19 分别在第 45 帧、第 56 帧、第 62 帧按 F6 键插入关键帧，使用“任意变形工具”，分别对各帧上的元件进行旋转操作，“时间轴”面板如图 18-36 所示。元件效果如图 18-37 所示。

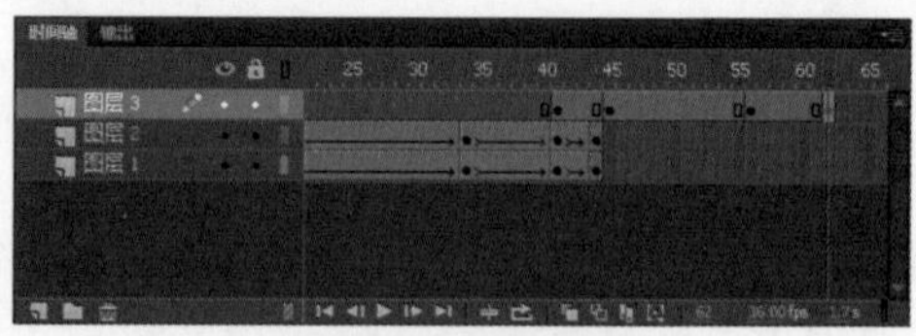

图 18-36 “时间轴”面板

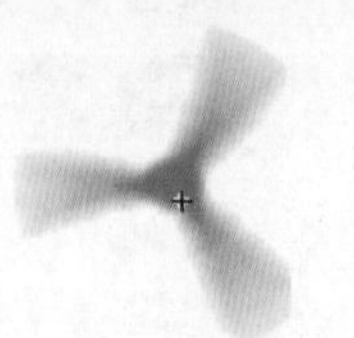

图 18-37 元件效果

20 在第 41 帧创建传统补间动画，选中该帧上的元件，在“属性”面板中设置其 Alpha 值为 60%，如图 18-38 所示。元件效果如图 18-39 所示。

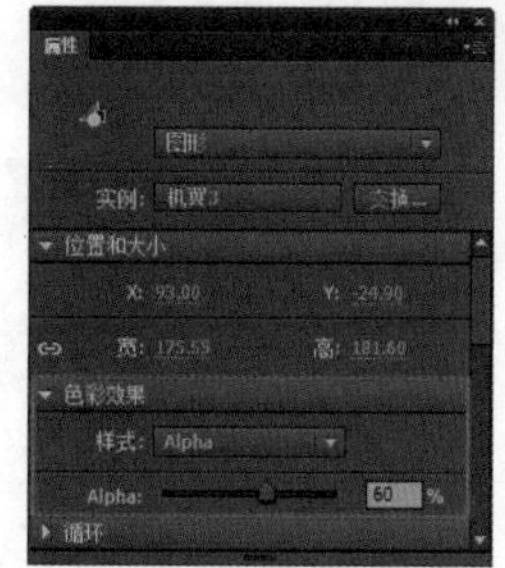
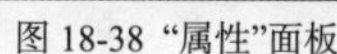

图 18-38 “属性”面板

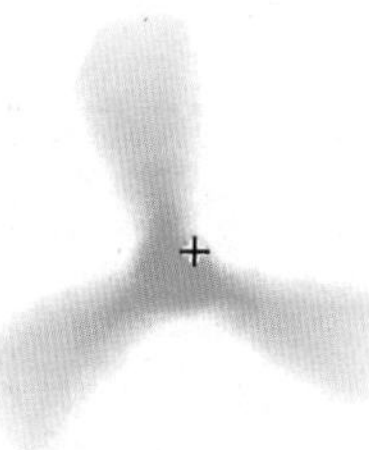

图 18-39 元件效果

21 使用相同的方法，可以完成其他各帧内容的制作，“时间轴”面板如图 18-40 所示。

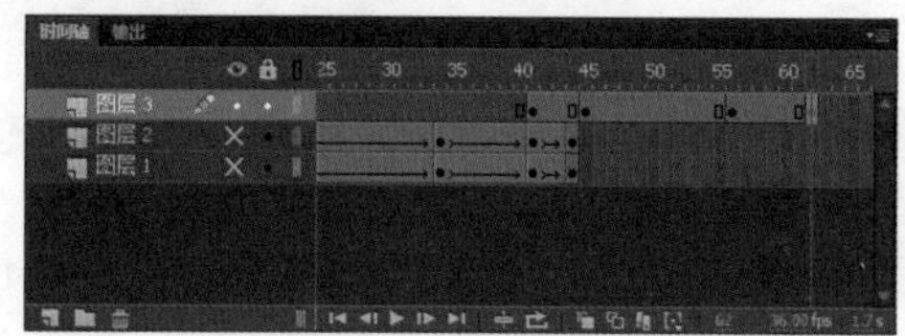

图 18-40 “时间轴”面板

22 新建“图层 4”，使用相同的方法，可以完成“图层 4”上动画效果的制作，“时间轴”面板如图 18-41 所示。场景效果如图 18-42 所示。

图 18-41 “时间轴”面板

图 18-42 场景效果

23 使用相同的制作方法，可以完成“图层 5”和“图层 6”上动画效果的制作，“时间轴”面板如图 18-43 所示。场景效果如图 18-44 所示。

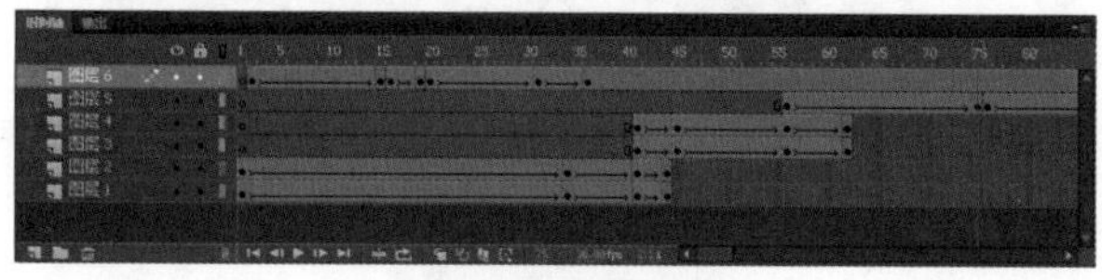

图 18-43 “时间轴”面板

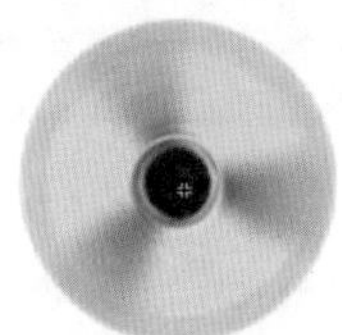

图 18-44 元件效果

24 新建“图层 7”，在第 75 帧按 F6 键插入关键帧，并在“属性”面板上对相关选项进行设置，如图 18-45 所示。“时间轴”面板如图 18-46 所示。

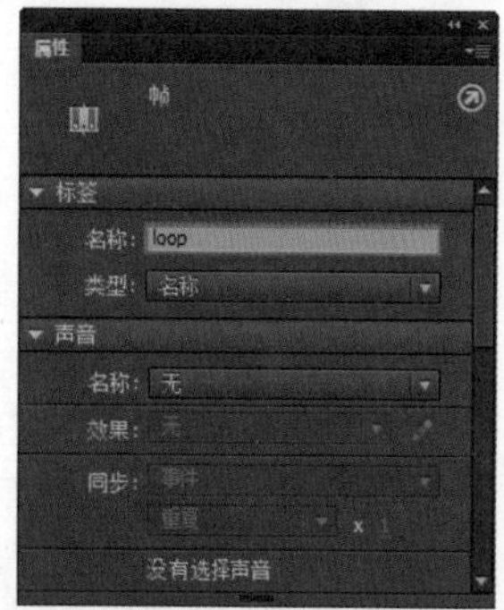

图 18-45 “属性”面板

图 18-46 “时间轴”面板

25 新建“图层 8”，打开“动作”面板，输入脚本代码，如图 18-47 所示。在第 225 帧按 F6 键插入关键帧，在“动作”面板中输入相应的脚本语言，如图 18-48 所示。

图 18-47 “动作”面板

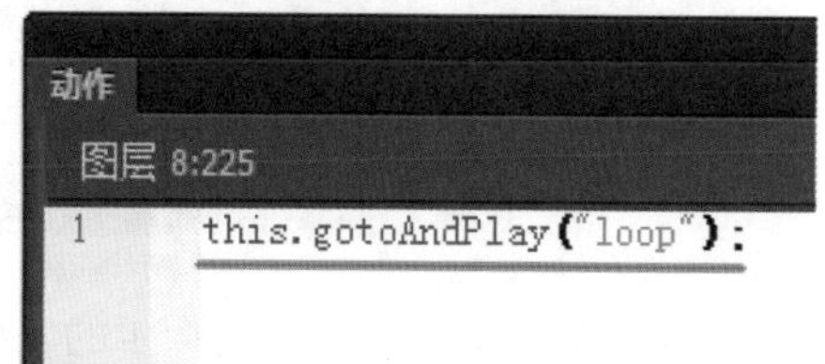

图 18-48 “动作”面板

26 执行“插入 > 新建元件”命令，弹出“创建新元件”对话框，设置如图 18-49 所示。使用“矩形工具”，设置“填充颜色”为 #66FFFF，“笔触颜色”为无，在舞台上绘制一个矩形，如图 18-50 所示。

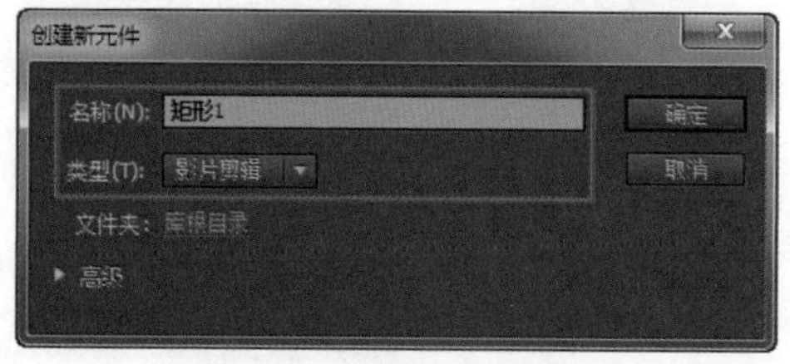

图 18-49 “创建新元件”对话框

图 18-50 绘制矩形

27 返回到“场景 1”编辑状态，将“库”面板中的 181101.png 拖入到舞台中，如图 18–51 所示。新建“图层 2”和“图层 3”，分别从“库”面板中将相应的图像拖入到舞台中，如图 18–52 所示。

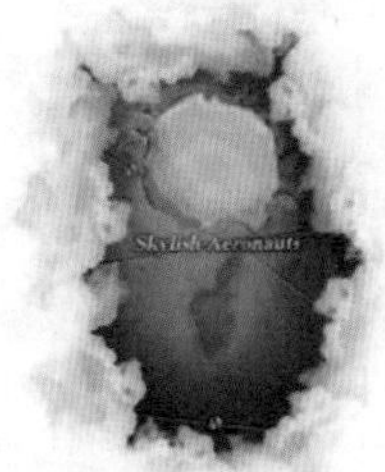

图 18-51 拖入图像

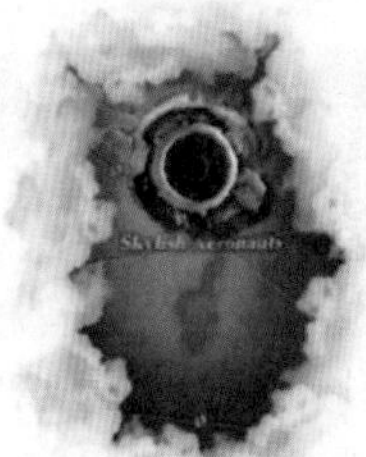

图 18-52 场景效果

28 新建“图层 4”，将“库”面板中的“游戏开始”元件拖入到舞台中，如图 18–53 所示。并在“属性”面板中对相关选项进行设置，如图 18–54 所示。

图 18-53 拖入元件

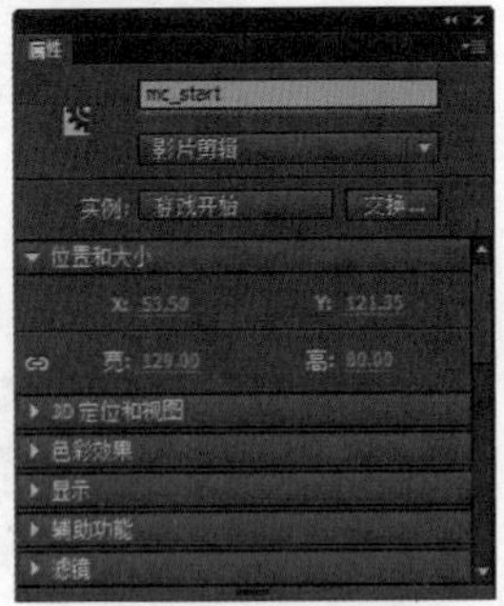

图 18-54 “属性”面板

29 新建“图层 5”，将“库”面板中的“螺旋桨”元件拖入到舞台中，如图 18–55 所示。并在“属性”面板中对相关选项进行设置，如图 18–56 所示。

图 18-55 场景效果

图 18-56 “属性”面板

30 新建“图层 6”，将“库”面板中的“矩形 1”元件拖入到舞台中，调整到合适的大小和位置，如图 18–57 所示。在“属性”面板上对相关选项进行设置，如图 18–58 所示。

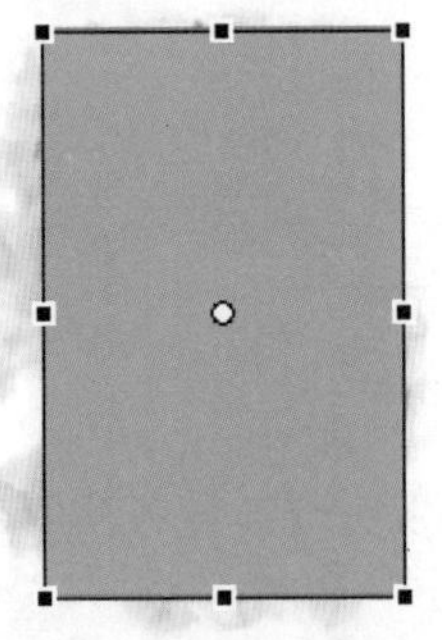

图 18-57 拖入元件

图 18-58 “属性”面板

31 新建“图层 7”，打开“动作”面板，输入脚本代码，如图 18–59 所示。执行“文件 > 保存”命令，将动画保存为“光盘 \ 源文件 \ 第 18 章 \18–1–1.fla”，按快捷键 Ctrl+Enter，测试动画，效果如图 18–60 所示。

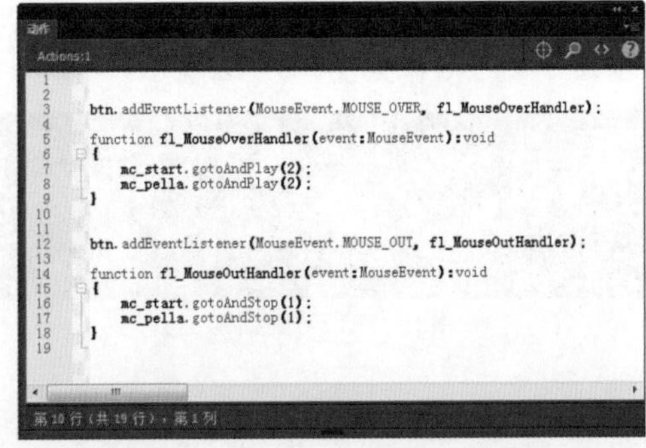

图 18-59 “动作”面板

图 18-60 预览动画效果

18.1.2 制作菜单按钮动画

菜单按钮动画在网页中是十分实用的，该实例制作的是一个综合网站 Flash 按钮动画，它能够体现出该网站的鲜明特点。首先在制作动画的过程中需要完成各个元件的制作，然后利用时间轴将动画组合到场景中，最后使用脚本代码控制动画的播放。

动手实践——制作菜单按钮动画

源文件：光盘 \ 源文件 \ 第 18 章 \18-1-2.fla

视频：光盘 \ 视频 \ 第 18 章 \18-1-2.swf

01 执行“文件 > 新建”命令，弹出“新建文档”对话框，设置如图 18-61 所示。执行“插入 > 新建元件”命令，弹出“创建新元件”对话框，设置如图 18-62 所示。

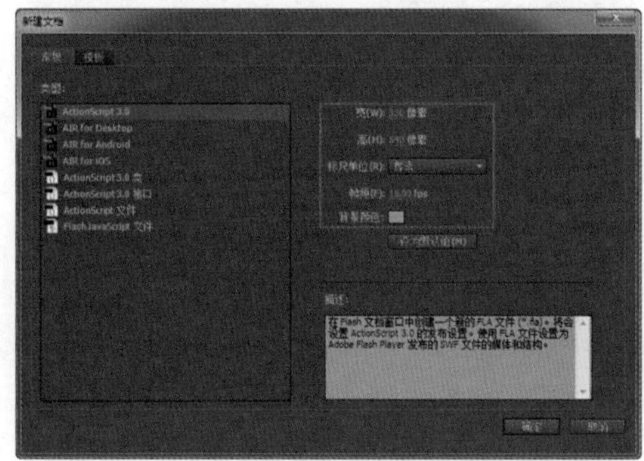

图 18-61 “新建文档”对话框

图 18-62 “创建新元件”对话框

02 执行“文件 > 导入 > 导入到库”命令，将声音文件“光盘 \ 源文件 \ 第 18 章 \ 素材 \sound1.mp3”导入到“库”面板中，如图 18-63 所示。在“指针经过”帧按 F6 键插入关键帧，打开“属性”面板，设置如图 18-64 所示。

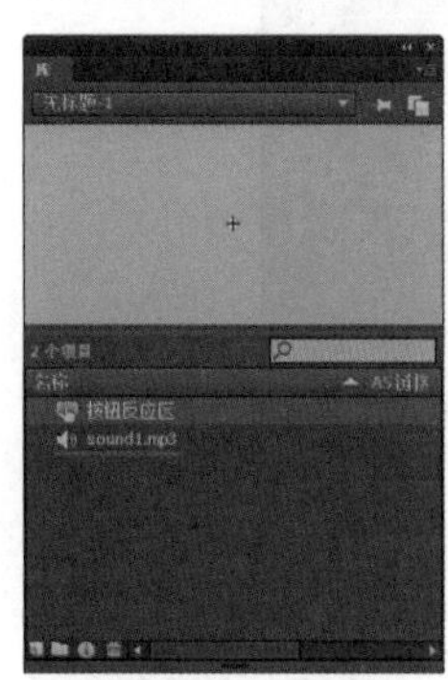

图 18-63 “库”面板

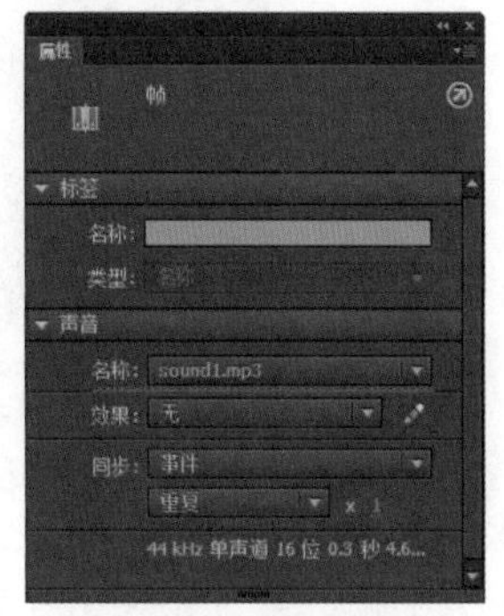

图 18-64 “属性”面板

03 分别在“按下”和“点击”帧依次按 F7 键插入空白关键帧，“时间轴”面板如图 18-65 所示。选择“点击”帧，使用“矩形工具”在场景中绘制一个矩形，如图 18-66 所示。

图 18-65 “时间轴”面板

图 18-66 绘制矩形

04 执行“插入 > 新建元件”命令，弹出“创建新元件”对话框，设置如图 18-67 所示。导入图像“光盘 \ 源文件 \ 第 18 章 \ 素材 \181202.png”，如图 18-68 所示。

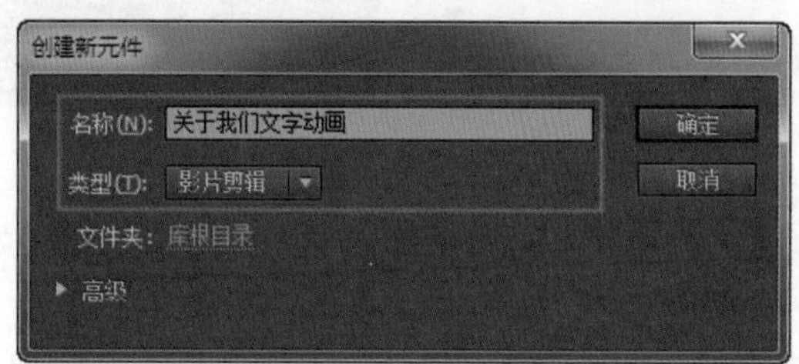

图 18-67 “创建新元件”对话框

图 18-68 导入图像

05 选择刚导入的图像，按 F8 键弹出“转换为元件”对话框，设置如图 18-69 所示。分别在第 5 帧和第 10 帧依次按 F6 键插入关键帧，选择第 5 帧上的元件，将其水平向右移动 10 像素，如图 18-70 所示。

图 18-69 “转换为元件”对话框

图 18-70 水平向右移动

06 在“属性”面板上对相关选项进行设置，如图 18-71 所示。完成相应的设置，场景效果如图 18-72 所示。分别在第 1 帧和第 5 帧创建传统补间动画。

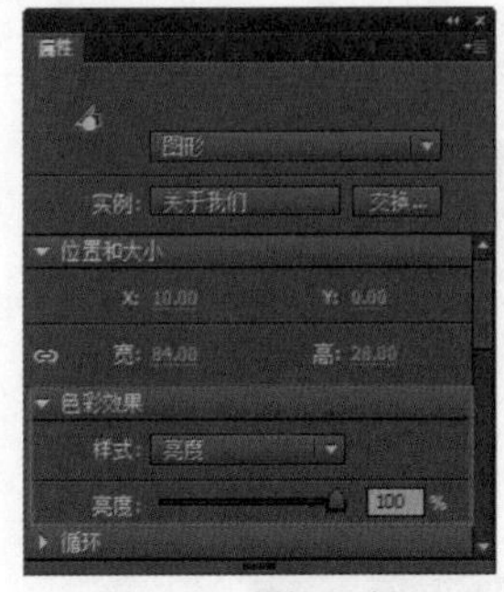

图 18-71 “属性”面板　　图 18-72 元件效果

07 新建“图层 2”，将“按钮反应区”元件从“库”面板拖入到场景中，如图 18-73 所示。为该元件设置“实例名称”为 btn1，如图 18-74 所示。

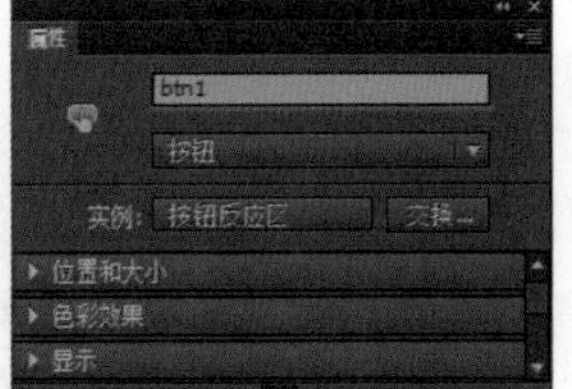

图 18-73 拖入元件　　图 18-74 设置“实例名称”

08 新建“图层 3”，打开“动作”面板，输入脚本代码，如图 18-75 所示。“时间轴”面板如图 18-76 所示。

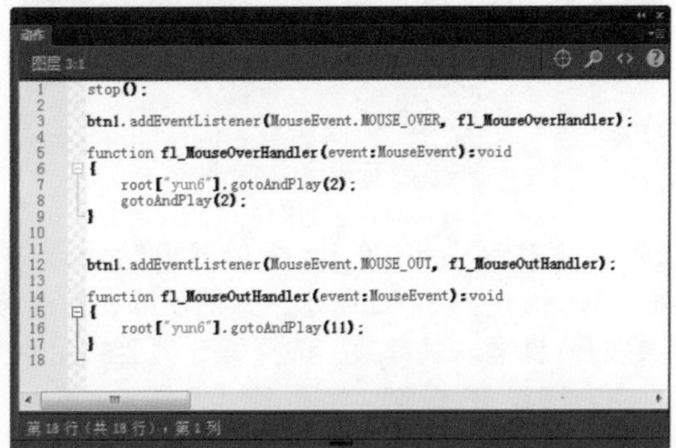

图 18-75 “动作”面板

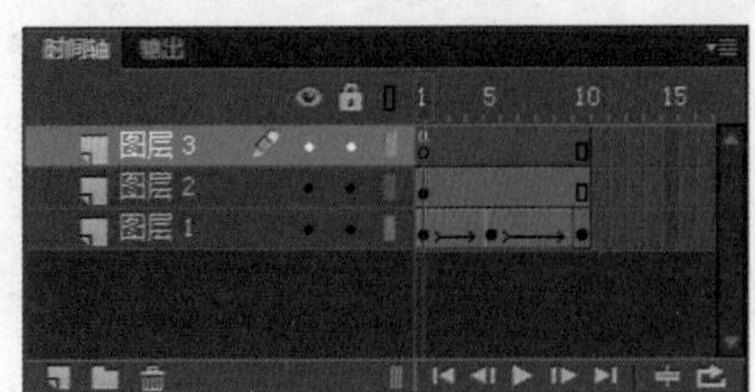

图 18-76 “时间轴”面板

09 使用制作“关于我们文字动画”元件的方法，制作出其他相应的元件，各元件效果如图 18-77 所示。

人才招聘　联系我们

图 18-77 元件效果

10 执行“插入 > 新建元件”命令，弹出“创建新元件”对话框，设置如图 18-78 所示。导入图像“光盘\源文件\第 18 章\素材\181208.png”，如图 18-79 所示。

图 18-78 “创建新元件”对话框

图 18-79 导入图像

11 选中刚刚导入的图像，按 F8 键弹出“转换为元件”对话框，设置如图 18-80 所示。分别在第 2 帧、第 5 帧和第 10 帧按 F6 键插入关键帧，选择第 2 帧上的元件，在“属性”面板上对相关选项进行设置，如图 18-81 所示。

图 18-80 “转换为元件”对话框

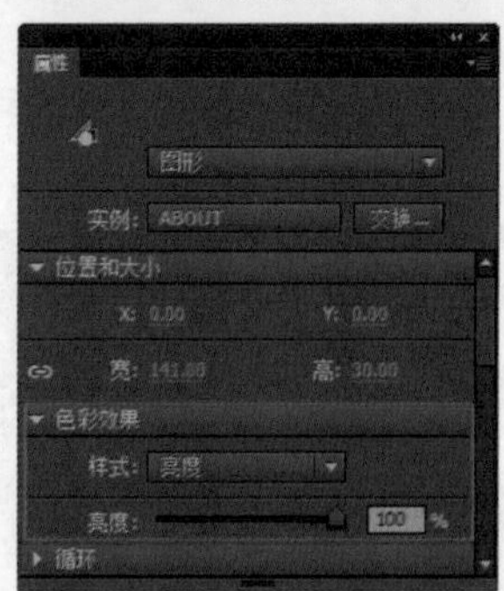

图 18-81 “属性”面板

12 元件效果如图 18-82 所示。将第 5 帧上的元件水平向右移动 10 像素，效果如图 18-83 所示。分别在第 1 帧、第 2 帧和第 5 帧创建传统补间动画。

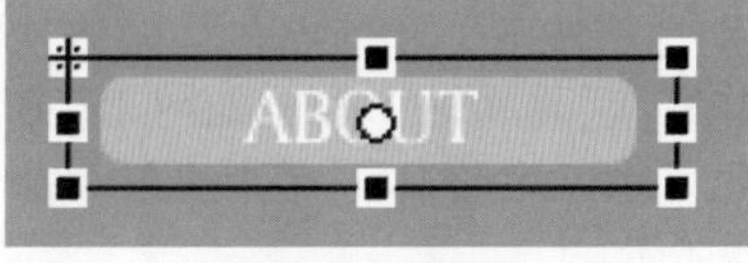

图 18-82 场景效果

图 18-83 水平向右移动

13 新建“图层 2”，将“按钮反应区”元件从“库”面板拖入到场景中，调整到合适的大小，如图 18-84 所示。选中“按钮反应区”元件，将该元件设置“实例名称”为 btn1，如图 18-85 所示。

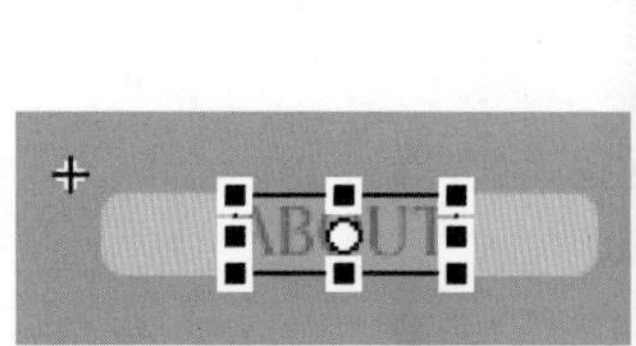

图 18-84 场景效果

图 18-85 设置“实例名称”

14 新建“图层 3”，打开“动作”面板，输入脚本代码，如图 18-86 所示。“时间轴”面板如图 18-87 所示。

```
stop();

btn1.addEventListener(MouseEvent.MOUSE_OVER, fl_MouseOverHandler);

function fl_MouseOverHandler(event:MouseEvent):void
{
	root["yun6"].gotoAndPlay(2);
	gotoAndPlay(2);
}

btn1.addEventListener(MouseEvent.MOUSE_OUT, fl_MouseOutHandler);

function fl_MouseOutHandler(event:MouseEvent):void
{
	root["yun6"].gotoAndPlay(11);
}
```

图 18-86 “动作”面板

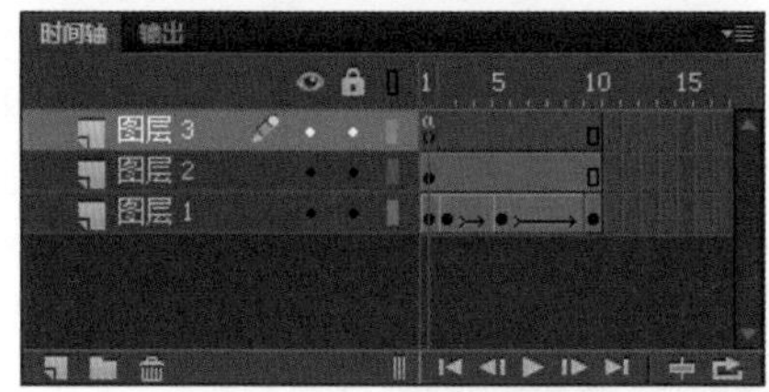

图 18-87 “时间轴”面板

15 使用制作“ABOUT 字母动画”元件的方法，可以制作出其他一些相应的元件，效果如图 18-88 所示。

图 18-88 元件效果

16 执行“插入 > 新建元件”命令，弹出“创建新元件”对话框，设置如图 18-89 所示。导入图像“光盘 \ 源文件 \ 第 18 章 \ 素材 \181214.png”，如图 18-90 所示。

图 18-89 “创建新元件”对话框

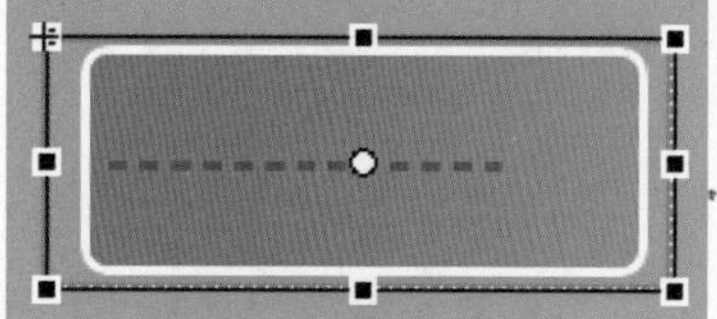

图 18-90 导入图像

17 新建“图层 2”，将“关于我们文字动画”元件从“库”面板中拖入到场景中，如图 18-91 所示。新建“图层 3”，将“ABOUT 字母动画”元件从“库”面板中拖入到场景中，如图 18-92 所示。

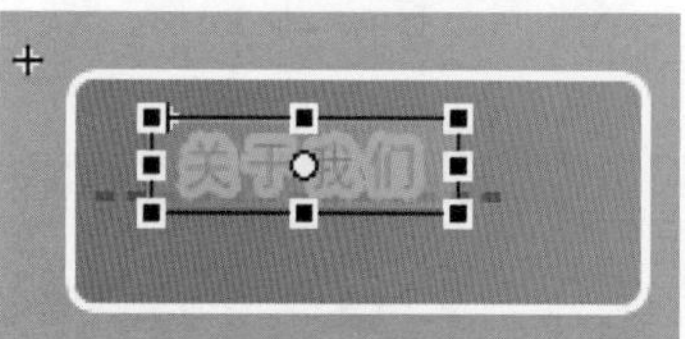

图 18-91 拖入元件

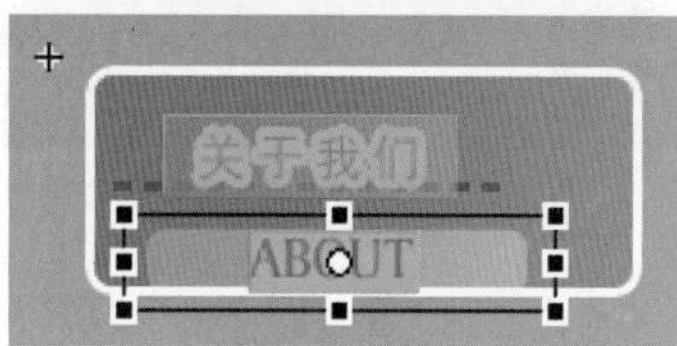

图 18-92 拖入元件

18 使用相同的方法，可以制作出其他一些相似的元件，效果如图 18-93 所示。

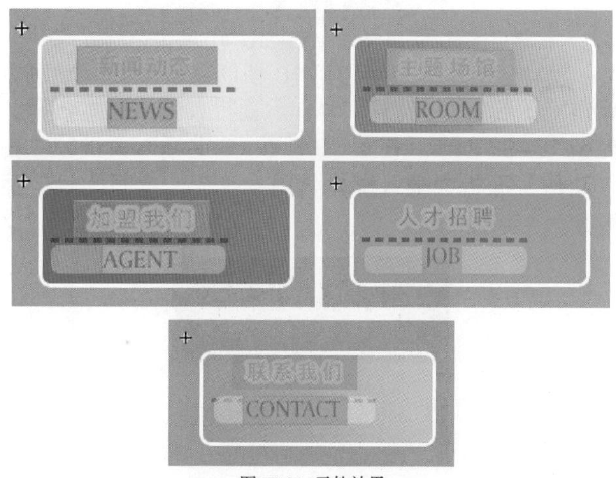

图 18-93 元件效果

19 执行"插入 > 新建元件"命令，弹出"创建新元件"对话框，设置如图 18-94 所示。导入图像"光盘\源文件\第 18 章\素材\181214.png"，如图 18-95 所示。

图 18-94 "创建新元件"对话框

图 18-95 导入图像

20 选中刚刚导入的图像，按 F8 键弹出"转换为元件"对话框，设置如图 18-96 所示。分别在第 10 帧和第 20 帧依次按 F6 键插入关键帧，选择第 10 帧上的元件，将其水平向右移动 25 像素，效果如图 18-97 所示。

图 18-96 "转换为元件"对话框

图 18-97 水平向右移动

21 分别在第 1 帧和第 10 帧创建传统补间动画。新建"图层 2"，打开"动作"面板，输入脚本代码，如图 18-98 所示。在第 10 帧按 F6 键插入关键帧，在"动作"面板中输入脚本代码 stop();，"时间轴"面板如图 18-99 所示。

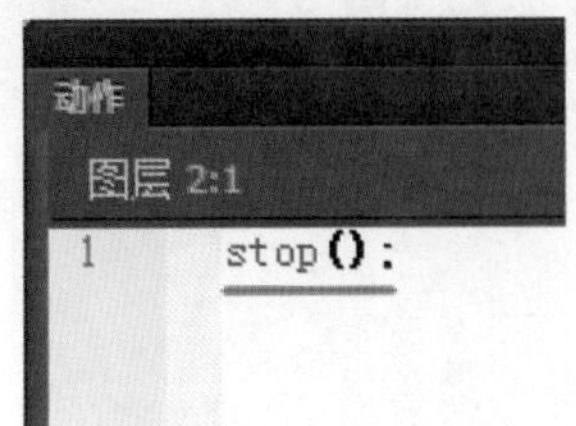

图 18-98 "动作"面板

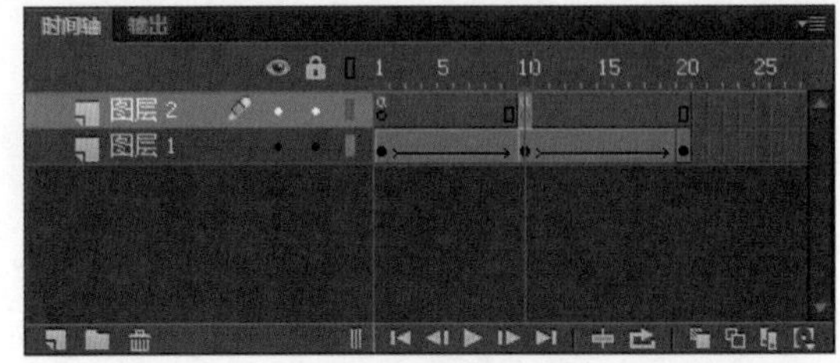

图 18-99 "时间轴"面板

22 返回"场景 1"编辑状态，将位图 181214.png 从"库"面板拖入到场景中，如图 18-100 所示。选中刚拖入的位图，按 F8 键弹出"转换为元件"对话框，设置如图 18-101 所示。

图 18-100 导入图像

图 18-101 "转换为元件"对话框

23 分别在第 5 帧、第 10 帧和第 15 帧依次按 F6 键插入关键帧，将第 1 帧上的元件水平向右移动，如图 18-102 所示。选中该元件，在"属性"面板设置其 Alpha 值为 0。再次选择第 10 帧上的元件，将其水平向右移动 10 像素，如图 18-103 所示。

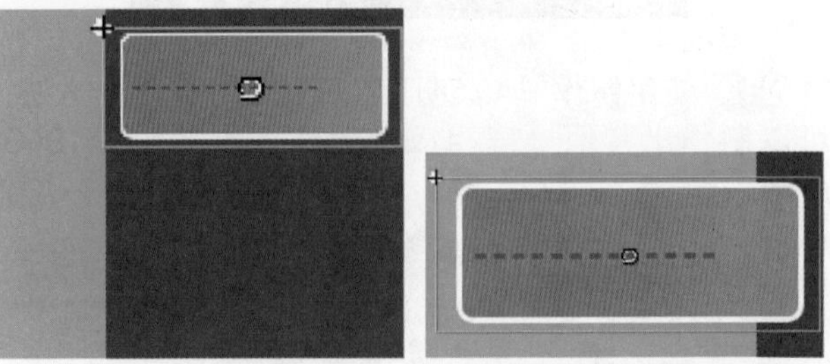

图 18-102 水平向右移动　　图 18-103 水平向右移动

24 在第 35 帧按 F5 键插入帧，分别在第 1 帧、第 5 帧和第 10 帧创建传统补间动画，"时间轴"面板如图 18-104 所示。新建"图层 2"，将"关于我们"元件从"库"面板中拖入到场景中，如图 18-105 所示。

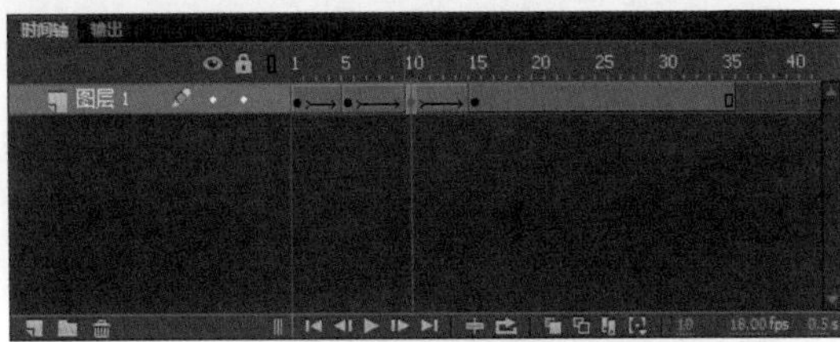

图 18-104 “时间轴”面板

图 18-105 拖入元件

25 分别在第 5 帧、第 10 帧和第 15 帧依次按 F6 键插入关键帧，将第 1 帧上的元件水平向右移动，效果如图 18–106 所示。选中该元件，在“属性”面板上设置其 Alpha 值为 0。选择第 10 帧上的元件，将其水平向右移动 10 像素，效果如图 18–107 所示。

图 18-106 水平向右移动　　图 18-107 水平向右移动

26 分别在第 1 帧、第 5 帧和第 10 帧创建传统补间动画，“时间轴”面板如图 18–108 所示。新建“图层 3”，使用制作“图层 2”的方法，制作出“图层 3”上的动画，效果如图 18–109 所示。

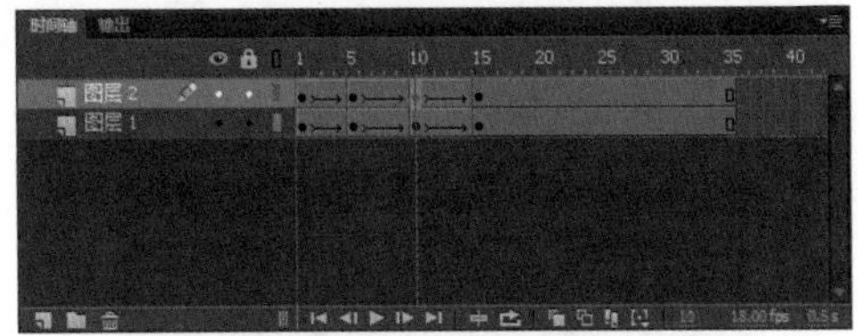

图 18-108 “时间轴”面板

图 18-109 场景效果

27 新建“图层 4”，在第 2 帧按 F6 键插入关键帧，将位图 181215.png 从“库”面板拖入到场景中，如图 18–110 所示。选中刚拖入的图像，执行“修改 > 转换为元件”命令，弹出“转换为元件”对话框，设置如图 18–111 所示。

图 18-110 拖入图像

图 18-111 “转换为元件”对话框

28 分别在第 6 帧、第 11 帧和第 16 帧依次按 F6 键插入关键帧，将第 2 帧上的元件水平向右移动，场景效果如图 18–112 所示。选中该元件，在“属性”面板设置其 Alpha 值为 0。选择第 11 帧上的元件，将其水平向右移动 10 像素，场景效果如图 18–113 所示。

图 18-112 水平向右移动

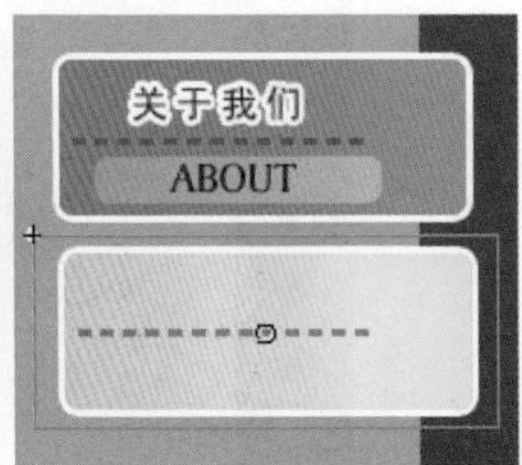

图 18-113 水平向右移动

29 分别在第 2 帧、第 6 帧和第 11 帧创建传统补间动画，“时间轴”面板如图 18–114 所示。使用相同的制作方法，完成其他相似部分内容的制作，“时间轴”面板如图 18–115 所示。

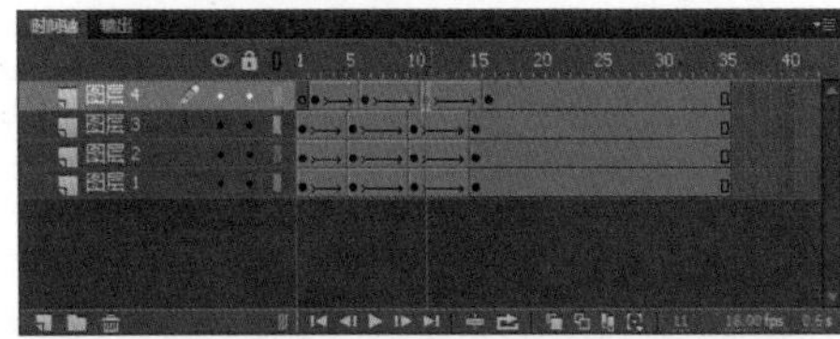

图 18-114 “时间轴”面板

图 18-115 “时间轴”面板

30 场景效果如图 18–116 所示。新建“图层 19”，在第 5 帧按 F6 键插入关键帧，将“云朵”元件从“库”面板拖入到场景中，如图 18–117 所示。

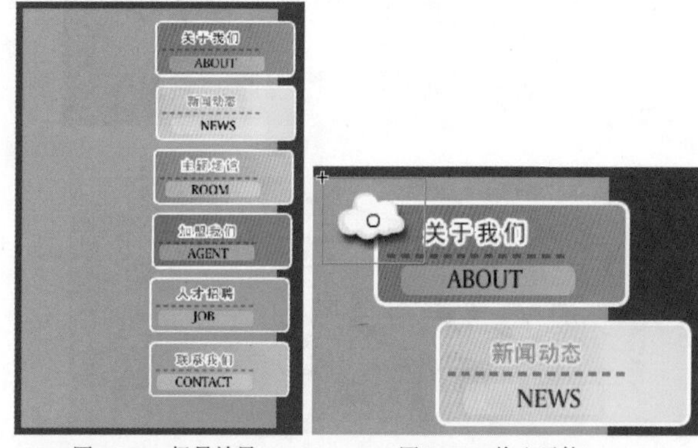

图 18-116 场景效果　　图 18-117 拖入元件

31 分别在第 10 帧、第 15 帧和第 20 帧依次按 F6 键插入关键帧，将第 5 帧上的元件水平向左移动，效果如图 18–118 所示。将第 15 帧上的元件水平向左移动 10 像素，效果如图 18–119 所示。

图 18-118 移动元件位置

图 18-119 移动元件位置

32 分别在第 5 帧、第 10 帧和第 15 帧创建传统补间动画，“时间轴”面板如图 18–120 所示。使用相同的制作方法，制作出其他图层的动画，“时间轴”面板如图 18–121 所示。场景效果如图 18–122 所示。

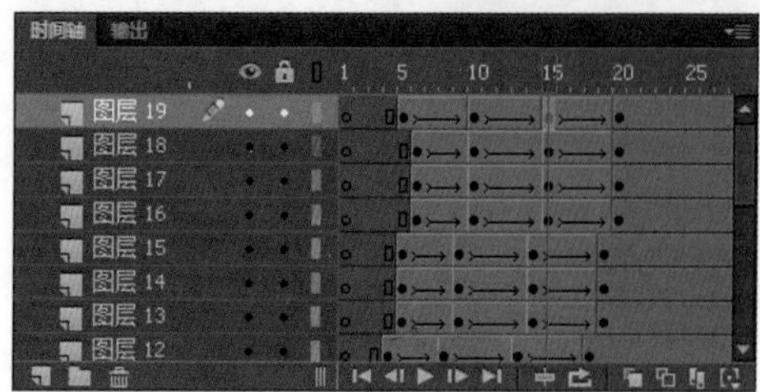

图 18-120 “时间轴”面板

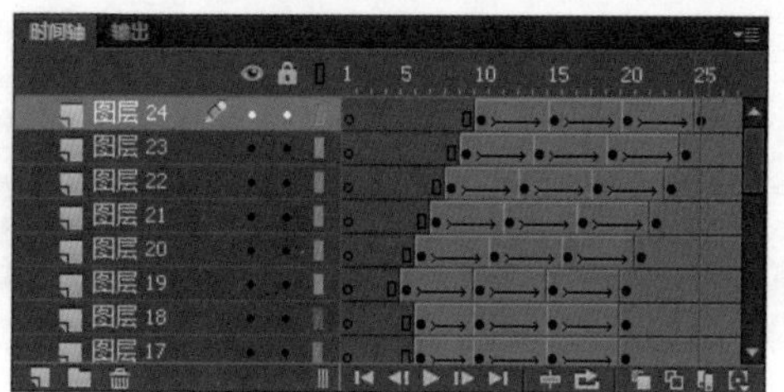

图 18-121 “时间轴”面板

图 18-122 场景效果

33 新建“图层 25”，在第 36 帧按 F6 键插入关键帧，将“整体关于我们动画”元件从“库”面板拖入到场景中，如图 18–123 所示。新建“图层 26”，在第 36 帧按 F6 键插入关键帧，将“云朵动画”元件从“库”面板拖入到场景中，如图 18–124 所示。

图 18-123 拖入元件　　图 18-124 拖入元件

34 选择“云朵动画”元件，在“属性”面板上设置其“实例名称”为 yun6，如图 18–125 所示。“时间轴”面板如图 18–126 所示。

图 18-125 “属性”面板

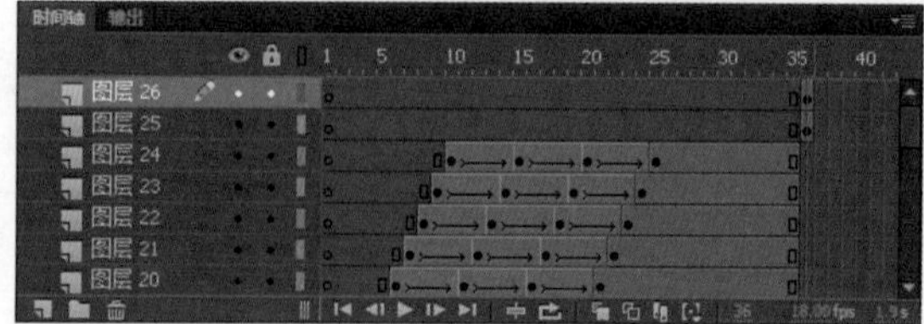

图 18-126 “时间轴”面板

35 使用制作“图层 25”和“图层 26”的方法，制作出其他图层，完成后的“时间轴”面板如图 18-127 所示。场景效果如图 18-128 所示。

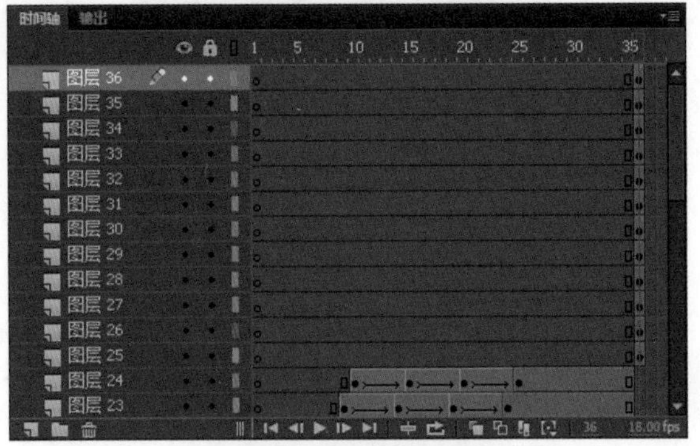

图 18-127 “时间轴”面板

图 18-128 场景效果

36 新建“图层 37”，在第 36 帧按 F6 键插入关键帧，打开“动作”面板，输入脚本代码，如图 18-129 所示。新建“图层 38”，将该图层置于“图层 1”下方，导入图像“光盘 \ 源文件 \ 第 18 章 \ 素材 \181201.jpg”，如图 18-130 所示。

动作

图层 37:36

```
stop();
```

图 18-129 “动作”面板

图 18-130 场景效果

37 执行“文件 > 保存”命令，将动画保存为“光盘 \ 源文件 \ 第 18 章 \18-1-2.fla”，按快捷键 Ctrl+Enter，测试动画，效果如图 18-131 所示。

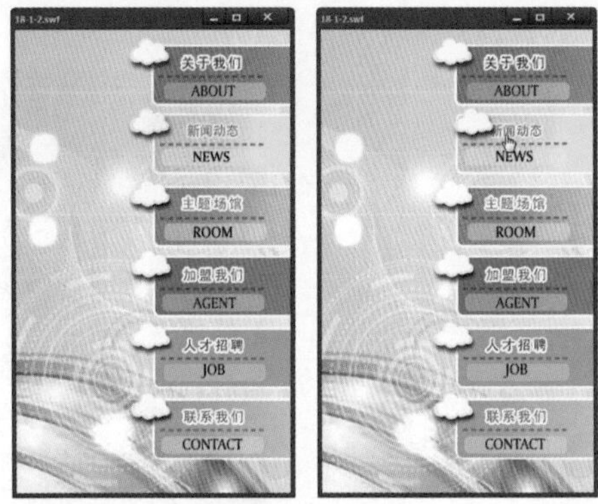

图 18-131 测试动画效果

18.1.3 制作综合按钮动画

在网页页面中，在使用按钮时，进行最多的就是点击操作，此类按钮通常是为图片或元件添加脚本语言使用，在动画播放过程中呈透明状态，不会对动画的播放效果产生影响。

动手实践——制作综合按钮动画

源文件：光盘 \ 源文件 \ 第 18 章 \18-1-3.fla

视频：光盘 \ 视频 \ 第 18 章 \18-1-3.swf

01 执行“文件 > 新建”命令，弹出“新建文档”对话框，设置如图 18-132 所示。执行“插入 > 新建元件”命令，弹出“创建新元件”对话框，设置如图 18-133 所示。

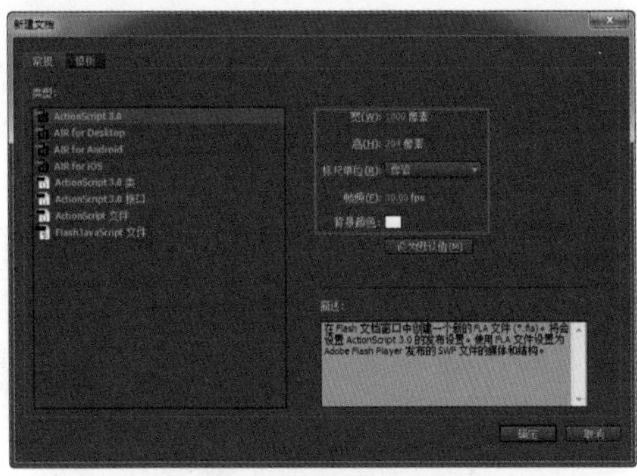
图 18-132 “新建文档”对话框

图 18-133 “创建新元件”对话框

02 使用“椭圆工具”，设置“笔触颜色”为无，“填充颜色”为 #10dcfd，在舞台中绘制一个正圆，如图 18-134 所示，在第 60 帧按 F5 键插入帧。新建“图层 2”，使用“矩形工具”，在“颜色”面板中对相关选项进行设置，如图 18–135 所示。

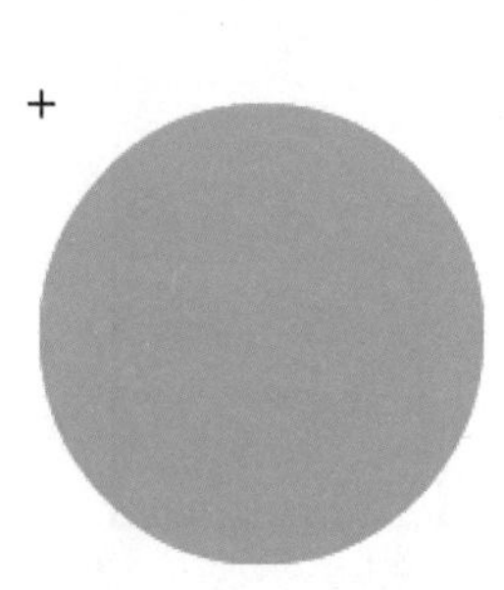

图 18-134 绘制正圆形

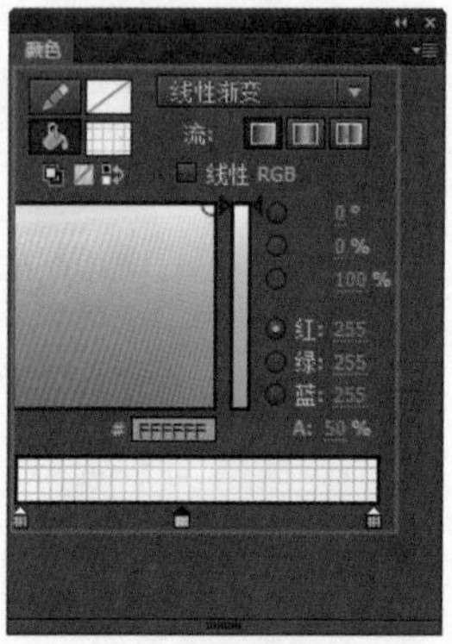

图 18-135 "颜色"面板

03 完成相应的设置，在舞台中绘制矩形并进行旋转操作，如图 18–136 所示。在第 15 帧按 F6 键插入关键帧，将该帧上的矩形向左上方移动，如图 18–137 所示。

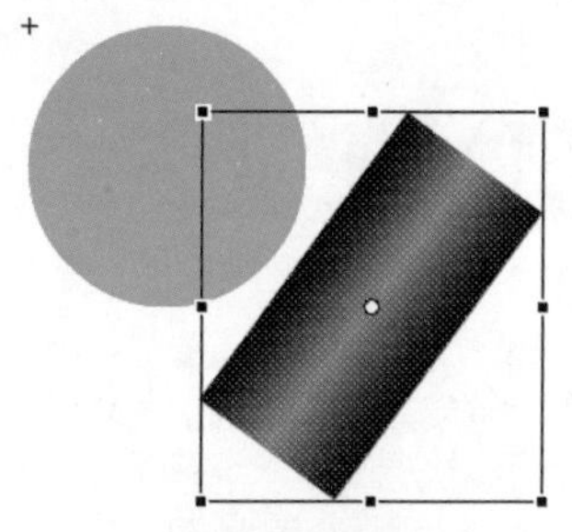

图 18-136 绘制矩形

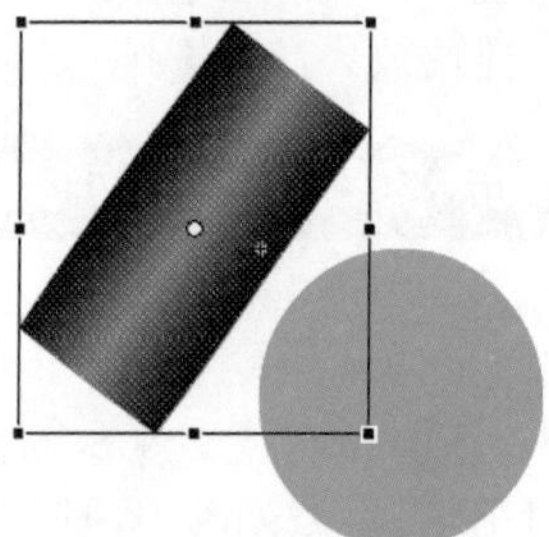

图 18-137 向左上方移动图形

04 在第 1 帧创建补间形状动画，选择"图层 1"上所绘制的正圆形，按快捷键 Ctrl+C，复制该图形，新建"图层 3"，按快捷键 Ctrl+Shift+V，原位粘贴该图形，并将"图层 3"设置为遮罩层，创建遮罩动画，"时间轴"面板如图 18–138 所示。

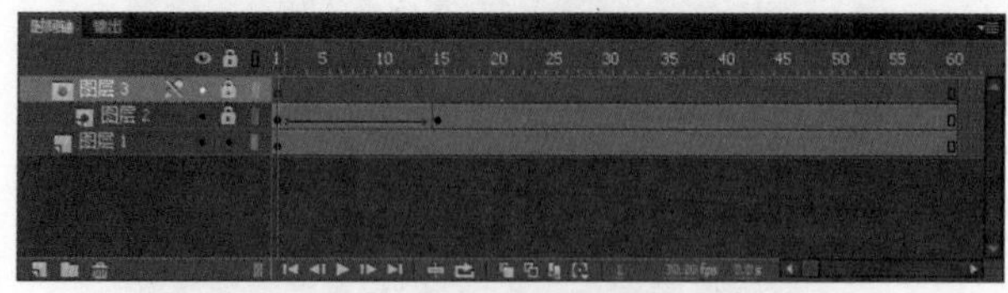

图 18-138 "时间轴"面板

05 执行"插入 > 新建元件"命令，弹出"创建新元件"对话框，设置如图 18–139 所示。使用"文本工具"，打开"属性"面板，在该面板中对相关选项进行设置，如图 18–140 所示。

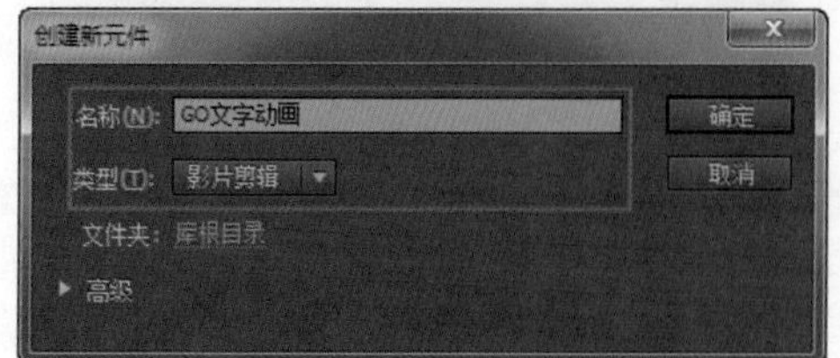

图 18-139 "创建新元件"对话框

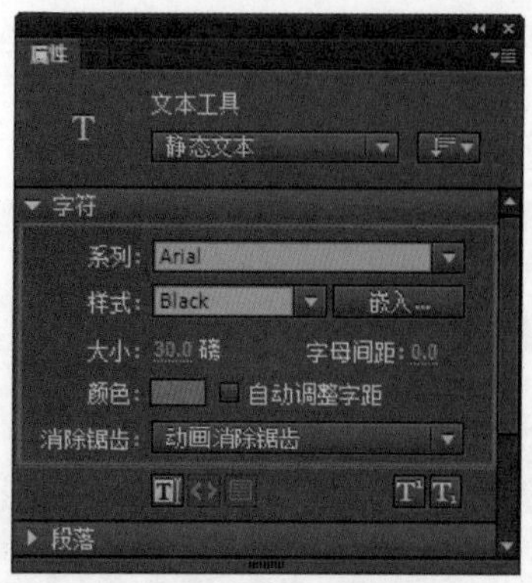

图 18-140 "属性"面板

06 在舞台中输入文字，如图 18–141 所示。并在第 20 帧按 F5 键插入帧，"时间轴"面板如图 18–142 所示。

图 18-141 输入文字

图 18-142 "时间轴"面板

07 使用相同的方法，可以完成该元件中动画效果的制作，"时间轴"面板如图 18–143 所示。场景效果如图 18–144 所示。

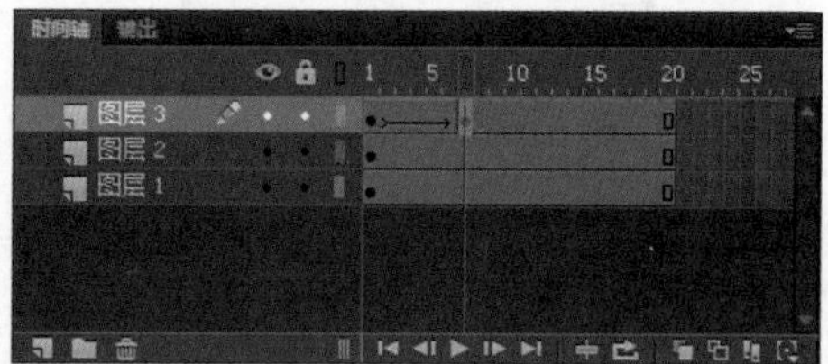

图 18-143 "时间轴"面板

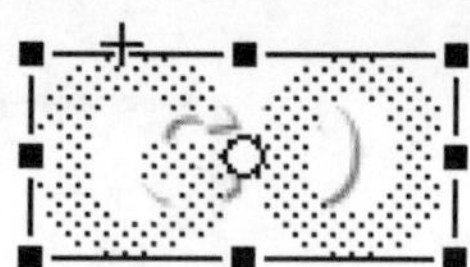

图 18-144 场景效果

08 执行"插入 > 新建元件"命令，弹出"创建新元件"对话框，设置如图 18–145 所示。在"点击"帧按 F6 键插入关键帧，使用"椭圆工具"在舞台中绘制一个正圆，如图 18–146 所示。

图 18-145 "创建新元件"对话框

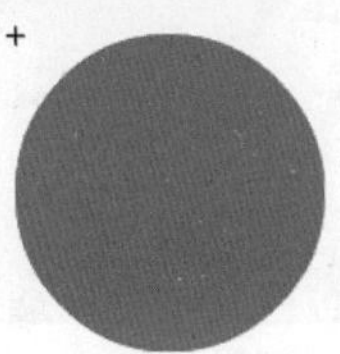

图 18-146 绘制正圆形

09 使用相同的方法，可以制作出其他元件效果，“库”面板如图 18–147 所示。执行“文件 > 新建元件”命令，弹出“创建新元件”对话框，设置如图 18–148 所示。

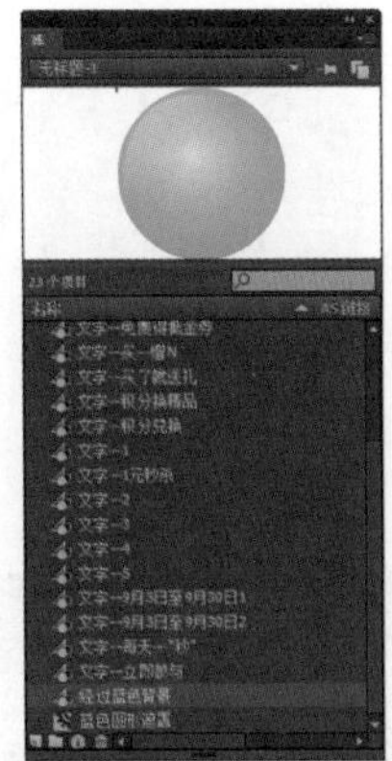

图 18-147 “库”面板

图 18-148 “创建新元件”对话框

10 使用“椭圆工具”在舞台中绘制一个白色的正圆形，如图 18–149 所示。选中该图形，按 F8 键弹出“转换为元件”对话框，设置如图 18–150 所示。

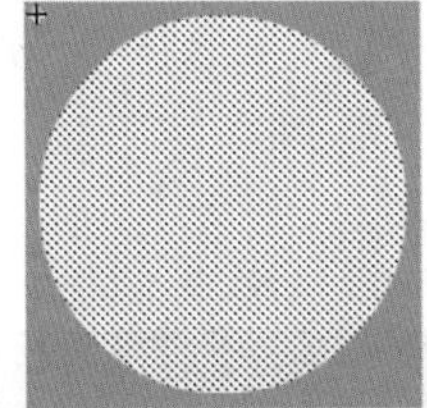

图 18-149 绘制正圆形

图 18-150 “转换为元件”对话框

11 选择该元件，在“属性”面板中为其添加“投影”滤镜，设置如图 18–151 所示。元件效果如图 18–152 所示。

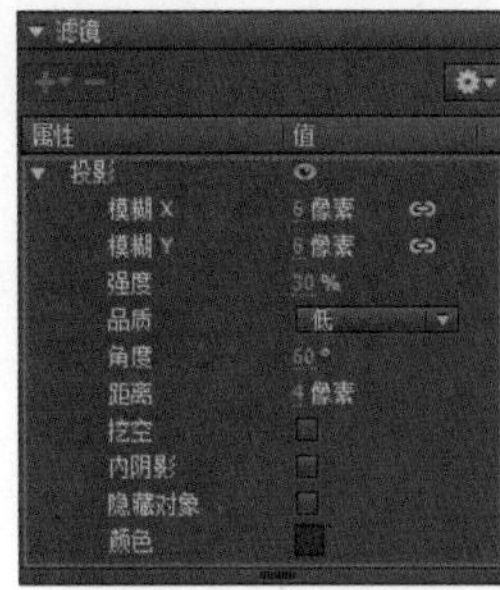

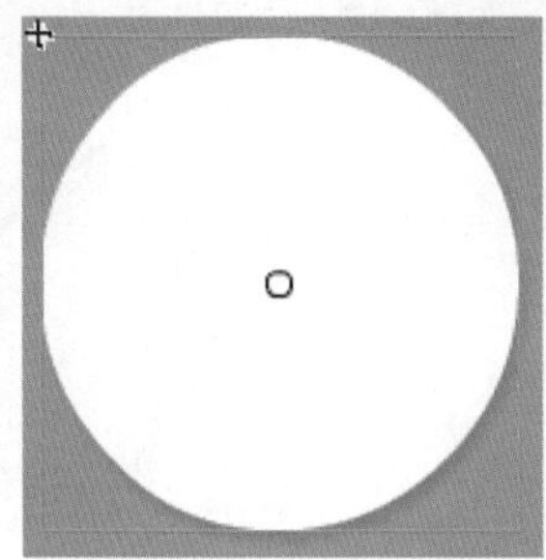

图 18-151 “属性”面板　　图 18-152 元件效果

12 分别在第 10 帧、第 48 帧和第 52 帧按 F6 键插入关键帧，选择第 1 帧上的元件，将其等比例缩小，如图 18–153 所示。使用相同的方法，将第 52 帧上的元件等比例缩小，并分别在第 1 帧和第 48 帧创建传统补间动画，“时间轴”面板如图 18–154 所示。

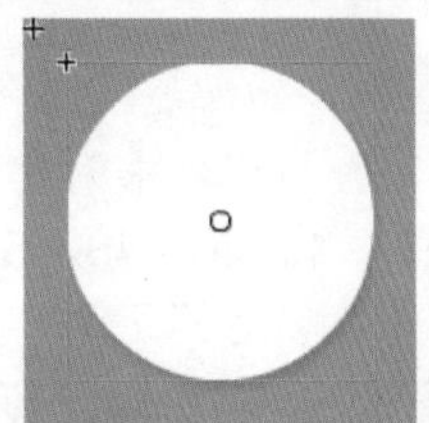

图 18-153 元件效果

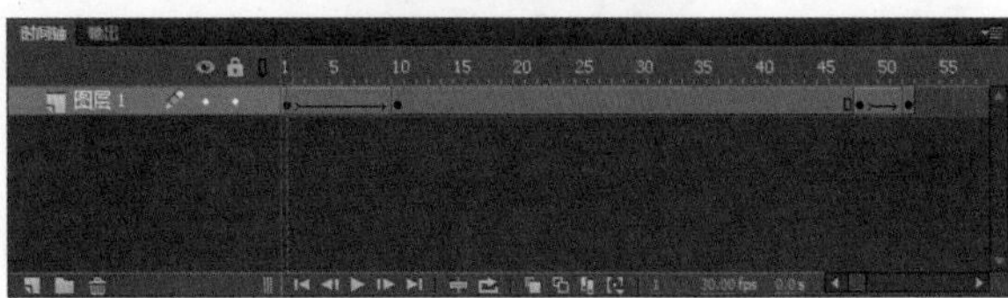

图 18-154 “时间轴”面板

13 新建“图层 2”，将“蓝色圆形遮罩”元件拖入到舞台中并调整到合适的位置和大小，根据“图层 1”的制作方法，可以完成“图层 2”上动画的制作，场景效果如图 18–155 所示。“时间轴”面板如图 18–156 所示。

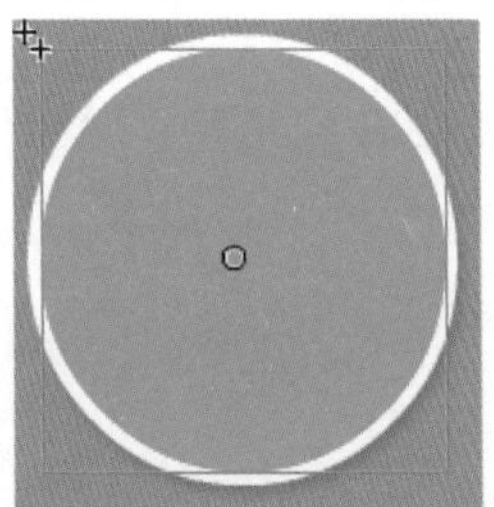

图 18-155 拖入元件

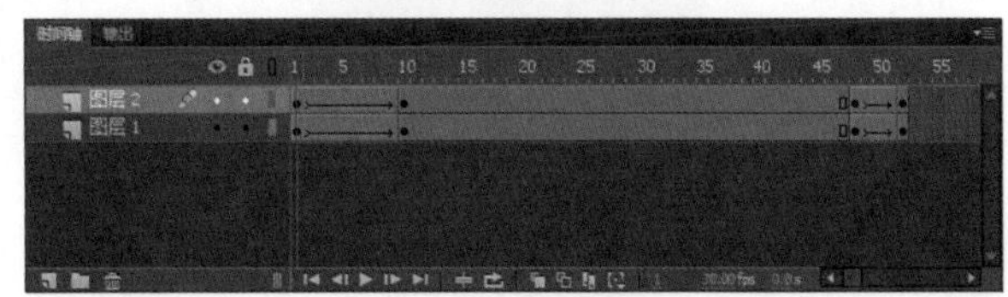

图 18-156 “时间轴”面板

14 使用相同的方法，可以完成“图层3”和“图层4”上动画的制作，场景效果如图 18-157 所示。“时间轴”面板如图 18-158 所示。

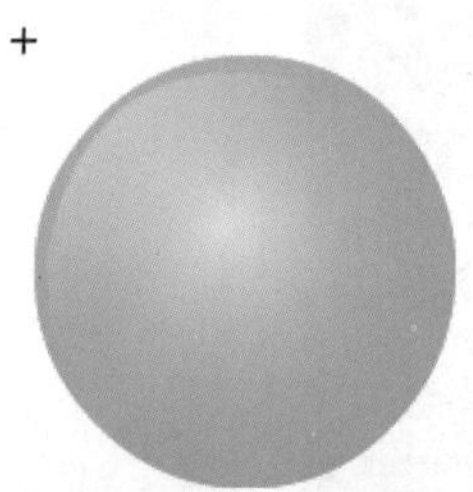
图 18-157 场景效果

图 18-158 “时间轴”面板

15 新建“图层 5”，在第 6 帧按 F6 键插入关键帧，将“GO 文字动画”元件拖入舞台，如图 18-159 所示。分别在第 9、11、46、48、52 帧依次按 F6 键插入关键帧，选择第 6 帧上的元件，将其等比例缩小，并设置其 Alpha 值为 0，如图 18-160 所示。

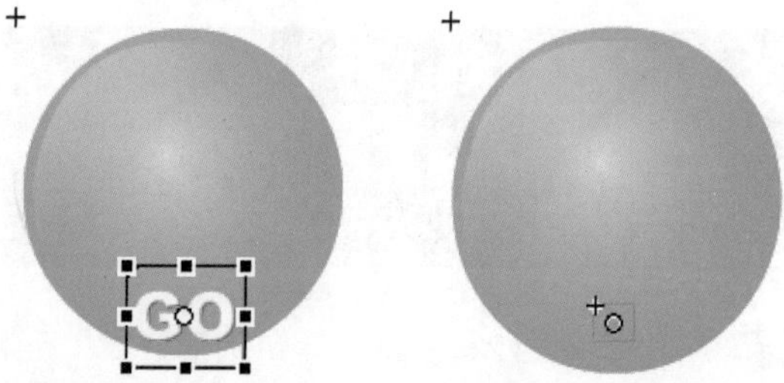
图 18-159 拖入元件　　图 18-160 调整元件

16 选择第 9 帧上的元件，将该帧上的元件等比例放大，如图 18-161 所示。选择第 48 帧上的元件，将该帧上元件等比例放大。选择第 52 帧上的元件，将其等比例缩小并设置其 Alpha 值为 0。分别在第 6、9、46、48 帧创建传统补间动画，“时间轴”面板如图 18-162 所示。

图 18-161 场景效果

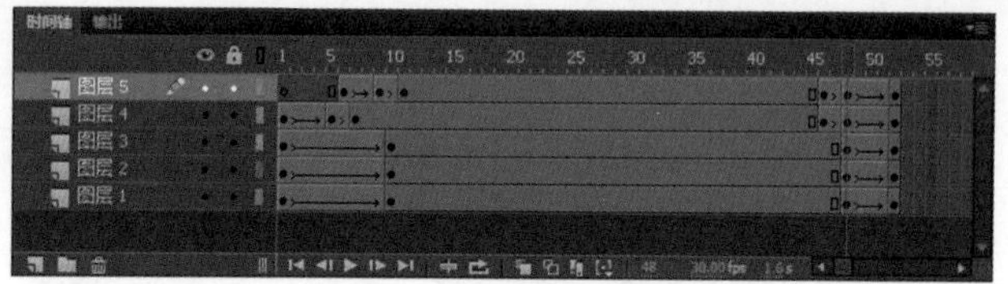
图 18-162 “时间轴”面板

17 新建“图层 6”，将相应的元件拖入到舞台中并分别调整到合适的位置，如图 18-163 所示。在第 48 帧按 F6 键插入关键帧，在第 5 帧按 F7 键插入空白关键帧，“时间轴”面板如图 18-164 所示。

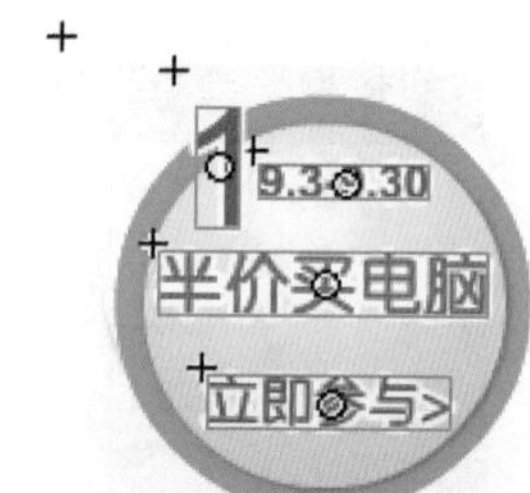

图 18-163 拖入元件

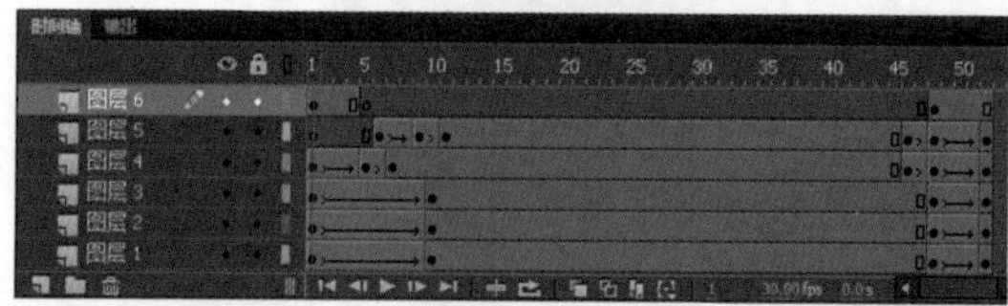
图 18-164 “时间轴”面板

18 新建“图层 7”，在第 5 帧按 F6 键插入关键帧，将相应的元件拖入到舞台中并分别调整到合适的位置，如图 18-165 所示。在第 48 帧按 F7 键插入空白关键帧，“时间轴”面板如图 18-166 所示。

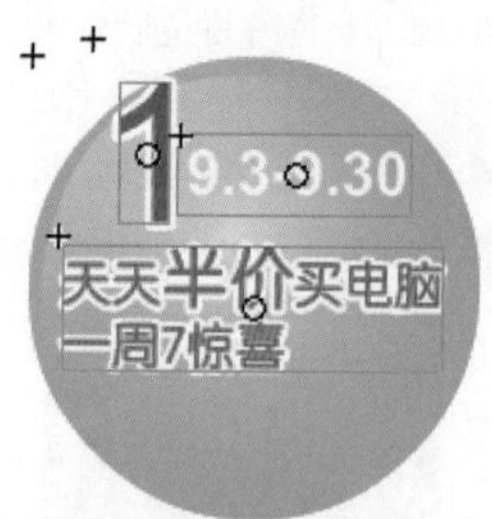

图 18-165 拖入元件

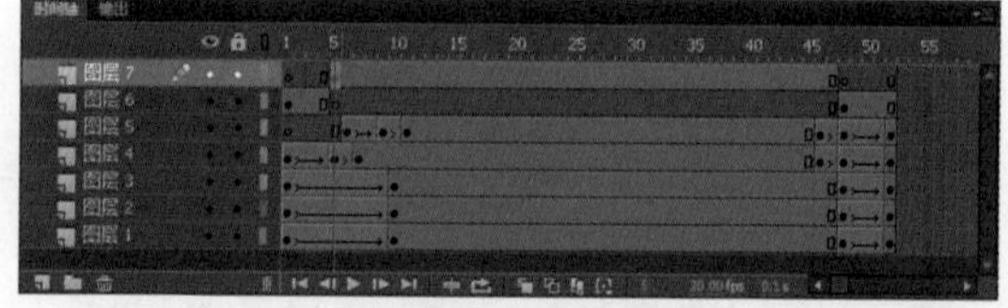
图 18-166 “时间轴”面板

19 新建“图层 8”，将“反应区”元件拖入到舞台中，如图 18-167 所示。选中该元件，在“属性”面板中设置其“实例名称”为 btn1，如图 18-168 所示。

图 18-167 拖入元件

图 18-168 “时间轴”面板

20 新建“图层 9”，打开“动作”面板，添加相应的脚本代码，如图 18-169 所示。在第 45 帧按 F6 键插入关键帧，在“动作”面板中添加相应的脚本代码，如图 18-170 所示。

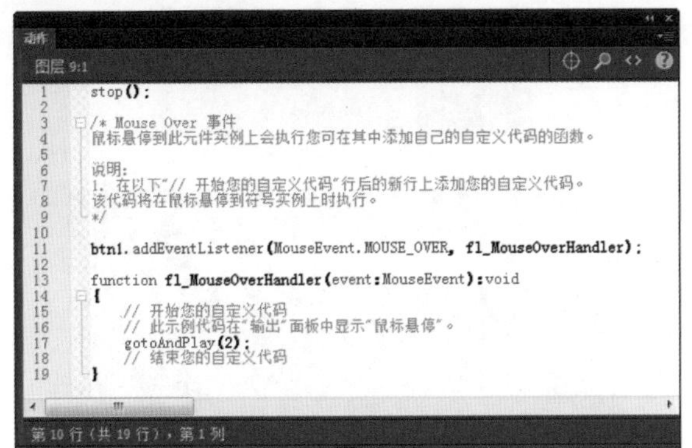

图 18-169 “动作”面板

图 18-170 “动作”面板

21 使用相同的制作方法，可以制作出其他的影片剪辑元件，如图 18-171 所示。返回“场景 1”编辑状态，导入素材图像“光盘 \ 源文件 \ 第 18 章 \ 素材 \ 181301.jpg”，如图 18-172 所示。

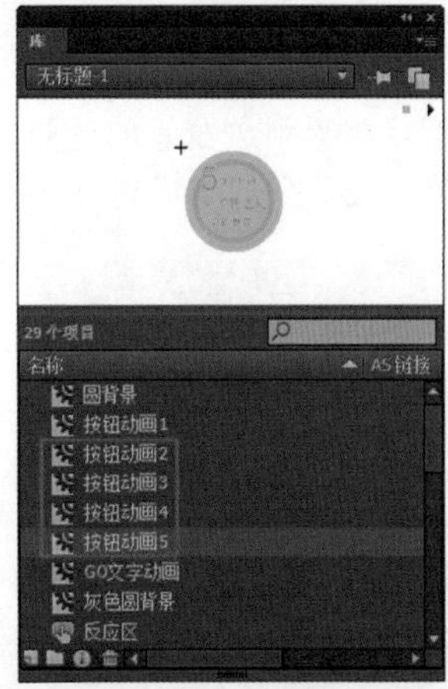

图 18-171 “库”面板

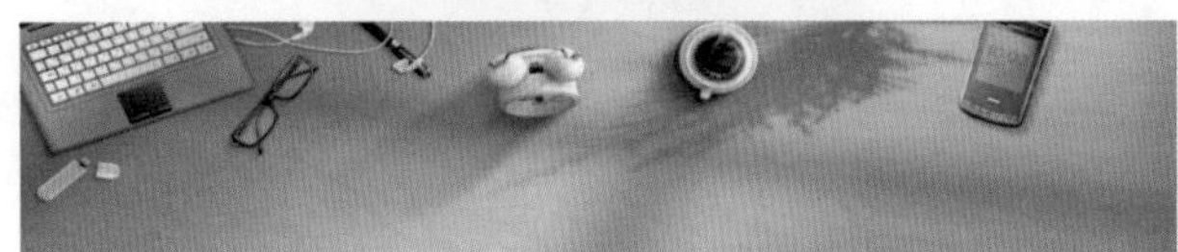

图 18-172 导入素材图像

22 新建“图层 2”，将“按钮动画 1”元件拖入到舞台中，如图 18-173 所示。使用相同的方法，分别将“按钮动画 2”至“按钮动画 5”元件拖入舞台中，如图 18-174 所示。

图 18-173 拖入元件

图 18-174 拖入元件

23 完成按钮动画的制作，执行“文件 > 保存”命令，将文件保存为“光盘 \ 源文件 \ 第 18 章 \18-1-3.fla”，按快捷键 Ctrl+Enter，测试动画效果，如图 18-175 所示。

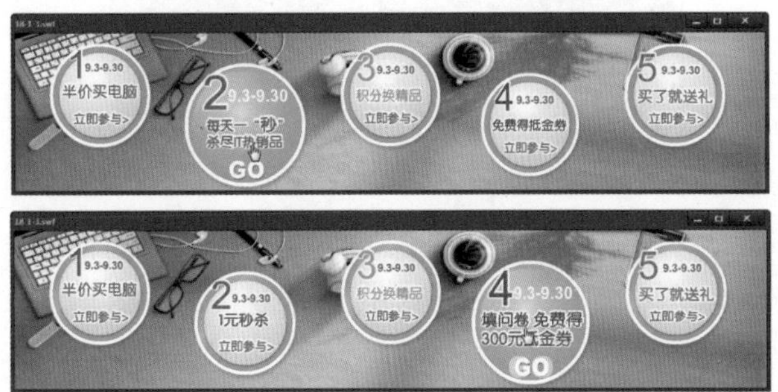

图 18-175 预览动画效果

18.2 导航菜单动画

在任何一个网站页面中，导航菜单是必不可少的组成部分，在网页设计中占有举足轻重的位置，因此一个网站能否足够吸引浏览者的注意力，以及怎样才能更加方便浏览者在网页上进行操作，这便关系到导航菜单的效果。接下来，将通过几个实例的制作向大家介绍导航菜单动画的制作技巧。

18.2.1 制作基础导航菜单

网站信息量的增加，使得原本就不够用的版面显得更加拥挤。这时能解决信息量问题的立体导航就出现了，而且很快就在Flash动画制作中得到了普及应用。同时除了可以节省空间以外，也使得网站页面效果变得丰富多彩。本实例制作一个基础导航菜单动画，通过多个元件动画组合成整体的导航菜单。

动手实践——制作基础导航菜单

源文件：光盘\源文件\第18章\18-2-1.fla

视频：光盘\视频\第18章\18-2-1.swf

01 执行“文件 > 新建”命令，弹出“新建文档”对话框，设置如图18–176所示。单击“确定”按钮，新建Flash文档。执行“插入 > 新建元件”命令，弹出“创建新元件”对话框，设置如图18–177所示。

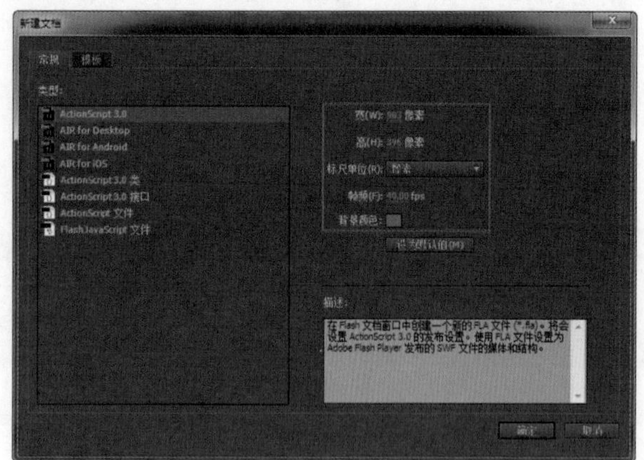

图 18-176 “新建文档”对话框

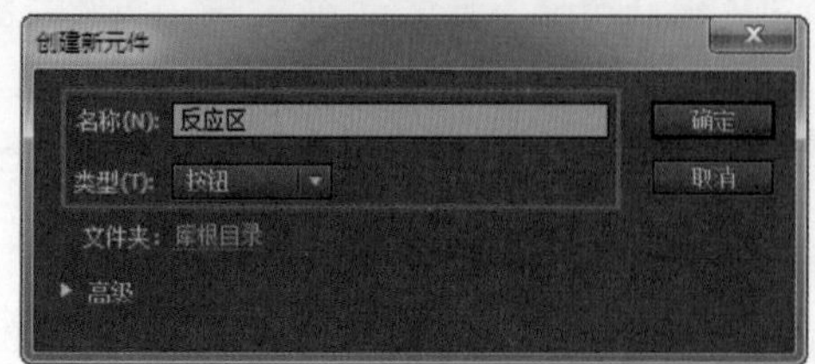

图 18-177 “创建新元件”对话框

02 在“点击”帧按F6键插入关键帧，使用“矩形工具”在舞台中绘制一个矩形，如图18–178所示。执行“插入 > 新建元件”命令，弹出“创建新元件”对话框，设置如图18–179所示。

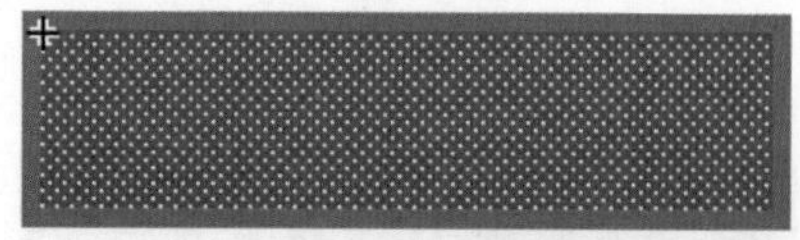

图 18-178 绘制矩形

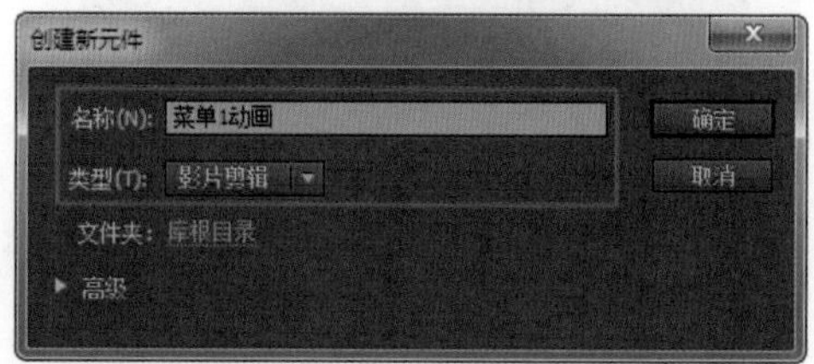

图 18-179 “创建新元件”对话框

03 使用“文本工具”，在舞台中输入文字，如图18–180所示。按快捷键Ctrl+B两次，将文字分离为图形，按F8键弹出“转换为元件”对话框，设置如图18–181所示。

图 18-180 输入文字

图 18-181 “转换为元件”对话框

04 在第20帧按F6键插入关键帧，选择该帧上的元件，在“属性”面板上设置其“色调”选项，如图18–182所示。元件效果如图18–183所示。在第1帧创建传统补间动画。

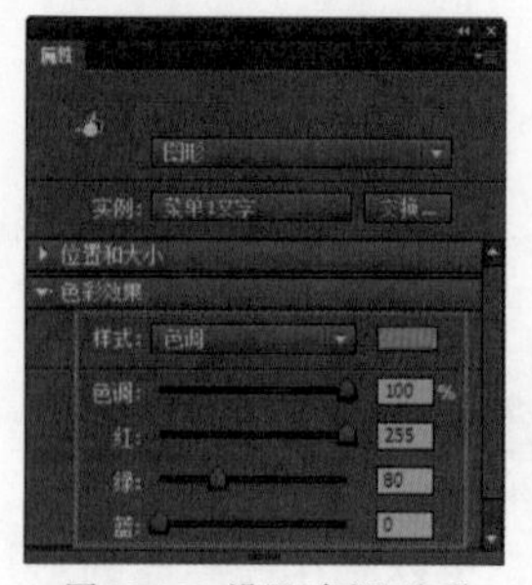

图 18-182 设置“色调”选项

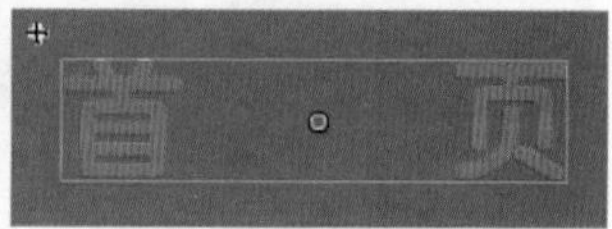

图 18-183 元件效果

05 新建“图层2”，将“反应区”元件从“库”

面板拖入到舞台中，如图 18–184 所示。选中该元件，在“属性”面板中设置其“实例名称”为 btn1，如图 18–185 所示。

图 18-184 拖入元件

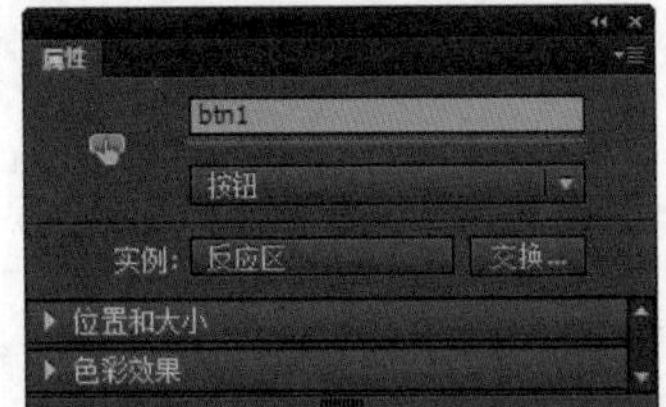

图 18-185 设置“实例名称”

06 新建“图层 3”，打开“动作”面板，输入脚本代码，如图 18–186 所示。在第 20 帧按 F6 键插入关键帧，打开“动作”面板，输入脚本代码 stop();，如图 18–187 所示。

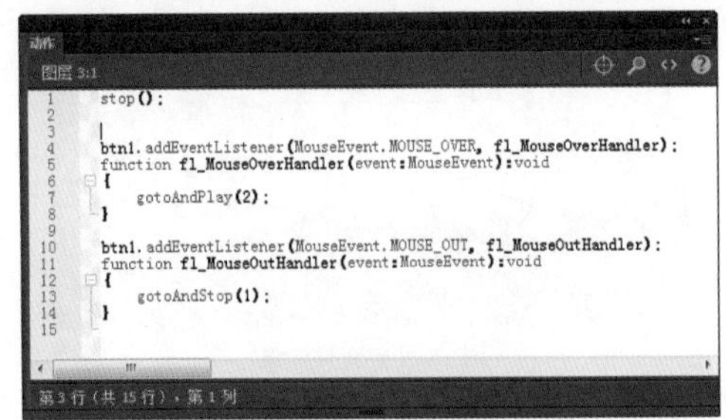

```
stop();

btn1.addEventListener(MouseEvent.MOUSE_OVER, fl_MouseOverHandler);
function fl_MouseOverHandler(event:MouseEvent):void
{
    gotoAndPlay(2);
}

btn1.addEventListener(MouseEvent.MOUSE_OUT, fl_MouseOutHandler);
function fl_MouseOutHandler(event:MouseEvent):void
{
    gotoAndStop(1);
}
```

图 18-186 “动作”面板

图 18-187 “动作”面板

07 使用相同的制作方法，可以制作出其他一些元件，如图 18–188 所示。执行“插入 > 新建元件”命令，弹出“创建新元件”对话框，设置如图 18–189 所示。

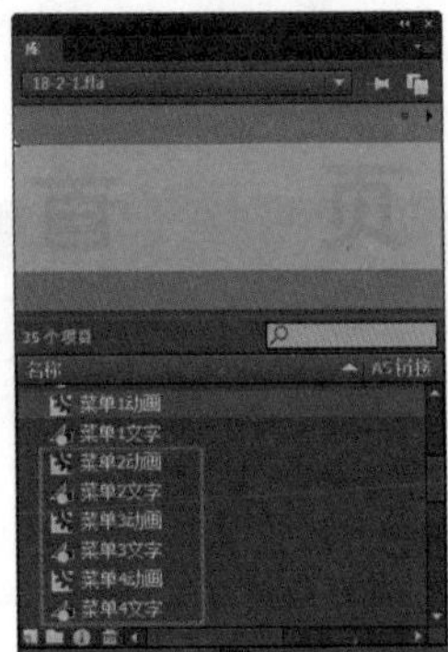

图 18-188 “库”面板

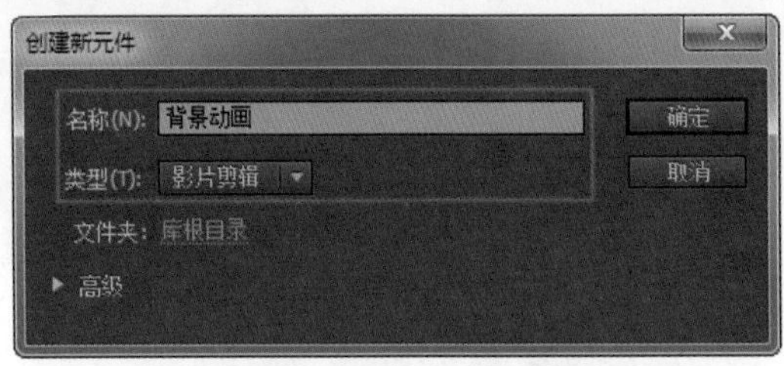

图 18-189 “创建新元件”对话框

08 导入素材图像“光盘 \ 源文件 \ 第 18 章 \ 素材 \ 14701.jpg”，如图 18–190 所示。选中刚导入的图像，按 F8 键弹出“转换为元件”对话框，如图 18–191 所示。

图 18-190 导入素材图像

图 18-191 “转换为元件”对话框

09 在第 15 帧按 F6 键插入关键帧，选择第 1 帧上的元件，将该帧上元件等比例放大，并设置其 Alpha 值为 0，如图 18–192 所示。在第 1 帧创建传统补间动画，在第 249 帧按 F5 键插入帧，“时间轴”面板如图 18–193 所示。

图 18-192 元件效果

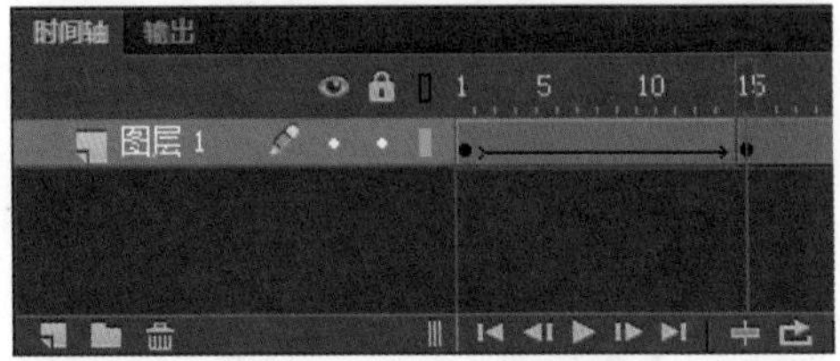

图 18-193 “时间轴”面板

10 新建“图层 2”，在第 30 帧按 F6 键插入关键帧，导入素材图像“光盘 \ 源文件 \ 第 18 章 \ 素材 \ 14702.png”，如图 18–194 所示。选中刚导入的图像，按 F8 键弹出“转换为元件”对话框，如图 18–195 所示。

图 18-194 导入素材图像

图 18-195 "转换为元件"对话框

11 在第 68 帧按 F6 键插入关键帧，选择第 30 帧上的元件，将其向下移动 20 像素，并设置其 Alpha 值为 0，如图 18-196 所示。在第 30 帧创建传统补间动画，"时间轴"面板如图 18-197 所示。

图 18-196 元件效果

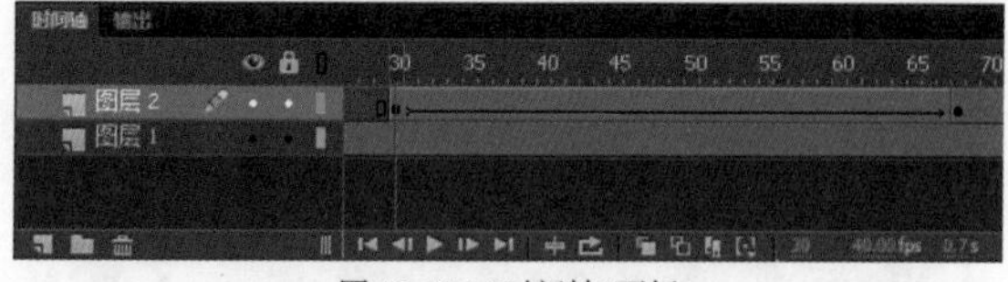

图 18-197 "时间轴"面板

12 根据"图层 2"中动画的制作方法，完成"图层 3"和"图层 8"上动画的制作，场景效果如图 18-198 所示。"时间轴"面板如图 18-199 所示。

图 18-198 场景效果

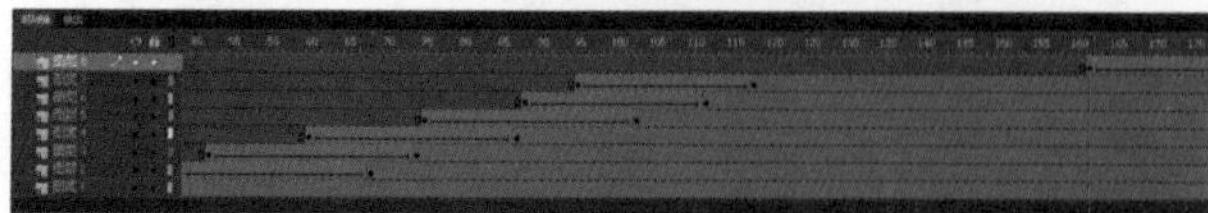

图 18-199 "时间轴"面板

13 新建"图层 9"，在第 162 帧按 F6 键插入关键帧，将"文字 2"元件从"库"面板拖入到舞台中，在"属性"面板中为其添加"模糊"滤镜，如图 18-200 所示。元件效果如图 18-201 所示。

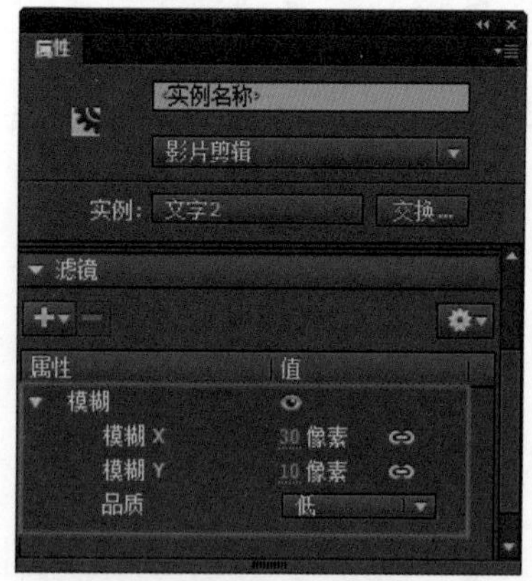

图 18-200 设置"模糊"滤镜

图 18-201 元件效果

14 在第 207 帧按 F6 键插入关键帧，将该帧上的元件向右移动一些，设置该帧上元件的"模糊"值为 0，如图 18-202 所示。在第 162 帧创建传统补间动画，"时间轴"面板如图 18-203 所示。

图 18-202 元件效果

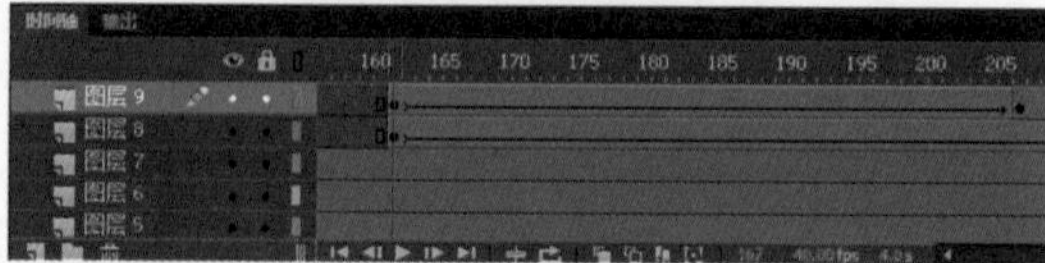

图 18-203 "时间轴"面板

15 使用相同的制作方法，可以制作出"图层 10"上的动画效果，场景效果如图 18-204 所示。"时间轴"面板如图 18-205 所示。

图 18-204 场景效果

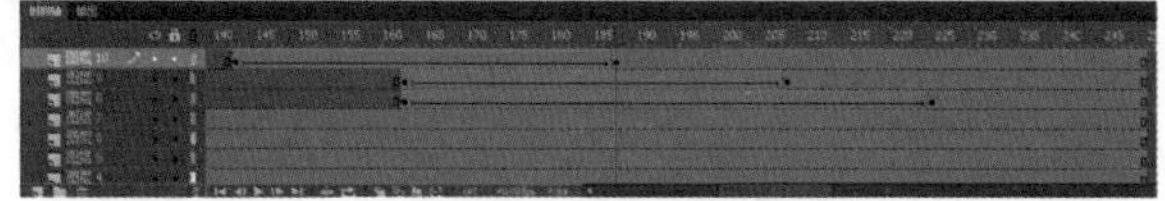
图 18-205 "时间轴"面板

16 新建"图层 11"，在第 249 帧按 F6 键插入关键帧，打开"动作"面板，输入 ActionScript 脚本代码，如图 18-206 所示。返回"场景 1"编辑状态，将"背景动画"元件从"库"面板拖入到舞台中，并调整到合适的位置，在第 77 帧按 F5 键插入帧，如图 18-207 所示。

图 18-206 "动作"面板

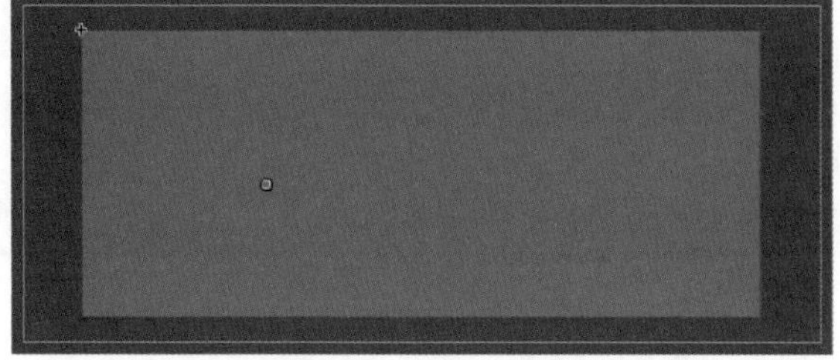
图 18-207 拖入元件

17 新建"图层 2"，导入素材图像"光盘\源文件\第 18 章\素材\14709.png"，如图 18-208 所示。选中刚导入的素材图像，按 F8 键弹出"转换为元件"对话框，设置如图 18-209 所示。

图 18-208 导入素材图像

图 18-209 "转换为元件"对话框

18 分别在第 8、14、24 帧按 F6 键插入关键帧，将第 1 帧上元件等比例缩小，设置其 Alpha 值为 0，并进行相应的旋转操作，如图 18-210 所示。选择第 8 帧上的元件，将该帧上元件等比例缩小，设置其"样式"为无，并进行相应的旋转操作，如图 18-211 所示。

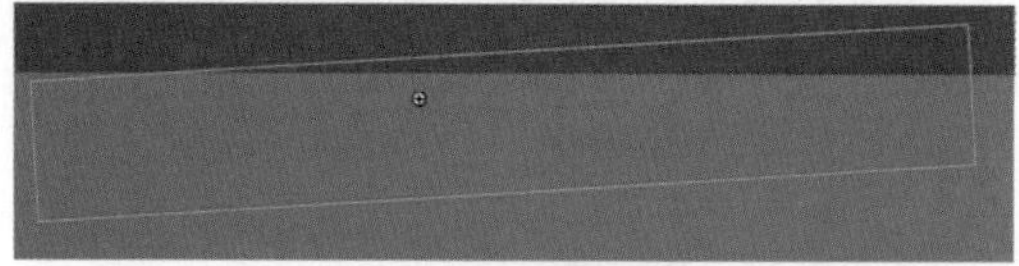
图 18-210 元件效果

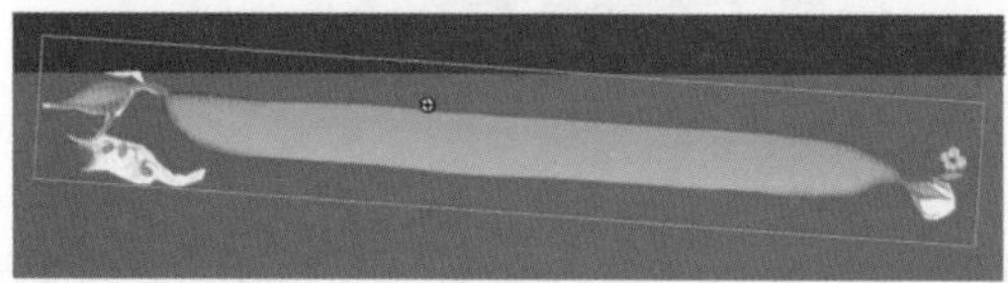
图 18-211 元件效果

19 选择第 14 帧上的元件，将该帧上元件等比例缩小，设置其"样式"为无，并进行相应的旋转操作，如图 18-212 所示。分别在第 1、8、14 帧创建传统补间动画，"时间轴"面板如图 18-213 所示。

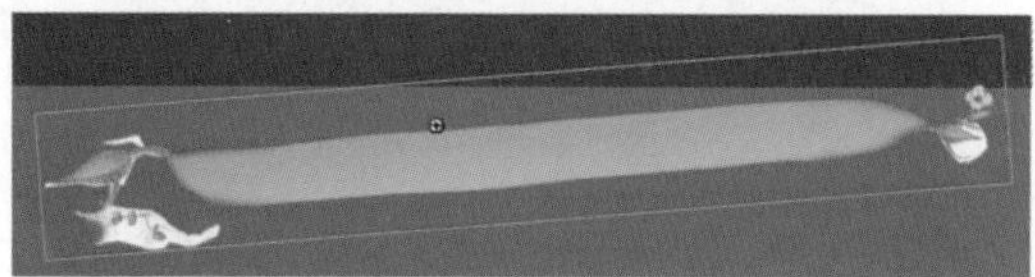
图 18-212 元件效果

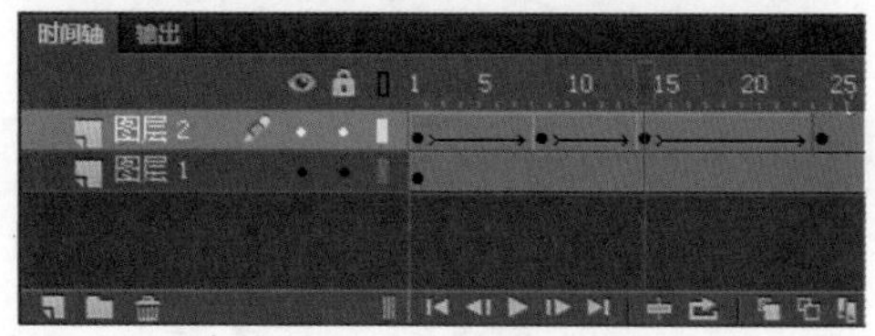

图 18-213 "时间轴"面板

20 使用相同的制作方法，可以完成"图层 3"上动画效果的制作，场景效果如图 18-214 所示。"时间轴"面板如图 18-215 所示。

图 18-214 场景效果

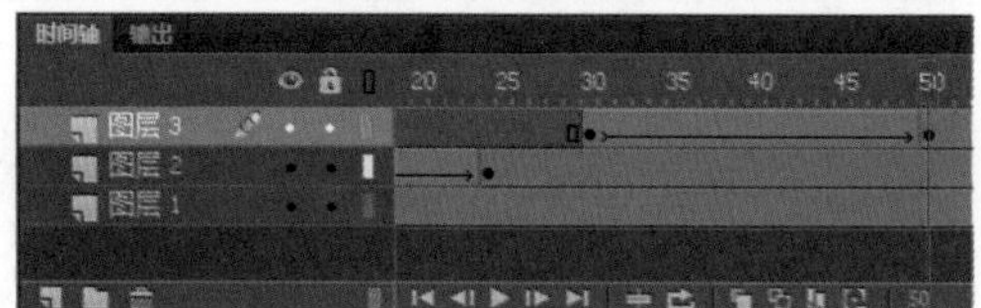

图 18-215 "时间轴"面板

21 新建"图层 4"，在第 55 帧按 F6 键插入关键帧，将"菜单 1 动画"元件拖入到舞台中，如图 18-216 所示。分别在第 59、63、67 帧按 F6 键插入关键帧，选择第 55 帧上的元件，将该帧上的元件等比例缩小，并设置其 Alpha 值为 0，如图 18-217 所示。

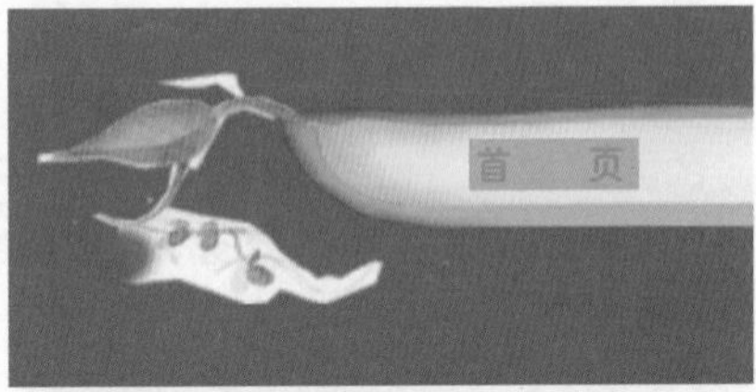

图 18-216 拖入元件

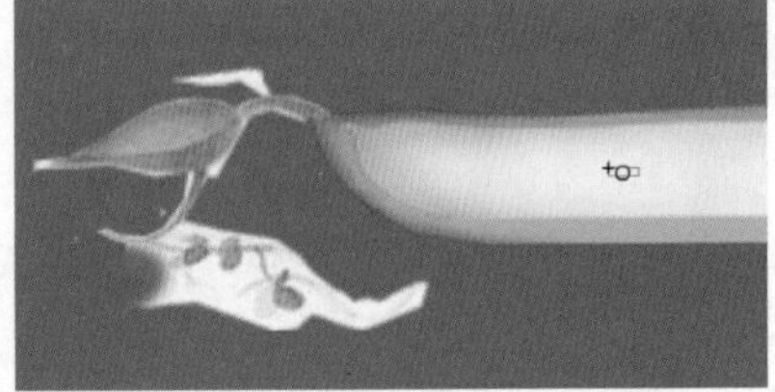

图 18-217 元件效果

22 选择第 59 帧上的元件，将该帧上的元件等比例放大一些，如图 18-218 所示。选择第 67 帧上的元件，将该帧上的元件等比例缩小一些。分别在第 55、59、63 帧创建传统补间动画，“时间轴”面板如图 18-219 所示。

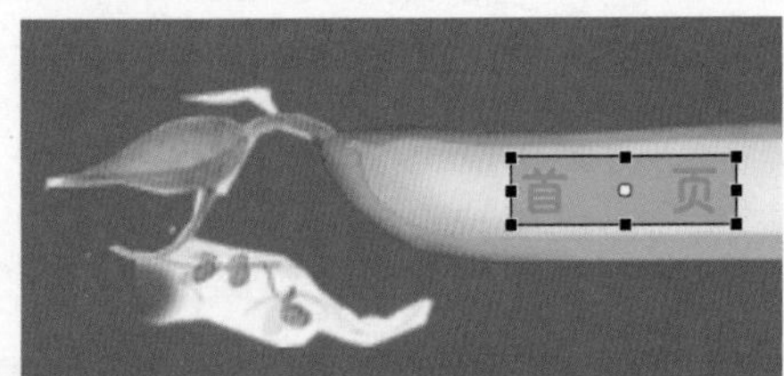

图 18-218 等比例缩放元件

图 18-219 “时间轴”面板

23 使用相同的方法，可以完成“图层 5”至“图层 7”上动画效果的制作，场景效果如图 18-220 所示。“时间轴”面板如图 18-221 所示。

图 18-220 场景效果

图 18-221 “时间轴”面板

24 新建“图层 8”，在第 77 帧按 F6 键插入关键帧，打开“动作 - 帧”面板，输入脚本代码 stop();，如图 18-222 所示。在“属性”面板中修改舞台背景颜色为白色，如图 18-223 所示。

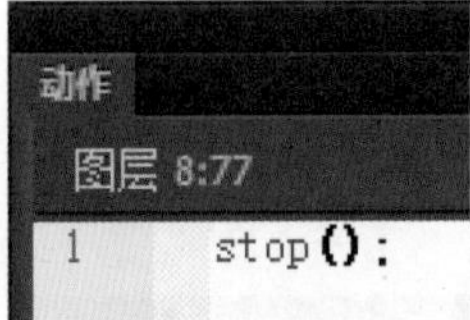

图 18-222 “动作”面板

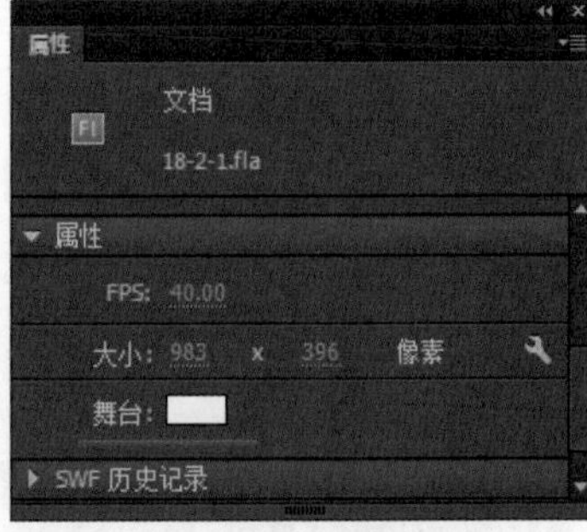

图 18-223 “属性”面板

25 完成该导航菜单动画的制作，执行“文件 > 保存”命令，将文件保存为“光盘 \ 源文件 \ 第 18 章 \ 18-2-1.fla”，按快捷键 Ctrl+Enter，测试动画效果，如图 18-224 所示。

图 18-224 测试动画效果

18.2.2 制作游戏网站导航菜单

在浏览网站时，利用网站导航可以轻松地进入到相应的页面中。本实例制作的是游戏网站导航菜单的动画，该动画使用了一些简单的脚本语句来控制鼠标的状态，从而达到导航的效果。

动手实践——制作游戏网站导航菜单

源文件：光盘 \ 源文件 \ 第 18 章 \18-2-2.fla

视频：光盘 \ 视频 \ 第 18 章 \18-2-2.swf

01 执行“文件 > 新建”命令，弹出“新建文档”对话框，设置如图 18-225 所示。单击“确定”按钮，新建 Flash 文档。执行“插入 > 新建元件”命令，弹出“创建新元件”对话框，设置如图 18-226 所示。

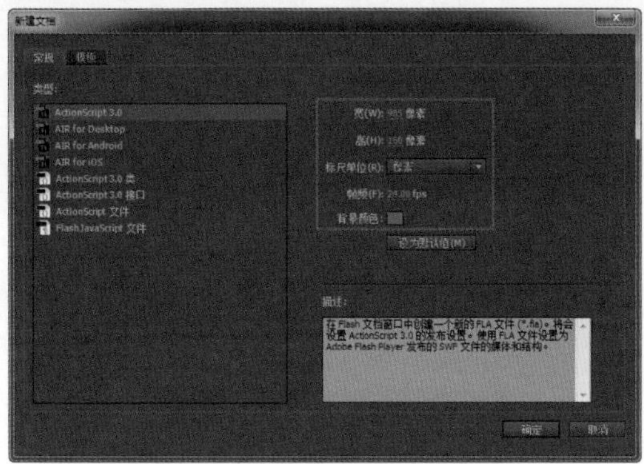
图 18-225 "新建文档"对话框

图 18-226 "创建新元件"对话框

02 单击"确定"按钮，使用"矩形工具"，在"颜色"面板上设置从 Alpha 值为 0 的 #FFFFFF 到 Alpha 值为 100 的 #FFFFFF 到 Alpha 值为 0% 的 #FFFFFF 的线性渐变，如图 18-227 所示。在场景中绘制一个矩形，如图 18-228 所示。

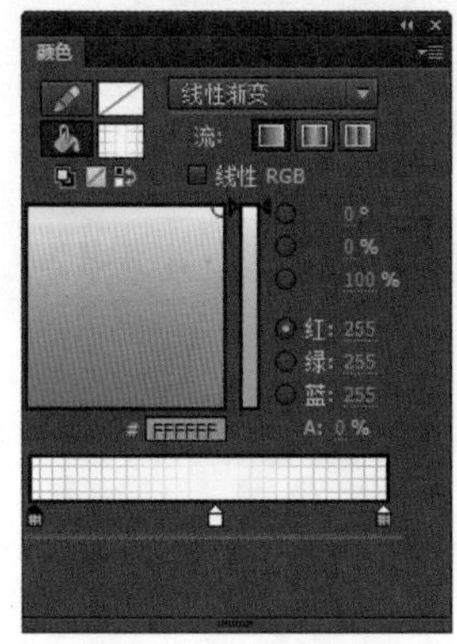
图 18-227 "颜色"面板

图 18-228 绘制矩形

03 使用"任意变形工具"，对刚绘制的矩形进行旋转操作，如图 18-229 所示。选择刚绘制的矩形，按 F8 键弹出"转换为元件"对话框，设置如图 18-230 所示。

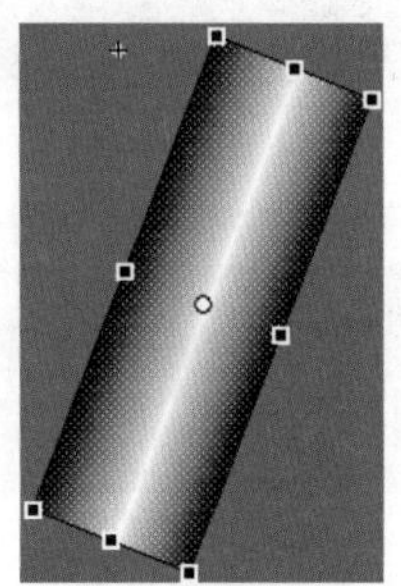
图 18-229 旋转图形

图 18-230 "转换为元件"对话框

04 单击"确定"按钮，在第 10 帧按 F6 键插入关键帧，将该帧上的元件水平向右移动 300 像素，如图 18-231 所示。在第 40 帧和第 50 帧依次按 F6 键插入关键帧，将第 50 帧上的元件向左移动 300 像素，分别在第 1 帧、第 10 帧和第 40 帧创建传统补间动画，"时间轴"面板如图 18-232 所示。

图 18-231 移动元件

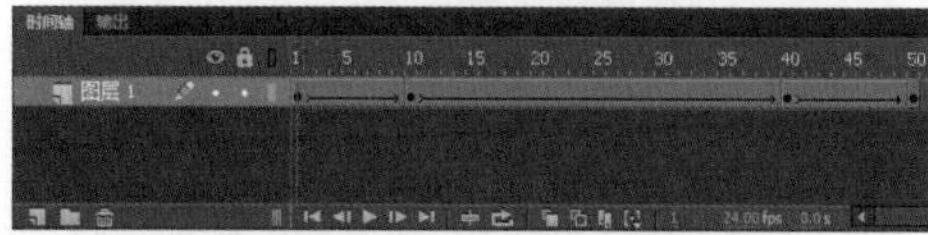
图 18-232 "时间轴"面板

05 新建"图层 2"，在第 5 帧按 F6 键插入关键帧，从"库"面板中将"过光矩形"元件拖入到场景中，并调整其至合适的位置，如图 18-233 所示。在第 15 帧按 F6 键插入关键帧，将该帧上的元件向右移动 300 像素，如图 18-234 所示。

图 18-233 拖入元件

图 18-234 移动元件

06 分别在第 35 帧和第 45 帧依次按 F6 键插入关键帧，并将第 45 帧上的元件向左移动 300 像素，如图 18-235 所示。分别在第 5 帧、第 15 帧和第 35 帧创建传统补间动画，"时间轴"面板如图 18-236 所示。

图 18-235 移动元件

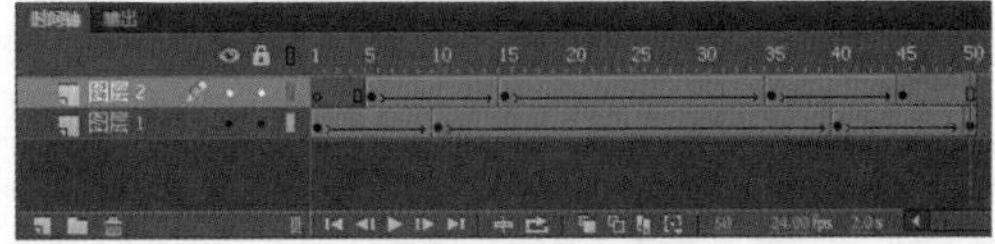
图 18-236 “时间轴”面板

07 执行“插入 > 新建元件”命令，弹出“创建新元件”对话框，设置如图 18–237 所示。单击“确定”按钮，在“点击”帧按 F6 键插入关键帧，使用“矩形工具”，在场景中绘制一个任意填充颜色的矩形，如图 18–238 所示。

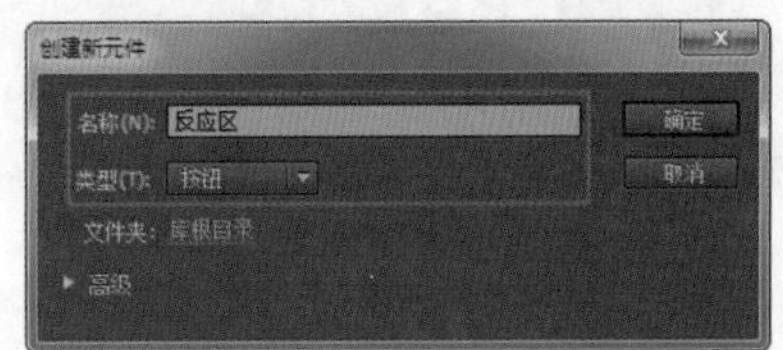

图 18-237 “创建新元件”对话框

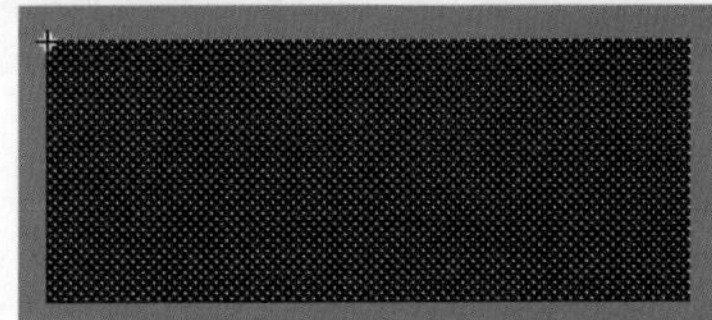
图 18-238 绘制矩形

08 执行“插入 > 新建元件”命令，弹出“创建新元件”对话框，设置如图 18–239 所示。单击“确定”按钮，导入图像“光盘 \ 源文件 \ 第 18 章 \ 素材 \ 182201.png”，如图 18–240 所示，在第 15 帧按 F5 键插入帧。

图 18-239 “创建新元件”对话框

图 18-240 导入图像

09 新建“图层 2”，在第 2 帧按 F6 键插入关键帧，从“库”面板中将“过光动画”元件拖入到场景中，并调整至合适的位置，如图 18–241 所示。在第 15 帧按 F6 键插入关键帧，选择该帧上的元件，在“属性”面板上设置其 Alpha 值为 0%，如图 18–242 所示。

图 18-241 拖入元件

图 18-242 “属性”面板

10 在第 2 帧创建传统补间动画，“时间轴”面板如图 18–243 所示。新建“图层 3”，导入图像“光盘 \ 源文件 \ 第 18 章 \ 素材 \182202.png”，如图 18–244 所示。

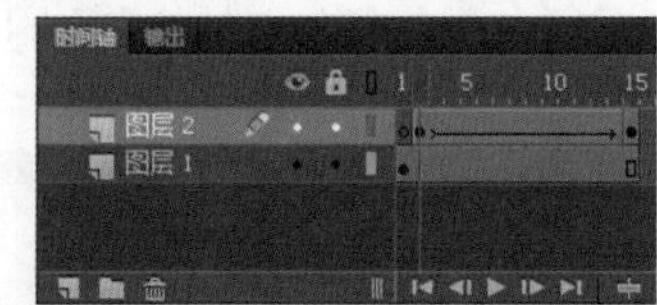

图 18-243 “时间轴”面板

图 18-244 图像效果

11 选择刚导入的图像，执行“修改 > 分离”命令，将图像进行分离，如图 18–245 所示。使用“魔术棒工具”，在分离的图像边缘处单击，将多余部分选中，并按 Delete 键将选中的部分删除，如图 18–246 所示。

图 18-245 分离图像

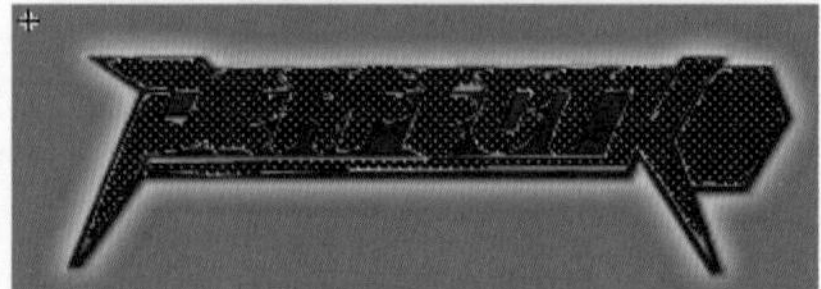
图 18-246 图像效果

12 在“图层 3”上单击鼠标右键，在弹出的菜单中选择“遮罩层”命令，如图 18–247 所示。新建“图层 4”，从“库”面板中将“反应区”元件拖入到舞台中，如图 18–248 所示。

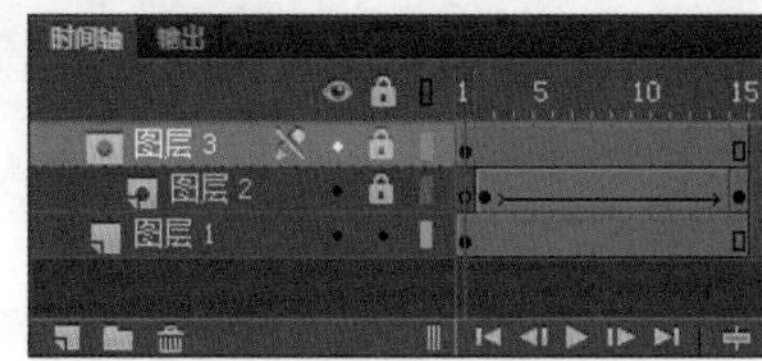

图 18-247 “时间轴”面板

图 18-248 拖入元件

13 选择刚拖入的元件，在“属性”面板上设置其“实例名称”为 btn2，如图 18–249 所示。新建“图层 5”，打开“动作”面板，输入脚本代码，如图 18–250 所示。

图 18-249 设置“实例名称”

图 18-250 “动作”面板

14 执行“插入 > 新建元件”命令，弹出“创建新元件”对话框，设置如图 18–251 所示。单击“确定”按钮，使用“文本工具”，在“属性”面板上对其相关属性进行设置，在场景中输入文字，如图 18–252 所示。

图 18-251 “创建新元件”对话框

图 18-252 输入文字

15 选择刚输入的文字，按 F8 键弹出“转换为元件”对话框，设置如图 18–253 所示。在第 8 帧按 F6 键插入关键帧，选择该帧上的元件，在“属性”面板上设置其 Alpha 值为 0，如图 18–254 所示。在第 10 帧按 F5 键插入帧，在第 1 帧创建传统补间动画。

图 18-253 “转换为元件”对话框

图 18-254 “属性”面板

16 新建“图层 2”，导入图像“光盘 \ 源文件 \ 第 18 章 \ 素材 \182203.png”，如图 18–255 所示。选择刚导入图像，按 F8 键弹出“转换为元件”对话框，设置如图 18–256 所示。

图 18-255 导入图像

图 18-256 “转换为元件”对话框

17 在场景中选择该元件，在“属性”面板上对其相关属性进行设置，如图 18–257 所示。在第 8 帧按 F6 键插入关键帧，在“属性”面板上对其相关属性进行设置，如图 18–258 所示。

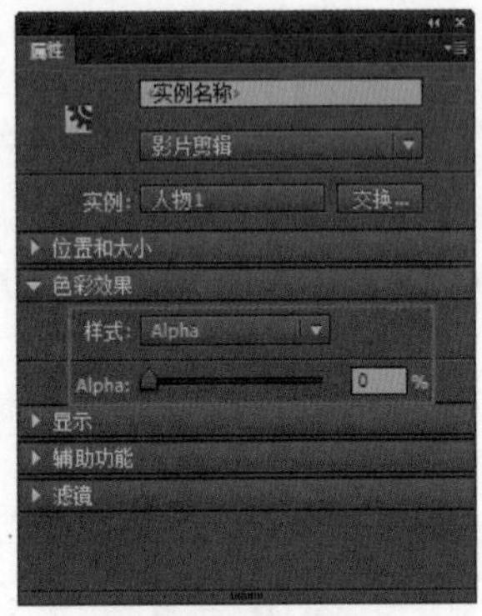

图 18-257 “属性”面板

图 18-258 “属性”面板

18 设置完成后，元件效果如图 18–259 所示。在第 10 帧按 F6 键插入关键帧，在“属性”面板上将滤镜效果删除，元件效果如图 18–260 所示。

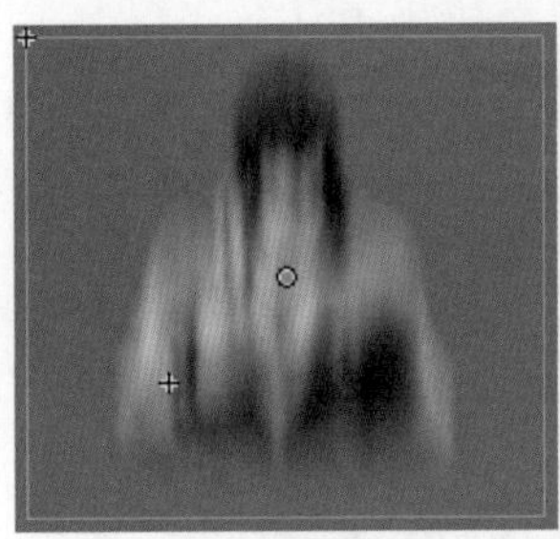
图 18-259 元件效果

图 18-260 元件效果

19 分别在第 1 帧和第 8 帧创建传统补间动画，“时间轴”面板如图 18–261 所示。新建“图层 3”，在第 5 帧按 F6 键插入关键帧，导入图像“光盘\源文件\第 18 章\素材\182204.png”，如图 18–262 所示。

图 18-261 “时间轴”面板

图 18-262 导入图像

20 选择刚导入的图像，按 F8 键弹出“转换为元件”对话框，设置如图 18–263 所示。单击“确定”按钮，在“属性”面板上对其相关属性进行设置，如图 18–264 所示。设置完成后，元件效果如图 18–265 所示。

图 18-263 “转换为元件”对话框

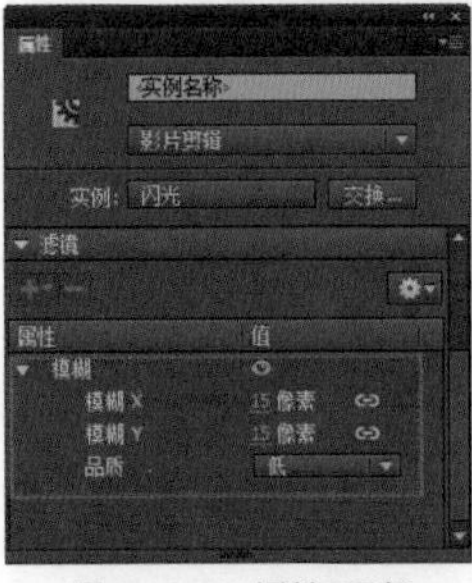

图 18-264 “属性”面板

图 18-265 元件效果

21 在第 8 帧按 F6 键插入关键帧，在“属性”面板上对其相关属性进行设置，如图 18–266 所示。设置完成后，元件效果如图 18–267 所示。

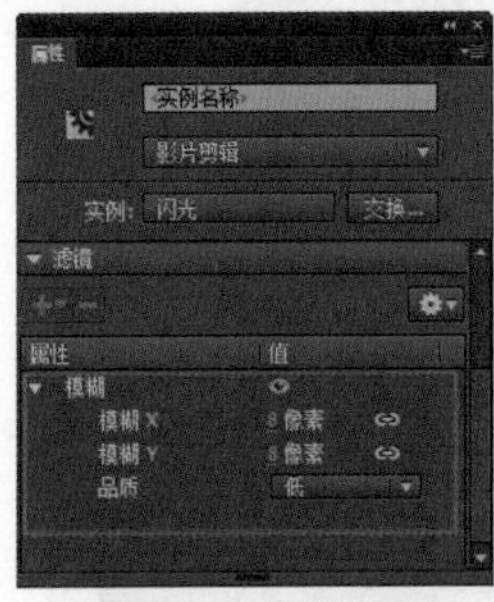

图 18-266 “属性”面板

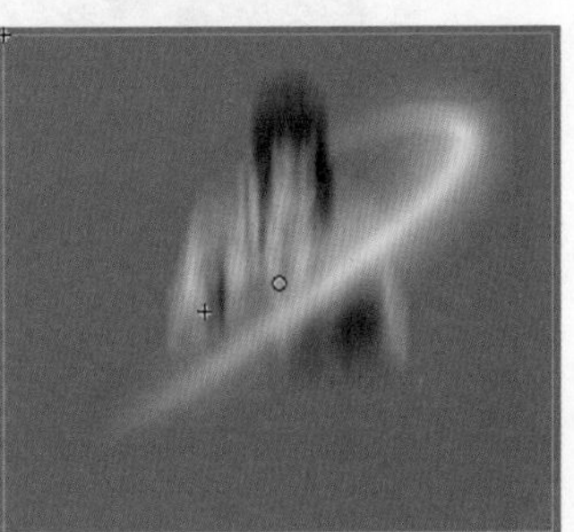
图 18-267 元件效果

22 在第 10 帧按 F6 键插入关键帧，在“属性”面板上将该滤镜效果删除，元件效果如图 18–268 所示。新建“图层 4”，在第 5 帧按 F6 键插入关键帧，使用“矩形工具”，在场景中绘制一个任意填充颜色的矩形，如图 18–269 所示。

图 18-268 元件效果

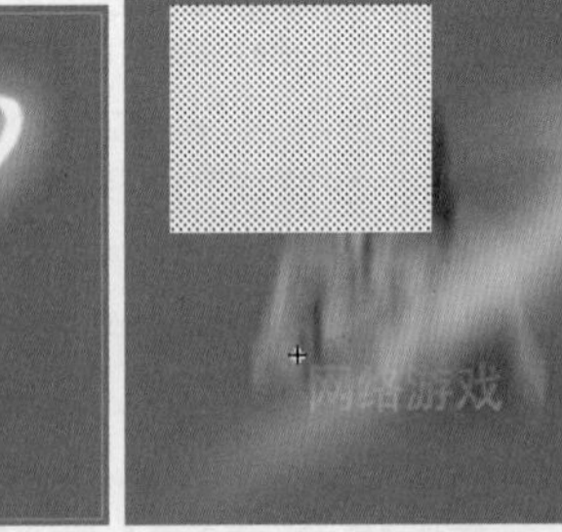

图 18-269 绘制矩形

23 使用“任意变形工具”，对刚绘制的矩形进行旋转操作，如图 18–270 所示。在第 8 帧按 F6 键插入关键帧，使用“任意变形工具”，按住 Ctrl 键将矩形从右侧拉长，如图 18–271 所示。

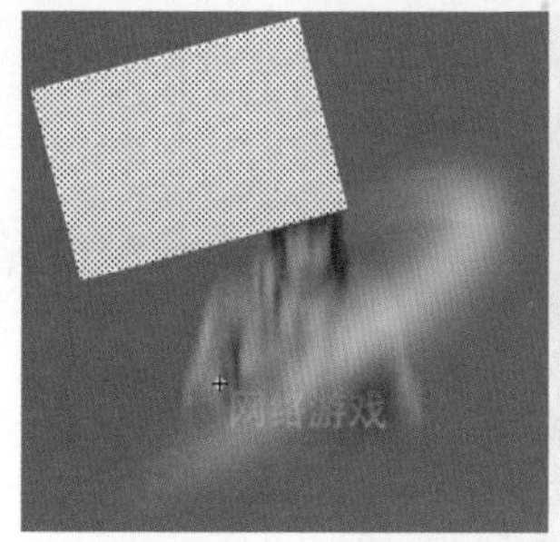

图 18-270 旋转图形

图 18-271 图形效果

24 在第 10 帧按 F7 键插入空白关键帧，使用“矩形工具”在场景中绘制一个矩形，如图 18–272 所示。分别在第 5 帧和第 8 帧创建补间形状动画，“时间轴”面板如图 18–273 所示。

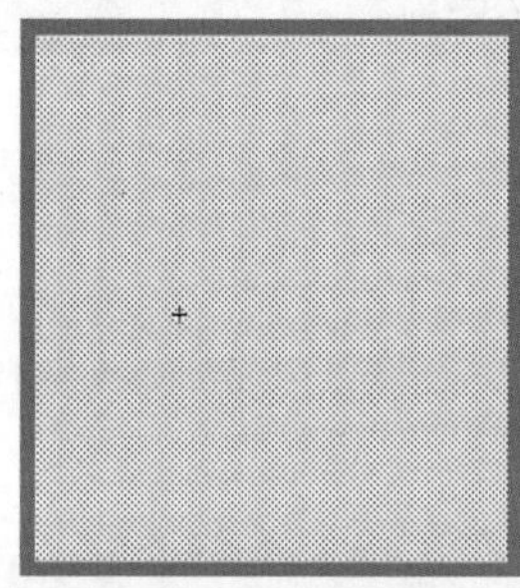
图 18-272 绘制矩形

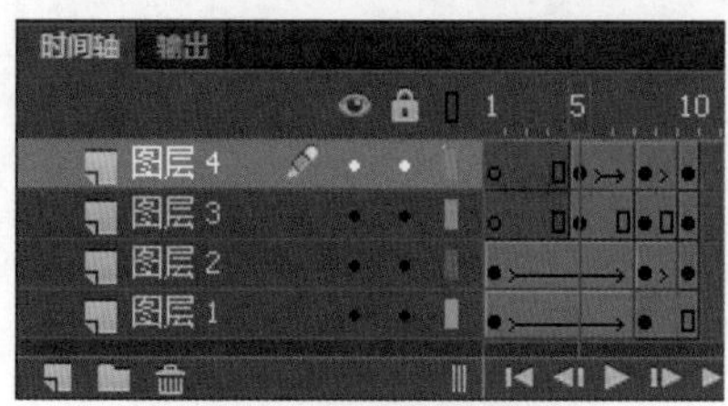

图 18-273 “时间轴”面板

25 在“图层 4”上单击鼠标右键，在弹出的菜单中选择“遮罩层”命令，“时间轴”面板如图 18–274 所示。新建“图层 5”，在第 3 帧按 F6 键插入关键帧，从“库”面板中将“文字 1”元件拖入到舞台中，如图 18–275 所示。

图 18-274 “时间轴”面板

图 18-275 拖入元件

26 在第 5 帧按 F6 键插入关键帧，选择第 3 帧上的元件，在“属性”面板上设置其 Alpha 值为 0，在第 3 帧创建传统补间动画，“时间轴”面板如图 18–276 所示。新建“图层 6”，从“库”面板中将“反应区”元件拖入到舞台中，并调整其至合适的大小和位置，如图 18–277 所示。

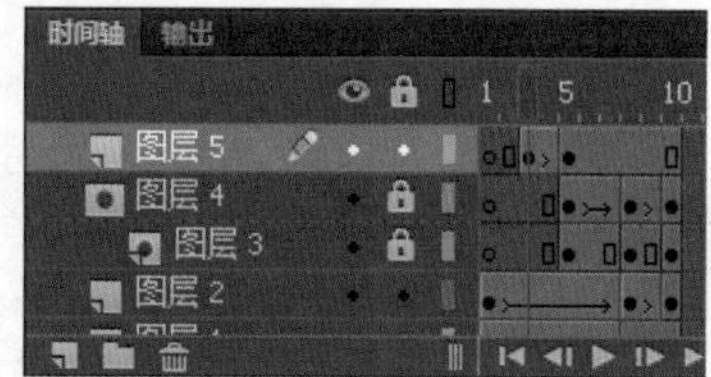

图 18-276 “时间轴”面板

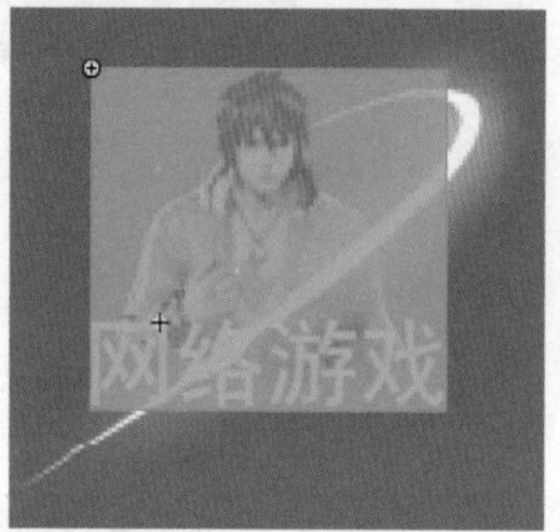

图 18-277 拖入元件

27 在场景中选择刚拖入的元件，在“属性”面板上设置其“实例名称”为 btn，如图 18–278 所示。新建“图层 7”，打开“动作”面板，输入脚本代码，如图 18–279 所示。

图 18-278 “属性”面板

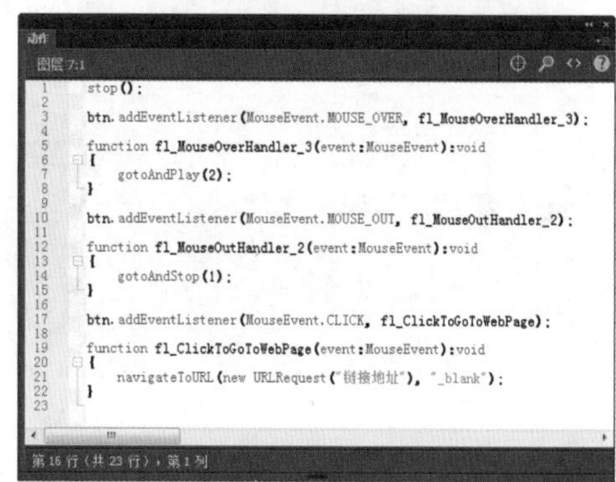


```
stop();

btn.addEventListener(MouseEvent.MOUSE_OVER, fl_MouseOverHandler_3);

function fl_MouseOverHandler_3(event:MouseEvent):void
{
    gotoAndPlay(2);
}

btn.addEventListener(MouseEvent.MOUSE_OUT, fl_MouseOutHandler_2);

function fl_MouseOutHandler_2(event:MouseEvent):void
{
    gotoAndStop(1);
}

btn.addEventListener(MouseEvent.CLICK, fl_ClickToGoToWebPage);

function fl_ClickToGoToWebPage(event:MouseEvent):void
{
    navigateToURL(new URLRequest("链接地址"), "_blank");
}
```

图 18-279 “动作”面板

28 在第 10 帧按 F6 键插入关键帧，打开“动作”面板，输入脚本代码，如图 18–280 所示。使用相同的制作方法，完成其他元件的制作，“库”面板如图 18-281 所示。

stop();

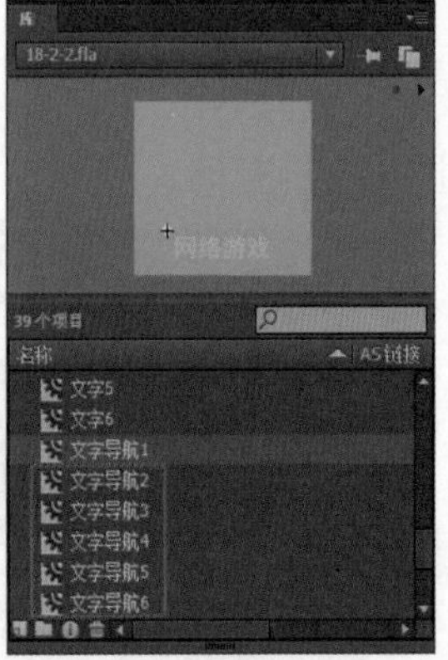

图 18-280 “动作”面板　　图 18-281 “库”面板

29 返回“场景 1”编辑状态，导入图像“光盘\源文件\第 18 章\素材\182210.jpg”，如图 18-282 所示，在第 10 帧按 F5 键插入帧。新建“图层 2”，导入图像“光盘\源文件\第 18 章\素材\182211.png”，如图 18-283 所示。

图 18-282 导入图像

图 18-283 导入图像

30 新建“图层 3”，导入图像“光盘\源文件\第 18 章\素材\182212.png”，如图 18-284 所示。选择刚导入的图像，按 F8 键弹出“转换为元件”对话框，设置如图 18-285 所示。

图 18-284 导入图像

图 18-285 “转换为元件”对话框

31 单击“确定”按钮，在场景中选择该元件，在“属性”面板上对其相关属性进行设置，如图 18-286 所示。新建“图层 4”，导入图像“光盘\源文件\第 18 章\素材\182213.png”，如图 18-287 所示。

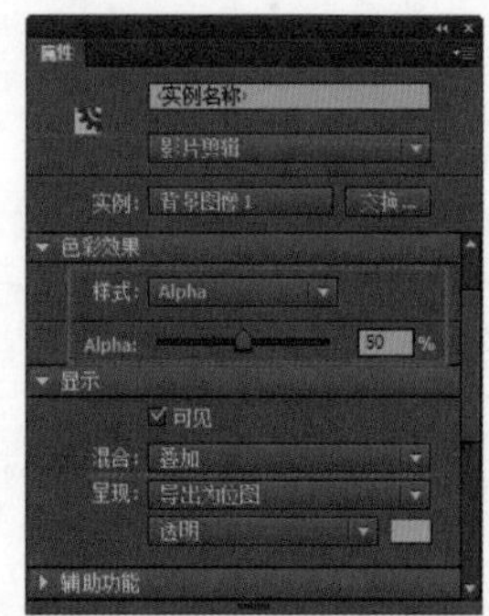

图 18-286 “属性”面板

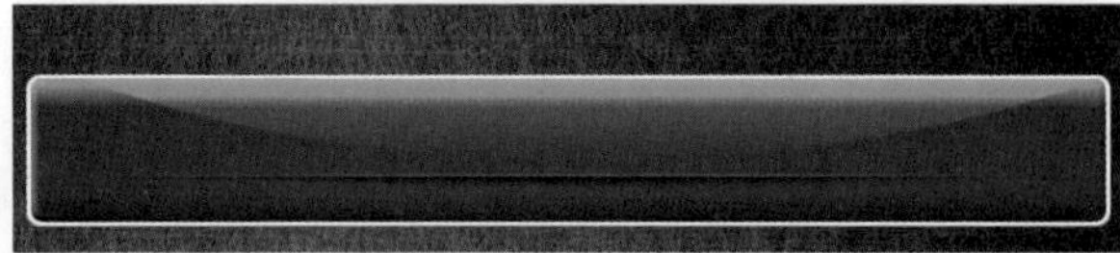

图 18-287 导入图像

32 选择刚导入的图像，按 F8 键弹出“转换为元件”对话框，设置如图 18-288 所示。单击“确定”按钮，在第 10 帧按 F6 键插入关键帧，选择该帧上的元件，在“属性”面板上对其相关属性进行设置，如图 18-289 所示。

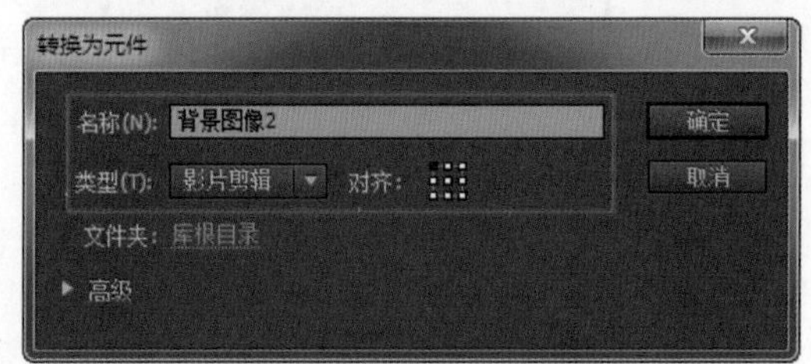

图 18-288 “转换为元件”对话框

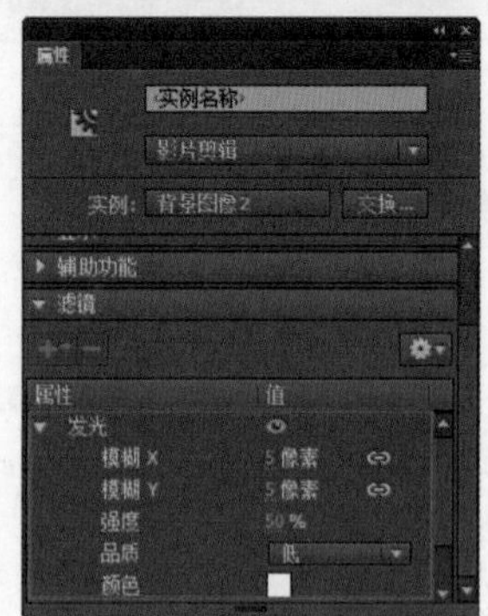

图 18-289 “属性”面板

33 选择第 1 帧上的元件，使用“任意变形工具”对其进行相应的调整，如图 18-290 所示。在第 1 帧创建传统补间动画，“时间轴”面板如图 18-291 所示。

图 18-290 元件效果

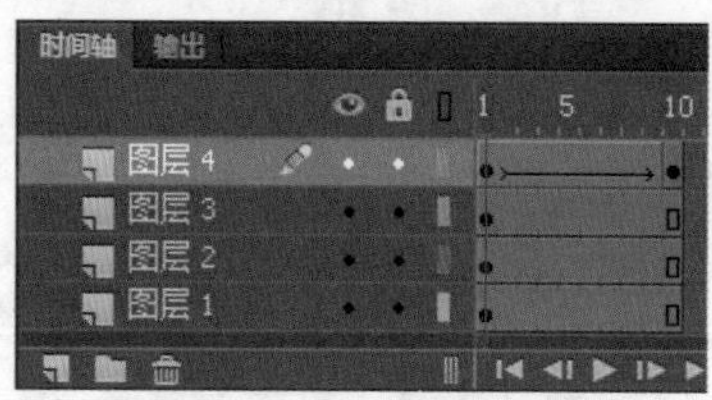

图 18-291 “时间轴”面板

34 新建“图层 5”，在第 10 帧按 F6 键插入关键帧，从“库”面板中将“文字导航 1”元件拖入到舞台中，如图 18-292 所示。使用相同的方法，新建图层，并分别拖入相应的元件，如图 18-293 所示。

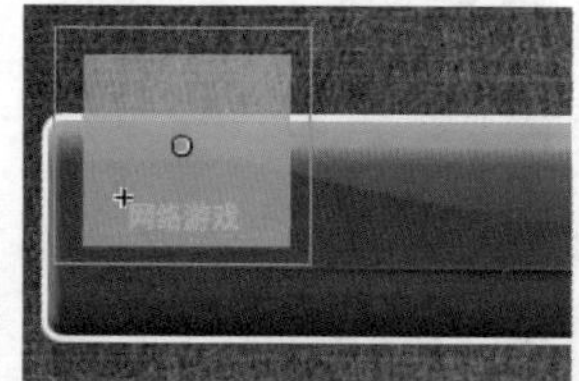

图 18-292 拖入元件

图 18-293 场景效果

35 新建“图层 12”，在第 10 帧按 F6 键插入关键帧，打开“动作”面板，输入脚本语言，如图 18-294 所示。完成该动画的制作，“时间轴”面板如图 18-295 所示。

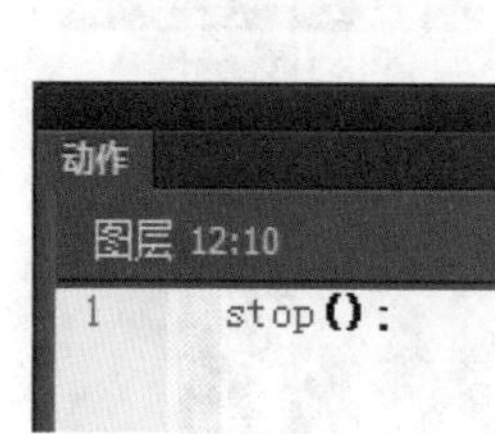

图 18-294 “动作”面板

图 18-295 “时间轴”面板

36 执行“文件 > 保存”命令，将其保存为“光盘 \ 源文件 \ 第 18 章 \18-2-2.fla”，按快捷键 Ctrl+Enter，测试动画效果，如图 18-296 所示。

图 18-296 测试动画效果

18.2.3 制作企业网站导航菜单

本实例制作的是一个企业网站导航菜单动画，在该动画的制作过程中，主要运用了 ActionScript 脚本代码控制元件跟随菜单项进行运动。

动手实践——制作企业网站导航菜单

源文件：光盘 \ 源文件 \ 第 18 章 \18-2-3.fla

视频：光盘 \ 视频 \ 第 18 章 \18-2-3.swf

01 执行“文件 > 新建”命令，弹出“新建文档”对话框，设置如图 18-297 所示。单击“确定”按钮，新建 Flash 文档。执行“插入 > 新建元件”命令，弹出“创建新元件”对话框，设置如图 18-298 所示。

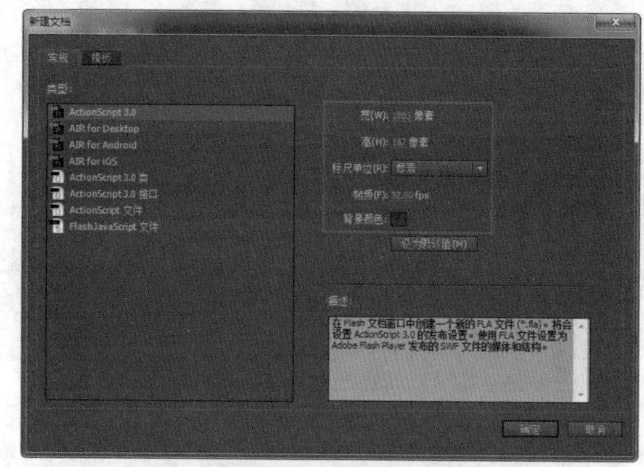

图 18-297 “新建文档”对话框

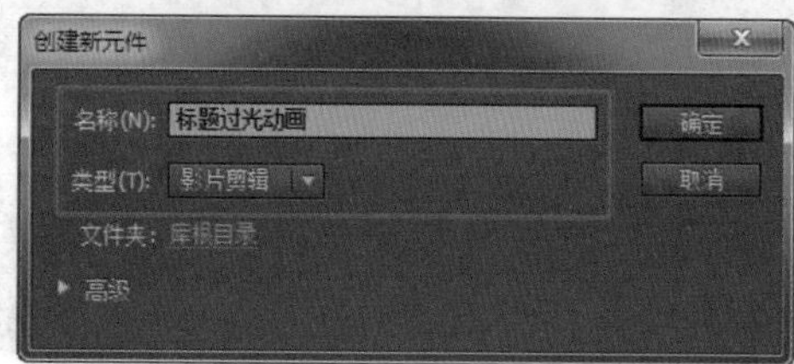

图 18-298 “创建新元件”对话框

02 使用“文字工具”，在“属性”面板中设置相应的文字属性，在舞台中输入文字，如图 18-299 所示。选中刚输入的文字，按 F8 键弹出“转换为元件”对话框，设置如图 18-300 所示。

WE NEVER STOP WORKING FOR YOUR BRAND

图 18-299 输入文字

图 18-300 “转换为元件”对话框

03 在第 95 帧按 F5 键插入帧。新建“图层 2”，导入图像“光盘 \ 源文件 \ 第 18 章 \ 素材 \12-16.png”，如图 18-301 所示。选中刚导入的图像，按 F8 键弹出“转换为元件”对话框，设置如图 18-302 所示。

图 18-301 导入素材图像

图 18-302 “转换为元件”对话框

04 在第 60 帧按 F6 键插入关键帧，将该帧上的元件向右移动，如图 18-303 所示。在第 1 帧创建传统补间动画，“时间轴”面板如图 18-304 所示。

图 18-303 向右移动元件位置

图 18-304 “时间轴”面板

05 新建“图层 3”，将“标题文字”元件从“库”面板拖入到舞台中，如图 18-305 所示。将“图层 3”设置为遮罩层，创建遮罩动画，“时间轴”面板如图 18-306 所示。

图 18-305 拖入元件

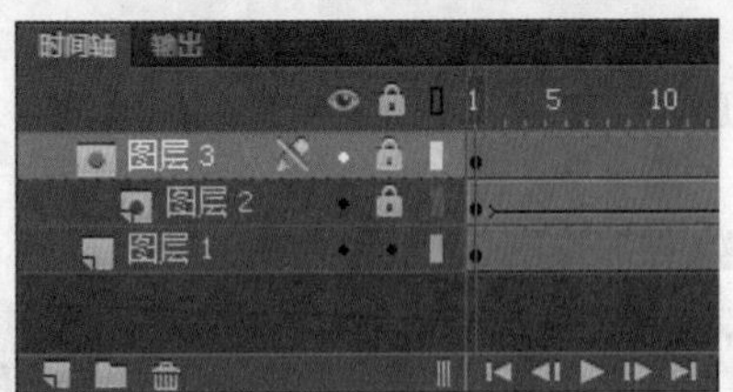

图 18-306 “时间轴”面板

06 使用相同的制作方法，可以制作出“标志过光动画”影片剪辑元件，场景效果如图 18-307 所示。“时间轴”面板如图 18-308 所示。

图 18-307 场景效果

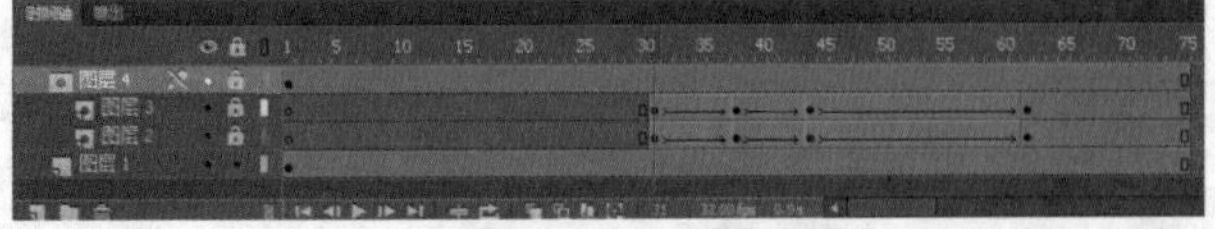
图 18-308 “时间轴”面板

07 执行“插入 > 新建元件”命令，弹出“创建新元件”对话框，设置如图 18-309 所示。导入图像“光盘 \ 源文件 \ 第 18 章 \ 素材 \12-3.png”，将其与舞台居中对齐，如图 18-310 所示。

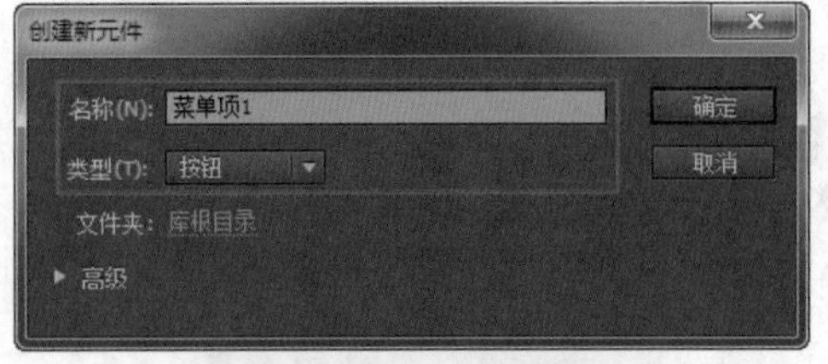

图 18-309 “创建新元件”对话框

图 18-310 导入素材图像

08 在“指针经过”帧按 F7 键插入空白关键帧，导入图像“光盘 \ 源文件 \ 第 18 章 \ 素材 \12-3-1.png”，如图 18-311 所示。在“点击”帧按 F7 键插入空白关键帧，使用“矩形工具”在舞台中绘制一个矩形，如图 18-312 所示。“时间轴”面板如图 18-313 所示。

图 18-311 导入素材图像

图 18-312 绘制矩形

图 18-313 “时间轴”面板

09 使用相同的制作方法，可以制作出其他类似的按钮元件，如图 18-314 所示。执行“插入 > 新建元件”命令，弹出“创建新元件”对话框，设置如图 18-315 所示。

图 18-314 “库”面板

图 18-315 “创建新元件”对话框

10 导入素材图像“光盘\源文件\第 18 章\素材\12-10.png”，如图 18-316 所示。选中刚导入的素材图像，按 F8 键弹出“转换为元件”对话框，设置如图 18-317 所示。

图 18-316 导入素材图像　　图 18-317 “转换为元件”对话框

11 分别在第 20 帧和第 40 帧按 F6 键插入关键帧，选择第 20 帧上的元件，将其向下移动，并为其添加“发光”和“调整颜色”滤镜，如图 18-318 所示。元件效果如图 18-319 所示。分别在第 1 帧和第 20 帧创建传统补间动画。

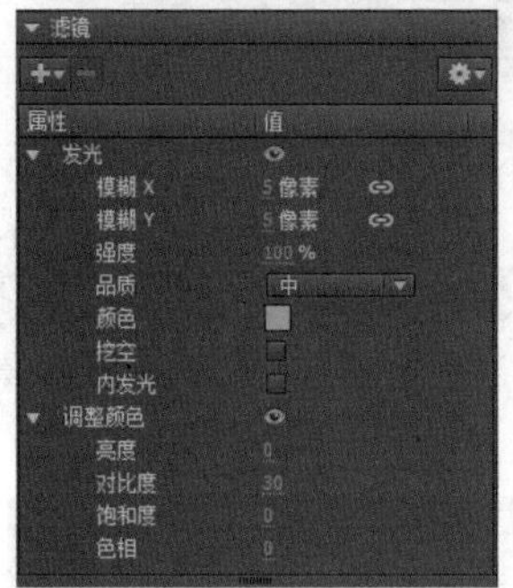

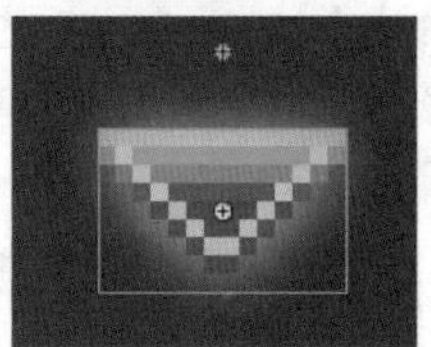

图 18-318 添加滤镜设置　　图 18-319 元件效果

12 执行“插入 > 新建元件”命令，弹出“创建新元件”对话框，设置如图 18-320 所示。使用“椭圆工具”，在舞台中绘制一个白色的椭圆形，如图 18-321 所示。

图 18-320 “创建新元件”对话框

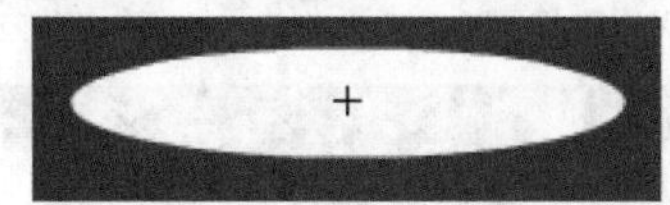

图 18-321 绘制椭圆形

13 选中刚绘制的椭圆形，按 F8 键弹出“转换为元件”对话框，设置如图 18-322 所示。在“属性”面板中设置其 Alpha 值为 0，“混合”为“叠加”，并为其添加“模糊”滤镜，如图 18-323 所示。

图 18-322 “转换为元件”对话框

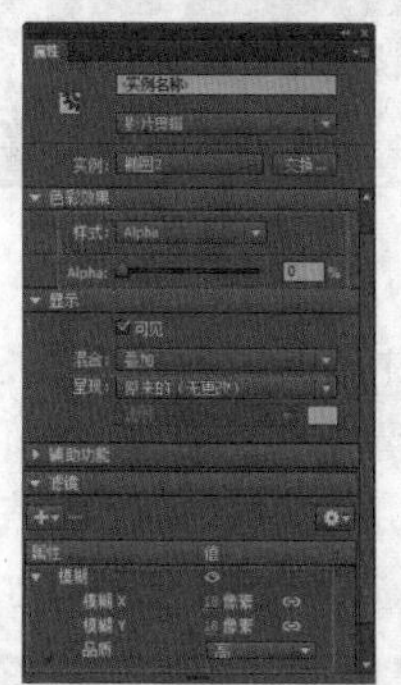

图 18-323 设置“属性”面板

14 分别在第 20 帧和第 40 帧按 F6 键插入关键帧，选择第 20 帧上的元件，设置该帧上元件的“样式”为无，并将其放大，如图 18-324 所示。分别在第 1 帧和第 20 帧创建传统补间动画，如图 18-325 所示。

图 18-324 元件效果

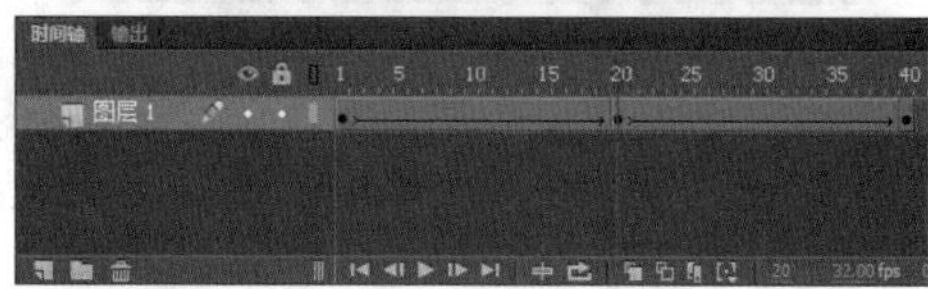

图 18-325 “时间轴”面板

15 新建“图层 2”，导入素材图像“光盘\源文件\第 18 章\素材\12-9.png”，如图 18-326 所示。新建“图层 3”，将“倒三角动画”元件从“库”面板拖入到舞台中，如图 18-327 所示。

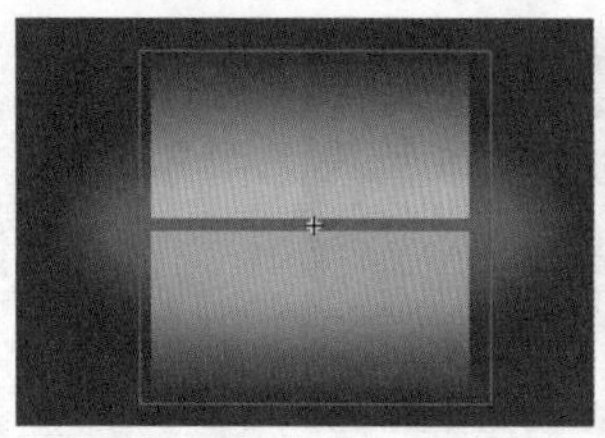

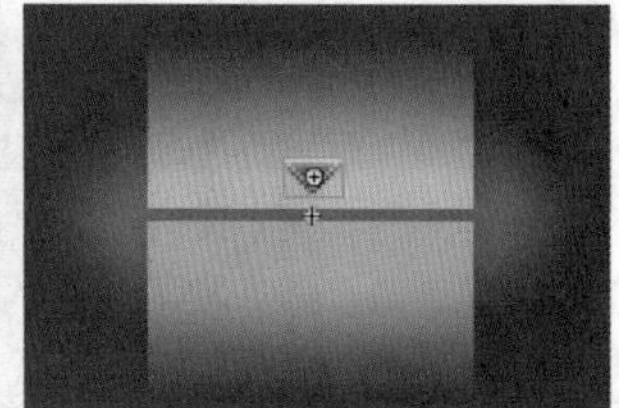

图 18-326 导入素材图像　　图 18-327 拖入元件

16 执行“插入 > 新建元件”命令，弹出“创建新元件”对话框，设置如图 18-328 所示。将“菜单项 1”元件从“库”面板拖入到舞台中，如图 18-329 所示。

在第 27 帧按 F5 键插入帧。

图 18-328 “创建新元件”对话框

图 18-329 拖入元件

17 选中刚拖入的元件，在“属性”面板中设置其“实例名称”为 btn_01_btn，如图 18-330 所示。在第 12 帧按 F6 键插入关键帧，选择第 1 帧上的元件，将其向下移动 35 像素，并设置其 Alpha 值为 0，在第 1 帧创建传统补间动画，“时间轴”面板如图 18-331 所示。

图 18-330 设置“实例名称”

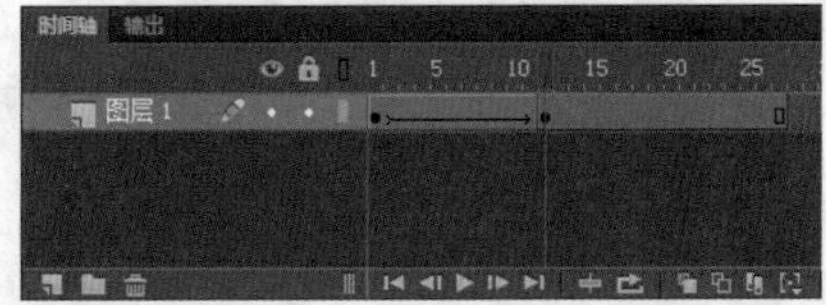
图 18-331 “时间轴”面板

18 新建“图层 2”，在第 3 帧按 F6 键插入关键帧，将“菜单项 2”元件从“库”面板拖入到舞台中，如图 18-332 所示。在“属性”面板中设置该元件的“实例名称”为 btn_02_btn，如图 18-333 所示。

图 18-332 拖入元件

图 18-333 设置“实例名称”

19 在第 14 帧按 F6 键插入关键帧，选择第 3 帧上的元件，将其向上移动 35 像素，并设置其 Alpha 值为 0，如图 18-334 所示。在第 3 帧创建传统补间动画，“时间轴”面板如图 18-335 所示。

图 18-334 设置 Alpha 属性

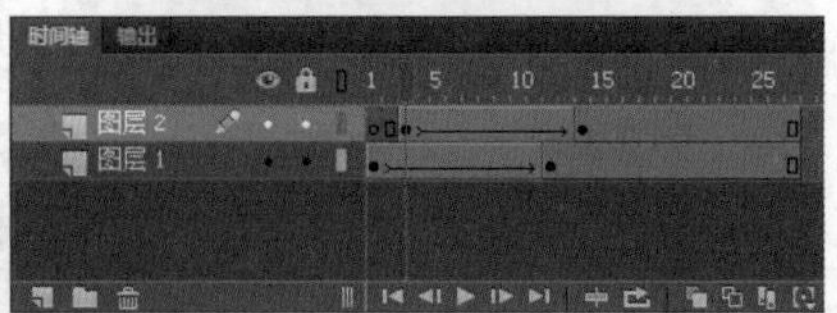
图 18-335 “时间轴”面板

20 使用相同的方法，可以完成“图层 3”至“图层 6”上动画的制作，场景效果如图 18-336 所示，“时间轴”面板如图 18-337 所示。

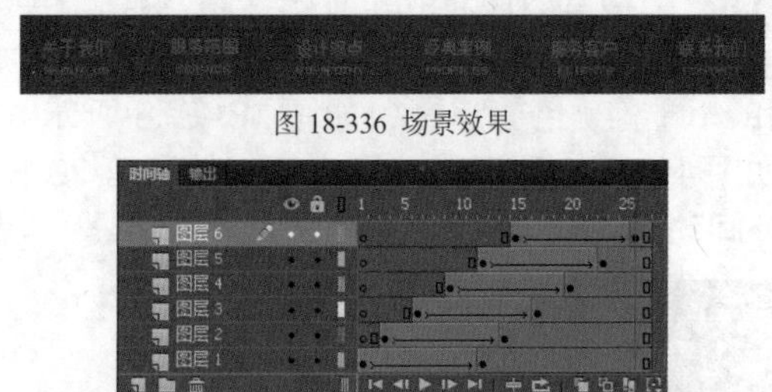
图 18-336 场景效果

图 18-337 “时间轴”面板

21 新建“图层 7”，使用“矩形工具”在舞台中绘制一个矩形，如图 18-338 所示。设置“图层 7”为遮罩层，将“图层 1”至“图层 6”都设置为被遮罩层，如图 18-339 所示。

图 18-338 绘制矩形

图 18-339 “时间轴”面板

22 新建“图层 8”，在第 27 帧按 F6 键插入关键帧，将“菜单激活动画”元件从“库”面板拖入到舞台中，如图 18-340 所示。在“属性”面板中设置该元件的“实例名称”为 bulleye_mc，如图 18-341 所示。

图 18-340 拖入元件

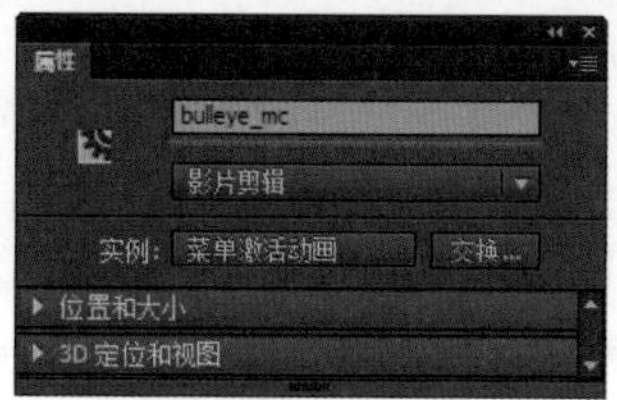

图 18-341 设置“实例名称”

23 将“图层 8”调整至“图层 1”下方，在“图层 7”上方新建“图层 9”，在第 27 帧按 F6 键插入关键帧，打开“动作”面板，输入脚本代码，如图 18-342 所示。“时间轴”面板如图 18-343 所示。

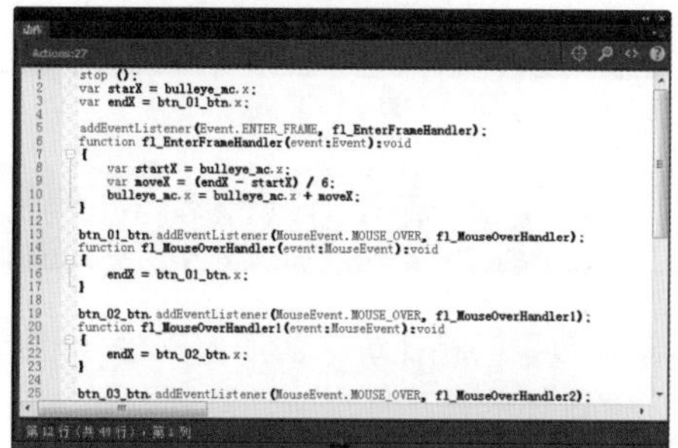

图 18-342 输入 ActionScript 脚本

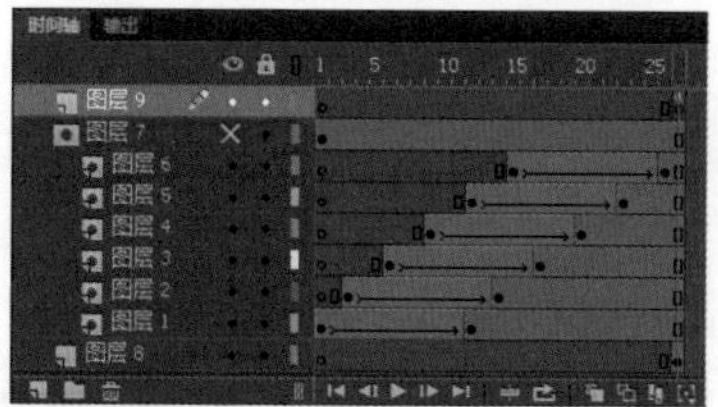

图 18-343 “时间轴”面板

24 返回“场景 1”编辑状态，导入素材图像“光盘\源文件\第 18 章\素材\12-1.jpg”，在第 100 帧按 F5 键插入帧，如图 18-344 所示。新建“图层 2”，将“标志过光动画”元件从“库”面板拖入到舞台中，如图 18-345 所示。

图 18-344 导入素材

图 18-345 拖入元件

25 在第 30 帧按 F6 键插入关键帧，选择第 1 帧上的元件，设置其 Alpha 值为 0，如图 18-346 所示。在第 1 帧创建传统补间动画，“时间轴”面板如图 18-347 所示。

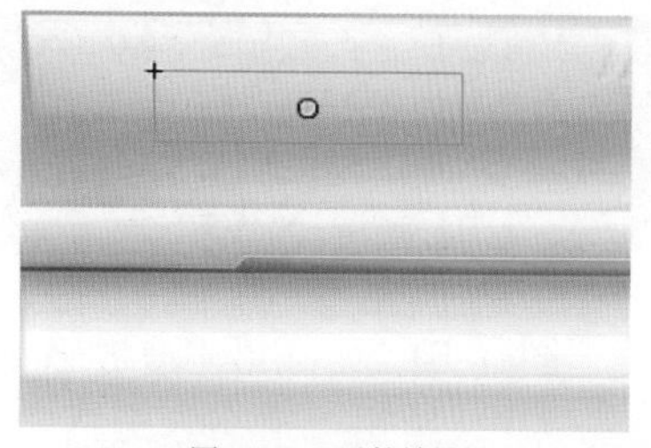

图 18-346 元件效果

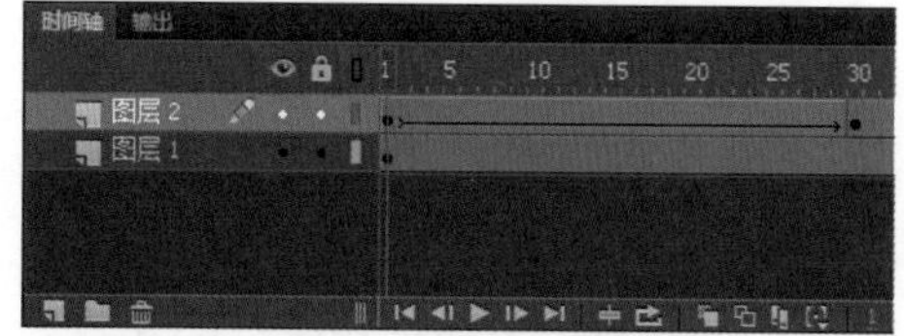

图 18-347 “时间轴”面板

26 新建“图层 3”，将“菜单动画”元件从“库”面板拖入到舞台中，如图 18-348 所示。新建“图层 4”，在第 33 帧按 F6 键插入关键帧，将“标题过光动画”元件从“库”面板拖入到舞台中，如图 18-349 所示。

图 18-348 拖入元件

图 18-349 拖入元件

27 在第 83 帧按 F6 键插入关键帧，并将该帧上的元件向右移动，如图 18-350 所示。选择第 33 帧上的元件，设置其 Alpha 值为 30%，在第 33 帧创建传统补间动画，“时间轴”面板如图 18-351 所示。

图 18-350 移动元件

图 18-351 “时间轴”面板

28 使用相同的制作方法，可以完成“图层 5”至“图层 9”上动画效果的制作，场景效果如图 18-352 所示，“时间轴”面板如图 18-353 所示。

图 18-352 场景效果

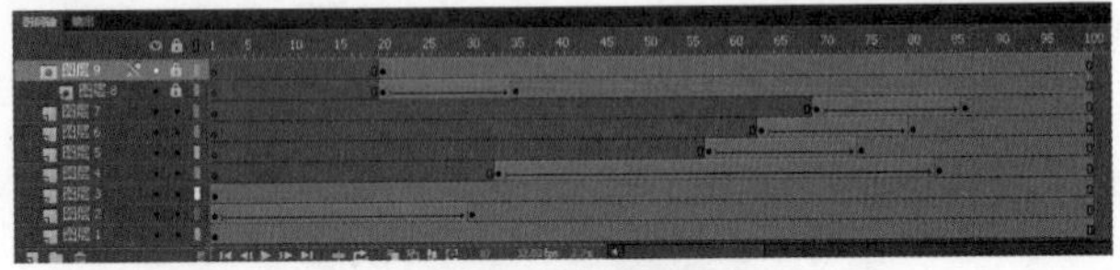

图 18-353 “时间轴”面板

29 新建“图层 10”，在第 100 帧按 F6 键插入关键帧，打开“动作”面板，输入脚本代码 stop();，如图 18-354 所示。

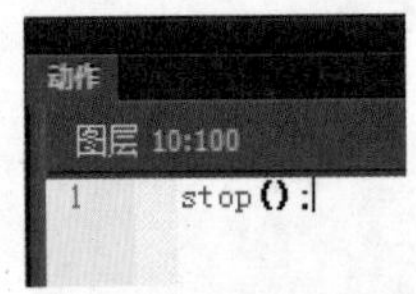

图 18-354 “动作”面板

30 完成企业导航菜单动画的制作，执行“文件 > 保存”命令，将文件保存为“光盘\源文件\第 18 章\18-2-3.fla”，按快捷键 Ctrl+Enter，测试动画效果，如图 18-355 所示。

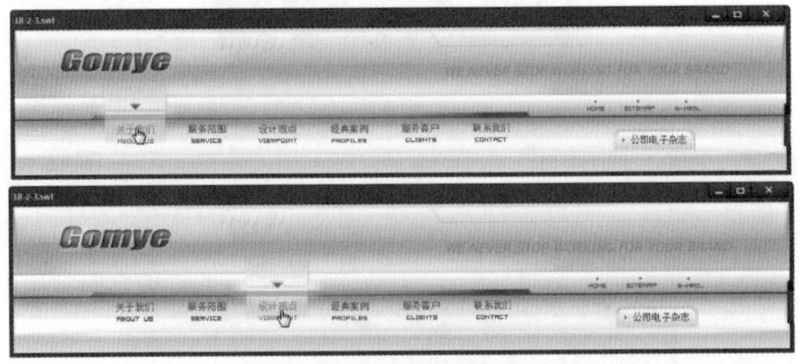

图 18-355 测试动画效果

18.3 宣传广告动画

宣传广告有多种表现手法，可以是静态的海报，也可以是动画效果。相比静态的海报来说，动态的效果更能够吸引浏览者的注意力，从而扩大宣传效应。本节将向大家讲述的是宣传广告动画的制作方法。

18.3.1 制作游戏宣传广告

本实例制作一个游戏宣传广告，随着网络游戏的不断盛行，游戏开发商正在寻求不同的营销手段，吸引更多的玩家，然而 Flash 动画就是其中的营销方式。

动手实践——制作游戏宣传广告

源文件：光盘\源文件\第 18 章\18-3-1.fla

视频：光盘\视频\第 18 章\18-3-1.swf

01 执行“文件 > 新建”命令，弹出“新建文档”对话框，设置如图 18-356 所示。单击“确定”按钮，新建 Flash 文档。导入素材图像“光盘\源文件\第 18 章\素材\12101.jpg”，在第 46 帧按 F5 键插入帧，如图 18-357 所示。

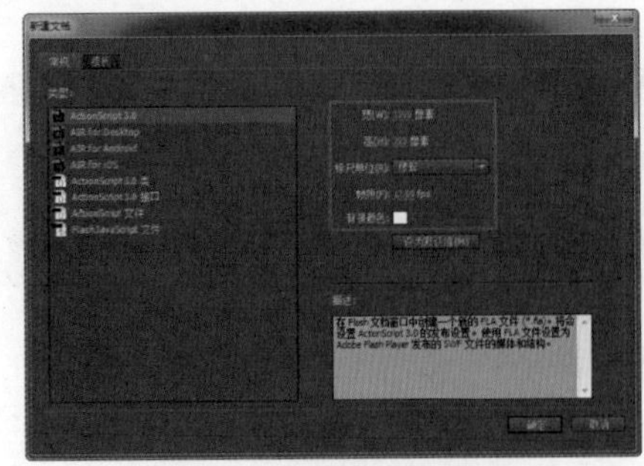

图 18-356 “新建文档”对话框

图 18-357 导入素材图像

02 执行“插入 > 新建元件”命令，弹出“创建新元件”对话框，设置如图 18-358 所示。导入素材图像“光盘\源文件\第 18 章\素材\12102.png”，如图 18-359 所示。

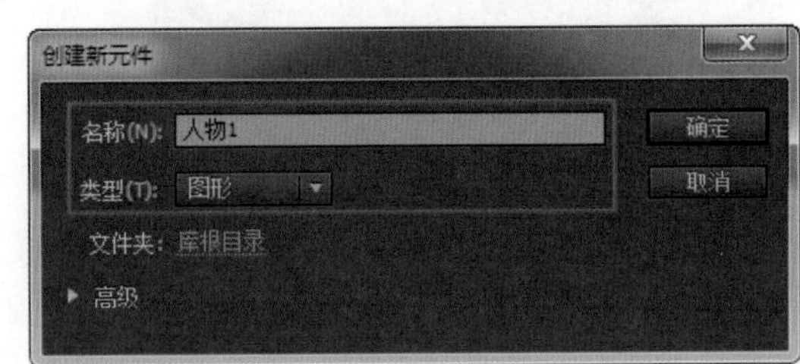

图 18-358 “创建新元件”对话框

图 18-359 导入素材图像

03 执行“插入 > 新建元件”命令，弹出“创建新元件”对话框，设置如图 18-360 所示。使用“矩形工具”，在“颜色”面板中设置线性渐变，在舞台中绘制矩形，如图 18-361 所示。

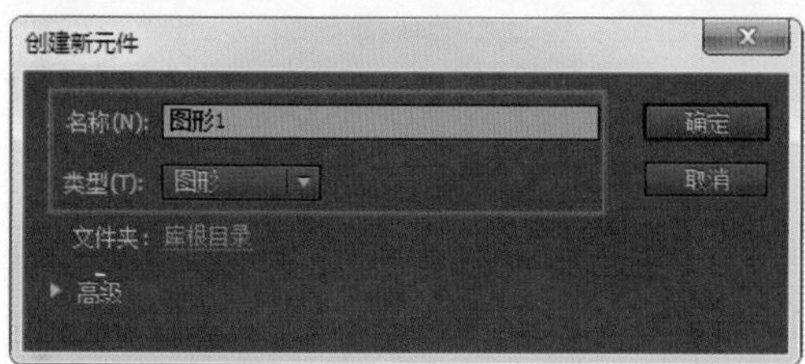

图 18-360 “创建新元件”对话框

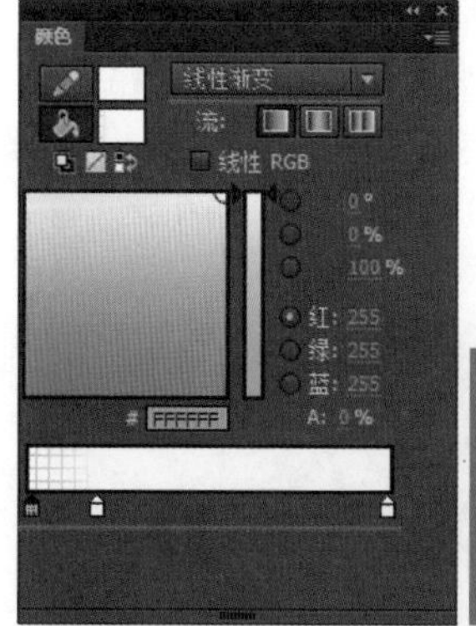

图 18-361 绘制矩形

04 使用“选择工具”并结合“部分选取工具”调整矩形形状，如图 18–362 所示。使用相同的绘制方法，制作出右半部分图形，如图 18–363 所示。

图 18-362 调整图形

图 18-363 绘制图形

05 执行“插入 > 新建元件”命令，弹出“创建新元件”对话框，设置如图 18–364 所示。导入素材图像“光盘\源文件\第 18 章\素材\12103.png”，如图 18–365 所示。

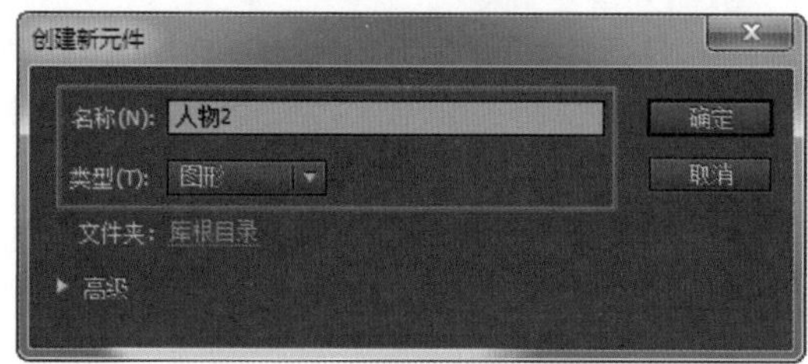

图 18-364 “创建新元件”对话框

图 18-365 导入素材图像

06 执行“插入 > 新建元件”命令，弹出“创建新元件”对话框，设置如图 18–366 所示。将“人物 2”元件从“库”面板拖入到舞台中，在第 52 帧按 F5 键插入帧，如图 18–367 所示。

图 18-366 “创建新元件”对话框

图 18-367 拖入元件

07 选中元件，在“属性”面板中对元件的“高级”属性进行设置，如图 18–368 所示。将该帧上的元件稍稍向右移动，如图 18–369 所示。

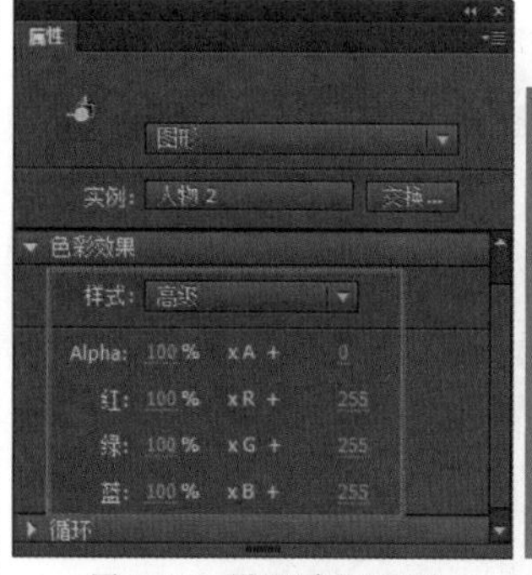

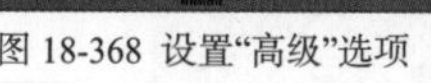

图 18-368 设置“高级”选项

图 18-369 元件效果

08 在第 4 帧按 F6 键插入关键帧，在“属性”面板中对元件的“高级”属性进行设置，如图 18–370 所示。

将该帧上的元件稍稍向左移动，如图 18–371 所示。

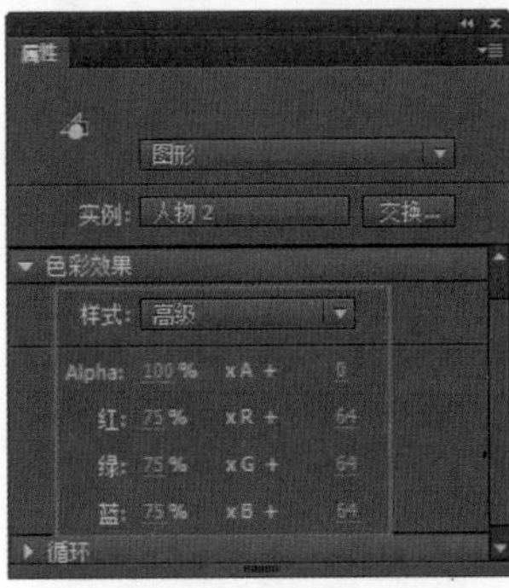

图 18-370 设置“高级”选项　　图 18-371 元件效果

09 在第 5 帧按 F6 键插入关键帧，设置该帧上元件的“样式”为无，如图 18–372 所示。在第 1 帧创建传统补间动画，如图 18–373 所示。

图 18-372 元件效果

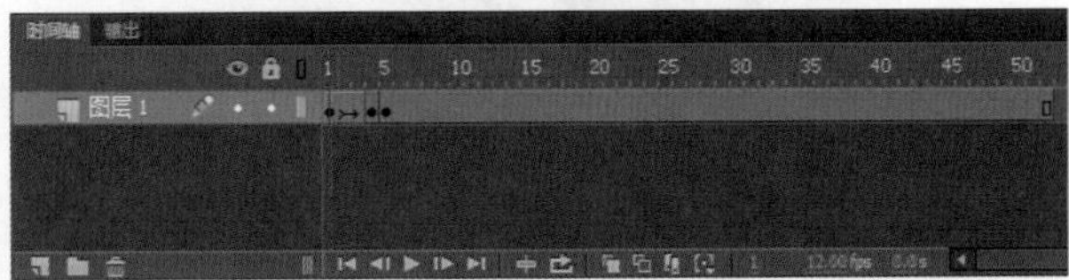

图 18-373 “时间轴”面板

10 返回“场景 1”编辑状态，新建“图层 2”，将“人物 1”元件从“库”面板拖入到场景中，并在“属性”面板中对元件“样式”进行设置，如图 18–374 所示，效果如图 18–375 所示。

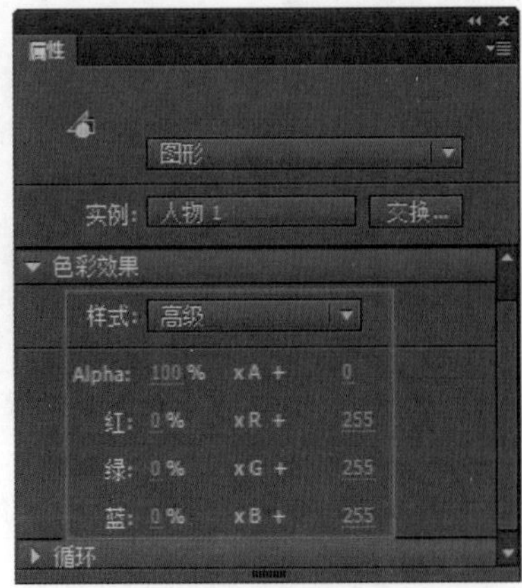

图 18-374 设置“高级”选项

图 18-375 元件效果

11 在第 9 帧按 F6 键插入关键帧，设置该帧上的元件“样式”为无，如图 18–376 所示。在第 14 帧按 F6 键插入关键帧，使用“任意变形工具”调整元件大小和角度，如图 18–377 所示。

图 18-376 元件效果　　图 18-377 元件效果

12 使用相同的制作方法，新建一个“名称”为“人物 4”的图形元件，导入相应的素材图像，如图 18–378 所示。返回“场景 1”编辑状态，在第 15 帧按 F7 键插入空白关键帧，将“人物 4”元件从“库”面板拖入到场景中，如图 18–379 所示。

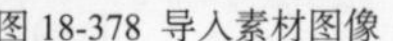

图 18-378 导入素材图像　　图 18-379 拖入元件

13 在第 16 帧按 F7 键插入空白关键帧，在第 17 帧按 F7 键插入空白关键帧，将“图形 1”元件从“库”面板拖入到场景中，如图 18–380 所示。使用相同的制作方法，可以完成“图层 2”中其他动画内容的制作，如图 18–381 所示。

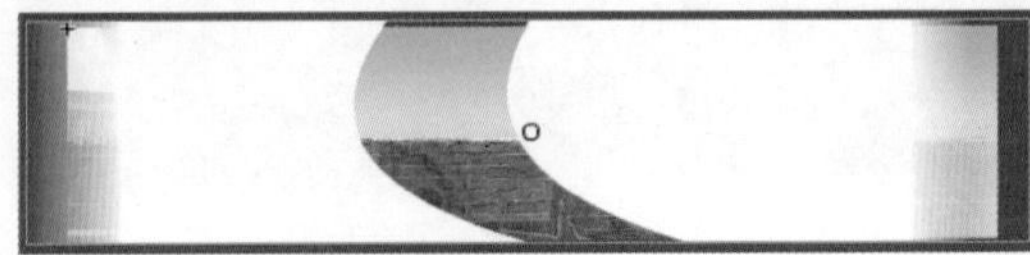

图 18-380 拖入元件

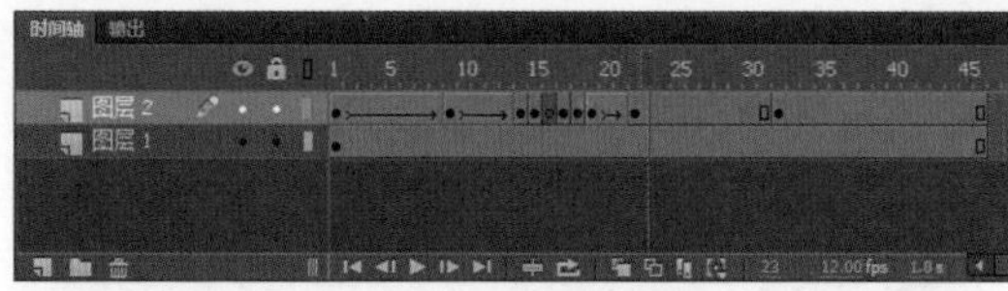
图 18-381 “时间轴”面板

14 使用相同的制作方法，可以完成其他图层中动画效果的制作，场景效果如图 18-382 所示。“时间轴”面板如图 18-383 所示。

图 18-382 场景效果

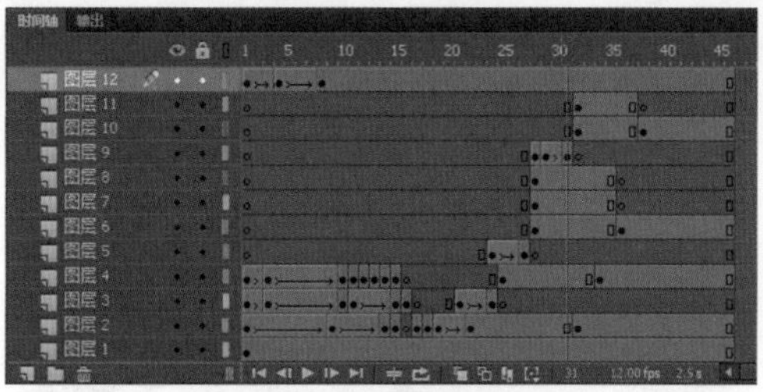

图 18-383 “时间轴”面板

15 新建“图层 13”，在第 46 帧按 F6 键插入关键帧，打开“动作”面板，输入脚本代码 stop ();，如图 18-384 所示。

图 18-384 “动作”面板

16 完成该游戏宣传广告动画的制作，执行“文件 > 保存”命令，将文件保存为“光盘 \ 源文件 \ 第 18 章 \ 18-3-1.fla”，按快捷键 Ctrl+Enter，测试动画效果，如图 18-385 所示。

图 18-385 测试 Flash 动画效果

18.3.2 制作楼盘宣传广告

本实例制作的是一个楼盘的宣传动画，主要是以表达和宣传楼盘的相关信息为主，通过动画的形式可以加深浏览者的印象以及吸引更多的注意力。

动手实践——制作楼盘宣传广告

源文件：光盘 \ 源文件 \ 第 18 章 \18-3-2.fla

视频：光盘 \ 视频 \ 第 18 章 \18-3-2.swf

01 执行“文件 > 新建”命令，弹出“新建文档”对话框，设置如图 18-386 所示。单击“确定”按钮，新建一个 Flash 文档。执行“插入 > 新建元件”命令，弹出“创建新元件”对话框，设置如图 18-387 所示。

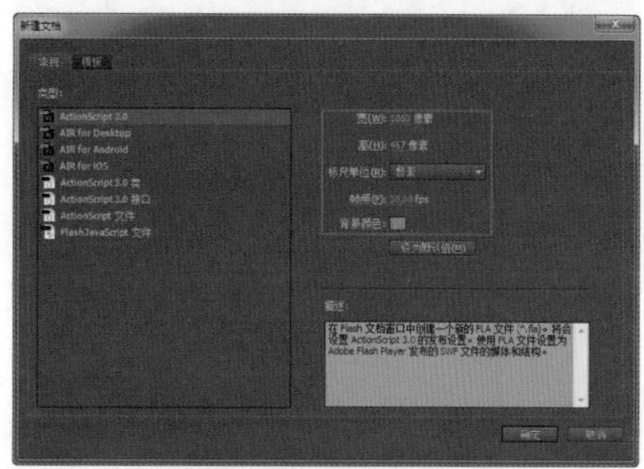
图 18-386 “新建文档”对话框

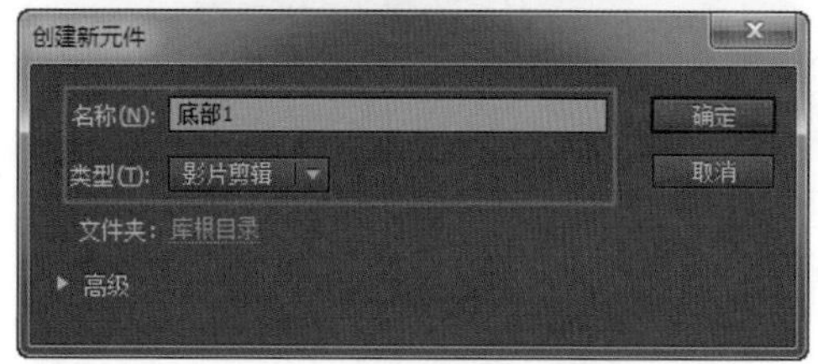

图 18-387 “创建新元件”对话框

02 单击“确定”按钮，导入图像“光盘 \ 源文件 \ 第 18 章 \ 素材 \183301.png”，如图 18-388 所示。新建“图层 2”，导入图像“光盘 \ 源文件 \ 第 18 章 \ 素材 \183302.png”，并调整至合适的大小和位置，如图 18-389 所示。

图 18-388 导入图像

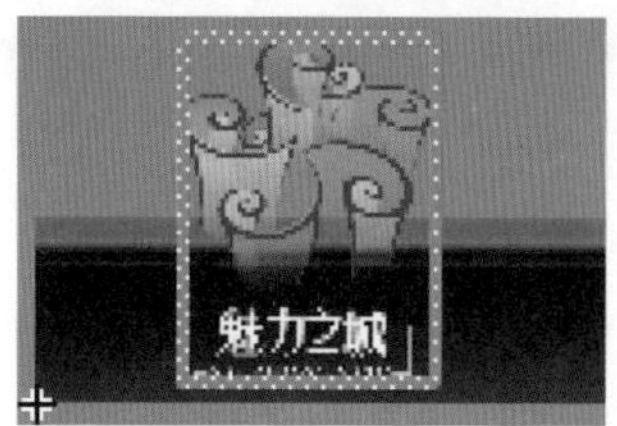

图 18-389 导入图像

03 新建“图层 3”，使用“文字工具”，在“属性”面板上对其相关属性进行设置，在场景中输入文本，如图 18–390 所示。

图 18-390 输入文字

04 执行“插入 > 新建元件”命令，弹出“创建新元件”对话框，设置如图 18–391 所示。单击“确定”按钮，使用“矩形工具”，打开“颜色”面板，设置从 #3D8AC8 到 #FFFFFF 的线性渐变颜色，如图 18–392 所示。

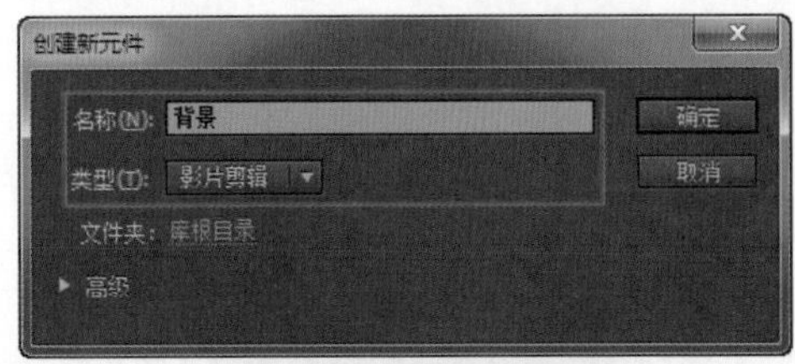

图 18-391 “创建新元件”对话框

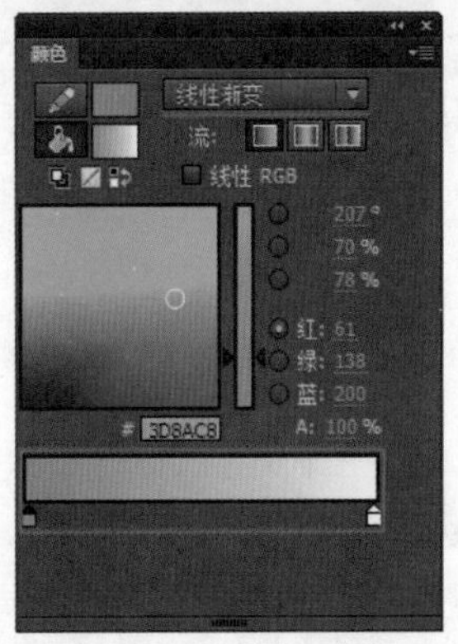

图 18-392 “颜色”面板

05 设置完成后，在场景中绘制一个矩形，如图 18–393 所示。使用“渐变变形工具”，调整渐变颜色填充，如图 18–394 所示。

图 18-393 绘制矩形

图 18-394 改变线性渐变方向

06 选择刚绘制的矩形，按 F8 键弹出“转换为元件”对话框，设置如图 18–395 所示。单击“确定”按钮，新建“图层 2”，从“库”面板中将“底部 1”元件拖入到场景中，如图 18–396 所示。

图 18-395 “转换为元件”对话框

图 18-396 拖入元件

07 执行“插入 > 新建元件”命令，弹出“创建新元件”对话框，设置如图 18–397 所示。单击“确定”按钮，从“库”面板中将“渐变背景”元件拖入到场景中，如图 18–398 所示。

图 18-397 “创建新元件”对话框

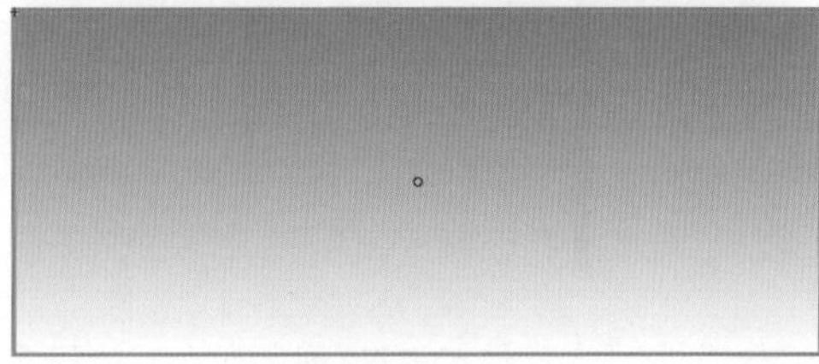

图 18-398 拖入元件

08 在第 91 帧按 F5 键插入帧，新建“图层 2”，在第 17 帧按 F6 键插入关键帧，“时间轴”面板如图 18–399 所示。导入素材图像“光盘 \ 源文件 \ 第 18 章 \ 素材 \183304.png”，并调整至合适的位置，如图 18–400 所示。

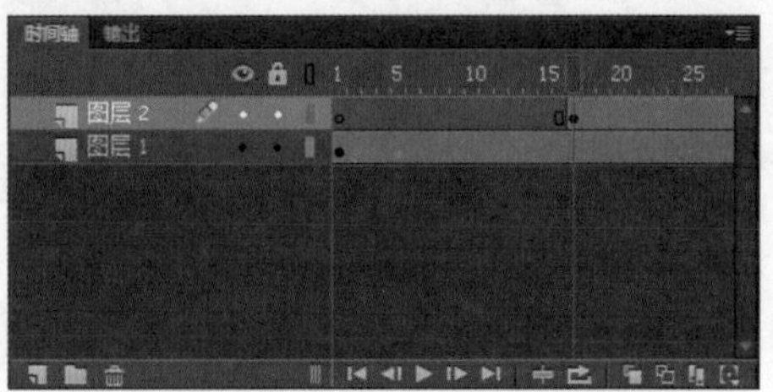

图 18-399 “时间轴”面板

图 18-400 导入图像

09 选择刚导入的图像，按 F8 键弹出“转换为元件”对话框，设置如图 18-401 所示。单击“确定”按钮，分别在第 22 帧和第 39 帧依次按 F6 键插入关键帧，“时间轴”面板如图 18-402 所示。

图 18-401 “转换为元件”对话框

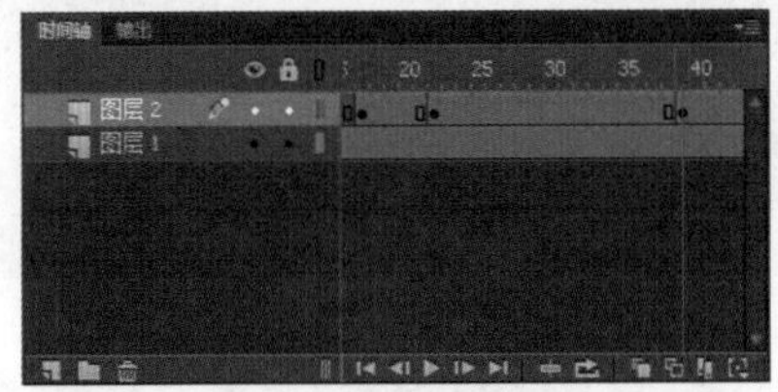

图 18-402 “时间轴”面板

10 选择第 22 帧上的元件，将该元件垂直向上移至合适的位置，如图 18-403 所示。使用相同的方法，将第 39 帧上的元件垂直向上移至合适的位置，如图 18-404 所示。

图 18-403 调整元件位置

图 18-404 调整元件位置

11 选择第 17 帧上的元件，在“属性”面板上设置其 Alpha 值为 0，如图 18-405 所示。分别在第 17 帧和第 22 帧创建传统补间动画，如图 18-406 所示。

图 18-405 “属性”面板

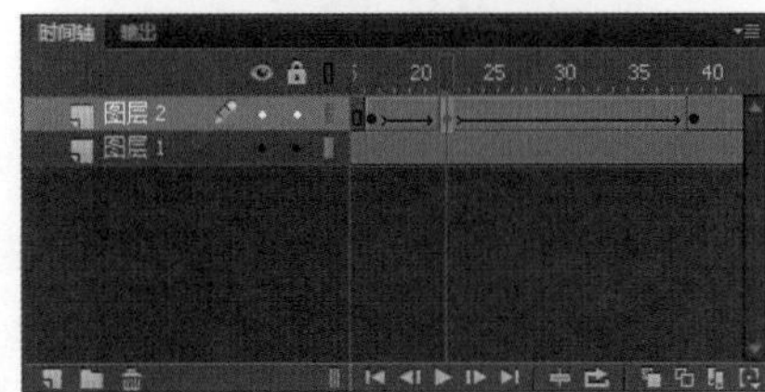

图 18-406 “时间轴”面板

12 新建“图层 3”，在第 17 帧按 F6 键插入关键帧，打开“颜色”面板，设置如图 18-407 所示。使用“钢笔工具”在场景中绘制图形，并填充线性渐变，如图 18-408 所示。

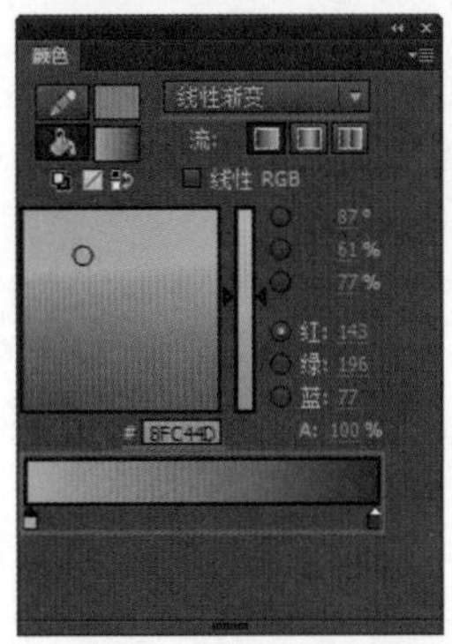

图 18-407 “颜色”面板

图 18-408 绘制图形

13 在第 22 帧按 F6 键插入关键帧，对该帧上的图形进行相应的调整，如图 18-409 所示。在第 30 帧按 F6 键插入关键帧，调整该帧上的元件至合适的位置和大小，并在“属性”面板上设置其“填充”为 Alpha 值为 0 的黑色，如图 18-410 所示。

图 18-409 图形效果

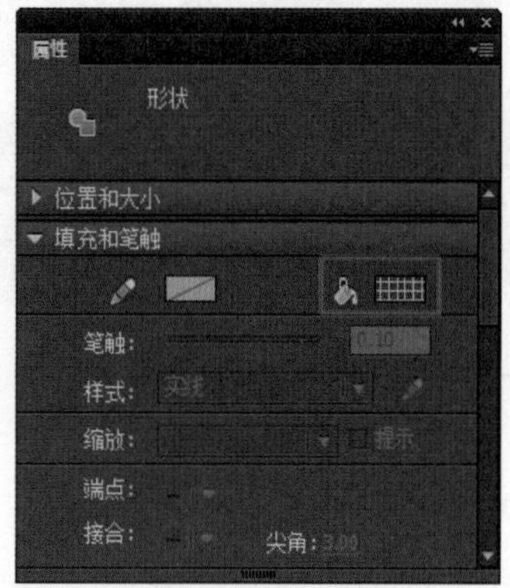

图 18-410 “属性”面板

14 设置完成后，元件效果如图 18-411 所示。分别在第 17 帧和第 22 帧创建补间形状动画，“时间轴”面板如图 18-412 所示。

图 18-411 图形效果

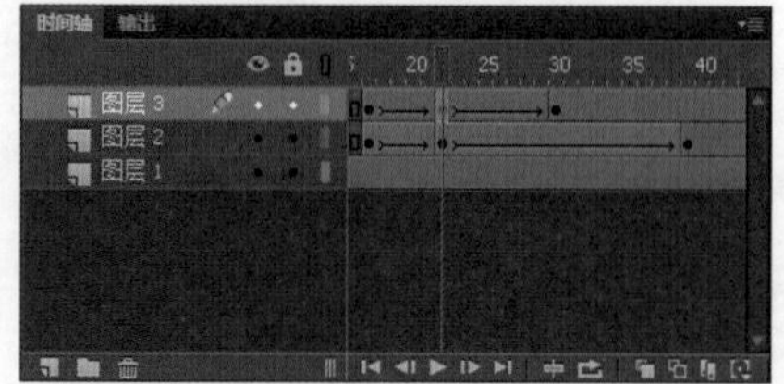

图 18-412 “时间轴”面板

15 在第 31 帧按 F7 键插入空白关键帧，“时间轴”面板如图 18-413 所示。导入素材图像“光盘\源文件\第 18 章\素材\183305.png”，并调整至合适的位置，如图 18-414 所示。

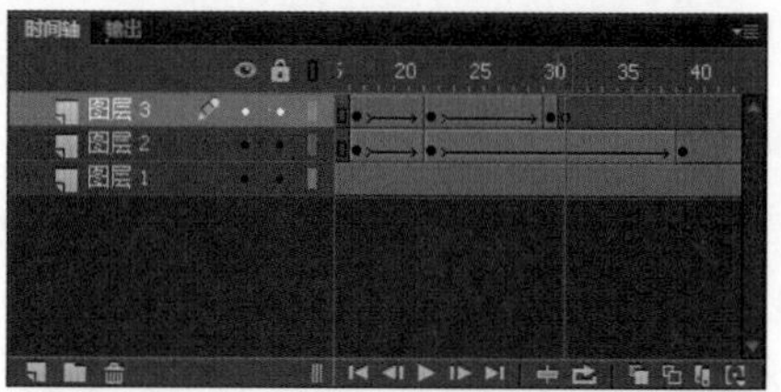

图 18-413 “时间轴”面板

图 18-414 导入图像

16 选择刚导入的图像，按 F8 键弹出“转换为元件”对话框，设置如图 18-415 所示。单击“确定”按钮，分别在第 36 帧、第 41 帧和第 50 帧按 F6 键插入关键帧，“时间轴”面板如图 18-416 所示。

图 18-415 “转换为元件”对话框

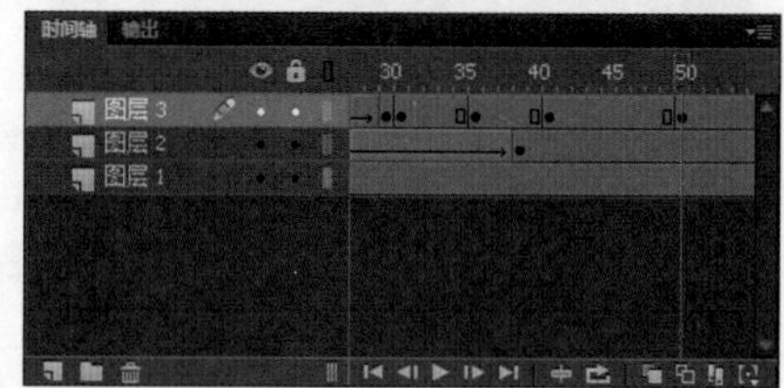

图 18-416 “时间轴”面板

17 选中第 31 帧上的元件，在“属性”面板上设置其 Alpha 值为 0，如图 18-417 所示。选中第 36 帧上的元件，将该帧上的元件垂直向上移至合适的位置，并在“属性”面板上设置其 Alpha 值为 50%，元件效果如图 18-418 所示。

图 18-417 “属性”面板

图 18-418 元件效果

18 选择第 41 帧上的元件，将该帧上的元件垂直向上移至合适的位置，并在“属性”面板上设置其 Alpha 值为 80%，效果如图 18–419 所示。选中第 50 帧上的元件，将该帧上的元件垂直向上移至合适的位置，如图 18–420 所示。

图 18-419 元件效果

图 18-420 元件效果

19 分别在第 31 帧、第 36 帧和第 41 帧创建传统补间动画，“时间轴”面板如图 18–421 所示。新建“图层 4”，导入素材图像“光盘 \ 源文件 \ 第 18 章 \ 素材 \ 183306.png”，如图 18–422 所示。

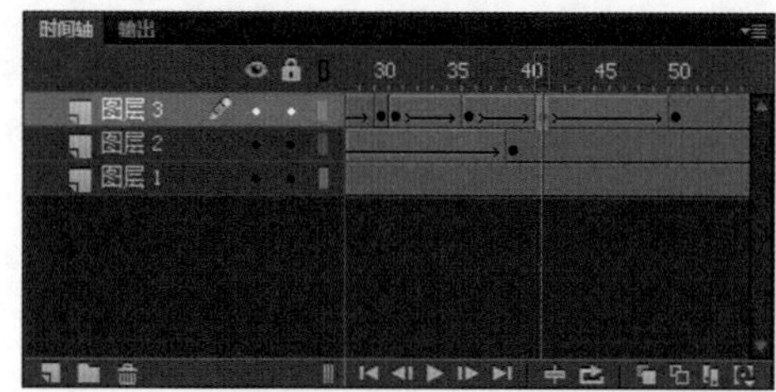

图 18-421 “时间轴”面板

图 18-422 导入图像

20 选择刚导入的图像，按 F8 键弹出“转换为元件”对话框，设置如图 18–423 所示。单击“确定”按钮，在第 7 帧按 F6 键插入关键帧，将该帧上的元件垂直向上移至合适的位置，如图 18–424 所示。

图 18-423 “转换为元件”对话框

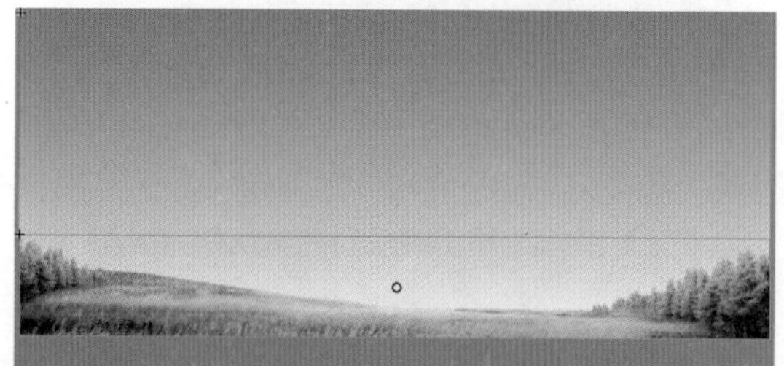

图 18-424 调整元件位置

21 在第 1 帧创建传统补间动画。新建“图层 5”，根据“图层 3”的制作方法，完成“图层 5”的制作，“时间轴”面板如图 18–425 所示，场景效果如图 18–426 所示。

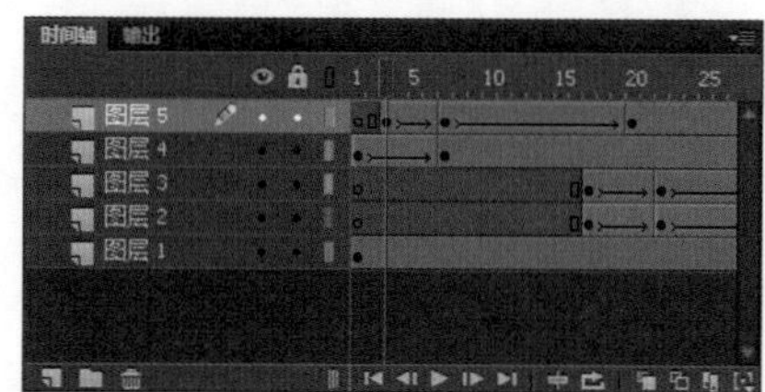

图 18-425 “时间轴”面板

图 18-426 场景效果

22 新建“图层 6”，在第 15 帧按 F6 键插入关键帧，导入素材图像“光盘 \ 源文件 \ 第 18 章 \ 素材 \ 183307.png”，如图 18–427 所示。选择刚导入的图像，按 F8 键弹出“转换为元件”对话框，设置如图 18–428 所示。

图 18-427 导入图像

图 18-428 “转换为元件”对话框

23 单击“确定”按钮，在第 25 帧按 F6 键插入关键帧，选中第 15 帧上的元件，在“属性”面板上设置其 Alpha 值为 0，在第 15 帧创建传统补间动画，“时间轴”面板如图 18-429 所示。新建“图层 7”，在第 42 帧按 F6 键插入关键帧，导入图像“光盘\源文件\第 18 章\素材\183303.png”，如图 18-430 所示。

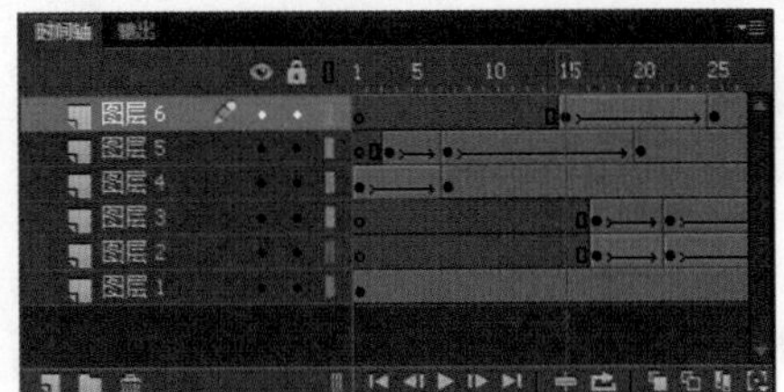

图 18-429 “时间轴”面板

图 18-430 导入图像

24 选择刚导入的图像，按 F8 键弹出“转换为元件”对话框，设置如图 18-431 所示。单击“确定”按钮，使用“任意变形工具”，调整该图形中心点的位置，并对该图形进行移动、缩放和旋转等操作，如图 18-432 所示。

图 18-431 “转换为元件”对话框

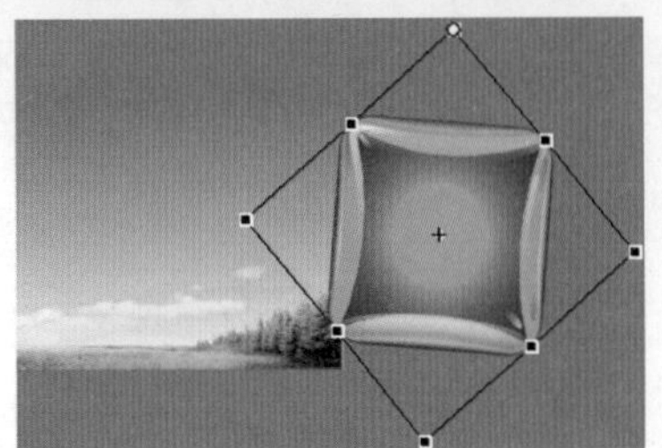

图 18-432 元件效果

25 选中第 42 帧上的元件，在“属性”面板上设置其 Alpha 值为 0，如图 18-433 所示。在第 44 帧按 F6 键插入关键帧，对该帧上元件的位置和角度进行相应的调整，并设置其 Alpha 值为 30%，如图 18-434 所示。

图 18-433 “属性”面板

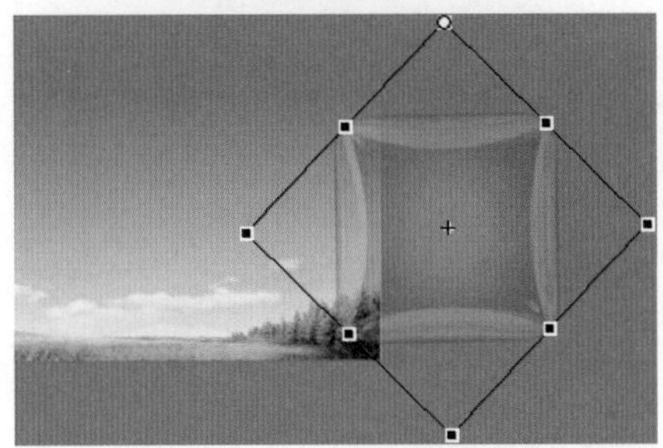

图 18-434 元件效果

26 使用相同的制作方法，分别在第 46 帧、第 48 帧、第 50 帧、第 52 帧和第 54 帧依次按 F6 插入关键帧，并分别调整各帧上元件的角度、位置和 Alpha 值，“时间轴”面板如图 18-435 所示。依次在各关键帧之间创建传统补间动画，“时间轴”面板如图 18-436 所示。

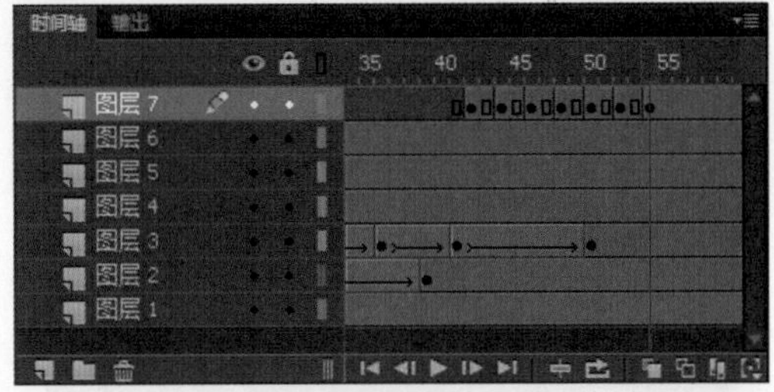

图 18-435 “时间轴”面板

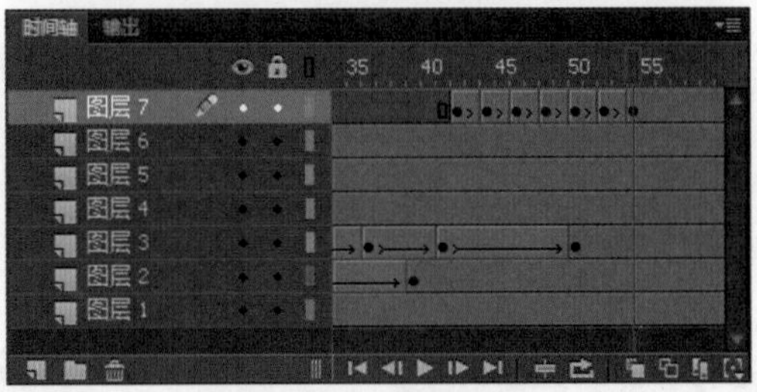

图 18-436 “时间轴”面板

27 新建“图层 8”，在第 31 帧按 F6 键插入关键帧，导入素材图像“光盘\源文件\第 18 章\素材\183308.png”，如图 18-437 所示。选中刚导入的图像，按F8键弹出“转换为元件”对话框，设置如图18-438所示。

图 18-437 导入图像

图 18-438 “转换为元件”对话框

28 单击“确定”按钮，在第36帧按F6键插入关键帧，将该帧上的元件垂直向上移至合适的位置，如图18-439所示。选中第31帧上的元件，设置其Alpha值为0，在第31帧创建传统补间动画，“时间轴”面板如图18-440所示。

图 18-439 调整元件位置

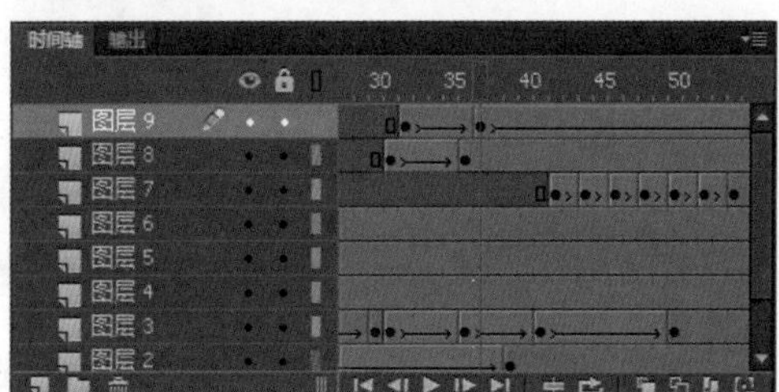

图 18-440 “时间轴”面板

29 新建“图层9”，根据“图层3”的制作方法，完成“图层9”动画的制作，“时间轴”面板如图18-441所示。场景效果如图18-442所示。

图 18-441 “时间轴”面板

图 18-442 场景效果

30 新建“图层10”，在第55帧按F6键插入关键帧，执行“文件 > 导入 > 打开外部库”命令，打开素材文件“光盘\源文件\第18章\素材\素材01.fla”，“库 – 素材01.fla”面板如图18-443所示。从“库 – 素材01.fla”面板中将“方块动画组”元件拖入到场景中，如图18-444所示。

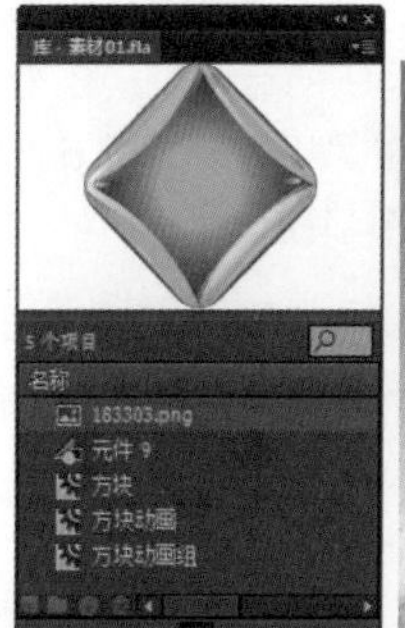

图 18-443 “库 - 素材01.fla”面板　　图 18-444 拖入元件

31 新建“图层11”，从“库”面板中将“底部1”元件拖入到场景中，如图18-445所示。执行“文件 > 导入 > 打开外部库”命令，打开素材文件“光盘\源文件\第18章\素材\素材02.fla”，“库 – 素材02.fla”面板如图18-446所示。

图 18-445 拖入元件

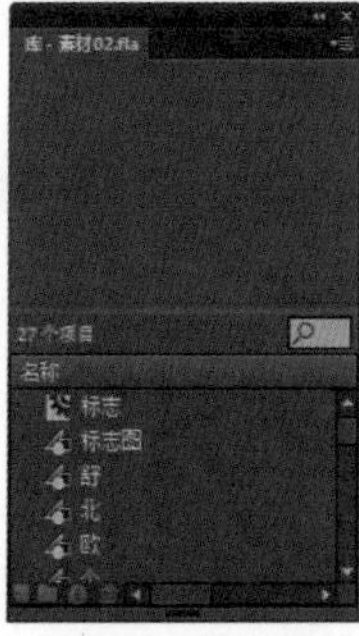

图 18-446 “库 - 素材02.fla”面板

32 新建“图层 12”，在第 60 帧按 F6 键插入关键帧，从“库 – 素材 02.fla”面板中将“文字动画”元件拖入到场景中，如图 18–447 所示。新建“图层 13”，在第 91 帧按 F6 键插入关键帧，打开“动作”面板，输入脚本代码，如图 18–448 所示。

图 18-447 拖入元件

图 18-448 “动作”面板

33 返回到“场景 1”编辑状态，从“库”面板中将“背景”元件拖入到场景中，如图 18–449 所示，在第 46 帧按 F5 插入帧。新建“图层 2”，在第 27 帧按 F6 键插入关键帧，“时间轴”面板如图 18–450 所示。

图 18-449 拖入元件

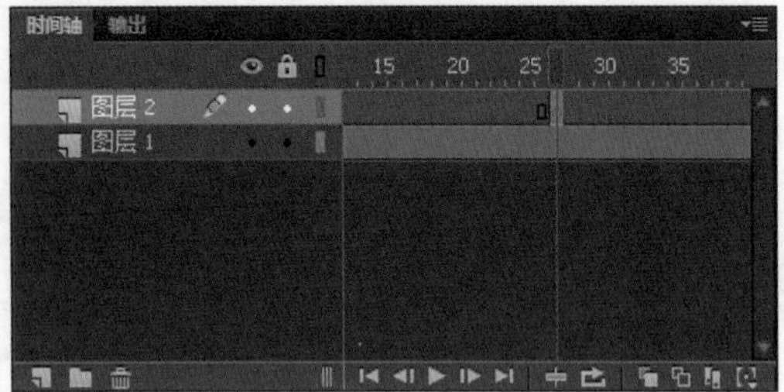

图 18-450 “时间轴”面板

34 从“库”面板中将“主体动画”元件拖入到场景中，如图 18–451 所示。新建“图层 3”，导入图像“光盘 \ 源文件 \ 第 18 章 \ 素材 \183309.png”，如图 18–452 所示。

图 18-451 拖入元件

图 18-452 导入图像

35 选择刚导入的图像，按 F8 键弹出“转换为元件”对话框，设置如图 18–453 所示。单击“确定”按钮，在“属性”面板上对其相关属性进行设置，如图 18–454 所示。

图 18-453 “转换为元件”对话框

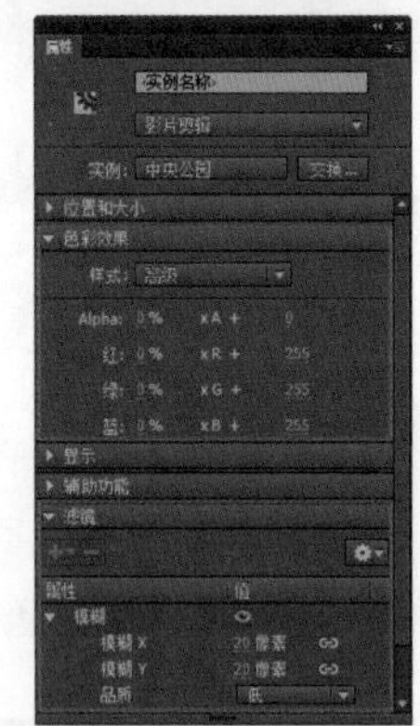
图 18-454 “属性”面板

36 设置完成后，元件效果如图 18–455 所示。在第 6 帧按 F6 键插入关键帧，选中该帧上的元件，在“属性”面板上对其相关属性进行设置，如图 18–456 所示。

图 18-455 元件效果

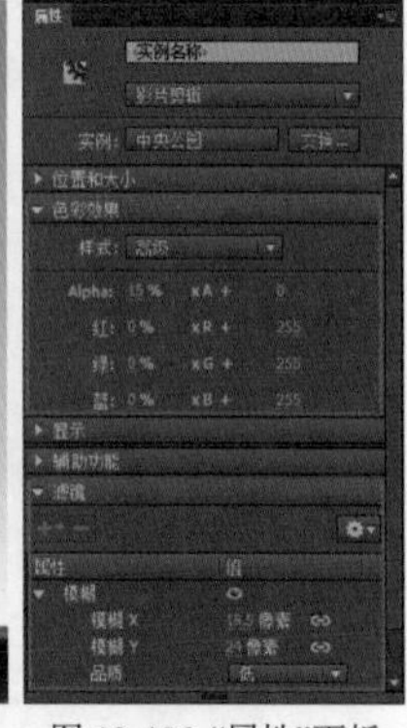
图 18-456 “属性”面板

37 设置完成后，将该元件垂直向下移至合适的位置，效果如图 18–457 所示。在第 14 帧按 F6 键插入关键帧，选中该帧上的元件，在“属性”面板上对其相关属性进行设置，如图 18-458 所示。

图 18-457 元件效果

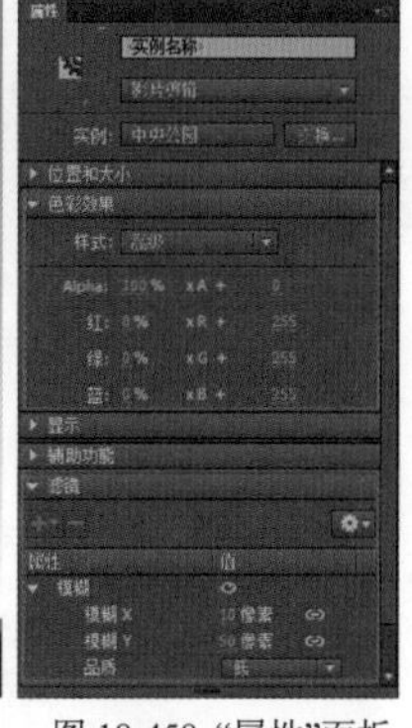

图 18-458 “属性”面板

38 设置完成后，将该元件垂直向下移至合适的位置，效果如图 18-459 所示。在第 15 帧按 F6 键插入关键帧，选择该帧上的元件，在“属性”面板上对其相关属性进行设置，如图 18-460 所示。

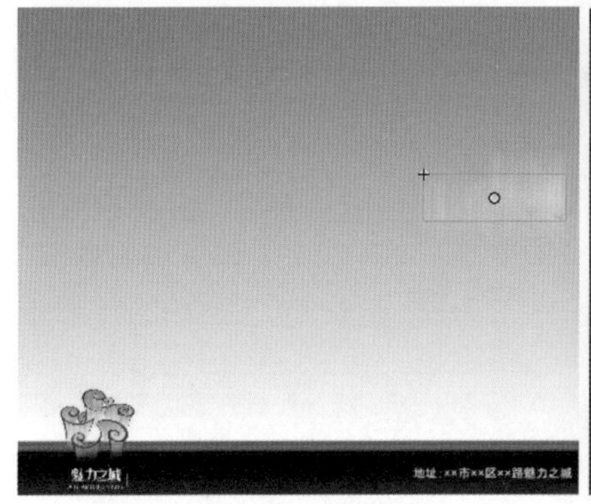

图 18-459 元件效果

图 18-460 “属性”面板

39 设置完成后，将该元件垂直向上移至合适的位置，效果如图 18-461 所示。在第 20 帧按 F6 键插入关键帧，选择该帧上的元件，在“属性”面板上对其相关属性进行设置，如图 18-462 所示。

图 18-461 元件效果

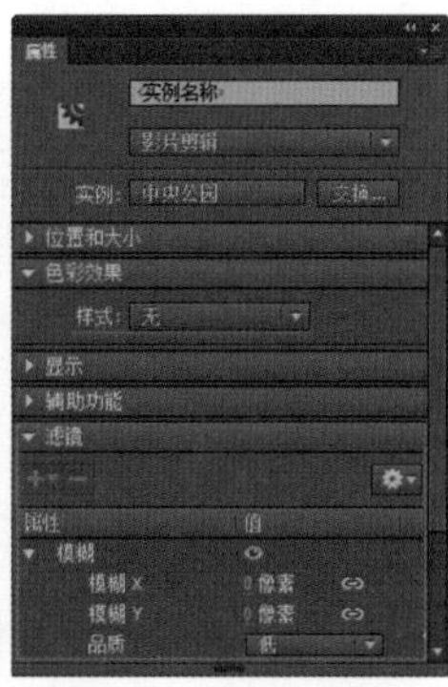

图 18-462 “属性”面板

40 设置完成后，将该元件垂直向上移至合适的位置，效果如图 18-463 所示。第 27 帧按 F6 键插入关键帧，使用相同的制作方法，在该图层上制作其他场景动画，“时间轴”面板如图 18-464 所示。

图 18-463 元件效果

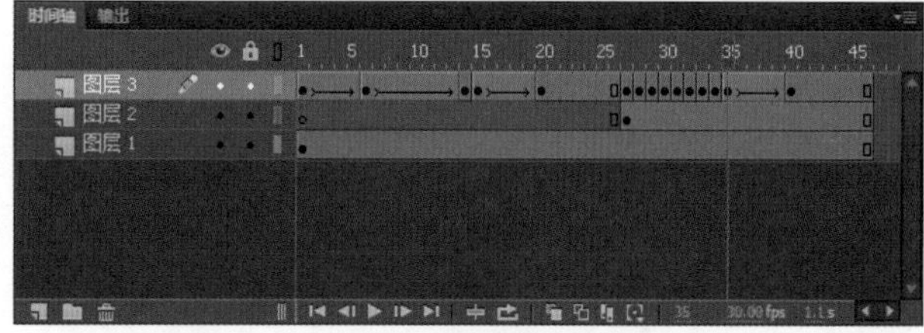

图 18-464 “时间轴”面板

41 新建“图层 4”，在第 46 帧按 F6 键插入关键帧，打开“动作”面板，输入脚本代码，如图 18-465 所示。“时间轴”面板如图 18-466 所示。

图 18-465 “动作”面板　　图 18-466 “属性”面板

42 执行“文件 > 保存”命令，将其保存为“光盘\源文件\第 8 章\18-3-2.fla”，按快捷键 Ctrl+Enter，测试动画效果，如图 18-467 所示。

图 18-467 测试动画效果

18.4 本章小结

本章分别对按钮动画、导航菜单动画和宣传广告动画等不同类型的动画，以实例操作的方式向读者进行了详细讲解。在制作过程中综合使用了 3 种元件类型，并且还通过运用脚本语言来控制动画效果，希望读者能够运用所学知识，设计出更加优秀的动画作品。